이 2개소 이상 설치되어 있는 경우에는 그러하지 아니하다.
- 거실의 바닥면적의 합계가 1,000m² 이상인 층에는 환기설비를 설치할 것
- 바닥면적이 1,000m² 이상인 층에는 피난층 또는 지상으로 통하는 직통계단을 방화구획으로 구획되는 각 부분마다 1개소 이상 설치할 것

② 지하층의 비상탈출구는 다음의 기준에 적합하여야 한다.
- 지하층의 바닥면적이 300m² 이상인 층에는 식수공급을 위한 급수전을 1개소이상 설치할 것
- 비상탈출구의 문은 피난방향으로 열리도록 하고, 실내에서 항상 열 수 있는 구조로 하여야 하며, 내부 및 외부에는 비상탈출구의 표시를 해야 한다.
- 비상탈출구의 유효너비는 0.75m 이상으로 하고, 유효높이는 1.5m 이상으로 해야 한다.

Thema 05 건축물의 설비기준 등에 관한 규칙

01 비상용승강기의 승강장 및 승강로의 구조

① 비상용승강기의 승강장의 구조
- 승강장은 각층의 내부와 연결될 수 있도록 하되, 그 출입구(승강로의 출입구 제외)에는 60분+방화문 또는 60분방화문을 설치할 것. 다만, 피난층에는 60분+방화문 또는 60분방화문을 설치하지 아니할 수 있다.
- 노대 또는 외부를 향하여 열 수 있는 창문이나 배연설비를 설치할 것
- 벽 및 반자가 실내에 접하는 부분의 마감재료(마감을 위한 바탕 포함)는 불연재료로 할 것
- 채광이 되는 창문이 있거나 예비전원에 의한 조명설비를 할 것
- 승강장의 바닥면적은 비상용승강기 1대에 대하여 6m² 이상으로 할 것. 다만, 옥외에 승강장을 설치하는 경우에는 그러하지 아니하다.
- 피난층이 있는 승강장의 출입구(승강장이 없는 경우에는 승강로의 출입구)로부터 도로 또는 공지에 이르는 거리가 30m 이하일 것

② 비상용승강기의 승강로의 구조
- 승강로는 당해 건축물의 다른 부분과 내화구조로 구획할 것
- 각층으로부터 피난층까지 이르는 승강로를 단일구조로 연결하여 설치할 것

02 개별난방설비 등

① 공동주택과 오피스텔의 난방설비를 개별난방방식으로 하는 경우에는 다음의 기준에 적합하여야 한다.
- 보일러는 거실 외의 곳에 설치하되, 보일러를 설치하는 곳과 거실 사이의 경계벽은 출입구를 제외하고는 내화구조의 벽으로 구획할 것
- 보일러실의 윗부분에는 그 면적이 0.5m² 이상인 환기창을 설치하고, 보일러실의 윗부분과 아랫부분에는 각각 지름 10cm 이상의 공기흡입구 및 배기구를 항상 열려있는 상태로 바깥공기에 접하도록 설치할 것. 다만, 전기보일러의 경우에는 그러하지 아니하다.
- 보일러실과 거실 사이의 출입구는 그 출입구가 닫힌 경우에는 보일러가스가 거실에 들어갈 수 없는 구조로 할 것
- 기름보일러를 설치하는 경우에는 기름저장소를 보일러실 외의 다른 곳에 설치할 것
- 오피스텔의 경우에는 난방구획을 방화구획으로 구획할 것
- 보일러의 연도는 내화구조로서 공동연도로 설치할 것

03 승용승강기의 설치기준

용도	6층 이상 거실면적 합계 3,000m² 이하	3,000m² 초과
• 판매시설 • 의료시설 • 문화 및 집회시설 중 공연장·집회장 및 관람장	2대	2대에 3,000m²를 초과하는 2,000m² 이내마다 1대를 더한 대수
• 업무시설 • 숙박시설 • 위락시설 • 문화 및 집회시설 중 전시장 및 동·식물원	1대	1대에 3,000m²를 초과하는 2,000m² 이내마다 1대를 더한 대수
• 공동주택 • 교육연구시설 • 노유자시설 • 그 밖의 시설	1대	1대에 3,000m²를 초과하는 3,000m² 이내마다 1대를 더한 대수

※ 8인승 이상 15인승 이하의 승강기는 1대의 승강기로 보고, 16인승 이상의 승강기는 2대의 승강기로 본다.

Thema 04 건축물의 피난·방화구조 등의 기준에 관한 규칙

01 피난안전구역의 설치기준
① 피난안전구역은 해당 건축물의 1개층을 대피공간으로 하며, 대피에 장애가 되지 아니하는 범위에서 기계실, 보일러실, 전기실 등 건축설비를 설치하기 위한 공간과 같은 층에 설치할 수 있다. 이 경우 피난안전구역은 건축설비가 설치되는 공간과 내화구조로 구획하여야 한다.
② 피난안전구역에 연결되는 특별피난계단은 피난안전구역을 거쳐서 상·하층으로 갈 수 있는 구조로 설치하여야 한다
③ 피난안전구역의 구조 및 설비는 다음의 기준에 적합하여야 한다.
- 피난안전구역의 내부마감재료는 불연재료로 설치할 것
- 건축물의 내부에서 피난안전구역으로 통하는 계단은 특별피난계단의 구조로 설치할 것
- 비상용 승강기는 피난안전구역에서 승하차 할 수 있는 구조로 설치할 것
- 피난안전구역에는 식수공급을 위한 급수전을 1개소 이상 설치하고 예비전원에 의한 조명설비를 설치할 것
- 피난안전구역의 높이는 2.1m 이상일 것

02 피난계단 및 특별피난계단의 구조
① 건축물의 내부에 설치하는 피난계단의 구조
- 계단실의 실내에 접하는 부분의 마감은 불연재료로 할 것
- 건축물의 내부와 접하는 계단실의 창문 등(출입구를 제외한다)은 망이 들어 있는 유리의 붙박이창으로서 그 면적을 각각 $1m^2$ 이하로 할 것
- 건축물의 내부에서 계단실로 통하는 출입구의 유효너비는 0.9m 이상으로 할 것
- 계단은 내화구조로 하고 피난층 또는 지상까지 직접 연결되도록 할 것

② 특별피난계단의 구조
- 계단실 및 부속실의 실내에 접하는 부분의 마감은 불연재료로 할 것
- 노대 및 부속실에는 계단실외의 건축물의 내부와 접하는 창문 등(출입구 제외)을 설치하지 아니할 것
- 계단실에는 예비전원에 의한 조명설비를 할 것
- 계단은 내화구조로 하되, 피난층 또는 지상까지 직접 연결되도록 할 것
- 출입구의 유효너비는 0.9m 이상으로 하고 피난의 방향으로 열 수 있을 것

03 관람실 등으로부터의 출구의 설치기준
① 다음 어느 하나에 해당하는 건축물의 관람실 또는 집회실로부터 바깥쪽으로의 출구로 쓰이는 문은 안여닫이로 해서는 안 된다.
- 종교시설
- 위락시설
- 장례시설
- 문화 및 집회시설(전시장, 동·식물원 제외)
- 제2종 근린생활시설 중 공연장·종교집회장 (단, 바닥면적의 합계 $300m^2$ 이상)

② 문화 및 집회시설 중 공연장의 개별 관람실(바닥면적이 $300m^2$ 이상인 것만 해당)의 출구는 다음의 기준에 적합하게 설치해야 한다.
- 관람실별로 2개소 이상 설치할 것
- 각 출구의 유효너비는 1.5m 이상일 것
- 개별 관람실 출구의 유효너비의 합계는 개별 관람실의 바닥면적 $100m^2$마다 0.6m의 비율로 산정한 너비 이상으로 할 것

04 회전문의 설치기준
건축물의 출입구에 설치하는 회전문은 다음의 기준에 적합하여야 한다.
① 계단이나 에스컬레이터로부터 2m 이상의 거리를 둘 것
② 회전문과 문틀 사이는 5cm 이상으로, 회전문과 바닥 사이는 3cm 이하로 하고 틈 사이를 고무와 고무펠트의 조합체 등을 사용하여 신체나 물건 등에 손상이 없도록 할 것
③ 출입에 지장이 없도록 일정한 방향으로 회전하는 구조로 할 것
④ 회전문의 중심축에서 회전문과 문틀 사이의 간격을 포함한 회전문날개 끝부분까지의 길이는 140cm 이상이 되도록 할 것
⑤ 회전문의 회전속도는 분당회전수가 8회를 넘지 아니하도록 할 것
⑥ 자동회전문은 충격이 가하여지거나 사용자가 위험한 위치에 있는 경우에는 전자감지장치 등을 사용하여 정지하는 구조로 할 것

05 지하층의 구조
① 건축물에 설치하는 지하층의 구조 및 설비는 다음의 기준에 적합하여야 한다.
- 거실의 바닥면적이 $50m^2$ 이상인 층에는 직통계단 외에 피난층 또는 지상으로 통하는 비상탈출구 및 환기통을 설치할 것. 다만, 직통계단

⑥ 보건위생시설: 장사시설·도축장·종합의료시설
⑦ 환경기초시설: 하수도·폐기물처리 및 재활용시설·빗물저장 및 이용시설·수질오염방지시설·폐차장
⑧ ①, ②에 따른 기반시설중 도로·자동차정류장 및 광장은 다음과 같이 세분할 수 있다.

도로	자동차 정류장	광장
• 일반도로 • 고가도로 • 보행자우선도로 • 자전거전용도로 • 보행자전용도로 • 자동차전용도로 • 지하도로	• 여객자동차 터미널 • 화물자동차 휴게소 • 공동차고지 • 공영차고지 • 물류터미널 • 복합환승센터	• 교통광장 • 건축물부설광장 • 지하광장 • 경관광장 • 일반광장

03 용도지역의 세분

국토교통부장관, 시·도지사 또는 대도시의 시장은 도시·군관리계획결정으로 주거지역·상업지역 등을 다음과 같이 세분하여 지정할 수 있다.

① 주거지역
  ㉠ 전용주거지역: 양호한 주거환경을 보호하기 위하여 필요한 지역
    • 제1종 전용주거지역: 단독주택 중심의 양호한 주거환경을 보호하기 위하여 필요한 지역
    • 제2종 전용주거지역: 공동주택 중심의 양호한 주거환경을 보호하기 위하여 필요한 지역
  ㉡ 일반주거지역: 편리한 주거환경을 조성하기 위하여 필요한 지역
    • 제1종 일반주거지역: 저층주택을 중심으로 편리한 주거환경을 조성하기 위하여 필요한 지역
    • 제2종 일반주거지역: 중층주택을 중심으로 편리한 주거환경을 조성하기 위하여 필요한 지역
    • 제3종 일반주거지역: 중고층주택을 중심으로 편리한 주거환경을 조성하기 위하여 필요한 지역
  ㉢ 준주거지역: 주거기능을 위주로 이를 지원하는 일부 상업기능 및 업무기능을 보완하기 위하여 필요한 지역

② 상업지역
  ㉠ 중심상업지역: 도심·부도심의 상업기능 및 업무기능의 확충을 위하여 필요한 지역
  ㉡ 일반상업지역: 일반적인 상업기능 및 업무기능을 담당하게 하기 위하여 필요한 지역
  ㉢ 근린상업지역: 근린지역에서의 일용품 및 서비스의 공급을 위하여 필요한 지역
  ㉣ 유통상업지역: 도시내 및 지역간 유통기능의 증진을 위하여 필요한 지역

04 용도지구의 지정

국토교통부장관, 시·도지사 또는 대도시 시장은 도시·군관리계획결정으로 경관지구·방재지구·보호지구·취락지구 및 개발진흥지구를 다음과 같이 세분하여 지정할 수 있다.

경관 지구	자연경관 지구	산지·구릉지 등 자연경관을 보호하거나 유지하기 위하여 필요한 지구
	시가지경 관지구	지역 내 주거지, 중심지 등 시가지의 경관을 보호 또는 유지하거나 형성하기 위하여 필요한 지구
	특화경관 지구	지역 내 주요 수계의 수변 또는 문화적 보존가치가 큰 건축물 주변의 경관 등 특별한 경관을 보호 또는 유지하거나 형성하기 위하여 필요한 지구
방재 지구	시가지방 재지구	건축물·인구가 밀집되어 있는 지역으로서 시설 개선 등을 통하여 재해 예방이 필요한 지구
	자연방재 지구	토지의 이용도가 낮은 해안변, 하천변, 급경사지 주변 등의 지역으로서 건축제한 등을 통하여 재해 예방이 필요한 지구
보호 지구	역사문화 환경보호 지구	국가유산·전통사찰 등 역사·문화적으로 보존가치가 큰 시설 및 지역의 보호와 보존을 위하여 필요한 지구
	중요시설물 보호지구	중요시설물의 보호와 기능의 유지 및 증진 등을 위하여 필요한 지구
	생태계보호 지구	야생동식물서식처 등 생태적으로 보존가치가 큰 지역의 보호와 보존을 위하여 필요한 지구
취락 지구	자연취락지구, 보호취락지구, 집단취락지구	
개발 진흥 지구	주거개발진흥지구, 산업·유통개발진흥지구, 관광·휴양개발진흥지구, 복합개발진흥지구, 특정개발진흥지구	

05 용도지역 안에서의 건폐율

① 준주거지역: 70% 이하
② 중심상업지역: 90% 이하
③ 일반상업지역: 80% 이하
④ 유통상업지역: 80% 이하
⑤ 생산관리지역: 20% 이하
⑥ 전용공업지역: 70% 이하
⑦ 녹지지역: 20% 이하

06 노외주차장의 구조·설비기준

① 노외주차장에는 자동차의 안전하고 원활한 통행을 확보하기 위하여 이륜자동차전용 외의 노외주차장의 경우 차로의 너비는 다음에 따른 기준 이상으로 하여야 한다.

주차형식	차로의 너비	
	출입구가 2개 이상인 경우	출입구가 1개인 경우
평행주차	3.3m	5.0m
직각주차	6.0m	6.0m
60도 대향주차	4.5m	5.5m
45도 대향주차	3.5m	5.0m
교차주차	3.5m	5.0m

② 노외주차장의 출입구 너비는 3.5m 이상으로 하여야 하며, 주차대수 규모가 50대 이상인 경우에는 출구와 입구를 분리하거나 너비 5.5m 이상의 출입구를 설치하여 소통이 원활하도록 하여야 한다.

③ 지하식 또는 건축물식 노외주차장의 차로는 ①의 기준에 따르는 외에 다음에서 정하는 바에 따른다.
- 높이는 주차바닥면으로부터 2.3m 이상으로 하여야 한다.
- 곡선 부분은 자동차가 6m(주차장의 총주차대수가 50대 이하인 경우 5m, 이륜자동차전용 노외주차장의 경우 3m) 이상의 내변반경으로 회전할 수 있도록 하여야 한다.
- 경사로의 차로 너비는 직선형인 경우에는 3.3m 이상(2차로의 경우에는 6m 이상)으로 하고, 곡선형인 경우에는 3.6m 이상(2차로의 경우에는 6.5m 이상)으로 하며, 경사로의 양쪽 벽면으로부터 30cm 이상의 지점에 높이 10cm 이상 15cm 미만의 연석(경계석)을 설치해야 한다. 이 경우 연석 부분은 차로의 너비에 포함되는 것으로 본다.
- 경사로의 종단경사도는 직선 부분에서는 17%를 초과하여서는 아니 되며, 곡선 부분에서는 14%를 초과하여서는 아니 된다.
- 경사로의 노면은 거친 면으로 하여야 한다.
- 주차대수 규모가 50대 이상인 경우의 경사로는 너비 6m 이상인 2차로를 확보하거나 진입차로와 진출차로를 분리하여야 한다.

④ 노외주차장에서 주차에 사용되는 부분의 높이는 주차바닥면으로부터 2.1m 이상으로 하여야 한다.

⑤ 노외주차장 내부 공간의 일산화탄소 농도는 주차장을 이용하는 차량이 가장 빈번한 시각의 앞뒤 8시간의 평균치가 50ppm 이하(실내주차장은 25ppm 이하)로 유지되어야 한다.

Thema 03 국토의 계획 및 이용에 관한 법률

01 정의

① 지구단위계획이란 도시·군계획 수립 대상지역의 일부에 대하여 토지 이용을 합리화하고 그 기능을 증진시키며 미관을 개선하고 양호한 환경을 확보하며, 그 지역을 체계적·계획적으로 관리하기 위하여 수립하는 도시·군관리계획이다.

② 개발밀도관리구역이란 개발로 인하여 기반시설이 부족할 것으로 예상되나 기반시설을 설치하기 곤란한 지역을 대상으로 건폐율이나 용적률을 강화하여 적용하기 위하여 지정하는 구역을 말한다.

③ 도시·군관리계획이란 특별시·광역시·특별자치시·특별자치도·시 또는 군의 개발·정비 및 보전을 위하여 수립하는 토지 이용, 교통, 환경, 경관, 안전, 산업, 정보통신, 보건, 복지, 안보, 문화 등에 관한 다음의 계획을 말한다.
- 용도지역·용도지구의 지정 또는 변경에 관한 계획
- 개발제한구역, 도시자연공원구역, 시가화조정구역, 수산자원보호구역의 지정 또는 변경에 관한 계획
- 기반시설의 설치·정비 또는 개량에 관한 계획
- 도시개발사업이나 정비사업에 관한 계획
- 지구단위계획구역의 지정 또는 변경에 관한 계획과 지구단위계획
- 도시혁신구역의 지정 또는 변경에 관한 계획과 도시혁신계획
- 복합용도구역의 지정 또는 변경에 관한 계획과 복합용도계획
- 도시·군계획시설입체복합구역의 지정 또는 변경에 관한 계획

02 기반시설

① 교통시설: 도로·철도·항만·공항·주차장·자동차정류장·궤도·차량 검사 및 면허시설
② 공간시설: 광장·공원·녹지·유원지·공공공지
③ 유통·공급시설: 유통업무설비, 수도·전기·가스·열공급설비, 방송·통신시설, 공동구·시장, 유류저장 및 송유설비
④ 공공·문화체육시설: 학교·공공청사·문화시설·공공필요성이 인정되는 체육시설·연구시설·사회복지시설·공공직업훈련시설·청소년수련시설
⑤ 방재시설: 하천·유수지·저수지·방화설비·방풍설비·방수설비·사방설비·방조설비

21 건축허가신청에 필요한 설계도서
① 건축허가신청에 필요한 설계도서로는 건축계획서, 배치도, 평면도, 입면도, 단면도, 구조도, 구조계산서, 소방설비도가 있다.
② 건축계획서에 표시하여야 할 사항은 다음과 같다.
- 개요(위치·대지면적 등)
- 지역·지구 및 도시계획사항
- 건축물의 규모(건축면적·연면적·높이·층수 등)
- 건축물의 용도별 면적
- 주차장 규모
- 에너지절약계획서(해당건축물에 한함)
- 노인 및 장애인 등을 위한 편의시설 설치계획서(설치의무가 있는 경우에 한함)

22 건축허용오차
건축물관련 건축기준의 허용오차는 다음과 같다.
① 평면길이, 출구너비, 반자높이, 건축물 높이: 2% 이내
② 벽체두께, 바닥판 두께: 3% 이내

Thema 02 주차장법

01 주차전용건축물의 주차면적비율
주차전용건축물이란 건축물의 연면적 중 주차장으로 사용되는 부분의 비율이 95% 이상인 것을 말한다. 다만, 주차장 외의 용도로 사용되는 부분이 단독주택, 공동주택, 제1종 근린생활시설, 제2종 근린생활시설, 문화 및 집회시설, 종교시설, 판매시설, 운수시설, 운동시설, 업무시설, 창고시설 또는 자동차 관련 시설인 경우에는 주차장으로 사용되는 부분의 비율이 70% 이상인 것을 말한다.

02 부설주차장의 설치대상 시설물 종류 및 설치기준
① 시설면적 100m²당 1대(시설면적/100m²): 위락시설
② 시설면적 150m²당 1대(시설면적/150m²): 문화 및 집회시설(관람장 제외), 종교시설, 판매시설, 운수시설, 의료시설(정신병원·요양병원 및 격리병원 제외), 운동시설(골프장·골프연습장 및 옥외수영장 제외), 업무시설(외국공관 및 오피스텔 제외), 방송통신시설 중 방송국, 장례식장
③ 시설면적 200m²당 1대(시설면적/200m²): 제1종 근린생활시설(공중화장실, 대피소, 지역아동센터 제외), 제2종 근린생활시설, 숙박시설
④ 기타
- 골프장: 1홀당 10대(홀의 수×10)
- 골프연습장: 1타석당 1대(타석의 수×1)
- 옥외수영장: 정원 15명당 1대(정원/15명)
- 관람장: 정원 100명당 1대(정원/100명)

03 실태조사 방법 등
① 주차장의 수급실태 조사 시 조사구역 설정방법은 다음과 같다.
- 사각형 또는 삼각형 형태로 조사구역을 설정하되 조사구역 바깥 경계선의 최대거리가 300m를 넘지 않도록 할 것
- 각 조사구역은 「건축법」에 따른 도로를 경계로 구분할 것
- 아파트단지와 단독주택단지가 섞여 있는 지역 또는 주거기능과 상업·업무기능이 섞여 있는 지역의 경우에는 주차시설 수급의 적정성, 지역적 특성 등을 고려하여 같은 특성을 가진 지역별로 조사구역을 설정할 것
② 수급실태조사 및 안전관리실태조사의 주기는 3년으로 한다.

04 주차장의 형태
① 자주식주차장: 지하식·지평식 또는 건축물식(공작물식 포함)
② 기계식주차장: 지하식·건축물식(공작물식 포함)

05 주차장의 주차구획
① 평행주차형식의 경우 주차단위구획은 다음과 같다.

구분	너비	길이
경형	1.7m 이상	4.5m 이상
일반형	2.0m 이상	6.0m 이상
보도와 차도의 구분이 없는 주거지역의 도로	2.0m 이상	5.0m 이상
이륜자동차전용	1.0m 이상	2.3m 이상

② 평행주차형식 외의 경우 주차단위구획은 다음과 같다.

구분	너비	길이
경형	2.0m 이상	3.6m 이상
일반형	2.5m 이상	5.0m 이상
확장형	2.6m 이상	5.2m 이상
장애인전용	3.3m 이상	5.0m 이상
이륜자동차전용	1.0m 이상	2.3m 이상

15 건축물의 내화구조

다음의 어느 하나에 해당하는 건축물의 주요구조부와 지붕은 내화구조로 해야 한다.

① 제2종 근린생활시설 중 공연장·종교집회장(바닥면적의 합계 300m² 이상), 문화 및 집회시설(전시장 및 동·식물원 제외), 종교시설, 위락시설 중 주점영업 및 장례시설의 용도로 쓰는 건축물로서 관람실 또는 집회실의 바닥면적의 합계가 200m²(옥외관람석의 경우 1,000m²) 이상인 건축물

② 문화 및 집회시설 중 전시장 또는 동·식물원, 판매시설, 운수시설, 교육연구시설에 설치하는 체육관·강당, 수련시설, 운동시설 중 체육관·운동장, 위락시설(주점영업 제외), 창고시설 등의 용도로 쓰는 건축물로서 그 용도로 쓰는 바닥면적의 합계가 500m² 이상인 건축물

③ 공장의 용도로 쓰는 건축물로서 그 용도로 쓰는 바닥면적의 합계가 2,000m² 이상인 건축물

16 일조 등의 확보를 위한 건축물의 높이 제한

전용주거지역이나 일반주거지역에서 건축물을 건축하는 경우에는 건축물의 각 부분을 정북 방향으로의 인접 대지경계선으로부터 다음의 범위에서 건축조례로 정하는 거리 이상을 띄어 건축하여야 한다.

① 높이 10m 이하인 부분: 인접 대지경계선으로부터 1.5m 이상
② 높이 10m를 초과하는 부분: 인접 대지경계선으로부터 해당 건축물 각 부분 높이의 2분의 1 이상

17 옹벽 등의 공작물에의 준용

공작물을 건축물과 분리하여 축조할 때 특별자치시장·특별자치도지사 또는 시장·군수·구청장에게 신고를 해야 하는 공작물의 기준은 다음과 같다.

① 높이 2m를 넘는 옹벽 또는 담장
② 높이 4m를 넘는 장식탑, 기념탑, 첨탑, 광고탑, 광고판, 그 밖에 이와 비슷한 것
③ 높이 6m를 넘는 굴뚝
④ 높이 8m를 넘는 고가수조나 그 밖에 이와 비슷한 것
⑤ 바닥면적 30m²를 넘는 지하대피호
⑥ 높이 6m를 넘는 골프연습장 등의 운동시설을 위한 철탑, 주거지역·상업지역에 설치하는 통신용 철탑, 그 밖에 이와 비슷한 것 등

18 면적 등의 산정방법

① 대지면적: 대지의 수평투영면적으로 한다.

② 건축면적: 건축물의 외벽(외벽이 없는 경우에는 외곽 부분의 기둥으로 한다. 이하 이 호에서 같다)의 중심선으로 둘러싸인 부분의 수평투영면적으로 한다. 다만 다음의 경우에는 건축면적에 산입하지 않는다.

- 지표면으로부터 1m 이하에 있는 부분
- 건축물 지상층에 일반인이나 차량이 통행할 수 있도록 설치한 보행통로나 차량통로
- 지하주차장의 경사로

③ 바닥면적: 건축물의 각 층 또는 그 일부로서 벽, 기둥, 그 밖에 이와 비슷한 구획의 중심선으로 둘러싸인 부분의 수평투영면적으로 한다.

④ 연면적: 하나의 건축물 각 층의 바닥면적의 합계로 하되, 용적률을 산정할 때에는 다음에 해당하는 면적은 제외한다.

- 지하층의 면적
- 지상층의 주차용(해당 건축물의 부속용도인 경우만 해당)으로 쓰는 면적
- 초고층 건축물과 준초고층 건축물에 설치하는 피난안전구역의 면적
- 건축물의 경사지붕 아래에 설치하는 대피공간의 면적

19 공사감리업무 등

공사감리자가 수행하여야 하는 감리업무는 다음과 같다.

① 건축물 및 대지가 이 법 및 관계 법령에 적합하도록 공사시공자 및 건축주 지도
② 시공계획 및 공사관리의 적정여부의 확인
- 수급인이 시공자격을 갖춘 건설사업자에게 건축공사를 하도급 했는지에 대한 확인
- 수급인이 공사현장에 건설기술인을 배치했는지에 대한 확인
③ 공사현장에서의 안전관리의 지도
④ 공정표의 검토
⑤ 상세시공도면의 검토·확인
⑥ 구조물의 위치와 규격의 적정여부의 검토·확인
⑦ 품질시험의 실시여부 및 시험성과의 검토·확인
⑧ 설계변경의 적정여부의 검토·확인
⑨ 기타 공사감리계약으로 정하는 사항

20 태양열을 이용하는 주택 등의 건축면적 산정방법 등

태양열을 주된 에너지원으로 이용하는 주택의 건축면적은 건축물의 외벽 중 내측 내력벽의 중심선을 기준으로 한다.

08 공개 공지 등의 확보

다음의 어느 하나에 해당하는 건축물의 대지에는 공개 공지 또는 공개 공간을 설치해야 한다.

① 문화 및 집회시설, 종교시설, 판매시설(농수산물 유통시설 제외), 운수시설(여객용 시설만 해당), 업무시설 및 숙박시설로서 해당 용도로 쓰는 바닥면적의 합계가 5,000m² 이상인 건축물

② 그 밖에 다중이 이용하는 시설로서 건축조례로 정하는 건축물

09 건축선

① 너비 8m 미만인 도로의 모퉁이에 위치한 대지의 도로모퉁이 부분의 건축선은 그 대지에 접한 도로경계선의 교차점으로부터 도로경계선에 따라 다음의 표에 따른 거리를 각각 후퇴한 두 점을 연결한 선으로 한다.

도로의 교차각	해당 도로의 너비(m)		교차되는 도로의 너비(m)
	6 이상 8 미만	4 이상 6 미만	
90° 미만	4	3	6 이상 8 미만
	3	2	4 이상 6 미만
90° 이상 120° 미만	3	2	6 이상 8 미만
	2	2	4 이상 6 미만

② 특별자치시장·특별자치도지사 또는 시장·군수·구청장은 도시지역에 4m 이하의 범위에서 건축선을 따로 지정할 수 있다.

10 직통계단의 설치

① 공동주택(층당 4세대 이하는 제외) 또는 업무시설 중 오피스텔의 용도로 쓰는 층으로서 그 층의 해당 용도로 쓰는 거실의 바닥면적의 합계가 300m² 이상인 경우 피난층 또는 지상으로 통하는 직통계단을 2개소 이상 설치하여야 한다.

② 초고층 건축물에는 피난층 또는 지상으로 통하는 직통계단과 직접 연결되는 피난안전구역을 지상층으로부터 최대 30개 층마다 1개소 이상 설치하여야 한다.

③ 주요구조부가 내화구조 또는 불연재료로 된 건축물은 그 보행거리가 50m(층수가 16층 이상인 공동주택의 경우 16층 이상인 층에 대해서는 40m) 이하가 되도록 설치할 수 있다.

④ 피난층 외의 층이 지하층으로서 그 층 거실의 바닥면적의 합계가 200m² 이상인 경우 피난층 또는 지상으로 통하는 직통계단을 2개소 이상 설치하여야 한다.

11 옥상광장 등의 설치

① 옥상광장 또는 2층 이상인 층에 있는 노대 등의 주위에는 높이 1.2m 이상의 난간을 설치하여야 한다. 다만, 그 노대 등에 출입할 수 없는 구조인 경우에는 그러하지 아니하다.

② 5층 이상인 층이 문화 및 집회시설(전시장 및 동·식물원 제외), 종교시설, 판매시설, 위락시설 중 주점영업, 장례시설, 제2종 근린생활시설 중 공연장·종교집회장 등의 용도로 쓰는 경우에는 피난 용도로 쓸 수 있는 광장을 옥상에 설치하여야 한다.

12 방화구획 등의 설치

대피공간의 바닥면적은 인접 세대와 공동으로 설치하는 경우에는 3m² 이상, 각 세대별로 설치하는 경우에는 2m² 이상이어야 한다.

13 비상용 승강기의 설치

높이 31m를 넘는 건축물에는 다음의 기준에 따른 대수 이상의 비상용 승강기(비상용 승강기의 승강장 및 승강로 포함)를 설치하여야 한다.

① 높이 31m를 넘는 각 층의 바닥면적 중 최대 바닥면적이 1,500m² 이하인 건축물: 1대 이상

② 높이 31m를 넘는 각 층의 바닥면적 중 최대 바닥면적이 1,500m²를 넘는 건축물: 1대에 1,500m²를 넘는 3,000m² 이내마다 1대씩 더한 대수 이상

14 거실의 채광 등

① 단독주택 및 공동주택의 거실, 교육연구시설 중 학교의 교실, 의료시설의 병실 및 숙박시설의 객실에는 국토교통부령으로 정하는 기준에 따라 채광 및 환기를 위한 창문등이나 설비를 설치해야 한다.

② 6층 이상인 건축물로서 다음에 해당하는 건축물의 거실(피난층의 거실 제외)에는 배연설비를 해야 한다.

> 문화 및 집회시설, 종교시설, 판매시설, 운수시설, 의료시설(요양병원, 정신병원 제외), 교육연구시설 중 연구소, 노유자시설 중 아동 관련 시설, 노인복지시설(노인요양시설 제외), 수련시설 중 유스호스텔, 운동시설, 업무시설, 숙박시설, 위락시설, 관광휴게시설, 장례시설, 제2종 근린생활시설 중 공연장, 종교집회장, 인터넷컴퓨터게임시설제공업소 및 다중생활시설 등

제5과목 건축관계법규

CBT 대비
FINAL NOTE

Thema 01 건축법

01 정의
① 고층건축물: 층수가 30층 이상이거나 높이가 120m 이상인 건축물
② 지하층: 건축물의 바닥이 지표면 아래에 있는 층으로서 바닥에서 지표면까지 평균높이가 해당 층 높이의 2분의 1 이상인 것
③ 신축: 건축물이 없는 대지에 새로 건축물을 축조하는 것
④ 증축: 기존 건축물이 있는 대지에서 건축물의 건축면적, 연면적, 층수 또는 높이를 늘리는 것
⑤ 개축: 기존 건축물의 전부 또는 일부를 해체하고 그 대지에 종전과 같은 규모의 범위에서 건축물을 다시 축조하는 것
⑥ 재축: 건축물이 천재지변이나 그 밖의 재해로 멸실된 경우 그 대지에 특정 요건을 모두 갖추어 다시 축조하는 것
⑦ 다중이용 건축물은 다음의 어느 하나에 해당하는 건축물을 말한다.
 • 바닥면적의 합계가 5,000m² 이상인 문화 및 집회시설(동물원 및 식물원 제외), 종교시설, 판매시설, 운수시설 중 여객용 시설, 의료시설 중 종합병원, 숙박시설 중 관광숙박시설
 • 16층 이상인 건축물

02 건축신고
허가 대상 건축물이라 하더라도 다음의 어느 하나에 해당하는 경우에는 미리 특별자치시장·특별자치도지사 또는 시장·군수·구청장에게 국토교통부령으로 정하는 바에 따라 신고를 하면 건축허가를 받은 것으로 본다.
① 바닥면적의 합계가 85m² 이내의 증축·개축 또는 재축. 다만, 3층 이상 건축물인 경우에는 증축·개축 또는 재축하려는 부분의 바닥면적의 합계가 건축물 연면적의 10분의 1 이내인 경우로 한정한다.
② 관리지역, 농림지역 또는 자연환경보전지역에서 연면적이 200m² 미만이고 3층 미만인 건축물의 건축. 다만, 지구단위계획구역과 방재지구 등 재해취약지역으로서 대통령령으로 정하는 구역의 건축은 제외한다.
③ 연면적이 200m² 미만이고 3층 미만인 건축물의 대수선
④ 주요구조부의 해체가 없는 등 대통령령으로 정하는 대수선
⑤ 소규모 건축물로서 연면적의 합계가 100m² 이하의 건축물의 건축 등

03 용도변경
다음의 어느 하나에 해당하는 시설군에 속하는 건축물의 용도를 상위군(상위 번호)에 해당하는 용도로 변경하는 경우에는 국토교통부령으로 정하는 바에 따라 특별자치시장·특별자치도지사 또는 시장·군수·구청장의 허가를 받아야 한다.
반대로 하위군(하위 번호)에 해당하는 용도로 변경하는 경우는 신고 대상이다.

1. 자동차 관련 시설군	6. 교육 및 복지시설군
2. 산업 등의 시설군	7. 근린생활시설군
3. 전기통신시설군	8. 주거업무시설군
4. 문화 및 집회시설군	9. 그 밖의 시설군
5. 영업시설군	

04 대지의 조경
면적이 200m² 이상인 대지에 건축을 하는 건축주는 용도지역 및 건축물의 규모에 따라 해당 지방자치단체의 조례로 정하는 기준에 따라 대지에 조경이나 그 밖에 필요한 조치를 하여야 한다.

05 대지와 도로의 관계
건축물의 대지는 2m 이상이 도로에 접하여야 한다.(자동차만의 통행에 사용되는 도로 제외)

06 건축선에 따른 건축제한
도로면으로부터 높이 4.5m 이하에 있는 출입구, 창문, 그 밖에 이와 유사한 구조물은 열고 닫을 때 건축선의 수직면을 넘지 아니하는 구조로 하여야 한다.

07 일조 등의 확보를 위한 건축물의 높이 제한
전용주거지역과 일반주거지역 안에서 건축하는 건축물의 높이는 일조 등의 확보를 위하여 정북방향의 인접 대지경계선으로부터의 거리에 따라 대통령령으로 정하는 높이 이하로 하여야 한다.

Thema 08 승강설비

01 유압식 엘리베이터의 특징
① 오버헤드가 작음
② 기계실의 위치가 자유로움
③ 지하주차장 엘리베이터와 같이 지하층에만 운전하는 경우 적용

02 승합전자동방식 엘리베이터
승객 스스로 운전하는 전자동 엘리베이터로 카 버튼이나 승강장의 호출신호로 기동, 정지를 이루는 엘리베이터 조작 방식

03 엘리베이터 안전장치
전자브레이크, 조속기, 비상정지장치, 종점스위치, 리밋스위치, 완충기, 도어 안전장치 등
※ 리밋스위치: 카(Car)가 최상층이나 최하층에서 정상 운행위치를 벗어나 그 이상으로 운행하는 것을 방지하는 것

04 엘리베이터 일주시간
① 정의: 엘리베이터가 출발 기준층에서 승객을 싣고 출발하여 각층에 서비스 한 후 출발 기준층으로 되돌아와 다음 서비스를 위해 대기할 때까지의 총 시간
② 구성: 승객출입시간+도어개폐시간+주행시간

05 에스컬레이터 주요 특징
① 엘리베이터에 비해 수송능력이 큼
② 수송량에 비해 점유면적이 작음
③ 대기시간이 없고 연속적인 수송설비
④ 연속운전되므로 전원설비에 부담이 적음
⑤ 건축에 걸리는 하중이 최하층에 집중되지 않고 각 층에 분담
⑥ 에스컬레이터의 수량은 공칭 수송능력의 80% 정도를 설계 수송능력으로 하여 계산

06 에스컬레이터 배열방법 - 교차형
① 설치면적이 작음
② 교통 혼잡이 적음
③ 승강, 하강 모두 연속적으로 갈아탈 수 있음
④ 승객 시야가 나쁨
⑤ 일반적으로 대형 백화점에서 채용

07 에스컬레이터의 경사도
① 경사도는 30°를 초과하지 않아야 함
② 높이가 6m 이하이고 공칭속도 0.5m/s 이하인 경우에는 경사도 35°까지 가능

Thema 09 환경계획원론

01 물리적 온열 4요소
온열감각에 영향을 미치는 물리적 온열 4요소: 기온, 습도, 기류, 평균복사온도

02 결로 방지대책
① 자주 환기
② 벽에 방습층을 설치
③ 벽체의 열관류율을 작게
④ 벽체의 열관류저항을 크게
⑤ 각 실 간의 온도차를 작게
⑥ 난방에 의한 수증기 발생을 억제
⑦ 실내측 벽의 표면온도를 실내공기의 노점온도보다 높게

03 음의 크기 단위(Sone)
음의 크기: 음의 대소를 나타내는 감각량

04 잔향시간
① 실의 용적에 비례하고, 실의 전체 흡음력에 반비례
② 실의 용적이 잔향시간에 가장 큰 영향
③ 영화관은 전기음향설비가 주가 되므로 잔향시간은 짧을수록 좋음

배선 종류	노출장소	
	건조한 장소	습기가 많은 장소
금속관	○	○
버스 덕트	○	×
가요전선관	○	○
플로어 덕트	×	×

09 전기샤프트(ES)
① 각 층마다 같은 위치에 설치
② 면적은 보, 기둥부분을 제외하고 산정
③ 전력용(EPS)과 정보통신용(TPS)을 구분하여 설치하는 것이 원칙이나 공용으로도 사용 가능
④ 점검구는 유지보수 시 기기의 반입 및 반출이 가능하도록 하여야 하며, 점검구 문의 폭은 최소 90cm 이상으로 함
⑤ 가능한 한 공급 대상설비시설 위치의 중심부에 위치하도록 함
⑥ 장래의 배선 등에 대한 여유를 고려한 크기로 함

10 유도전동기
① 구조와 취급이 간단하고 기계적으로 견고함
② 가격이 비교적 싸고 운전이 대체로 쉬움
③ 건축설비에서 가장 널리 사용
④ 회전자계를 만드는 여자전류가 전원측으로부터 흐르는 관계로 역률이 나쁨

11 누전차단기
지락전류를 영상변류기로 검출하는 전류 동작형으로 지락전류가 미리 정해 놓은 값을 초과할 경우, 설정된 시간 내에 회로나 회로의 일부의 전원을 자동으로 차단하는 장치

12 약전설비
전기를 신호로 다루는 설비를 말하며 전화설비, 방송설비, 인터폰설비, 전기음향설비, 감시제어설비, 주차관제설비 등이 해당함

13 조명방식

종류	특징
직접 조명	• 작업면에 고조도를 얻을 수 있으나 심한 휘도의 차 및 짙은 그림자가 생김 • 조명률이 큼 • 실내면 반사율의 영향 작음
간접 조명	• 거의 모든 광속을 윗방향으로 향하게 발산하여 천장 및 윗벽 부분에서 반사되어 방의 아래 각 부분으로 확산시키는 방식 • 직사 눈부심이 없음 • 천장, 벽면 등이 밝은 색이 되어야 하고, 빛이 잘 확산되도록 해야 함
반간접 조명	발산광속 중 상향광속이 60~90%, 하향광속이 10~40%, 천장을 주광원으로 이용

14 건축화 조명
① 정의: 조명기구를 건축 내장재의 일부 마무리로써 건축의장과 조명기구를 일체화하는 조명방식
② 주요 종류
  • 광천장 조명: 천장 전면에 광원 또는 조명기구를 배치하고, 발광면을 확산투과성 플라스틱판이나 루버 등으로 전면을 가리는 조명 방법
  • 다운라이트 조명: 천장면에 작은 구멍을 많이 뚫어 그 속에 여러 형태의 하면개방형, 하면루버형, 하면확산형, 반사형 전구 등의 등기구를 매입하는 조명 방법

15 조명의 소요 개수와 평균조도 계산

$$N = \frac{E \times A}{F \times U \times M}, \quad E = \frac{N \times F \times U \times M}{A}$$

• N: 조명의 개수   • A: 실면적(m^2)
• F: 조명 1개당 광속(lm)
• E: 평균 수평면 조도(lx)
• U: 조명률
• M: 보수율(유지율)   • D: 감광보상률
※ $D \times M = 1$

④ 건물의 규모가 크고 배관 연장이 길 경우는 계통을 나누어 배관
⑤ 장래의 증설 및 이설 등을 고려
⑥ 손상이나 부식 및 전식을 받지 않도록 함

13 LNG와 LPG

구분	특징
LNG	• 공기보다 가벼움 • 무공해, 무독성 • 주성분은 메탄 • 대규모의 저장시설 필요 • 공급은 배관을 통해 이루어짐 • 가스경보기는 천장에서 30cm 아래에 설치
LPG	• 공기보다 무거움 • 무색, 무취 • 주성분은 프로판, 부탄, 부틸렌, 프로필렌 등 • 액화하면 체적이 1/250 정도 • LNG에 비해 발열량이 큼 • 가스경보기는 바닥에서 30cm 위에 설치

Thema 07 전기설비

01 교류와 직류의 전압구분

구분	교류	직류
저압	1,000V 이하	1,500V 이하
고압	1,000V 초과 7,000V 이하	1,500V 초과 7,000V 이하
특고압	7,000V 초과	7,000V 초과

02 부하율 및 수용률

① 부하율: 최대수용전력에 대한 부하의 평균전력의 비율

$$부하율 = \frac{부하의\ 평균전력}{최대수용전력} \times 100(\%)$$

② 수용률: 총 부하설비용량에 대한 최대수용전력의 비율

$$수용률 = \frac{최대수용전력\ 합계}{총\ 부하설비용량\ 합계} \times 100(\%)$$

03 플레밍의 법칙

① 오른손 법칙: 발전기에 적용되는 법칙으로 유도기전력의 방향을 알기 위하여 사용되는 법칙
② 왼손 법칙: 전류가 흐르고 있는 도선에 대해 자기장이 미치는 힘의 작용방향을 정하는 법칙으로 전동기에 적용되는 법칙

04 변전실 면적에 영향을 주는 요소

① 수전전압 및 수전방식
② 변전설비 변압방식, 변압기 용량
③ 설치 기기와 큐비클의 종류
④ 기기의 배치방법
⑤ 건축물의 구조적 여건

05 변전실 위치

① 부하의 중심에 가까운 곳
② 외부로부터 전선의 인입이 쉬운 곳
③ 지반이 좋고 침수의 염려가 없는 곳
④ 습기나 먼지, 염해, 유독가스의 발생이 적은 곳
⑤ 기기의 반출입이 용이한 곳
⑥ 발전기실, 축전지실과 인접한 곳
⑦ 간선의 배선과 점검 및 유지보수가 용이한 곳
⑧ 용량의 증설에 대비한 면적을 확보할 수 있는 곳

06 배전반

전면이나 후면 또는 양면에서 개폐기, 과전류 차단장치 및 기타 보호장치, 모선 및 계측기 등이 부착되어 있는 하나의 대형 패널 또는 여러 개의 패널, 프레임 또는 패널 조립품으로서, 전면과 후면에서 접근할 수 있는 것

07 간선의 배선방식

① 나뭇가지식(수지상식): 1개소의 사고가 전체에 영향을 미치고 신뢰도가 낮으며 각 분전반 별로 동일전압을 유지할 수 없음
② 평행식: 분전반에서 사고가 발생했을 때 그 파급범위가 가장 좁은 것
③ 병용식

08 각종 배선공사

① 금속관 공사: 저압옥내 배선공사 중 콘크리트 속에 직접 묻을 수 있음, 옥내의 은폐장소 및 노출장소에 모두 사용 가능, 외부적 응력에 대해 전선 보호의 신뢰성이 높음
② 금속 덕트 공사: 다수회선의 절연전선이 동일 경로에 부설되는 간선 부분에 사용
③ 플로어 덕트 공사: 덕트 내부에는 절연전선을 사용
④ 합성수지관(경질비닐관) 공사: 열적영향이나 기계적 외상을 받기 쉬움, 관 자체가 절연체이므로 감전의 우려가 없음, 화학공장·연구실의 배선에 적합, 옥내의 점검 불가능한 은폐 장소에도 사용 가능

02 옥내소화전
① 방수구 높이: 1.5m 이하
② 방수구까지의 수평거리: 25m 이하
③ 방수압력: 0.17MPa 이상
④ 방수량: 130L/min 이상
⑤ 수원의 저수량

> $2.6m^3 \times N$개
>
> ※ N: 옥내소화전 개수, 2개 이상 설치된 경우 2로 계산

03 스프링클러설비
① 방수압력 0.1MPa, 80L/min 이상 방수성능
② 수원의 저수량
  - 폐쇄형 스프링클러헤드

> $1.6m^3 \times$ 설치장소별 기준개수
> ※ 설치장소별 스프링클러헤드의 기준개수
>
> | 설치장소 | 기준개수 |
> |---|---|
> | 아파트 | 10개 |
> | 지하층을 제외한 층수가 11층 이상인 소방대상물(아파트 제외) | 30개 |
> | 지하가 또는 지하역사 | 30개 |
> | 판매시설, 복합건축물 | 30개 |

  - 개방형 스프링클러헤드

> – 스프링클러헤드의 개수가 30개 이하일 경우
>   → $1.6m^3 \times$ 설치헤드수
> – 스프링클러헤드의 개수가 30개 초과일 경우
>   → 가압송수장치의 분당 송수량 × 설계방수시간

04 소화활동설비의 종류
제연설비, 연결송수관설비, 연결살수설비, 비상콘센트설비, 무선통신보조설비, 연소방지설비가 있다.

05 연결송수관설비 방수구
① 연결송수관설비의 전용방수구 또는 옥내소화전 방수구로서 구경 65mm의 것으로 설치
② 위치 표시는 표시등 또는 축광식 표지로 함
③ 호스접결구: 바닥으로부터 0.5m 이상 1m 이하의 위치에 설치
④ 개폐기능을 가진 것으로 설치하여야 하며, 평상시 닫힌 상태를 유지

06 비상콘센트설비
① 층수가 11층 이상인 특정소방대상물의 경우 11층 이상의 층에 비상콘센트설비를 설치
② 비상콘센트는 바닥으로부터 높이 0.8m 이상 1.5m 이하의 위치에 설치
③ 전원회로는 각 층에 있어서 2 이상이 되도록 설치하는 것이 원칙

07 감지기

종류	특징
정온식	• 주위 온도가 일정 온도 이상으로 되면 동작 • 주방·보일러실 등
차동식	• 주위의 온도상승률이 일정한 값을 초과하는 경우 동작 • 일반사무실
보상식	차동식과 정온식의 장점을 합한 것
연기식	• 광전식, 이온화식 • 복도 및 계단, 층고가 높은 곳 등

08 소화기구를 설치해야 하는 특정소방대상물의 연면적 기준
$33m^2$ 이상

09 도시가스의 압력에 의한 분류

구분	압력
고압	1MPa 이상
중압	0.1MPa 이상 ~ 1MPa 미만
저압	0.1MPa 미만

10 가스계량기와의 거리

대상	거리
절연조치를 하지 아니한 전선	15cm 이상
굴뚝(단열조치를 하지 아니한 경우) 전기점멸기, 전기접속기	30cm 이상
전기계량기, 전기개폐기	60cm 이상

11 정압기(Governor)
가스공급회사로부터 공급받은 가스를 건물에서 사용하기에 적합한 압력으로 조정하는 장치

12 도시가스 배관 시공
① 도시가스 배관은 건물 내에서는 반드시 노출배관으로 함
② 배관 도중에 신축 흡수를 위한 이음을 함
③ 건물의 주요 구조부를 관통하지 않음

10 팬코일유닛방식
① 전수방식에 속함
② 덕트 샤프트나 스페이스가 필요 없거나 작아도 됨
③ 외기량이 부족하여 실내공기의 오염이 심할 수 있는 방식
④ 각 실에 수배관으로 인한 우수의 우려
⑤ 각 실의 유닛은 수동으로도 제어할 수 있고, 개별 제어가 용이
⑥ 유닛을 창문 밑에 설치하면 콜드 드래프트를 줄일 수 있음
⑦ 덕트방식에 비해 유닛의 위치 변경이 용이

11 스플릿 댐퍼
덕트의 분기부에 설치하여 풍량조절용으로 사용되는 댐퍼

12 고속덕트
① 동일한 풍량을 송풍할 경우 저속덕트에 비해 송풍기 동력이 많이 듦
② 공장이나 창고 등과 같이 소음이 별로 문제가 되지 않는 곳에 사용
③ 동일한 풍량을 송풍할 경우 저속덕트에 비해 덕트의 단면치수가 작아도 됨
④ 덕트 설치공간을 작게 할 수 있음

13 덕트의 마찰저항 계산

$$R = f \times \frac{L \times v^2 \times \rho}{2D}$$

- f: 마찰저항계수
- L: 관의 길이(m)
- v: 평균속도(m/s)
- ρ: 공기의 밀도(kg/m³)
- D: 관의 직경(m)
※ kg/m·s² = Pa

14 전열교환기
① 실내의 열에너지를 회수하여 도입되는 외기에 공급함으로써 에너지를 절약 가능
② 중앙공조시스템이나 공장 등에서 환기에서의 에너지 회수방식으로 사용
③ 냉방기와 난방기의 열회수량은 실내·외의 온도차가 클수록 많음
④ 현열과 잠열 양방의 열교환이 가능
⑤ 공조기는 물론 보일러나 냉동기의 용량을 줄일 수 있음

15 자연환기
① 풍력환기량: 풍속에 비례, 유량계수에 비례
② 중력환기량: 실내외의 온도차에 비례, 개구부 면적에 비례, 공기의 입구와 출구가 되는 두 개구부의 수직거리에 비례
③ 중력환기는 실내외의 온도차에 의한 공기의 밀도차가 원동력
④ 환기량은 중성대로부터 공기유입구 또는 유출구까지의 높이가 클수록 많아짐

16 기계환기

구분	급기구	배기구	사용장소
제1종	급기팬	배기팬	수술실
제2종	급기팬	자연 배기	반도체 공장, 무균실
제3종	자연 급기	배기팬	주방, 화장실

17 환기량 계산
① 허용치를 이용

$$G = \frac{k}{P_i - P_o}$$

- G: 환기량(m³/h)
- k: 유해가스 발생량(m³/h)
- P_i: 허용농도(ppm)
- P_o: 외기가스농도(ppm)

② 발열량 이용

$$G = \frac{3{,}600Q}{\rho \times C \times \Delta t}$$

- G: 환기량(m³/h)
- Q: 발열량(kW)
- ρ: 공기의 밀도(kg/m³)
- C_i: 공기의 비열(kJ/kg·K)
- Δt: 온도차(K)

Thema 06 소화설비 및 가스설비

01 화재의 종류

구분	종류
A급 화재	일반 화재
B급 화재	유류 화재
C급 화재	전기 화재
K급 화재	주방 화재

10 흡수식 냉동기
① 열에너지에 의해 냉동효과를 얻음
② 구성요소: 증발기, 흡수기, 재생기, 응축기
③ 냉동사이클: 증발 → 흡수 → 재생 → 응축

11 냉각탑
냉매를 응축시키는데 사용된 냉각수를 재사용하기 위하여 대기와 접촉시켜서 냉각시키는 설비

Thema 05 공기조화설비

01 습공기선도
① 구성요소: 건구온도, 습구온도, 노점온도, 절대습도, 상대습도, 포화도, 수증기(분)압, 엔탈피, 비용적(비체적), 현열비, 열수분비
② 절대습도의 변화 없이 건구온도만 상승시킬 때, 엔탈피는 증가
③ 건구온도와 습구온도가 동일하면 상대습도 100%
④ 습구온도는 건구온도보다 높을 수 없음
⑤ 노점온도: 습공기가 냉각되어 포함되어 있던 수증기가 응축되기 시작하는 온도

02 습공기 가열·냉각 시 상태변화

습공기	상태변화
가열	엔탈피 증가, 비체적 증가, 상대습도 감소
냉각	엔탈피 감소, 비체적 감소, 상대습도 증가

03 현열비
① 엔탈피 변화량에 대한 현열 변화량의 비
② 현열비 $= \dfrac{\text{현열부하}}{\text{현열부하}+\text{잠열부하}}$

04 혼합공기의 온도 계산

$$(Q_1+Q_2) \times t_3 = (Q_1 \times t_1) \times (Q_2 \times t_2)$$

- Q_1, Q_2: 혼합 전의 공기량
- t_1, t_2: 혼합 전의 공기 온도
- t_3: 혼합 후의 공기 온도

05 공기조화방식 분류

구분	열원방식
중앙방식	전공기방식
	공기·수방식
	전수방식
개별방식	냉매방식

06 전공기방식의 종류
① 정풍량 단일덕트방식
② 변풍량 단일덕트방식
③ 이중덕트방식
④ 멀티존유닛방식
⑤ 각층 유닛방식

07 전수방식
① 실내공기가 오염되기 쉬우나 개별제어, 개별운전이 가능
② 덕트 스페이스가 필요 없음
③ 실내의 배관에 의한 누수의 우려
④ 열매체가 증기 또는 냉·온수로 열의 운송동력이 공기에 비해 적게 소요

08 변풍량 단일덕트방식
① 급기온도를 일정하게 하고 송풍량을 변화시켜서 실내온도를 조절하는 공기조화방식
② 전공기방식에 속함
③ 각 실이나 존의 온도를 개별제어 가능
④ 부하변동에 따라 송풍량을 조절할 수 있으므로 에너지 절약 가능(운전비 감소)
⑤ 정풍량 단일덕트방식보다 설비비가 많이 듦
⑥ 송풍량 조절의 기준: 실내 현열부하

09 이중덕트방식
① 냉풍과 온풍을 공급받아 각 실 또는 각 존의 혼합 유닛에서 혼합하여 공급하는 방식
② 전공기방식에 속함
③ 부하특성이 다른 다수의 실이나 존에도 적용 가능
④ 냉풍과 온풍을 혼합하는 혼합상자가 필요(혼합손실이 발생)
⑤ 덕트가 2개의 계통이므로 설비비가 많이 듦
⑥ 단일덕트방식에 비해 덕트 샤프트 및 덕트 스페이스를 크게 차지

Thema 04 　난방설비 및 냉방설비

01 열관류율(K)

$$K = \frac{1}{\frac{1}{\alpha_i} + \sum \frac{d}{\lambda} + \gamma_a + \frac{1}{\alpha_o}}$$

- α_i: 내표면 열전달률(W/m²·K)
- d: 재료의 두께(m)
- λ: 재료의 열전도율(W/m·K)
- γ_a: 공기층이 있을 경우 그 공기층의 열저항
- α_o: 외표면 열전달률(W/m²·K)

02 증기난방의 장단점

장점	• 증발잠열을 이용하므로 열의 운반능력이 큼 • 예열시간이 짧아 간헐운전이 용이 • 한랭지에서 동결의 우려가 적음 • 열매온도가 높아 방열기의 방열면적이 작음
단점	• 실내 방열량 제어가 어려움 • 증기해머로 인한 소음 발생 • 응축수 환수관 내에 부식이 발생하기 쉬움

03 온수난방의 장단점

장점	• 난방부하의 변동에 따른 온도조절이 비교적 용이함 • 난방을 정지하여도 난방 효과가 어느 정도 지속 • 보일러 취급이 용이함 • 배관 부식의 우려가 적음
단점	• 한랭지에서 운전정지 중에 동결의 우려 • 예열시간·온수순환시간이 긺 • 증기난방에 비해 방열면적이 크므로 설비비가 고가

04 바닥복사난방의 장단점

장점	• 쾌적감 높음 • 실내에 방열기를 설치하지 않으므로 바닥이나 벽면을 유용하게 이용 • 방을 개방하여도 난방효과가 높음 • 실내의 온도분포 비교적 균등 • 천장이 높아도 난방 가능 • 바닥, 벽체, 천장 등을 방열면으로 할 수 있음
단점	• 열용량이 커서 예열시간이 길고, 외기온도가 급변할 경우 방열량 조절이 어려움 • 시공이 어렵고, 수리비와 시설비가 고가임 • 매립코일 고장 시 수리가 어려움

05 지역난방방식
① 시설이 대규모이므로 관리가 용이하고 열효율면에서 유리
② 각 건물의 이용시간차를 이용하면 보일러의 용량을 줄일 수 있음
③ 설비의 고도화로 대기오염 등 공해 방지가능

06 각종 보일러

구분	특징
주철제	• 재질이 약하여 고압으로 사용 곤란 • 비교적 작은 규모 건물의 난방용 • 섹션으로 분할되어 반입, 조립, 증설이 용이 • 내식성이 우수하여 수명이 긺
노통연관식	• 보유 수면이 넓어서 급수용량 제어가 용이 • 부하변동에 잘 적응 • 예열시간이 긺 • 분할 반입이 어려움
수관식	• 지역난방에 적용하기 가장 적합 • 대형건물 또는 병원이나 호텔 등과 같이 고압증기를 다량 사용하는 곳에 적합 • 설치면적이 넓고, 부하변동에 대한 추종성이 높음 • 보일러 하부의 물드럼과 상부의 기수드럼을 연결하는 다수의 관을 연소실 주위에 배치한 구조로 상부 기수드럼의 내의 증기를 사용
관류식	• 보유 수량이 적어 가동시간이 짧음 • 증기 발생이 빠름

07 보일러의 정격출력
① 연속해서 운전할 수 있는 보일러의 능력
② 난방부하＋급탕부하＋배관부하＋예열부하
③ 보일러 선정 시 기준

08 냉방부하 계산 시 현열·잠열
① 현열만을 포함
　• 유리로부터의 취득열량
　• 벽체로부터의 취득열량
　• 덕트로부터의 취득열량
② 현열과 잠열 모두 포함
　• 인체의 발생열량
　• 극간풍에 의한 취득열량
　• 가구, 열원기기 발생열량
　• 외기의 도입으로 인한 취득열량

09 압축식 냉동기
① 기계적 에너지에 의해 냉동효과를 얻음
② 구성요소: 압축기, 응축기, 팽창밸브, 증발기
③ 냉동사이클: 압축 → 응축 → 팽창 → 증발

02 트랩
① 봉수를 고이게 하는 기구
② 목적: 배수관 속 악취, 유독가스 및 벌레의 침입 방지
③ 사이펀식 트랩과 비사이펀식 트랩
  - 사이펀식 트랩: P트랩, S트랩, U트랩
  - 비사이펀식 트랩: 드럼트랩, 벨트랩
④ 봉수파괴

원인	방지대책
자기사이펀작용, 유도사이펀작용, 분출작용	통기관 설치
모세관작용	천조각, 머리카락 제거, 거름망 설치
운동량에 의한 관성작용	격자쇠 설치

⑤ 구비 조건
  - 봉수깊이는 50mm 이상, 100mm 이하
  - 자기세정 기능을 가질 것
  - 오물 등이 부착 또는 침전하기 어려운 구조
  - 봉수부에 이음을 사용하는 경우 금속제 이음을 사용
  - 보수부의 소제구는 나사식 플러그 및 적절한 가스켓을 이용한 구조

03 통기관 설치 목적
① 트랩의 봉수 보호
② 배수관내의 물의 흐름을 원활하게 함
③ 배수관내 신선한 공기 유통을 환기, 청결 유지
④ 관내의 기압을 일정하게 유지

04 각종 통기관
① 각개 통기관: 1개의 트랩을 위해 트랩 하류에서 취출하여, 그 기구보다 윗부분에서 통기계통에 접속하거나 또는 대기 중에 개구하도록 설치한 통기관
② 결합통기관: 배수수직관 내의 압력변화를 방지 또는 완화하기 위해 배수수직관으로부터 분기·입상하여 통기수직관에 접속하는 도피통기관
③ 신정통기관: 최상부의 배수수평관이 배수입상관에 접속한 지점보다도 더 상부 방향으로 그 배수입상관을 지붕 위까지 연장하여 이것을 통기관으로 사용하는 관
④ 공용통기관: 기구가 반대방향 또는 병렬로 설치된 기구배수관의 교점에 접속하여 입상하며, 그 양 기구의 트랩봉수를 보호하기 위한 1개의 통기관
⑤ 루프통기관: 회로통기방식이라고도 하며, 2개 이상의 기구트랩에 공통으로 하나의 통기관을 설치하는 방식

05 수질 관련 용어
① BOD: 생물화학적 산소 요구량
② COD: 화학적 산소 요구량
③ SS: 부유물질로서 오수 중에 현탁되어 있는 물질

06 BOD 제거율

$$\frac{\text{유입수 BOD} - \text{유출수 BOD}}{\text{유입수 BOD}} \times 100\%$$

07 유입 BOD량

$$\text{유입 BOD량} = \text{평균 BOD 농도} \times \text{오수량}$$

08 BOD 부하량

$$\text{BOD 부하량} = 1\text{인 }1\text{일 오수량} \times \text{BOD 농도}$$

09 각종 배관 재료

구분	특징
주철관	• 강관에 비해 내식성 우수 • 오배수관이나 지중 매설 배관에 사용
동관	• 전기 및 열전도율이 좋음 • 전성·연성이 풍부하며 가공도 용이 • 관의 두께에 K, L, M 타입으로 구분
합성수지관	• 온도 변환에 따른 신축에 유의
경질 염화비닐관	• 내식성 우수하나 충격에 약함
연관	• 내식성이 크고 굴곡이 용이하며 점성이 좋아 가공이 쉬움 • 열에 약하여 급탕 및 난방배관에 부적합

10 스트레이너(Strainer)
관 속의 유체가 섞여 있는 모래, 쇠부스러기 등의 이물질을 제거하여 기기의 성능을 보호하기 위해 배관에 설치하는 것

11 체크밸브(역지밸브, Check valve)
유체의 흐름을 한 방향으로만 흐르게 하고 반대방향으로는 흐르지 못하게 하는 밸브

14 펌프의 회전수와 유량, 양정, 축동력
유량(양수량)은 펌프의 회전수에 비례

15 공동현상(Cavitation) 방지대책
① 펌프의 설치 높이를 최대한 낮추어 흡입양정을 낮게 함
② 흡입 배관의 마찰저항을 감소
③ 펌프의 회전수를 낮추어 흡입비 속도를 작게 함
④ 공기 유입 및 수온 상승 방지

Thema 02 급탕설비

01 급탕부하

$$\frac{G \times c \times \Delta t}{3,600}$$

G: 시간당 급탕량(kg/h)
c: 물의 비열(4.2kJ/kg·K)
Δt: 온도차(K)

02 개별식(국소식) 급탕방식
① 온수를 사용하는 개소마다 가열장치가 설치되는 것
② 장단점

장점	• 배관 길이가 짧아 배관 중 열 손실이 적음 • 급탕 개소가 작은 경우 설비비 저렴 • 급탕 개소의 증설이 비교적 쉬움 • 소규모 건축물에 적합 • 난방 겸용의 온수보일러 이용 가능
단점	• 급탕 개소마다 가열기의 설치공간 필요 • 급탕 개소가 많으면 설비비가 많이 들고 비효율적 • 소형 온수 보일러는 수압의 변동으로 인해 사용이 불편 • 급탕 개소마다 탕비기를 설치하므로 미관상 좋지 않음

03 중앙식 급탕방식
① 일정한 장소에 급탕장치를 설치하고, 배관에 의하여 필요한 각 사용 장소에 공급하는 방식
② 장단점

장점	단점
• 연료비가 저렴 • 열효율 좋고, 관리상 유리 • 동시사용률을 고려하여 총용량 감소 가능	• 초기투자비 높음 • 배관 도중의 열손실 • 기구 증설에 따른 배관 공사의 어려움

③ 직접가열식과 간접가열식

직접가열식	간접가열식
• 열효율 면에서 경제적 • 수질에 의해 보일러 내면에 스케일이 발생하여 열효율이 저하되며 보일러의 수명 단축 • 급탕하는 건물의 높이가 높을 경우 고압보일러 필요 • 주택 또는 소규모 건물에 실용적	• 난방용 보일러의 증기 사용 시 급탕용 보일러 불필요 • 보일러 내면에 스케일이 거의 생기지 않음 • 건물의 높이에 따른 수압이 보일러에 작용하지 않고 저탕조에 작용하므로 고압용 보일러 불필요 • 대규모 급탕설비에 적합

04 역환수(Reverse return) 방식
급탕·반탕관의 순환거리를 각 계통에 있어서 거의 같게 하여 전 계통의 탕의 순환을 촉진하는 방식

05 신축이음
① 온수의 흐름으로 관경, 길이의 신축이 가능
② 배관 중간에 신축이음을 설치, 배관의 굽힘부분에는 스위블 이음으로 접합, 벽 관통 부분의 배관에는 슬리브를 사용
③ 종류: 스위블, 슬리브형, 벨로즈형, 루프형, 신축곡관 등

06 팽창관(도피관)
① 온수순환배관에 이상 압력이 생겼을 때 그 압력을 흡수하는 도피관
② 급탕 수직관을 연장하여 팽창관으로 하고, 증기나 공기를 배출
③ 밸브류를 설치하지 않음
④ 팽창탱크의 배수는 간접배수로 함

Thema 03 배수 및 통기설비, 오수정화설비

01 청소구 설치
① 배수 배관이 막힐 경우 점검 및 수리를 위해 설치
② 장소
• 가옥배수관과 하수관이 접한 곳
• 배수수직관의 최하단부
• 배수수평지관·배수수평주관의 기점
• 45° 이상의 굴곡배관
• 각종 트랩 및 배관상 필요한 곳

제4과목 건축설비

CBT 대비
FINAL NOTE

Thema 01 급수설비

01 유량

$$Q = A \times v$$

Q: 유량[m²/s]
A: 단면적[m²]
v: 유속[m/s]

02 베르누이의 정리
에너지보존의 법칙을 유체의 흐름에 적용한 것으로서 유체가 갖고 있는 운동에너지, 중력에 의한 위치에너지 및 압력에너지의 총합은 흐름 내 어디에서나 일정

03 수도직결방식
① 위생성 측면에서 가장 바람직한 방식
② 정전으로 인한 단수의 염려가 없음
③ 단수 시 급수 불가
④ 소규모 건물에 적합

04 고가(옥상)탱크방식
① 대규모 급수 수요에 쉽게 대응 가능
② 단수 시에도 급수 가능, 급수 압력 일정
③ 위생 및 유지·관리 측면에서 가장 나쁨
④ 물탱크 하중으로 인해 구조에 유의

05 압력탱크방식
① 탱크를 높은 곳에 설치하지 않아도 됨
② 단수 시 저수조의 물을 사용 가능
③ 국부적으로 고압을 필요로 하는 경우 적합
④ 정전 시 급수가 곤란
⑤ 급수 압력을 일정하게 유지할 수 없으며 밸브나 부품의 파손이 많음
⑥ 시설 및 설비비가 비쌈

06 펌프직송방식(탱크 없는 부스터방식)
① 상향공급 방식이 일반적
② 전력공급 중단 시 급수 불가
③ 대수분할과 압력제어 등을 통해 에너지 절약 가능
④ 건물의 외관 디자인이 용이해지고 구조적 부담이 경감
⑤ 자동제어시스템 고장 시 수리가 어려움
⑥ 펌프의 단락이 잦아 유지관리가 어려움

07 급수관경 결정 방법
① 관균등표
② 동시사용률
③ 마찰저항선도

08 역류 방지 방법
① 토수구 공간을 확보
② 역류방지밸브를 설치
③ 대기압식 또는 가압식 진공브레이커를 설치

09 크로스 커넥션(Cross connection)
① 상수의 급수·급탕계통과 그 외의 계통배관이 장치를 통하여 직접 접속되는 것
② 음료용 급수관과 다른 용도의 배관을 크로스 커넥션하지 않도록 함

10 수격작용(Water hammering)

원인	방지법
• 유속의 급정지 시 충격 • 관경이 작을 때 • 수압 과대, 유속이 클 때 • 밸브 급조작 시	• 가능한 한 직선 배관 • 가능한 한 관경을 크게, 유속을 느리게 • 적정 수압, 밸브를 서서히 작동 • 공기실(Air chamber) 설치

11 펌프의 양정
① 실양정(m) = 흡입양정 + 토출양정
② 전양정(m) = 흡입양정 + 토출양정 + 마찰손실수두

12 펌프의 축동력

$$\frac{W \times Q \times H}{6{,}120 \times E}$$

W: 물의 단위용적중량 (=1,000kg/m³)
Q: 양수량(m³/min)
H: 펌프의 전양정(m)
E: 펌프효율(%)
※ 1kW = 6,120kg·m/min

13 펌프의 구경

$$d = \sqrt{\frac{4Q}{\pi v}} = 1.13\sqrt{\frac{Q}{v}}$$

Q: 양수량(m³/min)
v: 유속(m/s)

16 필릿용접(모살용접)

① 유효목두께$(a) = 0.7s$ (s: 필릿사이즈)

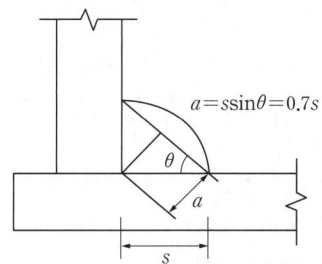

② 유효길이$(l_e) = l - 2s$ (l: 용접길이)

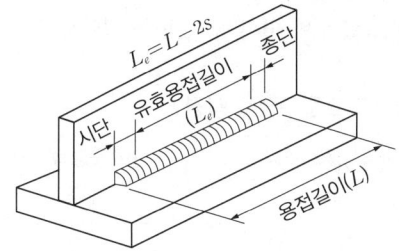

③ 유효면적(A_w) = 유효목두께(a) × 유효길이(l_e)

④ 최소 치수

얇은 쪽 소재 두께(t)	최소 치수(mm)
$t < 6$	3
$6 \leq t < 13$	5
$13 \leq t < 20$	6
$20 \leq t$	8

17 용접도시

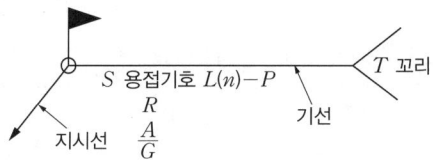

▲ 용접할 곳이 화살 쪽 또는 앞쪽일 때

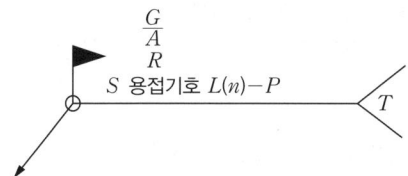

▲ 용접할 곳이 화살 반대쪽 또는 뒤쪽일 때

- S 용접치수
- R 루트간격
- A 개선각
- T 꼬리(특기사항 기록)
- $-$ 표면모양
- G 용접부처리방법
- L 용접길이
- P 용접간격
- ▶ 현장용접

18 용접결함의 종류

오버랩, 크랙, 언더컷, 피트, 블로홀, 슬래그 혼입, 피시아이, 크레이터 등

19 인장재의 순단면적(A_n) 산정

① 정렬배치

$$A_n = A_g - ndt$$

- A_g: 총단면적
- n: 구멍 수
- d: 구멍의 직경
- t: 부재 두께

② 불규칙(엇모)배치

$$A_n = A_g - ndt + \sum \frac{s^2}{4g}t$$

- s: 피치
- g: 게이지

20 H형강 판폭두께비

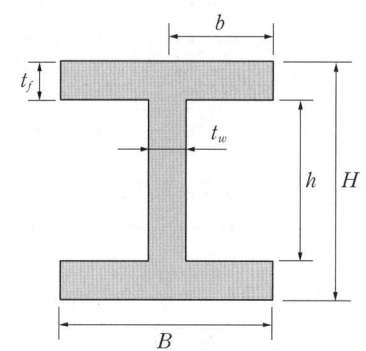

- $\lambda_f = \dfrac{b}{t_f} = \dfrac{B/2}{t_f}$
- $\lambda_w = \dfrac{h}{t_w} = \dfrac{H - 2(t_f)}{t_w}$

21 각형강관 강재비와 폭두께비

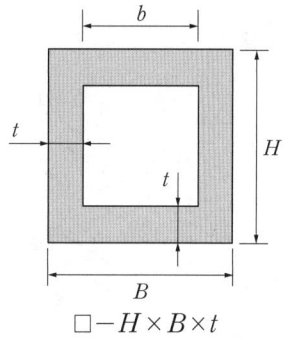

$\square - H \times B \times t$

- 강재비 $\rho_s = \dfrac{A_s}{A_g}$
- 폭두께비 $\lambda = \dfrac{b}{t} = \dfrac{B - 2(t)}{t}$

22 래티스형식 조립압축재

구분	단일 래티스	복 래티스
부재의 기울기	60° 이상	45° 이상
래티스 세장비	140 이하	200 이하

04 주각부 구성요소

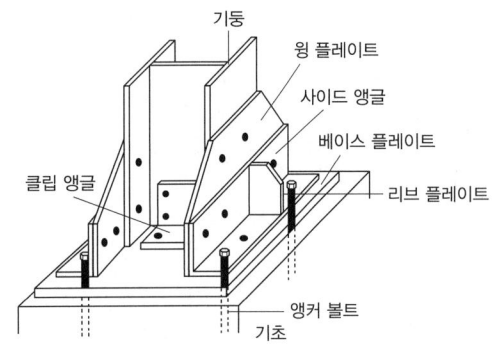

05 H형강의 치수표기

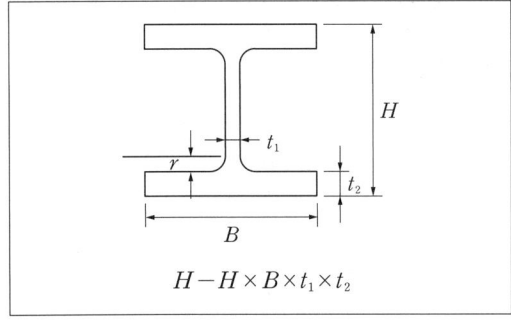

06 골조 아웃리거 구조

고층건물의 구조형식 중에서 건물의 중간층에 대형 수평부재를 설치하여 횡력을 외곽기둥이 분담할 수 있도록 한 형식

07 이중골조방식

수평하중의 25% 이상을 부담하는 모멘트(연성)골조가 전단벽이나 가새골조와 조합되어 있는 골조 방식

08 볼트 접합 용어

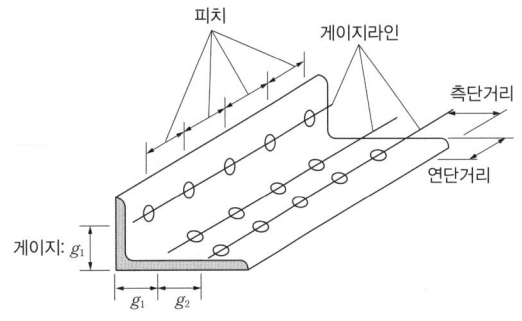

09 고장력볼트 접합 형태

① 마찰접합
② 인장접합
③ 지압접합

10 고장력볼트접합의 특징

① 접합부 강성이 높아 수직방향 접합부의 변형이 거의 없음
② 접합판재 유효단면에서 하중이 적게 전달
③ 볼트의 단위 강도가 높아 큰 응력을 받는 접합부에 적당
④ 피로강도가 높고 접합부 강성과 강도가 큼
⑤ 불량개소의 수정이 용이
⑥ 시공이 용이하여 공기가 절약됨
⑦ 강한 조임력으로 너트의 풀림이 생기지 않음
⑧ 응력방향이 바뀌더라도 혼란이 일어나지 않음

11 고장력볼트 표준구멍의 직경

고장력볼트 호칭	표준구멍의 직경
M16	18
M20	22
M22	24
M24	27
M27	30
M30	33

M16~M22: M+2.0mm
M24~M30: M+3.0mm

12 볼트 기계적 등급 표시 F8T, F10T, F11T

F8T, F10T, F11T의 가운데 숫자 → 인장강도

13 고장력볼트 설계인장강도(ϕR_{nt})

$$\phi R_{nt} = \phi F_{nt} A_b n_s$$

- F_{nt}: 공칭인장강도($=0.75 F_u$)
- A_b: 볼트의 공칭단면적
- n_s: 전단면의 수
- F_u: 인장강도

14 고장력볼트 설계전단강도(ϕR_{nv})

$$\phi R_{nv} = \phi F_{nv} A_b n_s$$

- F_{nv}: 공칭인장강도($=0.5 F_u$)
- A_b: 볼트의 공칭단면적
- n_s: 전단면의 수
- F_u: 인장강도

15 엔드탭

강구조 용접에서 용접 개시점과 종료점에 용착금속에 결함이 없도록 임시로 부착하는 것

13 1방향 슬래브
① 최소 두께: 100mm 이상
② 수축·온도 철근비
- $f_y \leq 400\text{MPa}$인 경우 $\rho = 0.002$
- $f_y > 400\text{MPa}$인 경우 $\rho = 0.002 \times \dfrac{400}{f_y}$

14 2방향 슬래브
① 부계수휨모멘트 $= M_u^- = 0.65 M_0$
② 정계수휨모멘트 $= M_u^+ = 0.35 M_0$
※ M_0는 전체정적계수모멘트

15 플랫슬래브 뚫림전단 위험단면의 위치
기둥면에서 $d/2$만큼 떨어진 주변

16 띠철근 기둥의 최대 설계축하중(ϕP_n)

$$\phi P_n = 0.65 \times 0.8 \times 0.85 f_{ck} \times (A_g - A_{st}) + f_y A_{st}$$

- f_{ck}: 콘크리트 압축강도
- A_g: 기둥의 단면적
- A_{st}: 철근의 전체 단면적
- f_y: 철근 항복강도

17 압축부재의 축방향 주철근의 최소 개수

구분	최소 개수
사각형 또는 원형 띠철근 기둥	4개
삼각형 띠철근 기둥	3개
나선철근 기둥	6개

18 띠철근의 수직간격 – 다음 중 최솟값
① 축방향 철근 지름의 16배 이하
② 띠철근 지름의 48배 이하
③ 기둥 단면 최소 치수의 $\dfrac{1}{2}$ 이하
※ 단, 200mm보다 좁을 필요는 없음

19 철근의 정착
① 압축이형철근의 기본정착길이(l_{db})

$$l_{db} = \dfrac{0.25 d_b f_y}{\lambda \sqrt{f_{ck}}} \geq 0.043 d_b f_y$$

- f_{ck}: 콘크리트 압축강도
- f_y: 철근 항복강도
- d_b: 철근의 지름
- λ: 경량콘크리트계수(보통중량콘크리트 1.0)

② 표준갈고리의 기본정착길이(l_{hb})

$$l_{hb} = \dfrac{0.24 \beta d_b f_y}{\lambda \sqrt{f_{ck}}}$$

- β: 도막계수(도막 되지 않은 철근의 경우 1.0)

20 주철근 90°, 180° 표준갈고리의 구부림 최소 내면 반지름(r)

철근 크기	최소 내면 반지름
D10~D25	$3 d_b$
D29~D35	$4 d_b$
D38 이상	$5 d_b$

Thema 05 강구조

01 바우싱거 효과
강재의 응력–변형도 시험에서 인장력을 가해 소성상태에 들어선 강재를 다시 반대 방향으로 압축력을 작용하였을 때의 압축항복점이 소성상태에 들어서지 않은 강재의 압축항복점에 비해 낮은 현상

02 강종 기호

```
SMA    355    B    W
 |      |     |    |
 ①     ②    ③   ④
```

① 강재 명칭
- SS: Steel Structure (일반구조용 압연강재)
- SM: Steel Marine (용접구조용 압연강재)
- SMA: Steel Marine Atmosphere (용접구조용 내후성 열간압연강재)
- SN: Steel New (건축구조용 압연강재)
- FR: Fire Resistance (건축구조용 내화강재)
- TMCP: Thermo Mechanical Control Process (열처리제어공정강재)

② 강재의 항복강도
③ 샤르피 흡수에너지 등급
④ 내후성 등급

03 전단연결재(시어커넥터, Shear connector)
바닥슬래브와 철골보 사이에 발생하는 전단력에 저항하기 위해 설치

04 총처짐량 = 순간처짐(Δ_L) + 장기처짐(Δ_{LT})

$$\Delta_{LT} = \Delta_L \times \lambda_\Delta = \Delta_L \times \frac{\zeta}{1+50\rho'}$$

장기처짐 = 순간(탄성)처짐 × λ_Δ

- λ_Δ: 지속하중에 대한 처짐계수
- ρ': 압축철근비
- ζ: 시간경과계수

구분	3개월	6개월	12개월	5년 이상
ζ	1.0	1.2	1.4	2.0

05 처짐 계산하지 않는 경우 보 또는 1방향 슬래브의 최소 두께

부재	최소 두께(h_{min})			
	단순지지	1단 연속	양단 연속	캔틸레버
보 및 리브가 있는 1방향 슬래브	$\frac{l}{16}$	$\frac{l}{18.5}$	$\frac{l}{21}$	$\frac{l}{8}$
1방향 슬래브	$\frac{l}{20}$	$\frac{l}{24}$	$\frac{l}{28}$	$\frac{l}{10}$

06 최대 허용처짐

과도한 처짐에 의해 손상되기 쉬운 비구조 요소를 지지 또는 부착하지 않은 바닥구조의 활하중 L에 의한 순간처짐의 한계 → $\frac{L}{360}$

07 콘크리트 압축강도(f_{ck})에 따른 $\varepsilon_{cu}, \eta, \beta_1$

f_{ck}(MPa)	≤40
ε_{cu}(콘크리트 극한변형률)	0.0033
η(콘크리트 등가직사각형 압축응력블록의 크기 계수)	1.0
β_1(압축응력블록의 깊이 계수)	0.8

08 철근비(ρ), 소요철근량(A_s), 등가응력블록의 깊이(a)

$$\rho = \frac{A_s}{bd}$$

- A_s: 소요철근량(철근 단면적)
- bd: 유효단면적(b는 단면의 폭, d는 유효깊이)

$$A_s = \frac{\eta(0.85f_{ck})ab}{f_y}, \quad a = \frac{A_s f_y}{\eta(0.85f_{ck})b}$$

- η: 응력블록의 크기 계수
- f_{ck}: 콘크리트 압축강도
- a: 등가응력블록의 깊이
- b: 단면의 폭
- f_y: 철근 항복강도

09 균형철근비(ρ_b) - f_{ck} ≤ 40MPa 이하

$$\rho_b = \beta_1 \times \frac{\eta(0.85f_{ck})}{f_y} \times \frac{660}{660+f_y}$$

- β_1: 압축응력블록의 깊이 계수
- η: 응력블록의 크기 계수
- f_{ck}: 콘크리트 압축강도
- f_y: 철근 항복강도
- ※ f_{ck} ≤ 40MPa(ε_{cu} = 0.0033)인 경우
- ※ E_s(철근의 탄성계수) = 200,000MPa인 경우

10 최대철근비(ρ_{max})

철근 항복강도(f_y)	최대철근비(ρ_{max})
300MPa	$0.658\rho_b$
350MPa	$0.692\rho_b$
400MPa	$0.726\rho_b$
500MPa	$0.699\rho_b$

※ ρ_b: 균형철근비

11 T형보의 유효폭(b_e) 산정 - 다음 최소값

① $16t_f + b_w$ (t_f: 슬래브 두께, b_w: 보의 폭)
② 양쪽 슬래브 중심간 거리
③ 보 경간의 1/4

12 전단강도설계

$$V_u \leq \phi V_n = \phi(V_c + V_s)$$

- V_u: 소요전단강도
- ϕ: 강도감소계수(전단, 0.75)
- V_n: 공칭전단강도($= V_c + V_s$)
- V_c: 콘크리트에 의한 공칭전단강도
- V_s: 전단철근에 의한 공칭전단강도

① 콘크리트 전단강도(직사각형 단면)

$$V_c = \frac{1}{6}\lambda\sqrt{f_{ck}}b_w d$$

- λ: 경량콘크리트계수(보통중량콘크리트 1.0)
- b_w: 단면 복부폭
- d: 단면 유효춤

② 전단철근 전단강도

$$V_s = \frac{f_{yt}A_v d}{s}$$

- f_{yt}: 전단철근의 설계기준 항복강도
- A_v: 전단철근량
- d: 단면 유효춤
- s: 전단철근(스터럽)의 간격

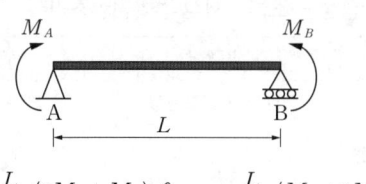

$$\theta_A = \frac{L}{6EI}(2M_A + M_B),\ \theta_B = -\frac{L}{6EI}(M_A + 2M_B)$$

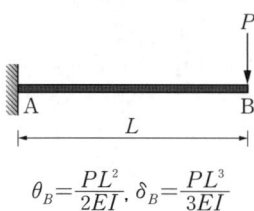

$$\theta_B = \frac{PL^2}{2EI},\ \delta_B = \frac{PL^3}{3EI}$$

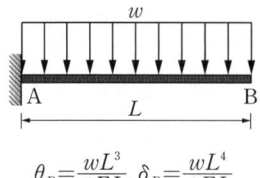

$$\theta_C = \theta_B = \frac{PL^2}{8EI},\ \delta_C = \frac{PL^3}{24EI},\ \delta_B = \frac{5PL^3}{48EI}$$

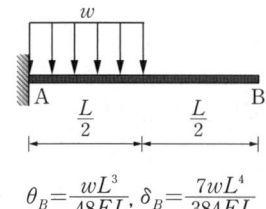

$$\theta_B = \frac{wL^3}{6EI},\ \delta_B = \frac{wL^4}{8EI}$$

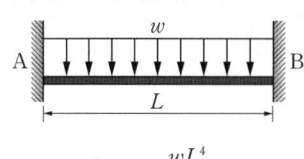

$$\theta_B = \frac{wL^3}{48EI},\ \delta_B = \frac{7wL^4}{384EI}$$

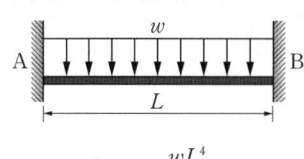

$$\delta_{\max} = \frac{wL^4}{384EI}$$

Thema 04 철근콘크리트구조

01 프리스트레스하지 않는 부재의 현장치기 콘크리트의 최소 피복두께

구분			현장치기 콘크리트 피복두께
수중			100mm
흙에 접하여 타설 후 영구히 흙에 묻혀 있는 콘크리트			75mm
흙에 접하거나 옥외의 공기에 직접 노출	D19 이상		50mm
	D16 이하의 철근, 지름 16 이하의 철선		40mm
옥외의 공기나 흙에 직접 접하지 않는 콘크리트	슬래브, 벽체, 장선	D35 초과	40mm
		D35 이하	20mm
	보, 기둥*		40mm
	쉘, 절판부재		20mm

* 보, 기둥의 경우 $f_{ck} \geq 40$MPa이면 10mm 저감 가능

02 강도감소계수(ϕ)

부재, 단면 또는 하중의 종류		ϕ
인장지배단면		0.85
압축지배단면	나선철근	0.70
	띠철근	0.65
전단력과 비틀림모멘트		0.75
콘크리트의 지압력		0.65
포스트텐션 정착구역		0.85
스트럿-타이 모델	스트럿, 절점부 및 지압부	0.75
	타이	0.85

03 균열모멘트(M_{cr})

$$M_{cr} = f_r \times Z = 0.63\lambda\sqrt{f_{ck}} \times Z$$

- f_r: 콘크리트 파괴계수
- λ: 경량콘크리트계수(보통중량콘크리트 1.0)
- f_{ck}: 콘크리트의 압축강도
- Z: 단면계수(사각형의 경우 $\frac{bh^2}{6}$)

02 트러스의 부재력

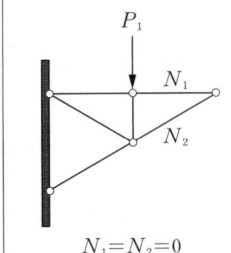

2개의 부재가 만나는 절점에 외력이 작용하지 않는 경우, 2개의 부재 모두 부재력은 0이다.

$N_1 = N_2 = 0$

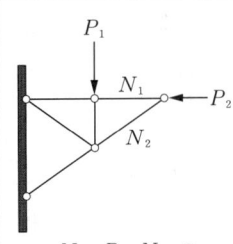

하나의 부재축과 나란하게 외력이 작용하는 경우, 다른 한 부재의 부재력은 0이다.

$N_1 = P_1, \ N_2 = 0$

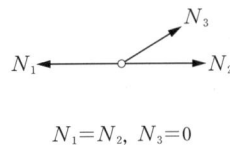

절점에 외력이 작용하지 않는 경우 동일 직선상에 놓여 있는 2개 부재의 부재력은 같고 다른 한 부재의 부재력은 0이다.

$N_1 = N_2, \ N_3 = 0$

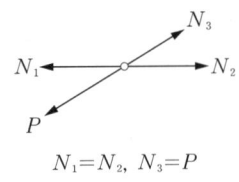

절점에 외력이 작용할 때 그 외력이 부재와 일직선상에 나란하게 작용하면 그 부재의 부재력은 외력과 같다.

$N_1 = N_2, \ N_3 = P$

03 부정정 구조물 – 고정단 모멘트(FEM)

형태	기본 공식
(P at distance a, b on fixed beam AB, length L)	$FEM_{AB} = -\dfrac{P \cdot a \cdot b^2}{L^2}$ (↶) $FEM_{BA} = +\dfrac{P \cdot a^2 \cdot b}{L^2}$ (↷)
(P at midspan of fixed beam AB, length L)	$FEM_{AB} = -\dfrac{PL}{8}$ (↶) $FEM_{BA} = +\dfrac{PL}{8}$ (↷)
(w uniform load on fixed beam AB, length L)	$FEM_{AB} = -\dfrac{wL^2}{12}$ (↶) $FEM_{BA} = +\dfrac{wL^2}{12}$ (↷)

04 부정정 구조물 – 처짐각법 평형조건식

절점방정식	층방정식
모멘트 평형조건식	전단력 평형조건식
(절점 O에서 $M_{OA}, M_O, M_{OB}, M_{OC}$)	(기둥 AB, M_{BA}, M_{AB}, P, h)
$M_O = M_{OA} + M_{OB} + M_{OC}$	$P = \dfrac{M_{AB} + M_{BA}}{h}$

05 부정정 구조물 – 모멘트 분배법

① 분배율: 절점에서 각 부재로 분배되는 모멘트의 비율

$$DF = \dfrac{k}{\sum k} \qquad \cdot k: 강성비$$

- 타단고정일 경우: k
- 타단힌지일 경우: $\dfrac{3}{4}k$

② 전달률: 절점에서 분배된 모멘트가 타단으로 전달되는 비율로 일반적으로 타단고정일 때 $\dfrac{1}{2}$, 즉 절점에서 분배된 모멘트의 절반이 타단으로 전달됨

06 대표적인 처짐 및 처짐각

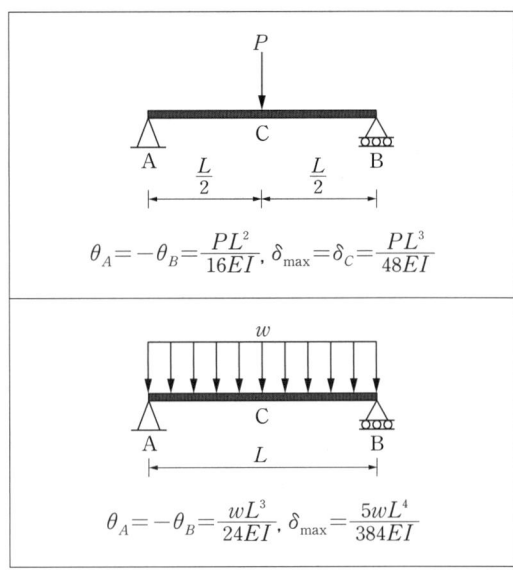

$\theta_A = -\theta_B = \dfrac{PL^2}{16EI}, \ \delta_{\max} = \delta_C = \dfrac{PL^3}{48EI}$

$\theta_A = -\theta_B = \dfrac{wL^3}{24EI}, \ \delta_{\max} = \dfrac{5wL^4}{384EI}$

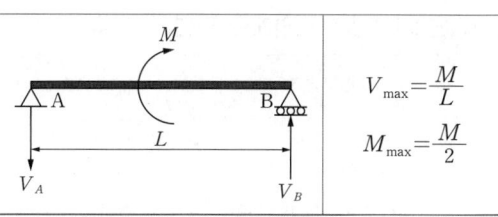

$V_{max} = \dfrac{M}{L}$

$M_{max} = \dfrac{M}{2}$

10 캔틸레버보의 전단력, 휨모멘트

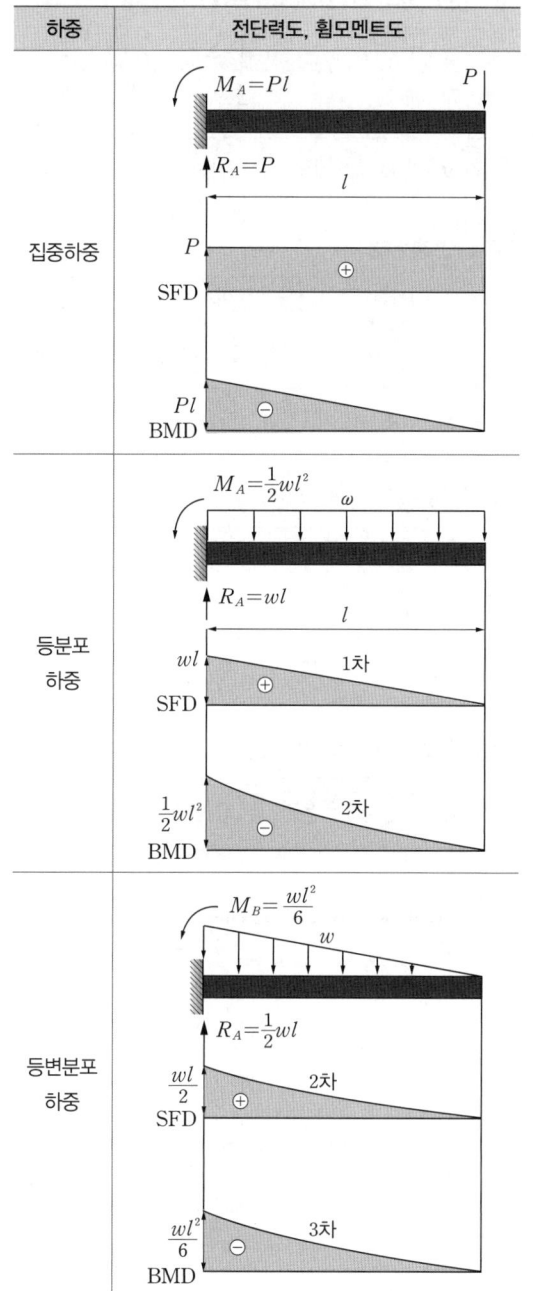

11 편심압축응력(σ)

$$\sigma = -\dfrac{P}{A} \mp \dfrac{M}{Z}$$

- P: 하중
- A: 단면적
- M: 모멘트
- Z: 단면계수

12 핵반경(e)

$$e = \dfrac{Z}{A}$$

- Z: 단면계수
- A: 단면적

13 좌굴하중(P_{cr})

$$P_{cr} = \dfrac{\pi^2 EI}{L_e^2} = \dfrac{\pi^2 EI}{(KL)^2}$$

- E: 탄성계수
- I: 단면2차모멘트
- L_e: 유효좌굴길이
- K: 유효좌굴길이계수
- L: 부재 길이

14 세장비(λ)

$$\lambda = \dfrac{KL}{r}$$

- K: 유효좌굴길이계수
- L: 부재 길이
- r: 단면2차반경

15 유효좌굴길이계수(K)

구분	양단 힌지	1단고정 1단힌지	양단 고정	1단고정 1단자유
계수값	1	0.7	0.5	2

Thema 03 구조역학

01 구조물 판별(부정정 차수, n)

$$n = m + r + f - 2j$$

- m: 부재수
- r: 반력수
- f: 강절점수
- j: 절점수

※ $n<0$: 불안정, $n=0$: 정정, $n>0$: 부정정
※ 트러스의 경우 $f=0$이다.
※ 강절점수(f)

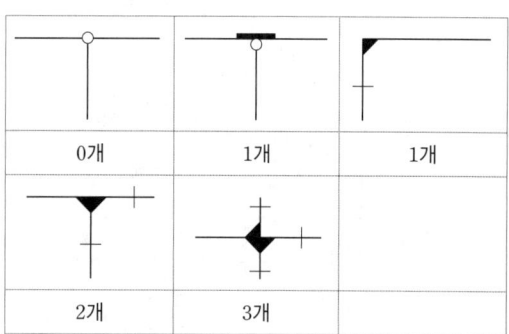

10 등가정적해석법 밑면전단력

$$V = C_s \cdot W = \frac{S_{D_1}}{\left(\frac{R}{I_E}\right) \cdot T} \cdot W$$

- C_s: 지진응답계수
- W: 유효건물중량
- S_{D_1}: 주기 1초에서의 설계스펙트럼 가속도
- R: 반응수정계수
- I_E: 건물의 중요도계수
- T: 건물의 고유주기

Thema 02 재료역학

01 힘의 평형

$$\sum F_x = 0, \sum F_y = 0, \sum M = 0$$

02 응력-변형도 곡선

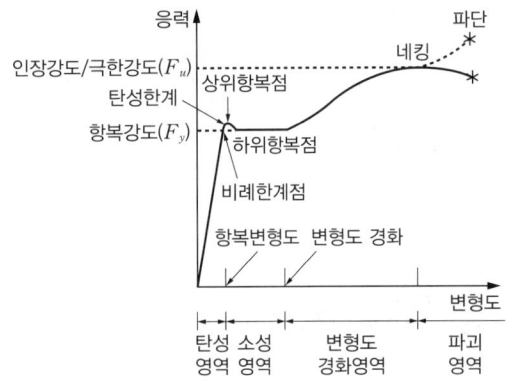

03 푸아송수와 푸아송비

$$\text{푸아송비}(\nu) = \frac{1}{\text{푸아송수}(m)}$$
$$= \frac{\text{축의 직각방향 변형률}(\varepsilon')}{\text{축방향 변형률}(\varepsilon)}$$

04 사다리꼴 단면의 면적과 도심(y_1, y_2)

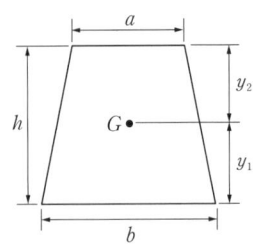

면적	도심
$\dfrac{(a+b)h}{2}$	$y_1 = \dfrac{h}{3} \times \dfrac{(2a+b)}{(a+b)}$ $y_2 = \dfrac{h}{3} \times \dfrac{(a+2b)}{(a+b)}$

05 단면2차모멘트, 단면계수, 단면2차반경

$Z = \dfrac{I}{y}$	$r = \sqrt{\dfrac{I}{A}}$
· Z: 단면계수 · I: 단면2차모멘트 · y: 중심축으로부터의 거리	· r: 단면2차반경 · I: 단면2차모멘트 · A: 단면적

06 기본도형의 단면2차모멘트(I)

사각형	삼각형	원
$\dfrac{bh^3}{12}$	$\dfrac{bh^3}{36}$	$\dfrac{\pi d^4}{64}$

※ b: 가로, h: 세로, d: 지름

07 단면계수(Z)

사각형	삼각형		원
$\dfrac{bh^2}{6}$	$\dfrac{bh^2}{12}$	$\dfrac{bh^2}{24}$	$\dfrac{\pi d^3}{32}$

※ b: 가로, h: 세로, d: 지름

08 기본도형의 단면2차반경(r)

사각형	삼각형	원
$\dfrac{h}{\sqrt{12}}$	$\dfrac{h}{\sqrt{18}}$	$\dfrac{d}{4}$

※ b: 가로, h: 세로, d: 지름

09 단순보의 전단력, 휨모멘트

하중 형태	V, M
중앙 집중하중 P (A–C–B, $L/2$, $L/2$)	$V_{\max} = \dfrac{P}{2}$ $M_{\max} = \dfrac{PL}{4}$
등분포하중 w (전 경간 L)	$V_{\max} = \dfrac{wL}{2}$ $M_{\max} = \dfrac{wL^2}{8}$
삼각형 분포하중 w (전 경간 L)	$V_A = \dfrac{wL}{6}$ $V_B = \dfrac{wL}{3}$ $M_{\max} = \dfrac{wL^2}{9\sqrt{3}}$

제3과목 건축구조

CBT 대비
FINAL NOTE

Thema 01 건축구조 일반

01 구조체 재료에 의한 분류

구분	특징
철근콘크리트 구조 (RC)	• 장점: 내진, 내화, 내구적, 자유로운 설계 가능, 경제적 • 단점: 고중량, 습식구조로 긴 공기, 균일 시공 곤란
철골구조 (강구조, SS)	• 장점: 장스팬 가능, 내진·내풍적, 시공 및 해체 용이 • 단점: 비내화적, 고가, 좌굴에 취약
벽돌구조	• 장점: 내화·내구적, 외관이 장중·미려, 구조 및 시공법 간단, 방한·방서적 • 단점: 횡력에 약함, 균열이 가기 쉬움, 습기가 차기 쉬움, 고층에 부적합

02 구조시스템에 의한 분류

구분	특징
트러스	축응력(인장, 압축)으로만 외력에 저항하는 부재로 이루어져 있음
아치	주로 축방향 압축력으로 외력에 저항
쉘	주로 면내력으로 외력에 저항

03 하중조합(건축구조기준, 2022)

$$U = 1.4(D+F)$$
$$U = 1.2(D+F+T) + 1.6L + 0.5(L_r \text{ or } S \text{ or } R)$$
$$U = 1.2D + 1.6(L_r \text{ or } S \text{ or } R) + (1.0L \text{ or } 0.5W)$$
$$U = 1.2D + 1.0W + 1.0L + 0.5(L_r \text{ or } S \text{ or } R)$$
$$U = 1.2D + 1.0E + 1.0L + 0.2S$$
$$U = 0.9D + 1.0W$$
$$U = 0.9D + 1.0E$$

- U: 소요강도
- D: 고정하중
- L: 활하중
- W: 풍하중
- L_r: 지붕활하중
- E: 지진하중
- S: 적설하중
- T: 온도하중
- R: 강우하중
- F: 유체중량 및 압력에 의한 하중

04 지반의 허용지내력의 크기 순

경암반 > 연암반 > 자갈 > 모래

05 액상화

포화사질토가 비배수상태에서 급속한 재하를 받게 되면 과잉간극수압의 발생과 동시에 유효응력이 감소하며, 이로 인해 전단저항이 크게 감소하는 현상

06 흙막이벽 및 기초파기 중 토질에 생기는 현상

① 보일링(Boiling)
② 히빙(Heaving)
③ 파이핑(Piping)
※ 언더피닝(Under pinning)은 관계없음

07 부등(부동)침하의 원인과 대책

① 원인

연약층	경사 지반	이질 지층	낭떠러지	증축
지하수위 변경	지하 구멍	메운땅 흙막이	이질 지정	일부 지정

② 방지대책

상부 구조	• 건물의 경량화 및 중량 분배를 고려 • 건물의 길이를 짧게 하고 강성을 높임 • 인접 건물과의 거리를 멀게
하부 구조	• 마찰말뚝을 사용하고 서로 다른 종류의 말뚝 혼용을 금지 • 지하실 설치: 온통기초가 유효 • 기초 상호간을 연결: 지중보 또는 지하연속벽 시공

08 말뚝의 최소 간격

종류	최소 간격
나무말뚝	2.5D, 600mm 이상
기성콘크리트말뚝	2.5D, 750mm 이상
강재말뚝	2.0D, 750mm 이상
현장타설콘크리트말뚝	2.0D, D+1,000mm 이상

09 규모

지진계에 기록된 진폭을 진원의 깊이와 진앙까지의 거리 등을 고려하여 지수로 나타낸 것으로 장소에 관계없는 절대적 개념의 지진 크기를 말함

05 클리어 래커 도장
목재의 무늬와 바탕의 재질을 잘 보이게 하는 도장방법

06 목재 방부제
① 크레오소트유 ② 콜타르
③ PCP(Penta Chloro Phenol)
④ 유성페인트 ⑤ 아스팔트

07 방청도료
① 징크로메이트 도료
② 광명단
③ 보일드유
④ 아연분말 도료
⑤ 방청페인트

08 방화도료
① 요소수지 ② 비닐수지
③ 염화파라핀

09 미장재료

기경성	수경성
• 진흙	• 시멘트 모르타르
• 회반죽	• 석고 플라스터
• 회사벽	• 무수석고 플라스터
• 돌로마이트 플라스터	• 경석고 플라스터

10 돌로마이트 플라스터 바름
① 정벌바름용 반죽은 물과 혼합한 후 12시간 정도 지난 다음 사용하는 것이 바람직함
② 바름두께가 균일하지 못하면 균열이 발생하기 쉬움
③ 기경성이며 돌로마이트(마그네시아 석회)에 모래·여물을 섞어 반죽한 미장재료로 해초풀을 사용하지 않음
④ 시멘트와 혼합하여 2시간 이상 경과한 것은 사용할 수 없음

11 석고 플라스터 바름
① 석고 플라스터는 경화지연제를 넣어서 경화시간을 너무 빠르지 않게 함
② 경화·건조 시 치수 안정성과 내화성이 뛰어남
③ 석고 플라스터는 공기 중에서 빠르게 경화함
④ 시공 중에는 될 수 있는 한 통풍을 피하고 경화 후에는 적당한 통풍을 시켜야 함
⑤ 보드용 플라스터는 초벌바름, 재벌바름의 경우 물을 가한 후 2시간 이상 경과한 것은 사용할 수 없음
⑥ 석고 플라스터 바름 시 실내온도가 5℃ 이하일 때는 공사를 중단하거나 난방으로 5℃ 이상 유지함
⑦ 바름작업 중에는 될 수 있는 한 통풍을 방지
⑧ 바름 작업이 끝난 후 실내를 밀폐하지 않고 가열과 동시에 환기하여 바름면이 서서히 건조되도록 해야 함

03 아스팔트 프라이머
블로운 아스팔트에 휘발성 용제를 넣어 녹인 흑갈색 액체이며, 콘크리트 모체에 침투성을 높여 부착성 증대

04 블로운 아스팔트
잔류유(찌꺼기)를 저온으로 장시간 증류한 것으로 응집력이 크고 온도에 의한 변화가 적으며 연화점이 높고 안전하여 방수공사에 많이 사용

Thema 11   창호·유리·커튼월 공사

01 창호철물

도어체크 (Door check)	문 윗틀과 문짝에 설치하여 문이 자동적으로 닫혀지게 하며, 개폐압력을 조절할 수 있는 장치
도어 홀더 (Door holder)	문을 열린 상태를 유지해주는 장치
피봇힌지 (Pivot hinge)	일반적인 도어 힌지와 달리, 피벗 힌지는 하나의 축을 기준으로 하는 회전하는 장치이며, 중량문에 사용
도어체인 (Door chain)	일반적으로 문 상단 부분에 설치되며, 문을 일부만 열어놓고 밖을 확인하여 출입을 통제할 수 있는 보안장치

02 창호철물과 창호
① 도어체크(Door check) - 여닫이문
② 플로어 힌지(Floor hinge) - 자재 여닫이문
③ 크리센트(Crescent) - 오르내리창
④ 레일(Rail) - 미서기창

03 유리의 주성분
유리의 주성분은 SiO_2으로 유리의 전체에 71~73%를 차지한다.

04 커튼월(Curtain wall)
① 주로 비내력 벽체
② 공장생산이 가능
③ 고층건물에 많이 사용
④ 용접이나 볼트조임으로 구조물에 고정

05 커튼월 외벽공사의 특징
① 외벽의 경량화
② 공업화 제품에 따른 품질 제고
③ 무비계 작업
④ 공기단축

06 실물대모형시험(Mock up test) 시험항목
① 예비시험   ② 기밀시험
③ 정압수밀시험   ④ 동압수밀시험
⑤ 구조시험

Thema 12   마감공사

01 칠공사
① 한랭 시나 습기를 가진 면은 작업하지 않음
② 도장을 수회 반복할 때에는 칠횟수를 구분하기 위해 칠의 색을 다름
③ 강한 바람이 불 때는 먼지가 묻게 되므로 외부 공사를 하지 않음
④ 야간은 색을 잘못 칠할 염려가 있으므로 작업을 하지 않는 것이 좋음

02 칠공사의 희석제 분류

구분	내용
송진건류품	테레빈유
석유건류품	미네랄 스피리트, 석유, 휘발유
콜타르 증류품	나프타, 솔벤트, 벤졸
송근건류품	송근유

03 스프레이 도장 방법
① 도장거리는 스프레이 도장면에서 300mm를 표준으로 함
② 매 회에 에어스프레이는 붓도장과 동등한 정도의 두께로 하고, 2회분의 도막 두께를 한 번에 도장하지 아니함
③ 각 회의 스프레이 방향은 전회의 방향에 직각으로 진행
④ 스프레이할 때는 항상 평행이동하면서 운행의 한 줄마다 스프레이 너비의 1/3 정도를 겹쳐 뿜음

04 도장공사 시 유의사항
① 도장마감은 도막이 너무 두껍지 않도록 얇게 몇 회로 나누어 실시
② 도장을 수회 반복할 때에는 칠의 색을 다르게 하여 칠횟수를 구분
③ 칠하는 장소에서 저온, 다습하고 환기가 충분하지 못할 때는 도장작업을 금지
④ 도장 후 기름, 산, 수지, 알칼리 등의 해물이 배어 나오거나 녹아 나올 때에는 재시공

03 필릿용접(모살용접)
철골부재 용접 시 겹침이음, T자이음 등에 사용되는 용접으로 목두께의 방향이 모재의 면과 45° 또는 거의 45°의 각을 이루는 것

Thema 09 조적·석·목공사

01 표준형 벽돌의 단위수량

벽두께	단위수량(매)
0.5B	75
1.0B	149
1.5B	224

02 백화현상 특징
① 시멘트는 수산화칼슘의 주성분인 생석회(CaO)의 다량 공급원으로서 백화의 주된 요인이다.
② 백화현상은 미장 표면뿐만 아니라 벽돌벽체, 타일 및 착색 시멘트 제품 등의 표면에도 발생한다.
③ 여름철보다 겨울철의 낮은 온도에서 백화 발생빈도가 높다.
④ 배합수 중에 용해되는 가용 성분이 시멘트 경화체의 표면건조 후 나타나는 현상이다.

03 백화현상 방지대책
① 10% 이하의 흡수율을 가진 양질의 벽돌을 사용
② 벽면에 빗물막이를 설치
③ 처마 또는 차양을 설치
④ 파라핀 도료를 발라 염류가 나오는 것을 방지
⑤ 벽면에 실리콘 방수
⑥ 줄눈 모르타르에 방수제를 넣음

04 석공사
① 습식쌓기 공법의 경우 시공이 불량하면 백화현상 등의 원인이 됨
② 석재 물갈기 마감공정의 종류는 거친갈기, 물갈기, 본갈기, 정갈기가 있음
③ 시공 전에 설계도에 따라 돌나누기 상세도, 원척도를 만들고 석재의 치수, 형상, 마감방법 및 철물 등에 의한 고정방법을 정함
④ 마감면에 오염의 우려가 있는 경우에는 폴리에틸렌 시트 등으로 보양

05 목재의 일반적인 성질
① 섬유포화점 30% 이하에서는 목재의 함수율이 증가함에 따라 강도는 감소
② 기건상태의 목재의 함수율은 15% 정도
③ 목재의 심재는 변재보다 건조에 의한 수축이 적음
④ 섬유포화점 이상에서는 목재의 함수율이 증가하여도 강도는 일정

06 단순조적 블록쌓기
① 살두께가 큰 편을 위로 하여 쌓음
② 특별한 지정이 없으면 줄눈은 10mm로 함
③ 하루의 쌓기 높이는 1.5m 이내를 표준으로 함
④ 줄눈 모르타르는 쌓은 후 줄눈누르기 및 줄눈파기를 함

07 블록조 벽체에 와이어메시를 가로줄눈에 묻는 목적
① 전단작용에 대한 보강
② 수직하중 분산
③ 신축균열 교차부 균열방지

Thema 10 방수·지붕·홈통공사

01 멤브레인 방수공법
① 아스팔트 방수층, 개량 아스팔트 시트 방수층, 합성고분자계 시트 방수층 및 도막 방수층 등 불투수성 피막을 형성하여 방수하는 공사를 총칭
② 종류
  • 시트방수
  • 합성고분자시트방수
  • 도막방수
  • 아스팔트방수

02 안방수와 바깥방수

구분	안방수	바깥방수
사용환경	수압이 적은 지하실	수압과 상관 없음
바탕만들기	따로 만들 필요 없음	따로 만들어야 함
공사시기	자유롭게 선택	본공사에 선행됨
공사 용이성	간단함	어려움
경제성 (공사비)	비교적 저렴함	고가
내수압성	작음	큼
보호누름	필요	불필요
하자보수	쉬움	어려움

09 한중콘크리트

① 한중콘크리트는 양생을 끝마친 후에도 온도차에 의한 온도균열을 방지하기 위해 온도를 서서히 저하시켜야 함
② 초기양생에서 소요 압축강도가 얻어질 때까지 콘크리트의 온도를 5℃ 이상으로 유지하여야 함
③ 초기양생에서 구조물의 모서리나 가장자리의 부분은 보온하기 어려운 곳이어서 초기동해를 받기 쉬우므로 초기양생에 주의하여야 함
④ 한중콘크리트의 보온양생 방법은 급열양생, 단열양생, 피복양생 및 이들을 복합한 방법 중 한 가지 방법을 선택하여야함

10 레디믹스 콘크리트 규격

Remicon(25-24-150) ① ② ③	
①	굵은골재 최대치수(25mm)
②	호칭강도(24MPa)
③	슬럼프값(150mm)

11 슬라이딩폼(Sliding form)

콘크리트를 타설하면서 거푸집을 수직방향으로 이동시켜 연속작업을 할 수 있게 한 것으로 사일로 등의 건설공사에 적합

12 갱폼(Gang form)

① 기능공의 기능도에 의한 시공정밀도의 영향이 적음
② 대형장비가 필요
③ 초기 투자비가 높은 편임
④ 거푸집의 대형화로 이음부위가 감소

13 건축용 강재의 재료시험 항목

① 인장강도시험
② 굽힘시험
③ 연신율시험

14 철근조립

① 황갈색의 녹이 발생한 철근은 그 상태가 경미할 경우 녹을 제거한 후 사용
② 철근의 피복두께를 정확하게 확보하기 위해 적절한 간격으로 고임재 및 간격재를 배치
③ 거푸집에 접하는 고임재 및 간격재는 콘크리트 제품 또는 모르타르 제품을 사용
④ 철근을 조립한 다음 장기간 경과한 경우에는 콘크리트를 타설 전에 다시 조립 검사를 하고 청소해야함

Thema 08 철골공사

01 용접결함

종류	특징
균열(Crack)	• 용접금속에 금이 간 상태이다. • 용착금속이 응고되어 수축할 때 용접부가 구속되면 인장 잔류 응력에 의해 균열이 발생되며 대부분 냉각과정에서 용착금속 내에 발생한다.
블로홀(Blow Hole) & 피트(Pit)	• 블로홀(Blow Hole): 용접 후 냉각 시 용접 부위에 공기가 포함되어 공극이 형성되는 것이다. • 피트(Pit): 용접부 표면에 생기는 미세한 흠이다.
슬래그(Slag) 혼입	• 슬래그는 제강 시 생기는 비금속성 찌꺼기이다. • 용착금속이 급속히 냉각하는 경우나 운봉작업이 좋지 않은 경우에 일부가 표면에 뜨지 않고 내부로 혼입되는 현상이다.
오버랩(Over Lap)	• 용융금속이 넘쳐서 표면에 융합되지 않은 상태를 말한다. • 용접 전류가 약할 때 주로 발생한다.
언더컷(Under Cut)	• 용접 시 모재가 녹아 파이는 현상을 말한다. • 용접 전류가 클 때, 운봉속도가 빠를 때 발생한다.
용입부족	• 용착금속이 모두 채워지지 않고 빈 공간이 남는 현상을 말한다. • 용접 전류가 낮거나, 운봉속도가 빠를 때 발생한다.
피시아이(Fish Eye)	슬래그 혼입이나 블로홀 겹침 현상으로 생선 눈알 모양의 은색 반점이 생기는 결함이다.
크레이터(Crater)	• 용접 시 길이방향 끝부분에 용착금속이 채워지지 않고 우묵하게 패이는 결함이다. • 온도 저하로 용접금속이 수축하면서 균열이 생기기도 한다.

02 금속의 부식성

서로 다른 종류의 금속재가 접촉하여 부식이 일어나는 경우 알루미늄＞철＞주석＞구리 순으로 부식성이 큼

05 토공사의 흙막이벽 공사에서 발생하는 현상

히빙 (Heaving)	시트 파일 등의 흙막이벽 좌측과 우측의 토압차로써 흙막이 일부의 흙이 재하하중 등의 영향으로 기초파기하는 공사장 안으로 흙막이벽 밑을 돌아서 미끄러져 올라오는 현상
보일링 (Boiling)	모래질 지반에서 흙막이벽을 설치하고 기초파기 할 때의 흙막이벽 뒷면 수위가 높아서 지하수가 흙막이벽을 돌아서 지하수가 모래와 같이 솟아오르는 현상
파이핑 (Piping)	흙막이벽의 부실공사로서 흙막이벽의 뚫린 구멍 또는 이음새를 통하여 물이 공사장 내부바닥으로 스며드는 현상

Thema 07 철근콘크리트공사

01 시멘트
① 중용열 포틀랜드시멘트는 수화작용에 따르는 발열이 적기 때문에 매스콘크리트에 적당함
② 조강 포틀랜드시멘트는 조기강도가 크기 때문에 한중콘크리트공사에 주로 쓰임
③ 알칼리 골재반응을 억제하기 위한 방법으로써 고로슬래그 미분말, 실리카 흄, 플라이애시 등을 사용
④ 조강 포틀랜드시멘트를 사용한 콘크리트의 7일 강도는 보통 포틀랜드시멘트를 사용한 콘크리트의 28일 강도와 거의 비슷함

02 포틀랜드시멘트 응결 속도
알루민산 3석회 > 규산 3석회 > 알루민산철 4석회 > 규산 2석회 순으로 빠름

03 굳지 않은 콘크리트 시험 항목
① 슬럼프(Slump)시험
② 염화물 시험
③ 공기량 시험

04 콘크리트의 균열

시기	원인	
경화 전 균열	• 재료분리, 침하 • 거푸집 변형	• 소성수축 • 진동 및 재하
경화 후 균열	• 건조수축 • 알칼리 골재반응 • 동결융해	• 탄산화 • 열응력(온도변화) • 철근부식

05 크리프(Creep)가 증대되는 조건
① 재하재령이 짧을수록
② 작용응력이 클수록
③ 부재의 단면치수가 작을수록
④ 외부 습도가 낮을수록
⑤ 온도가 높을수록
⑥ 물시멘트의 비가 클수록
⑦ 단위시멘트량이 많을수록

06 콘크리트 이어치기

개소	이어치기 위치
기둥	바닥판 윗면에서 수평
벽	개구부 주위
보, 슬래브	스팬의 중앙부에서 수직
아치	아치축에 직각
캔틸레버	이어치기를 하지 않고 한번에 타설

07 경량기포콘크리트(ALC)
① 기건 비중은 보통 콘크리트의 약 1/4 정도로 경량임
② 열전도율은 보통 콘크리트의 약 1/10 정도로서 단열성이 우수함
③ 내화성, 흡음성과 차음성이 우수함

08 수밀콘크리트
① 수밀콘크리트는 누수 원인이 되는 건조수축균열의 발생이 없도록 시공하여야 하며, 0.1mm 이상의 균열 발생이 예상되는 경우 누수를 방지하기 위한 방수를 검토
② 거푸집의 긴결재로 사용한 볼트, 강봉, 세퍼레이터 등의 아래쪽에는 블리딩 수가 고여서 콘크리트가 경화한 후 물의 통로를 만들어 누수를 일으킬 수 있으므로 누수에 대하여 나쁜 영향이 없는 재질의 것을 사용
③ 수밀콘크리트 시공 시 가급적 이어치지 않고, 적당한 간격으로 전단력이 작은 곳에 시공이음을 두도록 함
④ 수밀성의 향상을 위한 방수제를 사용하고자 할 때에는 방수제의 사용 방법에 따라 배처플랜트에서 충분히 혼합하여 현장으로 반입시키는 것을 원칙으로 함

Thema 05 가설공사 및 지반조사

01 시멘트 창고
① 방습상 바닥 설치는 지면에서 30cm 이상
② 출입구, 채광창 이외의 개구부는 되도록 설치하지 않으며 반입로, 반출로를 따로 두어 먼저 반입된 것부터 사용
③ 쌓기높이는 13포 이하
④ 1m²당 30~35포대가 적당하며, 최고 50포까지 적재
⑤ 창고 주위에 배수도랑을 설치하여 우수 침입을 방지

02 토질주상도 기재 사항
① 지반조사 해당 지역
② 조사일자 및 작성자
③ 보링(Boring)의 방법
④ 공내수위
⑤ 심도에 따른 토질 및 색조
⑥ 표준관입시험 N값
⑦ 지층의 두께 및 구성 상태
⑧ 샘플링 방법

03 벤치마크
신축할 건축물의 높이의 기준이 되는 주요 가설물로 이동의 위험이 없는 인근 건물의 벽 또는 담장에 설치하는 가설물

04 규준틀

수평규준틀	건물 각부의 거리, 위치, 높이의 기준과 기초의 너비 따위의 기준이 되는 수평 위치를 표시하는 가설물
수직규준틀 (세로규준틀)	조적공사에서 건물의 위치와 높이, 땅파기의 너비와 깊이 등을 표시하는 가설물

05 평판재하시험
① 재하판의 크기는 45cm 각을 사용
② 침하의 증가가 2시간에 0.1mm 이하가 되면 정지한 것으로 판정
③ 자연상태의 지반에서 실시
④ 지반의 허용지지력을 구하는 것이 목적임

Thema 06 토공사 및 기초공사

01 건축공사 기계의 종류

파워쇼벨 Power shovel	지면보다 높은 곳의 굴착
백호 Back hoe	지면보다 낮은 곳의 굴착
드래그라인 Dragline	기계를 설치한 지반보다 낮은 장소 또는 수중을 굴착
클램쉘 Clam shell	좁은 곳의 수직·수중굴착
트렌처 Trencher	도랑파기, 줄기초 파기

02 웰포인트(Well point) 공법
① 중력배수가 유료하지 않은 경우에 주로 쓰임
② 지하수위를 저하시키는 공법
③ 인접지반의 공동매설물 침하에 주의가 필요한 공법
④ 사질지반에서 인접 건축물과 토류판 사이에 케이싱 파이프를 삽입하여 지하수를 배수하는 지반개량공법

03 웰포인트 공법과 샌드드레인 공법

웰포인트 (Well Point) 공법	사질지반에서 인접 건축물과 토류판 사이에 케이싱 파이프를 삽입하여 지하수를 배수하는 지반개량공법
샌드 드레인 (Sand Drain) 공법	점토지반에 행하는 탈수공법의 대표적인 공법으로 지름 40~60cm의 강관으로 모래말뚝을 형성한 후, 지표면에 성토하중을 가하여 점토지반을 압밀탈수하는 공법

04 어스앵커 공법
① 흙막이 설치 후 흙막이 배면을 어스 드릴로 천공하고 인장재와 모르타르를 주입하여 경화시킨 후 버팀대 대신 강재의 인장력에 의해서 흙막이 배면의 토압을 지지하게 하는 방식
② 특징
• 버팀대가 없어 굴착공간을 넓게 활용
• 인접한 구조물의 기초나 매설물이 있는 경우 적용이 어려움
• 대형 기계의 반입이 용이
• 시공 후 검사가 어려움

Thema 03 적산

01 타일의 정미량

$$\frac{타일면적}{(타일\ 한\ 변의\ 길이 + 줄눈\ 두께) \times (타일\ 한\ 변의\ 길이 + 줄눈\ 두께)}$$

02 쌓기모르타르량 산출

① 모르타르량(m^3)
$$= \frac{벽돌\ 정미량}{1,000매} \times 모르타르\ 소요량$$

② 모르타르 소요량(1,000매당 m^3)

구분	0.5B	1.0B	1.5B	2.0B	2.5B
표준형	0.25	0.33	0.35	0.36	0.37

③ 벽돌 정미량(m^3당)

구분	0.5B	1.0B	1.5B	2.0B	2.5B
표준형	75	149	224	298	373

03 재료별 할증률

재료	할증률
유리, 콘크리트(철근)	1%
이형철근, 고력철근, 붉은벽돌	3%
시멘트블록	4%
원형철근, 일반철근, 강관, 봉강, 시멘트벽돌	5%
대형형강	7%
강판, 단열재	10%
졸대	20%
석재(원석, 부정형)	30%

04 시멘트 창고 면적

$$A = 0.4 \times \frac{시멘트\ 포대수(N)}{쌓기단수(n)}$$

- N: 시멘트 포대수
- n: 쌓기단수(최대 13단)

포대수	N
600포 미만	쌓기 포대수 전량
600포 이상~1,800포 이하	600포
1,800포 초과	1/3만 적용

05 건축공사 공사비 구성 항목

구분	내용
직접공사비	자재비, 노무비, 외주비, 경비
간접공사비 (직접공사비 외)	일반관리비, 기타경비, 현장근로자 보험료, 간접노무비, 안전관리비 등

Thema 04 공정·품질관리

01 종합적 품질관리(TQC)의 7가지 도구

히스토그램	데이터가 어떠한 분포를 하고 있는지를 막대그래프로 작성한 그림
특성요인도	결과에 대하여 원인이 어떻게 관계하고 있는지 한눈에 알아볼 수 있도록 작성한 그림
파레토도	불량, 고장, 결점 등 발생건수를 원인과 형상별로 분류하여 크기 순서대로 나열해 놓은 그림
체크시트	계수값 데이터가 분류 항목별 집중도를 알아볼 수 있도록 작성한 것
층별	집단을 구성하고 있는 데이터를 특성에 따라 부분 집단으로 나누는 것
산점도	대응되는 2개의 짝으로 된 데이터를 그래프 상에 점으로 나타낸 것
각종 그래프	작성 목적을 명확히 쉽게 파악할 수 있도록 표현한 그래프

02 네트워크 공정표

용어	영어	기호	내용
더미	Dummy	┈▶	화살표 네트워크에서 정상 표현으로 할 수 없는 작업 상호관계를 표시하는 화살표
작업	Job Activity	→	프로젝트를 구성하는 작업단위
결합점 (이벤트)	Node (Event)	○	화살표형 네트워크의 작업과 작업을 결합하는 점 및 개시점·종료점
크리티컬 패스	Critical path	CP	개시 결합점에서 종료 결합점에 이르는 가장 긴 패스

03 LOB(Line Of Balance) 기법

고층건축물 공사의 반복작업에서 각 작업조의 생산성을 기울기로 하는 직선으로 각 반복작업의 진행을 표시하여 전체공사를 도식화하는 기법

04 네트워크 공정표 장점

① 작업 상호간의 관련성을 알기 쉬움
② 공정 계획의 초기 작성 시간이 오래 걸림
③ 공사의 진척 관리를 정확히 할 수 있음
④ 공기 단축 가능 요소의 발견이 용이

제2과목 건축시공

CBT 대비
FINAL NOTE

Thema 01 건설업 총론

01 V.E(Value Engineering)의 사고방식
① 기능성을 우선으로 하여 조직적 노력과 분석으로 비용절감 및 기능향상을 목적으로 하는 관리기법이다.

$$V.E = \frac{기능(Function)}{비용(Cost)}$$

② 사고방식
- 기능분석
- 기능중심의 사고
- 조직적 노력
- 기능향상과 비용절감

02 건설 CALS
CALS(Continuous Acquisition & Life cycle Support)는 건설사업자원 통합전산망으로 건설생산활동 전 과정에서 건설 관련 주체가 전산망을 통해 신속히 교환·공유할 수 있도록 지원하는 통합정보시스템

03 건설 CIC
CIC(Computer Integraded Construction)은 건설 프로세스의 효율적인 운영을 위해 형성된 개념으로 건설생산에 초점을 맞추고 이에 관련된 계획, 관리, 엔지니어링, 설계, 구매, 계약, 시공, 유지 및 보수 등의 요소들을 주요 대상으로 하는 것

04 특급점
MCX(Minimum Cost Expediting) 기법에 의한 공기단축에서 아무리 비용을 투자해도 그 이상 공기를 단축할 수 없는 한계점

05 CM의 기본방식
① 시공자형 CM(CM for Risk)인 경우 공사품질에 책임을 지며, 품질 문제 발생 시 책임소재가 명확
② 프로젝트의 전 과정에 걸쳐 공사비, 공기 및 시공성에 대한 종합적인 평가 및 설계변경에 대한 효율적인 평가가 가능하여 발주자의 의사결정에 도움이 됨
③ 설계과정에서 설계가 시공에 미치는 영향을 예측할 수 있어 설계도서의 현실성을 향상시킬 수 있음
④ 단계적 발주 및 시공의 적용이 가능

Thema 02 입찰 및 계약

01 실비정산보수가산계약 제도
① 설계 시 시공의 중첩이 가능한 단계별 시공이 가능
② 복잡한 변경이 예상되거나 긴급을 요하는 공사에 적합
③ 계약체결 시 공사비용의 최대값을 정하는 최대보증한도 실비정산보수가산계약이 일반적으로 사용
④ 실비정산보수가산도급은 공사의 실비를 건축주와 도급자가 확인 정산하고 건축주는 미리 정한 보수율에 따라 도급자에게 그 보수액을 지불하는 방법

02 턴키방식(Turnkey)
도급자가 대상계획의 기업, 금융, 토지조달, 설계, 시공, 기계·기구설치, 시운전 및 조업지도까지 주문자가 필요로 하는 모든 것을 조달하여 주문자에게 인도하는 방식으로, 산업기술의 고도화, 전문화와 건축물의 고층화, 대형화에 따라 계속 증가하는 추세임

03 공동도급방식(Joint venture)
2명 이상의 수급자가 어느 특정 공사에 대하여 협동으로 공사계약을 체결하는 방식이다.

04 특명입찰과 경쟁입찰

특명입찰	적격한 하나의 회사를 지정하여 입찰시키는 방식	
경쟁입찰	공개경쟁	유자격자는 모두 참가시키는 방식
	지명경쟁	적합하다고 판단되는 3~7개의 회사를 대상으로 입찰에 참가시키는 방식
	제한경쟁	업체 자격에 제한을 가하여 입찰에 참가시키는 방식

08 르네상스 건축
① 건축 비례와 미적 대칭 등을 중시
② 성 베드로 성당, 피사의 사탑 등

09 바로크 건축
강렬한 극적효과를 추구하며 관찰자의 주관적 감흥을 중시

10 신고전주의 건축
로마와 그리스 건축을 연구하고 고전 건축의 우수한 면을 모방한 것이 특징

11 주요 건축가와 작품
① 르 코르뷔지에 – 롱샹 교회, 사보아 주택, 동경 국립서양미술관
② 발터 그로피우스 – 아테네 미국대사관
③ 프랭크 로이드 라이트 – 뉴욕 구겐하임 미술관, 낙수장
④ 오스카 니마이어 – 브라질 국회의사당
⑤ 에른 웃손 – 시드니 오페라하우스
⑥ 안토니오 가우디 – 사그라다 파밀리아, 카사 바트요, 카사 밀라, 구엘 공원
⑦ 알바 알토 – MIT 공대 기숙사
⑧ 미스 반 데어 로에 – 투겐하트 주택, 시그램빌딩

12 르 코르뷔지에의 근대건축 5대 원칙
① 필로티
② 옥상정원
③ 가로로 긴 창(연속적인 수평창)
④ 자유로운 입면
⑤ 자유로운 평면

13 오토 바그너 근대건축의 설계지침
① 목적의 파악
② 재료의 선택
③ 단순하고 경제적인 구조
④ 위와 같은 결과로 나타날 형태

14 한국 건축의 특징
① 인간적 척도 개념을 나타내는 특징
② 기둥의 안쏠림으로 건축의 외관에 시지각적인 안정감을 줌
③ 서양건축과 달리 지붕면이 정면이 되고 박공면이 측면이 됨
④ 각 공간의 관계가 주(主)와 종(從)의 관계

15 조선시대 서민주택 평면형식
① ㄱ자 형식: 중부지방에 분포
② ㅡ자 형식: 남부지방에 분포
③ 田자 형식: 함경도지방(북부지방)에 분포

16 다포 양식의 특징
① 기둥 상부 이외에 기둥 사이에도 공포를 배열한 형식
② 출목은 2출목 이상으로 전개되며, 내부 천장구조는 대부분 우물천장
③ 간포를 받치기 위해 창방 외에 평방이라는 부재가 추가되었으며 주로 팔작지붕이 많음
④ 주심포형식에 비해서 지붕하중을 등분포로 전달할 수 있는 합리적 구조법
⑤ 주로 궁궐이나 사찰 등의 주요 정전에 사용
⑥ 대표적인 다포 건축양식
 • 서울 동대문
 • 서울 남대문
 • 경복궁 근정전
 • 창덕궁 돈화문
 • 심원사 보광전
 • 전등사 대웅전
 • 내소사 대웅전

17 주심포 양식의 특징
① 기둥 위(주두)에만 공포를 둠
② 출목은 2출목 이하이고 대부분 연등천정
③ 다포 양식에 비해 외형이 정비되고 장중한 외관
④ 대표적인 주심포 건축양식
 • 봉정사 극락전
 • 부석사 무량수전
 • 부석사 조사당
 • 수덕사 대웅전
 • 강릉 객사문
 • 정수사 법당
 • 무위사 극락전
 • 송광사 국사전

18 한국 근대건축
① 한국은행 – 르네상스 양식
② 명동성당 – 고딕 양식
③ 서울 성공회성당 – 로마네스크 양식
④ 덕수궁 정관헌 – 절충주의

05 호텔의 종류
① 커머셜(시티) 호텔: 비즈니스가 주체인 일반 여행자용 호텔로 고밀도의 고층형
② 터미널 호텔: 교통기관의 발착지점에 위치
③ 리조트 호텔: 조망 및 주변경관의 조건이 좋은 곳이 위치
- 해변 호텔
- 산장 호텔
- 온천 호텔
- 스키 호텔
- 스포츠 호텔
- 클럽 하우스

④ 아파트먼트 호텔: 장기간 체재하는데 적합한 호텔로서 각 객실에는 주방설비를 갖추고 있음

06 호텔의 면적비
① 숙박 면적비: 커머셜 > 리조트 > 아파트먼트
② 공용 면적비: 아파트먼트 > 리조트 > 커머셜

07 세부 계획
① 일반적으로 호텔의 형태는 숙박부분의 계획에 의해 영향을 받음
② 객실의 크기는 대지나 건물의 형태에 영향을 받음
③ 공공부분, 사교부분은 일반적으로 저층에 배치하는 것이 이용성이 좋음
④ 로비는 퍼블릭 스페이스의 중심으로 휴식, 면회, 담화, 독서 등 다목적으로 사용되는 공간이며 라운지와 함께 계획
⑤ 주식당(Main Dining Room)은 숙박객 및 외래객을 대상으로 하며 외래객이 편리하게 이용할 수 있도록 출입구를 별도로 설치

Thema 09 서양건축사·한국건축사

01 서양 건축사 시대순서
이집트 → 그리스 → 로마 → 초기기독교 → 비잔틴 → 사라센 → 로마네스크 → 고딕 → 르네상스 → 바로크 → 로코코

02 고대 이집트 분묘 건축
① 마스타바
② 피라미드
③ 암굴분묘

03 고대 그리스 기둥 양식
① 도리아식: 주두는 에키누스와 아바쿠스로 구성되며, 육중하고 엄정한 모습을 지니는 남성적 오더
② 코린트식: 주두를 아칸더스 나뭇잎 형상으로 장식하며, 가장 장식적이고 화려한 느낌을 갖는 오더
③ 이오니아식: 소용돌이 형상의 주두가 특징이며, 우아하고 유연감을 주는 여성적 오더

04 고대 로마 건축
① 인슐라(Insula): 다층의 집합주거 건물
② 도무스(Domus): 개인주택
③ 카라칼라 황제 욕장: 정사각형 안에 직사각형을 담은 배치
④ 바실리카 울피아: 재판이나 집회 및 상업거래를 위해 사용된 건축물
⑤ 포럼: 도시구조의 중심으로 광장 주위에 바실리카, 신전 등의 공공건축물과 개선문 등의 기념건축물이 위치
⑥ 판테온
- 거대한 돔을 얹은 로툰다와 대형 열주 현관이라는 두 주된 구성 요소로 이루어짐
- 로툰다 내부는 드럼과 돔 두 부분으로 구성
- 직사각형의 입구 공간은 외부와 내부 사이의 전이공간으로 사용
- 드럼 하부는 깊은 니치와 독립된 코린트식 기둥으로 구성

05 비잔틴 건축
로마 건축에 동양적 요소를 혼합한 것으로 동양의 사라센 건축 양식의 영향을 받았으며, 도세렛과 펜덴티브돔이 사용

06 초기기독교 – 바실리카식 교회의 실내공간
① 앱스
② 트랜셉트
③ 네이브
④ 아일
⑤ 나르텍스
⑥ 아트리움

07 고딕 성당의 특징
① 장축형 배치를 사용
② 건축 형태에서 수직성을 강조
③ 랭스성당, 아미앵성당, 노트르담성당, 샤르트르성당 등

② 고정식 레이아웃: 조선소와 같이 조립부품이 고정된 장소에 있고 사람과 기계를 이동시키며 작업을 행하는 방식
③ 공정중심 레이아웃: 기능식 레이아웃으로서, 기능이 동일하거나 유사한 공정 또는 기계를 집합하여 배치하는 방식으로 다품종 소량생산이나 주문생산의 경우와 표준화가 어려운 경우에 적합한 형식
④ 제품중심 레이아웃: 생산에 필요한 모든 공정, 기계기구를 제품의 흐름에 따라 배치하고, 대량생산에 유리하며, 생산성이 높음

02 분관식 · 집중식 공장

구분	특징
분관식 Pavilion type	• 형식과 구조를 다르게 할 수 있고, 신설과 확장이 용이 • 순차적으로 병행 건축하여 조기 가동이 가능 • 대지 형태가 부정형이거나 지형상의 고저차가 있을 때 유리 • 화학공장, 다층공장에 유리
집중식 Block type	• 유사한 기능의 공장을 근접하여 블록화하거나 단일 건축물로 배치한 형식 • 공간 효율이 높고, 내부 배치 변화에 융통성이 있음 • 건축비가 저렴하고, 자재나 제품의 운반이 용이 • 단층공장, 평지붕 무창공장에 유리

03 공장 지붕의 형태
① 솟을지붕: 채광, 환기에 적합
② 샤렌구조: 기둥이 적게 소요
③ 뾰족지붕: 직사광선을 어느 정도 허용
④ 톱날지붕: 북향의 채광창으로 균일한 조도가 가능

Thema 08 병원, 호텔

01 분관식 집중식
① 분관식
  • 일반적으로 3층 이하의 저층건물로 구성
  • 각 병실의 일조, 통풍 환경을 균일
  • 동선이 길어짐
  • 환자는 주로 경사로를 이용한 보행 또는 들 것으로 운반
② 집중식(고층밀집형)
  • 일조, 통풍 등의 조건이 불리
  • 각 병실의 환경이 균일하지 않음
  • 대지를 효과적으로 이용하지만 공조설비가 필요하여 설비비가 높음
  • 관리가 용이하며, 대부분의 종합병원은 집중식 방식을 채용

02 외래 진료 방식
① 클로즈드 시스템
  • 환자의 이용이 편리하도록 1층 또는 2층 이하에 둠
  • 중앙주사실, 회계, 약국 등은 정면 출입구 근처에 설치
  • 내과는 소규모 진료실을 다수 설치
  • 외과는 1실에서 여러 환자를 볼 수 있도록 대실로 함
  • 부속 진료시설을 인접하게 하여 이용이 편리하게 함
② 오픈 시스템: 종합병원 근처에 일반 개업 병원이 종합병원에 등록되어 개인이 준비하기 힘든 각종 큰 병원의 시설을 이용 가능

03 간호사 대기소와 간호단위
① 간호사 대기소는 각 간호 단위 또는 각 층 및 동 별로 설치
② 환자를 돌보기 쉽도록 병실군의 중앙에 위치
③ 계단이나 엘리베이터홀 등에 가능한 한 인접시켜 외부인의 출입을 감시
④ 1개의 간호사 대기소에서 관리할 수 있는 병상 수는 30~40개 이하로 하며 간호사의 보행거리는 24m 이내

04 기타 병원 계획
① 병동부: 전체 병원면적에 대한 병동부의 면적 비율은 약 40%로 가장 많은 면적을 차지
② 수술부는 외래와 병동 중간에 위치하며, 수술실 앞에는 홀이나 다른 통과교통이 없어야 함
③ 수술실의 바닥은 전기도체성 마감을 사용
④ 병원건축의 시설규모는 입원환자의 병상수에 의해 결정
⑤ 입원환자와 외래환자의 출입구는 분리
⑥ 병실은 개인실과 다양한 다인실로 구성
⑦ 전체적으로 바닥의 단차이를 가능한 줄임

Thema 06 학교, 도서관

01 이용률과 순수율

① 이용률 = $\dfrac{\text{교실이 사용되는 시간}}{\text{1주간의 평균 수업시간}} \times 100\%$

② 순수율 = $\dfrac{\text{일정한 교과를 위해 사용되는 시간}}{\text{교실이 사용되는 시간}} \times 100\%$

02 운영 방식

① 종합교실형: 학생의 이동이 없고, 각 학급마다 가정적인 분위기를 만들 수 있으며 초등학교 저학년에 적합
② 교과교실형: 모든 교실이 특정한 교과 수업을 위해 만들어진 형식으로, 학생들의 동선계획에 많은 고려가 필요
③ 플래툰형: 전 학급을 2분단으로 하고, 한 분단이 일반교실을 사용할 때 다른 분단은 특별교실을 사용하는 방
④ 달톤형: 학급, 학년 구분을 없애고 학생들은 각자의 능력에 따라 교과를 선택하고 일정한 교과를 끝내면 졸업하는 방식

03 학교건축 계획의 융통성

구분	내용
융통성이 요구되는 원인	• 확장에 의한 융통성, 지역사회의 이용에 의한 융통성 • 광범위한 교과내용의 변화에 대응되는 융통성 • 학교운영방식의 변화에 대응되는 융통성
융통성을 해결하는 방법	• (구조상)칸막이의 이동변경 • (배치계획상)융통성 있는 교실 배치 • (평면계획상)공간의 다목적성

04 교사의 배치 형식

구분	폐쇄형	분산병렬형
형태	ㅁ자 평면	핑거플랜
장점	부지의 효율적 이용	• 일조, 통풍 등 환경조건이 균등 • 구조 계획이 간단 • 건물 사이를 놀이터나 정원으로 이용
단점	• 화재 및 비상시 불리 • 일조, 통풍 등 환경조건이 불균등 • 교사 주위 활용되지 않는 부분의 존재	넓은 부지가 필요

05 강당 및 체육관 계획

① 강당 및 체육관으로 겸용할 경우 강당적 이용보다는 체육적 사용이 높으므로 체육관적 목적으로 치중
② 학생이 이용하기 쉬운 곳에 배치하며 지역 주민의 이용(커뮤니티의 시설로 이용) 고려
③ 강당은 반드시 전교생을 수용할 수 있도록 크기를 결정하지는 않음
④ 체육관의 크기는 농구코트를 기준으로 최소 400m^2가 필요하며 천장의 높이는 6m 이상으로 함

06 도서관 출납시스템

구분	내용
폐가식	도서 목록을 보고 선택하여 관원에게 대출받는 형식
반개가식	서가에서 도서의 표지 정도는 볼 수 있지만 내용을 열람하고자 하는 경우에는 관원에게 대출을 요구하는 형식
자유개가식	서가에서 자유롭게 도서를 꺼내어 고르고 열람하는 형식
안전개가식	서가에서 자유롭게 도서를 꺼낼 수 있으나 열람석으로 가기 전에 관원의 검열을 받는 형식

07 열람실 및 서고 계획

① 서고 면적 1m^2당 평균 200권을 수장
② 열람실은 성인 1인당 1.5~2.0m^2 면적
③ 캐럴(Carrel): 서고 내에 설치된 소연구실
④ 서고는 증가하는 도서 및 자료를 수용할 수 있도록 증축을 고려해야 하므로 모듈에 의한 공간계획이 요구됨
⑤ 모듈 계획 시 고려요소
 • 서가 선반의 배열 깊이
 • 서고 내의 주요 통로 및 교차통로의 폭
 • 기둥의 크기와 방향에 따른 서가의 규모 및 배열의 길이

Thema 07 공장, 창고

01 레이아웃과 형식

① 레이아웃: 공장의 여러 부분, 작업장 내의 기계설비, 작업자의 작업 구역, 자제나 제품을 두는 곳 등의 상호 위치 관계를 가리키는 것으로 장래 공장 규모의 변화에 대응한 유통성이 있어야 함

16 은행건축 각종 치수
① (고객 대기실 쪽) 영업대 높이: 100~110cm
② (영업장 쪽) 영업대 높이: 90~95cm
③ 영업실 면적: 은행원 1인당 4~6m²
④ 영업장 면적(영업실과 고객대기실 포함): 은행원 1인당 10m²
※ 영업실과 영업장의 용어가 혼재되어 출제되는 경우가 있으므로 4~6m², 10m² 두 가지를 모두 암기하는 것이 좋음

17 은행건축의 동선계획
① 고객이 지나는 동선은 되도록 짧게
② 직원의 동선계획 시 업무의 흐름을 고객이 알지 못하도록 계획
③ 고객의 동선과 직원의 동선이 교차되지 않도록
④ 직원과 고객의 출입구는 별도로 설치
⑤ 고객의 출입구는 되도록 1개소로 하고 안여닫이로 하는 것이 보편적
⑥ 주출입구에 이중문을 설치할 경우, 바깥문은 바깥여닫이 또는 자재문 가능

Thema 05 공공문화건축(극장, 미술관)

01 극장 평면형식 - 프로시니엄형
① 픽쳐 프레임 스테이지형이라고도 함
② 배경은 한 폭의 그림과 같은 느낌을 줌
③ 연기자가 제한된 방향으로만 관객을 대함
④ 강연, 콘서트, 독주, 연극 공연 등에 적합

02 극장 평면형식 - 아레나형
① 관객이 무대를 360°로 둘러싼 형
② 가까운 거리에서 관람하면서 가장 많은 관객을 수용
③ 객석과 무대가 하나의 공간에 있으므로 양자의 일체감이 높음
④ 무대의 배경을 만들지 않으므로 경제적

03 극장 가시거리 한계
① 생리적 한도(15m): 연기자의 표정이나 동작을 자세히 감상할 수 있는 거리
② 제1차 허용한도(22m): 가능한 많은 관객을 수용하기 위한 적당한 거리
③ 제2차 허용한도(35m): 배우의 일반적인 동작만 보이면 지장이 없는 거리

04 무대 구성 및 제실
① 플라이 갤러리(Fly gallery): 무대 주위의 벽에 6~9m 높이로 설치되는 좁은 통로
② 사이클로라마(Cyclorama): 무대의 제일 뒤에 설치되는 무대 배경용 벽
③ 그리드 아이언(Grid iron): 조명기구, 연기자 또는 음향 반사판을 매달기 위해 무대 천정 밑에 설치되는 시설
④ 플라이 로프트(Fly loft): 무대의 위쪽 공간을 말하며, 통상 프로시니엄의 4배 높이
⑤ 그린룸(Green room): 출연자 대기실을 말하며 주로 무대 가까운 곳에 배치
⑥ 앤티룸(Anti room): 출연자들이 출연 바로 직전에 기다리는 공간
⑦ 의상실: 1인당 최소 4~5m²가 필요하며, 가능한 무대 근처의 같은 층에 있는 것이 이상적
⑧ 배경제작실: 무대에 가까울수록 편리하며, 제작 중의 소음을 고려하여 차음설비가 요구됨

05 전시실의 순회(순로) 형식
① 연속순로(순회)형식: 많은 실을 순서별로 통해야 하고, 1실을 폐쇄할 경우 전체 동선이 막히게 되는 것
② 갤러리 및 코리도형식: 연속된 전시실의 한쪽 복도에 의해서 각 실을 배치한 형식으로 관람자가 전시실을 자유롭게 선택하여 관람 가능하며 필요 시 독립적으로 폐쇄 가능
③ 중앙홀형식: 중심부에 홀을 두고 홀의 주위에 전시실을 배치하여 홀을 통해 출입하는 형식으로 홀의 크기가 크면 동선의 혼란이 줄어듦

06 특수전시기법
① 파노라마: 연속적인 주제를 연관성 있게 표현하기 위해 선형의 파노라마로 연출하는 전시기법
② 디오라마: 하나의 사실 또는 주제의 시간 상황을 고정시켜 연출하는 것으로 현장에 임한 느낌을 주는 기법
③ 아일랜드: 사방에서 감상해야 할 필요가 있는 조각물이나 모형을 전시하기 위해 벽면에서 띄어놓아 전시하는 기법
④ 하모니카: 전시내용을 통일된 형식 속에서 규칙적으로 반복시켜 표현하는 기법

06 코어 종류

편심코어	• 바닥면적이 소규모인 경우 적합 • 고층인 경우 구조상 불리
중심코어	• 내진구조상 유리하며 구조코어로서 가장 바람직한 형식 • 유효율 높음 • 고층, 초고층 사무소에 적합
외코어	설비 덕트나 배관을 코어로부터 사무실 공간으로 연결하는데 제약이 많음
양단코어	• 2방향 피난에 이상적 • 방재·피난상 유리

07 AIDMA 법칙(상점 광고 5요소)

① A(Attention): 주의
② I(Interest): 흥미
③ D(Desire): 욕망, 욕구
④ M(Memory): 기억
⑤ A(Action): 행동

08 상점의 판매방식

구분	대면판매	측면판매
정의	고객과 점원이 진열장을 상이에 두고 상담에 의해 판매 진행	고객과 점원이 진열 상품을 같은 방향으로 보며 판매가 진행
장점	• 설명과 포장이 편리 • 판매원의 정위치	• 상품이 손에 잡히므로 충동구매와 선택이 용이 • 진열면적이 커짐
단점	진열면적이 감소	• 설명과 포장이 불편 • 판매원의 위치가 불안정

09 상점의 동선계획

① 고객의 상점 내 동선은 길고 원활하게 함
② 직원동선은 가능한 짧게 함
③ 피난에 관련된 동선은 고객이 쉽게 인지하도록 함
④ 고객출입구와 상품 반입/출 출입구는 분리

10 백화점 진열장 배치

① 직각배치: 가구를 직각으로 배치, 매장 면적의 이용률을 최대로 확보
② 사행배치: 주통로는 직각 배치, 부통로는 45° 사선으로 배치, 이형의 진열장 필요
③ 방사배치: 통로를 방사형으로 배치한 것으로 일반적으로 적용이 어려움
④ 자유유선배치: 통로를 자유로운 곡선으로 배치하여 획일성을 탈피할 수 있지만, 특수 형태의 진열장이 필요하므로 시설비가 많이 듦

11 백화점 무창계획

① 창으로부터의 역광을 방지
② 실내의 조도를 일정하게 함
③ 벽면에 상품 전시공간 확보 가능
④ 공기조화와 냉난방 효율이 좋으나 고도의 설비시설이 필요
⑤ 화재나 정전 시 피난의 어려움

12 몰(Mall) 계획

① 정의: 쇼핑센터에서 고객의 주 보행동선으로 중심상점과 각 전문점에서의 출입이 이루어지는 곳으로 고객의 휴식처로서의 기능을 함
② 길이: 240m를 초과하지 않아야 하며, 20~30m마다 변화를 줌
③ 폭: 6~12m가 일반적

13 기둥간격 결정요소

구분	기둥간격 결정요소
사무소	• 주차배치 단위 • 책상배치 단위 • 채광상 층고에 의한 안깊이 등
백화점	• 주차배치 단위 • 가구(진열장, 진열대)배치 단위 • 에스컬레이터 및 엘리베이터 배치 단위 등

14 엘리베이터 배치

① 교통동선의 중심에 설치하여 보행거리가 짧도록 배치
② 여러 대의 엘리베이터를 설치하는 경우, 그룹별 배치와 군 관리운전방식으로 함
③ 군 관리운전의 경우 동일 군내의 서비스 층은 같게 함
④ 일렬배치는 4대를 한도로 하고, 엘리베이터 중심 간 거리는 8m 이하가 되도록 함
⑤ 대면배치 시 대면거리는 동일 군 관리의 경우는 3.5~4.5m로 함
⑥ 엘리베이터 홀은 엘리베이터 정원 합계의 50% 정도를 수용할 수 있어야 하며, 1인당 점유면적은 0.5~0.8m²로 계산함

15 에스컬레이터 배치 형식

① 직렬식: 점유면적이 넓고, 승객의 시야가 좋음
② 병렬 단속식: 연속 승강 불가
③ 병렬 연속식: 오르기와 내리기의 연속적 시행이 가능
④ 교차식: 점유면적이 작고, 연속 승강 가능하나, 승객 시야가 좋지 않음

Thema 03 공동주택

01 페리의 근린주구이론
① 크기: 초등학교 하나를 필요로 하는 인구
② 경계: 간선도로에 의해 구획
③ 지구 내 가로체계: 내부 가로망은 단지 내의 교통량을 원활히 처리하고 통과교통에 사용되지 않도록 계획
④ 상업시설: 서비스를 제공하는 1~2개소 이상의 상점가를 주요도로의 결절점에 배치

02 래드번 계획(슈퍼블록) 기본 원리
① 통과교통 배제를 위한 슈퍼블록을 구성
② 4가지 기능의 도로
③ 보도망의 형성 및 보도와 차도의 입체적 분리
④ 쿨데삭형의 좁은 도로 구성
⑤ 오프 스페이스망 조성

03 쿨데삭(Cul-de-sac)
① 막다른 주택지 도로로, 통과교통을 피하여 주거환경의 쾌적성과 안전성 확보가 용이
② 차량과 보행자를 분리
③ 적정길이는 120~300m까지를 최대로 제안
④ 우회도로가 없기 때문에 방재·방범상으로는 불리
⑤ 루프(Loop)형은 우회도로가 없는 쿨데삭형의 결점을 개량한 패턴으로 도로율이 높아지는 단점

04 아파트의 분류(평면형식상)
① 계단실형(홀형)
   • 세대 내 프라이버시가 가장 양호하며 채광 및 통풍 유리
   • 복도나 통행부의 면적이 작아서 건물의 이용도가 높음
   • 좁은 대지에서 집약형 주거 가능
② 편복도형
   • 복도 개방 시 각 주호의 거주성이 좋음
   • 각 호의 통풍 및 채광이 양호
   • 고층 아파트에 적합
③ 중복도형
   • 독신자 아파트에 많이 이용
   • 부지의 이용률이 높으나, 독립성이 나쁘고, 채광 및 통풍을 균등하게 할 수 없음
④ 집중형
   • 부지의 이용률이 높으나 통풍·채광에 불리
   • 기후조건에 따라 기계적 환경조절 필요

05 아파트의 분류(입체형식상)
① 단층형: 각 주호가 1개 층으로 구성
② 복층형: 한 주호가 2개 층 이상으로 구성

장점	• 다양한 평면 구성 가능 • 거주성, 프라이버시 확보 용이 • 통로가 없는 층은 채광 및 통풍 확보 용이 • 공용 및 서비스 면적이 감소, 유효면적은 증가
단점	• 소규모 주택에서는 비경제적 • 통로가 없는 층은 화재 발생 시 대피상 불리 • 구조상 복잡함

Thema 04 상업건축(사무소, 상점, 백화점, 몰, 은행)

01 유효율(렌터블비)
연면적에 대한 대실(임대)면적의 비율로 연면적에 대해 70~75% 정도가 적당

02 오피스 랜드스케이핑
개방식 배치의 한 유형으로 사무의 흐름이나 작업의 성격을 고려하여 능률적으로 배치한, 일정한 기하학적 패턴에서 탈피한 형식

03 개실 배치
① 복도에 의해 각 실로 들어가는 방법
② 독립성, 쾌적감, 자연채광이 좋음
③ 공사비가 높음
④ 연속된 긴 복도로 인해 방 깊이에는 변화를 주기 어려움

04 개방식 배치
① 개방된 큰 실로 계획
② 전면적을 유용하게 이용
③ 소음 경감에 대한 고려가 필요
④ 공간의 길이나 깊이에 변화를 줄 수 있음
⑤ 기본적인 자연채광에 인공조명이 필요한 형식

05 코어 계획
① 평면적 역할: 공용부분을 한 곳에 집약, 자유로운 공간을 확보
② 구조적 역할: 구조체로서 내진벽의 역할
③ 설비적 역할: 설비 시설을 집약하여 설비 계통의 순환이 좋아지며, 설비비 절약 가능

제1과목 건축계획

CBT 대비 FINAL NOTE

Thema 01 총론

01 건축계획 프로세스
목표설정 → 정보자료수집 → 조건설정 → 모델화 → 평가 → 계획결정

02 건축과정
기획 → 조건파악 → 기본계획 → 기본설계 → 실시설계 → 시공 → 인도 → 유지·관리

03 건축계획 조사방법
설문지법, 관찰법, 면담법, 문헌조사 등

04 모듈과 스케일
① 모듈: 건축물 구성재의 크기를 정하기 위한 척도 또는 기준 치수를 뜻한다.
② 스케일: 물리적, 생리적, 심리적 스케일

05 건축척도조정(MC; Modular Coordinate)
① 장점: 표준화, 대량생산, 공기단축, 설계와 시공이 간편
② 단점: 융통성 부족, 인간성과 창조성 상실의 우려, 배색에 신중해야 함, 획일성 및 집단화에 유의

06 동선
① 3요소: 속도, 빈도, 하중
② 단순하고 명쾌
③ 빈도가 높은 동선은 짧게
④ 서로 다른 종류의 동선은 분리
⑤ 개인권, 사회권, 가사노동권은 서로 독립성을 유지

Thema 02 주거건축

01 한식주택과 양식주택

한식	양식
• 좌식 • 위치별 실의 구분 • 실의 다용도(안방, 건너방, 사랑방) • 가구는 부차적 존재	• 입식 • 기능별 실의 구분 • 실의 단일용도(침실, 식당, 거실) • 가구는 중요한 내용물

02 주택설계의 새로운 방향
① 생활의 쾌적함 증대
② 가사노동의 경감(주부의 동선 단축)
③ 가족본위의 주거(가장 → 주부 중심)
④ 개인의 프라이버시(독립성) 확보
⑤ 좌식과 입식의 혼용

03 식당과 부엌
① 다이닝키친: 부엌＋식당
② 다이닝 엘코브: 거실＋식당
③ 리빙키친: 거실＋식당＋부엌

04 부엌의 작업순서와 작업삼각형
① 작업순서: 개수대 → 조리대 → 가열대 → 배선대
② 작업삼각형: 냉장고, 개수대, 가열대를 잇는 삼각형

05 부엌의 유형

직선형	• 소규모 부엌에 적합 • 동선의 혼란이 없고, 움직임이 많아 동선이 길어짐
ㄱ자형	• 정방형의 부엌에 적합 • 모서리 부분의 이용도가 낮음
ㄷ자형	• 양측 벽면으로 수납공간이 넓음 • 외부로 통하는 출입구 설치 곤란
병렬형	동선을 줄일 수 있지만, 몸을 앞뒤로 바꾸면서 작업하는 불편함

06 숑바르 드 로브의 주거면적
① 병리기준: $8m^2$/인
② 한계기준: $14m^2$/인
③ 표준기준: $16m^2$/인

40개의 테마로 건축기사 이론 완벽 마무리!

• 불필요한 이론은 모두 걷어내고 반복해서 출제되는 최빈출 이론을 40개의 테마로 수록했습니다.
• FINAL NOTE를 학습하고, 10개년 기출문제 풀이를 반복하여 단번에 합격할 수 있습니다!

ENERGY

시작하는 방법은
말을 멈추고
즉시 행동하는 것이다.

– 월트 디즈니(Walt Disney)

에듀윌 건축기사
10+2개년

필기 기출문제집

2025~2021

CBT 시험, 기출이 답이다!
건축기사 합격을 위한 10+2개년

기출문제, 10개년이면 충분하다!

01 필기시험 합격률 30% 이상
최근 5년간 건축기사 필기시험의 합격률은 매년 30% 이상으로 결코 어려운 시험이 아닙니다.

02 CBT로 전환, 기출문제 중요도 상승
CBT로 전환되었지만 문제은행에서 과년도 기출문제가 반복되어 출제되고 있으므로 여전히 기출문제 중심의 학습이 중요합니다.

03 10개년 기출문제 3회독 필수
기출문제 중심의 학습으로 필기시험에 합격하기 위해서는 최소 10개년 기출문제를 3회독 이상 보는 것이 좋습니다.

04 최신 기출문제부터 학습
과년도 문제가 반복되어 출제되나 출제 경향은 존재하기 때문에 가장 최신의 기출문제부터 학습하는 것이 좋습니다.

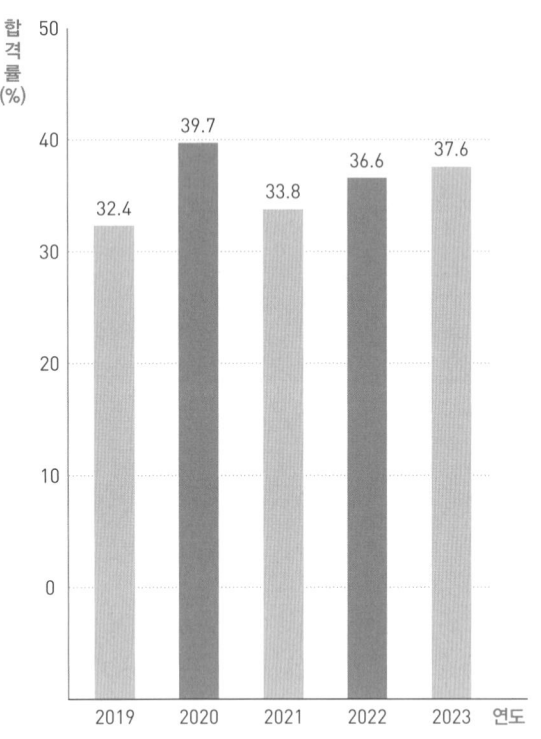

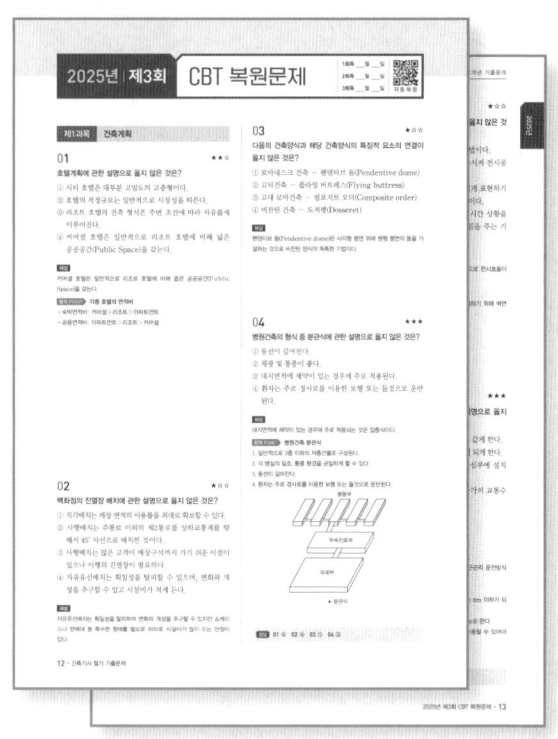

> 최신의 **CBT 복원문제** 풀이를 시작으로
> **10개년 기출문제를 3회독** 이상 학습해야 합니다.

단, 건축구조와 건축관계법규는 2개년 추가 학습 필요!

01 수험생이 가장 어려워하는 두 과목

건축구조와 건축관계법규는 건축기사를 준비하는 수험생이 가장 어려워하는 과목으로 꼽힙니다. 실제로도 다섯 과목 중 가장 평균이 낮으며, 과락의 위험이 대단히 높습니다.

02 확실한 합격을 위한 추가 학습 필요

건축계획, 건축시공, 건축설비의 경우는 10개년 기출문제 만으로도 충분하지만, 건축구조와 건축관계법규의 경우는 조금 더 다양한 유형의 문제를 학습하시길 추천합니다. 따라서 에듀윌은 건축구조와 건축관계법규의 2개년 기출문제를 더 풀어볼 수 있도록 추가 제공합니다.

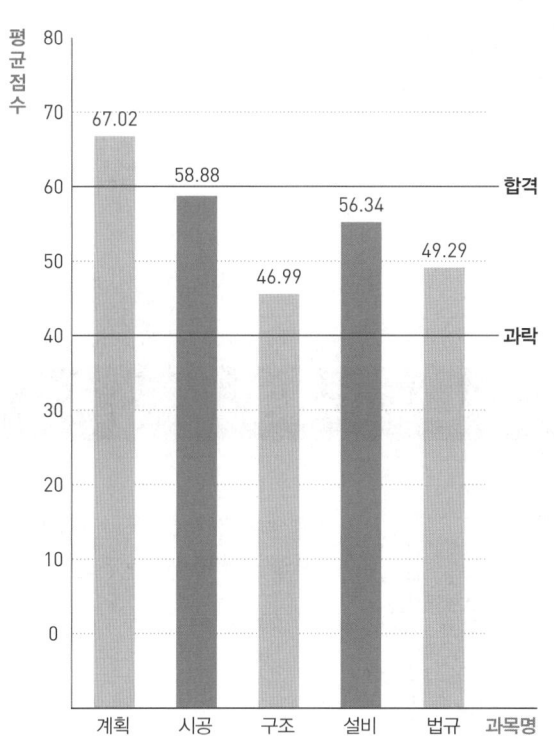

▲ 2022년 건축기사 필기시험 과목별 평균점수

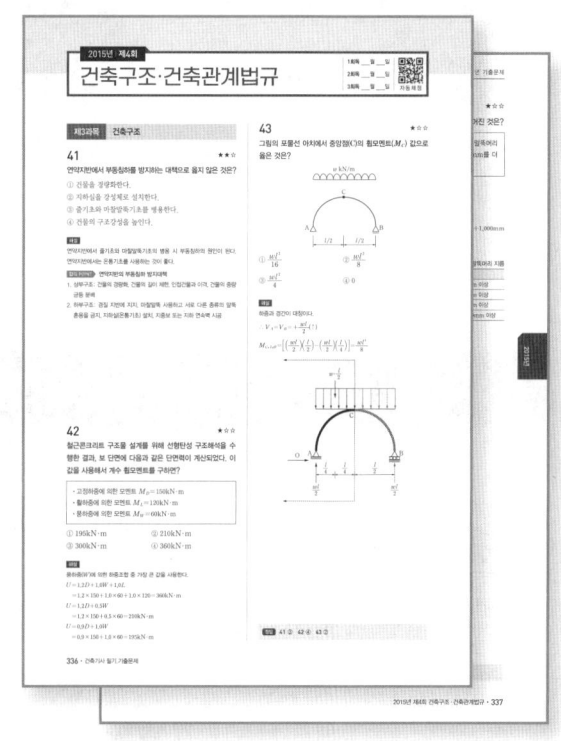

" 과락이 많은 **건축구조와 건축관계법규**는
더 많은 기출문제를 학습해야 합니다. "

합격을 위한 첫걸음이자 마무리 교재!
건축기사 기출문제집 10+2개년 구성과 특징

효율적인 학습을 위한 2권 분권

 +

1권 기출문제집 2025~2021   2권 기출문제집 2020~2016

2권으로 분권 구성하여 학습 스케줄에 따라 5개년씩 따로 휴대하여 학습 가능

최빈출 이론 CBT 대비 FINAL NOTE 제공

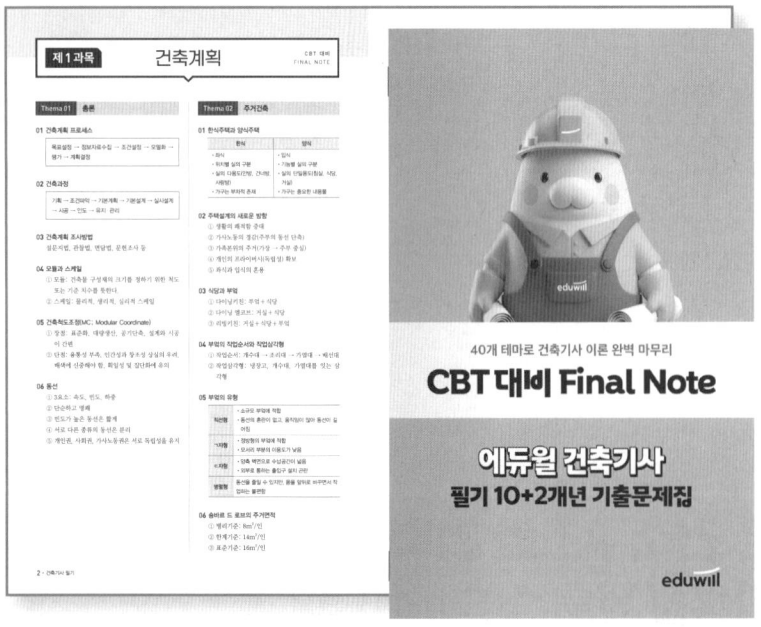

기출 분석을 통해 엄선한 **최빈출 이론**을 40개의 테마로 수록

합격할 수밖에 없는 탄탄한 교재 구성

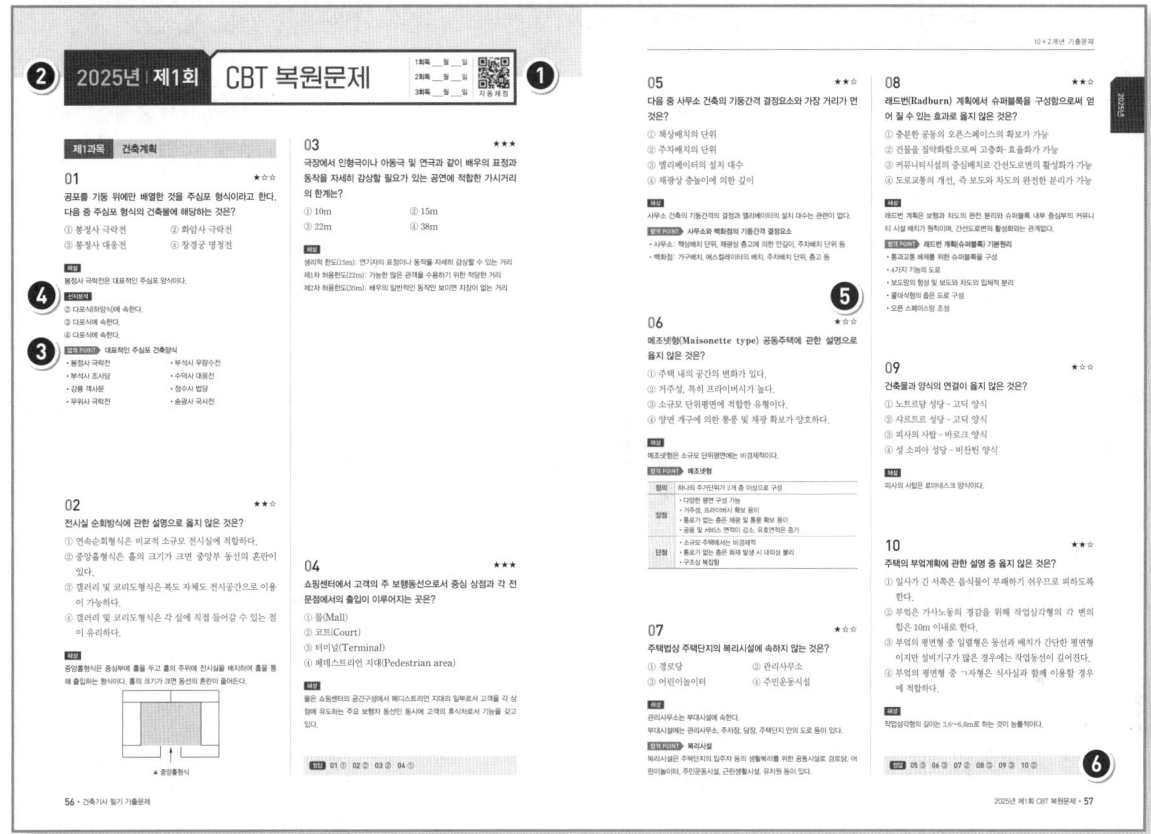

❶ 3회독 학습일자 표기 및 모바일 OMR 자동채점

❷ 가장 최신의 기출문제부터 학습

❸ 자주 출제되는 내용을 추가로 학습

❹ 정답 보기뿐만 아니라 오답지문에 대해서도 학습

❺ 빈출도 표기로 문제별 중요도 파악

★★★: 7회 이상 출제

★★: 3~6회 출제

★: 3회 미만 출제

※ 빈출도 표기의 경우 분류방법에 따라 달라질 수 있음

❻ 정답이 눈에 띄지 않도록 매 페이지 하단에 배치

2023~2025년 최신 3개년 CBT 복원문제 해설특강 제공

해당 강의는 2025년 11월 이후 순차적으로 제공될 예정입니다.
[강의 수강경로] 에듀윌 도서몰(book.eduwill.net) → 로그인/회원가입 → 동영상강의실 → 건축기사 검색

합격의 첫 걸음
건축기사 시험정보

건축기사란?

건축기사는 건축물을 계획, 설계하여 시공할 때까지의 전 과정을 전문적으로 수행하는 기술인력을 양성하기 위한 시험입니다.

건축기사 소지자는 건축을 의뢰한 자와 협의하여 건축의 형태과 설계에 대한 필요요건을 결정하고 사용자재, 부대설비, 공사비 등에 대한 전문적이고 공학적인 조언을 합니다. 또한, 건물의 규모, 기능, 배치를 설계하고 작업 진행이 설계와 일치하는지 공사의 진행상태를 감독하는 업무를 수행합니다.

시험일정 & 합격자 발표시기

구분	필기시험	필기합격(예정자)발표	실기시험	최종합격자 발표일
1회	2026.02~03	2026.03	2026.04~05	2026.06
2회	2026.05	2026.06	2026.07~08	2026.09
3회	2026.08	2026.09	2026.11	2026.12

※ 정확한 시험일정은 한국산업인력공단(Q-net) 참고
※ 기사 필기시험은 수험자의 학적 변동, 경력 등 응시자격 충족여부를 확인 후 원서접수 시 시험일을 선택 가능

응시자격

① 산업기사 등급 이상의 자격을 취득한 후 응시하려는 종목이 속하는 동일 및 유사 직무분야에서 1년 이상 실무에 종사한 사람
② 기능사 등급 이상의 자격을 취득한 후 응시하려는 종목이 속하는 동일 및 유사 직무분야에서 3년 이상 실무에 종사한 사람
③ 건축공학, 건축설비, 실내건축 등 관련학과 졸업자 또는 졸업예정자

※ 정확한 경력 인정범위, 전공 등은 산업인력공단에 별도 문의해야 함

필기시험 출제 주요항목 및 문항 수

과목명	주요항목	문항 수
건축계획	• 건축계획 원론 • 각종 건축물의 건축계획	20문항
건축시공	• 건설경영 • 건축시공기술 및 건축재료	20문항
건축구조	• 건축구조의 일반사항 • 구조역학 • 철근콘크리트구조 • 철골구조	20문항
건축설비	• 환경계획원론 • 전기설비 • 위생설비 • 공기조화설비 • 승강설비	20문항
건축관계법규	• 건축법·시행령·시행규칙 • 주차장법·시행령·시행규칙 • 국토의 계획 및 이용에 관한 법·시행령·시행규칙	20문항

검정방법 & 합격기준

검정방법	• 필기: 객관식 4지 택일형 과목당 20문항(2시간 30분, 100점) • 실기: 필답형(3시간, 100점)
합격기준	• 필기: 100점을 만점으로 하여 과목당 40점 이상, 전과목 평균 60점 이상 • 실기: 100점을 만점으로 하여 60점 이상

차례 CONTENTS

2025년 CBT 복원문제

제3회 CBT 복원문제 … 12
제2회 CBT 복원문제 … 36
제1회 CBT 복원문제 … 56

2024년 CBT 복원문제

제3회 CBT 복원문제 … 76
제2회 CBT 복원문제 … 100
제1회 CBT 복원문제 … 124

2023년 CBT 복원문제

제4회 CBT 복원문제 … 148
제2회 CBT 복원문제 … 172
제1회 CBT 복원문제 … 196

2022년 기출문제

제4회 CBT 복원문제 220

제2회 기출문제 242

제1회 기출문제 266

2021년 기출문제

제4회 기출문제 288

제2회 기출문제 308

제1회 기출문제 331

2025년 | 제3회 CBT 복원문제

제1과목 건축계획

01 ★★☆
호텔계획에 관한 설명으로 옳지 않은 것은?
① 시티 호텔은 대부분 고밀도의 고층형이다.
② 호텔의 적정규모는 일반적으로 시장성을 따른다.
③ 리조트 호텔의 건축 형식은 주변 조건에 따라 자유롭게 이루어진다.
④ 커머셜 호텔은 일반적으로 리조트 호텔에 비해 넓은 공공공간(Public Space)을 갖는다.

해설
커머셜 호텔은 일반적으로 리조트 호텔에 비해 좁은 공공공간(Public Space)을 갖는다.

합격 POINT 각종 호텔의 면적비
- 숙박면적비: 커머셜＞리조트＞아파트먼트
- 공용면적비: 아파트먼트＞리조트＞커머셜

02 ★☆☆
백화점의 진열장 배치에 관한 설명으로 옳지 않은 것은?
① 직각배치는 매장 면적의 이용률을 최대로 확보할 수 있다.
② 사행배치는 주통로 이외의 제2통로를 상하교통계를 향해서 45° 사선으로 배치한 것이다.
③ 사행배치는 많은 고객이 매장구석까지 가기 쉬운 이점이 있으나 이행의 진열장이 필요하다.
④ 자유유선배치는 획일성을 탈피할 수 있으며, 변화와 개성을 추구할 수 있고 시설비가 적게 든다.

해설
자유유선배치는 획일성을 탈피하여 변화와 개성을 추구할 수 있지만 쇼케이스나 판매대 등 특수한 형태를 필요로 하므로 시설비가 많이 드는 단점이 있다.

03 ★☆☆
다음의 건축양식과 해당 건축양식의 특징적 요소의 연결이 옳지 않은 것은?
① 로마네스크 건축 － 펜덴티브 돔(Pendentive dome)
② 고딕건축 － 플라잉 버트레스(Flying buttress)
③ 고대 로마건축 － 컴포지트 오더(Composite order)
④ 비잔틴 건축 － 도저렛(Dosseret)

해설
펜덴티브 돔(Pendentive dome)은 사각형 평면 위에 원형 평면의 돔을 가설하는 것으로 비잔틴 양식의 독특한 기법이다.

04 ★★★
병원건축의 형식 중 분관식에 관한 설명으로 옳지 않은 것은?
① 동선이 길어진다.
② 채광 및 통풍이 좋다.
③ 대지면적에 제약이 있는 경우에 주로 적용된다.
④ 환자는 주로 경사로를 이용한 보행 또는 들것으로 운반된다.

해설
대지면적에 제약이 있는 경우에 주로 적용되는 것은 집중식이다.

합격 POINT 병원건축 분관식
1. 일반적으로 3층 이하의 저층건물로 구성된다.
2. 각 병실의 일조, 통풍 환경을 균일하게 할 수 있다.
3. 동선이 길어진다.
4. 환자는 주로 경사로를 이용한 보행 또는 들것으로 운반된다.

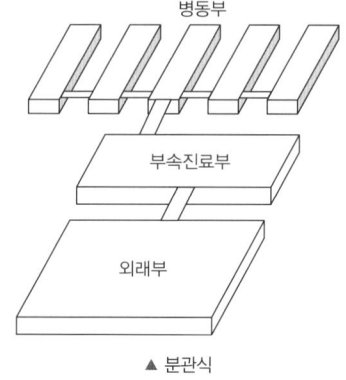
▲ 분관식

정답 01 ④ 02 ④ 03 ① 04 ③

05 ★☆☆

백화점 건축계획에 대한 설명 중 옳지 않은 것은?

① 일반적으로 기둥 간격이 클수록 매장배치가 용이하고 매장이 개방되어 보인다.
② 매장의 고객 동선은 너무 단순하거나 혼잡하지 않게 하여 고객을 분산시킨다.
③ 백화점의 색채계획은 중채도의 색을 위주로 한 배색으로 시각적인 혼란감을 억제하는 것이 좋다.
④ 엘리베이터, 에스컬레이터 등 수직동선 설비는 고객 출입구 부근에 집중시켜 동선의 원활한 연결이 가능하게 한다.

해설
수직동선 설비(엘리베이터, 에스컬레이터 등)를 출입구 부근에 집중시켜 배치하면 혼잡을 유발한다. 일반적으로 에스컬레이터는 눈에 잘 띄는 중앙부에 배치하고, 엘리베이터는 동선 방해가 없도록 분산 배치한다.

06 ★★☆

주거단지의 도로형식에 관한 설명으로 옳지 않은 것은?

① 격자형은 가로망의 형태가 단순명료하고, 가구 및 획지 구성상 택지의 이용효율이 높다.
② 쿨데삭(Cul-de-sac)형은 각 가구와 관계없는 자동차의 진입을 방지할 수 있다는 장점이 있다.
③ 루프(Loop)형은 우회도로가 없는 쿨데삭형의 결점을 개량하여 만든 패턴으로 도로율이 높아지는 단점이 있다.
④ T자형은 도로의 교차방식을 주로 T자 교차로 한 형태로 통행거리가 짧아 보행자 전용도로와 병용이 불필요하다.

해설
T자형은 보행자 전용도로와의 병용이 필요하다.

07 ★☆☆

미술관 및 박물관의 전시기법에 관한 설명으로 옳지 않은 것은?

① 하모니카 전시는 동선계획이 용이한 전시기법이다.
② 아일랜드 전시는 일정한 형태의 평면을 반복시켜 전시공간을 구획하는 방식으로 전시효율이 높다.
③ 파노라마 전시는 연속적인 주제를 연관성 있게 표현하기 위해 선형의 파노라마로 연출하는 전시기법이다.
④ 디오라마 전시는 하나의 사실 또는 주제의 시간 상황을 고정시켜 연출하는 것으로 현장에 임한 느낌을 주는 기법이다.

해설
일정한 형태의 평면을 반복시켜 전시공간을 구획하는 방식으로 전시효율이 높은 전시기법은 하모니카 전시에 대한 설명이다.

합격 POINT 아일랜드 전시
사방에서 감상해야 할 필요가 있는 조각물이나 모형을 전시하기 위해 벽면에서 띄어놓아 전시하는 특수전시기법을 말한다.

08 ★★★

사무소 건축의 엘리베이터 설치 계획에 관한 설명으로 옳지 않은 것은?

① 군 관리운전의 경우 동일 군내의 서비스 층은 같게 한다.
② 승객의 층별 대기시간은 평균 운전간격 이상이 되게 한다.
③ 서비스를 균일하게 할 수 있도록 건축물 중심부에 설치하는 것이 좋다.
④ 건축물의 출입층이 2개 층이 되는 경우는 각각의 교통수요량 이상이 되도록 한다.

해설
승객의 층별 대기시간은 평균 운전간격 이하가 되게 한다.

합격 POINT 엘리베이터 배치
1. 교통동선의 중심에 설치하여 보행거리가 짧도록 배치한다.
2. 여러 대의 엘리베이터를 설치하는 경우, 그룹별 배치와 군관리 운전방식으로 한다.
3. 군 관리운전의 경우 동일 군내의 서비스 층은 같게 한다.
4. 일렬배치는 4대를 한도로 하고, 엘리베이터 중심간 거리는 8m 이하가 되도록 한다.
5. 대면배치 시 대면거리는 동일 군 관리의 경우는 3.5~4.5m로 한다.
6. 엘리베이터 홀은 엘리베이터 정원 합계의 50% 정도를 수용할 수 있어야 하며, 1인당 점유면적은 0.5~0.8m²로 계산한다.

정답 05 ④ 06 ④ 07 ② 08 ②

09 ★☆☆
고려시대 주심포 양식의 특징이 아닌 것은?

① 기둥 위에 창방과 평방을 놓고 그 위에 공포를 배치한다.
② 소로는 비교적 자유스럽게 배치된다.
③ 연등 천장구조로 되어 있다.
④ 우미량을 사용한다.

해설
기둥 위에 창방과 평방을 놓고 그 위에 공포를 배치한 것은 다포 양식의 특징이다. 주심포 양식은 기둥 위(주두)에만 공포를 배치한 형식이다.

합격 POINT ▶ 주심포 양식
주심포 양식은 고려 중기 남송에서 전래된 것으로, 공포를 기둥 위(주두)에만 배치하고, 기둥 사이에는 두지 않는다. 단아한 외관에 배흘림이 큰 편이며, 주로 단장혀를 사용하고, 내부의 천장은 연등천장이다.

10 ★★★
일반주택의 동선계획에 관한 설명 중 옳지 않은 것은?

① 동선이 가지는 요소는 속도, 빈도, 하중의 3가지가 있다.
② 동선에는 공간이 필요하고 가구를 둘 수 없다.
③ 하중이 큰 가사노동의 동선은 길게 나타낸다.
④ 개인, 사회, 가사노동권의 3개 동선이 서로 분리되어야 바람직하다.

해설
하중이 큰 가사노동의 동선은 짧게 나타낸다.

11 ★★☆
고대 로마 건축에 관한 설명으로 옳지 않은 것은?

① 인슐라(Insula)는 다층의 집합주거 건물이다.
② 콜로세움의 1층에는 도릭 오더가 사용되었다.
③ 바실리카 울피아는 황제를 위한 신전으로 배럴 볼트가 사용되었다.
④ 판테온은 거대한 돔을 얹은 로툰다와 대형 열주 현관이라는 두 주된 구성 요소로 이루어진다.

해설
바실리카 울피아는 로마시대에 재판이나 집회 및 상업거래를 위해 사용된 건축물이다.

12 ★★★
다음은 객석의 가시거리에 관한 설명이다. ( ) 안에 알맞은 것은?

> 연극 등을 감상하는 경우 연기자의 표정을 읽을 수 있는 가시한계는 (㉠) 정도이다. 그러나 실제적으로 극장에서는 잘 보여야 되는 동시에 많은 관객을 수용해야 하므로 (㉡)까지를 제1차 허용 한도로 한다.

① ㉠ 10m, ㉡ 22m
② ㉠ 15m, ㉡ 22m
③ ㉠ 10m, ㉡ 25m
④ ㉠ 15m, ㉡ 25m

해설
- 생리적 한도(15m): 연기자의 표정이나 동작을 자세히 감상할 수 있는 거리
- 제1차 허용한도(22m): 가능한 많은 관객을 수용하기 위한 적당한 거리
- 제2차 허용한도(35m): 배우의 일반적인 동작만 보이면 지장이 없는 거리

13 ★☆☆
공동주택의 단위주거 단면구성 형태에 관한 설명으로 옳지 않은 것은?

① 플랫형은 주거단위가 동일층에 한하여 구성되는 형식이다.
② 복층형(메조네트형)은 엘리베이터의 정지 층수를 적게 할 수 있다.
③ 트리플렉스형은 듀플렉스형보다 프라이버시의 확보율이 낮고 통로면적이 많이 필요하다.
④ 스킵 플로어형은 주거단위의 단면을 단층형과 복층형에서 동일층으로 하지 않고 반층씩 엇나게 하는 형식을 말한다.

해설
- 트리플렉스형은 듀플렉스형보다 프라이버시의 확보율이 높고 통로면적이 적게 필요하다.
- 2개 층인 복층마다 주호를 구성하는 듀플렉스형이 3개 층마다 주호를 구성하는 트리플렉스형보다 공용면적이 더 크다.
- 트리플렉스형은 듀플렉스형보다 통로가 없는 층이 많이 필요해 통로 면적이 적다.
- 트리플렉스형은 듀플렉스형보다 프라이버시와 채광 및 통풍이 좋다.

정답 09 ① 10 ③ 11 ③ 12 ② 13 ③

14

종합병원 건축계획에 대한 설명 중 옳지 않은 것은?

① 우리나라의 일반적인 외래진료방식은 오픈 시스템이며 대규모의 각종 과를 필요로 한다.
② 1개의 간호사 대기소에서 관리할 수 있는 병상수는 30~40개 이하로 한다.
③ 병실의 창문은 환자가 병상에서 외부를 전망할 수 있게 하는 것이 좋다.
④ 수술실의 바닥마감은 전기도체성 마감을 사용하는 것이 좋다.

해설
우리나라의 일반적인 외래진료방식은 클로즈드 시스템이며 대규모의 각종 과를 필요로 한다.

15

래드번(Radburn) 계획에서 슈퍼블록을 구성함으로써 얻어 질 수 있는 효과로 옳지 않은 것은?

① 충분한 공동의 오픈스페이스의 확보가 가능
② 건물을 집약화함으로써 고층화·효율화가 가능
③ 커뮤니티시설의 중심배치로 간선도로변의 활성화가 가능
④ 도로교통의 개선, 즉 보도와 차도의 완전 분리가 가능

해설
래드번 계획은 보행과 차도의 완전 분리와 슈퍼블록 내부 중심의 커뮤니티시설 배치가 원칙이며, 간선도로변의 활성화와는 관계없다.

합격 POINT 래드번 계획(슈퍼블록) 기본원리
- 통과교통 배제를 위한 슈퍼블록을 구성
- 4가지 기능의 도로
- 보도망의 형성 및 보도와 차도의 입체적 분리
- 쿨데삭형의 좁은 도로 구성
- 오픈 스페이스망 조성

16

다음 중 주택의 평면계획 시 사용되는 공간의 조닝방법과 가장 거리가 먼 것은?

① 융통성에 의한 조닝
② 가족 전체와 개인에 의한 조닝
③ 정적 공간과 동적 공간에 의한 조닝
④ 주간과 야간의 사용시간에 의한 조닝

해설
융통성에 의한 조닝은 해당되지 않는다.

합격 POINT 조닝

생활행동	주부, 아동, 부부, 노인
생활공간	개인, 전체, 보건위생
사용시간	낮, 낮과 밤, 밤
활동성	동적, 정적

17

극장건축의 그리드 아이언(Grid Iron)에 관한 설명으로 옳은 것은?

① 무대 뒤편의 좁은 통로이다.
② 무대의 배경이 되는 벽면 시설이다.
③ 관객의 시선을 차단하는 데 사용된다.
④ 조명기구, 배경 등을 매어다는 데 사용된다.

해설
그리드 아이언은 조명기구, 연기자 또는 음향 반사판을 매달기 위해 무대 천정 밑에 설치되는 시설이다.

18

다음 중 극장의 음향계획에서 극장 측면벽에 사용되는 재료에 대한 설명으로 가장 알맞은 것은?

① 무대쪽 벽은 반사재, 객석쪽 벽은 흡음재
② 무대쪽 벽은 흡음재, 객석쪽 벽은 반사재
③ 모두 반사재
④ 모두 흡음재

해설
무대와 가까운 벽은 반사재를 사용하여 무대에서 나오는 소리를 객석으로 효과적으로 전달하고, 객석 후면 벽은 흡음재를 사용하여 불필요한 잔향을 줄여 음향의 명료도를 확보한다.

정답 14 ① 15 ③ 16 ① 17 ④ 18 ①

19 ★☆☆
다음과 같은 특징을 갖는 건축적 채광방식은?

- 조도분포가 불균일하며 실 안쪽의 조도가 부족한 경우가 많다.
- 근린의 상황에 의해 채광이 영향을 받는다.
- 투명 부분을 설치하면 해방감이 있다.

① 편측채광 ② 양측채광
③ 천장채광 ④ 정측광

해설
편측채광(한쪽 벽면에만 창을 두는 방식)은 창에서 멀어질수록 실내 조도가 급격히 낮아지며, 이웃 건물이나 차양 등에 의해 가려질 경우 채광이 크게 감소한다.

20 ★☆☆
은행건축에 대한 설명으로 옳은 것은?

① 직원과 고객의 출입구는 보안 관계상 별도로 설치하지 않는다.
② 고객의 대기공간(객장)과 영업공간의 면적비율은 2:8 정도로 하는 것이 가장 바람직하다.
③ 은행 내부의 동선계획 시 고객의 목적과 관계없이 하나의 동선으로 고객을 유도하는 것이 바람직하다.
④ 대규모의 은행일 경우에도 고객의 출입구는 되도록 1개소로 하고 안여닫이로 하는 것이 보편적이다.

선지분석
① 직원과 고객의 출입구는 따로 설치하는 것이 좋다.
② 고객 대기공간과 영업공간의 면적비율은 2:3 정도로 한다.
③ 하나의 동선으로 유도하면 혼잡하고 대기시간이 증가하므로 용무에 따라 동선을 분기한다.

제2과목 건축시공

21 ★☆☆
계약제도의 하나로서 독립된 회사의 연합으로 법인을 설립하지 않으며 공사의 책임과 공사 클레임 등을 각각 독립된 회사의 계약 당사자가 책임을 지는 방식은?

① 공동도급(Joint venture)
② 파트너링(Partnering)
③ 컨소시엄(Consortium)
④ 분할도급(Partial contract)

해설
공사 클레임이 발생 시 공동도급(Joint venture)은 투자비율에 따라 공동부담하며, 컨소시엄(Consortium)은 각각 독립된 회사의 계약 당사자가 책임을 진다.

22 ★★★
지하연속벽 공법 중 슬러리월(Slurry wall)에 대한 특징으로 옳지 않은 것은?

① 시공 시 소음·진동이 크다.
② 인접건물의 경계선까지 시공이 가능하다.
③ 주변 지반에 대한 영향이 적고 차수효과가 확실하다.
④ 지반 굴착 시 안정액을 사용한다.

해설
슬러리월 공법은 소음과 진동이 낮다.

합격 POINT 슬러리월(Slurry Wall)
지하연속벽 공법인 슬러리월은 먼저 안내벽을 설치한 후 벤토나이트 안정액을 사용하여 지반을 굴착하고 철근망을 일으켜 세워서 설치한 후 콘크리트를 타설하여 지중에 연속벽체를 형성하는 공법이다. 흙막이의 안정성이 뛰어나며 차수성능이 우수하다.

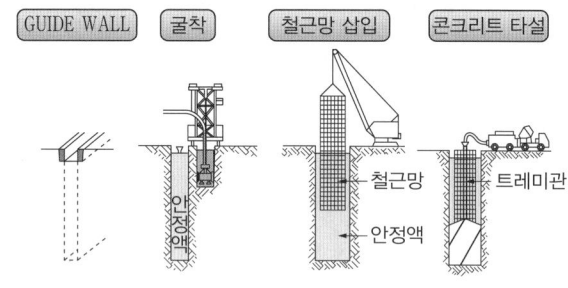

23 ★★★
철근콘크리트공사에서 콘크리트 이어치기에 대한 설명으로 옳지 않은 것은?

① 콘크리트의 이어치기는 원칙적으로 응력이 집중되는 곳에서 한다.
② 보는 스팬의 중앙 또는 단부의 1/4 부분에서 이어친다.
③ 기둥 및 벽은 바닥슬래브 및 기초의 상단에서 이어친다.
④ 캔틸레버 보는 이어치기를 하지 않고 한번에 타설한다.

해설
콘크리트의 이어치기는 원칙적으로 응력이 집중된 곳은 피하고 전단력이 작은 곳에 설치한다.

정답 19 ① 20 ④ 21 ③ 22 ① 23 ①

24 ★★☆

테라조(Terrazzo) 현장 바름 공사에 대한 내용으로 옳지 않은 것은?

① 줄눈 나누기는 최대줄눈 간격을 2m 이하로 한다.
② 바닥 바름두께의 표준은 접착공법(초벌바름)일 때 20mm 정도이다.
③ 갈기는 테라조를 바른 후 손갈기일 때 2일, 기계 갈기일 때 3일 이상 경과한 후 경화 정도를 보아 실시한다.
④ 마감은 수산으로 중화 처리하여 때를 벗겨내고, 헝겊으로 문질러 손질한 후 왁스 등을 바른다.

해설
갈기는 테라조를 바른 후 손갈기일 때 1일 이상, 기계 갈기일 때 5~7일 이상 경과한 후 경화 정도를 보아 실시한다.

25 ★★☆

공정표 작성 시 공정계산에 관한 설명 중 옳은 것은?

① 복수의 작업에 후속되는 작업의 EST는 복수의 선행작업 중 EFT의 최소값으로 한다.
② 복수의 작업에 선행되는 작업의 LFT는 후속작업의 LST 중 최대값으로 한다.
③ 전체여유(TF)는 작업을 EST로 시작하고 LFT로 완료할 때 생기는 여유시간이다.
④ 종속여유(DF)는 후속작업의 EST에 영향을 주지 않는 범위 내에서 한 작업이 가질 수 있는 여유시간이다.

선지분석
① 복수의 작업에 후속되는 작업의 EST는 복수의 선행작업 중 EFT의 최대값으로 한다.
② 복수의 작업에 선행되는 작업의 LFT는 후속작업의 LST 중 최소값으로 한다.
④ 후속작업의 EST에 영향을 주지 않는 범위 내에서 한 작업이 가질 수 있는 여유시간은 자유여유(FF)이다.

26 ★☆☆

다음 설명이 의미하는 공법으로 옳은 것은?

> 미리 공장 생산한 기둥이나 보, 바닥판, 외벽, 내벽 등을 한 층씩 쌓아 올라가는 조립식으로 구체를 구축하고 이어서 마감 및 설비공사까지 포함하여 차례로 한 층씩 완성해 가는 공법

① 하프 PC합성바닥판공법
② 역타공법
③ 적층공법
④ 지하연속벽공법

해설
적층공법은 미리 공장 생산한 철골철근콘크리트조 건물 등의 구조체, 바닥판, 외벽 등을 1개 단위로 조립하여 마감 및 설비공사까지 동시에 시공하는 공법으로 대규모 건물의 시공에 유리하다.

27 ★★☆

사운딩은 로드 선단에 붙인 저항체를 지중에 넣고 관입, 회전, 인발 등에 의해 토층의 성상을 탐사하는 시험법인데 이러한 사운딩에 속하지 않는 시험은?

① 표준관입시험
② 콘관입시험
③ 베인전단시험
④ 말뚝재하시험

해설
말뚝재하시험은 지내력시험에 해당된다.

합격 POINT

지내력(재하)시험	사운딩
· 평판재하시험 · 말뚝재하시험	· 표준관입시험 · 베인테스트 · 콘관입시험 · 스웨덴식 사운딩 시험

정답 24 ③ 25 ③ 26 ③ 27 ④

28 ★★★
금속 커튼월의 Mock up test에 있어 기본 성능시험의 항목에 해당되지 않는 것은?

① 정압수밀시험 ② 방재시험
③ 구조시험   ④ 기밀시험

해설
커튼월 실물대모형시험의 시험 항목
- 구조시험
- 기밀시험
- 동압수밀시험
- 정압수밀시험
- 예비시험

합격 POINT 커튼월 실물대모형시험(Mock up test)
풍동시험(Wind tunnel test) 설계풍하중을 토대로 제작된 실물모형에 임의로 설정된 최악의 외부 환경상태에서 실물모형에 어떠한 영향을 주는가를 비교, 분석하는 실험이다.

29 ★★★
콘크리트용 재료 중 시멘트에 관한 설명으로 옳지 않은 것은?

① 중용열 포틀랜드시멘트는 수화작용에 따르는 발열이 적기 때문에 매스콘크리트에 적당하다.
② 조강 포틀랜드시멘트는 조기강도가 크기 때문에 한중콘크리트공사에 주로 쓰인다.
③ 알칼리 골재반응을 억제하기 위한 방법으로써 내황산염 포틀랜드시멘트를 사용한다.
④ 조강 포틀랜드시멘트를 사용한 콘크리트의 7일 강도는 보통 포틀랜드시멘트를 사용한 콘크리트의 28일 강도와 거의 비슷하다.

해설
알칼리 골재반응을 억제하기 위한 방법으로 고로슬래그 미분말, 실리카 흄, 플라이애시 등을 사용한다.

합격 POINT 알칼리 골재반응
시멘트 중 알칼리분이 골재 중의 실리카 광물질과 반응하여 과도한 체적팽창으로 균열이 발생되는 현상이다.

30 ★★★
콘크리트의 측압에 관한 설명으로 옳지 않은 것은?

① 철근량이 작을수록 측압이 크다.
② 슬럼프가 작을수록 측압이 크다.
③ 타설속도가 빠를수록 측압이 크다.
④ 온도가 높을수록 측압이 작다.

해설
슬럼프가 클수록 측압이 크다.

합격 POINT 콘크리트의 측압이 커지는 경우

측압 영향요소	상태	측압 영향요소	상태
슬럼프	클수록	철골, 철근량	적을수록
타설속도	빠를수록	벽두께	두꺼울수록
타설높이	높을수록	온도	낮을수록
다짐	과할수록	습도	높을수록
배합	부배합	거푸집 강성	클수록

31 ★☆☆
다음에서 설명하는 미장재료는?

> 시멘트와 건조모래 및 특성 개선제를 배합한 공장제품을 현장에서 물만 가하여 사용하는 모르타르로서, 현장배합 모르타르보다는 다소 고가지만 현장관리가 용이하다.

① 바라이트 모르타르   ② 셀프레벨링재
③ 초속경 모르타르   ④ 드라이 모르타르

해설
드라이 모르타르는 공장에서 시멘트+건조모래+개량제를 미리 배합해 건식으로 포장한 제품으로, 현장에서는 물만 가해 쓰는 모르타르이다. 현장배합보다 단가가 다소 높지만 품질이 균일하고 현장관리가 용이하다.

정답 28 ② 29 ③ 30 ② 31 ④

32 ★★★

벽마감공사에서 규격 200×200mm인 타일을 줄눈너비 10mm로 벽면적 100m²에 붙일 때 붙임매수는 몇 장인가? (단, 할증률 및 파손은 없는 것으로 가정함)

① 2,238매 ② 2,248매
③ 2,258매 ④ 2,268매

해설

타일 정미량
$= \dfrac{타일 면적}{(타일 한 변의 길이+줄눈 두께)\times(타일 한 변의 길이+줄눈 두께)}$
$= \dfrac{100m^2}{(0.2+0.01)m\times(0.2+0.01)m} = \dfrac{100m^2}{0.0441m^2}$
≒ 2,267.5737 = 2,268매

33 ★★★

지름 100mm, 높이 200mm인 원주 공시체로 콘크리트의 압축강도를 시험하였더니 250kN에서 파괴되었다면 이 콘크리트의 압축강도는?

① 25.4MPa ② 28.5MPa
③ 31.8MPa ④ 34.2MPa

해설

콘크리트의 압축강도
$f_c = \dfrac{P}{A} = \dfrac{최대 하중(N)}{시험체 단면적(mm^2)}$
$= \dfrac{250\times10^3(N)}{\dfrac{\pi}{4}\times100^2(mm^2)} ≒ 31.83N/mm^2 = 31.8MPa$

※ 1kN=1,000N

34 ★★☆

압연강재가 냉각될 때 표면에 생기는 산화철 표피를 무엇이라 하는가?

① 스페터 ② 밀스케일
③ 슬래그 ④ 비드

해설

밀스케일(Mill scale)은 흑피라고도 부르며, 800℃ 이상의 열로써 압연할 때 강재의 표면부분에 붙어있는 어두운 색의 산화물 층을 말한다.

선지분석

① 스페터(Spetter)는 아크용접과 가스용접에서 용접 중 튀어나오는 슬래그 또는 금속 입자를 말한다.
③ 슬래그(Slag)는 용접비드의 표면을 덮은 비금속물질로 피복제의 성분 중에 가스 발생 물질 이외의 플럭스 또는 분해 생성물에 의해 생성된다.
④ 비드(Bead)는 용접 시 용접봉과 모재가 용융되어 생긴 파형 자국이다.

35 ★☆☆

탄성 계수를 구할 때 변형 측정에 이용하는 것으로 가장 정밀도가 높은 것은?

① 다이얼 게이지 ② 콤퍼레이터
③ 마이크로미터 ④ 와이어 스트레인 게이지

해설

와이어 스트레인 게이지(Wire strain gauge)는 부재변형 시 와이어(저항선)의 길이와 단면 변화로 전기저항이 달라지는 원리를 이용한다. 이 저항 변화가 변형률에 비례하므로 정밀한 측정이 가능하다.

36 ★★★

지반조사시험에서 서로 관련 있는 항목끼리 옳게 연결된 것은?

① 지내력 - 정량분석시험
② 연한 점토 - 표준관입시험
③ 진흙의 점착력 - 베인시험(Vane test)
④ 염분 - 신월샘플링(Thin wall sampling)

해설

베인시험(Vane test)은 연약 점토 지반의 전단강도를 측정하는 방법으로, +자 형태의 날개(Vane)를 지반에 삽입한 뒤 회전시켜 발생하는 저항 토크로 점착력을 산정한다. 주로 연약 점토에서 간편하게 현장 전단강도를 구할 수 있다.

선지분석

① 정량분석시험 - 모래의 염화물 시험
② 표준관입시험 - 모래 지반의 전단력
④ 신월샘플링(Thin wall sampling) - 연약점토 시료 채취

정답 32 ④ 33 ③ 34 ② 35 ④ 36 ③

37 ★★☆
도장공사에 필요한 가연성 도료를 보관하는 창고에 관한 설명으로 옳지 않은 것은?

① 도료가 묻은 헝겊 등 자연발화의 우려가 있는 것을 도료 보관 창고 안에 두어서는 안 되며, 반드시 소각시켜야 한다.
② 반입한 도료 및 사용 중인 도료는 현장 내에서 담당원이 승인하는 창고에 보관하고, 도료창고에 화기 엄금 표시를 한다.
③ 바닥에는 침투성이 있는 재료를 깐다.
④ 지붕은 불연재로 하고, 천장을 설치하지 않는다.

해설
바닥에는 침투성이 없는 재료를 깐다.

합격 POINT 가연성 도료의 보관 및 장소
가연성 도료는 전용 창고에 보관하는 것을 원칙으로 하며, 적절한 보관온도를 유지하도록 한다.
① 반입한 도료 및 사용 중인 도료는 현장 내에서 담당원이 승인하는 창고에 보관하고, 도료창고에 화기 엄금 표시를 한다.
② 도료창고는 특히 화재에 주의하고, 창고 내와 그 주변에서의 화기 사용을 엄금한다. 도료창고 또는 도료를 둘 곳은 아래 사항을 구비한다.
  ㉠ 독립된 단층건물로서 주위 건물에서 1.5m 이상 떨어져 있게 한다.
  ㉡ 건물 내의 일부를 도료의 저장장소로 이용할 때는 내화구조 또는 방화구조로 된 구획된 장소를 선택한다.
  ㉢ 지붕은 불연재로 하고, 천장을 설치하지 않는다.
  ㉣ 바닥에는 침투성이 없는 재료를 깐다.
  ㉤ 희석제를 보관할 때에는 위험물 취급에 관한 법규에 준하고, 소화기 및 소화용 모래 등을 비치한다.
③ 사용하는 도료는 될 수 있는 대로 밀봉하여 새거나 엎지르지 않게 다루고, 샌 것 또는 엎지른 것은 발화의 위험이 없도록 닦아낸다.
④ 도료가 묻은 헝겊 등 자연발화의 우려가 있는 것은 도료보관 창고 안에 두어서는 안 되며, 반드시 소각시켜야 한다.

38 ★☆☆
다음 각종 건설기계에 관한 설명 중 옳지 않은 것은?

① 타워크레인은 골조공사의 거푸집, 철근 양중에 주로 사용된다.
② 파워셔블은 위치한 지면보다 높은 곳의 굴착에 적합하다.
③ 스크레이퍼는 굴착, 적재, 운반, 정지 등의 작업을 연속적으로 할 수 있는 중·장거리용 토공기계이다.
④ 바이브레이팅 롤러(Vibrating roller)는 콘크리트 다지기에 사용된다.

해설
바이브레이팅 롤러는 진동 다짐 방식을 이용해 땅을 다지는 건설 장비이다. 롤러가 회전하면서 강한 진동을 일으켜 흙, 모래, 자갈, 아스팔트 같은 재료 사이의 빈 공간을 줄이고 밀도를 높여 땅을 단단하고 안정적으로 만든다.

39 ★☆☆
콘크리트공사에서 진동기의 효과가 가장 잘 발휘될 수 있는 콘크리트는?

① 부배합 저슬럼프 ② 부배합 고슬럼프
③ 빈배합 저슬럼프 ④ 빈배합 고슬럼프

해설
빈배합(시멘트량이 적은 배합) 저슬럼프(된비빔)일수록 진동기의 효과가 좋다.

합격 POINT
콘크리트의 비빔

콘크리트	내용
된비빔	슬럼프 값이 15cm 미만
묽은비빔	슬럼프 값이 15cm 이상

콘크리트의 배합

구분	내용
빈배합	시멘트량이 비교적 적은 것
부배합	시멘트량이 비교적 많은 것

40 ★★☆
시멘트 액체방수에 관한 설명으로 옳지 않은 것은?

① 값이 저렴하고 시공 및 보수가 용이한 편이다.
② 바탕의 상태가 습하거나 수분이 함유되어 있더라도 시공할 수 있다.
③ 옥상 등 실외에서 효력의 지속성을 기대할 수 없다.
④ 바탕콘크리트의 침하, 경화 후의 건조수축, 균열 등 구조적 변형이 심한 부분에서도 사용할 수 있다.

해설
시멘트 액체방수는 바탕콘크리트의 침하, 경화 후의 건조수축, 균열 등 구조적 변형이 심한 부분에서 사용할 수 없다.

합격 POINT 시멘트 액체방수
모체 표면에 시멘트 방수제를 도포하고 방수모르타르를 덧발라 방수층을 형성하는 공법이다.
- 바탕처리 → 지수 → 혼합 → 바르기 → 마무리순으로 진행한다.
- 바탕면은 습윤상태를 유지하여 시공한다.
- 값이 저렴하고 시공 및 보수가 용이하다.
- 건조수축 등에 의해 구조체 균열에 대한 저항성이 약하다.
- 옥상 등 실외에서는 효력의 지속성을 기대할 수 없다.

정답 37 ③ 38 ④ 39 ③ 40 ④

제3과목 건축구조

41 ★☆☆

아래 그림과 같은 6m 길이의 기둥에 압축하중이 작용할 때 횡구속에 가장 유리한 조건은? (단, SS400 강재 사용)

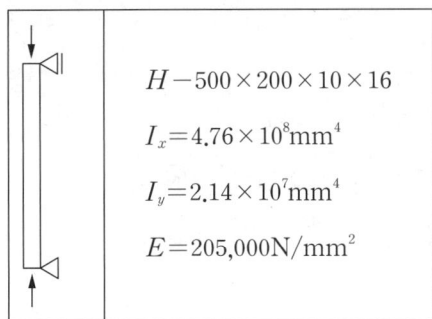

$H-500 \times 200 \times 10 \times 16$
$I_x = 4.76 \times 10^8 \text{mm}^4$
$I_y = 2.14 \times 10^7 \text{mm}^4$
$E = 205,000 \text{N/mm}^2$

① 5m 높이에 강축에만 휨변형 구속이 있다.
② 3m 높이에 강축에만 휨변형 구속이 있다.
③ 5m 높이에 약축에만 휨변형 구속이 있다.
④ 3m 높이에 약축에만 휨변형 구속이 있다.

해설

1. 기둥은 압축하중 작용 시 좌굴이 횡방향으로 발생하며, 단면2차모멘트 I 가 가장 작은 축을 중심으로 일어난다.
   I_y가 I_x보다 작으므로, 약축(y축) 방향의 좌굴에 취약하며 약축에 대한 보강이 필요하다.
2. 좌굴하중은 오일러 공식에 의해 $P_{cr} = \dfrac{\pi^2 EI}{(KL)^2}$로 구한다. 여기서, L은 기둥의 유효좌굴길이이며, 보강재를 설치하면 이 길이를 줄여 좌굴하중을 증가시킬 수 있다. 길이 6m인 기둥에서 보강재를 설치하여 좌굴길이를 최소화하려면 정중앙 3m 지점에 설치하는 것이 효과적이다.

42 ★★★

강도설계법에서 D22 압축이형철근의 기본정착길이 l_{db}는? (단, 경량콘크리트 계수 $\lambda=1.0$, $f_{ck}=27\text{MPa}$, $f_y=400\text{MPa}$)

① 200.5mm ② 378.4mm
③ 423.4mm ④ 604.6mm

해설

압축이형철근의 기본정착길이 l_{db}는 다음 중 큰 값 이상이 되어야 한다.

$l_{db} = \dfrac{0.25 \cdot d_b \cdot f_y}{\lambda \cdot \sqrt{f_{ck}}}$	$l_{db} = 0.043 d_b f_y$
• f_{ck}: 콘크리트 압축강도 • d_b: 철근의 지름	
• f_y: 철근의 항복강도 • λ: 경량콘크리트계수(1.0)	

1. $l_{db} = \dfrac{0.25 \times 22 \times 400}{1.0\sqrt{27}} \fallingdotseq 423.4\text{mm}$
2. $l_{db} = 0.043 \times 22 \times 400 = 378.4\text{mm}$
∴ $l_{db} \geq 423.4\text{mm}$

43 ★☆☆

다음 그림에서 경간이 같은 2개의 단순보의 하중 P에 의한 처짐 y_1과 y_2와의 비(比) 값은 얼마인가?

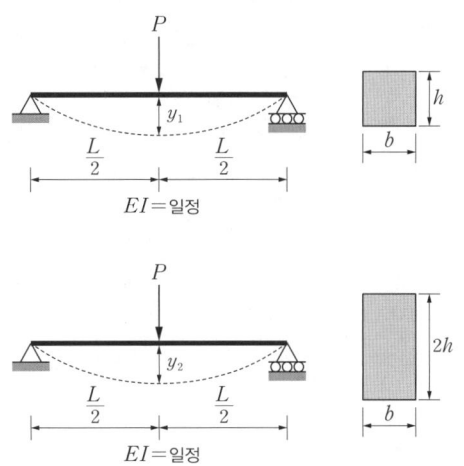

① 2 : 1 ② 4 : 1
③ 6 : 1 ④ 8 : 1

해설

단순보 중앙에 집중하중 작용 시의 처짐은 다음과 같은 공식으로 구할 수 있다.
$\delta = \dfrac{1}{48} \cdot \dfrac{PL^3}{EI}$

문제의 조건에서 단면2차모멘트 I를 제외하고 나머지 조건이 동일하므로 단면2차모멘트만 비교한다.
$I_1 : I_2 = \dfrac{bh^3}{12} : \dfrac{b(2h)^3}{12} = 1 : 8$

단면2차모멘트는 처짐에 반비례하므로
∴ $y_1 : y_2 = 8 : 1$

정답 41 ④ 42 ③ 43 ④

44 ★☆☆

그림과 같은 교차보(Cross beam) A, B부재의 최대휨모멘트의 비로서 옳은 것은? (단, 각 부재의 EI는 일정함)

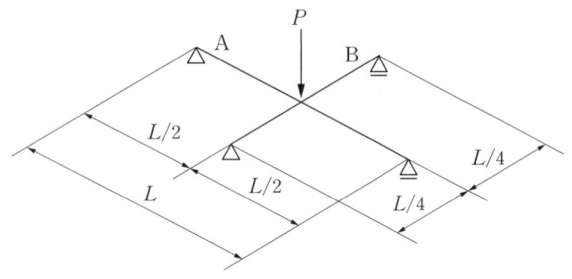

① 1 : 2
② 1 : 3
③ 1 : 4
④ 1 : 8

해설

최대 휨모멘트를 구하기 위해서는 각 보 A, B에 하중 P가 어떻게 분배되는지 알아야 한다. 교차점을 N이라고 할 때, 보 A, B의 N점에서의 변위가 같기 때문에 $\delta_A = \delta_B$를 통해 P_A, P_B를 구하고, 이를 통해 최대모멘트를 구하는 방식으로 풀이한다.

1. 단순보에 집중하중 작용 시 처짐공식을 이용해 δ_A, δ_B를 구하면

$$\delta_A = \frac{P_A \cdot L^3}{48EI}, \quad \delta_B = \frac{P_B \cdot \left(\frac{L}{2}\right)^3}{48EI} \text{이다.}$$

$$\delta_A = \delta_B \rightarrow \frac{P_A \cdot L^3}{48EI} = \frac{P_B \cdot \left(\frac{L}{2}\right)^3}{48EI} \text{이므로, } 8P_A = P_B \text{이다.}$$

$P = P_A + P_B = P_A + 8P_A = 9P_A$이므로
P_A, P_B는 각각 $\frac{1}{9}P$, $\frac{8}{9}P$이다.

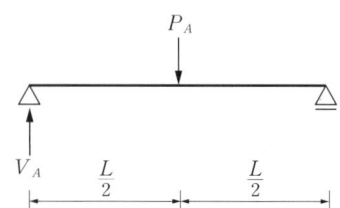

2. 하중이 보의 중앙에 작용하기 때문에 P_A는 양쪽 반력이 똑같이 부담한다. 또한 단순보의 보 중앙에 집중하중이 작용할 경우 휨모멘트는 보 중앙에서 가장 크기 때문에 보 A의 최대휨모멘트는

$$M_{\max} = \frac{P}{18} \times \frac{L}{2} = \frac{PL}{36} \text{이다.}$$

3. 같은 방법으로 보 B의 최대휨모멘트를 구하면

$$M_{\max} = \frac{4P}{9} \times \frac{L}{4} = \frac{4PL}{36} \text{이다.}$$

따라서 $A : B = 1 : 4$이다.

합격 POINT ▶ 단순보에 집중하중 작용 시 처짐각과 처짐

하중 조건	휨모멘트(BMD)	공액보

$$\theta_A = F_{A_s} = \frac{1}{2} \cdot \frac{L}{2} \cdot \frac{PL}{4EI} = \frac{1}{16} \cdot \frac{PL^2}{EI}$$

$$\delta_C = M_C = \left(\frac{1}{2} \cdot \frac{L}{2} \cdot \frac{PL}{4EI}\right)\left(\frac{L}{2} \cdot \frac{2}{3}\right) = \frac{1}{48} \cdot \frac{PL^3}{EI}$$

45 ★☆☆

강도설계법에 의해 철근콘크리트 플랫 슬래브 설계 시 지판의 슬래브 아래로 돌출한 두께는 슬래브 두께의 얼마 이상으로 해야 하는가? (단, t는 슬래브의 두께)

① $t/2$
② $t/3$
③ $t/4$
④ $t/6$

해설

기둥 상부 부모멘트에 대한 철근량 감소를 위하여 지판을 사용한다. 지판의 길이는 받침부 중심선에서 각 방향 받침부 중심 간 경간의 1/6 이상을 각 방향으로 연장하고, 지판의 두께는 슬래브 두께의 1/4 이상으로 한다.

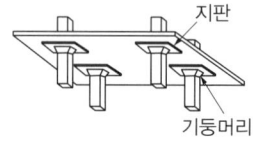

▲ 플랫 슬래브

정답 44 ③ 45 ③

46 ★☆☆

폭이 $b=100mm$, 높이가 $h=200mm$인 단면에 전단력 4kN이 작용할 때 최대전단응력을 구하면?

① 0.3MPa　　② 0.4MPa
③ 0.5MPa　　④ 0.6MPa

해설

직사각형 단면의 최대전단응력 $\tau_{max}=\frac{3}{2}\times\frac{V}{A}$로 구한다.

$\therefore \tau_{max}=\frac{3}{2}\times\frac{4\times10^3}{100\times200}=0.3N/mm^2=0.3MPa$

47 ★☆☆

강재의 항복비(Tield ratio)에 대한 설명 중 옳지 않은 것은?

① 강재의 인장강도에 대한 항복강도의 비를 의미한다.
② 고강도 강재일수록 항복비가 크다.
③ 항복비는 소성능력, 강재부식에 영향을 준다.
④ 항복비가 클수록 연성거동을 확보하기 어렵다.

해설

강재의 항복비는 강재부식에 영향을 미치지 않는다.

48 ★☆☆

철근콘크리트 압축부재의 철근량 제한 조건에 따라 사각형이나 원형 띠철근으로 둘러싸인 경우 압축부재의 축방향 주철근의 최소 개수는 얼마인가?

① 2개　　② 3개
③ 4개　　④ 6개

해설

사각형 또는 원형 띠철근 기둥의 경우 축방향 주철근의 최소 개수는 4개이다.

합격 POINT 축방향 주철근의 최소 개수

구분	최소 개수
사각형 또는 원형 띠철근 기둥	4개
삼각형 띠철근 기둥	3개
나선철근 기둥	6개

49 ★★★

다음과 같은 사다리꼴 단면의 도심 y_0값은?

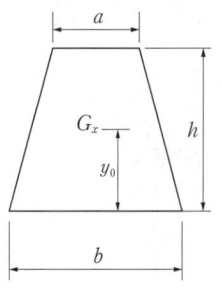

① $\frac{h(2a+b)}{3(a+b)}$　　② $\frac{h(a+b)}{3(2a+b)}$
③ $\frac{3h(2a+b)}{(a+b)}$　　④ $\frac{h(a+2b)}{3(a+b)}$

해설

도심거리는 단면1차모멘트 G_x를 면적 A로 나누어 구한다.

$y=\frac{G_x}{A}$

사다리꼴의 도심은 삼각형 $\left(\frac{1}{2}bh\right)$와 삼각형 $\left(\frac{1}{2}ah\right)$로 나눈 후 더하여 계산할 수 있다.

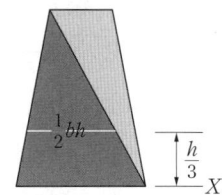 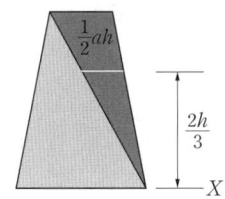

1. $G_x=\frac{1}{2}bh\times\frac{h}{3}$　　2. $G_x=\frac{1}{2}ah\times\frac{2h}{3}$

$\therefore y=\frac{G_x}{A}=\frac{\left(\frac{1}{2}bh\times\frac{h}{3}\right)+\left(\frac{1}{2}ah\times\frac{2h}{3}\right)}{\left(\frac{1}{2}bh\right)+\left(\frac{1}{2}ah\right)}=\frac{h}{3}\times\frac{2a+b}{a+b}$

50 ★★☆

건축구조용 압연강이라 하며, 건축물의 내진성능을 확보하기 위하여 항복점의 상한치 제한 등에 의한 품질의 편차를 줄이고, 용접성 및 냉간 가공성을 향상시킨 강재는?

① SM강재　　② TMCP강재
③ SS강재　　④ SN강재

해설

SN강재: 건축구조용 압연강재

선지분석

① SM강재: 용접구조용 압연강재
② TMCP강재: 고층구조물용 강재
③ SS강재: 일반구조용 압연강재

정답 46 ① 47 ③ 48 ③ 49 ① 50 ④

51 ★★★

다음과 같은 조건의 1방향 슬래브에서 처짐을 계산하지 않고 정할 수 있는 슬래브의 최소 두께는?

- 중심스팬: 4,200mm
- 양단연속
- 보통콘크리트와 설계기준항복강도 400MPa 철근 사용

① 150mm ② 180mm
③ 200mm ④ 220mm

해설

보통콘크리트(m_c=2,300kg/m³)와 항복강도 400MPa의 철근을 사용하고, 처짐을 계산하지 않는 경우 양단연속 1방향 슬래브의 최소 두께는 $l/28$이므로, 4,200/28≒150mm이다.

합격 POINT 처짐을 계산하지 않는 경우 1방향 슬래브의 최소 두께

구분	최소 두께	구분	최소 두께
단순지지	$l/20$	양단연속	$l/28$
1단연속	$l/24$	캔틸레버	$l/10$

52 ★☆☆

다음 그림과 같은 구조물의 판별은?

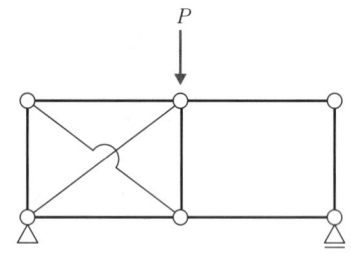

① 3차 부정정 ② 2차 부정정
③ 1차 부정정 ④ 불안정

해설

$N=r+m+f-2j$ 공식 이용
여기서, r: 지점반력수, m: 부재수, f: 강절점수, j: 지점수+자유단 지점수 이다.
$r=3$, $m=9$, $f=0$, $j=6$
$N=3+9+0-2\times6=0$이므로 안정구조처럼 보이나, 형태 불안정 구조이므로 답은 ④ 불안정이다.

53 ★☆☆

다음 철근에 대한 기술 중 옳지 않은 것은?

① 늑근: 보에 생기는 전단력에 저항한다.
② 띠철근: 기둥에 띠 모양으로 들어가서 휨모멘트에 저항한다.
③ 보의 주근: 보에 생기는 휨모멘트에 저항한다.
④ 배력근: 1방향 슬래브의 장변방향으로 배근한 철근이다.

해설

띠철근은 축방향 철근의 위치 확보 및 좌굴 방지 등을 위해 사용한다.

54 ★★☆

지진의 진도(Intensity)와 규모(Magnitude)에 대한 설명으로 옳지 않은 것은?

① 진도는 상대적 개념의 지진 크기이다.
② 규모는 장소에 관계없는 절대적 개념의 크기이다.
③ 진도는 사람이 느끼는 감각, 물체이동 등을 계급별로 구분한다.
④ 규모는 지반의 운동정도를 평가하나 정밀하지는 않다.

해설

지진의 규모는 장소와 무관한 절대적 수치이며 진도에 비해 매우 정밀한 값이다.
규모는 각 관측소에서 지진계에 기록된 진폭을 진앙까지의 거리나 진원의 깊이 등을 고려하여 지수형태로 나타낸다.

55 ★☆☆

강구조의 접합부에서 접합부에 휨모멘트 반력이 발생되지 않고, 전단력만을 저항하는 접합형식은 다음 중 어느 것인가?

① 강접합 ② 모멘트접합
③ 핀접합 ④ 반강접합

해설

- 핀접합은 기둥에 전단력만 전달한다.(웨브만 접합)
- 모멘트접합은 보 단부를 강결하여 기둥에 전단력 및 모멘트를 전달한다. (웨브와 플랜지 모두 접합)

정답 51 ① 52 ④ 53 ② 54 ④ 55 ③

56 ★★☆

다음 부정정 구조물의 A단 수직반력은?

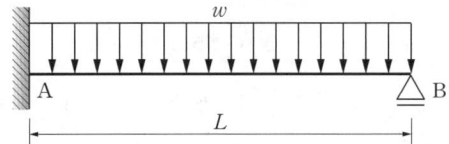

① $\dfrac{5wL}{8}$ ② $\dfrac{3wL}{8}$

③ $\dfrac{wL}{2}$ ④ $\dfrac{2wL}{3}$

해설

변위일치법을 이용하면, 일단고정에 등분포하중이 작용하고 있는 구조의 지점 반력은 $\dfrac{5}{8}wL$이다. 변위일치법은 부정정구조물이 정정구조물이 되도록 상황을 가정하여 이때의 두 변위의 합이 0이 됨을 이용한다.

1.

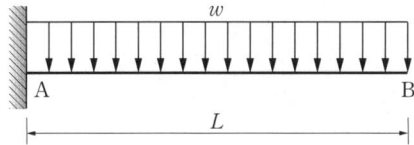

B점이 자유단일 경우 켄틸레버보의 최대처짐은 $+\dfrac{wL^4}{8EI}$

2.

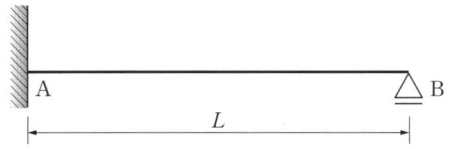

B점에서 수직반력이 작용할 때 발생하는 최대처짐은 $-\dfrac{V_B \cdot L^3}{3EI}$

3. 두 처짐의 합이 0이므로 $V_B = \dfrac{3wL}{8}$ 이다.

$\therefore \sum V = 0; +(V_A)+(V_B)-(w \cdot L) = 0$

$V_A = +\dfrac{5wL}{8}(\uparrow)$

57 ★☆☆

다음과 같은 조건에서 철근콘크리트 보의 인장철근의 최대 허용 배근 간격은 얼마인가? (단, 철근은 보의 인장부에만 배근하고 피복두께는 **40mm**임)

- 일반환경 조건($k_{cr}=210$)
- $f_{ck}=28\text{MPa}$
- $f_y=400\text{MPa}$
- $f_s=(2/3)f_y$
- $A_s=1,548.5\text{mm}^2(4-D22)$

① 106.7mm ② 163.5mm
③ 195.3mm ④ 239.1mm

해설

배근간격 s는 다음 중 작은 값 이하로 결정한다.
(k_{cr}: 일반환경 조건, c_c: 피복두께)

| $s=375\left(\dfrac{k_{cr}}{f_s}\right)-2.5c_c$ | $s=300\left(\dfrac{k_{cr}}{f_s}\right)$ |

$s=375 \times \left(\dfrac{210}{\frac{2}{3}\times 400}\right)-2.5\times 40 ≒ 195.31\text{mm}$

$s=300 \times \left(\dfrac{210}{\frac{2}{3}\times 400}\right)=236.25\text{mm}$

$\therefore s=195.3\text{mm}$

58 ★☆☆

다음 강도감소계수 값으로 옳지 않은 것은? (단, KDS 기준)

① 인장지배단면: 0.85
② 압축지배단면 중 나선철근으로 보강된 철근콘크리트 부재: 0.85
③ 전단력 및 비틀림모멘트: 0.75
④ 포스트텐션 정착구역: 0.85

해설

압축지배 단면 중 나선철근으로 보강된 철근콘크리트 부재의 강도감소계수 값은 0.70이다.

합격 POINT 강도감소계수(ϕ)

적용부재		ϕ
인장지배단면		0.85
압축지배단면	띠철근	0.65
	나선철근	0.70
변화구간 단면		0.65~0.85
전단력과 비틀림모멘트		0.75
콘크리트 지압력		0.65
포스트텐션 정착구역		0.85
스트럿-타이 모델	스트럿, 절점부, 지압부	0.75
	타이	0.85
무근콘크리트의 휨모멘트, 압축력, 전단력, 지압력		0.55

정답 56 ① 57 ③ 58 ②

59 ★☆☆

그림과 같은 구조에서 B단에 발생하는 모멘트는?

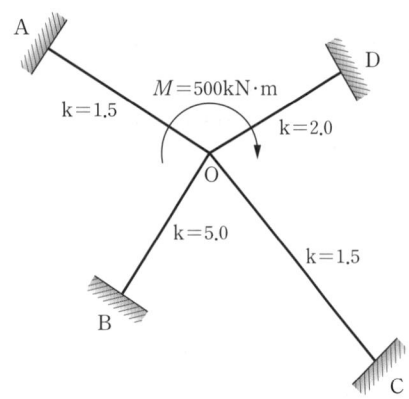

① 125kN·m
② 188kN·m
③ 250kN·m
④ 300kN·m

해설

분배율(DF_{OB}) 계산

$$DF_{OB}=\frac{k_{OB}}{\Sigma k}=\frac{5}{5+1.5+2+1.5}=\frac{1}{2}$$

분배모멘트 계산(O점에서의 분배)

$$M_{OB}=M_O \times DF_{OB}=500 \times \frac{1}{2}=250\text{kN}\cdot\text{m}$$

전달 모멘트 계산 ($O \to B$, 전달률: 고정단은 $\frac{1}{2}$)

$$M_{BO}=M_{OB} \times \frac{1}{2}=250 \times \frac{1}{2}=125\text{kN}\cdot\text{m}$$

60 ★★☆

철골조의 래티스 형식 조립 압축재의 구조제한에 대한 내용이다. ( ) 안에 알맞은 것은?

- 부재축에 대한 래티스 부재의 기울기는 다음과 같다.
- 단일 래티스 경우: (㉠) 이상
- 복 래티스 경우: (㉡) 이상

① ㉠: 50°, ㉡: 40°
② ㉠: 60°, ㉡: 40°
③ ㉠: 50°, ㉡: 45°
④ ㉠: 60°, ㉡: 45°

해설

래티스 형식 조립 압축재

구분	단일 래티스	복 래티스
부재의 기울기	60° 이상	45° 이상
래티스 세장비	140 이하	200 이하

제4과목 건축설비

61 ★★☆

통기관에 관한 설명으로 옳지 않은 것은?

① 2개 이상의 횡지관이 있는 배수입상관에는 통기입상관을 설치하여야 한다.
② 위생배관의 통기관은 위생배관의 통기 이외의 다른 목적으로 사용하지 않는다.
③ 통기관은 위생기구의 물 넘침선보다 150mm 이상 높게 배관하여 연결하는 것이 원칙이다.
④ 여러 개의 통기관을 입상관 상부 끝에서 공통 헤더로 연결하여 한 곳에서 대기에 개방할 수 있다.

해설

5개 이상의 횡지관이 있는 배수입상관에는 통기입상관을 설치해야 한다.

62 ★☆☆

덕트의 치수 결정 방법에 속하지 않는 것은?

① 균등법
② 등속법
③ 등마찰법
④ 정압재취득법

해설

덕트의 치수 결정 방법에는 등속법, 등마찰법, 정압재취득법 등이 있다.

63 ★★☆

흡수식 냉동기의 주요 구성부분에 속하지 않는 것은?

① 응축기
② 압축기
③ 증발기
④ 재생기

해설

냉동기는 냉동방식에 따라 크게 압축식 냉동기와 흡수식 냉동기로 나눌 수 있다. 압축기는 압축식 냉동기의 주요 구성요소이다.

합격 POINT 냉동기의 주요 구성요소

- 압축식 냉동기: 압축기, 응축기, 팽창밸브, 증발기
- 흡수식 냉동기: 증발기, 흡수기, 재생기, 응축기

정답 59 ① 60 ④ 61 ① 62 ① 63 ②

64

다음의 각종 보일러에 대한 설명 중 옳은 것은?

① 노통 연관보일러는 부하변동에 잘 적응되며, 보유 수면이 넓어서 급수용량 제어가 쉽다.
② 관류보일러는 보유 수량이 많아 예열시간이 길다.
③ 주철제 보일러는 사용 내압이 높아 고압용으로 주로 사용되며 용량도 크다.
④ 수관보일러는 소용량으로 소규모 건물에 적합하며 지역난방으로는 사용이 불가능하다.

해설
노통 연관보일러는 보유 수량이 많아 부하변동에도 안전하고 보유 수면이 넓어서 급수용량 제어가 쉽다.

선지분석
② 관류보일러는 보유 수량이 적다.
③ 주철제 보일러는 내압력이 낮아 중·소규모 건물에 사용된다.
④ 수관보일러는 고압·고온형에 알맞으며 고압증기를 대량으로 사용하는 대규모 건물에 적합하다.

65

정보통신설비는 정보설비와 통신설비로 구분할 수 있다. 다음 중 통신설비에 속하지 않는 것은?

① 전화설비
② 인터폰설비
③ TV공청설비
④ 전기시계설비

해설
전기시계설비는 정보설비에 속한다.
통신설비: 전화설비, 인터폰설비, 구내방송(PA)설비, 무선통신설비, TV공청설비, 화상회의설비 등
정보설비: 전기시계설비, 근거리통신망설비, 홈네트워크설비, 원격검침설비 등

66

배수트랩에 관한 설명으로 옳지 않은 것은?

① 트랩은 이중으로 설치하면 효과적이다.
② 트랩의 봉수깊이가 너무 깊으면 통수능력이 감소된다.
③ 트랩은 하수가스의 실내 침입을 방지하는 역할을 한다.
④ 트랩은 위생기구에 가능한 한 접근시켜 설치하는 것이 좋다.

해설
배수관 속의 악취, 유독가스 및 벌레 등이 실내로 침투하는 것을 방지하기 위하여 배수계통의 일부에 봉수를 고이게 하는 기구를 트랩이라고 한다.
이중 트랩은 유속을 저해하므로 금지한다.

67

엘리베이터의 주요 기기의 설치 위치는 기계실, 승강로, 승강장 등으로 나눌 수 있다. 다음 중 기계실에 설치하는 것은?

① 가이드 레일
② 완충기
③ 균형추
④ 권상기

해설
권상기는 로프를 감거나 풀면서 승강기 카를 움직이는 핵심 동력장치로, 보통 기계실에 설치한다.

합격 POINT 엘리베이터 기계실의 주요 설비
권상기, 전동기, 전자 브레이크, 제어반, 조속기 등

68

급탕배관에 관한 설명으로 옳지 않은 것은?

① 관의 신축을 고려하여 굽힘 부분에는 스위블이음 등으로 접합한다.
② 관의 신축을 고려하여 건물의 벽관통 부분의 배관에는 슬리브를 사용한다.
③ 역구배나 공기 정체가 일어나기 쉬운 배관 등 온수의 순환을 방해하는 것을 피한다.
④ 배관재로 동관을 사용하는 경우 관내 유속을 느리게 하면 부식되기 쉬우므로 2.5m/s 이상으로 하는 것이 바람직하다.

해설
급탕배관 부식의 대부분은 과대한 유속이 원인으로, 관내 유속은 동관에서 0.4~1.5m/s의 범위를 준수한다.

정답 64 ① 65 ④ 66 ① 67 ④ 68 ④

69 ★★★

급수방식 중 펌프직송방식에 대한 설명으로 옳지 않은 것은?

① 상향공급방식이 일반적이다.
② 전력공급이 중단되면 급수가 불가능하다.
③ 자동제어에 필요한 설비비가 적고, 유지관리가 간단하다.
④ 적절한 대수분할, 압력제어 등에 의해 에너지절약을 꾀할 수 있다.

해설
펌프직송방식은 자동제어시스템 고장 시 수리가 어렵고, 펌프의 단락이 잦아 유지관리가 어렵다.

합격 POINT 펌프직송방식(탱크 없는 부스터방식)의 장단점

장점	단점
· 옥상탱크 불필요 · 옥상탱크방식에 비해 수질오염 가능성 낮음 · 최상층의 수압을 크게 할 수 있음 · 펌프의 토출량 및 토출압력 조절 가능	· 정전 시 급수 불가능 · 자동제어시스템 고장 시 수리가 어려움 · 펌프의 단락이 잦음 · 20m 이상의 건물에는 전력 소모가 커서 비효율적

70 ★☆☆

다음의 자동화재 탐지설비의 감지기 중 설치 가능한 부착 높이가 가장 높은 것은?

① 연기감지기
② 정온식 감지기
③ 차동식 분포형 감지기
④ 차동식 스폿형 감지기

해설
연기감지기는 층고가 높은 곳이나 계단, 복도 등에 사용된다.

선지분석
② 정온식 감지기: 보일러실, 주방과 같이 다량의 열을 취급하는 곳에 설치
③ 차동식 분포형 감지기: 15m 미만의 장소에 설치
④ 차동식 스폿형 감지기: 사무실, 연구실, 학교와 같이 부착 높이가 8m 미만인 장소에 설치

71 ★★☆

온열지표 중 기온, 습도, 기류, 주벽면 온도의 4요소를 조합하여 체감과의 관계를 나타낸 것은?

① 작용온도
② 불쾌지수
③ 등온지수
④ 유효온도

해설
등온지수는 기온, 습도, 기류, 주벽면 온도를 고려한 체감 척도이다. 바람이 없는 실내에서 습도가 100%이고 주벽의 평균 방사온도가 실온과 같은 경우에 그 실온으로 나타낸다.

선지분석
① 작용온도: 공기의 습도는 고려되지 않으며, 기온, 기류, 주위 벽의 방사온도의 조합에 의해서 체감온도를 나타낸다.
② 불쾌지수: 기온과 습도에 의해 결정된다.
④ 유효온도: 온도, 기류, 습도의 조합으로 나타낸 것으로 감각온도 또는 실효온도라고도 한다.

72 ★☆☆

길이 1m, 구경 100mm의 관내를 유속 2.0m/s로 물이 흐르고 있을 때 직관부의 마찰손실은 얼마인가? (단, 물의 밀도는 1,000kg/m³, 관 마찰계수는 0.03이다.)

① 6Pa
② 60Pa
③ 600Pa
④ 6,000Pa

해설
$$h = f \cdot \frac{L}{D} \cdot \frac{v^2}{2g}$$
$$= 0.03 \times \frac{1m}{0.1m} \times \frac{(2.0m/s)^2}{2 \times 9.8m/s^2} ≒ 0.0612 ≒ 0.06m$$
$$\therefore P(MPa) = 0.01h = 0.01 \times 0.06 = 0.0006MPa = 600Pa$$

h: 마찰손실수두(m), f: 마찰계수, L: 관의 길이(m), D: 관의 직경(m), v: 유속(m/s), g: 중력가속도($=9.8m/s^2$)

※ $1MPa = 10^6 Pa$

합격 POINT 수압과 수두
· 수압은 물의 압력으로, 수면으로부터의 깊이에 비례한다.
· 수압의 경우 수면으로부터의 깊이를 압력 대신 사용하는데 이를 수두라고 한다.
· 수압과 수두, 압력과의 관계는 다음과 같다.

> 수압 $P(0.01MPa)$ = 수두(1mAq) = 압력(10kPa)

정답 69 ③ 70 ① 71 ③ 72 ③

73 ★★★

다음 중 옥내의 건조한 노출장소에 시설할 수 없는 배선 공사는?

① 금속관 배선
② 금속몰드 배선
③ 플로어덕트 배선
④ 합성수지몰드 배선

해설
플로어덕트 배선은 옥내의 건조한 콘크리트 바닥 내의 매설에 한하여 시설할 수 있다.

합격 POINT 배선공사

배선 종류	노출장소	
	건조한 장소	습기가 많은 장소
금속관	○	○
버스덕트	○	×
가요전선관	○	○
플로어덕트	×	×

74 ★★★

공기조화방식 중 팬코일유닛방식에 관한 설명으로 옳지 않은 것은?

① 덕트 방식에 비해 유닛의 위치 변경이 쉽다.
② 각 실에 수배관으로 인한 누수의 우려가 있다.
③ 덕트 샤프트나 스페이스가 필요 없거나 작아도 된다.
④ 유닛을 수동으로 제어할 수 없어 개별제어가 불가능하다.

해설
각 실의 유닛은 수동으로도 제어할 수 있고, 개별제어가 쉽다.

합격 POINT 팬코일유닛방식의 장단점

장점	• 공기의 공급을 할 수 없어서 덕트 불필요 • 실내 각 유닛마다 개별제어 용이 • 장래의 부하변동에 대응하기 쉬움 • 동력비가 적게 듦
단점	• 송풍량이 적어 고성능 필터 사용 어려움 • 각 실에 수배관으로 인한 누수의 우려 있음 • 유닛은 개구부 아래에 설치해야 하므로 실의 이용률이 적음 • 고가의 설비비와 보수 관리비 • 고도의 공기 처리 불가능 • 외기량 부족으로 실내공기 오염이 심함

75 ★★☆

공조시스템의 소음방지 대책으로 옳지 않은 것은?

① 덕트의 도중에 댐퍼를 설치한다.
② 덕트의 내부에 흡음재를 부착한다.
③ 송풍기의 출구 부근에 플리넘 챔버를 장치한다.
④ 덕트의 적당한 장소에 셀형이나 플레이트형의 흡음장치를 설치한다.

해설
댐퍼는 덕트 도중에 설치하여 풍량이나 유체의 흐름을 조절하거나 차단할 때 사용한다.

76 ★★☆

실내에서 발생하는 취기와 수증기 등이 다른 공간으로 유출되지 않도록 실내가 부압이 되도록 하는 환기방식은?

① 자연 환기
② 급기팬과 배기팬의 조합
③ 급기팬과 자연 배기의 조합
④ 자연 급기와 배기팬의 조합

해설
자연 급기와 배기팬으로 환기하는 방식은 실내를 부압으로 유지하며 실내의 냄새나 유해물질을 다른 실로 흘려보내지 않는 방식이다. 화장실, 주방, 쓰레기처리실 등에 적용한다.

합격 POINT 환기방식의 비교

구분	급기구	배기구	사용장소
제1종 환기	송풍기(급기팬)	배풍기(배기팬)	수술실
제2종 환기	송풍기(급기팬)	자연 배기	반도체 공장, 무균실
제3종 환기	자연 급기	배풍기(배기팬)	주방, 화장실

정답 73 ③ 74 ④ 75 ① 76 ④

77 ★☆☆

다음과 같은 특징을 갖는 에스컬레이터 배열방법은?

- 설치면적이 작다.
- 일반적으로 대형 백화점에서 채용된다.
- 승강, 하강 모두 연속적으로 갈아탈 수 있다.

① 복렬형 ② 교차형
③ 병렬형 ④ 단열중복형

해설
교차형 에스컬레이터는 교통 혼잡이 적고, 설치면적이 작아 대형 백화점 등 대형 건축물에 사용한다. 다만, 교차형 에스컬레이터는 승객 시야가 나쁘고, 위치표시가 어려운 단점이 있다.

78 ★☆☆

간접조명방식에 관한 설명으로 옳지 않은 것은?

① 조명률이 높다.
② 실내면 반사율이 크다.
③ 분위기를 중요시하는 조명에 적합하다.
④ 그림자가 적고 글레어가 적은 조명이 가능하다.

해설
간접조명은 조명 효율이 낮다.

합격 POINT 간접조명의 특징
- 조도분포가 균일하여 차분하고 안정된 분위기를 얻을 수 있다.
- 비경제적이며 입체감이 약하다.
- 눈부심은 적으나, 조명 효율이 낮다.

79 ★☆☆

강관의 배관 부속품에 관한 설명으로 옳지 않은 것은?

① 엘보는 배관을 굴곡할 때 사용된다.
② 티와 크로스는 분기관을 낼 때 사용된다.
③ 플러그는 구경이 다른 관을 접합할 때 사용된다.
④ 소켓, 유니온, 플랜지는 직관을 접합할 때 사용된다.

해설
플러그는 배관의 말단부에 설치하는 부속품이다. 구경이 다른 관을 접합할 때 사용하는 부속품은 리듀서이다.

80 ★★☆

음의 세기가 $10^{-9} W/m^2$일 때 음의 세기 레벨은? (단, 기준 음의 세기 $I_0 = 10^{-12} W/m^2$임)

① 3dB ② 30dB
③ 0.3dB ④ 0.03dB

해설
음의 세기 레벨(SIL)
$= 10\log\dfrac{I}{I_0} = 10\log\dfrac{10^{-9}}{10^{-12}} = 10 \times \log 10^3 = 30 dB$
I: 대상음의 세기(W/m^2), I_0: 기준음의 세기(W/m^2)

제5과목 건축관계법규

81 ★★★

국토의 계획 및 이용에 관한 법령상 도시·군관리계획의 내용에 속하지 않는 것은?

① 투기과열지구의 지정 또는 변경에 관한 계획
② 개발제한구역의 지정 또는 변경에 관한 계획
③ 기반시설의 설치·정비 또는 개량에 관한 계획
④ 용도지역·용도지구의 지정 또는 변경에 관한 계획

해설
도시·군관리계획의 내용은 다음과 같다.
- 개발제한구역, 도시자연공원구역, 시가화조정구역, 수산자원보호구역의 지정 또는 변경에 관한 계획
- 기반시설의 설치·정비 또는 개량에 관한 계획
- 용도지역·용도지구의 지정 또는 변경에 관한 계획
- 도시개발사업이나 정비사업에 관한 계획
- 지구단위계획구역의 지정 또는 변경에 관한 계획과 지구단위계획
- 도시혁신구역의 지정 또는 변경에 관한 계획과 도시혁신계획
- 복합용도구역의 지정 또는 변경에 관한 계획과 복합용도계획
- 도시·군계획시설입체복합구역의 지정 또는 변경에 관한 계획

정답 77 ② 78 ① 79 ③ 80 ② 81 ①

82 ★★★

부설주차장 설치대상 시설물이 문화 및 집회시설 중 예식장으로서 시설면적이 1,200m²인 경우, 설치하여야 하는 부설주차장의 최소 대수는?

① 8대
② 10대
③ 15대
④ 20대

해설
문화 및 집회시설(관람장 제외)의 경우 시설면적 150m²당 1대(시설면적/150m²)의 부설주차장을 설치하여야 한다.
시설면적이 1,200m²이므로 설치하여야 하는 부설주차장의 최소 대수는 8대이다.

83 ★★☆

건축물에 설치하는 지하층의 구조 및 설비에 관한 기준 내용으로 옳지 않은 것은?

① 거실의 바닥면적의 합계가 1,000m² 이상인 층에는 환기설비를 설치할 것
② 거실의 바닥면적이 30m² 이상인 층에는 피난층으로 통하는 비상탈출구를 설치할 것
③ 지하층의 바닥면적이 300m² 이상인 층에는 식수공급을 위한 급수전을 1개소 이상 설치할 것
④ 문화 및 집회시설 중 공연장의 용도에 쓰이는 층으로서 그 층 거실 바닥면적의 합계가 50m² 이상인 건축물에는 직통계단을 2개소 이상 설치할 것

해설
거실의 바닥면적이 50m² 이상인 층에는 직통계단 외에 피난층 또는 지상으로 통하는 비상탈출구 및 환기통을 설치하여야 한다. 다만, 직통계단이 2개소 이상 설치되어 있는 경우에는 그러하지 아니하다.

84 ★★★

비상용승강기 승강장의 구조에 관한 기준 내용으로 옳지 않은 것은?

① 벽 및 반자가 실내에 접하는 부분의 마감재료는 불연재료로 할 것
② 옥내 승강장의 바닥면적은 비상용승강기 1대에 대하여 6m² 이상으로 할 것
③ 채광을 위한 창문 등을 설치하여서는 안 되며 예비전원에 의한 조명설비를 할 것
④ 피난층이 있는 승강장의 출입구로부터 도로 또는 공지에 이르는 거리가 30m 이하일 것

해설
채광이 되는 창문이 있거나 예비전원에 의한 조명설비를 해야 한다.

85 ★☆☆

다음은 공사감리에 관한 기준 내용이다. 밑줄 친 "공사의 공정이 대통령령으로 정하는 진도에 다다른 경우"에 속하지 않는 것은? (단, 건축물의 구조가 철근콘크리트조인 경우)

> 공사감리자는 국토교통부령으로 정하는 바에 따라 감리일지를 기록·유지하여야 하고, <u>공사의 공정(工程)이 대통령령으로 정하는 진도에 다다른 경우</u>에는 감리중간보고서를 작성하여 건축주에게 제출하여야 한다.

① 지붕슬래브배근을 완료한 경우
② 기초공사 시 철근배치를 완료한 경우
③ 기초공사에서 주춧돌의 설치를 완료한 경우
④ 지상 5개 층마다 상부 슬래브배근을 완료한 경우

해설
보기의 '공사의 공정이 대통령령으로 정하는 진도에 다다른 경우'는 다음과 같다.(단, 해당 건축물의 구조가 철근콘크리트조·철골철근콘크리트조·조적조 또는 보강콘크리트블럭조인 경우)
- 기초공사 시 철근배치를 완료한 경우
- 지붕슬래브배근을 완료한 경우
- 지상 5개 층마다 상부 슬래브배근을 완료한 경우

정답 82 ① 83 ② 84 ③ 85 ③

86 ★☆☆

다음의 대지와 도로의 관계에 관한 기준 내용 중 ( ) 안에 알맞은 것은?

> 연면적의 합계가 2,000m²(공장인 경우에는 3,000m²) 이상인 건축물(축사, 작물 재배사, 그 밖에 이와 비슷한 건축물로서 건축조례로 정하는 규모의 건축물은 제외한다)의 대지는 너비 (㉠) 이상의 도로에 (㉡) 이상 접하여야 한다.

① ㉠ : 4m, ㉡ : 2m
② ㉠ : 6m, ㉡ : 4m
③ ㉠ : 8m, ㉡ : 6m
④ ㉠ : 8m, ㉡ : 4m

해설
연면적의 합계가 2,000m²(공장인 경우 3,000m²) 이상인 건축물(축사, 작물 재배사, 그 밖에 이와 비슷한 건축물로서 건축조례로 정하는 규모의 건축물은 제외)의 대지는 너비 6m 이상의 도로에 4m 이상 접하여야 한다.

87 ★☆☆

「국토의 계획 및 이용에 관한 법률」에 따른 용도지역에서의 용적률 최대한도 기준이 옳지 않은 것은? (단, 도시지역의 경우)

① 주거지역: 500% 이하
② 녹지지역: 100% 이하
③ 공업지역: 400% 이하
④ 상업지역: 1,000% 이하

해설
상업지역의 용적률 최대한도 기준은 1,500% 이하이다.

88 ★☆☆

허가권자가 가로구역별로 건축물의 최고높이를 지정·공고할 때 고려하여야 할 사항이 아닌 것은?

① 도시미관 및 경관계획
② 해당 도시의 장래 발전계획
③ 해당 가로구역이 접하는 도로의 길이
④ 도시·군관리계획 등의 토지이용계획

해설
허가권자가 가로구역별로 건축물의 높이를 지정·공고할 때에 고려하여야 할 사항은 다음과 같다.
- 도시·군관리계획 등의 토지이용계획
- 해당 가로구역이 접하는 도로의 너비
- 해당 가로구역의 상·하수도 등 간선시설의 수용능력
- 도시미관 및 경관계획
- 해당 도시의 장래 발전계획

89 ★★★

공동주택 중심의 양호한 주거환경을 보호하기 위하여 주거지역을 세분하여 지정하는 지역은?

① 제1종 전용주거지역
② 제2종 전용주거지역
③ 제1종 일반주거지역
④ 제2종 일반주거지역

해설
공동주택 중심의 양호한 주거환경을 보호하기 위하여 필요한 지역은 제2종 전용주거지역이다.

선지분석
① 제1종 전용주거지역: 단독주택 중심의 양호한 주거환경을 보호하기 위하여 필요한 지역
③ 제1종 일반주거지역: 저층주택을 중심으로 편리한 주거환경을 조성하기 위하여 필요한 지역
④ 제2종 일반주거지역: 중층주택을 중심으로 편리한 주거환경을 조성하기 위하여 필요한 지역

정답 86 ② 87 ④ 88 ③ 89 ②

90 ★★☆

주차장의 수급실태를 조사하려는 경우, 조사구역의 설정 기준으로 옳지 않은 것은?

① 원형 형태로 조사구역을 설정한다.
② 각 조사구역은 「건축법」에 따른 도로를 경계로 구분한다.
③ 조사구역 바깥 경계선의 최대거리가 300m를 넘지 아니하도록 한다.
④ 주거기능과 상업·업무기능이 섞여 있는 지역의 경우에는 주차시설 수급의 적정성, 지역적 특성 등을 고려하여 같은 특성을 가진 지역별로 조사구역을 설정한다.

해설

주차장의 수급실태 조사 시 조사구역 설정방법은 다음과 같다.
- 사각형 또는 삼각형 형태로 조사구역을 설정하되 조사구역 바깥 경계선의 최대거리가 300m를 넘지 않도록 할 것
- 각 조사구역은 「건축법」에 따른 도로를 경계로 구분할 것
- 아파트단지와 단독주택단지가 섞여 있는 지역 또는 주거기능과 상업·업무기능이 섞여 있는 지역의 경우에는 주차시설 수급의 적정성, 지역적 특성 등을 고려하여 같은 특성을 가진 지역별로 조사구역을 설정할 것

91 ★★★

면적 등의 산정방법에 대한 기본 원칙으로 옳지 않은 것은?

① 대지면적은 대지의 수평투영면적으로 한다.
② 건축면적은 건축물의 외벽의 중심선으로 둘러싸인 부분의 수평투영면적으로 한다.
③ 바닥면적은 건축물의 각 층 또는 그 일부로서 벽, 기둥, 그 밖에 이와 비슷한 구획의 중심선으로 둘러싸인 부분의 수평투영면적으로 한다.
④ 용적률 산정 시 적용하는 연면적은 지하층을 포함하여 하나의 건축물 각 층의 바닥면적의 합계로 한다.

해설

연면적은 하나의 건축물 각 층의 바닥면적의 합계로 하되, 용적률을 산정할 때에는 다음에 해당하는 면적은 제외한다.
- 지하층의 면적
- 지상층의 주차용(해당 건축물의 부속용도인 경우만 해당)으로 쓰는 면적
- 초고층 건축물과 준초고층 건축물에 설치하는 피난안전구역의 면적
- 건축물의 경사지붕 아래에 설치하는 대피공간의 면적

92 ★★☆

다음은 「건축법령」상 다세대주택의 정의이다. ( ) 안에 알맞은 것은?

> 주택으로 쓰는 1개 동의 바닥면적 합계가 (㉠) 이하이고, 층수가 (㉡) 이하인 주택(2개 이상의 동을 지하주차장으로 연결하는 경우에는 각각의 동으로 본다.)

① ㉠ 330m², ㉡ 3개 층
② ㉠ 330m², ㉡ 4개 층
③ ㉠ 660m², ㉡ 3개 층
④ ㉠ 660m², ㉡ 4개 층

해설

다세대주택: 주택으로 쓰는 1개 동의 바닥면적 합계가 660m² 이하이고, 층수가 4개 층 이하인 주택(2개 이상의 동을 지하주차장으로 연결하는 경우에는 각각의 동으로 본다.)

93 ★★☆

공작물을 축조할 때 특별자치시장·특별자치도지사 또는 시장·군수·구청장에게 신고를 하여야 하는 대상 공작물에 속하지 않는 것은? (단, 건축물과 분리하여 축조하는 경우)

① 높이 3m인 담장
② 높이 5m인 굴뚝
③ 높이 5m인 광고탑
④ 높이 5m인 광고판

해설

굴뚝은 높이 6m를 넘는 경우 신고 대상이다.

선지분석

① 옹벽 또는 담장은 높이 2m를 넘는 경우 신고 대상이다.
③, ④ 장식탑, 기념탑, 첨탑, 광고탑, 광고판 등은 높이 4m를 넘는 경우 신고 대상이다.

정답 90 ① 91 ④ 92 ④ 93 ②

94 ★★☆

대지면적이 $1,000m^2$인 건축물의 옥상에 조경면적을 $90m^2$ 설치한 경우, 대지에 설치하여야 하는 최소 조경면적은? (단, 조경설치기준은 대지면적의 10%)

① $10m^2$
② $40m^2$
③ $50m^2$
④ $100m^2$

해설

1. 대지면적은 $1,000m^2$이고, 조경설치기준은 대지면적의 10% 이상이므로 필요한 전체조경면적은 $100m^2$이다.
2. 옥상조경면적의 2/3를 지상조경면적으로 산정할 수 있지만 전체조경면적의 50/100을 초과할 수 없다.

    ($90m^2 \times \frac{2}{3} = 60m^2$ 인정, $100m^2 \times \frac{50}{100} = 50m^2$ 초과 불가함)

따라서 전체조경면적인 $100m^2$에서 지상조경면적으로 산정한 옥상조경면적인 $50m^2$를 제외한 $50m^2$를 지상에 설치한다.

합격 POINT 조경면적

전체조경면적	
지상조경면적 +	옥상조경면적 • 2/3만 인정 • 전체조경면적의 50% 초과 불가

95 ★☆☆

준주거지역 안에서 건축할 수 있는 건축물에 속하지 않는 것은?

① 단독주택
② 종교시설
③ 운동시설
④ 숙박시설

해설

「국토의 계획 및 이용에 관한 법률 시행령」에 따라 숙박시설은 준주거지역 안에서 건축할 수 없다.

96 ★☆☆

공동주택 중 아파트로서 대피공간을 설치하여야 하는 경우 대피공간의 바닥면적은 최소 얼마 이상이어야 하는가? (단, 각 세대별로 설치하는 경우)

① $1m^2$
② $2m^2$
③ $3m^2$
④ $4m^2$

해설

대피공간의 바닥면적은 인접 세대와 공동으로 설치하는 경우에는 $3m^2$ 이상, 각 세대별로 설치하는 경우에는 $2m^2$ 이상이어야 한다.

97 ★☆☆

건축물의 건축 시 건축물의 설계자가 국토교통부령으로 정하는 구조기준 등에 따라 그 구조의 안전을 확인하는 경우 건축구조기술사의 협력을 받아야 하는 대상 건축물 기준으로 옳지 않은 것은?

① 다중이용건축물
② 6층 이상인 건축물
③ 기둥과 기둥 사이의 거리가 10m 이상인 건축물
④ 한쪽 끝은 고정되고 다른 끝은 지지되지 아니한 구조로 된 차양 등이 외벽의 중심선으로부터 3m 이상 돌출된 건축물

해설

기둥과 기둥 사이의 거리가 20m 이상인 건축물은 특수구조 건축물로서 건축구조기술사의 협력을 받아야 한다.

합격 POINT 건축구조기술사의 협력이 필요한 건축물

건축물의 설계자는 다음 건축물에 대한 구조의 안전을 확인하는 경우에는 건축구조기술사의 협력을 받아야 한다.

1. 6층 이상인 건축물
2. 특수구조 건축물
3. 다중이용 건축물
4. 준다중이용 건축물
5. 3층 이상의 필로티형식 건축물
6. 중요도 특 또는 중요도 1에 해당하는 건축물

합격 POINT 특수구조 건축물

1. 한쪽 끝은 고정되고 다른 끝은 지지(支持)되지 아니한 구조로 된 보·차양 등이 외벽(외벽이 없는 경우에는 외곽 기둥을 말함)의 중심선으로부터 3m 이상 돌출된 건축물
2. 기둥과 기둥 사이의 거리(기둥의 중심선 사이의 거리를 말하며, 기둥이 없는 경우에는 내력벽과 내력벽의 중심선 사이의 거리를 말함)가 20m 이상인 건축물
3. 특수한 설계·시공·공법 등이 필요한 건축물로서 국토교통부장관이 정하여 고시하는 구조로 된 건축물

정답 94 ③ 95 ④ 96 ② 97 ③

98 ★☆☆

그림과 같은 일반 건축물의 건축면적은? (단, 평면도 건물 치수는 두께 300mm인 외벽의 중심치수이고, 지붕선 치수는 지붕외곽선 치수임)

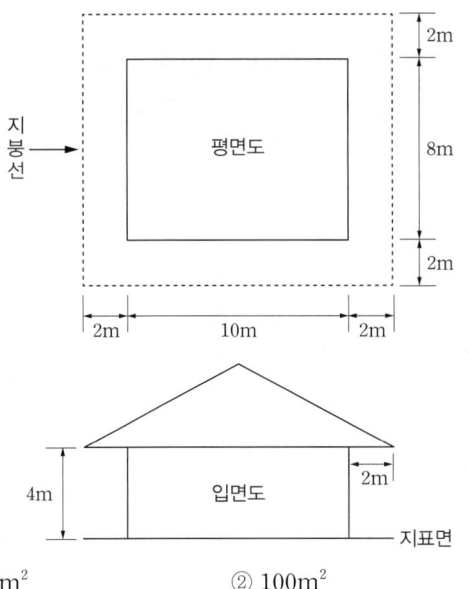

① $80m^2$
② $100m^2$
③ $120m^2$
④ $168m^2$

해설

해당 건축물의 경우 외벽의 중심선으로부터 1m 이상 처마가 돌출되어 있기 때문에, 처마의 끝부분으로부터 1m 후퇴한 선으로 둘러싸인 부분을 건축면적으로 산정한다.

∴ 12m(가로)×10m(세로)＝120m²

합격 POINT 건축면적

건축물의 외벽(외벽이 없는 경우에는 외곽 부분의 기둥으로 함)의 중심선으로 둘러싸인 부분의 수평투영면적으로 한다. 다만, 처마, 차양, 부연, 그 밖에 이와 비슷한 것으로서 그 외벽의 중심선으로부터 수평거리 1m 이상 돌출된 부분이 있는 건축물의 건축면적은 그 돌출된 끝부분으로부터 다음의 구분에 따른 수평거리를 후퇴한 선으로 둘러싸인 부분의 수평투영면적으로 한다.

구분	후퇴 거리
전통사찰	4m
축사	3m
한옥, 충전시설, 신·재생에너지 설비 등	2m
그 밖의 건축물	1m

99 ★☆☆

방화와 관련하여 같은 건축물에 함께 설치할 수 없는 것은?

① 의료시설과 업무시설 중 오피스텔
② 위험물 저장 및 처리시설과 공장
③ 위락시설과 문화 및 집회시설 중 공연장
④ 공동주택과 제2종 근린생활시설 중 다중생활시설

해설

다음에 해당하는 용도의 시설은 같은 건축물에 함께 설치할 수 없다.
- 노유자시설 중 아동 관련 시설 또는 노인복지시설과 판매시설 중 도매시장 또는 소매시장
- 단독주택(다중주택, 다가구주택 한정), 공동주택, 제1종 근린생활시설 중 조산원 또는 산후조리원과 제2종 근린생활시설 중 다중생활시설

100 ★☆☆

다음 중 건축물의 관람석 또는 집회실로서 그 바닥면적이 200m² 이상인 경우 반자높이를 4m 이상으로 하여야 하는 것은? (단, 기계환기장치를 설치하지 않은 경우)

① 전시장
② 식물원
③ 동물원
④ 장례식장

해설

문화 및 집회시설(전시장, 동·식물원 제외), 종교시설, 장례식장 또는 위락시설 중 유흥주점의 용도에 쓰이는 건축물의 관람실 또는 집회실로서 그 바닥면적이 200m² 이상인 것의 반자의 높이는 4m(노대의 아랫부분의 높이는 2.7m) 이상이어야 한다. 다만, 기계환기장치를 설치하는 경우에는 그렇지 않다.

정답 98 ③ 99 ④ 100 ④

2025년 | 제2회 CBT 복원문제

제1과목 건축계획

01 ★★★

주택단지 안의 건축물에 설치하는 계단의 유효폭은 최소 얼마 이상으로 하여야 하는가?

① 0.9m ② 1.2m
③ 1.5m ④ 1.8m

해설
주택단지 안의 공동으로 사용하는 계단의 유효폭은 1.2m 이상이다.

합격 POINT
주택단지 안의 건축물 또는 옥외에 설치하는 계단의 각 부위의 치수

계단의 종류	유효폭	단높이	단너비
공동으로 사용하는 계단	120cm 이상	18cm 이하	26cm 이상
건축물의 옥외계단	90cm 이상	20cm 이하	24cm 이상

02 ★☆☆

메조넷형(Maisonette type) 공동주택에 관한 설명으로 옳지 않은 것은?

① 주택 내의 공간의 변화가 있다.
② 거주성, 특히 프라이버시가 높다.
③ 소규모 단위평면에 적합한 유형이다.
④ 양면 개구에 의한 통풍 및 채광 확보가 양호하다.

해설
메조넷형은 소규모 단위평면에는 비경제적이다.

합격 POINT ▶ 메조넷형

정의	하나의 주거단위가 2개 층 이상으로 구성
장점	• 다양한 평면 구성 가능 • 거주성, 프라이버시 확보 용이 • 통로가 없는 층은 채광 및 통풍 확보 용이 • 공용 및 서비스 면적이 감소, 유효면적은 증가
단점	• 소규모 주택에서는 비경제적 • 통로가 없는 층은 화재 발생 시 대피상 불리 • 구조상 복잡함

03 ★★☆

은행 건축의 계획에 관한 다음 설명 중 부적당한 것은?

① 은행실은 은행건축의 주체를 이루는 곳으로 기둥수가 적고 넓은 실이 요구된다.
② 영업대의 높이는 고객 대기실에서 140~145cm가 가장 적당하다.
③ 영업실은 고객을 직접 상대하는 업무 외에는 고객과의 직접적인 접촉을 피하도록 계획한다.
④ 정문 출입구에 전실을 둘 경우에 바깥문은 밖여닫이, 또는 자재문으로 하기도 한다.

해설
영업대의 높이는 고객 대기실에서 100~110cm, 영업장에서는 90~95cm가 적당하다.

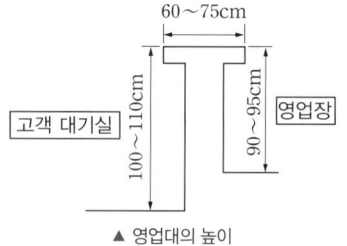

▲ 영업대의 높이

04 ★☆☆

백화점의 진열장 배치에 관한 설명으로 옳지 않은 것은?

① 직각배치는 매장 면적의 이용률을 최대로 확보할 수 있다.
② 사행배치는 주통로 이외의 제2통로를 상하교통계를 향해서 45° 사선으로 배치한 것이다.
③ 사행배치는 많은 고객이 매장구석까지 가기 쉬운 이점이 있으나 이형의 진열장이 필요하다.
④ 자유유선배치는 획일성을 탈피할 수 있으며, 변화와 개성을 추구할 수 있고 시설비가 적게 든다.

해설
자유유선배치는 획일성을 탈피하여 변화와 개성을 추구할 수 있지만 쇼케이스나 판매대 등 특수한 형태를 필요로 하므로 시설비가 많이 드는 단점이 있다.

정답 01 ② 02 ③ 03 ② 04 ④

05 ★☆☆
주택의 식당계획에서 LDK형의 의미로 가장 알맞은 것은?

① 별도의 거실을 두고 부엌의 일부에 식당을 설치한 형태
② 별도의 부엌을 두고 거실과 식당을 겸용하는 형태
③ 거실, 식당, 부엌을 개방된 하나의 공간에 배치한 형태
④ 식당, 부엌, 다용도실을 개방된 하나의 공간에 배치한 형태

해설
LDK(Living Dining Kitchen)형은 거실, 식당, 부엌을 분리하지 않고 하나의 공간으로 구성한 것이다. 따라서 공간의 이용률이 높고, 동선이 짧아 노동력이 절감되며, 소규모 주택에 주로 사용된다.

06 ★★★
초등학교의 운영방식에 관한 기술 중 부적당한 것은?

① 교과교실형(V형)은 학생의 이동률이 심한 것이 단점이다.
② 플래툰형(P형)은 교사의 수와 적당한 시설이 없으면 실시가 곤란하다.
③ 달톤형(D형)은 우리나라에서는 입시학원이나 사설 외국어 학원에서 사용하고 있다.
④ 종합교실형(A형)은 초등학교 고학년에 가장 적합하다.

해설
종합교실형은 학생의 이동이 없으며, 초등학교 저학년에 적합한 형식으로 각 학급마다 가정적인 분위기를 만들 수 있다.

07 ★☆☆
건축 모듈(Module)에 대한 설명으로 옳지 않은 것은?

① 양산의 목적과 공업화를 위해 사용된다.
② 모든 치수의 수직과 수평이 황금비를 이루도록 하는 것이다.
③ 복합 모듈은 기본 모듈의 배수로서 정한다.
④ 모듈 설정 시 설계작업이 단순화된다.

해설
모듈은 건축 부재와 공간의 치수를 표준화해 양산, 공업화, 시공 및 설계의 효율화를 도모하는 것이며, 황금비와는 무관하다.

08 ★★★
다음 중 건축양식의 발달순서가 옳게 된 것은?

① 초기 그리스도교 → 비잔틴 → 로마네스크 → 로코코 → 르네상스
② 로마 → 비잔틴 → 고딕 → 로마네스크 → 르네상스 → 그리스
③ 그리스 → 로마네스크 → 르네상스 → 바로크 → 로코코
④ 이집트 → 비잔틴 → 로마네스크 → 르네상스 → 고딕

해설
서양 건축양식 역사순
이집트 → 그리스 → 로마 → 초기기독교 → 비잔틴 → 사라센 → 로마네스크 → 고딕 → 르네상스 → 바로크 → 로코코

09 ★★☆
공장건축의 지붕형에 관한 설명으로 옳지 않은 것은?

① 솟을지붕은 채광, 환기에 적합한 방법이다.
② 샤렌지붕은 기둥이 많이 소요되는 단점이 있다.
③ 뾰족지붕은 직사광선을 어느 정도 허용하는 결점이 있다.
④ 톱날지붕은 북향의 채광창으로 일정한 조도를 유지할 수 있다.

해설
샤렌지붕은 톱날지붕의 결점(기둥이 많이 소요)을 보완하기 위해 그림과 같이 지붕을 곡선형으로 만든 형태로 기둥이 적게 소요되는 장점이 있다.

10 ★☆☆

병원의 간호사 대기소에 관한 설명 중 ( ) 안에 가장 알맞은 내용은?

> 1개의 간호사 대기소에서 관리할 수 있는 병상 수는 (㉠)개 이하로 하며 간호사의 보행거리는 (㉡)m 이내가 되도록 한다.

① ㉠ 10~20, ㉡ 40
② ㉠ 20~30, ㉡ 40
③ ㉠ 30~40, ㉡ 24
④ ㉠ 40~50, ㉡ 24

해설
1개의 간호사 대기소에서 관리할 수 있는 병상 수는 30~40개 이하로 하며 간호사의 보행거리는 24m 이내가 되도록 한다.

합격 POINT 간호사 대기소와 간호 단위
- 간호사 대기소는 각 간호 단위 또는 각 층 및 동별로 설치한다.
- 환자를 돌보기 쉽도록 병실군의 중앙에 위치하게 한다.
- 계단이나 엘리베이터홀 등에 가능한 한 인접시켜 외부인의 출입을 감시할 수 있도록 한다.
- 1개의 간호사 대기소에서 관리할 수 있는 병상 수는 30~40개 이하로 하며 간호사의 보행거리는 24m 이내가 되도록 한다.

11 ★★☆

고대 그리스에서 사용되던 오더(Order)로 가장 단순하고 장중한 느낌을 주며, 다른 오더와 달리 주초가 없는 것은?

① 도릭 오더(Doric order)
② 이오닉 오더(Ionic order)
③ 코린티안 오더(Corinthian order)
④ 터스칸 오더(Tuscan order)

해설
- 도릭 오더는 그리스 건축 오더 중 가장 단순하고 간단한 양식으로 직선적이고 장중하며 남성적인 느낌을 주고, 기둥에 주초가 없는 점이 특징이다.
- 도릭 오더의 예로는 파르테논 신전, 포세이돈 신전, 헤라이온 신전 등이 있다.

12 ★☆☆

사무소 건축의 엘리베이터 계획에 관한 설명으로 옳지 않은 것은?

① 대면배치에서 대면거리는 동일 군 관리의 경우는 3.5~4.5m로 한다.
② 여러 대의 엘리베이터를 설치하는 경우, 그룹별 배치와 군 관리 운전방식으로 한다.
③ 일렬 배치는 8대를 한도로 하고, 엘리베이터 중심 간 거리는 8m 이하가 되도록 한다.
④ 엘리베이터 홀은 엘리베이터 정원 합계의 50% 정도를 수용할 수 있어야 하며, 1인당 점유면적은 0.5~0.8m² 로 계산한다.

해설
일렬 배치는 4대를 한도로 하고, 엘리베이터 중심 간 거리는 8m 이하가 되도록 한다.

합격 POINT 엘리베이터 배치
- 교통동선의 중심에 설치하여 보행거리가 짧도록 배치한다.
- 여러 대의 엘리베이터를 설치하는 경우, 그룹별 배치와 군 관리 운전방식으로 한다.
- 군 관리운전의 경우 동일 군내의 서비스 층은 같게 한다.
- 일렬배치는 4대를 한도로 하고, 엘리베이터 중심 간 거리는 8m 이하가 되도록 한다.
- 대면배치 시 대면거리는 동일 군 관리의 경우는 3.5~4.5m로 한다.
- 엘리베이터 홀은 엘리베이터 정원 합계의 50% 정도를 수용할 수 있어야 하며, 1인당 점유면적은 0.5~0.8m²로 계산한다.

13 ★★☆

아파트의 평면형식에 관한 설명으로 옳지 않은 것은?

① 집중형은 기후조건에 따라 기계적 환경조절이 필요하다.
② 편복도형은 공용복도에 있어서 프라이버시가 침해되기 쉽다.
③ 홀형은 승강기를 설치할 경우 1대당 이용률이 복도형에 비해 적다.
④ 편복도형은 단위면적당 가장 많은 주호를 집결시킬 수 있는 형식이다.

해설
편복도형은 중복도형에 비해 단위면적당 주호의 집결이 적다.

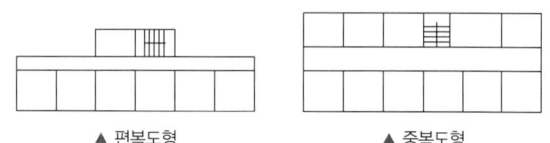

▲ 편복도형　　　　　　▲ 중복도형

14 ★☆☆

페리(C.A. Perry)의 근린주구(Neighborhood Unit) 이론의 내용으로 옳지 않은 것은?

① 초등학교 학구를 기본단위로 한다.
② 중학교와 의료시설을 반드시 갖추어야 한다.
③ 지구 내 가로망은 통과교통에 사용되지 않도록 한다.
④ 주민에게 적절한 서비스를 제공하는 1~2개소 이상의 상점가를 주요도로의 결절점에 배치한다.

해설
초등학교와 의료시설을 반드시 갖추어야 한다.

정답 10 ③　11 ①　12 ③　13 ④　14 ②

15 ★★★

다음 중 병원건축에 있어서 단일 고층건물 형식의 유리한 점이 아닌 것은?

① 각 병실을 남향으로 할 수 있어 일조, 통풍조건이 좋아진다.
② 업무의 효율화가 가능하다.
③ 낮은 건폐율로 주변 공지 확보에 유리하다.
④ 병동의 관리가 용이하다.

해설
각 병실을 남향으로 할 수 있어 일조와 통풍 조건이 좋은 것은 분관식(Pavilion type)의 특징이다.

합격 POINT 집중식(고층밀집형) 병원 건축의 특징
1. 일조, 통풍 등의 조건이 불리
2. 각 병실의 환경이 균일하지 않음
3. 대지를 효과적으로 이용하지만 공조설비가 필요하여 설비비가 높음
4. 관리가 용이하며, 대부분의 종합병원은 집중식 방식을 채용

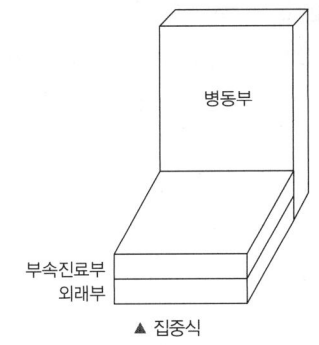
▲ 집중식

16 ★☆☆

평지 주택에 비해 경사지 주택이 갖는 유리한 특성으로 볼 수 없는 것은?

① 통풍
② 조망
③ 접근성
④ 프라이버시

해설
접근성은 경사지 주택이 평지 주택에 비해 불리하다.

17 ★★★

다음 중 상점계획에서 파사드 구성에 요구되는 소비자 구매심리 5단계(AIDMA 법칙)에 속하지 않는 것은?

① 흥미(Interest)
② 욕망(Desire)
③ 기억(Memory)
④ 유인(Attraction)

해설
상점의 광고 5요소(AIDMA 법칙)
· Attention(주의)
· Interest(흥미)
· Desire(욕망, 욕구)
· Memory(기억, 인상)
· Action(행동)

18 ★☆☆

다음 건축물 중 익공식(翼工式)에 속하는 것은?

① 강릉 오죽헌
② 서울 동대문
③ 봉정사 대웅전
④ 무위사 극락전

해설
강릉 오죽헌은 익공식에 속한다.

선지분석
② 다포식에 속한다.
③ 다포식에 속한다.
④ 주심포식에 속한다.

19 ★☆☆

아파트 단지 내 어린이 놀이터 계획에 대한 설명 중 옳지 않은 것은?

① 어린이가 안전하게 접근할 수 있어야 한다.
② 어린이가 놀이에 열중할 수 있도록 외부로부터의 시선은 차단되어야 한다.
③ 차량통행이 빈번한 곳은 피하여 배치한다.
④ 이웃한 주거에 소음이 가지 않도록 한다.

해설
단지 내 어린이 놀이터의 경우 외부 시선의 차단은 안전 및 관리 측면에서 바람직하지 않으며, 완전 차폐는 지양해야 한다.

정답 15 ① 16 ③ 17 ④ 18 ① 19 ②

20 ★★☆

사무소 건축에서 유효율(Rentable ratio)이 의미하는 것은?

① 연면적에 대한 대실면적의 비율
② 건축면적에 대한 대실면적의 비율
③ 대지면적에 대한 대실면적의 비율
④ 기준층 면적에 대한 대실면적의 비율

해설
렌터블비(유효율)는 연면적에 대한 대실(임대)면적의 비율로 연면적에 대해 70~75% 정도가 적당하다.

제2과목 건축시공

21 ★☆☆

타일공사에 관한 설명 중 옳은 것은?

① 모자이크 타일의 줄눈나비의 표준은 5mm이다.
② 벽체타일이 시공되는 경우 바닥타일은 벽체타일을 붙이기 전에 시공한다.
③ 타일을 붙이는 모르타르에 시멘트 가루를 뿌리면 백화가 방지된다.
④ 치장줄눈은 24시간이 경과한 뒤 붙임모르타르의 경화 정도를 보아 시공한다.

선지분석
① 모자이크 타일의 줄눈나비의 표준은 2mm이다.
② 벽체타일이 시공되는 경우 바닥타일은 벽체타일을 붙이고 바닥청소 후 시공한다.
③ 타일을 붙이는 모르타르에 시멘트 가루를 뿌릴 경우 시멘트는 수산화칼슘의 주성분인 생석회(CaO)의 다량 공급원으로서 백화의 주된 요인으로 작용하여 백화현상이 증대된다.

22 ★★★

문 윗틀과 문짝에 설치하여 문이 자동적으로 닫혀지게 하며, 개폐압력을 조절할 수 있는 장치는?

① 도어체크(Door check) ② 도어홀더(Door holder)
③ 피봇힌지(Pivot hinge) ④ 도어체인(Door chain)

해설
도어체크(Door check), 도어클로저(Door closer)는 여닫이문 개폐 시 자동으로 문을 닫아주는 장치이다.

선지분석
② 도어홀더(Door holder): 문을 열린 상태로 유지해주는 장치이다.
③ 피봇힌지(Pivot hinge): 일반적인 도어 힌지와 달리, 피봇 힌지는 하나의 축을 기준으로 하는 회전하는 장치이며, 중량문에 사용된다.
④ 도어체인(Door chain): 일반적으로 문 상단 부분에 설치되며, 문을 일부만 열어놓고 밖을 확인하여 출입을 통제할 수 있는 보안장치이다.

23 ★★☆

벽돌쌓기 시공에 관한 설명으로 옳지 않은 것은?

① 연속되는 벽면의 일부를 나중쌓기 할 때에는 그 부분을 층단 들여쌓기로 한다.
② 내력벽 쌓기에서는 세워쌓기나 옆쌓기가 주로 쓰인다.
③ 벽돌쌓기 시 줄눈모르타르가 부족하면 하중분담이 일정하지 않아 벽면에 균열이 발생할 수 있다.
④ 창대쌓기는 물흘림을 위해 벽돌을 15° 정도 기울여 벽면에서 3~5cm 정도 내밀어 쌓는다.

해설
내력벽 쌓기에서는 눕혀쌓기가 주로 쓰인다.

24 ★☆☆

계약제도의 하나로서 독립된 회사의 연합으로 법인을 설립하지 않으며 공사의 책임과 공사 클레임 등을 각각 독립된 회사의 계약 당사자가 책임을 지는 방식은?

① 공동도급(Joint venture)
② 파트너링(Partnering)
③ 컨소시엄(Consortium)
④ 분할도급(Partial contract)

해설
공사 클레임이 발생 시 공동도급(Joint venture)은 투자비율에 따라 공동 부담하며, 컨소시엄(Consortium)은 각각 독립된 회사의 계약 당사자가 책임을 진다.

25 ★★★

다음 중 건축공사의 직접공사비 원가로 바르게 구성된 것은?

① 자재비, 노무비, 장비비, 간접비
② 자재비, 노무비, 장비비, 경비
③ 자재비, 노무비, 외주비, 경비
④ 자재비, 노무비, 외주비, 간접비

해설
공사 시공 중에 발생하는 비용(실체를 형성하는 비용)을 직접공사비라 하며 재료비(자재비), 노무비, 외주비, 경비가 이에 속한다.

합격 POINT 간접공사비
간접공사비는 직접공사비 외에 기타경비, 현장근로자 보험료, 간접노무비, 안전관리비, 퇴직공제부금비 등이다.

정답 20 ① 21 ④ 22 ① 23 ② 24 ③ 25 ③

26 ★★☆

다음 중 공사감리업무와 가장 거리가 먼 항목은?

① 설계도서의 적정성 검토
② 시공상의 안전관리 지도
③ 공사 실행예산의 편성
④ 사용자재와 설계도서와의 일치 여부 검토

해설
공사 실행예산의 편성은 시공자의 업무이다.

합격 POINT 공사감리자업무
- 건축자재의 법령 기준 준수 여부 확인
- 시공계획, 공사관리 적정 여부, 공정표의 검토
- 구조물의 위치와 규격 검토 확인
- 시공자가 설계도서에 따라 시공하는지 확인

27 ★★☆

콘크리트의 내화, 내열성에 관한 설명으로 옳지 않은 것은?

① 콘크리트의 내화, 내열성은 사용한 골재의 품질에 크게 영향을 받는다.
② 콘크리트는 내화성이 우수해서 600℃ 정도의 화열을 장시간 받아도 압축강도는 거의 저하하지 않는다.
③ 철근콘크리트 부재의 내화성을 높이기 위해서는 철근의 피복두께를 충분히 하면 좋다.
④ 화재를 입은 콘크리트의 탄산화 속도는 그렇지 않은 것에 비하여 크다.

해설
콘크리트는 500~600℃ 정도의 화열에서 압축강도가 급격히 저하된다.

28 ★★☆

수밀콘크리트에 관한 설명으로 옳지 않은 것은?

① 콘크리트의 소요 슬럼프는 되도록 작게 하여 180mm를 넘지 않도록 한다.
② 콘크리트의 워커빌리티를 개선시키기 위해 공기연행제, 공기연행감수제 또는 고성능 공기연행감수제를 사용하는 경우라도 공기량은 2% 이하가 되게 한다.
③ 물결합재비는 50% 이하를 표준으로 한다.
④ 콘크리트 타설 시 다짐을 충분히 하여, 가급적 이어붓기를 하지 않아야 한다.

해설
수밀콘크리트의 워커빌리티 개선을 위해 공기량은 4% 이하로 한다.

29 ★★☆

일반콘크리트에서 굳지 않은 콘크리트 중의 전 염소이온량은 얼마 이하로 하여야 하는가? (단, 콘크리트표준시방서 기준)

① 0.10kg/m³
② 0.20kg/m³
③ 0.30kg/m³
④ 0.40kg/m³

해설
콘크리트에 포함되는 염화물 이온(Cl^-)의 총량은 0.3kg/m³ 이하이다.

합격 POINT 골재의 염분 함유량 기준

구분	내용
잔골재 절건중량 기준	• 염화물(NaCl⁻): 0.04% 이하 • 염소이온(Cl^-): 0.02% 이하
콘크리트에 함유된 염화물 총량 기준	• 염소이온(Cl^-): 0.3kg/m³ 이하, 0.6kg/m³ 초과 금지

30 ★★★

금속 커튼월의 Mock up test에 있어 기본 성능시험의 항목에 해당되지 않는 것은?

① 정압수밀시험
② 방재시험
③ 구조시험
④ 기밀시험

해설
커튼월 실물대모형시험의 시험 항목
- 구조시험
- 기밀시험
- 동압수밀시험
- 정압수밀시험
- 예비시험

합격 POINT 커튼월 실물대모형시험(Mock up test)
풍동시험(Wind tunnel test) 설계풍하중을 토대로 제작된 실물모형에 임의로 설정된 최악의 외부 환경상태에서 실물모형에 어떠한 영향을 주는가를 비교, 분석하는 실험이다.

정답 26 ③ 27 ② 28 ② 29 ③ 30 ②

31 ★★★

돌로마이트 플라스터 바름에 관한 설명으로 옳지 않은 것은?

① 실내온도가 5℃ 이하일 때는 공사를 중단하거나 난방하여 5℃ 이상으로 유지한다.
② 정벌바름용 반죽은 물과 혼합한 후 4시간 정도 지난 다음 사용하는 것이 바람직하다.
③ 초벌바름에 균열이 없을 때에는 고름질한 후 7일 이상 두어 고름질면의 건조를 기다린 후 균열이 발생하지 아니함을 확인한 다음 재벌바름을 실시한다.
④ 재벌바름이 지나치게 건조한 때는 적당히 물을 뿌리고 정벌바름한다.

해설

돌로마이트 플라스터 정벌바름용 반죽은 물과 혼합한 후 12시간 정도 지난 다음 사용하는 것이 바람직하다.

합격 POINT 돌로마이트 플라스터

- 돌로마이트(마그네시아 석회)에 모래·여물을 섞어 반죽한 도벽재료로 기경성이며 점성이 좋아 해초풀을 사용하지 않는다.
- 필요에 따라 시멘트의 혼입도 하고 초벌용과 정벌용의 등급이 있다.
- 시공
  1. 정벌바름용 반죽은 물과 혼합한 후 12시간 정도 지난 다음 사용하는 것이 바람직하며, 시멘트와 혼합하여 2시간 이상 경과한 것은 사용할 수 없다.
  2. 바름두께가 균일하지 못하면 균열이 발생하기 쉽다.
  3. 실내온도가 5℃ 이하일 때는 공사를 중단하거나 난방하여 5℃ 이상으로 유지한다.
  4. 초벌바름에 균열이 없을 때에는 고름질한 후 7일 이상 두어 고름질면의 건조를 기다린 후 균열이 발생하지 아니함을 확인한 다음 재벌바름을 실시한다.
  5. 바름두께가 균일하지 못하면 균열이 발생하기 쉽다.
  6. 재벌바름이 지나치게 건조한 때는 적당히 물을 뿌리고 정벌바름한다.

32 ★★☆

버킷용량 1.5m³의 파워쇼벨을 이용하여 사이클 타임 1분, 작업효율 100%로 작업할 경우 체적변화계수 1.2인 흙의 시간당 작업량은? (단, 굴삭계수는 0.6)

① 38.88m³   ② 64.8m³
③ 108.3m³   ④ 150.4m³

해설

Power shovel의 1시간당 굴착 작업량

$$V = \frac{3{,}600 \times Q \times f \times E \times K}{C_m}$$

$$= \frac{3{,}600 \times 1.5 \times 1.2 \times 1.0 \times 0.6}{60} = 64.8 \text{m}^3/\text{h}$$

Q: 버킷용량, f: 체적변화계수, E: 작업효율, K: 굴삭계수, C_m: 사이클시간(60초)

33 ★★☆

모래의 전단력을 측정하는 가장 유효한 지반조사 방법은?

① 보링   ② 베인테스트
③ 표준관입시험 ④ 재하시험

해설

표준관입시험은 모래 지반의 전단력 측정한다.

선지분석

① 보링 – 시료 채취 및 지층 확인
② 베인테스트 – 점토의 점착력 측정
④ 재하시험 – 침하량 측정을 통해 지내력 판정

34 ★★★

도장공사 시 주의사항으로 옳지 않은 것은?

① 바탕의 건조가 불충분하거나 공기의 습도가 높을 때에는 시공하지 않는다.
② 불투명한 도장일 때에는 초벌부터 정벌까지 같은 색으로 시공해야 한다.
③ 야간에는 색을 잘못 도장할 염려가 있으므로 시공하지 않는다.
④ 직사광선은 가급적 피하고 도막이 손상될 우려가 있을 때에는 도장하지 않는다.

해설

도장공사 시 초벌, 재벌, 정벌 등 칠횟수를 구별하기 위해 다른 색으로 도장한다.

35 ★★☆

기계가 위치한 곳보다 높은 곳의 굴착에 가장 적당한 건설기계는?

① Dragline   ② Back hoe
③ Power shovel ④ Scraper

해설

기계가 위치한 곳보다 높은 곳의 굴착에 적당한 건설기계는 파워쇼벨(Power shovel)이다.

합격 POINT 굴착용 기계

종류	특성
파워쇼벨	지면보다 높은 곳의 굴착에 적합하며 굴착력이 크다.
드래그쇼벨 (백호)	지면보다 낮은 곳의 굴착에 적합하며 굴착력이 크고 범위가 좁다.
드래그라인	기계를 설치한 지반보다 낮은 장소 또는 수중을 굴착하는데 사용된다. 굴착력은 약하나 작업범위가 광범위하다.
클램쉘	좁은 곳의 수직굴착, 수중굴착에 적합하다.
트렌처	도랑파기, 줄기초 파기에 사용된다.

정답 31 ② 32 ② 33 ③ 34 ② 35 ③

36 ★★☆

시멘트 200포를 사용하여 배합비가 1 : 3 : 6의 콘크리트를 비벼 냈을 때의 전체 콘크리트량은? (단, 물-시멘트 비는 60%이고 시멘트 1포대는 40kg임)

① 25.25m³
② 36.36m³
③ 39.39m³
④ 44.44m³

해설

배합비가 1:3:6일 때 시멘트는 1m³당 220kg이 필요하다.
220kg : 1m³ = (200×40)kg : x m³
1m³ × (200×40)kg = 220kg × x m³
∴ x = 36.36

합격 POINT

배합비	시멘트(kg)	모래(m³)	자갈(m³)
1:3:6	220	0.47	0.94
1:2:4	320	0.45	0.9

37 ★★★

MCX(Minimum Cost Expediting) 기법에 의한 공기단축에서 아무리 비용을 투자해도 그 이상 공기를 단축할 수 없는 한계점을 무엇이라 하는가?

① 표준점
② 포화점
③ 경제 속도점
④ 특급점

해설

특급점은 직접비 곡선에서 특급공기와 특급비용이 만나는 점으로 더 이상 공기단축할 수 없는 한계점이다.

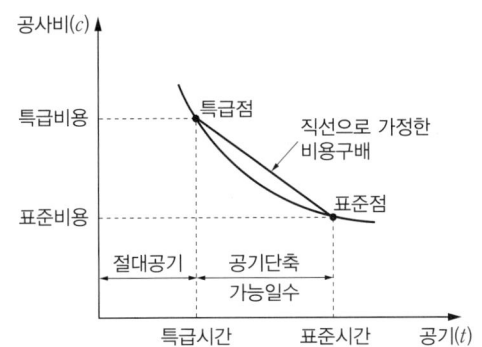

38 ★★☆

콘크리트 공사 중 적산온도와 가장 관계 깊은 것은?

① 매스(Mass)콘크리트 공사
② 수밀(水密)콘크리트 공사
③ 한중(寒中)콘크리트 공사
④ AE콘크리트 공사

해설

한중콘크리트의 양생 및 거푸집 해체 시기는 현장콘크리트와 동일한 상태에서 양생한 공시체의 강도시험에 의하거나 콘크리트의 온도기록에 의한 적산온도로부터 추정한 강도에 의해 정한다.

39 ★★★

사용할 때 마다 부재의 조립, 분해를 반복하지 않아 벽식구조인 아파트 건축물에 적용효과가 큰 대형 벽체거푸집은?

① Gang form
② Sliding form
③ Air tube form
④ Traveling form

해설

갱폼(Gang form)은 주로 아파트 공사에 사용하는 대형 벽체거푸집으로 인력절감 및 재사용이 가능한 장점이 있다.

40 ★☆☆

철골가공 및 용접에 있어 자동용접의 경우 용접봉의 피복재 역할로 쓰이는 분말상의 재료를 무엇이라 하는가?

① 플럭스(Flux)
② 슬래그(Slag)
③ 시스(Sheath)
④ 샤모테(Chamotte)

해설

자동용접 시 용접봉의 피복재 역할을 하는 분말상의 재료를 플럭스라고 한다. 플럭스는 주로 용접 과정에서 금속 표면을 덮어 산화 및 질화를 방지하고, 불순물을 제거하여 용접 품질을 향상시킨다.

제3과목 건축구조

41 ★★★

강도설계법에서 D22 압축이형철근의 기본정착길이 l_{db}는? (단, 경량콘크리트 계수 $\lambda=1.0$, $f_{ck}=27\text{MPa}$, $f_y=400\text{MPa}$)

① 200.5mm
② 378.4mm
③ 423.4mm
④ 604.6mm

해설

압축이형철근의 기본정착길이 l_{db}는 다음 중 큰 값 이상이 되어야 한다.

$l_{db}=\dfrac{0.25 \cdot d_b \cdot f_y}{\lambda \cdot \sqrt{f_{ck}}}$	$l_{db}=0.043 d_b f_y$

- f_{ck}: 콘크리트 압축강도
- d_b: 철근의 지름
- f_y: 철근의 항복강도
- λ: 경량콘크리트계수(1.0)

1. $l_{db}=\dfrac{0.25 \times 22 \times 400}{1.0 \times \sqrt{27}} \fallingdotseq 423.4\text{mm}$
2. $l_{db}=0.043 \times 22 \times 400 = 378.4\text{mm}$
∴ $l_{db} \geq 423.4\text{mm}$

정답 36 ② 37 ④ 38 ③ 39 ① 40 ① 41 ③

42

그림과 같은 콘크리트 슬래브에서 합성보 A의 슬래브 유효폭 b_e를 구하면? (단, 그림의 단위는 mm임)

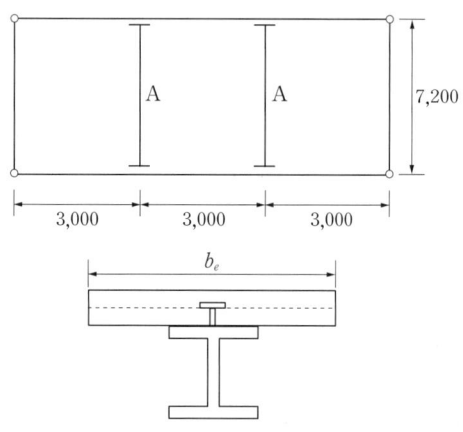

① 1,500mm
② 1,800mm
③ 2,000mm
④ 2,250mm

해설

합성보의 유효폭 b_e: 슬래브 양측 중심간 거리와 보 경간의 1/4 거리 값 중 작은 값으로 결정한다.

1. 슬래브 양측 중심간 거리: $\frac{3,000}{2}+\frac{3,000}{2}=3,000$mm
2. 보 경간의 1/4: 7,200÷4=1,800mm

따라서 두 값 중 작은 값인 경간의 1/4의 값(1,800mm)으로 결정된다.

43

그림과 같은 강접골조에 수평력 $P=10$kN이 작용하고 기둥의 강비 $k=\infty$인 경우, 기둥의 모멘트가 최대가 되는 위치 h_0는? (단, 괄호 안의 기호는 강비이다.)

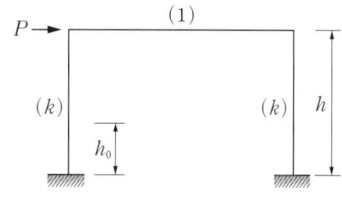

① 0
② $0.5h$
③ $(4/7)h$
④ h

해설

기둥의 강비가 무한대인 경우 해당 기둥은 캔틸레버보와 동일하게 해석된다.
따라서 모멘트가 최대가 되는 위치는 지점이다.
∴ $h_0=0$

44

그림과 같은 구조물의 부정정 차수는?

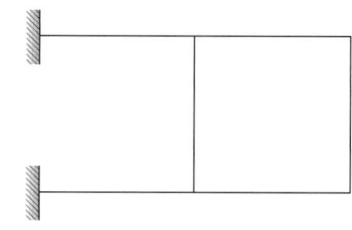

① 3차 부정정
② 4차 부정정
③ 5차 부정정
④ 6차 부정정

해설

$N=r+m+f-2\times j$ 공식 이용
여기서, r: 지점반력수, m: 부재수, f: 강절점수, j: 지점수+자유단 지점수이다.
$N=6+6+6-2\times6=6$이므로 6차 부정정 구조물이다.

45

고력볼트 접합의 종류에 해당하지 않는 것은?

① 마찰접합
② 인장접합
③ 지압접합
④ 메탈터치접합

해설

고력볼트 접합방식에는 마찰접합, 지압접합, 인장접합이 있다.
메탈터치접합(Metal touch)은 기둥과 기둥의 밀착이음 가공으로 기둥의 이음과 관계있다.

정답 42 ② 43 ① 44 ④ 45 ④

46 ★☆☆

다음 그림과 같은 보 단면에서 정착되는 철근의 수평 순간격을 구하면?

- D22(인장, 압축철근), 지름: 22mm로 계산
- D13@150(스터럽), 지름: 13mm로 계산
- 최소 피복두께: 40mm
- 구부림 최소 내면반지름은 무시

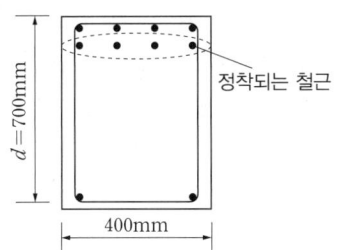

① 60.7mm ② 63.7mm
③ 66.7mm ④ 68.7mm

해설

수평 순간격
$= \dfrac{1}{4-1}(b - \text{피복두께} \times 2 - \text{스터럽직경} \times 2 - \text{주근직경} \times 4)$
$= \dfrac{1}{3}(400 - 40 \times 2 - 13 \times 2 - 22 \times 4) \fallingdotseq 68.7\text{mm}$

47 ★★☆

강구조 필릿용접에 관한 설명으로 옳지 않은 것은?

① 필릿용접의 유효면적은 유효길이에 유효목두께를 곱한 것으로 한다.
② 필릿용접의 유효길이는 필릿용접의 총길이에서 2배의 필릿사이즈를 공제한 값으로 하여야 한다.
③ 필릿용접의 유효목두께는 용접루트로부터 용접표면까지의 최단거리로 한다. 단, 이음면이 직각인 경우에는 필릿사이즈의 √2배로 한다.
④ 구멍필릿과 슬롯필릿용접의 유효길이는 목두께의 중심을 잇는 용접중심선의 길이로 한다.

해설

필릿용접의 유효목두께는 용접루트로부터 용접표면까지의 최단거리로 한다. 단, 이음면이 직각인 경우에는 필릿사이즈의 0.7배 $\left(\dfrac{1}{\sqrt{2}}\text{배}\right)$로 한다.

48 ★☆☆

철근콘크리트 구조물 설계를 위해 선형탄성 구조해석을 수행한 결과, 보 단면에 다음과 같은 단면력이 계산되었다. 이 값을 사용해서 계수 휨모멘트를 구하면?

- 고정하중에 의한 모멘트 M_D=150kN·m
- 활하중에 의한 모멘트 M_L=120kN·m
- 풍하중에 의한 모멘트 M_W=60kN·m

① 195kN·m ② 210kN·m
③ 300kN·m ④ 360kN·m

해설

풍하중(W)에 의한 하중조합 중 가장 큰 값을 사용한다.
$U = 1.2D + 1.0W + 1.0L$
$\quad = 1.2 \times 150 + 1.0 \times 60 + 1.0 \times 120 = 360\text{kN·m}$
$U = 1.2D + 0.5W$
$\quad = 1.2 \times 150 + 0.5 \times 60 = 210\text{kN·m}$
$U = 0.9D + 1.0W$
$\quad = 0.9 \times 150 + 1.0 \times 60 = 195\text{kN·m}$

49 ★★☆

부동침하의 원인과 거리가 먼 것은?

① 건물이 경사지반에 근접되어 있을 경우
② 건물이 이질지반에 걸쳐 있을 경우
③ 이질의 기초구조를 적용했을 경우
④ 건물의 강도가 불균등할 경우

해설

건물의 강도가 불균등한 경우와 부동침하는 관련이 없다.

합격 POINT 부동침하의 여러 가지 원인

연약층	경사 지반	이질 지층	낭떠러지	증축
		차갈층/모래층		증축

지하수위 변경	지하 구멍	메운땅 흙막이	이질 지정	일부 지정

정답 46 ④ 47 ③ 48 ④ 49 ④

50 ★★☆

다음 그림과 같은 단순보의 양단 수직반력을 구하면?

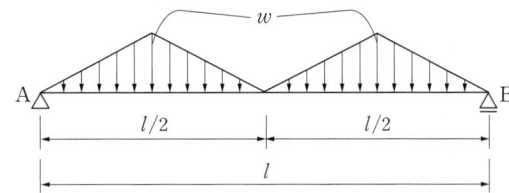

① $R_A = R_B = \dfrac{wl}{2}$

② $R_A = R_B = \dfrac{wl}{4}$

③ $R_A = R_B = \dfrac{wl}{6}$

④ $R_A = R_B = \dfrac{wl}{8}$

해설

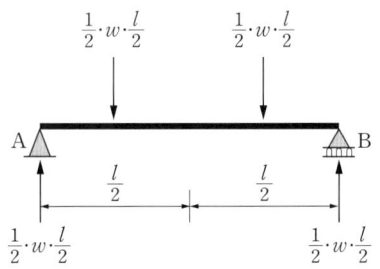

좌우대칭이므로 각 삼각형의 면적이 곧 반력이 된다.
$R_A = R_B = \dfrac{1}{2} \times w \times \left(\dfrac{l}{2}\right) = \dfrac{wl}{4}$

51 ★★☆

고력볼트 1개의 인장파단 한계상태에 대한 설계인장강도는? (단, 볼트의 등급 및 호칭은 F10T, M24, $\phi=0.75$)

① 254kN ② 284kN
③ 304kN ④ 324kN

해설

설계인장강도 $\phi R_{nt} = \phi \cdot F_{nt} \cdot A_b \cdot n_s$이다.
여기서, F_{nt}: 공칭인장강도, A_b: 볼트의 공칭단면적, n_s: 전단면의 수, F_u: 인장강도
$F_{nt} = 0.75 F_u = 0.75 \times 1,000 = 750\text{N/mm}^2$이므로
$\phi R_{nt} = 0.75 \times 750 \times \dfrac{\pi \times 24^2}{4} \times 1 \fallingdotseq 254,469\text{N} \fallingdotseq 254\text{kN}$이다.

52 ★★★

지진력저항시스템 중 다음 각 구조시스템에 관한 설명으로 옳지 않은 것은?

① 모멘트골조방식: 수직하중과 횡력을 보와 기둥으로 구성된 라멘골조가 저항하는 구조방식
② 연성모멘트골조방식: 횡력에 대한 저항능력을 증가시키기 위하여 부재와 접합부의 연성을 증가시킨 모멘트골조방식
③ 이중골조방식: 횡력의 25% 이상을 부담하는 전단벽이 연성모멘트골조와 조합되어 있는 구조방식
④ 건물골조방식: 수직하중은 입체골조가 저항하고 지진하중은 전단벽이나 가새골조가 저항하는 구조방식

해설

이중골조시스템에서 수평하중의 25% 이상을 부담하는 것은 전단벽이 아니라 연성모멘트골조이다.

합격 POINT 이중골조형식(Dual structure)

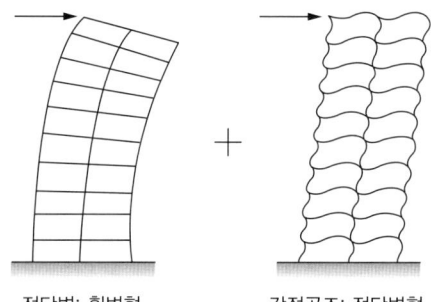

전단벽: 휨변형   강접골조: 전단변형

1. 수평하중의 25% 이상을 부담하는 모멘트(연성)골조가 전단벽이나 가새골조와 조합되어 있는 골조방식이다.
2. 강접골조(전단변형)와 가새골조(휨변형)가 혼합되었을 경우 내진설계에 있어서 비탄성 거동으로서의 연성도가 매우 크기 때문에 반응수정계수를 크게 규정하고 있어 지진력에 효율적으로 저항하는 구조가 된다.

정답 50 ② 51 ① 52 ③

53 ★★☆

등가정적해석법에 의한 건축물의 내진설계 시 고려해야 할 사항이 아닌 것은?

① 지역계수
② 지반종류
③ 지표면조도구분
④ 반응수정계수

해설

지표면조도구분은 일정 지역의 지표면 거칠기에 해당하는 장애물이 바람에 노출된 정도의 구분으로 풍하중 설계 시 고려사항이다.

합격 POINT 등가정적해석법 밑면전단력 산정식

$$V = C_s \cdot W = \frac{S_{D1}}{\left(\frac{R}{I_E}\right) \cdot T} \cdot W$$

여기서, C_s: 지진응답계수
W: 유효건물중량
S_{D1}: 주기 1초에서의 설계스펙트럼 가속도
R: 반응수정계수
I_E: 건물의 중요도계수
T: 건물의 고유주기

54 ★★☆

그림과 같은 정정구조의 CD부재에서 C, D점의 휨모멘트 값 중 옳은 것은?

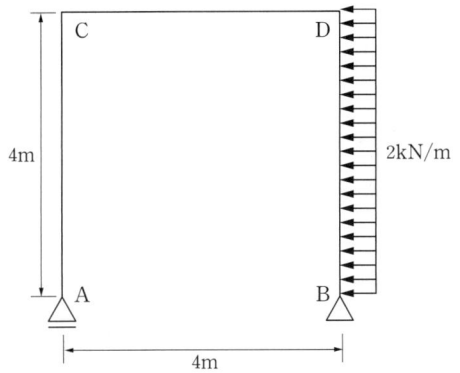

① C점: 0, D점: 16kN·m
② C점: 16kN·m, D점: 16kN·m
③ C점: 0, D점: 32kN·m
④ C점: 32kN·m, D점: 32kN·m

해설

$\Sigma H = 0$; $H_B - 2 \times 4 = 0$, $H_B = 8\text{kN}(\rightarrow)$

A지점의 수직반력 산정

$\Sigma M_B = 0$; $V_A \times 4 - ((2 \times 4) \times 2) = 0$

$V_A = 4\text{kN}(\uparrow)$

A지점의 수직반력을 활용하여 두 지점의 휨모멘트를 산정한다.

A지점에는 수직반력만 존재하여 C절점에 휨모멘트는 존재하지 않으므로,

$M_{C.Left} = 0$

$M_{D.Right} = -(-(8 \times 4) + ((2 \times 4) \times 2)) = 16\text{kN·m}$

55 ★☆☆

강구조 기둥의 주각부에 관한 설명으로 옳지 않은 것은?

① 기둥의 응력이 크면 윙플레이트, 접합앵글, 리브 등으로 보강하여 응력의 분산을 도모한다.
② 앵커볼트는 기초콘크리트에 매입되어 주각부의 이동을 방지하는 역할을 한다.
③ 주각은 조건에 관계없이 고정으로만 가정하여 응력을 산정한다.
④ 축방향력이나 휨모멘트는 베이스플레이트 저면의 압축력이나 앵커볼트의 인장력에 의해 전달된다.

해설

주각은 핀 구조물로 가정하여 설계한다. (경우에 따라 고정도 가능)

56 ★☆☆

그림과 같은 하중을 지지하는 단주의 단면에서 인장력을 발생시키지 않는 거리 x의 한계는?

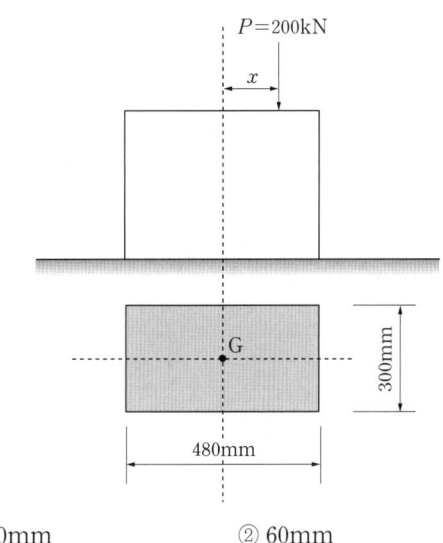

① 40mm
② 60mm
③ 80mm
④ 100mm

해설

편심하중을 받는 단주의 휨응력(σ)은 다음과 같은 식으로 구한다.

$$\sigma = \frac{P}{A} \pm \frac{M}{Z}$$

P: 하중, A: 기둥 단면적, M: 모멘트, Z: 기둥의 단면계수

여기서, 직사각형의 단면계수: $Z = \frac{bh^2}{6}$

$$\sigma = \frac{200 \times 10^3}{300 \times 480} - \frac{200 \times 10^3}{\frac{300 \times 480^2}{6}} \times x = 0$$

∴ $x = 80\text{mm}$

정답 53 ③ 54 ① 55 ③ 56 ③

57 ★☆☆

그림과 같이 양단고정인 철골보에 등분포하중이 작용할 때, 소요되는 단면계수 값은? (단, SS400 강재 사용, $f_b=160\text{MPa}$, 좌굴은 없는 것으로 가정한다.)

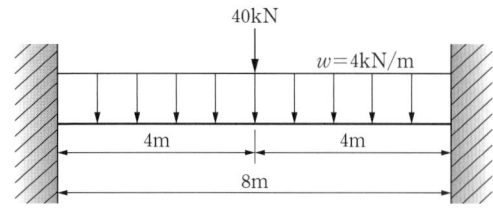

① 383cm³
② 415cm³
③ 513cm³
④ 558cm³

해설

중첩의 원리를 적용하여 등분포하중과 집중하중에 대한 고정단모멘트를 각각 더하면,

$$M_{\max} = \frac{wL^2}{12} + \frac{PL}{8} = \frac{4 \times 8^2}{12} + \frac{40 \times 8}{8} \approx 61.33\text{kN}\cdot\text{m}$$

$M = \sigma \times Z$에서 M(모멘트)과 σ(응력, f_b)를 알고 있으므로,

$$Z = \frac{M}{\sigma} = \frac{61.33 \times 10^6}{160} = 383,312.5\text{mm}^3 \approx 383.3\text{cm}^3$$

58 ★★☆

인장력을 받는 원형단면 강봉의 지름을 4배로 하면 수직응력도(Normal stress)는 기존 응력도의 얼마로 줄어드는가?

① 1/2
② 1/4
③ 1/8
④ 1/16

해설

$\sigma_t(\text{인장응력}) = \dfrac{P(\text{하중})}{A(\text{면적})}$

원형단면의 경우 단면적이 $\dfrac{\pi D^2}{4}$이므로

응력은 지름의 제곱에 반비례한다. $\left(\sigma_t = \dfrac{4P}{\pi D^2}\right)$

따라서 강봉의 지름이 4배 증가하면 응력도는 기존 응력도의 1/16로 감소한다.

59 ★☆☆

구조방식과 외부의 힘에 대하여 저항하는 방법으로 옳지 않은 것은?

① 트러스구조: 인장력과 압축력으로 외력에 저항
② 케이블구조: 인장력으로 외력에 저항
③ 아치구조: 인장력과 압축력으로 외력에 저항
④ 쉘구조: 면내응력으로 외력에 저항

해설

아치구조는 수직하중이 아치 중심선을 따라 좌우로 나누어져 압축력만 받게 하고 하부에 인장력이 생기지 않도록 한 구조이다.

60 ★★★

철근콘크리트 옹벽을 흙에 닿는 면에 거푸집을 대지 않고 시공하는 경우 콘크리트의 최소 피복두께는?

① 20mm
② 40mm
③ 50mm
④ 75mm

해설

흙에 접하여 타설 후 영구히 흙에 묻혀 있는 콘크리트의 최소 피복두께는 75mm이다.

합격 POINT

프리스트레스하지 않는 부재의 현장치기 콘크리트의 최소 피복두께

구분			현장치기 콘크리트 피복두께
수중			100mm
흙에 접하여 타설 후 영구히 흙에 묻혀 있는 콘크리트			75mm
흙에 접하거나 옥외의 공기에 직접 노출		D19 이상	50mm
		D16 이하의 철근, 지름 16 이하의 철선	40mm
옥외의 공기나 흙에 직접 접하지 않는 콘크리트	슬래브, 벽체, 장선	D35 초과	40mm
		D35 이하	20mm
	보, 기둥*		40mm
	쉘, 절판부재		20mm

* 보, 기둥의 경우 $f_{ck} \geq 40\text{MPa}$이면 10mm 저감 가능

제4과목 건축설비

61 ★☆☆

압축식 냉동기의 주요 구성요소가 아닌 것은?

① 재생기
② 압축기
③ 증발기
④ 응축기

해설

냉동기는 냉동방식에 따라 크게 압축식 냉동기와 흡수식 냉동기로 나눌 수 있다. 재생기는 흡수식 냉동기의 주요 구성요소이다.

합격 POINT 냉동기의 주요 구성요소

- 압축식 냉동기: 압축기, 응축기, 팽창밸브, 증발기
- 흡수식 냉동기: 증발기, 흡수기, 재생기, 응축기

정답 57 ① 58 ④ 59 ③ 60 ④ 61 ①

62

다음 그림과 같은 형태를 갖는 간선의 배선방식은?

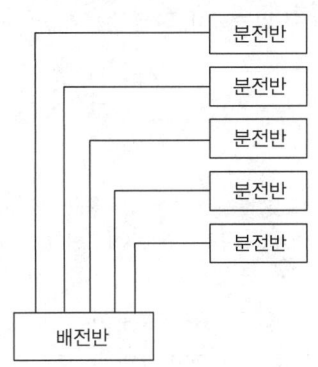

① 개별방식 ② 루프방식
③ 병용방식 ④ 나뭇가지방식

해설
개별방식(평행식)은 각 분전반마다 배전반으로부터 단독으로 배선되어 있으므로 전압강하가 적고, 화재 등 사고가 발생하여도 그 범위를 좁힐 수 있는 것이 특징이다. 배선비가 많아지므로 설비비는 많이 드는 편이다.

63

LPG에 관한 설명으로 옳지 않은 것은?

① 비중이 공기보다 작다.
② 액화석유가스를 말한다.
③ 액화하면 그 체적은 약 1/250로 된다.
④ 상압에서는 기체이지만 압력을 가하면 액화된다.

해설
LPG는 공기보다 비중이 크기 때문에 가스경보기는 바닥으로부터 30cm 위치에 설치한다.

64

다음 설명에 알맞은 요운전원 엘리베이터 조작방식은?

> 기동은 운전원의 버튼 조작으로 하며, 정지는 목적층 단추를 누르는 것과 승강장의 호출신호로 층의 순서대로 자동 정지한다.

① 카 스위치 방식 ② 전자동군관리방식
③ 레코드 컨트롤 방식 ④ 시그널 컨트롤 방식

해설
시그널 컨트롤 방식은 기동(시동)은 운전원 조작반의 핸들로 하고, 정지는 조작반이 목적층 버튼을 누르거나 승강장의 호출 신호에 의해 층의 순서대로 자동 정지하는 방식이다.

65

오수의 BOD 제거율이 95%인 정화조로 유입되는 오수의 BOD 농도가 300ppm일 경우, 방류수의 BOD 농도는?

① 15ppm ② 85ppm
③ 150ppm ④ 285ppm

해설

$$\text{BOD 제거율(\%)} = \frac{\text{유입수 BOD} - \text{유출수 BOD}}{\text{유입수 BOD}} \times 100$$

$$95 = \frac{300\text{ppm} - \text{유출수 BOD}}{300\text{ppm}} \times 100$$

∴ 유출수 BOD = 300ppm − (300ppm × 0.95) = 15ppm

66

펌프의 양수량 10m³/min, 전양정 10m, 효율 80%일 때, 이 펌프의 소요동력은? (단, 여유율은 10%로 한다.)

① 22.5kW ② 26.5kW
③ 30.6kW ④ 32.4kW

해설

$$\text{펌프의 축동력} = \frac{W \cdot Q \cdot H}{6,120 E} \times \alpha$$

$$= \frac{1,000\text{kg/m}^3 \times 10\text{m}^3/\text{min} \times 10\text{m}}{6,120 \times 0.8} \times 1.1$$

$$= 22.467 \fallingdotseq 22.5\text{kW}$$

W: 물의 단위용적중량(=1,000kg/m³), Q: 양수량(m³/min),
H: 펌프의 전양정(m), E: 펌프효율(%), α: 여유율
※ 1kW = 6,120kg·m/min

67

변압기의 1차측 코일의 권수가 6,000, 2차측 코일의 권수가 200일 때 1차측 코일에 교류전압 3,000V 인가 시 2차측 코일에 발생하는 교류전압 V은?

① 500 ② 200
③ 100 ④ 50

해설

$$\frac{N_1}{N_2} = \frac{V_1}{V_2}$$

$$\frac{6,000}{200} = \frac{3,000\text{V}}{V_2}$$

∴ $V_2 = 100\text{V}$

N_1: 1차측 코일의 권수, N_2: 2차측 코일의 권수
V_1: 1차측 교류전압(V), V_2: 2차측 교류전압(V)

정답 62 ① 63 ① 64 ④ 65 ① 66 ① 67 ③

68 ★★★
공기조화방식 중 팬코일유닛방식에 관한 설명으로 옳지 않은 것은?

① 각 실에 수배관으로 인한 누수의 우려가 있다.
② 덕트 샤프트나 스페이스가 필요 없거나 작아도 된다.
③ 각 실의 유닛은 수동으로도 제어할 수 있고, 개별제어가 쉽다.
④ 유닛을 창문 밑에 설치하면 콜드 드래프트(Cold draft)가 발생할 우려가 높다.

해설
유닛을 창문 밑에 설치하면 콜드 드래프트(Cold draft)를 방지할 수 있다.

합격 POINT 콜드 드래프트(Cold draft)
겨울철 외부의 찬 공기가 들어오거나 바깥공기와 접한 유리나 벽면이 냉각되면서 실내에 찬 공기가 하부로 내려오는 현상을 말한다.

69 ★☆☆
다음 설명에 알맞은 화재의 종류는?

> 나무, 섬유, 종이, 고무, 플라스틱류와 같은 일반 가연물이 타고 나서 재가 남는 화재

① A급 화재
② B급 화재
③ C급 화재
④ K급 화재

해설
나무, 섬유, 종이, 고무, 플라스틱류와 같은 일반 가연물이 타고 나서 재가 남는 화재는 일반화재인 A급 화재이다.

선지분석
① A급 화재: 일반화재(보통화재)
② B급 화재: 유류화재(기름화재)
③ C급 화재: 전기화재
④ K급 화재: 주방화재

70 ★☆☆
전기샤프트(ES)의 계획 시 고려사항으로 옳지 않은 것은?

① 각 층마다 같은 위치에 설치한다.
② 기기의 배치와 유지보수에 충분한 공간으로 하고, 건축적인 마감을 실시한다.
③ 점검구는 유지보수 시 기기의 반출입이 가능하도록 하여야 하며, 점검구 문의 폭은 최소 300mm 이상으로 한다.
④ 공급대상 범위의 배선거리, 전압강하 등을 고려하여 가능한 한 공급 대상설비 시설 위치의 중심부에 위치하도록 한다.

해설
전기샤프트(ES)의 점검구는 유지보수 시 기기의 반출입이 가능하도록 하여야 하며, 점검구 문의 폭은 최소 90cm 이상으로 한다.

71 ★★☆
배수트랩의 봉수파괴 원인 중 통기관을 설치함으로써 봉수파괴를 방지할 수 있는 것이 아닌 것은?

① 분출작용
② 모세관작용
③ 자기사이펀작용
④ 유도사이펀작용

해설
자기사이펀작용, 유도사이펀작용, 분출작용에 의한 봉수파괴는 통기관을 설치함으로써 방지할 수 있으며, 모세관작용에 의한 봉수파괴는 트랩 출구의 실이나 천 조각, 머리카락을 제거함으로써 방지할 수 있다.

합격 POINT 트랩의 봉수파괴 방지대책

봉수파괴 원인	방지대책
자기사이펀작용, 유도사이펀작용, 분출작용	통기관 설치
모세관작용	천조각, 머리카락 제거
운동량에 의한 관성작용	격자쇠 설치

72 ★☆☆
배수트랩에서 봉수깊이에 관한 설명으로 옳지 않은 것은?

① 봉수깊이는 50~100mm로 하는 것이 보통이다.
② 봉수깊이가 너무 낮으면 봉수를 손실하기 쉽다.
③ 봉수깊이를 너무 깊게 하면 통수능력이 감소된다.
④ 봉수깊이를 너무 깊게 하면 유수의 저항이 감소된다.

해설
배수트랩에서 봉수깊이를 너무 깊게 하면 유수의 저항이 증가된다.

73 ★★★
어떤 습공기를 가열했을 때 습공기선도에서 변화하지 않는 것은?

① 엔탈피
② 습구온도
③ 절대습도
④ 상대습도

해설
절대습도는 습공기를 구성하고 있는 건조공기 1kg당의 수증기량을 말하며 공기를 가열하거나 냉각하여도 변함이 없다.

합격 POINT 습공기 가열·냉각 시 상태변화

습공기	상태변화
가열	엔탈피 증가, 비체적 증가, 상대습도 감소
냉각	엔탈피 감소, 비체적 감소, 상대습도 증가

※ 절대습도는 가열하거나 냉각하여도 일정하다.

정답 68 ④ 69 ① 70 ③ 71 ② 72 ④ 73 ③

74 ★☆☆
공기조화계획에서 내부존의 조닝 방법에 속하지 않는 것은?

① 방위별 조닝
② 부하 특성별 조닝
③ 온·습도 설정별 조닝
④ 용도에 따른 시간별 조닝

해설
방위별 조닝은 외부존에 적용하는 방법이며, 내부존의 조닝 방법에 속하지 않는다.
부하 특성별 조닝, 온·습도 설정별 조닝, 용도에 따른 시간별 조닝은 모두 내부존 조닝에 유효하다.

75 ★☆☆
송풍기의 적용에 관한 설명으로 옳지 않은 것은?

① 지붕형의 경우 후익형으로 한다.
② 원심송풍기의 설치는 바닥설치를 원칙으로 한다.
③ 정압이 3,000Pa을 초과하는 경우에는 다익형으로 한다.
④ 화장실, 욕실의 배기는 습기나 가스에 강한 내식성 재질의 축류송풍기로 한다.

해설
다익형 송풍기의 정압은 100~1,500Pa이다.

76 ★☆☆
배수배관에 관한 설명으로 옳지 않은 것은?

① 배수계통은 원칙적으로 중력에 의해 옥외로 배출하도록 한다.
② 고온의 배수는 원칙적으로 45℃ 미만으로 냉각한 후 배수한다.
③ 건물 내에서 피트 내 또는 가공배관은 피하고 지중배관을 한다.
④ 엘리베이터 샤프트, 수변전실에는 배수배관을 설치하지 않는다.

해설
건물 외부에서 지중매설배관(공동구)으로 한다.

77 ★☆☆
1일 급탕량이 12,000L/d일 때 급탕부하는 얼마인가? (단, 급탕온도는 80℃, 급수온도는 10℃, 물의 비열은 4.2kJ/kg·K이다.)

① 35.6kW
② 40.8kW
③ 44.6kW
④ 48.2kW

해설
$$급탕부하(kW) = \frac{G \cdot c \cdot \Delta t}{3,600}$$
$$= \frac{500 kg/h \times 4.2 kJ/kg \cdot K \times (80-10)K}{3,600}$$
$$≒ 40.833 kJ/s = 40.8 kW$$

G: 시간당 급탕량(kg/h), c: 물의 비열(kJ/kg·h), Δt: 온도차(K)
※ 12,000L/d = 12,000kg/24h = 500kg/h

78 ★☆☆
다음 그림과 같이 관경이 다른 관 내에 물이 흐를 경우에 관한 설명으로 옳은 것은?

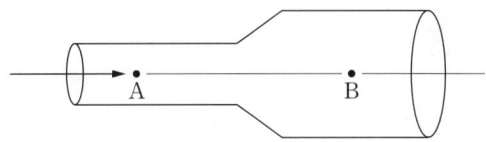

① 물의 속도는 A보다 B가 크며, 압력도 A보다 B가 크다.
② 물의 속도는 A보다 B가 크며, 압력은 B보다 A가 크다.
③ 물의 속도는 B보다 A가 크며, 압력은 A보다 B가 크다.
④ 물의 속도는 B보다 A가 크며, 압력도 B보다 A가 크다.

해설
물의 속도가 증가하면 압력이 낮아지고, 속도가 감소하면 내부 압력이 높아지기 때문에 물의 속도는 구경이 작은 A가 크며, 압력은 속도가 작은 B가 크다.

79 ★☆☆
다음 중 서로 상이한 실에 냉난방을 동시에 해야 하는 경우 가장 적절한 공조방식은?

① VAV방식
② CAV방식
③ 유인유닛방식
④ 멀티존유닛방식

해설
멀티존유닛방식은 각 존마다 제어가 가능하며, 연중 냉난방이 가능하다.

정답 74 ① 75 ③ 76 ③ 77 ② 78 ③ 79 ④

80 ★☆☆

물과 오리피스가 분리되어 동파를 방지할 수 있는 스프링클러헤드로 정의되는 것은?

① 조기 반응형 헤드
② 건식 스프링클러헤드
③ 폐쇄형 스프링클러헤드
④ 개방형 스프링클러헤드

해설
건식 스프링클러헤드는 물과 오리피스(배관 중간에 구멍이 뚫린 얇은 판)가 분리되어 동파를 방지할 수 있는 스프링클러헤드이다.

제5과목 건축관계법규

81 ★☆☆

다음 중 「건축법」이 적용되는 건축물은?

① 역사(驛舍)
② 고속도로 통행료 징수시설
③ 철도의 선로 부지에 있는 플랫폼
④ 「문화유산의 보존 및 활용에 관한 법률」에 따른 임시지정 문화유산

해설
건축법이 적용되지 않는 건축물은 다음과 같다.
- 「문화유산의 보존 및 활용에 관한 법률」에 따른 지정문화유산이나 임시지정문화유산 또는 「자연유산의 보존 및 활용에 관한 법률」에 따라 지정된 천연기념물 등이나, 임시지정천연기념물, 임시지정명승, 임시지정시·도자연유산, 임시자연유산자료
- 철도나 궤도의 선로 부지에 있는 플랫폼, 운전보안시설, 철도 선로의 위나 아래를 가르지르는 보행시설, 해당 철도 또는 궤도사업용 급수·급탄 및 급유 시설
- 고속도로 통행료 징수시설
- 컨테이너를 이용한 간이창고
- 「하천법」에 따른 하천구역 내의 수문조작실

82 ★★★

부설주차장 설치대상 시설물이 문화 및 집회시설 중 예식장으로서 시설면적이 1,200m²인 경우, 설치하여야 하는 부설주차장의 최소 대수는?

① 8대
② 10대
③ 15대
④ 20대

해설
문화 및 집회시설(관람장 제외)의 경우 시설면적 150m²당 1대(시설면적/150m²)의 부설주차장을 설치하여야 한다.
시설면적이 1,200m²이므로 설치하여야 하는 부설주차장의 최소 대수는 8대이다.

83 ★☆☆

주거에 쓰이는 바닥면적의 합계가 200m²인 주거용 건축물에 설치하는 음용수용 급수관의 최소 지름 기준은?

① 25mm
② 32mm
③ 40mm
④ 50mm

해설
가구 또는 세대의 구분이 불분명한 건축물에 있어서는 주거에 쓰이는 바닥면적의 합계에 따라 다음과 같이 가구 수를 산정한다.

바닥면적	가구 수
85m² 이하	1
85m² 초과 150m² 이하	3
150m² 초과 300m² 이하	5
300m² 초과 500m² 이하	16
500m² 초과	17

주거용 건축물 급수관의 지름은 다음과 같다.

가구(세대) 수	1	2·3	4·5	6~8	9~16	17 이상
급수관 지름의 최소 기준(단위: mm)	15	20	25	32	40	50

84 ★★★

도시·군계획 수립 대상지역의 일부에 대하여 토지 이용을 합리화하고 그 기능을 증진시키며 미관을 개선하고 양호한 환경을 확보하며, 그 지역을 체계적·계획적으로 관리하기 위하여 수립하는 도시·군관리계획은?

① 지구단위계획
② 도시·군성장계획
③ 광역도시계획
④ 개발밀도관리계획

해설
지구단위계획이란 도시·군계획 수립 대상지역의 일부에 대하여 토지 이용을 합리화하고 그 기능을 증진시키며 미관을 개선하고 양호한 환경을 확보하며, 그 지역을 체계적·계획적으로 관리하기 위하여 수립하는 도시·군관리계획이다.

정답 80 ② 81 ① 82 ① 83 ① 84 ①

85

급수, 배수, 환기, 난방설비를 건축물에 설치하는 경우, 건축기계설비기술사 또는 공조냉동기계기술사의 협력을 받아야 하는 대상 건축물에 속하지 않는 것은?

① 아파트
② 연립주택
③ 기숙사로서 해당 용도에 사용되는 바닥면적의 합계가 2,000m²인 건축물
④ 업무시설로서 해당 용도에 사용되는 바닥면적의 합계가 2,000m²인 건축물

해설
판매시설, 연구소, 업무시설의 용도로 사용되며 바닥면적의 합계가 3,000m² 이상인 건축물의 경우 건축기계설비기술사 또는 공조냉동기계기술사의 협력을 받아야 한다.

86

다음의 대지와 도로의 관계에 관한 기준 내용 중 (   ) 안에 알맞은 것은?

> 연면적의 합계가 2,000m²(공장인 경우에는 3,000m²) 이상인 건축물(축사, 작물재배사, 그 밖에 이와 비슷한 건축물로서 건축조례로 정하는 규모의 건축물은 제외한다)의 대지는 너비 (㉠) 이상의 도로에 (㉡) 이상 접하여야 한다.

① ㉠ 4m, ㉡ 2m
② ㉠ 6m, ㉡ 4m
③ ㉠ 8m, ㉡ 6m
④ ㉠ 8m, ㉡ 4m

해설
연면적의 합계가 2,000m²(공장인 경우 3,000m²) 이상인 건축물(축사, 작물재배사, 그 밖에 이와 비슷한 건축물로서 건축조례로 정하는 규모의 건축물은 제외)의 대지는 너비 6m 이상의 도로에 4m 이상 접하여야 한다.

87

건축물을 특별시나 광역시에 건축하는 경우 특별시장이나 광역시장의 허가를 받아야 하는 대상 건축물의 층수 기준은?

① 7층 이상
② 15층 이상
③ 21층 이상
④ 25층 이상

해설
건축물을 건축하거나 대수선하려는 자는 특별자치시장·특별자치도지사 또는 시장·군수·구청장의 허가를 받아야 한다. 다만, 21층 이상의 건축물 등 대통령령으로 정하는 용도 및 규모의 건축물을 특별시나 광역시에 건축하려면 특별시장이나 광역시장의 허가를 받아야 한다.

88

주차장에서 장애인용 주차단위구획의 최소 크기는? (단, 평행주차형식 외의 경우)

① 2.3×5.0m
② 2.5×5.1m
③ 3.3×5.0m
④ 2.0×6.0m

해설
평행주차형식 외의 경우 주차단위구획은 다음과 같다.

구분	너비	길이
경형	2.0m 이상	3.6m 이상
일반형	2.5m 이상	5.0m 이상
확장형	2.6m 이상	5.2m 이상
장애인전용	3.3m 이상	5.0m 이상
이륜자동차전용	1.0m 이상	2.3m 이상

89

「건축법령」상 공사감리자가 수행하여야 하는 감리업무에 속하지 않는 것은?

① 공정표의 작성
② 상세시공도면의 검토·확인
③ 공사현장에서의 안전관리의 지도
④ 설계변경의 적정 여부의 검토·확인

해설
공사감리자가 수행하여야 하는 감리업무는 공정표의 작성이 아닌 공정표의 검토이다.

합격 POINT 공사감리자가 수행하여야 하는 감리업무

공사감리자는 다음의 업무를 수행한다.
1. 건축물 및 대지가 이 법 및 관계 법령에 적합하도록 공사시공자 및 건축주를 지도
2. 시공계획 및 공사관리의 적정 여부의 확인
2-1. 수급인이 시공자격을 갖춘 건설사업자에게 건축공사를 하도급 했는지에 대한 확인
2-2. 수급인이 공사현장에 건설기술인을 배치했는지에 대한 확인
3. 공사현장에서의 안전관리의 지도
4. 공정표의 검토
5. 상세시공도면의 검토·확인
6. 구조물의 위치와 규격의 적정 여부의 확인
7. 품질시험의 실시 여부 및 시험성과의 검토·확인
8. 설계변경의 적정 여부의 검토·확인
9. 기타 공사감리계약으로 정하는 사항

정답 85 ④ 86 ② 87 ③ 88 ③ 89 ①

90 ★★☆

건축법령상, 다중이용 건축물에 해당되지 않는 것은? (단, 해당하는 용도로 쓰는 바닥면적의 합계가 5,000m²인 건축물인 경우)

① 종교시설
② 판매시설
③ 업무시설
④ 의료시설 중 종합병원

해설
다중이용 건축물이란 다음의 어느 하나에 해당하는 건축물을 말한다.
- 바닥면적의 합계가 5,000m² 이상인 문화 및 집회시설(동물원 및 식물원 제외), 종교시설, 판매시설, 운수시설 중 여객용 시설, 의료시설 중 종합병원, 숙박시설 중 관광숙박시설
- 16층 이상인 건축물

91 ★★★

다음의 용도변경 중 허가대상에 속하지 않는 것은?

① 영업시설군에서 주거업무시설군으로 용도변경
② 교육 및 복지시설군에서 영업시설군으로 용도변경
③ 주거업무시설군에서 문화 및 집회시설군으로 용도변경
④ 교육 및 복지시설군에서 문화 및 집회시설군으로 용도변경

해설
다음의 어느 하나에 해당하는 시설군에 속하는 건축물의 용도를 상위군(상위 번호)에 해당하는 용도로 변경하는 경우에는 국토교통부령으로 정하는 바에 따라 특별자치시장·특별자치도지사 또는 시장·군수·구청장의 허가를 받아야 한다.
반대로 하위군(하위 번호)에 해당하는 용도로 변경하는 경우는 신고 대상이다.
1. 자동차 관련 시설군
2. 산업 등의 시설군
3. 전기통신시설군
4. 문화 및 집회시설군
5. 영업시설군
6. 교육 및 복지시설군
7. 근린생활시설군
8. 주거업무시설군
9. 그 밖의 시설군

영업시설군에서 주거업무시설군으로의 용도변경은 하위군에 해당하는 용도로 변경하는 것이므로 신고 대상이다.

92 ★★☆

기존 건축물의 내력벽, 기둥, 보를 철거하고 그 대지에 종전과 같은 규모의 범위에서 건축물을 다시 축조하는 건축행위는?

① 신축
② 증축
③ 재축
④ 개축

해설
개축이란 기존 건축물의 전부 또는 일부를 해체하고 그 대지에 종전과 같은 규모의 범위에서 건축물을 다시 축조하는 것을 말한다.

선지분석
① 신축이란 건축물이 없는 대지에 새로 건축물을 축조하는 것을 말한다.
② 증축이란 기존 건축물이 있는 대지에서 건축물의 건축면적, 연면적, 층수 또는 높이를 늘리는 것을 말한다.
③ 재축이란 건축물이 천재지변이나 그 밖의 재해로 멸실된 경우 그 대지에 다음의 요건을 모두 갖추어 다시 축조하는 것을 말한다.
- 연면적 합계는 종전 규모 이하로 할 것
- 동수, 층수 및 높이가 모두 종전 규모 이하일 것
- 동수, 층수 또는 높이의 어느 하나가 종전 규모를 초과하는 경우에는 해당 동수, 층수 및 높이가 「건축법」, 「건축법 시행령」 또는 건축조례에 모두 적합할 것

93 ★★☆

비상용 승강기 승강장의 구조에 관한 기준 내용으로 옳지 않은 것은?

① 승강장은 각 층의 내부와 연결될 수 있도록 할 것
② 벽 및 반자가 실내에 접하는 부분의 마감재료는 준불연재료로 할 것
③ 옥내에 설치하는 승강장의 바닥면적은 비상용 승강기 1대에 대하여 6m² 이상으로 할 것
④ 피난층이 있는 승강장의 출입구로부터 도로 또는 공지에 이르는 거리가 30m 이하일 것

해설
벽 및 반자가 실내에 접하는 부분의 마감재료는 불연재료로 해야 한다.

94 ★★★

공동주택 중심의 양호한 주거환경을 보호하기 위하여 주거지역을 세분하여 지정하는 지역은?

① 제1종 전용주거지역
② 제2종 전용주거지역
③ 제1종 일반주거지역
④ 제2종 일반주거지역

해설
공동주택 중심의 양호한 주거환경을 보호하기 위하여 필요한 지역은 제2종 전용주거지역이다.

선지분석
① 제1종 전용주거지역: 단독주택 중심의 양호한 주거환경을 보호하기 위하여 필요한 지역
③ 제1종 일반주거지역: 저층주택을 중심으로 편리한 주거환경을 조성하기 위하여 필요한 지역
④ 제2종 일반주거지역: 중층주택을 중심으로 편리한 주거환경을 조성하기 위하여 필요한 지역

정답 90 ③ 91 ① 92 ④ 93 ② 94 ②

95 ★☆☆
국토교통부령으로 정하는 기준에 따라 채광 및 환기를 위한 창문 등이나 설비를 설치하여야 하는 대상에 속하지 않는 것은?

① 의료시설의 병실
② 숙박시설의 객실
③ 업무시설 중 사무소의 사무실
④ 교육연구시설 중 학교의 교실

해설
단독주택 및 공동주택의 거실, 교육연구시설 중 학교의 교실, 의료시설의 병실 및 숙박시설의 객실에는 국토교통부령으로 정하는 기준에 따라 채광 및 환기를 위한 창문 등이나 설비를 설치해야 한다.

96 ★★☆
다음 중 주요구조부에 속하지 않는 것은?

① 기둥
② 지붕틀
③ 바닥
④ 옥외계단

해설
주요구조부란 내력벽, 기둥, 바닥, 보, 지붕틀 및 주계단을 말한다.

97 ★★☆
전용주거지역 또는 일반주거지역 안에서 높이 8m의 2층 건축물을 건축하는 경우, 건축물의 각 부분은 일조 등의 확보를 위하여 정북방향으로의 인접 대지경계선으로부터 최소 얼마 이상 띄어 건축하여야 하는가?

① 1m
② 1.5m
③ 2m
④ 3m

해설
전용주거지역이나 일반주거지역에서 건축물을 건축하는 경우에는 건축물의 각 부분을 정북방향으로의 인접 대지경계선으로부터 다음의 거리 이상을 띄어 건축하여야 한다.
- 높이 10m 이하인 부분: 인접 대지경계선으로부터 1.5m 이상
- 높이 10m를 초과하는 부분: 인접 대지경계선으로부터 해당 건축물 각 부분 높이의 2분의 1 이상

98 ★★☆
건축물에 설치하는 피난안전구역의 구조 및 설비에 관한 기준 내용으로 옳지 않은 것은?

① 피난안전구역의 높이는 1.8m 이상일 것
② 피난안전구역의 내부마감재료는 불연재료로 설치할 것
③ 비상용 승강기는 피난안전구역에서 승하차 할 수 있는 구조로 설치할 것
④ 건축물의 내부에서 피난안전구역으로 통하는 계단은 특별피난계단의 구조로 설치할 것

해설
피난안전구역의 높이는 2.1m 이상이어야 한다.

99 ★☆☆
용도변경과 관련된 시설군 중 산업 등 시설군에 속하지 않는 것은?

① 운수시설
② 창고시설
③ 발전시설
④ 묘지 관련 시설

해설
산업 등 시설군에 속하는 시설은 다음과 같다.

> 운수시설, 창고시설, 공장, 위험물저장 및 처리시설, 자원순환 관련 시설, 묘지 관련 시설, 장례시설

100 ★☆☆
지방건축위원회의가 심의 등을 하는 사항에 속하지 않는 것은?

① 건축선의 지정에 관한 사항
② 다중이용 건축물의 구조안전에 관한 사항
③ 특수구조 건축물의 구조안전에 관한 사항
④ 경관지구 내의 건축물의 건축에 관한 사항

해설
지방건축위원회의 심의사항은 다음과 같다.
- 건축선의 지정에 관한 사항
- 조례의 제정·개정 및 시행에 관한 중요 사항
- 다중이용 건축물 및 특수구조 건축물의 구조안전에 관한 사항
- 다른 법령에서 지방건축위원회의 심의를 받도록 한 경우 해당 법령에서 규정한 심의사항
- 도시 및 건축 환경의 체계적인 관리를 위하여 필요하다고 인정하여 지정·공고한 지역에서 건축조례로 정하는 건축물의 건축 등에 관한 것으로서 지방건축위원회의 심의가 필요하다고 인정한 사항

정답 95 ③ 96 ④ 97 ② 98 ① 99 ③ 100 ④

2025년 | 제1회 CBT 복원문제

제1과목 건축계획

01 ★☆☆

공포를 기둥 위에만 배열한 것을 주심포 형식이라고 한다. 다음 중 주심포 형식의 건축물에 해당하는 것은?

① 봉정사 극락전
② 화암사 극락전
③ 봉정사 대웅전
④ 창경궁 명정전

해설
봉정사 극락전은 대표적인 주심포 양식이다.

선지분석
② 다포식(하앙식)에 속한다.
③ 다포식에 속한다.
④ 다포식에 속한다.

합격 POINT ▶ 대표적인 주심포 건축양식
• 봉정사 극락전   • 부석사 무량수전
• 부석사 조사당   • 수덕사 대웅전
• 강릉 객사문   • 정수사 법당
• 무위사 극락전   • 송광사 국사전

02 ★★☆

전시실 순회방식에 관한 설명으로 옳지 않은 것은?

① 연속순회형식은 비교적 소규모 전시실에 적합하다.
② 중앙홀형식은 홀의 크기가 크면 중앙부 동선의 혼란이 있다.
③ 갤러리 및 코리도형식은 복도 자체도 전시공간으로 이용이 가능하다.
④ 갤러리 및 코리도형식은 각 실에 직접 들어갈 수 있는 점이 유리하다.

해설
중앙홀형식은 중심부에 홀을 두고 홀의 주위에 전시실을 배치하여 홀을 통해 출입하는 형식이다. 홀의 크기가 크면 동선의 혼란이 줄어든다.

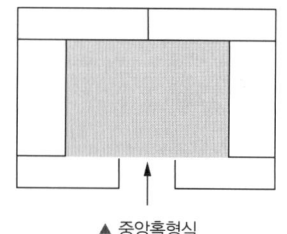
▲ 중앙홀형식

03 ★★★

극장에서 인형극이나 아동극 및 연극과 같이 배우의 표정과 동작을 자세히 감상할 필요가 있는 공연에 적합한 가시거리의 한계는?

① 10m
② 15m
③ 22m
④ 38m

해설
생리적 한도(15m): 연기자의 표정이나 동작을 자세히 감상할 수 있는 거리
제1차 허용한도(22m): 가능한 많은 관객을 수용하기 위한 적당한 거리
제2차 허용한도(35m): 배우의 일반적인 동작만 보이면 지장이 없는 거리

04 ★★★

쇼핑센터에서 고객의 주 보행동선으로서 중심 상점과 각 전문점에서의 출입이 이루어지는 곳은?

① 몰(Mall)
② 코트(Court)
③ 터미널(Terminal)
④ 페데스트리언 지대(Pedestrian area)

해설
몰은 쇼핑센터의 공간구성에서 페데스트리언 지대의 일부로서 고객을 각 상점에 유도하는 주요 보행자 동선인 동시에 고객의 휴식처로서 기능을 갖고 있다.

정답 01 ① 02 ② 03 ② 04 ①

05 ★★☆

다음 중 사무소 건축의 기둥간격 결정요소와 가장 거리가 먼 것은?

① 책상배치의 단위
② 주차배치의 단위
③ 엘리베이터의 설치 대수
④ 채광상 층높이에 의한 깊이

해설
사무소 건축의 기둥간격의 결정과 엘리베이터의 설치 대수는 관련이 없다.

합격 POINT 사무소와 백화점의 기둥간격 결정요소
- 사무소: 책상배치 단위, 채광상 층고에 의한 안깊이, 주차배치 단위 등
- 백화점: 가구배치, 에스컬레이터의 배치, 주차배치 단위, 층고 등

06 ★☆☆

메조넷형(Maisonette type) 공동주택에 관한 설명으로 옳지 않은 것은?

① 주택 내의 공간의 변화가 있다.
② 거주성, 특히 프라이버시가 높다.
③ 소규모 단위평면에 적합한 유형이다.
④ 양면 개구에 의한 통풍 및 채광 확보가 양호하다.

해설
메조넷형은 소규모 단위평면에는 비경제적이다.

합격 POINT 메조넷형

정의	하나의 주거단위가 2개 층 이상으로 구성
장점	• 다양한 평면 구성 가능 • 거주성, 프라이버시 확보 용이 • 통로가 없는 층은 채광 및 통풍 확보 용이 • 공용 및 서비스 면적이 감소, 유효면적은 증가
단점	• 소규모 주택에서는 비경제적 • 통로가 없는 층은 화재 발생 시 대피상 불리 • 구조상 복잡함

07 ★☆☆

주택법상 주택단지의 복리시설에 속하지 않는 것은?

① 경로당
② 관리사무소
③ 어린이놀이터
④ 주민운동시설

해설
관리사무소는 부대시설에 속한다.
부대시설에는 관리사무소, 주차장, 담장, 주택단지 안의 도로 등이 있다.

합격 POINT 복리시설
복리시설은 주택단지의 입주자 등의 생활복리를 위한 공동시설로 경로당, 어린이놀이터, 주민운동시설, 근린생활시설, 유치원 등이 있다.

08 ★★☆

래드번(Radburn) 계획에서 슈퍼블록을 구성함으로써 얻어 질 수 있는 효과로 옳지 않은 것은?

① 충분한 공동의 오픈스페이스의 확보가 가능
② 건물을 집약화함으로써 고층화·효율화가 가능
③ 커뮤니티시설의 중심배치로 간선도로변의 활성화가 가능
④ 도로교통의 개선, 즉 보도와 차도의 완전 분리가 가능

해설
래드번 계획은 보행과 차도의 완전 분리와 슈퍼블록 내부 중심부의 커뮤니티 시설 배치가 원칙이며, 간선도로변의 활성화와는 관계없다.

합격 POINT 래드번 계획(슈퍼블록) 기본원리
- 통과교통 배제를 위한 슈퍼블록을 구성
- 4가지 기능의 도로
- 보도망의 형성 및 보도와 차도의 입체적 분리
- 쿨데삭형의 좁은 도로 구성
- 오픈 스페이스망 조성

09 ★☆☆

건축물과 양식의 연결이 옳지 않은 것은?

① 노트르담 성당 - 고딕 양식
② 샤르트르 성당 - 고딕 양식
③ 피사의 사탑 - 바로크 양식
④ 성 소피아 성당 - 비잔틴 양식

해설
피사의 사탑은 로마네스크 양식이다.

10 ★★☆

주택의 부엌계획에 관한 설명 중 옳지 않은 것은?

① 일사가 긴 서쪽은 음식물이 부패하기 쉬우므로 피하도록 한다.
② 부엌은 가사노동의 경감을 위해 작업삼각형의 각 변의 합은 10m 이내로 한다.
③ 부엌의 평면형 중 일렬형은 동선과 배치가 간단한 평면형이지만 설비기구가 많은 경우에는 작업동선이 길어진다.
④ 부엌의 평면형 중 ㄱ자형은 식사실과 함께 이용할 경우에 적합하다.

해설
작업삼각형의 길이는 3.6~6.6m로 하는 것이 능률적이다.

정답 05 ③ 06 ③ 07 ② 08 ③ 09 ③ 10 ②

11 ★★★
장애인 등의 편의시설 중 매개시설에 속하지 않는 것은?

① 주출입구 접근로
② 유도 및 안내설비
③ 장애인전용 주차구역
④ 주출입구 높이 차이 제거

해설
유도 및 안내설비는 안내시설에 속한다.

합격 POINT 매개시설
1. 장애인 등의 통행이 가능한 접근로(주출입구 접근로)
2. 장애인전용 주차구역
3. 높이 차이가 제거된 건축물 출입구(주출입구 높이 차이 제거)

12 ★★☆
다음 중 구조코어로서 가장 바람직한 코어형식으로, 바닥면적이 큰 고층, 초고층 사무소에 적합한 것은?

① 중심코어형
② 편심코어형
③ 독립코어형
④ 양단코어형

해설
중심코어형(중앙코어형)은 중앙에 코어가 있어서 구조적으로 가장 바람직한 코어형식으로 바닥면적이 큰 고층, 초고층 사무소에 적합하다.

선지분석
② 편심코어형은 기준층 바닥면적이 작은 경우에 적합하다.
③ 독립코어형은 코어를 업무공간에서 별도로 분리시킨 형식이다.
④ 양단코어형은 코어가 분산되어 있어 피난에 유리하다.

13 ★★☆
건축공간의 치수는 인간을 기준으로 볼 때 3가지로 나누어서 생각할 수 있다. 다음 중 이 3가지 분류에 포함되지 않는 것은?

① 환경적 스케일
② 심리적 스케일
③ 생리적 스케일
④ 물리적 스케일

해설
건축공간의 치수(Scale)는 인간을 기준으로 살펴볼 때 물리적 스케일, 생리적 스케일, 심리적 스케일의 세 가지로 구분한다.

14 ★★☆
상점의 판매방식에 관한 설명으로 옳지 않은 것은?

① 측면판매방식은 직원 동선의 이동성이 많다.
② 대면판매방식은 측면판매방식에 비해 상품진열면적이 넓어진다.
③ 측면판매방식은 고객이 직접 진열된 상품을 접촉할 수 있는 관계로 선택이 용이하다.
④ 대면판매방식은 쇼케이스를 중심으로 판매원이 고정된 자리나 위치를 확보하는 것이 용이하다.

해설
• 대면판매방식은 직원의 통로 면적이 더 필요하게 되므로 측면판매방식에 비해 상품진열면적이 좁아진다.
• 대면판매방식은 쇼케이스(진열장) 내에 상품을 전시하는 것으로 진열면적이 감소되며 시계, 귀금속, 의약품 등의 판매에 적당하다.

합격 POINT 상점의 판매방식
• 대면판매: 고객과 직원이 진열장을 사이에 두고 판매하는 형식, 직원의 위치를 정하기 용이하지만 직원의 통로면적이 소요되므로 진열 면적이 감소함
• 측면판매: 고객과 직원이 진열 상품을 같은 방향으로 보며 판매하는 형식, 직원의 위치를 정하기 어렵지만 진열 면적이 커짐

정답 11 ② 12 ① 13 ① 14 ②

15 ★★★

병원건축의 병동배치에서 분관식(Pavilion Type)이 집중식(Block Type)보다 좋은 점은?

① 각종 설비 시설의 배관길이가 짧아진다.
② 각 병실의 일조와 통풍이 유리하다.
③ 비교적 작은 대지에도 건축할 수 있다.
④ 이용자들의 동선이 짧아진다.

해설
분관식은 각 병실의 일조, 통풍 환경을 균일하게 할 수 있다.

합격 POINT ▶ 병원건축 분관식
- 일반적으로 3층 이하의 저층건물로 구성된다.
- 각 병실의 일조, 통풍 환경을 균일하게 할 수 있다.
- 동선이 길어진다.
- 환자는 주로 경사로를 이용한 보행 또는 들것으로 운반된다.

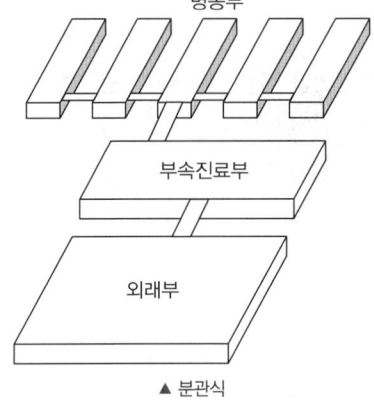

▲ 분관식

16 ★☆☆

원합리주의로 분류되며 "장식은 죄악이다."라는 표현을 남긴 근대 건축가는?

① 오토 바그너
② 아돌프 로스
③ 르 코르뷔지에
④ 미스 반 데 로에

해설
아돌프 로스는 합리주의에 바탕을 둔 근대 건축가로 장식과 죄악이라는 저서를 집필한 것으로 알려져 있다.

17 ★☆☆

병원의 공조 설계 시 가장 중요도가 높은 곳은?

① 간호사 대기   ② 병실
③ 환자 식당   ④ 수술실

해설
수술실은 환자의 생명이 직결된 공간으로, 감염 예방이 매우 중요하다. 수술 중에는 환자의 몸이 외부 환경에 노출되기 때문에 공기 중의 미생물이나 먼지가 수술 부위로 침투하여 감염을 일으킬 위험이 매우 높으며, 따라서 수술실의 공조 시스템은 엄격한 기준을 충족해야 한다.

18 ★☆☆

다음 중 주택건축의 내외를 연결하는 매개역할을 하는 공간에 속하지 않는 것은?

① 테라스   ② 다목적실
③ 다이닝포치   ④ 서비스야드

해설
다목적실은 집 내부에서 다양한 용도로 사용하는 완전한 실내 공간으로, 내외부를 연결하는 매개 공간에 해당하지 않는다.

선지분석
① 테라스: 실내와 외부 정원 및 마당을 연결
③ 다이닝포치: 식사 공간과 외부를 연결
④ 서비스야드: 주방과 외부 작업 공간(세탁, 건조, 가사 등)을 연결

19 ★★☆

다음의 한국 근대건축 중 고딕양식을 취하고 있는 것은?

① 명동성당   ② 덕수궁 정관헌
③ 서울 성공회성당 ④ 한국은행

해설
명동성당은 고딕양식의 건축물이다.

선지분석
② 덕수궁 정관헌: 절충주의
③ 서울 성공회성당: 로마네스크 양식
④ 한국은행: 르네상스 양식

정답 15 ② 16 ② 17 ④ 18 ② 19 ①

20 ★☆☆

고층건물의 스모크 타워(Smoke tower)에 관한 설명으로 옳은 것은?

① 보일러실의 굴뚝의 보조설비이다.
② 화재 시 연기를 배출시키기 위하여 설치한다.
③ 쿨링타워의 보조설비로서 옥상층에 설치한다.
④ 주방조리대 상부에 설치하여 냄새, 연기, 수증기 등을 흡출하는 설비이다.

해설
스모크 타워는 화재 시 계단실이 굴뚝 역할을 하는 것을 방지할 목적으로 설치하는 샤프트로 비상계단의 전실에 배치한다.

제2과목 건축시공

21 ★★★

벽마감공사에서 규격 200×200mm인 타일을 줄눈너비 10mm로 벽면적 100m²에 붙일 때 붙임매수는 몇 장인가? (단, 할증률 및 파손은 없는 것으로 가정함)

① 2,238매
② 2,248매
③ 2,258매
④ 2,268매

해설
타일 정미량
$= \dfrac{\text{타일 면적}}{(\text{타일 한 변의 길이}+\text{줄눈 두께})\times(\text{타일 한 변의 길이}+\text{줄눈 두께})}$
$= \dfrac{100\text{m}^2}{(0.2+0.01)\text{m}\times(0.2+0.01)\text{m}} = \dfrac{100\text{m}^2}{0.0441\text{m}^2}$
$≒ 2,267.5737 = 2,268$매

22 ★☆☆

다음 설명이 의미하는 공법으로 옳은 것은?

> 미리 공장 생산한 기둥이나 보, 바닥판, 외벽, 내벽 등을 한 층씩 쌓아 올라가는 조립식으로 구체를 구축하고 이어서 마감 및 설비공사까지 포함하여 차례로 한 층씩 완성해 가는 공법

① 하프 PC합성바닥판공법
② 역타공법
③ 적층공법
④ 지하연속벽공법

해설
적층공법은 미리 공장 생산한 철골철근콘크리트조 건물 등의 구조체, 바닥판, 외벽 등을 1개 단위로 조립하여 마감 및 설비공사까지 동시에 시공하는 공법으로 대규모 건물의 시공에 유리하다.

23 ★★☆

다음 중 공사감리업무와 가장 거리가 먼 항목은?

① 설계도서의 적정성 검토
② 시공상의 안전관리 지도
③ 공사 실행예산의 편성
④ 사용자재와 설계도서와의 일치 여부 검토

해설
공사 실행예산의 편성은 시공자의 업무이다.

합격 POINT ▶ 공사감리자업무
• 건축자재의 법령 기준 준수 여부 확인
• 시공계획, 공사관리 적정 여부, 공정표의 검토
• 구조물의 위치와 규격 검토 확인
• 시공자가 설계도서에 따라 시공하는지 확인

24 ★★★

지하연속벽(Slurry wall)에 관한 설명으로 옳지 않은 것은?

① 차수성이 우수하다.
② 비교적 지반조건에 좌우되지 않는다.
③ 소음·진동이 적고, 벽체의 강성이 높다.
④ 공사비가 타공법에 비하여 저렴하고 공기가 단축된다.

해설
지하연속벽(Slurry wall)의 장점과 단점

장점	• 무진동, 무소음 시공 가능 • 차수성이 큼 • 단면 형상을 자유롭게 선택 가능	• 벽체강성이 큼 • 각종 지반조건에 적용 가능
단점	• 공사비가 고가임 • 벤토나이트 이수처리가 곤란함	• 고도의 기술, 경험이 필요 • 품질관리가 어려움

정답 20 ② 21 ④ 22 ③ 23 ③ 24 ④

25 ★★★
건설현장에서 굳지 않은 콘크리트에 대해 실시하는 시험으로 옳지 않은 것은?

① 슬럼프(Slump) 시험
② 코어(Core) 시험
③ 염화물 시험
④ 공기량 시험

해설
코어(Core) 시험은 콘크리트 구조체로부터 코어 드릴로 잘라낸 원주상의 시험체에 의한 주로 압축 강도 시험으로 굳은 콘크리트의 강도 시험 방법이다.

26 ★★☆
연강 철선을 전기 용접하여 정방형 또는 장방형으로 만든 것으로 콘크리트 다짐바닥, 지면 콘크리트 포장 등에 사용하는 금속재는?

① 와이어 라스(Wire lath)
② 와이어 메시(Wire mesh)
③ 메탈 라스(Metal lath)
④ 펀칭 메탈(Punching metal)

해설
와이어 메시는 철선을 격자 모양으로 짜고 접점에 전기저항용접을 한 것으로 빈 시멘트블록을 쌓을 때 수평줄눈에 묻어 벽면의 신축균열 교차부 또는 횡력에 안전하도록 설치하는 철선으로 된 좁은 망형의 철물이다.

선지분석
① 와이어 라스: 철선을 엮어서 그물같이 만든 것으로 아연도금한 연강선을 마름모꼴·갑형·둥근형 등으로 한 미장 바탕용의 철망이다.
③ 메탈 라스: 얇은 강판에 마름모꼴의 구멍을 연속적으로 뚫어 그물처럼 만든 것으로 천장·벽 등의 미장 바탕에 쓰인다.
④ 펀칭 메탈: 여러 가지 모양의 구멍을 뚫은 철판이다.

27 ★★☆
사운딩은 로드 선단에 붙인 저항체를 지중에 넣고 관입, 회전, 인발 등에 의해 토층의 성상을 탐사하는 시험법인데 이러한 사운딩에 속하지 않는 시험은?

① 표준관입시험
② 콘관입시험
③ 베인전단시험
④ 말뚝재하시험

해설
말뚝재하시험은 지내력시험에 해당된다.

합격 POINT

지내력(재하)시험	사운딩
· 평판재하시험 · 말뚝재하시험	· 표준관입시험 · 베인테스트 · 콘관입시험 · 스웨덴식 사운딩 시험

28 ★★★
지반조사시험에서 서로 관련 있는 항목끼리 옳게 연결된 것은?

① 지내력 — 정량분석시험
② 연한 점토 — 표준관입시험
③ 진흙의 점착력 — 베인시험(Vane test)
④ 염분 — 신월샘플링(Thin wall sampling)

해설
베인시험(Vane test)은 연약 점토 지반의 전단강도를 측정하는 방법으로, +자 형태의 날개(Vane)를 지반에 삽입한 뒤 회전시켜 발생하는 저항 토크로 점착력을 산정한다. 주로 연약 점토에서 간편하게 현장 전단강도를 구할 수 있다.

선지분석
① 정량분석시험 – 모래의 염화물 시험
② 표준관입시험 – 모래 지반의 전단력
④ 신월샘플링(Thin wall sampling) – 연약점토 시료 채취

29 ★★☆
압연강재가 냉각될 때 표면에 생기는 산화철 표피를 무엇이라 하는가?

① 스페터
② 밀스케일
③ 슬래그
④ 비드

해설
밀스케일(Mill scale)은 흑피라고도 부르며, 800℃ 이상의 열로써 압연할 때 강재의 표면부분에 붙어있는 어두운 색의 산화물 층을 말한다.

선지분석
① 스페터(Spetter)는 아크용접과 가스용접에서 용접 중 튀어나오는 슬래그 또는 금속 입자를 말한다.
③ 슬래그(Slag)는 용접비드의 표면을 덮은 비금속물질로 피복제의 성분 중에 가스 발생 물질 이외의 플렉스 또는 분해 생성물에 의해 생성된다.
④ 비드(Bead)는 용접 시 용접봉과 모재가 용융되어 생긴 파형 자국이다.

정답 25 ② 26 ② 27 ④ 28 ③ 29 ②

30

PERT-CPM 공정표 작성 시에 EST와 EFT의 계산방법 중 옳지 않은 것은?

① 작업의 흐름에 따라 전진 계산한다.
② 선행작업이 없는 첫 작업의 EST는 프로젝트의 개시시간과 동일하다.
③ 어느 작업의 EFT는 그 작업의 EST에 소요일수를 더하여 구한다.
④ 복수의 작업에 종속되는 작업의 EST는 선행작업 중 EFT의 최소값으로 한다.

해설
복수의 작업에 종속되는 작업의 EST는 선행작업 중 EFT의 최대값으로 한다.

31

언더피닝(Under pinning)공법의 종류가 아닌 것은?

① 갱·피어공법
② 콘크리트 VH 타설법
③ 그라우트주입공법
④ 잭파일(Jacked pile)공법

해설
언더피닝(Under pinning)공법 종류
- 그라우트주입공법
- 잭파일(Jacked pile)공법
- 현장타설콘크리트 말뚝공법
- 갱·피어공법
- 강재말뚝공법

합격 POINT 언더피닝(Under pinning)공법
터파기 시 인접건물의 지반이 침하되거나 붕괴될 우려가 있다고 판단되는 경우 인접건물의 기초를 보강하는 공법이다.

32

시멘트 분말도 시험방법이 아닌 것은?

① 플로우시험법　　② 체분석법
③ 피크노메타법　　④ 브레인법

해설
플로우시험법(Flow test)은 비빔콘크리트의 반죽질기를 측정하는 시험이다.

33

각종 유리에 관한 설명으로 옳지 않은 것은?

① 망입유리는 방화, 방재용으로 사용된다.
② 복층유리는 단열 목적의 유리이다.
③ 열선흡수유리는 실내의 냉방효과를 좋게 하기 위해 사용된다.
④ 자외선 투과유리는 의류품의 진열장, 식품이나 약품의 창고 등에 사용된다.

해설
자외선 투과유리는 온실과 병원의 일광욕실로 사용된다.

34

콘크리트 이어붓기에 대한 설명으로 옳지 않은 것은?

① 보 및 슬래브의 이어붓기 위치는 전단력이 작은 스팬의 중앙부에 수직으로 한다.
② 아치이음은 아치축에 직각으로 설치한다.
③ 부득이 전단력이 큰 위치에 이음을 설치할 경우에는 시공이음에 촉 또는 홈을 두거나 적절한 철근을 내어 둔다.
④ 염분 피해의 우려가 있는 해양 및 항만 콘크리트 구조물에서는 시공이음부를 설치하는 것이 좋다.

해설
염분 피해의 우려가 있는 해양 및 항만 콘크리트 구조물은 시공이음부를 설치하지 않는 것이 좋다.

35

다음 중 건설공사의 입찰 순서로 옳은 것은?

ⓐ 입찰통지	ⓑ 계약
ⓒ 입찰	ⓓ 현장설명
ⓔ 낙찰	ⓕ 개찰

① ⓐ-ⓓ-ⓒ-ⓑ-ⓔ-ⓕ
② ⓐ-ⓑ-ⓔ-ⓕ-ⓒ-ⓓ
③ ⓐ-ⓔ-ⓑ-ⓕ-ⓒ-ⓓ
④ ⓐ-ⓓ-ⓒ-ⓕ-ⓔ-ⓑ

해설
건설공사의 입찰 순서
입찰통지 → 현장설명 → 입찰 → 개찰 → 낙찰 → 계약

정답 30 ④　31 ②　32 ①　33 ④　34 ④　35 ④

36 ★★☆

테라조(Terrazzo) 현장갈기에 대한 시공 내용 중 옳지 않은 것은?

① 여름철 갈기는 3일 이상 충분히 경화시킨 다음 갈기 시작한다.
② 초벌갈기는 돌알이 균등하게 나타나도록 하고 바로 이어서 중갈기를 행한다.
③ 정벌갈기는 중갈기가 끝나고 시멘트 풀먹임을 2~3회 거듭한 후 행한다.
④ 광내기 왁스칠은 시간을 두고 얇게 여러 번 행하는 것이 좋다.

해설
초벌갈기는 돌알이 균등하게 나타나도록 하고 시멘트풀을 작업한 후 중갈기를 행한다.

37 ★★★

시트 방수공법에 관한 설명 중 틀린 것은?

① 접착제 도포에 앞서 먼저 도포한 프라이머의 적정한 건조를 확인한다.
② 시트의 너비와 길이에는 제한이 없고, 3겹 이상 적층하여 방수하는 것이 원칙이다.
③ 수용성의 프라이머는 저온 시 동결피해 발생에 주의한다.
④ 접착공법은 모서리부, 드레인 주변 등 특수한 부위를 먼저 세심하게 작업한다.

해설
시트 방수공법은 시트의 너비와 길이에 제한이 있고, 1겹으로 방수하는 것이 원칙이다.

38 ★☆☆

다음 배수공법 중 중력배수 공법에 해당하는 것은?

① 웰포인트 공법
② 진공압밀 공법
③ 전기삼투 공법
④ 집수정 공법

해설
집수정 공법은 집수정 구조물을 축조하여 중력에 의해 지하수를 배수하는 중력배수 공법이다.

39 ★☆☆

비철금속에 관한 설명 중 옳지 않은 것은?

① 동에 아연을 합금시킨 일반적인 황동은 아연함유량이 40% 이하이다.
② 구조용 알루미늄 합금은 4~5%의 동을 함유하므로 내식성이 좋다.
③ 주로 합금재료로 쓰이는 주석은 유기산에는 거의 침해되지 않는다.
④ 아연은 철강의 방식용에 피복재로서 사용할 수 있다.

해설
구조용 알루미늄 합금은 마그네슘, 아연이 첨가된 것으로 내식성이 좋아 교량 등에 사용된다.

40 ★★☆

보통 콘크리트용 부순 골재의 원석으로서 가장 적합하지 않은 것은?

① 현무암
② 응회암
③ 안산암
④ 화강암

해설
부순 골재로는 현무암, 안산암, 화강암의 단단한 암석을 사용한다.

제3과목 건축구조

41 ★★☆

지름 20mm, 길이 200mm인 철근에 인장력을 가했을 때, 지름이 0.0052mm 감소하였고, 길이는 0.17mm 늘어났다. 이 재료의 푸아송비는?

① 3.26923
② 0.00085
③ 0.00026
④ 0.30588

해설
푸아송비(ν) = $\dfrac{\text{압축변형률}}{\text{인장변형률}} = \dfrac{\frac{\triangle D}{D}}{\frac{\triangle L}{L}} = \dfrac{L \cdot \triangle D}{D \cdot \triangle L}$ 이므로

$\therefore \nu = \dfrac{200 \times 0.0052}{20 \times 0.17} \fallingdotseq 0.30588$

정답 36 ② 37 ② 38 ④ 39 ② 40 ② 41 ④

42 ★☆☆

토질 및 지반에 관한 설명 중 옳지 않은 것은?

① 자갈층·모래층은 투수성이 큰 편이지만 젖은 점토층은 투수성이 작다.
② 점토와 모래의 중간 크기를 갖는 흙을 실트라 한다.
③ 지진 시 액상화 현상은 모래질 지반보다 점토질 지반에서 일어나기 쉽다.
④ 점토질 지반에서 흙의 내부마찰각이 같은 경우 점착력이 클수록 옹벽에 가해지는 토압은 작아진다.

해설
액상화란 사질토(모래질) 지반에서 일어나기 쉬운 현상이다.

합격 POINT 지반의 액상화
모래지반에서 순간충격, 지진, 진동 등에 의해 간극수압이 상승하고 유효응력이 감소되어 전단저항을 상실하고 지반이 액체와 같은 상태로 변화하는 현상을 말한다. 구조물의 부등침하·파괴, 지반 이동 등이 발생한다.

43 ★★☆

철골콘크리트 T형보의 유효폭 산정식에 관련된 사항과 거리가 먼 것은?

① 보의 폭
② 슬래브 중점간 거리
③ 슬래브의 두께
④ 보의 춤

해설
T형보의 유효폭(b_e)은 다음 중 최솟값
1. $16t_f + b_w$ (t_f: 슬래브 두께, b_w: 보의 폭)
2. 양쪽 슬래브 중심간 거리
3. 보 경간(Span)의 $\frac{1}{4}$

44 ★★☆

지진의 진도(Intensity)와 규모(Magnitude)에 대한 설명으로 옳지 않은 것은?

① 진도는 상대적 개념의 지진 크기이다.
② 규모는 장소에 관계없는 절대적 개념의 크기이다.
③ 진도는 사람이 느끼는 감각, 물체이동 등을 계급별로 구분한다.
④ 규모는 지반의 운동정도를 평가하나 정밀하지는 않다.

해설
지진의 규모는 장소와 무관한 절대적 수치이며 진도에 비해 매우 정밀한 값이다.
규모는 각 관측소에서 지진계에 기록된 진폭을 진앙까지의 거리나 진원의 깊이 등을 고려하여 지수형태로 나타낸다.

45 ★★☆

그림과 같은 단순보의 C점의 휨모멘트는?

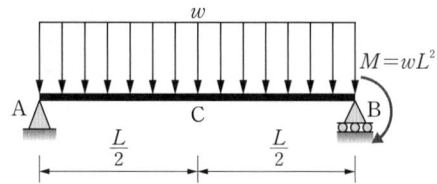

① $\dfrac{wL^2}{8}$
② $\dfrac{3wL^2}{8}$
③ $\dfrac{5wL^2}{8}$
④ $\dfrac{5wL^2}{16}$

해설
$\sum M_A = 0$에서
$wL \times \dfrac{L}{2} - V_B \times L + wL^2 = 0$이므로
$LV_B = \dfrac{wL^2}{2} + wL^2 = \dfrac{3wL^2}{2}$
$\rightarrow V_B = \dfrac{3wL}{2}$
$\sum V = 0$에서
$wL - V_A - V_B = 0$이므로
$V_A = wL - V_B = wL - \dfrac{3wL}{2}$
$\rightarrow V_A = -\dfrac{wL}{2}$
$\therefore M_{C right} = \left(w \times \dfrac{L}{2} \times \dfrac{L}{4}\right) - \left(\dfrac{3wL}{2} \times \dfrac{L}{2}\right) + wL^2$
$= \dfrac{wL^2}{8} - \dfrac{3wL^2}{4} + wL^2$
$= \dfrac{wL^2 - 6wL^2 + 8wL^2}{8} = \dfrac{3wL^2}{8}$

정답 42 ③ 43 ④ 44 ④ 45 ②

46 ★☆☆

다음 그림과 같은 H형강 단면의 핵 면적을 구하면?

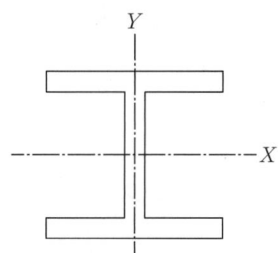

- $H-200\times200\times8\times12$
- $A_s=6,350\text{mm}^2$
- $I_x=4.72\times10^7\text{mm}^4$
- $I_y=1.60\times10^7\text{mm}^4$

① 932.47mm^2
② $1,864.93\text{mm}^2$
③ $2,797.40\text{mm}^2$
④ $3,745.81\text{mm}^2$

해설

핵 면적을 구하기 위해선 먼저 편심거리(e_x, e_y)를 알아야 한다.

$$e_x=\frac{r_y^2}{x}=\frac{\frac{I_y}{A}}{x}=\frac{\frac{(1.60\times10^7)}{(6,350)}}{(100)}\fallingdotseq25.1969\text{mm}$$

$$e_y=\frac{r_x^2}{y}=\frac{\frac{I_x}{A}}{y}=\frac{\frac{(4.72\times10^7)}{(6,350)}}{(100)}\fallingdotseq74.3307\text{mm}$$

핵 면적을 구하는 식은 다음과 같다.

$$\left(\frac{1}{2}\cdot e_x\cdot e_y\right)\times4=\left(\frac{1}{2}(25.1969)(74.3307)\right)\times4\fallingdotseq3,745.81\text{mm}^2$$

47 ★★☆

다음 조건을 가진 압축재의 좌굴하중 P_{cr}값으로 옳은 것은?

$EI=1.39\times10^{13}\text{N}\cdot\text{mm}^2$, $K=1$, $L=490\text{cm}$,
부재 단면 $400\times400\text{mm}$

① $3,123.8\text{kN}$
② $4,517.8\text{kN}$
③ $5,012.8\text{kN}$
④ $5,713.8\text{kN}$

해설

좌굴하중 $P_{cr}=\frac{\pi^2 EI}{(KL)^2}$이고,

여기서 E: 탄성계수, I: 단면2차모멘트, K: 단부지지조건, L: 부재의 길이

$\therefore P_{cr}=\frac{\pi^2 EI}{(KL)^2}=\frac{\pi^2\times1.39\times10^{13}}{(1\times4,900)^2}$

$=5,713,765.147\text{N}\fallingdotseq5,713.8\text{kN}$

48 ★★★

인장을 받는 이형철근의 직경이 D16(직경 15.9mm)이고, 콘크리트 강도가 30MPa인 표준갈고리의 기본정착길이는? (단, $f_y=400\text{MPa}$, $\beta=1.0$, $m_c=2,300\text{kg/m}^3$)

① 238mm
② 258mm
③ 279mm
④ 312mm

해설

표준갈고리를 갖는 인장이형철근의 기본정착길이는

$l_{hb}=\frac{0.24\beta\cdot d_b\cdot f_y}{\lambda\sqrt{f_{ck}}}$이다.

$m_c=2,300\text{kg/m}^3$이므로 경량콘크리트계수 $\lambda=1.0$을 대입하면,

$l_{hb}=\frac{0.24\times1.0\times15.9\times400}{(1.0)\sqrt{30}}\fallingdotseq278.68\text{mm}$이다.

49 ★★☆

절점 B에 외력 $M=200\text{kN}\cdot\text{m}$가 작용하고 각 부재의 강비가 그림과 같을 경우 M_{AB}는?

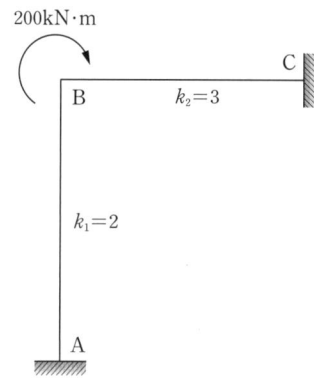

① $20\text{kN}\cdot\text{m}$
② $40\text{kN}\cdot\text{m}$
③ $60\text{kN}\cdot\text{m}$
④ $80\text{kN}\cdot\text{m}$

해설

지점 도달모멘트(M_{AB})는 분배모멘트(M_{BA})의 1/2이다.

1. 분배율: $DF_{BA}=\frac{2}{2+3}=\frac{2}{5}$

2. 분배모멘트 계산: B절점에서의 분배

$M_{BA}=200\times\frac{2}{5}=80\text{kN}\cdot\text{m}$

3. 전달모멘트 계산: $B\to A$ $\left(\text{전달률: 고정단은 }\frac{1}{2}\right)$

$M_{AB}=\frac{1}{2}M_{BA}=80\times\frac{1}{2}=40\text{kN}\cdot\text{m}$

정답 46 ④ 47 ④ 48 ③ 49 ②

50 ★★☆

다음 그림과 같은 H형강($H-440 \times 300 \times 10 \times 20$) 단면의 전소성모멘트($M_p$)는 얼마인가?(단, $F_y = 400$MPa)

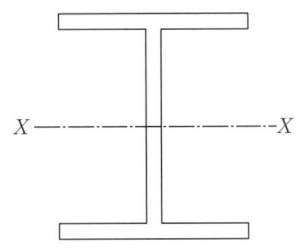

① 963kN·m
② 1,168kN·m
③ 1,363kN·m
④ 1,568kN·m

해설

소성단면계수(Z_p): 단면의 도심을 지나는 전체 단면적을 2등분하는 축에 대한 단면계수

$Z_P = A_c \cdot y_c + A_t \cdot y_t$
$= 2 \times (300 \times 20 \times 210) + 2 \times (10 \times 200 \times 100)$
$= 2.92 \times 10^6 \text{mm}^3$

여기서, A_c: 플랜지면적, y_c: 플랜지의 도심에서 연단까지의 거리, A_t: 웨브면적, y_t: 웨브의 도심에서 연단까지의 거리

소성모멘트
$M_p = F_y \cdot Z_p = 400 \times 2.92 \times 10^6 = 1.168 \times 10^9$N·mm
$= 1,168$kN·m

합격 POINT H형강의 치수표기

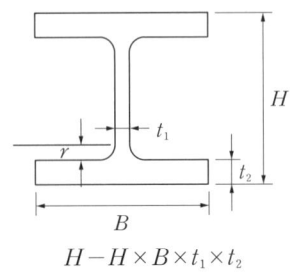

$H - H \times B \times t_1 \times t_2$

51 ★★☆

강도설계법에서 균형보의 개념을 옳게 설명한 것은?

① 콘크리트와 철근의 응력이 각각 허용응력에 도달한 보를 말한다.
② 사용하중 상태에서 파괴형태를 고려하지 않은 보를 말한다.
③ 경제적인 단면 설계를 위주로 한 보를 말한다.
④ 철근이 항복함과 동시에 콘크리트의 압축변형률이 0.0033에 도달한 보를 말한다.

해설

철근콘크리트 강도설계법에서 균형보는 철근이 항복함과 동시에 콘크리트의 압축변형률이 0.0033에 도달한 보를 말하며, 이때의 철근비가 균형철근비이다.

52 ★★★

모살치수 8mm, 용접길이 500mm인 양면모살용접 전체의 유효 단면적은 약 얼마인가?

① 2,100mm²
② 3,221mm²
③ 4,300mm²
④ 5,421mm²

해설

유효 목두께 a, 유효 용접길이 l_e일 때, 모살용접의 유효 단면적 A_e는 아래와 같다.

$A_e = a \times l_e$ (양면 모살용접은 $\times 2$)

이때, $a = 0.7S$이므로 (S는 모살치수)
$a = 0.7 \times 8 = 5.6$mm
$l_e = l - 2S$ (l은 용접길이) $= 500 - 2 \times 8 = 484$mm
∴ $A_e = a \times L_e \times 2 = 5.6 \times 484 \times 2 = 5,420.8$mm²

53 ★☆☆

다음과 같은 구조물의 부정정 차수는?

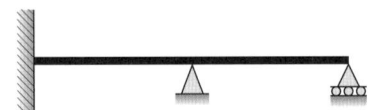

① 불안정
② 1차 부정정
③ 2차 부정정
④ 3차 부정정

해설

$N = r + m + f - 2j$ 공식 이용

여기서, r: 지점반력수, m: 부재수, f: 강절점수, j: 지점수 + 자유단 지점수
∴ $N = 6 + 2 + 1 - 2 \times 3 = 3$이므로 3차 부정정 구조물이다.

54 ★★★

강도설계법에서 처짐을 계산하지 않는 경우 철근콘크리트보의 최소 두께 규정으로 옳지 않은 것은? (단, 보통콘크리트와 설계기준 항복강도 400MPa 철근을 사용한 부재임)

① 단순 지지: $l/16$
② 1단 연속: $l/18.5$
③ 양단 연속: $l/12$
④ 캔틸레버: $l/8$

해설

l: 경간 길이(mm)

부재	최소 두께(h_{min})			
	단순 지지	1단 연속	양단 연속	캔틸레버
보 및 리브가 있는 1방향 슬래브	$\dfrac{l}{16}$	$\dfrac{l}{18.5}$	$\dfrac{l}{21}$	$\dfrac{l}{8}$

정답 50 ② 51 ④ 52 ④ 53 ④ 54 ③

55 ★★★

그림과 같은 장방형 기둥에서 사용되는 띠철근의 최소 간격은? (단, 주철근=D19, 띠철근=D10)

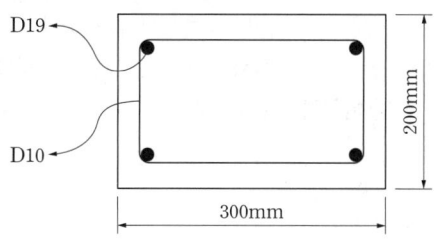

① 150mm
② 200mm
③ 300mm
④ 400mm

해설

띠철근의 수직간격은 다음 조건식 중 최소값을 사용한다.
※ 단, 200mm보다 좁을 필요는 없음
1. 축방향 철근 지름의 16배 이하: $19 \times 16 = 304$mm
2. 띠철근 지름의 48배 이하: $10 \times 48 = 480$mm
3. 기둥 단면 최소 치수의 $\frac{1}{2}$ 이하: $\frac{200}{2} = 100$mm

※ 띠철근의 수직간격은 200mm보다 좁을 필요가 없으므로 답은 200mm이다.

56 ★★☆

강도설계법을 근거로 그림과 같은 단근 직사각형 보의 최소 철근량을 구하면?(단, $f_{ck}=21$MPa, $f_y=400$MPa)

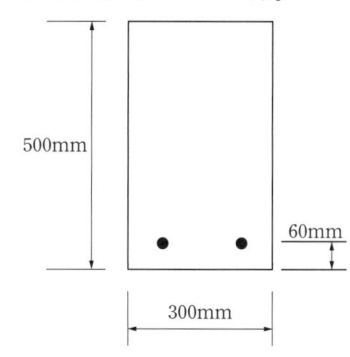

① 317mm²
② 354mm²
③ 420mm²
④ 504mm²

해설

휨부재의 최소철근량
$$A_{s,min} = \frac{0.178\lambda\sqrt{f_{ck}}}{\phi f_y} \cdot bd$$
$$A_{s,min} = \frac{0.178(1.0)\sqrt{21}}{(0.85)(400)} \cdot (300)(440) \fallingdotseq 316.68 \text{mm}^2$$
∴ 보의 최소 철근량은 317mm²이다.
※ 강도감소계수(ϕ)의 경우, 인장지배단면(0.85)으로 가정
※ 보통중량콘크리트 $\lambda=1.0$

57 ★★☆

H형강을 사용한 길이 6m인 단순보에 5kN/m의 등분포하중 재하 시 최대 처짐량은? (단, $E_s=206,000$MPa, $I_x=4,720$cm⁴, 좌굴의 영향은 없는 것으로 가정)

① 1.70mm
② 5.69mm
③ 8.68mm
④ 12.49mm

해설

단순보에 등분포하중이 작용하는 경우 최대 처짐은
$\delta_{max} = \frac{5}{384} \cdot \frac{wL^4}{EI}$ 이다.

∴ $\delta_{max} = \frac{5}{384} \cdot \frac{(5)(6 \times 10^3)^4}{(206,000)(4,720 \times 10^4)} \fallingdotseq 8.678$mm

58 ★☆☆

건축물에 작용하는 풍압력의 크기를 결정하는 요소와 가장 거리가 먼 것은?

① 건축물의 무게
② 건축물의 높이
③ 건축물의 형상
④ 풍속

해설

건축물의 무게는 풍압력을 산정하는데 관계없다.

정답 55 ② 56 ① 57 ③ 58 ①

59

다음 그림은 고력볼트 체결부의 명칭을 나타낸 것이다. 명칭이 틀린 것은?

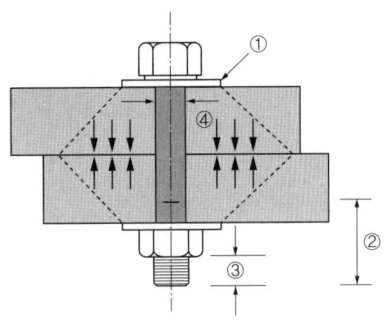

① 평와셔 ② 축부
③ 여유길이 ④ 볼트직경

해설
②는 나사부이다.

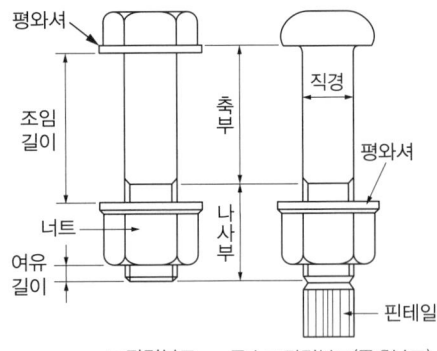

60

트러스 해법의 기본가정으로 틀린 것은?

① 절점을 연결하는 직선은 재축과 일치한다.
② 외력은 모두 절점에 작용하는 것으로 한다.
③ 부재를 연결하는 절점은 강절점으로 간주한다.
④ 외력은 모두 트러스를 포함한 평면 안에 있는 것으로 한다.

해설
트러스 구조에서 절점은 힌지로 간주한다. 이를 통해 트러스 구조의 간단한 해석을 가능하게 한다.

제4과목 건축설비

61

조명기구를 사용하는 도중에 광원의 능률저하나 기구의 오염, 손상 등으로 조도가 점차 저하되는데, 인공조명 설계 시 이를 고려하여 반영하는 계수는?

① 광도 ② 조명률
③ 실지수 ④ 감광보상률

해설
감광보상률은 조명기구의 노화, 오염 등으로 시간이 지나 조도가 감소하는 것을 고려하여, 광원 교체나 기구 청소 시점까지 요구되는 조도를 유지할 수 있도록 미리 적용하는 여유 비율을 말한다.

62

압력탱크 급수방식에 관한 설명으로 옳지 않은 것은?

① 정전 시 급수가 곤란하다.
② 급수압력을 일정하게 유지할 수 있다.
③ 단수 시 저수조의 물을 사용할 수 있다.
④ 탱크를 높은 곳에 설치하지 않아도 된다.

해설
압력탱크 급수방식은 급수압력을 일정하게 유지할 수 없으며 밸브나 부품의 파손이 많다. 급수압력을 일정하게 유지할 수 있는 급수방식은 고가수조 방식이다.

63

실내공기오염의 종합적 지표로서 사용되는 오염 물질은?

① 부유분진 ② 이산화탄소
③ 일산화탄소 ④ 이산화질소

해설
대부분의 오염 물질 농도는 이산화탄소의 농도에 비례하여 증가하기 때문에 실내공기오염의 종합적 지표로 이산화탄소(CO_2)가 사용된다.

정답 59 ② 60 ③ 61 ④ 62 ② 63 ②

64 ★★★
다음과 같은 특징을 갖는 배선공사 방식은?

- 열적 영향이나 기계적 외상을 받기 쉬운 곳이 아니면 금속배관과 같이 광범위하게 사용 가능하다.
- 관 자체가 절연체이므로 감전의 우려가 없으며 시공이 쉬운 게 장점이다.

① 버스덕트 공사 ② 애자사용 공사
③ 합성수지관 공사 ④ 플로어덕트 공사

해설
합성수지관 공사는 열적 영향이나 기계적 외상을 받기 쉬우며, 관 자체가 절연체이므로 감전의 우려가 없고, 시공이 용이하다.

합격 POINT 합성수지관 공사의 장단점

장점	단점
· 내식성이 강함 · 접지가 불필요함 · 누전의 우려가 없음 · 중량이 가볍고 시공이 용이함	· 열에 약함 · 파열될 염려가 있음 · 기계적 강도가 약함

65 ★★★
다음의 냉방부하 발생요인 중 현열부하만 발생시키는 것은?

① 인체의 발생열량
② 벽체로부터의 취득열량
③ 극간풍에 의한 취득열량
④ 외기의 도입으로 인한 취득열량

해설
냉방부하 계산 시 현열만을 고려하는 것은 벽체로부터의 취득열량이다.

선지분석
①, ③, ④는 실내 온도뿐만 아니라 습도에도 변화를 주므로 현열과 잠열 모두 고려하여야 한다.

66 ★★★
압력에 따른 도시가스의 분류에서 고압의 기준으로 옳은 것은?

① 0.1MPa 이상 ② 1MPa 이상
③ 10MPa 이상 ④ 100MPa 이상

해설
도시가스 고압의 기준은 1MPa 이상이다.

합격 POINT 도시가스의 압력에 의한 분류

구분	압력
고압	1MPa 이상
중압	0.1MPa 이상~1MPa 미만
저압	0.1MPa 미만

67 ★★★
전압이 1V일 때 1A의 전류가 1s 동안 하는 일을 나타내는 것은?

① 1Ω ② 1J
③ 1dB ④ 1W

해설
전기가 하는 일의 양을 전력이라고 하며, 단위는 W를 쓴다.

합격 POINT 전력공식

$$P = V \cdot I$$
- P: 전력(W)
- V: 전압(V)
- I: 전류(A)

68 ★★☆
통기관의 설치 목적으로 옳지 않은 것은?

① 트랩의 봉수를 보호한다.
② 오수와 잡배수가 서로 혼합되지 않게 한다.
③ 배수계통 내의 배수 및 공기의 흐름을 원활히 한다.
④ 배수관 내에 환기를 도모하여 관내를 청결하게 유지한다.

해설
통기관의 설치목적은 트랩의 봉수를 보호하고, 배수계통 내의 배수 및 공기의 흐름을 원활히 하며, 배수관 내에 환기를 도모하여 관내를 청결하게 유지하는 것이다.

69 ★★★
덕트의 분기부에 설치하여 풍량 조절용으로 사용되는 댐퍼는?

① 스플릿 댐퍼 ② 평행익형 댐퍼
③ 대향익형 댐퍼 ④ 버터플라이 댐퍼

해설
스플릿 댐퍼(Split damper)는 덕트 분기부에서 풍량 조절에 사용한다.

합격 POINT 댐퍼
댐퍼는 덕트 도중에 설치하여 풍량이나 유체의 흐름을 조절하거나 차단할 때 사용한다.

정답 64 ③ 65 ② 66 ② 67 ④ 68 ② 69 ①

70 ★☆☆

다음과 같은 조건에서 실의 현열부하가 7,000W인 경우 실내 취출풍량은?

- 실내온도: 22℃
- 취출공기온도: 12℃
- 공기의 비열: 1.01kJ/kg·K
- 공기의 밀도: 1.2kg/m³

① 1,042m³/h   ② 2,079m³/h
③ 3,472m³/h   ④ 6,944m³/h

해설

$$G = \frac{3,600Q}{\rho \cdot C \cdot \Delta t}$$
$$= \frac{3,600 \times 7\text{kW}}{1.2\text{kg/m}^3 \times 1.01\text{kJ/kg·K} \times (22-12)\text{K}}$$
$$= 2,079.21 ≒ 2,079\text{m}^3/\text{h}$$

G: 환기량(m³/h), Q: 발열량(kW), ρ: 공기의 밀도(kg/m³),
C: 공기의 비열(kJ/kg·K), Δt: 온도차(K)

71 ★★☆

다음 중 트랩의 봉수파괴 원인이 아닌 것은?

① 자기사이펀작용   ② 유도사이펀작용
③ 증발현상   ④ 자정작용

해설

트랩의 봉수파괴 원인으로는 자기사이펀작용, 유도사이펀작용, 분출작용, 모세관현상, 증발현상, 운동량에 의한 관성작용 등이 있다.

72 ★★★

900명을 수용하고 있는 극장에서 실내 CO_2 농도를 0.1%로 유지하기 위해 필요한 환기량은? (단, 외기 CO_2 농도는 0.04%, 1인당 CO_2 배출량은 18L/h임)

① 27,000m³/h   ② 30,000m³/h
③ 60,000m³/h   ④ 66,000m³/h

해설

$$Q = \frac{K}{P_i - P_o} = \frac{18\text{L/h} \times 900명}{(0.001 - 0.0004)}$$
$$= \frac{0.018\text{m}^3/\text{h} \times 900명}{(0.001 - 0.0004)} = 27,000\text{m}^3/\text{h}$$

Q: 환기량(m³/h), K: 발생량(m³/h), P_i: 허용농도(ppm),
P_o: 외기가스농도(ppm)
※ $1\text{L} = 10^{-3}\text{m}^3$

73 ★☆☆

응축기용의 냉각수를 재사용하기 위하여 대기와 접촉시켜서 물을 냉각하는 장치는?

① 냉동기   ② 냉각기
③ 냉각탑   ④ 냉각코일

해설

냉각탑은 냉동기의 응축기에 사용하는 냉각수를 재사용하기 위해 실외의 공기와 직접 접촉시켜 물을 냉각하는 일종의 열교환 장치이다.

74 ★★☆

로프식 엘리베이터와 비교한 유압식 엘리베이터의 특징 설명으로 옳은 것은?

① 전동기의 출력이 작다.
② 속도의 범위가 자유롭다.
③ 기계실의 발열량이 작다.
④ 기계실의 위치가 자유롭다.

해설

유압식 엘리베이터는 지하 및 상부 등 여건에 맞게 설치하므로 기계실의 위치가 자유롭다.

선지분석

① 중력에 의해 하강하기 때문에 경제적이고 전동기의 출력이 크다.
② 속도의 범위가 자유롭지 못하고, 주로 저속 운행에 적합하다.
③ 기계실의 발열량이 크다.

75 ★☆☆

다음 중 간선 및 배선설비 설계에서 일반적으로 가장 먼저 이루어지는 작업은?

① 부하 산정
② 보호방식 결정
③ 간선의 배선방식 결정
④ 배선의 부설방식 결정

해설

간선 설계 순서

간선부하용량 산출 → 전기방식 결정 → 배선방식 결정 → 전선의 굵기 결정

정답 70 ②   71 ④   72 ①   73 ③   74 ④   75 ①

76 ★☆☆

주택의 1인 1일 오수량이 0.05m³/인·일이고 오수의 BOD 농도가 260g/m³일 때 1인 1일당 BOD 부하량은?

① 5g/인·일
② 13g/인·일
③ 26g/인·일
④ 50g/인·일

해설
BOD 부하량 = 1인 1일 오수량 × BOD 농도
= 0.05m³/인·일 × 260g/m³
= 13g/인·일

77 ★★★

다음의 냉동기 중 기계적 에너지가 아닌 열에너지에 의해 냉동효과를 얻는 것은?

① 원심식 냉동기
② 흡수식 냉동기
③ 스크류식 냉동기
④ 왕복동식 냉동기

해설
흡수식 냉동기는 열에너지에 의해 냉동효과를 얻으며, 구조는 증발기·흡수기·재생기 및 응축기의 4가지 주요 요소로 구성되어 있다.

78 ★☆☆

자동화재탐지설비의 감지기에 관한 설명으로 옳지 않은 것은?

① 스포트형 감지기는 45° 이상 경사되지 않도록 부착한다.
② 감지기는 천장 또는 반자의 옥내에 면하는 부분에 설치한다.
③ 정온식 감지기는 주방·보일러실 등으로서 다량의 화기를 취급하는 장소에 설치한다.
④ 보상식 스포트형 감지기는 정온점이 감지기 주위의 평상시 최고 온도보다 10℃ 이상 높은 것으로 설치한다.

해설
보상식 스포트형 감지기는 정온점이 감지기 주위의 평상시 최고 온도보다 20℃ 이상 높은 것으로 설치한다.

79 ★☆☆

공기조화방식 중 단일덕트방식에 관한 설명으로 옳지 않은 것은?

① 전공기방식의 특성이 있다.
② 냉·온풍의 혼합손실이 없다.
③ 각 실이나 존의 부하변동에 즉시 대응할 수 있다.
④ 2중덕트방식에 비해 덕트 스페이스를 적게 차지한다.

해설
단일덕트방식은 각 실이나 존에서의 부하변동에 대한 신속한 온도 조절이 어렵다.

80 ★☆☆

건축물의 단열계획에 관한 설명으로 옳지 않은 것은?

① 외벽 부위는 내단열로 시공한다.
② 열손실이 많은 북측 거실의 창 및 문의 면적을 최소화한다.
③ 외피의 모서리 부분은 열교가 발생하지 않도록 단열재를 연속적으로 설치한다.
④ 발코니 확장을 하는 공동주택에는 단열성이 우수한 로이(Low-E) 복층창이나 삼중창 이상의 단열성능을 갖는 창을 설치한다.

해설
외벽 부위는 외단열로 시공한다. 외단열은 열교와 결로를 줄이고, 축열성능을 향상시킨다.

제5과목 건축관계법규

81 ★★☆

「건축법령」상 건축물의 대지에 공개공지 또는 공개공간을 확보하여야 하는 대상 건축물에 속하지 않는 것은? (단, 해당 용도로 쓰는 바닥면적의 합계가 5,000m²인 건축물의 경우)

① 종교시설
② 의료시설
③ 업무시설
④ 숙박시설

해설
다음의 어느 하나에 해당하는 건축물의 대지에는 공개공지 또는 공개공간을 설치해야 한다.
• 문화 및 집회시설, 종교시설, 판매시설, 운수시설, 업무시설 및 숙박시설로서 해당 용도로 쓰는 바닥면적의 합계가 5,000m² 이상인 건축물
• 그 밖에 다중이 이용하는 시설로서 건축조례로 정하는 건축물

정답 76 ② 77 ② 78 ④ 79 ③ 80 ① 81 ②

82 ★☆☆

다음은 건축선에 따른 건축제한에 관한 기준 내용이다. ( ) 안에 알맞은 것은?

> 도로면으로부터 높이 ( ) 이하에 있는 출입구, 창문, 그 밖에 이와 유사한 구조물은 열고 닫을 때 건축선의 수직면을 넘지 아니하는 구조로 하여야 한다.

① 3m ② 4.5m
③ 6m ④ 10m

해설
도로면으로부터 높이 4.5m 이하에 있는 출입구, 창문, 그 밖에 이와 유사한 구조물은 열고 닫을 때 건축선의 수직면을 넘지 아니하는 구조로 하여야 한다.

83 ★☆☆

건축물로부터 바깥쪽으로 나가는 출구를 국토교통부령으로 정하는 기준에 따라 설치하여야 하는 대상 건축물에 속하지 않는 것은?

① 종교시설 ② 의료시설 중 종합병원
③ 교육연구시설 중 학교 ④ 문화 및 집회시설 중 관람장

해설
다음의 어느 하나에 해당하는 건축물에는 국토교통부령으로 정하는 기준에 따라 그 건축물로부터 바깥쪽으로 나가는 출구를 설치하여야 한다.
1. 제2종 근린생활시설 중 공연장·종교집회장·인터넷컴퓨터게임시설제공업소 (해당 용도로 쓰는 바닥면적의 합계가 각각 300m² 이상인 경우만 해당)
2. 문화 및 집회시설(전시장 및 동·식물원 제외)
3. 종교시설
4. 판매시설
5. 업무시설 중 국가 또는 지방자치단체의 청사
6. 위락시설
7. 연면적이 5,000m² 이상인 창고시설
8. 교육연구시설 중 학교
9. 장례시설
10. 승강기를 설치하여야 하는 건축물

84 ★☆☆

다음 중 내화구조에 속하지 않는 것은?

① 철근콘크리트조 기둥의 경우 그 작은 지름이 20cm인 것
② 철근콘크리트조 바닥의 경우 두께가 10cm인 것
③ 철근콘크리트조로 된 보
④ 철근콘크리트조로 된 지붕

해설
철근콘크리트조 또는 철골철근콘크리트조 기둥의 경우 작은 지름이 25cm 이상인 것이 내화구조에 해당한다.

85 ★★☆

출입구의 개소에 관계없이 노외주차장의 차로의 너비를 최소 6m 이상으로 하여야 하는 주차형식은? (단, 이륜자동차전용 외의 노외주차장의 경우)

① 평행주차 ② 직각주차
③ 교차주차 ④ 45도 대향주차

해설
이륜자동차전용 외의 노외주차장의 경우 차로의 너비는 다음과 같다.

주차형식	차로의 너비	
	출입구가 2개 이상인 경우	출입구가 1개인 경우
평행주차	3.3m	5.0m
직각주차	6.0m	6.0m
60도 대향주차	4.5m	5.5m
45도 대향주차	3.5m	5.0m
교차주차	3.5m	5.0m

86 ★☆☆

건축물이 있는 대지의 분할 제한 조건에 관련 없는 규정은?

① 대지와 도로와의 관계
② 건축물의 피난시설·용도제한규정
③ 용적률
④ 일조 등의 확보를 위한 건축물의 높이 제한

해설
대지의 분할 제한은 대지와 도로의 관계, 건축물의 건폐율, 용적률, 대지 안의 공지, 건축물의 높이 제한, 일조 등의 확보를 위한 건축물의 높이 제한에 따른 기준에 영향을 받는다.

87 ★★☆

건축허가 신청에 필요한 설계도서 중 건축계획서에 표시하여야 할 사항으로 옳지 않은 것은?

① 주차장 규모 ② 토지형질 변경계획
③ 건축물의 용도별 면적 ④ 지역·지구 및 도시계획사항

해설
건축계획서에 표시하여야 할 사항은 다음과 같다.
1. 개요(위치·대지면적 등)
2. 지역·지구 및 도시계획사항
3. 건축물의 규모(건축면적·연면적·높이·층수 등)
4. 건축물의 용도별 면적
5. 주차장 규모
6. 에너지절약계획서(해당건축물에 한함)
7. 노인 및 장애인 등을 위한 편의시설 설치계획서(설치의무가 있는 경우에 한함)

정답 82 ② 83 ② 84 ① 85 ② 86 ② 87 ②

88 ★★☆

관련 규정에 의하여 건축물에 설치하는 지하층의 구조 및 설비에 관한 기준 내용으로 옳지 않은 것은?

① 거실의 바닥면적이 50m² 이상인 층에는 직통계단 외에 피난층 또는 지상으로 통하는 비상탈출구 및 환기통을 설치할 것
② 바닥면적이 1,000m² 이상인 층에는 피난층 또는 지상으로 통하는 직통계단을 방화구획으로 구획되는 각 부분마다 1개소 이상 설치하되, 이를 피난계단 및 특별피난계단의 구조로 할 것
③ 거실의 바닥면적의 합계가 1,000m² 이상인 층에는 환기설비를 설치할 것
④ 지하층의 바닥면적이 200m² 이상인 층에는 식수공급을 위한 급수전을 1개소 이상 설치할 것

해설
지하층의 바닥면적이 300m² 이상인 층에는 식수공급을 위한 급수전을 1개소 이상 설치할 것

89 ★☆☆

계단의 설치 기준으로 옳은 것은?

① 계단을 대체하여 설치하는 경사로는 그 경사도가 1:8을 넘어야 하며 표면을 거친 면으로 미끄러지지 아니하는 재료로 마감하여야 한다.
② 모든 공동주택의 주계단, 피난계단 또는 특별피난계단에 설치하는 난간 및 바닥은 아동의 이용에 안전하고 노약자 및 신체 장애인의 이용에 편리한 구조로 하여야 한다.
③ 업무시설의 주계단, 피난계단 또는 특별피난계단에 설치하는 난간 손잡이는 벽 등으로부터 5cm 이상 떨어지도록 하고 계단으로부터의 높이는 85cm가 되도록 한다.
④ 돌음계단의 단 너비는 그 넓은 너비의 끝부분으로부터 30cm의 위치에서 측정한다.

선지분석
① 계단을 대체하여 설치하는 경사로는 그 경사도가 1:8을 넘지 않아야 한다.
② 공동주택(기숙사를 제외)의 용도에 쓰이는 건축물의 주계단·피난계단 또는 특별피난계단에 설치하는 난간 및 바닥은 아동의 이용에 안전하고 노약자 및 신체장애인의 이용에 편리한 구조로 하여야 한다.
④ 돌음계단의 단 너비는 그 좁은 너비의 끝부분으로부터 30cm의 위치에서 측정한다.

90 ★☆☆

기계식주차장에는 도로에서 기계식주차장치 출입구까지의 차로 또는 전면공지와 접하는 장소에 자동차가 대기할 수 있는 장소(정류장)를 설치하여야 한다. 다음 중 정류장의 확보 기준으로 옳은 것은?

① 주차대수가 10대를 초과하는 매 10대마다 1대분의 정류장을 확보
② 주차대수가 10대를 초과하는 매 20대마다 1대분의 정류장을 확보
③ 주차대수가 20대를 초과하는 매 10대마다 1대분의 정류장을 확보
④ 주차대수가 20대를 초과하는 매 20대마다 1대분의 정류장을 확보

해설
기계식주차장에는 도로에서 기계식주차장치 출입구까지의 차로 또는 전면공지와 접하는 장소에 자동차가 대기할 수 있는 장소를 설치하여야 한다. 이 경우 주차대수 20대를 초과하는 20대마다 한 대분의 정류장을 확보하여야 한다.

91 ★☆☆

다음 중 대수선의 범위에 속하지 않는 것은?

① 피난계단을 증설 또는 해체하는 것
② 기둥을 3개 이상 수선 또는 변경하는 것
③ 다가구주택의 가구 간 경계벽을 증설 또는 해체하는 것
④ 아파트의 세대 간 경계벽을 수선 또는 변경하는 것

해설
대수선의 범위에 아파트의 세대 간 경계벽을 수선 또는 변경하는 것은 포함되지 않는다.

정답 88 ④ 89 ③ 90 ④ 91 ④

92 ★★★
다음의 용도변경 중 허가 대상에 속하는 것은?

① 주거업무시설군에서 근린생활시설군으로의 용도변경
② 문화 및 집회시설군에서 영업시설군으로의 용도변경
③ 자동차 관련 시설군에서 산업 등의 시설군으로의 용도변경
④ 문화 및 집회시설군에서 교육 및 복지시설군으로의 용도변경

해설
다음의 어느 하나에 해당하는 시설군에 속하는 건축물의 용도를 상위군(상위 번호)에 해당하는 용도로 변경하는 경우에는 국토교통부령으로 정하는 바에 따라 특별자치시장·특별자치도지사 또는 시장·군수·구청장의 허가를 받아야 한다.
반대로 하위군(하위 번호)에 해당하는 용도로 변경하는 경우는 신고 대상이다.
1. 자동차 관련 시설군   6. 교육 및 복지시설군
2. 산업 등의 시설군   7. 근린생활시설군
3. 전기통신시설군   8. 주거업무시설군
4. 문화 및 집회시설군   9. 그 밖의 시설군
5. 영업시설군
주거업무시설군에서 근린생활시설군으로의 용도변경은 상위군에 해당하는 용도로 변경하는 것이므로 허가 대상이다.

93 ★☆☆
목조건축물의 구조를 국토교통부령이 정하는 바에 따라 방화구조로 하거나 불연재료로 하여야 하는 연면적 기준은?

① 500m² 이상   ② 1,000m² 이상
③ 1,500m² 이상   ④ 2,000m² 이상

해설
연면적이 1,000m² 이상인 목조의 건축물은 그 외벽 및 처마 밑의 연소할 우려가 있는 부분을 방화구조로 하되, 그 지붕은 불연재료로 하여야 한다.

94 ★☆☆
국토의 계획 및 이용에 관한 법률상 도시·군기본계획의 내용에 포함되어야 하는 사항에 해당하지 않는 것은? (단, 그 밖에 대통령령으로 정하는 사항 제외)

① 공원·녹지에 관한 사항
② 토지의 이용 및 개발에 관한 사항
③ 토지의 용도별 수요 및 공급에 관한 사항
④ 광역시설의 배치·규모·설치에 관한 사항

해설
도시·군기본계획에 포함되어야 하는 사항은 다음과 같다.
1. 지역적 특성 및 계획의 방향·목표에 관한 사항
2. 공간구조 및 인구의 배분에 관한 사항
3. 생활권의 설정과 생활권역별 개발·정비 및 보전 등에 관한 사항
4. 토지의 이용 및 개발에 관한 사항
5. 토지의 용도별 수요 및 공급에 관한 사항
6. 환경의 보전 및 관리에 관한 사항
7. 기반시설에 관한 사항
8. 공원·녹지에 관한 사항
9. 경관에 관한 사항
10. 기후변화 대응 및 에너지절약에 관한 사항
11. 방재·방범 등 안전에 관한 사항

95 ★★☆
다음은 주차장 수급실태조사의 조사구역에 관한 설명이다. ( ) 안에 알맞은 것은?

> 사각형 또는 삼각형 형태로 조사구역을 설정하되 조사구역 바깥 경계선의 최대거리가 (   )를 넘지 아니하도록 한다.

① 100m   ② 200m
③ 300m   ④ 400m

해설
사각형 또는 삼각형 형태로 조사구역을 설정하되 조사구역 바깥 경계선의 최대거리가 300m를 넘지 않도록 한다.

정답 92 ① 93 ② 94 ④ 95 ③

96 ★☆☆

건축신고 대상건축물로서 착공신고를 할 때 토지굴착 및 옹벽도 중 흙막이 구조도면을 첨부하여야 하는 건축물은?

① 층수가 6층 이상인 건축물
② 지하 2층 이상의 지하층을 설치하는 건축물
③ 너비 12m 이상인 도로변에 지하층을 설치하는 건축물
④ 인접대지경계선으로부터 2m 이내에 지하층을 설치하는 건축물

해설
지하 2층 이상의 지하층을 설치하는 경우 착공신고서에 흙막이 구조도면을 첨부하여야 한다.

97 ★★★

국토의 계획 및 이용에 관한 법령에 따른 기반시설 중 도로의 세분에 속하지 않는 것은?

① 고속도로
② 일반도로
③ 고가도로
④ 보행자전용도로

해설
국토의 계획 및 이용에 관한 법령에 따른 기반시설 중 도로의 세분은 다음과 같다.
- 일반도로
- 자전거전용도로
- 자동차전용도로
- 고가도로
- 보행자전용도로
- 지하도로
- 보행자우선도로

98 ★☆☆

건축물의 설비기준 등에 관한 규칙에 따라 피뢰설비를 설치하여야 하는 건축물의 높이 기준은?

① 10m
② 20m
③ 21m
④ 31m

해설
낙뢰의 우려가 있는 건축물, 높이 20m 이상의 건축물, 높이 20m 이상의 공작물에는 적합하게 피뢰설비를 설치해야 한다.

99 ★★☆

다음과 같은 직사각형 대지의 대지면적은?

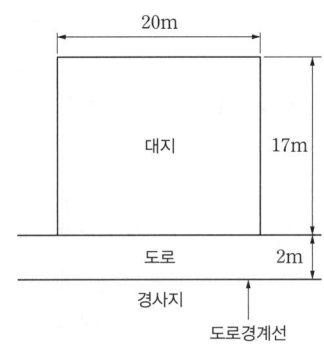

① 280m²
② 300m²
③ 320m²
④ 340m²

해설

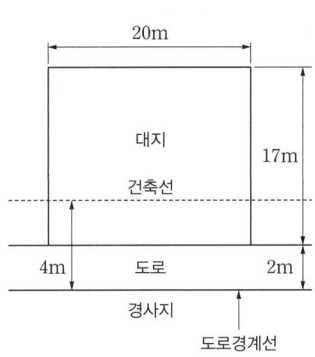

도로의 소요너비는 4m이다. 도로의 중심선으로부터 양쪽으로 소요너비의 1/2의 수평거리(2m)만큼 물러난 선을 건축선으로 해야 하지만, 도로의 반대편이 경사지이다. 이 경우 경사지 쪽의 도로경계선에서 소요너비에 해당하는 수평거리(4m)의 선을 건축선으로 한다.
따라서 대지면적은 20m × 15m = 300m²

합격 POINT
- 도로: 보행과 자동차 통행이 가능한 너비 4m 이상의 도로
- 건축선: 도로와 접한 부분에 건축물을 건축할 수 있는 선
- 대지면적: 대지의 수평투영면적(단, 건축선과 도로 사이의 대지면적은 제외)

100 ★★☆

건축물의 출입구에 설치하는 회전문은 계단이나 에스컬레이터로부터 최소 얼마 이상의 거리를 두어야 하는가?

① 1m
② 1.5m
③ 2m
④ 3m

해설
건축물의 출입구에 설치하는 회전문은 계단이나 에스컬레이터로부터 2m 이상의 거리를 두어야 한다.

정답 96 ② 97 ① 98 ② 99 ② 100 ③

2024년 | 제3회 CBT 복원문제

제1과목 건축계획

01 ★☆☆
쇼핑센터의 특징적인 요소인 페데스트리언 지대(Pedestrian Area)에 관한 설명으로 옳지 않은 것은?

① 고객에게 변화감과 다채로움, 자극과 흥미를 제공한다.
② 바닥면의 고저차를 많이 두어 지루함을 주지 않도록 한다.
③ 바닥면에 사용하는 재료는 주위 상황과 조화시켜 계획한다.
④ 사람들의 유동적 동선이 방해되지 않는 범위에서 나무나 관엽식물을 둔다.

해설
페데스트리언 지대는 물, 분수, 조경 등을 포함하는 넓게 확보된 보행자 공간으로 바닥면의 고저차를 두지 않는다.

02 ★★★
주택의 평면과 각 부위의 치수 및 기준척도에 관한 설명으로 옳지 않은 것은?

① 치수 및 기준척도는 안목치수를 원칙으로 한다.
② 거실 및 침실의 평면 각 변의 길이는 10cm를 단위로 한 것을 기준척도로 한다.
③ 거실 및 침실의 층높이는 2.4m 이상으로 하되, 5cm를 단위로 한 것을 기준척도로 한다.
④ 계단 및 계단참의 평면 각 변의 길이 또는 너비는 5cm를 단위로 한 것을 기준척도로 한다.

해설
거실 및 침실의 평면 각 변의 길이는 5cm를 단위로 한 것을 기준척도로 한다.

합격 POINT 주택의 평면과 각 부위의 치수 및 기준척도
- 치수 및 기준척도는 안목치수를 원칙으로 한다.
- 거실 및 침실의 평면 각 변의 길이는 5cm를 단위로 한 것을 기준척도로 한다.
- 부엌, 식당, 욕실, 화장실, 복도, 계단 및 계단참 등의 평면 각 변의 길이 또는 너비는 5cm를 단위로 한 것을 기준척도로 한다.
- 거실 및 침실의 층높이는 2.4m 이상으로 하되, 각각 5cm를 단위로 한 것을 기준척도로 한다.

03 ★☆☆
이슬람교의 영향을 받은 건축물에서 볼 수 있는 연속적인 기하학적 문양, 식물문양, 당초문양 등을 이르는 용어는?

① 스퀸치 ② 펜던티브
③ 모자이크 ④ 아라베스크

해설
이슬람교의 영향을 받은 장식 무늬인 아라베스크에 대한 설명이다.

선지분석
① 스퀸치: 로마 건축 양식으로 8각형의 구조 위에 돔이 올라가도록 되어 있다.
② 펜던티브: 비잔틴 건축 양식으로 돔 위에 돔을 올리는 모양이다. 2단으로 올려진 돔 아래쪽 네 모서리의 삼각형 모양이 펜던티브로서 돔의 하중이 모서리에 집중되고 다른 부분은 상대적으로 하중이 적어 개구부가 된다.
③ 모자이크: 비잔틴 미술 양식으로 색 유리를 이용한 모자이크는 빛의 반사 효과로 신비로운 분위기를 연출할 수 있다.

합격 POINT 스퀸치와 펜던티브

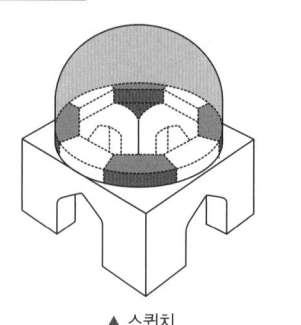
▲ 스퀸치
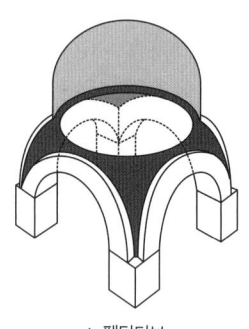
▲ 펜던티브

04 ★☆☆
공동주택의 단지계획에서 보차분리를 위한 방식 중 평면분리에 해당하는 방식은?

① 시간제 차량통행
② 쿨데삭(Cul-de-Sac)
③ 오버브리지(Overbridge)
④ 보행자 안전참(Pedestrian Safecross)

해설
보차분리에서 평면분리에는 쿨데삭(Cul-de-Sac), 루프(Loop), T자형, 열쇠형이 있다.

합격 POINT 보차분리
- 평면분리: 쿨데삭, 루프, T자형, 열쇠형
- 면적분리: 보행자 안전참, 보행자 공간, 몰
- 입체분리: 오버브리지, 언더패스
- 시간분리: 시간제 차량통행, 차 없는 날

정답 01 ② 02 ② 03 ④ 04 ②

05 ★★☆

주택의 부엌에서 작업 순서에 따른 작업대 배열로 가장 알맞은 것은?

① 냉장고 – 싱크대 – 조리대 – 가열대 – 배선대
② 싱크대 – 조리대 – 가열대 – 냉장고 – 배선대
③ 냉장고 – 조리대 – 가열대 – 배선대 – 싱크대
④ 싱크대 – 냉장고 – 조리대 – 배선대 – 가열대

해설
부엌에서 작업 순서
준비대(냉장고) → 싱크대(개수대) → 조리대 → 가열대(레인지) → 배선대 → 식당(식사실)

06 ★★★

오토 바그너(Otto Wagner)가 주장한 근대건축의 설계지침 내용으로 옳지 않은 것은?

① 경제적인 구조
② 그리스 건축양식의 복원
③ 시공재료의 적당한 선택
④ 목적을 정확히 파악하고 완전히 충족시킬 것

해설
그리스 건축양식의 복원은 신고전주의 건축에 대한 내용이다.

07 ★★☆

건축공간의 치수계획에서 "압박감을 느끼지 않을 만큼의 천장 높이 결정"은 다음 중 어디에 해당하는가?

① 물리적 스케일   ② 생리적 스케일
③ 심리적 스케일   ④ 입면적 스케일

해설
심리적 스케일에 대한 설명이다.

선지분석
① 물리적 스케일: 인간이나 물체의 크기에 의해 결정
② 생리적 스케일: 생리적 필요에 의해 결정

08 ★☆☆

학교 건축계획에서 그림과 같은 평면 유형을 갖는 학교운영 방식은?

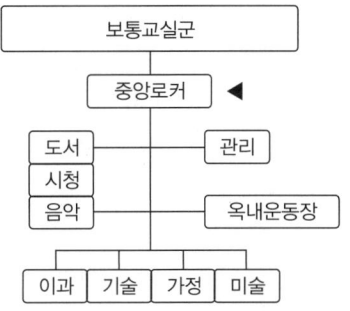

① 달톤형   ② 플래툰형
③ 교과교실형   ④ 종합교실형

해설
플래툰형은 각 학급을 2분단으로 나누어 한 쪽이 일반교실(보통교실)을 사용할 때, 다른 한 쪽은 특별교실을 사용한다.

09 ★★☆

학교운영방식에 관한 설명으로 옳지 않은 것은?

① 종합교실형은 각 학급마다 가정적인 분위기를 만들 수 있다.
② 교과교실형은 초등학교 저학년에 대해 가장 권장되는 방식이다.
③ 플래툰형은 미국의 초등학교에서 과밀을 해소하기 위해 실시한 것이다.
④ 달톤형은 학급, 학년 구분을 없애고 학생들은 각자의 능력에 따라 교과를 선택하고 일정한 교과를 끝내면 졸업하는 방식이다.

해설
• 종합교실형은 초등학교 저학년에 대해 가장 권장되는 방식이다.
• 교과교실형은 모든 교실을 특정 교과의 수업을 위해 만들며 일반 교실은 존재하지 않는다. 학생의 이동이 심하여 초등학교 저학년에게 적합하지 않다.

정답 05 ① 06 ② 07 ③ 08 ② 09 ②

10 ★☆☆

호텔건축에 관한 설명으로 옳지 않은 것은?

① 커머셜 호텔은 가급적 저층으로 한다.
② 아파트먼트 호텔은 장기 체류용 호텔이다.
③ 리조트 호텔은 자연 경관이 좋은 곳을 선택한다.
④ 터미널 호텔은 교통기관의 발착지점에 위치한다.

해설
커머셜 호텔은 가급적 고층으로 한다.

선지분석
② 아파트먼트 호텔은 일반적으로 부엌과 셀프서비스 시설을 갖추고 있어 장기간 체류에 적합하다.
③ 리조트 호텔은 관광객이나 휴양객에게 많이 이용되는 호텔로 조망이나 관광지의 전경을 충분히 즐길 수 있는 곳을 선택한다.
④ 터미널 호텔은 공항, 부두, 철도역 등 교통기관의 발착지점에 위치한다.

11 ★☆☆

메조넷형(Maisonette type) 공동주택에 관한 설명으로 옳지 않은 것은?

① 주택 내의 공간의 변화가 있다.
② 거주성, 특히 프라이버시가 높다.
③ 소규모 단위평면에 적합한 유형이다.
④ 양면 개구에 의한 통풍 및 채광 확보가 양호하다.

해설
메조넷형은 소규모 단위평면에는 비경제적이다.

합격 POINT ▶ 메조넷형

정의	하나의 주거단위가 2개 층 이상으로 구성
장점	• 다양한 평면 구성 가능 • 거주성, 프라이버시 확보 용이 • 통로가 없는 층은 채광 및 통풍 확보 용이 • 공용 및 서비스 면적이 감소, 유효면적은 증가
단점	• 소규모 주택에서는 비경제적 • 통로가 없는 층은 화재 발생 시 대피상 불리 • 구조상 복잡함

12 ★☆☆

고대 그리스의 기둥 양식에 속하지 않는 것은?

① 도리아식
② 코린트식
③ 컴포지트식
④ 이오니아식

해설
컴포지트식은 로마의 기둥양식이다.

선지분석
① 도리아식(남성적): 주두는 에키누스와 아바쿠스로 구성되며, 육중하고 엄정한 모습을 지니는 남성적 오더이다.
② 코린트식(나뭇잎): 주두를 아칸더스 나뭇잎 형상으로 장식하며, 가장 장식적이고 화려한 느낌을 갖는 오더이다.
④ 이오니아식(여성적): 소용돌이 형상의 주두가 특징이며, 우아하고 유연감을 주는 여성적 오더이다.

13 ★★☆

도서관 건축에 관한 설명으로 옳지 않은 것은?

① 캐럴(Carrel)은 서고 내에 설치된 소연구실이다.
② 서고의 내부는 자연채광을 하지 않고 인공조명을 사용한다.
③ 일반 열람실의 면적은 0.25~0.5m²/인 정도의 규모로 계획한다.
④ 서고면적 1m² 당 150~250권 정도의 수장능력을 갖도록 계획한다.

해설
• 열람실은 성인 1인당 1.5~2.0m²의 면적으로 계획한다.
• 열람실은 아동 1인당 1.1m²의 면적으로 계획한다.

14 ★★★

극장의 평면형식에 관한 설명으로 옳지 않은 것은?

① 오픈스테이지형은 무대장치를 꾸미는데 어려움이 있다.
② 프로시니엄형은 객석 수용 능력에 있어서 제한을 받는다.
③ 가변형 무대는 필요에 따라서 무대와 객석을 변화시킬 수 있다.
④ 아레나형은 무대 배경설치 비용이 많이 소요된다는 단점이 있다.

해설
아레나형은 관객이 무대를 360°로 둘러싸고 있는 형으로 무대 배경을 만들지 않으므로 경제성이 있다.

정답 10 ① 11 ③ 12 ③ 13 ③ 14 ④

15 ★★☆

주택의 동선계획에 관한 설명으로 옳지 않은 것은?

① 동선은 가능한 굵고 짧게 계획하는 것이 바람직하다.
② 동선의 3요소 중 속도는 동선의 공간적 두께를 의미한다.
③ 개인, 사회, 가사노동권의 3개 동선은 상호간 분리하는 것이 좋다.
④ 화장실, 현관 등과 같이 사용빈도가 높은 공간은 동선을 짧게 처리하는 것이 중요하다.

해설
- 동선의 3요소 중 빈도는 동선의 공간적 두께를 의미한다.
- 동선의 3요소는 속도, 빈도, 하중이다.

16 ★☆☆

종합병원에서 클로즈드 시스템(Closed system)의 외래진료부에 관한 설명으로 옳지 않은 것은?

① 내과는 소규모 진료실을 다수 설치하도록 한다.
② 환자의 이용이 편리하도록 1층 또는 2층 이하에 둔다.
③ 중앙주사실, 회계, 약국 등은 정면 출입구 근처에 설치한다.
④ 전체병원에 대한 외래진료부의 면적비율은 40~45% 정도로 한다.

해설
전체병원에 대한 외래진료부의 면적비율은 10~15% 정도로 한다.

선지분석
① 내과는 소규모 진료실을 다수 설치하고, 외과 계통은 대진료실을 설치한다.
② 환자의 이용이 편리하도록 2층 이하에 두도록 한다.

17 ★★☆

조선시대에 田자형 주택으로 대별되는 서민주택의 지방 유형은?

① 서울지방형 ② 남부지방형
③ 중부지방형 ④ 함경도지방형

해설
- 田자 형식은 함경도지방(북부지방)에 분포한다.
- 田자 형식은 부엌의 부뚜막을 넓게 하고, 도리 방향의 칸막이벽으로 방들을 田자 모양으로 구성한다.

선지분석
① 서울지방형: ㄱ자형, ㄴ자형, ㅁ자형
② 남부지방형: ―자형(방 앞에 긴 마루를 설치함)
③ 중부지방형: ㄱ자형(방 앞에 좁은 툇마루를 설치함)

합격 POINT 조선시대 서민주택 평면형식
- ㄱ자 형식: 중부지방에 분포한다. 부엌, 안방, 웃방으로 일렬 배치하고 웃방에서 직각 방향으로 대청을 두고 건너방을 연결한다(개성). 또는 방과 마루를 일렬 배치하고 직각 방향에 부엌을 연결한다(서울).
- ―자 형식: 남부지방에 분포한다. 부엌, 방, 마루 등이 일렬로 연속 배치된다.

18 ★★☆

교학건축인 성균관의 구성에 속하지 않는 것은?

① 동재 ② 존경각
③ 천추전 ④ 명륜당

해설
천추전은 경복궁의 비공식 업무시설로 경복궁 사정전 서쪽에 위치한다.

선지분석
① 동재: 기숙사
② 존경각: 도서관
④ 명륜당: 유학을 배우는 강당

19 ★☆☆

POE(Post Occupancy Evaluation)의 의미로 가장 알맞은 것은?

① 건축물 사용자를 찾는 것이다.
② 건축물을 사용해 본 후에 평가하는 것이다.
③ 건축물의 사용을 염두에 두고 계획하는 것이다.
④ 건축물 모형을 만들어 설계의 적정성을 평가하는 것이다.

해설
- POE은 거주 후 평가라는 뜻으로 건축물을 사용해 본 후에 평가하는 것이다.
- 평가 요소에는 사용자, 환경장치, 주변 환경, 디자인 등이 있다.
- 평가 유형에는 기술적 평가(건물에 대한 평가), 기능적 평가(서비스에 대한 평가), 행태적 평가(환경 심리에 대한 평가)가 있다.

정답 15 ② 16 ④ 17 ④ 18 ③ 19 ②

20 ★☆☆
은행건축계획에 관한 설명으로 옳지 않은 것은?

① 은행원과 고객의 출입구는 별도로 설치하는 것이 좋다.
② 영업실의 면적은 은행원 1인당 1.2m²을 기준으로 한다.
③ 대규모의 은행일 경우 고객의 출입구는 되도록 1개소로 하는 것이 좋다.
④ 주출입구에 이중문을 설치할 경우, 바깥문은 바깥여닫이 또는 자재문으로 할 수 있다.

해설
영업실 면적: 은행원 1인당 4~6m² 정도
영업장 면적(영업실과 고객대기실 포함): 은행원 1인당 10m² 정도
※ 영업실과 영업장의 용어가 혼재되어 출제되는 경우가 있으므로 4~6m², 10m² 두 가지를 모두 암기하는 것이 좋다.

제2과목 건축시공

21 ★★☆
목재의 무늬나 바탕의 재질을 잘 보이게 하는 도장 방법은?

① 유성페인트 도장
② 에나멜페인트 도장
③ 합성수지 페인트 도장
④ 클리어 래커 도장

해설
목재의 무늬와 바탕의 재질을 잘 보이게 하는 도장은 클리어 래커로 투명 래커이며, 실내용 도장에 사용된다.

22 ★★☆
미장공사에서 균열을 방지하기 위하여 고려해야 할 사항 중 옳지 않은 것은?

① 바름면은 바람 또는 직사광선 등에 의한 급속한 건조를 피한다.
② 1회의 바름 두께는 가급적 얇게 한다.
③ 쇠 흙손질을 충분히 한다.
④ 모르타르 바름의 정벌바름은 초벌바름보다 부배합으로 한다.

해설
모르타르 바름의 정벌바름은 초벌바름 보다 빈배합으로 한다.

23 ★★☆
철골부재의 용접 시 이음 및 접합부위의 용접선의 교차로 재용접된 부위가 열 영향을 받아 취약해짐을 방지하기 위하여 모재에 부채꼴 모양으로 모따기를 한 것은?

① Blow hole
② Scallop
③ End tab
④ Crater

해설
스캘럽(Scallop)은 철골 부재 용접 시 재용접된 부위가 열의 영향을 받아 취약해지는 것을 방지하기 위해 부채꼴 모양으로 모따기한 것이다.

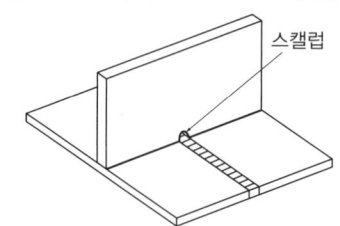

24 ★★☆
석재의 일반적 성질에 관한 설명으로 옳지 않은 것은?

① 석재의 비중은 조암광물의 성질·비율·공극의 정도 등에 따라 달라진다.
② 석재의 강도에서 인장강도는 압축강도에 비해 매우 작다.
③ 석재의 공극률이 클수록 흡수율이 크고 동결융해저항성은 떨어진다.
④ 석재의 강도는 조성결정형이 클수록 크다.

해설
석재의 강도는 조성결정형(결정체)이 작을수록 크다.

정답 20 ② 21 ④ 22 ④ 23 ② 24 ④

25 ★★★

건설사업자원 통합 전산망으로 건설 생산활동 전 과정에서 건설 관련 주체가 전산망을 통해 신속히 교환·공유할 수 있도록 지원하는 통합 정보시스템을 지칭하는 용어는?

① 건설 CIC(Computer Integrated Construction)
② 건설 CALS(Continuous Acquisition & Life cycle Support)
③ 건설 EC(Engineering Construction)
④ 건설 EVMS(Earned Value Management System)

해설

CALS(Continuous Acquisition & Life cycle Support)
건설산업의 전수명주기에서 발생하는 자료들을 초고속정보통신망으로 교환·공유하여 공기단축, 공비를 절감하는 통합정보시스템을 말한다.

선지분석
① CIC: 건설생산에 초점을 맞추고 프로젝트를 효율적으로 계획, 설계, 관리, 시공 등을 수행하기 위해 개발된 종합적인 시스템이다.
③ EC: 건설사업의 발굴과 기획부터 설계, 시공, 유지관리까지 전반적인 사업 프로세스에 관한 것을 종합적으로 기획, 관리하는 업무영역을 의미한다.
④ EVMS: 프로젝트의 비용과 일정에 대한 계획과 실적을 객관적인 기준에 의해 비교 및 관리하는 기법이다.

26 ★☆☆

포틀랜드시멘트 화학성분 중 1일 이내 수화를 지배하며 응결이 가장 빠른 것은?

① 알루민산 3석회   ② 알루민산철 4석회
③ 규산 3석회   ④ 규산 2석회

해설
시멘트 성분 중 응결이 빠른 순서는 알루민산 3석회 > 규산 3석회 > 알루민산철 4석회 > 규산 2석회이다.

27 ★★★

8개월간 공사하는 현장에 필요한 시멘트량이 2,397포이다. 이 공사 현장에 필요한 시멘트 창고 필요면적으로 적당한 것은? (단, 쌓기단수는 13단임)

① 24.6m²   ② 54.2m²
③ 73.8m²   ④ 98.5m²

해설

시멘트 창고 면적$(A) = 0.4 \times \dfrac{\text{시멘트 포대수}(N)}{\text{쌓기단수}(n)}$

$= 0.4 \times \dfrac{799}{13} ≒ 24.6\text{m}^2$

(2,397포는 1,800초과이므로, 시멘트 포대수(N)는 1/3을 적용한 799포로 계산한다.)

합격 POINT 시멘트 창고 면적

$A = 0.4 \times \dfrac{N}{n}$

여기서, n: 쌓기단수(최대 13단), N: 시멘트 포대수
※ 시멘트 포대수 N 산정

포대수	N
600포 미만	쌓기 포대수 전량
600포 이상~1,800포 이하	600포
1,800포대 초과	1/3만 적용

28 ★☆☆

대안입찰제도의 특징에 관한 설명으로 옳지 않은 것은?

① 공사비를 절감할 수 있다.
② 설계상 문제점의 보완이 가능하다.
③ 신기술의 개발 및 축적을 기대할 수 있다.
④ 입찰기간이 단축된다.

해설
대안입찰제도는 발주가 복잡하여 입찰기간이 장기화되는 단점이 있다.

합격 POINT 대안입찰제도
발주기관이 제시하는 원안의 공사입찰 기본설계 또는 실시설계에 대하여 기본 방침의 변경없이 원안과 동등 이상의 기능과 효과를 가진 신공법·신기술·공기단축 등이 반영된 설계로서 원안의 가격보다 낮은 공사로 입찰하는 제도를 의미한다.

정답 25 ②   26 ①   27 ①   28 ④

29 ★★☆

콘크리트의 균열을 발생시기에 따라 구분할 때 경화 후 균열의 원인에 해당되지 않는 것은?

① 알칼리 골재 반응
② 동결융해
③ 탄산화
④ 재료분리

해설
재료분리는 콘크리트의 경화 전 균열의 원인에 해당한다.

합격 POINT 콘크리트의 균열

시기	원인
경화 전 균열	• 재료분리, 침하 • 소성수축 • 거푸집 변형 • 진동 및 재하
경화 후 균열	• 건조(크리프) 수축 • 탄산화 • 화학반응(알칼리 골재 반응, 황산염에 의한 팽창반응) • 열응력(온도변화) • 동결융해 • 철근부식

30 ★★☆

공정관리에서 공기단축을 시행할 경우에 관한 설명으로 옳지 않은 것은?

① 특별한 경우가 아니면 공기단축 시행 시 간접비는 상승한다.
② 비용구배가 최소인 작업을 우선 단축한다.
③ 주공정선상의 작업을 먼저 대상으로 단축한다.
④ MCX(Minimum Cost eXpeding)법은 대표적인 공기단축방법이다.

해설
특별한 경우가 아니면 공기단축 시행 시 간접비는 감소하고 직접비는 증가한다.

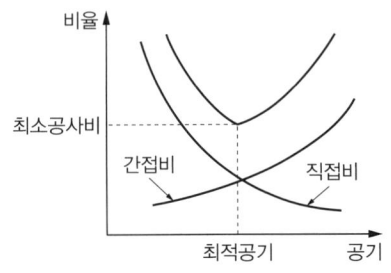

31 ★☆☆

다음과 같은 철근콘크리트조 건축물에서 외줄 비계면적으로 옳은 것은? (단, 비계 높이는 건축물의 높이로 함)

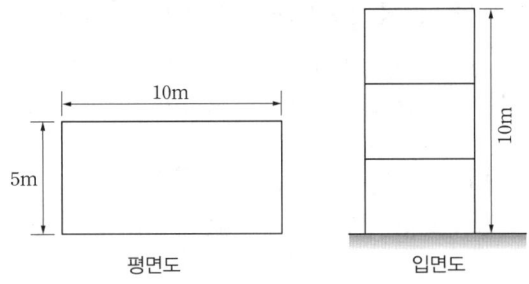

① 300m²
② 336m²
③ 372m²
④ 400m²

해설

외줄 비계면적(A)
={외벽둘레(L)+0.45×8}×비계 높이(H)
={(10m+5m)×2+3.6m}×10m
=336m²

합격 POINT 비계설치를 위한 이격거리
• 외줄 비계: 0.45m 이격
• 쌍줄 비계: 0.9m 이격
• 단관 파이프: 1.0m 이격

32 ★★☆

콘크리트 중 공기량의 변화에 관한 설명으로 옳은 것은?

① AE제의 혼입량이 증가하면 연행공기량도 증가한다.
② 시멘트 분말도 및 단위시멘트량이 증가하면 공기량은 증가한다.
③ 잔골재 중의 0.15~0.3mm의 골재가 많으면 공기량은 감소한다.
④ 슬럼프가 커지면 공기량은 감소한다.

해설
AE제의 혼입량이 증가하면 연행공기량도 증가한다.

선지분석
② 시멘트의 분말도 및 단위 시멘트량이 증가하면 공기량은 감소한다.
③ 잔골재 중의 0.15mm 이하의 골재가 많으면 공기량은 감소한다.
④ 슬럼프가 커지면 공기량은 증가한다.

정답 29 ④ 30 ① 31 ② 32 ①

33 ★★☆

다음 미장재료 중 기경성 재료로만 구성된 것은?

① 회반죽, 석고플라스터, 돌로마이트 플라스터
② 시멘트 모르타르, 석고플라스터, 회반죽
③ 석고플라스터, 돌로마이트 플라스터, 진흙
④ 진흙, 회반죽, 돌로마이트 플라스터

해설

미장재료의 경화성에 따른 분류

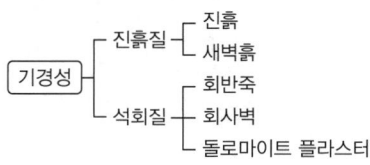
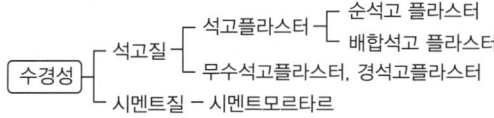

34 ★☆☆

철골공사 접합 중 용접에 관한 주의사항으로 옳지 않은 것은?

① 현장용접을 하는 부재는 그 용접 부위에 얇은 에나멜 페인트를 칠하되, 이밖에 다른 칠을 해서는 안 된다.
② 용접봉의 교환 또는 다층용접일 때에는 먼저 슬래그를 제거하고 청소한 후 용접한다.
③ 용접할 소재는 용접에 의한 수축변형이 생기고, 또 마무리 작업도 고려해야 하므로 치수에 여분을 두어야 한다.
④ 용접이 완료되면 슬래그 및 스페터를 제거하고 청소한다.

해설

현장용접 시 100mm 이내의 부분에 보일드 유 이외의 칠하지 않도록 주의한다. 에나멜 페인트 칠을 할 경우 용접선에 침전물이 불순물의 형태로 나타나 용접결함을 발생시키므로 사용하지 않는다.

35 ★☆☆

실링공사의 재료에 관한 설명으로 옳지 않은 것은?

① 가스켓은 콘크리트의 균열 부위를 충전하기 위하여 사용하는 부정형 재료이다.
② 프라이머는 접착면과 실링재와의 접착성을 좋게 하기 위하여 도포하는 바탕처리 재료이다.
③ 백업재는 소정의 줄눈깊이를 확보하기 위하여 줄눈 속을 채우는 재료이다.
④ 마스킹테이프는 시공 중에 실링재 충전개소 이외의 오염방지와 줄눈선을 깨끗이 마무리하기 위한 보호 테이프이다.

해설

가스켓(Gasket)은 기계기구·압력용기·관플랜지 등의 고정결합면에 끼워 볼트 등으로 조여서 내부유체의 누출을 막는 작용을 하는 것이다.

36 ★★☆

바닥판, 보밑 거푸집 설계에서 고려하는 하중과 가장 거리가 먼 것은?

① 굳지 않은 콘크리트의 중량
② 작업하중
③ 충격하중
④ 측압

해설

측압은 수평하중으로, 바닥판과 보밑 거푸집 설계에서 고려하는 수직하중과는 거리가 멀다.

구분	항목
수직하중	굳지 않은 콘크리트 중량, 작업하중, 충격하중 등
수평하중	측압, 풍하중 등

정답 33 ④ 34 ① 35 ① 36 ④

37 ★★☆

사질토의 상대밀도를 측정하는 방법으로 가장 적합한 것은?

① 표준관입시험(Standard penetration test)
② 베인 테스트(Vane test)
③ 깊은 우물(Deep well) 공법
④ 아일랜드 컷 공법

해설
표준관입시험(SPT)은 사질지반의 지내력을 측정하는 방법이다. 낙하높이 75cm에서 63.5kg의 추를 낙하하여 30cm 관입시키는데 필요한 타격횟수(N값)를 측정하는 시험이다.

선지분석
② 베인 테스트(Vane test): 점토지반 점착력 시험
③ 깊은 우물(Deep well) 공법: 지하수위 배수공법
④ 아일랜드 컷 공법(Island cut method): 토공사 터파기(흙파기)공법

38 ★★☆

보통 창유리의 특성 중 투과에 관한 설명으로 옳지 않은 것은?

① 투사각 0도일 때 투명하고 청결한 창유리는 약 90%의 광선을 투과한다.
② 보통의 창유리는 많은 양의 자외선을 투과시키는 편이다.
③ 보통의 창유리도 먼지가 부착되거나 오염되면 투과율이 현저하게 감소한다.
④ 광선의 파장이 길고 짧음에 따라 투과율이 다르게 된다.

해설
보통의 창유리는 자외선 투과율이 낮다.
자외선투과유리는 자외선이 50~90% 이상 통과되며 일산화철을 함유한 유리로 온실, 살균실, 병원 등에 사용된다.

39 ★★★

타일크기가 10cm×10cm이고 가로세로 줄눈을 6mm로 할 때 면적 1m²에 필요한 타일의 정미수량은?

① 94매   ② 92매
③ 89매   ④ 85매

해설
타일의 정미량
$$= \frac{\text{타일 면적}}{(\text{타일 한 변의 길이}+\text{줄눈 두께}) \times (\text{타일 한 변의 길이}+\text{줄눈 두께})}$$
$$= \frac{1m^2}{(0.1+0.006) \times (0.1+0.006)} = \frac{1m^2}{0.011236} = 88.99 ≒ 89매$$

40 ★★☆

합성수지 중 건축물의 천장재, 블라인드 등을 만드는 열가소성수지는?

① 알키드수지   ② 요소수지
③ 폴리스티렌수지   ④ 실리콘수지

해설
폴리스티렌수지는 열가소성 수지로 무색 투명하고 내수성, 내약품성이 크다.

제3과목 건축구조

41 ★☆☆

직사각형 단면의 탄성단면계수에 대한 소성단면계수의 비(比)는?

① 0.67   ② 1.20
③ 1.50   ④ 3.00

해설
탄성단면계수(Z)
$$Z = \frac{I}{y} = \frac{\left(\frac{bh^3}{12}\right)}{\left(\frac{h}{2}\right)} = \frac{bh^2}{6}$$

소성단면계수(Z_p): 단면의 도심을 지나는 전체 단면적을 2등분 하는 축에 대한 단면계수
$$Z_p = A_c \cdot y_c + A_t \cdot y_t = \left(\frac{bh}{2}\right)\left(\frac{h}{4}\right) \times 2 = \frac{bh^2}{4}$$

형상계수(f): 소성모멘트($M_p = F_y \cdot Z_p$)와 항복모멘트($M_y = F_y \cdot Z$)의 비
$$f = \frac{F_y \cdot Z_p}{F_y \cdot Z} = \frac{Z_p(\text{소성단면계수})}{Z(\text{탄성단면계수})} = \frac{\frac{bh^2}{4}}{\frac{bh^2}{6}} = 1.5$$

∴ 직사각형 단면의 탄성단면계수에 대한 소성단면계수의 비 = 1.5
※ H형강 단면의 탄성단면계수에 대한 소성단면계수의 비: 1.10~1.80

정답 37 ① 38 ② 39 ③ 40 ③ 41 ③

42 ★★★

다음과 같은 조건에서의 필릿용접의 최소 치수(mm)는 얼마인가? (단, 하중저항계수설계법 기준)

접합부의 얇은 쪽 소재 두께(t, mm)
$6 \leq t < 13$

① 5mm ② 6mm
③ 7mm ④ 8mm

해설

접합부의 얇은 쪽 소재 두께가 $6 \leq t < 13$이면 최소 치수는 5mm이다.

합격 POINT 필릿용접 최소 치수

얇은 쪽 소재 두께(t)	최소 치수(mm)
$t < 6$	3
$6 \leq t < 13$	5
$13 \leq t < 20$	6
$20 \leq t$	8

43 ★☆☆

그림과 같은 단면에 전단력 40kN이 작용할 때 A점에서 전단응력은?

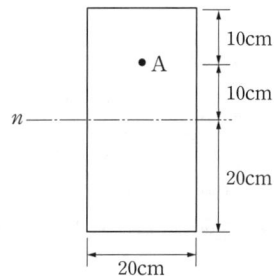

① 0.28MPa ② 0.56MPa
③ 0.84MPa ④ 1.12MPa

해설

전단응력 $\tau = \dfrac{V \cdot Q}{I \cdot b}$

여기서, V: 전단력, Q: 단면1차모멘트, I: 중립축에 대한 단면2차모멘트, b: 폭

보기의 단위에 따라 mm와 N단위로 변환해 준다.

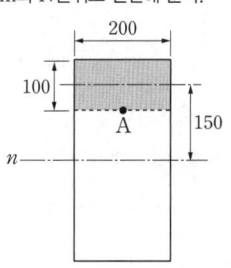

$V = 40 \times 10^3 \text{N}$
$Q = 200 \times 100 \times 150$
$I = \dfrac{200 \times 400^3}{12}$
$b = 200$

∴ A점에서 전단응력

$\tau = \dfrac{V \cdot Q}{I \cdot b} = \dfrac{(40 \times 10^3) \times (200 \times 100 \times 150)}{\left(\dfrac{200 \times 400^3}{12}\right) \times (200)} = 0.5625 \text{MPa}$

44 ★★★

연약한 지반에 대한 대책 중 상부구조의 조치사항으로 옳지 않은 것은?

① 건물의 수평길이를 길게 한다.
② 건물을 경량화 한다.
③ 건물의 강성을 높여준다.
④ 건물의 인동간격을 멀리한다.

해설

건물의 수평길이를 짧게 한다.

합격 POINT 부등침하 방지대책(상부구조에 대한 대책)
1. 건물의 경량화 및 중량 분배
2. 건물의 길이를 짧게
3. 강성을 높게
4. 인접 건물과의 거리를 멀게

정답 42 ① 43 ② 44 ①

45 ★☆☆

한 변의 길이가 a인 정사각형 단면을 가진 부재가 있다. 이 부재가 4kN의 인장력을 견딜 수 있는 a의 값으로 가장 적정한 것은? (단, 부재의 허용인장강도는 5MPa이다.)

① 15mm ② 20mm
③ 25mm ④ 30mm

해설

단위면적당 힘, 즉 응력 σ에 대한 문제이다.

$\sigma = \dfrac{P}{A} = \dfrac{4 \cdot 10^3 \text{N}}{a^2 \text{mm}^2} = 5\text{MPa} = 5\text{N/mm}^2$

$a = \sqrt{\dfrac{4 \cdot 10^3}{5}} \fallingdotseq 28.28\text{mm}$

따라서, a의 값으로 가장 적정한 것은 30mm이다.

46 ★★★

지진력저항시스템 중 다음 각 구조시스템에 관한 설명으로 옳지 않은 것은?

① 모멘트골조방식: 수직하중과 횡력을 보와 기둥으로 구성된 라멘골조가 저항하는 구조방식
② 연성모멘트골조방식: 횡력에 대한 저항능력을 증가시키기 위하여 부재와 접합부의 연성을 증가시킨 모멘트골조방식
③ 이중골조방식: 횡력의 25% 이상을 부담하는 전단벽이 연성모멘트골조와 조합되어 있는 구조방식
④ 건물골조방식: 수직하중은 입체골조가 저항하고 지진하중은 전단벽이나 가새골조가 저항하는 구조방식

해설

이중골조시스템에서 수평하중의 25% 이상을 부담하는 것은 전단벽이 아니라 연성모멘트골조이다.

합격 POINT 이중골조형식(Dual structure)

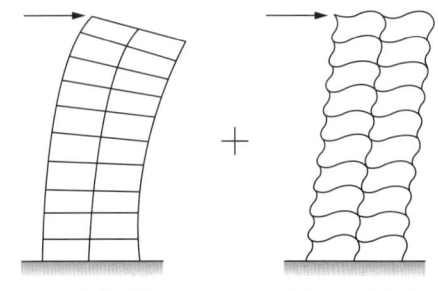

전단벽: 휨변형   강접골조: 전단변형

1. 수평하중의 25% 이상을 부담하는 모멘트(연성)골조가 전단벽이나 가새골조와 조합되어 있는 골조 방식이다.
2. 강접골조(전단변형)와 가새골조(휨변형)가 혼합되었을 경우 내진설계에 있어서 비탄성 거동으로서의 연성도가 매우 크기 때문에 반응수정계수를 크게 규정하고 있어 지진력에 효율적으로 저항하는 구조가 된다.

47 ★★★

철근콘크리트 단근보에서 균형철근비를 계산한 결과 $\rho_b = 0.039$이었다. 최대 철근비는? (단, $E = 200{,}000\text{MPa}$, $f_y = 400\text{MPa}$, $f_{ck} = 24\text{MPa}$임)

① 0.01863 ② 0.02256
③ 0.02607 ④ 0.02831

해설

$f_y = 400\text{MPa}$일 경우

$\rho_{\max} = 0.726\rho_b = 0.726 \times 0.039 \fallingdotseq 0.028314$

합격 POINT 최대 철근비

철근 항복강도(f_y)	최소 허용변형률($\varepsilon_{t,\min}$)	최대 철근비($\rho_{\max}$)
300MPa	0.004	$0.658\rho_b$
350Mpa	0.004	$0.692\rho_b$
400MPa	0.004	$0.726\rho_b$
500MPa	$0.005(2\varepsilon_y)$	$0.699\rho_b$

48 ★★★

강구조에서 용접선 단부에 붙인 보조판으로 아크의 시작이나 종단부의 크레이터 등의 결함을 방지하기 위해 붙이는 판은?

① 스티프너 ② 엔드탭
③ 윙플레이트 ④ 커버플레이트

해설

엔드탭은 용접결함이 생기기 쉬운 용접의 시작이나 끝부분에 임시로 설치하는 보조 강판이다.

선지분석

① 스티프너: 기둥의 플랜지나 웨브의 좌굴방지용 보강재
③ 윙플레이트: 철골 주각부에 부착되는 강판
④ 커버플레이트: 강재의 플랜지를 보강하기 위해 사용하는 강판

정답 45 ④ 46 ③ 47 ④ 48 ②

49 ★★★

다음 용접기호에 대한 옳은 설명은?

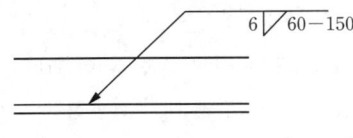

① 맞댐용접이다.
② 용접되는 부위는 화살의 반대쪽이다.
③ 유효목두께는 6mm이다.
④ 용접길이는 60mm이다.

> **해설**

해당 기호는 모살용접(필릿)이고, 삼각형은 아래에 표기 시 화살표 부위, 위에 표기 시 화살표 반대쪽 부위에 용접을 한다는 의미이다. 유효목두께는 $0.7 \times s$이므로, $4.2(=0.7\times 6)$mm이다.

> **합격 POINT** 용접기호

용접의 종류	기호	적용 예	
V형	∨		화살의 반대측에 용접
			화살쪽에 용접
L형	∨		화살의 반대측에 용접
			화살쪽에 용접
필릿 편면	◢		화살의 반대측에 용접
			화살쪽에 용접
필릿 병렬	◁▷		양측에서 용접

> **합격 POINT** 용접도시

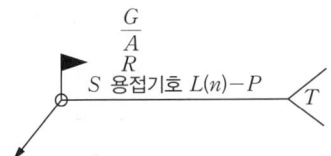

▲ 용접할 곳이 화살 반대쪽 또는 뒤쪽일 때

S 용접치수 R 루트간격 A 개선각
T 꼬리(특기사항 기록) $-$ 표면모양 G 용접부처리방법
L 용접길이 P 용접간격   ▶ 현장용접

50 ★★★

다음과 같은 사다리꼴 단면의 도심 y_0값은?

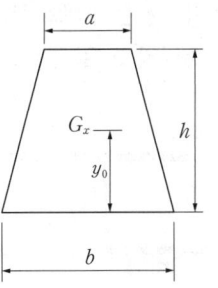

① $\dfrac{h(2a+b)}{3(a+b)}$
② $\dfrac{h(a+b)}{3(2a+b)}$
③ $\dfrac{3h(2a+b)}{(a+b)}$
④ $\dfrac{h(a+2b)}{3(a+b)}$

> **해설**

도심거리는 단면1차모멘트 G_x를 면적 A로 나누어 구한다.
$$y = \dfrac{G_x}{A}$$

사다리꼴의 도심은 삼각형 $\left(\dfrac{1}{2}bh\right)$와 삼각형 $\left(\dfrac{1}{2}ah\right)$로 나눈 후 더하여 계산할 수 있다.

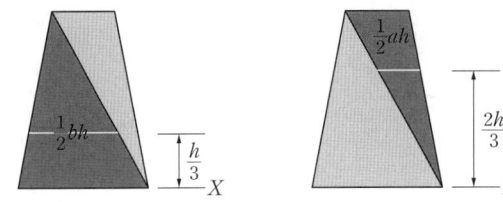

1. $G_x = \dfrac{1}{2}bh \times \dfrac{h}{3}$ 2. $G_x = \dfrac{1}{2}ah \times \dfrac{2h}{3}$

$$\therefore y = \dfrac{G_x}{A} = \dfrac{\left(\dfrac{1}{2}bh \times \dfrac{h}{3}\right)+\left(\dfrac{1}{2}ah \times \dfrac{2h}{3}\right)}{\left(\dfrac{1}{2}bh\right)+\left(\dfrac{1}{2}ah\right)} = \dfrac{h}{3} \times \dfrac{2a+b}{a+b}$$

정답 49 ④ 50 ①

51 ★☆☆

동일단면, 동일재료를 사용한 캔틸레버보 끝단에 집중하중이 작용하였다. P_1이 작용한 부재의 최대처짐량이 P_2가 작용한 부재의 최대처짐량의 2배일 경우 $P_1 : P_2$는?

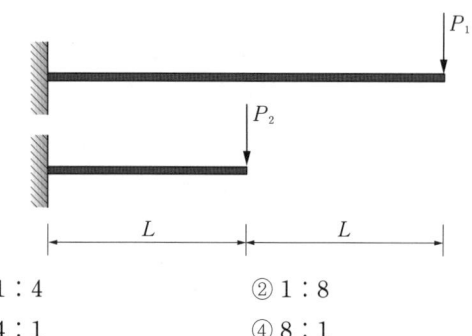

① 1 : 4
② 1 : 8
③ 4 : 1
④ 8 : 1

해설

자유단에 걸리는 하중이 P, 길이가 L인 캔틸레버보 자유단의 최대처짐은
$\delta_{max} = \left(\dfrac{PL}{EI} \times L\right) \times \dfrac{L}{3} = \dfrac{PL^3}{3EI}$이다.

지문의 조건에 따르면
$\dfrac{P_1 \cdot (2L)^3}{3EI} = \dfrac{P_2 \cdot (L)^3}{3EI} \times 2$이므로 $\dfrac{P_1}{P_2} = \dfrac{1}{4}$이다.

따라서 $P_1 : P_2 = 1 : 4$이다.

52 ★★★

지진하중 설계 시 밑면전단력과 관계없는 것은?

① 유효건물중량
② 중요도계수
③ 지반증폭계수
④ 가스트계수

해설

가스트계수는 순간 최대풍속을 구할 때 평균풍속에 곱하는 계수를 말하는 것으로 지진하중 설계와는 관련이 없다.

합격 POINT 등가정적해석법 밑면전단력 산정식

$V = C_s \cdot W = \dfrac{S_{D1}}{\left(\dfrac{R}{I_E}\right) \cdot T} \cdot W$

여기서, C_s: 지진응답계수
W: 유효건물중량
S_{D1}: 주기 1초에서의 설계스펙트럼 가속도
R: 반응수정계수
I_E: 건물의 중요도계수
T: 건물의 고유주기

53 ★★★

강도설계법에서 직접설계법을 이용한 슬래브 설계 시 적용조건으로 옳지 않은 것은?

① 각 방향으로 3경간 이상이 연속되어야 한다.
② 슬래브판들은 단변경간에 대한 장변경간의 비가 2 이하인 직사각형이어야 한다.
③ 각 방향으로 연속한 받침부 중심간 경간 길이의 차이는 긴 경간의 1/3 이하이어야 한다.
④ 모든 하중은 연직하중으로서 슬래브판 전체에 등분포 되어야 하며 활하중은 고정하중의 3배 이하이어야 한다.

해설

하중은 등분포로 작용되는 연직하중이며, 활하중은 고정하중의 2배 이하이어야 한다.

54 ★★★

다음 그림과 같은 인장재의 순단면적을 구하면?(단, F10T-M20볼트 사용(표준구멍), 판의 두께는 6mm임)

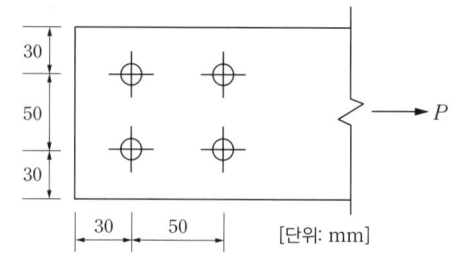

① 296mm²
② 396mm²
③ 426mm²
④ 536mm²

해설

정렬배치 상태의 인장재 순단면적 A_n은 다음과 같은 식으로 구한다.

$A_n = A_g - ndt$

- A_g: 총 단면적
- n: 파단선상 구멍 수
- d: 파스너 구멍의 직경
- t: 부재의 두께

※ 표준구멍(d)
직경 24mm 미만 → M+2.0mm
직경 24mm 이상 → M+3.0mm
따라서, M20의 표준구멍은 22mm

∴ $A_n = (6 \times (30 + 50 + 30)) - 2 \times (20 + 2) \times 6 = 396mm^2$

정답 51 ① 52 ④ 53 ④ 54 ②

55 ★★★

주철근으로 사용된 D22 철근 180° 표준갈고리의 구부림 최소 내면 반지름(r)으로 옳은 것은?

① $r = 1d_b$ ② $r = 2d_b$
③ $r = 2.5d_b$ ④ $r = 3d_b$

해설

주철근의 180° 표준갈고리와 90° 표준갈고리의 구부림 최소 내면 반지름은 다음 표의 값 이상이어야 한다.

철근 크기	최소 내면 반지름
D10~D25	$3d_b$
D29~D35	$4d_b$
D38 이상	$5d_b$

56 ★★★

강도설계법에서 그림과 같은 띠철근을 가진 기둥의 설계 축 하중 ϕP_n은 약 얼마인가? (단, $f_y = 400\text{MPa}$, $f_{ck} = 21\text{MPa}$, 강도감소계수 $\phi = 0.65$, 주근: $8 - D22(A_{st} = 3,096\text{mm}^2)$, 띠철근: $D10@300$, 보조띠철근: $D10@900$)

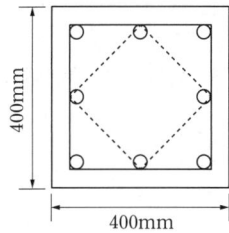

① 2,300kN ② 2,200kN
③ 2,100kN ④ 2,000kN

해설

띠철근 기둥 설계식

$\phi P_n = (0.65)(0.80)[0.85f_{ck} \cdot (A_g - A_{st}) + f_y \cdot A_{st}]$
$= (0.65)(0.8)[0.85(21)(400^2 - 3,096) + (400)(3,096)]$
$= 2,100.351\text{kN}$

57 ★★☆

그림과 같은 구조물의 부정정 차수는?

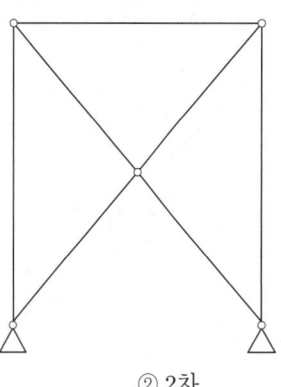

① 1차 ② 2차
③ 3차 ④ 4차

해설

$N = r + m + f - 2 \times j$ 공식 이용
여기서, r: 지점반력수, m: 부재수, f: 강절점수, j: 지점수+자유단 지점수 이다.
$\therefore N = 4 + 7 + 0 - 2 \times 5 = 1$

58 ★★☆

H형강이 사용된 압축재의 양단이 핀으로 지지되고 부재중간에서 x축 방향으로만 이동할 수 없도록 지지되어 있다. 부재의 전 길이가 4m일 때 세장비는? (단, $r_x = 8.62\text{cm}$, $r_y = 5.02\text{cm}$)

① 26.4 ② 36.4
③ 46.4 ④ 56.4

해설

강구조 압축재 세장비
양단힌지이므로 유효좌굴길이계수 $K = 1.0$
강축(x)에 대해서는 부재 전체의 길이 $L = 4\text{m}$, 약축(y)에 대해서는 가새로 횡지지되어 있으므로 $L = 2\text{m}$를 적용함에 주의하며 다음 값들 중 큰 값으로 세장비를 선정한다.

$\dfrac{KL}{r_x} = \dfrac{(1.0)(400\text{cm})}{(8.62\text{cm})} = 46.4$

$\dfrac{KL}{r_y} = \dfrac{(1.0)(200\text{cm})}{(5.02\text{cm})} = 39.84$

$\Rightarrow \therefore 46.4$

합격 POINT 유효좌굴길이계수 K

구분	양단힌지	1단고정, 1단힌지	양단고정	1단고정, 1단자유
계수 값	1	0.7	0.5	2

정답 55 ④ 56 ③ 57 ① 58 ③

59 ★★☆

그림과 같은 구조에서 C단에 발생하는 휨모멘트는?

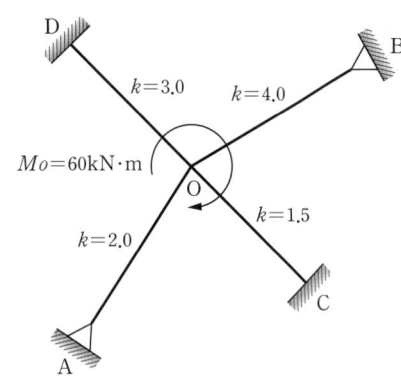

① 2.4kN·m
② 5kN·m
③ 6.5kN·m
④ 10kN·m

해설

모멘트 분배법을 이용해 구한다.

C점 도달(전달)모멘트 M_{CO}는 분배모멘트 M_{OC}의 $\frac{1}{2}$이다.

→ $M_{CO} = \frac{1}{2} M_{OC}$

분배율: $DF_{OC} = \frac{K_{OC}}{\Sigma K} = \frac{1.5}{2.0 \times \frac{3}{4} + 4.0 \times \frac{3}{4} + 1.5 + 3.0} = \frac{1}{6}$

(힌지점은 강성 k에 $\frac{3}{4}$을 곱한다)

분배모멘트: $M_{OC} = M_O \cdot DF_{OC} = 60 \times \frac{1}{6} = 10\text{kN}\cdot\text{m}(\curvearrowright)$

전달모멘트: $M_{CO} = \frac{1}{2} M_{OC} = \frac{10}{2} = 5\text{kN}\cdot\text{m}(\curvearrowright)$

60 ★★★

다음과 같은 조건의 단면을 가진 부재의 균열모멘트 M_{cr}을 구하면?

- 단면의 중립축에서 인장연단까지의 거리 $y_t = 420\text{mm}$
- 총 단면2차모멘트 $I_g = 1.0 \times 10^{10}\text{mm}^4$
- 보통중량콘크리트 설계기준압축강도 $f_{ck} = 21\text{MPa}$

① 50.6kN·m
② 53.3kN·m
③ 62.5kN·m
④ 68.8kN·m

해설

$M_{cr} = f_r \times Z = 0.63\lambda\sqrt{f_{ck}} \times \frac{I_g}{y_t}$

∴ $M_{cr} = 0.63 \times 1.0 \times \sqrt{21} \times \frac{1.0 \times 10^{10}}{420}$

≒ 68,738,635 N·mm ≒ 68.739 kN·m

합격 POINT 균열모멘트(M_{cr})

$M_{cr} = \frac{f_r}{y_t} I_g = \frac{0.63\lambda\sqrt{f_{ck}}}{y_t} I_g$

- f_r: 파괴계수
- λ: 경량콘크리트 계수
  - 보통중량콘크리트 1.0
  - 모래경량콘크리트 0.85
  - 전경량콘크리트 0.75
- y_t: 중립축에서 인장축 연단까지의 거리
- f_{ck}: 콘크리트의 압축강도
- I_g: 콘크리트의 총 단면에 대한 단면2차모멘트

제4과목 건축설비

61 ★☆☆

다음의 공기조화방식 중 전수방식에 속하는 것은?

① 단일덕트방식
② 2중덕트방식
③ 멀티존유닛방식
④ 팬코일유닛방식

해설

팬코일유닛방식이 전수방식이다.
단일덕트방식, 2중덕트방식, 멀티존유닛방식은 전공기 방식이다.

정답 59 ② 60 ④ 61 ④

62 ★★★

어떤 상태의 습공기를 절대습도의 변화 없이 건구온도만 상승시킬 때 습공기의 상태변화로 옳은 것은?

① 엔탈피는 증가한다. ② 비체적은 감소한다.
③ 노점온도는 낮아진다. ④ 상대습도는 증가한다.

해설
절대습도의 변화 없이 건구온도만 상승 시, 엔탈피는 증가한다.

선지분석
② 비체적은 증가한다.
③ 노점온도는 변화가 없다.
④ 상대습도는 감소한다.

63 ★★★

흡음 및 차음에 관한 설명으로 옳지 않은 것은?

① 벽의 차음성능은 투과손실이 클수록 높다.
② 차음성능이 높은 재료는 흡음성능도 높다.
③ 벽의 차음성능은 사용재료의 면밀도에 크게 영향을 받는다.
④ 벽의 차음성능은 동일 재료에서도 두께와 시공법에 따라 다르다.

해설
차음성능이 높은 재료는 대부분 흡음성능이 낮고, 차음성능이 낮은 재료는 대부분 흡음성능이 높다.

64 ★★☆

급탕설비에 관한 설명으로 옳은 것은?

① 팽창탱크는 반드시 개방식으로 해야 한다.
② 리버스 리턴(Reverse-return) 방식은 전 계통의 탕의 순환을 촉진하는 방식이다.
③ 직접가열식 중앙급탕법은 보일러 안에 스케일 부착이 없이 내부에 방식처리가 불필요하다.
④ 간접가열식 중앙급탕법은 저탕조와 보일러를 직결하여 순환가열하는 것으로 고압용 보일러가 주로 사용된다.

해설
리버스 리턴(역환수 방식)은 급탕·반탕관의 순환거리를 각 계통에 있어서 거의 같게 하여 전 계통의 탕의 순환을 촉진하는 방식이다. 팽창탱크는 개방식과 밀폐식으로 할 수 있다.

합격 POINT 중앙식 급탕방식의 종류

직접가열식	간접가열식
• 열효율 면에서 경제적 • 수질에 의해 보일러 내면에 스케일이 발생하여 열효율이 저하되며 보일러의 수명이 단축됨 • 급탕하는 건물의 높이가 높을 경우 고압보일러 필요 • 주택 또는 소규모 건물에 실용적	• 난방용 보일러의 증기 사용 시 급탕용 보일러 불필요 • 보일러 내면에 스케일이 거의 생기지 않음 • 건물의 높이에 따른 수압이 보일러에 작용하지 않고 저탕조에 작용하므로 고압용 보일러 불필요 • 대규모 급탕설비에 적합

65 ★☆☆

몰드 변압기에 관한 설명으로 옳지 않은 것은?

① 내진성이 우수하다.
② 내습성이 우수하다.
③ 반입, 반출이 용이하다.
④ 옥외 설치 및 대용량 제작이 용이하다.

해설
몰드 변압기는 습기나 진동에 의한 변압기의 열화나 고장 발생을 방지하는 목적으로 활용되며, 외함이 없는 상태로 옥외에 설치가 불가능하며, 대용량 제작이 어렵다.

정답 62 ① 63 ② 64 ② 65 ④

66 ★★★

자동화재탐지설비의 감지기 중 감지기 주위의 온도가 일정한 온도 이상이 되었을 때 작동하는 것은?

① 차동식 감지기 ② 정온식 감지기
③ 광전식 감지기 ④ 이온화식 감지기

해설
정온식 스폿형 감지기는 주위 온도가 일정 온도 이상으로 되면 동작하는 자동화재탐지설비 감지기로, 보일러실·주방과 같이 다량의 열을 취급하는 곳에 설치한다.

67 ★★☆

엘리베이터의 안전장치 중 일정 이상의 속도가 되었을 때 브레이크 등을 작동시키는 기능을 하는 것은?

① 조속기 ② 권상기
③ 완충기 ④ 가이드 슈

해설
조속기는 카와 같은 속도로 움직이는 조속기 로프에 의하여 회전되어 카의 속도를 검출하는 안전장치로, 엘리베이터의 카가 정상속도 이상으로 과속되었을 때 미리 설정된 속도에서 작동하여 안전하게 정지시킨다.

68 ★★☆

난방방식에 관한 설명으로 옳지 않은 것은?

① 증기난방은 잠열을 이용한 난방이다.
② 온수난방은 온수의 현열을 이용한 난방이다.
③ 온풍난방은 온습도 조절이 가능한 난방이다.
④ 복사난방은 열용량이 작으므로 간헐난방에 적합하다.

해설
복사난방은 열용량이 커서 외기온도가 급변할 경우 방열량 조절이 어렵기 때문에 지속난방에 적합하다.

69 ★★★

간선의 배선 방식 중 평행식에 관한 설명으로 옳은 것은?

① 설비비가 가장 저렴하다.
② 배선자재의 소요가 가장 적다.
③ 사고의 영향을 최소화할 수 있다.
④ 전압이 안정되나 부하의 증가에 적응할 수 없다.

해설
평행식(개별식)은 각 분전반 마다 배전반으로부터 단독으로 배선되어 있으므로 전압강하가 적고, 화재 등 사고가 발생하여도 그 범위를 좁힐 수 있는 것이 특징이다.

선지분석
① 설비비가 비싸다.
② 배선자재의 소요가 많다.
④ 전압이 안정되고 부하의 증가에 적응할 수 있다.

70 ★★★

다음 중 옥내의 노출된 건조한 장소에 시설할 수 없는 배선방법은? (단, 사용전압이 400V 미만인 경우)

① 금속관 배선 ② 버스덕트 배선
③ 가요전선관 배선 ④ 플로어덕트 배선

해설
플로어덕트 배선은 옥내의 건조한 콘크리트 바닥 내의 매설에 한하여 시설할 수 있다.

합격 POINT 배선공사

배선 종류	노출장소	
	건조한 장소	습기가 많은 장소
금속관	○	○
버스덕트	○	×
가요전선관	○	○
플로어덕트	×	×

정답 66 ② 67 ① 68 ④ 69 ③ 70 ④

71 ★☆☆

덕트 설비에 관한 설명으로 옳은 것은?

① 고속덕트에는 소음상자를 사용하지 않는 것이 원칙이다.
② 고속덕트는 관마찰저항을 줄이기 위하여 일반적으로 장방형 덕트를 사용한다.
③ 등마찰손실법은 덕트 내의 풍속을 일정하게 유지할 수 있도록 덕트 치수를 결정하는 방법이다.
④ 같은 양의 공기가 덕트를 통해 송풍될 때 풍속을 높게 하면 덕트의 단면치수를 작게 할 수 있다.

해설
같은 양의 공기가 덕트를 통해 송풍될 때 풍속을 높게 하면 덕트의 단면치수를 줄일 수 있다. 하지만 고속으로 인한 소음, 진동 등이 발생한다.

선지분석
① 고속덕트에는 소음상자를 사용하는 것이 원칙이다.
② 고속덕트는 관마찰저항을 줄이기 위하여 일반적으로 원형 덕트를 사용한다.
③ 등마찰손실법(정압법)은 단위 길이당 마찰저항값을 일정하게 하여 덕트의 치수를 결정하는 방법이다.

72 ★★☆

아파트의 각 세대에 스프링클러헤드를 30개 설치한 경우, 스프링클러설비의 수원의 저수량은 최소 얼마 이상이 되도록 하여야 하는가? (단, 폐쇄형 스프링클러헤드를 사용한 경우임)

① 48m³   ② 32m³
③ 24m³   ④ 16m³

해설
아파트의 폐쇄형 스프링클러헤드의 기준개수는 10개이므로,
스프링클러설비 수원의 저수량=1.6m³×10개=16m³

합격 POINT 스프링클러설비 수원의 저수량

1. 폐쇄형 스프링클러헤드
   1.6m³×설치장소별 스프링클러헤드의 기준개수
   ※ 설치장소별 스프링클러헤드의 기준개수

설치장소	기준개수
아파트	10개
지하층을 제외한 층수가 11층 이상인 소방대상물(아파트 제외)	30개
지하가 또는 지하역사	30개
판매시설, 복합건축물	30개

2. 개방형 스프링클러헤드
   ① 스프링클러헤드의 개수가 30개 이하일 경우
      1.6m³×설치헤드 수
   ② 스프링클러헤드의 개수가 30개 초과일 경우
      가압송수장치의 분당 송수량×설계방수시간

73 ★☆☆

급수설비에서 펌프의 실양정이 의미하는 것은? (단, 물을 높은 곳으로 보내는 경우)

① 배관계의 마찰손실에 해당하는 높이
② 흡수면에서 토출수면까지의 수직거리
③ 흡수면에서 펌프축 중심까지의 수직거리
④ 펌프축 중심에서 토출수면까지의 수직거리

해설
펌프의 실양정은 흡입양정과 토출양정의 합으로, 이는 흡수면에서 토출수면까지의 높이(수직거리)를 말한다.

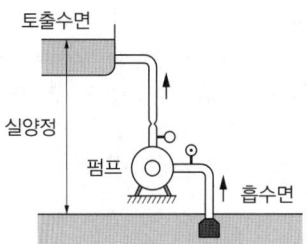

74 ★★★

높이 30m의 고가수조에 매분 1m³의 물을 보내려고 할 때 필요한 펌프의 축동력은? (단, 마찰손실수두 6m, 흡입양정 1.5m, 펌프효율 50%인 경우임)

① 약 2.5kW   ② 약 9.8kW
③ 약 12.3kW   ④ 약 16.7kW

해설
$$\text{펌프의 축동력} = \frac{W \cdot Q \cdot H}{6,120E}$$
$$= \frac{1,000\text{kg/m}^3 \times 1\text{m}^3/\text{min} \times (30+6+1.5)\text{m}}{6,120 \times 0.5}$$
$$= 12.255 ≒ 12.3\text{kW}$$

W: 물의 단위용적중량(=1,000kg/m³), Q: 양수량(m³/min),
H: 펌프의 전양정(m), E: 펌프효율(%)
※ 1kW=6,120kg·m/min

정답 71 ④ 72 ④ 73 ② 74 ③

75 ★★☆
공기조화방식 중 전수방식에 관한 설명으로 옳지 않은 것은?

① 각 실의 제어가 용이하다.
② 실내 배관에 의한 누수의 우려가 있다.
③ 극장의 관객석과 같이 많은 풍량을 필요로 하는 곳에 주로 사용된다.
④ 열매체가 증기 또는 냉·온수이므로 열의 운송동력이 공기에 비해 적게 소요된다.

해설
전수방식은 극장 같은 대공간에 부적당하며 유닛이 실내에 설치되므로 방송국 스튜디오에도 부적당하다. 높은 청정도 및 습도 조절이 불필요한 사무소, 호텔 등에 적용가능하다.
극장, 공장 등의 대공간에는 전공기방식인 단일덕트방식이 적합하다.

76 ★☆☆
다음 중 방송공동수신 설비의 구성기기에 속하지 않는 것은?

① 혼합기　　　　② 모시계
③ 컨버터　　　　④ 증폭기

해설
방송공동수신 설비의 구성기기는 혼합기, 컨버터, 증폭기, 안테나, 선로기기(분기장치, 분배기, 정합기, 분파기) 등이 있다.

77 ★★★
실내 CO_2 발생량이 17L/h, 실내 CO_2 허용농도가 0.1%, 외기의 CO_2 농도가 0.04%일 경우 필요 환기량은?

① 약 28.3m³/h　　　② 약 35.0m³/h
③ 약 40.3m³/h　　　④ 약 42.5m³/h

해설
$Q = \dfrac{K}{P_i - P_o} = \dfrac{0.017 \text{m}^3/\text{h}}{(0.001 - 0.0004)} = 28.333 ≒ 28.3 \text{m}^3/\text{h}$
Q: 환기량(m³/h), K: 발생량(m³/h), P_i: 허용농도(ppm), P_o: 외기가스농도(ppm)
※ 1L = 10^{-3}m³

78 ★★☆
변풍량 단일덕트방식에서 송풍량 조절의 기준이 되는 것은?

① 실내 청정도　　　② 실내 기류속도
③ 실내 현열부하　　④ 실내 잠열부하

해설
변풍량 단일덕트방식에서 송풍량 조절의 기준이 되는 것은 실내의 현열부하이다.

79 ★★★
다음 중 냉방부하 계산 시 현열만을 고려하는 것은?

① 인체의 발생열량
② 벽체로부터의 취득열량
③ 극간풍에 의한 취득열량
④ 외기의 도입으로 인한 취득열량

해설
냉방부하 계산 시 현열만을 고려하는 것은 벽체로부터의 취득열량이다.

선지분석
①, ③, ④는 실내온도뿐만 아니라 습도에도 변화를 주므로 현열과 잠열 모두 고려하여야 한다.

80 ★★★
터보 냉동기에 관한 설명으로 옳지 않은 것은?

① 왕복동식에 비하여 진동이 적다.
② 흡수식에 비해 소음 및 진동이 심하다.
③ 임펠러 회전에 의한 원심력으로 냉매가스를 압축한다.
④ 일반적으로 대용량에는 부적합하며 비례제어가 불가능하다.

해설
터보 냉동기는 일반적으로 대용량에 적합하며 비례제어가 가능하다.

합격 POINT ▶ 터보 냉동기(원심냉동기)
터보 냉동기는 날개 형태의 기기(임펠러)가 돌면서 생기는 원심력으로 냉매를 압축하는 형식이다.

정답 75 ③　76 ②　77 ①　78 ③　79 ②　80 ④

제5과목　건축관계법규

81 ★☆☆

주거용 건축물 급수관의 지름 산정에 관한 기준 내용으로 틀린 것은?

① 가구 또는 세대수가 1일 때 급수관 지름의 최소기준은 15mm이다.
② 가구 또는 세대수가 7일 때 급수관 지름의 최소기준은 25mm이다.
③ 가구 또는 세대수가 18일 때 급수관 지름의 최소기준은 50mm이다.
④ 가구 또는 세대의 구분이 불분명한 건축물에 있어서는 주거에 쓰이는 바닥면적의 합계가 85m² 초과 150m² 이하인 경우는 3가구로 산정한다.

해설

가구(세대) 수	1	2·3	4·5	6~8	9~16	17 이상
급수관 지름의 최소 기준(단위: mm)	15	20	25	32	40	50

합격 POINT

가구 또는 세대의 구분이 불분명한 건축물에 있어서는 주거에 쓰이는 바닥면적의 합계에 따라 다음과 같이 가구 수를 산정한다.

바닥면적	가구 수
85m² 이하	1
85m² 초과 150m² 이하	3
150m² 초과 300m² 이하	5
300m² 초과 500m² 이하	16
500m² 초과	17

82 ★☆☆

다음 중 내화구조에 해당하지 않는 것은? (단, 외벽 중 비내력벽인 경우)

① 철근콘크리트조로서 두께가 7cm인 것
② 무근콘크리트조로서 두께가 7cm인 것
③ 골구를 철골조로 하고 그 양면을 두께 3cm의 철망모르타르로 덮은 것
④ 철재로 보강된 콘크리트블록조로서 철재에 덮은 콘크리트블록의 두께가 3cm인 것

해설

외벽 중 비내력벽인 경우, 내화구조로 인정되는 경우는 다음과 같다.
- 철근콘크리트조 또는 철골철근콘크리트조로서 두께가 7cm 이상인 것
- 골구를 철골조로 하고 그 양면을 두께 3cm 이상의 철망모르타르 또는 두께 4cm 이상의 콘크리트블록·벽돌 또는 석재로 덮은 것
- 철재로 보강된 콘크리트블록조·벽돌조 또는 석조로서 철재에 덮은 콘크리트블록 등의 두께가 4cm 이상인 것
- 무근콘크리트조·콘크리트블록조·벽돌조 또는 석조로서 그 두께가 7cm 이상인 것

83 ★☆☆

다음의 대규모 건축물의 방화벽에 관한 기준 내용 중 ( ) 안에 공통으로 들어갈 내용은?

> 연면적 ( ) 이상인 건축물은 방화벽으로 구획하되, 각 구획된 바닥면적의 합계는 ( ) 미만이어야 한다.

① 500m²
② 1,000m²
③ 1,500m²
④ 3,000m²

해설

연면적 1,000m² 이상인 건축물은 방화벽으로 구획하되, 각 구획된 바닥면적의 합계는 1,000m² 미만이어야 한다.

정답 81 ② 82 ④ 83 ②

84 ★☆☆

「건축법령」에 따른 리모델링이 쉬운 구조에 속하지 않는 것은?

① 구조체가 철골구조로 구성되어 있을 것
② 구조체에서 건축설비, 내부 마감재료 및 외부 마감재료를 분리할 수 있을 것
③ 개별 세대 안에서 구획된 실의 크기, 개수 또는 위치 등을 변경할 수 있을 것
④ 각 세대는 인접한 세대와 수직 또는 수평 방향으로 통합하거나 분할할 수 있을 것

해설
건축법령상 리모델링이 쉬운 구조는 다음과 같다.
- 각 세대는 인접한 세대와 수직 또는 수평 방향으로 통합하거나 분할할 수 있을 것
- 구조체에서 건축설비, 내부 마감재료 및 외부 마감재료를 분리할 수 있을 것
- 개별 세대 안에서 구획된 실의 크기, 개수 또는 위치 등을 변경할 수 있을 것

85 ★☆☆

계단 및 복도의 설치기준에 관한 설명으로 틀린 것은?

① 높이가 3m를 넘는 계단에는 높이 3m 이내마다 유효너비 120cm 이상의 계단참을 설치할 것
② 거실 바닥면적의 합계가 100m² 이상인 지하층에 설치하는 계단인 경우 계단 및 계단참의 유효너비는 120cm 이상으로 할 것
③ 계단을 대체하여 설치하는 경사로의 경사도는 1 : 6을 넘지 아니할 것
④ 문화 및 집회시설 중 공연장의 개별 관람실(바닥면적이 300m² 이상인 경우)의 바깥쪽에는 그 양쪽 및 뒤쪽에 각각 복도를 설치할 것

해설
계단을 대체하여 설치하는 경사로의 경사도는 1:8을 넘지 아니해야 한다.

86 ★★☆

건축허가신청에 필요한 설계도서에 해당하지 않는 것은?

① 배치도 ② 투시도
③ 건축계획서 ④ 평면도

해설
건축허가신청에 필요한 설계도서로는 건축계획서, 배치도, 평면도, 입면도, 단면도, 구조도, 구조계산서, 소방설비도가 있다.

87 ★☆☆

대지의 분할 제한과 관련한 아래 내용에서, 밑줄 친 부분에 해당하는 규모가 기준이 틀린 것은?

> 건축물이 있는 대지는 대통령령으로 정하는 범위에서 해당 지방자치단체의 조례로 정하는 면적에 못 미치게 분할할 수 없다.

① 주거지역: 60m² 이상   ② 상업지역: 100m² 이상
③ 공업지역: 150m² 이상 ④ 녹지지역: 200m² 이상

해설
"대통령령으로 정하는 범위"란 다음의 어느 하나에 해당하는 규모 이상을 말한다.
- 주거지역: 60m²
- 상업지역: 150m²
- 공업지역: 150m²
- 녹지지역: 200m²
- 위의 규정에 해당하지 아니하는 지역: 60m²

88 ★★☆

다음은 「건축법령」상 지하층의 정의 내용이다. ( ) 안에 알맞은 것은?

> "지하층"이란 건축물의 바닥이 지표면 아래에 있는 층으로서 바닥에서 지표면까지 평균 높이가 해당 층 높이의 (   ) 이상인 것을 말한다.

① 2분의 1   ② 3분의 1
③ 3분의 2   ④ 4분의 3

해설
"지하층"이란 건축물의 바닥이 지표면 아래에 있는 층으로서 바닥에서 지표면까지 평균 높이가 해당 층 높이의 2분의 1 이상인 것을 말한다.

정답 84 ① 85 ③ 86 ② 87 ② 88 ①

89 ★☆☆

시가화조정구역의 지정과 관련된 기준 내용 중 밑줄 친 "대통령령으로 정하는 기간"으로 옳은 것은?

> 시·도지사는 직접 또는 관계 행정기관의 장의 요청을 받아 도시지역과 그 주변 지역의 무질서한 시가화를 방지하고 계획적·단계적인 개발을 도모하기 위하여 <u>대통령령으로 정하는 기간</u> 동안 시가화를 유보할 필요가 있다고 인정되면 시가화조정구역의 지정 또는 변경을 도시·군관리계획으로 결정할 수 있다.

① 5년 이상 10년 이내의 기간
② 5년 이상 20년 이내의 기간
③ 7년 이상 10년 이내의 기간
④ 7년 이상 20년 이내의 기간

해설
"대통령령으로 정하는 기간"이란 5년 이상 20년 이내의 기간을 말한다.

90 ★★★

「국토의 계획 및 이용에 관한 법령」에 따른 기반시설 중 공간시설에 속하지 않는 것은?

① 녹지   ② 유원지
③ 유수지   ④ 공공공지

해설
국토의 계획 및 이용에 관한 법률에 따른 공간시설에는 광장, 공원, 녹지, 유원지, 공공공지가 있다.
유수지는 방재시설에 속한다.

91 ★★☆

노외주차장의 출입구가 2개인 경우 주차형식에 따른 차로의 최소 너비가 옳지 않은 것은? (단, 이륜자동차전용 외의 노외주차장의 경우)

① 직각주차: 6.0m   ② 평행주차: 3.3m
③ 45도 대향주차: 3.5m ④ 60도 대향주차: 5.0m

해설
이륜자동차전용 외의 노외주차장의 경우 차로의 너비는 다음과 같다.

주차형식	차로의 너비	
	출입구가 2개 이상인 경우	출입구가 1개인 경우
평행주차	3.3m	5.0m
직각주차	6.0m	6.0m
60° 대향주차	4.5m	5.5m
45° 대향주차	3.5m	5.0m
교차주차	3.5m	5.0m

92 ★★☆

한 방에서 층의 높이가 다른 부분이 있는 경우 층고 산정방법으로 옳은 것은?

① 가장 낮은 높이로 한다.
② 가장 높은 높이로 한다.
③ 각 부분 높이에 따른 면적에 따라 가중평균한 높이로 한다.
④ 가장 낮은 높이와 가장 높은 높이의 산술평균한 높이로 한다.

해설
층고는 방의 바닥구조체 윗면으로부터 위층 바닥구조체의 윗면까지의 높이로 한다. 다만, 한 방에서 층의 높이가 다른 부분이 있는 경우에는 그 각 부분 높이에 따른 면적에 따라 가중평균한 높이로 한다.

정답 89 ② 90 ③ 91 ④ 92 ③

93 ★★☆

용도지역의 건폐율 기준으로 옳지 않은 것은?

① 주거지역: 70% 이하
② 상업지역: 90% 이하
③ 공업지역: 70% 이하
④ 녹지지역: 30% 이하

해설
녹지지역의 경우 건폐율은 20% 이하이다.

94 ★☆☆

공사감리자의 업무에 속하지 않는 것은?

① 시공계획 및 공사관리의 적정 여부의 확인
② 상세 시공도면의 검토·확인
③ 설계변경의 적정 여부의 검토·확인
④ 공정표 및 현장설계도면 작성

해설
공사감리자가 수행하여야 하는 감리업무는 공정표 및 현장설계도면 작성이 아닌 공정표의 검토이다.

합격 POINT 〉 공사감리자가 수행하여야 하는 감리업무
공사감리자는 다음의 업무를 수행한다.
1. 건축물 및 대지가 이 법 및 관계 법령에 적합하도록 공사시공자 및 건축주를 지도
2. 시공계획 및 공사관리의 적정 여부의 확인
2-1. 수급인이 시공자격을 갖춘 건설사업자에게 건축공사를 하도급 했는지에 대한 확인
2-2. 수급인이 공사현장에 건설기술인을 배치했는지에 대한 확인
3. 공사현장에서의 안전관리의 지도
4. 공정표의 검토
5. 상세시공도면의 검토·확인
6. 구조물의 위치와 규격의 적정 여부의 검토·확인
7. 품질시험의 실시여부 및 시험성과의 검토·확인
8. 설계변경의 적정 여부의 검토·확인
9. 기타 공사감리계약으로 정하는 사항

95 ★☆☆

같은 건축물 안에 공동주택과 위락시설을 함께 설치하고자 하는 경우에 관한 기준 내용으로 옳지 않은 것은?

① 건축물의 주요 구조부를 내화구조로 할 것
② 공동주택과 위락시설은 서로 이웃하도록 배치할 것
③ 공동주택과 위락시설은 내화구조로 된 바닥 및 벽으로 구획하여 서로 차단할 것
④ 공동주택의 출입구와 위락시설의 출입구는 서로 그 보행거리가 30m 이상이 되도록 설치할 것

해설
공동주택과 위락시설은 서로 이웃하지 아니하도록 배치해야 한다.

96 ★☆☆

다음은 대피공간의 설치에 관한 기준 내용이다. 밑줄 친 요건 내용으로 옳지 않은 것은?

> 공동주택 중 아파트로서 4층 이상인 층의 각 세대가 2개 이상의 직통계단을 사용할 수 없는 경우에는 발코니에 인접 세대와 공동으로 또는 각 세대 별로 다음 각 호의 요건을 모두 갖춘 대피공간을 하나 이상 설치하여야 한다.

① 대피공간은 바깥의 공기와 접하지 않을 것
② 대피공간은 실내의 다른 부분과 방화구획으로 구획될 것
③ 대피공간의 바닥면적은 각 세대별로 설치하는 경우에는 $2m^2$ 이상일 것
④ 대피공간의 바닥면적은 인접 세대와 공동으로 설치하는 경우에는 $3m^2$ 이상일 것

해설
대피공간은 바깥의 공기와 접해야 한다.

정답 93 ④ 94 ④ 95 ② 96 ①

97 ★★☆

다음 중 건축물의 대지에 공개공지 또는 공개공간을 확보하여야 하는 대상 건축물에 속하는 것은? (단, 일반주거지역의 경우)

① 업무시설로서 해당 용도로 쓰는 바닥면적의 합계가 3,000m²인 건축물
② 숙박시설로서 해당 용도로 쓰는 바닥면적의 합계가 4,000m²인 건축물
③ 종교시설로서 해당 용도로 쓰는 바닥면적의 합계가 5,000m²인 건축물
④ 문화 및 집회시설로서 해당 용도로 쓰는 바닥면적의 합계가 4,000m²인 건축물

해설
다음의 어느 하나에 해당하는 건축물의 대지에는 공개공지 또는 공개공간을 설치해야 한다.
• 문화 및 집회시설, 종교시설, 판매시설, 운수시설, 업무시설 및 숙박시설로서 해당 용도로 쓰는 바닥면적의 합계가 5,000m² 이상인 건축물
• 그 밖에 다중이 이용하는 시설로서 건축조례로 정하는 건축물

98 ★★☆

건축물을 신축하는 경우 옥상에 조경을 150m² 시공했다. 이 경우 대지의 조경면적은 최소 얼마 이상으로 하여야 하는가? (단, 대지면적은 1,500m²이고, 조경설치 기준은 대지면적의 10%이다.)

① 25m²　　② 50m²
③ 75m²　　④ 100m²

해설
1. 대지면적은 1,500m²이고, 조경설치 기준은 대지면적의 10% 이상이므로 필요한 전체조경면적은 150m²이다.
2. 옥상조경면적의 2/3를 지상조경면적으로 산정할 수 있지만 전체조경면적의 50/100을 초과할 수 없다.

$(150m^2 \times \frac{2}{3} = 100m^2$ 인정, $150m^2 \times \frac{50}{100} = 75m^2$ 초과 불가함)

따라서 전체조경면적인 150m²에서 지상조경면적으로 산정한 옥상조경면적인 75m²를 제외한 75m²를 지상에 설치한다.

합격 POINT 조경면적

전체조경면적	
지상조경면적	옥상조경면적 • 2/3만 인정 • 전체조경면적의 50% 초과 불가

99 ★☆☆

바닥으로부터 높이 1m까지의 안쪽벽의 마감을 내수재료로 하지 않아도 되는 것은?

① 아파트의 욕실
② 숙박시설의 욕실
③ 제1종 근린생활시설 중 휴게음식점의 조리장
④ 제2종 근린생활시설 중 일반음식점의 조리장

해설
다음에 해당하는 욕실 또는 조리장의 바닥과 그 바닥으로부터 높이 1m까지의 안쪽벽의 마감은 이를 내수재료로 해야 한다.
• 제1종 근린생활시설중 목욕장의 욕실과 휴게음식점의 조리장
• 제2종 근린생활시설중 일반음식점 및 휴게음식점의 조리장과 숙박시설의 욕실

100 ★★☆

다중이용 건축물에 속하지 않는 것은? (단, 층수가 10층이며, 해당 용도로 쓰는 바닥면적의 합계가 5,000m²인 건축물의 경우)

① 업무시설
② 종교시설
③ 판매시설
④ 숙박시설 중 관광숙박시설

해설
다중이용 건축물이란 다음의 어느 하나에 해당하는 건축물을 말한다.
• 바닥면적의 합계가 5,000m² 이상인 문화 및 집회시설(동물원 및 식물원 제외), 종교시설, 판매시설, 운수시설 중 여객용 시설, 의료시설 중 종합병원, 숙박시설 중 관광숙박시설
• 16층 이상인 건축물

정답 97 ③　98 ③　99 ①　100 ①

2024년 제2회 CBT 복원문제

제1과목 건축계획

01 ★☆☆
한국 전통건축의 지붕양식에 관한 설명으로 옳은 것은?
① 팔작지붕은 원초적인 지붕형태로 원시움집에서부터 사용되었다.
② 모임지붕은 용마루와 내림마루가 있고 추녀마루만 없는 형태이다.
③ 맞배지붕은 용마루와 추녀마루로만 구성된 지붕으로 주로 다포식 건물에 사용되었다.
④ 우진각지붕은 네 면에 모두 지붕면이 있으며 전후 지붕면은 사다리꼴이고 양측 지붕면은 삼각형이다.

해설
우진각지붕은 건물 네 면에 모두 지붕면이 있고 추녀마루가 용마루에서 만나게 되는 지붕이다.

선지분석
① 팔작지붕은 대규모 건축에 사용되며, 화려하고 엄숙한 기풍을 가진 지붕이다.
② 모임지붕은 용마루가 없고 추녀마루로만 구성되는 형태이다.
③ 맞배지붕은 내림마루나 추녀마루가 없다.

02 ★★☆
클로즈드 시스템(Closed system)의 종합병원에서 외래진료부 계획에 관한 설명으로 옳지 않은 것은?
① 환자의 이용이 편리하도록 2층 이하에 두도록 한다.
② 부속 진료시설을 인접하게 하여 이용이 편리하게 한다.
③ 중앙주사실, 약국은 정면 출입구에서 멀리 떨어진 곳에 둔다.
④ 외과 계통 각 과는 1실에서 여러 환자를 볼 수 있도록 대실로 한다.

해설
중앙주사실, 회계, 약국 등은 정면 출입구 근처에 설치한다.

선지분석
① 환자의 이용이 편리하도록 1층 또는 2층 이하에 둔다.
② 부속 진료시설은 외래환자 및 입원환자 모두가 이용하는 곳으로 시설물들을 인접하게 하여 이용이 편리하게 한다.
④ 내과는 소규모 진료실을 다수 설치하고, 외과 계통은 대진료실을 설치한다.

03 ★★☆
그리스 아테네 아크로폴리스에 관한 설명으로 옳지 않은 것은?
① 프로필리어는 아크로폴리스로 들어가는 입구 건물이다.
② 에레크테이온 신전은 이오닉 양식의 대표적인 신전으로 부정형 평면으로 구성되어 있다.
③ 니케 신전은 순수한 코린트식 양식으로서 페르시아와의 전쟁의 승리기념으로 세워졌다.
④ 파르테논 신전은 도릭 양식의 대표적인 신전으로서 그리스 고전건축을 대표하는 건물이다.

해설
니케 신전은 아테네 여신을 모시던 신전으로 아크로폴리스 최초의 이오니아식 건축물이다.

04 ★★☆
극장 무대에서 그리드 아이언(Grid iron)이란 무엇인가?
① 조명 조작 등을 위해 무대 주위 벽에 6~9m의 높이로 설치되는 좁은 통로
② 조명기구, 연기자 또는 음향 반사판을 매달기 위해 무대 천정 밑에 설치되는 시설
③ 하늘이나 구름 등 자연 현상을 나타내기 위한 무대 배경용 벽
④ 무대와 객석의 경계를 이루는 곳으로 액자와 같은 시각적 효과를 갖게 하는 시설

해설
그리드 아이언은 무대 천장 밑에 설치한 것으로 배경이나 조명 기구 등이 매달린다.

선지분석
① 플라이 갤러리는 그리드 아이언으로 올라가는 계단과 연결시킨 무대 주위 벽에 설치되는 좁은 통로이다.
③ 사이클로라마는 무대의 제일 뒤에 설치되는 무대 배경용의 벽이다.
④ 프로시니엄 아치는 그림을 액자에 넣은 것과 같이 관객의 눈을 무대로 쏠리게 하는 시각적 효과를 갖는다.

정답 01 ④ 02 ③ 03 ③ 04 ②

05 ★☆☆
사무소 건축의 코어 형식에 관한 설명으로 옳은 것은?

① 편심코어형은 각 층의 바닥면적이 큰 경우 적합하다.
② 양단코어형은 코어가 분산되어 있어 피난상 불리하다.
③ 중심코어형은 구조적으로 바람직한 형식으로 유효율이 높은 계획이 가능하다.
④ 외코어형은 설비 덕트나 배관을 코어로부터 사무실 공간으로 연결하는데 제약이 없다.

해설
중심코어형은 건물 중앙에 코어가 있어 구조적으로 가장 유리하고 유효율이 높으며, 임대 사무소로서 경제적인 계획이 가능하다.

선지분석
① 바닥면적이 소규모인 경우에 적합하다.
② 2방향 피난으로 피난상 유리하다.
④ 설비 덕트나 배관을 코어로부터 사무실 공간으로 연결하는데 제약이 많다.

06 ★☆☆
타운 하우스에 관한 설명으로 옳지 않는 것은?

① 각 세대마다 주차가 용이하다.
② 프라이버시 확보를 위한 경계벽 설치가 가능하다.
③ 단독주택의 장점을 고려한 형식으로 토지 이용의 효율성이 높다.
④ 일반적으로 1층은 침실 등 개인공간, 2층은 거실 등 생활공간으로 구성한다.

해설
- 일반적으로 1층은 거실 등 생활공간, 2층은 침실 등 개인공간으로 구성한다.
- 타운 하우스는 단독주택의 장점을 최대한 살린 형식으로 토지 이용의 효율성이 높고 건설비나 유지관리비가 절약되는 장점이 있다.

07 ★★★
극장의 평면 형식 중 아레나형에 관한 설명으로 옳지 않은 것은?

① 무대의 배경을 만들지 않으므로 경제성이 있다.
② 무대의 장치나 소품은 낮은 가구들로 구성된다.
③ 연기는 한정된 액자 속에서 나타나는 구상화의 느낌을 준다.
④ 가까운 거리에서 관람하면서 가장 많은 관객을 수용할 수 있다.

해설
액자와 같이 관객의 시선을 무대에 쏠리게 하는 시각적 효과를 갖는 것은 프로시니엄형이다.

08 ★☆☆
종합병원의 건축계획에 관한 설명으로 옳지 않은 것은?

① 간호사의 보행거리는 24m 이내가 되도록 한다.
② 외래진료부는 환자의 이용이 편리하도록 1층 또는 2층 이하에 둔다.
③ 일반적으로 병원건축의 시설규모는 입원환자의 병상수에 의해 결정된다.
④ 병동배치방식 중 분관식(Pavilion type)은 동선이 짧게 되는 이점이 있다.

해설
분관식의 경우 동선이 길어지는 것이 단점이다.

합격 POINT 병원건축 분관식
- 일반적으로 3층 이하의 저층건물로 구성된다.
- 각 병실의 일조, 통풍 환경을 균일하게 할 수 있다.
- 동선이 길어진다.
- 환자는 주로 경사로를 이용한 보행 또는 들것으로 운반된다.

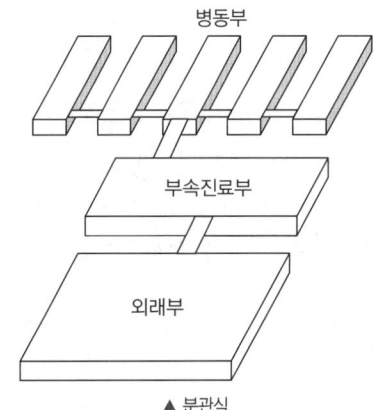

▲ 분관식

정답 05 ③ 06 ④ 07 ③ 08 ④

09 ★☆☆

다음의 건축 작품과 설계자의 연결이 옳지 않은 것은?

① 낙수장: 프랭크 로이드 라이트
② 사보아(Savoye) 주택: 르 코르뷔지에
③ 킴벨(Kimbel) 미술관: 발터 그로피우스
④ 투겐하트(Tugendhat) 주택: 미스 반 데어 로에

해설
킴벨 미술관은 루이스 칸(Louis Isadore Kahn)이 설계한 건축물이다. 발터 그로피우스의 작품으로는 아테네 미국대사관, 데사우 바우하우스 교사, 파구스 공장, 하버드 대학의 대학원 등이 있다.

선지분석
① 프랭크 로이드 라이트(Frank Lloyd Wright)의 작품에는 구겐하임 미술관, 낙수장, 로비 하우스, 유니티 교회, 제국호텔, 존슨 왁스 사무소, 라킨 빌딩 등이 있다.
② 르 코르뷔지에(Le Corbusier)의 작품에는 롱샹 교회, 사보아 주택, 마르세유 아파트, 시트로앙 주택, 브뤼셀 필립관 등이 있다.
④ 미스 반 데어 로에(Mies Van der Rohe)의 작품에는 바르셀로나 박람회 독일관(파빌리온), 투겐하트 주택, 시그램 빌딩, 일리노이 공과대학 크라운 홀 등이 있다.

10 ★☆☆

아파트 형식에 관한 설명으로 옳지 않은 것은?

① 계단실형은 거주의 프라이버시가 높다.
② 편복도형은 복도에서 각 세대로 진입하는 형식이다.
③ 메조넷형은 평면구성의 제약이 적어 소규모 주택에 주로 이용된다.
④ 플랫형은 각 세대의 주거단위가 동일한 층에 배치 구성된 형식이다.

해설
- 메조넷형은 하나의 주거 단위가 복층으로 구성되는 형태로 대규모 주택에 주로 이용된다.
- 메조넷형(복층형)에서는 공용 및 서비스 면적이 감소한다.

11 ★★☆

다음 중 사무소 건축의 기둥간격 결정요소와 가장 거리가 먼 것은?

① 책상배치의 단위
② 주차배치의 단위
③ 엘리베이터의 설치 대수
④ 채광상 층높이에 의한 깊이

해설
사무소 건축의 기둥간격의 결정과 엘리베이터의 설치 대수는 관련이 없다.

합격 POINT 사무소와 백화점의 기둥간격 결정요소
- 사무소: 책상배치 단위, 채광상 층고에 의한 안깊이, 주차배치 단위 등
- 백화점: 가구배치, 에스컬레이터의 배치, 주차배치 단위, 층고 등

12 ★★★

건축계획단계에서 조사방법에 관한 설명으로 옳지 않은 것은?

① 설문조사를 통하여 생활과 공간 간의 대응관계를 규명하는 것은 생활행동 행위의 관찰에 해당된다.
② 주거단지에서 어린이들의 행동특성을 조사하기 위해서는 생활행동 행위 관찰 방식이 일반적으로 적절하다.
③ 이용 상황이 명확하게 기록되어 있는 시설의 자료 등을 활용하는 것은 기존자료를 통한 조사에 해당된다.
④ 건물의 이용자를 대상으로 설문을 작성하여 조사하는 방식은 생활과 공간의 대응관계 분석에 유효하다.

해설
설문조사를 통하여 생활과 공간 간의 대응관계를 규명하는 것은 설문지법에 해당한다.

정답 09 ③ 10 ③ 11 ③ 12 ①

13 ★☆☆

은행건축계획에 관한 설명으로 옳지 않은 것은?

① 고객과 직원과의 동선이 중복되지 않도록 계획한다.
② 대규모 은행일 경우 고객의 출입구는 되도록 1개소로 계획한다.
③ 이중문을 설치할 경우 바깥문은 바깥 여닫이 또는 자재문으로 계획한다.
④ 어린이의 출입이 많은 경우에는 주출입구에 회전문을 설치하는 것이 좋다.

해설
어린이의 출입이 많은 경우에는 안전에 유의하여 주출입구에 회전문을 설치하지 않는다.

선지분석
② 고객 출입구는 도난 방지와 관리를 위해 1개소만 설치한다.

14 ★☆☆

다음 설명에 알맞은 국지도로의 유형은?

> 불필요한 차량 진입이 배제되는 이점을 살리면서 우회도로가 없는 Cul-de-sac형의 결점을 개량하여 만든 패턴으로서 보행자의 안전성 확보가 가능하다.

① Loop형　　② 격자형
③ T자형　　　④ 간선분리형

해설
- Loop형은 우회도로가 없는 쿨데삭(Cul-de-sac)형의 결점을 개량하여 만든 패턴이다.
- Loop형은 단지의 가장자리를 커다란 루프(Loop)로 둘러싸서 내부의 세대와 연결시키는 형식이다.
- Loop형은 통과 교통을 차단하여 안정된 도로 공간이 조성되며, 도로율이 높아지는 단점이 있다.

선지분석
② 격자형은 가로망의 형태가 단순·명료하고, 가구 및 획지 구성상 택지의 이용효율이 높다.
③ T자형은 교차로를 통해 이동하면서 통행거리가 길어지며 보행자 전용 도로와 병용하여 계획한다.

15 ★★★

극장건축에서 그린룸(Green Room)의 역할로 가장 알맞은 것은?

① 의상실
② 배경제작실
③ 관리관계실
④ 출연대기실

해설
그린룸(Green Room)은 출연자 대기실을 말하며 주로 무대 가까운 곳에 배치한다.

합격 POINT
- 앤티 룸(Anti Room)은 출연자들이 출연 바로 직전에 기다리는 공간이다.
- 배경제작실의 위치는 무대에 가까울수록 편리하며, 제작 중의 소음을 고려하여 차음 설비가 요구된다.

16 ★★☆

다음 설명에 알맞은 사무소 건축의 코어 유형은?

> - 코어와 일체로 한 내진구조가 가능한 유형이다.
> - 유효율이 높으며, 임대 사무소로서 경제적인 계획이 가능하다.

① 편심형　　② 독립형
③ 분리형　　④ 중심형

해설
중심형에 대한 설명이다. 중심형은 구조적으로 가장 바람직한 유형으로 고층, 초고층 사무소 건축에 주로 사용된다.

선지분석
① 편심형: 각 층 바닥면적이 소규모인 경우에 적합하다.
② 독립형: 코어를 업무공간에서 분리시킨 관계로 업무공간의 융통성이 높은 유형이다.
③ 분리형: 2방향 피난에 이상적이며 방재상 유리하다.

정답 13 ④　14 ①　15 ④　16 ④

17 ★★★

병원건축에 있어서 파빌리온 타입(Pavilion type)에 관한 설명으로 옳은 것은?

① 대지 이용의 효율성이 높다.
② 고층 집약식 배치형식을 갖는다.
③ 각 실의 채광을 균등히 할 수 있다.
④ 도심지에서 주로 적용되는 형식이다.

해설
분관식은 각 병실을 남향으로 할 수 있어 각 실의 채광이 균등하고 일조와 통풍 조건이 좋다.

선지분석
①, ②, ④ 하나의 건물에 외래부, 부속 진료시설, 병동을 합친 집중식에 대한 설명이다.

18 ★★★

1주간의 평균 수업시간이 30시간인 어느 학교에서 설계제도교실이 사용되는 시간은 24시간이다. 그 중 6시간은 다른 과목을 위해 사용된다고 할 때, 설계제도교실의 이용률과 순수율은?

① 이용률 80%, 순수율 25%
② 이용률 80%, 순수율 75%
③ 이용률 60%, 순수율 25%
④ 이용률 60%, 순수율 75%

해설
- 이용률 $= \dfrac{\text{실제 교실 사용 시간}}{\text{평균수업 시간}} \times 100$
  $= \dfrac{24}{30} \times 100 = 80\%$
- 순수율 $= \dfrac{\text{해당 교과의 수업 시간}}{\text{실제 교실 사용 시간}} \times 100$
  $= \dfrac{18}{24} \times 100 = 75\%$

19 ★★★

미술관의 연속순로 형식에 관한 설명으로 옳은 것은?

① 각 실을 필요시에는 자유로이 독립적으로 폐쇄할 수 있다.
② 평면적인 형식으로 2, 3개 층의 입체적인 방법은 불가능하다.
③ 많은 실을 순서별로 통하여야 하는 불편이 있으나 공간 절약의 이점이 있다.
④ 중심부에 하나의 큰 홀을 두고 그 주위에 각 전시실을 배치하여 자유로이 출입하는 형식이다.

해설
연속순로 형식은 단순함과 공간절약의 의미에서 이점은 있으나 많은 실을 순서별로 통하여야 하는 불편이 있다.

선지분석
① 갤러리 및 코리더 형식에 대한 설명이다.
② 계단을 통하여 2, 3개 층의 입체적인 방법으로 연결이 가능하다.
④ 중앙홀 형식에 대한 설명이다.

20 ★★★

오피스 랜드스케이프(Office Landscape)에 관한 설명으로 옳지 않은 것은?

① 외부 조경면적이 확대된다.
② 작업의 패쇄성이 저하된다.
③ 사무능률의 향상을 도모한다.
④ 공간의 효율적 이용이 가능하다.

해설
오피스 랜드스케이프는 서열이나 직급 등에 따라 획일적으로 배치하지 않고 사무의 흐름이나 작업의 성격에 따라 능률적으로 배치하는 방법으로 외부 조경면적이 확대되지는 않는다.
외부 조경면적은 건축물의 대지면적에 따라 결정된다.

정답 17 ③ 18 ② 19 ③ 20 ①

제2과목　건축시공

21 ★★★
돌로마이트 플라스터 바름에 관한 설명으로 옳지 않은 것은?

① 정벌바름용 반죽은 물과 혼합한 후 12시간 정도 지난 다음 사용하는 것이 바람직하다.
② 바름두께가 균일하지 못하면 균열이 발생하기 쉽다.
③ 돌로마이트 플라스터는 수경성이므로 해초풀을 적당한 비율로 배합해서 사용해야 한다.
④ 시멘트와 혼합하여 2시간 이상 경과한 것은 사용할 수 없다.

해설
돌로마이트 플라스터는 기경성이며 돌로마이트(마그네시아 석회)에 모래·여물을 섞어 반죽한 미장재료로 해초풀을 사용하지 않는다.

합격 POINT 　돌로마이트 플라스터
- 돌로마이트(마그네시아 석회)에 모래·여물을 섞어 반죽한 도벽재료로 기경성이며 점성이 좋아 해초풀을 사용하지 않는다.
- 필요에 따라 시멘트의 혼입도 하고 초벌용과 정벌용의 등급이 있다.
- 시공
  1. 정벌바름용 반죽은 물과 혼합한 후 12시간 정도 지난 다음 사용하는 것이 바람직하며, 시멘트와 혼합하여 2시간 이상 경과한 것은 사용할 수 없다.
  2. 바름두께가 균일하지 못하면 균열이 발생하기 쉽다.
  3. 실내온도가 5℃ 이하일 때는 공사를 중단하거나 난방하여 5℃ 이상으로 유지한다.
  4. 초벌바름에 균열이 없을 때에는 고름질한 후 7일 이상 두어 고름질면의 건조를 기다린 후 균열이 발생하지 아니함을 확인한 다음 재벌바름을 실시한다.
  5. 바름두께가 균일하지 못하면 균열이 발생하기 쉽다.
  6. 재벌바름이 지나치게 건조한 때는 적당히 물을 뿌리고 정벌바름한다.

22 ★☆☆
타일 붙임 공법에 쓰이는 용어 중 거푸집에 전용 시트를 붙이고, 콘크리트 표면에 요철을 부여하여 모르타르가 파고 들어가는 것에 의해 박리를 방지하는 공법은?

① 개량 압착 붙임 공법
② MCR 공법
③ 마스크 붙임 공법
④ 밀착 붙임 공법

해설
MCR 공법에 대한 설명이다.

23 ★★★
가설건축물 중 시멘트창고에 관한 설명으로 옳지 않은 것은?

① 바닥구조는 일반적으로 마루널깔기로 한다.
② 창고의 크기는 시멘트 100포당 2~3m²로 하는 것이 바람직하다.
③ 공기의 유통이 잘 되도록 개구부를 가능한 한 크게 한다.
④ 벽은 널판붙임으로 하고 장기간 사용하는 것은 함석붙이기로 한다.

해설
시멘트창고에 채광창 이외에 창은 설치하지 않으며, 통풍 시 시멘트의 풍화를 유발하므로 환기창의 설치를 금한다.

합격 POINT 　시멘트창고
- 방습상 바닥 설치는 지면에서 30cm 이상으로 한다.
- 출입구, 채광창 이외의 개구부는 되도록 설치하지 않으며 반입로, 반출로를 따로 두어 먼저 반입된 것부터 사용한다.
- 쌓기높이는 13포 이하로 한다.
- 1m² 당 30~35포대가 적당하며, 최고 50포까지 적재할 수 있다.
- 창고 주위에 배수도랑을 설치하여 우수 침입을 방지한다.

24 ★★☆
지반조사 중 보링에 관한 설명으로 옳지 않은 것은?

① 보링의 깊이는 일반적인 건물의 경우 대략 지지 지층 이상으로 한다.
② 채취시료는 충분히 햇빛에 건조시키는 것이 좋다.
③ 부지 내에서 3개소 이상 행하는 것이 바람직하다.
④ 보링 구멍은 수직으로 파는 것이 중요하다.

해설
채취한 시료는 자연상태로 보관한다.

합격 POINT 　보링(Boring)
기초지반에 작은 구멍을 뚫어 깊이에 따른 토질의 시료를 채취하여 그에 따라 지층의 상황을 판단하는 기초지반 조사방법이다.

정답　21 ③　22 ②　23 ③　24 ②

25 ★★☆
조적식 구조의 기초에 관한 설명으로 옳지 않은 것은?

① 내력벽의 기초는 연속기초로 한다.
② 기초판은 철근콘크리트구조로 할 수 있다.
③ 기초판은 무근콘크리트구조로 할 수 있다.
④ 기초벽의 두께는 최하층의 벽체 두께와 같게 하되, 250mm 이하로 하여야 한다.

해설
기초벽의 두께는 250mm 이상으로 하여야 한다.

26 ★★☆
목공사에 사용되는 철물에 관한 설명으로 옳지 않은 것은?

① 감잡이쇠는 큰 보에 걸쳐 작은 보를 받게 하고, 안장쇠는 평보를 대공에 달아매는 경우 또는 평보와 ㅅ자보의 밑에 쓰인다.
② 못의 길이는 박아대는 재두께의 2.5배 이상이며, 마구리 등에 박는 것은 3.0배 이상으로 한다.
③ 볼트 구멍은 볼트지름보다 3mm 이상 커서는 안 된다.
④ 듀벨은 볼트와 같이 사용하여 듀벨에는 전단력, 볼트에는 인장력을 분담시킨다.

해설
안장쇠는 큰 보에 걸쳐 작은 보를 받게 하고, 감잡이쇠는 평보를 대공에 달아매는 경우 또는 평보와 ㅅ자보의 밑에 쓰인다.

27 ★☆☆
콘크리트 블록벽체 2m²를 쌓는데 소요되는 콘크리트 블록 장수로 옳은 것은? (단, 블록은 기본형이며, 할증은 고려하지 않음)

① 26장 ② 30장
③ 34장 ④ 38장

해설
기본형 콘크리트 블록은 1m²당 13장이 필요하므로, 블록벽체 2m²의 소요 콘크리트 블록장수는 2m²×13장/m²=26장이다.

합격 POINT 블록 크기별 소요량 (1m² 기준)

구분	치수	단위	수량
기본형	210×190×390	매	13
	190×190×390		
	150×190×390		
	100×190×390		
장려형	190×190×290	매	17
	150×190×290		
	100×190×290		

28 ★★★
타일의 흡수율 크기의 대소관계로 옳은 것은?

① 석기질 > 도기질 > 자기질
② 도기질 > 석기질 > 자기질
③ 자기질 > 석기질 > 도기질
④ 석기질 > 자기질 > 도기질

해설
타일의 흡수율(%)은 도기질, 석기질, 자기질 순으로 크다.

29 ★★☆
건축마감공사로서 단열공사에 관한 설명으로 옳지 않은 것은?

① 단열시공바탕은 단열재 또는 방습재 설치에 못, 철선, 모르타르 등의 돌출물이 도움이 되므로 제거하지 않아도 된다.
② 설치위치에 따른 단열공법 중 내단열공법은 단열성능이 적고 내부 결로가 발생할 우려가 있다.
③ 단열재를 접착제로 바탕에 붙이고자 할 때에는 바탕면을 평탄하게 한 후 밀착하여 시공하되 초기박리를 방지하기 위해 압착상태를 유지시킨다.
④ 단열재료에 따른 공법은 성형판단열재 공법, 현장발포재 공법, 뿜칠단열재 공법 등으로 분류할 수 있다.

해설
단열시공바탕은 단열재 또는 방습재 설치에 지장이 없도록 못, 철선, 모르타르 등의 돌출물을 제거하여 평탄하게 한다.

정답 25 ④ 26 ① 27 ① 28 ② 29 ①

30 ★★★
프리스트레스트 콘크리트에 관한 설명으로 옳은 것은?

① 진공매트 또는 진공펌프 등을 이용하여 콘크리트로부터 수화에 필요한 수분과 공기를 제거한 것이다.
② 고정시설을 갖춘 공장에서 부재를 철재거푸집에 의하여 제작한 기성제품 콘크리트(PC)이다.
③ 포스트텐션 공법은 미리 강선을 압축하여 콘크리트에 인장력으로 작용시키는 방법이다.
④ 장스팬 구조물에 적용할 수 있으며, 단위부재를 작게 할 수 있어 자중이 경감되는 특징이 있다.

해설
프리스트레스트 콘크리트(PS 콘크리트)는 콘크리트의 인장응력이 생기는 부분에 PC 강재를 긴장시켜 프리스트레스를 부여하므로, 콘크리트에 미리 압축력을 주어 인장강도의 증가로 휨 저항을 크게 한 것으로 장스팬 구조가 가능하고 단위부재의 축소 및 자중을 경감할 수 있다.

31 ★★☆
콘크리트의 건조수축 영향인자에 관한 설명으로 옳지 않은 것은?

① 시멘트의 화학성분이나 분말도에 따라 건조수축량이 변화한다.
② 골재 중에 포함된 미립분이나 점토, 실트는 일반적으로 건조수축을 증대시킨다.
③ 바다모래에 포함된 염분은 그 양이 많으면 건조수축을 증대시킨다.
④ 단위수량이 증가할수록 건조수축량은 작아진다.

해설
습윤상태의 콘크리트가 경화 시 시멘트의 수화반응으로 여분의 물이 건조에 의해 증발하여 시멘트 페이스트가 수축하는 현상이다. 이에 콘크리트의 단위수량이 증가할수록 건조수축량은 커진다.

32 ★★☆
지내력을 갖춘 지반으로 만들기 위한 배수공법 또는 탈수공법이 아닌 것은?

① 샌드드레인 공법
② 웰포인트 공법
③ 페이퍼드레인 공법
④ 베노토 공법

해설
베노토(All casing) 공법은 지반 내의 구조물에 대한 지지력을 제공하기 위해 사용되는 말뚝공법이며 깊이 50~60m의 대구경 깊은 말뚝을 사용하여 지지력을 높이는 공법이다.

선지분석
① 샌드드레인(Sand drain) 공법
지반에 모래말뚝을 형성하여 지표면에 하중을 가하여 주변 지반의 지하수를 배수하는 공법이다.
② 웰포인트(Well point) 공법
집수장치를 붙인 파이프를 지중에 삽입하고 지상의 집수관에 연결한 후 펌프로 지중의 물을 배수하는 공법이다.
③ 페이퍼드레인(Paper drain) 공법
점토지반에서 합성수지로 된 Card board를 사용하여 탈수하는 공법이다.

33 ★★☆
합성수지에 관한 설명으로 옳지 않은 것은?

① 에폭시 수지는 접착제, 프린트 배선판 등에 사용된다.
② 염화비닐수지는 내후성이 있고, 수도관 등에 사용된다.
③ 아크릴 수지는 내약품성이 있고, 조명기구커버 등에 사용된다.
④ 페놀수지는 알칼리에 매우 강하고, 천장 채광판 등에 주로 사용된다.

해설
페놀수지는 알칼리에 매우 약하며 전기절연재료, 통신 기자재 등에 주로 사용된다.

정답 30 ④ 31 ④ 32 ④ 33 ④

34 ★★☆

건축주 자신이 특정의 단일 상태를 선정하여 발주하는 방식으로서, 특수공사나 기밀보장이 필요한 경우, 또 긴급을 요하는 공사에서 주로 채택되는 것은?

① 공개경쟁입찰 ② 제한경쟁입찰
③ 지명경쟁입찰 ④ 특명입찰

해설

특명입찰은 건축주가 시공회사의 신용, 자산, 공사경력, 보유기자재 등을 고려하여 그 공사에 적격한 하나의 업체를 지명하여 입찰시키는 방법이다.
- 장점: 공사기밀유지, 우량시공, 간단한 입찰수속
- 단점: 공사비가 불명확하여 공사비 증대 우려

합격 POINT

구분		내용
특명입찰		적격한 하나의 회사를 지정하여 입찰시키는 방식
경쟁입찰	공개경쟁	유자격자는 모두 참가시키는 방식
	지명경쟁	적합하다고 판단되는 3~7개의 회사를 대상으로 입찰에 참가시키는 방식
	제한경쟁	업체 자격에 제한을 가하여 입찰에 참가시키는 방식

35 ★★★

다음 중 QC활동의 도구가 아닌 것은?

① 특성요인도 ② 파레토그램
③ 층별   ④ 기능계통도

해설

기능계통도는 V.E(Value Engineering, 가치공학)의 기능분석 방법이다.

합격 POINT 종합적 품질관리(TQC)의 7가지 도구

구분	내용
히스토그램	데이터가 어떠한 분포를 하고 있는지를 막대그래프로 작성한 그림
특성요인도	결과에 대하여 원인이 어떻게 관계하고 있는지 한눈에 알아볼 수 있도록 작성한 그림
파레토도	불량, 고장, 결점 등 발생건수를 원인과 형상별로 분류하여 크기 순서대로 나열해 놓은 그림
체크시트	계수값 데이터가 분류 항목별 집중도를 알아볼 수 있도록 작성한 것
층별	집단을 구성하고 있는 데이터를 특성에 따라 부분 집단으로 나누는 것
산점도	대응되는 2개의 짝으로 된 데이터를 그래프상에 점으로 나타낸 것
각종 그래프	작성 목적을 명확히 쉽게 파악할 수 있도록 표현한 그래프

36 ★★☆

콘크리트용 골재의 품질에 관한 설명으로 옳지 않은 것은?

① 골재는 청정, 견경하고 유해량의 먼지, 유기불순물이 포함되지 않아야 한다.
② 골재의 입형은 콘크리트의 유동성을 갖도록 한다.
③ 골재는 예각으로 된 것을 사용하도록 한다.
④ 골재의 강도는 콘크리트 내 경화한 시멘트 페이스트의 강도보다 커야 한다.

해설

콘크리트용 골재는 입형이 둥근 것을 사용하여 콘크리트를 유동성 있게 한다.

37 ★★★

방수공사에 관한 설명으로 옳은 것은?

① 보통 수압이 적고 얕은 지하실에는 바깥방수법, 수압이 크고 깊은 지하실에는 안방수법이 유리하다.
② 지하실에 안방수법을 채택하는 경우, 지하실 내부에 설치하는 칸막이벽, 창문틀 등은 방수층 시공 전 먼저 시공하는 것이 유리하다.
③ 바깥방수법은 안방수법에 비하여 하자보수가 곤란하다.
④ 바깥방수법은 보호누름이 필요하지만, 안방수법은 없어도 무방하다.

해설

바깥방수는 기초벽, 지하실 등에 사용되는 적용되며, 구조물 전체를 방수층으로 겉에서 감싼 후 되메우기를 실시하므로 하자보수가 곤란하다.

합격 POINT 안방수와 바깥방수와의 비교

구분	안방수	바깥방수
사용환경	비교적 수압이 적은 지하실에 적당하다.	수압에 상관없이 할 수 있다.
바탕만들기	따로 만들 필요가 없다.	따로 만들어야 한다.
공사시기	자유로 선택할 수 있다.	본공사에 선행해야 한다.
공사 용이성	간단하다.	상당한 난점이 있다.
경제성(공사비)	비교적 싸다.	비교적 고가이다.
내수압성	작다.	크다.
보호누름	필요하다.	없어도 무방하다.
하자보수	쉽다.	어렵다.

정답 34 ④ 35 ④ 36 ③ 37 ③

38

웰포인트공법에 관한 설명으로 옳지 않은 것은?

① 중력배수가 유효하지 않은 경우에 주로 쓰인다.
② 지하수위를 저하시키는 공법이다.
③ 인접지반과 공동매설물 침하에 주의가 필요한 공법이다.
④ 점토질의 투수성이 나쁜 지질에 적합하다.

해설

웰포인트(Well point)공법은 사질지반에서 인접 건축물과 토류판 사이에 케이싱 파이프를 삽입하여 지하수를 배수하는 지반개량공법이다.

합격 POINT

구분	내용
웰포인트 (Well Point) 공법	사질지반에서 인접 건축물과 토류판 사이에 케이싱 파이프를 삽입하여 지하수를 배수하는 지반개량공법이다.
샌드 드레인 (Sand Drain) 공법	점토지반에 행하는 탈수공법의 대표적인 공법으로 지름 40~60cm의 강관으로 모래말뚝을 형성한 후, 지표면에 성토중을 가하여 점토지반을 압밀탈수하는 공법이다.

39

철골부재 용접 시 겹침이음, T자이음 등에 사용되는 용접으로 목두께의 방향이 모재의 면과 45° 또는 거의 45°의 각을 이루는 것은?

① 필릿용접
② 완전용입 맞댐용접
③ 부분용입 맞댐용접
④ 다층용접

해설

필릿용접(Fillet welding, 모살용접)에 대한 설명이다.

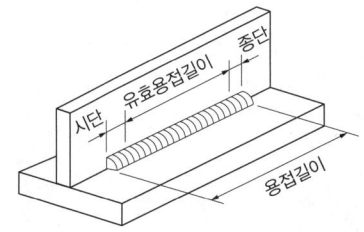

40

벽돌쌓기 시 벽면적 1m²당 소요되는 벽돌(190×90×57mm)의 정미량(매)과 모르타르량(m³)으로 옳은 것은? (단, 벽두께 1.0B, 모르타르의 재료량은 할증이 포함된 것이며, 배합비는 1:3이다.)

① 벽돌매수: 224매, 모르타르량: 0.078m³
② 벽돌매수: 224매, 모르타르량: 0.049m³
③ 벽돌매수: 149매, 모르타르량: 0.078m³
④ 벽돌매수: 149매, 모르타르량: 0.049m³

해설

- 표준형벽돌 1.0B의 단위수량은 0.33m³, 정미량은 149매이다.
- 모르타르량(m³)
  = (벽돌쌓기 정미량/1,000매) × 모르타르 소요량
  = (149매/1,000매) × 0.33m³
  = 0.04917m³ ≒ 0.049m³

합격 POINT ▶ 쌓기모르타르량 산출

$$모르타르량(m^3) = \frac{벽돌 정미량}{1,000매} \times 단위수량[m^3]$$

- 모르타르 소요량(벽돌 1,000매당: m³)

구분	0.5B	1.0B	1.5B	2.0B	2.5B
표준형	0.25	0.33	0.35	0.36	0.37

- 벽돌 정미량(m²당)

구분	0.5B	1.0B	1.5B	2.0B	2.5B	3.0B
표준형	75	149	224	298	373	447

정답 38 ④ 39 ① 40 ④

제3과목　건축구조

41　★☆☆

그림과 같은 트러스의 N_1, N_2 부재력(절대값)으로 옳은 것은?

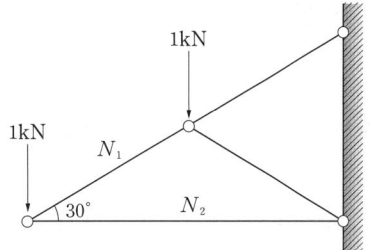

① $N_1=2\text{kN}$, $N_2=1.732\text{kN}$
② $N_1=1\text{kN}$, $N_2=0.866\text{kN}$
③ $N_1=1.5\text{kN}$, $N_2=1\text{kN}$
④ $N_1=1\text{kN}$, $N_2=1.732\text{kN}$

해설

절점법을 이용해 구한다.
단, 인장력으로 가정하고 계산한다.

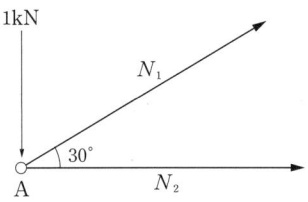

$\Sigma V_A=0$: $-1+(N_1\cdot\sin30°)=0$
∴ $N_1=+2\text{kN}$ (인장)
$\Sigma H_A=0$: $+(N_1\cdot\cos30°)+N_2=0$
∴ $N_2=-\sqrt{3}\text{kN}=-1.732\text{kN}$ (압축)

42　★★☆

다음 그림과 같은 캔틸레버보에서 B점의 처짐각(θ_B)은?
(단, EI는 일정함)

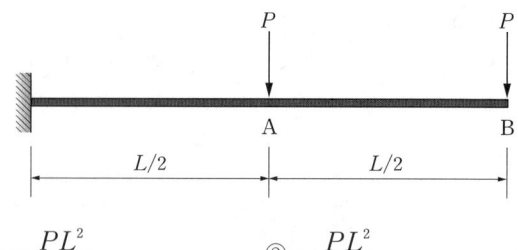

① $-\dfrac{PL^2}{2EI}$
② $-\dfrac{PL^2}{8EI}$
③ $-\dfrac{5PL^2}{8EI}$
④ $-\dfrac{2PL^2}{3EI}$

해설

공액보법에 따르면 처짐각은 탄성하중도$\left(\dfrac{M}{EI}\right)$의 면적이다. 탄성하중가 다음과 같으므로

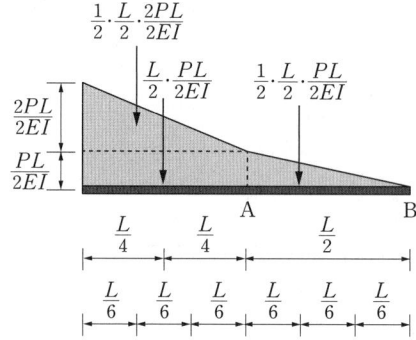

자유단 B의 처짐각을 구하면,

$\theta_B = -\left(\dfrac{1}{2}\cdot\dfrac{L}{2}\cdot\dfrac{PL}{2EI}\right) - \left(\dfrac{L}{2}\cdot\dfrac{PL}{2EI}\right) - \left(\dfrac{1}{2}\cdot\dfrac{L}{2}\cdot\dfrac{2PL}{2EI}\right)$

$= -\dfrac{5}{8}\cdot\dfrac{PL^2}{EI}$ 이다.

다른 풀이

각 하중에 대한 탄성하중도를 각각 구하여 처짐각을 구한 후 합하는 방법이다.
각각의 탄성하중도가 아래와 같으므로

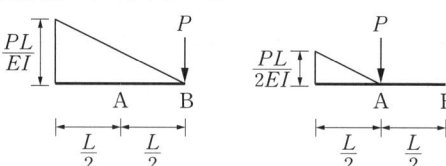

$\theta_B = -\left(\dfrac{1}{2}\cdot L\cdot\dfrac{PL}{EI}\right) - \left(\dfrac{1}{2}\cdot\dfrac{L}{2}\cdot\dfrac{PL}{2EI}\right)$

$= -\dfrac{PL^2}{8EI} - \dfrac{PL^2}{2EI} = -\dfrac{5PL^2}{8EI}$ 이다.

정답 41 ① 42 ③

43 ★★★

강도설계법에서 D19 압축철근의 기본정착길이는? (단, D19의 단면적은 287mm^2, $f_{ck}=21\text{MPa}$, $f_y=400\text{MPa}$)

① 674mm
② 570mm
③ 482mm
④ 415mm

해설

압축이형철근의 기본정착길이 l_{db}는 다음 중 큰 값 이상이 되어야 한다.

$l_{db}=\dfrac{0.25 \cdot d_b \cdot f_y}{\lambda \cdot \sqrt{f_{ck}}}$	$l_{db}=0.043 d_b f_y$
• f_{ck}: 콘크리트 압축강도 • f_y: 철근의 항복강도	• d_b: 철근의 지름 • λ: 경량콘크리트계수(1.0)

1. $l_{db}=\dfrac{0.25\times19\times400}{1\times\sqrt{21}}\fallingdotseq 414.61\text{mm}$
2. $l_{db}=0.043\times19\times400=326.8\text{mm}$

∴ $l_{db} \geq 414.61\text{mm}$

44 ★★★

모살치수 8mm, 용접길이 500mm인 양면모살용접 전체의 유효 단면적은 약 얼마인가?

① $2{,}100\text{mm}^2$
② $3{,}221\text{mm}^2$
③ $4{,}300\text{mm}^2$
④ $5{,}421\text{mm}^2$

해설

유효 목두께 a, 유효 용접길이 l_e일 때, 모살용접의 유효 단면적 A_e는 아래와 같다.

$A_e = a \times l_e$ (양면 모살용접은 ×2)

이때, $a = 0.7S$이므로 (S는 모살치수)

$a = 0.7 \times 8 = 5.6\text{mm}$

$l_e = l - 2S$ (l은 용접길이) $= 500 - 2\times 8 = 484\text{mm}$

∴ $A_e = a \times L_e \times 2 = 5.6 \times 484 \times 2 = 5{,}420.8\text{mm}^2$

45 ★★☆

그림과 같은 구조물에 있어 AB부재의 재단모멘트 M_{AB}는?

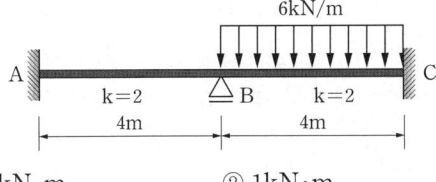

① $0.5\text{kN}\cdot\text{m}$
② $1\text{kN}\cdot\text{m}$
③ $1.5\text{kN}\cdot\text{m}$
④ $2\text{kN}\cdot\text{m}$

해설

AC부재는 연속경간이기 때문에 고정단과 같은 개념으로 풀이한다.

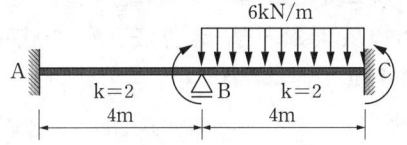

먼저, B절점에서의 고정단모멘트(FEM)을 계산하면

$FEM = \dfrac{wl^2}{12} = \dfrac{6\times 4^2}{12} = 8\text{kN}\cdot\text{m}$이다.

주어진 강도계수를 이용하여 분배율을 구하면

$DF_{BA} = \dfrac{2}{2+2} = \dfrac{1}{2}$이므로 분배모멘트는

$M_{BA} = FEM \times DF_{BA} = 8 \times \dfrac{1}{2} = 4\text{kN}\cdot\text{m}$이다.

따라서 전달모멘트(전달률: 고정단은 1/2)

$M_{AB} = \dfrac{1}{2} \times M_{BA} = \dfrac{1}{2} \times 4 = 2\text{kN}\cdot\text{m}$이다.

46 ★★☆

다음 그림과 같은 구멍 2열에 대하여 파단선 $A-B-C$를 지나는 순단면적과 동일한 순단면적을 갖는 파단선 $D-E-F-G$의 피치(s)는? (단, 구멍은 여유폭을 포함하여 23mm임)

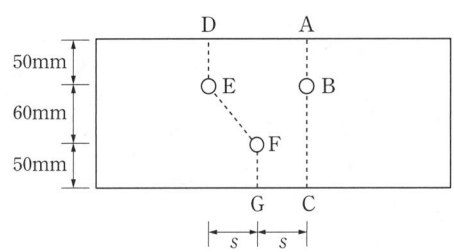

① 3.7cm
② 7.4cm
③ 11.1cm
④ 14.8cm

해설

㉠ 파단선 $A-B-C$의 순단면적

$A_n = A_g - n\cdot d\cdot t = (160\times t) - (1\times 23\times t) = 137t$

㉡ 파단선 $D-E-F-G$의 순단면적

$A_n = A_g - n\cdot d\cdot t + \Sigma\dfrac{s^2}{4g}\cdot t$

$= (160\times t) - (2\times 23\times t) + \dfrac{s^2}{4\times 60}\cdot t = 114t + \dfrac{s^2}{240}\cdot t$

㉠, ㉡ 두 식의 결과값이 같으므로

$137t = 114t + \dfrac{s^2}{240}\cdot t$

$s = \sqrt{(137-114)\times 240} \fallingdotseq 74.3\text{mm} \fallingdotseq 7.43\text{cm}$

정답 43 ④　44 ④　45 ④　46 ②

47 ★★★

철근콘크리트 단근보에서 균형철근비를 계산한 결과 $\rho_b=0.039$이었다. 최대 철근비는? (단, $E=200,000\text{MPa}$, $f_y=400\text{MPa}$, $f_{ck}=24\text{MPa}$임)

① 0.01863 ② 0.02256
③ 0.02607 ④ 0.02831

해설

$f_y=400\text{MPa}$일 경우
$\rho_{\max}=0.726\rho_b=0.726\times 0.039\fallingdotseq 0.028314$

합격 POINT 최대 철근비

철근 항복강도(f_y)	최소 허용변형률($\varepsilon_{t,\min}$)	최대 철근비($\rho_{\max}$)
300MPa	0.004	$0.658\rho_b$
350Mpa	0.004	$0.692\rho_b$
400MPa	0.004	$0.726\rho_b$
500MPa	$0.005(2\varepsilon_y)$	$0.699\rho_b$

48 ★★★

단면의 폭 $b=250\text{mm}$, 높이 $h=500\text{mm}$인 직사각형 콘크리트 단면의 균열모멘트 M_{cr}은? (단, 경량콘크리트계수 $\lambda=1$, $f_{ck}=24\text{MPa}$)

① 8.3kN·m ② 16.4kN·m
③ 24.5kN·m ④ 32.2kN·m

해설

균열모멘트

$M_{cr}=0.63\lambda\sqrt{f_{ck}}\times\dfrac{bh^2}{6}=0.63\times 1\times\sqrt{24}\times\dfrac{250\times 500^2}{6}$

$\fallingdotseq 32.15\times 10^6\text{N}\cdot\text{mm}=32.15\text{kN}\cdot\text{m}$

합격 POINT 균열모멘트

$M_{cr}=f_r\times Z=0.63\lambda\sqrt{f_{ck}}\times\dfrac{bh^2}{6}$

여기서, f_r(콘크리트 파괴계수)$=0.63\lambda\sqrt{f_{ck}}$, Z: 단면계수, f_{ck}: 콘크리트 압축강도, b: 부재폭, h: 부재높이

49 ★★★

강도설계법에서 직접설계법을 이용한 콘크리트 슬래브 설계 시 적용조건으로 옳지 않은 것은?

① 각 방향으로 3경간 이상 연속되어야 한다.
② 슬래브 판들은 단변 경간에 대한 장변 경간의 비가 2 이하인 직사각형이어야 한다.
③ 각 방향으로 연속한 받침부 중심간 경간 차이는 긴 경간의 1/3 이하이어야 한다.
④ 모든 하중은 슬래브판의 특정지점에 작용하는 집중하중이어야 하며 활하중은 고정하중의 3배 이하이어야 한다.

해설

하중은 등분포로 작용되는 연직하중이며, 활하중은 고정하중의 2배 이하이어야 한다.

50 ★★☆

그림과 같은 3회전단의 포물선 아치가 등분포하중을 받을 때 아치부재의 단면력에 관한 설명으로 옳은 것은?

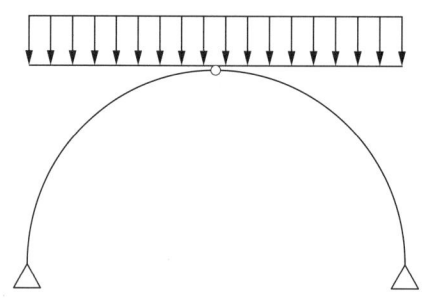

① 축방향력만 존재한다.
② 축방향력과 휨모멘트가 존재한다.
③ 전단력과 축방향력이 존재한다.
④ 축방향력, 전단력, 휨모멘트가 모두 존재한다.

해설

3회전단 포물선 아치가 등분포하중을 받게 되면 부재력으로서 전단력이나 휨모멘트가 발생하지 않고 축방향력만 발생하므로 경제적인 구조가 된다.

정답 47 ④ 48 ④ 49 ④ 50 ①

51 ★★☆

H형강이 사용된 압축재의 양단이 핀으로 지지되고 부재중간에서 x축 방향으로만 이동할 수 없도록 지지되어 있다. 부재의 전 길이가 4m일 때 세장비는? (단, $r_x = 8.62\text{cm}$, $r_y = 5.02\text{cm}$)

① 26.4
② 36.4
③ 46.4
④ 56.4

해설

강구조 압축재 세장비

양단힌지이므로 유효좌굴길이계수 $K = 1.0$
강축(x)에 대해서는 부재 전체의 길이 $L = 4\text{m}$, 약축(y)에 대해서는 가새로 횡지지되어 있으므로 $L = 2\text{m}$를 적용함에 주의하며 다음 값들 중 큰 값으로 세장비를 선정한다.

$\dfrac{KL}{r_x} = \dfrac{(1.0)(400\text{cm})}{(8.62\text{cm})} = 46.4$

$\dfrac{KL}{r_y} = \dfrac{(1.0)(200\text{cm})}{(5.02\text{cm})} = 39.84$

$\Rightarrow \therefore 46.4$

합격 POINT 유효좌굴길이계수 K

구분	양단힌지	1단고정, 1단힌지	양단고정	1단고정, 1단자유
계수 값	1	0.7	0.5	2

52 ★☆☆

구조물의 내진보강 대책으로 적합하지 않은 것은?

① 구조물의 강도를 증가시킨다.
② 구조물의 연성을 증가시킨다.
③ 구조물의 중량을 증가시킨다.
④ 구조물의 감쇠를 증가시킨다.

해설

지진하중과 같은 동적인 힘이 구조물에 가해질 경우, 구조물의 질량은 건물 기초에서의 흔들림에 대한 반력과 같게 되므로 반력으로 작용하는 질량이 작으면 작을수록 지진하중은 작아진다. 따라서 구조물의 불필요한 무게를 줄이는 것이 내진설계의 기본원칙이 된다.

53 ★★☆

다음 중 내진 Ⅰ등급 구조물의 허용층간변위로 옳은 것은? (단, KDS기준, h_{sx}는 x층 층고)

① $0.005h_{sx}$
② $0.010h_{sx}$
③ $0.015h_{sx}$
④ $0.020h_{sx}$

해설

내진 Ⅰ등급의 허용층간변위는 $0.015h_{sx}$이다.

합격 POINT 건물 허용층간변위(h_{sx}: 층고)

내진등급	허용층간변위
특	$0.010h_{sx}$
Ⅰ	$0.015h_{sx}$
Ⅱ	$0.020h_{sx}$

54 ★☆☆

직사각형 단면의 탄성단면계수에 대한 소성단면계수의 비(比)는?

① 0.67
② 1.20
③ 1.50
④ 3.00

해설

탄성단면계수(Z)

$Z = \dfrac{I}{y} = \dfrac{\left(\dfrac{bh^3}{12}\right)}{\left(\dfrac{h}{2}\right)} = \dfrac{bh^2}{6}$

소성단면계수(Z_p): 단면의 도심을 지나는 전체 단면적을 2등분 하는 축에 대한 단면계수

$Z_p = A_c \cdot y_c + A_t \cdot y_t = \left(\dfrac{bh}{2}\right)\left(\dfrac{h}{4}\right) \times 2 = \dfrac{bh^2}{4}$

형상계수(f): 소성모멘트($M_p = F_y \cdot Z_p$)와 항복모멘트($M_y = F_y \cdot Z$)의 비

$f = \dfrac{F_y \cdot Z_p}{F_y \cdot Z} = \dfrac{Z_p(\text{소성단면계수})}{Z(\text{탄성단면계수})} = \dfrac{\dfrac{bh^2}{4}}{\dfrac{bh^2}{6}} = 1.5$

∴ 직사각형 단면의 탄성단면계수에 대한 소성단면계수의 비 = 1.5

※ H형강 단면의 탄성단면계수에 대한 소성단면계수의 비: 1.10~1.80

정답 51 ③ 52 ③ 53 ③ 54 ③

55 ★★★

다음과 같은 조건의 단면을 가진 부재의 균열모멘트 M_{cr}을 구하면?

- 단면의 중립축에서 인장연단까지의 거리 $y_t = 420$mm
- 총 단면2차모멘트 $I_g = 1.0 \times 10^{10}$ mm⁴
- 보통중량콘크리트 설계기준압축강도 $f_{ck} = 21$MPa

① 50.6kN·m
② 53.3kN·m
③ 62.5kN·m
④ 68.8kN·m

해설

$M_{cr} = f_r \times Z = 0.63\lambda\sqrt{f_{ck}} \times \dfrac{I_g}{y_t}$

∴ $M_{cr} = 0.63 \times 1.0 \times \sqrt{21} \times \dfrac{1.0 \times 10^{10}}{420}$

≒ 68,738,635N·mm ≒ 68.739kN·m

합격 POINT 균열모멘트(M_{cr})

$M_{cr} = \dfrac{f_r}{y_t} I_g$
$= \dfrac{0.63\lambda\sqrt{f_{ck}}}{y_t} I_g$

- f_r: 파괴계수
- λ: 경량콘크리트 계수
  - 보통중량콘크리트 1.0
  - 모래경량콘크리트 0.85
  - 전경량콘크리트 0.75
- y_t: 중립축에서 인장측 연단까지의 거리
- f_{ck}: 콘크리트의 압축강도
- I_g: 콘크리트의 총 단면에 대한 단면2차 모멘트

56 ★☆☆

철골 주각부에 부착하는 강판으로 사이드앵글을 거쳐서 또는 직접 용접에 의해 기둥으로부터의 응력을 베이스플레이트에 전달하기 위해 붙이는 판은?

① 스티프너
② 커버플레이트
③ 윙플레이트
④ 엔드탭

해설
윙플레이트는 철골 주각부에 부착되는 강판이다.

선지분석
① 스티프너: 기둥의 플랜지나 웨브의 좌굴방지용 보강재
② 커버플레이트: 강재의 플랜지를 보강하기 위해 사용하는 강판
④ 엔드탭: 용접결함이 생기기 쉬운 용접의 시작이나 끝 부분에 임시로 설치하는 보조 강판

57 ★★☆

철근콘크리트 보의 장기처짐을 구할 때 적용되는 5년 이상 지속하중에 대한 시간경과계수 ξ의 값은?

① 2.4
② 2.0
③ 1.2
④ 1.0

해설
5년 이상 시, 시간경과계수 ξ는 2.0

합격 POINT 장기처짐 = 탄성처짐 × λ

여기서, $\lambda = \dfrac{\xi}{1+50\rho'}$ (지속하중에 대한 처짐계수), ρ': 압축철근비, ξ: 시간경과계수

구분	ξ
3개월	1.0
6개월	1.2
12개월	1.4
5년 이상	2.0

58 ★★☆

그림과 같은 라멘 구조물의 판별은?

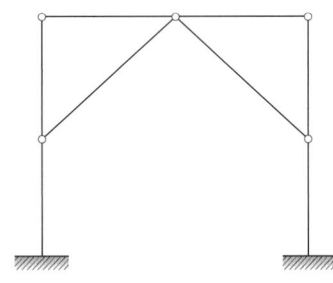

① 불안정 구조물
② 안정, 정정구조물
③ 안정, 1차 부정정구조물
④ 안정, 2차 부정정구조물

해설
$N = r+m+f-2j$ 공식 이용
여기서, r: 지점반력수, m: 부재수, f: 강절점수, j: 지점수 + 자유단 지점수
∴ $N = 6+8+0-2 \times 7 = 0$이므로 정정구조물이다.

정답 55 ④ 56 ③ 57 ② 58 ②

59 ★★☆

$f_{ck}=27\text{MPa}$, $f_y=400\text{MPa}$, $d=550\text{mm}$인 철근콘크리트 단근직사각형 보에서 균형철근비 ρ_b를 구하면?(단, $E_s=2.0\times10^5\text{MPa}$)

① 0.0260 ② 0.0286
③ 0.0325 ④ 0.0352

해설

$\rho_b = 0.8 \times \dfrac{1.00 \times 0.85 \times 27}{400} \times \dfrac{660}{660+400} ≒ 0.0286$

(여기서, $f_{ck} \leq 40\text{MPa}$이므로 $\beta_1=0.80$, $\eta=1.00$)

합격 POINT 균형철근비

$\rho_b = \beta_1 \dfrac{\eta(0.85 f_{ck})}{f_y} \cdot \dfrac{660}{660+f_y}$

($\varepsilon_{cu}=0.0033$, $E_s=200{,}000\text{MPa}$)

여기서, f_{ck}: 콘크리트 압축강도, f_y: 철근 항복강도

60 ★★☆

각종 단면의 주축(主軸)을 표시한 것으로 옳지 않은 것은?

① 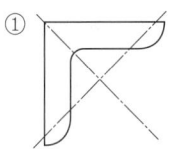 ②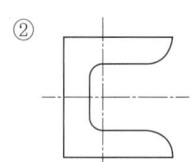

③ 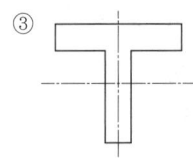 ④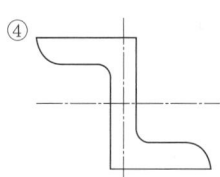

해설

z형강 단면의 주축

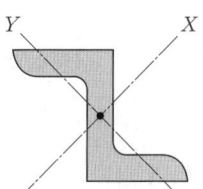

제4과목 건축설비

61 ★★☆

크로스 커넥션(Cross connection)에 관한 설명으로 가장 알맞은 것은?

① 관로 내의 유체의 유동이 급격히 변화하여 압력변화를 일으키는 것
② 상수의 급수·급탕계통과 그 외의 계통배관이 장치를 통하여 직접 접속되는 것
③ 겨울철 난방을 하고 있는 실내에서 창을 타고 차가운 공기가 하부로 내려오는 현상
④ 급탕·반탕관의 순환거리를 각 계통에 있어서 거의 같게 하여 전 계통의 탕의 순환을 촉진하는 방식

해설

급수·급탕계통과 그 외의 계통배관이 장치를 통하여 접속되는 것을 크로스 커넥션(Cross connection)이라고 한다.

선지분석

① 수격작용(Water hammering): 관로 내의 유체의 유동이 급격히 변화하여 압력변화를 일으키는 것
③ 콜드 드래프트(Cold draft): 겨울철 외부의 찬 공기가 들어오거나 바깥 공기와 접한 유리나 벽면이 냉각되면서 실내에 찬 공기가 하부로 내려오는 현상
④ 역환수방식(Reverse return): 급탕·반탕관의 순환거리를 각 계통에 있어서 거의 같게 하여 전 계통의 탕의 순환을 촉진하는 방식

62 ★★☆

고속덕트에 관한 설명으로 옳지 않은 것은?

① 원형 덕트의 사용이 불가능하다.
② 동일한 풍량을 송풍할 경우 저속덕트에 비해 송풍기 동력이 많이 든다.
③ 공장이나 창고 등과 같이 소음이 별로 문제가 되지 않는 곳에 사용된다.
④ 동일한 풍량을 송풍할 경우 저속덕트에 비해 덕트의 단면 치수가 작아도 된다.

해설

고속덕트는 관마찰저항을 줄이기 위하여 일반적으로 원형 덕트를 사용한다.

정답 59 ② 60 ④ 61 ② 62 ①

63 ★★★

다음의 냉방부하 발생요인 중 현열부하만 발생시키는 것은?

① 인체의 발생열량
② 벽체로부터의 취득열량
③ 극간풍에 의한 취득열량
④ 외기의 도입으로 인한 취득열량

해설
냉방부하 계산 시 현열만을 고려하는 것은 벽체로부터의 취득열량이다.

선지분석
①, ③, ④는 실내 온도뿐만 아니라 습도에도 변화를 주므로 현열과 잠열 모두 고려하여야 한다.

64 ★★★

간접가열식 급탕설비에 관한 설명으로 옳지 않은 것은?

① 대규모 급탕설비에 적당하다.
② 비교적 안정된 급탕을 할 수 있다.
③ 보일러 내면에 스케일이 많이 생긴다.
④ 가열 보일러는 난방용 보일러와 겸용할 수 있다.

해설
간접가열식 급탕법은 보일러 내면에 스케일이 거의 생기지 않는다.

합격 POINT 중앙식 급탕방식의 종류

직접가열식	간접가열식
• 열효율 면에서 경제적 • 수질에 의해 보일러 내면에 스케일이 발생하여 열효율이 저하되며 보일러의 수명이 단축됨 • 급탕하는 건물의 높이가 높을 경우 고압보일러 필요 • 주택 또는 소규모 건물에 실용적	• 난방용 보일러의 증기 사용 시 급탕용 보일러 불필요 • 보일러 내면에 스케일이 거의 생기지 않음 • 건물의 높이에 따른 수압이 보일러에 작용하지 않고 저탕조에 작용하므로 고압용 보일러 불필요 • 대규모 급탕설비에 적합

65 ★★☆

통기관의 설치 목적으로 옳지 않은 것은?

① 트랩의 봉수를 보호한다.
② 오수와 잡배수가 서로 혼합되지 않게 한다.
③ 배수계통 내의 배수 및 공기의 흐름을 원활히 한다.
④ 배수관 내에 환기를 도모하여 관내를 청결하게 유지한다.

해설
통기관의 설치목적은 트랩의 봉수를 보호하고, 배수계통 내의 배수 및 공기의 흐름을 원활히 하며, 배수관 내에 환기를 도모하여 관내를 청결하게 유지하는 것이다.

66 ★★☆

조명설비에서 눈부심에 관한 설명으로 옳지 않은 것은?

① 광원의 크기가 클수록 눈부심이 강하다.
② 광원의 휘도가 작을수록 눈부심이 강하다.
③ 광원이 시선에 가까울수록 눈부심이 강하다.
④ 배경이 어둡고 눈이 암순응 될수록 눈부심이 강하다.

해설
휘도는 물체 표면의 밝기를 나타내며, 광원의 휘도가 높을수록 눈부심이 강하다.

67 ★☆☆

실내공기오염의 종합적 지표로서 사용되는 오염 물질은?

① 부유분진
② 이산화탄소
③ 일산화탄소
④ 이산화질소

해설
대부분의 오염 물질 농도는 이산화탄소의 농도에 비례하여 증가하기 때문에 실내공기오염의 종합적 지표로 이산화탄소(CO_2)가 사용된다.

68 ★★☆

직경 200mm의 배관을 통하여 물이 1.5m/s의 속도로 흐를 때 유량은?

① $2.83\text{m}^3/\text{min}$
② $3.2\text{m}^3/\text{min}$
③ $3.83\text{m}^3/\text{min}$
④ $6.0\text{m}^3/\text{min}$

해설
$$Q = A \cdot V = \frac{\pi D^2}{4} \times V = \frac{\pi \times (0.2\text{m})^2}{4} \times 1.5\text{m/s}$$
$$= 0.047\text{m}^3/\text{s} ≒ 2.83\text{m}^3/\text{min}$$
Q: 유량(m^3/s), A: 단면적(m^2), V: 유속(m/s)

정답 63 ② 64 ③ 65 ② 66 ② 67 ② 68 ①

69 ★☆☆

전기샤프트(ES)에 관한 설명으로 옳지 않은 것은?

① 전기샤프트(ES)는 각 층마다 같은 위치에 설치한다.
② 전기샤프트(ES)의 면적은 보, 기둥부분을 제외하고 산정한다.
③ 전기샤프트(ES)는 전력용(EPS)과 정보통신용(TPS)을 공용으로 설치하는 것이 원칙이다.
④ 전기샤프트(ES)의 점검구는 유지보수 시 기기의 반입 및 반출이 가능하도록 하여야 한다.

해설

전기샤프트(ES)는 전력용(EPS)과 정보통신용(TPS)을 구분하여 설치하는 것이 원칙이다. 예외적으로 각 용도의 설치 장비 및 배선이 적은 경우는 공용으로 사용 가능하다.

71 ★☆☆

가로, 세로, 높이가 각각 $4.5 \times 4.5 \times 3\text{m}$인 실의 각 벽면 표면온도가 18°C, 천장면 20°C, 바닥면 30°C일 때 평균복사온도(MRT)는?

① 15.2°C ② 18.0°C
③ 21.0°C ④ 27.2°C

해설

$$\text{MRT} = \frac{A_1T_1 + A_2T_2 + A_3T_3 + \cdots + A_nT_n}{A_1 + A_2 + A_3 + \cdots + A_n}$$

$$= \frac{(4.5\text{m} \times 3\text{m}) \times 18^\circ\text{C} \times 4개 + (4.5\text{m} \times 4.5\text{m}) \times 30^\circ\text{C} + (4.5\text{m} \times 4.5\text{m}) \times 20^\circ\text{C}}{(4.5\text{m} \times 3\text{m}) \times 4개 + (4.5\text{m} \times 4.5\text{m}) \times 2개}$$

$$= \frac{1,984.5}{94.5} = 21^\circ\text{C}$$

합격 POINT 평균복사온도(MRT; Mean Radiant Temperature)

실내공간의 벽, 바닥, 천장을 포함한 표면에서의 복사의 평균온도를 말한다.

70 ★☆☆

다음 설명에 알맞은 냉동기는?

- 기계적 에너지가 아닌 열에너지에 의해 냉동효과를 얻는다.
- 구조는 증발기, 흡수기, 재생기(발생기), 응축기 등으로 구성되어 있다.

① 터보식 냉동기 ② 흡수식 냉동기
③ 스크류식 냉동기 ④ 왕복동식 냉동기

해설

냉동기는 냉동방식에 따라 크게 압축식 냉동기와 흡수식 냉동기로 나눌 수 있다. 흡수식 냉동기는 증발기, 흡수기, 재생기 및 응축기로 구성되며, 압축식 냉동기는 압축기, 응축기, 팽창밸브, 증발기로 구성된다.

합격 POINT 냉동기의 종류

압축식 냉동기	흡수식 냉동기
• 왕복식 냉동기 • 원심(터보) 냉동기 • 로터리 냉동기 • 스크롤 냉동기 • 스크류 냉동기	• 흡수식 냉동기 • 흡수식 냉온수기

72 ★☆☆

도시가스에서 중압의 가스압력은? (단, 액화가스가 기화되고 다른 물질과 혼합되지 아니한 경우 제외)

① 0.05MPa 이상, 0.1MPa 미만
② 0.01MPa 이상, 0.1MPa 미만
③ 0.1MPa 이상, 1MPa 미만
④ 1MPa 이상, 10MPa 미만

해설

도시가스 중압의 기준은 0.1MPa 이상 1MPa 미만이다.

합격 POINT 도시가스의 압력에 의한 분류

구분	압력
고압	1MPa 이상
중압	0.1MPa 이상~1MPa 미만
저압	0.1MPa 미만

정답 69 ③ 70 ② 71 ③ 72 ③

73 ★★★

습공기의 상태변화에 관한 설명으로 옳지 않은 것은?

① 가열하면 엔탈피는 증가한다.
② 냉각하면 비체적은 감소한다.
③ 가열하면 절대습도는 증가한다.
④ 냉각하면 습구온도는 감소한다.

해설

절대습도는 습공기를 구성하고 있는 건조 공기 1kg당의 수증기량을 말하며 공기를 가열하거나 냉각하여도 변함이 없다.

합격 POINT 습공기 가열·냉각 시 상태변화

습공기	상태변화
가열	엔탈피 증가, 비체적 증가, 상대습도 감소
냉각	엔탈피 감소, 비체적 감소, 상대습도 증가

※ 절대습도는 가열하거나 냉각하여도 일정하다.

74 ★★★

액화천연가스(LNG)에 관한 설명으로 옳지 않은 것은?

① 공기보다 가볍다.
② 무공해, 무독성이다.
③ 프로필렌, 부탄, 에탄이 주성분이다.
④ 대규모의 저장시설을 필요로 하며, 공급은 배관을 통하여 이루어진다.

해설

액화천연가스(LNG)의 주성분은 메탄(CH_4)이다.

합격 POINT 액화천연가스(LNG; Liquefied Natural Gas)

- 메탄(CH_4)이 주성분이다.
- 공기보다 가벼워 누설되어도 공기 중에 흡수되어 안전성이 높다.
- 가스경보기는 천장에서 30cm 아래에 설치한다.
- 발열량이 크고, 무공해이다.
- 배관을 통하여 공급하기 때문에 대규모 저장시설이 필요하다.

75 ★★★

건구온도 26°C인 실내공기 8,000m³/h와 건구온도 32°C인 외부공기 2,000m³/h를 단열혼합하였을 때 혼합공기의 건구온도는?

① 27.2°C
② 27.6°C
③ 28.0°C
④ 29.0°C

해설

$(8,000+2,000)\text{m}^3/\text{h} \times x°C$
$= 8,000\text{m}^3/\text{h} \times 26°C + 2,000\text{m}^3/\text{h} \times 32°C$

$\therefore x = \dfrac{(8,000 \times 26)+(2,000 \times 32)}{(8,000+2,000)} = 27.2°C$

합격 POINT 혼합공기의 온도

$(Q_1+Q_2) \times t_3 = (Q_1 \times t_1)+(Q_2 \times t_2)$

- Q_1, Q_2: 혼합 전의 공기량
- t_1, t_2: 혼합 전의 공기 온도
- t_3: 혼합 후의 공기 온도

76 ★★★

전기설비가 어느 정도 유효하게 사용되는가를 나타내며, 다음과 같은 식으로 산정되는 것은?

$$\dfrac{\text{부하의 평균전력}}{\text{최대 수용전력}} \times 100\%$$

① 역률
② 부등률
③ 부하율
④ 수용률

해설

부하율은 전기설비가 어느 정도 유효하게 사용되고 있는가를 나타내는 척도로, 어떤 기간 중에 최대 수용전력과 그 기간 중에 평균전력과의 비율을 백분율로 표시한 것이다.

선지분석

① 역률 = $\dfrac{\text{유효전력}}{\text{피상전력}}$

② 부등률 = $\dfrac{\text{각 부하의 최대 수용전력의 합}}{\text{합성 최대 수용전력}} \times 100(\%)$

④ 수용률 = $\dfrac{\text{최대 수용전력 합계}}{\text{총 부하설비 용량합계}} \times 100(\%)$

77 ★★★

냉방부하 계산 결과 현열부하가 620W, 잠열부하가 155W일 경우 현열비는?

① 0.2
② 0.25
③ 0.4
④ 0.8

해설

현열비 = $\dfrac{\text{현열부하}}{\text{현열부하}+\text{잠열부하}} = \dfrac{620\text{W}}{(620+155)\text{W}} = 0.8$

정답 73 ③ 74 ③ 75 ① 76 ③ 77 ④

78 ★☆☆

다음의 저압 옥내배선방법 중 노출되고 습기가 많은 장소에 시설이 가능한 것은? (단, 400V 미만인 경우)

① 금속관 배선 ② 금속몰드 배선
③ 금속덕트 배선 ④ 플로어덕트 배선

해설
400V 미만인 경우, 저압 옥내배선방법 중 노출되고 습기가 많은 장소에 시설이 가능한 것은 금속관 배선이다.

79 ★☆☆

점광원으로부터의 거리가 n배가 되면 그 값은 $1/n^2$배가 된다는 '거리의 역제곱의 법칙'이 적용되는 빛환경 지표는?

① 조도 ② 광도
③ 휘도 ④ 복사속

해설
조도(E)는 거리(d)의 제곱에 반비례한다.

합격 POINT 거리의 역제곱의 법칙

$$E = \frac{I}{d^2}$$

- E: 조도(lx)
- I: 광도(cd)
- d: 거리(m)

80 ★☆☆

배수트랩에 관한 설명으로 옳지 않은 것은?

① 트랩은 이중으로 설치하면 효과적이다.
② 트랩의 봉수깊이가 너무 깊으면 통수능력이 감소된다.
③ 트랩은 하수가스의 실내 침입을 방지하는 역할을 한다.
④ 트랩은 위생기구에 가능한 한 접근시켜 설치하는 것이 좋다.

해설
배수관 속의 악취, 유독가스 및 벌레 등이 실내로 침투하는 것을 방지하기 위하여 배수계통의 일부에 봉수를 고이게 하는 기구를 트랩이라고 한다. 이중 트랩은 유속을 저해하므로 금지한다.

제5과목 건축관계법규

81 ★★☆

다음은 대지의 조경에 관한 기준 내용이다. ( ) 안에 알맞은 것은?

> 면적이 ( ) 이상인 대지에 건축을 하는 건축주는 용도지역 및 건축물의 규모에 따라 해당 지방자치단체의 조례로 정하는 기준에 따라 대지에 조경이나 그 밖에 필요한 조치를 하여야 한다.

① 100m² ② 200m²
③ 300m² ④ 500m²

해설
면적이 200m² 이상인 대지에 건축을 하는 건축주는 용도지역 및 건축물의 규모에 따라 해당 지방자치단체의 조례로 정하는 기준에 따라 대지에 조경이나 그 밖에 필요한 조치를 하여야 한다.

82 ★☆☆

다음 중 건축물 관련 건축기준의 허용되는 오차 범위(%)가 가장 큰 것은?

① 평면길이 ② 출구너비
③ 반자높이 ④ 바닥판두께

해설
- 평면길이, 출구너비, 반자높이: 2% 이내
- 바닥판두께: 3% 이내

정답 78 ① 79 ① 80 ① 81 ② 82 ④

83 ★☆☆

거실의 채광 및 환기에 관한 규정으로 옳은 것은?

① 교육연구시설 중 학교의 교실에는 채광 및 환기를 위한 창문 등이나 설비를 설치하여야 한다.
② 채광을 위하여 거실에 설치하는 창문 등의 면적은 그 거실의 바닥면적의 20분의 1 이상이어야 한다.
③ 환기를 위하여 거실에 설치하는 창문 등의 면적은 그 거실의 바닥면적 10분의 1 이상이어야 한다.
④ 채광 및 환기를 위한 창문 등의 면적에 관한 규정을 적용함에 있어서 수시로 개방할 수 있는 미닫이로 구획된 2개의 거실은 이를 2개의 거실로 본다.

해설

단독주택 및 공동주택의 거실, 교육연구시설 중 학교의 교실, 의료시설의 병실 및 숙박시설의 객실에는 국토교통부령으로 정하는 기준에 따라 채광 및 환기를 위한 창문 등이나 설비를 설치해야 한다.

선지분석

② 채광을 위하여 거실에 설치하는 창문 등의 면적은 그 거실의 바닥면적의 10분의 1 이상이어야 한다.
③ 환기를 위하여 거실에 설치하는 창문 등의 면적은 그 거실의 바닥면적의 20분의 1 이상이어야 한다.
④ 채광 및 환기를 위한 창문 등의 면적에 관한 규정을 적용함에 있어서 수시로 개방할 수 있는 미닫이로 구획된 2개의 거실은 이를 1개의 거실로 본다.

84 ★★☆

건축물과 분리하여 공작물을 축조할 때 특별자치시장·특별자치도지사 또는 시장·군수·구청장에게 신고를 해야 하는 대상 공작물 기준이 옳지 않은 것은?

① 높이 2m를 넘는 옹벽
② 높이 4m를 넘는 굴뚝
③ 높이 6m를 넘는 골프연습장 등의 운동시설을 위한 철탑
④ 높이 8m를 넘는 고가수조

해설

굴뚝은 높이 6m를 넘는 경우 신고 대상이다.

선지분석

① 옹벽 또는 담장은 높이 2m를 넘는 경우 신고 대상이다.
③ 골프연습장 등의 운동시설을 위한 철탑은 높이 6m를 넘는 경우 신고 대상이다.
④ 고가수조는 높이 8m를 넘는 경우 신고 대상이다.

85 ★☆☆

기반시설부담구역에서 기반시설설치비용의 부과대상인 건축행위의 기준으로 옳은 것은?

① 100m²(기존 건축물의 연면적 포함)를 초과하는 건축물의 신축·증축
② 100m²(기존 건축물의 연면적 제외)를 초과하는 건축물의 신축·증축
③ 200m²(기존 건축물의 연면적 포함)를 초과하는 건축물의 신축·증축
④ 200m²(기존 건축물의 연면적 제외)를 초과하는 건축물의 신축·증축

해설

기반시설부담구역에서 기반시설설치비용의 부과대상인 건축행위는 200m²(기존 건축물의 연면적 포함)를 초과하는 건축물의 신축·증축 행위로 한다.

86 ★★☆

그림과 같은 대지의 도로 모퉁이 부분의 건축선으로서 도로 경계선의 교차점에서의 거리 "A"로 옳은 것은?

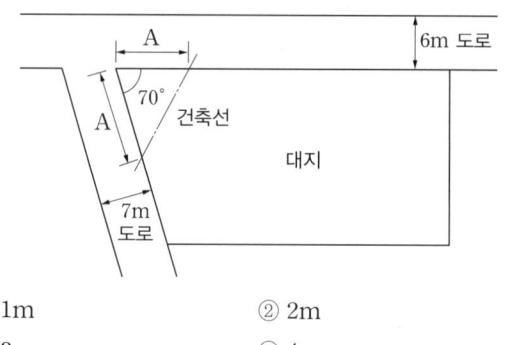

① 1m ② 2m
③ 3m ④ 4m

해설

너비 8m 미만인 도로의 모퉁이에 위치한 대지의 도로 모퉁이 부분의 건축선은 그 대지에 접한 도로경계선의 교차점으로부터 도로경계선에 따라 다음의 표에 따른 거리를 각각 후퇴한 두 점을 연결한 선으로 한다.

(단위: 미터)

도로의 교차각	해당 도로의 너비		교차되는 도로의 너비
	6 이상 8 미만	4 이상 6 미만	
90° 미만	4	3	6 이상 8 미만
	3	2	4 이상 6 미만
90° 이상 120° 미만	3	2	6 이상 8 미만
	2	2	4 이상 6 미만

1. 도로의 교차각은 70°이며 해당 도로의 너비는 7m이다.
2. 교차되는 도로의 너비는 6m이다.
따라서 도로 경계선의 교차점에서의 거리 A는 4m가 된다.

정답 83 ① 84 ② 85 ③ 86 ④

87 ★★☆

피난층 이외 층으로서 피난층 또는 지상으로 통하는 직통계단을 2개소 이상 설치하여야 하는 대상기준으로 옳지 않은 것은?

① 지하층으로서 그 층 거실의 바닥면적의 합계가 200m² 이상인 것
② 종교시설의 용도로 쓰는 층으로서 그 층에서 해당 용도로 쓰는 바닥면적의 합계가 200m² 이상인 것
③ 판매시설의 용도로 쓰는 3층 이상의 층으로서 그 층의 해당 용도로 쓰는 거실의 바닥면적의 합계가 200m² 이상인 것
④ 업무시설 중 오피스텔의 용도로 쓰는 층으로서 그 층의 해당 용도로 쓰는 거실의 바닥면적의 합계가 200m² 이상인 것

해설
공동주택(층당 4세대 이하는 제외) 또는 업무시설 중 오피스텔의 용도로 쓰는 층으로서 그 층의 해당 용도로 쓰는 거실의 바닥면적의 합계가 300m² 이상인 경우 피난층 또는 지상으로 통하는 직통계단을 2개소 이상 설치하여야 한다.

88 ★☆☆

건축지도원에 관한 설명으로 틀린 것은?

① 허가를 받지 아니하고 건축하거나 용도변경한 건축물의 단속 업무를 수행한다.
② 건축지도원은 시장, 군수, 구청장이 지정할 수 있다.
③ 건축지도원의 자격과 업무 범위는 국토교통부령으로 정한다.
④ 건축신고를 하고 건축 중에 있는 건축물의 시공 지도와 위법 시공 여부의 확인·지도 및 단속 업무를 수행한다.

해설
건축지도원의 자격과 업무 범위 등은 대통령령으로 정한다.

합격 POINT 건축지도원의 업무
• 건축신고를 하고 건축 중에 있는 건축물의 시공 지도와 위법 시공 여부의 확인·지도 및 단속
• 건축물의 대지, 높이 및 형태, 구조 안전 및 화재 안전, 건축설비 등이 법령 등에 적합하게 유지·관리되고 있는지의 확인·지도 및 단속
• 허가를 받지 아니하거나 신고를 하지 아니하고 건축하거나 용도변경한 건축물의 단속

89 ★☆☆

광역도시계획에 관한 내용으로 틀린 것은?

① 인접한 둘 이상의 특별시·광역시·특별자치시·특별자치도·시 또는 군의 관할 구역 전부 또는 일부를 광역계획권으로 지정할 수 있다.
② 군수가 광역도시계획을 수립하는 경우 도지사의 승인을 생략한다.
③ 광역계획권의 공간 구조와 기능 분담에 관한 정책 방향이 포함되어야 한다.
④ 광역도시계획을 공동으로 수립하는 시·도지사는 그 내용에 관하여 서로 협의가 되지 아니하면 공동이나 단독으로 국토교통부장관에게 조정을 신청할 수 있다.

해설
시장 또는 군수는 광역도시계획을 수립하거나 변경하려면 도지사의 승인을 받아야 한다.

90 ★★★

부설주차장의 설치대상 시설물 종류에 따른 설치기준이 틀린 것은?

① 골프장 ― 1홀당 10대
② 위락시설 ― 시설면적 80m²당 1대
③ 판매시설 ― 시설면적 150m²당 1대
④ 숙박시설 ― 시설면적 200m²당 1대

해설
위락시설: 시설면적 100m²당 1대(시설면적/100m²)

정답 87 ④ 88 ③ 89 ② 90 ②

91 ★★☆

다음은 「건축법령」상 다세대주택의 정의이다. ( ) 안에 알맞은 것은?

> 주택으로 쓰는 1개 동의 바닥면적 합계가 (㉠) 이하이고, 층수가 (㉡) 이하인 주택(2개 이상의 동을 지하주차장으로 연결하는 경우에는 각각의 동으로 본다.)

① ㉠ 330m², ㉡ 3개 층
② ㉠ 330m², ㉡ 4개 층
③ ㉠ 660m², ㉡ 3개 층
④ ㉠ 660m², ㉡ 4개 층

해설
다세대주택: 주택으로 쓰는 1개 동의 바닥면적 합계가 660m² 이하이고, 층수가 4개 층 이하인 주택(2개 이상의 동을 지하주차장으로 연결하는 경우에는 각각의 동으로 본다.)

92 ★☆☆

다음 중 특별건축구역으로 지정할 수 없는 구역은?

① 「도로법」에 따른 접도구역
② 「택지개발촉진법」에 따른 택지개발사업구역
③ 국가가 국제행사 등을 개최하는 도시 또는 지역의 사업구역
④ 지방자치단체가 국제행사 등을 개최하는 도시 또는 지역의 사업구역

해설
특별건축구역의 지정에 '「도로법」에 따른 접도구역'은 해당되지 않는다.

93 ★☆☆

다음 중 노외주차장의 출구 및 입구를 설치할 수 있는 장소는?

① 육교로부터 4m 거리에 있는 도로의 부분
② 지하횡단보도에서 10m 거리에 있는 도로의 부분
③ 초등학교 출입구로부터 15m 거리에 있는 도로의 부분
④ 장애인복지시설 출입구로부터 15m 거리에 있는 도로의 부분

해설
횡단보도(육교, 지하횡단보도 포함)로부터 5m 이내에 있는 도로의 부분에는 노외주차장의 출구 및 입구를 설치할 수 없다.
따라서 지하횡단보도에서 10m 거리에 있는 도로에는 노외주차장의 출구 및 입구의 설치가 가능하다.

선지분석
① 횡단보도(육교, 지하횡단보도 포함)로부터 5m 이내에 있는 도로의 부분에는 설치가 불가하다.
③, ④ 유아원, 유치원, 초등학교, 특수학교, 노인복지시설, 장애인복지시설 및 아동전용시설 등의 출입구로부터 20m 이내에 있는 도로의 부분에는 설치가 불가하다.

94 ★★☆

「건축법령」상 초고층 건축물의 정의로 옳은 것은?

① 층수가 30층 이상이거나 높이가 90m 이상인 건축물
② 층수가 30층 이상이거나 높이가 120m 이상인 건축물
③ 층수가 50층 이상이거나 높이가 150m 이상인 건축물
④ 층수가 50층 이상이거나 높이가 200m 이상인 건축물

해설
초고층 건축물이란 층수가 50층 이상 또는 높이가 200m 이상인 건축물을 말한다.

95 ★★★

면적 등의 산정방법에 대한 기본 원칙으로 옳지 않은 것은?

① 대지면적은 대지의 수평투영면적으로 한다.
② 건축면적은 건축물의 외벽의 중심선으로 둘러싸인 부분의 수평투영면적으로 한다.
③ 바닥면적은 건축물의 각 층 또는 그 일부로서 벽, 기둥, 그 밖에 이와 비슷한 구획의 중심선으로 둘러싸인 부분의 수평투영면적으로 한다.
④ 용적률 산정 시 적용하는 연면적은 지하층을 포함하여 하나의 건축물 각 층의 바닥면적의 합계로 한다.

해설
연면적은 하나의 건축물 각 층의 바닥면적의 합계로 하되, 용적률을 산정할 때에는 다음에 해당하는 면적은 제외한다.
- 지하층의 면적
- 지상층의 주차용(해당 건축물의 부속용도인 경우만 해당)으로 쓰는 면적
- 초고층 건축물과 준초고층 건축물에 설치하는 피난안전구역의 면적
- 건축물의 경사지붕 아래에 설치하는 대피공간의 면적

정답 91 ④ 92 ① 93 ② 94 ④ 95 ④

96 ★☆☆

연면적의 합계가 2,000m² 이상인 건축물의 대지와 도로의 관계가 옳은 것은?

① 대지는 너비 4m 이상인 도로에 2m 이상 접하여야 한다.
② 대지는 너비 4m 이상인 도로에 4m 이상 접하여야 한다.
③ 대지는 너비 6m 이상인 도로에 2m 이상 접하여야 한다.
④ 대지는 너비 6m 이상인 도로에 4m 이상 접하여야 한다.

해설

연면적의 합계가 2,000m²(공장인 경우 3,000m²) 이상인 건축물(축사, 작물재배사, 그 밖에 이와 비슷한 건축물로서 건축조례로 정하는 규모의 건축물은 제외)의 대지는 너비 6m 이상의 도로에 4m 이상 접하여야 한다.

97 ★★★

주차전용건축물의 주차면적비율과 관련한 아래 내용에서, ( )에 들어갈 수 없는 것은?

> 주차전용건축물이란 건축물의 연면적 중 주차장으로 사용되는 부분의 비율이 95% 이상인 것을 말한다. 다만, 주차장 외의 용도로 사용되는 부분이 「건축법 시행령」 별표 1에 따른 ( )인 경우에는 주차장으로 사용되는 부분의 비율이 70% 이상인 것을 말한다.

① 종교시설   ② 운동시설
③ 업무시설   ④ 숙박시설

해설

주차전용건축물이란 건축물의 연면적 중 주차장으로 사용되는 부분의 비율이 95% 이상인 것을 말한다.
다만, 주차장 외의 용도로 사용되는 부분이 단독주택, 공동주택, 제1종 근린생활시설, 제2종 근린생활시설, 문화 및 집회시설, 종교시설, 판매시설, 운수시설, 운동시설, 업무시설, 창고시설 또는 자동차 관련 시설인 경우에는 주차장으로 사용되는 부분의 비율이 70% 이상인 것을 말한다.

98 ★★☆

국토교통부령으로 정하는 기준에 따라 거실에 배연설비를 설치하여야 하는 대상 건축물에 속하지 않는 것은? (단, 6층 이상의 건축물)

① 의료시설
② 위락시설
③ 수련시설 중 유스호스텔
④ 교육연구시설 중 대학교

해설

6층 이상인 건축물로서 다음에 해당하는 건축물의 거실(피난층의 거실 제외)에는 배연설비를 해야 한다.

> 문화 및 집회시설, 종교시설, 판매시설, 운수시설, 의료시설(요양병원, 정신병원 제외), 교육연구시설 중 연구소, 노유자시설 중 아동 관련 시설, 노인복지시설(노인요양시설 제외), 수련시설 중 유스호스텔, 운동시설, 업무시설, 숙박시설, 위락시설, 관광휴게시설, 장례시설, 제2종 근린생활시설 중 공연장, 종교집회장, 인터넷컴퓨터게임시설제공업소 및 다중생활시설

99 ★★☆

지하층에 설치하는 비상탈출구의 유효너비 및 유효높이 기준으로 옳은 것은? (단, 주택이 아닌 경우)

① 유효너비 0.5m 이상, 유효높이 1.0m 이상
② 유효너비 0.5m 이상, 유효높이 1.5m 이상
③ 유효너비 0.75m 이상, 유효높이 1.0m 이상
④ 유효너비 0.75m 이상, 유효높이 1.5m 이상

해설

비상탈출구의 유효너비는 0.75m 이상으로 하고, 유효높이는 1.5m 이상으로 해야 한다.

100 ★★★

건축물과 해당 건축물의 용도의 연결이 옳지 않은 것은?

① 주유소 — 자동차 관련 시설
② 야외음악당 — 관광휴게시설
③ 치과의원 — 제1종 근린생활시설
④ 일반음식점 — 제2종 근린생활시설

해설

주유소는 위험물 저장 및 처리 시설에 속한다.

정답 96 ④   97 ④   98 ④   99 ④   100 ①

2024년 | 제1회 CBT 복원문제

제1과목 건축계획

01 ★★★

다음 중 호텔의 성격상 연면적에 대한 숙박면적의 비가 가장 큰 것은?

① 리조트 호텔
② 커머셜 호텔
③ 클럽 하우스
④ 레지덴셜 호텔

해설
- 커머셜 호텔은 주로 비즈니스를 위한 일반 여행자용 호텔이다. 연면적에 대한 숙박 관계 부분의 비율이 가장 크고, 고밀도의 고층형이다.
- 연면적에 대한 숙박의 면적비
  커머셜 호텔 > 리조트 호텔 > 아파트먼트 호텔

02 ★★★

다음의 건축물 중 주심포식 건축양식에 속하지 않는 것은?

① 강릉 객사문
② 석왕사 응진전
③ 봉정사 극락전
④ 부석사 무량수전

해설
석왕사 응진전은 다포식 건축양식에 해당한다.

합격 POINT 대표적인 주심포 건축양식
- 봉정사 극락전
- 부석사 무량수전
- 부석사 조사당
- 수덕사 대웅전
- 강릉 객사문
- 정수사 법당
- 무위사 극락전
- 송광사 국사전

03 ★★☆

다음 설명에 알맞은 공장건축의 레이아웃 형식은?

- 동종의 공정, 동일한 기계 설비 또는 기능이 유사한 것을 하나의 그룹으로 집합시키는 방식
- 다종의 소량 생산의 경우, 예상 생산이 불가능한 경우, 표준화가 이루어지기 어려운 경우에 채용

① 고정식 레이아웃
② 혼성식 레이아웃
③ 공정중심의 레이아웃
④ 제품중심의 레이아웃

해설
공정중심의 레이아웃에 대한 설명이다.

합격 POINT 공정중심 레이아웃
공장건축계획의 기능식 레이아웃으로서, 기능이 동일하거나 유사한 공정 또는 기계를 집합하여 배치하는 방식으로 다품종 소량생산이나 주문생산의 경우와 표준화가 어려운 경우에 적합한 형식이다.

04 ★★★

메조넷형 아파트에 관한 설명으로 옳지 않은 것은?

① 다양한 평면구성이 가능하다.
② 소규모 주택에서는 비경제적이다.
③ 통로면적이 감소되며 유효면적이 증대된다.
④ 복도와 엘리베이터홀은 각 층마다 계획된다.

해설
복층형(Maisonnette Type)은 한 주호가 2층 이상으로 구성된 형식으로 복도와 엘리베이터홀은 2층마다 계획된다.

05 ★★★

테라스 하우스에 관한 설명으로 옳지 않은 것은?

① 경사가 심할수록 밀도가 높아진다.
② 각 세대의 깊이는 7.5m 이상으로 하여야 한다.
③ 평지보다 더 많은 인구를 수용할 수 있어 경제적이다.
④ 시각적인 인공테라스형은 위층으로 갈수록 건물의 내부 면적이 작아지는 형태이다.

해설
테라스 하우스에서 각 세대의 깊이는 6.0 ~ 7.5m 이상이 되지 않도록 해야 한다.

합격 POINT 테라스 하우스
- 경사지에서 적절히 절토하여 지형에 맞추어 건물을 짓는다.
- 각 호마다 전용 정원(뜰)을 갖는다.
- 전입방식에 따라 하향식과 상향식으로 나눈다.
- 각 세대당 2.7m 정도의 높이 차가 나는 것이 적당하다.

정답 01 ② 02 ② 03 ③ 04 ④ 05 ②

06 ★☆☆

사무소 건축의 코어 유형에 관한 설명으로 옳지 않은 것은?

① 중심코어형은 유효율이 높은 계획이 가능하다.
② 양단코어형은 2방향 피난에 이상적이며 방재상 유리하다.
③ 편심코어형은 각 층 바닥면적이 소규모인 경우에 적합하다.
④ 독립코어형은 구조적으로 가장 바람직한 유형으로, 고층, 초고층 사무소 건축에 주로 사용된다.

해설
- 중심코어형은 구조적으로 가장 바람직한 유형으로, 고층, 초고층 사무소 건축에 주로 사용된다.
- 독립코어형은 업무공간에서 코어를 별도로 분리시킨 형식이다.

07 ★☆☆

학교의 강당계획에 관한 설명으로 옳지 않은 것은?

① 체육관의 크기는 배구코트의 크기를 표준으로 한다.
② 강당은 반드시 전교생을 수용할 수 있도록 크기를 결정하지는 않는다.
③ 강당 및 체육관으로 겸용하게 될 경우 체육관 목적으로 치중하는 것이 좋다.
④ 강당 겸 체육관은 커뮤니티의 시설로서 이용될 수 있도록 고려하여야 한다.

해설
체육관의 크기는 농구코트의 크기를 표준으로 한다.

합격 POINT 학교의 강당 및 체육관 계획
1. 강당 및 체육관으로 겸용할 경우 일반적으로 강당보다는 체육관으로서의 사용이 높으므로 체육관 목적으로 치중하는 것이 좋다.
2. 학생이 이용하기 쉬운 곳에 배치하며 지역 주민의 이용(커뮤니티의 시설로 이용)도 고려한다.
3. 강당은 반드시 전교생을 수용할 수 있는 크기로 결정하지는 않는다.
4. 체육관의 크기는 농구코트를 기준으로 최소 $400m^2$가 필요하며 천장의 높이는 6m 이상으로 한다.

08 ★★★

숑바르 드 로브의 주거면적으로 옳은 것은?

① 병리기준: $6m^2$, 한계기준: $12m^2$
② 병리기준: $6m^2$, 한계기준: $14m^2$
③ 병리기준: $8m^2$, 한계기준: $12m^2$
④ 병리기준: $8m^2$, 한계기준: $14m^2$

해설
숑바르 드 로브의 주거면적
- 병리기준: $8m^2$/인
- 한계기준: $14m^2$/인
- 표준기준: $16m^2$/인

09 ★☆☆

공동주택의 단지계획에서 보차분리를 위한 방식 중 평면분리에 해당하는 방식은?

① 시간제 차량통행
② 쿨데삭(Cul-de-Sac)
③ 오버브리지(Overbridge)
④ 보행자 안전참(Pedestrian Safecross)

해설
보차분리에서 평면분리에는 쿨데삭(Cul-de-Sac), 루프(Loop), T자형, 열쇠형이 있다.

합격 POINT 보차분리
- 평면분리: 쿨데삭, 루프, T자형, 열쇠형
- 면적분리: 보행자 안전참, 보행자 공간, 몰
- 입체분리: 오버브리지, 언더패스
- 시간분리: 시간제 차량통행, 차 없는 날

10 ★★☆

다음 설명에 알맞은 백화점 진열장 배치방법은?

- Main 통로를 직각 배치하며, Sub 통로를 45° 정도 경사지게 배치하는 유형이다.
- 많은 고객이 매장공간의 코너까지 접근하기 용이하지만, 이형의 진열장이 많이 필요하다.

① 직각배치
② 방사배치
③ 사행배치
④ 자유유선배치

해설
사행배치에 대한 설명이다.

선지분석
① 직각배치: 단조롭고 간단한 배치 방법이나 통로의 최소폭을 기준으로 진열장을 배치하므로 통행량에 따른 통로폭을 조절하기 어려워 국부적 혼란이 생길 수 있다.
② 방사배치: 판매장의 통로를 방사형으로 배치하는 방법으로 일반적으로 적용이 어렵다.
④ 자유유선배치: 고객의 유동 방향에 따라 통로를 자유로운 곡선 형태로 배치하는 방법으로 전시에 변화를 주고 매장의 특수성을 살릴 수 있다.

정답 06 ④ 07 ① 08 ④ 09 ② 10 ③

11 ★★★
연극을 감상하는 경우 배우의 표정이나 동작을 감상할 수 있는 시각 한계는?

① 3m ② 5m
③ 10m ④ 15m

해설
생리적 한도(15m): 연기자의 표정이나 동작을 자세히 감상할 수 있는 거리
제1차 허용한도(22m): 가능한 많은 관객을 수용하기 위한 적당한 거리
제2차 허용한도(35m): 배우의 일반적인 동작만 보이면 지장이 없는 거리

12 ★★☆
그리스 아테네 아크로폴리스에 관한 설명으로 옳지 않은 것은?

① 프로필리어는 아크로폴리스로 들어가는 입구 건물이다.
② 에레크테이온 신전은 이오닉 양식의 대표적인 신전으로 부정형 평면으로 구성되어 있다.
③ 니케 신전은 순수한 코린트식 양식으로서 페르시아와의 전쟁의 승리기념으로 세워졌다.
④ 파르테논 신전은 도릭 양식의 대표적인 신전으로서 그리스 고전건축을 대표하는 건물이다.

해설
니케 신전은 아테네 여신을 모시던 신전으로 아크로폴리스 최초의 이오니아식 건축물이다.

13 ★★☆
공장의 지붕형태에 관한 설명으로 옳은 것은?

① 솟을지붕은 채광 및 환기에 적합한 방법이다.
② 샤렌구조는 기둥이 많이 소요된다는 단점이 있다.
③ 뾰족지붕은 직사광선이 완전히 차단된다는 장점이 있다.
④ 톱날지붕은 남향으로 할 경우 하루 종일 변함없는 조도를 가진 약광선을 받아들일 수 있다.

해설
솟을지붕은 채광창의 경사에 따라 채광량 조절이 가능하고, 상부를 열고 닫는 것에 의해 환기가 가능하므로 채광 및 환기에 적합하다.

선지분석
② 샤렌구조는 기둥이 적게 소요된다는 장점이 있다.
③ 뾰족지붕은 직사광선이 어느 정도 허용되는 단점이 있다.
④ 톱날지붕은 북향으로 할 경우 하루 종일 변함없는 조도를 가진 약광선을 받아들일 수 있다.

14 ★★☆
도서관 출납시스템에 관한 설명으로 옳지 않은 것은?

① 자유개가식은 책 내용의 파악 및 선택이 자유롭다.
② 자유개가식은 서가의 정리가 잘 안되면 혼란스럽게 된다.
③ 안전개가식은 서가열람이 가능하여 책을 직접 뽑을 수 있다.
④ 폐가식은 서가와 열람실에서 감시가 필요하나 대출절차가 간단하여 관원의 작업량이 적다.

해설
폐가식은 서가와 열람실에서 감시가 필요하지 않으나 대출 절차가 복잡하여 관원의 작업량이 많다.

합격 POINT 출납시스템
- 자유개가식: 열람자가 직접 서가에서 책을 고르고 검열 없이 열람한다.
- 안전개가식: 열람자가 직접 서가에서 책을 고르고 관원의 검열과 대출 기록을 남긴 후 열람한다.
- 반개가식: 열람자가 책의 체재나 표지를 통해 선택한 책을 관원에게 요구하면 관원이 서가에서 책을 가져와 대출 기록을 남긴 후 열람한다.
- 폐가식: 책의 목록을 보고 책을 선택한다. 관원에게 선택한 책의 대출 기록을 제출한 후 대출받는다.

15 ★★☆
전시공간의 특수전시기법 중 하나의 사실이나 주제의 시간 상황을 고정시켜 연출함으로써 현장에 임한 듯한 느낌을 가지고 관찰할 수 있는 기법은?

① 알코브 전시 ② 아일랜드 전시
③ 디오라마 전시 ④ 하모니카 전시

해설
디오라마 전시는 하나의 사실 또는 주제의 시간 상황을 고정시켜 연출하는 것으로 현장에 임한 느낌을 준다.

선지분석
② 아일랜드 전시는 벽이나 천장을 직접 이용하지 않고 전시물 또는 전시장치를 배치하는 전시기법이다.
④ 하모니카 전시는 전시내용을 통일된 형식 속에서 규칙적으로 반복시켜 표현하는 기법이다.

정답 11 ④ 12 ③ 13 ① 14 ④ 15 ③

16 ★★☆

쇼핑센터의 몰(Mall)의 계획에 관한 설명으로 옳지 않은 것은?

① 전문점들과 중심상점의 주출입구는 몰에 면하도록 한다.
② 몰에는 자연광을 끌어들여 외부공간과 같은 성격을 갖게 하는 것이 좋다.
③ 다층으로 계획할 경우 시야의 개방감을 적극적으로 고려하는 것이 좋다.
④ 중심상점들 사이의 몰의 길이는 150m를 초과하지 않아야 하며, 길이 40~50m마다 변화를 주는 것이 바람직하다.

해설

몰의 길이는 240m를 초과하지 않아야 하며, 길이 20~30m마다 변화를 주는 것이 바람직하다.

17 ★★☆

척도 조정(M.C.)에 관한 설명으로 옳지 않은 것은?

① 설계작업이 단순해지고 간편해진다.
② 현장작업이 단순해지고 공기가 단축된다.
③ 건축물 형태의 다양성 및 창조성 확보가 용이하다.
④ 구성재의 상호조합에 의한 호환성을 확보할 수 있다.

해설

건축물 형태의 창조성과 인간성이 상실될 수 있다.

합격 POINT 척도 조정(Modular Coordination)

1. 정의
   건물의 설계 시나 구조계획 또는 시공의 측면에서 고려해야 할 일반적인 기준인 모듈을 사용해서 건축물의 재료나 부품에서부터 설계, 시공에 이르기까지 건축 생산 전반에 걸쳐 치수의 유기적인 연계성을 만들어 건축물의 미적 질서를 갖게 하는 것이다.

2. 장점
   - 설계작업이 단순화된다.
   - 건축구성재의 대량생산이 가능해지고, 생산 비용이 낮아진다.
   - 건축구성재의 수송과 취급이 편리해진다.
   - 현장작업이 단순해지므로 공사시간이 단축된다.
   - 국제적인 MC를 사용하면 건축구성재의 국제교역이 가능해진다.

18 ★☆☆

단독주택의 평면계획에 관한 설명으로 옳지 않은 것은?

① 거실은 평면계획상 통로나 홀로 사용하지 않는 것이 좋다.
② 현관의 위치는 대지의 형태, 도로와의 관계 등에 의하여 결정된다.
③ 부엌은 주택의 서측이나 동측이 좋으며 남향은 피하는 것이 좋다.
④ 노인침실은 일조가 충분하고 전망이 좋은 조용한 곳에 면하게 하고 식당, 욕실 등에 근접시킨다.

해설

- 부엌은 주택의 남측이나 동측이 좋으며 서측은 피하는 것이 좋다.
- 부엌의 위치는 일광에 의한 건조 소독이 가능한 남측 또는 동측이 좋다.
- 일사 시간이 긴 서측은 음식물이 부패하기 쉬우므로 피하는 것이 좋다.

19 ★★★

열람자가 서가에서 책을 자유롭게 선택하나 관원의 검열을 받고 열람하는 도서관 출납 시스템은?

① 폐가식 ② 반개가식
③ 안전개가식 ④ 자유개가식

해설

안전개가식은 열람자가 직접 서가에서 책을 고르고 관원의 검열과 대출 기록을 남긴 후 열람한다.

선지분석

① 폐가식: 책의 목록을 보고 책을 선택한다. 관원에게 선택한 책의 대출 기록을 제출한 후 대출받는다.
② 반개가식: 열람자가 책의 체재나 표지를 통해 선택한 책을 관원에게 요구하면 관원이 서가에서 책을 가져와 대출 기록을 남긴 후 열람한다.
④ 자유개가식: 열람자가 직접 서가에서 책을 고르고 검열 없이 열람한다.

정답 16 ④ 17 ③ 18 ③ 19 ③

20 ★★★

다음과 같은 특징을 갖는 에스컬레이터 배치 유형은?

- 점유면적이 다른 유형에 비해 작다.
- 연속적으로 승강이 가능하다.
- 승객의 시야가 좋지 않다.

① 교차식 배치 ② 직렬식 배치
③ 병렬 단속식 배치 ④ 병렬 연속식 배치

해설
교차식 배치는 에스컬레이터 배치 형식 중 점유면적이 가장 작고, 승객의 시야가 좋지 않다.

선지분석
② 직렬식 배치: 점유면적과 승객의 시야가 넓고, 승객의 시선이 한 방향으로 고정된다.
③ 병렬 단속식 배치: 승객의 시야가 좋고, 연속적으로 승강할 수 없다.
④ 병렬 연속식 배치: 오르기와 내리기의 연속적 시행이 가능하다.

제2과목 건축시공

21 ★★★

멤브레인 방수에 속하지 않는 방수공법은?

① 시멘트 액체방수 ② 합성고분자 시트방수
③ 도막방수 ④ 아스팔트 방수

해설
멤브레인 방수(Membrane waterproofing)는 구조물 외부에 피막을 구성시키는 방수공법으로 아스팔트 방수, 시트방수, 도막방수, 합성고분자 시트방수 등이 있다.

22 ★★☆

철근콘크리트 구조물에서 철근 조립순서로 옳은 것은?

① 기초철근 → 기둥철근 → 보철근 → 슬래브철근 → 계단철근 → 벽철근
② 기초철근 → 기둥철근 → 벽철근 → 보철근 → 슬래브철근 → 계단철근
③ 기초철근 → 벽철근 → 기둥철근 → 보철근 → 슬래브철근 → 계단철근
④ 기초철근 → 벽철근 → 보철근 → 기둥철근 → 슬래브철근 → 계단철근

해설
철근 조립순서

기초 철근	거푸집 위치 먹줄치기 → 철근간격 표시 → 직교철근 배근 → 대각선 철근 배근 → 스페이서 설치 → 기둥주근 설치 → 띠근(Hoop) 끼우기
철근콘크리트	기초 → 기둥 → 벽 → 보 → 바닥판 → 계단
철골철근콘크리트조	기초 → 기둥 → 보 → 벽 → 바닥판 → 계단

23 ★★☆

콘크리트에 사용되는 혼화재 중 플라이애시의 사용에 따른 이점으로 볼 수 없는 것은?

① 유동성의 개선 ② 수화열의 감소
③ 수밀성의 향상 ④ 초기강도의 증진

해설
플라이애시는 화력발전소의 미분탄 보일러 내의 연도 가스로부터 집진기로 포집한 미세립자로, 양질의 포졸란(Pozzolan)이다. 콘크리트의 워커빌리티(Workability, 시공연도)와 수밀성이 좋고 수화열이 작으며 초기강도는 작으나 장기강도가 증진된다.

합격 POINT 혼화재료

구분	내용
혼화재	• 시멘트 중량의 5% 이상 사용 • 배합설계 시 체적 고려 • 플라이애시, 고로슬래그, 실리카흄, 착색재, 팽창재 등
혼화제	• 시멘트 중량의 1% 이하 사용 • 배합설계 시 체적을 미고려 • AE제, 유동화제, 응결지연제, 방청제 등

24 ★★☆

아스팔트 방수공사에 관한 설명으로 옳지 않은 것은?

① 아스팔트 프라이머는 건조하고 깨끗한 바탕면에 솔, 롤러, 뿜칠기 등을 이용하여 규정량을 균일하게 도포한다.
② 용융 아스팔트는 운반용 기구로 시공 장소까지 운반하여 방수 바탕과 시트재 사이에 롤러, 주걱 등으로 뿌리면서 시트재를 깔아 나간다.
③ 옥상에서의 아스팔트 방수 시공 시 평탄부에서의 방수시트 깔기 작업 후 특수부위에 대한 보강붙이기를 시행한다.
④ 평탄부에서는 프라이머의 적절한 건조상태를 확인하여 시트를 깐다.

해설
옥상에서의 아스팔트 방수 시공 시 특수부위에 대한 보강붙이기를 시행한 후 평탄부에서의 방수시트 깔기 작업을 진행한다.

정답 20 ① 21 ① 22 ② 23 ④ 24 ③

25 ★★☆

프리스트레스트 콘크리트(Prestressed concrete)에 관한 설명으로 옳지 않은 것은?

① 포스트텐션(Post-tension)공법은 콘크리트의 강도가 발현된 후에 프리스트레스를 도입하는 현장형 공법이다.
② 구조물의 자중을 경감할 수 있으며, 부재단면을 줄일 수 있다.
③ 화재에 강하며, 내화피복이 불필요하다.
④ 고강도이면서 수축 또는 크리프 등의 변형이 적은 균일한 품질의 콘크리트가 요구된다.

해설
프리스트레스트 콘크리트(PS 콘크리트)는 포스트텐션, 프리텐션 공법으로 미리 부재에 응력을 주어 외력을 없애는 콘크리트로 화재에 약하며 내화피복이 필요하다.

26 ★★☆

다음 그림과 같은 건물에서 G_1과 같은 보가 8개 있다고 할 때 보의 총 콘크리트량을 구하면? (단, 보의 단면상 슬래브와 겹치는 부분은 제외하며, 철근량은 고려하지 않음)

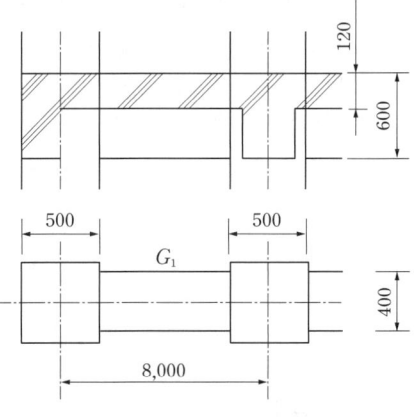

① 11.52m³ ② 12.23m³
③ 13.44m³ ④ 15.36m³

해설
보의 콘크리트량(V)
V = 보의 너비×(보의 춤−바닥판의 두께)×보의 기둥간 안목거리×보의 개수
= 0.4×(0.6−0.12)×(8−0.5)×8 = 11.52m³
(여기서, 보의 두께는 문제조건에 따라 슬래브 두께를 공제하여 계산한다.)

27 ★★★

가설공사에서 건물의 각부 위치, 기초의 너비 또는 길이 등을 정확히 결정하기 위한 것은?

① 벤치마크 ② 수평규준틀
③ 세로규준틀 ④ 현황측량

해설
건축물의 기초의 너비 또는 길이 등을 표시하기 위한 것은 수평규준틀이다.

합격 POINT

벤치마크(Bench mark, 기준점)
토지나 건물의 위치나 높이를 측정하기 위한 기준점이다.

규준틀

구분	내용
수평규준틀	건물 각부의 거리, 위치, 높이의 기준과 기초의 너비 따위의 기준이 되는 수평 위치를 표시하는 가설물
수직규준틀 (세로규준틀)	조적공사에서 건물의 위치와 높이, 땅파기의 너비와 깊이 등을 표시하는 가설물

28 ★★☆

PERT-CPM 공정표 작성 시에 EST와 EFT의 계산방법 중 옳지 않은 것은?

① 작업의 흐름에 따라 전진 계산한다.
② 선행작업이 없는 첫 작업의 EST는 프로젝트의 개시시간과 동일하다.
③ 어느 작업의 EFT는 그 작업의 EST에 소요일수를 더하여 구한다.
④ 복수의 작업에 종속되는 작업의 EST는 선행작업 중 EFT의 최소값으로 한다.

해설
복수의 작업에 종속되는 작업의 EST는 선행작업 중 EFT의 최대값으로 한다.

정답 25 ③ 26 ① 27 ② 28 ④

29 ★★☆

기계가 위치한 곳보다 높은 곳의 굴착에 가장 적당한 건설기계는?

① Dragline
② Back Hoe
③ Power Shovel
④ Scraper

해설
기계가 위치한 곳보다 높은 곳의 굴착에 적당한 건설기계는 파워쇼벨(Power Shovel)이다.

합격 POINT 굴착용 기계

종류	특성
파워쇼벨	지면보다 높은 곳의 굴착에 적합하며 굴착력이 크다.
드래그쇼벨 (백호)	지면보다 낮은 곳의 굴착에 적합하며 굴착력이 크고 범위가 좁다.
드래그라인	기계를 설치한 지반보다 낮은 장소 또는 수중을 굴착하는데 사용된다. 굴착력은 약하나 작업범위가 광범위하다.
클램쉘	좁은 곳의 수직굴착, 수중굴착에 적합하다.
트렌처	도랑파기, 줄기초 파기에 사용된다.

30 ★★☆

미장공사에서 균열을 방지하기 위하여 고려해야 할 사항 중 옳지 않은 것은?

① 바름면은 바람 또는 직사광선 등에 의한 급속한 건조를 피한다.
② 1회의 바름 두께는 가급적 얇게 한다.
③ 쇠 흙손질을 충분히 한다.
④ 모르타르 바름의 정벌바름은 초벌바름보다 부배합으로 한다.

해설
모르타르 바름의 정벌바름은 초벌바름 보다 빈배합으로 한다.

31 ★★☆

콘크리트 거푸집용 박리제 사용 시 주의사항으로 옳지 않은 것은?

① 거푸집 종류에 상응하는 박리제를 선택·사용한다.
② 박리제 도포 전에 거푸집면의 청소를 철저히 한다.
③ 거푸집 뿐만 아니라 철근에도 도포하도록 한다.
④ 콘크리트 색조에 영향이 없는지를 시험한다.

해설
박리제는 철근과 콘크리트의 부착력을 저하시키므로 철근에는 도포하지 않는다.

32 ★★☆

한중콘크리트에 관한 설명으로 옳은 것은?

① 한중콘크리트는 공기연행콘크리트를 사용하는 것을 원칙으로 한다.
② 타설할 때의 콘크리트 온도는 구조물의 단면 치수, 기상 조건 등을 고려하여 최소 25℃ 이상으로 한다.
③ 물-결합재비는 50% 이하로 하고, 단위수량은 소요의 워커빌리티를 유지할 수 있는 범위 내에서 되도록 크게 정하여야 한다.
④ 콘크리트를 타설한 직후에 찬바람이 콘크리트 표면에 닿도록 하여 초기양생을 실시한다.

해설
한중콘크리트는 공기연행제를 사용하여 콘크리트 내부의 공기를 제거하여, 콘크리트의 강도와 내구성을 향상 시킨다.

선지분석
② 타설할 때의 콘크리트 온도는 구조물의 단면 치수, 기상 조건 등을 고려하여 최소 5~20℃ 이상으로 한다.
③ 물-결합재비는 60% 이하로 하고, 단위수량은 소요의 워커빌리티를 유지할 수 있는 범위 내에서 되도록 작게 정하여야 한다.
④ 콘크리트를 타설한 직후에 찬바람이 콘크리트 표면에 닿지 않도록 하여 초기양생을 실시한다.

정답 29 ③ 30 ④ 31 ③ 32 ①

33 ★★★

실의 크기 조절이 필요한 경우 칸막이 기능을 하기 위해 만든 병풍 모양의 문은?

① 여닫이문
② 자재문
③ 미서기문
④ 홀딩 도어

해설
홀딩(폴딩) 도어(Folding door)는 여러 쪽의 좁은 문짝을 경첩으로 연결하여 접어서 여닫는 문으로 칸막이 기능을 한다.

합격 POINT

명칭	평면	입면
여닫이문		
자재문		
미서기문		
홀딩(폴딩) 도어 (Folding door)		

34 ★★★

블록조 벽체에 와이어메시를 가로줄눈에 묻어 쌓기도 하는데 이에 관한 설명으로 옳지 않은 것은?

① 전단작용에 대한 보강이다.
② 수직하중을 분산시키는 데 유리하다.
③ 블록과 모르타르의 부착성능의 증진을 위한 것이다.
④ 교차부의 균열을 방지하는 데 유리하다.

해설
와이어메시를 블록조 벽체의 가로줄눈에 묻는 목적
• 전단작용에 대한 보강
• 수직하중 분산
• 신축균열 교차부 균열방지

합격 POINT 와이어메시(Wire mesh)
철선을 격자 모양으로 짜고 접점에 전기저항용접을 한 것으로 빈 시멘트블록을 쌓을 때 수평줄눈에 묻어 벽면의 신축균열 교차부 또는 횡력에 안전하도록 설치하는 철선으로 된 좁은 망형의 철물이다.

35 ★☆☆

다음 중 가설비용의 종류로 볼 수 없는 것은?

① 가설건물비
② 바탕처리비
③ 동력, 전등설비
④ 용수설비

해설
바탕처리비는 본공사 비용이다.

합격 POINT 가설공사의 분류

공통가설공사	직접가설공사
• 대지측량 • 가설운반로 • 가설울타리 • 가설건물 • 가설창고 • 공사용 동력 • 용수설비(가설용수) • 시험설비 • 공사용 장비 • 운반 • 인접건물 보상 • 종말 정리청소 • 통신, 환기, 냉·난방 설비	• 규준틀 • 비계 • 안전시설 • 보양재료 • 건축물 현장정리

36 ★★★

지반조사 시 실시하는 평판재하시험에 관한 설명으로 옳지 않은 것은?

① 시험은 예정 기초면보다 높은 위치에서 실시해야 하기 때문에 일부 성토작업이 필요하다.
② 시험재하판은 실제 구조물의 기초면적에 비해 매우 작으므로 재하판 크기의 영향 즉, 스케일 이펙트(Scale effect)를 고려한다.
③ 하중시험용 재하판은 정방형 또는 원형의 판을 사용한다.
④ 침하량을 측정하기 위해 다이얼게이지 지지대를 고정하고 좌우측에 2개의 다이얼게이지를 설치한다.

해설
평판재하시험은 시험 예정 기초 저면에서 자연상태의 지반에서 실시한다.

합격 POINT 평판재하시험
1. 시험은 예정 기초 저면에서 행한다.
2. 재하판은 면적 $0.2m^2$ 이상의 장방형 또는 원형을 표준으로 하고, 보통 45cm각을 사용한다.
3. 매회 재하는 1t 이하, 예정파괴하중의 1/5 이하로 침하가 정지할 때까지 하여 침하량을 측정한다.
4. 침하정지: 침하의 증가가 2시간에 0.1mm의 비율 이하일 때 정지된 것으로 판단한다.
5. 자연상태(다짐을 실시하지 않은 상태)에서 실시한다.

정답 33 ④ 34 ③ 35 ② 36 ①

37 ★☆☆

콘크리트 펌프 사용에 관한 설명으로 옳지 않은 것은?

① 콘크리트 펌프를 사용하여 시공하는 콘크리트 소요의 워커빌리티를 가지며, 시공 시 및 경화 후에 소정의 품질을 갖는 것이어야 한다.
② 압송관의 지름 및 배관의 경로는 콘크리트의 종류 및 품질, 굵은골재의 최대치수, 콘크리트 펌프의 기종, 압송 조건, 압송 작업의 용이성, 안전성 등을 고려하여 정하여야 한다.
③ 콘크리트 펌프의 형식은 피스톤식이 적당하고 스퀴즈식은 적용이 불가하다.
④ 압송은 계획에 따라 연속적으로 실시하며, 되도록 중단되지 않도록 하여야 한다.

해설
콘크리트 펌프의 형식은 피스톤식와 스퀴즈식 모두 적용이 가능하다.

38 ★★★

웰포인트(Well point)공법에 관한 설명으로 옳지 않은 것은?

① 인접 대지에서 지하수위 저하로 우물 고갈의 우려가 있다.
② 투수성이 비교적 낮은 사질토층까지도 강제배수가 가능하다.
③ 압밀침하가 발생하지 않아 주변 대지, 도로 등의 균열 발생 위험이 없다.
④ 지반의 안전성을 대폭 향상시킨다.

해설
웰포인트(Well point)공법은 사질지반에서 인접 건축물과 토류판 사이에 케이싱 파이프를 삽입하여 지하수를 배수하는 지반개량공법이며 지하수위 저하에 의한 압밀침하가 발생하여 주변 대지, 도로 등의 균열 발생 위험이 있다.

39 ★☆☆

와이어로프로 매단 비계 권상기에 의해 상하로 이동시킬 수 있는 공사용 비계의 명칭은?

① 시스템비계　　② 틀비계
③ 달비계　　　　④ 쌍줄비계

해설
달비계는 건물에 고정된 돌출보 등에 밧줄로 매단 비계로 외부 마무리·외벽 청소·고층건물의 유리창 청소 등에 쓰인다.

선지분석
① 시스템비계: 공장에서 제작한 비계부재를 현장에서 조립하여 사용하는 조립형 비계이다.
② 틀비계: 강틀로 짜서 조립할 수 있는 비계로 강관을 전기용접으로 접합하여 작업판 지지용의 틀형의 구조단위로 만들어 현장에서 조립하여 쓸 수 있도록 구성한 비계이다.
④ 쌍줄비계: 비계기둥을 앞뒤 두 줄로 하여 조립한 비계로 고층 구조물 공사에서 작업발판을 마련하기 위한 구조물이다.

40 ★★☆

철근의 정착 위치에 관한 설명으로 옳지 않은 것은?

① 지중보의 주근은 기초 또는 기둥에 정착한다.
② 기둥 철근은 큰 보 혹은 작은 보에 정착한다.
③ 큰 보의 주근은 기둥에 정착한다.
④ 작은 보의 주근은 큰 보에 정착한다.

해설
기둥 철근(주근)은 기초에 정착한다.

합격 POINT 철근의 정착 위치

구분	정착 위치
기둥의 주근	기초
보의 주근	기둥
작은 보의 주근	큰 보
직교하는 단부 보의 밑에 기둥이 없을 때	보 상호간
벽 철근	기둥, 보 또는 바닥판
바닥 철근	보 또는 벽체
지중보의 주근	기초 또는 기둥

정답 37 ③　38 ③　39 ③　40 ②

제3과목 건축구조

41 ★★☆

다음 그림에서 파단선 a-1-2-3-d의 인장재의 순단면적은? (단, 판두께는 10mm, 볼트구멍지름은 22mm)

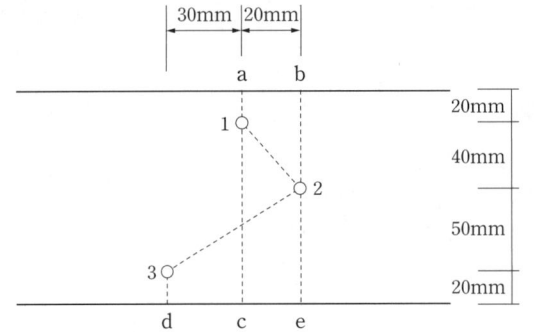

① 690mm²
② 790mm²
③ 890mm²
④ 990mm²

해설

$A_n = \left(130 - 3 \times 22 + \dfrac{20^2}{4 \times 40} + \dfrac{50^2}{4 \times 50}\right) \times 10 = 790\text{mm}^2$

합격 POINT 엇모배치 상태의 인장재 순단면적(A_n)

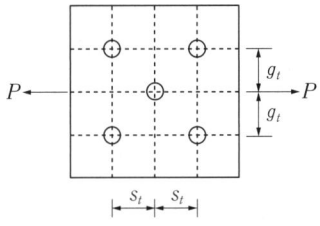

$A_n = \left(h - n \times d + \sum \dfrac{s^2}{4g}\right) t$

- h: 부재 높이
- n: 파단선상 구멍 수
- d: 파스너 구멍의 직경
- s: 피치
- g: 게이지
- t: 부재의 두께

42 ★★☆

다음 그림과 같은 단순보를 $I-200 \times 100 \times 7$로 설계하였다면 최대 처짐량은? (단, $I_x = 2.18 \times 10^7 \text{mm}^4$, $E = 2.0 \times 10^5 \text{MPa}$)

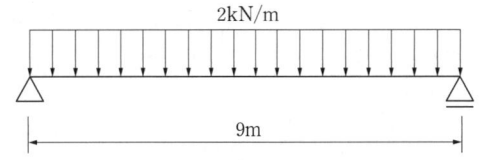

① 32.1mm
② 33.6mm
③ 34.5mm
④ 39.2mm

해설

단순보의 최대 처짐 $\delta = \dfrac{M'}{EI} = \dfrac{5wl^4}{384EI}$로 구한다.

(M': 최대 모멘트, E: 탄성계수, I: 단면2차모멘트)

$\therefore \delta = \dfrac{5 \times 2 \times 9{,}000^4}{384 \times (2.0 \times 10^5) \times (2.18 \times 10^7)} \fallingdotseq 39.19\text{mm}$

43 ★☆☆

그림과 같은 내민보에서 A지점의 반력값은?

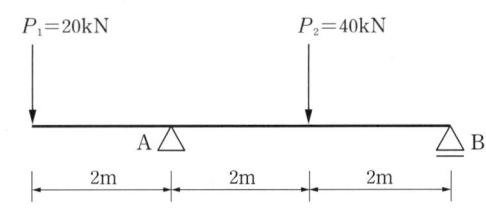

① 20kN
② 30kN
③ 40kN
④ 50kN

해설

$\Sigma H = 0$; $H_A = 0$

$\Sigma M_B = 0$;

$(-20 \times 6) + (V_A \times 4) - (40 \times 2) = 0$

$\therefore V_A = 50\text{kN}$

정답 41 ② 42 ④ 43 ④

44 ★☆☆

1단은 고정, 1단은 자유인 길이 10m인 철골기둥에서 오일러의 좌굴하중은? (단, $A=6,000\text{mm}^2$, $I_x=4,000\text{cm}^4$, $I_y=2,000\text{cm}^4$, $E=205,000\text{MPa}$)

① 101.2kN ② 168.4kN
③ 195.7kN ④ 202.4kN

해설

$P_{cr} = \dfrac{\pi^2 EI}{(KL)^2} = \dfrac{\pi^2 \times 205,000 \times (2,000 \times 10^4)}{(2 \times 10,000)^2}$
$\fallingdotseq 101,163.4\text{N} \fallingdotseq 101.2\text{kN}$

(단면2차모멘트가 작은 값인 I_y를 적용, 1단 고정-1단 자유에서의 좌굴계수 $K=2$)

45 ★★★

그림과 같은 구조물의 부정정 차수는?

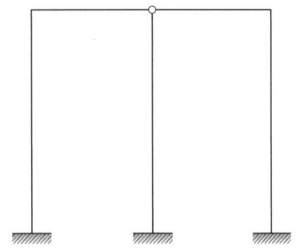

① 1차 부정정 ② 2차 부정정
③ 3차 부정정 ④ 4차 부정정

해설

$N=r+m+f-2\times j$ (r: 지점반력수, m: 부재수, f: 강절점수, j: 지점+자유단 절점수)의 공식을 이용해 부정정 차수를 구하면
$N=(3+3+3)+5+2-2\times 6=4$이므로
4차 부정정 구조이다.

46 ★★★

강도설계법으로 설계된 보에서 스터럽이 부담하는 전단력이 $V_s=265\text{kN}$일 경우 수직 스터럽의 적절한 간격은? (단, $A_v=2\times 127\text{mm}^2$(U형 2-D13), $f_{yt}=350\text{MPa}$, $b_w \times d = 300 \times 450\text{mm}$)

① 120mm ② 150mm
③ 180mm ④ 210mm

해설

전단철근의 전단강도 $V_s = \dfrac{A_v \cdot f_{yt} \cdot d}{s}$

여기서, s: 스터럽의 간격

$s = \dfrac{A_v \cdot f_{yt} \cdot d}{V_s} = \dfrac{(2\times 127)(350)(450)}{(265\times 10^3)} = 150.96\text{mm}$

따라서 150mm가 가장 타당하다.

47 ★★☆

직경(D) 30mm, 길이(L) 4m인 강봉에 90kN의 인장력이 작용할 때 인장응력(σ_t)과 늘어난 길이(ΔL)는 약 얼마인가? (단, 강봉의 탄성계수 $E=200,000\text{MPa}$)

① $\sigma_t=127.3\text{MPa}$, $\Delta L=1.43\text{mm}$
② $\sigma_t=127.3\text{MPa}$, $\Delta L=2.55\text{mm}$
③ $\sigma_t=132.5\text{MPa}$, $\Delta L=1.43\text{mm}$
④ $\sigma_t=132.5\text{MPa}$, $\Delta L=2.55\text{mm}$

해설

인장응력과 늘어난 길이를 구하는 공식은 다음과 같다.

$\sigma_t = \dfrac{P}{A} = \dfrac{(90\times 10^3)}{\dfrac{\pi(30)^2}{4}} = 127.32\text{N/mm}^2 \fallingdotseq 127.3\text{MPa}$

$\Delta L = \dfrac{\sigma \times L}{E} = \dfrac{127.3 \times 4,000}{200,000} = 2.546\text{mm} \fallingdotseq 2.55\text{mm}$

정답 44 ① 45 ④ 46 ② 47 ②

48 ★★☆

다음 구조용 강재의 명칭에 관한 내용으로 옳지 않은 것은?

① SM – 용접구조용 압연강재 (KS D 3515)
② SS – 일반구조용 압연강재 (KS D 3503)
③ SN – 건축구조용 각형 탄소강관 (KS D 3864)
④ SGT – 일반구조용 탄소강관 (KS D 3566)

해설
SN(Steel New)은 건축구조용 압연강재를 의미한다.

49 ★★★

철골조 주각부분에 사용하는 보강재에 해당되지 않는 것은?

① 윙플레이트
② 데크플레이트
③ 사이드앵글
④ 클립앵글

해설
데크플레이트는 콘크리트 슬래브의 거푸집으로 사용되며, 바닥판이나 평지붕에도 사용된다.

합격 POINT 데크플레이트(Deck plate)

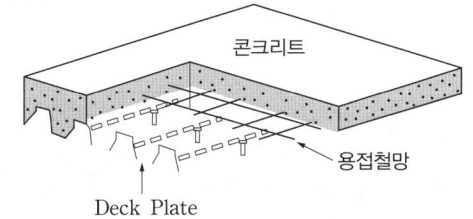

1. 강도를 유지하는데 합리적인 모양으로 골을 넣어 만든 폭이 넓은 대형 강판이다.
2. 콘크리트 슬래브의 거푸집으로 사용된다.
3. 바닥판이나 평지붕에도 사용된다.
4. 서포트가 필요하지 않아서 고층빌딩에 많이 이용된다.

50 ★★☆

철근의 가공 및 조립에 관한 설명으로 옳지 않은 것은?

① 철근의 가공은 철근상세도에 표시된 형상과 치수가 일치하고 재질을 해치지 않은 방법으로 이루어져야 한다.
② 철근상세도에 철근의 구부리는 내면 반지름이 표시되어 있지 않은 때에는 KDS에 규정된 구부림의 최소 내면 반지름 이상으로 철근을 구부려야 한다.
③ 경미한 녹이 발생한 철근이라 하더라도 일반적으로 콘크리트와의 부착성능을 매우 저하시키므로 사용이 불가하다.
④ 철근은 상온에서 가공하는 것을 원칙으로 한다.

해설
경미한 녹은 철근과 콘크리트 결합 시 피막이 형성되어 더 이상 녹이 발생하지 않으므로 콘크리트 구조물 품질에 영향을 주지 않는다.

51 ★★☆

다음 중 내진 Ⅰ등급 구조물의 허용층간변위로 옳은 것은? (단, KDS기준, h_{sx}는 x층 층고)

① $0.005h_{sx}$
② $0.010h_{sx}$
③ $0.015h_{sx}$
④ $0.020h_{sx}$

해설
내진 Ⅰ등급의 허용층간변위는 $0.015h_{sx}$이다.

합격 POINT 건물 허용층간변위(h_{sx}: 층고)

내진등급	허용층간변위
특	$0.010h_{sx}$
Ⅰ	$0.015h_{sx}$
Ⅱ	$0.020h_{sx}$

정답 48 ③ 49 ② 50 ③ 51 ③

52 ★★★

다음 그림과 같은 압축재 $H-200\times200\times8\times12$가 부재의 중앙지점에서 약축에 대해 휨변형이 구속되어 있다. 이 부재의 탄성좌굴응력도를 구하면? (단, 단면적 $A=63.53\times10^2\text{mm}^2$, $I_x=4.72\times10^7\text{mm}^4$, $I_y=1.60\times10^7\text{mm}^4$, $E=205,000\text{MPa}$)

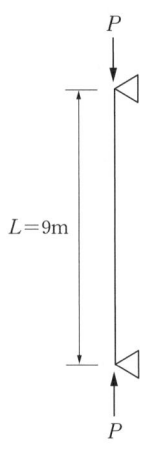

① 252N/mm^2
② 186N/mm^2
③ 132N/mm^2
④ 108N/mm^2

해설

1. 양단 힌지이므로 유효좌굴길이계수 $K=1.0$
2. 강축(x)에 대해서는 부재 전체의 길이 $L=9\text{m}$, 약축(y)에 대해서는 휨변형이 구속되어 있으므로 $L=4.5\text{m}$를 적용함에 주의한다.
3. 강축과 약축에 대한 좌굴하중을 계산하여 작은 쪽이 탄성좌굴하중이 된다.

$$P_{cr,x}=\frac{\pi^2 EI_x}{(KL_x)^2}=\frac{\pi^2\times205,000\times(4.72\times10^7)}{(1.0\times9,000)^2}\approx1,178,991.3\text{N}$$

$$P_{cr,y}=\frac{\pi^2 EI_y}{(KL_y)^2}=\frac{\pi^2\times205,000\times(1.60\times10^7)}{(1.0\times4,500)^2}\approx1,598,632.2\text{N}$$

4. 탄성좌굴응력

$$\sigma_{cr}=\frac{P_{cr}}{A}=\frac{1,178,991.3}{63.53\times10^2}\approx185.58\text{N/mm}^2$$

53 ★☆☆

동일단면, 동일재료를 사용한 캔틸레버보 끝단에 집중하중이 작용하였다. P_1이 작용한 부재의 최대처짐량이 P_2가 작용한 부재의 최대처짐량의 2배일 경우 $P_1:P_2$는?

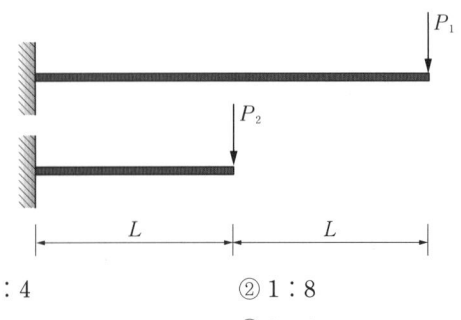

① $1:4$
② $1:8$
③ $4:1$
④ $8:1$

해설

자유단에 걸리는 하중이 P, 길이가 L인 캔틸레버보 자유단의 최대처짐은 $\delta_{\max}=\left(\frac{PL}{EI}\times L\right)\times\frac{L}{3}=\frac{PL^3}{3EI}$이다.

지문의 조건에 따르면

$\frac{P_1\cdot(2L)^3}{3EI}=\frac{P_2\cdot(L)^3}{3EI}\times2$이므로 $\frac{P_1}{P_2}=\frac{1}{4}$이다.

따라서 $P_1:P_2=1:4$이다.

54 ★☆☆

그림과 같은 구조물에서 C점에 발생되는 모멘트는?

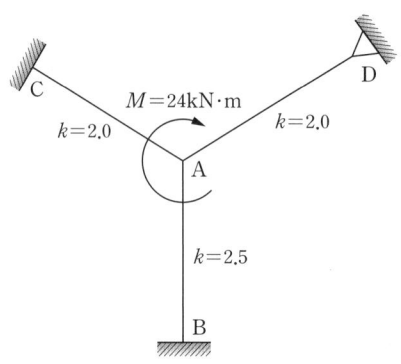

① $4.0\text{kN}\cdot\text{m}$
② $3.5\text{kN}\cdot\text{m}$
③ $3.0\text{kN}\cdot\text{m}$
④ $2.5\text{kN}\cdot\text{m}$

해설

1. 분배율: $DF_{AC}=\dfrac{2}{2+2.5+2\times\frac{3}{4}}=\dfrac{1}{3}$ (강비 k는 타단힌지일 경우 $\frac{3}{4}k$이다.)

2. 분배모멘트 계산: $M_{AC}=24\times\dfrac{1}{3}=8\text{kN}\cdot\text{m}$

3. 전달모멘트 계산: $A\to C$(전달률: 고정단은 $\frac{1}{2}$)

$M_{CA}=\dfrac{1}{2}M_{AC}=8\times\dfrac{1}{2}=4\text{kN}\cdot\text{m}$

정답 52 ② 53 ① 54 ①

55 ★★★

인장을 받는 이형철근의 정착길이(l_d)는 기본정착길이(l_{db})에 보정계수를 곱하여 산정한다. 다음 중 이러한 보정계수에 영향을 미치는 사항이 아닌 것은?

① 하중계수
② 경량콘크리트 계수
③ 에폭시 도막계수
④ 철근배치 위치계수

해설

인장이형철근의 정착길이에 사용되는 보정계수에는 하중계수가 포함되지 않는다.

합격 POINT 인장이형철근 정착길이

$$l_d = \frac{0.9 d_b \cdot f_y}{\lambda \sqrt{f_{ck}}} \cdot \frac{\alpha \cdot \beta \cdot \gamma}{\left(\frac{c + K_{tr}}{d_b}\right)}$$

여기서, λ: 경량콘크리트 계수, α: 철근배근 위치계수, β: 도막계수, γ: 철근의 크기계수, c: 철근 간격 또는 피복두께에 관련된 치수, K_{tr}: 횡방향 철근지수

56 ★☆☆

그림과 같은 단면의 X, Y축으로부터 도심까지의 거리(X_o, Y_o)는? (단, 단위는 cm임)

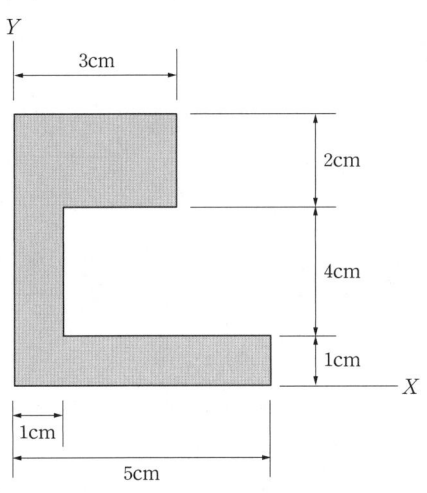

① (1.32, 3.14)
② (2.04, 4.26)
③ (1.25, 2.87)
④ (1.57, 3.37)

해설

단면1차모멘트를 이용한 도심의 산정

단면을 (1×7), (2×2), (4×1)로 구분하여 더한다.

$\bar{x} = \dfrac{G_y}{A} = \dfrac{(1 \times 7)(0.5) + (2 \times 2)(2) + (4 \times 1)(3)}{(1 \times 7) + (2 \times 2) + (4 \times 1)}$

≒ 1.57cm

$\bar{y} = \dfrac{G_x}{A} = \dfrac{(1 \times 7)(3.5) + (2 \times 2)(6) + (4 \times 1)(0.5)}{(1 \times 7) + (2 \times 2) + (4 \times 1)}$

≒ 3.37cm

57 ★★★

프리스트레스하지 않는 부재의 현장치기 콘크리트에서 흙에 접하여 콘크리트를 친 후 영구히 흙에 묻혀 있는 콘크리트 부재의 최소 피복두께로 옳은 것은?

① 40mm
② 50mm
③ 60mm
④ 75mm

해설

프리스트레스하지 않는 부재의 현장치기 콘크리트의 최소 피복두께

구분			현장치기 콘크리트 피복두께
수중			100mm
흙에 접하여 타설 후 영구히 흙에 묻혀 있는 콘크리트			75mm
흙에 접하거나 옥외의 공기에 직접 노출		D19 이상	50mm
		D16 이하의 철근, 지름 16 이하의 철선	40mm
옥외의 공기나 흙에 직접 접하지 않는 콘크리트	슬래브, 벽체, 장선	D35 초과	40mm
		D35 이하	20mm
	보, 기둥*		40mm
	쉘, 절판부재		20mm

* 보, 기둥의 경우 $f_{ck} \geq 40$MPa이면 10mm 저감 가능

58 ★☆☆

콘크리트 구조 설계 시 철근간격제한에 관한 내용으로 옳지 않은 것은?

① 벽체 또는 슬래브에서 휨 주철근의 간격은 벽체나 슬래브 두께의 3배 이하로 하여야 하고, 또한 450mm 이하로 하여야 한다.
② 상단과 하단에 2단 이상으로 배치된 경우 상하 철근은 동일 연직면 내에 배치하여야 하고, 이 때 상하 철근의 순간격은 25mm 이상으로 하여야 한다.
③ 나선철근 또는 띠철근이 배근된 압축부재에서 축방향 철근의 순간격은 25mm 이상, 또한 철근 공칭 지름의 2.5배 이상으로 하여야 한다.
④ 2개 이상의 철근을 묶어서 사용하는 다발철근은 이형철근으로 그 개수는 4개 이하이어야 하며, 이들은 스터럽이나 띠철근으로 둘러싸여져야 한다.

해설

③ 나선철근 또는 띠철근이 배근된 압축부재에서 축방향 철근의 순간격은 40mm 이상, 또한 철근 공칭지름의 1.5배 이상으로 하여야 한다.

정답 55 ① 56 ④ 57 ④ 58 ③

59 ★★☆

그림과 같은 원통단면의 핵반경은?

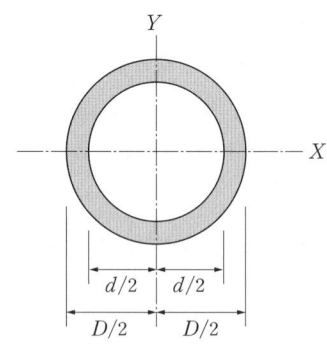

① $\dfrac{D+d}{6}$ ② $\dfrac{D}{8}$

③ $\dfrac{D+d}{8}$ ④ $\dfrac{D^2+d^2}{8D}$

해설

핵반경 $e = \dfrac{Z}{A}$, $Z = \dfrac{I}{y}$

여기서, Z: 단면계수, A: 단면적, I: 단면2차모멘트, y: 중심축으로부터의 거리

$Z = \dfrac{I}{y} = \dfrac{\frac{\pi}{64}(D^4-d^4)}{\frac{D}{2}}$, $A = \dfrac{\pi}{4}(D^2-d^2)$

핵반경 식에 대입하여 정리한다.

$\therefore e = \dfrac{Z}{A} = \dfrac{\frac{\pi(D^2-d^2)(D^2+d^2)}{32D}}{\frac{\pi(D^2-d^2)}{4}} = \dfrac{D^2+d^2}{8D}$

합격 POINT 각 도형의 단면2차모멘트

사각형	$I = \dfrac{bh^3}{12}$	원형	$I = \dfrac{\pi D^4}{64}$	삼각형	$I = \dfrac{bh^3}{36}$

60 ★★★

강구조에서 기초 콘크리트에 매입되어, 주각부의 이동을 방지하는 역할을 하는 것은?

① 턴 버클 ② 클립 앵글
③ 앵커 볼트 ④ 사이드 앵글

해설

기초 콘크리트에 매입되며 주각부의 이동을 방지하는 것은 앵커 볼트이다.

합격 POINT 주각부

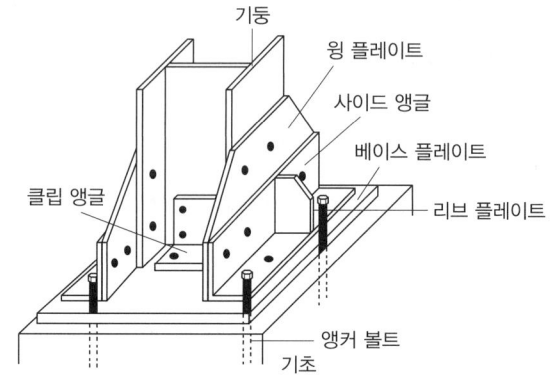

제4과목 건축설비

61 ★★★

간접가열식 급탕법에 관한 설명으로 옳지 않은 것은?

① 대규모 급탕설비에 적합하다.
② 보일러 내부에 스케일의 발생 가능성이 높다.
③ 가열코일에 순환하는 증기는 저압으로도 된다.
④ 난방용 증기를 사용하면 별도의 보일러가 필요 없다.

해설

보일러 내부에 스케일의 발생 가능성이 높은 것은 직접가열식으로, 간접가열식 급탕법은 저탕조에서 가열코일을 이용하여 가열하므로 보일러 내부에 스케일의 발생 가능성이 낮다.

정답 59 ④ 60 ③ 61 ②

62 ★★★
배수 배관에서 청소구(Clean Out)의 일반적 설치 장소에 속하지 않는 것은?

① 배수수직관의 최상부
② 배수수평지관의 기점
③ 배수수평주관의 기점
④ 배수관이 45°를 넘는 각도에서 방향을 전환하는 개소

해설
배수 배관에서 청소구는 배수수직관의 최하부에 설치한다.

합격 POINT 청소구 설치 장소
- 가옥배수관과 대지하수관이 접속되는 곳
- 배수수직관의 최하부
- 배수수평지관, 배수수평주관의 기점
- 배관이 45° 이상 각도로 구부러지는 곳
- 각종 트랩 및 배관상 필요한 곳
- 수평관의 관경이 100mm 이하인 경우: 직선거리 15m 이내마다 설치
- 수평관의 관경이 100mm 이상인 경우: 직선거리 30m 이내마다 설치

63 ★☆☆
일반적으로 가스사용시설의 지상배관 표면 색상은 어떤 색상으로 도색하는가?

① 백색   ② 황색
③ 청색   ④ 적색

해설
가스사용시설의 지상배관의 표면 색상은 황색으로 한다.

64 ★☆☆
다음의 어떤 수조면의 일사량을 나타낸 값 중 그 값이 가장 큰 것은?

① 전천일사량   ② 확산일사량
③ 천공일사량   ④ 반사일사량

해설
전천일사량은 구름의 영향이 없을 때 일사에 직각인 면에 입사하는 태양복사와 구름으로 가려져 입사하는 태양복사의 합으로, 수조면의 일사량 중 가장 크다.

65 ★★★
다음의 간선 배전방식 중 분전반에서 사고가 발생했을 때 그 파급 범위가 가장 좁은 것은?

① 평행식
② 방사선식
③ 나뭇가지식
④ 나뭇가지 평행식

해설
평행식은 배전반에서 각 분전반으로 단독으로 배선되기 때문에 화재 등 사고 발생 시 영향을 최소화 할 수 있다.

66 ★☆☆
다음과 같은 조건에서 실의 현열부하가 7,000W인 경우 실내 취출풍량은?

- 실내온도: 22°C
- 취출공기온도: 12°C
- 공기의 비열: 1.01kJ/kg·K
- 공기의 밀도: 1.2kg/m³

① 1,042m³/h   ② 2,079m³/h
③ 3,472m³/h   ④ 6,944m³/h

해설
$$G = \frac{3,600Q}{\rho \cdot C \cdot \Delta t}$$
$$= \frac{3,600 \times 7\text{kW}}{1.2\text{kg/m}^3 \times 1.01\text{kJ/kg·K} \times (22-12)\text{K}}$$
$$= 2,079.21 \fallingdotseq 2,079\text{m}^3/\text{h}$$

G: 환기량(m³/h), Q: 발열량(kW), ρ: 공기의 밀도(kg/m³), C: 공기의 비열(kJ/kg·K), Δt: 온도차(K)

정답 62 ① 63 ② 64 ① 65 ① 66 ②

67 ★☆☆
급수관에 워터해머(Water hammer)가 생기는 가장 주된 원인은?

① 배관의 부식
② 배관 지름의 확대
③ 수원의 고갈
④ 배관 내 유수의 급정지

해설
급수관에 워터해머(수격작용)가 생기는 가장 주된 원인은 배관 내 유수(流水)의 급정지이다.

합격 POINT 수격작용(워터해머)
1. 정의
   급수관 내 유속의 흐름을 급정지시키거나 정지된 물을 갑자기 흘려보낼 때 관 내에 압력차가 생겨 수압의 상승과 함께 배관을 망치로 치는 듯한 소음이 발생하는 현상이다.
2. 발생 원인
   • 플러시 밸브나 수전류를 급격히 열거나 닫을 때 발생하기 쉽다.
   • 관경이 작을수록, 관 내의 유속이 빠를수록 발생하기 쉽다.
   • 배관에 굴곡부가 많을수록 발생하기 쉽다.

68 ★☆☆
지역난방 방식에 관한 설명으로 옳지 않은 것은?

① 열원설비의 집중화로 관리가 용이하다.
② 설비의 고도화로 대기오염 등 공해를 방지 할 수 있다.
③ 각 건물의 이용시간차를 이용하면 보일러의 용량을 줄일 수 있다.
④ 고온수 난방을 채용할 경우 감압장치가 필요하며 응축수 트랩이나 환수관이 복잡해진다.

해설
고온수 난방을 채용할 경우 고온, 고압을 사용하므로 압력을 높여주는 가압장치가 필요하며 응축수 트랩이나 환수관이 복잡해진다.

69 ★★☆
다음 중 약전설비(소세력 전기설비)에 속하지 않는 것은?

① 조명설비
② 전기음향설비
③ 감시제어설비
④ 주차관제설비

해설
조명설비는 강전설비에 해당한다. 전기를 에너지로 다루는 설비는 강전설비이고, 전기를 신호로 다루는 설비는 약전설비이다.

합격 POINT 약전설비의 종류
주차관제설비, 방재설비, 감시제어설비, 전화설비, 인터폰설비, 음성통신설비, 구내방송설비, 무선통신설비, 구내통신설비, TV공청설비, 영상통신설비, 영상회의설비, 시간정보설비, 전기시계설비, 원격검침설비 등

70 ★☆☆
옥내소화전설비의 설치 대상 건축물로서 옥내소화전의 설치 개수가 가장 많은 층의 설치 개수가 4개인 경우, 옥내소화전설비 수원의 유효 저수량은 최소 얼마 이상이 되어야 하는가?

① $2.6m^3$
② $7.8m^3$
③ $5.2m^3$
④ $10.4m^3$

해설
옥내소화전의 수원의 저수량
= 옥내소화전 1개의 방수량 × 동시개구수 × 20분
= 130L/min × N개 × 20min
= $2.6m^3$ × N (최대 2개)
옥내소화전이 2개 이상 설치된 경우 N은 2로 계산한다.
= $2.6m^3$ × 2
= $5.2m^3$

정답 67 ④ 68 ④ 69 ① 70 ③

71 ★★☆

다음과 같은 조건에서 사무실의 평균조도를 800lx로 설계하고자 할 경우, 광원의 필요수량은?

- 광원 1개의 광속: 2,000lm
- 실의 면적: 10m²
- 감광 보상률: 1.5
- 조명률: 0.6

① 3개 ② 5개
③ 8개 ④ 10개

해설

$$N = \frac{E \cdot A \cdot D}{F \cdot U} = \frac{800\text{lx} \times 10\text{m}^2 \times 1.5}{2,000\text{lm} \times 0.6} = 10개$$

N: 광원의 수(개), E: 조도(lx), A: 면적(m²), D: 감광 보상률, F: 광속(lm), U: 조명률

합격 POINT 광속법에 따른 광속, 조도 계산

- 소요광속

$$N \times F = \frac{E \cdot A}{U \cdot M} = \frac{E \cdot A \cdot D}{U}$$

(단, $D \times M$(유지율)$=1$)

- 소요평균조도

$$E = \frac{N \cdot F \cdot U \cdot M}{A}$$

72 ★★★

습공기를 가열하였을 경우 상태량이 변하지 않는 것은?

① 절대습도 ② 상대습도
③ 건구온도 ④ 습구온도

해설

절대습도는 습공기를 구성하고 있는 건조공기 1kg당의 수증기량을 말하며 공기를 가열하거나 냉각하여도 변함이 없다.

합격 POINT 습공기 가열·냉각 시 상태변화

습공기	상태변화
가열	엔탈피 증가, 비체적 증가, 상대습도 감소
냉각	엔탈피 감소, 비체적 감소, 상대습도 증가

※ 절대습도는 가열하거나 냉각하여도 일정하다.

73 ★☆☆

직류 엘리베이터에 관한 설명으로 옳지 않은 것은?

① 임의의 기동 토크를 얻을 수 있다.
② 고속 엘리베이터용으로 사용이 가능하다.
③ 원활한 가감속이 가능하여 승차감이 좋다.
④ 교류 엘리베이터에 비하여 가격이 저렴하다.

해설

직류 엘리베이터는 교류 엘리베이터에 비하여 고가이지만, 속도 제어가 용이하고 승차감이 양호하여 주로 고급의 중·고속 엘리베이터에 적용된다.

74 ★★☆

변풍량 단일덕트방식에서 송풍량 조절의 기준이 되는 것은?

① 실내 청정도 ② 실내 기류속도
③ 실내 현열 부하 ④ 실내 잠열 부하

해설

변풍량 단일덕트방식에서 송풍량 조절의 기준이 되는 것은 실내 현열 부하이다.

75 ★☆☆

각각의 최대 수용 전력의 합이 1,200kW, 부등률이 1.2일 때 합성 최대 수용 전력은?

① 800kW ② 1,000kW
③ 1,200kW ④ 1,440kW

해설

$$부등률 = \frac{각 부하의 최대 수용 전력의 합계}{합성 최대 수용 전력} \times 100(\%)$$

$$\therefore 합성 최대 수용 전력 = \frac{각 부하의 최대 수용 전력의 합계}{부등률}$$

$$= \frac{1,200\text{kW}}{1.2} = 1,000\text{kW}$$

정답 71 ④ 72 ① 73 ④ 74 ③ 75 ②

76 ★☆☆
냉난방 부하에 관한 설명으로 옳지 않은 것은?

① 틈새바람부하에는 현열부하 요소와 잠열부하 요소가 있다.
② 최대부하를 계산하는 것은 장치의 용량을 구하기 위한 것이다.
③ 냉방부하 중 실부하란 전열부하, 일사에 의한 부하 등을 말한다.
④ 인체 발생열과 조명기구 발생열은 난방부하를 증가시키므로 난방부하 계산에 포함시킨다.

해설
인체 발생열과 조명기구 발생열은 난방부하 계산 시에는 무시한다.
인체 발생열과 조명기구 발생열, 기기 발생열은 냉방부하 계산에 포함시킨다.

77 ★★★
증기난방에 관한 설명으로 옳지 않은 것은?

① 온수난방에 비해 예열시간이 짧다.
② 운전 중 증기해머로 인한 소음발생의 우려가 있다.
③ 온수난방에 비해 한랭지에서 동결의 우려가 적다.
④ 온수난방에 비해 부하변동에 따른 실내 방열량 제어가 용이하다.

해설
증기난방은 온수난방에 비해 부하변동에 따른 실내 방열량 제어가 어렵다.

합격 POINT ▶ 증기난방의 특징
- 증발잠열을 이용하므로 열의 운반능력이 크다.
- 예열시간이 짧고, 증기순환이 빠르다.
- 한랭지에서 동결의 우려가 적다.
- 열매온도가 높아 방열기의 방열면적이 작다.
- 실내 방열량 제어가 어렵다.

78 ★☆☆
다음 중 최근 저압선로의 배선보호용 차단기로 가장 많이 사용되는 것은?

① ACB
② GCB
③ MCCB
④ ABCB

해설
MCCB(배선용 차단기)는 전류가 흐를 때 자동적으로 회로를 끊어서 보호하는 것으로, 퓨즈와는 달리 그 자체에 아무런 손상을 입지 않고 다시 원상태로 복귀하여 재사용할 수 있으며 노퓨즈브레이커(NFB; No Fuse Breaker)라고도 한다.

선지분석
① ACB(Air Circuit Breaker): 압축된 공기를 이용한 차단기
② GCB(Gas Circuit Breaker): 가스차단기
④ ABCB(Air Blast Circuit Breaker): 압축된 공기를 이용한 차단기

79 ★★★
900명을 수용하고 있는 극장에서 실내 CO_2 농도를 0.1%로 유지하기 위해 필요한 환기량은? (단, 외기 CO_2 농도는 0.04%, 1인당 CO_2 배출량은 18L/h임)

① 27,000m³/h
② 30,000m³/h
③ 60,000m³/h
④ 66,000m³/h

해설
$$Q = \frac{K}{P_i - P_o} = \frac{18L/h \times 900명}{(0.001 - 0.0004)}$$
$$= \frac{0.018m^3/h \times 900명}{(0.001 - 0.0004)} = 27,000m^3/h$$

Q: 환기량(m³/h), K: 발생량(m³/h), P_i: 허용농도(ppm), P_o: 외기가스농도(ppm)
※ $1L = 10^{-3}m^3$

정답 76 ④ 77 ④ 78 ③ 79 ①

80 ★★☆
다음 공기조화방식 중 전공기 방식에 속하지 않는 것은?

① 단일덕트방식 ② 이중덕트방식
③ 멀티존유닛방식 ④ 팬코일유닛방식

해설
팬코일유닛방식은 전수 방식이다.

합격 POINT 공기조화 방식의 분류

열원방식	시스템 명칭
전공기 방식	정풍량 단일덕트방식, 변풍량 단일덕트방식, 이중덕트방식, 멀티존유닛방식, 각층 유닛 방식
공기·수 방식	덕트병용 팬코일유닛방식, 유인(인덕션)유닛방식, 복사 냉난방방식
전수 방식	팬코일유닛방식
냉매 방식	룸에어컨, 패키지유닛방식(중앙식), 패키지유닛방식(터미널유닛방식)

제5과목 건축관계법규

81 ★★☆
다음의 옥상광장 등의 설치에 관한 기준 내용 중 ( ) 안에 알맞은 것은?

> 옥상광장 또는 2층 이상인 층에 있는 노대나 그 밖에 이와 비슷한 것의 주위에는 높이 (   ) 이상의 난간을 설치하여야 한다. 다만, 그 노대 등에 출입할 수 없는 구조인 경우에는 그러하지 아니하다.

① 1.0m ② 1.2m
③ 1.5m ④ 1.8m

해설
옥상광장 또는 2층 이상인 층에 있는 노대 등의 주위에는 높이 1.2m 이상의 난간을 설치하여야 한다. 다만, 그 노대 등에 출입할 수 없는 구조인 경우에는 그러하지 아니하다.

82 ★★☆
건축물의 피난층 외의 층에서 피난층 또는 지상으로 통하는 직통계단을 거실의 각 부분으로부터 계단에 이르는 보행거리가 최대 얼마 이내가 되도록 설치하여야 하는가? (단, 건축물의 주요구조부는 내화구조이고 층수는 15층으로 공동주택이 아닌 경우임)

① 30m ② 40m
③ 50m ④ 60m

해설
주요구조부가 내화구조 또는 불연재료로 된 건축물은 그 보행거리가 50m(층수가 16층 이상인 공동주택의 경우 16층 이상인 층에 대해서는 40m) 이하가 되도록 설치할 수 있다.

83 ★★★
건축물의 면적, 높이 및 층수 등의 산정 방법에 관한 설명으로 옳은 것은?

① 건축물의 높이 산정 시 건축물의 대지에 접하는 전면도로의 노면에 고저차가 있는 경우에는 그 건축물이 접하는 범위의 전면도로부분의 수평거리에 따라 가중평균한 높이의 수평면을 전면도로면으로 본다.
② 용적률 산정 시 연면적에는 지하층의 면적과 지상층의 주차용으로 쓰는 면적을 포함시킨다.
③ 건축면적은 건축물의 내벽의 중심선으로 둘러싸인 부분의 수평투영면적으로 한다.
④ 건축물의 층수는 지하층을 포함하여 산정하는 것이 원칙이다.

선지분석
② 연면적은 하나의 건축물 각 층의 바닥면적의 합계로 하되, 용적률을 산정할 때에는 지하층, 지상층의 주차용, 초고층 건축물과 준초고층 건축물에 설치하는 피난안전구역, 건축물의 경사지붕 아래에 설치하는 대피공간의 면적은 제외한다.
③ 건축면적은 건축물의 외벽의 중심선으로 둘러싸인 부분의 수평투영면적으로 한다.
④ 건축물의 지하층은 층수에 산입하지 아니한다.

정답 80 ④ 81 ② 82 ③ 83 ①

84 ★☆☆

노외주차장 내부 공간의 일산화탄소 농도는 주차장을 이용하는 차량이 가장 빈번한 시각의 앞뒤 8시간의 평균치가 몇 ppm 이하로 유지되어야 하는가?

① 80ppm ② 70ppm
③ 60ppm ④ 50ppm

해설
노외주차장 내부 공간의 일산화탄소 농도는 주차장을 이용하는 차량이 가장 빈번한 시각의 앞뒤 8시간의 평균치가 50ppm 이하(「다중이용시설 등의 실내공기질관리법」에 따른 실내주차장은 25ppm 이하)로 유지되어야 한다.

85 ★☆☆

「건축법령」상 아파트의 정의로 가장 알맞은 것은?

① 주택으로 쓰는 층수가 3개 층 이상인 주택
② 주택으로 쓰는 층수가 5개 층 이상인 주택
③ 주택으로 쓰는 층수가 7개 층 이상인 주택
④ 주택으로 쓰는 층수가 10개 층 이상인 주택

해설
건축법 시행령에 따른 아파트의 정의는 '주택으로 쓰는 층수가 5개 층 이상인 주택'이다.

86 ★★☆

건축물의 거실(피난층의 거실 제외)에 국토교통부령으로 정하는 기준에 따라 배연설비를 설치하여야 하는 대상 건축물에 속하지 않는 것은?

① 6층 이상인 건축물로서 종교시설의 용도로 쓰는 건축물
② 6층 이상인 건축물로서 판매시설의 용도로 쓰는 건축물
③ 6층 이상인 건축물로서 방송통신시설 중 방송국의 용도로 쓰는 건축물
④ 6층 이상인 건축물로서 교육연구시설 중 연구소의 용도로 쓰는 건축물

해설
6층 이상인 건축물로서 다음에 해당하는 건축물의 거실(피난층의 거실 제외)에는 배연설비를 해야 한다.

문화 및 집회시설, 종교시설, 판매시설, 운수시설, 의료시설(요양병원, 정신병원 제외), 교육연구시설 중 연구소, 노유자시설 중 아동 관련 시설, 노인복지시설(노인요양시설 제외), 수련시설 중 유스호스텔, 운동시설, 업무시설, 숙박시설, 위락시설, 관광휴게시설, 장례시설, 제2종 근린생활시설 중 공연장, 종교집회장, 인터넷컴퓨터게임시설제공업소 및 다중생활시설

87 ★★☆

공동주택과 오피스텔의 난방설비를 개별난방 방식으로 하는 경우에 관한 기준 내용으로 틀린 것은?

① 보일러는 거실 외의 곳에 설치할 것
② 보일러실의 윗부분에는 그 면적이 $0.5m^2$ 이상인 환기창을 설치할 것
③ 보일러실과 거실 사이의 출입구는 그 출입구가 닫힌 경우에는 보일러 가스가 거실에 들어갈 수 없는 구조로 할 것
④ 보일러의 연도는 내화구조로서 개별연도로 설치할 것

해설
보일러의 연도는 내화구조로서 공동연도로 설치해야 한다.

88 ★★☆

다음 설명에 알맞은 용도지구의 세분은?

> 산지·구릉지 등 자연경관을 보호하거나 유지하기 위하여 필요한 지구

① 자연경관지구 ② 자연방재지구
③ 특화경관지구 ④ 생태계보호지구

선지분석
② 자연방재지구: 토지의 이용도가 낮은 해안변, 하천변, 급경사지 주변 등의 지역으로서 건축 제한 등을 통하여 재해 예방이 필요한 지구
③ 특화경관지구: 지역 내 주요 수계의 수변 또는 문화적 보존가치가 큰 건축물 주변의 경관 등 특별한 경관을 보호 또는 유지하거나 형성하기 위하여 필요한 지구
④ 생태계보호지구: 야생동식물서식처 등 생태적으로 보존가치가 큰 지역의 보호와 보존을 위하여 필요한 지구

정답 84 ④ 85 ② 86 ③ 87 ④ 88 ①

89 ★★★

판매시설 용도이며 지상 각 층의 거실면적이 2,000m²인 15층의 건축물에 설치하여야 하는 승용승강기의 최소 대수는? (단, 16인승 승강기이다.)

① 2대 ② 4대
③ 6대 ④ 8대

해설

건축물의 용도	6층 이상의 거실 면적의 합계 3,000m² 초과
판매시설	기본 2대＋3,000m² 초과 시 2,000m² 이내마다 1대 추가

※ 8인승 이상 15인승 이하의 승강기는 1대의 승강기로 보고, 16인승 이상의 승강기는 2대의 승강기로 본다.

1. 층수가 15층이며 각 층의 거실면적이 2,000m²인 경우, 6층 이상의 거실 면적의 합계는 20,000m²가 된다.
2. 판매시설은 기본 승강기 2대＋3,000m² 초과 시 2,000m² 이내마다 1대가 추가된다.

위의 조건을 종합하였을 때, 면적의 합계가 20,000m²인 판매시설의 승용승강기 설치기준은 기본 2대＋$\frac{20,000m^2-3,000m^2}{2,000m^2}$대＝10.5대가 된다.

그러나 16인승 이상의 승강기는 2대의 승강기로 보기 때문에 $\frac{10.5대}{2}$＝5.25대가 되어 최소 6대의 승용승강기를 설치해야 한다.

90 ★☆☆

막다른 도로의 길이가 20m인 경우, 이 도로가 「건축법령」상 도로이기 위한 최소 너비는?

① 2m ② 3m
③ 4m ④ 6m

해설

막다른 도로의 길이	도로의 너비
10m 미만	2m
10m 이상 35m 미만	3m
35m 이상	6m(읍·면지역은 4m)

91 ★☆☆

「국토의 계획 및 이용에 관한 법률」에 따른 용도지역에서의 용적률 최대한도 기준이 옳지 않은 것은? (단, 도시지역의 경우)

① 주거지역: 500% 이하 ② 녹지지역: 100% 이하
③ 공업지역: 400% 이하 ④ 상업지역: 1,000% 이하

해설

상업지역의 용적률 최대한도 기준은 1,500% 이하이다.

92 ★★★

다음 중 허가 대상에 속하는 용도변경은?

① 영업시설군에서 근린생활시설군으로의 용도변경
② 교육 및 복지시설군에서 영업시설군으로의 용도변경
③ 근린생활시설군에서 주거업무시설군으로의 용도변경
④ 산업 등의 시설군에서 전기통신시설군으로의 용도변경

해설

다음의 어느 하나에 해당하는 시설군에 속하는 건축물의 용도를 상위군(상위 번호)에 해당하는 용도로 변경하는 경우에는 국토교통부령으로 정하는 바에 따라 특별자치시장·특별자치도지사 또는 시장·군수·구청장의 허가를 받아야 한다.

반대로 하위군(하위 번호)에 해당하는 용도로 변경하는 경우는 신고 대상이다.

1. 자동차 관련 시설군   6. 교육 및 복지시설군
2. 산업 등의 시설군   7. 근린생활시설군
3. 전기통신시설군   8. 주거업무시설군
4. 문화 및 집회시설군   9. 그 밖의 시설군
5. 영업시설군

교육 및 복지시설군에서 영업시설군으로의 용도변경은 상위군에 해당하는 용도로 변경하는 것이므로 허가 대상이다.

선지분석
① 영업시설군에서 근린생활시설군으로의 용도변경은 신고 대상이다.
③ 근린생활시설군에서 주거업무시설군으로의 용도변경은 신고 대상이다.
④ 산업 등의 시설군에서 전기통신시설군으로의 용도변경은 신고 대상이다.

정답 89 ③ 90 ② 91 ④ 92 ②

93 ★☆☆
다음 중 내화구조에 해당하지 않는 것은?

① 벽의 경우 철재로 보강된 콘크리트블록조·벽돌조 또는 석조로서 철재에 덮은 콘크리트블록 등의 두께가 3cm 이상인 것
② 기둥의 경우 철근콘크리트조로서 그 작은 지름이 25cm 이상인 것
③ 바닥의 경우 철근콘크리트조로서 두께가 10cm 이상인 것
④ 철근콘크리트조로 된 보

해설
벽의 경우 철재로 보강된 콘크리트블록조·벽돌조 또는 석조로서 철재에 덮은 콘크리트블록 등의 두께가 5cm 이상이어야 한다.

94 ★★☆
다음은 건축물의 사용승인에 관한 기준 내용이다. ( ) 안에 알맞은 것은?

> 건축주가 허가를 받았거나 신고를 한 건축물의 건축공사를 완료한 후 그 건축물을 사용하려면 공사감리자가 작성한 (㉠)와 (㉡) 등 국토교통부령으로 정하는 서류를 첨부하여 허가권자에게 사용승인을 신청하여야 한다.

① ㉠ 설계도서, ㉡ 시방서
② ㉠ 시방서, ㉡ 설계도서
③ ㉠ 감리완료보고서, ㉡ 공사완료도서
④ ㉠ 공사완료도서, ㉡ 감리완료보고서

해설
건축주가 허가를 받았거나 신고를 한 건축물의 건축공사를 완료한 후 그 건축물을 사용하려면 공사감리자가 작성한 감리완료보고서와 공사완료도서 등 국토교통부령으로 정하는 서류를 첨부하여 허가권자에게 사용승인을 신청하여야 한다.

95 ★★☆
주차전용건축물이란 건축물의 연면적 중 주차장으로 사용되는 부분의 비율이 최소 얼마 이상인 건축물을 말하는가? (단, 주차장 외의 용도로 사용되는 부분이 자동차 관련 시설인 건축물의 경우)

① 70%   ② 80%
③ 90%   ④ 95%

해설
주차전용건축물이란 건축물의 연면적 중 주차장으로 사용되는 부분의 비율이 95% 이상인 것을 말한다.
다만, 주차장 외의 용도로 사용되는 부분이 단독주택, 공동주택, 제1종 근린생활시설, 제2종 근린생활시설, 문화 및 집회시설, 종교시설, 판매시설, 운수시설, 운동시설, 업무시설, 창고시설 또는 자동차 관련 시설인 경우에는 주차장으로 사용되는 부분의 비율이 70% 이상인 것을 말한다.

96 ★★☆
지하식 또는 건축물식 노외주차장의 차로에 관한 기준 내용으로 옳지 않은 것은? (단, 이륜자동차전용 노외주차장이 아닌 경우임)

① 높이는 주차바닥면으로부터 2.3m 이상으로 하여야 한다.
② 경사로의 종단경사도는 직선 부분에서는 17%를 초과하여서는 아니 된다.
③ 곡선 부분은 자동차가 4m 이상의 내변반경으로 회전할 수 있도록 하여야 한다.
④ 주차대수 규모가 50대 이상인 경우의 경사로는 너비 6m 이상인 2차로를 확보하거나 진입차로와 진출차로를 분리하여야 한다.

해설
곡선 부분은 자동차가 6m 이상의 내변반경으로 회전할 수 있도록 하여야 한다.

정답 93 ① 94 ③ 95 ④ 96 ③

97 ★★☆

건축물의 출입구에 설치하는 회전문의 구조에 대한 설명으로 옳지 않은 것은?

① 계단이나 에스컬레이터로부터 2m 이상의 거리를 둘 것
② 틈 사이를 고무와 고무펠트의 조합체 등을 사용하여 신체나 물건 등에 손상이 없도록 할 것
③ 출입에 지장이 없도록 일정한 방향으로 회전하는 구조로 할 것
④ 회전문의 회전속도는 분당회전수가 10회를 넘지 아니하도록 할 것

해설
회전문의 회전속도는 분당회전수가 8회를 넘지 아니하도록 해야 한다.

98 ★☆☆

다음 중 노외주차장의 출구 및 입구를 설치할 수 있는 장소는?

① 육교로부터 4m 거리에 있는 도로의 부분
② 지하횡단보도에서 10m 거리에 있는 도로의 부분
③ 초등학교 출입구로부터 15m 거리에 있는 도로의 부분
④ 장애인복지시설 출입구로부터 15m 거리에 있는 도로의 부분

해설
횡단보도(육교, 지하횡단보도 포함)로부터 5m 이내에 있는 도로의 부분에는 노외주차장의 출구 및 입구를 설치할 수 없다.
따라서 지하횡단보도에서 10m 거리에 있는 도로에는 노외주차장의 출구 및 입구의 설치가 가능하다.

선지분석
① 횡단보도(육교, 지하횡단보도 포함)로부터 5m 이내에 있는 도로의 부분에는 설치가 불가하다.
③, ④ 유아원, 유치원, 초등학교, 특수학교, 노인복지시설, 장애인복지시설 및 아동전용시설 등의 출입구로부터 20m 이내에 있는 도로의 부분에는 설치가 불가하다.

99 ★☆☆

도시지역에 지정된 지구단위계획구역 내에서 건축물을 건축하려는 자가 그 대지의 일부를 공공시설 부지로 제공하는 경우 그 건축물에 대하여 완화하여 적용할 수 있는 항목이 아닌 것은?

① 건축선
② 건폐율
③ 용적률
④ 건축물의 높이

해설
지구단위계획구역에서 건축물을 건축하려는 자가 그 대지의 일부를 공공시설 등의 부지로 제공하거나 공공시설 등을 설치하여 제공하는 경우에는 그 건축물에 대하여 지구단위계획으로 건폐율·용적률 및 높이제한을 완화하여 적용할 수 있다.

100 ★★☆

특별피난계단의 구조에 관한 기준 내용으로 옳지 않은 것은?

① 계단실에는 예비전원에 의한 조명설비를 할 것
② 계단은 내화구조로 하되, 피난층 또는 지상까지 직접 연결되도록 할 것
③ 출입구의 유효너비는 0.9m 이상으로 하고 피난의 방향으로 열 수 있을 것
④ 계단실의 노대 또는 부속실에 접하는 창문은 그 면적을 각각 3m² 이하로 할 것

해설
계단실의 노대 또는 부속실에 접하는 창문 등(출입구 제외)은 망이 들어 있는 유리의 붙박이창으로서 그 면적을 각각 1m² 이하로 해야 한다.

정답 97 ④ 98 ② 99 ① 100 ④

2023년 | 제4회 CBT 복원문제

제1과목 건축계획

01 ★★★
공포형식 중 다포형식에 관한 설명으로 옳지 않은 것은?

① 출목은 2출목 이상으로 전개된다.
② 수덕사 대웅전이 대표적인 건물이다.
③ 내부 천장구조는 대부분 우물천장이다.
④ 기둥 상부 이외에 기둥 사이에도 공포를 배열한 형식이다.

해설
수덕사 대웅전은 주심포식 건축물이다.

선지분석
① 다포식의 출목은 주로 2출목 이상, 주심포식은 2출목 이하로 전개된다.
③ 내부 천장구조는 다포식이 우물천장이고 주심포식은 연등천장이다.
④ 주심포식의 경우엔 기둥 상부에만 공포를 배열한다.

02 ★☆☆
종합병원 건축계획에 대한 설명 중 옳지 않은 것은?

① 우리나라의 일반적인 외래진료방식은 오픈 시스템이며 대규모의 각종 과를 필요로 한다.
② 1개의 간호사 대기소에서 관리할 수 있는 병상수는 30~40개 이하로 한다.
③ 병실의 창문은 환자가 병상에서 외부를 전망할 수 있게 하는 것이 좋다.
④ 수술실의 바닥마감은 전기도체성 마감을 사용하는 것이 좋다.

해설
우리나라의 일반적인 외래진료방식은 클로즈드 시스템이며 대규모의 각종 과를 필요로 한다.

03 ★★☆
극장건축의 관련 제실에 관한 설명으로 옳지 않은 것은?

① 앤티룸(Anti room)은 출연자들이 출연 바로 직전에 기다리는 공간이다.
② 그린룸(Green room)은 출연자 대기실을 말하며 주로 무대 가까운 곳에 배치한다.
③ 배경제작실의 위치는 무대에 가까울수록 편리하며, 제작 중의 소음을 고려하여 차음 설비가 요구된다.
④ 의상실은 실의 크기가 1인당 최소 8m²가 필요하며, 그린룸이 있는 경우 무대와 동일한 층에 배치하여야 한다.

해설
의상실은 실의 크기가 1인당 최소 4~5m²가 필요하며, 그린룸이 있는 경우 무대와 동일한 층에 배치하지 않아도 된다.

04 ★★☆
다음 설명에 알맞은 공장건축의 레이아웃 형식은?

- 동종의 공정, 동일한 기계 설비 또는 기능이 유사한 것을 하나의 그룹으로 집합시키는 방식
- 다종 소량 생산의 경우, 예상 생산이 불가능한 경우, 표준화가 이루어지기 어려운 경우에 채용

① 고정식 레이아웃
② 혼성식 레이아웃
③ 공정중심의 레이아웃
④ 제품중심의 레이아웃

해설
- 공정중심의 레이아웃은 기능이 동일하거나 유사한 공정, 기계를 접합하여 배치하는 방식이다.
- 공정중심의 레이아웃은 다종 소량생산으로 표준화가 행해지기 어려운 경우에 적합하다.
- 공정중심의 레이아웃(기계설비 중심)은 기능식 레이아웃이다.

선지분석
① 고정식 레이아웃은 재료나 부품은 고정된 장소에 있고, 사람이나 기계가 이동하며 작업하는 방식으로 조선소 등과 같이 제품의 크기가 크고 생산수량이 적은 경우 적합하다.
② 혼성식 레이아웃은 제품중심의 레이아웃, 공정중심의 레이아웃, 고정식 레이아웃의 3가지 레이아웃을 섞어서 채용하는 방식이다.
④ 제품중심의 레이아웃은 생산에 필요한 모든 공정, 기계 및 기구를 작업 흐름에 따라 배치하는 방식으로 대량생산에 유리하며 생산성이 높다.

정답 01 ② 02 ① 03 ④ 04 ③

05 ★★★

다음 중 백화점 매장의 기둥간격 결정요소와 가장 거리가 먼 것은?

① 엘리베이터의 배치방법
② 진열장의 치수와 배치방법
③ 지하주차장 주차방식과 주차 폭
④ 층별 매장 구성과 예상 이용 인원

해설
층별 매장 구성과 예상 이용 인원은 백화점 매장의 기둥간격 결정요소와 큰 관련이 없다.

합격 POINT 사무소와 백화점의 기둥간격 결정요소
- 사무소: 책상배치 단위, 채광상 층고에 의한 안깊이, 주차배치 단위 등
- 백화점: 가구(진열장) 배치, 에스컬레이터의 배치, 주차배치 단위, 층고 등

06 ★☆☆

상점의 쇼윈도에 관한 설명으로 옳지 않은 것은?

① 평형은 일반적으로 많이 사용되는 기본형으로 상점 내의 면적을 넓게 사용할 수 있다.
② 경사형은 유리면을 경사지게 처리하여 단조로움이 적게 되지만 유리면의 눈부심이 크다.
③ 상점의 전면이 넓지 않을 경우 일반적으로 쇼윈도와 출입구는 비대칭적으로 처리하는 것이 좋다.
④ 곡면형은 곡면유리를 사용하여 쇼윈도의 구성에 변화를 주어 일단 형태감에서 통행인의 시선을 자연스럽게 유도할 수 있다.

해설
유리면을 경사지게 처리할 경우 눈부심이 작아진다.

07 ★☆☆

다음 중 비잔틴 건축에 해당하는 것은?

① 성 소피아 성당   ② 피사 사원
③ 노트르담 성당   ④ 성 베드로 성당

해설
성 소피아 성당, 산 마르코 성당, 산 비탈레 성당, 성 세르기우스와 바카스 성당 등이 비잔틴 건축에 속한다.

08 ★☆☆

미술관 건축계획에 관한 설명으로 옳은 것은?

① 하모니카 전시기법은 동일 종류의 전시물을 반복 전시할 경우 유리하다.
② 연속 순회형식이 가장 이상적으로 반영되어 있는 건축물로는 뉴욕의 구겐하임 미술관이 있다.
③ 미술관의 채광 방식을 편측창 방식으로 할 경우 실 전체의 조도분포가 균일하여 별도의 조명설비가 필요 없다.
④ 아일랜드 전시기법은 벽이나 천장을 직접 이용하여 전시물을 배치하는 기법으로 관람자의 시거리를 짧게 할 수 없다는 단점이 있다.

해설
하모니카 전시는 전시내용을 통일된 형식 속에서 규칙적으로 반복시켜 표현하는 기법이다.

선지분석
② 구겐하임 미술관은 중앙홀 형식에 해당한다.
③ 편측창 방식은 조도분포가 균일하지 않다.
④ 아일랜드 전시는 벽이나 천장을 직접 이용하지 않고 전시물을 배치함으로써 전시공간을 만들어 내는 전시기법이다.

09 ★☆☆

전통 주거건축 중 부엌, 방, 대청, 방의 순으로 배열되는 일(一)자형 평면을 가진 민가형은?

① 남부 지방형   ② 개성 지방형
③ 평안도 지방형   ④ 함경도 지방형

해설
남부 지방형이 주로 일(一)자형 평면을 구성한다.

합격 POINT 전통주거 평면형식

구분	특징
一자 형식	• 남부 지방에 분포 • 부엌, 방, 마루 등이 일렬로 연속 배치된 형식
ㄱ자 형식	• 중부 지방에 분포 • 부엌, 안방, 웃방으로 일렬 배치하고 웃방에서 직각 방향에 대청을 두고 건너방을 연결하는 형식(개성) • 방과 마루를 일렬 배치하고 직각 방향에 부엌을 연결하는 방식(서울)
田자 형식	• 주로 북부 지방에 분포 • 부엌의 부뚜막을 넓게 하고, 방에서 방으로 직접 연결되어 도리 방향의 칸막이벽으로 방들이 田자와 같이 구성된 형식

정답 05 ④   06 ②   07 ①   08 ①   09 ①

10 ★★☆

아파트의 단면형식 중 메조넷형(Maisonette type)에 관한 설명으로 옳지 않은 것은?

① 다양한 평면구성이 가능하다.
② 거주성, 특히 프라이버시의 확보가 용이하다.
③ 통로가 없는 층은 채광 및 통풍 확보가 용이하다.
④ 공용 및 서비스 면적이 증가하여 유효면적이 감소된다.

해설
메조넷형(복층형)에서는 하나의 주거단위가 복층(2개층)으로 구성되므로 공용 및 서비스 면적이 감소하고 유효면적(주거면적)은 증가한다.

11 ★★★

1주간의 평균 수업시간이 30시간인 어느 학교에서 설계제도교실이 사용되는 시간은 24시간이다. 그 중 6시간은 다른 과목을 위해 사용된다고 할 때, 설계제도교실의 이용률과 순수율은?

① 이용률 80%, 순수율 25%
② 이용률 80%, 순수율 75%
③ 이용률 60%, 순수율 25%
④ 이용률 60%, 순수율 75%

해설
- 이용률 $= \dfrac{\text{실제 교실 사용 시간}}{\text{평균수업 시간}} \times 100$

  $= \dfrac{24}{30} \times 100 = 80\%$

- 순수율 $= \dfrac{\text{해당 교과의 수업 시간}}{\text{실제 교실 사용 시간}} \times 100$

  $= \dfrac{18}{24} \times 100 = 75\%$

12 ★★★

도서관의 출납 시스템 유형 중 이용자가 자유롭게 도서를 꺼낼 수 있으나 열람석으로 가기 전에 관원의 검열을 받는 형식은?

① 폐가식   ② 반개가식
③ 자유개가식   ④ 안전개가식

해설
안전개가식에 대한 설명이다.

합격 POINT 도서관 출납시스템

구분	내용
폐가식	도서 목록을 보고 선택하여 관원에게 대출받는 형식
반개가식	서가에서 도서의 표지 정도는 볼 수 있지만 내용을 열람하고자 하는 경우에는 관원에게 대출을 요구하는 형식
자유개가식	서가에서 자유롭게 도서를 꺼내어 고르고 열람하는 형식
안전개가식	서가에서 자유롭게 도서를 꺼낼 수 있으나 열람석으로 가기 전에 관원의 검열을 받는 형식

13 ★☆☆

다음 설명에 알맞은 국지도로의 유형은?

> 불필요한 차량 진입이 배제되는 이점을 살리면서 우회도로가 없는 Cul-de-sac형의 결점을 개량하여 만든 패턴으로서 보행자의 안전성 확보가 가능하다.

① Loop형   ② 격자형
③ T자형   ④ 간선분리형

해설
- Loop형은 우회도로가 없는 쿨데삭(Cul-de-sac)형의 결점을 개량하여 만든 패턴이다.
- Loop형은 단지의 가장자리를 커다란 루프(Loop)로 둘러싸서 내부의 세대와 연결시키는 형식이다.
- Loop형은 통과 교통을 차단하여 안정된 도로 공간이 조성되며, 도로율이 높아지는 단점이 있다.

선지분석
② 격자형은 가로망의 형태가 단순·명료하고, 가구 및 획지 구성상 택지의 이용효율이 높다.
③ T자형은 교차로를 통해 이동하면서 통행거리가 길어지며 보행자 전용 도로와 병용하여 계획한다.

정답 10 ④ 11 ② 12 ④ 13 ①

14 ★★★

사무소 건축의 실단위 계획에 있어서 개방식 배치(Open plan)에 관한 설명으로 옳지 않은 것은?

① 독립성과 쾌적감 확보에 유리하다.
② 공사비가 개실시스템보다 저렴하다.
③ 방의 길이나 깊이에 변화를 줄 수 있다.
④ 전면적을 유효하게 이용할 수 있어 공간 절약상 유리하다.

해설
독립성 확보가 용이한 것은 개실 배치의 특징이다.

합격 POINT 개실 배치와 개방식 배치

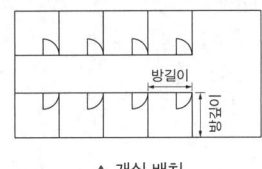   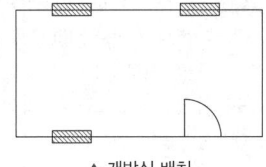

▲ 개실 배치   ▲ 개방식 배치

15 ★★★

르 코르뷔지에가 주장한 근대건축 5원칙에 속하지 않는 것은?

① 필로티
② 옥상정원
③ 유기적 공간
④ 자유로운 평면

해설
근대건축 5원칙(르 코르뷔지에)
• 필로티
• 옥상정원
• 자유로운 입면
• 자유로운 평면
• 가로로 긴 창(연속적인 수평창)

16 ★★★

오피스의 엘리베이터 배치계획에 관한 설명으로 옳은 것은?

① 4대 이하일 경우 일렬배치로 한다.
② 대면배치에서 대면거리는 2m 정도로 하는 것이 좋다.
③ 오피스 내의 주출입구홀에 직접적으로 면하여 배치하지 않도록 한다.
④ 오피스를 방문하거나 이용하는 외래자에게 잘 보이지 않는 위치에 배치한다.

해설
일렬배치는 4대를 한도로 하고, 엘리베이터 중심간 거리는 8m 이하가 되도록 한다.

선지분석
② 대면배치 시 대면거리는 동일 군 관리의 경우는 3.5~4.5m로 한다.
③ 주출입구홀에 직접적으로 면하여 배치한다.
④ 외래자에게 잘 알려질 수 있는 위치에 배치한다.

17 ★★☆

다음과 같은 특징을 갖는 부엌의 평면형은?

• 작업 시 몸을 앞뒤로 바꾸어야 하는 불편이 있다.
• 식당과 부엌이 개방되지 않고 외부로 통하는 출입구가 필요한 경우에 많이 쓰인다.

① 일렬형
② ㄱ자형
③ 병렬형
④ ㄷ자형

해설
병렬형은 양쪽 벽면의 작업대가 마주 보도록 배치한 형태로 몸을 앞뒤로 바꾸며 작업해야 하는 불편이 있다.

정답 14 ① 15 ③ 16 ① 17 ③

18 ★☆☆

학교의 강당계획에 관한 설명으로 옳지 않은 것은?

① 체육관의 크기는 배구코트의 크기를 표준으로 한다.
② 강당은 반드시 전교생을 수용할 수 있도록 크기를 결정하지는 않는다.
③ 강당 및 체육관으로 겸용하게 될 경우 체육관 목적으로 치중하는 것이 좋다.
④ 강당 겸 체육관은 커뮤니티의 시설로서 이용될 수 있도록 고려하여야 한다.

해설
체육관의 크기는 농구코트의 크기를 표준으로 한다.

합격 POINT 학교의 강당 및 체육관 계획
1. 강당 및 체육관으로 겸용할 경우 일반적으로 강당보다는 체육관으로서의 사용이 높으므로 체육관 목적으로 치중하는 것이 좋다.
2. 학생이 이용하기 쉬운 곳에 배치하며 지역 주민의 이용(커뮤니티의 시설로 이용)도 고려한다.
3. 강당은 반드시 전교생을 수용할 수 있는 크기로 결정하지는 않는다.
4. 체육관의 크기는 농구코트를 기준으로 최소 400m²가 필요하며 천장의 높이는 6m 이상으로 한다.

19 ★★★

다음 중 단독주택의 현관 위치 결정에 가장 주된 영향을 끼치는 것은?

① 방위
② 주택의 층수
③ 거실의 위치
④ 도로와의 관계

해설
- 단독주택의 평면계획에서 현관의 위치는 대지의 형태, 도로와의 관계 등에 의하여 결정된다.
- 현관의 위치는 방위에는 거의 영향을 받지 않는다.
- 현관의 위치는 주택의 북측이 가장 좋으며 주택의 남측이나 중앙 부분에는 위치하지 않도록 한다.

20 ★★☆

래드번(Radburn) 계획에서 슈퍼블록을 구성함으로써 얻어 질 수 있는 효과로 옳지 않은 것은?

① 충분한 공동의 오픈스페이스의 확보가 가능
② 건물을 집약화함으로써 고층화·효율화가 가능
③ 커뮤니티시설의 중심배치로 간선도로변의 활성화가 가능
④ 도로교통의 개선, 즉 보도와 차도의 완전한 분리가 가능

해설
래드번 계획은 보행과 차도의 완전 분리와 슈퍼블록 내부 중심부의 커뮤니티 시설 배치가 원칙이며, 간선도로변의 활성화와는 관계없다.

합격 POINT 래드번 계획(슈퍼블록) 기본원리
- 통과교통 배제를 위한 슈퍼블록을 구성
- 4가지 기능의 도로
- 보도망의 형성 및 보도와 차도의 입체적 분리
- 쿨데삭형의 좁은 도로 구성
- 오픈 스페이스망 조성

제2과목 건축시공

21 ★★☆

열적외선을 반사하는 은소재 도막으로 코팅하여 방사율과 열관류율을 낮추고 가시광선 투과율을 높인 유리는?

① 스팬드럴유리
② 접합유리
③ 배강도유리
④ 로이유리

해설
로이(Low-E)유리는 적외선 반사율이 높은 금속막으로 코팅된 유리로서 가시광선의 투과율이 높고 열선 투과율이 낮은 에너지절약형유리이다.

선지분석
① 스팬드럴유리(Spandrel glass): 스팬드럴 부분의 보나 기둥, 기타 구조재 등을 감추기 위한 목적으로 창이나 커튼월에 끼워 넣는 불투명한 유리이다.
② 접합(안전)유리: 2개 이상의 유리판 사이에 수지 층을 넣어 접합한 유리로, 파손 시 유리 파편이 튀지 않는 안전유리이다.
③ 배강도유리: 일반유리의 2배 정도의 강도를 가진 유리로 파손 시 강화유리와 유사하게 깨진다.

정답 18 ① 19 ④ 20 ③ 21 ④

22

지름 100mm, 높이 200mm의 콘크리트 공시체를 쪼갬인장강도시험에 의해 강도를 측정하였더니 파괴하중이 63kN이었다. 이 공시체의 인장강도는?

① 0.8MPa
② 1.5MPa
③ 2MPa
④ 3MPa

해설

콘크리트의 쪼갬인장강도는 다음과 같이 구한다.

$$f_{sp} = \frac{2P}{\pi dl} = \frac{2 \times 63{,}000\text{N}}{\pi \times 100\text{mm} \times 200\text{mm}} \fallingdotseq 2.005\text{N/mm}^2 \fallingdotseq 2\text{MPa}$$

여기서, P: 파괴하중, d: 공시체 지름, l: 공시체 높이

23

품질관리 사이클의 순서로 옳은 것은?

① 계획 – 검토 – 실시 – 조치
② 계획 – 검토 – 조치 – 실시
③ 계획 – 실시 – 조치 – 검토
④ 계획 – 실시 – 검토 – 조치

해설

품질관리(PDCA) 사이클

구분		내용
Plan	계획	목표를 위한 계획을 세움
Do	실시	표준과 동일한 작업을 실시
Check	검토	작업상황 및 결과를 검토
Action	조치	검토한 결과에 따라 시정조치

24

건축마감공사로서 단열공사에 관한 설명으로 옳지 않은 것은?

① 단열시공바탕은 단열재 또는 방습재 설치에 못, 철선, 모르타르 등의 돌출물이 도움이 되므로 제거하지 않아도 된다.
② 설치위치에 따른 단열공법 중 내단열공법은 단열성능이 적고 내부 결로가 발생할 우려가 있다.
③ 단열재를 접착제로 바탕에 붙이고자 할 때에는 바탕면을 평탄하게 한 후 밀착하여 시공하되 초기박리를 방지하기 위해 압착상태를 유지시킨다.
④ 단열재료에 따른 공법은 성형판단열재 공법, 현장발포재 공법, 뿜칠단열재 공법 등으로 분류할 수 있다.

해설

단열시공바탕은 단열재 또는 방습재 설치에 지장이 없도록 못, 철선, 모르타르 등의 돌출물을 제거한 후 작업한다.

25

다음 중 통계적 품질관리 기법의 종류에 해당되지 않는 것은?

① 히스토그램
② 특성요인도
③ 브레인스토밍
④ 파레토도

해설

브레인스토밍(Brainstorming)은 구성원의 자유로운 발언으로 아이디어를 제시하여 발상을 찾아내려는 방법이며, V.E기법에 아이디어 창출 단계에서 사용된다.

합격 POINT ▶ 종합적 품질관리(TQC)의 7가지 도구

구분	내용
히스토그램	데이터가 어떠한 분포를 하고 있는지를 막대그래프로 작성한 그림
특성요인도	결과에 대하여 원인이 어떻게 관계하고 있는지 한눈에 알아볼 수 있도록 작성한 그림
파레토도	불량, 고장, 결점 등 발생건수를 원인과 형상별로 분류하여 크기 순서대로 나열해 놓은 그림
체크시트	계수값 데이터가 분류 항목별 집중도를 알아볼 수 있도록 작성한 것
층별	집단을 구성하고 있는 데이터를 특성에 따라 부분 집단으로 나누는 것
산점도	대응되는 2개의 짝으로 된 데이터를 그래프상에 점으로 나타낸 것
각종 그래프	작성 목적을 명확히 쉽게 파악할 수 있도록 표현한 그래프

정답 22 ③ 23 ④ 24 ① 25 ③

26 ★★☆

도장공사에 필요한 가연성 도료를 보관하는 창고에 관한 설명으로 옳지 않은 것은?

① 도료가 묻은 헝겊 등 자연발화의 우려가 있는 것을 도료 보관 창고 안에 두어서는 안 되며, 반드시 소각시켜야 한다.
② 반입한 도료 및 사용 중인 도료는 현장 내에서 담당원이 승인하는 창고에 보관하고, 도료창고에 화기 엄금 표시를 한다.
③ 바닥에는 침투성이 있는 재료를 깐다.
④ 지붕은 불연재로 하고, 천장을 설치하지 않는다.

해설
바닥에는 침투성이 없는 재료를 깐다.

합격 POINT 가연성 도료의 보관 및 장소

가연성 도료는 전용 창고에 보관하는 것을 원칙으로 하며, 적절한 보관온도를 유지하도록 한다.
① 반입한 도료 및 사용 중인 도료는 현장 내에서 담당원이 승인하는 창고에 보관하고, 도료창고에 화기 엄금 표시를 한다.
② 도료창고는 특히 화재에 주의하고, 창고 내와 그 주변에서의 화기 사용을 엄금한다. 도료창고 또는 도료를 둘 곳은 아래 사항을 구비한다.
  ㉠ 독립한 단층건물로서 주위 건물에서 1.5m 이상 떨어져 있게 한다.
  ㉡ 건물 내의 일부를 도료의 저장장소로 이용할 때는 내화구조 또는 방화구조로 된 구획된 장소를 선택한다.
  ㉢ 지붕은 불연재로 하고, 천장을 설치하지 않는다.
  ㉣ 바닥에는 침투성이 없는 재료를 깐다.
  ㉤ 희석제를 보관할 때에는 위험물 취급에 관한 법규에 준하고, 소화기 및 소화용 모래 등을 비치한다.
③ 사용하는 도료는 될 수 있는 대로 밀봉하여 새거나 엎지르지 않게 다루고, 샌 것 또는 엎지른 것은 발화의 위험이 없도록 닦아낸다.
④ 도료가 묻은 헝겊 등 자연발화의 우려가 있는 것을 도료보관 창고 안에 두어서는 안 되며, 반드시 소각시켜야 한다.

27 ★☆☆

콘크리트의 강도에 가장 큰 영향을 미치는 것은?

① 물시멘트비
② 시멘트의 품질
③ 골재의 강도
④ 공기량

해설
콘크리트의 강도에 영향을 주는 요소에는 물시멘트비, 재료의 품질(시멘트, 골재 등), 골재 혼합비, 양생방법과 재령, 시험체의 형상과 크기, 시험방법 등이 있다. 이러한 여러 요소 중 콘크리트의 강도에 가장 큰 영향을 주는 것은 물시멘트비이다.

28 ★★★

서로 다른 종류의 금속재가 접촉하는 경우 부식이 일어나는 경우가 있는데 부식성이 큰 금속 순으로 옳게 나열된 것은?

① 알루미늄 > 철 > 주석 > 구리
② 주석 > 철 > 알루미늄 > 구리
③ 철 > 주석 > 구리 > 알루미늄
④ 구리 > 철 > 알루미늄 > 주석

해설
부식반응은 알루미늄 > 철 > 주석 > 구리 순으로 크다.

29 ★★☆

건축용 석재 사용 시 주의사항으로 옳지 않은 것은?

① 석재를 구조재로 사용 시 압축강도가 큰 것을 선택하여 사용할 것
② 석재를 다듬어 쓸 때는 석질이 균일한 것을 사용할 것
③ 동일 건축물에는 다양한 종류 및 다양한 산지의 석재를 사용할 것
④ 석재를 마감재로 사용 시 석리와 색채가 우아한 것을 선택하여 사용할 것

해설
동일 건축물에는 다양한 종류 및 다양한 산지의 석재의 사용은 피해야 한다.

정답 26 ③ 27 ① 28 ① 29 ③

30 ★★★

벽돌쌓기 시 벽면적 $1m^2$당 소요되는 벽돌($190 \times 90 \times 57mm$)의 정미량(매)과 모르타르량($m^3$)으로 옳은 것은? (단, 벽두께 1.0B, 모르타르의 재료량은 할증이 포함된 것이며, 배합비는 1 : 3이다.)

① 벽돌매수: 224매, 모르타르량: $0.078m^3$
② 벽돌매수: 224매, 모르타르량: $0.049m^3$
③ 벽돌매수: 149매, 모르타르량: $0.078m^3$
④ 벽돌매수: 149매, 모르타르량: $0.049m^3$

해설

- 표준형벽돌 1.0B의 단위수량은 $0.33m^3$, 정미량은 149매이다.
- 모르타르량(m^3)
  = (벽돌쌓기 정미량/1,000매) × 모르타르 소요량
  = (149매/1,000매) × $0.33m^3$
  = $0.04917m^3 ≒ 0.049m^3$

합격 POINT 쌓기모르타르량 산출

모르타르량(m^3) = $\dfrac{벽돌\ 정미량}{1,000매}$ × 단위수량$[m^3]$

- 모르타르 소요량(벽돌 1,000매당: m^3)

구분	0.5B	1.0B	1.5B	2.0B	2.5B
표준형	0.25	0.33	0.35	0.36	0.37

- 벽돌 정미량(m^2당)

구분	0.5B	1.0B	1.5B	2.0B	2.5B	3.0B
표준형	75	149	224	298	373	447

31 ★☆☆

건설업의 종합건설업 제도(EC화: Engineering Construction)에 관한 정의로 옳은 것은?

① 종래의 단순한 시공업과 비교하여 건설사업의 발굴 및 기획, 설계, 시공, 유지관리에 이르기까지 사업 전반에 관한 것을 종합, 기획관리하는 업무영역의 확대를 말한다.
② 각 공사별로 나누어져 있는 토목, 건축, 전기, 설비, 철골, 포장 등의 공사를 1개 회사에서 시공하도록 하는 종합건설 면허제도이다.
③ 설계업을 하는 회사를 공사시공까지 할 수 있도록 업무 영역을 확대한 면허제도를 말한다.
④ 시공업체가 설계업까지 할 수 있게 하는 면허제도이다.

해설

EC화는 건설사업의 발굴 및 기획, 설계, 시공, 유지관리에 이르기까지 사업의 전반에 관한 것을 종합적으로 기획, 관리하는 것이다.

32 ★★★

신축할 건축물의 높이의 기준이 되는 주요 가설물로 이동의 위험이 없는 인근 건물의 벽 또는 담장에 설치하는 것은?

① 줄띠우기 ② 벤치마크
③ 규준틀   ④ 수평보기

해설

벤치마크(Bench mark, 기준점)는 신축할 건축물의 위치나 높이를 정하기 위해 설치하는 가설물이다. 이동의 염려가 없는 곳에 2개소 이상 설치하고 공사 완료 시까지 존치시켜야 한다.

합격 POINT

벤치마크(Bench mark, 기준점)
토지나 건물의 위치나 높이를 측정하기 위한 기준점이다.

규준틀

구분	내용
수평규준틀	건물 각부의 거리, 위치, 높이의 기준과 기초의 너비 따위의 기준이 되는 수평 위치를 표시하는 가설물
수직규준틀 (세로규준틀)	조적공사에서 건물의 위치와 높이, 땅파기의 너비와 깊이 등을 표시하는 가설물

33 ★★★

가설공사에서 건물의 각부 위치, 기초의 너비 또는 길이 등을 정확히 결정하기 위한 것은?

① 벤치마크   ② 수평규준틀
③ 세로규준틀 ④ 현황측량

해설

건축물의 기초의 너비 또는 길이 등을 표시하기 위한 것은 수평규준틀이다.

34 ★☆☆

기술제안입찰제도의 특징에 관한 설명으로 옳지 않은 것은?

① 공사비 절감방안의 제안은 불가하다.
② 기술제안서 작성에 추가비용이 발생된다.
③ 제안된 기술의 지적재산권 인정이 미흡하다.
④ 원안 설계에 대한 공법, 품질 확보 등이 핵심 제안요소이다.

해설

기술제안입찰은 건설기술, 공기단축, 공사비 절감 등 여러 가지를 고려하여 선정하는 입찰제도이다.

정답 30 ④ 31 ① 32 ② 33 ② 34 ①

35 ★★★
타일의 흡수율 크기의 대소관계로 옳은 것은?

① 석기질 > 도기질 > 자기질
② 도기질 > 석기질 > 자기질
③ 자기질 > 석기질 > 도기질
④ 석기질 > 자기질 > 도기질

해설
타일의 흡수율(%)은 도기질, 석기질, 자기질 순으로 크다.

36 ★★☆
다음 중 벽돌벽에 삼각형, 사각형, 십자형 등의 구멍을 벽면 중간에 규칙적으로 만들어 쌓는 방식에 해당하는 것은?

① 엇모쌓기 ② 영롱쌓기
③ 창대쌓기 ④ 허튼쌓기

해설
영롱쌓기는 장식적인 효과를 위해 벽체에 구멍을 내어 쌓는 것으로 난간벽(Parapet)과 같이 상부 하중을 지지하지 않는 벽이다.

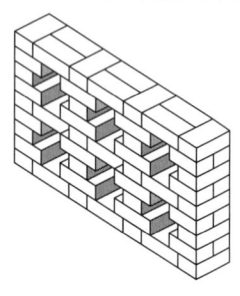
▲ 영롱쌓기

37 ★★☆
철근이음방법 중 철근을 가열하면서 압력을 가하는 방식으로 모재와 동등한 기계적 강도를 가지며 조직의 성분의 변화가 적고 접합강도가 큰 것은?

① 겹침 이음 ② 가스압접
③ 나사식 이음 ④ Cad Welding

해설
가스압접이음은 철근의 단면을 산소-아세틸렌 불꽃 등을 사용하여 가열하고 기계적 압력을 가하여 용접한 맞댐 이음이다.

38 ★★☆
수량 산출 작업을 함에 있어 효율적인 적산방법이 아닌 것은?

① 수직방향에서 수평방향으로 적산한다.
② 시공순서대로 적산한다.
③ 내부에서 외부로 적산한다.
④ 큰 곳에서 작은 곳으로 적산한다.

해설
수량 산출 작업은 수평방향에서 수직방향으로 적산하는 것이 효율적이다.

39 ★☆☆
다음 설명에 적절한 방수공법을 고르시오.

> 신장성과 내후성이 우수하고 보호누름이 필요하며 결함부의 발견이 매우 어렵다.

① 시트방수 ② 아스팔트방수
③ 도막방수 ④ 시멘트액체방수

해설
시트방수에 대한 설명이다.

40 ★★★
어스앵커 공법에 관한 설명으로 옳지 않은 것은?

① 버팀대가 없어 굴착공간을 넓게 활용할 수 있다.
② 인접한 구조물의 기초나 매설물이 있는 경우 효과가 크다.
③ 대형 기계의 반입이 용이하다.
④ 시공 후 검사가 어렵다.

해설
어스앵커 공법의 특징
- 버팀대를 사용하지 않아 넓은 작업공간을 확보할 수 있다.
- 인접한 구조물의 기초나 매설물이 있는 경우 적용이 어렵다.
- 버팀대가 없어 대형장비 반입이 용이하다.
- 시공 후 검사가 곤란하다.

합격 POINT 어스앵커 공법
흙막이 설치 후 흙막이 배면을 어스 드릴로 천공하고 인장재와 모르타르를 주입하여 경화 시킨 후 버팀대 대신 강재의 인장력에 의해서 흙막이 배면의 토압을 지지하게 하는 방식이다.

정답 35 ② 36 ② 37 ② 38 ① 39 ① 40 ②

제3과목　건축구조

41 ★★☆

등가정적해석법에 의한 건축물의 내진설계 시 고려해야 할 사항이 아닌 것은?

① 지역계수　　　② 지반종류
③ 지표면조도구분　④ 반응수정계수

해설
지표면조도구분은 일정 지역의 지표면 거칠기에 해당하는 장애물이 바람에 노출된 정도의 구분으로 풍하중 설계 시 고려사항이다.

합격 POINT 등가정적해석법 밑면전단력 산정식

$$V = C_s \cdot W = \frac{S_{D1}}{\left(\frac{R}{I_E}\right) \cdot T} \cdot W$$

여기서, C_s: 지진응답계수
　　　　W: 유효건물중량
　　　　S_{D1}: 주기 1초에서의 설계스펙트럼 가속도
　　　　R: 반응수정계수
　　　　I_E: 건물의 중요도계수
　　　　T: 건물의 고유주기

42 ★☆☆

철근콘크리트 단근보를 강도설계법으로 설계 시 콘크리트의 전압축력으로 옳은 것은?(단, $f_{ck}=24\text{MPa}$, 보의 폭 300mm, 응력블록의 깊이 110mm)

① 750.6kN　　② 724.4kN
③ 673.2kN　　④ 650.8kN

해설
콘크리트의 전압축력 $C = \eta(0.85f_{ck})ab$로 구한다.
(f_{ck}: 콘크리트 항복강도, a: 등가응력블록의 깊이, b: 보의 폭, $f_{ck} \leq 40\text{MPa}$이므로 $\eta=1.00$)
$C = 1.00 \times 0.85 \times 24 \times 110 \times 300 = 673,200\text{N} = 673.2\text{kN}$

43 ★☆☆

그림과 같은 정정라멘에서 BD부재의 축방향력으로 옳은 것은? (단, +: 인장력, -: 압축력)

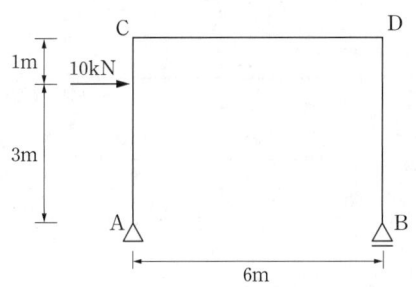

① 5kN　　② -5kN
③ 10kN　　④ -10kN

해설
A점에 반력 V_A, H_A가 작용하고, B점에 반력 V_B가 작용한다고 가정한다.

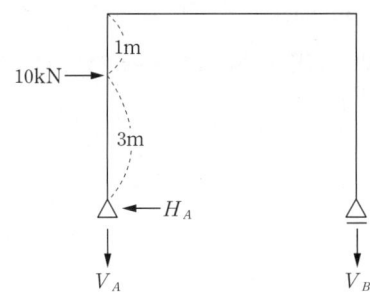

이 때, 평형방정식에 따라
$\Sigma F_x = 10\text{kN} - H_A = 0 \rightarrow H_A = 10\text{kN}$
$\Sigma F_y = -V_A - V_B = 0 \rightarrow V_A = -V_B$
$\Sigma M_B = (3\text{m} \times 10\text{kN}) - (6\text{m} \times V_A) = 0 \rightarrow V_A = 5\text{kN}$
따라서 $V_B = -5\text{kN}$이므로 BD부재의 축방향력은 -5kN이다.

44 ★☆☆

그림과 같은 내민보에서 A지점의 반력값은?

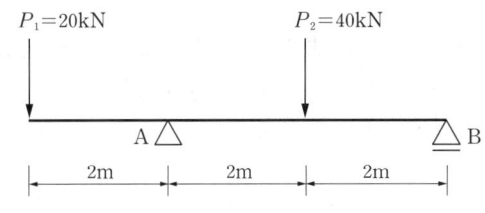

① 20kN　　② 30kN
③ 40kN　　④ 50kN

해설
$\Sigma H = 0; H_A = 0$
$\Sigma M_B = 0;$
$(-20 \times 6) + (V_A \times 4) - (40 \times 2) = 0$
$\therefore V_A = 50\text{kN}$

정답 41 ③　42 ③　43 ②　44 ④

45 ★★☆

그림과 같은 보에서 A점에 모멘트 M이 작용할 때 타단 B점의 모멘트를 구하시오.

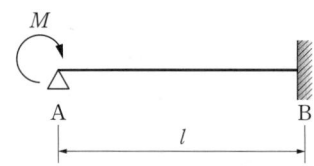

① $\dfrac{M}{2}$ ② $\dfrac{3}{4}M$

③ M ④ $\dfrac{5}{4}M$

해설

모멘트 분배법을 이용하여 구한다.
분배율(DF_{AB}) 계산

$DF_{AB} = \dfrac{k_{AB}}{\sum k} = \dfrac{k_{AB}}{k_{AB}} = 1$

(한 개의 부재만 존재하기 때문에 일정한 강성을 지닌다.)

분배모멘트(M_{AB}) 계산

$M_{AB} = M_A \times DF_{AB} = M \times 1 = M$

전달모멘트(M_{BA}) 계산 (전달률: 고정단은 $\dfrac{1}{2}$)

$M_{BA} = M_{AB} \times \dfrac{1}{2} = \dfrac{M}{2}$

46 ★★☆

다음 그림과 같은 두 개의 단순보에 크기가 같은 ($P=wL$) 하중이 작용할 때, A점에서 발생하는 처짐각의 비율(가 : 나)은? (단, 부재의 EI는 일정함)

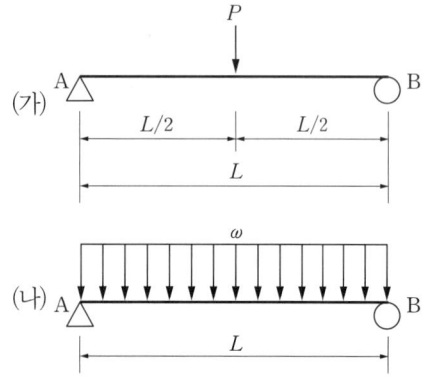

① 1 : 1.5 ② 1.5 : 1
③ 1 : 0.33 ④ 0.67 : 1

해설

공액보법을 이용해 각각의 처짐각을 구하면,

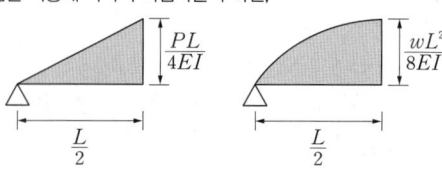

(가) $\theta_A = \dfrac{1}{2} \cdot \dfrac{L}{2} \cdot \dfrac{PL}{4EI} = \dfrac{PL^2}{16EI} = \dfrac{wL \cdot L^2}{16EI} = \dfrac{wL^3}{16EI}$

(조건에서 $P=wL$이므로)

(나) $\theta_A = \dfrac{2}{3} \cdot \dfrac{L}{2} \cdot \dfrac{wL^2}{8EI} = \dfrac{wL^3}{24EI}$

$\therefore$ (가) : (나) $= \dfrac{1}{16} : \dfrac{1}{24} = 1.5 : 1$이다.

47 ★☆☆

그림과 같이 단순보의 중앙점에 하중 P가 작용할 때 C점의 처짐은?

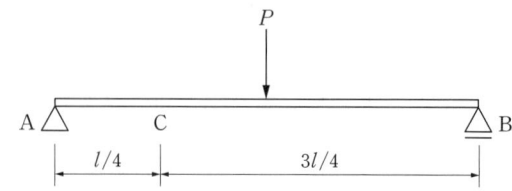

① $\dfrac{Pl^3}{384EI}$ ② $\dfrac{15Pl^3}{192EI}$

③ $\dfrac{11Pl^3}{768EI}$ ④ $\dfrac{17Pl^3}{384EI}$

해설

해당 보의 $\dfrac{M}{EI}$의 값이 하중으로 작용하는 단순공액보는 다음과 같다.

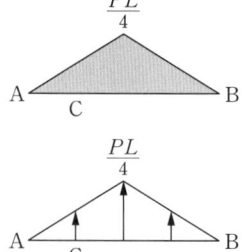

공액보의 모멘트는 실제 보의 처짐과 같으므로 공액보의 자유물체도에서 C점에서의 모멘트를 구하면 다음과 같다.

$M' = \dfrac{Pl}{4} \times \dfrac{l}{2} \times \dfrac{1}{2} \times \left(\dfrac{l}{4}\right) - \dfrac{Pl}{8} \times \dfrac{l}{4} \times \dfrac{1}{2} \times \left(\dfrac{1}{3} \times \dfrac{l}{4}\right) = \dfrac{11Pl^3}{768}$

$\therefore \delta_C = \dfrac{M'}{EI} = \dfrac{\frac{11Pl^3}{768}}{EI} = \dfrac{11Pl^3}{768EI}$

정답 45 ① 46 ② 47 ③

48 ★☆☆

직사각형 단면의 탄성단면계수에 대한 소성단면계수의 비(比)는?

① 0.67
② 1.20
③ 1.50
④ 3.00

해설

탄성단면계수(Z)

$$Z = \frac{I}{y} = \frac{\left(\frac{bh^3}{12}\right)}{\left(\frac{h}{2}\right)} = \frac{bh^2}{6}$$

소성단면계수(Z_p): 단면의 도심을 지나는 전체 단면적을 2등분 하는 축에 대한 단면계수

$$Z_p = A_c \cdot y_c + A_t \cdot y_t = \left(\frac{bh}{2}\right)\left(\frac{h}{4}\right) \times 2 = \frac{bh^2}{4}$$

형상계수(f): 소성모멘트($M_p = F_y \cdot Z_p$)와 항복모멘트($M_y = F_y \cdot Z$)의 비

$$f = \frac{F_y \cdot Z_p}{F_y \cdot Z} = \frac{Z_p(\text{소성단면계수})}{Z(\text{탄성단면계수})} = \frac{\frac{bh^2}{4}}{\frac{bh^2}{6}} = 1.5$$

∴ 직사각형 단면의 탄성단면계수에 대한 소성단면계수의 비 = 1.5

※ H형강 단면의 탄성단면계수에 대한 소성단면계수의 비: 1.10~1.80

49 ★☆☆

그림과 같은 구조물의 부정정 차수는?

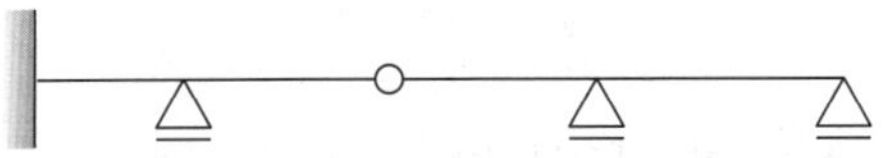

① 1차
② 2차
③ 3차
④ 4차

해설

$N = r + m + f - 2j$ 공식 이용
(여기서, r: 지점 반력수, m: 부재수, f: 강절점수, j: 지점수＋자유단 지점수)

∴ $N = 6 + 4 + 2 - 2 \times 5 = 2$ (2차 부정정 구조물)

50 ★☆☆

고장력볼트 접합에 해당하지 않는 것을 고르시오.

① 인장접합
② 지압접합
③ 마찰접합
④ 메탈터치접합

해설

고장력볼트 접합방식에는 마찰접합, 지압접합, 인장접합이 있다.
메탈터치접합(Metal touch)은 기둥과 기둥의 밀착이음 가공으로 기둥의 이음과 관계있다.

51 ★★☆

강도설계법에서 처짐을 계산하지 않는 경우 스팬이 8.0m인 단순지지된 보의 최소 두께로 옳은 것은? (단, 보통중량콘크리트와 $f_y = 400\text{MPa}$ 철근을 사용한 경우)

① 380mm
② 430mm
③ 500mm
④ 600mm

해설

단순지지된 보이므로 최소 두께는
$$\frac{l}{16} = \frac{8,000}{16} = 500\text{mm}$$

합격 POINT 처짐을 계산하지 않는 경우 보의 최소 두께

구분	최소 두께	구분	최소 두께
단순지지	$l/16$	양단연속	$l/21$
1단연속	$l/18.5$	캔틸레버	$l/8$

52 ★★☆

직경 2.2cm, 길이 50cm의 강봉에 축방향 인장력을 작용시켰더니 길이는 0.04cm 늘어났고 직경은 0.0006cm 줄었다. 이 재료의 포아송수는?

① 0.015
② 0.34
③ 2.93
④ 66.67

해설

포아송비(ν) = $\frac{\text{압축변형률}(\varepsilon')}{\text{인장변형률}(\varepsilon)} = \frac{1}{\text{포아송수}(m)}$

포아송수(m) = $\frac{\text{인장변형률}(\varepsilon)}{\text{압축변형률}(\varepsilon')}$ 이다.

이 때, $\varepsilon = \frac{\Delta L}{L}$, $\varepsilon' = \frac{\Delta D}{D}$ 이므로

포아송수(m) = $\frac{\varepsilon}{\varepsilon'} = \frac{\frac{\Delta L}{L}}{\frac{\Delta D}{D}} = \frac{\frac{0.04}{50}}{\frac{0.0006}{2.2}} ≒ 2.93$ 이다.

정답 48 ③ 49 ② 50 ④ 51 ③ 52 ③

53 ★☆☆

콘크리트 구조 설계 시 철근간격제한에 관한 내용으로 옳지 않은 것은?

① 벽체 또는 슬래브에서 휨 주철근의 간격은 벽체나 슬래브 두께의 3배 이하로 하여야 하고, 또한 450mm 이하로 하여야 한다.
② 상단과 하단에 2단 이상으로 배치된 경우 상하 철근은 동일 연직면 내에 배치하여야 하고, 이 때 상하 철근의 순간격은 25mm 이상으로 하여야 한다.
③ 나선철근 또는 띠철근이 배근된 압축부재에서 축방향 철근의 순간격은 25mm 이상, 또한 철근 공칭 지름의 2.5배 이상으로 하여야 한다.
④ 2개 이상의 철근을 묶어서 사용하는 다발철근은 이형철근으로 그 개수는 4개 이하이어야 하며, 이들은 스터럽이나 띠철근으로 둘러싸여져야 한다.

해설
③ 나선철근 또는 띠철근이 배근된 압축부재에서 축방향 철근의 순간격은 40mm 이상, 또한 철근 공칭지름의 1.5배 이상으로 하여야 한다.

54 ★★★

다음과 같은 조건에서의 필릿용접의 최소 치수(mm)는 얼마인가? (단, 하중저항계수설계법 기준)

접합부의 얇은 쪽 소재 두께(t, mm)
$6 \leq t < 13$

① 5mm ② 6mm
③ 7mm ④ 8mm

해설
접합부의 얇은 쪽 소재 두께가 $6 \leq t < 13$이면 최소 치수는 5mm이다.

합격 POINT 필릿용접 최소 치수

얇은 쪽 소재 두께 (t)	최소 치수 (mm)
$t < 6$	3
$6 \leq t < 13$	5
$13 \leq t < 20$	6
$20 \leq t$	8

55 ★★★

강구조에서 용접선 단부에 붙인 보조판으로 아크의 시작이나 종단부의 크레이터 등의 결함을 방지하기 위해 붙이는 판은?

① 엔드탭 ② 스티프너
③ 윙플레이트 ④ 커버플레이트

해설
엔드탭은 용접결함이 생기기 쉬운 용접의 시작이나 끝부분에 임시로 설치하는 보조강판이다.

선지분석
② 스티프너: 기둥의 플랜지나 웨브의 좌굴방지용 보강재
③ 윙플레이트: 철골 주각부에 부착되는 강판
④ 커버플레이트: 강재의 플랜지를 보강하기 위해 사용하는 강판

56 ★★☆

연약한 지반에서 기초의 부동침하를 감소시키기 위한 상부 구조에 대한 대책으로 옳지 않은 것은?

① 건물을 경량화 할 것
② 강성을 크게 할 것
③ 이웃 건물과의 거리를 가깝게 할 것
④ 건물의 길이를 짧게 할 것

해설
이웃 건물과의 거리를 멀게 해야 한다.

합격 POINT 부동침하 방지대책(상부 구조에 대한 대책)
1. 건물의 경량화 및 중량 분배
2. 건물의 길이를 짧게
3. 강성을 높게
4. 인접 건물과의 거리를 멀게

정답 53 ③ 54 ① 55 ① 56 ③

57 ★★☆

단면의 지름이 150mm, 재축방향 길이가 300mm인 원형 강봉의 윗면에 300kN의 힘이 작용하여 재축방향 길이가 0.16mm 줄어들었고, 단면의 지름이 0.02mm 늘어났다면 이 강봉의 탄성계수 E와 푸아송비는?

① 31,830MPa, 0.25
② 31,830MPa, 0.125
③ 39,630MPa, 0.25
④ 39,630MPa, 0.125

해설

1. 훅의 법칙에 의해 응력도는 변형도와 탄성계수의 곱에 비례한다.
   ($\sigma = E \cdot \varepsilon$)
   응력 $\left(\sigma = \dfrac{P}{A}\right)$, 변형률 $\left(\varepsilon = \dfrac{\triangle L}{L}\right)$을 적용하면

   $E = \dfrac{\sigma}{\varepsilon} = \dfrac{\frac{P}{A}}{\frac{\triangle L}{L}} = \dfrac{P \cdot L}{A \cdot \triangle L}$ 이다.

   $\therefore E = \dfrac{(300 \times 10^3) \times 300}{\left(\frac{\pi \times 150^2}{4}\right) \times 0.16} \fallingdotseq 31,831 \text{N/mm}^2 = 31,831 \text{MPa}$

2. 푸아송비(ν) = $\dfrac{\text{압축변형률}}{\text{인장변형률}} = \dfrac{\frac{\triangle D}{D}}{\frac{\triangle L}{L}} = \dfrac{L \cdot \triangle D}{D \cdot \triangle L}$

   $\therefore \nu = \dfrac{300 \times 0.02}{150 \times 0.16} = 0.25$

합격 POINT 강도감소계수(ϕ)

적용부재		ϕ
인장지배단면		0.85
압축지배단면	띠철근	0.65
	나선철근	0.70
변화구간 단면		0.65~0.85
전단력과 비틀림모멘트		0.75
콘크리트 지압력		0.65
포스트텐션 정착구역		0.85
스트럿-타이 모델	스트럿, 절점부, 지압부	0.75
	타이	0.85
무근콘크리트의 휨모멘트, 압축력, 전단력, 지압력		0.55

58 ★☆☆

다음 강도감소계수 값으로 옳지 않은 것은? (단, KDS 기준)

① 인장지배단면: 0.85
② 압축지배단면 중 나선철근으로 보강된 철근콘크리트 부재: 0.85
③ 전단력 및 비틀림모멘트: 0.75
④ 포스트텐션 정착구역: 0.85

해설

압축지배 단면 중 나선철근으로 보강된 철근콘크리트 부재의 강도감소계수 값은 0.70이다.

59 ★☆☆

강도설계법에 의한 철근콘크리트 전단설계에서 계수전단력 V_u가 $\dfrac{1}{2}\phi V_c < V_u \leq V_c$인 경우에 필요한 전단철근의 최소단면적을 구하는 공식은? (단, b_w는 복부의 폭, s는 전단철근의 간격)

① $A_v = 0.35\dfrac{b_w \cdot s}{f_{yt}}$
② $A_v = 0.3\dfrac{b_w \cdot s}{f_{yt}}$
③ $A_v = 0.25\dfrac{b_w \cdot s}{f_{yt}}$
④ $A_v = 0.2\dfrac{b_w \cdot s}{f_{yt}}$

해설

$\dfrac{1}{2}\phi V_c < V_u \leq V_c$인 경우, 이론적으로 전단철근을 배근하지 않아도 괜찮지만, 우발적인 취성파괴를 방지하기 위해 최소의 전단철근을 배치하도록 규정한다.

$A_{v,\min} = 0.0625\sqrt{f_{ck}}\dfrac{b_w s}{f_{yt}} \geq 0.35\dfrac{b_w s}{f_{yt}}$

정답 57 ① 58 ② 59 ①

60 ★★★

강도설계법에서 처짐을 계산하지 않는 경우 철근콘크리트보의 최소 두께 규정으로 옳지 않은 것은? (단, 보통콘크리트와 설계기준 항복강도 400MPa 철근을 사용한 부재임)

① 단순 지지: $l/16$
② 1단 연속: $l/18.5$
③ 양단 연속: $l/12$
④ 캔틸레버: $l/8$

해설

l: 경간 길이(mm)

부재	최소 두께(h_{min})			
	단순 지지	1단 연속	양단 연속	캔틸레버
보 및 리브가 있는 1방향 슬래브	$\dfrac{l}{16}$	$\dfrac{l}{18.5}$	$\dfrac{l}{21}$	$\dfrac{l}{8}$

제4과목 건축설비

61 ★☆☆

다음 중 상대습도(R.H) 100%에서 그 값이 같지 않은 온도는?

① 건구온도
② 효과온도
③ 습구온도
④ 노점온도

해설

상대습도(R.H) 100%일 때 건구온도, 습구온도, 노점온도의 값은 같다.

62 ★☆☆

일사에 관한 설명으로 옳지 않은 것은?

① 일사에 의한 건물의 수열은 방위에 따라 차이가 있다.
② 추녀와 차양은 창면에서의 일사조절 방법으로 사용된다.
③ 블라인드, 루버, 롤스크린은 계절이나 시간, 실내의 사용상황에 따라 일사를 조절할 수 있다.
④ 일사조절의 목적은 일사에 의한 건물의 수열이나 흡열을 작게 하여 동계의 실내기후의 악화를 방지하는데 있다.

해설

일사조절의 목적은 일사에 의한 건물의 수열이나 흡열을 조절하여 난방기간에는 최대일사량을 받고 냉방기간에는 최소일사량을 받도록 하는 것이다.

63 ★★★

실내에 4,500W를 발열하고 있는 기기가 있다. 이 기기의 발열로 인해 실내 온도상승이 생기지 않도록 환기를 하려고 할 때, 필요한 최소 환기량은? (단, 공기의 밀도는 $1.2kg/m^3$, 비열은 $1.01kJ/kg·K$, 실내온도는 20°C, 외기온도는 0°C 이다.)

① 약 452m³/h
② 약 668m³/h
③ 약 856m³/h
④ 약 928m³/h

해설

$G = \dfrac{3,600Q}{\rho \cdot C \cdot \Delta t}$

$= \dfrac{3,600 \times 4.5kW}{1.2kg/m^3 \times 1.01kJ/kg·K \times (20-0)K}$

$≒ 668.32 ≒ 668m^3/h$

G: 환기량(m³/h), Q: 발열량(kW), ρ: 공기의 밀도(kg/m³), C: 공기의 비열(kJ/kg·K), Δt: 온도차(K)

정답 60 ③ 61 ② 62 ④ 63 ②

64 ★★★
냉각탑에 대한 설명으로 옳은 것은?

① 고압의 액체냉매를 증발시켜 냉동효과를 얻게 하는 설비이다.
② 증발기에서 나온 수증기를 냉각시켜 물이 되도록 하는 설비이다.
③ 대기 중에서 기체냉매를 냉각시켜 액체냉매로 응축하기 위한 설비이다.
④ 냉매를 응축시키는데 사용된 냉각수를 재사용하기 위하여 냉각시키는 설비이다.

해설
냉각탑은 냉동기의 응축기에 사용하는 냉각수를 재사용하기 위해 실외의 공기와 직접 접촉시켜 물을 냉각하는 일종의 열교환 장치이다.

합격 POINT
응축기에서 발생한 응축잠열은 냉각수에 흡수된다. 응축잠열로 인해 고온이 된 냉각수를 공기에 직접 접촉시켜 방열하는 장치가 냉각탑이다.

65 ★★★
전기설비가 어느 정도 유효하게 사용되는가를 나타내며, 다음과 같은 식으로 산정되는 것은?

$$\frac{부하의 평균전력}{최대 수용전력} \times 100\%$$

① 역률　　　　② 부등률
③ 부하율　　　④ 수용률

해설
부하율은 전기설비가 어느 정도 유효하게 사용되고 있는가를 나타내는 척도로, 어떤 기간 중에 최대 수용전력과 그 기간 중에 평균전력과의 비율을 백분율로 표시한 것이다.

선지분석
① 역률 = $\frac{유효전력}{피상전력}$

② 부등률 = $\frac{각 부하의 최대 수용전력의 합}{합성 최대 수용전력} \times 100(\%)$

④ 수용률 = $\frac{최대 수용전력 합계}{총 부하설비 용량합계} \times 100(\%)$

66 ★★★
카(Car)가 최상층이나 최하층에서 정상 운행 위치를 벗어나 그 이상으로 운행하는 것을 방지하는 엘리베이터 안전장치는?

① 완충기　　　　② 가이드 레일
③ 리미트 스위치　④ 카운터 웨이트

해설
리미트 스위치(Limit Switch)는 카가 최상층이나 최하층에서 정상 운행 위치를 벗어나 그 이상으로 운행하는 것을 방지하는 엘리베이터 안전장치이다.

선지분석
① 완충기(Buffer): 카가 최하층을 통과하여 피트로 떨어졌을 때 충격을 완화하기 위한 안전장치
④ 카운터 웨이트(Counter Weight): 권상기의 부하를 작게 하여 에너지를 절약하고자 하는 균형추

67 ★★★
증기난방에 관한 설명으로 옳지 않은 것은?

① 온수난방에 비해 예열시간이 짧다.
② 온수난방에 비해 한랭지에서 동결의 우려가 적다.
③ 운전 시 증기해머로 인한 소음을 일으키기 쉽다.
④ 온수난방에 비해 부하변동에 따른 실내 방열량의 제어가 용이하다.

해설
증기난방은 온수난방에 비해 부하변동에 따른 실내 방열량의 제어가 어렵다.

합격 POINT 증기난방의 특징
- 증발잠열을 이용하므로 열의 운반능력이 크다.
- 예열시간이 짧고, 증기순환이 빠르다.
- 한랭지에서 동결의 우려가 적다.
- 열매온도가 높아 방열기의 방열면적이 작다.
- 실내 방열량 제어가 어렵다.

정답 64 ④　65 ③　66 ③　67 ④

68 ★☆☆
냉방부하 중 현열부하로만 작용하는 것은?

① 인체부하   ② 조명기구부하
③ 틈새바람에 의한 부하   ④ 환기부하

해설
냉방부하 중 현열부하로만 작용하는 것은 조명기구부하이다.
인체부하, 틈새바람에 의한 부하, 환기부하는 현열과 잠열을 모두 고려해야 한다.

69 ★☆☆
자동화재탐지설비의 감지기 중 주위의 온도상승률이 일정한 값을 초과하는 경우 동작하는 것은?

① 차동식   ② 정온식
③ 광전식   ④ 이온화식

해설
감지기 중 차동식은 주위온도가 일정 온도상승률 이상이 되면 작동하며, 부착 높이가 8m 미만인 장소(사무실, 연구실, 학교 등)에 주로 설치한다.

70 ★☆☆
통기관의 관경에 관한 설명으로 옳지 않은 것은?

① 신정통기관의 관경은 배수수직관의 관경보다 작게 해서는 안 된다.
② 각개통기관의 관경은 그것이 접속되는 배수관 관경의 1/2 이상으로 한다.
③ 결합통기관의 관경은 통기수직관과 배수수직관 중 작은 쪽 관경 이상으로 한다.
④ 회로통기관의 관경은 배수수평지관과 통기수직관 중 큰 쪽 관경의 1/2 이상으로 한다.

해설
회로통기관의 관경은 배수수평지관과 통기수직관 중 작은 쪽 관경의 1/2 이상으로 한다.

71 ★☆☆
다음의 각종 보일러에 대한 설명 중 옳은 것은?

① 노통 연관보일러는 부하변동에 잘 적응되며, 보유 수면이 넓어서 급수용량 제어가 쉽다.
② 관류보일러는 보유 수량이 많아 예열시간이 길다.
③ 주철제 보일러는 사용 내압이 높아 고압용으로 주로 사용되며 용량도 크다.
④ 수관보일러는 소용량으로 소규모 건물에 적합하며 지역난방으로는 사용이 불가능하다.

해설
노통 연관보일러는 보유 수량이 많아 부하변동에도 안전하고 보유 수면이 넓어서 급수용량 제어가 쉽다.

선지분석
② 관류보일러는 보유 수량이 적다.
③ 주철제 보일러는 내압력이 낮아 중·소규모 건물에 사용된다.
④ 수관보일러는 고압·고온형에 알맞으며 고압증기를 대량으로 사용하는 대규모 건물에 적합하다.

72 ★☆☆
배수배관에 관한 설명으로 옳지 않은 것은?

① 배수계통은 원칙적으로 중력에 의해 옥외로 배출하도록 한다.
② 고온의 배수는 원칙적으로 45°C 미만으로 냉각한 후 배수한다.
③ 건물 내에서 피트 내 또는 가공배관은 피하고 지중배관을 한다.
④ 엘리베이터 샤프트, 수변전실에는 배수배관을 설치하지 않는다.

해설
건물 외부에서 지중매설배관(공동구)으로 한다.

정답 68 ② 69 ① 70 ④ 71 ① 72 ③

73 ★★☆

다음과 같은 조건에서 사무실의 평균조도를 800lx로 설계하고자 할 경우, 광원의 필요수량은?

- 광원 1개의 광속: 2,000lm
- 실의 면적: 10m²
- 감광 보상률: 1.5
- 조명률: 0.6

① 3개 ② 5개
③ 8개 ④ 10개

해설

$$N = \frac{E \cdot A \cdot D}{F \cdot U} = \frac{800\text{lx} \times 10\text{m}^2 \times 1.5}{2,000\text{lm} \times 0.6} = 10개$$

N: 광원의 수(개), E: 조도(lx), A: 면적(m²), D: 감광 보상률, F: 광속(lm), U: 조명률

합격 POINT 광속법에 따른 광속, 조도 계산

- 소요광속

$$N \times F = \frac{E \cdot A}{U \cdot M} = \frac{E \cdot A \cdot D}{U}$$

(단, $D \times M$(유지율) = 1)

- 소요평균조도

$$E = \frac{N \cdot F \cdot U \cdot M}{A}$$

74 ★☆☆

게이트 밸브라고도 하며 유체의 흐름을 단속하는 대표적인 밸브로서 밸브를 완전히 열면 유체 흐름의 단면적 변화가 없어서 마찰저항이 거의 발생하지 않는 것은?

① 슬루스 밸브 ② 글로브 밸브
③ 체크 밸브   ④ 볼 밸브

해설

슬루스 밸브에 대한 설명이다.

합격 POINT 슬루스 밸브(Sluice Valve)

- 게이트 밸브라고도 하며, 유체의 마찰저항이 가장 작다.
- 급수·급탕용으로 가장 많이 사용되는 밸브이다.
- 대형 및 고압 밸브로 사용된다.

75 ★★★

환기에 관한 설명으로 옳지 않은 것은?

① 화장실은 송풍기(급기팬)와 배풍기(배기팬)를 설치하는 것이 일반적이다.
② 기밀성이 높은 주택의 경우 잦은 기계환기를 통해 실내 공기의 오염을 낮추는 것이 바람직하다.
③ 병원의 수술실은 오염공기가 실내로 들어오는 것을 방지하기 위해 실내압력을 주변공간보다 높게 설정한다.
④ 공기의 오염농도가 높은 도로에 면해 있는 건물의 경우, 공기조화설비 계통의 외기도입구를 가급적 높은 위치에 설치한다.

해설

화장실은 자연 급기와 배풍기(배기팬)로 환기한다.
이는 실내를 부압으로 유지하며 실내의 냄새나 유해물질을 다른 실로 흘려보내지 않는 화장실, 주방, 쓰레기처리실 등에 적용한다.

합격 POINT 환기방식의 비교

구분	급기구	배기구	사용장소
제1종 환기	송풍기	배풍기	수술실
제2종 환기	송풍기	자연 배기	반도체 공장, 무균실
제3종 환기	자연 급기	배풍기	주방, 화장실

76 ★☆☆

다음 설명에 알맞은 화재의 종류는?

나무, 섬유, 종이, 고무, 플라스틱류와 같은 일반 가연물이 타고 나서 재가 남는 화재

① A급 화재 ② B급 화재
③ C급 화재 ④ K급 화재

해설

나무, 섬유, 종이, 고무, 플라스틱류와 같은 일반 가연물이 타고 나서 재가 남는 화재는 일반화재인 A급 화재이다.

선지분석

① A급 화재: 일반화재(보통화재)
② B급 화재: 유류화재(기름화재)
③ C급 화재: 전기화재
④ K급 화재: 주방화재

정답 73 ④ 74 ① 75 ① 76 ①

77 ★☆☆
가스의 연소성을 나타내는 것은?

① 비열비 ② 가버너
③ 웨버지수 ④ 단열지수

해설
웨버지수는 가스 호환성 지표로서 단위는 kcal/Nm³이며, 가스 연료의 단위 시간당 방출 에너지를 정의하기 위한 변수이다. 여기서 가스 호환성이란 주어진 연소기에서 다른 종류의 연료를 공급했을 때 기하학적 형상이나 운전조건 변화 없이 그대로 사용할 수 있는 대체 가능성을 말한다.

78 ★★★
다음 설명에 알맞은 전동기의 종류는?

- 회전자계를 만드는 여자전류가 전원 측으로부터 흐르는 관계로 역률이 나쁘다는 결점이 있다.
- 구조와 취급이 간단하여 건축설비에서 가장 널리 사용된다.

① 직권전동기 ② 분권전동기
③ 유도전동기 ④ 동기전동기

해설
유도전동기는 취급이 매우 간단하고 기계적으로도 견고하며 가격이 저렴하여 널리 사용된다.

합격 POINT 전동기의 종류

79 ★☆☆
다음 중 최근 저압선로의 배선보호용 차단기로 가장 많이 사용되는 것은?

① ACB ② GCB
③ MCCB ④ ABCB

해설
MCCB(배선용 차단기)는 전류가 흐를 때 자동적으로 회로를 끊어서 보호하는 것으로, 퓨즈와는 달리 그 자체에 아무런 손상을 입지 않고 다시 원상태로 복귀하여 재사용할 수 있으며 노퓨즈브레이커(NFB; No Fuse Breaker)라고도 한다.

선지분석
① ACB(Air Circuit Breaker): 압축된 공기를 이용한 차단기
② GCB(Gas Circuit Breaker): 가스차단기
④ ABCB(Air Blast Circuit Breaker): 압축된 공기를 이용한 차단기

80 ★☆☆
소방시설은 소화설비, 경보설비, 피난설비, 소화활동설비 등으로 구분할 수 있다. 다음 중 소화활동설비에 속하지 않는 것은?

① 제연설비 ② 연결살수설비
③ 비상방송설비 ④ 연소방지설비

해설
소화활동설비에는 제연설비, 연결송수관설비, 연결살수설비, 비상콘센트설비, 무선통신보조설비, 연소방지설비가 있다.
비상방송설비는 경보설비에 속한다.

정답 77 ③ 78 ③ 79 ③ 80 ③

제5과목 건축관계법규

81 ★★☆

다음은 건축법령상 증축의 정의이다. ( ) 안에 포함되지 않는 것은?

> "증축"이란 기존 건축물이 있는 대지에서 건축물의 (　)을/를 늘리는 것을 말한다.

① 층수　　　　② 높이
③ 연면적　　　④ 대지면적

해설
"증축"이란 기존 건축물이 있는 대지에서 건축물의 건축면적, 연면적, 층수 또는 높이를 늘리는 것을 말한다.

82 ★☆☆

다음 그림과 같은 경우 건축법상 건축물의 높이는? (장식탑의 수평투영면적은 건축물 건축면적의 10분의 1이다.)

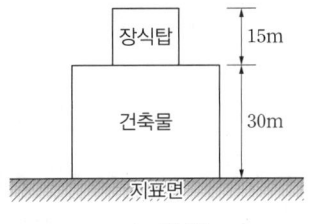

① 30m　　　　② 33m
③ 40m　　　　④ 45m

해설
1. 건축물의 높이는 지표면으로부터 그 건축물의 상단까지의 높이로 한다.
2. 옥상에 설치된 장식탑의 수평투영면적이 해당 건축물 건축면적의 8분의 1 이하인 경우로서 그 부분의 높이가 12m를 넘는 경우에는 그 넘는 부분만 해당 건축물의 높이에 산입한다.
※ 30m+(15-12)m=33m이다.

합격 POINT 옥상의 건축물 높이 산입
건축물의 옥상에 설치되는 승강기탑(장애인용 승강기의 승강기탑으로서 그 높이가 12m 이하인 것은 제외)·계단탑·망루·장식탑·옥탑 등으로서 그 수평투영면적의 합계가 해당 건축물 건축면적의 8분의 1 이하인 경우로서 그 부분의 높이가 12m를 넘는 경우에는 그 넘는 부분만 해당 건축물의 높이에 산입한다.

83 ★☆☆

다음 거실의 용도에 따른 조도기준 내용 중 ( ) 안에 알맞은 것을 차례대로 적은 것은?

> · 바닥에서 (　)cm 높이에 있는 수평면의 조도
> · 일반사무일 경우 조도 (　)룩스

① 80, 100　　　② 85, 100
③ 80, 300　　　④ 85, 300

해설
바닥에서 85cm의 높이에 있는 수평면의 조도를 기준으로 하며, 일반사무의 경우 300룩스이다.

합격 POINT 거실의 용도에 따른 조도기준

거실의 용도구분	조도구분	바닥에서 85cm 높이에 있는 수평면의 조도(룩스)
거주	독서·식사·조리	150
	기타	70
집무	설계·제도·계산	700
	일반사무	300
	기타	150
작업	검사·시험·정밀검사·수술	700
	일반작업·제조·판매	300
	포장·세척	150
	기타	70
집회	회의	300
	집회	150
	공연·관람	70
오락	오락일반	150
	기타	30

84 ★★☆

한 방에서 층의 높이가 다른 부분이 있는 경우 층고 산정방법으로 옳은 것은?

① 가장 낮은 높이로 한다.
② 가장 높은 높이로 한다.
③ 각 부분 높이에 따른 면적에 따라 가중평균한 높이로 한다.
④ 가장 낮은 높이와 가장 높은 높이의 산술평균한 높이로 한다.

해설
층고는 방의 바닥구조체 윗면으로부터 위층 바닥구조체의 윗면까지의 높이로 한다. 다만, 한 방에서 층의 높이가 다른 부분이 있는 경우에는 그 각 부분 높이에 따른 면적에 따라 가중평균한 높이로 한다.

정답 81 ④　82 ②　83 ④　84 ③

85

다음은 공동주택의 환기설비에 관한 기준 내용이다. ( ) 안에 알맞은 것은?

> 신축 또는 리모델링하는 (㉠)세대 이상의 공동주택에는 시간당 (㉡) 이상의 환기가 이루어질 수 있도록 자연환기설비 또는 기계환기설비를 설치하여야 한다.

① ㉠: 100, ㉡: 0.5회
② ㉠: 100, ㉡: 1회
③ ㉠: 30, ㉡: 0.5회
④ ㉠: 30, ㉡: 1회

해설
신축 또는 리모델링하는 '30세대 이상의 공동주택' 또는 '주택을 주택 외의 시설과 동일건축물로 건축하는 경우로서 주택이 30세대 이상인 건축물'에는 시간당 0.5회 이상의 환기가 이루어질 수 있도록 자연환기설비 또는 기계환기설비를 설치해야 한다.

86

문화 및 집회시설 중 공연장의 개별 관람실을 다음과 같이 계획하였을 경우, 옳지 않은 것은? (단, 개별 관람실의 바닥면적은 1,000m²임)

① 각 출구의 유효너비는 1.5m 이상으로 하였다.
② 관람실로부터 바깥쪽으로의 출구로 쓰이는 문을 밖여닫이로 하였다.
③ 개별 관람실의 바깥쪽에는 그 양쪽 및 뒤쪽에 각각 복도를 설치하였다.
④ 개별 관람실의 출구는 3개소 설치하였으며 출구의 유효너비의 합계는 4.5m로 하였다.

해설
개별 관람실 출구의 유효너비의 합계는 개별 관람실의 바닥면적 100m²마다 0.6m의 비율로 산정한 너비 이상으로 해야 한다. 바닥면적이 1,000m²이므로 출구의 유효너비의 합계는 10×0.6=6m가 되어야 한다.

87

국토의 계획 및 이용에 관한 법령상 아래와 같이 정의되는 것은?

> 국토교통부장관은 도시의 무질서한 확산을 방지하고 도시 주변의 자연환경을 보전하여 도시민의 건전한 생활환경을 확보하기 위하여 도시의 개발을 제한할 필요가 있거나 국방부장관의 요청으로 보안상 도시의 개발을 제한할 필요가 있다고 인정되면 지정 또는 변경을 도시·군관리계획으로 결정할 수 있다.

① 입지규제최소구역
② 시가화조정구역
③ 개발제한구역
④ 도시자연공원구역

해설
국토교통부장관은 도시의 무질서한 확산을 방지하고 도시주변의 자연환경을 보전하여 도시민의 건전한 생활환경을 확보하기 위하여 도시의 개발을 제한할 필요가 있거나 국방부장관의 요청이 있어 보안상 도시의 개발을 제한할 필요가 있다고 인정되면 개발제한구역의 지정 또는 변경을 도시·군관리계획으로 결정할 수 있다.

88

건축물의 피난층 외의 층에서 피난층 또는 지상으로 통하는 직통계단을 거실의 각 부분으로부터 계단에 이르는 보행거리가 최대 얼마 이내가 되도록 설치하여야 하는가? (단, 건축물의 주요구조부는 내화구조이고 층수는 15층으로 공동주택이 아닌 경우임)

① 30m
② 40m
③ 50m
④ 60m

해설
주요구조부가 내화구조 또는 불연재료로 된 건축물은 그 보행거리가 50m(층수가 16층 이상인 공동주택의 경우 16층 이상인 층에 대해서는 40m) 이하가 되도록 설치할 수 있다.

정답 85 ③ 86 ④ 87 ③ 88 ③

89

방화와 관련하여 같은 건축물에 함께 설치할 수 없는 것은?

① 의료시설과 업무시설 중 오피스텔
② 위험물 저장 및 처리시설과 공장
③ 위락시설과 문화 및 집회시설 중 공연장
④ 공동주택과 제2종 근린생활시설 중 다중생활시설

해설
다음에 해당하는 용도의 시설은 같은 건축물에 함께 설치할 수 없다.
- 노유자시설 중 아동 관련 시설 또는 노인복지시설과 판매시설 중 도매시장 또는 소매시장
- 단독주택(다중주택, 다가구주택 한정), 공동주택, 제1종 근린생활시설 중 조산원 또는 산후조리원과 제2종 근린생활시설 중 다중생활시설

90

다음은 도시·군계획시설결정의 실효와 관련된 기준 내용이다. ( ) 안에 공통으로 들어갈 내용은?

> 도시·군계획시설결정이 고시된 도시·군계획시설에 대하여 그 고시일부터 ( )년이 지날 때까지 그 시설의 설치에 관한 도시·군계획시설사업이 시행되지 아니하는 경우 그 도시·군계획시설 결정은 그 고시일부터 ( )년이 되는 날의 다음날에 그 효력을 잃는다.

① 5
② 10
③ 15
④ 20

해설
도시·군계획시설결정이 고시된 도시·군계획시설에 대하여 그 고시일부터 20년이 지날 때까지 그 시설의 설치에 관한 도시·군계획시설사업이 시행되지 아니하는 경우 그 도시·군계획시설결정은 그 고시일부터 20년이 되는 날의 다음날에 그 효력을 잃는다.

91

부설주차장의 규모가 주차대수 300대 이하인 경우 시설물의 부지 인근에 단독 또는 공동으로 부설주차장을 설치할 수 있다. 다음 중 부지 인근의 범위에 관한 기준 내용으로 알맞은 것은?

① 해당 부지의 경계선으로부터 부설주차장의 경계선까지의 직선거리 200m 이내 또는 도보거리 500m 이내
② 해당 부지의 경계선으로부터 부설주차장의 경계선까지의 직선거리 300m 이내 또는 도보거리 500m 이내
③ 해당 부지의 경계선으로부터 부설주차장의 경계선까지의 직선거리 200m 이내 또는 도보거리 600m 이내
④ 해당 부지의 경계선으로부터 부설주차장의 경계선까지의 직선거리 300m 이내 또는 도보거리 600m 이내

해설
부설주차장을 설치할 수 있는 시설물의 부지인근의 범위는 다음과 같다.
- 해당 부지의 경계선으로부터 부설주차장의 경계선까지의 직선거리 300m 이내 또는 도보거리 600m 이내
- 해당 시설물이 있는 동·리 및 그 시설물과의 통행 여건이 편리하다고 인정되는 인접 동·리

92

노외주차장에 설치하는 부대시설의 총 면적은 주차장 총 시설면적의 최대 얼마를 초과 하여서는 아니 되는가?

① 5%
② 10%
③ 20%
④ 30%

해설
노외주차장에 설치할 수 있는 부대시설의 총 면적은 주차장 총 시설면적의 20%를 초과해서는 안 된다.

정답 89 ④ 90 ④ 91 ④ 92 ③

93 ★☆☆

공사감리자의 업무에 속하지 않는 것은?

① 시공계획 및 공사관리의 적정 여부의 확인
② 상세 시공도면의 검토·확인
③ 설계변경의 적정 여부의 검토·확인
④ 공정표 및 현장설계도면 작성

해설

공사감리자가 수행하여야 하는 감리업무는 공정표 및 현장설계도면 작성이 아닌 공정표의 검토이다.

합격 POINT 공사감리자가 수행하여야 하는 감리업무

공사감리자는 다음의 업무를 수행한다.
1. 건축물 및 대지가 이 법 및 관계 법령에 적합하도록 공사시공자 및 건축주를 지도
2. 시공계획 및 공사관리의 적정 여부의 확인
2-1. 수급인이 시공자격을 갖춘 건설사업자에게 건축공사를 하도급 했는지에 대한 확인
2-2. 수급인이 공사현장에 건설기술인을 배치했는지에 대한 확인
3. 공사현장에서의 안전관리의 지도
4. 공정표의 검토
5. 상세시공도면의 검토·확인
6. 구조물의 위치와 규격의 적정 여부의 검토·확인
7. 품질시험의 실시여부 및 시험성과의 검토·확인
8. 설계변경의 적정 여부의 검토·확인
9. 기타 공사감리계약으로 정하는 사항

94 ★★☆

다음의 옥상광장의 설치에 관한 기준 내용 중 ( ) 안에 들어갈 수 없는 건축물의 용도는?

> 5층 이상인 층이 (   )의 용도로 쓰는 경우에는 피난용도로 쓸 수 있는 광장을 옥상에 설치하여야 한다.

① 숙박시설
② 종교시설
③ 판매시설
④ 장례식장

해설

5층 이상인 층이 제2종 근린생활시설 중 공연장·종교집회장·인터넷컴퓨터게임시설제공업소(바닥면적의 합계가 각각 300m² 이상인 경우만 해당), 문화 및 집회시설(전시장 및 동·식물원 제외), 종교시설, 판매시설, 위락시설 중 주점영업 또는 장례시설의 용도로 쓰는 경우에는 피난 용도로 쓸 수 있는 광장을 옥상에 설치하여야 한다.

95 ★★★

판매시설 용도이며 지상 각 층의 거실면적이 2,000m²인 15층의 건축물에 설치하여야 하는 승용승강기의 최소 대수는? (단, 16인승 승강기이다.)

① 2대
② 4대
③ 6대
④ 8대

해설

건축물의 용도	6층 이상의 거실 면적의 합계 3,000m² 초과
판매시설	기본 2대+3,000m² 초과 시 2,000m² 이내마다 1대 추가

※ 8인승 이상 15인승 이하의 승강기는 1대의 승강기로 보고, 16인승 이상의 승강기는 2대의 승강기로 본다.

1. 층수가 15층이며 각 층의 거실면적이 2,000m²인 경우, 6층 이상의 거실면적의 합계는 20,000m²가 된다.
2. 판매시설은 기본 승강기 2대+3,000m² 초과 시 2,000m² 이내마다 1대가 추가된다.

위의 조건을 종합하였을 때, 면적의 합계가 20,000m²인 판매시설의 승용승강기 설치기준은 기본 2대+$\frac{20,000m^2-3,000m^2}{2,000m^2}$대=10.5대가 된다.

그러나 16인승 이상의 승강기는 2대의 승강기로 보기 때문에 $\frac{10.5대}{2}$=5.25대가 되어 최소 6대의 승용승강기를 설치해야 한다.

96 ★★☆

지하층에 설치하는 비상탈출구에 대한 기술 중 틀린 것은?

① 비상탈출구에서 피난층 또는 지상으로 통하는 복도나 직통계단까지 이르는 피난통로의 유효너비는 0.75m 이상으로 할 것
② 비상탈출구는 출입구로부터 2m 이상 떨어진 곳에 설치할 것
③ 비상탈출구의 유효너비는 0.75m 이상으로 하고, 유효높이는 1.5m 이상으로 할 것
④ 지하층의 바닥으로부터 비상탈출구의 아랫부분까지의 높이가 1.2m 이상이 되는 경우에는 벽체에 발판의 너비가 20cm 이상인 사다리를 설치할 것

해설

비상탈출구는 출입구로부터 3m 이상 떨어진 곳에 설치한다.

정답 93 ④ 94 ① 95 ③ 96 ②

97 ★★★

면적 등의 산정방법에 대한 기본 원칙으로 옳지 않은 것은?

① 대지면적은 대지의 수평투영면적으로 한다.
② 건축면적은 건축물의 외벽의 중심선으로 둘러싸인 부분의 수평투영면적으로 한다.
③ 바닥면적은 건축물의 각 층 또는 그 일부로서 벽, 기둥, 그 밖에 이와 비슷한 구획의 중심선으로 둘러싸인 부분의 수평투영면적으로 한다.
④ 용적률 산정 시 적용하는 연면적은 지하층을 포함하여 하나의 건축물 각 층의 바닥면적의 합계로 한다.

해설
연면적은 하나의 건축물 각 층의 바닥면적의 합계로 하되, 용적률을 산정할 때에는 다음에 해당하는 면적은 제외한다.
- 지하층의 면적
- 지상층의 주차용(해당 건축물의 부속용도인 경우만 해당)으로 쓰는 면적
- 초고층 건축물과 준초고층 건축물에 설치하는 피난안전구역의 면적
- 건축물의 경사지붕 아래에 설치하는 대피공간의 면적

98 ★☆☆

건축물 관련 건축기준의 허용오차가 옳지 않은 것은?

① 출구 너비: 2% 이내
② 바닥판 두께: 3% 이내
③ 건축물 높이: 3% 이내
④ 벽체 두께: 3% 이내

해설
건축물 관련 건축기준의 허용오차는 다음과 같다.
- 출구 너비, 건축물 높이: 2% 이내
- 바닥판 두께, 벽체 두께: 3% 이내

99 ★★☆

「건축법령」상 초고층 건축물의 정의로 옳은 것은?

① 층수가 30층 이상이거나 높이가 90m 이상인 건축물
② 층수가 30층 이상이거나 높이가 120m 이상인 건축물
③ 층수가 50층 이상이거나 높이가 150m 이상인 건축물
④ 층수가 50층 이상이거나 높이가 200m 이상인 건축물

해설
초고층 건축물이란 층수가 50층 이상 또는 높이가 200m 이상인 건축물을 말한다.

100 ★☆☆

다음은 건축허가에 대한 내용이다. ( ) 안에 알맞은 것을 고르시오.

> 건축물을 건축하거나 대수선하려는 자는 특별자치시장·특별자치도지사 또는 시장·군수·구청장의 허가를 받아야 한다. 다만, 층수가 21층 이상이거나 연면적의 합계가 (   ) 제곱미터 이상인 건축물을 특별시나 광역시에 건축하려면 특별시장이나 광역시장의 허가를 받아야 한다.

① 5만   ② 10만
③ 15만   ④ 20만

해설
특별시장 또는 광역시장의 건축허가: 층수가 21층 이상이거나 연면적의 합계가 10만m² 이상인 건축물이 대상이다.

정답 97 ④   98 ③   99 ④   100 ②

2023년 제2회 CBT 복원문제

제1과목 건축계획

01 ★☆☆
다음의 건축 작품과 설계자의 연결이 옳지 않은 것은?

① 낙수장: 프랭크 로이드 라이트
② 사보아(Savoye) 주택: 르 코르뷔지에
③ 킴벨(Kimbel) 미술관: 발터 그로피우스
④ 투겐하트(Tugendhat) 주택: 미스 반 데어 로에

해설
킴벨 미술관은 루이스 칸(Louis Isadore Kahn)이 설계한 건축물이다. 발터 그로피우스의 작품으로는 아테네 미국대사관, 데사우 바우하우스 교사, 파구스 공장, 하버드 대학의 대학원 등이 있다.

선지분석
① 프랭크 로이드 라이트(Frank Lloyd Wright)의 작품에는 구겐하임 미술관, 낙수장, 로비 하우스, 유니티 교회, 제국호텔, 존슨 왁스 사무소, 라킨 빌딩 등이 있다.
② 르 코르뷔지에(Le Corbusier)의 작품에는 롱샹 교회, 사보아 주택, 마르세유 아파트, 시트로앙 주택, 브뤼셀 필립관 등이 있다.
④ 미스 반 데어 로에(Mies Van der Rohe)의 작품에는 바르셀로나 박람회 독일관(파빌리온), 투겐하트 주택, 시그램 빌딩, 일리노이 공과대학 크라운 홀 등이 있다.

02 ★★☆
각 사찰에 관한 설명 중 옳지 않은 것은?

① 부석사의 가람배치는 누하진입 형식을 취하고 있다.
② 화엄사는 경사된 지형을 수단(數段)으로 나누어서 정지(整地)하여 건물을 적절히 배치하였다.
③ 통도사는 산지에 위치하나 산지가람처럼 건물들을 불규칙하게 배치하지 않고 직교식으로 배치하였다.
④ 봉정사 가람배치는 대지가 3단으로 나누어져 있으며 상단부분에 대웅전과 극락전 등 중요한 건물들이 배치되어 있다.

해설
- 통도사는 산과 계곡 사이의 좁고 긴 주지로 인해 건물들을 불규칙하게 배치하였다.
- 통도사는 고대시대 이후의 산지가람으로서 남북의 축을 유지하면서 동서로 길게 확장된 가람배치를 취하고 있다.

03 ★★★
다음의 건축물 중 주심포식 건축양식에 속하지 않는 것은?

① 강릉 객사문 ② 석왕사 응진전
③ 봉정사 극락전 ④ 부석사 무량수전

해설
석왕사 응진전은 다포식 건축양식에 해당한다.

합격 POINT 대표적인 주심포 건축양식
- 봉정사 극락전
- 부석사 무량수전
- 부석사 조사당
- 수덕사 대웅전
- 강릉 객사문
- 정수사 법당
- 무위사 극락전
- 송광사 국사전

04 ★★★
극장에서 인형극이나 아동극 및 연극과 같이 배우의 표정과 동작을 자세히 감상할 필요가 있는 공연에 적합한 가시거리의 한계는?

① 10m ② 15m
③ 22m ④ 38m

해설
생리적 한도(15m): 연기자의 표정이나 동작을 자세히 감상할 수 있는 거리
제1차 허용한도(22m): 가능한 많은 관객을 수용하기 위한 적당한 거리
제2차 허용한도(35m): 배우의 일반적인 동작만 보이면 지장이 없는 거리

정답 01 ③ 02 ③ 03 ② 04 ②

05 ★★☆

미술관 전시실의 순회형식에 관한 설명으로 옳지 않은 것은?

① 중앙홀 형식은 작은 부지에서 효율적이나 많은 실을 순서별로 통하여야 하는 불편이 있다.
② 중앙홀 형식은 중앙홀이 크면 동선의 혼란은 없으나 장래의 확장에 많은 무리를 가지고 있다.
③ 연속순로 형식은 각 전시실이 연속적으로 동선을 형성하고 있으며 비교적 소규모 전시에 적합하다.
④ 갤러리(Gallery) 형식은 각 실에 직접 들어갈 수가 있는 점이 유리하며, 필요시에는 자유로이 독립적으로 폐쇄할 수 있다.

해설
작은 부지에서 효율적이나 많은 실을 순서별로 통하여야 하는 불편함이 있는 것은 연속순로(순회) 형식의 특징이다.

06 ★★★

주당 평균 40시간을 수업하는 어느 학교에서 음악실에서의 수업이 총 20시간이며, 이중 15시간은 음악시간으로 나머지 5시간은 학급 토론시간으로 사용되었다면 이 음악실의 이용률과 순수율은?

① 이용률 37.5%, 순수율 75%
② 이용률 50%, 순수율 75%
③ 이용률 75%, 순수율 37.5%
④ 이용률 75%, 순수율 50%

해설
- 이용률(%) = $\frac{\text{실제 교실 사용시간}}{\text{평균 수업시간}} \times 100$
  = $\frac{20}{40} \times 100 = 50\%$
- 순수율(%) = $\frac{\text{해당 교과의 수업시간}}{\text{실제 교실 사용시간}} \times 100$
  = $\frac{15}{20} \times 100 = 75\%$

07 ★☆☆

종합병원에서 클로즈드 시스템(Closed system)의 외래진료부에 관한 설명으로 옳지 않은 것은?

① 내과는 소규모 진료실을 다수 설치하도록 한다.
② 환자의 이용이 편리하도록 1층 또는 2층 이하에 둔다.
③ 중앙주사실, 회계, 약국 등은 정면 출입구 근처에 설치한다.
④ 전체병원에 대한 외래진료부의 면적비율은 40~45% 정도로 한다.

해설
전체병원에 대한 외래진료부의 면적비율은 10~15% 정도로 한다.

선지분석
① 내과는 소규모 진료실을 다수 설치하고, 외과 계통은 대진료실을 설치한다.
② 환자의 이용이 편리하도록 2층 이하에 두도록 한다.

08 ★☆☆

국지도로의 유형 중 쿨데삭(Cul-de-sac)형에 관한 설명으로 옳은 것은?

① 통과교통이 다수 발생한다.
② 우회도로가 있어 방재, 방범상 유리하다.
③ 도로의 최대 길이는 30m 이하이어야 한다.
④ 주택 배면에 보행자전용도로가 설치되어야 효과적이다.

해설
쿨데삭은 막다른 주택지 도로로 차량과 보행자 분리가 가능하다.

선지분석
① 통과교통이 방지된다.
② 우회도로가 없기 때문에 방재, 방범상 불리하다.
③ 쿨데삭의 적정 길이는 120~300m이다.

합격 POINT 쿨데삭(Cul-de-sac)
1. 막다른 주택지 도로, 통과교통을 피하여 주거환경의 쾌적성과 안전성 확보가 용이하다.
2. 차량과 보행자를 분리할 수 있다.
3. 쿨데삭의 적정길이는 120~300m까지를 최대로 제안한다.
4. 우회도로가 없기 때문에 방재·방범상으로는 불리하다.
5. 루프(Loop)형은 우회도로가 없는 쿨데삭형의 결점을 개량한 패턴으로 도로율이 높아지는 단점이 있다.

정답 05 ① 06 ② 07 ④ 08 ④

09 ★★☆

주택의 부엌 계획에 관한 설명으로 옳지 않은 것은?

① 일사가 긴 서쪽은 음식물이 부패하기 쉬우므로 피하도록 한다.
② 작업삼각형은 냉장고와 개수대 그리고 배선대를 잇는 삼각형이다.
③ 부엌가구의 배치유형 중 ㄱ자형은 부엌과 식당을 겸할 경우 많이 활용되는 형식이다.
④ 부엌가구의 배치유형 중 일렬형은 면적이 좁은 경우 이용에 효과적이므로 소규모 부엌에 주로 활용된다.

해설
- 작업삼각형은 냉장고와 개수대 그리고 가열대를 잇는 삼각형이다.
- 작업삼각형의 길이는 3.6~6.6m로 하는 것이 능률적이다.

선지분석
① 부엌의 위치는 일광에 의한 건조 소독이 가능한 남측 또는 동측이 좋다.
③ ㄱ자형(ㄴ자형)은 정방형의 부엌에 적당하며 부엌과 식당을 겸할 경우 많이 활용되는 형식이다.
④ 일렬형(일자형)은 소규모 부엌에 알맞고 동선의 혼란이 없는 반면 움직임이 많아 동선이 길어진다.

10 ★★☆

도서관 건축 계획에서 장래에 증축을 반드시 고려해야 할 부분은?

① 서고   ② 대출실
③ 사무실   ④ 휴게실

해설
서고는 시간이 지남에 따라 증가하는 도서 및 자료를 수용할 수 있도록 증축을 반드시 고려하여야 하는데 이때, 모듈에 의한 공간계획이 요구된다.

11 ★☆☆

자연형 테라스 하우스에 관한 설명으로 옳지 않은 것은?

① 각 세대마다 전용의 정원을 가질 수 있다.
② 하향식이나 상향식 모두 스플릿 레벨이 가능하다.
③ 하향식의 경우 각 세대의 규모를 동일하게 할 수 없다.
④ 일반적으로 후면에 창을 설치할 수 없으므로 각 세대 깊이가 너무 깊지 않도록 한다.

해설
하향식이나 상향식 모두 각 세대의 규모를 동일하게 할 수 있다.

합격 POINT ▶ 테라스 하우스
1. 경사가 심할수록 밀도가 높아진다.
2. 평지보다 더 많은 인구를 수용할 수 있어 경제적이다.
3. 시각적인 인공테라스형은 위층으로 갈수록 건물의 내부면적이 작아지는 형태이다.
4. 각 호마다 전용의 뜰(정원)을 갖는다.
5. 진입방식에 따라 하향식과 상향식으로 나눌 수 있다.
6. 하향식이나 상향식 모두 스플릿 레벨이 가능하다.
7. 하향식이나 상향식 모두 각 세대의 규모를 동일하게 할 수 있다.
8. 일반적으로 후면에 창을 설치할 수 없으므로 각 세대 깊이가 너무 깊지 않도록 한다.(6~7.5m 이상이 되어서는 안 된다.)

12 ★☆☆

학교운영방식 중 플래툰형에 관한 설명으로 옳은 것은?

① 교실수는 학급수와 동일하다.
② 초등학교 저학년에 가장 적합한 형식이다.
③ 교과 담임제와 학급 담임제를 병용할 수 있는 형식이다.
④ 모든 교실이 특정한 교과 수업을 위해 만들어진 형식으로, 일반교실은 없다.

해설
플래툰형은 전 학급을 2분단으로 나누고 한편이 일반 교실을 사용할 때 다른 한편은 특별교실을 이용하는 형식으로 교과 담임제와 학급 담임제를 병용할 수 있다.

선지분석
① 종합교실형에 대한 설명이다.
② 종합교실형에 대한 설명이다.
④ 교과교실형에 대한 설명이다.

정답 09 ② 10 ① 11 ③ 12 ③

13 ★☆☆
공장 건축의 레이아웃 계획에 관한 설명으로 옳지 않은 것은?

① 플랜트 레이아웃은 공장건축의 기본설계와 병행하여 이루어진다.
② 고정식 레이아웃은 조선소와 같이 제품이 크고 수량이 적을 경우에 적용된다.
③ 다품종 소량생산이나 주문생산 위주의 공장에는 공정 중심의 레이아웃이 적합하다.
④ 레이아웃 계획은 작업장 내의 기계설비 배치에 관한 것으로 공장규모 변화에 따른 융통성은 고려대상이 아니다.

해설
- 레이아웃은 장래 공장규모의 변화에 대응한 융통성이 있어야 한다.
- 공장건축에서 레이아웃은 공장건축의 평면요소간의 위치 관계를 결정하는 것으로 장래성에 대한 고려가 필요하다.

14 ★☆☆
사무소 건축의 실단위 계획 중 개방식 배치에 관한 설명으로 옳지 않은 것은?

① 공사비를 줄일 수 있다.
② 실의 깊이나 길이에 변화를 줄 수 없다.
③ 시각차단이 없으므로 독립성이 적어진다.
④ 경영자의 입장에서는 전체를 통제하기가 쉽다.

해설
- 개방식 배치는 실의 깊이나 길이에 변화를 줄 수 있다.
- 개실 배치는 연속된 긴 복도로 인해 방 길이에 변화를 주기는 용이하지만, 방 깊이에 변화를 주기가 어렵다.

합격 POINT 사무소 건축의 실단위 계획

개실 배치(Individual room system)
- 복도를 통해 각 층의 여러 부분으로 들어가는 방법이다.
- 독립성과 쾌적성이 좋다.
- 방 길이에 변화를 줄 수 있지만, 방 깊이는 제한된다.

개방식 배치(Open system)
- 개실 배치보다 공사비가 저렴하다.
- 시각차단이 없으므로 독립성이 적어진다.
- 경영자의 입장에서 전체를 통제하기 쉽다.
- 실의 깊이나 길이에 변화를 줄 수 있다.
- 전면적을 유용하게 사용할 수 있다.

15 ★☆☆
한국 전통건축의 지붕양식에 관한 설명으로 옳은 것은?

① 팔작지붕은 원초적인 지붕형태로 원시움집에서부터 사용되었다.
② 모임지붕은 용마루와 내림마루가 있고 추녀마루만 없는 형태이다.
③ 맞배지붕은 용마루와 추녀마루로만 구성된 지붕으로 주로 다포식 건물에 사용되었다.
④ 우진각지붕은 네 면에 모두 지붕면이 있으며 전후 지붕면은 사다리꼴이고 양측 지붕면은 삼각형이다.

해설
우진각지붕은 건물 네 면에 모두 지붕면이 있고 추녀마루가 용마루에서 만나게 되는 지붕이다.

선지분석
① 팔작지붕은 대규모 건축에 사용되며, 화려하고 엄숙한 기풍을 가진 지붕이다.
② 모임지붕은 용마루가 없고 추녀마루로만 구성되는 형태이다.
③ 맞배지붕은 내림마루나 추녀마루가 없다.

16 ★★★
다음 중 상점계획에서 파사드 구성에 요구되는 소비자 구매심리 5단계(AIDMA 법칙)에 속하지 않는 것은?

① 흥미(Interest)
② 욕망(Desire)
③ 기억(Memory)
④ 유인(Attraction)

해설
상점의 광고 5요소(AIDMA 법칙)
- Attention(주의)
- Interest(흥미)
- Desire(욕망, 욕구)
- Memory(기억, 인상)
- Action(행동)

정답 13 ④ 14 ② 15 ④ 16 ④

17 ★☆☆
사무소 건축의 코어 형식에 관한 설명으로 옳은 것은?

① 편심코어형은 각 층의 바닥면적이 큰 경우 적합하다.
② 양단코어형은 코어가 분산되어 있어 피난상 불리하다.
③ 중심코어형은 구조적으로 바람직한 형식으로 유효율이 높은 계획이 가능하다.
④ 외코어형은 설비 덕트나 배관을 코어로부터 사무실 공간으로 연결하는데 제약이 없다.

해설
중심코어형은 건물 중앙에 코어가 있어 구조적으로 가장 유리하고 유효율이 높으며, 임대 사무소로서 경제적인 계획이 가능하다.

선지분석
① 바닥면적이 소규모인 경우에 적합하다.
② 2방향 피난으로 피난상 유리하다.
④ 설비 덕트나 배관을 코어로부터 사무실 공간으로 연결하는데 제약이 많다.

18 ★★★
극장의 평면형식 중 아레나(Arena)형에 관한 설명으로 옳지 않은 것은?

① 무대의 배경을 만들지 않으므로 경제성이 있다.
② 무대의 장치나 소품은 주로 낮은 기구들로 구성한다.
③ 가까운 거리에서 관람하면서 많은 관객을 수용할 수 있다.
④ 연기자가 일정한 방향으로만 관객을 대하므로 강연, 콘서트, 독주, 연극 공연에 가장 좋은 형식이다.

해설
연기자가 일정한 방향으로만 관객을 대하므로 강연, 콘서트, 독주, 연극 공연에 가장 좋은 형식은 프로시니엄형이다.

19 ★★☆
상점계획에 관한 설명으로 옳지 않은 것은?

① 고객의 동선은 일반적으로 짧을수록 좋다.
② 점원의 동선과 고객의 동선은 서로 교차되지 않는 것이 바람직하다.
③ 대면판매형식은 일반적으로 시계, 귀금속, 의약품 상점 등에서 쓰여진다.
④ 쇼 케이스 배치 유형 중 직렬형은 다른 유형에 비하여 상품의 전달 및 고객의 동선상 흐름이 빠르다.

해설
고객동선은 가능한 길고 원활하게 하여 다수의 손님을 수용할 수 있도록 한다.

선지분석
② 고객동선, 직원동선, 상품동선은 모두 분리하여 서로 교차되지 않는 것이 바람직하다.
③ 대면판매방식은 쇼케이스(진열장) 내에 상품을 전시하는 것으로 진열면적이 감소되며 시계, 귀금속, 의약품 등의 판매에 적당하다.
④ 직렬형은 통로가 직선이므로 상품의 전달 및 고객의 동선상 흐름이 빠르다. 서점, 침구점, 식기점, 실용 의복점 등의 판매에 적당하다.

20 ★★★
숑바르 드 로브의 주거면적 기준으로 옳은 것은?

① 병리기준: $6m^2$, 한계기준: $12m^2$
② 병리기준: $6m^2$, 한계기준: $14m^2$
③ 병리기준: $8m^2$, 한계기준: $12m^2$
④ 병리기준: $8m^2$, 한계기준: $14m^2$

해설
숑바르 드 로브의 주거면적 기준
- 병리기준: $8m^2$/인
- 한계기준: $14m^2$/인
- 표준기준: $16m^2$/인

정답 17 ③ 18 ④ 19 ① 20 ④

제2과목 건축시공

21 ★★☆
다음 중 통계적 품질관리 기법의 종류에 해당되지 않는 것은?

① 히스토그램 ② 특성요인도
③ 브레인스토밍 ④ 파레토도

해설
브레인스토밍(Brainstorming)은 구성원의 자유로운 발언으로 아이디어를 제시하여 발상을 찾아내려는 방법이며, V.E기법에 아이디어 창출 단계에서 사용된다.

합격 POINT 종합적 품질관리(TQC)의 7가지 도구

구분	내용
히스토그램	데이터가 어떠한 분포를 하고 있는지를 막대그래프로 작성한 그림
특성요인도	결과에 대하여 원인이 어떻게 관계하고 있는지 한눈에 알아볼 수 있도록 작성한 그림
파레토도	불량, 고장, 결점 등 발생건수를 원인과 형상별로 분류하여 크기 순서대로 나열해 놓은 그림
체크시트	계수값 데이터가 분류 항목별 집중도를 알아볼 수 있도록 작성한 것
층별	집단을 구성하고 있는 데이터를 특성에 따라 부분 집단으로 나누는 것
산점도	대응되는 2개의 짝으로 된 데이터를 그래프상에 점으로 나타낸 것
각종 그래프	작성 목적을 명확히 쉽게 파악할 수 있도록 표현한 그래프

22 ★☆☆
건설업의 종합건설업 제도(EC화: Engineering Construction)에 관한 정의로 옳은 것은?

① 종래의 단순한 시공업과 비교하여 건설사업의 발굴 및 기획, 설계, 시공, 유지관리에 이르기까지 사업 전반에 관한 것을 종합, 기획관리하는 업무영역의 확대를 말한다.
② 각 공사별로 나누어져 있는 토목, 건축, 전기, 설비, 철골, 포장 등의 공사를 1개 회사에서 시공하도록 하는 종합건설 면허제도이다.
③ 설계업을 하는 회사를 공사시공까지 할 수 있도록 업무영역을 확대한 면허제도를 말한다.
④ 시공업체가 설계업까지 할 수 있게 하는 면허제도이다.

해설
EC화는 건설사업의 발굴 및 기획, 설계, 시공, 유지관리에 이르기까지 사업의 전반에 관한 것을 종합적으로 기획, 관리하는 것이다.

23 ★★★
벽돌쌓기 시 벽면적 $1m^2$당 소요되는 벽돌($190 \times 90 \times 57mm$)의 정미량(매)과 모르타르량($m^3$)으로 옳은 것은? (단, 벽두께 1.0B, 모르타르의 재료량은 할증이 포함된 것이며, 배합비는 1:3이다.)

① 벽돌매수: 224매, 모르타르량: $0.078m^3$
② 벽돌매수: 224매, 모르타르량: $0.049m^3$
③ 벽돌매수: 149매, 모르타르량: $0.078m^3$
④ 벽돌매수: 149매, 모르타르량: $0.049m^3$

해설
• 표준형벽돌 1.0B의 단위수량은 $0.33m^3$, 정미량은 149매이다.
• 모르타르량(m^3)
 =(벽돌쌓기 정미량/1,000매)×모르타르 소요량
 =(149매/1,000매)×$0.33m^3$
 =$0.04917m^3$≒$0.049m^3$

합격 POINT 쌓기모르타르량 산출

모르타르량(m^3) = $\dfrac{벽돌\ 정미량}{1,000매} \times 단위수량[m^3]$

• 모르타르 소요량(벽돌 1,000매당: m^3)

구분	0.5B	1.0B	1.5B	2.0B	2.5B
표준형	0.25	0.33	0.35	0.36	0.37

• 벽돌 정미량(m^2당)

구분	0.5B	1.0B	1.5B	2.0B	2.5B	3.0B
표준형	75	149	224	298	373	447

24 ★★☆
열적외선을 반사하는 은소재 도막으로 코팅하여 방사율과 열관류율을 낮추고 가시광선 투과율을 높인 유리는?

① 스팬드럴유리 ② 접합유리
③ 배강도유리 ④ 로이유리

해설
로이(Low-E)유리는 적외선 반사율이 높은 금속막으로 코팅된 유리로서 가시광선의 투과율이 높고 열선 투과율이 낮은 에너지절약형 유리이다.

선지분석
① 스팬드럴유리(Spandrel glass): 스팬드럴 부분의 보나 기둥, 기타 구조재 등을 감추기 위한 목적으로 창이나 커튼월에 끼워 넣는 불투명한 유리이다.
② 접합(안전)유리: 2개 이상의 유리판 사이에 수지 층을 넣어 접합한 유리로, 파손 시 유리 파편이 튀지 않는 안전유리이다.
③ 배강도유리: 일반유리의 2배 정도의 강도를 가진 유리로 파손 시 강화유리와 유사하게 깨진다.

정답 21 ③ 22 ① 23 ④ 24 ④

25 ★★★
서로 다른 종류의 금속재가 접촉하는 경우 부식이 일어나는 경우가 있는데 부식성이 큰 금속 순으로 옳게 나열된 것은?

① 알루미늄 > 철 > 주석 > 구리
② 주석 > 철 > 알루미늄 > 구리
③ 철 > 주석 > 구리 > 알루미늄
④ 구리 > 철 > 알루미늄 > 주석

해설
부식반응은 알루미늄 > 철 > 주석 > 구리 순으로 크다.

26 ★★☆
건축용 석재 사용 시 주의사항으로 옳지 않은 것은?

① 석재를 구조재로 사용 시 압축강도가 큰 것을 선택하여 사용할 것
② 석재를 다듬어 쓸 때는 석질이 균일한 것을 사용할 것
③ 동일 건축물에는 다양한 종류 및 다양한 산지의 석재를 사용할 것
④ 석재를 마감재로 사용 시 석리와 색채가 우아한 것을 선택하여 사용할 것

해설
동일 건축물에는 다양한 종류 및 다양한 산지의 석재의 사용은 피해야 한다.

27 ★★★
신축할 건축물의 높이의 기준이 되는 주요 가설물로 이동의 위험이 없는 인근 건물의 벽 또는 담장에 설치하는 것은?

① 줄띄우기   ② 벤치마크
③ 규준틀   ④ 수평보기

해설
벤치마크(Bench mark, 기준점)는 신축할 건축물의 위치나 높이를 정하기 위해 설치하는 가설물이다. 이동의 염려가 없는 곳에 2개소 이상 설치하고 공사 완료 시까지 존치시켜야 한다.

합격 POINT
벤치마크(Bench mark, 기준점)
토지나 건물의 위치나 높이를 측정하기 위한 기준점이다.
규준틀

구분	내용
수평규준틀	건물 각부의 거리, 위치, 높이의 기준과 기초의 너비 따위의 기준이 되는 수평 위치를 표시하는 가설물
수직규준틀 (세로규준틀)	조적공사에서 건물의 위치와 높이, 땅파기의 너비와 깊이 등을 표시하는 가설물

28 ★★☆
수량 산출 작업을 함에 있어 효율적인 적산방법이 아닌 것은?

① 수직방향에서 수평방향으로 적산한다.
② 시공순서대로 적산한다.
③ 내부에서 외부로 적산한다.
④ 큰 곳에서 작은 곳으로 적산한다.

해설
수량 산출 작업은 수평방향에서 수직방향으로 적산하는 것이 효율적이다.

29 ★★★
가설공사에서 건물의 각부 위치, 기초의 너비 또는 길이 등을 정확히 결정하기 위한 것은?

① 벤치마크   ② 수평규준틀
③ 세로규준틀   ④ 현황측량

해설
건축물의 기초의 너비 또는 길이 등을 표시하기 위한 것은 수평규준틀이다.

합격 POINT
벤치마크(Bench mark, 기준점)
토지나 건물의 위치나 높이를 측정하기 위한 기준점이다.
규준틀

구분	내용
수평규준틀	건물 각부의 거리, 위치, 높이의 기준과 기초의 너비 따위의 기준이 되는 수평 위치를 표시하는 가설물
수직규준틀 (세로규준틀)	조적공사에서 건물의 위치와 높이, 땅파기의 너비와 깊이 등을 표시하는 가설물

30 ★★★
타일의 흡수율 크기의 대소관계로 옳은 것은?

① 석기질 > 도기질 > 자기질
② 도기질 > 석기질 > 자기질
③ 자기질 > 석기질 > 도기질
④ 석기질 > 자기질 > 도기질

해설
타일의 흡수율(%)은 도기질, 석기질, 자기질 순으로 크다.

정답 25 ① 26 ③ 27 ② 28 ① 29 ② 30 ②

31

기술제안입찰제도의 특징에 관한 설명으로 옳지 않은 것은?

① 공사비 절감방안의 제안은 불가하다.
② 기술제안서 작성에 추가비용이 발생된다.
③ 제안된 기술의 지적재산권 인정이 미흡하다.
④ 원안 설계에 대한 공법, 품질 확보 등이 핵심 제안요소이다.

해설
기술제안입찰은 건설기술, 공기단축, 공사비 절감 등 여러 가지를 고려하여 선정하는 입찰제도이다.

32

철근의 이음방식 중 철근단면을 맞대고 산소-아세틸렌염으로 가열하여 접합단면을 녹이지 않고 적열상태에서 부풀려 가압, 접합하는 형태로 전 이음공법 중 접합강도가 큰 편에 속하는 것은?

① 겹침이음
② 기계적이음
③ 아크용접이음
④ 가스압접이음

해설
가스압접이음은 철근을 가열하면서 압력을 가하는 방식으로 모재와 동등한 기계적 강도를 가지며 조직의 성분 변화가 적고 접합강도가 크다.

33

콘크리트의 강도에 가장 큰 영향을 미치는 것은?

① 물시멘트비
② 시멘트의 품질
③ 골재의 강도
④ 공기량

해설
콘크리트의 강도에 영향을 주는 요소에는 물시멘트비, 재료의 품질(시멘트, 골재 등), 골재 혼합비, 양생방법과 재령, 시험체의 형상과 크기, 시험방법 등이 있다. 이러한 여러 요소 중 콘크리트의 강도에 가장 큰 영향을 주는 것은 물시멘트비이다.

34

다음 중 멤브레인 방수공사에 해당되지 않는 것은?

① 아스팔트방수공사
② 실링방수공사
③ 시트방수공사
④ 도막방수공사

해설
멤브레인 방수(Membrane waterproofing)는 구조물 외주에 피막을 구성시키는 방수방법으로 아스팔트방수, 시트방수, 도막방수, 합성고분자 시트방수 등이 있다.

35

도장공사에 필요한 가연성 도료를 보관하는 창고에 관한 설명으로 옳지 않은 것은?

① 독립한 단층건물로서 주위 건물에서 1.5m 이상 떨어져 있게 한다.
② 건물 내의 일부를 도료의 저장장소로 이용할 때는 내화구조 또는 방화구조로 구획된 장소를 선택한다.
③ 바닥에는 침투성이 없는 재료를 깐다.
④ 지붕은 불연재로 하고, 적정한 높이의 천장을 설치한다.

해설
가연성 도료를 보관하는 창고의 지붕은 불연재로 하고, 천장은 설치하지 않는다.

36

건축마감공사로서 단열공사에 관한 설명으로 옳지 않은 것은?

① 단열시공바탕은 단열재 또는 방습재 설치에 못, 철선, 모르타르 등의 돌출물이 도움이 되므로 제거하지 않아도 된다.
② 설치위치에 따른 단열공법 중 내단열공법은 단열성능이 적고 내부 결로가 발생할 우려가 있다.
③ 단열재를 접착제로 바탕에 붙이고자 할 때에는 바탕면을 평탄하게 한 후 밀착하여 시공하되 초기박리를 방지하기 위해 압착상태를 유지시킨다.
④ 단열재료에 따른 공법은 성형판단열재 공법, 현장발포재 공법, 뿜칠단열재 공법 등으로 분류할 수 있다.

해설
단열시공바탕은 단열재 또는 방습재 설치에 지장이 없도록 못, 철선, 모르타르 등의 돌출물을 제거하여 평탄하게 한다.

정답 31 ① 32 ④ 33 ① 34 ② 35 ④ 36 ①

37

지름 100mm, 높이 200mm의 콘크리트 공시체를 쪼갬인장강도시험에 의해 강도를 측정하였더니 파괴하중이 63kN이었다. 이 공시체의 인장강도는?

① 0.8MPa
② 1.5MPa
③ 2MPa
④ 3MPa

해설

콘크리트의 쪼갬인장강도는 다음과 같이 구한다.

$f_{sp} = \dfrac{2P}{\pi dl} = \dfrac{2 \times 63{,}000\text{N}}{\pi \times 100\text{mm} \times 200\text{mm}} ≒ 2.005\text{N/mm}^2 ≒ 2\text{MPa}$

여기서, P: 파괴하중, d: 공시체 지름, l: 공시체 높이

38

벽돌벽에서 장식적으로 구멍을 내어 쌓는 벽돌쌓기 방식은?

① 불식 쌓기
② 영롱 쌓기
③ 무늬 쌓기
④ 층단떼어 쌓기

해설

영롱쌓기는 장식적인 효과를 위해 벽체에 구멍을 내어 쌓는 것으로 난간벽(Parapet)과 같이 상부 하중을 지지하지 않는 벽이다.

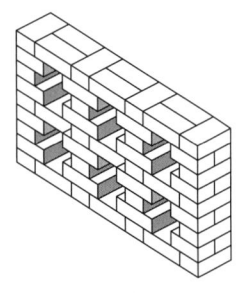

▲ 영롱쌓기

39

품질관리 사이클의 순서로 옳은 것은?

① 계획 - 검토 - 실시 - 조치
② 계획 - 검토 - 조치 - 실시
③ 계획 - 실시 - 조치 - 검토
④ 계획 - 실시 - 검토 - 조치

해설

품질관리(PDCA) 사이클

구분		내용
Plan	계획	목표를 위한 계획을 세움
Do	실시	표준과 동일한 작업을 실시
Check	검토	작업상황 및 결과를 검토
Action	조치	검토한 결과에 따라 시정조치

40

철골공사에 관한 설명으로 옳지 않은 것은?

① 볼트접합부는 부식하기 쉬우므로 방청도장을 하여야 한다.
② 볼트조임에는 임팩트렌치, 토크렌치 등을 사용한다.
③ 철골조는 화재에 의한 강성 저하가 심하므로 내화피복을 하여야 한다.
④ 용접부 비파괴검사에는 침투탐상법, 초음파탐상법 등이 있다.

해설

볼트접합부는 볼트의 마찰력증대와 풀림을 방지하기 위해 방청도장을 하지 않는다.

정답 37 ③ 38 ② 39 ④ 40 ①

제3과목 건축구조

41 ★★★
그림과 같은 구조물의 부정정 차수는?

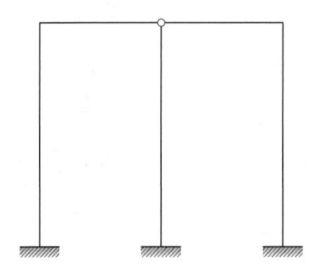

① 1차 부정정 ② 2차 부정정
③ 3차 부정정 ④ 4차 부정정

해설
$N=r+m+f-2\times j$ (r: 지점반력수, m: 부재수, f: 강절점수, j: 지점수 + 자유단 절점수)의 공식을 이용해 부정정 차수를 구하면
$N=(3+3+3)+5+2-2\times 6=4$이므로
4차 부정정 구조이다.

42 ★★★
강구조에서 용접선 단부에 붙인 보조판으로 아크의 시작이나 종단부의 크레이터 등의 결함을 방지하기 위해 붙이는 판은?

① 스티프너 ② 엔드탭
③ 윙플레이트 ④ 커버플레이트

해설
엔드탭은 용접결함이 생기기 쉬운 용접의 시작이나 끝부분에 임시로 설치하는 보조 강판이다.

선지분석
① 스티프너: 기둥의 플랜지나 웨브의 좌굴방지용 보강재
③ 윙플레이트: 철골 주각부에 부착되는 강판
④ 커버플레이트: 강재의 플랜지를 보강하기 위해 사용하는 강판

43 ★★★
철골조 주각부분에 사용하는 보강재에 해당되지 않는 것은?

① 윙플레이트 ② 데크플레이트
③ 사이드앵글 ④ 클립앵글

해설
데크플레이트는 콘크리트 슬래브의 거푸집으로 사용되며, 바닥판이나 평지붕에도 사용된다.

합격 POINT 데크플레이트(Deck plate)

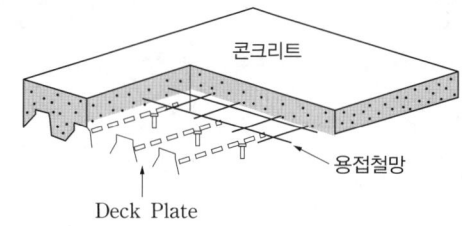

1. 강도를 유지하는데 합리적인 모양으로 골을 넣어 만든 폭이 넓은 대형 강판이다.
2. 콘크리트 슬래브의 거푸집으로 사용된다.
3. 바닥판이나 평지붕에도 사용된다.
4. 서포트가 필요하지 않아서 고층빌딩에 많이 이용된다.

44 ★★★
인장을 받는 이형철근의 직경이 D16(직경 15.9mm)이고, 콘크리트 강도가 30MPa인 표준갈고리의 기본정착길이는? (단, $f_y=400$MPa, $\beta=1.0$, $m_c=2,300$kg/m³)

① 238mm ② 258mm
③ 279mm ④ 312mm

해설
표준갈고리를 갖는 인장이형철근의 기본정착길이는
$l_{hb}=\dfrac{0.24\beta\cdot d_b\cdot f_y}{\lambda\sqrt{f_{ck}}}$이다.
$m_c=2,300$kg/m³이므로 경량콘크리트계수 $\lambda=1.0$을 대입하면,
$l_{hb}=\dfrac{0.24\times 1.0\times 15.9\times 400}{(1.0)\sqrt{30}}≒278.68$mm이다.

정답 41 ④ 42 ② 43 ② 44 ③

45 ★☆☆

동일단면, 동일재료를 사용한 캔틸레버보 끝단에 집중하중이 작용하였다. P_1이 작용한 부재의 최대처짐량이 P_2가 작용한 부재의 최대처짐량의 2배일 경우 $P_1 : P_2$는?

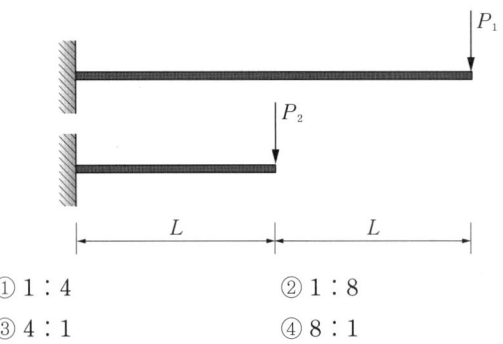

① 1 : 4
② 1 : 8
③ 4 : 1
④ 8 : 1

해설

자유단에 걸리는 하중이 P, 길이가 L인 캔틸레버보 자유단의 최대처짐은
$\delta_{max} = \left(\dfrac{PL}{EI} \times L\right) \times \dfrac{L}{3} = \dfrac{PL^3}{3EI}$ 이다.

지문의 조건에 따르면
$\dfrac{P_1 \cdot (2L)^3}{3EI} = \dfrac{P_2 \cdot (L)^3}{3EI} \times 2$ 이므로 $\dfrac{P_1}{P_2} = \dfrac{1}{4}$ 이다.

따라서 $P_1 : P_2 = 1 : 4$이다.

46 ★★★

강도설계법에서 처짐을 계산하지 않는 경우 철근콘크리트보의 최소 두께 규정으로 옳지 않은 것은? (단, 보통콘크리트와 설계기준 항복강도 400MPa 철근을 사용한 부재임)

① 단순 지지: $l/16$
② 1단 연속: $l/18.5$
③ 양단 연속: $l/12$
④ 캔틸레버: $l/8$

해설

l: 경간 길이(mm)

부재	최소 두께(h_{min})			
	단순 지지	1단 연속	양단 연속	캔틸레버
보 및 리브가 있는 1방향 슬래브	$\dfrac{l}{16}$	$\dfrac{l}{18.5}$	$\dfrac{l}{21}$	$\dfrac{l}{8}$

47 ★☆☆

벽돌구조에 대한 설명으로 옳지 않은 것은?

① 석구조 및 블록구조와 함께 조적식 구조의 일종이다.
② 고층 건물이나 대규모 건물에 적합하다.
③ 내화, 내구적이다.
④ 풍압력, 지진력 등에 약하다.

해설

벽돌구조는 저층 건물이나 소규모 건물에 적합한 구조이다.

48 ★☆☆

강재 SM 355A에 대한 설명 중 옳지 않은 것은?

① SM은 용접구조용 강재임을 의미한다.
② 기호의 끝 알파벳은 충격흡수 에너지 시험 보증값에 따라 규정된다.
③ 기호의 끝 알파벳은 A<B<C의 순으로 용접성이 양호함을 의미한다.
④ 최저 인장강도가 355N/mm²임을 나타낸다.

해설

최저 항복강도가 355N/mm²임을 나타낸다.

49 ★★☆

그림과 같은 직사각형 단면을 가지는 보에 최대 휨모멘트 $M = 20\text{kN} \cdot \text{m}$가 작용할 때 최대 휨응력은?

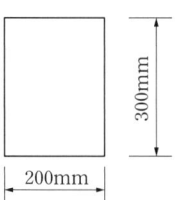

① 3.33MPa
② 4.44MPa
③ 5.56MPa
④ 6.67MPa

해설

최대 휨응력 $\sigma_{max} = \dfrac{M_{max}}{Z}$ 로 구한다.

여기서, M_{max}: 최대 휨모멘트, Z: 단면계수

단면이 사각형일 경우 $Z = \dfrac{bh^2}{6}$ 이므로

$\therefore \sigma_{max} = \dfrac{(20 \times 10^6)}{\dfrac{200 \times 300^2}{6}} = 6.67\text{N/mm}^2 = 6.67\text{MPa}$

정답 45 ① 46 ③ 47 ② 48 ④ 49 ④

50

다음과 같은 사다리꼴 단면의 도심 y_0값은?

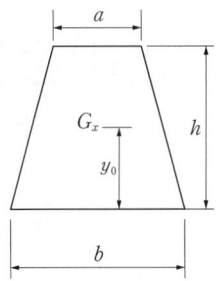

① $\dfrac{h(2a+b)}{3(a+b)}$ ② $\dfrac{h(a+b)}{3(2a+b)}$

③ $\dfrac{3h(2a+b)}{(a+b)}$ ④ $\dfrac{h(a+2b)}{3(a+b)}$

해설

도심거리는 단면1차모멘트 G_x를 면적 A로 나누어 구한다.

$y = \dfrac{G_x}{A}$

사다리꼴의 도심은 삼각형 $\left(\dfrac{1}{2}bh\right)$와 삼각형 $\left(\dfrac{1}{2}ah\right)$로 나눈 후 더하여 계산할 수 있다.

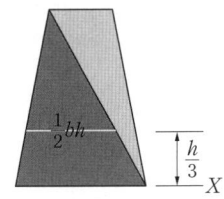 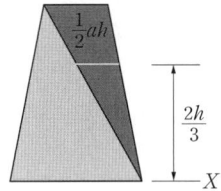

1. $G_x = \dfrac{1}{2}bh \times \dfrac{h}{3}$ 2. $G_x = \dfrac{1}{2}ah \times \dfrac{2h}{3}$

$\therefore y = \dfrac{G_x}{A} = \dfrac{\left(\dfrac{1}{2}bh \times \dfrac{h}{3}\right) + \left(\dfrac{1}{2}ah \times \dfrac{2h}{3}\right)}{\left(\dfrac{1}{2}bh\right) + \left(\dfrac{1}{2}ah\right)} = \dfrac{h}{3} \times \dfrac{2a+b}{a+b}$

51

다음 그림과 같은 구멍 2열에 대하여 파단선 $A-B-C$를 지나는 순단면적과 동일한 순단면적을 갖는 파단선 $D-E-F-G$의 피치(s)는? (단, 구멍은 여유폭을 포함하여 23mm임)

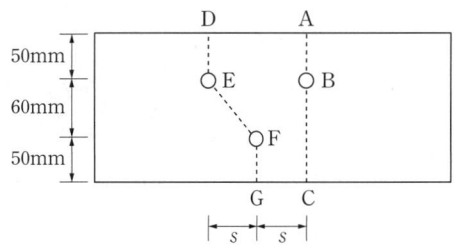

① 3.7cm ② 7.4cm
③ 11.1cm ④ 14.8cm

해설

㉠ 파단선 $A-B-C$의 순단면적
$A_n = A_g - n \cdot d \cdot t = (160 \times t) - (1 \times 23 \times t) = 137t$

㉡ 파단선 $D-E-F-G$의 순단면적
$A_n = A_g - n \cdot d \cdot t + \Sigma \dfrac{s^2}{4g} \cdot t$
$= (160 \times t) - (2 \times 23 \times t) + \dfrac{s^2}{4 \times 60} \cdot t = 114t + \dfrac{s^2}{240} \cdot t$

㉠, ㉡ 두 식의 결과값이 같으므로
$137t = 114t + \dfrac{s^2}{240} \cdot t$
$s = \sqrt{(137-114) \times 240} ≒ 74.3\text{mm} ≒ 7.43\text{cm}$

정답 50 ① 51 ②

52 ★★☆

다음 그림은 각 구간에서 직선적으로 변화하는 단순보의 모멘트도이다. C점과 D점에 동일한 힘 P_1이 작용하고 보의 중앙점 E에 P_2가 작용할 때 P_1과 P_2의 절댓값은?

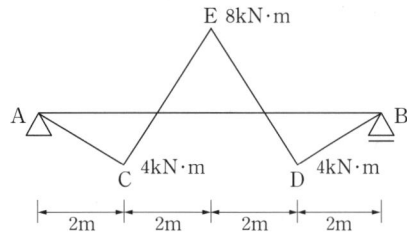

① $P_1=4\text{kN}$, $P_2=6\text{kN}$
② $P_1=4\text{kN}$, $P_2=8\text{kN}$
③ $P_1=8\text{kN}$, $P_2=10\text{kN}$
④ $P_1=8\text{kN}$, $P_2=12\text{kN}$

해설

휨모멘트를 미분하면 전단력이며, 전단력을 미분하면 하중이 된다. 따라서 역으로 해석하려면 적분한다.

1. C점의 휨모멘트로 A지점 반력 구하기
   $V_A \times 2 = 4\text{kN} \cdot \text{m} \rightarrow V_A = 2\text{kN}$
2. E점의 휨모멘트로 하중 P_1 구하기
   $V_A \times 4 + P_1 \times 2 = -8\text{kN} \cdot \text{m}$
   $\therefore P_1 = -8\text{kN}$
3. D점의 휨모멘트로 하중 P_2 구하기
   $V_A \times 6 + P_1 \times 4 + P_2 \times 2 = 4\text{kN} \cdot \text{m}$
   $\therefore P_2 = 12\text{kN}$

53 ★★☆

그림과 같은 구조물에 있어 AB부재의 재단모멘트 M_{AB}는?

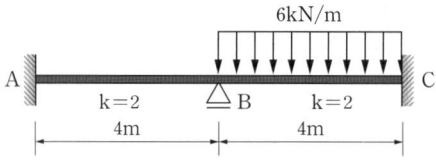

① $0.5\text{kN} \cdot \text{m}$
② $1\text{kN} \cdot \text{m}$
③ $1.5\text{kN} \cdot \text{m}$
④ $2\text{kN} \cdot \text{m}$

해설

AC부재는 연속경간이기 때문에 고정단과 같은 개념으로 풀이한다.

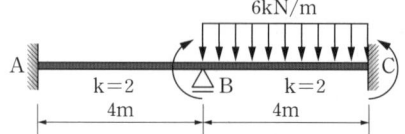

먼저, B절점에서의 고정단모멘트(FEM)을 계산하면
$FEM = \dfrac{wl^2}{12} = \dfrac{6 \times 4^2}{12} = 8\text{kN} \cdot \text{m}$이다.
주어진 강도계수를 이용하여 분배율을 구하면
$DF_{BA} = \dfrac{2}{2+2} = \dfrac{1}{2}$이므로 분배모멘트는
$M_{BA} = FEM \times DF_{BA} = 8 \times \dfrac{1}{2} = 4\text{kN} \cdot \text{m}$이다.
따라서 전달모멘트(전달률: 고정단은 1/2)
$M_{AB} = \dfrac{1}{2} \times M_{BA} = \dfrac{1}{2} \times 4 = 2\text{kN} \cdot \text{m}$이다.

54 ★★☆

다음 그림과 같은 내민보의 지점 반력을 각각 구하면? (단, 반력의 +:상방향, -:하방향)

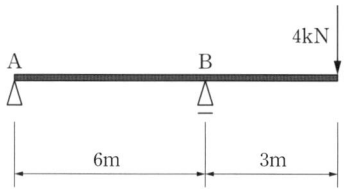

① $R_A=-2\text{kN}$, $R_B=6\text{kN}$
② $R_A=2\text{kN}$, $R_B=-6\text{kN}$
③ $R_A=2\text{kN}$, $R_B=2\text{kN}$
④ $R_A=-4\text{kN}$, $R_B=8\text{kN}$

해설

힘의 평형 조건을 사용하여 계산한다.
$\sum M_A = 0;\ 4 \times 9 - R_B \times 6 = 0 \quad \therefore R_B = 6\text{kN}$
$\sum F_y = 0;\ R_A + R_B = 4\text{kN} \quad \therefore R_A = -2\text{kN}$

정답 52 ④ 53 ④ 54 ①

55 ★☆☆

보가 있는 2방향 슬래브를 강도설계법에서 직접설계법으로 계산할 때 $M_0 = 900\,\text{kN}\cdot\text{m}$로 산정되었다. 내부 스팬의 정계수모멘트($\text{kN}\cdot\text{m}$)와 부계수모멘트($\text{kN}\cdot\text{m}$)로 옳은 것은?

① 정계수모멘트 315, 부계수모멘트 585
② 정계수모멘트 270, 부계수모멘트 630
③ 정계수모멘트 585, 부계수모멘트 315
④ 정계수모멘트 630, 부계수모멘트 270

해설

2방향 슬래브의 계수모멘트
- 정계수휨모멘트 $M_u^+ = 0.35 M_0$
- 부계수휨모멘트 $M_u^- = 0.65 M_0$

$M_u^+ = 0.35 \times 900 = 315\,\text{kN}\cdot\text{m}$
$M_u^- = 0.65 \times 900 = 585\,\text{kN}\cdot\text{m}$

56 ★★★

다음 중 한계상태설계법에서 강도 한계상태를 구성하는 요소가 아닌 것은?

① 바닥재의 진동
② 기둥의 좌굴
③ 골조의 불안정성
④ 취성파괴

해설

바닥재의 진동은 사용 한계상태(Serviceability limit state)에 해당한다.

합격 POINT 한계상태설계법

1. 강도 한계상태: 구조체가 제 기능을 발휘 못하는 상태로 압축, 인장, 좌굴, 휨, 전단 등의 하중에 대한 지지 능력을 상실한 상태
2. 사용 한계상태: 구조 기능 저하로 균열, 처짐, 진동 등에 의하여 사용상 부적합한 상태

57 ★★★

철근콘크리트 단근보에서 균형철근비를 계산한 결과 $\rho_b = 0.039$이었다. 최대 철근비는? (단, $E = 200{,}000\,\text{MPa}$, $f_y = 400\,\text{MPa}$, $f_{ck} = 24\,\text{MPa}$임)

① 0.01863
② 0.02256
③ 0.02607
④ 0.02831

해설

$f_y = 400\,\text{MPa}$일 경우
$\rho_{\max} = 0.726 \rho_b = 0.726 \times 0.039 ≒ 0.028314$

합격 POINT 최대 철근비

철근 항복강도(f_y)	최소 허용변형률($\varepsilon_{t,\,\min}$)	최대 철근비($\rho_{\max}$)
300MPa	0.004	$0.658 \rho_b$
350Mpa	0.004	$0.692 \rho_b$
400MPa	0.004	$0.726 \rho_b$
500MPa	$0.005(2\varepsilon_y)$	$0.699 \rho_b$

58 ★★☆

지진계에 기록된 진폭을 진원의 깊이와 진앙까지의 거리 등을 고려하여 지수로 나타낸 것으로 장소에 관계없는 절대적 개념의 지진크기를 말하는 것은?

① 규모
② 진도
③ 진원시
④ 지진동

해설

규모란 지진 자체의 크기를 나타내는 척도 중 하나로 절대적 개념이다.

선지분석

② 진도는 사람이 감지하는 지표면 흔들림을 나타내는 상대적 개념의 지표이다.
③ 진원시는 지진파가 처음 발생한 시각을 말한다.
④ 지진동은 지진파가 지표에 도달하여 관측되는 표면층의 진동을 말한다.

정답 55 ① 56 ① 57 ④ 58 ①

59 ★★★

강도설계법에서 흙에 접하는 기둥의 최소 피복두께 기준으로 옳은 것은? (단, 프리스트레스하지 않는 부재의 현장치기 콘크리트로서 D25인 철근임)

① 20mm ② 30mm
③ 40mm ④ 50mm

해설
흙에 접하고 D25인 기둥의 최소 피복두께는 50mm이다.

합격 POINT
프리스트레스하지 않는 부재의 현장치기 콘크리트의 최소 피복두께

구분			현장치기 콘크리트 피복두께
수중			100mm
흙에 접하여 타설 후 영구히 흙에 묻혀 있는 콘크리트			75mm
흙에 접하거나 옥외의 공기에 직접 노출	D19 이상		50mm
	D16 이하의 철근, 지름 16 이하의 철선		40mm
옥외의 공기나 흙에 직접 접하지 않는 콘크리트	슬래브, 벽체, 장선	D35 초과	40mm
		D35 이하	20mm
	보, 기둥*		40mm
	쉘, 절판부재		20mm

* 보, 기둥의 경우 $f_{ck} \geq$ 40MPa이면 10mm 저감 가능

60 ★☆☆

그림과 같은 단순보에서 중앙점의 처짐량이 2cm로 나타났다. 만일 보의 춤을 2배로 크게 하면 처짐량은 얼마로 되는가?

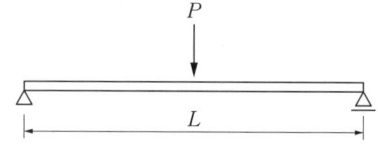

① 1cm ② 0.5cm
③ 0.25cm ④ 0.125cm

해설
단순보 중앙점 집중하중 시
처짐량 $\delta_{max} = \dfrac{PL^3}{48EI}$ 이다.

여기서, 단면2차모멘트 $I = \dfrac{bh^3}{12}$ 이므로

보의 춤(h)을 2배로 하면

처짐은 $\dfrac{1}{2^3} = \dfrac{1}{8}$ 배가 된다.

∴ $2cm \times \dfrac{1}{8} = 0.25cm$

합격 POINT 단순보의 처짐량

집중하중	등분포하중
$\dfrac{PL^3}{48EI}$	$\dfrac{5wL^4}{384EI}$

정답 59 ④ 60 ③

제4과목 건축설비

61

에스컬레이터에 관한 설명으로 옳지 않은 것은?

① 기계실이 필요하지 않으며 피트가 간단하다.
② 수송능력이 엘리베이터의 약 10배 정도이다.
③ 기다리는 시간 없이 연속적으로 승객을 수송할 수 있다.
④ 정격 속도는 하강방향을 고려하여 60m/min 정도가 가장 바람직하다.

해설
에스컬레이터의 경사에 따른 정격 속도
1. 경사 30° 이하: 45m/min 이하
2. 경사 30° 초과 35° 이하: 30m/min 이하

62

급탕설비에 관한 설명으로 옳지 않은 것은?

① 냉수, 온수를 혼합 사용해도 압력차에 의한 온도 변화가 없도록 한다.
② 배관은 적정한 압력손실 상태에서 피크 시를 충족시킬 수 있어야 한다.
③ 도피관에는 압력을 도피시킬 수 있도록 밸브를 설치하고 배수는 직접배수로 한다.
④ 밀폐형 급탕시스템에는 온도상승에 의한 압력을 도피시킬 수 있는 팽창탱크 등의 장치를 설치한다.

해설
도피관(팽창관)에는 밸브를 설치하지 않으며, 팽창탱크의 배수는 간접배수로 한다.
도피관은 급탕계통 내 부피팽창을 방지하고, 배관 내의 공기, 증기를 배출시키는 관이다.

63

조명설비에서 불쾌 글레어(Discomfort glare)의 원인과 가장 거리가 먼 것은?

① 휘도가 낮은 광원
② 시선 부근에 노출된 광원
③ 눈에 입사하는 광속의 과다
④ 물체와 그 주위 사이의 고휘도 대비

해설
광원의 휘도가 높을수록 눈부심(불쾌 글레어)이 강하다.

64

가스의 연소성을 나타내는 것은?

① 비열비
② 가버너
③ 웨버지수
④ 단열지수

해설
웨버지수는 가스 호환성 지표로서 단위는 kcal/Nm³이며, 가스 연료의 단위 시간당 방출 에너지를 정의하기 위한 변수이다. 여기서 가스 호환성이란 주어진 연소기에서 다른 종류의 연료를 공급했을 때 기하학적 형상이나 운전조건 변화 없이 그대로 사용할 수 있는 대체 가능성을 말한다.

65

실내 공기의 탄산가스 함유량을 0.1%로 유지하는데 필요한 환기량은? (단, 실내 발생 탄산가스량은 51L/h, 외기의 탄산가스 함유량은 0.03%이다.)

① 약 23m³/h
② 약 35m³/h
③ 약 43m³/h
④ 약 73m³/h

해설
$$Q = \frac{K}{P_i - P_o} = \frac{0.051 m^3/h}{(0.001 - 0.0003)} = 72.86 ≒ 73 m^3/h$$

Q: 환기량(m³/h), K: 발생량(m³/h), P_i: 허용농도(ppm), P_o: 외기가스농도(ppm)

※ $1L = 10^{-3} m^3$

66

습공기 선도에 표현되어 있지 않은 것은?

① 비체적
② 엔탈피
③ 열용량
④ 노점온도

해설
열용량은 습공기 선도에 표현되어 있지 않다.

합격 POINT 습공기 선도 구성요소
건구온도, 습구온도, 노점온도, 절대습도, 상대습도, 포화도, 수증기(분)압, 엔탈피, 비용적(비체적), 현열비, 열수분비

정답 61 ④ 62 ③ 63 ① 64 ③ 65 ④ 66 ③

67 ★★★

3상 동력과 단상 전등, 전열부하를 동시에 사용 가능한 방식으로 사무소 건물 등 대규모 건물에 많이 사용되는 구내 배전방식은?

① 단상 2선식 ② 단상 3선식
③ 3상 3선식 ④ 3상 4선식

해설
3상 4선식은 대형빌딩이나 공장 등의 전등 및 동력의 전원으로 여러 종류의 전압이 필요할 때 선택하며, 주로 220V/380V를 사용한다.

68 ★☆☆

이중덕트방식에 관한 설명으로 옳은 것은?

① 부하감소에 따라 송풍량이 감소된다.
② 부하변동에 따른 적응속도가 느리다.
③ 혼합손실로 인한 에너지 소비량이 크다.
④ 부하특성이 다른 여러 실에 적용하기 곤란하다.

해설
이중덕트방식은 냉온풍 혼합에 따른 에너지 손실이 크다.

선지분석
① 부하감소에 따라 송풍량이 감소하지는 않는다.
② 부하변동에 따른 적응속도가 빠르다.
④ 부하특성이 다른 여러 실에 적용할 수 있다.

69 ★☆☆

송풍기의 적용에 관한 설명으로 옳지 않은 것은?

① 지붕형의 경우 후익형으로 한다.
② 원심송풍기의 설치는 바닥설치를 원칙으로 한다.
③ 정압이 3,000Pa을 초과하는 경우에는 다익형으로 한다.
④ 화장실, 욕실의 배기는 습기나 가스에 강한 내식성 재질의 축류송풍기로 한다.

해설
다익형 송풍기의 정압은 100~1,500Pa이다.

70 ★☆☆

소방시설은 소화설비, 경보설비, 피난설비, 소화활동설비 등으로 구분할 수 있다. 다음 중 소화활동설비에 속하지 않는 것은?

① 제연설비 ② 연결살수설비
③ 비상방송설비 ④ 연소방지설비

해설
소화활동설비에는 제연설비, 연결송수관설비, 연결살수설비, 비상콘센트설비, 무선통신보조설비, 연소방지설비가 있다.
비상방송설비는 경보설비에 속한다.

71 ★★☆

직경 200mm의 배관을 통하여 물이 1.5m/s의 속도로 흐를 때 유량은?

① $2.83m^3/min$ ② $3.2m^3/min$
③ $3.83m^3/min$ ④ $6.0m^3/min$

해설
$$Q = A \cdot V = \frac{\pi D^2}{4} \times V = \frac{\pi \times (0.2m)^2}{4} \times 1.5m/s$$
$$= 0.047m^3/s ≒ 2.83m^3/min$$
Q: 유량(m^3/s), A: 단면적(m^2), V: 유속(m/s)

정답 67 ④ 68 ③ 69 ③ 70 ③ 71 ①

72 ★☆☆

배수트랩에 관한 설명으로 옳지 않은 것은?

① 트랩은 이중으로 설치하면 효과적이다.
② 트랩의 봉수깊이가 너무 깊으면 통수능력이 감소된다.
③ 트랩은 하수가스의 실내 침입을 방지하는 역할을 한다.
④ 트랩은 위생기구에 가능한 한 접근시켜 설치하는 것이 좋다.

해설

배수관 속의 악취, 유독가스 및 벌레 등이 실내로 침투하는 것을 방지하기 위하여 배수계통의 일부에 봉수를 고이게 하는 기구를 트랩이라고 한다. 이중 트랩은 유속을 저해하므로 금지한다.

73 ★★★

간접가열식 급탕설비에 관한 설명으로 옳지 않은 것은?

① 대규모 급탕설비에 적당하다.
② 비교적 안정된 급탕을 할 수 있다.
③ 보일러 내면에 스케일이 많이 생긴다.
④ 가열 보일러는 난방용 보일러와 겸용할 수 있다.

해설

간접가열식 급탕법은 보일러 내면에 스케일이 거의 생기지 않는다.

합격 POINT 중앙식 급탕방식의 종류

직접가열식	간접가열식
• 열효율 면에서 경제적 • 수질에 의해 보일러 내면에 스케일이 발생하여 열효율이 저하되며 보일러의 수명이 단축됨 • 급탕하는 건물의 높이가 높을 경우 고압보일러 필요 • 주택 또는 소규모 건물에 실용적	• 난방용 보일러의 증기 사용 시 급탕용 보일러 불필요 • 보일러 내면에 스케일이 거의 생기지 않음 • 건물의 높이에 따른 수압이 보일러에 작용하지 않고 저탕조에 작용하므로 고압용 보일러 불필요 • 대규모 급탕설비에 적합

74 ★★★

바닥복사 난방방식에 관한 설명으로 옳지 않은 것은?

① 열용량이 커서 예열시간이 짧다.
② 방을 개방상태로 하여도 난방효과가 있다.
③ 다른 난방방식에 비교하여 쾌적감이 높다.
④ 실내에 방열기를 설치하지 않으므로 바닥이나 벽면을 유용하게 이용할 수 있다.

해설

열용량이 커서 예열시간이 길다.

합격 POINT 바닥복사 난방방식의 장단점

장점	단점
• 쾌적감 높음 • 실내의 온도 분포 균일 • 방열기를 설치하지 않으므로 바닥의 이용도 높음 • 방을 개방하여도 난방 효과가 높음 • 실온이 낮아도 난방 효과가 높음 • 천장이 높아도 난방 가능 • 대류현상이 적어 바닥면의 먼지가 상승하지 않음	• 열용량이 커서 바깥공기 온도가 급변할 경우 방열량 조절이 어려움 • 시공이 어렵고, 수리비와 시설비가 고가임 • 매입배관으로 고장 요소의 발견이 어려움 • 열손실을 막기 위한 단열층 필요 • 바닥 하중 증대

75 ★★★

건구온도 26°C인 실내공기 8,000m³/h와 건구온도 32°C인 외부공기 2,000m³/h를 단열혼합하였을 때 혼합공기의 건구온도는?

① 27.2°C
② 27.6°C
③ 28.0°C
④ 29.0°C

해설

$(8,000+2,000)\text{m}^3/\text{h} \times x°\text{C}$
$= 8,000\text{m}^3/\text{h} \times 26°\text{C} + 2,000\text{m}^3/\text{h} \times 32°\text{C}$

$\therefore x = \dfrac{(8,000 \times 26) + (2,000 \times 32)}{(8,000 + 2,000)} = 27.2°\text{C}$

합격 POINT 혼합공기의 온도

$(Q_1 + Q_2) \times t_3 = (Q_1 \times t_1) + (Q_2 \times t_2)$

• Q_1, Q_2: 혼합 전의 공기량
• t_1, t_2: 혼합 전의 공기 온도
• t_3: 혼합 후의 공기 온도

정답 72 ① 73 ③ 74 ① 75 ①

76 ★☆☆
전기에 관한 용어와 단위의 연결이 옳지 않은 것은?

① 전력 - 와트[W] ② 전압 - 볼트[V]
③ 저항 - 오옴[Ω] ④ 전류 - 쿨롱[C]

해설
전류의 단위는 암페어[A]이다.

77 ★☆☆
몰드 변압기에 관한 설명으로 옳지 않은 것은?

① 내진성이 우수하다.
② 내습성이 우수하다.
③ 반입, 반출이 용이하다.
④ 옥외 설치 및 대용량 제작이 용이하다.

해설
몰드 변압기는 습기나 진동에 의한 변압기의 열화나 고장 발생을 방지하는 목적으로 활용되며, 외함이 없는 상태로 옥외에 설치가 불가능하며, 대용량 제작이 어렵다.

78 ★★★
다음 중 겨울철 실내 유리창 표면에 발생하기 쉬운 결로의 방지 방법과 가장 거리가 먼 것은?

① 실내공기의 움직임을 억제한다.
② 실내에서 발생하는 수증기를 억제한다.
③ 이중유리로 하여 유리창의 단열성능을 높인다.
④ 난방기기를 이용하여 유리창 표면온도를 높인다.

해설
실내공기의 움직임을 억제할수록 표면결로가 잘 발생한다.

합격 POINT ▶ 결로 방지대책
- 자주 환기한다.
- 벽에 방습층을 설치한다.
- 벽체의 열관류율을 작게 한다.
- 벽체의 열관류저항을 크게 한다.
- 각 실 간의 온도차를 작게 한다.
- 난방에 의한 수증기 발생을 억제한다.
- 실내측 벽의 표면온도를 실내공기의 노점온도보다 높게 한다.

79 ★★☆
전기설비에서 다음과 같이 정의되는 장치는?

> 지락전류를 영상변류기로 검출하는 전류 동작형으로 지락전류가 미리 정해 놓은 값을 초과할 경우, 설정된 시간 내에 회로나 회로의 일부의 전원을 자동으로 차단하는 장치

① 퓨즈 ② 누전차단기
③ 단로스위치 ④ 절환스위치

해설
누전차단기는 교류 600V 이하의 저압선로에 감전, 화재 및 기계·기구의 손상 등을 방지하기 위해 설치하는 것으로 감전과 누전화재를 피하고 전기설비 및 전기기기의 보호를 위한 용도로 사용한다.

80 ★★★
다음과 같은 조건에서 2,000명을 수용하는 극장의 실온을 20°C로 유지하기 위한 필요 환기량은?

> - 외기온도: 10°C
> - 1인당 발열량(현열): 60W
> - 공기의 정압비열: 1.01kJ/kg·K
> - 공기의 밀도: 1.2kg/m³
> - 전등 및 기타 부하는 무시한다.

① 11,110m³/h ② 21,222m³/h
③ 30,444m³/h ④ 35,644m³/h

해설
$$G = \frac{3,600Q}{\rho \cdot C \cdot \Delta t}$$
$$= \frac{3,600 \times 0.06\text{kW} \times 2,000\text{명}}{1.2\text{kg/m}^3 \times 1.01\text{kJ/kg·K} \times (20-10)\text{K}}$$
$$= 35,643.564 ≒ 35,644\text{m}^3/\text{h}$$

G: 환기량(m³/h), Q: 발열량(kW), ρ: 공기의 밀도(kg/m³), C: 공기의 비열(kJ/kg·K), Δt: 온도차(K)

정답 76 ④ 77 ④ 78 ① 79 ② 80 ④

제5과목 건축관계법규

81 ★☆☆

국토의 계획 및 이용에 관한 법령상 아래와 같이 정의되는 것은?

> 국토교통부장관은 도시의 무질서한 확산을 방지하고 도시 주변의 자연환경을 보전하여 도시민의 건전한 생활환경을 확보하기 위하여 도시의 개발을 제한할 필요가 있거나 국방부장관의 요청으로 보안상 도시의 개발을 제한할 필요가 있다고 인정되면 지정 또는 변경을 도시·군관리계획으로 결정할 수 있다.

① 입지규제최소구역
② 시가화조정구역
③ 개발제한구역
④ 도시자연공원구역

해설
국토교통부장관은 도시의 무질서한 확산을 방지하고 도시주변의 자연환경을 보전하여 도시민의 건전한 생활환경을 확보하기 위하여 도시의 개발을 제한할 필요가 있거나 국방부장관의 요청이 있어 보안상 도시의 개발을 제한할 필요가 있다고 인정되면 개발제한구역의 지정 또는 변경을 도시·군관리계획으로 결정할 수 있다.

82 ★★★

6층 이상의 거실면적의 합계가 $10,000m^2$인 20층의 업무시설에 설치하여야 하는 승용승강기의 최소 대수는? (단, 8인승 승강기의 경우)

① 3대
② 4대
③ 5대
④ 6대

해설

건축물의 용도 \ 6층 이상의 거실 면적의 합계	$3,000m^2$ 이하	$3,000m^2$ 초과
업무시설	1대	기본 1대에 $3,000m^2$를 초과하는 $2,000m^2$ 이내마다 1대를 더한 대수

※ 8인승 이상 15인승 이하의 승강기는 1대의 승강기로 보고, 16인승 이상의 승강기는 2대의 승강기로 본다.

$3,000m^2$ 기준 1대의 승강기를 설치해야 하며, 이후 $2,000m^2$ 이내마다 한 대씩 추가해야 한다.
따라서 설치하여야 하는 승용승강기의 최소 대수는 기본 1대＋추가 4대＝총 5대가 된다.

83 ★★☆

장애인 전용의 주차장 주차단위구획의 최소 길이는? (단, 평행주차형식 외의 경우)

① 3.6m
② 4.5m
③ 5.0m
④ 6.0m

해설
평행주차형식 외의 경우 주차단위구획은 다음과 같다.

구분	너비	길이
경형	2.0m 이상	3.6m 이상
일반형	2.5m 이상	5.0m 이상
확장형	2.6m 이상	5.2m 이상
장애인전용	3.3m 이상	5.0m 이상
이륜자동차전용	1.0m 이상	2.3m 이상

84 ★☆☆

다음은 도시·군계획시설결정의 실효와 관련된 기준 내용이다. (   ) 안에 공통으로 들어갈 내용은?

> 도시·군계획시설결정이 고시된 도시·군계획시설에 대하여 그 고시일부터 (   )년이 지날 때까지 그 시설의 설치에 관한 도시·군계획시설사업이 시행되지 아니하는 경우 그 도시·군계획시설 결정은 그 고시일부터 (   )년이 되는 날의 다음날에 그 효력을 잃는다.

① 5
② 10
③ 15
④ 20

해설
도시·군계획시설결정이 고시된 도시·군계획시설에 대하여 그 고시일부터 20년이 지날 때까지 그 시설의 설치에 관한 도시·군계획시설사업이 시행되지 아니하는 경우 그 도시·군계획시설결정은 그 고시일부터 20년이 되는 날의 다음날에 그 효력을 잃는다.

정답 81 ③　82 ③　83 ③　84 ④

85 ★☆☆

부설주차장의 규모가 주차대수 300대 이하인 경우 시설물의 부지 인근에 단독 또는 공동으로 부설주차장을 설치할 수 있다. 다음 중 부지 인근의 범위에 관한 기준 내용으로 알맞은 것은?

① 해당 부지의 경계선으로부터 부설주차장의 경계선까지의 직선거리 200m 이내 또는 도보거리 500m 이내
② 해당 부지의 경계선으로부터 부설주차장의 경계선까지의 직선거리 300m 이내 또는 도보거리 500m 이내
③ 해당 부지의 경계선으로부터 부설주차장의 경계선까지의 직선거리 200m 이내 또는 도보거리 600m 이내
④ 해당 부지의 경계선으로부터 부설주차장의 경계선까지의 직선거리 300m 이내 또는 도보거리 600m 이내

해설
부설주차장을 설치할 수 있는 시설물의 부지인근의 범위는 다음과 같다.
- 해당 부지의 경계선으로부터 부설주차장의 경계선까지의 직선거리 300m 이내 또는 도보거리 600m 이내
- 해당 시설물이 있는 동·리 및 그 시설물과의 통행 여건이 편리하다고 인정되는 인접 동·리

86 ★★☆

다음은 건축법령상 증축의 정의이다. ( ) 안에 포함되지 않는 것은?

> "증축"이란 기존 건축물이 있는 대지에서 건축물의 (　)을/를 늘리는 것을 말한다.

① 층수
② 높이
③ 연면적
④ 대지면적

해설
"증축"이란 기존 건축물이 있는 대지에서 건축물의 건축면적, 연면적, 층수 또는 높이를 늘리는 것을 말한다.

87 ★★☆

건축물의 대지는 원칙적으로 최소 얼마 이상이 도로에 접하여야 하는가?

① 1m
② 2m
③ 3m
④ 4m

해설
건축물의 대지는 2m 이상이 도로에 접하여야 한다.(자동차만의 통행에 사용되는 도로는 제외)

88 ★★☆

그림과 같은 대지의 도로 모퉁이 부분의 건축선으로서 도로경계선의 교차점에서의 거리 "A"로 옳은 것은?

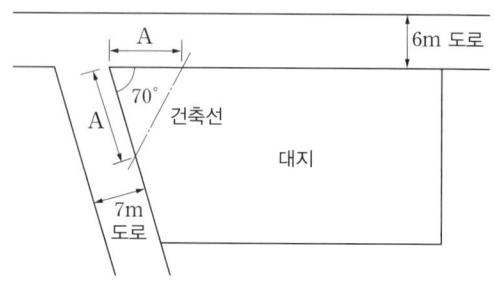

① 1m
② 2m
③ 3m
④ 4m

해설
너비 8m 미만인 도로의 모퉁이에 위치한 대지의 도로 모퉁이 부분의 건축선은 그 대지에 접한 도로경계선의 교차점으로부터 도로경계선에 따라 다음의 표에 따른 거리를 각각 후퇴한 두 점을 연결한 선으로 한다.

(단위: 미터)

도로의 교차각	해당 도로의 너비		교차되는 도로의 너비
	6 이상 8 미만	4 이상 6 미만	
90° 미만	4	3	6 이상 8 미만
	3	2	4 이상 6 미만
90° 이상 120° 미만	3	2	6 이상 8 미만
	2	2	4 이상 6 미만

1. 도로의 교차각은 70°이며 해당 도로의 너비는 7m이다.
2. 교차되는 도로의 너비는 6m이다.
따라서 도로 경계선의 교차점에서의 거리 A는 4m가 된다.

정답 85 ④　86 ④　87 ②　88 ④

89 ★☆☆
다음 중 건축허용오차(%)가 가장 큰 것은?

① 건폐율　　　　　② 용적률
③ 건축물 높이　　　④ 건축선의 후퇴거리

해설
건축선의 후퇴거리의 허용오차가 3% 이내로 가장 크다.

선지분석
① 건폐율: 0.5% 이내
② 용적률: 1% 이내
③ 건축물 높이: 2% 이내

90 ★★☆
다음의 옥상광장의 설치에 관한 기준 내용 중 ( ) 안에 들어갈 수 없는 건축물의 용도는?

> 5층 이상인 층이 ( )의 용도로 쓰는 경우에는 피난용도로 쓸 수 있는 광장을 옥상에 설치하여야 한다.

① 숙박시설　　　　② 종교시설
③ 판매시설　　　　④ 장례식장

해설
5층 이상인 층이 제2종 근린생활시설 중 공연장·종교집회장·인터넷컴퓨터게임시설제공업소(바닥면적의 합계가 각각 300m² 이상인 경우만 해당), 문화 및 집회시설(전시장 및 동·식물원 제외), 종교시설, 판매시설, 위락시설 중 주점영업 또는 장례시설의 용도로 쓰는 경우에는 피난 용도로 쓸 수 있는 광장을 옥상에 설치하여야 한다.

91 ★★★
공동주택 중심의 양호한 주거환경을 보호하기 위하여 주거지역을 세분하여 지정하는 지역은?

① 제1종 전용주거지역　　② 제2종 전용주거지역
③ 제1종 일반주거지역　　④ 제2종 일반주거지역

해설
공동주택 중심의 양호한 주거환경을 보호하기 위하여 필요한 지역은 제2종 전용주거지역이다.

선지분석
① 제1종 전용주거지역: 단독주택 중심의 양호한 주거환경을 보호하기 위하여 필요한 지역
③ 제1종 일반주거지역: 저층주택을 중심으로 편리한 주거환경을 조성하기 위하여 필요한 지역
④ 제2종 일반주거지역: 중층주택을 중심으로 편리한 주거환경을 조성하기 위하여 필요한 지역

92 ★★☆
지하층에 설치하는 비상탈출구에 대한 기술 중 틀린 것은?

① 비상탈출구에서 피난층 또는 지상으로 통하는 복도나 직통계단까지 이르는 피난통로의 유효너비는 0.75m 이상으로 할 것
② 비상탈출구는 출입구로부터 2m 이상 떨어진 곳에 설치할 것
③ 비상탈출구의 유효너비는 0.75m 이상으로 하고, 유효높이는 1.5m 이상으로 할 것
④ 지하층의 바닥으로부터 비상탈출구의 아랫부분까지의 높이가 1.2m 이상이 되는 경우에는 벽체에 발판의 너비가 20cm 이상인 사다리를 설치할 것

해설
비상탈출구는 출입구로부터 3m 이상 떨어진 곳에 설치한다.

정답 89 ④　90 ①　91 ②　92 ②

93 ★☆☆

다음 거실의 용도에 따른 조도기준 내용 중 ( ) 안에 알맞은 것을 차례대로 적은 것은?

- 바닥에서 (   )cm 높이에 있는 수평면의 조도
- 일반사무일 경우 조도 (   )룩스

① 80, 100 ② 85, 100
③ 80, 300 ④ 85, 300

해설
바닥에서 85cm의 높이에 있는 수평면의 조도를 기준으로 하며, 일반사무의 경우 300룩스이다.

합격 POINT 거실의 용도에 따른 조도기준

거실의 용도구분	조도구분	바닥에서 85cm 높이에 있는 수평면의 조도(룩스)
거주	독서·식사·조리	150
	기타	70
집무	설계·제도·계산	700
	일반사무	300
	기타	150
작업	검사·시험·정밀검사·수술	700
	일반작업·제조·판매	300
	포장·세척	150
	기타	70
집회	회의	300
	집회	150
	공연·관람	70
오락	오락일반	150
	기타	30

94 ★☆☆

주거에 쓰이는 바닥면적의 합계가 200m²인 주거용 건축물에 설치하는 음용수용 급수관의 최소 지름 기준은?

① 25mm ② 32mm
③ 40mm ④ 50mm

해설
가구 또는 세대의 구분이 불분명한 건축물에 있어서는 주거에 쓰이는 바닥면적의 합계에 따라 다음과 같이 가구 수를 산정한다.

바닥면적	가구 수
85m² 이하	1
85m² 초과 150m² 이하	3
150m² 초과 300m² 이하	5
300m² 초과 500m² 이하	16
500m² 초과	17

주거용 건축물 급수관의 지름은 다음과 같다.

가구(세대) 수	1	2·3	4·5	6~8	9~16	17 이상
급수관 지름의 최소 기준(단위: mm)	15	20	25	32	40	50

95 ★☆☆

다음은 공동주택의 환기설비에 관한 기준 내용이다. ( ) 안에 알맞은 것은?

신축 또는 리모델링하는 (㉠)세대 이상의 공동주택에는 시간당 (㉡) 이상의 환기가 이루어질 수 있도록 자연환기설비 또는 기계환기설비를 설치하여야 한다.

① ㉠: 100, ㉡: 0.5회
② ㉠: 100, ㉡: 1회
③ ㉠: 30, ㉡: 0.5회
④ ㉠: 30, ㉡: 1회

해설
신축 또는 리모델링하는 '30세대 이상의 공동주택' 또는 '주택을 주택 외의 시설과 동일건축물로 건축하는 경우로서 주택이 30세대 이상인 건축물'에는 시간당 0.5회 이상의 환기가 이루어질 수 있도록 자연환기설비 또는 기계환기설비를 설치해야 한다.

정답 93 ④ 94 ① 95 ③

96 ★★★

다음은 바닥면적의 산정방법에 관한 기준 내용이다. ( ) 안에 알맞은 것은?

> 벽·기둥의 구획이 없는 건축물은 그 지붕 끝부분으로부터 수평거리 (   )를 후퇴한 선으로 둘러싸인 수평투영면적으로 한다.

① 0.5m
② 1m
③ 1.5m
④ 2m

해설
벽·기둥의 구획이 없는 건축물은 그 지붕 끝부분으로부터 수평거리 1m를 후퇴한 선으로 둘러싸인 수평투영면적으로 한다.

97 ★☆☆

다음 그림과 같은 경우 건축법상 건축물의 높이는? (장식탑의 수평투영면적은 건축물 건축면적의 10분의 1이다.)

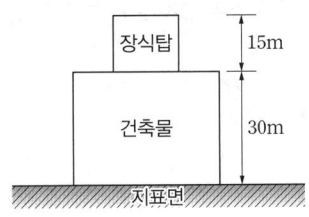

① 30m
② 33m
③ 40m
④ 45m

해설
1. 건축물의 높이는 지표면으로부터 그 건축물의 상단까지의 높이로 한다.
2. 옥상에 설치된 장식탑의 수평투영면적이 해당 건축물 건축면적의 8분의 1 이하인 경우로서 그 부분의 높이가 12m를 넘는 경우에는 그 넘는 부분만 해당 건축물의 높이에 산입한다.
   ※ 30m+(15−12)m=33m이다.

합격 POINT 옥상의 건축물 높이 산입
건축물의 옥상에 설치되는 승강기탑(장애인용 승강기의 승강기탑으로서 그 높이가 12m 이하인 것은 제외)·계단탑·망루·장식탑·옥탑 등으로서 그 수평투영면적의 합계가 해당 건축물 건축면적의 8분의 1 이하인 경우로서 그 부분의 높이가 12m를 넘는 경우에는 그 넘는 부분만 해당 건축물의 높이에 산입한다.

98 ★★☆

다음은 「건축법령」상 다세대주택의 정의이다. ( ) 안에 알맞은 것은?

> 주택으로 쓰는 1개 동의 바닥면적 합계가 (㉠) 이하이고, 층수가 (㉡) 이하인 주택(2개 이상의 동을 지하주차장으로 연결하는 경우에는 각각의 동으로 본다.)

① ㉠ 330m², ㉡ 3개 층
② ㉠ 330m², ㉡ 4개 층
③ ㉠ 660m², ㉡ 3개 층
④ ㉠ 660m², ㉡ 4개 층

해설
다세대주택: 주택으로 쓰는 1개 동의 바닥면적 합계가 660m² 이하이고, 층수가 4개 층 이하인 주택(2개 이상의 동을 지하주차장으로 연결하는 경우에는 각각의 동으로 본다.)

99 ★☆☆

다음의 대규모 건축물의 방화벽에 관한 기준 내용 중 ( ) 안에 공통으로 들어갈 내용은?

> 연면적 (   ) 이상인 건축물은 방화벽으로 구획하되, 각 구획된 바닥면적의 합계는 (   ) 미만이어야 한다.

① 500m²
② 1,000m²
③ 1,500m²
④ 3,000m²

해설
연면적 1,000m² 이상인 건축물은 방화벽으로 구획하되, 각 구획된 바닥면적의 합계는 1,000m² 미만이어야 한다.

100 ★☆☆

준주거지역 안에서 건축할 수 있는 건축물에 속하지 않는 것은?

① 단독주택
② 종교시설
③ 운동시설
④ 숙박시설

해설
「국토의 계획 및 이용에 관한 법률 시행령」에 따라 숙박시설은 준주거지역 안에서 건축할 수 없다.

정답 96 ② 97 ② 98 ④ 99 ② 100 ④

2023년 | 제1회 CBT 복원문제

제1과목　건축계획

01　★☆☆

다음과 같은 특징을 갖는 미술관 전시실의 순회 형식은?

- 각 전시실이 연속적으로 동선을 형성하고 있으며, 단순함과 공간절약의 의미에서 이점을 갖고 있다.
- 많은 실을 순서별로 통하여야 하는 불편이 있다.
- 1실을 폐문시켰을 때는 전체 동선이 막히게 된다.

① 연속순로 형식　② 갤러리 형식
③ 중앙홀 형식　④ 코리더 형식

해설
연속순로(순회) 형식에 대한 설명이다.

합격 POINT 연속순회 형식
미술관의 전시실 순회형식 중 많은 실을 순서별로 통해야 하고, 1실을 폐쇄할 경우 전체 동선이 막히게 되는 것이 연속순회 형식의 특징이다.

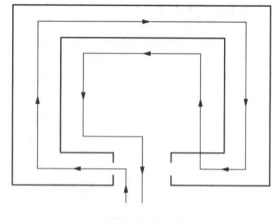

▲ 연속순회 형식

02　★★★

다음 중 백화점 기둥간격의 결정요소와 가장 거리가 먼 것은?

① 지하 주차장의 주차방법
② 진열대의 치수와 배열법
③ 엘리베이터의 배치 방법
④ 각 층별 매장의 상품구성

해설
백화점의 기둥간격의 결정과 각 층별 매장의 상품구성은 큰 관련이 없다.

합격 POINT 사무소와 백화점의 기둥간격 결정요소
- 사무소: 책상배치 단위, 채광상 층고에 의한 안깊이, 주차배치 단위 등
- 백화점: 가구(진열대)배치, 엘리베이터(에스컬레이터)의 배치, 주차배치 단위, 층고 등

03　★★★

다음 중 10만권을 수용하는 도서관의 서고 면적으로 가장 적절한 것은?

① 500㎡　② 750㎡
③ 900㎡　④ 1,000㎡

해설
서고 1㎡당 평균 200권을 수장할 수 있다.
따라서 100,000권 ÷ 200권/㎡ = 500㎡이다.

04　★★☆

다음과 같은 특징을 갖는 그리스 건축의 오더는?

- 주두는 에키누스와 아바쿠스로 구성된다.
- 육중하고 엄정한 모습을 지니는 남성적인 오더이다.

① 코린트식 오더　② 도리아식 오더
③ 이오니아식 오더　④ 컴포지트 오더

해설
- 도리아식 오더는 그리스 건축 오더 중 가장 단순하고 간단한 양식으로 직선적이고 장중하며 남성적인 느낌을 갖는다.
- 도리아식 오더의 예로는 파르테논 신전, 포세이돈 신전, 헤라이온 신전 등이 있다.

선지분석
① 코린트식 오더는 그리스 건축 오더 중 가장 화려하며 올림피에이온, 리시크라테스의 기념탑 등이 있다.
③ 이오니아식 오더는 우아하고 유연하며 여성적인 느낌을 갖는다. 에렉테이온 신전, 니케 아프로테스 신전, 아르테미스 신전 등이 있다.

정답 01 ①　02 ④　03 ①　04 ②

05 ★★★

다음 중 호텔의 성격상 연면적에 대한 숙박면적의 비가 가장 큰 것은?

① 리조트 호텔
② 커머셜 호텔
③ 클럽 하우스
④ 레지덴셜 호텔

해설

호텔의 연면적에 대한 숙박면적의 비
커머셜(시티)호텔 > 리조트호텔 > 아파트먼트호텔

합격 POINT 호텔의 부분별 면적비
- 숙박면적비: 커머셜(시티) 호텔 > 리조트 호텔 > 아파트먼트 호텔
- 공용면적비: 아파트먼트 호텔 > 리조트 호텔 > 커머셜(시티) 호텔

06 ★★☆

한국건축의 평면형식에 관한 설명으로 옳지 않은 것은?

① 쌍봉사 대웅전은 2칸 장방형 평면이다.
② 퇴 없이 측면이 단칸인 평면은 평안도 살림집에서 많이 나타난다.
③ 중부지방 민가에서는 ㄱ자형 평면이 많은데 이를 곱은자 집이라고도 한다.
④ 다각형 평면으로는 육각과 팔각이 많이 사용 되었는데 대개 정자에서 나타난다.

해설

쌍봉사 대웅전은 정면 1칸, 측면 1칸의 정사각형 평면이다.

07 ★★☆

공장 건축의 레이아웃(Layout)에 관한 설명으로 옳지 않은 것은?

① 제품중심의 레이아웃은 대량생산에 유리하며 생산성이 높다.
② 레이아웃은 장래 공장규모의 변화에 대응한 융통성이 있어야 한다.
③ 공정중심의 레이아웃은 다품종 소량생산이나 주문생산에 적합한 형식이다.
④ 고정식 레이아웃은 기능이 동일하거나 유사한 공정, 기계를 접합하여 배치하는 방식이다.

해설

- 공정중심의 레이아웃은 기능이 동일하거나 유사한 공정, 기계를 접합하여 배치하는 방식이다.
- 고정식 레이아웃은 재료나 부품은 고정된 장소에 있고, 사람이나 기계가 이동하며 작업하는 방식으로 조선소 등과 같이 제품의 크기가 크고 생산 수량이 적은 경우 적합하다.

08 ★☆☆

다음 중 상점 쇼윈도 유리면의 반사방지 방법과 가장 관계가 먼 것은?

① 해가리개로 일사를 방지한다.
② 대향하는 건물을 밝은 벽면으로 한다.
③ 점내를 밝게 한다.
④ 곡면유리를 설치한다.

해설

쇼윈도(Show window, 진열창)의 내부가 어둡고 외부가 밝을 경우 유리면이 거울과 같이 비추기 때문에 내부에 진열된 상품이 보이지 않게 된다. 따라서 대향하는 건물을 밝은 벽면으로 하는 것은 반사방지 방법과는 거리가 멀다.

합격 POINT 쇼윈도(Show window, 진열창) 반사방지
1. 쇼윈도 내부의 밝기를 외부보다 더 밝게 한다.
2. 쇼윈도 형태를 만입형으로 계획한다.
3. 차양을 통해 쇼윈도 외부에 그늘을 조성한다.
4. 쇼윈도를 경사지게 하거나 특수한 경우 곡면유리로 처리한다.

정답 05 ② 06 ① 07 ④ 08 ②

09 ★★☆

은행의 건축계획에 관한 설명으로 옳지 않은 것은?

① 고객이 지나는 동선은 되도록 짧게 한다.
② 직원과 고객의 출입구는 따로 설치하는 것이 좋다.
③ 규모가 큰 건물에 은행을 계획하는 경우, 고객 출입구는 최소 2개소 이상 설치하여야 한다.
④ 일반적으로 출입문은 안여닫이로 하며, 전실을 둘 경우에 바깥문은 밖여닫이 또는 자재문으로 하기도 한다.

해설
은행의 경우 고객의 출입구는 되도록 1개소로 한다.

합격 POINT 은행건축의 동선계획
1. 고객이 지나는 동선은 되도록 짧게 한다.
2. 고객의 동선과 직원의 동선이 교차되지 않도록 유의한다.
3. 직원의 동선계획 시 업무의 흐름을 고객이 알지 못하도록 계획하는 것이 좋다.
4. 고객의 출입구는 되도록 1개소로 하고 안여닫이로 하는 것이 보편적이다.
5. 직원과 고객의 출입구는 별도로 설치하는 것이 좋다.

10 ★☆☆

사무소 건축의 코어 유형에 관한 설명으로 옳지 않은 것은?

① 편심코어형은 기준층 바닥면적이 작은 경우에 적합하다.
② 독립코어형은 코어가 업무공간에서 별도로 분리시킨 형식이다.
③ 중심코어형은 코어가 중앙에 위치한 유형으로 유효율이 높은 계획이 가능하다.
④ 양단코어형은 수직동선이 양 측면에 위치한 관계로 피난에 불리하다는 단점이 있다.

해설
• 양단코어형은 코어가 분산되어 있어 피난에 유리하다.
• 양단코어형은 2방향 피난에 이상적이며 방재상 유리하다.

11 ★☆☆

병원건축의 병동배치형식 중 집중식(Block type)에 관한 설명으로 옳지 않은 것은?

① 재난 시 환자의 피난이 용이하다.
② 병동에서의 조망을 확보할 수 있다.
③ 대지를 효과적으로 이용할 수 있다.
④ 공조설비가 필요하게 되어 설비비가 높다.

해설
집중식은 재난 시 환자의 피난이 불리하다.

합격 POINT 집중식(고층밀집형) 병원 건축의 특징
1. 일조, 통풍 등의 조건이 불리
2. 각 병실의 환경이 균일하지 않음
3. 대지를 효과적으로 이용하지만 공조설비가 필요하여 설비비가 높음
4. 관리가 용이하며, 대부분의 종합병원은 집중식 방식을 채용

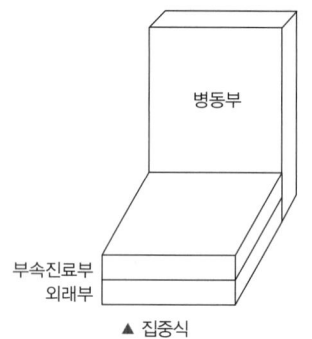
▲ 집중식

12 ★☆☆

극장의 무대에 관한 설명으로 옳지 않은 것은?

① 프로시니엄 아치는 일반적으로 장방형이며, 종횡의 비율은 황금비가 많다.
② 프로시니엄 아치의 바로 뒤에는 막이 쳐지는데, 이 막의 위치를 커튼 라인이라고 한다.
③ 무대의 폭은 적어도 프로시니엄 아치 폭의 2배, 깊이는 프로시니엄 아치 폭 이상으로 한다.
④ 플라이 갤러리는 배경이나 조명기구, 연기자 또는 음향 반사판 등을 매달 수 있도록 무대 천장 밑에 철골로 설치한 것이다.

해설
• 그리드 아이언은 배경이나 조명기구, 연기자 또는 음향 반사판 등을 매달 수 있도록 무대 천장 밑에 철골로 설치한 것이다.
• 플라이 갤러리는 그리드 아이언으로 올라가는 계단과 연결시킨 무대 주위 벽에 설치되는 좁은 통로이다.

정답 09 ③ 10 ④ 11 ① 12 ④

13 ★★☆

극장의 평면형식 중 프로시니엄형에 관한 설명으로 옳지 않은 것은?

① 픽쳐 프레임 스테이지형이라고도 한다.
② 배경은 한 폭의 그림과 같은 느낌을 준다.
③ 연기자가 제한된 방향으로만 관객을 대하게 된다.
④ 가까운 거리에서 관람하면서 가장 많은 관객을 수용할 수 있다.

해설
아레나형은 가까운 거리에서 관람하면서 많은 관객을 수용할 수 있다.

합격 POINT 프로시니엄형의 특징
1. 픽쳐 프레임 스테이지형이라고도 하며, 배경은 한 폭의 그림과 같은 느낌을 준다.
2. 스테이지에 가깝게 많은 관객을 배치하는 것은 곤란하다.
3. 연기자가 제한된 방향으로만 관객을 바라보므로 어떤 배경이라도 창출이 가능하다.
4. 강연, 콘서트, 독주, 연극 공연 등에 적합하다.

14 ★★☆

르네상스 건축에 관한 설명으로 옳은 것은?

① 건축 비례와 미적 대칭 등을 중시하였다.
② 첨탑과 플라잉 버트레스가 처음 도입되었다.
③ 펜덴티브 돔이 창안되어 실내 공간의 자유도가 높아졌다.
④ 강렬한 극적효과를 추구하며 관찰자의 주관적 감흥을 중시하였다.

해설
르네상스 건축은 구성요소의 비례와 조화를 이루는 형태를 추구한다.

선지분석
② 고딕 건축에 대한 설명이다.
③ 비잔틴 건축에 대한 설명이다.
④ 바로크 건축에 대한 설명이다.

15 ★★★

메조넷형 아파트에 관한 설명으로 옳지 않은 것은?

① 다양한 평면구성이 가능하다.
② 소규모 주택에서는 비경제적이다.
③ 편복도형일 경우 프라이버시가 양호하다.
④ 복도와 엘리베이터홀은 각 층마다 계획된다.

해설
메조넷형(복층형)에서는 하나의 주거단위가 복층(2개층)으로 구성되므로 복도와 엘리베이터홀이 없는 층이 있다.

합격 POINT 메조넷형
- 한 주호가 2개의 층 이상으로 구성된 형식이다.
- 엘리베이터가 정지하는 층수를 적게 할 수 있다.
- 공용 및 서비스 면적이 감소하고 유효(전용, 거주, 대실)면적은 증가한다.
- 거주성, 특히 프라이버시 확보가 유리하다.
- 스킵 플로어인 경우 구조상 복잡하다.

16 ★☆☆

근린생활권의 주택지의 단위로서 초등학교를 중심으로 한 단위이며 어린이 공원, 운동장, 우체국, 소방서, 동사무소 등이 설립되는 것은 어느 것인가?

① 인보구   ② 근린분구
③ 근린주구   ④ 커뮤니티

해설
근린주구란 주민의 주거 또는 일상생활에 필요한 도보 공간 안에 설치되도록 구획된 일단의 범위를 말하며 하나의 초등학교가 필요하게 되는 인구에 대응하는 규모를 가진다.

17 ★☆☆

단지계획에 있어서 교통계획의 주요 착안사항으로 옳지 않은 것은?

① 통행량이 많은 고속도로는 근린주구단위를 분리시킨다.
② 근린주구단위 내부로의 자동차 통과진입을 최소화 한다.
③ 2차 도로체계는 주도로와 연결하고 통과도로를 이루게 한다.
④ 단지 내의 교통량을 줄이기 위하여 고밀도지역은 진입구 주변에 배치시킨다.

해설
2차 도로체계는 주도로와 연결되어 쿨데삭을 이루게 한다.

정답 13 ④ 14 ① 15 ④ 16 ③ 17 ③

18 ★☆☆
다음 중 주택의 거실 규모 결정 시 고려하여야 할 사항과 가장 관계가 먼 것은?

① 가족 수
② 전체 주택의 규모
③ 가족 구성
④ 현관의 위치

해설
현관의 위치는 대지의 형태, 도로와의 관계 등에 의하여 결정되며 주택의 거실 규모 결정 시 고려하여야 할 요소가 아니다.

19 ★★★
건축계획단계에서 조사방법에 관한 설명으로 옳지 않은 것은?

① 설문조사를 통하여 생활과 공간 간의 대응관계를 규명하는 것은 생활행동 행위의 관찰에 해당된다.
② 주거단지에서 어린이들의 행동특성을 조사하기 위해서는 생활행동 행위 관찰 방식이 일반적으로 적절하다.
③ 이용 상황이 명확하게 기록되어 있는 시설의 자료 등을 활용하는 것은 기존자료를 통한 조사에 해당된다.
④ 건물의 이용자를 대상으로 설문을 작성하여 조사하는 방식은 생활과 공간의 대응관계 분석에 유효하다.

해설
설문조사를 통하여 생활과 공간 간의 대응관계를 규명하는 것은 설문지법에 해당한다.

20 ★★☆
주택의 부엌가구 배치 유형에 관한 설명으로 옳지 않은 것은?

① L자형은 부엌과 식당을 겸할 경우 많이 활용된다.
② ㄷ자형은 작업공간이 좁기 때문에 작업효율이 나쁘다.
③ 일(一)자형은 좁은 면적 이용에 효과적이므로 소규모 부엌에 주로 사용된다.
④ 병렬형은 작업 동선은 줄일 수 있지만 작업 시 몸을 앞뒤로 바꿔야 하므로 불편하다.

해설
- ㄷ자형은 작업공간이 넓고 작업효율이 좋다.
- ㄷ자형은 작업면이 가장 넓은 배치 유형으로 작업효율이 좋고 이용하기 편리하다.
- ㄷ자형은 평면계획상 외부로 통하는 출입구의 설치가 곤란하다.

선지분석
① L자형은 정방형의 부엌에 적당하며 부엌과 식당을 겸할 경우 많이 활용된다.
③ 일자형은 소규모 부엌에 알맞고 동선의 혼란이 없는 반면 움직임이 많아 동선이 길어진다.
④ 병렬형은 양쪽 벽면에 작업대가 마주 보도록 배치한 형식으로, 몸을 앞뒤로 바꿔야 하는 점이 불편하다.

제2과목 건축시공

21 ★★☆
프리패브 건축, 커튼월 공법에 따른 건축물에서 각 부분의 접합부 특히 스틸 새시의 부위틈새 및 균열부 보수 등에 많이 이용되는 방수 공법은?

① 아스팔트 방수
② 시트 방수
③ 도막방수
④ 실링재 방수

해설
실링재(Sealing) 방수는 수밀성, 기밀성 확보를 위해 균열부나 샤시 등의 접합부에 적용되는 공법이다.

22 ★★★
멤브레인 방수에 속하지 않는 방수공법은?

① 시멘트 액체방수
② 합성고분자 시트방수
③ 도막방수
④ 아스팔트 방수

해설
멤브레인 방수(Membrane waterproofing)는 구조물 외부에 피막을 구성시키는 방수공법으로 아스팔트 방수, 시트방수, 도막방수, 합성고분자 시트방수 등이 있다.

23 ★★☆
콘크리트 공사에서 콘크리트의 압축강도를 시험하지 않을 경우 거푸집널의 해체시기로 옳은 것은? (단, 조강포틀랜드 시멘트를 사용한 기둥으로서 평균 기온이 20℃ 이상인 경우)

① 1일 이상
② 2일 이상
③ 3일 이상
④ 4일 이상

해설
평균기온 20℃ 이상에서의 조강포틀랜드 시멘트의 거푸집널 존치기간은 2일이다.

합격 POINT
콘크리트의 압축강도를 시험하지 않을 경우 거푸집널의 해체 시기(기초, 보, 기둥 및 벽의 측면)

시멘트 종류	평균기온 20℃ 이상	20℃ 미만 10℃ 이상
조강포틀랜드 시멘트	2일	3일
· 보통포틀랜드 시멘트 · 고로슬래그 시멘트(1종) · 포틀랜드포졸란 시멘트(1종) · 플라이애시 시멘트(1종)	4일	6일
· 고로슬래그 시멘트(2종) · 포틀랜드포졸란 시멘트(2종) · 플라이애시 시멘트(2종)	5일	8일

정답 18 ④ 19 ① 20 ② 21 ④ 22 ① 23 ②

24 ★★☆

도장공사에 필요한 가연성 도료를 보관하는 창고에 관한 설명으로 옳지 않은 것은?

① 독립한 단층건물로서 주위 건물에서 1.5m 이상 떨어져 있게 한다.
② 건물 내의 일부를 도료의 저장장소로 이용할 때는 내화구조 또는 방화구조로 구획된 장소를 선택한다.
③ 바닥에는 침투성이 없는 재료를 깐다.
④ 지붕은 불연재로 하고, 적정한 높이의 천장을 설치한다.

해설
가연성 도료를 보관하는 창고의 지붕은 불연재로 하고, 천장은 설치하지 않는다.

25 ★☆☆

MCX(Minimum Cost Expediting)기법에 의한 공기단축 방법에 관한 설명 중 옳지 않은 것은?

① 주공정선(Critical Path) 이외의 작업을 단축한다.
② 비용구배가 최소인 작업부터 단축한다.
③ 단축가능한계까지 단축한다.
④ 보조 주공정선(Sub-Critical Path)의 발생을 확인한다.

해설
주공정선상의 작업을 우선하여 먼저 단축한다.

26 ★☆☆

계약제도의 하나로서 독립된 회사의 연합으로 법인을 설립하지 않으며 공사의 책임과 공사 클레임 등을 각각 독립된 회사의 계약 당사자가 책임을 지는 방식은?

① 공동도급(Joint venture)
② 파트너링(Partnering)
③ 컨소시엄(Consortium)
④ 분할도급(Partial contract)

해설
공사 클레임이 발생 시 공동도급(Joint venture)은 투자비율에 따라 공동 부담하며, 컨소시엄(Consortium)은 각각 독립된 회사의 계약 당사자가 책임을 진다.

27 ★★★

QC(Quality Control)활동의 도구가 아닌 것은?

① 기능계통도
② 산점도
③ 히스토그램
④ 특성요인도

해설
기능계통도는 V.E(Value Engineering, 가치공학)의 수행 시 기능을 분석하는 방법이다.

합격 POINT 종합적 품질관리(TQC)의 7가지 도구

구분	내용
히스토그램	데이터가 어떠한 분포를 하고 있는지를 막대그래프로 작성한 그림
특성요인도	결과에 대하여 원인이 어떻게 관계하고 있는지 한눈에 알아볼 수 있도록 작성한 그림
파레토도	불량, 고장, 결점 등 발생건수를 원인과 형상별로 분류하여 크기 순서대로 나열해 놓은 그림
체크시트	계수값 데이터가 분류 항목별 집중도를 알아볼 수 있도록 작성한 것
층별	집단을 구성하고 있는 데이터를 특성에 따라 부분 집단으로 나누는 것
산점도	대응되는 2개의 짝으로 된 데이터를 그래프 상에 점으로 나타낸 것
각종 그래프	작성 목적을 명확히 쉽게 파악할 수 있도록 표현한 그래프

28 ★☆☆

말뚝박기 시공법 중 기성말뚝공법에 속하지 않는 것은?

① 어스드릴공법
② 디젤해머공법
③ 프리보링공법
④ 유압해머공법

해설
어스드릴(Earth Drill)공법은 제자리 콘크리트말뚝공법에 속한다.

합격 POINT 기성말뚝공법

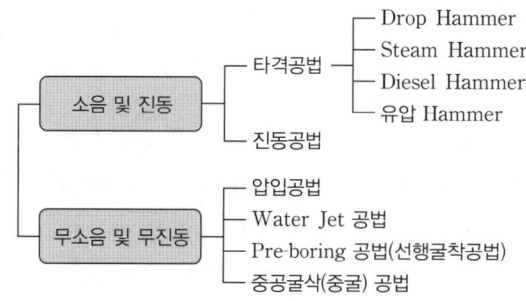

정답 24 ④ 25 ① 26 ③ 27 ① 28 ①

29 ★★☆
연한 점토질 지반의 전단강도 측정에 가장 적합한 토질시험은?

① 표준관입시험
② 베인 테스트(Vane test)
③ 전기적 탐사
④ 3축 압축 시험

해설
베인시험(Vane test)은 연약 점토 지반의 전단강도를 측정하는 방법으로, ＋자 형태의 날개(Vane)를 지반에 삽입한 뒤 회전시켜 발생하는 저항 토크로 점착력을 산정한다. 주로 연약 점토에서 간편하게 현장 전단강도를 구할 수 있다.

30 ★☆☆
대린벽으로 구획된 조적조의 벽에서 벽 길이가 9m인 경우 이 벽체에 설치할 수 있는 개구부 폭의 합계는?

① 1.5m 이하
② 3.0m 이하
③ 4.5m 이하
④ 6.0m 이하

해설
벽돌구조에서 각 층의 대린벽으로 구획된 각 벽에 있어서 개구부의 폭의 합계는 그 벽의 길이의 1/2 이하로 하여야 한다.
따라서 9m÷2＝4.5m 이하이다.

31 ★★☆
콘크리트용 골재로서 요구되는 성질에 대해 설명한 것으로 옳지 않은 것은?

① 콘크리트의 입형은 가능한 한 편평, 세장하지 않을 것
② 골재의 강도는 경화시멘트페이스트의 강도를 초과하지 않을 것
③ 입도는 조립에서 세립까지 연속적으로 균등히 혼합되어 있을 것
④ 골재는 시멘트페이스트와의 부착이 강한 표면구조를 가져야 할 것

해설
골재의 강도는 콘크리트 내 경화한 시멘트페이스트의 강도보다 커야 한다.

32 ★★☆
다음 미장재료 중 기경성 재료로만 구성된 것은?

① 회반죽, 석고플라스터, 돌로마이트 플라스터
② 시멘트 모르타르, 석고플라스터, 회반죽
③ 석고플라스터, 돌로마이트 플라스터, 진흙
④ 진흙, 회반죽, 돌로마이트 플라스터

해설
미장재료의 경화성에 따른 분류

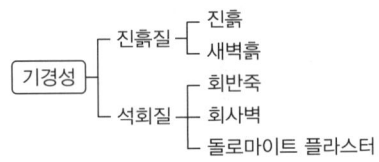
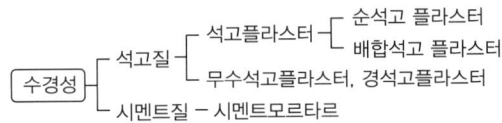

33 ★★★
조적조에 발생하는 백화현상을 방지하기 위하여 취하는 조치로서 효과가 없는 것은?

① 줄눈부분을 방수처리하여 빗물을 막는다.
② 잘 구워진 벽돌을 사용한다.
③ 줄눈 모르타르에 방수제를 넣는다.
④ 석회를 혼합하여 줄눈 모르타르를 바른다.

해설
줄눈 모르타르에 석회를 혼합 시 백화현상이 증대된다.

합격 POINT
백화현상
벽 표면에서 침투하는 빗물에 의해 모르타르의 석회분이 공기 중의 탄산가스와 결합하여 흰가루가 스며나오는 현상이다.
백화현상 방지대책
1. 10% 이하의 흡수율을 가진 양질의 벽돌을 사용한다.
2. 벽면에 빗물막이를 설치한다.
3. 처마 또는 차양을 설치한다.
4. 파라핀 도료를 발라 염류가 나오는 것을 방지한다.
5. 벽면에 실리콘 방수를 한다.
6. 줄눈 모르타르에 방수제를 넣는다.

정답 29 ② 30 ③ 31 ② 32 ④ 33 ④

34 ★★☆
건축용 석재 사용 시 주의사항으로 옳지 않은 것은?

① 석재를 구조재로 사용 시 압축강도가 큰 것을 선택하여 사용할 것
② 석재를 다듬어 쓸 때는 석질이 균일한 것을 사용할 것
③ 동일 건축물에는 다양한 종류 및 다양한 산지의 석재를 사용할 것
④ 석재를 마감재로 사용 시 석리와 색채가 우아한 것을 선택하여 사용할 것

해설
동일 건축물에는 다양한 종류 및 다양한 산지의 석재의 사용은 피해야 한다.

35 ★★★
레디믹스트 콘크리트 발주 시 호칭규격인 25-24-150에서 알 수 없는 것은?

① 염화물 함유량
② 슬럼프(Slump)
③ 호칭강도
④ 굵은골재의 최대치수

해설
레디믹스트 콘크리트 규격

Remicon(25-24-150) ㉠ ㉡ ㉢	㉠ 굵은골재 최대치수(25mm)
	㉡ 호칭강도(24MPa)
	㉢ 슬럼프값(150mm)

36 ★★☆
건축물에 이용하는 타일 중 흡수율이 적어 겨울철 동파의 우려가 가장 작은 것은?

① 도기질 타일
② 석기질 타일
③ 토기질 타일
④ 자기질 타일

해설
타일의 흡수율(%)은 도기질>석기질>자기질이므로, 동파의 우려가 가장 작은 것은 자기질 타일이다.

37 ★★★
건축 석공사에 관한 설명으로 옳지 않은 것은?

① 건식쌓기 공법의 경우 시공이 불량하면 백화현상 등의 원인이 된다.
② 석재 물갈기 마감공정의 종류는 거친갈기, 물갈기, 본갈기, 정갈기가 있다.
③ 시공 전에 설계도에 따라 돌나누기 상세도, 원척도를 만들고 석재의 치수, 형상, 마감방법 및 철물 등에 의한 고정방법을 정한다.
④ 마감면에 오염의 우려가 있는 경우에는 폴리에틸렌 시트 등으로 보양한다.

해설
백화현상은 습식쌓기 공법에서 발생된다.

합격 POINT 백화현상
벽 표면에서 침투하는 빗물에 의해 모르타르의 석회분이 공기 중의 탄산가스와 결합하여 흰가루가 스며나오는 현상이다.

38 ★★★
시멘트 600포대를 저장할 수 있는 시멘트 창고의 최소 필요 면적으로 옳은 것은? (단, 시멘트 600포대 전량을 저장할 수 있는 면적으로 산정함)

① 18.46m²
② 21.64m²
③ 23.25m²
④ 25.84m²

해설
시멘트 창고 면적$(A) = 0.4 \times \dfrac{N}{n} = 0.4 \times \dfrac{600}{13} ≒ 18.46m^2$

합격 POINT 시멘트 창고 면적
$A = 0.4 \times \dfrac{N}{n}$
여기서, n: 쌓기단수(최대 13단)
N: 시멘트 포대수
※ 시멘트 포대수 N산정

포대수	N
600포 미만	쌓기 포대수 전량
600포 이상~1,800포 이하	600포
1,800포대 초과	1/3만 적용

정답 34 ③ 35 ① 36 ④ 37 ① 38 ①

39

파이프 구조에 관한 설명으로 옳지 않은 것은?

① 파이프 구조는 경량이며, 외관이 경쾌하다.
② 파이프 구조는 대규모의 공장, 창고, 체육관, 동·식물원 등에 이용된다.
③ 접합부의 절단가공이 어렵다.
④ 파이프의 부재 형상이 복잡하여 공사비가 증대된다.

해설
파이프의 부재 형상이 간단하여 공사비가 저렴하다.

40

철근, 볼트 등 건축용 강재의 재료시험 항목에서 일반적으로 제외되는 항목은?

① 압축강도시험
② 인장강도시험
③ 굽힘시험
④ 연신율시험

해설
압축강도시험은 콘크리트 재료시험에 해당한다.

합격 POINT 건축용 강재의 재료시험 항목
인장강도시험, 굽힘시험, 연신율시험 등

제3과목 건축구조

41

보가 있는 2방향 슬래브를 강도설계법에서 직접설계법으로 계산할 때 $M_0 = 900\text{kN}\cdot\text{m}$로 산정되었다. 내부 스팬의 정계수모멘트($\text{kN}\cdot\text{m}$)와 부계수모멘트($\text{kN}\cdot\text{m}$)로 옳은 것은?

① 정계수모멘트 315, 부계수모멘트 585
② 정계수모멘트 270, 부계수모멘트 630
③ 정계수모멘트 585, 부계수모멘트 315
④ 정계수모멘트 630, 부계수모멘트 270

해설
2방향 슬래브의 계수모멘트
- 정계수휨모멘트 $M_u^+ = 0.35 M_0$
- 부계수휨모멘트 $M_u^- = 0.65 M_0$

$M_u^+ = 0.35 \times 900 = 315 \text{kN}\cdot\text{m}$
$M_u^- = 0.65 \times 900 = 585 \text{kN}\cdot\text{m}$

42

그림과 같은 직사각형 단면을 가지는 보에 최대 휨모멘트 $M = 20\text{kN}\cdot\text{m}$가 작용할 때 최대 휨응력은?

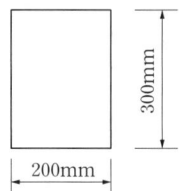

① 3.33MPa
② 4.44MPa
③ 5.56MPa
④ 6.67MPa

해설
최대 휨응력 $\sigma_{max} = \dfrac{M_{max}}{Z}$로 구한다.

여기서, M_{max}: 최대 휨모멘트, Z: 단면계수

단면이 사각형일 경우 $Z = \dfrac{bh^2}{6}$이므로

$\therefore \sigma_{max} = \dfrac{(20 \times 10^6)}{\dfrac{200 \times 300^2}{6}} = 6.67 \text{N/mm}^2 = 6.67 \text{MPa}$

정답 39 ④ 40 ① 41 ① 42 ④

43 ★☆☆

벽돌구조에 대한 설명으로 옳지 않은 것은?

① 석구조 및 블록구조와 함께 조적식 구조의 일종이다.
② 고층 건물이나 대규모 건물에 적합하다.
③ 내화, 내구적이다.
④ 풍압력, 지진력 등에 약하다.

해설
벽돌구조는 저층 건물이나 소규모 건물에 적합한 구조이다.

44 ★★★

강구조에서 용접선 단부에 붙인 보조판으로 아크의 시작이나 종단부의 크레이터 등의 결함을 방지하기 위해 붙이는 판은?

① 엔드탭
② 스티프너
③ 윙플레이트
④ 커버플레이트

해설
엔드탭은 용접결함이 생기기 쉬운 용접의 시작이나 끝부분에 임시로 설치하는 보조 강판이다.

선지분석
② 스티프너: 기둥의 플랜지나 웨브의 좌굴방지용 보강재
③ 윙플레이트: 철골 주각부에 부착되는 강판
④ 커버플레이트: 강재의 플랜지를 보강하기 위해 사용하는 강판

합격 POINT

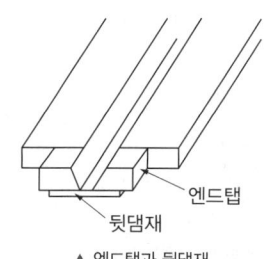
▲ 엔드탭과 뒷댐재

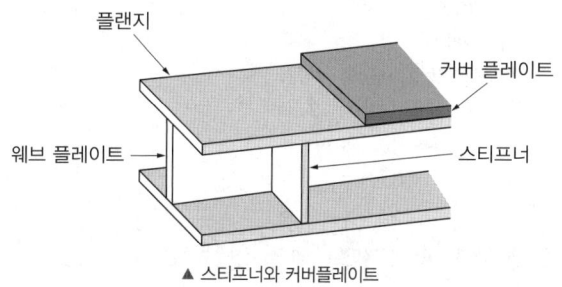
▲ 스티프너와 커버플레이트

45 ★★★

철근콘크리트 단근보에서 균형철근비를 계산한 결과 $\rho_b = 0.039$이었다. 최대 철근비는? (단, $E=200,000\text{MPa}$, $f_y=400\text{MPa}$, $f_{ck}=24\text{MPa}$임)

① 0.01863
② 0.02256
③ 0.02607
④ 0.02831

해설
$f_y=400\text{MPa}$일 경우
$\rho_{\max}=0.726\rho_b=0.726\times0.039 ≒ 0.028314$

합격 POINT 최대 철근비

철근 항복강도(f_y)	최소 허용변형률($\varepsilon_{t,\min}$)	최대 철근비($\rho_{\max}$)
300MPa	0.004	$0.658\rho_b$
350Mpa	0.004	$0.692\rho_b$
400MPa	0.004	$0.726\rho_b$
500MPa	$0.005(2\varepsilon_y)$	$0.699\rho_b$

46 ★★☆

다음 그림과 같은 내민보의 지점 반력을 각각 구하면? (단, 반력의 +:상방향, -:하방향)

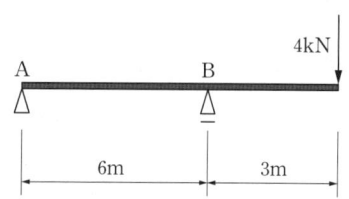

① $R_A=-2\text{kN}$, $R_B=6\text{kN}$
② $R_A=2\text{kN}$, $R_B=-6\text{kN}$
③ $R_A=2\text{kN}$, $R_B=2\text{kN}$
④ $R_A=-4\text{kN}$, $R_B=8\text{kN}$

해설
힘의 평형 조건을 사용하여 계산한다.
$\Sigma M_A=0$; $4\times9-R_B\times6=0$ ∴ $R_B=6\text{kN}$
$\Sigma F_y=0$; $R_A+R_B=4\text{kN}$ ∴ $R_A=-2\text{kN}$

정답 43 ② 44 ① 45 ④ 46 ①

47 ★★☆

지진계에 기록된 진폭을 진원의 깊이와 진앙까지의 거리 등을 고려하여 지수로 나타낸 것으로 장소에 관계없는 절대적 개념의 지진크기를 말하는 것은?

① 규모　　　　　② 진도
③ 진원시　　　　④ 지진동

해설
규모란 지진 자체의 크기를 나타내는 척도 중 하나로 절대적 개념이다.

선지분석
② 진도는 사람이 감지하는 지표면 흔들림을 나타내는 상대적 개념의 지표이다.
③ 진원시는 지진파가 처음 발생한 시각을 말한다.
④ 지진동은 지진파가 지표에 도달하여 관측되는 표면층의 진동을 말한다.

48 ★★★

다음과 같은 사다리꼴 단면의 도심 y_0값은?

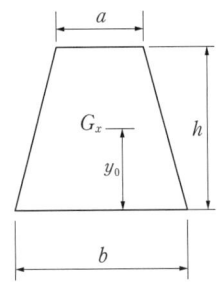

① $\dfrac{h(2a+b)}{3(a+b)}$　　② $\dfrac{h(a+b)}{3(2a+b)}$

③ $\dfrac{3h(2a+b)}{(a+b)}$　　④ $\dfrac{h(a+2b)}{3(a+b)}$

해설
도심거리는 단면1차모멘트 G_x를 면적 A로 나누어 구한다.
$$y = \frac{G_x}{A}$$
사다리꼴의 도심은 삼각형 $\left(\dfrac{1}{2}bh\right)$와 삼각형 $\left(\dfrac{1}{2}ah\right)$로 나눈 후 더하여 계산할 수 있다.

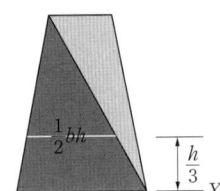 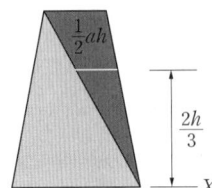

1. $G_x = \dfrac{1}{2}bh \times \dfrac{h}{3}$　　2. $G_x = \dfrac{1}{2}ah \times \dfrac{2h}{3}$

$$\therefore y = \frac{G_x}{A} = \frac{\left(\dfrac{1}{2}bh \times \dfrac{h}{3}\right) + \left(\dfrac{1}{2}ah \times \dfrac{2h}{3}\right)}{\left(\dfrac{1}{2}bh\right) + \left(\dfrac{1}{2}ah\right)} = \frac{h}{3} \times \frac{2a+b}{a+b}$$

49 ★★★

그림과 같은 구조물의 부정정 차수는?

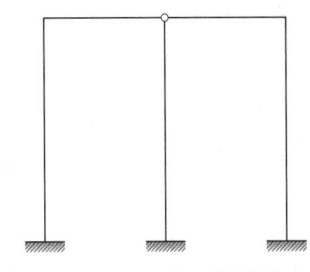

① 1차 부정정　　　　② 2차 부정정
③ 3차 부정정　　　　④ 4차 부정정

해설
$N = r + m + f - 2 \times j$ (r: 지점반력수, m: 부재수, f: 강절점수, j: 지점수+자유단 절점수)의 공식을 이용해 부정정 차수를 구하면
$N = (3+3+3) + 5 + 2 - 2 \times 6 = 4$이므로
4차 부정정 구조이다.

50 ★★☆

다음 그림은 각 구간에서 직선적으로 변화하는 단순보의 모멘트도이다. C점과 D점에 동일한 힘 P_1이 작용하고 보의 중앙점 E에 P_2가 작용할 때 P_1과 P_2의 절댓값은?

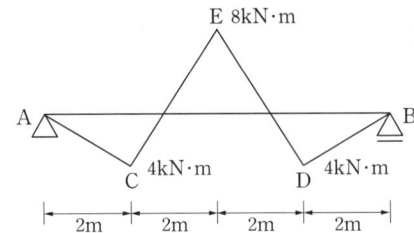

① $P_1 = 4\text{kN}$, $P_2 = 6\text{kN}$
② $P_1 = 4\text{kN}$, $P_2 = 8\text{kN}$
③ $P_1 = 8\text{kN}$, $P_2 = 10\text{kN}$
④ $P_1 = 8\text{kN}$, $P_2 = 12\text{kN}$

해설
휨모멘트를 미분하면 전단력이며, 전단력을 미분하면 하중이 된다. 따라서 역으로 해석하려면 적분한다.

1. C점의 휨모멘트로 A지점 반력 구하기
　$V_A \times 2 = 4\text{kN} \cdot \text{m} \rightarrow V_A = 2\text{kN}$
2. E점의 휨모멘트로 하중 P_1 구하기
　$V_A \times 4 + P_1 \times 2 = -8\text{kN} \cdot \text{m}$
　$\therefore P_1 = -8\text{kN}$
3. D점의 휨모멘트로 하중 P_2 구하기
　$V_A \times 6 + P_1 \times 4 + P_2 \times 2 = 4\text{kN} \cdot \text{m}$
　$\therefore P_2 = 12\text{kN}$

정답 47 ①　48 ①　49 ④　50 ④

51

다음 그림과 같은 구멍 2열에 대하여 파단선 $A-B-C$를 지나는 순단면적과 동일한 순단면적을 갖는 파단선 $D-E-F-G$의 피치(s)는? (단, 구멍은 여유폭을 포함하여 23mm임)

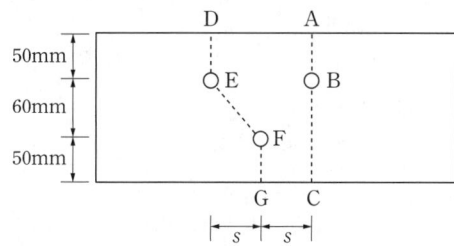

① 3.7cm
② 7.4cm
③ 11.1cm
④ 14.8cm

해설

㉠ 파단선 $A-B-C$의 순단면적
$A_n = A_g - n \cdot d \cdot t = (160 \times t) - (1 \times 23 \times t) = 137t$

㉡ 파단선 $D-E-F-G$의 순단면적
$A_n = A_g - n \cdot d \cdot t + \Sigma \dfrac{s^2}{4g} \cdot t$
$= (160 \times t) - (2 \times 23 \times t) + \dfrac{s^2}{4 \times 60} \cdot t = 114t + \dfrac{s^2}{240} \cdot t$

㉠, ㉡ 두 식의 결과값이 같으므로
$137t = 114t + \dfrac{s^2}{240} \cdot t$
$s = \sqrt{(137 - 114) \times 240} ≒ 74.3\text{mm} ≒ 7.43\text{cm}$

52

그림과 같은 구조물에 있어 AB부재의 재단모멘트 M_{AB}는?

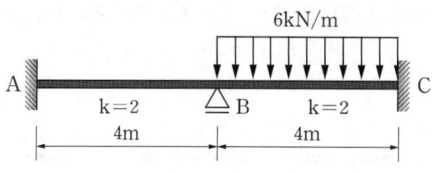

① 0.5kN·m
② 1kN·m
③ 1.5kN·m
④ 2kN·m

해설

AC부재는 연속경간이기 때문에 고정단과 같은 개념으로 풀이한다.

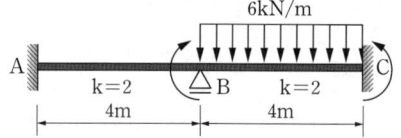

먼저, B절점에서의 고정단모멘트(FEM)을 계산하면
$FEM = \dfrac{wl^2}{12} = \dfrac{6 \times 4^2}{12} = 8\text{kN·m}$이다.

주어진 강도계수를 이용하여 분배율을 구하면
$DF_{BA} = \dfrac{2}{2+2} = \dfrac{1}{2}$이므로 분배모멘트는
$M_{BA} = FEM \times DF_{BA} = 8 \times \dfrac{1}{2} = 4\text{kN·m}$이다.
따라서 전달모멘트(전달률: 고정단은 1/2)
$M_{AB} = \dfrac{1}{2} \times M_{BA} = \dfrac{1}{2} \times 4 = 2\text{kN·m}$이다.

정답 51 ② 52 ④

53 ★☆☆

동일단면, 동일재료를 사용한 캔틸레버보 끝단에 집중하중이 작용하였다. P_1이 작용한 부재의 최대처짐량이 P_2가 작용한 부재의 최대처짐량의 2배일 경우 $P_1 : P_2$는?

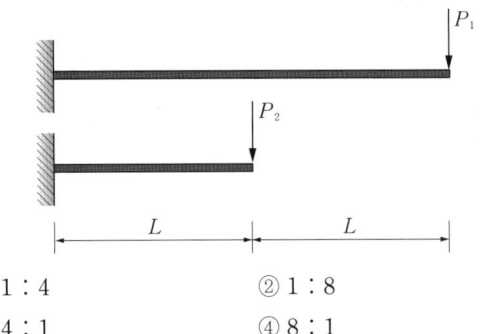

① 1 : 4
② 1 : 8
③ 4 : 1
④ 8 : 1

해설

자유단에 걸리는 하중이 P, 길이가 L인 캔틸레버보 자유단의 최대처짐은
$\delta_{max} = \left(\dfrac{PL}{EI} \times L\right) \times \dfrac{L}{3} = \dfrac{PL^3}{3EI}$ 이다.

지문의 조건에 따르면
$\dfrac{P_1 \cdot (2L)^3}{3EI} = \dfrac{P_2 \cdot (L)^3}{3EI} \times 2$ 이므로 $\dfrac{P_1}{P_2} = \dfrac{1}{4}$ 이다.

따라서 $P_1 : P_2 = 1 : 4$ 이다.

54 ★★★

인장을 받는 이형철근의 직경이 D16(직경 15.9mm)이고, 콘크리트 강도가 30MPa인 표준갈고리의 기본정착길이는? (단, $f_y=400\text{MPa}$, $\beta=1.0$, $m_c=2,300\text{kg/m}^3$)

① 238mm
② 258mm
③ 279mm
④ 312mm

해설

표준갈고리를 갖는 인장이형철근의 기본정착길이는
$l_{hb} = \dfrac{0.24\beta \cdot d_b \cdot f_y}{\lambda\sqrt{f_{ck}}}$ 이다.

$m_c = 2,300\text{kg/m}^3$이므로 경량콘크리트계수 $\lambda=1.0$을 대입하면,
$l_{hb} = \dfrac{0.24 \times 1.0 \times 15.9 \times 400}{(1.0)\sqrt{30}} ≒ 278.68\text{mm}$ 이다.

55 ★★★

강도설계법에서 처짐을 계산하지 않는 경우 철근콘크리트보의 최소 두께 규정으로 옳지 않은 것은? (단, 보통콘크리트와 설계기준 항복강도 400MPa 철근을 사용한 부재임)

① 단순 지지: $l/16$
② 1단 연속: $l/18.5$
③ 양단 연속: $l/12$
④ 캔틸레버: $l/8$

해설

l: 경간 길이(mm)

부재	최소 두께(h_{min})			
	단순 지지	1단 연속	양단 연속	캔틸레버
보 및 리브가 있는 1방향 슬래브	$\dfrac{l}{16}$	$\dfrac{l}{18.5}$	$\dfrac{l}{21}$	$\dfrac{l}{8}$

56 ★★☆

고장력볼트 F10T(M20) 1면전단일 때 볼트 한 개당 설계전단강도(ϕR_n)를 구하면?(단, 고력볼트의 $F_u=1,000\text{MPa}$, $\phi=0.75$, $F_{nv}=0.5F_u$임)

① 117.8kN
② 94.2kN
③ 58.8kN
④ 47.1kN

해설

설계전단강도는 다음과 같은 식으로 구한다.
$\phi R_n = 0.75 \cdot F_{nv} \cdot A_b \cdot n_s$
여기서, F_{nv}: 공칭전단강도, A_b: 볼트의 공칭단면적, n_s: 전단면수
$F_{nv} = 0.5 F_u = 0.5 \times 1,000 = 500\text{MPa}$
$A_b = \dfrac{\pi(20)^2}{4} ≒ 314\text{mm}^2$
$\phi R_n = 0.75 \times 500 \times 314 \times 1 = 117,750\text{N} ≒ 117.8\text{kN}$

정답 53 ① 54 ③ 55 ③ 56 ①

57 ★☆☆

철골조 주각부분에 사용하는 보강재에 해당되지 않는 것은?

① 윙플레이트
② 데크플레이트
③ 사이드앵글
④ 클립앵글

해설

데크플레이트는 콘크리트 슬래브의 거푸집으로 사용되며, 바닥판이나 평지붕에도 사용된다.

합격 POINT 데크플레이트(Deck Plate)

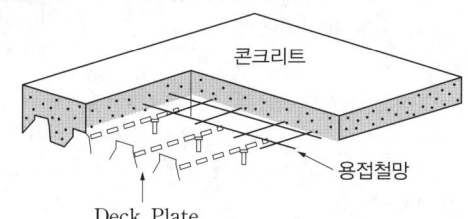

1. 강도를 유지하는데 합리적인 모양으로 골을 넣어 만든 폭이 넓은 대강이다.
2. 콘크리트 슬래브의 거푸집으로 사용된다.
3. 바닥판이나 평지붕에도 사용된다.
4. 서포트가 필요하지 않아서 고층빌딩에 많이 이용된다.

58 ★☆☆

용접 H형강 H-450×450×20×28의 플랜지 및 웨브에 대한 판폭두께비를 구하면?

① 플랜지: 16.07, 웨브: 14.07
② 플랜지: 16.07, 웨브: 19.7
③ 플랜지: 8.04, 웨브: 14.07
④ 플랜지: 8.04, 웨브: 19.7

해설

플랜지 $\lambda_f = \dfrac{b}{t_f} = \dfrac{(450/2)}{(28)} = 8.04$

웨브 $\lambda_w = \dfrac{h}{t_w} = \dfrac{(450)-2(28)}{(20)} = 19.7$

59 ★☆☆

독립기초(자중포함)가 축방향력 650kN, 휨모멘트 130kN·m를 받을 때 기초 저면의 편심거리는?

① 0.2m ② 0.3m
③ 0.4m ④ 0.6m

해설

$M = N \times e$

$\therefore e = \dfrac{M}{N} = \dfrac{130}{650} = 0.2\text{m}$

60 ★★★

다음 중 한계상태설계법에서 강도 한계상태를 구성하는 요소가 아닌 것은?

① 바닥재의 진동
② 기둥의 좌굴
③ 골조의 불안정성
④ 취성파괴

해설

바닥재의 진동은 사용 한계상태(Serviceability limit state)에 해당한다.

합격 POINT 한계상태설계법

1. 강도 한계상태: 구조체가 제 기능을 발휘 못하는 상태로 압축, 인장, 좌굴, 휨, 전단 등의 하중에 대한 지지 능력을 상실한 상태
2. 사용 한계상태: 구조 기능 저하로 균열, 처짐, 진동 등에 의하여 사용상 부적합한 상태

정답 57 ② 58 ④ 59 ① 60 ①

제4과목　건축설비

61 ★☆☆
2중효용 흡수식 냉동기에 관한 설명으로 옳은 것은?

① 냉매로서 LiBr 수용액을 사용한다.
② LiBr 수용액의 농축을 위하여 증발기를 사용한다.
③ 발생기, 압축기, 흡수기, 증발기로 구성되어 있다.
④ 발생기는 저온발생기와 고온발생기로 구성되어 있다.

해설
2중효용 흡수식 냉동기의 구성 중 발생기는 저온발생기와 고온발생기로 구성된다.

선지분석
① 냉매로서 물을 사용한다.
② LiBr 수용액의 농축을 위하여 발생기를 사용한다.
③ 증발기, 흡수기, 발생기(고온발생기, 저온발생기), 응축기, 흡수액 및 열교환기로 구성되어 있다.

62 ★★☆
내경이 20cm인 관내를 유속 1.2m/s의 물이 흐르고 있을 때 유량은 얼마인가?

① $0.028m^3/s$
② $0.038m^3/s$
③ $0.048m^3/s$
④ $0.058m^3/s$

해설
$$Q = A \cdot V = \frac{\pi D^2}{4} \times V = \frac{\pi \times (0.2m)^2}{4} \times 1.2m/s ≒ 0.0377m^3/s$$
여기서, Q: 유량(m^3/s), A: 단면적(m^2), V: 유속(m/s), D: 지름(m)

63 ★★★
900명을 수용하고 있는 극장에서 실내 CO_2 농도를 0.1%로 유지하기 위해 필요한 환기량은? (단, 외기 CO_2 농도는 0.04%, 1인당 CO_2 배출량은 18L/h임)

① $27,000m^3/h$
② $30,000m^3/h$
③ $60,000m^3/h$
④ $66,000m^3/h$

해설
$$Q = \frac{K}{P_i - P_o} = \frac{18L/h \times 900명}{(0.001 - 0.0004)}$$
$$= \frac{0.018m^3/h \times 900명}{(0.001 - 0.0004)} = 27,000m^3/h$$
Q: 환기량(m^3/h), K: 발생량(m^3/h), P_i: 허용농도(ppm), P_o: 외기가스농도(ppm)
※ $1L = 10^{-3}m^3$

64 ★★☆
승객 스스로 운전하는 전자동 엘리베이터로 카 버튼이나 승강장의 호출신호로 기동, 정지를 이루는 엘리베이터 조작방식은?

① 승합전자동 방식
② 카 스위치 방식
③ 시그널 컨트롤 방식
④ 레코드 컨트롤 방식

해설
승합전자동 방식은 승객 스스로 운전하는 전자동 엘리베이터로, 누른 순서에 관계없이 각 호출에 따른다.

선지분석
② 카 스위치 방식: 운전원 조작반의 핸들로 시동, 정지를 조작하는 방식이다.
③ 시그널 컨트롤 방식: 시동은 운전원 조작반의 핸들로 하고, 정지는 조작반이 목적층 버튼을 누르거나 승강장의 호출 신호에 의해 층의 순서대로 자동 정지하는 방식이다.

65 ★★☆
다음 중 배수 통기관의 목적과 가장 관계가 먼 것은?

① 트랩의 봉수보호
② 배수의 원활한 흐름
③ 배관의 소음 감소
④ 배수관 계통의 환기

해설
통기관의 설치목적은 트랩의 봉수를 보호하고, 배수계통 내 배수 및 공기의 흐름을 원활히 하며, 배수관 내에 환기를 도모하여 관내를 청결하게 유지하는 것이다.

정답 61 ④　62 ②　63 ①　64 ①　65 ③

66 ★☆☆

다음 설명이 의미하는 봉수파괴 원인은?

> 일반적으로 배수 수직관의 상·중층부에서는 압력이 부압으로, 그리고 저층부에서는 정압으로 된다. 이때 배수 수직관내가 부압으로 되는 곳에 배수 수평지관이 접속되어 있으면 배수 수평지관 내의 공기는 수직관 쪽으로 유인되며, 이에 따라서 봉수가 이동하여 손실된다.

① 증발현상
② 모세관현상
③ 자기사이펀작용
④ 유도사이펀작용

해설
유도사이펀작용에 대한 설명이다. 수직관 상부에서 일시에 다량의 물이 낙하할 때 수직관과 수평관의 연결 부분에 순간적으로 진공이 생겨 트랩 내의 봉수가 흡인되는 작용을 말한다.

합격 POINT 트랩의 봉수파괴 원인 및 방지대책

봉수파괴 원인	방지대책
자기사이펀작용, 유도사이펀작용, 분출작용	통기관 설치
모세관현상	천조각, 머리카락 제거
운동량에 의한 관성작용	격자쇠 설치

67 ★★☆

공기조화방식 중 단일덕트 변풍량방식에 관한 설명으로 옳지 않은 것은?

① 전공기방식의 특성이 있다.
② 각 실이나 존의 온도를 개별제어 할 수 있다.
③ 단일덕트 정풍량방식보다 설비비가 적게 든다.
④ 실내부하가 적어지면 송풍량을 줄일 수 있으므로 에너지 절감효과가 크다.

해설
단일덕트 변풍량방식은 변풍량 유닛으로 인해 단일덕트 정풍량방식보다 설비비가 많이 든다.

68 ★☆☆

겨울철 주택의 단열 및 결로에 관한 설명으로 옳지 않은 것은?

① 단층 유리보다 복층 유리의 사용이 단열에 유리하다.
② 벽체 내부로 수증기 침입을 억제할 경우 내부결로 방지에 효과적이다.
③ 단열이 잘 된 벽체에서는 내부결로는 발생하지 않으나 표면결로는 발생하기 쉽다.
④ 실내측 벽 표면온도가 실내공기의 노점온도보다 높은 경우 표면결로는 발생하지 않는다.

해설
난방 시 단열이 잘 된 벽체의 실내측에서 표면결로는 생기지 않으나 외측으로 갈수록 온도가 낮아지기 때문에 그 부분에서 내부결로가 발생하기 쉽다. 따라서 외측단열을 하여 벽체 내부온도를 일정온도 이상으로 높게 유지하는 것이 좋다.

69 ★☆☆

실내공기오염의 종합적 지표로서 사용되는 오염 물질은?

① 부유분진
② 이산화탄소
③ 일산화탄소
④ 이산화질소

해설
대부분의 오염 물질 농도는 이산화탄소의 농도에 비례하여 증가하기 때문에 실내공기오염의 종합적 지표로 이산화탄소(CO_2)가 사용된다.

70 ★★★

다음 설명에 알맞은 급수방식은?

> • 대규모의 급수 수요에 쉽게 대응할 수 있다.
> • 급수압력이 일정하다.
> • 단수 시에도 일정량의 급수를 계속할 수 있다.

① 수도직결방식
② 고가수조방식
③ 압력수조방식
④ 펌프직송방식

해설
고가수조방식은 대규모 급수 수요에 쉽게 대응 가능하고, 수압의 변화가 거의 없으며, 단수 시에도 일정량의 급수가 가능하지만, 위생 및 유지·관리 측면에서 가장 좋지 않은 방식이다.

정답 66 ④ 67 ③ 68 ③ 69 ② 70 ②

71 ★☆☆

어느 실에 필요한 램프의 개수를 구하고자 한다. 그 실의 바닥면적을 A, 평균조도를 E, 조명률을 U, 보수율을 M, 램프 1개의 광속을 F라고 할 때, 소요램프수의 적절한 산정식은?

① $\dfrac{E \cdot A \cdot M}{F \cdot U}$ ② $\dfrac{E \cdot A \cdot F}{U \cdot M}$

③ $\dfrac{E \cdot A}{F \cdot U \cdot M}$ ④ $\dfrac{E}{A \cdot F \cdot U \cdot M}$

해설

조명의 소요 개수 계산

$$N = \dfrac{E \times A}{F \times U \times M}$$

- N: 조명의 개수
- A: 실면적(m²)
- U: 조명률
- E: 평균 수평면 조도(lx)
- F: 조명 1개당 광속(lm)
- M: 보수율(유지율)

72 ★★★

간선의 배선 방식 중 평행식에 관한 설명으로 옳은 것은?

① 설비비가 가장 저렴하다.
② 배선자재의 소요가 가장 적다.
③ 사고의 영향을 최소화할 수 있다.
④ 전압이 안정되나 부하의 증가에 적응할 수 없다.

해설

평행식(개별식)은 각 분전반 마다 배전반으로부터 단독으로 배선되어 있으므로 전압강하가 적고, 화재 등 사고가 발생하여도 그 범위를 좁힐 수 있는 것이 특징이다.

선지분석

① 설비비가 비싸다.
② 배선자재의 소요가 많다.
④ 전압이 안정되고 부하의 증가에 적응할 수 있다.

73 ★★★

간접가열식 급탕방식에 관한 설명으로 옳지 않은 것은?

① 저압보일러를 써도 되는 경우가 많다.
② 직접가열식에 비해 소규모 급탕설비에 적합하다.
③ 급탕용 보일러는 난방용 보일러와 겸용할 수 있다.
④ 직접가열식에 비해 보일러 내면에 스케일이 발생할 염려가 적다.

해설

간접가열식 급탕방식은 직접가열식에 비해 대규모 급탕설비에 적합하다.

합격 POINT 중앙식 급탕방식의 종류

직접가열식	간접가열식
• 열효율 면에서 경제적 • 수질에 의해 보일러 내면에 스케일이 발생하여 열효율이 저하되며 보일러의 수명이 단축됨 • 급탕하는 건물의 높이가 높을 경우 고압보일러 필요 • 주택 또는 소규모 건물에 실용적	• 난방용 보일러의 증기 사용 시 급탕용 보일러 불필요 • 보일러 내면에 스케일이 거의 생기지 않음 • 건물의 높이에 따른 수압이 보일러에 작용하지 않고 저탕조에 작용하므로 고압용 보일러 불필요 • 대규모 급탕설비에 적합

74 ★★★

온수난방에 관한 설명으로 옳지 않은 것은?

① 증기난방에 비해 보일러의 취급이 비교적 쉽고 안전하다.
② 동일 방열량인 경우 증기난방보다 관 지름을 작게 할 수 있다.
③ 증기난방에 비해 난방부하의 변동에 따른 온도 조절이 용이하다.
④ 보일러 정지 후에도 여열이 남아 있어 실내 난방이 어느 정도 지속된다.

해설

동일 방열량인 경우 증기난방보다 관 지름을 크게 해야 한다.

합격 POINT 온수난방의 장단점

장점	• 난방부하의 변동에 따른 온도조절이 용이함 • 방열기 표면온도가 낮아 화상을 입을 우려가 없음 • 보일러 취급이 용이함 • 증기난방에 비해 관의 부식이 적음 • 스팀해머(Steam hammer)가 생기지 않아 소음이 없음
단점	• 증기난방에 비해 방열면적이 크므로 설비비가 고가 • 공기의 정체에 의한 순환 저해의 가능성 있음 • 예열시간이 긺 • 한랭 시 난방을 정지하는 경우 동결 우려 • 온수 순환 시간이 긺

정답 71 ③ 72 ③ 73 ② 74 ②

75

여름철 실내 최고 온도는 외기온도가 가장 높은 시각 이후에 나타나는 것이 일반적이다. 이와 같은 현상은 벽체를 구성하고 있는 재료의 어떤 성능 때문인가?

① 축열성능
② 단열성능
③ 일사반사성능
④ 일사투과성능

해설
벽체의 열을 저장하는 성질인 축열성능 때문에 일어나는 현상이다.

76

다음 중 변전실 면적에 영향을 주는 요소와 가장 거리가 먼 것은?

① 발전기실의 면적
② 변전설비 변압방식
③ 수전전압 및 수전방식
④ 설치 기기와 큐비클의 종류

해설
발전기실의 면적은 변전실 면적과 서로 관계가 없다.

합격 POINT 변전실 면적에 영향을 주는 요소
- 수전전압 및 수전방식
- 변전설비 변압방식, 변압기 용량, 수량 및 형식
- 설치 기기와 큐비클의 종류
- 기기의 배치방법 및 유지보수 필요 면적
- 건축물의 구조적 여건

77

다음과 같은 조건에 있는 실의 틈새바람에 의한 현열부하는?

- 실의 체적: 400m³
- 환기횟수: 0.5회/h
- 실내온도: 20℃, 외기온도: 0℃
- 공기의 밀도: 1.2kg/m³
- 공기의 정압비열: 1.01kJ/kg·K

① 약 654W
② 약 972W
③ 약 1,347W
④ 약 1,654W

해설

$$Q = \frac{G \cdot \rho \cdot C \cdot \Delta t}{3,600}$$

$$= \frac{200 \text{m}^3/\text{h} \times 1.2 \text{kg/m}^3 \times 1.01 \text{kJ/kg·K} \times (20-0)\text{K}}{3,600}$$

$$= 1.3467 ≒ 1.347 \text{kW} = 1,347 \text{W}$$

Q: 현열부하(kW),
G: 환기량(m³/h)
(단, 여기서 G=환기횟수×실의 체적=0.5회/h × 400m³=200m³/h)
ρ: 공기의 밀도(kg/m³), C: 공기의 비열(kJ/kg·K), Δt: 온도차(K)

78

전류가 흐르고 있는 전기기기, 배선과 관련된 화재를 의미하는 것은?

① A급 화재
② B급 화재
③ C급 화재
④ K급 화재

해설
전류가 흐르고 있는 전기기기, 배선과 관련된 화재는 C급 화재이다.

선지분석
① A급 화재: 일반화재(보통화재)
② B급 화재: 유류화재(기름화재)
③ C급 화재: 전기화재
④ K급 화재: 주방화재

79

발전기에 적용되는 법칙으로 유도기전력의 방향을 알기 위하여 사용되는 법칙은?

① 오옴의 법칙
② 키르히호프의 법칙
③ 플레밍의 왼손의 법칙
④ 플레밍의 오른손의 법칙

해설
플레밍의 오른손의 법칙은 발전기에 적용되는 법칙으로 자기장 속에서 도선이 움직일 때 자기장의 방향과 도선이 움직이는 방향으로 유도기전력의 방향을 결정할 수 있다.

80

냉방부하 계산 결과 현열부하가 620W, 잠열부하가 155W일 경우 현열비는?

① 0.2
② 0.25
③ 0.4
④ 0.8

해설

$$현열비 = \frac{현열부하}{현열부하 + 잠열부하} = \frac{620\text{W}}{(620+155)\text{W}} = 0.8$$

정답 75 ① 76 ① 77 ③ 78 ③ 79 ④ 80 ④

제5과목　건축관계법규

81　★★☆
건축물의 지하층에 비상탈출구를 설치하여야 하는 경우, 설치되는 비상탈출구에 관한 기준내용으로 옳지 않은 것은? (단, 주택이 아닌 경우)

① 비상탈출구의 유효너비는 0.75m 이상으로 할 것
② 비상탈출구의 유효높이는 1.5m 이상으로 할 것
③ 비상탈출구는 출입구로부터 3m 이상 떨어진 곳에 설치할 것
④ 비상탈출구의 문은 피난방향으로 열리도록 하고, 실내에서 비상시에만 열 수 있는 구조로 할 것

해설
비상탈출구의 문은 피난방향으로 열리도록 하고, 실내에서 항상 열 수 있는 구조로 하여야 하며, 내부 및 외부에는 비상탈출구의 표시를 해야 한다.

82　★☆☆
건축물에 설치하는 피뢰설비의 기준 내용으로 옳지 않은 것은?

① 피뢰설비는 높이 20m 이상의 건축물에만 설치한다.
② 돌침은 건축물의 맨 윗부분으로부터 25cm 이상 돌출시켜 설치한다.
③ 돌침은 「건축물의 구조기준 등에 관한 규칙」의 규칙에 의한 설계하중에 견딜 수 있는 구조이어야 한다.
④ 피뢰설비의 인하도선을 대신하여 철골조의 철골구조물과 철근콘크리트조의 철근구조체를 사용하는 경우에는 전기적 연속성이 보장되어야 한다.

해설
낙뢰의 우려가 있는 건축물, 높이 20m 이상의 건축물, 높이 20m 이상의 공작물에는 적합하게 피뢰설비를 설치해야 한다.

83　★☆☆
연면적의 합계가 2,000m² 이상인 건축물의 대지와 도로의 관계가 옳은 것은?

① 대지는 너비 4m 이상인 도로에 2m 이상 접하여야 한다.
② 대지는 너비 4m 이상인 도로에 4m 이상 접하여야 한다.
③ 대지는 너비 6m 이상인 도로에 2m 이상 접하여야 한다.
④ 대지는 너비 6m 이상인 도로에 4m 이상 접하여야 한다.

해설
연면적의 합계가 2,000m²(공장인 경우 3,000m²) 이상인 건축물(축사, 작물재배사, 그 밖에 이와 비슷한 건축물로서 건축조례로 정하는 규모의 건축물은 제외)의 대지는 너비 6m 이상의 도로에 4m 이상 접하여야 한다.

84　★★☆
건축물의 출입구에 설치하는 회전문은 계단이나 에스컬레이터로부터 최소 얼마 이상의 거리를 두어야 하는가?

① 1m
② 1.5m
③ 2m
④ 3m

해설
건축물의 출입구에 설치하는 회전문은 계단이나 에스컬레이터로부터 2m 이상의 거리를 두어야 한다.

85　★☆☆
건축분야의 건축사보 1인 이상을 전체 공사기간 동안, 토목·전기 또는 기계분야의 건축사보 1인 이상을 각 분야별 해당 공사기간 동안 각각 공사현장에서 감리업무를 수행하게 해야 하는 대상 건축공사의 기준에 속하지 않는 것은?

① 바닥면적의 합계가 5,000m² 이상인 건축공사
② 건축물의 층수가 10층 이상인 건축공사
③ 연속된 5개층 이상으로서 바닥면적의 합계가 3,000m² 이상인 건축공사
④ 아파트의 건축공사

해설
건축분야 건축사보 1명 이상을 전체 공사기간 동안, 토목·전기 또는 기계분야의 건축사보 1명 이상을 각 분야별 해당 공사기간 동안 감리업무를 수행하게 해야 하는 건축공사
1. 바닥면적의 합계가 5,000m² 이상인 건축공사
2. 연속된 5개층(지하층 포함) 이상으로서 바닥면적 합계가 3,000m² 이상인 건축공사
3. 아파트 건축공사
4. 준다중이용 건축물 건축공사

86　★★☆
국토의 계획 및 이용에 관한 법령상 제2종 일반주거지역 안에서 건축할 수 있는 건축물에 해당하지 않는 것은?

① 숙박시설
② 종교시설
③ 노유자시설
④ 제1종 근린생활시설

해설
제2종 일반주거지역에 숙박시설은 건축할 수 없다.
제2종 일반주거지역 안에서 건축할 수 있는 건축물은 단독주택, 공동주택, 제1종 근린생활시설, 종교시설, 노유자시설, 교육연구시설 중 유치원·초등학교·중학교 및 고등학교 등이다.

정답　81 ④　82 ①　83 ④　84 ③　85 ②　86 ①

87 ★☆☆

「주차장법령」상 다음과 같이 정의되는 주차장의 종류는?

> 도로의 노면 또는 교통광장(교차점광장만 해당)의 일정한 구역에 설치된 주차장으로서 일반(一般)의 이용에 제공되는 것

① 노외주차장 ② 노상주차장
③ 부설주차장 ④ 공영주차장

해설
노상주차장이란 도로의 노면 또는 교통광장의 일정한 구역에 설치된 주차장으로서 일반의 이용에 제공되는 것을 의미한다.

선지분석
① 노외주차장: 도로의 노면 및 교통광장 외의 장소에 설치된 주차장으로서 일반의 이용에 제공되는 것
③ 부설주차장: 건축물, 골프연습장, 그 밖에 주차수요를 유발하는 시설에 부대하여 설치된 주차장으로서 해당 건축물·시설의 이용자 또는 일반의 이용에 제공되는 것

88 ★★★

6층 이상의 거실면적의 합계가 12,000m²인 문화 및 집회시설 중 전시장에 설치하여야 하는 승용승강기의 최소 대수는? (단, 8인승 승강기 기준)

① 4대 ② 5대
③ 6대 ④ 7대

해설

건축물의 용도	6층 이상의 거실면적의 합계 3,000m² 초과
문화 및 집회시설 중 전시장	기본 1대＋3,000m² 초과 시 2,000m² 이내마다 1대 추가

※ 8인승 이상 15인승 이하의 승강기는 1대의 승강기로 보고, 16인승 이상의 승강기는 2대의 승강기로 본다.

전시장의 경우 기본 1대＋3,000m² 초과 시 2,000m² 이내마다 1대가 추가된다.
6층 이상의 거실면적의 합계가 12,000m²이므로, 승용승강기 설치기준은 기본 1대＋추가 5대＝총 6대가 된다.

89 ★★☆

다음 중 대지에 조경 등의 조치를 아니할 수 있는 대상 건축물에 속하지 않는 것은?

① 축사
② 녹지지역에 건축하는 건축물
③ 연면적의 합계가 1,000m²인 공장
④ 면적이 5,000m²인 대지에 건축하는 공장

해설
면적 5,000m² 미만인 대지에 건축하는 공장 또는 연면적의 합계가 1,500m² 미만인 공장에는 조경 등의 조치를 하지 아니할 수 있다.

90 ★★☆

국토의 계획 및 이용에 관한 법령상 용도지구에 속하지 않는 것은?

① 경관지구 ② 미관지구
③ 방재지구 ④ 취락지구

해설
국토의 계획 및 이용에 관한 법령상 용도지구에는 경관지구, 방재지구, 보호지구, 취락지구, 개발진흥지구가 속한다.

91 ★★☆

국토교통부령으로 정하는 기준에 따라 거실에 배연설비를 설치하여야 하는 대상 건축물에 속하지 않는 것은? (단, 6층 이상의 건축물)

① 의료시설
② 위락시설
③ 수련시설 중 유스호스텔
④ 교육연구시설 중 대학교

해설
6층 이상인 건축물로서 다음에 해당하는 건축물의 거실(피난층의 거실 제외)에는 배연설비를 해야 한다.

> 문화 및 집회시설, 종교시설, 판매시설, 운수시설, 의료시설(요양병원, 정신병원 제외), 교육연구시설 중 연구소, 노유자시설 중 아동 관련 시설, 노인복지시설(노인요양시설 제외), 수련시설 중 유스호스텔, 운동시설, 업무시설, 숙박시설, 위락시설, 관광휴게시설, 장례시설, 제2종 근린생활시설 중 공연장, 종교집회장, 인터넷컴퓨터게임시설제공업소 및 다중생활시설

정답 87 ② 88 ③ 89 ④ 90 ② 91 ④

92

시가화조정구역에서 시가화유보기간으로 정하는 기간 기준은?

① 1년 이상 5년 이내
② 3년 이상 10년 이내
③ 5년 이상 20년 이내
④ 10년 이상 30년 이내

해설

시·도지사는 직접 또는 관계 행정기관의 장의 요청을 받아 도시지역과 그 주변지역의 무질서한 시가화를 방지하고 계획적·단계적인 개발을 도모하기 위하여 대통령령으로 정하는 기간 동안 시가화를 유보할 필요가 있다고 인정되면 시가화조정구역의 지정 또는 변경을 도시·군관리계획으로 결정할 수 있다.
여기서 대통령령으로 정하는 기간이란 5년 이상 20년 이내의 기간을 말한다.

93

막다른 도로의 길이가 20m인 경우, 이 도로가 「건축법령」상 도로이기 위한 최소 너비는?

① 2m ② 3m
③ 4m ④ 6m

해설

막다른 도로의 길이	도로의 너비
10m 미만	2m
10m 이상 35m 미만	3m
35m 이상	6m(읍·면지역은 4m)

94

전용주거지역 또는 일반주거지역 안에서 높이 8m의 2층 건축물을 건축하는 경우, 건축물의 각 부분은 일조 등의 확보를 위하여 정북방향으로의 인접 대지경계선으로부터 최소 얼마 이상 띄어 건축하여야 하는가?

① 1m ② 1.5m
③ 2m ④ 3m

해설

전용주거지역이나 일반주거지역에서 건축물을 건축하는 경우에는 건축물의 각 부분을 정북방향으로의 인접 대지경계선으로부터 다음의 거리 이상 띄어 건축하여야 한다.
- 높이 10m 이하인 부분: 인접 대지경계선으로부터 1.5m 이상
- 높이 10m를 초과하는 부분: 인접 대지경계선으로부터 해당 건축물 각 부분 높이의 2분의 1 이상

95

다음은 「건축법령」상 직통계단의 설치에 관한 기준 내용이다. ( ) 안에 알맞은 것은?

> 초고층 건축물에는 피난층 또는 지상으로 통하는 직통계단과 직접 연결되는 피난안전구역(건축물의 피난·안전을 위하여 건축물 중간층에 설치하는 대피공간)을 지상층으로부터 최대 ( ) 층마다 1개소 이상 설치하여야 한다.

① 10개 ② 20개
③ 30개 ④ 40개

해설

초고층 건축물에는 피난층 또는 지상으로 통하는 직통계단과 직접 연결되는 피난안전구역(건축물의 피난·안전을 위하여 건축물 중간층에 설치하는 대피공간)을 지상층으로부터 최대 30개 층마다 1개소 이상 설치하여야 한다.

96

다음 중 신고대상에 속하는 용도변경은?

① 영업시설군에서 문화 및 집회시설군으로 용도변경
② 근린생활시설군에서 주거업무시설군으로 용도변경
③ 산업 등의 시설군에서 자동차 관련 시설군으로 용도변경
④ 교육 및 복지시설군에서 전기통신시설군으로 용도변경

해설

다음의 어느 하나에 해당하는 시설군에 속하는 건축물의 용도를 상위군(상위번호)에 해당하는 용도로 변경하는 경우에는 국토교통부령으로 정하는 바에 따라 특별자치시장·특별자치도지사 또는 시장·군수·구청장의 허가를 받아야 한다.
반대로 하위군(하위 번호)에 해당하는 용도로 변경하는 경우는 신고 대상이다.

1. 자동차 관련 시설군   6. 교육 및 복지시설군
2. 산업 등의 시설군   7. 근린생활시설군
3. 전기통신시설군   8. 주거업무시설군
4. 문화 및 집회시설군   9. 그 밖의 시설군
5. 영업시설군

'근린생활시설군에서 주거업무시설군으로 용도변경'은 하위군에 해당하는 용도로 변경하는 것이므로 신고 대상이다.

선지분석

① 영업시설군에서 문화 및 집회시설군으로 용도변경은 허가 대상이다.
③ 산업 등의 시설군에서 자동차 관련 시설군으로 용도변경은 허가 대상이다.
④ 교육 및 복지시설군에서 전기통신시설군으로 용도변경은 허가 대상이다.

정답 92 ③ 93 ② 94 ② 95 ③ 96 ②

97 ★★★

면적 등의 산정방법에 대한 기본 원칙으로 옳지 않은 것은?

① 대지면적은 대지의 수평투영면적으로 한다.
② 건축면적은 건축물의 외벽의 중심선으로 둘러싸인 부분의 수평투영면적으로 한다.
③ 바닥면적은 건축물의 각 층 또는 그 일부로서 벽, 기둥, 그 밖에 이와 비슷한 구획의 중심선으로 둘러싸인 부분의 수평투영면적으로 한다.
④ 용적률 산정 시 적용하는 연면적은 지하층을 포함하여 하나의 건축물 각 층의 바닥면적의 합계로 한다.

해설
연면적은 하나의 건축물 각 층의 바닥면적의 합계로 하되, 용적률을 산정할 때에는 다음에 해당하는 면적은 제외한다.
- 지하층의 면적
- 지상층의 주차용(해당 건축물의 부속용도인 경우만 해당)으로 쓰는 면적
- 초고층 건축물과 준초고층 건축물에 설치하는 피난안전구역의 면적
- 건축물의 경사지붕 아래에 설치하는 대피공간의 면적

98 ★☆☆

다음 ( ) 안에 알맞은 것을 고르시오.

> 수도권에 속하지 아니하고 광역시와 경계를 같이하지 아니한 시 또는 군으로서 인구 ( ) 이하인 시 또는 군은 도시·군기본계획을 수립하지 아니할 수 있다.

① 5만명
② 10만명
③ 15만명
④ 20만명

해설
특별시장·광역시장·특별자치시장·특별자치도지사·시장 또는 군수는 관할 구역 및 생활권에 대하여 도시·군기본계획을 수립하여야 한다. 다만, 수도권에 속하지 아니하고 광역시와 경계를 같이하지 아니한 시 또는 군으로서 인구 10만명 이하인 시 또는 군은 도시·군기본계획을 수립하지 아니할 수 있다.

99 ★☆☆

건축물의 관람실 또는 집회실로부터 바깥쪽으로의 출구로 쓰이는 문을 안여닫이로 해서는 안 되는 건축물은?

① 위락시설
② 수련시설
③ 문화 및 집회시설 중 전시장
④ 문화 및 집회시설 중 동·식물원

해설
다음 어느 하나에 해당하는 건축물의 관람실 또는 집회실로부터 바깥쪽으로의 출구로 쓰이는 문은 안여닫이로 해서는 안 된다.
- 제2종 근린생활시설 중 공연장·종교집회장(바닥면적의 합계가 각각 300m² 이상인 경우)
- 문화 및 집회시설(전시장, 동·식물원 제외)
- 종교시설
- 위락시설
- 장례시설

100 ★★★

「국토의 계획 및 이용에 관한 법령」상 아래와 같이 정의되는 것은?

> 도시·군계획 수립 대상지역의 일부에 대하여 토지이용을 합리화하고 그 기능을 증진시키며, 미관을 개선하고 양호한 환경을 확보하며, 그 지역을 체계적·계획적으로 관리하기 위하여 수립하는 도시·군관리계획

① 광역도시계획
② 지구단위계획
③ 도시·군기본계획
④ 입지규제최소구역계획

해설
지구단위계획이란 도시·군계획 수립 대상지역의 일부에 대하여 토지 이용을 합리화하고 그 기능을 증진시키며 미관을 개선하고 양호한 환경을 확보하며, 그 지역을 체계적·계획적으로 관리하기 위하여 수립하는 도시·군관리계획이다.

선지분석
① 광역도시계획: 지정된 광역계획권의 장기발전방향을 제시하는 계획
③ 도시·군기본계획: 특별시·광역시·특별자치시·특별자치도·시 또는 군의 관할 구역 및 생활권에 대하여 기본적인 공간구조와 장기발전방향을 제시하는 종합계획으로서 도시·군관리계획 수립의 지침이 되는 계획

정답 97 ④ 98 ② 99 ① 100 ②

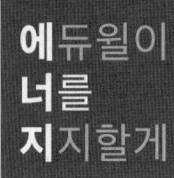

인생은 끊임없는 반복.
반복에 지치지 않는 자가 성취한다.

– 윤태호 「미생」 중

2022년 | 제4회 CBT 복원문제

제1과목 건축계획

01 ★★★
주심포 형식에 관한 설명으로 옳지 않은 것은?

① 공포를 기둥 위에만 배열한 형식이다.
② 장혀는 긴 것을 사용하고 평방이 사용된다.
③ 부재가 전체적으로 정연하게 가공되고 조각이 많아 인공성이 강하다.
④ 맞배지붕이 대부분이며 천장을 특별히 가설하지 않고 서까래가 노출되어 보인다.

해설
주심포 형식에서 장혀는 짧은 것을 사용하고, 평방은 사용되지 않는다.

합격 POINT 주심포 양식
주심포 양식은 고려 중기 남송에서 전래된 것으로, 공포를 기둥 위(주두)에만 배치하고, 기둥 사이에는 두지 않는다. 단아한 외관에 배흘림이 큰 편이며, 주로 단장혀를 사용하고, 내부의 천장은 연등천장이다.

02 ★★★
다음과 같은 특징을 갖는 에스컬레이터 배치 유형은?

- 점유면적이 다른 유형에 비해 작다.
- 연속적으로 승강이 가능하다.
- 승객의 시야가 좋지 않다.

① 교차식 배치
② 직렬식 배치
③ 병렬 단속식 배치
④ 병렬 연속식 배치

해설
교차식 배치에 대한 특징이다.

선지분석
② 직렬식 배치: 점유면적과 승객의 시야가 넓고, 승객의 시선이 한 방향으로 고정된다.
③ 병렬 단속식 배치: 승객의 시야가 좋고, 연속적으로 승강할 수 없다.
④ 병렬 연속식 배치: 오르기와 내리기의 연속적 시행이 가능하다.

03 ★★☆
은행 건축의 계획에 관한 다음 설명 중 부적당한 것은?

① 은행실은 은행건축의 주체를 이루는 곳으로 기둥수가 적고 넓은 실이 요구된다.
② 영업대의 높이는 고객 대기실에서 140~145cm가 가장 적당하다.
③ 영업실은 고객을 직접 상대하는 업무 외에는 고객과의 직접적인 접촉을 피하도록 계획한다.
④ 정문 출입구에 전실을 둘 경우에 바깥문은 밖여닫이, 또는 자재문으로 하기도 한다.

해설
영업대의 높이는 고객 대기실에서 100~110cm, 영업장에서는 90~95cm가 적당하다.

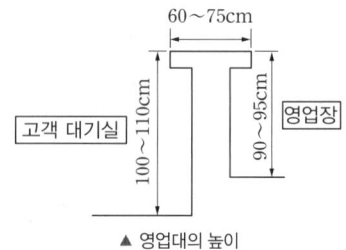

▲ 영업대의 높이

04 ★★★
서양 건축양식의 역사적인 순서로서 옳게 배열된 것은?

① 비잔틴 → 로마네스크 → 고딕 → 르네상스 → 바로크
② 비잔틴 → 고딕 → 로마네스크 → 르네상스 → 바로크
③ 비잔틴 → 로마네스크 → 고딕 → 바로크 → 르네상스
④ 비잔틴 → 고딕 → 로마네스크 → 바로크 → 르네상스

해설
서양 건축양식 역사순
이집트 → 그리스 → 로마 → 초기기독교 → **비잔틴** → 사라센 → **로마네스크** → **고딕** → **르네상스** → **바로크** → 로코코

정답 01 ② 02 ① 03 ② 04 ①

05 ★★★
종합병원계획에 관한 설명으로 옳지 않은 것은?

① 수술부는 타 부분의 통과교통이 없는 장소에 배치한다.
② 전체적으로 바닥의 단차를 가능한 줄이는 것이 좋다.
③ 외래 진료부의 구성단위는 간호단위를 기본단위로 한다.
④ 내과는 진료검사에 시간이 걸리므로, 소진료실을 다수 설치한다.

해설
병동부의 구성단위는 간호단위를 기본단위로 한다.

06 ★★☆
학교 운영방식에 관한 설명으로 옳지 않은 것은?

① 달톤형은 다양한 크기의 교실이 요구된다.
② 교과교실형은 각 교과교실의 순수율이 낮다는 단점이 있다.
③ 플래툰형은 교사수 및 시설이 부족하면 운영이 곤란하다는 단점이 있다.
④ 종합교실형은 학생의 이동이 없으며, 초등학교 저학년에 적합한 형식이다.

해설
- 교과교실형은 순수율이 높아 시설의 활용도가 높다.
- 교과교실형은 학생의 이동이 많다는 단점이 있다.

07 ★★★
특수전시기법에 관한 설명으로 옳지 않은 것은?

① 하모니카 전시는 전시내용을 통일된 형식 속에서 규칙적으로 반복시켜 표현하는 기법이다.
② 파노라마 전시는 연속적인 주제를 연관성 있게 표현하기 위해 선형의 파노라마로 연출하는 기법이다.
③ 디오라마 전시는 하나의 사실 또는 주제의 시간 상황을 고정시켜 연출하는 것으로 현장에 임한 느낌을 주는 기법이다.
④ 아일랜드 전시는 실물을 직접 전시할 수 없거나 오브제 전시만의 한계를 극복하기 위해 영상매체를 사용하여 전시하는 기법이다.

해설
- 아일랜드 전시는 벽이나 천장을 직접 이용하지 않고 전시물 또는 전시장치를 배치하는 전시기법이다.
- 영상매체를 사용하는 전시기법은 영상전시이다.

08 ★★☆
백화점 계획에서 매장 부분의 외관을 무창으로 하는 이유로 옳지 않은 것은?

① 실내의 조도를 일정하게 하기 위해서
② 벽면에 상품 전시공간을 확보하기 위해서
③ 인접건물의 화재 시 백화점으로의 인화를 방지하기 위해서
④ 창으로부터의 역광이 없도록 하여 디스플레이(Display)를 유리하게 하기 위해서

해설
백화점의 무창계획과 인화방지는 관계없다.

합격 POINT ▶ 백화점 무창계획
1. 창으로부터의 역광을 방지한다.
2. 실내의 조도를 일정하게 할 수 있다.
3. 벽면에 상품 전시공간을 확보할 수 있다.
4. 공기조화와 냉난방 효율이 좋으나 고도의 설비시설이 요구된다.
5. 화재나 정전 시 피난에 어려움이 있다.

09 ★★☆
전시실 순회방식에 관한 설명으로 옳지 않은 것은?

① 연속순회형식은 비교적 소규모 전시실에 적합하다.
② 중앙홀형식은 홀의 크기가 크면 중앙부 동선의 혼란이 있다.
③ 갤러리 및 코리도형식은 복도 자체도 전시공간으로 이용이 가능하다.
④ 갤러리 및 코리도형식은 각 실에 직접 들어갈 수 있는 점이 유리하다.

해설
중앙홀형식은 중심부에 홀을 두고 홀의 주위에 전시실을 배치하여 홀을 통해 출입하는 형식이다. 홀의 크기가 크면 동선의 혼란이 줄어든다.

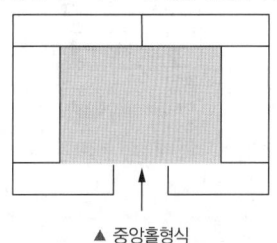

▲ 중앙홀형식

정답 05 ③ 06 ② 07 ④ 08 ③ 09 ②

10 ★★☆
도서관 건축에 관한 설명으로 옳지 않은 것은?

① 캐럴(Carrel)은 서고 내에 설치된 소연구실이다.
② 서고의 내부는 자연채광을 하지 않고 인공조명을 사용한다.
③ 일반 열람실의 면적은 $0.25 \sim 0.5 m^2$/인 정도의 규모로 계획한다.
④ 서고면적 $1m^2$ 당 150~250권 정도의 수장능력을 갖도록 계획한다.

해설
일반 열람실의 면적은 성인과 아동의 인원수에 따라 규모를 계획한다.
- 성인 1인당 $1.5 \sim 2.0 m^2$
- 아동 1인당 $1.1 m^2$

11 ★★★
사무실 내의 책상배치의 유형 중 좌우대향형에 관한 설명으로 옳은 것은?

① 대향형과 동향형의 양쪽 특성을 절충한 형태로 커뮤니케이션의 형성에 불리하다.
② 4개의 책상이 맞물려 십자를 이루도록 배치하는 형식으로 그룹작업을 요하는 업무에 적합하다.
③ 책상이 서로 마주보도록 하는 배치로 면적효율은 좋으나 대면 시선에 의해 프라이버시가 침해당하기 쉽다.
④ 낮은 칸막이로 한 사람의 작업활동을 위한 공간이 주어지는 형태로 독립성을 요하는 전문직에 적합한 배치이다.

해설
좌우대향형은 그림과 같이 서로 대각선 방향에 배치되는 형으로 커뮤니케이션 형성에 불리하다.

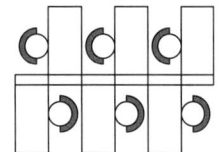

선지분석
② 십자형: 그림과 같이 +자 형태를 이루는 배치이다.

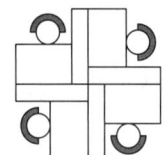

③ 대향형: 그림과 같이 마주보는 배치로 커뮤니케이션 형성에 유리하고, 프라이버시가 침해당하기 쉽다.

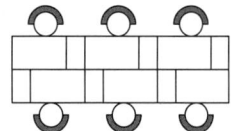

④ 자유형: 개인의 작업을 위한 영역이 중요시된다.

12 ★★★
다음 중 호텔의 성격상 연면적에 대한 숙박면적의 비가 가장 큰 것은?

① 리조트호텔
② 커머셜호텔
③ 클럽하우스
④ 레지덴셜호텔

해설
연면적에 대한 숙박면적의 비
커머셜(시티)호텔 > 리조트호텔 > 아파트먼트호텔

13 ★★★
극장건축에서 그린룸(Green Room)의 역할로 가장 알맞은 것은?

① 의상실
② 배경제작실
③ 관리관계실
④ 출연대기실

해설
그린룸(Green Room)은 출연자 대기실을 말하며 주로 무대 가까운 곳에 배치한다.

합격 POINT
- 앤티 룸(Anti Room)은 출연자들이 출연 바로 직전에 기다리는 공간이다.
- 배경제작실의 위치는 무대에 가까울수록 편리하며, 제작 중의 소음을 고려하여 차음 설비가 요구된다.

14 ★★☆
그리스 아테네 아크로폴리스에 관한 설명으로 옳지 않은 것은?

① 프로필리어는 아크로폴리스로 들어가는 입구 건물이다.
② 에레크테이온 신전은 이오닉 양식의 대표적인 신전으로 부정형 평면으로 구성되어 있다.
③ 니케 신전은 순수한 코린트식 양식으로서 페르시아와의 전쟁의 승리기념으로 세워졌다.
④ 파르테논 신전은 도릭 양식의 대표적인 신전으로서 그리스 고전건축을 대표하는 건물이다.

해설
니케 신전은 아테네 여신을 모시던 신전으로 아크로폴리스 최초의 이오니아식 건축물이다.

정답 10 ③ 11 ① 12 ② 13 ④ 14 ③

15 ★★☆
아파트의 단면형식 중 메조넷형(Maisonette Type)에 대한 설명으로 옳지 않은 것은?

① 주택 내부공간의 다양한 변화추구가 가능하다.
② 공용 및 서비스 면적이 증가한다.
③ 통로가 없는 층의 평면은 일조, 통풍 및 전망이 좋다.
④ 거주성, 특히 프라이버시의 확보가 용이하다.

해설
- 메조넷형(복층형)에서는 공용 및 서비스 면적이 감소한다.
- 단층형은 각 주호가 1개의 층으로 구성되며 복층형은 한 주호가 2개의 층 이상으로 구성된 형식이다.

16 ★★★
공장건축의 레이아웃(Lay Out)에 관한 설명으로 옳지 않은 것은?

① 제품중심의 레이아웃은 대량생산에 유리하며 생산성이 높다.
② 레이아웃이란 생산품의 특성에 따른 공장의 건축면적 결정 방식을 말한다.
③ 공정중심의 레이아웃은 다종 소량생산으로 표준화가 행해지기 어려운 경우에 적합하다.
④ 고정식 레이아웃은 조선소와 같이 조립부품이 고정된 장소에 있고 사람과 기계를 이동시키며 작업을 행하는 방식이다.

해설
레이아웃이란 공장 사이의 여러 부분, 작업장 내 기계 설비, 작업 구역, 자재나 제품 보관 장소 등의 상호 위치 관계이다. 공장 배치 계획 또는 평면 계획을 시행할 때 레이아웃을 고려한다.

17 ★★★
일반주택의 동선계획에 관한 설명 중 옳지 않은 것은?

① 동선이 가지는 요소는 속도, 빈도, 하중의 3가지가 있다.
② 동선에는 공간이 필요하고 가구를 둘 수 없다.
③ 하중이 큰 가사노동의 동선은 길게 나타낸다.
④ 개인, 사회, 가사노동권의 3개 동선이 서로 분리되어야 바람직하다.

해설
하중이 큰 가사노동의 동선은 짧게 나타낸다.

18 ★★★
테라스 하우스에 관한 설명으로 옳지 않은 것은?

① 경사가 심할수록 밀도가 높아진다.
② 각 세대의 깊이는 7.5m 이상으로 하여야 한다.
③ 평지보다 더 많은 인구를 수용할 수 있어 경제적이다.
④ 시각적인 인공테라스형은 위층으로 갈수록 건물의 내부면적이 작아지는 형태이다.

해설
테라스 하우스에서 각 세대의 깊이는 6.0 ~ 7.5m 이상이 되지 않도록 해야 한다.

합격 POINT ▶ 테라스 하우스
- 경사지에서 적절히 절토하여 지형에 맞추어 건물을 짓는다.
- 각 호마다 전용 정원(뜰)을 갖는다.
- 진입방식에 따라 하향식과 상향식으로 나눈다.

19 ★★★
탑상형 공동주택에 관한 설명으로 옳지 않은 것은?

① 각 세대에 시각적인 개방감을 준다.
② 각 세대의 거주 조건 및 환경이 균등하다.
③ 도심지 내의 랜드마크적인 역할이 가능하다.
④ 건축물 외면의 4개의 입면성을 강조한 유형이다.

해설
탑상형 공동주택은 거주 조건 및 환경이 불균등하다.
구조에 따라 강제 환기 시스템이 필요하며, 각 세대별 채광이나 통풍 등의 조건이나 환경이 다르다.

20 ★★☆
척도 조정(M.C.)에 관한 설명으로 옳지 않은 것은?

① 설계작업이 단순해지고 간편해진다.
② 현장작업이 단순해지고 공기가 단축된다.
③ 건축물 형태의 다양성 및 창조성 확보가 용이하다.
④ 구성재의 상호조합에 의한 호환성을 확보할 수 있다.

해설
척도 조정(Modular Coordination)은 모듈을 통하여 건축 전반에 사용되는 재료를 규격화하는 것을 말한다. 규격화에 따라 건축물 형태의 다양성 및 창조성이 상실되기 쉽다.

정답 15 ② 16 ② 17 ③ 18 ② 19 ② 20 ③

제2과목 건축시공

21 ★★☆
가이데릭(Guy Derick)에 대한 설명 중 옳지 않은 것은?

① 기계 대수는 평면높이의 가동범위·조립능력과 공기에 따라 결정한다.
② 붐(Boom)의 길이는 마스트의 길이보다 길다.
③ 볼휠(Ball Wheel)은 가이데릭 하단부에 위치한다.
④ 붐(Boom)의 회전각은 360°이다.

해설
가이데릭의 붐(Boom) 길이는 마스트의 길이보다 짧다.

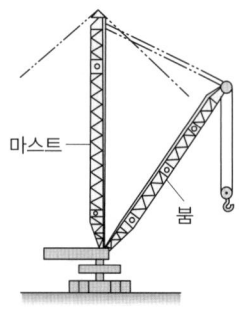

22 ★★☆
목재의 무늬나 바탕의 재질을 잘 보이게 하는 도장 방법은?

① 유성페인트 도장
② 에나멜페인트 도장
③ 합성수지 페인트 도장
④ 클리어 래커 도장

해설
목재의 무늬와 바탕의 재질을 잘 보이게 하는 도장은 클리어 래커로 투명 래커이며, 실내용 도장에 사용된다.

23 ★☆☆
건축구조물에 쓰이는 일반적인 목재의 성질에 대한 설명으로 옳지 않은 것은?

① 색채 무늬가 있어 미장에 유리하다.
② 비중이 작고 연질이어서 가공이 쉽다.
③ 방부제와 방화자재를 사용하면 내구성을 연장할 수 있다.
④ 무게에 비해 강도가 작아 구조용으로 부적합하다.

해설
목재는 무게에 비해 강도가 크며 구조용으로 사용된다.

24 ★★☆
사운딩은 로드 선단에 붙인 저항체를 지중에 넣고 관입, 회전, 인발 등에 의해 토층의 성상을 탐사하는 시험법인데 이러한 사운딩에 속하지 않는 시험은?

① 표준관입시험
② 콘관입시험
③ 베인전단시험
④ 말뚝재하시험

해설
말뚝재하시험은 지내력시험에 해당된다.

합격 POINT

지내력(재하)시험	사운딩
· 평판재하시험 · 말뚝재하시험	· 표준관입시험 · 베인테스트 · 콘관입시험 · 스웨덴식 사운딩 시험

25 ★★☆
합성고무와 열가소성수지를 사용하여 1겹으로 방수효과를 내는 공법은?

① 도막방수
② 시트방수
③ 아스팔트방수
④ 표면도포방수

해설
시트방수는 시트 1층으로 방수효과를 내는 공법이며, 도막방수, 아스팔트방수, 표면도포방수는 다층 방수 방식의 공법이다.

26 ★★☆
도막방수에 관한 설명으로 옳지 않은 것은?

① 도막방수의 바탕처리는 시멘트액체방수에 준하여 실시한다.
② 도막방수에는 노출공법과 비노출공법이 있다.
③ 아크릴계 도막방수는 인화성이 강하므로 시공 시 화기를 엄금한다.
④ 용제형 도막방수는 강풍이 불 경우 방수층 접착이 불량하다.

해설
용제형 도막방수는 인화성이 강하므로 시공 시 화기를 엄금한다.

합격 POINT 도막방수

구분	내용
유제형 도막방수	수지 에멀션형(아크릴형) 도막방수라고도 하며 수지 에멀션제(유제)를 바탕 콘크리트면에 여러 차례 덧발라 방수층을 만드는 공법이다.
용제형 도막방수	천연 및 합성고무를 휘발성 용제에 녹인 고무도료를 여러 번 덧칠하여 방수층을 만드는 공법이다.

정답 21 ② 22 ④ 23 ④ 24 ④ 25 ② 26 ③

27 ★★★

QC(Quality Control)활동의 도구가 아닌 것은?

① 기능계통도 ② 산점도
③ 히스토그램 ④ 특성요인도

해설
기능계통도는 V.E(Value Engineering, 가치공학)의 수행 시 기능을 분석하는 방법이다.

합격 POINT 종합적 품질관리(TQC)의 7가지 도구

구분	내용
히스토그램	데이터가 어떠한 분포를 하고 있는지를 막대그래프로 작성한 그림
특성요인도	결과에 대하여 원인이 어떻게 관계하고 있는지 한눈에 알아볼 수 있도록 작성한 그림
파레토도	불량, 고장, 결점 등 발생건수를 원인과 형상별로 분류하여 크기 순서대로 나열해 놓은 그림
체크시트	계수값 데이터가 분류 항목별 집중도를 알아볼 수 있도록 작성한 것
층별	집단을 구성하고 있는 데이터를 특성에 따라 부분 집단으로 나누는 것
산점도	대응되는 2개의 짝으로 된 데이터를 그래프 상에 점으로 나타낸 것
각종 그래프	작성 목적을 명확히 쉽게 파악할 수 있도록 표현한 그래프

28 ★☆☆

품질관리 사이클의 순서로 옳은 것은?

① 계획 – 검토 – 실시 – 조치
② 계획 – 검토 – 조치 – 실시
③ 계획 – 실시 – 조치 – 검토
④ 계획 – 실시 – 검토 – 조치

해설
품질관리(PDCA) 사이클

구분		내용
Plan	계획	목표를 위한 계획을 세움
Do	실시	표준과 동일한 작업을 실시
Check	검토	작업상황 및 결과를 검토
Action	조치	검토한 결과에 따라 시정조치

29 ★★☆

수밀콘크리트에 관한 설명으로 옳지 않은 것은?

① 콘크리트의 소요 슬럼프는 되도록 작게 하여 180mm를 넘지 않도록 한다.
② 콘크리트의 워커빌리티를 개선시키기 위해 공기연행제, 공기연행감수제 또는 고성능 공기연행감수제를 사용하는 경우라도 공기량은 2% 이하가 되게 한다.
③ 물결합재비는 50% 이하를 표준으로 한다.
④ 콘크리트 타설 시 다짐을 충분히 하여, 가급적 이어붓기를 하지 않아야 한다.

해설
수밀콘크리트의 워커빌리티 개선을 위해 공기량은 4% 이하로 한다.

30 ★★★

높이 3m, 길이 200m의 벽을 시멘트 벽돌 1.0B 쌓기로 할 때 필요한 벽돌의 정미량은? (단, 벽돌규격: $190 \times 90 \times 57mm$)

① 84,500매 ② 89,400매
③ 92,000매 ④ 98,300매

해설
$3m \times 200m \times 149(=1.0B)$매$/m^2 = 89,400$매

합격 POINT 표준형 벽돌의 소요량

벽두께	단위수량(매/m²)
0.5B	75
1.0B	149
1.5B	224

31 ★★☆

바닥판, 보밑 거푸집 설계에서 고려하는 하중과 가장 거리가 먼 것은?

① 굳지 않은 콘크리트의 중량
② 작업하중
③ 충격하중
④ 측압

해설
측압은 수평하중으로, 바닥판과 보밑 거푸집 설계에서 고려하는 수직하중과는 거리가 멀다.

구분	항목
수직하중	굳지 않은 콘크리트 중량, 작업하중, 충격하중 등
수평하중	측압, 풍하중 등

정답 27 ① 28 ④ 29 ② 30 ② 31 ④

32 ★★★

철골공사의 용접작업 시 발생하는 각 용접결함에 대한 설명으로 옳지 않은 것은?

① 언더컷(Under Cut)은 모재가 용착금속이 채워지지 않고 흠으로 남게 된 부분을 말한다.
② 오버랩(Over Lap)은 용접금속과 모재가 융합되지 않고 겹쳐지는 것을 말한다.
③ 블로홀(Blow Hole)은 금속이 녹아들 때 생기는 기포를 말한다.
④ 피트(Pit)는 용접 후 냉각 시 용접부에 생기는 갈라짐을 말한다.

해설
용접 후 냉각 시 용접부에 생기는 갈라짐은 크랙(Crack)이다. 피트(Pit)는 수분 등에 의하여 용접부 표면에 작은 구멍이 생기는 용접결함이다.

합격 POINT 용접결함의 종류

종류	특징	비고
균열(Crack)	• 용접금속에 금이 간 상태이다. • 용착금속이 응고되어 수축할 때 용접부가 구속되면 인장 잔류 응력에 의해 균열이 발생되며 대부분 냉각과정에서 용착금속 내에 발생한다.	Crack
블로홀(Blow Hole) & 피트(Pit)	• 블로홀(Blow Hole): 용접 후 냉각 시 용접 부위에 공기가 포함되어 공극이 형성되는 것이다. • 피트(Pit): 용접부 표면에 생기는 미세한 흠이다.	Blow Hole, Pit
슬래그(Slag) 혼입	• 슬래그는 제강 시 생기는 비금속성 찌꺼기이다. • 용착금속이 급히 냉각하는 경우나 운봉작업이 좋지 않은 경우에 일부가 표면에 뜨지 않고 내부로 혼입되는 현상이다.	Slag 혼입
오버랩(Over Lap)	• 용융금속이 넘쳐서 표면에 융합되지 않은 상태를 말한다. • 용접 전류가 약할 때 주로 발생한다.	Over Lap
언더컷(Under Cut)	• 용접 시 모재가 녹아 파이는 현상을 말한다. • 용접 전류가 클 때, 운봉 속도가 빠를 때 발생한다.	Under Cut
용입부족	• 용착금속이 모두 채워지지 않고 빈 공간이 남는 현상을 말한다. • 용접 전류가 낮거나, 운봉 속도가 빠를 때 발생한다.	용입부족
피시아이(Fish Eye)	• 슬래그 혼입이나 블로홀 겹침 현상으로 생선 눈알 모양의 은색 반점이 생기는 결함이다.	Fish Eye

| 크레이터 (Crater) | • 용접 시 길이방향 끝부분에 용착금속이 채워지지 않고 오목하게 패이는 결함이다.
• 온도 저하로 용착금속이 수축하면서 균열이 생기기도 한다. | 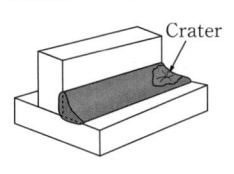 |

33 ★★☆

공사감리자의 업무사항으로 맞지 않은 것은?

① 시공계획 및 공사관리의 적정여부 확인
② 상세 시공도면의 작성·검토
③ 공정표의 검토
④ 설계변경의 적정여부의 검토·확인

해설
상세 시공도면은 시공자가 작성·검토 한다.

34 ★★☆

치장줄눈 표기로 바르지 않은 것은?

① 민줄눈
② 오목줄눈
③ 내민줄눈
④ 빗줄눈

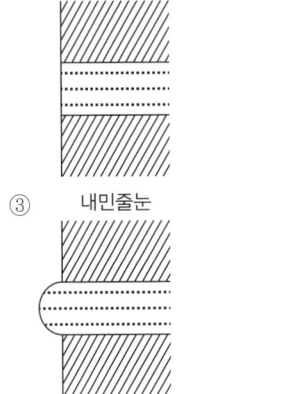
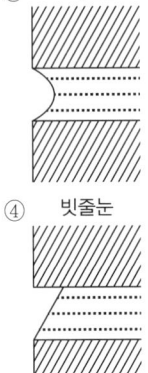

해설
③은 볼록줄눈이다.

합격 POINT 치장줄눈의 종류

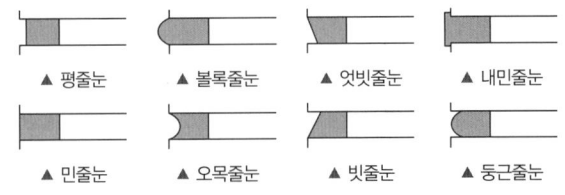

▲ 평줄눈 ▲ 볼록줄눈 ▲ 엇빗줄눈 ▲ 내민줄눈
▲ 민줄눈 ▲ 오목줄눈 ▲ 빗줄눈 ▲ 둥근줄눈

정답 32 ④ 33 ② 34 ③

35 ★☆☆

대규모 공사에서 지역별로 공사를 분리하여 발주하며 중소업자에게 균등한 기회를 주는 발주방식은?

① 전문공종별 분할도급
② 공정별 분할도급
③ 공구별 분할도급
④ 직종별, 공종별 분할도급

해설

내용	구분
전문공종별 분할도급	시설 공사 중 설비공사(전기, 난방 등)를 주체공사에서 분리하여 전문공사업자와 직접 계약하는 방식이다.
직종별·공종별 분할도급	전문직별 또는 각 공종별로 도급을 주는 방식으로 직영제도에 가깝고 총괄 도급자의 하도급에 많이 적용되며 노무만을 도급 줄 때도 있다.
공정별 분할도급	정지·구체·마무리 등의 공사를 공정별로 나누어 도급주는 방식이다.
공구별 분할도급	대규모 공사에서 지역별로 공사를 구분하여 발주하는 방식이다.

36 ★★☆

건축마감공사로서 단열공사에 관한 설명으로 옳지 않은 것은?

① 단열시공바탕은 단열재 또는 방습재 설치에 못, 철선, 모르타르 등의 돌출물이 도움이 되므로 제거하지 않아도 된다.
② 설치위치에 따른 단열공법 중 내단열공법은 단열성능이 적고 내부 결로가 발생할 우려가 있다.
③ 단열재를 접착제로 바탕에 붙이고자 할 때에는 바탕면을 평탄하게 한 후 밀착하여 시공하되 초기박리를 방지하기 위해 압착상태를 유지시킨다.
④ 단열재료에 따른 공법은 성형판단열재 공법, 현장발포재 공법, 뿜칠단열재 공법 등으로 분류할 수 있다.

해설

단열시공바탕은 단열재 또는 방습재 설치에 지장이 없도록 못, 철선, 모르타르 등의 돌출물을 제거한 후 작업한다.

37 ★★★

철골공사에서 크롬산 아연을 안료로 하고, 알키드 수지를 전색료로 한 것으로서 알루미늄 녹막이 초벌칠에 적당한 것은?

① 그래파이트 도료
② 징크로메이트 도료
③ 광명단
④ 알루미늄 도료

해설

징크로메이트 도료는 크롬산 아연을 안료로 하고, 알키드 수지를 전색료로 한 도료이다. 녹막이 효과가 좋고 알루미늄 녹막이 초벌칠에 적당하다.

합격 POINT 기능성 도장

방청 도료	방부 도료	방화 도료
• 징크로메이트 도료 • 광명단 • Boiled 유 • 아연분말 도료 • 방청페인트	• 콜타르(흑색) • 크레오소트 오일 • P.C.P용액(무색) • 아스팔트	• 요소수지 • 비닐수지 • 염화파라핀

38 ★★★

가설건축물 중 시멘트창고에 관한 설명으로 옳지 않은 것은?

① 바닥구조는 일반적으로 마루널깔기로 한다.
② 창고의 크기는 시멘트 100포당 2~3m²로 하는 것이 바람직하다.
③ 공기의 유통이 잘 되도록 개구부를 가능한 한 크게 한다.
④ 벽은 널판붙임으로 하고 장기간 사용하는 것은 함석붙이기로 한다.

해설

시멘트창고에 채광창 이외에 창은 설치하지 않으며, 통풍 시 시멘트의 풍화를 유발하므로 환기창의 설치를 금한다.

합격 POINT 시멘트창고

- 방습상 바닥 설치는 지면에서 30cm 이상으로 한다.
- 출입구, 채광창 이외의 개구부는 되도록 설치하지 않으며 반입로, 반출로를 따로 두어 먼저 반입된 것부터 사용한다.
- 쌓기높이는 13포 이하로 한다.
- 1m² 당 30~35포대가 적당하며, 최고 50포까지 적재할 수 있다.
- 창고 주위에 배수도랑을 설치하여 우수 침입을 방지한다.

정답 35 ③ 36 ① 37 ② 38 ③

39 ★★★

실비정산보수가산계약 제도의 특징이 아닌 것은?

① 설계 시공의 중첩이 가능한 단계별 시공이 가능하다.
② 복잡한 변경이 예상되거나 긴급을 요하는 공사에 적합하다.
③ 계약체결 시 공사비용의 최대값을 정하는 최대보증한도 실비정산보수가산계약이 일반적으로 사용된다.
④ 공사금액을 구성하는 물량 또는 단위공사 부분에 대한 단가만을 확정하고 공사 완료 시 실시수량의 확정에 따라 정산하는 방식이다.

해설
④번은 단가계약방식에 대한 설명이다.
실비정산보수가산도급은 공사의 실비를 건축주와 도급자가 확인 정산하고 건축주는 미리 정한 보수율에 따라 도급자에게 해당 보수액을 지불하는 방식이다.

40 ★★☆

철근의 가공 및 조립에 관한 설명으로 옳지 않은 것은?

① 철근의 가공은 철근상세도에 표시된 형상과 치수가 일치하고 재질을 해치지 않은 방법으로 이루어져야 한다.
② 철근상세도에 철근의 구부리는 내면 반지름이 표시되어 있지 않은 때에는 KDS에 규정된 구부림의 최소 내면 반지름 이상으로 철근을 구부려야 한다.
③ 경미한 녹이 발생한 철근이라 하더라도 일반적으로 콘크리트와의 부착성능을 매우 저하시키므로 사용이 불가하다.
④ 철근은 상온에서 가공하는 것을 원칙으로 한다.

해설
경미한 녹은 부착력 저하가 거의 없으므로 사용 가능하다.

제3과목 건축구조

41 ★★★

강구조에서 용접선 단부에 붙인 보조판으로 아크의 시작이나 종단부의 크레이터 등의 결함을 방지하기 위해 붙이는 판은?

① 엔드탭
② 스티프너
③ 윙플레이트
④ 커버플레이트

해설
엔드탭은 용접결함이 생기기 쉬운 용접의 시작이나 끝부분에 임시로 설치하는 보조 강판이다.

선지분석
② 스티프너: 기둥의 플랜지나 웨브의 좌굴방지용 보강재
③ 윙플레이트: 철골 주각부에 부착되는 강판
④ 커버플레이트: 강재의 플랜지를 보강하기 위해 사용하는 강판

합격 POINT

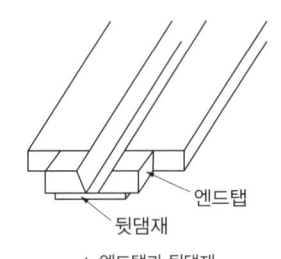

▲ 엔드탭과 뒷댐재

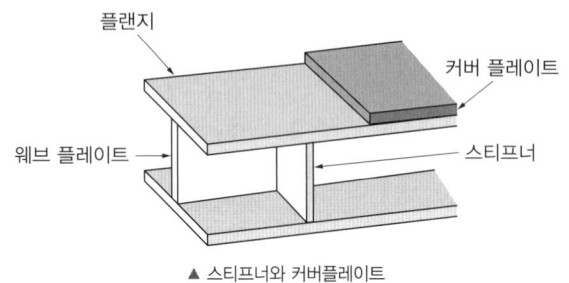

▲ 스티프너와 커버플레이트

정답 39 ④ 40 ③ 41 ①

42 ★☆☆

철골조 주각부분에 사용하는 보강재에 해당되지 않는 것은?

① 윙플레이트
② 데크플레이트
③ 사이드앵글
④ 클립앵글

해설
데크플레이트는 콘크리트 슬래브의 거푸집으로 사용되며, 바닥판이나 평지붕에도 사용된다.

합격 POINT 데크플레이트(Deck Plate)

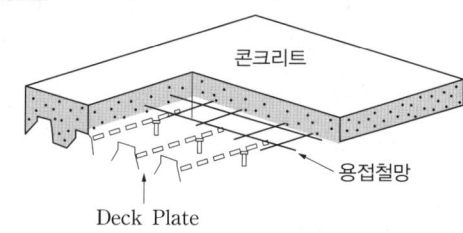

1. 강도를 유지하는데 합리적인 모양으로 골을 넣어 만든 폭이 넓은 대강이다.
2. 콘크리트 슬래브의 거푸집으로 사용된다.
3. 바닥판이나 평지붕에도 사용된다.
4. 서포트가 필요하지 않아서 고층빌딩에 많이 이용된다.

43 ★★★

강구조에서 기초 콘크리트에 매입되어, 주각부의 이동을 방지하는 역할을 하는 것은?

① 턴 버클
② 클립 앵글
③ 앵커 볼트
④ 사이드 앵글

해설
기초 콘크리트에 매입되며 주각부의 이동을 방지하는 것은 앵커 볼트이다.

합격 POINT 주각부

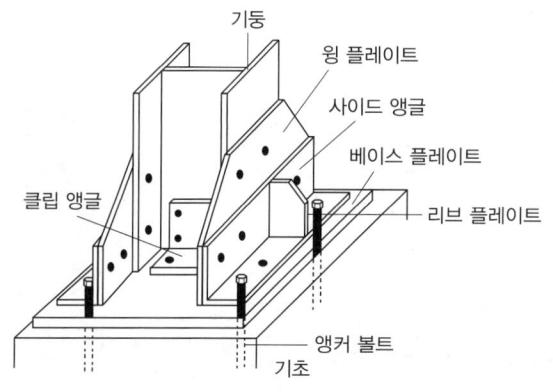

44 ★★★

단일 압축재에서 세장비를 구할 때 필요하지 않은 것은?

① 유효좌굴길이
② 단면적
③ 탄성계수
④ 단면2차모멘트

해설
세장비를 구할 때 탄성계수는 필요하지 않다.

합격 POINT 세장비

$$\lambda = \frac{KL}{r} = \frac{KL}{\sqrt{\frac{I}{A}}}$$

여기서, KL: 유효좌굴길이, K: 지지단의 상태에 따른 유효좌굴길이계수, L: 부재의 길이, r: 단면2차반경, I: 단면2차모멘트, A: 단면적

45 ★★★

고정하중(D)이 10kN, 활하중(L)이 9kN, 풍하중(W)이 0.8kN일 때 계수하중(U)을 계산하시오.

① 22kN
② 26.4kN
③ 19.8kN
④ 10kN

해설
고정하중(D)과 활하중(L), 풍하중(W)에 의한 하중조합(U)식 중 큰 값을 사용한다.
1. $U = 1.4D = 1.4 \times 10 = 14$kN
2. $U = 1.2D + 1.6L = 1.2 \times 10 + 1.6 \times 9 = 26.4$kN
3. $U = 1.2D + 1.0W + 1.0L$
   $= 1.2 \times 10 + 1.0 \times 0.8 + 1.0 \times 9 = 21.8$kN
4. $U = 1.2D + 0.5W = 1.2 \times 10 + 0.5 \times 0.8 = 12.4$kN
5. $U = 0.9D + 1.0W = 0.9 \times 10 + 1.0 \times 0.8 = 9.8$kN

∴ 계수하중(U)은 26.4kN이다.

46 ★★★

모살치수 8mm, 용접길이 500mm인 양면 모살용접의 유효 단면적은 약 얼마인가?

① 2,100mm²
② 3,221mm²
③ 4,300mm²
④ 5,421mm²

해설
유효 목두께 a, 유효 용접길이 l_e일 때, 모살용접의 유효 단면적 A_e는 아래와 같다.
$A_e = a \times l_e$ (양면 모살용접은 ×2)
이때, $a = 0.7S$이므로 (S는 모살치수)
$a = 0.7 \times 8 = 5.6$mm
$l_e = l - 2S$ (l은 용접길이) $= 500 - 2 \times 8 = 484$mm
∴ $A_e = a \times l_e \times 2 = 5.6 \times 484 \times 2 = 5,420.8$mm²

정답 42 ② 43 ③ 44 ③ 45 ② 46 ④

47 ★☆☆

그림과 같은 직경 d인 원목에서 켜낼 수 있는 최대 단면계수를 갖는 직사각형 단면 $x:y$의 비로서 맞는 것은?

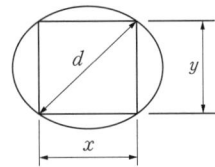

① $1:\sqrt{2}$
② $1:\sqrt{3}$
③ $1:2$
④ $1:3$

해설

직사각형 단면의 단면계수 $Z=\dfrac{bh^2}{6}$이다.

직경이 d인 원 안에서 $d=\sqrt{x^2+y^2}$이고, $y^2=d^2-x^2$으로 표현가능하고, $Z=\dfrac{bh^2}{6}=\dfrac{xy^2}{6}=\dfrac{x(d^2-x^2)}{6}$이다.

Z를 x에 대해 미분하면 $Z'=\dfrac{d^2-3x^2}{6}$이며

$x=\dfrac{1}{\sqrt{3}}d,\ y=\dfrac{\sqrt{2}}{\sqrt{3}}d$일 때 Z값이 최대이다.

∴ $x:y=1:\sqrt{2}$이다.

48 ★★☆

다음 그림과 같은 내민보의 지점 반력을 각각 구하면? (단, 반력의 +:상방향, -:하방향)

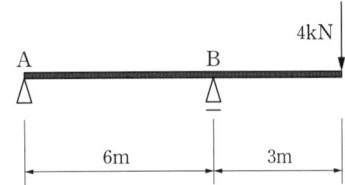

① $R_A=-2\text{kN},\ R_B=6\text{kN}$
② $R_A=2\text{kN},\ R_B=-6\text{kN}$
③ $R_A=2\text{kN},\ R_B=2\text{kN}$
④ $R_A=-4\text{kN},\ R_B=8\text{kN}$

해설

힘의 평형 조건을 사용하여 계산한다.

$\sum M_A=0;\ 4\times 9-R_B\times 6=0\quad ∴\ R_B=6\text{kN}$

$\sum F_y=0;\ R_A+R_B=4\text{kN}\quad ∴\ R_A=-2\text{kN}$

49 ★★☆

다음 그림과 같은 단순보에 변등분포하중이 작용할 때 전단력이 '0'이 되는 점에 대하여 A점으로부터의 거리를 구하면?

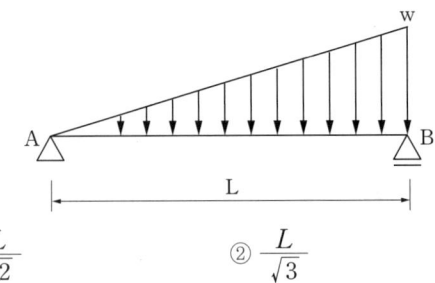

① $\dfrac{L}{\sqrt{2}}$
② $\dfrac{L}{\sqrt{3}}$
③ $\dfrac{L}{\sqrt{4}}$
④ $\dfrac{L}{\sqrt{5}}$

해설

A점의 수직반력을 먼저 구한다.

$\sum M_B=0;$

$V_A\times L-L\times w\times\dfrac{1}{2}\times\dfrac{L}{3}=0,\ ∴\ V_A=\dfrac{wL}{6}$

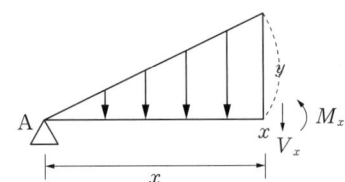

전단력이 0인 지점의 위치 x에서 하중이 y이면,

$L:w=x:y$이므로 $y=\dfrac{xw}{L}$이다.

이제 전단력이 0이 되는 거리 x를 구한다.

$\sum V=0;\ \dfrac{wL}{6}-\dfrac{1}{2}\cdot x\cdot\dfrac{xw}{L}=0$

$\dfrac{wL}{6}=\dfrac{wx^2}{2L}$

$x^2=\dfrac{L^2}{3}$이므로

∴ $x=\dfrac{L}{\sqrt{3}}$

정답 47 ① 48 ① 49 ②

50 ★★☆

다음 두 보의 최대 처짐량이 같기 위한 등분포하중의 비로 옳은 것은? (단, 부재의 재질과 단면은 동일하며 A부재의 길이는 B부재 길이의 2배임)

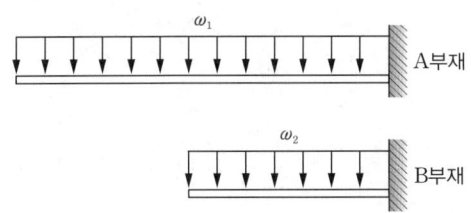

① $w_2=2w_1$
② $w_2=4w_1$
③ $w_2=8w_1$
④ $w_2=16w_1$

해설

등분포하중 시, 캔틸레버의 최대 처짐(δ_{max})은 $\frac{wl^4}{8EI}$ 이다.

$\delta_{A,max}=\frac{w_1\cdot(2l)^4}{8EI}$, $\delta_{B,max}=\frac{w_2\cdot(l)^4}{8EI}$

$\delta_{A,max}=\delta_{B,max}$ 이므로
$w_1\cdot(2l)^4=w_2\cdot(l)^4$
∴ $w_2=16w_1$

51 ★★☆

다음 라멘구조물의 부정정 차수는?

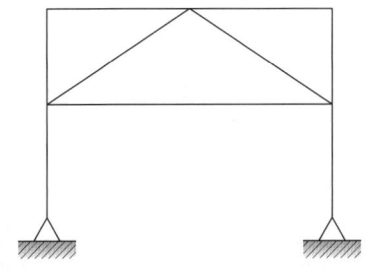

① 9차 부정정
② 10차 부정정
③ 11차 부정정
④ 12차 부정정

해설

$N=r+m+f-2j$ 공식 이용
여기서, r: 지점 반력수, m: 부재수, f: 강절점수, j: 지점수+자유단 지점수
∴ $N=(2+2)+9+11-2\times7=10$ 이므로 10차 부정정 구조이다.

52 ★★☆

다음 그림과 같은 부정정보에서 고정단모멘트 $M_{AB}(C_{AB})$의 절댓값은?

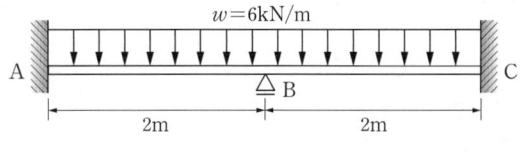

① $2\text{kN}\cdot\text{m}$
② $3\text{kN}\cdot\text{m}$
③ $4\text{kN}\cdot\text{m}$
④ $5\text{kN}\cdot\text{m}$

해설

AB구간으로 분리하고 양단고정보의 등분포하중 작용 시 A고정단의 휨모멘트로 구할 수 있다.

$M_A=-\frac{wl^2}{12}=-\frac{6\times2^2}{12}=-2\text{kN}\cdot\text{m}$

절댓값을 구하는 것이므로 답은 $2\text{kN}\cdot\text{m}$이다.

53 ★★☆

그림과 같은 단순보에서 최대 전단응력은 얼마인가?

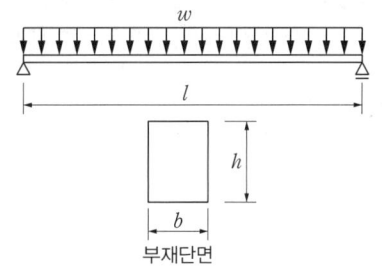

① $\frac{2}{3}\cdot\frac{wl}{bh}$
② $\frac{3}{4}\cdot\frac{wl}{bh}$
③ $\frac{4}{3}\cdot\frac{wl}{bh}$
④ $\frac{3}{2}\cdot\frac{wl}{bh}$

해설

직사각형 단면의 최대 전단응력 $\tau_{max}=\frac{3}{2}\frac{V}{A}$

여기서, 최대 전단력 $V_{max}=\frac{wl}{2}$ 이므로

∴ $\tau_{max}=\frac{3}{2}\times\frac{wl}{2bh}=\frac{3}{4}\cdot\frac{wl}{bh}$

정답 50 ④　51 ②　52 ①　53 ②

54 ★★★

강도설계법에서 압축이형철근 $D22$의 기본정착길이는? (단, $D22$ 철근의 단면적은 $287\mathrm{mm}^2$, 콘크리트의 압축강도는 $24\mathrm{MPa}$, 철근의 항복강도는 $400\mathrm{MPa}$, 경량콘크리트계수는 1)

① 400mm ② 450mm
③ 500mm ④ 550mm

해설

압축이형철근의 기본정착길이 l_{db}는 다음 중 큰 값 이상이 되어야 한다.

$l_{db} = \dfrac{0.25 \cdot d_b \cdot f_y}{\lambda \cdot \sqrt{f_{ck}}}$	$l_{db} = 0.043 d_b f_y$
• f_{ck}: 콘크리트 압축강도 • f_y: 철근의 항복강도	• d_b: 철근의 지름 • λ: 경량콘크리트계수(1.0)

1. $l_{db} = \dfrac{0.25 \times 22 \times 400}{(1.0) \times \sqrt{24}} = 449.07\mathrm{mm}$
2. $l_{db} = 0.043 \times 22 \times 400 = 378.4\mathrm{mm}$

∴ $l_{db} \geq 449.07\mathrm{mm}$

55 ★★☆

그림은 연직하중을 받는 철근콘크리트의 보의 균열 상태를 표시한 것이다. 전단력에 의해서 생기는 대표적인 균열의 형태로 옳은 것은?

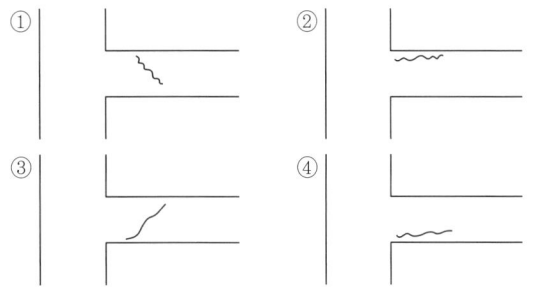

해설

전단력에 의해 연직하중이 작용하는 방향의 45° 각도로 균열이 발생한다.

합격 POINT 전단균열(사인장균열)

전단균열은 전단응력이 큰 방향에 대해 45° 각도로 발생한다.

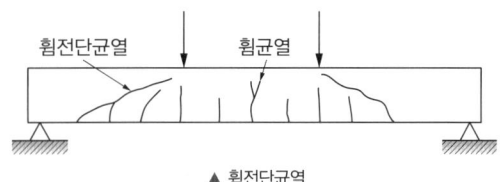

▲ 휨전단균열

56 ★★☆

연약지반에서 부동침하를 방지하는 대책으로 옳지 않은 것은?

① 건물을 경량화한다.
② 지하실을 강성체로 설치한다.
③ 줄기초와 마찰말뚝기초를 병용한다.
④ 건물의 구조강성을 높인다.

해설

연약지반에서 줄기초와 마찰말뚝기초의 병용 시 부동침하의 원인이 된다. 연약지반에서는 온통기초를 사용하는 것이 좋다.

합격 POINT 연약지반의 부동침하 방지대책

1. 상부구조: 건물의 경량화, 건물의 길이 제한, 인접건물과 이격, 건물의 중량 균등 분배
2. 하부구조: 경질 지반에 지지, 마찰말뚝 사용하고 서로 다른 종류의 말뚝 혼용을 금지, 지하실(온통기초) 설치, 지중보 또는 지하 연속벽 시공

57 ★★★

과도한 처짐에 의해 손상되기 쉬운 비구조요소를 지지 또는 부착하지 않은 바닥구조의 활하중 l에 의한 순간처짐의 한계는?

① $\dfrac{l}{180}$ ② $\dfrac{l}{240}$
③ $\dfrac{l}{360}$ ④ $\dfrac{l}{480}$

해설

처짐의 한계는 최대 허용처짐 규정에 따라 결정된다. 따라서 과도한 처짐에 의해 손상되기 쉬운 비구조요소를 지지 또는 부착하지 않은 바닥구조의 활하중에 의한 순간처짐의 한계는 $\dfrac{l}{360}$이다.

58 ★★★

기초설계 시 장기 $150\mathrm{kN}$(자중포함)의 하중을 받는 경우 장기허용지내력도 $20\mathrm{kN/m}^2$의 지반에서 필요한 기초판의 크기는?

① $1.6\mathrm{m} \times 1.6\mathrm{m}$ ② $2.0\mathrm{m} \times 2.0\mathrm{m}$
③ $2.4\mathrm{m} \times 2.4\mathrm{m}$ ④ $2.8\mathrm{m} \times 2.8\mathrm{m}$

해설

응력(지내력) σ은 작용하중 P를 작용면적 A로 나누어 구하는 식을 이용한다.

$\sigma = \dfrac{P}{A} \rightarrow A = \dfrac{P}{\sigma}$

$A = \dfrac{150}{20} = 7.5\mathrm{m}^2$

한변을 a라고 가정하면, $A = a^2$이므로
$\sqrt{7.5}\mathrm{m} \times \sqrt{7.5}\mathrm{m} ≒ 2.74\mathrm{m} \times 2.74\mathrm{m}$보다 커야 한다.

정답 54 ② 55 ③ 56 ③ 57 ③ 58 ④

59 ★★☆

강도설계법에 따른 철근콘크리트 부재의 휨에 관한 일반사항으로 옳지 않은 것은?

① 콘크리트의 인장강도는 철근콘크리트 부재 단면의 축강도와 휨강도 계산에서 무시할 수 있다.
② $f_{ck} \leq 40\text{MPa}$일 때 휨모멘트 또는 휨모멘트와 축력을 동시에 받는 부재의 콘크리트 압축연단의 극한변형률은 0.0033으로 가정한다.
③ 최소철근비는 $\phi M_n \geq 1.2 M_{cr}$를 만족하여야 한다.
④ 강도설계법에서는 연성파괴 보다는 취성파괴를 유도하도록 설계의 초점을 맞추고 있다.

해설
취성파괴는 불안정하며 고속으로 진전하므로 위험하다. 따라서 강도설계법에서는 취성파괴가 아닌 연성파괴를 유도하도록 설계의 초점을 맞추고 있다.

60 ★★★

주철근으로 사용된 D22 철근 180° 표준갈고리의 구부림 최소 내면 반지름으로 옳은 것은?

① d_b
② $2d_b$
③ $2.5d_b$
④ $3d_b$

해설
D22 철근(D10~D25)이므로 $3d_b$ 이상이다.

합격 POINT 주철근의 180° 표준갈고리와 90° 표준갈고리의 구부림 최소 내면 반지름

철근 크기	최소 내면 반지름
D10~D25	$3d_b$
D29~D35	$4d_b$
D38 이상	$5d_b$

제4과목 건축설비

61 ★☆☆

다음 중 통로유도등의 종류에 포함되지 않는 것은?

① 계단통로유도등 ② 객석유도등
③ 복도통로유도등 ④ 거실통로유도등

해설
유도등의 종류에는 피난구유도등, 통로유도등(복도, 거실, 계단), 객석유도등이 있으며, 객석유도등은 통로유도등의 종류에 포함되지 않는다.

62 ★★☆

인터폰설비의 통화망 구성 방식에 속하지 않는 것은?

① 모자식
② 상호식
③ 복합식
④ 프레스토크식

해설
프레스토크식은 인터폰설비의 작동원리에 의한 분류에 해당한다.

합격 POINT 인터폰설비의 분류
- 통화방식에 의한 분류: 상호식, 모자식, 복합식
- 작동원리에 의한 분류: 프레스토크식, 도어폰

63 ★★☆

흡수식 냉동기의 주요 구성부분에 속하지 않는 것은?

① 응축기 ② 압축기
③ 증발기 ④ 재생기

해설
냉동기는 냉방방식에 따라 크게 압축식 냉동기와 흡수식 냉동기로 나눌 수 있다. 압축기는 압축식 냉동기의 주요 구성요소이다.

합격 POINT 냉동기의 주요 구성요소
- 압축식 냉동기: 압축기, 응축기, 팽창밸브, 증발기
- 흡수식 냉동기: 증발기, 흡수기, 재생기, 응축기

정답 59 ④ 60 ④ 61 ② 62 ④ 63 ②

64 ★★★
저압옥내 배선공사 중 직접 콘크리트에 매설할 수 있는 공사는?

① 금속관공사
② 금속덕트공사
③ 버스덕트공사
④ 금속몰드공사

해설
금속관공사는 콘크리트에 직접 매설할 수 있는 공사로, 건물의 종류와 장소에 구애받지 않고 사용이 가능하다.

65 ★★☆
공조시스템의 소음방지 대책으로 옳지 않은 것은?

① 덕트의 도중에 댐퍼를 설치한다.
② 덕트의 내부에 흡음재를 부착한다.
③ 송풍기의 출구 부근에 플리넘 챔버를 장치한다.
④ 덕트의 적당한 장소에 셀형이나 플레이트형의 흡음장치를 설치한다.

해설
댐퍼는 덕트 도중에 설치하여 풍량이나 유체의 흐름을 조절하거나 차단할 때 사용한다.

66 ★★★
배수 배관에서 청소구(Clean Out)의 일반적 설치 장소에 속하지 않는 것은?

① 배수수직관의 최상부
② 배수수평지관의 기점
③ 배수수평주관의 기점
④ 배수관이 45°를 넘는 각도에서 방향을 전환하는 개소

해설
배수 배관에서 청소구는 배수수직관의 최하부에 설치한다.

합격 POINT 청소구 설치 장소
- 가옥배수관과 대지하수관이 접속되는 곳
- 배수수직관의 최하부
- 배수수평지관, 배수수평주관의 기점
- 배관이 45° 이상 각도로 구부러지는 곳
- 각종 트랩 및 배관상 필요한 곳
- 수평관의 관경이 100mm 이하인 경우: 직선거리 15m 이내마다 설치
- 수평관의 관경이 100mm 이상인 경우: 직선거리 30m 이내마다 설치

67 ★★★
습공기를 가열했을 때 상태값이 변화하지 않는 것은?

① 엔탈피
② 습구온도
③ 절대습도
④ 상대습도

해설
절대습도는 습공기를 구성하고 있는 건조공기 1kg당의 수증기량을 말하며 공기를 가열하거나 냉각하여도 변함이 없다.

합격 POINT 습공기 가열·냉각 시 상태변화

습공기	상태변화
가열	엔탈피 증가, 비체적 증가, 상대습도 감소
냉각	엔탈피 감소, 비체적 감소, 상대습도 증가

※ 절대습도는 가열하거나 냉각하여도 일정하다.

68 ★★★
각 층마다 옥내소화전이 3개씩 설치되어 있는 건물에서 옥내소화전설비의 수원의 저수량은 최소 얼마 이상이 되도록 하여야 하는가?

① $3.9m^3$
② $4.2m^3$
③ $4.5m^3$
④ $5.2m^3$

해설
옥내소화전의 수원의 저수량
= 옥내소화전 1개의 방수량 × 동시개구수 × 20분
= 130L/min × N개 × 20min
= $2.6m^3$ × N (최대 2개)
옥내소화전이 2개 이상 설치된 경우 N은 2로 계산한다.
= $2.6m^3$ × 2
= $5.2m^3$
※ $1L = 10^{-3}m^3$

69 ★★☆
실내열환경 지표 중 공기의 습도가 고려되지 않은 것은?

① 작용온도
② 유효온도
③ 등온지수
④ 신유효지수

해설
작용온도는 공기의 습도는 고려되지 않으며, 기온, 기류 및 주위 벽의 방사온도의 종합에 의해서 체감온도를 나타낸다.

정답 64 ① 65 ① 66 ① 67 ③ 68 ④ 69 ①

70 ★★★
액화천연가스(LNG)에 관한 설명으로 옳지 않은 것은?

① 메탄이 주성분이다.
② 무공해, 무독성이다.
③ 비중이 공기보다 크다.
④ 일반적으로 배관을 통해 공급한다.

해설
액화천연가스(LNG)는 비중이 공기보다 가볍기 때문에 천장에서 30cm 아래에 가스경보기를 설치한다.

합격 POINT 액화천연가스(LNG; Liquefied Natural Gas)
- 메탄(CH_4)이 주성분이다.
- 공기보다 가벼워 누설되어도 공기 중에 흡수되어 안전성이 높다.
- 가스경보기는 천장에서 30cm 아래에 설치한다.
- 발열량이 크고, 무공해이다.
- 배관을 통하여 공급하기 때문에 대규모 저장시설이 필요하다.

71 ★★★
복사난방에 대한 설명으로 옳지 않은 것은?

① 열용량이 작아 방열량 조절이 쉽다.
② 매립코일이 고장나면 수리가 어렵다.
③ 천장고가 높은 곳에서 난방감을 얻을 수 있다.
④ 실내에 방열기를 설치하지 않으므로 바닥을 유용하게 이용할 수 있다.

해설
복사난방은 열용량이 커서 외기온도가 급변할 경우 방열량 조절이 어렵기 때문에 지속난방에 적합하다.

72 ★★★
공기조화방식 중 팬코일유닛방식에 대한 설명으로 옳지 않은 것은?

① 덕트 샤프트와 스페이스가 반드시 필요하다.
② 중앙기계실의 면적이 작아도 된다.
③ 외기량이 부족하여 실내공기의 오염이 심하다.
④ 각 실의 유닛은 수동으로도 제어할 수 있고, 개별 제어가 쉽다.

해설
팬코일유닛방식은 전수방식이므로 덕트 샤프트와 스페이스가 필요 없다.

73 ★★★
다음 중 건물 실내에 표면결로 현상이 발생하는 원인과 가장 거리가 먼 것은?

① 실내외 온도차
② 구조재의 열적 특성
③ 실내 수증기 발생량 억제
④ 생활 습관에 의한 환기 부족

해설
실내 수증기 발생량 억제는 표면결로 현상을 방지하는 방법이다.

합격 POINT 결로 방지 대책
- 자주 환기한다.
- 벽에 방습층을 설치한다.
- 벽체의 열관류율을 작게 한다.
- 벽체의 열관류저항을 크게 한다.
- 각 실 간의 온도차를 작게 한다.
- 난방에 의한 수증기 발생을 억제한다.
- 실내측 벽의 표면온도를 실내공기의 노점온도보다 높게 한다.

74 ★★★
급수방식 중 펌프직송방식에 대한 설명으로 옳지 않은 것은?

① 상향공급방식이 일반적이다.
② 전력공급이 중단되면 급수가 불가능하다.
③ 자동제어에 필요한 설비비가 적고, 유지관리가 간단하다.
④ 적절한 대수분할, 압력제어 등에 의해 에너지절약을 꾀할 수 있다.

해설
펌프직송방식은 자동제어시스템 고장 시 수리가 어렵고, 펌프의 단락이 잦아 유지관리가 어렵다.

합격 POINT 펌프직송방식(탱크 없는 부스터방식)의 장단점

장점	단점
• 옥상탱크 불필요 • 옥상탱크방식에 비해 수질오염 가능성 낮음 • 최상층의 수압을 크게 할 수 있음 • 펌프의 토출량 및 토출압력 조절 가능	• 정전 시 급수 불가능 • 자동제어시스템 고장 시 수리가 어려움 • 펌프의 단락이 잦음 • 20m 이상의 건물에는 전력 소모가 커서 비효율적

정답 70 ③ 71 ① 72 ① 73 ③ 74 ③

75 ★★★

엘리베이터의 조작 방식 중 무운전원 방식으로 다음과 같은 특징을 갖는 것은?

> 승객 스스로 운전하는 전자동 엘리베이터로, 승강장으로부터의 호출 신호로 기동, 정지를 이루는 조작 방식이며, 누른 순서에 상관없이 각 호출에 응하여 자동적으로 정지한다.

① 단식자동방식
② 카 스위치 방식
③ 승합전자동방식
④ 시그널 컨트롤 방식

해설
승합전자동방식은 승객 스스로 운전하는 전자동 엘리베이터로, 누른 순서에 관계없이 각 호출에 따른다.

선지분석
① 단식자동방식: 승객 스스로 운전하며, 승강장의 호출에 의해 시동, 정지하는 방식으로, 운전 중 다른 호출은 운전 종료 시까지 받지 않는다.
② 카 스위치 방식: 운전원 조작반의 핸들로 시동, 정지를 조작하는 방식이다.
④ 시그널 컨트롤 방식: 시동은 운전원 조작반의 핸들로 하고, 정지는 조작반이 목적층 버튼을 누르거나 승강장의 호출 신호에 의해 층의 순서대로 자동 정지하는 방식이다.

76 ★★★

어느 점광원에서 1m 떨어진 곳의 직각면 조도가 200lx일 때, 이 광원에서 2m 떨어진 곳의 직각면 조도는?

① 25lx
② 50lx
③ 100lx
④ 200lx

해설
$E = \dfrac{I}{d^2}$

E: 조도(lx), I: 광도(cd), d: 거리(m)
조도(E)는 거리(d)의 제곱에 반비례한다.
따라서, 거리가 2배가 되면 조도는 $\dfrac{1}{2^2}\left(=\dfrac{1}{4}\right)$배가 되므로
$200\text{lx} \times \dfrac{1}{4} = 50\text{lx}$이다.

77 ★★☆

다음 중 사이펀식 트랩에 속하지 않는 것은?

① P트랩
② S트랩
③ U트랩
④ 드럼트랩

해설
드럼트랩은 비사이펀식 트랩이다. 드럼트랩은 주방 싱크의 배수용 트랩으로 다량의 물을 고이게 하여 봉수가 잘 파괴되지 않고, 청소가 가능하다.

합격 POINT 사이펀식 트랩과 비사이펀식 트랩
- 사이펀식 트랩: P트랩, S트랩, U트랩
- 비사이펀식 트랩: 드럼트랩, 벨트랩

78 ★★☆

일반적으로 실내 환기량의 기준이 되는 것은?

① 공기 온도
② NO_2 농도
③ CO_2 농도
④ SO_2 농도

해설
대부분의 오염 물질 농도는 이산화탄소의 농도에 비례하여 증가하기 때문에 실내 환기량(공기오염)의 기준은 이산화탄소(CO_2)의 농도이다.

79 ★★★

간접가열식 급탕법에 관한 설명으로 옳지 않은 것은?

① 대규모 급탕설비에 적합하다.
② 보일러 내부에 스케일의 발생 가능성이 높다.
③ 가열코일에 순환하는 증기는 저압으로도 된다.
④ 난방용 증기를 사용하면 별도의 보일러가 필요 없다.

해설
보일러 내부에 스케일의 발생 가능성이 높은 것은 직접가열식으로, 간접가열식 급탕법은 저탕조에서 가열코일을 이용하여 가열하므로 보일러 내부에 스케일의 발생 가능성이 낮다.

80 ★★★

전기설비가 어느 정도 유효하게 사용되는가를 나타내며, 최대 수용전력에 대한 부하의 평균전력의 비로 표현되는 것은?

① 부하율
② 부등률
③ 수용율
④ 유효율

해설
부하율(%) = $\dfrac{\text{부하의 평균전력}}{\text{최대 수용전력}} \times 100$

합격 POINT 부하율
- 전기설비가 어느 정도 유효하게 사용되고 있는가를 나타내는 척도를 뜻한다.
- 어떤 기간 중에 최대 수용전력과 그 기간 중에 평균전력과의 비율을 백분율로 표시한다.

정답 75 ③ 76 ② 77 ④ 78 ③ 79 ② 80 ①

제5과목 건축관계법규

81 ★★☆

국토의 계획 및 이용에 관한 법령상 제2종 일반주거지역 안에서 건축할 수 있는 건축물에 해당하지 않는 것은?

① 숙박시설
② 종교시설
③ 노유자시설
④ 제1종 근린생활시설

해설
제2종 일반주거지역에 숙박시설은 건축할 수 없다.
제2종 일반주거지역 안에서 건축할 수 있는 건축물은 단독주택, 공동주택, 제1종 근린생활시설, 종교시설, 노유자시설, 교육연구시설 중 유치원·초등학교·중학교 및 고등학교 등이다.

82 ★★★

주차전용건축물의 주차면적비율과 관련한 아래 내용에서, ( )에 들어갈 수 없는 것은?

> 주차전용건축물이란 건축물의 연면적 중 주차장으로 사용되는 부분의 비율이 95% 이상인 것을 말한다. 다만, 주차장 외의 용도로 사용되는 부분이 「건축법 시행령」 별표 1에 따른 ( )인 경우에는 주차장으로 사용되는 부분의 비율이 70% 이상인 것을 말한다.

① 종교시설
② 운동시설
③ 업무시설
④ 숙박시설

해설
주차전용건축물이란 건축물의 연면적 중 주차장으로 사용되는 부분의 비율이 95% 이상인 것을 말한다.
다만, 주차장 외의 용도로 사용되는 부분이 단독주택, 공동주택, 제1종 근린생활시설, 제2종 근린생활시설, 문화 및 집회시설, 종교시설, 판매시설, 운수시설, 운동시설, 업무시설, 창고시설 또는 자동차 관련 시설인 경우에는 주차장으로 사용되는 부분의 비율이 70% 이상인 것을 말한다.

83 ★★★

특별시·광역시·특별자치시·특별자치도·시 또는 군의 관할 구역 및 생활권에 대하여 기본적인 공간구조와 장기발전방향을 제시하는 종합계획으로서 도시·군관리계획 수립의 지침이 되는 계획은 무엇인가?

① 도시·군계획
② 광역도시계획
③ 도시·군기본계획
④ 지구단위계획

선지분석
① 도시·군계획: 특별시·광역시·특별자치시·특별자치도·시 또는 군의 관할 구역에 대하여 수립하는 공간구조와 발전방향에 대한 계획
② 광역도시계획: 지정된 광역계획권의 장기발전방향을 제시하는 계획
④ 지구단위계획: 도시·군계획 수립 대상지역의 일부에 대하여 토지 이용을 합리화하고 그 기능을 증진시키며 미관을 개선하고 양호한 환경을 확보하며, 그 지역을 체계적·계획적으로 관리하기 위하여 수립하는 도시·군관리계획

84 ★★☆

다음의 노외주차장에 관한 기준 내용 중 ( ) 안에 알맞은 것은?

> 노외주차장의 출입구 너비는 (㉠) 이상으로 하여야 하며, 주차대수 규모가 50대 이상인 경우에는 출구와 입구를 분리하거나 너비 (㉡) 이상의 출입구를 설치하여 소통이 원활하도록 하여야 한다.

① ㉠ 3.0m, ㉡ 5.0m
② ㉠ 3.5m, ㉡ 5.5m
③ ㉠ 3.0m, ㉡ 5.5m
④ ㉠ 3.5m, ㉡ 5.0m

해설
노외주차장의 출입구 너비는 3.5m 이상으로 하여야 하며, 주차대수 규모가 50대 이상인 경우에는 출구와 입구를 분리하거나 너비 5.5m 이상의 출입구를 설치하여 소통이 원활하도록 하여야 한다.

정답 81 ① 82 ④ 83 ③ 84 ②

85 ★☆☆

노상주차장의 구조·설비기준에 관한 내용으로 옳지 않은 것은?

① 주간선도로에 원칙상 설치하여서는 안 된다.
② 너비 6m 미만의 도로에 원칙상 설치하여서는 안 된다.
③ 종단경사도가 3%를 초과하는 도로에 원칙상 설치하여서는 안 된다.
④ 주차대수 규모가 20대 이상인 경우에는 장애인전용주차구획을 1면 이상 설치하여야 한다.

해설
노상주차장은 종단경사도가 4%를 초과하는 도로에 설치하여서는 아니 된다.

86 ★★☆

건축허가신청에 필요한 설계도서 중 평면도에 표시하여야 할 사항에 속하지 않은 것은?

① 주차장 규모
② 승강기의 위치
③ 기둥·벽·창문 등의 위치
④ 방화구획 및 방화문의 위치

해설
주차장 규모는 건축계획서에 표시하여야 할 사항이다.

합격 POINT
건축허가신청에 필요한 설계도서 중 평면도에 표시하여야 할 사항
- 1층 및 기준층 평면도
- 기둥·벽·창문 등의 위치
- 방화구획 및 방화문의 위치
- 복도 및 계단의 위치
- 승강기의 위치

87 ★★★

태양열을 주된 에너지원으로 이용하는 주택의 건축면적 산정 시 기준이 되는 것은?

① 외벽의 외곽선
② 외벽의 내측 벽면석
③ 외벽 중 내측 내력벽의 중심선
④ 외벽 중 외측 비내력벽의 중심선

해설
태양열을 주된 에너지원으로 이용하는 주택의 건축면적은 건축물의 외벽 중 내측 내력벽의 중심선을 기준으로 한다.

88 ★★☆

건축물을 신축하는 경우 옥상에 조경을 $150m^2$ 시공했다. 이 경우 대지의 조경면적은 최소 얼마 이상으로 하여야 하는가? (단, 대지면적은 $1,500m^2$이고, 조경설치 기준은 대지면적의 10%이다.)

① $25m^2$
② $50m^2$
③ $75m^2$
④ $100m^2$

해설
1. 대지면적은 $1,500m^2$이고, 조경설치 기준은 대지면적의 10% 이상이므로 필요한 전체조경면적은 $150m^2$이다.
2. 옥상조경면적의 2/3를 지상조경면적으로 산정할 수 있지만 전체조경면적의 50/100을 초과할 수 없다.
   ($150m^2 \times \frac{2}{3} = 100m^2$ 인정, $150m^2 \times \frac{50}{100} = 75m^2$ 초과 불가함)

따라서 전체조경면적인 $150m^2$에서 지상조경면적으로 산정한 옥상조경면적인 $75m^2$를 제외한 $75m^2$를 지상에 설치한다.

합격 POINT 조경면적

전체조경면적		
지상조경면적	+	옥상조경면적 • 2/3만 인정 • 전체조경면적의 50% 초과 불가

정답 85 ③ 86 ① 87 ③ 88 ③

89 ★★★

판매시설 용도이며 지상 각 층의 거실면적이 2,000m²인 15층의 건축물에 설치하여야 하는 승용승강기의 최소 대수는? (단, 16인승 승강기이다.)

① 2대　　② 4대
③ 6대　　④ 8대

해설

건축물의 용도	6층 이상의 거실 면적의 합계	3,000m² 초과
판매시설		기본 2대+3,000m² 초과 시 2,000m² 이내마다 1대 추가

※ 8인승 이상 15인승 이하의 승강기는 1대의 승강기로 보고, 16인승 이상의 승강기는 2대의 승강기로 본다.

1. 층수가 15층이며 각 층의 거실면적이 2,000m²인 경우, 6층 이상의 거실 면적의 합계는 20,000m²가 된다.
2. 판매시설은 기본 승강기 2대+3,000m² 초과 시 2,000m² 이내마다 1대가 추가된다.

위의 조건을 종합하였을 때, 면적의 합계가 20,000m²인 판매시설의 승용승강기 설치기준은 기본 2대 + $\frac{20,000m^2 - 3,000m^2}{2,000m^2}$대 = 10.5대가 된다.

그러나 16인승 이상의 승강기는 2대의 승강기로 보기 때문에 $\frac{10.5대}{2}$ = 5.25대가 되어 최소 6대의 승용승강기를 설치해야 한다.

90 ★★☆

다음 중 국토의 계획 및 이용에 관한 법령상 공공시설에 속하지 않는 것은?

① 공동구　　② 방풍설비
③ 사방설비　　④ 쓰레기 처리장

해설

국토의 계획 및 이용에 관한 법령상 공공시설에는 도로·공원·철도·수도·항만·공항·광장·녹지·공공공지·공동구·하천·유수지·방화설비·방풍설비·방수설비·사방설비·방조설비·하수도·구거 등이 있다.

91 ★★☆

건축법 제61조 제2항에 따른 높이를 산정할 때, 공동주택을 다른 용도와 복합하여 건축하는 경우 건축물의 높이 산정을 위한 지표면 기준은?

> 건축법 제61조(일조 등의 확보를 위한 건축물의 높이 제한)
> ② 다음 각 호의 어느 하나에 해당하는 공동주택(일반상업지역과 중심상업지역에 건축하는 것은 제외한다)은 채광(採光) 등의 확보를 위하여 대통령령으로 정하는 높이 이하로 하여야 한다.
> 1. 인접 대지경계선 등의 방향으로 채광을 위한 창문 등을 두는 경우
> 2. 하나의 대지에 두 동(棟) 이상을 건축하는 경우

① 전면도로의 중심선
② 인접 대지의 지표면
③ 공동주택의 가장 낮은 부분
④ 다른 용도의 가장 낮은 부분

해설

건축법 제61조 제2항에 따른 높이를 산정할 때 해당 대지가 인접 대지의 높이보다 낮은 경우에는 해당 대지의 지표면을 지표면으로 보고, 공동주택을 다른 용도와 복합하여 건축하는 경우에는 공동주택의 가장 낮은 부분을 그 건축물의 지표면으로 본다.

정답 89 ③　90 ④　91 ③

92 ★★☆

다음과 같은 대지의 대지면적은?

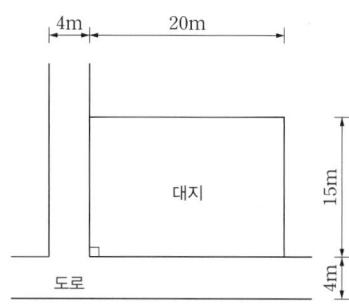

① 294m²
② 296m²
③ 298m²
④ 300m²

해설

너비 8m 미만인 도로의 모퉁이에 위치한 대지의 도로모퉁이 부분의 건축선은 그 대지에 접한 도로경계선의 교차점으로부터 도로경계선에 따라 다음의 표에 따른 거리를 각각 후퇴한 두 점을 연결한 선으로 한다.

(단위: 미터)

도로의 교차각	해당 도로의 너비		교차되는 도로의 너비
	6 이상 8 미만	4 이상 6 미만	
90° 미만	4	3	6 이상 8 미만
	3	2	4 이상 6 미만
90° 이상 120° 미만	3	2	6 이상 8 미만
	2	2	4 이상 6 미만

1. 도로의 교차각은 90°이며 해당 도로의 너비는 4m이다.
2. 교차되는 도로의 너비는 4m이다.

따라서 도로모퉁이 부분의 건축선은 2m 후퇴한 두 점을 연결한 선으로 한다.

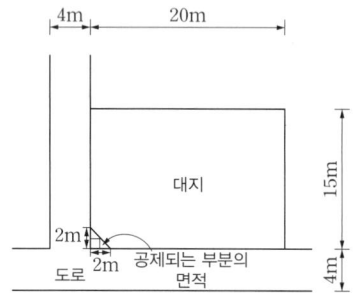

위의 그림에서 공제되는 부분의 면적은 $2m \times 2m \times \frac{1}{2} = 2m^2$가 되며 전체 면적 $15m \times 20m = 300m^2$에서 위의 $2m^2$를 공제하면 $300m^2 - 2m^2 = 298m^2$가 된다.

93 ★☆☆

상업지역 및 주거지역에서 건축물에 설치하는 냉방시설 및 환기시설의 배기구를 설치하는 높이 기준으로 옳은 것은?

① 도로면으로부터 1.5m 이상
② 도로면으로부터 2.0m 이상
③ 건축물 1층 바닥에서 1.5m 이상
④ 건축물 1층 바닥에서 2.0m 이상

해설

배기구는 도로면으로부터 2m 이상의 높이에 설치하여야 한다.

94 ★★★

국토의 계획 및 이용에 관한 법령에 따른 기반시설 중 도로의 세분에 속하지 않는 것은?

① 고속도로
② 일반도로
③ 고가도로
④ 보행자전용도로

해설

국토의 계획 및 이용에 관한 법령에 따른 기반시설 중 도로의 세분은 다음과 같다.
- 일반도로
- 자전거전용도로
- 자동차전용도로
- 고가도로
- 보행자전용도로
- 지하도로
- 보행자우선도로

95 ★☆☆

대통령령으로 정하는 용도와 규모의 건축물에 대해 일반이 사용할 수 있도록 소규모 휴식시설 등의 공개공지 또는 공개공간을 설치하여야 하는 대상 지역에 속하지 않는 것은?

① 준주거지역
② 준공업지역
③ 일반주거지역
④ 전용주거지역

해설

대통령령으로 정하는 기준에 따라 일반이 사용할 수 있도록 하는 소규모 휴식시설 등의 공개공지(공터) 또는 공개공간을 설치하여야 하는 지역은 다음과 같다.
- 일반주거지역, 준주거지역
- 상업지역
- 준공업지역
- 특별자치시장·특별자치도지사 또는 시장·군수·구청장이 도시화의 가능성이 크거나 노후 산업단지의 정비가 필요하다고 인정하여 지정·공고하는 지역

정답 92 ③ 93 ② 94 ① 95 ④

96

건축물의 대지는 원칙적으로 최소 얼마 이상이 도로에 접하여야 하는가? (단, 자동차만의 통행에 사용되는 도로는 제외)

① 1m
② 2m
③ 3m
④ 4m

해설
건축물의 대지는 2m 이상이 도로에 접하여야 한다.(자동차만의 통행에 사용되는 도로는 제외)

97

건축법상 둘 이상의 필지를 하나의 대지로 할 수 있는 토지가 아닌 것은?

① 각 필지의 지번지역이 서로 다른 경우
② 토지의 소유자가 다르고 소유권 외의 권리관계는 같은 경우
③ 각 필지의 도면의 축척이 다른 경우
④ 상호 인접하고 있는 필지로서 각 필지의 지반이 연속되지 아니한 경우

해설
토지의 소유자가 서로 다르거나 소유권 외의 권리관계가 서로 다른 경우는 둘 이상의 필지를 하나의 대지로 할 수 없다.

98

건축물에 설치하는 지하층의 구조 및 설비에 관한 기준 내용으로 옳지 않은 것은?

① 거실의 바닥면적의 합계가 1,000m² 이상인 층에는 환기설비를 설치할 것
② 거실의 바닥면적이 30m² 이상인 층에는 피난층으로 통하는 비상탈출구를 설치할 것
③ 지하층의 바닥면적이 300m² 이상인 층에는 식수공급을 위한 급수전을 1개소 이상 설치할 것
④ 문화 및 집회시설 중 공연장의 용도에 쓰이는 층으로서 그 층 거실 바닥면적의 합계가 50m² 이상인 건축물에는 직통계단을 2개소 이상 설치할 것

해설
거실의 바닥면적이 50m² 이상인 층에는 직통계단 외에 피난층 또는 지상으로 통하는 비상탈출구 및 환기통을 설치하여야 한다. 다만, 직통계단이 2개소 이상 설치되어 있는 경우에는 그러하지 아니하다.

99

다음은 건축물의 사용승인에 관한 기준 내용이다. ( ) 안에 알맞은 것은?

> 건축주가 허가를 받았거나 신고를 한 건축물의 건축공사를 완료한 후 그 건축물을 사용하려면 공사감리자가 작성한 (㉠)와 (㉡) 등 국토교통부령으로 정하는 서류를 첨부하여 허가권자에게 사용승인을 신청하여야 한다.

① ㉠ 설계도서, ㉡ 시방서
② ㉠ 시방서, ㉡ 설계도서
③ ㉠ 감리완료보고서, ㉡ 공사완료도서
④ ㉠ 공사완료도서, ㉡ 감리완료보고서

해설
건축주가 허가를 받았거나 신고를 한 건축물의 건축공사를 완료한 후 그 건축물을 사용하려면 공사감리자가 작성한 감리완료보고서와 공사완료도서 등 국토교통부령으로 정하는 서류를 첨부하여 허가권자에게 사용승인을 신청하여야 한다.

100

건폐율의 허용오차로 옳은 것은?

① 0.5% 이내
② 1% 이내
③ 2% 이내
④ 3% 이내

해설
건폐율의 허용오차는 0.5% 이내이다.(건축면적 5m²를 초과할 수 없다)

정답 96 ② 97 ② 98 ② 99 ③ 100 ①

2022년 제2회 기출문제

제1과목 건축계획

01 ★★★
장애인·노인·임산부 등의 편의증진 보장에 관한 법령에 따른 편의시설 중 매개시설에 속하지 않는 것은?

① 주출입구 접근로
② 유도 및 안내설비
③ 장애인전용 주차구역
④ 주출입구 높이차이 제거

해설
- 유도 및 안내설비는 매개시설이 아닌 안내시설에 속한다.
- 유도 및 안내설비 외의 안내시설에는 점자블록, 경보 및 피난설비가 있다.
- 매개시설은 대지 출입구부터 건축물 출입구까지 설치되는 시설이다.

02 ★★☆
다음 중 사무소 건축의 기둥간격 결정요소와 가장 거리가 먼 것은?

① 책상배치의 단위
② 주차배치의 단위
③ 엘리베이터의 설치 대수
④ 채광상 층높이에 의한 깊이

해설
사무소 건축의 기둥간격의 결정과 엘리베이터의 설치 대수는 관련이 없다.

합격 POINT 사무소와 백화점의 기둥간격 결정요소
- 사무소: 책상배치 단위, 채광상 층고에 의한 안깊이, 주차배치 단위 등
- 백화점: 가구배치, 에스컬레이터의 배치, 주차배치 단위, 층고 등

03 ★★☆
우리나라 전통 한식주택에서 문꼴부분(개구부)의 면적이 큰 이유로 가장 적합한 것은?

① 겨울의 방한을 위해서
② 하절기 고온다습을 견디기 위해서
③ 출입하는데 편리하게 하기 위해서
④ 상부의 하중을 효과적으로 지지하기 위해서

해설
우리나라 전통 한식주택은 목조가구식 구조로 바닥이 높고 개구부가 크다. 창과 개구부는 지역적인 기후에 영향을 받아 그 형태와 크기가 달라지는데, 개구부가 큰 주택은 겨울철 방한에는 불리하지만 여름철의 고온다습에 유리하다.
한편, 양식주택은 벽돌조적식으로 바닥이 낮고 개구부가 작다.

04 ★★☆
공장건축의 레이아웃에 관한 설명으로 옳지 않은 것은?

① 제품중심의 레이아웃은 대량생산에 유리하며 생산성이 높다.
② 레이아웃이란 공장건축의 평면요소간의 위치 관계를 결정하는 것을 말한다.
③ 고정식 레이아웃은 조선소와 같이 제품이 크고 수량이 적은 경우에 행해진다.
④ 중화학 공업, 시멘트 공업 등 장치공업 등은 시설의 융통성이 크기 때문에 신설 시 장래성에 대한 고려가 필요 없다.

해설
공장건축에서 레이아웃은 공장건축의 평면요소간의 위치 관계를 결정하는 것으로 장래성에 대한 고려가 필요하다.

합격 POINT 공장 레이아웃
- 제품중심의 레이아웃은 생산에 필요한 모든 공정, 기계 및 기구를 작업 흐름에 따라 배치하는 방식으로 대량생산에 유리하며 생산성이 높다.
- 공정중심의 레이아웃은 작업 표준화가 어려운 경우 이용하는 방식으로 주문 생산에 적합하며 생산성이 낮다.
- 고정식 레이아웃은 재료나 부품은 고정된 장소에 있고, 사람이나 기계가 이동하며 작업하는 방식으로 조선소 등과 같이 제품의 크기가 크고 생산 수량이 적은 경우 적합하다.

정답 01 ② 02 ③ 03 ② 04 ④

05 ★★★
메조넷형 아파트에 관한 설명으로 옳지 않은 것은?
① 다양한 평면구성이 가능하다.
② 소규모 주택에서는 비경제적이다.
③ 통로면적이 감소되며 유효면적이 증대된다.
④ 복도와 엘리베이터홀은 각 층마다 계획된다.

해설
복층형(Maisonnette Type)은 한 주호가 2층 이상으로 구성된 형식으로 복도와 엘리베이터홀은 2층마다 계획된다.

06 ★★☆
고층밀집형 병원에 관한 설명으로 옳지 않은 것은?
① 병동에서 조망을 확보할 수 있다.
② 대지를 효과적으로 이용할 수 있다.
③ 각종 방재대책에 대한 비용이 높다.
④ 병원의 확장 등 성장변화에 대한 대응이 용이하다.

해설
고층밀집형 병원은 좁은 대지에 고층으로 지은 병원으로 병원의 확장 등 성장변화에 대한 대응이 어렵다. 따라서, 계획 시 이에 대한 충분한 대책이 필요하다.

07 ★★★
주당 평균 40시간을 수업하는 어느 학교에서 음악실에서의 수업이 총 20시간이며, 이중 15시간은 음악시간으로 나머지 5시간은 학급 토론시간으로 사용되었다면 이 음악실의 이용률과 순수율은?
① 이용률 37.5%, 순수율 75%
② 이용률 50%, 순수율 75%
③ 이용률 75%, 순수율 37.5%
④ 이용률 75%, 순수율 50%

해설
$$이용률 = \frac{교실이\ 사용되는\ 시간}{주당\ 평균\ 수업시간} \times 100$$
$$\therefore 음악실의\ 이용률 = \frac{20}{40} \times 100 = 50\%$$
$$순수율 = \frac{일정한\ 교과를\ 위해\ 사용되는\ 시간}{교실이\ 사용되는\ 시간} \times 100$$
$$\therefore 음악실의\ 순수율 = \frac{15}{20} \times 100 = 75\%$$

08 ★★★
극장건축에서 무대의 제일 뒤에 설치되는 무대 배경용의 벽을 의미하는 것은?
① 사이클로라마   ② 플라이 로프트
③ 플라이 갤러리   ④ 그리드 아이언

해설
무대의 제일 뒤에 설치되는 무대 배경용의 벽은 사이클로라마(Cyclorama)이다.

선지분석
② 플라이 로프트: 무대 상부 공간
③ 플라이 갤러리: 그리드 아이언으로 올라가는 계단과 연결시킨 무대 주위 벽에 설치되는 좁은 통로
④ 그리드 아이언: 무대의 천장 밑에 철골을 촘촘히 깔아만든 바닥으로 배경이나 조명기구, 음향 반사판 등을 매달 수 있게 한 장치

09 ★★★
도서관의 출납시스템 중 자유개가식에 관한 설명으로 옳은 것은?
① 도서의 유지 관리가 용이하다.
② 책의 내용 파악 및 선택이 자유롭다.
③ 대출절차가 복잡하고 관원의 작업량이 많다.
④ 열람자는 직접 서가에 면하여 책의 표지 정도는 볼 수 있으나 내용은 볼 수 없다.

해설
자유개가식의 특징
- 책의 내용 파악 및 선택이 자유롭다.
- 책의 목록이 없어 간편하다.
- 책 선택 시 대출 기록을 제출하지 않아도 된다.

선지분석
①, ③ 폐가식
④ 반개가식

정답 05 ④ 06 ④ 07 ② 08 ① 09 ②

10 ★★★

미술관 전시실의 순회형식 중 연속순로 형식에 관한 설명으로 옳은 것은?

① 각 실을 필요시에는 자유로이 독립적으로 폐쇄할 수 있다.
② 평면적인 형식으로 2, 3개 층의 입체적인 방법은 불가능하다.
③ 많은 실을 순서별로 통하여야 하는 불편이 있으나 공간 절약의 이점이 있다.
④ 중심부에 하나의 큰 홀을 두고 그 주위에 각 전시실을 배치하여 자유로이 출입하는 형식이다.

해설
- 연속순로 형식은 구형 또는 다각형의 전시실을 연속적으로 연결하는 형식이다.
- 많은 실을 순서대로 통해야 하므로 하나의 실이 닫히면 전체 동선이 막히게 된다.
- 단순하지만 공간이 절약되는 장점이 있다.

선지분석
① 갤러리 및 코리더 형식에 대한 설명이다.
② 계단을 통하여 2, 3개 층의 입체적인 방법이 가능하다.
④ 중앙홀 형식에 대한 설명이다.

11 ★★★

서양 건축양식의 역사적인 순서가 옳게 배열된 것은?

① 로마 → 로마네스크 → 고딕 → 르네상스 → 바로크
② 로마 → 고딕 → 로마네스크 → 르네상스 → 바로크
③ 로마 → 로마네스크 → 고딕 → 바로크 → 르네상스
④ 로마 → 고딕 → 로마네스크 → 바로크 → 르네상스

해설
서양 건축양식 역사순
이집트 → 그리스 → **로마** → 초기기독교 → 비잔틴 → 사라센 → **로마네스크** → **고딕** → **르네상스** → **바로크** → 로코코

12 ★★☆

르네상스 교회 건축양식의 일반적 특징으로 옳은 것은?

① 타원형 등 곡선평면을 사용하여 동적이고 극적인 공간연출을 하였다.
② 수평을 강조하며 정사각형, 원 등을 사용하여 유심적 공간 구성을 하였다.
③ 직사각형의 평면구성으로 볼트구조의 지붕을 구성하며 종탑을 설치하였다.
④ 로마네스크 건축의 반원아치를 발전시킨 첨두형 아치를 주로 사용하였다.

해설
르네상스 교회 건축의 일반적인 특징
- 수평성을 강조한다.
- 정사각형, 원 등을 사용하여 유심적 공간을 구성한다.

선지분석
④ 첨두형 아치는 고딕건축의 특징이다.

13 ★★★

아파트의 평면형식에 관한 설명으로 옳지 않은 것은?

① 홀형은 통행부 면적이 작아서 건물의 이용도가 높다.
② 중복도형은 대지 이용률이 높으나, 프라이버시가 좋지 않다.
③ 집중형은 채광·통풍 조건이 좋아 기계적 환경조절이 필요하지 않다.
④ 홀형은 계단실 또는 엘리베이터 홀로부터 직접 주거 단위로 들어가는 형식이다.

해설
집중형은 부지의 이용률은 높으나 통풍 및 채광에는 불리하며, 기후조건에 따라 기계적 환경조절이 필요하다.

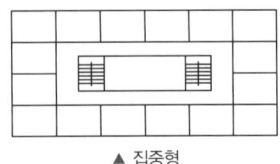

▲ 집중형

선지분석
①, ④ 홀형: 계단 또는 엘리베이터가 있는 홀로부터 단위 주거에 직접 들어가는 방식
② 중복도형: 복도 양측으로 각 주호를 배치한 형식

정답 10 ③ 11 ① 12 ② 13 ③

14 ★★☆
페리의 근린주구 이론의 내용으로 옳지 않은 것은?

① 주민에게 적절한 서비스를 제공하는 1~2개소 이상의 상점가를 주요도로의 결절점에 배치하여야 한다.
② 내부 가로망은 단지 내의 교통량을 원활히 처리하고 통과교통에 사용되지 않도록 계획되어야 한다.
③ 근린주구의 단위는 통과교통이 내부를 관통하지 않고 용이하게 우회할 수 있는 충분한 넓이의 간선도로에 의해 구획되어야 한다.
④ 근린주구는 하나의 중학교가 필요하게 되는 인구에 대응하는 규모를 가져야 하고, 그 물리적 크기는 인구밀도에 의해 결정되어야 한다.

해설
근린주구는 하나의 초등학교가 필요하게 되는 인구에 대응하는 규모를 가져야 한다.

합격 POINT ▶ 페리의 근린주구 이론
1. 하나의 초등학교가 필요하게 되는 인구
2. 경계는 간선도로에 의해 구획
3. 내부 가로망은 단지 내의 교통량을 원활히 처리하고 통과교통에 사용되지 않도록 계획
4. 서비스를 제공하는 1~2개소 이상의 상점가를 주요도로의 결절점에 배치

15 ★★☆
다음 설명에 알맞은 백화점 진열장 배치방법은?

> • Main 통로를 직각 배치하며, Sub 통로를 45° 정도 경사지게 배치하는 유형이다.
> • 많은 고객이 매장공간의 코너까지 접근하기 용이하지만, 이형의 진열장이 많이 필요하다.

① 직각배치   ② 방사배치
③ 사행배치   ④ 자유유선배치

해설
사행배치법에 대한 설명이다.

선지분석
① 직각배치: 단조롭고 간단한 배치 방법이나 통로의 최소폭을 기준으로 진열장을 배치하므로 통행량에 따른 통로폭을 조절하기 어려워 국부적 혼란이 생길 수 있다.
② 방사배치: 판매장의 통로를 방사형으로 배치하는 방법으로 일반적인 적용이 어렵다.
④ 자유유선배치: 고객의 유동 방향에 따라 통로를 자유로운 곡선 형태로 배치하는 방법으로 전시에 변화를 주고 매장의 특수성을 살릴 수 있다.

16 ★★★
다음 중 주심포식 건물이 아닌 것은?

① 강릉 객사문   ② 서울 남대문
③ 수덕사 대웅전   ④ 무위사 극락전

해설
서울 남대문은 다포식 건물이다.

합격 POINT ▶ 대표적인 주심포 건축양식
• 봉정사 극락전   • 부석사 무량수전
• 부석사 조사당   • 수덕사 대웅전
• 강릉 객사문   • 정수사 법당
• 무위사 극락전   • 송광사 국사전

17 ★★★
극장건축의 음향계획에 관한 설명으로 옳지 않은 것은?

① 음향계획에 있어서 발코니의 계획은 될 수 있는 한 피하는 것이 좋다.
② 음의 반복 반사 현상을 피하기 위해 가급적 원형에 가까운 평면형으로 계획한다.
③ 무대에 가까운 벽은 반사체로 하고 멀어짐에 따라서 흡음재의 벽을 배치하는 것이 원칙이다.
④ 오디토리움 양쪽의 벽은 무대의 음을 반사에 의해 객석 뒷부분까지 이르도록 보강해 주는 역할을 한다.

해설
시각적, 음향적으로 우수한 부채형 또는 우절형의 평면형으로 계획한다.

18 ★☆☆
쇼핑센터의 특징적인 요소인 페데스트리언 지대(Pedestrian Area)에 관한 설명으로 옳지 않은 것은?

① 고객에게 변화감과 다채로움, 자극과 흥미를 제공한다.
② 바닥면의 고저차를 많이 두어 지루함을 주지 않도록 한다.
③ 바닥면에 사용하는 재료는 주위 상황과 조화시켜 계획한다.
④ 사람들의 유동적 동선이 방해되지 않는 범위에서 나무나 관엽식물을 둔다.

해설
페데스트리언 지대는 몰, 분수, 조경 등을 포함하는 넓게 확보된 보행자 공간으로 바닥면의 고저차를 두지 않는다.

정답 14 ④ 15 ③ 16 ② 17 ② 18 ②

19 ★★☆

그리스 건축의 오더 중 도릭 오더의 구성에 속하지 않는 것은?

① 볼류트(Volute)
② 프리즈(Frieze)
③ 아바쿠스(Abacus)
④ 에키누스(Echinus)

해설

볼류트(Volute)는 이오니아식과 코린트식 오더에 쓰인다.

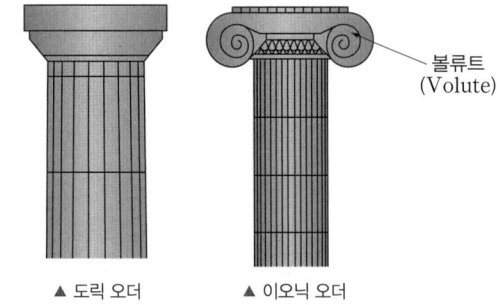

▲ 도릭 오더   ▲ 이오닉 오더

20 ★★★

오피스 랜드스케이프(Office Landscape)에 관한 설명으로 옳지 않은 것은?

① 외부 조경면적이 확대된다.
② 작업의 패쇄성이 저하된다.
③ 사무능률의 향상을 도모한다.
④ 공간의 효율적 이용이 가능하다.

해설

오피스 랜드스케이프는 서열이나 직급 등에 따라 획일적으로 배치하지 않고 사무의 흐름이나 작업의 성격에 따라 능률적으로 배치하는 방법으로 외부 조경면적이 확대되지는 않는다.
외부 조경면적은 건축물의 대지면적에 따라 결정된다.

제2과목 건축시공

21 ★★☆

목공사에 사용되는 철물에 관한 설명으로 옳지 않은 것은?

① 감잡이쇠는 큰 보에 걸쳐 작은 보를 받게 하고, 안장쇠는 평보를 대공에 달아매는 경우 또는 평보와 ㅅ자보의 밑에 쓰인다.
② 못의 길이는 박아대는 재두께의 2.5배 이상이며, 마구리 등에 박는 것은 3.0배 이상으로 한다.
③ 볼트 구멍은 볼트지름보다 3mm 이상 커서는 안 된다.
④ 듀벨은 볼트와 같이 사용하여 듀벨에는 전단력, 볼트에는 인장력을 분담시킨다.

해설

안장쇠는 큰 보에 걸쳐 작은 보를 받게 하고, 감잡이쇠는 평보를 대공에 달아매는 경우 또는 평보와 ㅅ자보의 밑에 쓰인다.

22 ★★★

지명경쟁입찰을 택하는 이유 중 가장 중요한 것은?

① 공사비의 절감
② 양질의 시공 결과 기대
③ 준공기일의 단축
④ 공사 감리의 편리

해설

지명경쟁입찰은 적합하다고 판단되는 3~7개의 회사를 대상으로 입찰에 참가시키는 입찰방식으로 부적격업자를 제거하여 양질의 시공 결과를 기대할 수 있다.

합격 POINT

구분		내용
특명입찰		적격한 하나의 회사를 지정하여 입찰시키는 방식
경쟁입찰	공개경쟁	유자격자는 모두 참가시키는 방식
	지명경쟁	적합하다고 판단되는 3~7개의 회사를 대상으로 입찰에 참가시키는 방식
	제한경쟁	업체 자격에 제한을 가하여 입찰에 참가시키는 방식

정답 19 ① 20 ① 21 ① 22 ②

23 ★★★

실의 크기 조절이 필요한 경우 칸막이 기능을 하기 위해 만든 병풍 모양의 문은?

① 여닫이문
② 자재문
③ 미서기문
④ 홀딩 도어

해설
홀딩(폴딩) 도어(Folding door)는 여러 쪽의 좁은 문짝을 경첩으로 연결하여 접어서 여닫는 문으로 칸막이 기능을 한다.

합격 POINT

명칭	평면	입면
여닫이문		
자재문		
미서기문		
홀딩(폴딩) 도어 (Folding door)		

24 ★★★

강제배수공법의 대표적인 공법으로 인접 건축물과 토류판 사이에 케이싱 파이프를 삽입하여 지하수를 펌프 배수하는 공법은?

① 집수정공법
② 웰포인트공법
③ 리버스서큘레이션공법
④ 전기삼투공법

해설
웰포인트(Well point)공법은 사질지반에서 인접 건축물과 토류판 사이에 케이싱 파이프를 삽입하여 지하수를 배수하는 지반개량공법이다.

25 ★★☆

기계가 위치한 곳보다 높은 곳의 굴착에 가장 적당한 건설기계는?

① Dragline
② Back Hoe
③ Power Shovel
④ Scraper

해설
기계가 위치한 곳보다 높은 곳의 굴착에 적당한 건설기계는 파워쇼벨(Power Shovel)이다.

합격 POINT 굴착용 기계

종류	특성
파워쇼벨	지면보다 높은 곳의 굴착에 적합하며 굴착력이 크다.
드래그쇼벨 (백호)	지면보다 낮은 곳의 굴착에 적합하며 굴착력이 크고 범위가 좁다.
드래그라인	기계를 설치한 지반보다 낮은 장소 또는 수중을 굴착하는데 사용된다. 굴착력은 약하나 작업범위가 광범위하다.
클램쉘	좁은 곳의 수직굴착, 수중굴착에 적합하다.
트렌처	도랑파기, 줄기초 파기에 사용된다.

26 ★★★

건축공사 스프레이 도장 방법에 관한 설명으로 옳지 않은 것은?

① 도장거리는 스프레이 도장면에서 300mm를 표준으로 한다.
② 매 회에 에어스프레이는 붓도장과 동등한 정도의 두께로 하고, 2회분의 도막 두께를 한 번에 도장하지 않는다.
③ 각 회의 스프레이 방향은 전회의 방향에 평행으로 진행한다.
④ 스프레이할 때는 항상 평행이동하면서 운행의 한 줄마다 스프레이 너비의 1/3 정도를 겹쳐 뿜는다.

해설
각 회의 스프레이 방향은 전회의 방향에 직각으로 진행한다.

정답 23 ④ 24 ② 25 ③ 26 ③

27 ★★☆

철근콘크리트공사 시 벽체 거푸집 또는 보 거푸집에서 거푸집판을 일정한 간격으로 유지시켜 주는 동시에 콘크리트의 측압을 최종적으로 지지하는 역할을 하는 부재는?

① 인서트
② 컬럼밴드
③ 폼타이
④ 턴버클

해설
폼타이(Form tie)는 거푸집이 벌어지는 것을 방지하고 일정한 간격을 유지시켜주는 부재이다.

선지분석
① 인서트(Insert): 콘크리트 타설에 앞서 매입하여 천장 달림재를 고정시키는 철물이다.
② 컬럼밴드(Column Band): 기둥 거푸집의 고정 및 측압 버팀용으로 사용된다.
④ 턴버클(Turn Buckle): 지지막대나 지지와이어 로프 등의 길이를 조절하기 위한 기구로 철골구조나 목조의 현장조립 등에서 다시 세우기 혹은 철근 가새 등에 사용한다.

28 ★★★

커튼월(Curtain wall)에 관한 설명으로 옳지 않은 것은?

① 주로 내력벽에 사용된다.
② 공장생산이 가능하다.
③ 고층건물에 많이 사용된다.
④ 용접이나 볼트조임으로 구조물에 고정시킨다.

해설
커튼월(Curtan Wall)은 공장에서 생산 후 현장에서 용접이나 볼트조임으로 시공하며 초고층건물 외벽에 사용되는 비내력 벽체이다.

29 ★★★

TQC를 위한 7가지 도구 중 다음 설명에 해당하는 것은?

> 모집단에 대한 품질특성을 알기 위하여 모집단의 분포상태, 분포의 중심위치, 분포의 산포 등을 쉽게 파악할 수 있도록 막대 그래프 형식으로 작성한 도수분포도를 말한다.

① 히스토그램
② 특성요인도
③ 파레토도
④ 체크시트

해설
종합적 품질관리(TQC)의 7가지 도구

구분	내용
히스토그램	데이터가 어떠한 분포를 하고 있는지를 막대그래프로 작성한 그림
특성요인도	결과에 대하여 원인이 어떻게 관계하고 있는지 한눈에 알아볼 수 있도록 작성한 그림
파레토도	불량, 고장, 결점 등 발생건수를 원인과 형상별로 분류하여 크기 순서대로 나열해 놓은 그림
체크시트	계수값 데이터가 분류 항목별 집중도를 알아볼 수 있도록 작성한 것
층별	집단을 구성하고 있는 데이터를 특성에 따라 부분 집단으로 나누는 것
산점도	대응되는 2개의 짝으로 된 데이터를 그래프상에 점으로 나타낸 것

30 ★★☆

건설현장에서 근무하는 공사감리자의 업무에 해당되지 않는 것은?

① 공사시공자가 사용하는 건축자재가 관계법령에 의한 기준에 적합한 건축자재인지 여부의 확인
② 상세시공도면의 작성
③ 공사현장에서의 안전관리지도
④ 품질시험의 실시여부 및 시험성과의 검토·확인

해설
상세시공도면은 시공자가 작성한다.

정답 27 ③ 28 ① 29 ① 30 ②

31 ★★☆
석고 플라스터에 관한 설명으로 옳지 않은 것은?

① 석고 플라스터는 경화지연제를 넣어서 경화시간을 너무 빠르지 않게 한다.
② 경화·건조 시 치수 안정성과 내화성이 뛰어나다.
③ 석고 플라스터는 공기 중의 탄산가스를 흡수하여 표면부터 서서히 경화한다.
④ 시공 중에는 될 수 있는 한 통풍을 피하고 경화 후에는 적당한 통풍을 시켜야 한다.

해설
석고 플라스터는 수경성 재료로 공기 중의 물과 작용하여 표면부터 빠르게 경화한다.

32 ★★☆
미장공사에서 균열을 방지하기 위하여 고려해야 할 사항 중 옳지 않은 것은?

① 바름면은 바람 또는 직사광선 등에 의한 급속한 건조를 피한다.
② 1회의 바름 두께는 가급적 얇게 한다.
③ 쇠 흙손질을 충분히 한다.
④ 모르타르 바름의 정벌바름은 초벌바름보다 부배합으로 한다.

해설
모르타르 바름의 정벌바름은 초벌바름 보다 빈배합으로 한다.

33 ★★☆
고강도 콘크리트에 관한 내용으로 옳지 않은 것은?

① 설계기준압축강도는 보통 또는 중량골재 콘크리트에서 40MPa 이상인 것으로 한다.
② 고성능 감수제의 단위량은 소요 강도 및 작업에 적합한 워커빌리티를 얻도록 시험에 의해서 결정하여야 한다.
③ 단위수량은 소요의 워커빌리티를 얻을 수 있는 범위 내에서 가능한 한 작게 하여야 한다.
④ 기상의 변화나 동결융해 발생 여부에 관계없이 공기연행제를 사용하는 것을 원칙으로 한다.

해설
고강도 콘크리트 배합설계 시 공기연행제를 사용하지 않는 것을 원칙으로 한다. (단, 기상의 변화나 동결융해 대책 필요시 예외)

합격 POINT 고강도 콘크리트의 설계기준 압축강도
- 보통 또는 중량골재콘크리트: 40MPa(40N/mm^2) 이상
- 경량골재콘크리트: 27MPa(27N/mm^2) 이상

34 ★★☆
건축공사에서 활용되는 견적방법 중 가장 상세한 공사비의 산출이 가능한 견적방법은?

① 개산견적　　② 명세견적
③ 입찰견적　　④ 실행견적

해설
명세견적은 완성된 설계도서, 질의응답, 계약조건 등에 의거하여 면밀한 적산, 견적 하에 공사비를 산출하는 방법이다.

35 ★★★
벽돌에 생기는 백화를 방지하기 위한 방법으로 옳지 않은 것은?

① 10% 이하의 흡수율을 가진 양질의 벽돌을 사용한다.
② 벽돌면 상부에 빗물막이를 설치한다.
③ 파라핀 도료를 발라 염류가 나오는 것을 방지한다.
④ 줄눈 모르타르에 석회를 넣어 바른다.

해설
줄눈 모르타르에 석회를 혼합 시 백화현상이 증대된다.

합격 POINT
백화현상
벽 표면에서 침투하는 빗물에 의해 모르타르의 석회분이 공기 중의 탄산가스와 결합하여 흰가루가 스며나오는 현상이다.

백화현상 방지대책
1. 10% 이하의 흡수율을 가진 양질의 벽돌을 사용한다.
2. 벽면에 빗물막이를 설치한다.
3. 처마 또는 차양을 설치한다.
4. 파라핀 도료를 발라 염류가 나오는 것을 방지한다.
5. 벽면에 실리콘 방수를 한다.
6. 줄눈 모르타르에 방수제를 넣는다.

정답 31 ③　32 ④　33 ④　34 ②　35 ④

36 ★★☆

주문받은 건설업자가 대상 계획의 기업, 금융, 토지조달, 설계, 시공 기타 모든 요소를 포괄하여 발주하는 도급계약 방식은?

① 실비정산보수가산 도급
② 정액도급
③ 공동도급
④ 턴키도급

해설
턴키방식은 대상 계획의 기업, 금융, 토지조달, 설계, 시공, 기계·기구 설치, 시운전 및 조업지도 등이 해당되며 모든 요소를 포함한 도급계약 방식으로 주문자가 필요로 하는 모든 것을 조달하여 주문자에게 인도하는 방식이다.

합격 POINT

구분	내용
공동도급	대규모 프로젝트에 1개의 회사가 도급을 맡기 어려운 경우 2개 이상의 건설사가 임시로 결합, 조직, 공동출자 등을 통해 연대책임하에 공사를 수급하여 공사를 수행하는 방식이다.
단가도급	공사금액을 구성하는 단위 공사 부분에 대한 단가만을 확정하고 공사가 완료되면 실시 수량의 확정에 따라 정산하는 방식이다.
분할도급	공사를 여러 유형으로 세분하고 각각의 전문 도급업자를 선정하여 도급계약을 맺는 방식이다.
실비정산 보수가산식 도급	직영방식과 도급방식을 합친 계약방식으로 공사의 실비를 발주자와 시공자가 확인하여 정산하고 발주자는 미리 정한 보수율에 따라 시공사에게 보수를 지불하는 방식이다.
일식도급	하나의 공사 전부를 일반건설업 및 전문건설업에 맡겨 노무, 자재, 기계 등 현장 시공업무를 일괄 도급하는 방식이다.
정액도급	공사비 총액을 확정하여 계약하는 제도이다.
턴키도급	대상 계획의 기업, 금융, 토지조달, 설계, 시공, 기타 모든 요소를 포함한 도급계약 방식으로 주문자가 필요로 하는 모든 것을 조달하여 주문자에게 인도하는 방식이다.

37 ★★★

서로 다른 종류의 금속재가 접촉하는 경우 부식이 일어나는 경우가 있는데 부식성이 큰 금속 순으로 옳게 나열된 것은?

① 알루미늄 > 철 > 주석 > 구리
② 주석 > 철 > 알루미늄 > 구리
③ 철 > 주석 > 구리 > 알루미늄
④ 구리 > 철 > 알루미늄 > 주석

해설
부식반응은 알루미늄 > 철 > 주석 > 구리 순으로 크다.

38 ★★★

프리스트레스트 콘크리트에 관한 설명으로 옳은 것은?

① 진공매트 또는 진공펌프 등을 이용하여 콘크리트로부터 수화에 필요한 수분과 공기를 제거한 것이다.
② 고정시설을 갖춘 공장에서 부재를 철재거푸집에 의하여 제작한 기성제품 콘크리트(PC)이다.
③ 포스트텐션 공법은 미리 강선을 압축하여 콘크리트에 인장력으로 작용시키는 방법이다.
④ 장스팬 구조물에 적용할 수 있으며, 단위부재를 작게 할 수 있어 자중이 경감되는 특징이 있다.

해설
프리스트레스트 콘크리트(PS 콘크리트)는 콘크리트의 인장응력이 생기는 부분에 PC 강재를 긴장시켜 프리스트레스를 부여하므로, 콘크리트에 미리 압축력을 주어 인장강도의 증가로 휨 저항을 크게 한 것으로 장스팬 구조가 가능하고 단위부재의 축소 및 자중을 경감할 수 있다.

정답 36 ④ 37 ① 38 ④

39 ★★☆

다음 그림과 같은 건물에서 G_1과 같은 보가 8개 있다고 할 때 보의 총 콘크리트량을 구하면? (단, 보의 단면상 슬래브와 겹치는 부분은 제외하며, 철근량은 고려하지 않음)

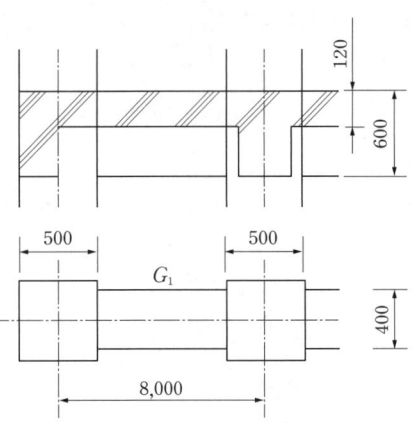

① 11.52m³ ② 12.23m³
③ 13.44m³ ④ 15.36m³

해설

보의 콘크리트량(V)

V = 보의 너비×(보의 춤−바닥판의 두께)×보의 기둥간 안목거리×보의 개수
= 0.4×(0.6−0.12)×(8−0.5)×8 = 11.52m³

(여기서, 보의 두께는 문제조건에 따라 슬래브 두께를 공제하여 계산한다.)

40 ★☆☆

포틀랜드시멘트 화학성분 중 1일 이내 수화를 지배하며 응결이 가장 빠른 것은?

① 알루민산 3석회 ② 알루민산철 4석회
③ 규산 3석회 ④ 규산 2석회

해설

시멘트 성분 중 응결이 빠른 순서는 알루민산 3석회 > 규산 3석회 > 알루민산철 4석회 > 규산 2석회이다.

제3과목 건축구조

41 ★☆☆

고장력볼트접합에 관한 설명으로 옳지 않은 것은?

① 유효단면적당 응력이 크며, 피로강도가 작다.
② 강한 조임력으로 너트의 풀림이 생기지 않는다.
③ 응력방향이 바뀌더라도 혼란이 일어나지 않는다.
④ 접합방식에는 마찰접합, 지압접합, 인장접합이 있다.

해설

고장력볼트접합은 유효단면적당 응력이 작으며, 피로강도가 크다.

42 ★★☆

지진에 대응하는 기술 중 하나인 제진(製震)에 관한 설명으로 옳지 않은 것은?

① 기존 건물의 구조형식에 좌우되지 않는다.
② 지반종류에 의한 제약을 받지 않는다.
③ 소형 건물에 일반적으로 많이 적용된다.
④ 댐퍼 등을 사용하여 흔들림을 효과적으로 제어한다.

해설

일반적으로 대규모 건물에 많이 사용된다.

합격 POINT 제진구조

- 건물 자체의 지진 에너지 흡수 메커니즘에 의해 지진의 충격력을 흡수하는 구조이다.
- 1층 부분의 댐퍼 등의 제진장치로 건물 내 전달되는 지진에너지를 흡수한다.
- 면진에 비해 상대적으로 경제적이다.

43 ★☆☆

콘크리트구조의 내구성설계기준에 따른 보수·보강설계에 관한 설명으로 옳지 않은 것은?

① 손상된 콘크리트 구조물에서 안전성, 사용성, 내구성, 미관 등의 기능을 회복시키기 위한 보수는 타당한 보수설계에 근거하여야 한다.
② 보수·보강설계를 할 때는 구조체를 조사하여 손상 원인, 손상 정도, 저항내력 정도를 파악한다.
③ 책임구조기술자는 보수·보강공사에서 품질을 확보하기 위하여 공정별로 품질관리검사를 시행하여야 한다.
④ 보강설계를 할 때에는 사용성과 내구성 등의 성능은 고려하지 않고, 보강 후의 구조내하력 증가만을 반영한다.

해설

보강설계를 할 때에는 사용성과 내구성 등의 성능도 고려한다.

정답 39 ① 40 ① 41 ① 42 ③ 43 ④

44 ★★☆

그림과 같은 직사각형 단면을 가지는 보에 최대 휨모멘트 $M=20\text{kN}\cdot\text{m}$가 작용할 때 최대 휨응력은?

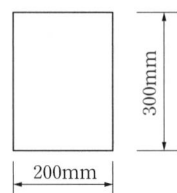

① 3.33MPa ② 4.44MPa
③ 5.56MPa ④ 6.67MPa

해설

최대 휨응력 $\sigma_{max}=\dfrac{M_{max}}{Z}$ 로 구한다.

여기서, M_{max}: 최대 휨모멘트, Z: 단면계수

단면이 사각형일 경우 $Z=\dfrac{bh^2}{6}$ 이므로

$\therefore \sigma_{max}=\dfrac{(20\times 10^6)}{\dfrac{200\times 300^2}{6}}=6.67\text{N/mm}^2=6.67\text{MPa}$

45 ★☆☆

그림과 같은 복근보에서 전단보강철근이 부담하는 전단력 V_s를 구하면? (단, $f_{ck}=24\text{MPa}$, $f_y=400\text{MPa}$, $f_{yt}=300\text{MPa}$, $A_v=71\text{mm}^2$)

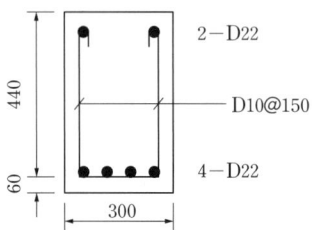

① 약 110kN ② 약 115kN
③ 약 120kN ④ 약 125kN

해설

전단철근의 공칭전단강도는 $V_s=\dfrac{A_v f_{yt} d}{s}$ 이다.

그림의 복근보에는 2개의 전단철근이 사용되었으므로 구하고자 하는 공칭전단강도는 2개의 전단철근에 의한 전단강도를 계산해야 한다. 따라서 다음과 같이 A_v에 2배 곱하여 계산한다.

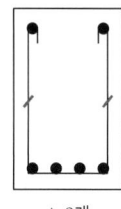

▲ 2개

$\therefore V_s=\dfrac{(71\times 2)(300)(440)}{150}=124,960\text{N}=124.960\text{kN}$

46 ★☆☆

강도설계법에서 단근직사각형 보의 c(압축연단에서 중립축까지 거리)값으로 옳은 것은? (단, $f_{ck}=24\text{MPa}$, $f_y=400\text{MPa}$, $b=300\text{mm}$, $A_s=1{,}161\text{mm}^2$, 포물선-직선 형상의 응력-변형률 관계 이용)

① 92.65mm ② 94.85mm
③ 96.65mm ④ 98.85mm

해설

균형변형률 상태일 때, 보의 압축연단에서 중립축까지의 거리를 응력-변형률 관계를 이용하면

$c:d-c=0.0033:\varepsilon_y$

$c=\dfrac{a}{\beta_1}$, $a=\dfrac{A_s f_y}{\eta(0.85 f_{ck})b}=\dfrac{1{,}161\times 400}{1.0\times(0.85\times 24)\times 300}=75.88\text{mm}$

$c=\dfrac{a}{\beta_1}=\dfrac{75.88}{0.80}=94.85\text{mm}$

합격 POINT

f_{ck}(MPa)	≤40
ε_{cu}	0.0033
η	1.00
β_1	0.80

정답 44 ④ 45 ④ 46 ②

47

그림의 용접기호와 관련된 내용으로 옳은 것은?

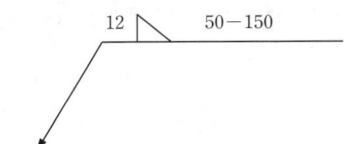

① 양면용접에 용접길이 50mm
② 용접 간격 100mm
③ 용접 치수 12mm
④ 맞댐(개선) 용접

해설
용접 치수는 12mm이다.

선지분석
① 편면용접에 용접길이는 50mm
② 용접 간격은 150mm
④ 필릿(모살) 용접

합격 POINT 용접기호

용접의 종류	기호	적용 예	
V형	∨		화살의 반대측에 용접
			화살쪽에 용접
L형	∨		화살의 반대측에 용접
			화살쪽에 용접
필릿 편면	◣		화살의 반대측에 용접
			화살쪽에 용접
필릿 병렬	▷		양측에서 용접

합격 POINT 용접도시

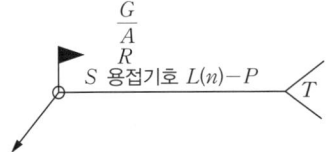

▲ 용접할 곳이 화살 반대쪽 또는 뒤쪽일 때

S 용접치수　　R 루트간격　　A 개선각
T 꼬리(특기사항 기록)　$-$ 표면모양　G 용접부처리방법
L 용접길이　　P 용접간격　　▶ 현장용접

48

그림과 같은 3회전단 구조물의 반력은?

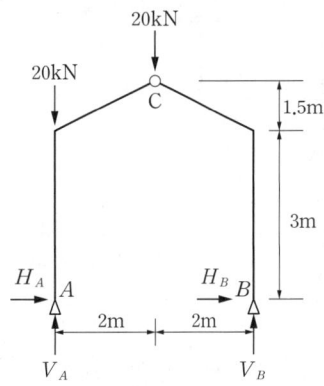

① $H_A=4.44$kN, $H_B=-4.44$kN, $V_A=30$kN, $V_B=10$kN
② $H_A=0$, $H_B=0$, $V_A=30$kN, $V_B=10$kN
③ $H_A=-4.44$kN, $H_B=4.44$kN, $V_A=30$kN, $V_B=10$kN
④ $H_A=4.44$kN, $H_B=-4.44$kN, $V_A=50$kN, $V_B=-10$kN

해설
3힌지 라멘구조의 중앙힌지를 기준으로 좌우 모멘트 값이 0이라는 걸 이용한다.
$\sum H = H_A + H_B = 0$　　$\sum V = V_A + V_B - 20 - 20 = 0$
$\sum M_A = 20 \times 2 - V_B \times 4 = 0$이므로
$V_B = 10$kN, $V_A = 30$kN
왼쪽 $\sum M_C = V_A \times 2 - H_A \times 4.5 - 20 \times 2 = 0$이므로
$H_A = 4.44$kN, $H_B = -4.44$kN

정답 47 ③　48 ①

49 ★★☆

그림과 같은 양단 고정보에서 B단의 휨모멘트 값은?

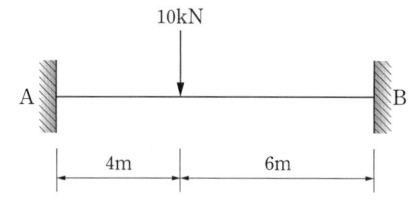

① 2.4kN·m
② 9.6kN·m
③ 14.4kN·m
④ 24.8kN·m

해설

양단 고정보에서 양 끝단의 휨모멘트의 경우 다음 그림과 같다.

B단의 휨모멘트 $M_B = \dfrac{Pa^2b}{L^2}$ 이므로

$M_B = \dfrac{10\text{kN} \times (4\text{m})^2 \times 6\text{m}}{(10\text{m})^2} = 9.6\text{kN·m}$

합격 POINT 양단 고정보 휨모멘트

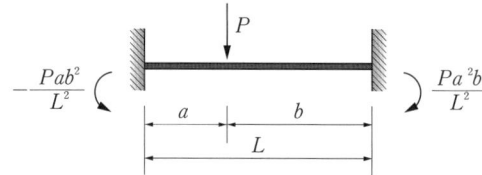

50 ★☆☆

1방향 철근콘크리트 슬래브에 배치하는 수축·온도철근에 관한 기준으로 옳지 않은 것은?

① 수축·온도철근으로 배치되는 이형철근 및 용접철망의 철근비는 어떤 경우에도 0.0014 이상이어야 한다.
② 수축·온도철근으로 배치되는 설계기준항복강도가 400MPa를 초과하는 이형철근 또는 용접철망을 사용한 슬래브의 철근비는 $0.0020 \times \dfrac{400}{f_y}$ 으로 산정한다.
③ 수축·온도철근의 간격은 슬래브 두께의 6배 이하, 또한 600mm 이하로 하여야 한다.
④ 수축·온도철근은 설계기준항복강도 f_y를 발휘할 수 있도록 정착되어야 한다.

해설

수축·온도철근의 간격은 슬래브 두께의 5배 이하, 또한 450mm 이하로 하여야 한다.

합격 POINT 1방향 슬래브의 수축·온도 철근비

$f_y \leq 400\text{MPa}$인 경우 $\rho = 0.002$

$f_y > 400\text{MPa}$인 경우 $\rho = 0.002 \times \dfrac{400}{f_y}$

51 ★★★

다음 그림과 같은 인장재의 순단면적을 구하면?(단, F10T－M20볼트 사용(표준구멍), 판의 두께는 6mm임)

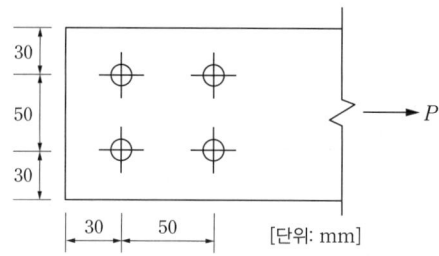

① 296mm²
② 396mm²
③ 426mm²
④ 536mm²

해설

정렬배치 상태의 인장재 순단면적 A_n은 다음과 같은 식으로 구한다.

$A_n = A_g - ndt$

- A_g: 총 단면적
- n: 파단선상 구멍 수
- d: 파스너 구멍의 직경
- t: 부재의 두께

※ 표준구멍(d)

직경 24mm 미만 → M+2.0mm
직경 24mm 이상 → M+3.0mm
따라서, M20의 표준구멍은 22mm

∴ $A_n = (6 \times (30+50+30)) - 2 \times (20+2) \times 6 = 396\text{mm}^2$

52 ★★☆

다음 그림과 같은 내민보에 집중하중이 작용할 때 A점의 처짐각 θ_A를 구하면?

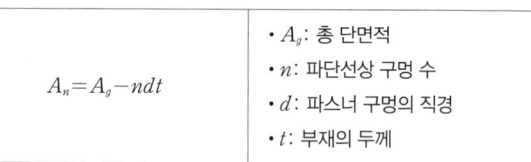

① $\dfrac{Pl^2}{4EI}$
② $\dfrac{Pl^2}{16EI}$
③ $\dfrac{Pl^2}{128EI}$
④ $\dfrac{Pl^2}{256EI}$

해설

내민보에 하중이 작용하지 않으므로 단순보라고 생각하고 계산한다.

∴ 단순보의 처짐각 공식에서 $\theta_A = \dfrac{Pl^2}{16EI}$

정답 49 ② 50 ③ 51 ② 52 ②

53 ★★★

양단 힌지인 길이 6m의 H−300×300×10×15의 기둥이 부재 중앙에서 약축방향으로 가새를 통해 지지되어 있을 때 설계용 세장비는? (단, $r_x=131$mm, $r_y=75.1$mm)

① 39.9 ② 45.8
③ 58.2 ④ 66.3

해설

세장비 $\lambda = \dfrac{KL}{r}$이고, 양단 힌지이므로 $K=1.0$이다.
(여기서, KL: 유효좌굴길이, r: 단면2차반경)
강축(x)에 대해서는 부재 전체의 길이 6m를,
약축(y)에 대해서는 가새로 횡지지 되어 있으므로 3m를 적용하여 세장비를 계산하면

강축(λ_x): $\dfrac{KL}{r_x} = \dfrac{(1.0)(6,000)}{131} = 45.8$

약축(λ_y): $\dfrac{KL}{r_y} = \dfrac{(1.0)(3,000)}{75.1} = 39.9$이다.

이 중 큰 값을 선정하므로 45.8이다.

합격 POINT 유효좌굴길이계수 K

구분	양단힌지	1단고정, 1단힌지	양단고정	1단고정, 1단자유
계수 값	1	0.7	0.5	2

54 ★★★

과도한 처짐에 의해 손상되기 쉬운 비구조요소를 지지 또는 부착하지 않은 바닥구조의 활하중 l에 의한 순간처짐의 한계는?

① $\dfrac{l}{180}$ ② $\dfrac{l}{240}$
③ $\dfrac{l}{360}$ ④ $\dfrac{l}{480}$

해설

처짐의 한계는 최대 허용처짐 규정에 따라 결정된다. 따라서 과도한 처짐에 의해 손상되기 쉬운 비구조요소를 지지 또는 부착하지 않은 바닥구조의 활하중에 의한 순간처짐의 한계는 $\dfrac{l}{360}$이다.

합격 POINT 최대 허용처짐 규정

부재의 형태	고려해야할 처짐	처짐 한계
과도한 처짐에 의해 손상되기 쉬운 비구조 요소를 지지 또는 부착하지 않은 평지붕 구조: 외부 환경	활하중 l에 의한 순간처짐	$\dfrac{l}{180}$
과도한 처짐에 의해 손상되기 쉬운 비구조 요소를 지지 또는 부착하지 않은 바닥구조: 내부 환경	활하중 l에 의한 순간처짐	$\dfrac{l}{360}$
과도한 처짐에 의해 손상되기 쉬운 비구조 요소를 지지 또는 부착한 지붕 또는 바닥구조	전체 처짐 중에서 비구조 요소가 부착된 후에 발생하는 처짐 부분	$\dfrac{l}{480}$
과도한 처짐에 의해 손상될 염려가 없는 비구조 요소를 지지 또는 부착한 지붕 또는 바닥구조	(모든 지속하중에 의한 장기처짐과 추가적인 활하중에 의한 순간처짐의 합)	$\dfrac{l}{240}$

55 ★★★

다음과 같은 사다리꼴 단면의 도심 y_0값은?

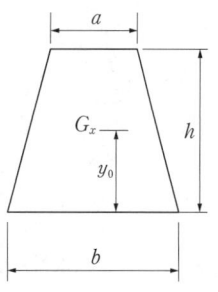

① $\dfrac{h(2a+b)}{3(a+b)}$ ② $\dfrac{h(a+b)}{3(2a+b)}$

③ $\dfrac{3h(2a+b)}{(a+b)}$ ④ $\dfrac{h(a+2b)}{3(a+b)}$

해설

도심거리는 단면1차모멘트 G_x를 면적 A로 나누어 구한다.

$y = \dfrac{G_x}{A}$

사다리꼴의 도심은 삼각형 $\left(\dfrac{1}{2}bh\right)$와 삼각형 $\left(\dfrac{1}{2}ah\right)$로 나눈 후 더하여 계산할 수 있다.

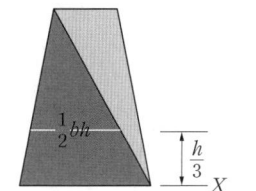 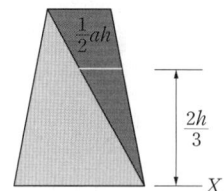

1. $G_x = \dfrac{1}{2}bh \times \dfrac{h}{3}$ 2. $G_x = \dfrac{1}{2}ah \times \dfrac{2h}{3}$

$\therefore y = \dfrac{G_x}{A} = \dfrac{\left(\dfrac{1}{2}bh \times \dfrac{h}{3}\right) + \left(\dfrac{1}{2}ah \times \dfrac{2h}{3}\right)}{\left(\dfrac{1}{2}bh\right) + \left(\dfrac{1}{2}ah\right)} = \dfrac{h}{3} \times \dfrac{2a+b}{a+b}$

정답 53 ② 54 ③ 55 ①

56 ★☆☆

그림과 같은 라멘에 있어서 A점의 모멘트는 얼마인가? (단, k는 강비이다.)

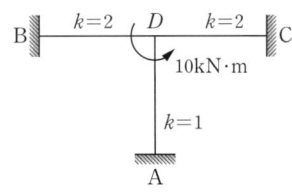

① 1kN·m
② 2kN·m
③ 3kN·m
④ 4kN·m

해설

모멘트 분배법을 이용해 구한다.

- 분배율: $DF_{DA} = \dfrac{1}{1+2+2} = \dfrac{1}{5}$
- 분배모멘트 계산: $M_{DA} = M_D \cdot DF_{DA} = 10 \times \dfrac{1}{5} = 2\text{kN·m}$
- 전달모멘트 계산(전달률: 고정단은 $\dfrac{1}{2}$)

$$M_A = \dfrac{1}{2} M_{DA} = \dfrac{1}{2} \times 2 = 1\text{kN·m}$$

57 ★☆☆

연약한 지반에 대한 대책 중 하부구조의 조치사항으로 옳지 않은 것은?

① 동일 건물의 기초에 이질 지정을 둔다.
② 경질 지반에 기초판을 지지한다.
③ 지하실을 설치한다.
④ 경질 지반이 깊을 때는 마찰말뚝을 사용한다.

해설

동일 건물의 기초에 온통기초를 사용하는 것이 부동침하 방지에 효과적이다.

합격 POINT 연약지반의 부동침하 방지대책

1. 상부구조: 건물의 경량화, 건물의 길이 제한, 인접건물과 이격, 건물의 중량 균등 분배
2. 하부구조: 경질 지반에 지지, 마찰말뚝 사용하고 서로 다른 종류의 말뚝 혼용을 금지, 지하실(온통기초) 설치, 지중보 또는 지하 연속벽 시공

58 ★★★

프리스트레스하지 않는 부재의 현장치기 콘크리트 중 흙에 접하여 콘크리트를 친 후 영구히 흙에 묻혀 있는 콘크리트의 최소 피복두께 기준으로 옳은 것은?

① 100mm
② 75mm
③ 50mm
④ 40mm

해설

프리스트레스하지 않는 부재의 현장치기 콘크리트의 최소 피복두께

구분			현장치기 콘크리트 피복두께
수중			100mm
흙에 접하여 타설 후 영구히 흙에 묻혀 있는 콘크리트			75mm
흙에 접하거나 옥외의 공기에 직접 노출	D19 이상		50mm
	D16 이하의 철근, 지름 16 이하의 철선		40mm
옥외의 공기나 흙에 직접 접하지 않는 콘크리트	슬래브, 벽체, 장선	D35 초과	40mm
		D35 이하	20mm
	보, 기둥*		40mm
	쉘, 절판부재		20mm

* 보, 기둥의 경우 $f_{ck} \geq 40\text{MPa}$이면 10mm 저감 가능

59 ★★★

그림과 같은 구조물의 부정정 차수는?

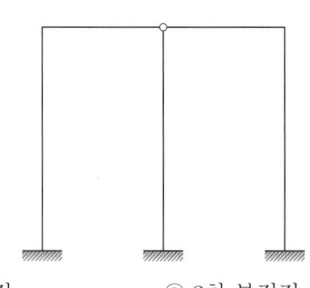

① 1차 부정정
② 2차 부정정
③ 3차 부정정
④ 4차 부정정

해설

$N = r + m + f - 2 \times j$ (r: 지점반력수, m: 부재수, f: 강절점수, j: 지점 + 자유단 절점수)의 공식을 이용해 부정정 차수를 구하면
$N = (3+3+3) + 5 + 2 - 2 \times 6 = 4$이므로
4차 부정정 구조이다.

정답 56 ① 57 ① 58 ② 59 ④

60 ★★★
철골구조 주각부의 구성요소가 아닌 것은?

① 커버 플레이트 ② 앵커볼트
③ 리브 플레이트 ④ 베이스 플레이트

해설

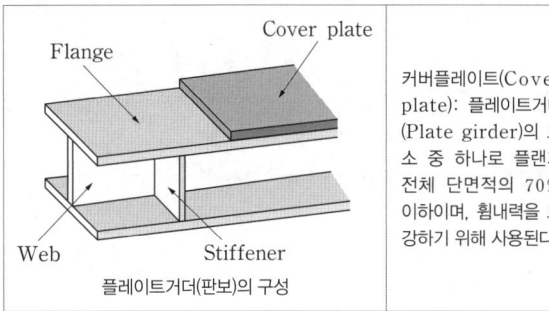

커버플레이트(Cover plate): 플레이트거더(Plate girder)의 요소 중 하나로 플랜지 전체 단면적의 70% 이하이며, 휨내력을 보강하기 위해 사용된다.

합격 POINT 주각부

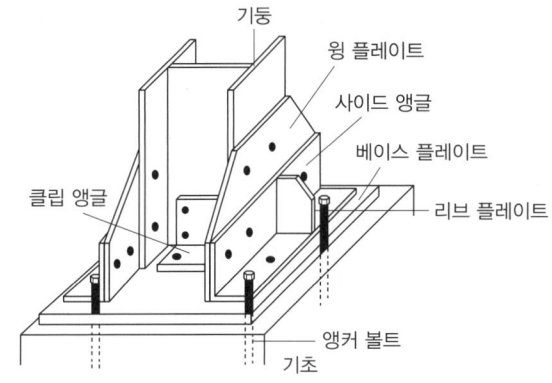

제4과목 건축설비

61 ★☆☆
배수관의 관경과 구배에 관한 설명으로 옳지 않은 것은?

① 배관구배를 완만하게 하면 세정력이 저하된다.
② 배수관경을 크게 하면 할수록 배수능력은 향상된다.
③ 배관구배를 너무 급하게 하면 흐름이 빨라 고형물이 남는다.
④ 배관구배를 너무 급하게 하면 관로의 수류에 의한 파손 우려가 높아진다.

해설
배수관경을 크게 하면 할수록 유속이 저하되므로 배수능력은 떨어진다.

62 ★★☆
한 시간당 급탕량이 5m³일 때 급탕부하는 얼마인가? (단, 물의 비열은 4.2kJ/kg·K, 급탕온도는 70°C, 급수온도는 10°C이다.)

① 35kW ② 126kW
③ 350kW ④ 1,260kW

해설

$$급탕부하(kW) = \frac{G \cdot c \cdot \Delta t}{3,600}$$

$$= \frac{(5 \times 10^3)\text{kg/h} \times 4.2\text{kJ/kg·K} \times (70-10)\text{K}}{3,600}$$

$$= 350\text{kJ/s} = 350\text{kW}$$

G: 시간당 급탕량(kg/h), c: 물의 비열(kJ/kg·h), Δt: 온도차(K)

정답 60 ① 61 ② 62 ③

63 ★★★

엘리베이터의 조작 방식 중 무운전원 방식으로 다음과 같은 특징을 갖는 것은?

> 승객 스스로 운전하는 전자동 엘리베이터로, 승강장으로부터의 호출 신호로 기동, 정지를 이루는 조작 방식이며, 누른 순서에 상관없이 각 호출에 응하여 자동적으로 정지한다.

① 단식자동방식
② 카 스위치 방식
③ 승합전자동방식
④ 시그널 컨트롤 방식

해설
승합전자동방식은 승객 스스로 운전하는 전자동 엘리베이터로, 누른 순서에 관계없이 각 호출에 따른다.

선지분석
① 단식자동방식: 승객 스스로 운전하며, 승강장의 호출에 의해 시동, 정지하는 방식으로, 운전 중 다른 호출은 운전 종료 시까지 받지 않는다.
② 카 스위치 방식: 운전원 조작반의 핸들로 시동, 정지를 조작하는 방식이다.
④ 시그널 컨트롤 방식: 시동은 운전원 조작반의 핸들로 하고, 정지는 조작반이 목적층 버튼을 누르거나 승강장의 호출 신호에 의해 층의 순서대로 자동 정지하는 방식이다.

64 ★☆☆

전기샤프트(ES)의 계획 시 고려사항으로 옳지 않은 것은?

① 각 층마다 같은 위치에 설치한다.
② 기기의 배치와 유지보수에 충분한 공간으로 하고, 건축적인 마감을 실시한다.
③ 점검구는 유지보수 시 기기의 반출입이 가능하도록 하여야 하며, 점검구 문의 폭은 최소 300mm 이상으로 한다.
④ 공급대상 범위의 배선거리, 전압강하 등을 고려하여 가능한 한 공급 대상설비 시설 위치의 중심부에 위치하도록 한다.

해설
전기샤프트(ES)의 점검구는 유지보수 시 기기의 반출입이 가능하도록 하여야 하며, 점검구 문의 폭은 최소 90cm 이상으로 한다.

65 ★★★

다음 중 변전실 면적에 영향을 주는 요소와 가장 거리가 먼 것은?

① 발전기실의 면적
② 변전설비 변압방식
③ 수전전압 및 수전방식
④ 설치 기기와 큐비클의 종류

해설
발전기실의 면적은 변전실 면적과 서로 관계가 없다.

합격 POINT 변전실 면적에 영향을 주는 요소
- 수전전압 및 수전방식
- 변전설비 변압방식, 변압기 용량, 수량 및 형식
- 설치 기기와 큐비클의 종류
- 기기의 배치방법 및 유지보수 필요 면적
- 건축물의 구조적 여건

66 ★★☆

배수트랩의 봉수가 파손되는 것을 방지하기 위한 방법으로 옳지 않은 것은?

① 자기사이펀 작용에 의한 봉수파괴를 방지하기 위하여 S트랩을 설치한다.
② 유도사이펀 작용에 의한 봉수파괴를 방지하기 위하여 도피통기관을 설치한다.
③ 증발현상에 의한 봉수파괴를 방지하기 위하여 트랩 봉수 보급수 장치를 설치한다.
④ 역압에 의한 분출작용을 방지하기 위하여 배수 수직관의 하단부에 통기관을 설치한다.

해설
사이펀식 트랩인 S트랩은 사이펀 작용을 일으키기 쉬운 형태로 봉수가 쉽게 파괴된다.

정답 63 ③ 64 ③ 65 ① 66 ①

67 ★★★

다음의 간선 배전방식 중 분전반에서 사고가 발생했을 때 그 파급 범위가 가장 좁은 것은?

① 평행식
② 방사선식
③ 나뭇가지식
④ 나뭇가지 평행식

해설
평행식은 배전반에서 각 분전반으로 단독으로 배선되기 때문에 화재 등 사고 발생 시 영향을 최소화 할 수 있다.

68 ★★☆

스프링클러설비를 설치하여야 하는 특정소방 대상물의 최대 방수구역에 설치된 개방형 스프링클러헤드의 개수가 30개일 경우, 스프링클러설비의 수원의 저수량은 최소 얼마 이상으로 하여야 하는가?

① 16m³
② 32m³
③ 48m³
④ 56m³

해설
개방형 스프링클러헤드의 개수가 30개일 경우,
스프링클러설비 수원의 저수량 = 1.6m³ × 30개 = 48m³

합격 POINT 스프링클러설비 수원의 저수량

1. 폐쇄형 스프링클러헤드
   1.6m³ × 설치 장소별 스프링클러헤드의 기준 개수
   ※ 설치 장소별 스프링클러헤드의 기준 개수

설치 장소	기준 개수
아파트	10개
지하층을 제외한 층수가 11층 이상인 소방대상물(아파트 제외)	30개
지하가 또는 지하역사	30개
판매시설, 복합건축물	30개

2. 개방형 스프링클러헤드
   ① 스프링클러헤드의 개수가 30개 이하일 경우
      1.6m³ × 설치헤드 수
   ② 스프링클러헤드의 개수가 30개 초과일 경우
      가압송수장치의 분당 송수량 × 설계방수시간

69 ★☆☆

열관류율 $K=2.5W/m^2·K$인 벽체의 양쪽 공기온도가 각각 20°C와 0°C일 때, 이 벽체 1m²당 이동열량은?

① 25W
② 50W
③ 100W
④ 200W

해설
$Q = K · A · \Delta t$
$= 2.5W/m^2·K \times 1m^2 \times (20-0)K = 50W$

Q: 이동열량(W), K: 열관류율(W/m²·K), A: 면적(m²), Δt: 온도차(K)

70 ★★★

어느 점광원과 1m 떨어진 곳의 직각면 조도가 800[lx]일 때, 이 광원과 4m 떨어진 곳의 직각면 조도는?

① 50[lx]
② 100[lx]
③ 150[lx]
④ 200[lx]

해설
$E = \dfrac{I}{d^2}$

E: 조도(lx), I: 광도(cd), d: 거리(m)
조도(E)는 거리(d)의 제곱에 반비례한다.
따라서, 거리가 4배가 되면 조도는 $\dfrac{1}{4^2}\left(=\dfrac{1}{16}\right)$배가 되므로
$800lx \times \dfrac{1}{16} = 50lx$이다.

71 ★★★

습공기를 가열했을 때 상태값이 변화하지 않는 것은?

① 엔탈피
② 습구온도
③ 절대습도
④ 상대습도

해설
절대습도는 습공기를 구성하고 있는 건조공기 1kg당의 수증기량을 말하며 공기를 가열하거나 냉각하여도 변함이 없다.

합격 POINT 습공기 가열·냉각 시 상태변화

습공기	상태변화
가열	엔탈피 증가, 비체적 증가, 상대습도 감소
냉각	엔탈피 감소, 비체적 감소, 상대습도 증가

※ 절대습도는 가열하거나 냉각하여도 일정하다.

정답 67 ① 68 ③ 69 ② 70 ① 71 ③

72 ★★★

증기난방에 관한 설명으로 옳지 않은 것은?

① 온수난방에 비해 예열시간이 짧다.
② 온수난방에 비해 한랭지에서 동결의 우려가 작다.
③ 운전 시 증기해머로 인한 소음을 일으키기 쉽다.
④ 온수난방에 비해 부하변동에 따른 실내 방열량의 제어가 용이하다.

해설
증기난방은 온수난방에 비해 부하변동에 따른 실내 방열량 제어가 어렵다.

합격 POINT 증기난방의 특징
- 증발잠열을 이용하므로 열의 운반능력이 크다.
- 예열시간이 짧고, 증기순환이 빠르다.
- 한랭지에서 동결의 우려가 작다.
- 열매온도가 높아 방열기의 방열면적이 작다.
- 실내 방열량 제어가 어렵다.

73 ★★★

공기조화방식 중 2중덕트방식에 관한 설명으로 옳지 않은 것은?

① 전공기 방식에 속한다.
② 덕트가 2개의 계통이므로 설비비가 많이 든다.
③ 부하특성이 다른 다수의 실이나 존에도 적용할 수 있다.
④ 냉풍과 온풍을 혼합하는 혼합상자가 필요 없으므로 소음과 진동도 적다.

해설
2중덕트방식은 냉풍과 온풍을 혼합하는 혼합상자가 필요하다.

합격 POINT 2중덕트방식
중앙의 공조기에서 냉풍과 온풍을 동시에 제조하여 각 실 또는 각 존에 공급하고, 각 실, 각 존 마다의 부하에 따라 혼합유닛에서 냉풍과 온풍을 적절히 혼합하여 송풍온도를 조절하는 방식이다.

74 ★★★

다음과 가장 관계가 깊은 것은?

> 에너지보존의 법칙을 유체의 흐름에 적용한 것으로서 유체가 갖고 있는 운동에너지, 중력에 의한 위치에너지 및 압력에너지의 총합은 흐름 내 어디에서나 일정하다.

① 뉴턴의 점성법칙 ② 베르누이의 정리
③ 보일-샤를의 법칙 ④ 오일러의 상태방정식

해설
베르누이의 정리에 대한 설명이다.

합격 POINT 베르누이의 정리
운동하고 있는 유체의 역학적 총에너지, 즉 유체의 압력에 의한 에너지와 임의의 수평면에 대한 중력에 의한 위치에너지 그리고 유체의 운동에너지의 총합은 일정하다.(단, 점성이 없는 비압축성 유체의 정상 흐름)

75 ★★☆

자연환기에 관한 설명으로 옳은 것은?

① 풍력환기에 의한 환기량은 풍속에 반비례한다.
② 풍력환기에 의한 환기량은 유량계수에 비례한다.
③ 중력환기에 의한 환기량은 공기의 입구와 출구가 되는 두 개구부의 수직거리에 반비례한다.
④ 중력환기에서는 실내온도가 외기온도보다 높을 경우, 공기는 건물 상부의 개구부에서 들어와서 하부의 개구부로 나간다.

해설
풍력환기에 의한 환기량은 유량계수에 비례한다.

선지분석
① 풍력환기에 의한 환기량은 풍속에 비례한다.
③ 중력환기에 의한 환기량은 공기의 입구와 출구가 되는 두 개구부의 수직거리의 제곱근에 비례한다.
④ 중력환기에서는 실내온도가 외기온도보다 높을 경우, 공기는 건물 하부의 개구부에서 들어와서 상부의 개구부로 나간다.

정답 72 ④ 73 ④ 74 ② 75 ②

76 ★☆☆

실내 음환경의 잔향시간에 관한 설명으로 옳은 것은?

① 실의 흡음력이 높을수록 잔향시간은 길어진다.
② 잔향시간을 길게 하기 위해서는 실내공간의 용적을 작게 하여야 한다.
③ 잔향시간은 음향청취를 목적으로 하는 공간이 음성전달을 목적으로 하는 공간보다 짧아야 한다.
④ 잔향시간은 실내가 확장음장이라고 가정하여 구해진 개념으로 원리적으로는 음원이나 수음점의 위치에 상관없이 일정하다.

선지분석
① 실의 흡음력이 높을수록 잔향시간은 짧아진다.
② 잔향시간을 길게 하기 위해서는 실내공간의 용적을 크게 하여야 한다.
③ 잔향시간은 음향청취를 목적으로 하는 공간이 음성전달을 목적으로 하는 공간보다 길어야 한다.

합격 POINT Sabine의 잔향식

$$T = K\frac{V}{A} = K\frac{V}{\bar{a}S}$$

- T: 잔향시간
- K: 비례상수 0.163
- V: 실의 용적(m^3)
- A: 흡음력 = $\bar{a}$(평균 흡음률) × S(실내 표면적)

77 ★★☆

발전기에 적용되는 법칙으로 유도기전력의 방향을 알기 위하여 사용되는 법칙은?

① 오옴의 법칙
② 키르히호프의 법칙
③ 플레밍의 왼손의 법칙
④ 플레밍의 오른손의 법칙

해설
플레밍의 오른손의 법칙은 발전기에 적용되는 법칙으로 자기장 속에서 도선이 움직일 때 자기장의 방향과 도선이 움직이는 방향으로 유도기전력의 방향을 결정할 수 있다.

78 ★★★

압력에 따른 도시가스의 분류에서 고압의 기준으로 옳은 것은? (단, 게이지압력 기준)

① 0.1MPa 이상
② 1MPa 이상
③ 10MPa 이상
④ 100MPa 이상

해설
도시가스 고압의 기준은 1MPa 이상이다.

합격 POINT 도시가스의 압력에 의한 분류

구분	압력
고압	1MPa 이상
중압	0.1MPa 이상~1MPa 미만
저압	0.1MPa 미만

79 ★★★

냉방부하 계산 결과 현열부하가 620W, 잠열부하가 155W 일 경우 현열비는?

① 0.2
② 0.25
③ 0.4
④ 0.8

해설
$$현열비 = \frac{현열부하}{현열부하+잠열부하} = \frac{620W}{(620+155)W} = 0.8$$

80 ★★★

다음의 냉동기 중 기계적 에너지가 아닌 열에너지에 의해 냉동효과를 얻는 것은?

① 원심식 냉동기
② 흡수식 냉동기
③ 스크류식 냉동기
④ 왕복동식 냉동기

해설
흡수식 냉동기는 열에너지에 의해 냉동효과를 얻으며, 구조는 증발기·흡수기·재생기 및 응축기의 4가지 주요 요소로 구성되어 있다.

정답 76 ④ 77 ④ 78 ② 79 ④ 80 ②

제5과목 건축관계법규

81 ★☆☆
막다른 도로의 길이가 30m인 경우, 이 도로가 건축법상 도로이기 위한 최소 너비는?

① 2m ② 3m
③ 4m ④ 6m

해설

막다른 도로의 길이	도로의 너비
10m 미만	2m 이상
10m 이상 35m 미만	3m 이상
35m 이상	6m(읍·면지역은 4m)

82 ★☆☆
신축공동주택등의 기계환기설비의 설치 기준이 옳지 않은 것은?

① 세대의 환기량 조절을 위하여 환기설비의 정격풍량을 3단계 또는 그 이상으로 조절할 수 있는 체계를 갖추어야 한다.
② 적정 단계의 필요 환기량은 신축공동주택 등의 세대를 시간당 0.3회로 환기할 수 있는 풍량을 확보하여야 한다.
③ 기계환기설비에서 발생하는 소음의 측정은 한국산업규격(KS B 6361)에 따르는 것을 원칙으로 한다.
④ 기계환기설비는 주방 가스대 위의 공기배출장치, 화장실의 공기배출 송풍기 등 급속 환기 설비와 함께 설치할 수 있다.

해설
적정 단계의 필요 환기량은 신축공동주택등의 세대를 시간당 0.5회로 환기할 수 있는 풍량을 확보하여야 한다.

83 ★★☆
주차전용건축물의 주차면적비율과 관련한 아래 내용에서, ( )에 들어갈 수 없는 것은?

주차전용건축물이란 건축물의 연면적 중 주차장으로 사용되는 부분의 비율이 95% 이상인 것을 말한다. 다만, 주차장 외의 용도로 사용되는 부분이 「건축법 시행령」 별표 1에 따른 ( )인 경우에는 주차장으로 사용되는 부분의 비율이 70% 이상인 것을 말한다.

① 종교시설 ② 운동시설
③ 업무시설 ④ 숙박시설

해설
주차전용건축물이란 건축물의 연면적 중 주차장으로 사용되는 부분의 비율이 95% 이상인 것을 말한다.
다만, 주차장 외의 용도로 사용되는 부분이 단독주택, 공동주택, 제1종 근린생활시설, 제2종 근린생활시설, 문화 및 집회시설, 종교시설, 판매시설, 운수시설, 운동시설, 업무시설, 창고시설 또는 자동차 관련 시설인 경우에는 주차장으로 사용되는 부분의 비율이 70% 이상인 것을 말한다.

84 ★★☆
건축물과 분리하여 공작물을 축조할 때 특별자치시장·특별자치도지사 또는 시장·군수·구청장에게 신고를 해야 하는 대상 공작물 기준이 옳지 않은 것은?

① 높이 2m를 넘는 옹벽
② 높이 4m를 넘는 굴뚝
③ 높이 6m를 넘는 골프연습장 등의 운동시설을 위한 철탑
④ 높이 8m를 넘는 고가수조

해설
굴뚝은 높이 6m를 넘는 경우 신고 대상이다.

선지분석
① 옹벽 또는 담장은 높이 2m를 넘는 경우 신고 대상이다.
③ 골프연습장 등의 운동시설을 위한 철탑은 높이 6m를 넘는 경우 신고 대상이다.
④ 고가수조는 높이 8m를 넘는 경우 신고 대상이다.

정답 81 ② 82 ② 83 ④ 84 ②

85 ★☆☆

다음 중 제2종 일반주거지역 안에서 건축할 수 없는 건축물은? (단, 도시·군계획 조례가 정하는 바에 따라 건축할 수 있는 경우는 고려하지 않는다.)

① 종교시설 ② 운수시설
③ 노유자시설 ④ 제1종 근린생활시설

해설
제2종 일반주거지역 안에서 운수시설은 건축할 수 없다.

86 ★☆☆

높이가 31m를 넘는 각 층의 바닥면적 중 최대 바닥면적이 4,500m²인 건축물에 원칙적으로 설치하여야 하는 비상용 승강기의 최소 대수는?

① 1대 ② 2대
③ 3대 ④ 5대

해설
높이 31m를 넘는 각 층의 바닥면적 중 최대 바닥면적이 1,500m²를 넘는 건축물에는 기본 1대의 비상용 승강기를 설치하여야 하며 이후 1,500m²를 넘는 3,000m² 이내마다 1대씩 더한 대수 이상을 설치하여야 한다.
따라서 기본 설치대수 1대에 추가 설치대수 1대를 더하여 최소 2대를 설치하여야 한다.

87 ★★☆

다음 중 대지에 조경 등의 조치를 아니할 수 있는 대상 건축물에 속하지 않는 것은?

① 축사
② 녹지지역에 건축하는 건축물
③ 연면적의 합계가 1,000m²인 공장
④ 면적이 5,000m²인 대지에 건축하는 공장

해설
면적 5,000m² 미만인 대지에 건축하는 공장 또는 연면적의 합계가 1,500m² 미만인 공장에는 조경 등의 조치를 하지 아니할 수 있다.

88 ★★★

건축물의 바닥면적 산정 기준에 대한 설명으로 옳지 않은 것은?

① 공동주택으로서 지상층에 설치한 어린이놀이터의 면적은 바닥면적에 산입하지 않는다.
② 필로티는 그 부분이 공중의 통행이나 차량의 통행 또는 주차에 전용되는 경우에는 바닥면적에 산입하지 아니한다.
③ 벽·기둥의 구획이 없는 건축물은 그 지붕 끝부분으로부터 수평거리 1.5m를 후퇴한 선으로 둘러싸인 수평투영면적을 바닥면적으로 한다.
④ 단열재를 구조체의 외기측에 설치하는 단열공법으로 건축된 건축물의 경우에는 단열재가 설치된 외벽 중 내측 내력벽의 중심선을 기준으로 산정한 면적을 바닥면적으로 한다.

해설
벽·기둥의 구획이 없는 건축물은 그 지붕 끝부분으로부터 수평거리 1m를 후퇴한 선으로 둘러싸인 수평투영면적으로 한다.

89 ★★☆

특별피난계단의 구조에 관한 기준 내용으로 옳지 않은 것은?

① 계단실에는 예비전원에 의한 조명설비를 할 것
② 계단은 내화구조로 하되, 피난층 또는 지상까지 직접 연결되도록 할 것
③ 출입구의 유효너비는 0.9m 이상으로 하고 피난의 방향으로 열 수 있을 것
④ 계단실의 노대 또는 부속실에 접하는 창문은 그 면적을 각각 3m² 이하로 할 것

해설
계단실의 노대 또는 부속실에 접하는 창문 등(출입구 제외)은 망이 들어 있는 유리의 붙박이창으로서 그 면적을 각각 1m² 이하로 해야 한다.

정답 85 ② 86 ② 87 ④ 88 ③ 89 ④

90

국토의 계획 및 이용에 관한 법령상 용도지구에 속하지 않는 것은?

① 경관지구
② 미관지구
③ 방재지구
④ 취락지구

해설
국토의 계획 및 이용에 관한 법령상 용도지구에는 경관지구, 방재지구, 보호지구, 취락지구, 개발진흥지구가 속한다.

91

도시·군계획 수립 대상지역의 일부에 대하여 토지 이용을 합리화하고 그 기능을 증진시키며 미관을 개선하고 양호한 환경을 확보하며, 그 지역을 체계적·계획적으로 관리하기 위하여 수립하는 도시·군관리계획은?

① 지구단위계획
② 도시·군성장계획
③ 광역도시계획
④ 개발밀도관리계획

해설
지구단위계획이란 도시·군계획 수립 대상지역의 일부에 대하여 토지 이용을 합리화하고 그 기능을 증진시키며 미관을 개선하고 양호한 환경을 확보하며, 그 지역을 체계적·계획적으로 관리하기 위하여 수립하는 도시·군관리계획이다.

92

지하층에 설치하는 비상탈출구의 유효너비 및 유효높이 기준으로 옳은 것은? (단, 주택이 아닌 경우)

① 유효너비 0.5m 이상, 유효높이 1.0m 이상
② 유효너비 0.5m 이상, 유효높이 1.5m 이상
③ 유효너비 0.75m 이상, 유효높이 1.0m 이상
④ 유효너비 0.75m 이상, 유효높이 1.5m 이상

해설
비상탈출구의 유효너비는 0.75m 이상으로 하고, 유효높이는 1.5m 이상으로 해야 한다.

93

지역의 환경을 쾌적하게 조성하기 위하여 대통령령으로 정하는 용도와 규모의 건축물에 대해 일반이 사용할 수 있도록 대통령령으로 정하는 기준에 따라 공개공지 등을 설치하여야 하는 대상 지역에 속하지 않는 것은? (단, 특별자치시장·특별자치도지사 또는 시장·군수·구청장이 따로 지정·공고하는 지역의 경우는 고려하지 않는다.)

① 준공업지역
② 준주거지역
③ 일반주거지역
④ 전용주거지역

해설
대통령령으로 정하는 기준에 따라 일반이 사용할 수 있도록 하는 소규모 휴식시설 등의 공개 공지(공터) 또는 공개 공간을 설치하여야 하는 지역은 다음과 같다.
- 일반주거지역, 준주거지역
- 상업지역
- 준공업지역
- 특별자치시장·특별자치도지사 또는 시장·군수·구청장이 도시화의 가능성이 크거나 노후 산업단지의 정비가 필요하다고 인정하여 지정·공고하는 지역

94

건축물의 거실(피난층의 거실 제외)에 국토교통부령으로 정하는 기준에 따라 배연설비를 설치하여야 하는 대상 건축물 용도에 속하지 않는 것은? (단, 6층 이상인 건축물의 경우)

① 종교시설
② 판매시설
③ 방송통신시설 중 방송국
④ 교육연구시설 중 연구소

해설
6층 이상인 건축물로서 다음에 해당하는 건축물의 거실(피난층의 거실 제외)에는 배연설비를 해야 한다.

> 문화 및 집회시설, 종교시설, 판매시설, 운수시설, 의료시설(요양병원, 정신병원 제외), 교육연구시설 중 연구소, 노유자시설 중 아동 관련 시설, 노인복지시설(노인요양시설 제외), 수련시설 중 유스호스텔, 운동시설, 업무시설, 숙박시설, 위락시설, 관광휴게시설, 장례시설, 제2종 근린생활시설 중 공연장, 종교집회장, 인터넷컴퓨터게임시설제공업소 및 다중생활시설

정답 90 ② 91 ① 92 ④ 93 ④ 94 ③

95 ★★★
건축물과 해당 건축물의 용도의 연결이 옳지 않은 것은?

① 주유소 — 자동차 관련 시설
② 야외음악당 — 관광휴게시설
③ 치과의원 — 제1종 근린생활시설
④ 일반음식점 — 제2종 근린생활시설

해설
주유소는 위험물 저장 및 처리 시설에 속한다.

96 ★★☆
건축법령상 용어의 정의가 옳지 않은 것은?

① 초고층 건축물이란 층수가 50층 이상이거나 높이가 200m 이상인 건축물을 말한다.
② 증축이란 기존 건축물이 있는 대지에서 건축물의 건축면적, 연면적, 층수 또는 높이를 늘리는 것을 말한다.
③ 개축이란 건축물이 천재지변이나 그 밖의 재해로 멸실된 경우 그 대지에 종전과 같은 규모의 범위에서 다시 축조하는 것을 말한다.
④ 부속건축물이란 같은 대지에서 주된 건축물과 분리된 부속용도의 건축물로서 주된 건축물을 이용 또는 관리하는 데에 필요한 건축물을 말한다.

해설
개축이란 기존 건축물의 전부 또는 일부를 철거하고 그 대지에 종전과 같은 규모의 범위에서 건축물을 다시 축조하는 것을 말한다.

97 ★★☆
건축물의 주요구조부를 내화구조로 하여야 하는 대상 건축물에 속하지 않는 것은?

① 공장의 용도로 쓰는 건축물로서 그 용도로 쓰는 바닥면적의 합계가 500m²인 건축물
② 판매시설의 용도로 쓰는 건축물로서 그 용도로 쓰는 바닥면적의 합계가 500m²인 건축물
③ 창고시설의 용도로 쓰는 건축물로서 그 용도로 쓰는 바닥면적의 합계가 500m²인 건축물
④ 문화 및 집회시설 중 전시장의 용도로 쓰는 건축물로서 그 용도로 쓰는 바닥면적의 합계가 500m²인 건축물

해설
공장의 용도로 쓰는 건축물로서 그 용도로 쓰는 바닥면적의 합계가 2,000m² 이상인 건축물의 주요구조부와 지붕은 내화구조로 해야 한다.

98 ★☆☆
기반시설부담구역에서 기반시설설치비용의 부과대상인 건축행위의 기준으로 옳은 것은?

① 100m²(기존 건축물의 연면적 포함)를 초과하는 건축물의 신축·증축
② 100m²(기존 건축물의 연면적 제외)를 초과하는 건축물의 신축·증축
③ 200m²(기존 건축물의 연면적 포함)를 초과하는 건축물의 신축·증축
④ 200m²(기존 건축물의 연면적 제외)를 초과하는 건축물의 신축·증축

해설
기반시설부담구역에서 기반시설설치비용의 부과대상인 건축행위는 200m²(기존 건축물의 연면적 포함)를 초과하는 건축물의 신축·증축 행위로 한다.

99 ★☆☆
국토교통부령으로 정하는 기준에 따라 채광 및 환기를 위한 창문 등이나 설비를 설치하여야 하는 대상에 속하지 않는 것은?

① 의료시설의 병실
② 숙박시설의 객실
③ 업무시설 중 사무소의 사무실
④ 교육연구시설 중 학교의 교실

해설
단독주택 및 공동주택의 거실, 교육연구시설 중 학교의 교실, 의료시설의 병실 및 숙박시설의 객실에는 국토교통부령으로 정하는 기준에 따라 채광 및 환기를 위한 창문 등이나 설비를 설치해야 한다.

100 ★★★
부설주차장 설치대상 시설물이 문화 및 집회시설(관람장 제외)인 경우, 부설주차장 설치기준으로 옳은 것은? (단, 지방자치단체의 조례로 따로 정하는 사항은 고려하지 않는다.)

① 시설면적 50m²당 1대
② 시설면적 100m²당 1대
③ 시설면적 150m²당 1대
④ 시설면적 200m²당 1대

해설
문화 및 집회시설(관람장 제외)의 부설주차장 설치기준은 시설면적 150m²당 1대(시설면적/150m²)이다.

정답 95 ① 96 ③ 97 ① 98 ③ 99 ③ 100 ③

2022년 | 제1회 기출문제

제1과목 건축계획

01 ★★★
특수전시기법에 관한 설명으로 옳지 않은 것은?
① 하모니카 전시는 동일 종류의 전시물을 반복 전시하는 경우에 사용된다.
② 파노라마 전시는 연속적인 주제를 연관성 있게 표현하기 위해 선형의 파노라마로 연출하는 기법이다.
③ 디오라마 전시는 하나의 사실 또는 주제의 시간 상황을 고정시켜 연출하는 것으로 현장에 임한 느낌을 준다.
④ 아일랜드 전시는 실물을 직접 전시할 수 없거나 오브제 전시만의 한계를 극복하기 위해 영상매체를 사용하여 전시하는 기법이다.

해설
- 아일랜드 전시는 벽이나 천장을 직접 이용하지 않고 전시물 또는 전시장치를 배치하는 전시기법이다.
- 영상매체를 사용하는 전시기법은 영상전시이다.

02 ★★★
병원건축의 병동배치방법 중 분관식(Pavilion Type)에 관한 설명으로 옳은 것은?
① 각종 설비 시설의 배관길이가 짧아진다.
② 대지의 크기와 관계없이 적용이 용이하다.
③ 각 병실을 남향으로 할 수 있어 일조와 통풍 조건이 좋다.
④ 병동부는 5층 이상의 고층으로 하며 환자는 엘리베이터로 운송된다.

해설
분관식은 각 병실을 남향으로 할 수 있어 각 실의 채광이 균등하고 일조와 통풍 조건이 좋다.

선지분석
①, ②, ④ 하나의 건물에 외래부, 부속 진료시설, 병동을 합친 집중식에 대한 설명이다.

03 ★☆☆
전시실의 순회형식에 관한 설명으로 옳지 않은 것은?
① 중앙홀 형식은 각 실에 직접 들어갈 수 없다는 단점이 있다.
② 연속순회 형식은 많은 실을 순서별로 통하여야 하는 불편이 있다.
③ 갤러리 및 코리도 형식에서는 복도 자체도 전시공간으로 이용할 수 있다.
④ 갤러리 및 코리도 형식은 각 실에 직접 들어갈 수 있으며, 필요시 독립적으로 폐쇄할 수 있다.

해설
중앙홀 형식은 중심부에 홀을 두고 홀의 주위에 전시실을 배치하여 홀을 통해 출입하는 형식으로 각 실에 자유롭게 출입이 가능하다.

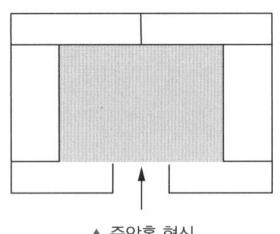

▲ 중앙홀 형식

04 ★☆☆
공동주택의 단지계획에서 보차분리를 위한 방식 중 평면분리에 해당하는 방식은?
① 시간제 차량통행
② 쿨데삭(Cul-de-Sac)
③ 오버브리지(Overbridge)
④ 보행자 안전참(Pedestrian Safecross)

해설
보차분리에서 평면분리에는 쿨데삭(Cul-de-Sac), 루프(Loop), T자형, 열쇠형이 있다.

합격 POINT 보차분리
- 평면분리: 쿨데삭, 루프, T자형, 열쇠형
- 면적분리: 보행자 안전참, 보행자 공간, 몰
- 입체분리: 오버브리지, 언더패스
- 시간분리: 시간제 차량통행, 차 없는 날

정답 01 ④ 02 ③ 03 ① 04 ②

05 ★★☆

다음 중 터미널 호텔의 종류에 속하지 않는 것은?

① 해변 호텔
② 부두 호텔
③ 공항 호텔
④ 철도역 호텔

해설
- 해변 호텔은 리조트 호텔의 종류에 속한다.
- 터미널 호텔은 공항이나 부두, 철도역 등 교통 기관의 발착 지점에 위치한 호텔을 뜻한다.

06 ★☆☆

레이트 모던(Late Modern) 건축양식에 관한 설명으로 옳지 않은 것은?

① 기호학적 분절을 추구하였다.
② 퐁피두 센터는 이 양식에 부합되는 건축물이다.
③ 공업기술을 바탕으로 기술적 이미지를 강조하였다.
④ 대표적 건축가로는 시저 펠리, 노만 포스터 등이 있다.

해설
- 기호학적 분절의 추구는 포스트 모던 건축양식의 특징이다.
- 기호학적 분절은 건축도 기호와 같이 상징이나 은유를 내포한다는 의미이다.

합격 POINT ▶ 현대건축의 건축가들
- 포스트 모던 건축가
  로버트 벤츄리, 마이클 그레이브스, 찰스 무어, 로버트 스턴, 필립 존슨, 알도 로시, 클리에 형제, 랄프 어스킨 등
- 레이트 모던 건축가
  시저 펠리, 노만 포스터, 케빈 로치, 존 포트만, 아이 엠 페이, 리차드 로저스 등

07 ★☆☆

다음 중 백화점 건물의 기둥간격 결정요소와 가장 거리가 먼 것은?

① 진열장의 치수
② 고객 동선의 길이
③ 에스컬레이터의 배치
④ 지하주차장의 주차방식

해설
백화점의 기둥간격의 결정과 고객 동선의 길이는 큰 관련이 없다.

합격 POINT ▶ 사무소와 백화점의 기둥간격 결정요소
- 사무소: 책상배치 단위, 채광상 층고에 의한 안깊이, 주차배치 단위 등
- 백화점: 가구배치, 에스컬레이터의 배치, 주차배치 단위, 층고 등

08 ★★☆

주택의 부엌에서 작업 순서에 따른 작업대 배열로 가장 알맞은 것은?

① 냉장고 - 싱크대 - 조리대 - 가열대 - 배선대
② 싱크대 - 조리대 - 가열대 - 냉장고 - 배선대
③ 냉장고 - 조리대 - 가열대 - 배선대 - 싱크대
④ 싱크대 - 냉장고 - 조리대 - 배선대 - 가열대

해설
부엌에서 작업 순서
준비대(냉장고) → 싱크대(개수대) → 조리대 → 가열대(레인지) → 배선대 → 식당(식사실)

09 ★★☆

도서관 출납시스템에 관한 설명으로 옳지 않은 것은?

① 자유개가식은 책 내용의 파악 및 선택이 자유롭다.
② 자유개가식은 서가의 정리가 잘 안되면 혼란스럽게 된다.
③ 안전개가식은 서가열람이 가능하여 책을 직접 뽑을 수 있다.
④ 폐가식은 서가와 열람실에서 감시가 필요하나 대출절차가 간단하여 관원의 작업량이 적다.

해설
폐가식은 서가와 열람실에서 감시가 필요하지 않으나 대출 절차가 복잡하여 관원의 작업량이 많다.

합격 POINT ▶ 출납시스템
- 자유개가식: 열람자가 직접 서가에서 책을 고르고 검열 없이 열람한다.
- 안전개가식: 열람자가 직접 서가에서 책을 고르고 관원의 검열과 대출 기록을 남긴 후 열람한다.
- 반개가식: 열람자가 책의 체재나 표지를 통해 선택한 책을 관원에게 요구하면 관원이 서가에서 책을 가져와 대출 기록을 남긴 후 열람한다.
- 폐가식: 책의 목록을 보고 책을 선택한다. 관원에게 선택한 책의 대출 기록을 제출한 후 대출받는다.

10 ★★★

르 코르뷔지에가 주장한 근대건축 5원칙에 속하지 않는 것은?

① 필로티
② 옥상정원
③ 유기적 공간
④ 자유로운 평면

해설
근대건축 5원칙(르 코르뷔지에)
- 필로티
- 옥상정원
- 자유로운 입면
- 자유로운 평면
- 가로로 긴 창(연속적인 수평창)

정답 05 ① 06 ① 07 ② 08 ① 09 ④ 10 ③

11 ★☆☆
다음 중 사무소 건축에서 기준층 평면형태의 결정요소와 가장 거리가 먼 것은?

① 동선상의 거리
② 구조상 스팬의 한도
③ 사무실 내의 책상 배치 방법
④ 덕트, 배선, 배관 등 설비시스템상의 한계

해설
사무실 내의 책상 배치는 사무실의 기둥간격 결정요소 중 하나이다.

합격 POINT 기준층 규모 산정 시 고려할 사항
- 동선상의 거리
- 구조상 스팬의 한계
- 덕트, 배관, 배선 등 설비시스템상의 한계
- 방화구획상 면적
- 피난 시 최대 보행거리
- 자연광에 의한 조명 한계

12 ★☆☆
다음 설명에 알맞은 학교운영방식은?

> 각 학급을 2분단으로 나누어 한 쪽이 일반교실을 사용할 때, 다른 한 쪽은 특별교실을 사용한다.

① 달톤형
② 플래툰형
③ 개방 학교
④ 교과교실형

해설
플래툰형에 대한 설명이다. 플래툰형에서는 일반적으로 분단을 2분단으로 나누어 운영한다.

선지분석
① 달톤형: 학급과 학년의 구분 없이 학생들 각자의 능력에 따라 교과를 학습한다.
③ 개방 학교: 그룹지도 방식으로 학급 단위가 아닌 개인의 능력(역량)에 따라 수업을 편성한다.
④ 교과교실형: 모든 교실을 특정 교과의 수업을 위해 만들며 일반 교실은 존재하지 않는다.

13 ★★☆
주택 부엌의 가구 배치 유형 중 병렬형에 관한 설명으로 옳은 것은?

① 연속된 두 벽면을 이용하여 작업대를 배치한 형식이다.
② 폭이 길이에 비해 넓은 부엌의 형태에 적당한 유형이다.
③ 작업면이 가장 넓은 배치 유형으로 작업효율이 좋다.
④ 좁은 면적 이용에 효과적이므로 소규모 부엌에 주로 이용된다.

선지분석
① ㄱ자형(ㄴ자형)에 대한 설명이다.
③ ㄷ자형(U자형)에 대한 설명이다.
④ 직선형(일렬형)에 대한 설명이다.

14 ★★☆
극장 무대 주위의 벽에 6~9m 높이로 설치되는 좁은 통로로, 그리드 아이언에 올라가는 계단과 연결되는 것은?

① 록레일
② 사이클로라마
③ 플라이 갤러리
④ 슬라이딩 스테이지

해설
플라이 갤러리에 대한 설명이다. 플라이 갤러리는 조명이나 눈이 내리는 장면 등을 연출하기 위해 사용한다.

선지분석
① 록레일: 와이어로프를 모아 조정하는 장소
② 사이클로라마: 무대 뒤에 설치하는 무대 배경용 벽
④ 슬라이딩 스테이지: 공연 중 수평으로 이동하면서 장면을 전환할 수 있도록 만든 무대

정답 11 ③ 12 ② 13 ② 14 ③

15 ★★☆

다음 중 다포식(多包式) 건물에 속하지 않는 것은?

① 서울 동대문
② 창덕궁 돈화문
③ 전등사 대웅전
④ 봉정사 극락전

해설

봉정사 극락전은 주심포식 건물이다.

합격 POINT 공포의 분류 예

• 주심포식

고려 시대	봉정사 극락전, 부석사 무량수전, 부석사 조사당, 수덕사 대웅전, 강릉 객사문 등
조선 시대	부석사 조사당(재건축), 정수사 법당, 무위사 극락전, 송광사 국사전, 도동서원 강당, 봉정사 고금당, 풍남문, 영남루 등

• 다포식

고려 시대	심원사 보광전, 석왕사 응진전 등
조선 시대	서울 남대문, 봉정사 대웅전, 장곡사 대웅전, 창경궁 명정전, 명정문 및 홍화문, 창덕궁 돈화문, 전등사 대웅전, 관룡사 대웅전, 경복궁 근정전, 동대문, 화엄사 각황전, 불국사 대웅전, 창덕궁 인정전, 덕수궁 중화전 등

16 ★★☆

이슬람(사라센) 건축 양식에서 미나렛(Minaret)이 의미하는 것은?

① 이슬람교의 신학원 시설
② 모스크의 상징인 높은 탑
③ 메카 방향으로 설치된 실내 제단
④ 열주나 아케이드로 둘러싸인 중정

해설

미나렛은 이슬람 신전에 부설된 높고 뾰족한 탑으로 모스크의 부수 건물이다.

17 ★☆☆

아파트의 단면형식 중 메조넷 형식(Maisonnette Type)에 관한 설명으로 옳지 않은 것은?

① 하나의 주거단위가 복층 형식을 취한다.
② 양면 개구부에 의한 통풍 및 채광이 좋다.
③ 주택 내의 공간의 변화가 없으며 통로에 의해 유효면적이 감소한다.
④ 거주성, 특히 프라이버시는 높으나 소규모 주택에는 비경제적이다.

해설

• 메조넷형(복층형)에서는 하나의 주거단위가 복층(2개층)으로 구성되므로 공용 및 서비스 면적이 감소하고 유효면적(주거면적)은 증가한다.
• 통로가 없는 층의 평면은 일조, 통풍 및 전망이 좋다.

18 ★★☆

기계공장에서 지붕의 형식을 톱날지붕으로 하는 가장 주된 이유는?

① 소음을 작게 하기 위하여
② 빗물의 배수를 충분히 하기 위하여
③ 실내 온도를 일정하게 유지하기 위하여
④ 실내의 주광조도를 일정하게 하기 위하여

해설

톱날지붕은 북향으로 할 경우 하루 동안 실내의 주광조도를 일정하게 유지할 수 있다.

19 ★★★

상점 정면(Facade)구성에 요구되는 5가지 광고요소(AIDMA 법칙)에 속하지 않는 것은?

① Attention(주의)
② Identity(개성)
③ Desire(욕구)
④ Memory(기억)

해설

상점의 광고 5요소(AIDMA 법칙)
• Attention(주의)
• Interest(흥미)
• Desire(욕망, 욕구)
• Memory(기억, 인상)
• Action(행동)

20 ★★☆

사무소 건축의 오피스 랜드스케이핑(Office Landscaping)에 관한 설명으로 옳지 않은 것은?

① 의사전달, 작업흐름의 연결이 용이하다.
② 일정한 기하학적 패턴에서 탈피한 형식이다.
③ 작업단위에 의한 그룹(Group)배치가 가능하다.
④ 개인적 공간으로의 분할로 독립성 확보가 용이하다.

해설

• 오피스 랜드스케이프는 서열이나 직급 등에 따라 획일적으로 배치하지 않고 사무의 흐름이나 작업의 성격에 따라 능률적으로 배치하는 방법이다.
• 소음에 취약하고, 독립성이 결여되어 프라이버시 확보가 어렵다.

정답 15 ④ 16 ② 17 ③ 18 ④ 19 ② 20 ④

제2과목 건축시공

21 ★☆☆

건축물에 사용되는 금속자재와 그 용도가 바르게 연결되지 않은 것은?

① 경량철골 M-BAR: 경량벽체 시공을 위한 구조용 지지틀
② 코너비드: 벽, 기둥 등의 모서리에 대는 보호용 철물
③ 논슬립: 계단에 사용하는 미끄럼 방지 철물
④ 조이너: 천장, 벽 등의 이음새 감추기용 철물

해설

경량철골 M-BAR는 경량반자틀 시공 중에서 천장 시공에 사용되는 부재이다.

22 ★★★

네트워크 공정표에서 작업의 상호관계만을 도식하기 위하여 사용하는 화살선을 무엇이라 하는가?

① Event
② Dummy
③ Activity
④ Critical path

해설

네트워크 공정표 용어

용어	영어	기호	내용
더미	Dummy	···▶	화살표형 네트워크에서 정상 표현으로 할 수 없는 작업 상호관계를 표시하는 화살표
작업	Job, Activity	→	프로젝트를 구성하는 작업단위
결합점 (이벤트)	Node, Event	○	화살표형 네트워크의 작업과 작업을 결합하는 점 및 개시점·종료점
크리티컬 패스	Critical path	CP	개시 결합점에서 종료 결합점에 이르는 가장 긴 패스

23 ★★☆

건축용 석재 사용 시 주의사항으로 옳지 않은 것은?

① 석재를 구조재로 사용 시 압축강도가 큰 것을 선택하여 사용할 것
② 석재를 다듬어 쓸 때는 석질이 균일한 것을 사용할 것
③ 동일 건축물에는 다양한 종류 및 다양한 산지의 석재를 사용할 것
④ 석재를 마감재로 사용 시 석리와 색채가 우아한 것을 선택하여 사용할 것

해설

동일 건축물에는 다양한 종류 및 다양한 산지의 석재의 사용은 피해야 한다.

24 ★☆☆

린건설(Lean Construction)에서의 관리방법으로 옳지 않은 것은?

① 변이관리
② 당김생산
③ 대량생산
④ 흐름생산

해설

린건설은 린(Lean)과 건설(Construction)의 합성어로 '낭비를 최소화 하는 가장 효율적인 건설 생산 시스템'을 의미하며 다품종을 소량생산으로 관리한다.

25 ★★★

건축공사 시 직접공사비 구성 항목으로 옳게 짝지어진 것은?

① 재료비, 노무비, 장비비, 간접공사비
② 재료비, 노무비, 외주비, 간접공사비
③ 재료비, 노무비, 일반관리비, 경비
④ 재료비, 노무비, 외주비, 경비

해설

직접공사비는 공사시공 과정에서 발생하는 재료비, 노무비, 외주비, 경비의 합계액을 말한다.

합격 POINT 공사원가의 구성

구분	내용
직접공사비	자료비, 노무비, 외주비, 경비
간접공사비 (직접공사비 외)	일반관리비, 기타경비, 현장근로자 보험료, 간접노무비, 안전관리비 등

정답 21 ① 22 ② 23 ③ 24 ③ 25 ④

26 ★★★

벽돌쌓기 시 벽면적 $1m^2$당 소요되는 벽돌($190 \times 90 \times 57mm$)의 정미량(매)과 모르타르량($m^3$)으로 옳은 것은? (단, 벽두께 1.0B, 모르타르의 재료량은 할증이 포함된 것이며, 배합비는 1:3이다.)

① 벽돌매수: 224매, 모르타르량: $0.078m^3$
② 벽돌매수: 224매, 모르타르량: $0.049m^3$
③ 벽돌매수: 149매, 모르타르량: $0.078m^3$
④ 벽돌매수: 149매, 모르타르량: $0.049m^3$

해설
- 표준형벽돌 1.0B의 단위수량은 $0.33m^3$, 정미량은 149매이다.
- 모르타르량(m^3)
  = (벽돌쌓기 정미량/1,000매) × 모르타르 소요량
  = (149매/1,000매) × $0.33m^3$
  = $0.04917m^3 ≒ 0.049m^3$

합격 POINT 쌓기모르타르량 산출

모르타르량(m^3) = $\dfrac{\text{벽돌 정미량}}{1,000\text{매}} \times$ 단위수량[m^3]

- 모르타르 소요량(벽돌 1,000매당: m^3)

구분	0.5B	1.0B	1.5B	2.0B	2.5B
표준형	0.25	0.33	0.35	0.36	0.37

- 벽돌 정미량(m^2당)

구분	0.5B	1.0B	1.5B	2.0B	2.5B	3.0B
표준형	75	149	224	298	373	447

27 ★★★

금속커튼월의 성능시험 관련 항목과 가장 거리가 먼 것은?

① 내동해성 시험
② 구조시험
③ 기밀시험
④ 정압수밀시험

해설
커튼월 실물대모형시험(Mock up test)
풍동시험(Wind tunnel test) 설계풍하중을 토대로 제작된 실물모형에 임의로 설정된 최악의 외부 환경상태에서 실물모형에 어떠한 영향을 주는가를 비교, 분석하는 실험이다.
시험 항목
- 구조시험
- 기밀시험
- 동압수밀시험
- 정압수밀시험
- 예비시험

28 ★☆☆

석재 설치 공법 중 오픈조인트공법의 특징으로 옳지 않은 것은?

① 등압이론 방식을 적용한 수밀방식이다.
② 압력차에 의해서 빗물을 차단할 수 있다.
③ 실링재가 많이 소요된다.
④ 층간변위에도 유동적으로 변위를 흡수할 수 있으므로 파손 확률이 적어진다.

해설
석재의 오픈조인트공법은 외벽 건식공법에서 석재와 석재 사이의 줄눈에 실런트를 충진하지 않고 줄눈을 개방된 상태로 시공하는 공법이다.
※ 실링재 중 탄성실링재를 실런트라고도 한다.

29 ★★★

웰포인트공법에 관한 설명으로 옳지 않은 것은?

① 중력배수가 유효하지 않은 경우에 주로 쓰인다.
② 지하수위를 저하시키는 공법이다.
③ 인접지반과 공동매설물 침하에 주의가 필요한 공법이다.
④ 점토질의 투수성이 나쁜 지질에 적합하다.

해설
웰포인트(Well point)공법은 사질지반에서 인접 건축물과 토류판 사이에 케이싱 파이프를 삽입하여 지하수를 배수하는 지반개량공법이다.

합격 POINT

구분	내용
웰포인트 (Well Point) 공법	사질지반에서 인접 건축물과 토류판 사이에 케이싱 파이프를 삽입하여 지하수를 배수하는 지반개량공법이다.
샌드 드레인 (Sand Drain) 공법	점토지반에 행하는 탈수공법의 대표적인 공법으로 지름 40~60cm의 강관으로 모래말뚝을 형성한 후, 지표면에 성토하중을 가하여 점토지반을 압밀탈수하는 공법이다.

30 ★★★

타일크기가 $10cm \times 10cm$이고 가로세로 줄눈을 6mm로 할 때 면적 $1m^2$에 필요한 타일의 정미수량은?

① 94매
② 92매
③ 89매
④ 85매

해설
타일의 정미량

$= \dfrac{\text{타일 면적}}{(\text{타일 한 변의 길이} + \text{줄눈 두께}) \times (\text{타일 한 변의 길이} + \text{줄눈 두께})}$

$= \dfrac{1m^2}{(0.1+0.006) \times (0.1+0.006)} = \dfrac{1m^2}{0.011236} = 88.99 ≒ 89$매

정답 26 ④ 27 ① 28 ③ 29 ④ 30 ③

31 ★★☆

콘크리트의 압축강도를 시험하지 않을 경우 다음과 같은 조건에서의 거푸집널 해체 시기로 옳은 것은?

- 기초, 보, 기둥 및 벽의 측면의 경우
- 평균기온 20℃ 이상
- 조강포틀랜드 시멘트 사용

① 1일 ② 2일
③ 3일 ④ 4일

해설
평균기온 20℃ 이상에서의 조강포틀랜드 시멘트의 거푸집널 존치기간은 2일이다.

합격 POINT 콘크리트의 압축강도를 시험하지 않을 경우 거푸집널의 해체 시기(기초, 보, 기둥 및 벽의 측면)

시멘트 종류	평균기온 20℃ 이상	20℃ 미만 10℃ 이상
• 조강포틀랜드 시멘트	2일	3일
• 보통포틀랜드 시멘트 • 고로슬래그 시멘트(1종) • 포틀랜드포졸란 시멘트(1종) • 플라이애시 시멘트(1종)	4일	6일
• 고로슬래그 시멘트(2종) • 포틀랜드포졸란 시멘트(2종) • 플라이애시 시멘트(2종)	5일	8일

32 ★★☆

건축공사의 도급계약서 내용에 기재하지 않아도 되는 항목은?

① 공사의 착수시기
② 재료의 시험에 관한 내용
③ 계약에 관한 분쟁 해결방법
④ 천재 및 그 외의 불가항력에 의한 손해부담

해설
재료시험에 관한 내용은 시공서에 포함되는 내용이다.

합격 POINT 건축공사의 도급계약서 기재 항목
- 공사내용
- 공사착수 및 완공시기
- 계약에 관한 분쟁의 해결방법
- 도급금액
- 도급금액 지불방법 및 시기
- 도급대금의 지불시기
- 설계변경, 공사중지의 경우 도급액 변경, 손해부담・준공검사 및 인도시기
- 천재지변에 의한 손해부담

33 ★★★

지질조사를 통한 주상도에서 나타나는 정보가 아닌 것은?

① N치 ② 투수계수
③ 토층별 두께 ④ 토층의 구성

해설
투수계수는 흙 속을 흐르는 물의 통과 용이성을 보여주는 수치이다.

합격 POINT 토질주상도 기재 내용
- 지반조사 해당 지역
- 조사일자 및 작성자
- 보링(Boring)의 방법
- 공내수위
- 심도에 따른 토질 및 색조
- 표준관입시험 N값
- 지층의 두께 및 구성 상태
- 샘플링 방법

34 ★★★

레디믹스트 콘크리트 발주 시 호칭규격인 25－24－150에서 알 수 없는 것은?

① 염화물 함유량 ② 슬럼프(Slump)
③ 호칭강도 ④ 굵은골재의 최대치수

해설
레디믹스트 콘크리트 규격

Remicon(25－24－150) ㉠ ㉡ ㉢	㉠	굵은골재 최대치수(25mm)
	㉡	호칭강도(24MPa)
	㉢	슬럼프값(150mm)

정답 31 ② 32 ② 33 ② 34 ①

35 ★☆☆

Top—Down공법(역타공법)에 관한 설명으로 옳지 않은 것은?

① 지하와 지상작업을 동시에 한다.
② 주변지반에 대한 영향이 적다.
③ 수직부재 이음부 처리에 유리한 공법이다.
④ 1층 슬래브의 형성으로 작업공간이 확보된다.

해설
Top—Down공법은 흙막이벽으로 사용한 슬러리월을 벽체로 사용하므로 이음부 처리에 불리한 공법이다.

합격 POINT Top—Down 공법(역타공법)
흙막이 벽으로 설치한 Slurry wall을 본 구조체의 벽체로 이용하고, 기둥과 기초를 시공한 다음 점차 지하로 진행하면서 동시에 지상구조물도 축조해가는 공법이다.
• 지하와 지상 동시작업으로 공기단축 기능
• 1층 슬래브를 선시공하여 작업공간 활용 가능
• 주변지반 및 인접건물에 대한 악영향이 적음
• 슬래브 밑에서 작업하므로 전천후 시공 가능
• 소음 및 진동이 적어 도심지 공사에 적합

36 ★★★

도장공사 시 유의사항으로 옳지 않은 것은?

① 도장마감은 도막이 너무 두껍지 않도록 얇게 몇 회로 나누어 실시한다.
② 도장을 수회 반복할 때에는 칠의 색을 동일하게 하여 혼동을 방지해야 한다.
③ 칠하는 장소에서 저온, 다습하고 환기가 충분하지 못할 때는 도장작업을 금지해야 한다.
④ 도장 후 기름, 산, 수지, 알칼리 등의 유해물이 배어 나오거나 녹아 나올 때에는 재시공한다.

해설
도장을 수회 반복할 때에는 칠횟수를 구분하기 위해 칠의 색을 다르게 해야 한다.

37 ★★★

철골부재 용접 시 겹침이음, T자이음 등에 사용되는 용접으로 목두께의 방향이 모재의 면과 45° 또는 거의 45°의 각을 이루는 것은?

① 필릿용접
② 완전용입 맞댐용접
③ 부분용입 맞댐용접
④ 다층용접

해설
필릿용접(Fillet welding, 모살용접)에 대한 설명이다.

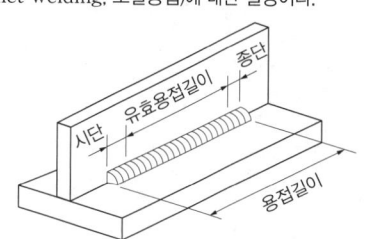

38 ★☆☆

타일 붙임 공법에 쓰이는 용어 중 거푸집에 전용 시트를 붙이고, 콘크리트 표면에 요철을 부여하여 모르타르가 파고 들어가는 것에 의해 박리를 방지하는 공법은?

① 개량 압착 붙임 공법
② MCR 공법
③ 마스크 붙임 공법
④ 밀착 붙임 공법

해설
MCR 공법에 대한 설명이다.

정답 35 ③ 36 ② 37 ① 38 ②

39 ★★★

아래 설명은 어느 방식에 해당되는가?

> 도급자가 대상계획의 기업, 금융, 토지조달, 설계, 시공, 기계·기구설치, 시운전 및 조업지도까지 주문자가 필요로 하는 모든 것을 조달하여 주문자에게 인도하는 방식으로, 산업기술의 고도화, 전문화와 건축물의 고층화, 대형화에 따라 계속 증가 추세인 것

① 프로젝트관리방식(PM) ② 공사관리방식(CM)
③ 파트너링방식 ④ 턴키방식

해설
④번 턴키방식에 대한 설명이다.

합격 POINT

구분	내용
공동도급	대규모 프로젝트에 1개의 회사가 도급을 맡기 어려운 경우 2개 이상의 건설사가 임시로 결합, 조직, 공동출자 등을 통해 연대책임하에 공사를 수급하여 공사를 수행하는 방식이다.
단가도급	공사금액을 구성하는 단위 공사 부분에 대한 단가만을 확정하고 공사가 완료되면 실시 수량의 확정에 따라 정산하는 방식이다.
분할도급	공사를 여러 유형으로 세분하고 각각의 전문 도급업자를 선정하여 도급계약을 맺는 방식이다.
실비정산 보수가산식도급	직영방식과 도급방식을 합친 계약방식으로 공사의 실비를 발주자와 시공자가 확인하여 정산하고 발주자는 미리 정한 보수율에 따라 시공사에게 보수를 지불하는 방식이다.
일식도급	하나의 공사 전부를 일반건설업 및 전문건설업에 맡겨 노무, 자재, 기계 등 현장 시공업무를 일괄 도급하는 방식이다.
정액도급	공사비 총액을 확정하여 계약하는 제도이다.
턴키도급	대상 계획의 기업, 금융, 토지조달, 설계, 시공, 기타 모든 요소를 포함한 도급계약 방식으로 주문자가 필요로 하는 모든 것을 조달하여 주문자에게 인도하는 방식이다.

40 ★★☆

아스팔트 방수재료에 관한 설명으로 옳지 않은 것은?

① 아스팔트 컴파운드는 블로운 아스팔트에 동식물성 섬유를 혼합한 것이다.
② 아스팔트 프라이머는 아스팔트 싱글을 용제로 녹인 것이다.
③ 아스팔트 펠트는 섬유원지에 스트레이트 아스팔트를 가열용해하여 흡수시킨 것이다.
④ 아스팔트 루핑은 원지에 스트레이트 아스팔트를 침투 시키고 양면에 컴파운드를 피복한 후 광물질 분말을 살포시킨 것이다.

해설
아스팔트 프라이머는 블로운 아스팔트에 휘발성 용제를 넣어 녹인 흑갈색 액체이며, 콘크리트 모체에 침투성을 높여 부착이 잘 되게 한다.

제3과목 건축구조

41 ★★☆

다음 그림과 같은 단순보의 양단 수직반력을 구하면?

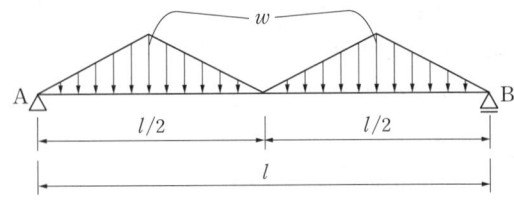

① $R_A = R_B = \dfrac{wl}{2}$

② $R_A = R_B = \dfrac{wl}{4}$

③ $R_A = R_B = \dfrac{wl}{6}$

④ $R_A = R_B = \dfrac{wl}{8}$

해설

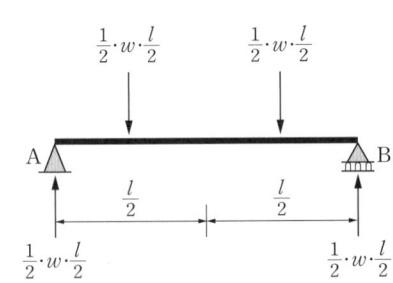

좌우대칭이므로 각 삼각형의 면적이 곧 반력이 된다.
$R_A = R_B = \dfrac{1}{2} \times w \times \left(\dfrac{l}{2}\right) = \dfrac{wl}{4}$

42 ★★★

강도설계법으로 설계된 보에서 스터럽이 부담하는 전단력이 $V_s = 265\,\mathrm{kN}$일 경우 수직 스터럽의 적절한 간격은? (단, $A_v = 2 \times 127\,\mathrm{mm}^2$(U형 2-D13), $f_{yt} = 350\,\mathrm{MPa}$, $b_w \times d = 300 \times 450\,\mathrm{mm}$)

① 120mm ② 150mm
③ 180mm ④ 210mm

해설
전단철근의 전단강도 $V_s = \dfrac{A_v \cdot f_{yt} \cdot d}{s}$
여기서, s : 스터럽의 간격
$s = \dfrac{A_v \cdot f_{yt} \cdot d}{V_s} = \dfrac{(2 \times 127)(350)(450)}{(265 \times 10^3)} = 150.96\,\mathrm{mm}$
따라서 150mm가 가장 타당하다.

정답 39 ④ 40 ② 41 ② 42 ②

43 ★★☆

부동침하의 원인과 거리가 먼 것은?

① 건물이 경사지반에 근접되어 있을 경우
② 건물이 이질지반에 걸쳐 있을 경우
③ 이질의 기초구조를 적용했을 경우
④ 건물의 강도가 불균등할 경우

해설
건물의 강도가 불균등한 경우와 부동침하는 관련이 없다.

합격 POINT 부동침하의 여러 가지 원인

연약층	경사 지반	이질 지층	낭떠러지	증축
		차갈층 모래층		증축
지하수위 변경	지하 구멍	메운땅 흙막이	이질 지정	일부 지정

44 ★★☆

바람의 난류로 인해서 발생되는 구조물의 동적 거동 성분을 나타내는 것으로 평균변위에 대한 최대변위의 비를 통계적인 값으로 나타낸 계수는?

① 지형계수
② 가스트영향계수
③ 풍속고도분포계수
④ 풍력계수

해설
가스트영향계수: 바람의 세기는 일정하지 않고 항상 변하는 동적 거동 성분이다. 이러한 특성을 고려하여 풍하중 산정 시 바람 세기의 평균값에 대한 피크값의 비를 통계적으로 나타낸 계수를 활용한다.

45 ★★★

다음 용접기호에 대한 옳은 설명은?

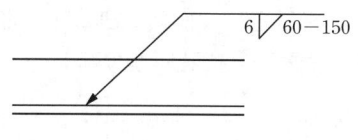

① 맞댐용접이다.
② 용접되는 부위는 화살의 반대쪽이다.
③ 유효목두께는 6mm이다.
④ 용접길이는 60mm이다.

해설
해당 기호는 모살용접(필릿)이고, 삼각형은 아래에 표기 시 화살표 부위, 위에 표기 시 화살표 반대쪽 부위에 용접을 한다는 의미이다. 유효목두께는 $0.7 \times s$이므로, $4.2(=0.7 \times 6)$mm이다.

합격 POINT 용접기호

용접의 종류	기호	적용 예	
V형	∨		화살의 반대측에 용접
			화살쪽에 용접
L형	∨		화살의 반대측에 용접
			화살쪽에 용접
필릿 편면			화살의 반대측에 용접
			화살쪽에 용접
필릿 병렬			양측에서 용접

합격 POINT 용접도시

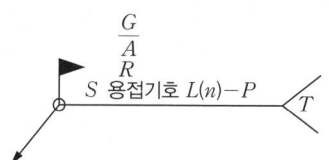

▲ 용접할 곳이 화살 반대쪽 또는 뒤쪽일 때

S 용접치수　　R 루트간격　　A 개선각
T 꼬리(특기사항 기록)　$-$ 표면모양　G 용접부처리방법
L 용접길이　　P 용접간격　　▶ 현장용접

정답 43 ④　44 ②　45 ④

46 ★★☆

그림과 같은 강접골조에 수평력 $P=10\text{kN}$이 작용하고 기둥의 강비 $k=\infty$인 경우, 기둥의 모멘트가 최대가 되는 위치 h_0는? (단, 괄호 안의 기호는 강비이다.)

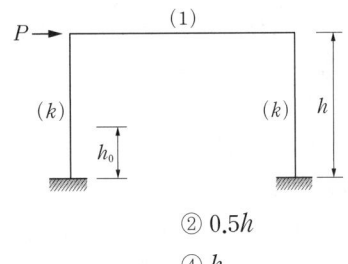

① 0
② $0.5h$
③ $(4/7)h$
④ h

해설
기둥의 강비가 무한대인 경우 해당 기둥은 캔틸레버보와 동일하게 해석된다. 따라서 모멘트가 최대가 되는 위치는 지점이다.
∴ $h_0 = 0$

47 ★★★

강구조에서 기초 콘크리트에 매입되어 주각부의 이동을 방지하는 역할을 하는 것은?

① 앵커 볼트
② 턴 버클
③ 클립 앵글
④ 사이드 앵글

해설
기초 콘크리트에 매입되며 주각부의 이동을 방지하는 것은 앵커 볼트이다.

합격 POINT 주각부

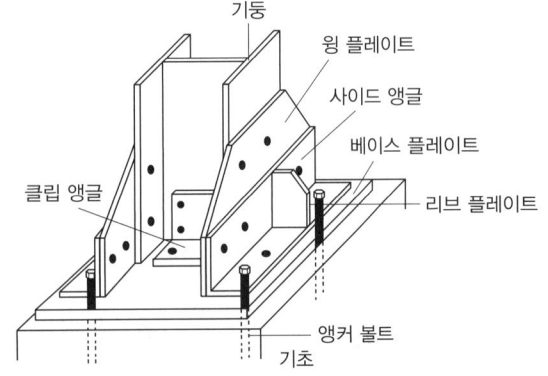

48 ★★☆

다음 그림에서 파단선 a-1-2-3-d의 인장재의 순단면적은? (단, 판두께는 10mm, 볼트구멍지름은 22mm)

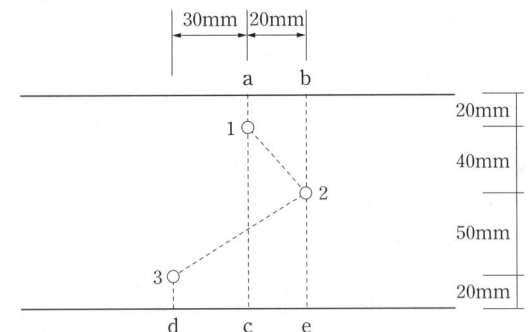

① 690mm^2
② 790mm^2
③ 890mm^2
④ 990mm^2

해설
$$A_n = \left(130 - 3 \times 22 + \frac{20^2}{4 \times 40} + \frac{50^2}{4 \times 50}\right) \times 10 = 790\text{mm}^2$$

합격 POINT 엇모배치 상태의 인장재 순단면적(A_n)

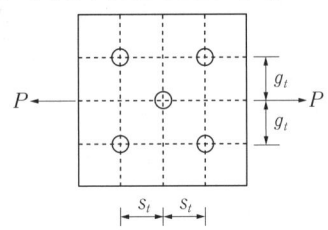

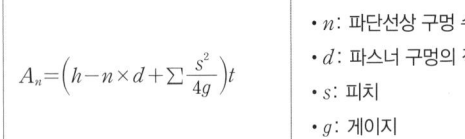

- h: 부재 높이
- n: 파단선상 구멍 수
- d: 파스너 구멍의 직경
- s: 피치
- g: 게이지
- t: 부재의 두께

정답 46 ① 47 ① 48 ②

49 ★★★

다음과 같은 조건의 단면을 가진 부재의 균열모멘트 M_{cr}을 구하면?

- 단면의 중립축에서 인장연단까지의 거리 $y_t=420$mm
- 총 단면2차모멘트 $I_g=1.0\times 10^{10}$mm^4
- 보통중량콘크리트 설계기준압축강도 $f_{ck}=21$MPa

① 50.6kN·m
② 53.3kN·m
③ 62.5kN·m
④ 68.8kN·m

해설

$M_{cr}=f_r\times Z=0.63\lambda\sqrt{f_{ck}}\times\dfrac{I_g}{y_t}$

$\therefore M_{cr}=0.63\times 1.0\times\sqrt{21}\times\dfrac{1.0\times 10^{10}}{420}$

$=68,738,635\text{N}\cdot\text{mm}=68.739\text{kN}\cdot\text{m}$

합격 POINT 균열모멘트(M_{cr})

$M_{cr}=\dfrac{f_r}{y_t}I_g=\dfrac{0.63\lambda\sqrt{f_{ck}}}{y_t}I_g$

- f_r: 파괴계수
- λ: 경량콘크리트 계수
  - 보통중량콘크리트 1.0
  - 모래경량콘크리트 0.85
  - 전경량콘크리트 0.75
- y_t: 중립축에서 인장축 연단까지의 거리
- f_{ck}: 콘크리트의 압축강도
- I_g: 콘크리트의 총 단면에 대한 단면2차모멘트

50 ★★★

강도설계법에서 직접설계법을 이용한 콘크리트 슬래브 설계 시 적용조건으로 옳지 않은 것은?

① 각 방향으로 3경간 이상 연속되어야 한다.
② 슬래브 판들은 단변 경간에 대한 장변 경간의 비가 2 이하인 직사각형이어야 한다.
③ 각 방향으로 연속한 받침부 중심간 경간 차이는 긴 경간의 1/3 이하이어야 한다.
④ 모든 하중은 슬래브판의 특정지점에 작용하는 집중하중이어야 하며 활하중은 고정하중의 3배 이하이어야 한다.

해설

활하중은 고정하중의 2배 이하이어야 한다.

51 ★★★

인장을 받는 이형철근의 정착길이(l_d)는 기본정착길이(l_{db})에 보정계수를 곱하여 산정한다. 다음 중 이러한 보정계수에 영향을 미치는 사항이 아닌 것은?

① 하중계수
② 경량콘크리트 계수
③ 에폭시 도막계수
④ 철근배치 위치계수

해설

인장이형철근의 정착길이에 사용되는 보정계수에는 하중계수가 포함되지 않는다.

합격 POINT 인장이형철근 정착길이

$l_d=\dfrac{0.9d_b\cdot f_y}{\lambda\sqrt{f_{ck}}}\cdot\dfrac{\alpha\cdot\beta\cdot\gamma}{\left(\dfrac{c+K_{tr}}{d_b}\right)}$

여기서, λ: 경량콘크리트 계수, α: 철근배근 위치계수, β: 도막계수, γ: 철근의 크기계수, c: 철근 간격 또는 피복두께에 관련된 치수, K_{tr}: 횡방향 철근지수

52 ★★☆

직경(D) 30mm, 길이(L) 4m인 강봉에 90kN의 인장력이 작용할 때 인장응력(σ_t)과 늘어난 길이(ΔL)는 약 얼마인가? (단, 강봉의 탄성계수 $E=200,000$MPa)

① $\sigma_t=127.3$MPa, $\Delta L=1.43$mm
② $\sigma_t=127.3$MPa, $\Delta L=2.55$mm
③ $\sigma_t=132.5$MPa, $\Delta L=1.43$mm
④ $\sigma_t=132.5$MPa, $\Delta L=2.55$mm

해설

인장응력과 늘어난 길이를 구하는 공식은 다음과 같다.

$\sigma_t=\dfrac{P}{A}=\dfrac{(90\times 10^3)}{\dfrac{\pi(30)^2}{4}}=127.32\text{N/mm}^2\fallingdotseq 127.3\text{MPa}$

$\Delta L=\dfrac{\sigma\times L}{E}=\dfrac{127.3\times 4,000}{200,000}=2.546\text{mm}\fallingdotseq 2.55\text{mm}$

정답 49 ④ 50 ④ 51 ① 52 ②

53 ★★☆

동일재료를 사용한 캔틸레버보에서 작용하는 집중하중의 크기가 $P_1 = P_2$일 때, 보의 단면이 그림과 같다면 최대처짐 $y_1 : y_2$의 비는?

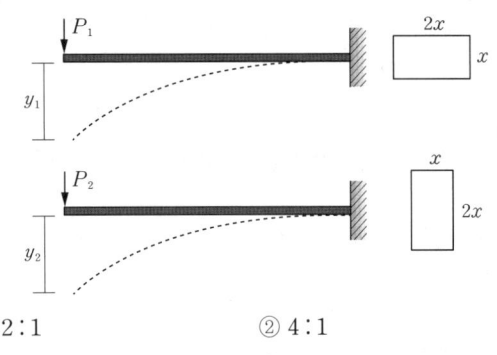

① 2 : 1 ② 4 : 1
③ 8 : 1 ④ 16 : 1

해설

캔틸레버보의 자유단 끝에 집중하중이 작용하는 경우 최대처짐은 $\delta_{max} = y_{max} = \dfrac{PL^3}{3EI}$로 구한다.

여기서, 두 조건의 다른 점은 단면2차모멘트이므로,
(단면이 사각형인 경우 단면2차모멘트: $I = \dfrac{bh^3}{12}$)

$I_{y_1} = \dfrac{2x \times x^3}{12}$, $I_{y_2} = \dfrac{x \times (2x)^3}{12}$

$y_1 : y_2 = \dfrac{1}{\dfrac{(2x)(x)^3}{12}} : \dfrac{1}{\dfrac{(x)(2x)^3}{12}} = \dfrac{1}{2} : \dfrac{1}{8}$

∴ $y_1 : y_2 = 4 : 1$

54 ★☆☆

인장시험을 통하여 얻어진 탄소강의 응력-변형도 곡선에서 변형도 경화영역의 최대응력을 의미하는 것은?

① 인장강도
② 항복강도
③ 탄성강도
④ 비례한도

해설

최대응력은 인장강도를 의미한다.

합격 POINT 응력 - 변형도 곡선

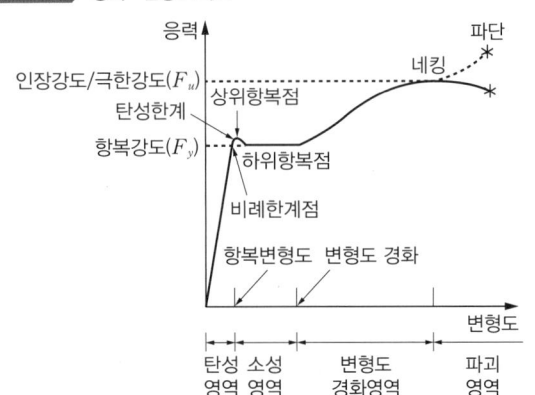

55 ★★☆

고층건물의 구조형식 중에서 건물의 중간층에 대형 수평부재를 설치하여 횡력을 외곽기둥이 분담할 수 있도록 한 형식은?

① 트러스 구조 ② 골조 아웃리거 구조
③ 튜브 구조   ④ 스페이스 프레임 구조

해설

고층건물의 중간층에 대형 수평부재를 설치하여 횡력을 외곽기둥이 분담할 수 있도록 한 형식은 골조 아웃리거 구조이다.

선지분석

① 트러스 구조: 강재나 목재를 삼각형 그물 모양으로 짜서 하중을 지탱시킨다. 마찰이 없는 힌지로 결합되어 있는 직선 부재의 구조이다.
③ 튜브 구조: 고층건물의 외곽기둥을 밀실하게 배치하고 일체화한 형식이다.
④ 스페이스 프레임 구조: 대공간 건축물을 만들기 위한 형식으로 강판이나 파이프를 강접하여 골격을 구성한 구조이다.

56 ★★☆

그림과 같은 기둥단면이 300mm×300mm인 사각형 단주에서 기둥에 발생하는 최대압축응력은? (단, 부재의 재질은 균등한 것으로 본다.)

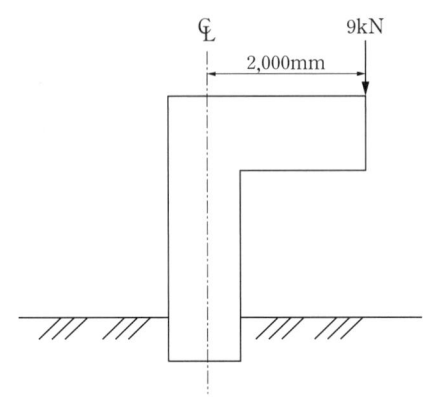

① -2.0MPa   ② -2.6MPa
③ -3.1MPa   ④ -4.1MPa

해설

편심압축응력을 구하는 공식은 다음과 같다.

$\sigma = \sigma_c + \sigma_{bz} = -\dfrac{P}{A} \mp \dfrac{M}{Z}$

여기서, P: 하중, A: 기둥 단면적, M: 모멘트, Z: 기둥의 단면계수(직사각형 $Z = \dfrac{bh^2}{6}$)

∴ $\sigma = -\dfrac{9 \times 10^3}{300 \times 300} - \dfrac{9 \times 10^3 \times 2,000}{\dfrac{300^3}{6}} = -4.1$MPa

정답 53 ② 54 ① 55 ② 56 ④

57 ★★☆

다음 그림과 같은 트러스의 반력 R_A와 R_B는?

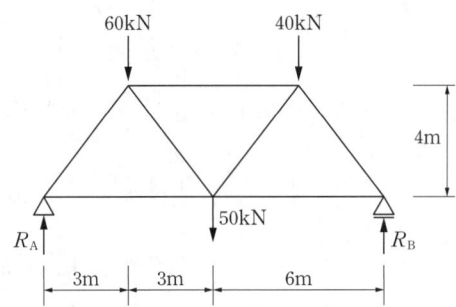

① $R_A=60$kN, $R_B=90$kN
② $R_A=70$kN, $R_B=80$kN
③ $R_A=80$kN, $R_B=70$kN
④ $R_A=100$kN, $R_B=50$kN

해설
힘의 평형 조건을 사용하여 계산하면
$\Sigma F_y=0$ ∴ $R_A+R_B=60+40+50=150$kN
$\Sigma M_A=0$ ∴ $3\times60+9\times40+6\times50-12\times R_B=0$
∴ $R_B=70$kN, $R_A=80$kN

58 ★☆☆

점 A에 작용하는 두 개의 힘 P_1과 P_2의 합력을 구하면?

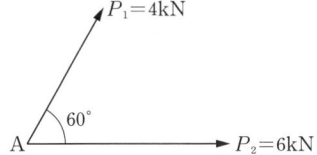

① $\sqrt{72}$kN
② $\sqrt{74}$kN
③ $\sqrt{76}$kN
④ $\sqrt{78}$kN

해설
합력은 다음과 같은 식을 사용해 구할 수 있다.
$F=F_1\times\sin\theta+F_2\times\cos\theta$
x축: $(4\times\cos60)+6=8$kN
y축: $4\times\sin60=2\sqrt{3}$kN
피타고라스 정의를 이용하면 $8^2+(2\sqrt{3})^2=76$
따라서 P_1과 P_2의 합력은 $\sqrt{76}$kN

59 ★★★

표준갈고리를 갖는 인장 이형철근(D13)의 기본정착길이는?(단, D13의 공칭지름: 12.7mm, $f_{ck}=27$MPa, $f_y=400$MPa, $\beta=1.0$, $m_c=2,300$kg/m³)

① 190mm
② 205mm
③ 220mm
④ 235mm

해설
$l_{db}=\dfrac{0.24\times1\times12.7\times400}{1\times\sqrt{27}}≒234.64$mm
($m_c=2,300$kg/m³이므로 경량콘크리트계수 $\lambda=1.0$)

합격 POINT 표준갈고리가 있는 인장 철근의 기본정착길이(l_{db})

$$l_{db}=\dfrac{0.24\cdot\beta\cdot d_b\cdot f_y}{\lambda\sqrt{f_{ck}}}$$

- f_{ck}: 콘크리트 압축강도
- d_b: 철근의 지름
- f_y: 철근의 항복강도
- β: 도막계수
- λ: 경량콘크리트계수

60 ★★☆

H형강이 사용된 압축재의 양단이 핀으로 지지되고 부재중간에서 x축 방향으로만 이동할 수 없도록 지지되어 있다. 부재의 전 길이가 4m일 때 세장비는? (단, $r_x=8.62$cm, $r_y=5.02$cm)

① 26.4
② 36.4
③ 46.4
④ 56.4

해설
강구조 압축재 세장비
양단힌지이므로 유효좌굴길이계수 $K=1.0$
강축(x)에 대해서는 부재 전체의 길이 $L=4$m, 약축(y)에 대해서는 가새로 횡지지되어 있으므로 $L=2$m를 적용함에 주의하며 다음 값들 중 큰 값으로 세장비를 선정한다.
$\dfrac{KL}{r_x}=\dfrac{(1.0)(400\text{cm})}{(8.62\text{cm})}=46.4$
$\dfrac{KL}{r_y}=\dfrac{(1.0)(200\text{cm})}{(5.02\text{cm})}=39.84$
⇒ ∴ 46.4

합격 POINT 유효좌굴길이계수 K

구분	양단힌지	1단고정, 1단힌지	양단고정	1단고정, 1단자유
계수 값	1	0.7	0.5	2

정답 57 ③ 58 ③ 59 ④ 60 ③

제4과목 건축설비

61 ★★★

실내에 4,500W를 발열하고 있는 기기가 있다. 이 기기의 발열로 인해 실내 온도상승이 생기지 않도록 환기를 하려고 할 때, 필요한 최소 환기량은? (단, 공기의 밀도 $1.2kg/m^3$, 비열 $1.01kJ/kg·K$, 실내온도 20℃, 외기온도 0℃이다.)

① 약 $452m^3/h$ ② 약 $668m^3/h$
③ 약 $856m^3/h$ ④ 약 $928m^3/h$

해설

$$G = \frac{3,600Q}{\rho \cdot C \cdot \Delta t}$$

$$= \frac{3,600 \times 4.5kW}{1.2kg/m^3 \times 1.01kJ/kg·K \times (20-0)K}$$

$$= 668.32 ≒ 668m^3/h$$

G: 환기량(m^3/h), Q: 발열량(kW), ρ: 공기의 밀도(kg/m^3),
C: 공기의 비열($kJ/kg·K$), Δt: 온도차(K)

62 ★★★

주위 온도가 일정 온도 이상으로 되면 동작하는 자동화재탐지설비의 감지기는?

① 이온화식 감지기 ② 차동식 스폿형 감지기
③ 정온식 스폿형 감지기 ④ 광전식 스폿형 감지기

해설

정온식 스폿형 감지기는 주위 온도가 일정 온도 이상으로 되면 동작하는 자동화재탐지설비 감지기로, 보일러실·주방과 같이 다량의 열을 취급하는 곳에 설치한다.

63 ★★★

습공기의 엔탈피에 관한 설명으로 옳은 것은?

① 건구온도가 높을수록 커진다.
② 절대습도가 높을수록 작아진다.
③ 수증기의 엔탈피에서 건공기의 엔탈피를 뺀 값이다.
④ 습공기를 냉각·가습할 경우, 엔탈피는 항상 감소한다.

해설

건구온도 상승 시 엔탈피는 증가한다.

선지분석

② 절대습도가 높을수록 커진다.
③ 수증기의 엔탈피에 건공기의 엔탈피를 더한 값이다.
④ 습공기를 냉각하면 엔탈피는 감소하고, 습공기를 가습하면 엔탈피는 증가한다.

64 ★★☆

조명기구의 배광에 따른 분류 중 직접조명형에 관한 설명으로 옳은 것은?

① 상향광속과 하향광속이 거의 동일하다.
② 천장을 주광원으로 이용하므로 천장의 색에 대한 고려가 필요하다.
③ 매우 넓은 면적이 광원으로서의 역할을 하기 때문에 직사 눈부심이 없다.
④ 작업면에 고조도를 얻을 수 있으나 심한 휘도차 및 짙은 그림자가 생긴다.

해설

직접조명은 적은 전력으로 높은 조도를 얻을 수 있으나 심한 휘도차 및 짙은 그림자가 생긴다.

선지분석

① 상향광속과 하향광속이 거의 동일한 것은 전반확산조명에 해당한다.
② 천장을 주광원으로 이용하여 천장의 색에 대한 고려가 필요한 것은 간접조명에 해당한다.
③ 직접조명형은 작은 면적이 광원으로서의 역할을 하기 때문에 직사 눈부심이 있다.

65 ★★★

다음 중 건축물 실내공간의 잔향시간에 가장 큰 영향을 주는 것은?

① 실의 용적 ② 음원의 위치
③ 벽체의 두께 ④ 음원의 음압

해설

잔향시간은 실의 용적(체적)에 가장 큰 영향을 받는다.

합격 POINT Sabine의 잔향식

$$T = K\frac{V}{A} = K\frac{V}{\overline{a}S}$$

- T: 잔향시간
- K: 비례상수 0.163
- V: 실의 용적(m^3)
- A: 흡음력 = $\overline{a}$(평균 흡음률) × S(실내 표면적)

정답 61 ② 62 ③ 63 ① 64 ④ 65 ①

66 ★★☆

다음 설명에 알맞은 통기관의 종류는?

> 기구가 반대방향(좌우분기) 또는 병렬로 설치된 기구배수관의 교점에 접속하여 입상하며, 그 양 기구의 트랩 봉수를 보호하기 위한 1개의 통기관을 말한다.

① 공용통기관 ② 결합통기관
③ 각개통기관 ④ 신정통기관

해설
공용통기관(Common Vent Pipe)은 2개의 위생기구가 같은 레벨로 설치되어 있을 때 배수관의 교점에서 접속되어 수직으로 세운 통기관을 말한다.

선지분석
② 결합통기관: 오배수수직관 내의 압력변동을 방지하기 위하여 오배수수직관 상향으로 통기수직관에 연결하는 통기관이다.
③ 각개통기관: 각 위생기구마다 통기관을 세우는 방식이다.
④ 신정통기관: 관경을 줄이지 않고 배수수직주관 끝을 옥상으로 연장하여 통기관으로 사용한다.

67 ★★☆

습공기가 냉각되어 포함되어 있던 수증기가 응축되기 시작하는 온도를 의미하는 것은?

① 노점온도 ② 습구온도
③ 건구온도 ④ 절대온도

해설
노점온도는 습공기가 냉각되어 공기 속의 수분이 수증기의 형태로 존재할 수 없어 이슬로 맺히는 온도를 말한다. 즉, 습공기가 포화상태일 때의 온도이다.

68 ★★☆

변전실에 관한 설명으로 옳지 않은 것은?

① 건축물의 최하층에 설치하는 것이 원칙이다.
② 용량의 증설에 대비한 면적을 확보할 수 있는 장소로 한다.
③ 사용부하의 중심에 가깝고, 간선의 배선이 용이한 곳으로 한다.
④ 변전실의 높이는 바닥의 케이블트렌치 및 무근 콘크리트 설치 여부 등을 고려한 유효 높이로 한다.

해설
변전실을 건축물의 최하층에 설치하면 침수 시 문제가 발생한다. 변전실은 발전기실과 가능한 한 가까운 곳이 좋다.

합격 POINT ▶ 변전실 설치
- 부하의 중심에 설치한다.
- 습기와 먼지가 적은 곳에 설치한다.
- 외부로부터 전력의 수전이 용이해야 한다.
- 발전기실과 가능한 한 가까운 곳이 좋다.
- 간선의 배선과 점검·유지보수가 용이한 장소에 설치한다.

69 ★★★

10Ω의 저항 10개를 직렬로 접속할 때의 합성저항은 병렬로 접속할 때의 합성저항의 몇 배가 되는가?

① 5배 ② 10배
③ 50배 ④ 100배

해설
- 직렬로 접속할 때의 합성저항
$R = R_1 + R_2 + R_3 + \cdots + R_{10} = 10 \times 10 = 100\Omega$
- 병렬로 접속할 때의 합성저항
$$R = \dfrac{1}{\left(\dfrac{1}{R_1} + \dfrac{1}{R_2} + \dfrac{1}{R_3} + \cdots + \dfrac{1}{R_{10}}\right)}$$
$$= \dfrac{1}{\left(\dfrac{1}{10} + \dfrac{1}{10} + \dfrac{1}{10} + \cdots + \dfrac{1}{10}\right)} = \dfrac{1}{\dfrac{10}{10}} = 1\Omega$$

∴ $\dfrac{\text{직렬로 접속할 때의 합성저항}}{\text{병렬로 접속할 때의 합성저항}} = \dfrac{100\Omega}{1\Omega} = 100$배

70 ★★★

증기난방에 관한 설명으로 옳지 않은 것은?

① 응축수 환수관 내에 부식이 발생하기 쉽다.
② 동일 방열량인 경우 온수난방에 비해 방열기의 방열면적이 작아도 된다.
③ 방열기를 바닥에 설치하므로 복사난방에 비해 실내바닥의 유효면적이 줄어든다.
④ 온수난방에 비해 예열시간이 길어서 충분한 난방감을 느끼는데 시간이 걸린다.

해설
증기난방은 온수난방에 비해 예열시간이 짧아서 충분한 난방감을 느끼는 데 시간이 오래 걸리지 않는다.

정답 66 ① 67 ① 68 ① 69 ④ 70 ④

71 ★★★

건구온도 26°C인 실내공기 8,000m³/h와 건구온도 32°C인 외부공기 2,000m³/h를 단열혼합하였을 때 혼합공기의 건구온도는?

① 27.2°C ② 27.6°C
③ 28.0°C ④ 29.0°C

해설

$(8,000+2,000)\text{m}^3/\text{h} \times x°C$
$= 8,000\text{m}^3/\text{h} \times 26°C + 2,000\text{m}^3/\text{h} \times 32°C$

$\therefore x = \dfrac{(8,000 \times 26)+(2,000 \times 32)}{(8,000+2,000)} = 27.2°C$

합격 POINT 혼합공기의 온도

$(Q_1+Q_2) \times t_3 = (Q_1 \times t_1) + (Q_2 \times t_2)$

- Q_1, Q_2: 혼합 전의 공기량
- t_1, t_2: 혼합 전의 공기 온도
- t_3: 혼합 후의 공기 온도

72 ★★★

다음의 스프링클러설비의 화재안전기준 내용 중 (   ) 안에 알맞은 것은?

> 전동기에 따른 펌프를 이용하는 가압송수장치의 송수량은 0.1MPa의 방수압력 기준으로 (   ) 이상의 방수성능을 가진 기준 개수의 모든 헤드로부터 방수량을 충족시킬 수 있는 양 이상으로 할 것

① 80L/min ② 90L/min
③ 110L/min ④ 130L/min

해설

스프링클러설비는 방수압력 0.1MPa 기준으로 80L/min 이상의 방수성능을 갖추어야 한다.

73 ★☆☆

다음 설명에 알맞은 요운전원 엘리베이터 조작방식은?

> 기동은 운전원의 버튼 조작으로 하며, 정지는 목적층 단추를 누르는 것과 승강장의 호출신호로 층의 순서대로 자동 정지한다.

① 카 스위치 방식 ② 전자동군관리방식
③ 레코드 컨트롤 방식 ④ 시그널 컨트롤 방식

해설

시그널 컨트롤 방식은 기동(시동)은 운전원 조작반의 핸들로 하고, 정지는 조작반이 목적층 버튼을 누르거나 승강장의 호출 신호에 의해 층의 순서대로 자동 정지하는 방식이다.

74 ★★☆

가스설비에서 LPG에 관한 설명으로 옳지 않은 것은?

① 공기보다 무겁다.
② LNG에 비해 발열량이 작다.
③ 순수한 LPG는 무색, 무취이다.
④ 액화하면 체적이 1/250 정도가 된다.

해설

LPG의 발열량은 92,000kJ/m³이고, LNG의 발열량은 38,000kJ/m³로 LPG가 LNG에 비해 발열량이 크다.

75 ★★☆

각종 급수방식에 관한 설명으로 옳지 않은 것은?

① 수도직결방식은 정전으로 인한 단수의 염려가 없다.
② 압력수조방식은 단수 시에 일정량의 급수가 가능하다.
③ 수도직결방식은 위생 및 유지·관리 측면에서 가장 바람직한 방식이다.
④ 고가수조방식은 수도 본관의 영향에 따라 급수압력의 변화가 심하다.

해설

고가수조방식은 수도 본관의 영향을 받지 않으므로 급수압력이 일정하다.

76 ★★☆

길이 20m, 지름 400mm의 덕트에 평균속도 12m/s로 공기가 흐를 때 발생하는 마찰저항은? (단, 덕트의 마찰저항계수는 0.02, 공기의 밀도는 1.2kg/m³이다.)

① 7.3Pa ② 8.6Pa
③ 73.2Pa ④ 86.4Pa

해설

마찰저항$(R) = f \times \dfrac{L \cdot v^2 \cdot \rho}{2 \cdot D}$

$= 0.02 \times \dfrac{20\text{m} \times (12\text{m/s})^2 \times 1.2\text{kg/m}^3}{2 \times 0.4\text{m}}$

$= 86.4 \text{kg/m} \cdot \text{s}^2 = 86.4\text{Pa}$

f: 마찰저항계수, L: 관의 길이(m), v: 평균속도(m/s), ρ: 공기의 밀도(kg/m³), D: 관의 직경(m)

정답 71 ① 72 ① 73 ④ 74 ② 75 ④ 76 ④

77 ★★★

압축식 냉동기의 냉동사이클을 옳게 나타낸 것은?

① 압축 → 응축 → 팽창 → 증발
② 압축 → 팽창 → 응축 → 증발
③ 응축 → 증발 → 팽창 → 압축
④ 팽창 → 증발 → 응축 → 압축

해설
압축식 냉동기의 냉동사이클은 압축 → 응축 → 팽창 → 증발 순이다.
흡수식 냉동기의 냉동사이클은 증발 → 흡수 → 재생 → 응축 순이다.

78 ★☆☆

다음 중 급수배관계통에서 공기빼기밸브를 설치하는 가장 주된 이유는?

① 수격작용을 방지하기 위하여
② 배관 내면의 부식을 방지하기 위하여
③ 배관 내 유체의 흐름을 원활하게 하기 위하여
④ 배관 표면에 생기는 결로를 방지하기 위하여

해설
배관계통에서 공기빼기밸브를 설치하는 가장 주된 이유는 배관 내 공기를 제거하여 유체의 흐름을 원활하게 하기 위해서이다.

79 ★★☆

배수트랩의 봉수파괴 원인 중 통기관을 설치함으로써 봉수파괴를 방지할 수 있는 것이 아닌 것은?

① 분출작용
② 모세관작용
③ 자기사이펀작용
④ 유도사이펀작용

해설
자기사이펀작용, 유도사이펀작용, 분출작용에 의한 봉수파괴는 통기관을 설치함으로써 방지할 수 있으며, 모세관작용에 의한 봉수파괴는 트랩 출구의 실이나 천 조각, 머리카락을 제거함으로써 방지할 수 있다.

합격 POINT 트랩의 봉수파괴 방지대책

봉수파괴 원인	방지대책
자기사이펀작용, 유도사이펀작용, 분출작용	통기관 설치
모세관작용	천조각, 머리카락 제거
운동량에 의한 관성작용	격자쇠 설치

80 ★★★

저압 옥내배선공사 중 직접 콘크리트에 매설할 수 있는 공사는?

① 금속관공사
② 금속덕트공사
③ 버스덕트공사
④ 금속몰드공사

해설
금속관공사는 콘크리트에 직접 매설할 수 있는 공사로, 건물의 종류와 장소에 구애받지 않고 사용이 가능하다.

제5과목 건축관계법규

81 ★★★

판매시설 용도이며 지상 각 층의 거실면적이 2,000m²인 15층의 건축물에 설치하여야 하는 승용승강기의 최소 대수는? (단, 16인승 승강기이다.)

① 2대
② 4대
③ 6대
④ 8대

해설

건축물의 용도	6층 이상의 거실면적의 합계 3,000m² 초과
판매시설	기본 2대+3,000m² 초과 시 2,000m² 이내마다 1대 추가

※ 8인승 이상 15인승 이하의 승강기는 1대의 승강기로 보고, 16인승 이상의 승강기는 2대의 승강기로 본다.

1. 층수가 15층이며 각 층의 거실면적이 2,000m²인 경우, 6층 이상의 거실면적의 합계는 20,000m²가 된다.
2. 판매시설은 기본 승강기 2대+3,000m² 초과 시 2,000m² 이내마다 1대가 추가된다.

위의 조건을 종합하였을 때, 면적의 합계가 20,000m²인 판매시설의 승용승강기 설치기준은 기본 2대+추가 9대=총 11대가 된다.
그러나 16인승 이상의 승강기는 2대의 승강기로 보기 때문에 $\frac{11대}{2}=5.5$대가 되어 총 6대의 승용승강기를 설치해야 한다.

정답 77 ① 78 ③ 79 ② 80 ① 81 ③

82 ★☆☆

다음 중 건축물 관련 건축기준의 허용되는 오차 범위(%)가 가장 큰 것은?

① 평면길이
② 출구너비
③ 반자높이
④ 바닥판두께

해설
- 평면길이, 출구너비, 반자높이: 2% 이내
- 바닥판두께: 3% 이내

83 ★☆☆

다음 중 내화구조에 해당하지 않는 것은? (단, 외벽 중 비내력벽인 경우)

① 철근콘크리트조로서 두께가 7cm인 것
② 무근콘크리트조로서 두께가 7cm인 것
③ 골구를 철골조로 하고 그 양면을 두께 3cm의 철망모르타르로 덮은 것
④ 철재로 보강된 콘크리트블록조로서 철재에 덮은 콘크리트블록의 두께가 3cm인 것

해설
외벽 중 비내력벽인 경우, 내화구조로 인정되는 경우는 다음과 같다.
- 철근콘크리트조 또는 철골철근콘크리트조로서 두께가 7cm 이상인 것
- 골구를 철골조로 하고 그 양면을 두께 3cm 이상의 철망모르타르 또는 두께 4cm 이상의 콘크리트블록·벽돌 또는 석재로 덮은 것
- 철재로 보강된 콘크리트블록조·벽돌조 또는 석조로서 철재에 덮은 콘크리트블록 등의 두께가 4cm 이상인 것
- 무근콘크리트조·콘크리트블록조·벽돌조 또는 석조로서 그 두께가 7cm 이상인 것

84 ★☆☆

중앙도시계획위원회에 관한 설명으로 틀린 것은?

① 위원장·부위원장 각 1명을 포함한 25명 이상 30명 이하의 위원으로 구성한다.
② 위원장은 국토교통부장관이 되고, 부위원장은 위원 중 국토교통부장관이 임명한다.
③ 공무원이 아닌 위원의 수는 10명 이상으로 하고, 그 임기는 2년으로 한다.
④ 도시·군계획에 관한 조사·연구 업무를 수행한다.

해설
중앙도시계획위원회의 위원장과 부위원장은 위원 중에서 국토교통부장관이 임명하거나 위촉한다.

85 ★★☆

다음은 「건축법령」상 직통계단의 설치에 관한 기준 내용이다. ( ) 안에 알맞은 것은?

> 초고층 건축물에는 피난층 또는 지상으로 통하는 직통계단과 직접 연결되는 피난안전구역(건축물의 피난·안전을 위하여 건축물 중간층에 설치하는 대피공간)을 지상층으로부터 최대 ( )층마다 1개소 이상 설치하여야 한다.

① 10개
② 20개
③ 30개
④ 40개

해설
초고층 건축물에는 피난층 또는 지상으로 통하는 직통계단과 직접 연결되는 피난안전구역(건축물의 피난·안전을 위하여 건축물 중간층에 설치하는 대피공간)을 지상층으로부터 최대 30개 층마다 1개소 이상 설치하여야 한다.

86 ★☆☆

다음은 승용승강기의 설치에 관한 기준 내용이다. 밑줄 친 "대통령령으로 정하는 건축물"에 대한 기준 내용으로 옳은 것은?

> 건축주는 6층 이상으로 연면적이 2,000m² 이상인 건축물(대통령령으로 정하는 건축물은 제외함)을 건축하려면 승강기를 설치하여야 한다.

① 층수가 6층인 건축물로서 각 층 거실의 바닥면적 300m² 이내마다 1개소 이상의 직통계단을 설치한 건축물
② 층수가 6층인 건축물로서 각 층 거실의 바닥면적 500m² 이내마다 1개소 이상의 직통계단을 설치한 건축물
③ 층수가 10층인 건축물로서 각 층 거실의 바닥면적 300m² 이내마다 1개소 이상의 직통계단을 설치한 건축물
④ 층수가 10층인 건축물로서 각 층 거실의 바닥면적 500m² 이내마다 1개소 이상의 직통계단을 설치한 건축물

해설
"대통령령으로 정하는 건축물"이란 층수가 6층인 건축물로서 각 층 거실의 바닥면적 300m² 이내마다 1개소 이상의 직통계단을 설치한 건축물을 말한다.

정답 82 ④ 83 ④ 84 ② 85 ③ 86 ①

87 ★★☆

주차장의 용도와 판매시설이 복합된 연면적 20,000m²인 건축물이 주차전용건축물로 인정받기 위해서는 주차장으로 사용되는 부분의 면적이 최소 얼마 이상이어야 하는가?

① 6,000m² ② 10,000m²
③ 14,000m² ④ 19,500m²

해설
판매시설의 경우 주차전용건축물이 되려면 건축물의 연면적 중 주차장으로 사용되는 부분의 비율이 70% 이상이어야 한다.
문제에서 제시한 연면적이 20,000m²이므로,
20,000m²의 70%는 20,000m² × 0.7 = 14,000m²가 된다.

88 ★★☆

건축법령상 건축을 하는 경우 조경 등의 조치를 하지 아니할 수 있는 건축물 기준으로 틀린 것은? (단, 옥상 조경 등 대통령령으로 따로 기준을 정하는 경우는 고려하지 않는다.)

① 축사
② 녹지지역에 건축하는 건축물
③ 연면적의 합계가 2,000m² 미만인 공장
④ 면적 5,000m² 미만인 대지에 건축하는 공장

해설
연면적의 합계가 1,500m² 미만인 공장에는 조경 등의 조치를 하지 아니할 수 있다.

89 ★☆☆

시가화조정구역에서 시가화유보기간으로 정하는 기간 기준은?

① 1년 이상 5년 이내
② 3년 이상 10년 이내
③ 5년 이상 20년 이내
④ 10년 이상 30년 이내

해설
시·도지사는 직접 또는 관계 행정기관의 장의 요청을 받아 도시지역과 그 주변지역의 무질서한 시가화를 방지하고 계획적·단계적인 개발을 도모하기 위하여 대통령령으로 정하는 기간 동안 시가화를 유보할 필요가 있다고 인정되면 시가화조정구역의 지정 또는 변경을 도시·군관리계획으로 결정할 수 있다.
여기서 대통령령으로 정하는 기간이란 5년 이상 20년 이내의 기간을 말한다.

90 ★★☆

공동주택과 오피스텔의 난방설비를 개별난방방식으로 하는 경우의 기준으로 틀린 것은?

① 보일러실의 윗부분에는 그 면적이 0.5m² 이상인 환기창을 설치할 것
② 보일러는 거실 외의 곳에 설치하되, 보일러를 설치하는 곳과 거실 사이의 경계벽은 출입구를 제외하고는 내화구조의 벽으로 구획할 것
③ 보일러의 연도는 방화구조로서 개별연도로 설치할 것
④ 기름보일러를 설치하는 경우 기름저장소를 보일러실 외의 다른 곳에 설치할 것

해설
보일러의 연도는 내화구조로서 공동연도로 설치해야 한다.

91 ★★★

건축물의 층수 산정에 관한 기준 내용으로 옳지 않은 것은?

① 지하층은 건축물의 층수에 산입하지 아니한다.
② 층의 구분이 명확하지 아니한 건축물은 그 건축물의 높이 4m마다 하나의 층으로 보고 그 층수를 산정한다.
③ 건축물이 부분에 따라 그 층수가 다른 경우에는 바닥면적에 따라 가중평균한 층수를 그 건축물의 층수로 본다.
④ 계단탑으로서 그 수평투영면적의 합계가 해당 건축물 건축면적의 8분의 1 이하인 것은 건축물의 층수에 산입하지 아니한다.

해설
건축물의 층수 산정방법
- 승강기탑(장애인용 승강기의 승강탑은 제외), 계단탑, 망루, 장식탑, 옥탑, 그 밖에 이와 비슷한 건축물의 옥상 부분으로서 그 수평투영면적의 합계가 해당 건축물 건축면적의 8분의 1 이하인 것과 지하층 및 장애인용 승강기의 승강탑은 건축물의 층수에 산입하지 아니한다.
- 층의 구분이 명확하지 아니한 건축물은 그 건축물의 높이 4m마다 하나의 층으로 보고 그 층수를 산정한다.
- 건축물이 부분에 따라 그 층수가 다른 경우에는 그 중 가장 많은 층수를 그 건축물의 층수로 본다.

정답 87 ③ 88 ③ 89 ③ 90 ③ 91 ③

92 ★☆☆

특별시장·광역시장·특별자치시장·특별자치도지사·시장 또는 군수가 관할 구역의 도시·군기본계획에 대하여 타당성을 전반적으로 재검토하여 정비하여야 하는 기간의 기준은?

① 5년 ② 10년
③ 15년 ④ 20년

해설
특별시장·광역시장·특별자치시장·특별자치도지사·시장 또는 군수는 5년마다 관할 구역의 도시·군기본계획에 대하여 타당성을 전반적으로 재검토하여 정비하여야 한다.

93 ★★★

국토의 계획 및 이용에 관한 법령상 주거지역의 세분 중 중층주택을 중심으로 편리한 주거환경을 조성하기 위하여 지정하는 용도지역은?

① 제1종 일반주거지역 ② 제2종 일반주거지역
③ 제1종 전용주거지역 ④ 제2종 전용주거지역

해설
중층주택을 중심으로 편리한 주거환경을 조성하기 위하여 필요한 지역은 제2종 일반주거지역이다.

선지분석
① 제1종 일반주거지역: 저층주택을 중심으로 편리한 주거환경을 조성하기 위하여 필요한 지역
③ 제1종 전용주거지역: 단독주택 중심의 양호한 주거환경을 보호하기 위하여 필요한 지역
④ 제2종 전용주거지역: 공동주택 중심의 양호한 주거환경을 보호하기 위하여 필요한 지역

94 ★☆☆

사용승인을 받는 즉시 건축물의 내진능력을 공개하여야 하는 대상 건축물의 층수 기준은? (단, 목구조 건축물의 경우이며 기타의 경우는 고려하지 않는다.)

① 2층 이상 ② 3층 이상
③ 6층 이상 ④ 16층 이상

해설
사용승인을 받는 즉시 내진능력을 공개하여야 하는 건축물은 다음과 같다.
• 층수가 2층(목구조 건축물의 경우 3층) 이상인 건축물
• 연면적이 200m² (목구조 건축물의 경우 500m²) 이상인 건축물
• 그 밖에 건축물의 규모와 중요도를 고려하여 대통령령으로 정하는 건축물

95 ★★☆

특별피난계단의 구조에 관한 기준 내용으로 틀린 것은?

① 계단은 내화구조로 하되, 피난층 또는 지상까지 직접 연결되도록 한다.
② 계단실 및 부속실의 실내에 접하는 부분의 마감은 불연재료로 한다.
③ 출입구의 유효너비는 0.9m 이상으로 하고 피난의 방향으로 열 수 있도록 한다.
④ 건축물의 내부에서 노대 또는 부속실로 통하는 출입구에는 30분방화문을 설치하고, 노대 또는 부속실로부터 계단실로 통하는 출입구에는 60분방화문을 설치하도록 한다.

해설
건축물의 내부에서 노대 또는 부속실로 통하는 출입구에는 60분＋방화문 또는 60분방화문을 설치하고, 노대 또는 부속실로부터 계단실로 통하는 출입구에는 60분＋방화문, 60분방화문 또는 30분방화문을 설치하도록 한다.

96 ★★☆

건축허가 대상 건축물이라 하더라도 건축신고를 하면 건축허가를 받은 것으로 보는 경우에 속하지 않는 것은? (단, 층수가 2층인 건축물의 경우)

① 바닥면적의 합계가 75m²의 증축
② 바닥면적의 합계가 75m²의 재축
③ 바닥면적의 합계가 75m²의 개축
④ 연면적의 합계가 250m²인 건축물의 대수선

해설
연면적이 200m² 미만이고 3층 미만인 건축물의 대수선의 경우 미리 특별자치시장·특별자치도지사 또는 시장·군수·구청장에게 국토교통부령으로 정하는 바에 따라 신고를 하면 건축허가를 받은 것으로 본다.

선지분석
①, ②, ③ 바닥면적의 합계가 85m² 이내이며 3층 미만의 건축물을 증축·개축 또는 재축하는 경우여야 한다.

정답 92 ① 93 ② 94 ② 95 ④ 96 ④

97

건축지도원에 관한 내용으로 틀린 것은?

① 건축지도원은 특별자치시·특별자치도 또는 시·군·구에 근무하는 건축직렬의 공무원과 건축에 관한 학식이 풍부한 자 중에서 지정한다.
② 건축지도원의 자격과 업무 범위는 건축조례로 정한다.
③ 건축설비가 법령 등에 적합하게 유지·관리되고 있는지 확인·지도 및 단속한다.
④ 허가를 받지 아니하거나 신고를 하지 아니하고 건축하거나 용도변경한 건축물을 단속한다.

해설
건축지도원의 자격과 업무 범위 등은 대통령령으로 정한다.

합격 POINT 건축지도원의 업무
- 건축신고를 하고 건축 중에 있는 건축물의 시공 지도와 위법 시공 여부의 확인·지도 및 단속
- 건축물의 대지, 높이 및 형태, 구조 안전 및 화재 안전, 건축설비 등이 법령 등에 적합하게 유지·관리되고 있는지의 확인·지도 및 단속
- 허가를 받지 아니하거나 신고를 하지 아니하고 건축하거나 용도변경한 건축물의 단속

98

다음 노외주차장의 구조 및 설비기준에 관한 내용 중 (   ) 안에 알맞은 것은?

> 자동차용 승강기로 운반된 자동차가 주차구획까지 자주식으로 들어가는 노외주차장의 경우에는 주차대수 (   )마다 1대의 자동차용 승강기를 설치하여야 한다.

① 10대   ② 20대
③ 30대   ④ 40대

해설
자동차용 승강기로 운반된 자동차가 주차구획까지 자주식으로 들어가는 노외주차장의 경우에는 주차대수 30대마다 1대의 자동차용 승강기를 설치하여야 한다.

99

비상용승강기의 승강장에 설치하는 배연설비의 구조에 관한 기준 내용으로 틀린 것은?

① 배연구 및 배연풍도는 불연재료로 할 것
② 배연구는 평상시에는 열린 상태를 유지할 것
③ 배연구가 외기에 접하지 아니하는 경우에는 배연기를 설치할 것
④ 배연기는 배연구의 열림에 따라 자동적으로 작동하고, 충분한 공기배출 또는 가압능력이 있을 것

해설
배연구는 평상시에는 닫힌 상태를 유지하고, 연 경우에는 배연에 의한 기류로 인하여 닫히지 아니하도록 할 것

100

막다른 도로의 길이가 **15m**일 때, 이 도로가 건축법령상 도로이기 위한 최소 폭은?

① 2m   ② 3m
③ 4m   ④ 6m

해설

막다른 도로의 길이	도로의 너비
10m 미만	2m
10m 이상 35m 미만	3m
35m 이상	6m(읍·면지역은 4m)

정답 97 ② 98 ③ 99 ② 100 ②

2021년 | 제4회 기출문제

제1과목 건축계획

01 ★★☆

상점 건축의 진열장 배치에 관한 설명으로 옳은 것은?

① 손님 쪽에서 상품이 효과적으로 보이도록 계획한다.
② 들어오는 손님과 종업원의 시선이 정면으로 마주치도록 계획한다.
③ 도난을 방지하기 위하여 손님에게 감시한다는 인상을 주도록 설계한다.
④ 동선이 원활하여 다수의 손님을 수용하고 가능한 다수의 종업원으로 관리하게 한다.

해설
원활한 상품 판매를 위해 손님 쪽에서 상품이 효과적으로 보이도록 계획한다.

선지분석
② 들어오는 손님과 종업원의 시선이 정면으로 마주치지 않도록 계획한다.
③ 손님에게는 감시한다는 인상을 주지 않도록 설계한다.
④ 가능한 소수의 종업원으로 관리하게 한다.

02 ★★☆

다음 중 도서관에 있어 모듈 계획(Module plan)을 고려한 서고 계획 시 결정 및 선행되어야 할 요소와 가장 거리가 먼 것은?

① 엘리베이터의 위치
② 서가 선반의 배열 깊이
③ 서고 내의 주요 통로 및 교차 통로의 폭
④ 기둥의 크기와 방향에 따른 서가의 규모 및 배열의 길이

해설
- 서고의 모듈 계획에 엘리베이터의 위치는 관련이 적다.
- 도서관에서 서고는 시간이 지남에 따라 증가하는 도서 및 자료를 수용할 수 있도록 증축을 고려하여야 하는데 이때, 모듈에 의한 공간계획이 요구된다.

03 ★★☆

호텔의 퍼블릭 스페이스(Public space)의 계획에 대한 설명으로 옳지 않은 것은?

① 로비의 개방성과 다른 공간과의 연계성이 중요하다.
② 프론트 데스크 후방에 프론트 오피스를 연속시킨다.
③ 주식당은 외래객이 편리하게 이용할 수 있도록 출입구를 별도로 설치한다.
④ 프론트 오피스는 기계화된 설비보다는 많은 사람을 고용함으로써 편의와 능률을 높여야 한다.

해설
프론트 오피스는 기계화된 설비와 함께 적은 인원으로도 고객의 편의와 능률을 높여야 한다.

선지분석
① 로비는 퍼블릭 스페이스의 중심으로 휴식, 담화, 독서 등 다목적으로 사용되는 공간이다.
② 프론트 오피스는 고객을 응대하는 프론트 데스크와 함께 계획된다.

04 ★☆☆

아파트에서 친교공간 형성을 위한 계획 방법으로 옳지 않은 것은?

① 아파트에서의 통행을 공동 출입구로 집중시킨다.
② 별도의 계단실과 입구 주위에 집합단위를 만든다.
③ 큰 건물로 설계하고, 작은 단지는 통합하여 큰 단지로 만든다.
④ 공동으로 이용되는 서비스 시설을 현관에 인접하여 통행의 주된 흐름으로 약간 벗어난 곳에 위치한다.

해설
친교공간 형성을 위해 작은 단위로 서비스 공간을 만들고 거주자간 교류 활성, 이웃관계 회복, 공동체 의식 형성 등을 추구할 수 있다.

정답 01 ① 02 ① 03 ④ 04 ③

05 ★☆☆

다음과 같은 특징을 갖는 건축양식은?

- 사라센 문화의 영향을 받았다.
- 도세렛(Dosseret)과 펜덴티브돔(Pendentive dome)이 사용되었다.

① 로마 건축
② 이집트 건축
③ 비잔틴 건축
④ 로마네스트 건축

해설
- 비잔틴 건축은 로마 건축에 동양적 요소를 혼합한 것으로 동양의 사라센 문화의 영향을 받았다.
- 비잔틴 건축에서 기둥은 주두가 2중으로 되어 있는데, 이중 상부를 도세렛(Dosseret)라고 한다.
- 펜덴티브 돔(Pendentive dome)은 사각형 평면 위에 원형 평면의 돔을 가설하는 것으로 비잔틴 양식의 독특한 기법이다.

06 ★★★

오토 바그너(Otto Wagner)가 주장한 근대건축의 설계지침 내용으로 옳지 않은 것은?

① 경제적인 구조
② 그리스 건축양식의 복원
③ 시공재료의 적당한 선택
④ 목적을 정확히 파악하고 완전히 충족시킬 것

해설
그리스 건축양식의 복원은 신고전주의 건축에 대한 내용이다.

07 ★★☆

공동주택의 단면형식에 관한 설명으로 옳지 않은 것은?

① 트리플렉스형은 듀플렉스형보다 공용면적이 크게 된다.
② 메조넷형에서 통로가 없는 층은 채광 및 통풍확보가 양호하다.
③ 플랫형은 평면구성의 제약이 적으며, 소규모의 평면계획도 가능하다.
④ 스킵 플로어형은 동일한 주거동에서 각기 다른 모양의 세대 배치가 가능하다.

해설
- 2개 층인 복층마다 주호를 구성하는 듀플렉스형이 3개 층마다 주호를 구성하는 트리플렉스형보다 공용면적이 더 크다.
- 트리플렉스형은 듀플렉스형보다 통로가 없는 층이 많아 필요한 통로 면적이 적다.
- 트리플렉스형은 듀플렉스형보다 프라이버시와 채광 및 통풍이 좋다.

08 ★★★

공연장의 객석 계획에서 잘 보이는 동시에 실제적으로 관객을 수용해야 하는 공연장에서 큰 무리가 없는 거리인 **제1차 허용거리**의 한도는?

① 15m
② 22m
③ 38m
④ 52m

해설
공연장 객석 계획에서 관객의 수용을 가능한 한 많게 하기 위하여 22m까지를 제1차 허용한도로 정한다. 따라서 국악, 신극, 실내악 등은 이 범위 내에 객석을 둘 수 있다.

09 ★★★

우리나라의 현존하는 목조건축물 중 가장 오래된 것은?

① 부석사 무량수전
② 부석사 조사당
③ 봉정사 극락전
④ 수덕사 대웅전

해설
봉정사 극락전은 13C 고려 초 주심포식 양식의 건축물로 현존하는 가장 오래된 목조건축물이다.

10 ★★★

열람자가 서가에서 책을 자유롭게 선택하나 관원의 검열을 받고 열람하는 도서관 출납 시스템은?

① 폐가식
② 반개가식
③ 안전개가식
④ 자유개가식

해설
안전개가식은 열람자가 직접 서가에서 책을 고르고 관원의 검열과 대출 기록을 남긴 후 열람한다.

선지분석
① 폐가식: 책의 목록을 보고 책을 선택한다. 관원에게 선택한 책의 대출 기록을 제출한 후 대출받는다.
② 반개가식: 열람자가 책의 체재나 표지를 통해 선택한 책을 관원에게 요구하면 관원이 서가에서 책을 가져와 대출 기록을 남긴 후 열람한다.
④ 자유개가식: 열람자가 직접 서가에서 책을 고르고 검열 없이 열람한다.

정답 05 ③ 06 ② 07 ① 08 ② 09 ③ 10 ③

11 ★★★

테라스 하우스에 관한 설명으로 옳지 않은 것은?

① 각 호마다 전용의 뜰(정원)을 갖는다.
② 각 세대의 깊이는 7.5m 이상으로 하여야 한다.
③ 전입방식에 따라 하향식과 상향식으로 나눌 수 있다.
④ 시각적인 인공테라스형은 위층으로 갈수록 건물의 내부 면적이 작아지는 형태이다.

해설

테라스 하우스에서 각 세대의 깊이는 6.0 ~ 7.5m 이상이 되지 않도록 해야 한다.

합격 POINT ▶ 테라스 하우스
- 경사지에서 적절히 절토하여 지형에 맞추어 건물을 짓는다.
- 경사가 심할수록 밀도가 높아진다.
- 평지보다 더 많은 인구를 수용할 수 있어 경제적이다.
- 각 세대당 2.7m 정도의 높이 차가 나는 것이 적당하다.

12 ★☆☆

학교 교사의 배치 형식에 관한 설명으로 옳지 않은 것은?

① 분산병렬형은 넓은 부지를 필요로 한다.
② 폐쇄형은 일조, 통풍 등 환경조건이 불균등하다.
③ 집합형은 이동 동선이 길어지고 물리적 환경이 나쁘다.
④ 분산병렬형은 구조계획이 간단하고 생활환경이 좋아진다.

해설
- 집합형은 이동 동선이 짧고 물리적 환경이 좋다.
- 집합형은 교사건축물을 학습 특성에 따라 분류하여 집합해 놓은 것으로 이동 동선이 짧다.
- 집합형은 각 교실의 채광이 좋고 환기가 잘되는 등 물리적 환경이 좋다.

합격 POINT ▶ 분산병렬형
- 일종의 핑거 플랜이다.
- 넓은 부지를 필요로 한다.
- 구조계획이 간단하고 시공이 용이하다.
- 일조, 통풍 등 교실의 환경조건을 균등하게 할 수 있다.
- 각 교사 건축물 사이의 공간을 놀이터나 정원 등으로 이용할 수 있다.

13 ★★★

사무소 건물의 엘리베이터 배치 시 고려사항으로 옳지 않은 것은?

① 교통동선의 중심에 설치하여 보행거리가 짧도록 배치한다.
② 대면배치에 대면거리는 동일 군 관리의 경우 3.5~4.5m로 한다.
③ 여러 대의 엘리베이터를 설치하는 경우, 그룹별 배치와 군 관리 운전방식으로 한다.
④ 일렬 배치는 6대를 한도로 하고, 엘리베이터 중심 간 거리는 10m 이하가 되도록 한다.

해설

일렬 배치는 4대를 한도로 하고, 엘리베이터 중심 간 거리는 8m 이하가 되도록 한다.

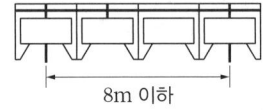

합격 POINT ▶ 대면배치, 알코브형 배치
- 6대 이상일 경우 알코브(Alcove)형이나 대면배치를 사용한다.
- 대면 거리는 3.5~4.5m 정도로 계획한다.

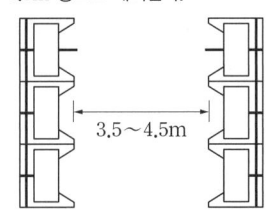

14 ★☆☆

사무소 건축의 코어 형식 중 편심형 코어에 관한 설명으로 옳지 않은 것은?

① 고층인 경우 구조상 불리할 수 있다.
② 각 층 바닥면적이 소규모인 경우에 사용된다.
③ 바닥면적이 커지면 코어 이외에 피난시설 등이 필요해진다.
④ 내진구조상 유리하며 구조코어로서 가장 바람직한 형식이다.

해설

내진구조상 유리하며 구조코어로서 가장 바람직한 형식은 중심코어형에 대한 설명이다.

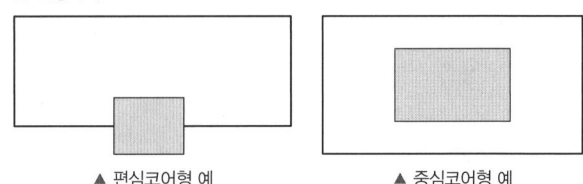

▲ 편심코어형 예   ▲ 중심코어형 예

정답 11 ② 12 ③ 13 ④ 14 ④

15 ★★☆
공장건축의 레이아웃에 관한 설명으로 옳지 않은 것은?

① 장래 공장 규모의 변화에 대응한 융통성이 있어야 한다.
② 제품 중심의 레이아웃은 생산에 필요한 모든 공정, 기계 기구를 제품의 흐름에 따라 배치한다.
③ 이동식 레이아웃은 사람이나 기계가 이동하여 작업하는 방식으로 제품이 크고, 수량이 적을 때 사용한다.
④ 레이아웃은 공장 생산성에 미치는 영향이 크므로 공장의 배치계획, 평면계획은 이것에 부합되는 건축계획이 되어야 한다.

해설
고정식 레이아웃은 사람이나 기계가 이동하여 작업하는 방식으로 선박 등 제품이 크고, 수량이 적을 때 사용한다.

16 ★★★
병원건축에 있어서 파빌리온 타입(Pavilion type)에 관한 설명으로 옳은 것은?

① 대지 이용의 효율성이 높다.
② 고층 집약식 배치형식을 갖는다.
③ 각 실의 채광을 균등히 할 수 있다.
④ 도심지에서 주로 적용되는 형식이다.

해설
분관식은 각 병실을 남향으로 할 수 있어 각 실의 채광이 균등하고 일조와 통풍 조건이 좋다.

선지분석
①, ②, ④ 하나의 건물에 외래부, 부속 진료시설, 병동을 합친 집중식에 대한 설명이다.

17 ★★☆
전시공간의 특수전시기법 중 하나의 사실이나 주제의 시간 상황을 고정시켜 연출함으로써 현장에 임한 듯한 느낌을 가지고 관찰할 수 있는 기법은?

① 알코브 전시 ② 아일랜드 전시
③ 디오라마 전시 ④ 하모니카 전시

해설
디오라마 전시는 하나의 사실 또는 주제의 시간 상황을 고정시켜 연출하는 것으로 현장에 임한 느낌을 준다.

선지분석
② 아일랜드 전시는 벽이나 천장을 직접 이용하지 않고 전시물 또는 전시장치를 배치하는 전시기법이다.
④ 하모니카 전시는 전시내용을 통일된 형식 속에서 규칙적으로 반복시켜 표현하는 기법이다.

18 ★★☆
백화점 매장의 배치 유형에 관한 설명으로 옳지 않은 것은?

① 직각배치는 매장 면적의 이용률을 최대로 확보할 수 있다.
② 직각배치는 고객의 통행량에 따라 통로폭을 조정하기 용이하다.
③ 사행배치는 많은 고객이 매장공간의 코너까지 접근하기 용이한 유형이다.
④ 사행배치는 Main 통로를 직각 배치하며, Sub 통로를 45° 정도로 경사지게 배치하는 유형이다.

해설
직각배치는 단조롭고 간단한 배치 방법이나 통로의 최소폭을 기준으로 진열장을 배치하므로 통행량에 따른 통로폭을 조절하기 어려워 국부적 혼란이 생길 수 있다.

19 ★☆☆
지속가능한(Sustainable) 공동주택의 설계개념으로 적절하지 않은 것은?

① 환경친화적 설계
② 지형순응형 배치
③ 가변적 구조체의 확대 적용
④ 규격화, 동일화된 단위평면

해설
규격화, 동일화된 단위평면은 표준화에 의한 모듈방식으로 지속가능한 공동주택의 설계개념으로 볼 수 없다.

20 ★★☆
래드번(Radburn) 계획의 5가지 기본원리로 옳지 않은 것은?

① 기능에 따른 4가지 종류의 도로 구분
② 보도망 형성 및 보도와 차도의 평면적 분리
③ 자동차 통과도로 배제를 위한 슈퍼블록 구성
④ 주택단지 어디로나 통할 수 있는 공동 오픈스페이스 구성

해설
보도망 형성 및 보도와 차도의 입체적 분리

합격 POINT 래드번 계획의 5가지 기본원리
- 기능에 따른 4가지 종류의 도로 구분
- 보도망 형성 및 보도와 차도의 입체적 분리
- 자동차 통과도로 배제를 위한 슈퍼블록 구성
- 주택단지 어디로나 통할 수 있는 공동 오픈스페이스 구성
- 쿨데삭(막다른 도로)형의 좁은 도로 구성으로 주택의 거실을 보도나 정원을 향하도록 배치

정답 15 ③ 16 ③ 17 ③ 18 ② 19 ④ 20 ②

제2과목　건축시공

21 ★☆☆
표준시방서에 시스템비계에 관한 기준으로 옳지 않은 것은?

① 수직재와 수직재의 연결은 전용의 연결조인트를 사용하여 견고하게 연결하고, 연결 부위가 탈락 또는 꺾어지지 않도록 하여야 한다.
② 수평재는 수직재에 연결핀 등의 결합방법에 의해 견고하게 결합되어 흔들리거나 이탈되지 않도록 하여야 한다.
③ 대각으로 설치하는 가새는 비계의 외면으로 수평면에 대해 40°~60° 방향으로 설치하며 수평재 및 수직재에 결속한다.
④ 시스템 비계 최하부에 설치하는 수직재는 받침 철물의 조절너트와 밀착되도록 설치하여야 하며, 수직과 수평을 유지하여야 한다. 이때, 수직재와 받침 철물의 겹침 길이는 받침 철물 전체길이의 5분의 1 이상이 되도록 하여야 한다.

해설
시스템 비계 최하부에 설치하는 수직재는 받침철물의 조절너트와 밀착되도록 설치하여야 하며, 수직과 수평을 유지하여야 한다. 이때 수직재와 받침철물의 겹침길이는 받침 철물 전체길이의 3분의 1 이상이 되도록 하여야 한다.

22 ★★☆
공정관리에서 공기단축을 시행할 경우에 관한 설명으로 옳지 않은 것은?

① 특별한 경우가 아니면 공기단축 시행 시 간접비는 상승한다.
② 비용구배가 최소인 작업을 우선 단축한다.
③ 주공정선상의 작업을 먼저 대상으로 단축한다.
④ MCX(Minimum Cost eXpeding)법은 대표적인 공기단축방법이다.

해설
특별한 경우가 아니면 공기단축 시행 시 간접비는 감소하고 직접비는 증가한다.

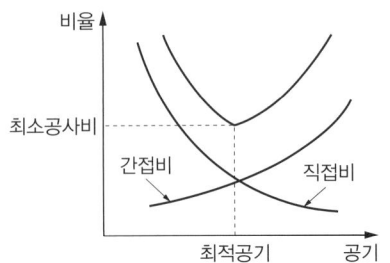

23 ★★☆
콘크리트의 건조수축 영향인자에 관한 설명으로 옳지 않은 것은?

① 시멘트의 화학성분이나 분말도에 따라 건조수축량이 변화한다.
② 골재 중에 포함된 미립분이나 점토, 실트는 일반적으로 건조수축을 증대시킨다.
③ 바다모래에 포함된 염분은 그 양이 많으면 건조수축을 증대시킨다.
④ 단위수량이 증가할수록 건조수축량은 작아진다.

해설
습윤상태의 콘크리트가 경화 시 시멘트의 수화반응으로 여분의 물이 건조에 의해 증발하여 시멘트 페이스트가 수축하는 현상이다. 이에 콘크리트의 단위수량이 증가할수록 건조수축량은 커진다.

24 ★★☆
지내력을 갖춘 지반으로 만들기 위한 배수공법 또는 탈수공법이 아닌 것은?

① 샌드드레인 공법
② 웰포인트 공법
③ 페이퍼드레인 공법
④ 베노토 공법

해설
베노토(All casing) 공법은 지반 내의 구조물에 대한 지지력을 제공하기 위해 사용되는 말뚝공법이며 깊이 50~60m의 대구경 깊은 말뚝을 사용하여 지지력을 높이는 공법이다.

선지분석
① 샌드드레인(Sand drain) 공법
　지반에 모래말뚝을 형성하여 지표면에 하중을 가하여 주변 지반의 지하수를 배수하는 공법이다.
② 웰포인트(Well point) 공법
　집수장치를 붙인 파이프를 지중에 삽입하고 지상의 집수관에 연결한 후 펌프로 지중의 물을 배수하는 공법이다.
③ 페이퍼드레인(Paper drain) 공법
　점토지반에서 합성수지로 된 Card board를 사용하여 탈수하는 공법이다.

정답 21 ④　22 ①　23 ④　24 ④

25 ★★★
페인트칠의 경우 초벌과 재벌 등을 도장할 때마다 색을 약간씩 다르게 하는 주된 이유는?

① 희망하는 색을 얻기 위하여
② 색이 진하게 되는 것을 방지하기 위하여
③ 착색안료를 낭비하지 않고 경제적으로 사용하기 위하여
④ 초벌, 재벌 등 페인트 횟수를 구별하기 위하여

해설
도장을 수회 반복할 때에는 칠횟수를 구분하기 위해 칠의 색을 다르게 한다.

26 ★★☆
개념설계에서 유지관리 단계에까지 건물의 전 수명주기 동안 다양한 분야에서 적용되는 모든 정보를 생산하고 관리하는 기술을 의미하는 용어는?

① ERP(Enterprise Resource Planning)
② SOA(Service Oriented Architecture)
③ BIM(Building Information Modeling)
④ CIC(Computer Integrated Construction)

해설
BIM(Building Information Modeling) 3차원 정보모델을 기반으로 시설물의 생애주기에 걸쳐 발생하는 모든 정보를 통합하여 활용이 가능하도록 시설물의 형상, 속성 등을 정보로 표현한 디지털 모형을 뜻한다.

27 ★★☆
벽돌벽의 균열원인과 가장 거리가 먼 것은?

① 문꼴의 불균형 배치
② 벽돌벽의 공간쌓기
③ 기초의 부동침하
④ 하중의 불균등분포

해설
벽돌벽의 공간쌓기는 벽체의 방습, 방열, 방한 등을 목적으로 공간을 두고 안팎벽을 쌓는 별도의 쌓기법이다.

28 ★★☆
쇄석 콘크리트에 관한 설명으로 옳지 않은 것은?

① 모래의 사용량은 보통 콘크리트에 비해서 많아진다.
② 쇄석은 각이 둔각인 것을 사용한다.
③ 보통콘크리트에 비해 시멘트 페이스트의 부착력이 떨어진다.
④ 깬자갈 콘크리트라고도 한다.

해설
쇄석 콘크리트는 둔각의 깬 자갈을 사용한 콘크리트로, 강자갈을 사용하는 보통콘크리트에 비해 시멘트 페이스트의 부착력이 증가한다.

29 ★★★
실비정산보수가산계약 제도의 특징이 아닌 것은?

① 설계 시공의 중첩이 가능한 단계별 시공이 가능하다.
② 복잡한 변경이 예상되거나 긴급을 요하는 공사에 적합하다.
③ 계약체결 시 공사비용의 최대값을 정하는 최대보증한도 실비정산보수가산계약이 일반적으로 사용된다.
④ 공사금액을 구성하는 물량 또는 단위공사 부분에 대한 단가만을 확정하고 공사 완료 시 실시수량의 확정에 따라 정산하는 방식이다.

해설
공사금액을 구성하는 물량 또는 단위공사 부분에 대한 단가만을 확정하고 공사 완료 시 실시수량의 확정에 따라 정산하는 방식은 단가계약방식이다.

합격 POINT 실비정산보수가산계약
공사의 실비를 건축주와 도급자가 확인하여 정산하고 건축주는 미리 정한 보수율에 따라 도급자에게 그 보수액을 지불하는 방식이다.

30 ★★☆
합성수지 중 건축물의 천장재, 블라인드 등을 만드는 열가소성수지는?

① 알키드수지
② 요소수지
③ 폴리스티렌수지
④ 실리콘수지

해설
폴리스티렌수지는 열가소성 수지로 무색 투명하고 내수성, 내약품성이 크다.

정답 25 ④ 26 ③ 27 ② 28 ③ 29 ④ 30 ③

31 ★★☆

프리패브 콘크리트(Prefab Concrete)에 관한 설명으로 옳지 않은 것은?

① 제품의 품질을 균일화 및 고품질화 할 수 있다.
② 작업의 기계화로 노무 절약을 기대할 수 있다.
③ 공장생산으로 부재의 규격을 다양하고 쉽게 변경할 수 있다.
④ 자재를 규격화하여 표준화 및 대량생산을 할 수 있다.

해설
프리패브 콘크리트는 공장에서 미리 대량생산한 고품질의 표준화된 부재를 사용하므로 규격 변경이 불가하다.

32 ★★★

철근콘크리트 공사에 사용되는 거푸집 중 갱폼(Gang form)의 특징으로 옳지 않은 것은?

① 기능공의 기능도에 따라 시공 정밀도가 크게 좌우된다.
② 대형장비가 필요하다.
③ 초기 투자비가 높은 편이다.
④ 거푸집의 대형화로 이음부위가 감소한다.

해설
갱폼(Gang form)은 대형 패널에 작업발판과 버팀대를 부착 및 일체시켜 대형장비로 설치·해체하므로 이음부가 감소되어 기능공의 기능도에 의한 시공정밀도의 영향이 적다.

33 ★★★

건축물 외벽공사 중 커튼월 공사의 특징으로 옳지 않은 것은?

① 외벽의 경량화
② 공업화 제품에 따른 품질 제고
③ 가설비계의 증가
④ 공기단축

해설
비내력 벽체인 커튼월은 양중기로 설치작업을 하므로 가설비계를 설치하지 않는다.

34 ★★☆

철근콘크리트 PC 기둥을 8ton 트럭으로 운반하고자 한다. 차량 1대에 최대로 적재 가능한 PC 기둥의 수는? (단, PC 기둥의 단면의 크기는 30cm×60cm, 길이는 3m임)

① 1개　　② 2개
③ 4개　　④ 6개

해설
- PC기둥 1개 중량
  = 기둥의 부피(m^3)×철근콘크리트의 비중($2.4t/m^3$)
  = $(0.3m×0.6m×3m)×2.4t/m^3 = 1.296t$
- 8t 차량의 적재량
  = $8t ÷ 1.296t = 6.17 ≒ 6.17$개 이므로, PC 기둥의 최대 적재 개수는 6개이다.

35 ★★★

콘크리트를 타설하면서 거푸집을 수직방향으로 이동시켜 연속작업을 할 수 있게 한 것으로 사일로 등의 건설공사에 적합한 것은?

① Euro form
② Sliding form
③ Air tube form
④ Traveling form

해설
슬라이딩폼(Sliding form)은 요오크(Yoke)로 거푸집을 수직방향으로 끌어올려 연속작업을 할 수 있는 거푸집으로 일체성이 좋고 사일로, 굴뚝공사 등에 사용한다.

합격 POINT

구분	내용
갱폼 (Gang form)	주로 아파트 공사에 사용하는 대형 벽체거푸집으로 인력절감 및 재사용이 가능한 장점이 있다.
슬라이딩폼 (Sliding form)	거푸집을 수직방향으로 끌어올려 연속작업을 할 수 있는 방식으로 굴뚝 등 단면 형상의 변화가 없는 구조물에 사용한다.
트래블링폼 (Traveling form)	수평활동 거푸집이며, 거푸집 전체를 해체하지 않고 그대로 떼어 내어 다음 장소에 이동시켜서 콘크리트를 칠 수 있는 거푸집이다.
터널폼 (Tunnel form)	한 구획 전체의 벽판과 바닥판을 ㄱ자형 또는 ㄷ자형으로 짜서 이동시키는 형태의 기성재 거푸집이다.
유로폼 (Euro form)	일정한 규격으로 미리 합판 등의 뒷면에 강재틀을 붙인 거푸집 패널로 여러 장을 조립하는 방법으로 사용된다.
와플폼 (Waffle form)	무량판구조 또는 평판구조에서 2방향 장선(격자보)바닥판 구조가 가능한 특수 상자모양의 기성재 거푸집이다.
플라잉폼 (Flying form)	테이블 폼이라고도 하며, 거푸집, 멍에, 장선 등을 일체로 제작하여 수평, 수직 이동이 가능하고, 전용성 및 시공정밀도가 우수하며, 외력에 대한 안전성이 크다. 바닥 거푸집의 설치, 해체, 인양 및 재설치 과정을 장비를 이용해 시공하기 때문에 인건비를 낮출 수 있다.

정답 31 ③　32 ①　33 ③　34 ④　35 ②

36 ★★★

신축할 건축물의 높이의 기준이 되는 주요 가설물로 이동의 위험이 없는 인근 건물의 벽 또는 담장에 설치하는 것은?

① 줄띄우기 ② 벤치마크
③ 규준틀 ④ 수평보기

해설

벤치마크(Bench mark, 기준점)는 신축할 건축물의 위치나 높이를 정하기 위해 설치하는 가설물이다. 이동의 염려가 없는 곳에 2개소 이상 설치하고 공사 완료 시까지 존치시켜야 한다.

합격 POINT

벤치마크(Bench mark, 기준점)
토지나 건물의 위치나 높이를 측정하기 위한 기준점이다.

규준틀

구분	내용
수평규준틀	건물 각부의 거리, 위치, 높이의 기준과 기초의 너비 따위의 기준이 되는 수평 위치를 표시하는 가설물
수직규준틀 (세로규준틀)	조적공사에서 건물의 위치와 높이, 땅파기의 너비와 깊이 등을 표시하는 가설물

37 ★★★

수경성 마무리재료로 가장 적합하지 않은 것은?

① 돌로마이트 플라스터
② 혼합 석고 플라스터
③ 시멘트 모르타르
④ 경석고 플라스터

해설

미장재료 구분

기경성	수경성
• 진흙 • 회반죽 • 회사벽 • 돌로마이트 플라스터	• 시멘트 모르타르 • 석고 플라스터 • 무수석고 플라스터 • 경석고 플라스터

38 ★★☆

보통 창유리의 특성 중 투과에 관한 설명으로 옳지 않은 것은?

① 투사각 0도일 때 투명하고 청결한 창유리는 약 90%의 광선을 투과한다.
② 보통의 창유리는 많은 양의 자외선을 투과시키는 편이다.
③ 보통의 창유리도 먼지가 부착되거나 오염되면 투과율이 현저하게 감소한다.
④ 광선의 파장이 길고 짧음에 따라 투과율이 다르게 된다.

해설

보통의 창유리는 자외선 투과율이 낮다.
자외선투과유리는 자외선이 50~90% 이상 통과되며 일산화 철을 함유한 유리로 온실, 살균실, 병원 등에 사용된다.

39 ★★☆

가치공학(Value Engineering) 수행계획 4단계로 옳은 것은?

① 정보(Informative) — 제안(Proposal) — 고안(Speculative) — 분석(Analytical)
② 정보(Informative) — 고안(Speculative) — 분석(Analytical) — 제안(Proposal)
③ 분석(Analytical) — 정보(Informative) — 제안(Proposal) — 고안(Speculative)
④ 제안(Proposal) — 정보(Informative) — 고안(Speculative) — 분석(Analytical)

해설

가치공학(Value Engineering) 수행계획 4단계
• 1단계: 정보(Informative)
• 2단계: 고안(Speculative)
• 3단계: 분석(Analytical)
• 4단계: 제안(Proposal)

40 ★★★

시멘트 광물질의 조성 중에서 발열량이 높고 응결시간이 가장 빠른 것은?

① 알루민산 삼석회
② 규산 삼석회
③ 규산 이석회
④ 알루민산철 사석회

해설

시멘트 성분 중 수화작용이 빠른 순서는 알루민산 3석회 > 규산 3석회 > 알루민산철 4석회 > 규산 2석회이다.

정답 36 ② 37 ① 38 ② 39 ② 40 ①

제3과목 건축구조

41 ★★☆

강도설계법에서 처짐을 계산하지 않는 경우 스팬이 8.0m인 단순지지된 보의 최소 두께로 옳은 것은? (단, 보통중량콘크리트와 $f_y=400\text{MPa}$ 철근을 사용한 경우)

① 380mm ② 430mm
③ 500mm ④ 600mm

해설
단순지지된 보이므로 최소 두께는
$\dfrac{l}{16}=\dfrac{8{,}000}{16}=500\text{mm}$

합격 POINT 처짐을 계산하지 않는 경우 보의 최소 두께

구분	최소 두께	구분	최소 두께
단순지지	$l/16$	양단연속	$l/21$
1단연속	$l/18.5$	캔틸레버	$l/8$

42 ★☆☆

그림과 같이 캔틸레버 보가 상수 k를 가지는 스프링에 의해 지지되어 있으며 집중하중 P가 작용하고 있다. 스프링에 걸리는 힘은?

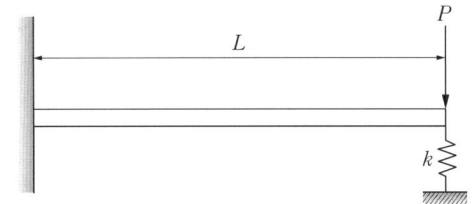

① $\dfrac{PL^3k}{(2EI+kL^3)}$ ② $\dfrac{PL^3k}{(3EI+kL^3)}$
③ $\dfrac{PL^3k}{(6EI+kL^3)}$ ④ $\dfrac{PL^3k}{(8EI+kL^3)}$

해설
자유단에 걸리는 하중이 P, 길이가 L인 캔틸레버 보 자유단의 최대 처짐은
$\delta_{\max}=\left(\dfrac{PL}{EI}\times L\right)\times\dfrac{L}{3}=\dfrac{PL^3}{3EI}$ 이고,
스프링에 작용하는 처짐 $\delta_s=\dfrac{(P-R_s)L^3}{3EI}$ 이다.
여기서 스프링에 작용하는 반력 $R_s=k\cdot\delta_s$ 이며
$R_s=k\cdot\dfrac{(P-R_s)L^3}{3EI}$ 로 볼 수 있다.
이를 정리하면
$3R_sEI=PL^3k-R_sL^3k$
$(3EI+L^3k)R_s=PL^3k$
$\therefore R_s=\dfrac{PL^3k}{3EI+kL^3}$

43 ★☆☆

전단과 휨만을 받는 철근콘크리트 보에서 콘크리트만으로 지지할 수 있는 전단강도 V_c는? (단, 보통중량콘크리트 사용, $f_{ck}=28\text{MPa}$, $b_w=100\text{mm}$, $d=300\text{mm}$)

① 26.5kN ② 53.0kN
③ 79.3kN ④ 158.7kN

해설
콘크리트의 설계전단강도
$V_c=\dfrac{1}{6}\lambda\sqrt{f_{ck}}\cdot b_w\cdot d$
$=\dfrac{1}{6}\times1.0\times\sqrt{28}\times100\times300≒26{,}457.5\text{N}≒26.5\text{kN}$

44 ★★★

보의 유효깊이 $d=550\text{mm}$, 보의 폭 $b_w=300\text{mm}$인 보에서 스터럽이 부담할 전단력 $V_s=200\text{kN}$일 경우, 적용 가능한 수직 스터럽의 간격으로 옳은 것은? (단, $A_v=142\text{mm}^2$, $f_{yt}=400\text{MPa}$, $f_{ck}=24\text{MPa}$)

① 150mm ② 180mm
③ 200mm ④ 250mm

해설
전단철근의 전단강도 $V_s=\dfrac{A_v\cdot f_{yt}\cdot d}{s}$
여기서, s: 스터럽의 간격
$s=\dfrac{A_v\cdot f_{yt}\cdot d}{V_s}=\dfrac{142\times400\times550}{200\times10^3}=156.2\text{mm}$
∴ 150mm가 가장 타당하다.

45 ★★☆

고력볼트 F10T－M24의 현장시공을 위한 본조임의 조임력(T)은 얼마인가? (단, 토크계수는 0.13, F10T－M24볼트의 설계볼트장력은 200kN이며 표준볼트장력은 설계볼트장력에 10%를 할증함)

① 569,573N·mm ② 686,400N·mm
③ 799,656N·mm ④ 892,638N·mm

해설
조임력 $T=k\times d\times N$으로 구한다.
여기서, k: 마찰(토크)계수, d: 공칭직경, N: 볼트 축력
$N=200+200\times0.1(10\%)=220\text{kN}=220\times10^3\text{N}$이므로
$\therefore T=0.13\times24\times(220\times10^3)=686{,}400\text{N}\cdot\text{mm}$

정답 41 ③ 42 ② 43 ① 44 ① 45 ②

46 ★☆☆

강구조 고장력볼트 마찰접합의 특징에 관한 설명으로 옳지 않은 것은?

① 시공이 용이하여 공기가 절약된다.
② 접합부의 강성과 강도가 크다.
③ 품질관리가 용이하다.
④ 국부적인 응력집중이 발생한다.

해설
마찰접합은 부재의 접합면에서 응력이 전달되기 때문에 응력집중현상이 생기지 않는다.

합격 POINT 고장력볼트의 마찰접합
부재간에 발생하는 마찰력에 의해 응력을 전달하는 접합형식으로 응력의 흐름이 원활하며 접합부의 강성이 높고, 부재의 접합면에서 응력이 전달되기 때문에 응력집중현상이 생기지 않는다. 또한 소음이 적고, 불량개소 수정이 쉽고, 현장설비가 간단하여 노동력 절감 및 공기단축이 가능하다.

47 ★☆☆

그림과 같은 단면의 단순보에서 보의 중앙점 C단면에 생기는 휨응력 σ_b와 전단응력 τ의 값은?

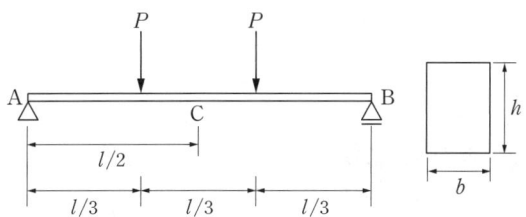

① $\sigma_b = \dfrac{Pl}{bh^2}$, $\tau = \dfrac{3Pl}{2bh}$
② $\sigma_b = \dfrac{2Pl}{bh^2}$, $\tau = 0$
③ $\sigma_b = \dfrac{2Pl}{bh^2}$, $\tau = \dfrac{3Pl}{2bh}$
④ $\sigma_b = \dfrac{Pl}{bh^2}$, $\tau = 0$

해설
1. 휨응력 $\sigma = \dfrac{M}{Z}$을 구한다. (여기서, M: 모멘트, Z: 단면계수)
 - 단순보에 하중이 $2P$가 작용하고 좌우 대칭이므로, A지점 반력은 P이다.
 - C점 $M = \left(P \times \dfrac{l}{2}\right) - \left(P \times \dfrac{l}{6}\right) = \dfrac{Pl}{3}$
 - 단면이 사각형일 경우: $Z = \dfrac{bh^2}{6}$

$$\therefore \sigma_{max} = \dfrac{\dfrac{Pl}{3}}{\dfrac{bh^2}{6}} = \dfrac{2Pl}{bh^2}$$

2. 전단응력 $\tau = \dfrac{V \cdot Q}{I \cdot b}$을 구한다. (여기서, V: 전단력, I: 단면2차모멘트, b: 단면 폭, Q: 단면1차모멘트)
C점 $V = P - P = 0$이므로
$$\therefore \tau = \dfrac{V \cdot Q}{I \cdot b} = 0$$

48 ★★★

다음과 같은 조건에서의 필릿용접의 최소 치수(mm)는 얼마인가? (단, 하중저항계수설계법 기준)

접합부의 얇은 쪽 소재 두께(t, mm)
$6 \leq t < 13$

① 5mm ② 6mm
③ 7mm ④ 8mm

해설
접합부의 얇은 쪽 소재 두께가 $6 \leq t < 13$이면 최소 치수는 5mm이다.

합격 POINT 필릿용접 최소 치수

얇은 쪽 소재 두께 (t)	최소 치수 (mm)
$t < 6$	3
$6 \leq t < 13$	5
$13 \leq t < 20$	6
$20 \leq t$	8

49 ★★★

그림과 같은 보에서 C점의 처짐은? (단, EI는 전 경간에 걸쳐 일정함)

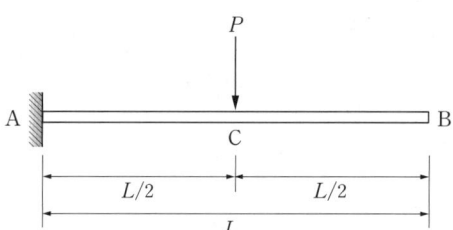

① $\dfrac{PL^3}{12EI}$
② $\dfrac{PL^3}{24EI}$
③ $\dfrac{PL^3}{48EI}$
④ $\dfrac{PL^3}{96EI}$

해설
처짐 $\delta = \dfrac{M'}{EI}$ (M': 처짐을 구하려는 위치의 모멘트)

C점 $M' = \dfrac{PL}{2} \times \dfrac{L}{2} \times \dfrac{1}{2} \times \left(\dfrac{2}{3} \times \dfrac{L}{2}\right) = \dfrac{PL^3}{24}$

$$\therefore \delta_C = \dfrac{\dfrac{PL^3}{24}}{EI} = \dfrac{PL^3}{24EI}$$

정답 46 ④ 47 ② 48 ① 49 ②

50 ★☆☆

다음 그림과 같이 단면적이 같은 4개의 단면을 보부재로 각각 사용할 경우 X축에 대한 처짐에 가장 유리한 단면은?

①
②
③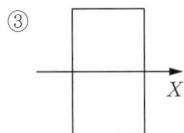
④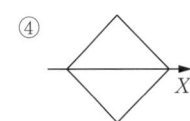

해설

보의 처짐과 단면2차모멘트는 반비례관계이다. 따라서 X축에 대한 처짐에 유리하기 위해서는 단면2차모멘트값이 커야 한다. 단면2차모멘트는 회전축으로부터의 거리가 먼 단면이 클수록 유리하다.

51 ★★☆

그림과 같은 단면을 가진 압축재에서 유효좌굴길이 $KL=250\text{mm}$일 때 Euler의 좌굴하중 값은? (단, $E=210,000\text{MPa}$임)

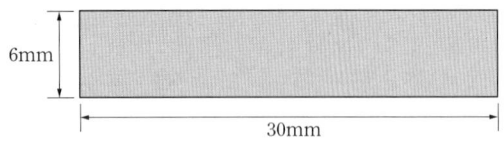

① 17.9kN
② 43.0kN
③ 52.9kN
④ 64.7kN

해설

좌굴하중 $P_{cr}=\dfrac{\pi^2 EI}{(KL)^2}$이고,

여기서, E: 탄성계수, I: 단면2차모멘트, KL: 유효좌굴길이, 사각형 단면의 $I=\dfrac{bh^3}{12}$이다.

따라서 $P_{cr}=\dfrac{\pi^2 EI}{(KL)^2}=\dfrac{\pi^2 \times 210,000 \times \dfrac{30 \times 6^3}{12}}{250^2}$

$\fallingdotseq 17,907.4\text{N} \fallingdotseq 17.9\text{kN}$이다.

52 ★☆☆

철골구조와 비교한 철근콘크리트구조의 특징으로 옳지 않은 것은?

① 진동이 적고 소음이 덜 난다.
② 시공 시 동절기 기후의 영향을 받을 수 있다.
③ 내화성이 크다.
④ 구조의 개조나 보강이 쉽다.

해설

철근콘크리트구조는 재료의 재사용 및 제거 작업이 어려워서 구조의 개조나 보강이 쉽지 않다.

53 ★★★

주철근으로 사용된 D22 철근 180° 표준갈고리의 구부림 최소 내면 반지름으로 옳은 것은?

① d_b
② $2d_b$
③ $2.5d_b$
④ $3d_b$

해설

D22 철근(D10~D25)이므로 $3d_b$ 이상이다.

합격 POINT

주철근의 180° 표준갈고리와 90° 표준갈고리의 구부림 최소 내면 반지름

철근 크기	최소 내면 반지름
D10~D25	$3d_b$
D29~D35	$4d_b$
D38 이상	$5d_b$

54 ★★☆

그림과 같은 구조물의 부정정 차수는?

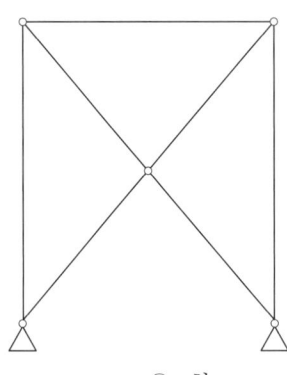

① 1차
② 2차
③ 3차
④ 4차

해설

$N=r+m+f-2\times j$ 공식 이용

여기서, r: 지점반력수, m: 부재수, f: 강절점수, j: 지점수+자유단 지점수이다.

$\therefore N=4+7+0-2\times 5=1$

정답 50 ③ 51 ① 52 ④ 53 ④ 54 ①

55 ★★☆

각 지반의 허용지내력의 크기가 큰 것부터 순서대로 올바르게 나열된 것은?

> A. 자갈 B. 모래 C. 연암반 D. 경암반

① B > A > C > D
② A > B > C > D
③ D > C > A > B
④ D > C > B > A

해설

경암반 > 연암반 > 자갈 > 모래

합격 POINT 지반의 허용지내력(단위 : kN/m²)

구분	장기	단기
경암반	4,000	장기값×1.5
연암반	2,000/1,000	
자갈	300	
자갈+모래	200	
모래	100	
모래 섞인 점토	150	
점토	100	

56 ★☆☆

그림과 같은 정정라멘에서 BD부재의 축방향력으로 옳은 것은? (단, + : 인장력, - : 압축력)

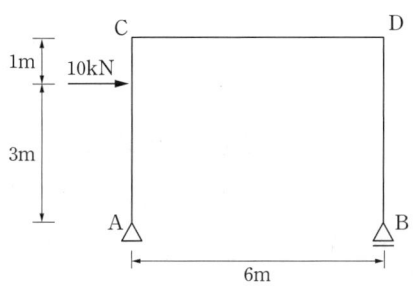

① 5kN
② -5kN
③ 10kN
④ -10kN

해설

A점에 반력 V_A, H_A가 작용하고, B점에 반력 V_B가 작용한다고 가정한다.

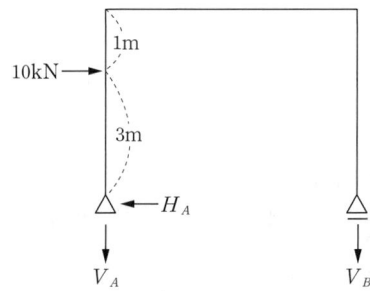

이 때, 평형방정식에 따라
$\Sigma F_x = 10\text{kN} - H_A = 0 \rightarrow H_A = 10\text{kN}$
$\Sigma F_y = -V_A - V_B = 0 \rightarrow V_A = -V_B$
$\Sigma M_B = (3\text{m} \times 10\text{kN}) - (6\text{m} \times V_A) = 0 \rightarrow V_A = 5\text{kN}$
따라서 $V_B = -5$kN이므로 BD부재의 축방향력은 -5kN이다.

57 ★★☆

강구조의 볼트접합 구성에 관한 일반적인 설명으로 옳지 않은 것은?

① 볼트의 중심 사이의 간격을 게이지라인이라고 한다.
② 볼트는 가공정밀도에 따라 상볼트, 중볼트, 흑볼트로 나뉜다.
③ 게이지라인과 게이지라인과의 거리를 게이지라고 한다.
④ 배치방식은 정렬배치과 엇모배치가 있다.

해설

볼트의 중심선을 연결하는 선은 게이지라인, 볼트의 중심 사이의 간격은 피치이다.

58 ★☆☆

압축철근 $A_s' = 2,400\text{mm}^2$로 배근된 복철근 보의 탄성처짐이 15mm라 할 때 지속하중에 의해 발생되는 5년 후 장기처짐은? (단, $b = 300\text{mm}$, $d = 400\text{mm}$, 5년 후 지속하중 재하에 따른 계수 $\xi = 2.0$)

① 9mm
② 12mm
③ 15mm
④ 30mm

해설

장기처짐 = 탄성처짐 × λ

여기서, $\lambda = \dfrac{\xi}{1+50\rho'}$(지속하중에 대한 처짐계수), ρ': 압축철근비, ξ: 시간경과 계수

구분	ξ
3개월	1.0
6개월	1.2
12개월	1.4
5년 이상	2.0

압축철근비 $\rho' = \dfrac{A_s'}{bd} = \dfrac{2,400}{300 \times 400} = 0.02$

$\lambda = \dfrac{\xi}{1+50\rho'} = \dfrac{2}{1+50 \times 0.02} = \dfrac{2}{2} = 1$

∴ 장기처짐 = 15mm × 1 = 15mm

정답 55 ③ 56 ② 57 ① 58 ③

59 ★★☆

연약지반에 대한 안전확보 대책으로 옳지 않은 것은?

① 지반개량공법을 적용한다.
② 말뚝기초를 적용한다.
③ 독립기초를 적용한다.
④ 건물을 경량화한다.

해설
독립기초를 적용하는 것은 연약지반에 대한 대책과 관련이 없다.

합격 POINT 연약지반의 부동침하 방지대책
1. 상부구조: 건물의 경량화, 건물의 길이 제한, 인접건물과 이격, 건물의 중량 균등 분배
2. 하부구조: 경질 지반에 지지, 마찰말뚝 사용, 지하실(온통기초) 설치, 지중보 또는 지하 연속벽 시공

60 ★★☆

다음 그림과 같이 수평하중 30kN이 작용하는 라멘구조에서 E점에서 휨모멘트 값(절댓값)은?

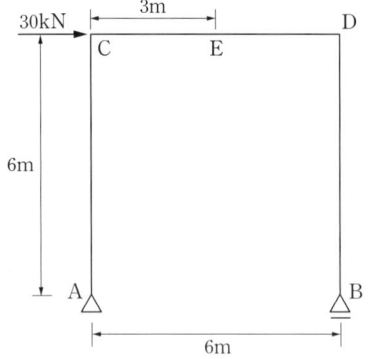

① 40kN·m
② 45kN·m
③ 60kN·m
④ 90kN·m

해설
$\Sigma M_A = 0$; $(30 \times 6) - (V_B \times 6) = 0$이므로
$V_B = 30\text{kN}$
$|M_{E,Right}| = |-30 \times 3| = 90\text{kN} \cdot \text{m}$

제4과목 건축설비

61 ★★☆

유압식 엘리베이터에 관한 설명으로 옳지 않은 것은?

① 오버헤드가 작다.
② 기계실의 위치가 자유롭다.
③ 큰 적재량으로 승강행정이 짧은 경우에는 적용할 수 없다.
④ 지하주차장 엘리베이터와 같이 지하층에만 운전하는 경우 적용할 수 있다.

해설
유압식 엘리베이터는 큰 적재량으로 승강행정이 짧은 경우에도 적용할 수 있다. 즉, 유압식 엘리베이터는 행정거리와 속도에 한계가 있으므로 승강행정이 긴 경우에 적용할 수 없다.

62 ★★★

온수난방에 관한 설명으로 옳지 않은 것은?

① 증기난방에 비해 예열시간이 길다.
② 온수의 잠열을 이용하여 난방하는 방식이다.
③ 한랭지에서 운전정지 중에 동결의 우려가 있다.
④ 증기난방에 비해 난방부하의 변동에 따른 온도조절이 비교적 용이하다.

해설
온수난방은 현열을 이용하여 난방하는 방식이다.

합격 POINT 온수난방의 장단점

장점	• 난방부하의 변동에 따른 온도조절이 용이함 • 방열기 표면온도가 낮아 화상을 입을 우려가 없음 • 보일러 취급이 용이함 • 증기난방에 비해 관의 부식이 적음 • 스팀해머(Steam hammer)가 생기지 않아 소음이 없음
단점	• 증기난방에 비해 방열면적이 크므로 설비비가 고가 • 공기의 정체에 의한 순환 저해의 가능성 있음 • 예열시간이 김 • 한랭 시 난방을 정지하는 경우 동결 우려 • 온수 순환 시간이 김

정답 59 ③ 60 ④ 61 ③ 62 ②

63 ★★★
중앙식 급탕방식에 관한 설명으로 옳지 않은 것은?

① 온수를 사용하는 개소마다 가열장치가 설치된다.
② 상향 또는 하향 순환식 배관에 의해 필요 개소에 온수를 공급한다.
③ 국소식에 비해 기기가 집중되어 있으므로 설비의 유지관리가 용이하다.
④ 호텔이나 병원 등과 같이 급탕 개소가 많고 사용량이 많은 건물 등에 채용된다.

해설
온수를 사용하는 개소마다 가열장치가 설치되는 것은 국소식(개별식) 급탕방식이다.
중앙식 급탕방식은 일정한 장소에 급탕장치를 설치해 놓고, 배관에 의하여 필요한 각각의 사용 장소에 공급하는 방식이다.

64 ★★☆
건구온도 30°C, 상대습도 60%인 공기를 냉수 코일에 통과시켰을 때 공기의 상태변화로 옳은 것은? (단, 코일 입구수온 5°C, 코일 출구수온 10°C)

① 건구온도는 낮아지고 절대습도는 높아진다.
② 건구온도는 높아지고 절대습도는 낮아진다.
③ 건구온도는 높아지고 상대습도는 높아진다.
④ 건구온도는 낮아지고 상대습도는 높아진다.

해설
공기를 냉각하면 건구온도는 낮아지고 상대습도는 높아진다.

합격 POINT 습공기 가열·냉각 시 상태변화

습공기	상태변화
가열	엔탈피 증가, 비체적 증가, 상대습도 감소
냉각	엔탈피 감소, 비체적 감소, 상대습도 증가

※ 절대습도는 가열하거나 냉각하여도 일정하다.

65 ★★★
터보식 냉동기에 관한 설명으로 옳지 않은 것은?

① 임펠러의 원심력에 의해 냉매가스를 압축한다.
② 대용량에서는 압축효율이 좋고 비례 제어가 가능하다.
③ 대·중형 규모의 중앙식 공조에서 냉방용으로 사용된다.
④ 기계적 에너지가 아닌 열에너지에 의해 냉동 효과를 얻는다.

해설
기계적 에너지가 아닌 열에너지에 의해 냉동 효과를 얻는 것은 흡수식 냉동기이다.

66 ★★☆
연결송수관설비의 방수구에 관한 설명으로 옳지 않은 것은?

① 방수구의 위치표시는 표시등 또는 축광식 표지로 한다.
② 호스접결구는 바닥으로부터 0.5m 이상 1m 이하의 위치에 설치한다.
③ 개폐기능을 가진 것으로 설치하여야 하며, 평상시 닫힌 상태를 유지하도록 한다.
④ 연결송수관설비의 전용방수구 또는 옥내소화전 방수구로서 구경 50mm의 것으로 설치한다.

해설
연결송수관설비의 전용방수구 또는 옥내소화전 방수구로서 구경 65mm의 것으로 설치한다.

67 ★☆☆
엔탈피 변화량에 대한 현열 변화량의 비를 의미하는 것은?

① 현열비   ② 잠열비
③ 유인비   ④ 열수분비

해설
현열비는 엔탈피 변화량에 대한 현열 변화량의 비이다.

선지분석
② 잠열비: 엔탈피 변화량에 대한 잠열 변화량의 비를 말한다.
③ 유인비: 취출구에서 나온 공기는 주위 실내공기를 자기 흐름 속에 유인하여 혼합공기가 되는데 이때 취출구에서 나온 공기의 풍량에 대한 혼합공기의 풍량의 비를 말한다.
④ 열수분비: 엔탈피 변화량과 수분 변화량의 비를 말한다.

68 ★★★
의복의 단열성을 나타내는 단위로서, 그 값이 클수록 인체에서 발생되는 열이 주위 공기로 적게 발산되는 것을 의미하는 것은?

① clo   ② dB
③ NC   ④ MRT

해설
clo는 옷의 보온효과를 측정하는 단위로서, 그 값이 클수록 인체에서 발생되는 열이 주위 공기로 적게 발산되는 것을 의미하는 무차원 단위이다.

선지분석
② dB: 소리의 상대적인 세기를 나타내는 단위
③ NC: 소음기준 또는 소음한계
④ MRT: 평균복사온도로, 인체에 대한 쾌적한 상태를 나타내는 기준

정답 63 ① 64 ④ 65 ④ 66 ④ 67 ① 68 ①

69 ★★★
양수 펌프의 회전수를 원래보다 20% 증가시켰을 경우 양수량의 변화로 옳은 것은?

① 20% 증가
② 44% 증가
③ 73% 증가
④ 100% 증가

해설
양수 펌프의 양수량은 회전수에 비례하므로 20% 증가한다.

70 ★★☆
다음과 같은 조건에서 사무실의 평균 조도를 800lx로 설계하고자 할 경우, 광원의 필요수량은?

[조건]
- 광원 1개의 광속: 2,000lm
- 실의 면적: 10m²
- 감광 보상률: 1.5
- 조명률: 0.6

① 3개
② 5개
③ 8개
④ 10개

해설
$$N = \frac{E \cdot A \cdot D}{F \cdot U} = \frac{800\text{lx} \times 10\text{m}^2 \times 1.5}{2,000\text{lm} \times 0.6} = 10개$$

N: 광원의 수(개), E: 조도(lx), A: 면적(m²), D: 감광 보상률, F: 광속(lm), U: 조명률

합격 POINT 광속법에 따른 광속, 조도 계산

- 소요광속

$$N \times F = \frac{E \cdot A}{U \cdot M} = \frac{E \cdot A \cdot D}{U}$$

(단, $D \times M$(유지율) = 1)

- 소요평균조도

$$E = \frac{N \cdot F \cdot U \cdot M}{A}$$

71 ★★☆
공조부하 중 현열과 잠열이 동시에 발생하는 것은?

① 인체의 발생열량
② 벽체로부터의 취득열량
③ 유리로부터의 취득열량
④ 덕트로부터의 취득열량

해설
현열과 잠열이 동시에 발생하는 것은 인체의 발생열량, 극간풍에 의한 취득열량, 외기의 도입으로 인한 취득열량, 실내열원기기이다.

합격 POINT 현열과 잠열
- 현열: 상태는 변하지 않고, 온도변화에 따라 출입하는 열
- 잠열: 온도는 변하지 않고, 상태변화에 따라 출입하는 열

72 ★★☆
다음과 같이 정의되는 통기관의 종류는?

오배수수직관 내의 압력변동을 방지하기 위하여 오배수수직관 상향으로 통기수직관에 연결하는 통기관

① 결합통기관
② 공용통기관
③ 각개통기관
④ 반송통기관

해설
결합통기관에 대한 설명이다.

선지분석
② 공용통기관: 2개의 위생기구가 같은 레벨로 설치되어 있을 때 배수관의 교점에서 접속되어 수직으로 세운 통기관을 말한다.
③ 각개통기관: 각 위생기구마다 통기관을 세우는 방식이다.

73 ★★★
공조방식 중 팬코일유닛방식에 관한 설명으로 옳지 않은 것은?

① 유닛의 개별제어가 용이하다.
② 수배관이 없어 누수의 우려가 없다.
③ 덕트 샤프트나 스페이스가 필요 없다.
④ 덕트방식에 비해 유닛의 위치변경이 용이하다.

해설
팬코일유닛방식은 전수방식이므로 수배관이 필요하며 수배관으로 인한 누수의 우려가 있다.

합격 POINT 팬코일유닛방식의 장단점

장점	• 공기 공급을 할 수 없어서 덕트 불필요 • 실내 각 유닛마다 개별제어 용이 • 장래의 부하변동에 대응하기 쉬움 • 동력비가 적게 듦
단점	• 송풍량이 적어 고성능 필터 사용 어려움 • 각 실에 수배관으로 인한 누수의 우려 있음 • 유닛은 개구부 아래에 설치해야 하므로 실의 이용률이 적음 • 고가의 설비비와 보수 관리비 • 고도의 공기 처리 불가능 • 외기량 부족으로 실내공기 오염이 심함

정답 69 ① 70 ④ 71 ① 72 ① 73 ②

74

다음 설명에 알맞은 전기설비 관련 용어는?

> 최대 수요전력을 구하기 위한 것으로 최대 수요전력의 총 부하 설비용량에 대한 비율이다.

① 역률 ② 부등률
③ 부하율 ④ 수용률

해설

수용률은 수용장소에 설치된 총 설비용량에 대하여 실제 사용하고 있는 부하의 최대 수용전력과의 비율이다.

수용률 = $\dfrac{\text{최대 수요전력 합계}}{\text{총 부하 설비용량 합계}} \times 100(\%)$

선지분석

① 역률 = $\dfrac{\text{유효전력}}{\text{피상전력}}$

② 부등률 = $\dfrac{\text{각 부하의 최대 수용전력의 합계}}{\text{합성 최대 수용전력}} \times 100(\%)$

③ 부하율 = $\dfrac{\text{부하의 평균전력}}{\text{최대 수용전력}} \times 100(\%)$

75

다음 중 급수계통의 오염 원인과 가장 거리가 먼 것은?

① 급수로의 배수 역류
② 저수탱크에 유해물질 침입
③ 수격작용(Water hammering)
④ 크로스 커넥션(Cross connection)

해설

수격작용은 급수관 내 유속의 흐름을 급정지시키거나 정지된 물을 갑자기 흘려보낼 때 관 내에 압력차가 생겨 수압의 상승과 함께 배관을 망치로 치는 듯한 소음이 발생하는 현상으로, 급수계통의 오염 원인과는 관계가 없다.

76

220V, 200W 전열기를 110V에서 사용하였을 경우 소비전력은?

① 50W ② 100W
③ 200W ④ 400W

해설

전력공식 $P = V \cdot I$에서

$I = \dfrac{P}{V} = \dfrac{200W}{220V} = 0.909 ≒ 0.91A$

P: 전력(W), V: 전압(V), I: 전류(A)

전류와 전압은 비례관계(옴의 법칙)이므로

$220V : 0.91A = 110V : xA$

$x = 0.455A$

∴ $P = V \cdot I = 110V \times 0.455A = 50.05 ≒ 50W$

77

덕트 분기부에 설치하여 풍량조절용으로 사용하는 댐퍼는?

① 스플릿 댐퍼 ② 평행익형 댐퍼
③ 대향익형 댐퍼 ④ 버터플라이 댐퍼

해설

스플릿 댐퍼(Split damper)는 덕트 분기부에서 풍량 조절에 사용한다.

합격 POINT 댐퍼

댐퍼는 덕트 도중에 설치하여 풍량이나 유체의 흐름을 조절하거나 차단할 때 사용한다.

78

다음 중 변전실 면적에 영향을 주는 요소와 가장 거리가 먼 것은?

① 출입문의 높이
② 건축물의 구조적 여건
③ 수전전압 및 수전방식
④ 설치 기기와 큐비클의 종류 및 시방

해설

출입문의 높이는 변전실 면적에 영향을 주는 요소가 아니다.

합격 POINT 변전실 면적에 영향을 주는 요소
- 수전전압 및 수전방식
- 변전설비 변압방식, 변압기 용량, 수량 및 형식
- 설치 기기와 큐비클의 종류
- 기기의 배치방법 및 유지보수 필요 면적
- 건축물의 구조적 여건

79

3상 동력과 단상 전등 부하를 동시에 사용할 수 있는 방식으로 대형빌딩이나 공장 등에서 사용되는 것은?

① 단상 3선식 220/110V
② 3상 2선식 220V
③ 3상 3선식 220V
④ 3상 4선식 380/220V

해설

3상 4선식은 대형빌딩이나 공장 등의 전등 및 동력의 전원으로 여러 종류의 전압이 필요할 때 선택하며, 주로 220V/380V를 사용한다.

정답 74 ④ 75 ③ 76 ① 77 ① 78 ① 79 ④

80 ★★☆

개방형 헤드를 사용하는 연결살수설비에 있어서 하나의 송수구역에 설치하는 살수헤드의 수는 최대 얼마 이하가 되도록 하여야 하는가?

① 10개　　　② 20개
③ 30개　　　④ 40개

해설

개방형 헤드를 사용하는 연결살수설비의 경우 하나의 송수구역에 설치하는 살수헤드의 수는 10개 이하가 되도록 한다.

제5과목　건축관계법규

81 ★☆☆

「건축법령」에 따른 리모델링이 쉬운 구조에 속하지 않는 것은?

① 구조체가 철골구조로 구성되어 있을 것
② 구조체에서 건축설비, 내부 마감재료 및 외부 마감재료를 분리할 수 있을 것
③ 개별 세대 안에서 구획된 실의 크기, 개수 또는 위치 등을 변경할 수 있을 것
④ 각 세대는 인접한 세대와 수직 또는 수평 방향으로 통합하거나 분할할 수 있을 것

해설

건축법령상 리모델링이 쉬운 구조는 다음과 같다.
- 각 세대는 인접한 세대와 수직 또는 수평 방향으로 통합하거나 분할할 수 있을 것
- 구조체에서 건축설비, 내부 마감재료 및 외부 마감재료를 분리할 수 있을 것
- 개별 세대 안에서 구획된 실의 크기, 개수 또는 위치 등을 변경할 수 있을 것

82 ★☆☆

국토교통부장관이 정한 범죄예방에 관한 기준에 따라 건축하여야 하는 대상 건축물에 속하지 않는 것은?

① 수련시설
② 교육연구시설 중 도서관
③ 업무시설 중 오피스텔
④ 숙박시설 중 다중생활시설

해설

국토교통부장관은 범죄를 예방하고 안전한 생활환경을 조성하기 위하여 건축물, 건축설비 및 대지에 관한 범죄예방 기준을 정하여 고시할 수 있으며, 범죄예방 기준을 적용하여야 하는 건축물은 다음과 같다.

> 다가구주택, 아파트, 연립주택 및 다세대주택, 제1종 근린생활시설 중 일용품을 판매하는 소매점, 제2종 근린생활시설 중 다중생활시설, 문화 및 집회시설(동·식물원은 제외), 교육연구시설(연구소 및 도서관은 제외), 노유자시설, 수련시설, 업무시설 중 오피스텔, 숙박시설 중 다중생활시설

83 ★★☆

지하식 또는 건축물식 노외주차장의 차로에 관한 기준 내용으로 옳지 않은 것은? (단, 이륜자동차전용 노외주차장이 아닌 경우임)

① 높이는 주차바닥면으로부터 2.3m 이상으로 하여야 한다.
② 경사로의 종단경사도는 직선 부분에서는 17%를 초과하여서는 아니 된다.
③ 곡선 부분은 자동차가 4m 이상의 내변반경으로 회전할 수 있도록 하여야 한다.
④ 주차대수 규모가 50대 이상인 경우의 경사로는 너비 6m 이상인 2차로를 확보하거나 진입차로와 진출차로를 분리하여야 한다.

해설

곡선 부분은 자동차가 6m 이상의 내변반경으로 회전할 수 있도록 하여야 한다.

정답　80 ①　81 ①　82 ②　83 ③

84 ★☆☆
피난용승강기의 설치에 관한 기준 내용으로 옳지 않은 것은?

① 예비전원으로 작동하는 조명설비를 설치할 것
② 승강장의 바닥면적은 승강기 1대당 5m² 이상으로 할 것
③ 각 층으로부터 피난층까지 이르는 승강로를 단일구조로 연결하여 설치할 것
④ 승강장의 출입구 부근의 잘 보이는 곳에 해당 승강기가 피난용승강기임을 알리는 표지를 설치할 것

해설
승강장의 바닥면적은 승강기 1대당 6m² 이상으로 해야 한다.

85 ★★☆
대지의 조경에 있어 조경 등의 조치를 하지 아니할 수 있는 건축물 기준으로 옳지 않은 것은?

① 면적 5,000m² 미만인 대지에 건축하는 공장
② 연면적의 합계가 1,500m² 미만인 공장
③ 연면적의 합계가 2,000m² 미만인 물류시설
④ 녹지지역에 건축하는 건축물

해설
연면적의 합계가 1,500m² 미만인 물류시설로서 국토교통부령으로 정하는 건축물에는 조경 등의 조치를 하지 아니할 수 있다.

86 ★★☆
건축허가 신청에 필요한 설계도서 중 건축계획서에 표시하여야 할 사항으로 옳지 않은 것은?

① 주차장 규모
② 토지형질 변경계획
③ 건축물의 용도별 면적
④ 지역·지구 및 도시계획사항

해설
건축계획서에 표시하여야 할 사항은 다음과 같다.
1. 개요(위치·대지면적 등)
2. 지역·지구 및 도시계획사항
3. 건축물의 규모(건축면적·연면적·높이·층수 등)
4. 건축물의 용도별 면적
5. 주차장 규모
6. 에너지절약계획서(해당건축물에 한함)
7. 노인 및 장애인 등을 위한 편의시설 설치계획서(설치의무가 있는 경우에 한함)

87 ★☆☆
「국토의 계획 및 이용에 관한 법률」상 용도지역에서의 용적률 최대한도 기준이 옳지 않은 것은? (단, 도시지역의 경우임)

① 주거지역: 500% 이하
② 녹지지역: 100% 이하
③ 공업지역: 400% 이하
④ 상업지역: 1,000% 이하

해설
상업지역의 용적률 최대한도 기준은 1,500% 이하이다.

88 ★☆☆
건축물이 있는 대지의 분할제한 최소 기준이 옳은 것은? (단, 상업지역의 경우임)

① 100m²
② 150m²
③ 200m²
④ 250m²

해설
건축물이 있는 대지의 분할제한 기준은 다음과 같다.
- 주거지역: 60m²
- 상업지역: 150m²
- 공업지역: 150m²
- 녹지지역: 200m²
위의 규정에 해당하지 아니하는 지역: 60m²

89 ★☆☆
허가권자가 가로구역별로 건축물의 높이를 지정·공고할 때 고려하지 않아도 되는 사항은?

① 도시·군관리계획의 토지이용계획
② 해당 가로구역에 접하는 대지의 너비
③ 도시미관 및 경관계획
④ 해당 가로구역의 상수도 수용능력

해설
허가권자가 가로구역별로 건축물의 높이를 지정·공고할 때에 고려하여야 할 사항은 다음과 같다.
- 도시·군관리계획 등의 토지이용계획
- 해당 가로구역이 접하는 도로의 너비
- 해당 가로구역의 상·하수도 등 간선시설의 수용능력
- 도시미관 및 경관계획
- 해당 도시의 장래 발전계획

정답 84 ② 85 ③ 86 ② 87 ④ 88 ② 89 ②

90 ★☆☆

다음 중 거실의 용도에 따른 조도 기준이 가장 낮은 것은? (단, 바닥에서 85cm의 높이에 있는 수평면의 조도 기준임)

① 독서
② 회의
③ 판매
④ 일반사무

해설

거실의 용도구분		조도구분 바닥에서 85cm의 높이에 있는 수평면의 조도(룩스)
거주	독서·식사·조리	150
	기타	70
집무	설계·제도·계산	700
	일반사무	300
	기타	150
작업	검사·시험·정밀검사·수술	700
	일반작업·제조·판매	300
	포장·세척	150
	기타	70
집회	회의	300
	집회	150
	공연·관람	70
오락	오락일반	150
	기타	30

91 ★★☆

다음의 옥상광장 등의 설치에 관한 기준 내용 중 ( ) 안에 알맞은 것은?

> 옥상광장 또는 2층 이상인 층에 있는 노대 등의 주위에는 높이 ( ) 이상의 난간을 설치하여야 한다. 다만, 그 노대 등에 출입할 수 없는 구조인 경우에는 그러하지 아니하다.

① 1.0m
② 1.2m
③ 1.5m
④ 1.8m

해설

옥상광장 또는 2층 이상인 층에 있는 노대 등의 주위에는 높이 1.2m 이상의 난간을 설치하여야 한다. 다만, 그 노대 등에 출입할 수 없는 구조인 경우에는 그러하지 아니하다.

92 ★★☆

「국토의 계획 및 이용에 관한 법령」상 제1종 일반주거지역 안에서 건축할 수 있는 건축물에 속하지 않는 것은?

① 아파트
② 단독주택
③ 노유자시설
④ 교육연구시설 중 고등학교

해설

제1종 일반주거지역안에서 공동주택은 건축할 수 있으나 아파트는 제외한다.

93 ★★☆

노외주차장의 설치에 관한 계획기준 내용 중 ( ) 안에 알맞은 것은?

> 주차대수 400대를 초과하는 규모의 노외주차장의 경우에는 노외주차장의 출구와 입구를 각각 따로 설치하여야 한다. 다만, 출입구의 너비의 합이 ( )m 이상으로서 출구와 입구가 차선 등으로 분리되는 경우에는 함께 설치할 수 있다.

① 4.5
② 5.0
③ 5.5
④ 6.0

해설

주차대수 400대를 초과하는 규모의 노외주차장의 경우에는 노외주차장의 출구와 입구를 각각 따로 설치하여야 한다. 다만, 출입구의 너비의 합이 5.5m 이상으로서 출구와 입구가 차선 등으로 분리되는 경우에는 함께 설치할 수 있다.

94 ★★★

「건축법령」상 공동주택에 해당하지 않는 것은?

① 기숙사
② 연립주택
③ 다가구주택
④ 다세대주택

해설

공동주택에 속하는 건축물에는 아파트, 연립주택, 다세대주택, 기숙사가 있다.

95 ★☆☆

다음은 건축선에 따른 건축제한에 관한 기준 내용이다. ( ) 안에 알맞은 것은?

> 도로면으로부터 높이 ( ) 이하에 있는 출입구, 창문, 그 밖에 이와 유사한 구조물은 열고 닫을 때 건축선의 수직면을 넘지 아니하는 구조로 하여야 한다.

① 1.5m
② 2.5m
③ 3.5m
④ 4.5m

해설

도로면으로부터 높이 4.5m 이하에 있는 출입구, 창문, 그 밖에 이와 유사한 구조물은 열고 닫을 때 건축선의 수직면을 넘지 아니하는 구조로 하여야 한다.

정답 90 ① 91 ② 92 ① 93 ③ 94 ③ 95 ④

96 ★☆☆

다음 중 옥내계단의 너비의 최소 설치기준으로 적합하지 않은 것은?

① 관람장의 용도에 쓰이는 건축물의 계단의 너비 120cm 이상
② 중학교 용도에 쓰이는 건축물의 계단의 너비 150cm 이상
③ 거실의 바닥면적의 합계가 100m² 이상인 지하층의 계단의 너비 120cm 이상
④ 바로 윗층의 거실의 바닥면적의 합계가 200m² 이상인 층의 계단의 너비 150cm 이상

해설
해당 층의 바로 위층부터 최상층까지의 거실 바닥면적의 합계가 200m² 이상인 경우 계단의 유효너비를 120cm 이상으로 해야 한다.(단, 계단을 설치하려는 층이 지상층인 경우)

97 ★★★

「국토의 계획 및 이용에 관한 법률」상 주거지역의 세분에서 단독주택 중심의 양호한 주거환경을 보호하기 위하여 필요한 지역에 대해 지정하는 용도지역은?

① 제1종 전용주거지역
② 제1종 특별주거지역
③ 제1종 일반주거지역
④ 제3종 일반주거지역

해설
단독주택 중심의 양호한 주거환경을 보호하기 위하여 필요한 지역은 제1종 전용주거지역이다.

선지분석
② 제1종 특별주거지역은 법률에 정의되어 있지 않다.
③ 제1종 일반주거지역: 저층주택을 중심으로 편리한 주거환경을 조성하기 위하여 필요한 지역
④ 제3종 일반주거지역: 중고층주택을 중심으로 편리한 주거환경을 조성하기 위하여 필요한 지역

98 ★★☆

건축물의 출입구에 설치하는 회전문의 구조에 대한 설명으로 옳지 않은 것은?

① 계단이나 에스컬레이터로부터 2m 이상의 거리를 둘 것
② 틈 사이를 고무와 고무펠트의 조합체 등을 사용하여 신체나 물건 등에 손상이 없도록 할 것
③ 출입에 지장이 없도록 일정한 방향으로 회전하는 구조로 할 것
④ 회전문의 회전속도는 분당회전수가 10회를 넘지 아니하도록 할 것

해설
회전문의 회전속도는 분당회전수가 8회를 넘지 아니하도록 해야 한다.

99 ★☆☆

높이 31m를 넘는 각 층의 바닥면적 중 최대 바닥면적이 5,000m²인 건축물에 원칙적으로 설치하여야 하는 비상용 승강기의 최소 대수는?

① 1대
② 2대
③ 3대
④ 4대

해설
높이 31m를 넘는 각 층의 바닥면적 중 최대 바닥면적이 1,500m²를 넘는 건축물에는 기본 1대의 비상용 승강기를 설치하여야 하며 이후 1,500m²를 넘는 3,000m² 이내마다 1대씩 더한 대수 이상을 설치하여야 한다.
따라서 기본 설치대수 1대에 추가 설치대수 2대를 더하여 최소 3대를 설치하여야 한다.

100 ★☆☆

「국토의 계획 및 이용에 관한 법률」상 용도지역의 구분이 모두 옳은 것은?

① 도시지역, 관리지역, 농림지역, 자연환경보전지역
② 도시지역, 개발관리지역, 농림지역, 보전지역
③ 도시지역, 관리지역, 생산지역, 녹지지역
④ 도시지역, 개발제한지역, 생산지역, 보전지역

해설
국토의 용도는 도시지역, 관리지역, 농림지역, 자연환경보전지역으로 구분된다.

정답 96 ④ 97 ① 98 ④ 99 ③ 100 ①

2021년 | 제2회 기출문제

제1과목 건축계획

01 ★★★
주택의 부엌 작업대 배치유형 중 ㄷ자형에 관한 설명으로 옳은 것은?

① 두 벽면을 따라 작업이 전개되는 전통적인 형태이다.
② 평면계획상 외부로 통하는 출입구의 설치가 곤란하다.
③ 작업동선이 길고 조리면적은 좁지만 다수의 인원이 함께 작업할 수 있다.
④ 가장 간결하고 기본적인 설계형태로 길이가 4.5m 이상이 되면 동선이 비효율적이다.

해설
ㄷ자형(U자형)은 작업면이 가장 넓은 배치 유형으로 작업효율이 좋고 이용하기 편리하나 외부로 통하는 출입구 설치가 곤란하다.

선지분석
① 병렬형에 대한 설명이다.
③, ④ 직선형(일렬형)에 대한 설명이다.

02 ★☆☆
호텔에 관한 설명으로 옳지 않은 것은?

① 커머셜 호텔은 일반적으로 고밀도의 고층형이다.
② 터미널 호텔에는 공항 호텔, 부두 호텔, 철도역 호텔 등이 있다.
③ 리조트 호텔의 건축 형식은 주변 조건에 따라 자유롭게 이루어진다.
④ 레지덴셜 호텔은 여행자의 장기간 체재에 적합한 호텔로서, 각 객실에는 주방 설비를 갖추고 있다.

해설
아파트먼트 호텔은 여행자의 장기간 체재에 적합한 호텔로서, 각 객실에는 주방 설비를 갖추고 있다.

03 ★★★
다음 설명에 알맞은 공장건축의 레이아웃(Layout) 형식은?

- 생산에 필요한 모든 공정, 기계기구를 제품의 흐름에 따라 배치한다.
- 대량생산에 유리하며 생산성이 높다.

① 혼성식 레이아웃
② 고정식 레이아웃
③ 제품중심의 레이아웃
④ 공정중심의 레이아웃

해설
제품중심의 레이아웃은 생산에 필요한 모든 공정, 기계 및 기구를 작업 흐름에 따라 배치하는 방식으로 대량생산에 유리하며 생산성이 높다.

선지분석
① 혼성식 레이아웃은 제품중심의 레이아웃, 공정중심의 레이아웃, 고정식 레이아웃의 3가지 레이아웃을 섞어서 채용하는 방식이다.
② 고정식 레이아웃은 재료나 부품은 고정된 장소에 있고, 사람이나 기계가 이동하며 작업하는 방식으로 조선소 등과 같이 제품의 크기가 크고 생산 수량이 적은 경우 적합하다.
④ 공정중심의 레이아웃은 작업 표준화가 어려운 경우 이용하는 방식으로 주문 생산에 적합하며 생산성이 낮다.

04 ★★★
주심포 형식에 관한 설명으로 옳지 않은 것은?

① 공포를 기둥 위에만 배열한 형식이다.
② 장혀는 긴 것을 사용하고 평방이 사용된다.
③ 봉정사 극락전, 수덕사 대웅전 등에서 볼 수 있다.
④ 맞배지붕이 대부분이며 천장을 특별히 가설하지 않아 서까래가 노출되어 보인다.

해설
주심포 형식에서 장혀는 짧은 것을 사용하고, 평방은 사용되지 않는다.

합격 POINT 주심포 양식
주심포 양식은 고려 중기 남송에서 전래된 것으로, 공포를 기둥 위(주두)에만 배치하고, 기둥 사이에는 두지 않는다. 단아한 외관에 배흘림이 큰 편이며, 주로 단장혀를 사용하고, 내부의 천장은 연등천장이다.

정답 01 ② 02 ④ 03 ③ 04 ②

05 ★★☆

다음 설명에 알맞은 사무소 건축의 코어 유형은?

- 코어를 업무공간에서 분리시킨 관계로 업무공간의 융통성이 높은 유형이다.
- 설비 덕트나 배관을 코어로부터 업무공간으로 연결하는데 제약이 많다.

① 외코어형　② 편단코어형
③ 양단코어형　④ 중앙코어형

해설
외코어형(독립코어형)에 대한 설명이다.

선지분석
② 편단코어형(편심코어형): 각 층 바닥면적이 소규모인 경우에 적합하다.
③ 양단코어형(분리코어형): 2방향 피난에 이상적이며 방재상 유리하다.
④ 중앙코어형(중심코어형): 구조적으로 가장 바람직한 유형으로 고층, 초고층 사무소 건축에 주로 사용된다.

06 ★★★

건축계획단계에서의 조사방법에 관한 설명으로 옳지 않은 것은?

① 설문조사를 통하여 생활과 공간 간의 대응관계를 규명하는 것은 생활행동 행위의 관찰에 해당된다.
② 이용 상황이 명확하게 기록되어 있는 시설의 자료 등을 활용하는 것은 기존자료를 통한 조사에 해당된다.
③ 건물의 이용자를 대상으로 설문을 작성하여 조사하는 방식은 생활과 공간의 대응관계 분석에 유효하다.
④ 주거단지에서 어린이들의 행동특성을 조사하기 위해서는 생활행동 행위 관찰방식이 일반적으로 적절하다.

해설
- 설문조사를 통하여 생활과 공간 간의 대응관계를 규명하는 것은 설문지법이다.
- 설문지법을 시행하기 위해서는 응답자의 기초적인 문장 이해력이나 표현 능력이 요구된다.

07 ★☆☆

학교운용방식에 관한 설명으로 옳지 않은 것은?

① 종합교실형은 교실의 이용률이 높지만 순수율은 낮다.
② 일반교실 및 특별교실형은 우리나라 중학교에서 주로 사용되는 방식이다.
③ 교과교실형에서는 모든 교실이 특정교과를 위해 만들어지고, 일반교실이 없다.
④ 플래툰형은 학년과 학급을 없애고 학생들은 각자의 능력에 따라 교과를 선택하고 일정한 교과가 끝나면 졸업을 한다.

해설
- 달톤형은 학년과 학급을 없애고 학생들은 각자의 능력에 따라 교과를 선택하고 일정한 교과가 끝나면 졸업을 한다.
- 플래툰형은 전학급을 일반적으로 2분단으로 나누고, 한쪽이 일반교실을 사용할 때 다른 쪽은 특별교실을 이용한다.

08 ★★☆

페리(C. A. Perry)의 근린주구에 관한 설명으로 옳지 않은 것은?

① 경계: 4면의 간선도로에 의해 구획
② 공공시설용지: 지구 전체에 분산하여 배치
③ 오픈 스페이스: 주민의 일상생활 요구를 충족시키기 위한 소공원과 위락공간체계
④ 지구 내 가로체계: 내부 가로망은 단지 내의 교통량을 원활히 처리하고 통과 교통을 방지

해설
공공시설용지는 이용자의 보행거리를 고려하여 주구의 중심부에 집중적으로 배치한다.

09 ★☆☆

다음 중 백화점의 기둥간격 결정요소와 가장 거리가 먼 것은?

① 매장의 연면적
② 진열장의 배치방법
③ 지하주차장의 주차방식
④ 에스컬레이터의 배치방법

해설
백화점의 기둥간격 결정요소와 매장의 연면적은 큰 관련이 없다.

합격 POINT 사무소와 백화점의 기둥간격 결정요소
- 사무소: 책상배치 단위, 채광상 층고에 의한 안깊이, 주차배치 단위 등
- 백화점: 가구(진열장) 배치, 에스컬레이터의 배치, 주차배치 단위, 층고 등

정답 05 ① 06 ① 07 ④ 08 ② 09 ①

10 ★☆☆
고딕양식의 건축물에 속하지 않는 것은?

① 아미앵 성당
② 노트르담 성당
③ 샤르트르 성당
④ 성 베드로 성당

해설
- 성 베드로 성당은 이탈리아의 건축물로 르네상스 양식이다.
- 이 외에 고딕양식의 건축물에는 링컨 성당, 퀼른 대성당, 밀라노 대성당, 플로렌스 대성당 등이 있다.

11 ★★☆
도서관 건축 계획에서 장래에 증축을 반드시 고려해야 할 부분은?

① 서고
② 대출실
③ 사무실
④ 휴게실

해설
서고는 시간이 지남에 따라 증가하는 도서 및 자료를 수용할 수 있도록 증축을 반드시 고려하여야 하는데 이때, 모듈에 의한 공간계획이 요구된다.

12 ★★★
병원건축형식 중 분관식(Pavilion type)에 관한 설명으로 옳은 것은?

① 대지가 협소할 경우 주로 적용된다.
② 보행길이가 짧아져 관리가 용이하다.
③ 각 병실의 일조, 통풍 환경을 균일하게 할 수 있다.
④ 급수, 난방 등의 배관 길이가 짧아져 설비비가 적게 된다.

해설
분관식은 각 병실을 남향으로 할 수 있어 각 실의 채광이 균등하고 일조와 통풍 조건이 좋다.

선지분석
①, ②, ④ 하나의 건물에 외래부, 부속 진료시설, 병동을 합친 집중식에 대한 설명이다.

13 ★☆☆
단독주택의 리빙 다이닝 키친에 관한 설명으로 옳지 않은 것은?

① 공간의 이용률이 높다.
② 소규모 주택에 주로 사용된다.
③ 주부의 동선이 짧아 노동력이 절감된다.
④ 거실과 식당이 분리되어 각 실의 분위기 조성이 용이하다.

해설
리빙 다이닝 키친은 주부의 동선을 짧게 하기 위하여 거실, 식사실, 부엌을 분리하지 않고 하나의 공간으로 구성한다.

14 ★★★
사무소 건축의 실단위 계획에 있어서 개방식 배치에 관한 설명으로 옳지 않은 것은?

① 독립성과 쾌적감 확보에 유리하다.
② 공사비가 개실시스템보다 저렴하다.
③ 방의 길이나 깊이에 변화를 줄 수 있다.
④ 전면적을 유효하게 이용할 수 있어 공간 절약상 유리하다.

해설
사무소 건축의 실단위 계획에서 개실 배치는 독립성과 쾌적감 확보에 유리하다.

합격 POINT 개방식 배치(Open System)
- 개실 배치보다 공사비가 저렴하다.
- 시각차단이 없으므로 독립성이 적어진다.
- 경영자의 입장에서 전체를 통제하기 쉽다.
- 실의 깊이나 길이에 변화를 줄 수 있다.
- 전면적을 유용하게 사용할 수 있다.

15 ★★☆
아파트의 평면형식 중 계단실형에 관한 설명으로 옳은 것은?

① 대지에 대한 이용률이 가장 높은 유형이다.
② 통행을 위한 공용 면적이 크므로 건물의 이용도가 낮다.
③ 각 세대가 양쪽으로 개구부를 계획할 수 있는 관계로 통풍이 양호하다.
④ 엘리베이터를 공용으로 사용하는 세대수가 많으므로 엘리베이터의 효율이 높다.

해설
계단실형은 계단이나 엘리베이터로부터 각 세대가 연결되므로 통풍이 양호하다.

선지분석
① 대지에 대한 이용률이 가장 높은 유형은 중복도형이다.
② 통행을 위한 공용 면적이 작으므로 건물의 이용도가 높다.
④ 엘리베이터를 공용으로 사용하는 세대가 적으므로 엘리베이터의 효율이 낮다.

정답 10 ④ 11 ① 12 ③ 13 ④ 14 ① 15 ③

16 ★★☆

르네상스 건축에 관한 설명으로 옳은 것은?

① 건축 비례와 미적 대칭 등을 중시하였다.
② 첨탑과 플라잉 버트레스가 처음 도입되었다.
③ 펜덴티브 돔이 창안되어 실내 공간의 자유도가 높아졌다.
④ 강렬한 극적효과를 추구하며 관찰자의 주관적 감흥을 중시하였다.

해설
르네상스 건축은 구성요소의 비례와 조화를 이루는 형태를 추구한다.

선지분석
② 고딕 건축에 대한 설명이다.
③ 비잔틴 건축에 대한 설명이다.
④ 바로크 건축에 대한 설명이다.

17 ★☆☆

미술관 전시실의 전시기법에 관한 설명으로 옳지 않은 것은?

① 하모니카 전시는 동일 종류의 전시물을 반복하여 전시할 경우에 유리하다.
② 아일랜드 전시는 실물을 직접 전시할 수 없는 경우 영상매체를 사용하여 전시하는 방법이다.
③ 파노라마 전시는 연속적인 주제를 연관성 있게 표현하기 위해 선형의 파노라마로 연출하는 전시기법이다.
④ 디오라마 전시는 하나의 사실 또는 주제의 시간 상황을 고정시켜 연출하는 것으로 현장에 임한 느낌을 주는 기법이다.

해설
• 아일랜드 전시는 벽이나 천장을 직접 이용하지 않고 전시물 또는 전시장치를 배치하는 전시기법이다.
• 영상매체를 사용하는 전시기법은 영상전시이다.

18 ★★☆

미술관의 전시실 순회형식에 관한 설명으로 옳지 않은 것은?

① 갤러리 및 코리더 형식에서는 복도 자체도 전시공간으로 이용이 가능하다.
② 중앙홀 형식에서 중앙홀이 크면 동선의 혼란은 많으나 장래의 확장에는 유리하다.
③ 연속순회 형식은 전시 중에 하나의 실을 폐쇄하면 동선이 단절된다는 단점이 있다.
④ 갤러리 및 코리더 형식은 복도에서 각 전시실에 직접 출입할 수 있으며 필요시에 자유로이 독립적으로 폐쇄할 수 있다.

해설
• 중앙홀 형식에서 중앙홀이 크면 동선의 혼란은 적으나 장래의 확장에는 불리하다.
• 중앙홀 형식은 중심부에 하나의 큰 홀을 두고 그 주위에 각 전시실을 배치하여 자유로이 출입하는 형식이다.

19 ★★☆

쇼핑센터의 몰(Mall)에 관한 설명으로 옳은 것은?

① 전문점과 핵상점의 주 출입구는 몰에 면하도록 한다.
② 쇼핑체류시간을 늘릴 수 있도록 방향성이 복잡하게 계획한다.
③ 몰은 고객의 통과동선으로서 부속시설과 서비스기능의 출입이 이루어지는 곳이다.
④ 일반적으로 공기조화에 의해 쾌적한 실내 기후를 유지할 수 있는 오픈 몰(Open mall)이 선호된다.

해설
고객의 주 보행동선으로서 전문점과 핵상점의 주 출입구는 몰에 면하도록 한다.

선지분석
② 쇼핑 편의를 위해 방향성이 단순하게 계획한다.
③ 몰은 고객의 주요보행동선으로서 중심 상점과 각 전문점에서 출입이 이루어지는 곳이다.
④ 일반적으로 공기조화에 의해 쾌적한 실내 기후를 유지할 수 있는 인클로즈드 몰(Enclosed mall)이 선호된다.

20 ★★★

극장건축에서 무대의 제일 뒤에 설치되는 무대 배경용의 벽을 나타내는 용어는?

① 프로시니엄
② 사이클로라마
③ 플라이 로프트
④ 그리드 아이언

해설
무대의 제일 뒤에 설치되는 무대 배경용의 벽은 사이클로라마(Cyclorama)이다.

선지분석
① 프로시니엄: 가장 일반적인 극장 형식의 하나로 어떠한 배경이라도 창출이 가능하여 강연, 아동극, 독주 등의 형식에 적합하다.
③ 플라이 로프트: 무대 상부 공간이다.
④ 그리드 아이언: 무대의 천장 밑에 철골을 촘촘히 깔아만든 바닥으로 배경이나 조명기구, 음향 반사판 등을 매달 수 있게 한 장치이다.

정답 16 ① 17 ② 18 ② 19 ① 20 ②

제2과목　건축시공

21 ★★★
백화현상에 관한 설명으로 옳지 않은 것은?

① 시멘트는 수산화칼슘의 주성분인 생석회(CaO)의 다량 공급원으로서 백화의 주된 요인이다.
② 백화현상은 미장 표면뿐만 아니라 벽돌벽체, 타일 및 착색 시멘트 제품 등의 표면에도 발생한다.
③ 겨울철보다 여름철의 높은 온도에서 백화 발생빈도가 높다.
④ 배합수 중에 용해되는 가용 성분이 시멘트 경화체의 표면건조 후 나타나는 현상이다.

해설
백화현상은 저온, 그늘진 곳에서 잘 발생하므로 여름철보다 겨울철에 발생빈도가 높다.

합격 POINT　백화현상
벽 표면에서 침투하는 빗물에 의해 모르타르의 석회분이 공기 중의 탄산가스와 결합하여 흰가루가 스며나오는 현상이다.

22 ★★☆
계측관리 항목 및 기기에 관한 설명으로 옳지 않은 것은?

① 흙막이벽의 응력은 변형계(Strain gauge)를 이용한다.
② 주변 건물의 경사는 건물경사계(Tiltmeter)를 이용한다.
③ 지하수의 간극수압은 지하수위계(Water level meter)를 이용한다.
④ 버팀보, 앵커 등의 축하중 변화 상태의 측정은 하중계(Load cell)를 이용한다.

해설
지하수의 간극수압은 간극수압계(Piezometer)를 이용하고 지하수위계(Water level meter)는 지하수위 변화 측정에 이용한다.

23 ★★★
녹막이칠에 사용하는 도료와 가장 거리가 먼 것은?

① 광명단　　　　② 크레오소트유
③ 아연분말 도료　④ 역청질 도료

해설
크레오소트유는 목재 방부제로 사용된다.

합격 POINT

강재 방청도료(녹막이칠)	목재 방부제
• 광명단 • 방청 산화철 • 징크로메이트 도료 • 알루미늄 도료 • 역청질 도료	• 크레오소트유 • 콜타르 • PCP(Penta Chloro Phenol) • 유성페인트 • 아스팔트

24 ★★☆
사질토의 상대밀도를 측정하는 방법으로 가장 적합한 것은?

① 표준관입시험(Standard penetration test)
② 베인 테스트(Vane test)
③ 깊은 우물(Deep well) 공법
④ 아일랜드 컷 공법

해설
표준관입시험(SPT)은 사질지반의 지내력을 측정하는 방법이다. 낙하높이 75cm에서 63.5kg의 추를 낙하하여 30cm 관입시키는데 필요한 타격횟수(N값)를 측정하는 시험이다.

선지분석
② 베인 테스트(Vane test): 점토지반 점착력 시험
③ 깊은 우물(Deep well) 공법: 지하수위 배수공법
④ 아일랜드 컷 공법(Island cut method): 토공사 터파기(흙파기)공법

정답　21 ③　22 ③　23 ②　24 ①

25 ★★☆

철골부재의 용접 시 이음 및 접합부위의 용접선의 교차로 재용접된 부위가 열 영향을 받아 취약해짐을 방지하기 위하여 모재에 부채꼴 모양으로 모따기를 한 것은?

① Blow hole
② Scallop
③ End tab
④ Crater

해설
스캘럽(Scallop)은 철골 부재 용접 시 재용접된 부위가 열의 영향을 받아 취약해지는 것을 방지하기 위해 부채꼴 모양으로 모따기한 것이다.

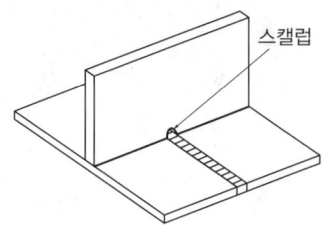

26 ★★☆

공동도급방식(Joint venture)에 관한 설명으로 옳은 것은?

① 2명 이상의 수급자가 어느 특정 공사에 대하여 협동으로 공사계약을 체결하는 방식이다.
② 발주자, 설계자, 공사관리자의 세 전문집단에 의하여 공사를 수행하는 방식이다.
③ 발주자와 수급자가 상호신뢰를 바탕으로 팀을 구성하여 공동으로 공사를 수행하는 방식이다.
④ 공사수행방식에 따라 설계/시공(D/B)방식과 설계/관리(D/M)방식으로 구분한다.

해설
공동도급방식이란 2명 이상의 수급자가 하나의 법인을 설립하여 프로젝트에 참여하는 도급 방식으로 이익이나 문제발생 시 투자지분에 따라 공동 분배 및 책임을 진다.

27 ★★★

칠공사에 관한 설명으로 옳지 않은 것은?

① 한랭 시나 습기를 가진 면은 작업을 하지 않는다.
② 초벌부터 정벌까지 같은 색으로 도장해야 한다.
③ 강한 바람이 불 때는 먼지가 묻게 되므로 외부 공사를 하지 않는다.
④ 야간은 색을 잘못 칠할 염려가 있으므로 작업을 하지 않는 것이 좋다.

해설
도장을 수회 반복할 때에는 칠횟수를 구분하기 위해 칠의 색을 다르게 한다.

28 ★☆☆

석재에 관한 설명으로 옳은 것은?

① 인장강도는 압축강도에 비하여 10배 정도 크다.
② 석재는 불연성이긴 하나 화열에 닿으면 화강암과 같이 균열이 생기거나 파괴되는 경우도 있다.
③ 장대재를 얻기에 용이하다.
④ 조직이 치밀하여 가공성이 매우 뛰어나다.

해설
석재는 불연재이기는 하나 고열에 파손되므로 내화성이 작다.

선지분석
① 인장강도는 압축강도에 비하여 1/10~1/40배 정도 이다.
③ 장대재를 얻기 어렵다.
④ 조직이 치밀하고 강도가 커 가공성이 좋지 않다.

29 ★★☆

목재의 접착제로 활용되는 수지와 가장 거리가 먼 것은?

① 요소 수지
② 멜라민 수지
③ 폴리스티렌수지
④ 역청질 도료

해설
폴리스티렌수지는 합성수지 중 건축물의 천장재, 블라인드 등을 만드는 열가소성 수지로 무색 투명하고 내수성, 내약품성이 크다.

정답 25 ② 26 ① 27 ② 28 ② 29 ③

30 ★☆☆
보강 블록공사에 관한 설명으로 옳지 않은 것은?

① 벽의 세로근은 구부리지 않고 설치한다.
② 벽의 세로근은 밑창 콘크리트 윗면에 철근을 배근하기 위한 먹매김을 하여 기초판 철근 위의 정확한 위치에 고정시켜 배근한다.
③ 벽 가로근 배근 시 창 및 출입구 등의 모서리 부분에 가로근의 단부를 수평방향으로 정착할 여유가 없을 때에는 갈고리로 하여 단부 세로근에 걸고 결속선으로 결속한다.
④ 보강 블록조와 라멘구조가 접하는 부분은 라멘구조를 먼저 시공하고 보강 블록조를 나중에 쌓는 것이 원칙이다.

해설
보강 블록조와 라멘구조가 접하는 부분은 원칙적으로 블록조를 먼저 쌓아 올리고 콘크리트를 나중에 시공한다.

31 ★★☆
다음 설명에서 의미하는 공법은?

> 구조물 하중보다 더 큰 하중을 연약지반(점성토) 표면에 프리로딩하여 압밀침하를 촉진시킨 뒤 하중을 제거하여 지반의 전단강도를 증대하는 공법

① 고결안정공법 ② 치환공법
③ 재하공법   ④ 탈수공법

해설
재하공법에 대한 설명이다.

선지분석
① 고결안정공법(약액주입법): 시멘트나 약액의 주입 또는 동결에 의해 지반의 강도를 증가시키는 공법이다.
② 치환공법: 연약토를 양질의 재료로 치환해 줌으로써 지반을 개량하는 공법이다.
④ 탈수공법: 지반에 물을 제거하는 공법으로 샌드드레인(Sand drain) 공법, 웰포인트(Well point) 공법 등이 있다.

32 ★★★
재료별 할증률을 표기한 것으로 옳은 것은?

① 시멘트벽돌: 3%   ② 강관: 7%
③ 단열재: 7%   ④ 봉강: 5%

해설
재료별 할증률

재료	할증률
유리, 콘크리트(철근)	1%
이형철근, 고력볼트, 붉은벽돌	3%
시멘트블록	4%
원형철근, 일반철근, 강관, 봉강, 시멘트벽돌	5%
대형형강	7%
강판, 단열재	10%
졸대	20%
석재(원석, 부정형)	30%

33 ★★☆
철근의 정착 위치에 관한 설명으로 옳지 않은 것은?

① 지중보의 주근은 기초 또는 기둥에 정착한다.
② 기둥 철근은 큰 보 혹은 작은 보에 정착한다.
③ 큰 보의 주근은 기둥에 정착한다.
④ 작은 보의 주근은 큰 보에 정착한다.

해설
기둥 철근(주근)은 기초에 정착한다.

합격 POINT 철근의 정착 위치

구분	정착 위치
기둥의 주근	기초
보의 주근	기둥
작은 보의 주근	큰 보
직교하는 단부 보의 밑에 기둥이 없을 때	보 상호간
벽 철근	기둥, 보 또는 바닥판
바닥 철근	보 또는 벽체
지중보의 주근	기초 또는 기둥

정답 30 ④ 31 ③ 32 ④ 33 ②

34

돌로마이트 플라스터 바름에 관한 설명으로 옳지 않은 것은?

① 정벌바름용 반죽은 물과 혼합한 후 12시간 정도 지난 다음 사용하는 것이 바람직하다.
② 바름두께가 균일하지 못하면 균열이 발생하기 쉽다.
③ 돌로마이트 플라스터는 수경성이므로 해초풀을 적당한 비율로 배합해서 사용해야 한다.
④ 시멘트와 혼합하여 2시간 이상 경과한 것은 사용할 수 없다.

해설
돌로마이트 플라스터는 기경성이며 돌로마이트(마그네시아 석회)에 모래·여물을 섞어 반죽한 미장재료로 해초풀을 사용하지 않는다.

합격 POINT 돌로마이트 플라스터
- 돌로마이트(마그네시아 석회)에 모래·여물을 섞어 반죽한 도벽재료로 기경성이며 점성이 좋아 해초풀을 사용하지 않는다.
- 필요에 따라 시멘트의 혼입도 하고 초벌용과 정벌용의 등급이 있다.
- 시공
  1. 정벌바름용 반죽은 물과 혼합한 후 12시간 정도 지난 다음 사용하는 것이 바람직하며, 시멘트와 혼합하여 2시간 이상 경과한 것은 사용할 수 없다.
  2. 바름두께가 균일하지 못하면 균열이 발생하기 쉽다.
  3. 실내온도가 5℃ 이하일 때는 공사를 중단하거나 난방하여 5℃ 이상으로 유지한다.
  4. 초벌바름에 균열이 없을 때에는 고름질한 후 7일 이상 두어 고름질면의 건조를 기다린 후 균열이 발생하지 아니함을 확인한 다음 재벌바름을 실시한다.
  5. 바름두께가 균일하지 못하면 균열이 발생하기 쉽다.
  6. 재벌바름이 지나치게 건조한 때는 적당히 물을 뿌리고 정벌바름한다.

35

석고 플라스터 바름에 관한 설명으로 옳지 않은 것은?

① 보드용 플라스터는 초벌바름, 재벌바름의 경우 물을 가한 후 2시간 이상 경과한 것은 사용할 수 없다.
② 실내온도가 10℃ 이하일 때는 공사를 중단하거나 난방하여 10℃ 이상으로 유지한다.
③ 바름작업 중에는 될 수 있는 한 통풍을 방지한다.
④ 바름 작업이 끝난 후 실내를 밀폐하지 않고 가열과 동시에 환기하여 바름면이 서서히 건조되도록 한다.

해설
석고 플라스터 바름 시 실내온도가 5℃ 이하일 때는 공사를 중단하거나 난방으로 5℃ 이상 유지한다.

36

기술제안입찰제도의 특징에 관한 설명으로 옳지 않은 것은?

① 공사비 절감방안의 제안은 불가하다.
② 기술제안서 작성에 추가비용이 발생된다.
③ 제안된 기술의 지적재산권 인정이 미흡하다.
④ 원안 설계에 대한 공법, 품질 확보 등이 핵심 제안요소이다.

해설
기술제안입찰은 건설기술, 공기단축, 공사비 절감 등 여러 가지를 고려하여 선정하는 입찰제도이다.

37

토공사에 적용되는 체적환산계수 L의 정의로 옳은 것은?

① $\dfrac{\text{흐트러진 상태의 체적}(m^3)}{\text{자연상태의 체적}(m^3)}$

② $\dfrac{\text{자연상태의 체적}(m^3)}{\text{흐트러진 상태의 체적}(m^3)}$

③ $\dfrac{\text{다져진 상태의 체적}(m^3)}{\text{자연상태의 체적}(m^3)}$

④ $\dfrac{\text{자연상태의 체적}(m^3)}{\text{다져진 상태의 체적}(m^3)}$

해설
체적환산계수
- $L = \dfrac{\text{흐트러진 상태의 체적}(m^3)}{\text{자연상태의 체적}(m^3)}$
- $C = \dfrac{\text{다져진 상태의 체적}(m^3)}{\text{자연상태의 체적}(m^3)}$

38

멤브레인 방수에 속하지 않는 방수공법은?

① 시멘트 액체방수
② 합성고분자 시트방수
③ 도막방수
④ 아스팔트 방수

해설
멤브레인 방수(Membrane waterproofing)는 구조물 외부에 피막을 구성시키는 방수공법으로 아스팔트 방수, 시트방수, 도막방수, 합성고분자 시트방수 등이 있다.

정답 34 ③ 35 ② 36 ① 37 ① 38 ①

39 ★★★

아파트 온돌바닥 미장용 콘크리트로서 고층적용 실적이 많고 배합을 조닝별로 다르게 하며 타설 바탕면에 따라 배합비 조정이 필요한 것은?

① 경량기포 콘크리트
② 중량 콘크리트
③ 수밀 콘크리트
④ 유동화 콘크리트

해설
경량기포콘크리트(ALC: Autoclave Light-weight Concrete)는 주원료인 생석회, 석고, 시멘트, 물 등을 발포시켜 고온·고압으로 증기양생한 다공질의 경량기포콘크리트이다.
- 기건 비중은 보통 콘크리트의 약 1/4 정도로 경량이다.
- 열전도율은 보통 콘크리트의 약 1/10 정도로서 단열성이 우수하다.
- 내화성, 흡음성, 차음성이 우수하다.

40 ★☆☆

공급망관리(Supply Chain Management)의 필요성이 상대적으로 가장 적은 공종은?

① PC(Precast Concrete)공사
② 콘크리트공사
③ 커튼월공사
④ 방수공사

해설
방수공사는 전문공사이므로 종합적인 공사를 다루는 공급망관리의 필요성이 적다.

제3과목 건축구조

41 ★☆☆

합성보에서 강재보와 철근콘크리트 또는 합성슬래브 사이의 미끄러짐을 방지하기 위하여 설치하는 것은?

① 스터드 볼트
② 퍼린
③ 윈드칼럼
④ 턴버클

해설
스터드 볼트는 합성보에서 강재보와 철근콘크리트 또는 합성슬래브 사이의 미끄러짐을 방지하기 위해 설치한다.

선지분석
② 퍼린(Purlin): 지붕을 씌우기 위한 고정틀, 서까래
③ 윈드칼럼(Wind column): 벽체에 횡판넬을 설치할 때 메인칼럼 사이에 2m 내외로 세우는 2차 부재
④ 턴버클(Turn buckle): 한쪽에는 오른나사, 다른 쪽은 왼나사로 되어 너트를 회전하면 양측에 연결된 부재가 서로 동시에 접근하거나 멀어지는 부품

42 ★★☆

다음 중 내진 I등급 구조물의 허용층간변위로 옳은 것은? (단, KDS기준, h_{sx}는 x층 층고)

① $0.005h_{sx}$
② $0.010h_{sx}$
③ $0.015h_{sx}$
④ $0.020h_{sx}$

해설
내진 I등급의 허용층간변위는 $0.015h_{sx}$이다.

합격 POINT 건물 허용층간변위(h_{sx}: 층고)

내진등급	허용층간변위
특	$0.010h_{sx}$
I	$0.015h_{sx}$
II	$0.020h_{sx}$

정답 39 ① 40 ④ 41 ① 42 ③

43 ★★☆

그림과 같은 단순보에서 반력 R_A의 값은?

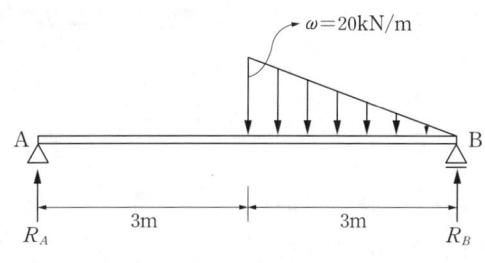

① 5kN
② 10kN
③ 20kN
④ 25kN

해설

1. 등변분포하중을 집중하중 형태로 가정한다.
   삼각형의 도심은 점 A로부터 4m 지점에 위치하며, 해당 위치에 삼각형의 면적만큼의 집중하중이 작용한다고 가정한다. 따라서 도심에 작용하는 집중하중의 크기는
   $20kN/m \times 3m \times \frac{1}{2} = 30kN$이다.
2. 수평하중은 작용하지 않으므로 점 A, B에서의 수평반력은 0이다.
3. 점 A에서의 수직반력과 점 B에서의 수직반력의 합은 30kN이고 도심으로부터의 거리의 비가 4 : 2이므로 점 A와 점 B에서 30kN의 하중을 1 : 2로 분담한다. 따라서 반력 R_A의 값은 $30kN \times \frac{1}{3} = 10kN$이다.

44 ★☆☆

등분포하중을 받는 4변 고정 2방향 슬래브에서 모멘트양이 일반적으로 가장 크게 나타나는 곳은?

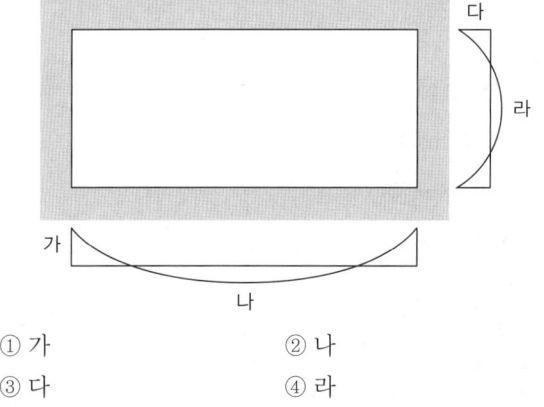

① 가
② 나
③ 다
④ 라

해설

하중이 가해지면 힘은 단변방향의 단부로 많이 전해진다. 따라서 슬래브 단변방향의 다, 라 중 단부인 다에서 2방향 슬래브의 휨모멘트를 지배적으로 받는다.

45 ★★★

강도설계법에서 양단연속 1방향 슬래브의 스팬이 3,000mm일 때 처짐을 계산하지 않는 경우 슬래브의 최소 두께를 계산한 값으로 옳은 것은? (단, 단위중량 $m_c = 2,300kg/m^3$의 보통콘크리트 및 $f_y = 400MPa$ 철근 사용)

① 107.1mm
② 124.3mm
③ 132.1mm
④ 145.5mm

해설

경간이 3,000m인 양단연속 1방향 슬래브의 최소 두께는
$\frac{l}{28} = \frac{3,000mm}{28} ≒ 107.14mm$이다.

합격 POINT 처짐을 계산하지 않는 경우 1방향 슬래브의 최소 두께

구분	최소 두께	구분	최소 두께
단순지지	$l/20$	양단연속	$l/28$
1단연속	$l/24$	캔틸레버	$l/10$

46 ★★☆

다음 구조용 강재의 명칭에 관한 내용으로 옳지 않은 것은?

① SM - 용접구조용 압연강재 (KS D 3515)
② SS - 일반구조용 압연강재 (KS D 3503)
③ SN - 건축구조용 각형 탄소강관 (KS D 3864)
④ SGT - 일반구조용 탄소강관 (KS D 3566)

해설

SN(Steel New)은 건축구조용 압연강재를 의미한다.

정답 43 ② 44 ③ 45 ① 46 ③

47 ★★★

다음 그림과 같은 단순 인장접합부의 강도한계상태에 따른 고력볼트의 설계전단강도를 구하면? (단, 강재의 재질은 SS275이며 고력볼트는 M22(F10T), 공칭전단강도 $F_{nv}=500\text{MPa}, \phi=0.75$)

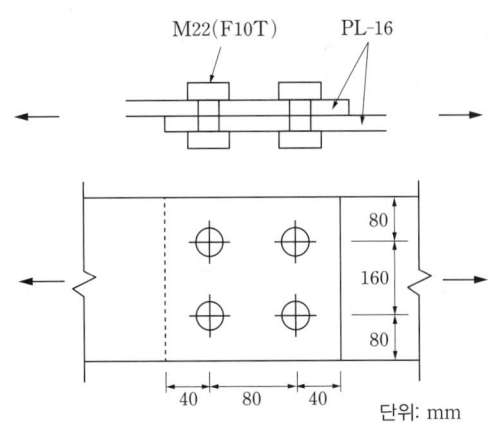

① 500kN ② 530kN
③ 550kN ④ 570kN

해설

고력볼트 설계전단강도 $\phi R_{nv}=\phi \cdot F_{nv} \cdot A_b \cdot n_s$ 이다.
여기서, F_{nv}: 공칭전단강도, A_b: 볼트의 공칭단면적, n_s: 전단면의 수
∴ $\phi R_{nv}=0.75 \times 500 \times \dfrac{\pi \times 22^2}{4} \times 4 ≒ 570,199\text{N} ≒ 570\text{kN}$

48 ★☆☆

그림과 같은 스팬이 8,000mm이며, 보 중심 간격이 3,000mm인 합성보 H−588×300×12×20의 강재에 콘크리트 두께 150mm로 합성보를 설계하고자 한다. 합성보 B의 슬래브 유효폭을 구하면? (단, 스터드 전단연결재가 설치됨)

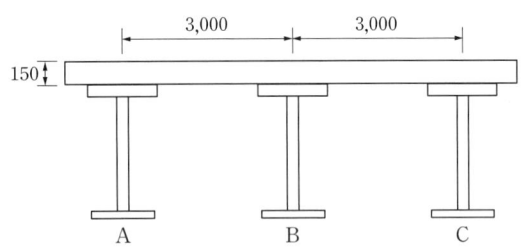

① 1,500mm ② 2,000mm
③ 3,000mm ④ 4,000mm

해설

합성보의 유효폭은 다음 중 작은 값으로 한다.
1. 양쪽 슬래브 중심 간 거리: $\dfrac{3,000}{2}+\dfrac{3,000}{2}=3,000\text{mm}$
2. 보 경간의 1/4: 8,000/4=2,000mm

따라서 두 값 중 작은 값인 경간의 1/4의 값(2,000mm)으로 결정된다.

49 ★☆☆

철근콘크리트 보 설계 시 적용되는 경량콘크리트계수 중 모래경량콘크리트의 경우에 적용되는 계수값은 얼마인가?

① 0.65 ② 0.75
③ 0.85 ④ 1.0

해설

모래경량콘크리트의 계수는 0.85이다.

합격 POINT 경량콘크리트계수(λ)

구분	경량콘크리트계수(λ)
보통중량콘크리트	1.0
모래경량콘크리트	0.85
전경량콘크리트	0.75

50 ★☆☆

도심축에 대한 빗줄(사선)친 부분의 단면계수 값은?

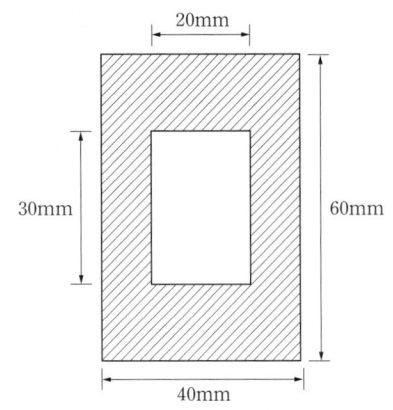

① 19,000mm³ ② 20,500mm³
③ 21,000mm³ ④ 22,500mm³

해설

단면2차모멘트를 압축 또는 인장 연단거리로 나누면 단면계수 Z가 된다.
외부 직사각형의 단면2차모멘트를 $I_{X1}=\dfrac{BH^3}{12}$
내부 직사각형의 단면2차모멘트를 $I_{X2}=\dfrac{bh^3}{12}$

$I_{X1}=\dfrac{BH^3}{12}=\dfrac{40\times 60^3}{12}=720,000\text{mm}^4$

$I_{X2}=\dfrac{bh^3}{12}=\dfrac{20\times 30^3}{12}=45,000\text{mm}^4$

∴ 빗줄친 부분의 단면계수는
$Z=\dfrac{I_{X1}-I_{X2}}{y}=\dfrac{720,000-45,000}{30}=22,500\text{mm}^3$

정답 47 ④ 48 ② 49 ③ 50 ④

51 ★★☆

다음 그림과 같은 단순보에서 부재 길이가 2배로 증가할 때 보의 중앙점 최대 처짐은 몇 배로 증가되는가?

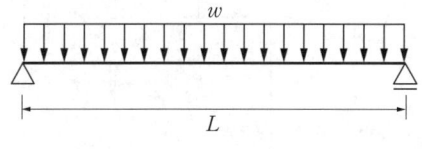

① 2배　　　　② 4배
③ 6배　　　　④ 16배

해설

단순보 등분포하중 시 최대 처짐은 $\delta_{max} = \dfrac{5wL^4}{384EI}$ 이다.

처짐이 부재 길이(L)의 4제곱에 비례하므로, 부재 길이가 2배 증가하면 최대 처짐은 16배 증가한다.

합격 POINT 단순보의 하중조건에 따른 처짐각과 처짐

하중조건	처짐각(θ)	처짐(δ)
집중하중	$\dfrac{PL^2}{16EI}$	$\dfrac{PL^3}{48EI}$
등분포하중	$\dfrac{wL^3}{24EI}$	$\dfrac{5wL^4}{384EI}$

52 ★★☆

다음과 같은 구조물의 판별로 옳은 것은? (단, 그림의 하부 지점은 고정단임)

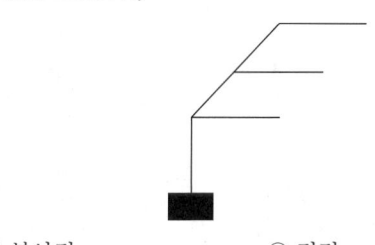

① 불안정　　　　② 정정
③ 1차 부정정　　④ 2차 부정정

해설

$N = r + m + f - 2j$ 공식 이용

여기서, r: 지점반력수, m: 부재수, f: 강절점수, j: 지점수＋자유단 지점수

∴ $N = 3 + 6 + 5 - 2 \times 7 = 0$이므로 정정구조물이다.

53 ★★☆

활하중의 영향면적 산정기준으로 옳은 것은? (단, KDS 기준임)

① 부하면적 중 캔틸레버 부분은 영향면적에 단순합산
② 기둥 및 기초에서는 부하면적의 6배
③ 보에서는 부하면적의 5배
④ 슬래브에서는 부하면적의 2배

해설

부하면적 중 캔틸레버 부분은 영향면적에 단순합산이다.

선지분석
② 기둥 및 기초에서는 부하면적의 4배
③ 보에서는 부하면적의 2배
④ 슬래브에서는 부하면적의 1배

54 ★★☆

인장력을 받는 원형단면 강봉의 지름을 4배로 하면 수직응력도(Normal stress)는 기존 응력도의 얼마로 줄어드는가?

① 1/2　　　　② 1/4
③ 1/8　　　　④ 1/16

해설

$\sigma_t(\text{인장응력}) = \dfrac{P(\text{하중})}{A(\text{면적})}$

원형단면의 경우 단면적이 $\dfrac{\pi D^2}{4}$ 이므로

응력은 지름의 제곱에 반비례한다. $\left(\sigma_t = \dfrac{4P}{\pi D^2}\right)$

따라서 강봉의 지름이 4배 증가하면 응력도는 기존 응력도의 1/16로 감소한다.

정답 51 ④　52 ②　53 ①　54 ④

55 ★★★

보통중량콘크리트를 사용한 그림과 같은 보의 단면에서 외력에 의해 휨 균열을 일으키는 균열모멘트(M_{cr})값으로 옳은 것은? (단, $f_{ck}=27\text{MPa}$, $f_y=400\text{MPa}$, 철근은 개략적으로 도시되었음)

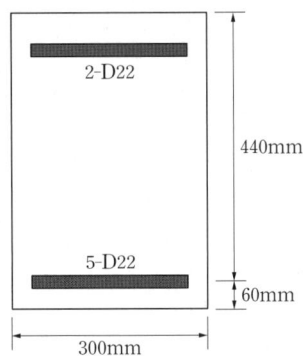

① 29.5kN·m ② 34.7kN·m
③ 40.9kN·m ④ 52.4kN·m

해설

$$M_{cr}=0.63\times1.0\times\sqrt{27}\times\frac{300\times500^2}{6}$$
$$≒40,919,700\text{N·mm}=40.9\text{kN·m}$$

합격 POINT ▶ 균열모멘트

$M_{cr}=f_r\times Z$

여기서, 콘크리트 파괴계수 $f_r=0.63\lambda\sqrt{f_{ck}}$,

Z: 단면계수$\left(\text{직사각형}=\dfrac{bh^2}{6}\right)$.

보통중량 콘크리트 λ: 1.0,
f_{ck}: 콘크리트 압축강도,
b: 부재폭,
h: 부재높이

56 ★★★

그림과 같은 부정정 라멘에서 A점의 M_{AB}는?

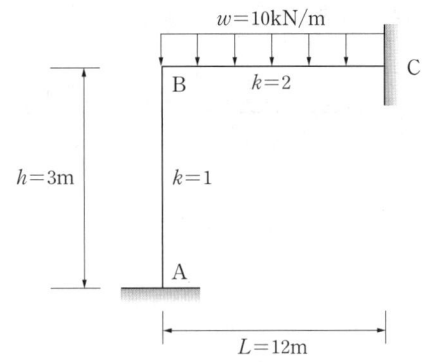

① 0 ② 20kN·m
③ 40kN·m ④ 60kN·m

해설

모멘트분배법을 이용해 구한다.

A점 도달모멘트 M_{AB}는 분배모멘트의 $\dfrac{1}{2}$이다.

$M_{AB}=\dfrac{1}{2}M_{BA}$을 이용해 구할 수 있다.

BC부재는 양단 고정보이고, 등분포하중이 작용한다.

$M_B=\dfrac{wl^2}{12}=\dfrac{10\times12^2}{12}=120\text{kN·m}$

분배율: $DF_{BA}=\dfrac{K_{BA}}{\Sigma K}=\dfrac{1}{1+2}=\dfrac{1}{3}$

분배모멘트: $M_{BA}=M_B\times DF_{BA}=120\times\dfrac{1}{3}=40\text{kN·m}(\curvearrowright)$

전달모멘트: $M_{AB}=\dfrac{1}{2}M_{BA}=\dfrac{40}{2}=20\text{kN·m}$

정답 55 ③ 56 ②

57 ★★★

그림과 같은 부정정 라멘의 B.M.D에서 P값을 구하면?

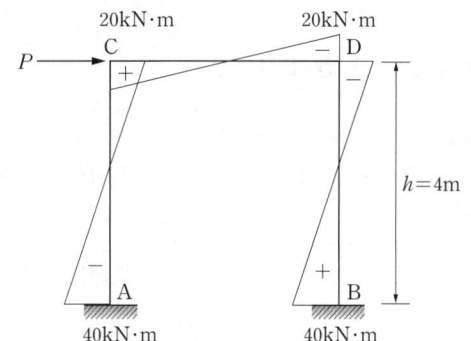

① 20kN ② 30kN
③ 50kN ④ 60kN

해설

처짐각법 전단력 평형조건식에 따라

$P = \dfrac{(M_{CA}+M_{AC})+(M_{DB}+M_{BD})}{h}$ 이므로

$P = \dfrac{(20+40)+(20+40)}{4} = 30\text{kN}$ 이다.

합격 POINT 처짐각법 전단력 평형조건식

절점방정식	층방정식
모멘트 평형조건식	전단력 평형조건식
$M_O = M_{OA}+M_{OB}+M_{OC}$	$P = \dfrac{M_{AB}+M_{BA}}{h}$

58 ★☆☆

KDS에서 철근콘크리트 구조의 최소 피복두께를 규정하는 이유로 보기 어려운 것은?

① 철근이 부식되지 않도록 보호
② 철근의 화해(火害) 방지
③ 철근의 부착력 확보
④ 콘크리트의 동결융해 방지

해설

콘크리트의 동결융해를 방지하기 위해 피복두께를 규정하는 것으로는 보기 어렵다.

합격 POINT 피복두께 확보 목적

1. 내화성 확보
2. 부착력 확보
3. 골재의 유동성 확보
4. 철근의 부식방지를 통한 내구성 확보

59 ★★★

인장이형철근 및 압축이형철근의 정착길이(l_d)에 관한 기준으로 옳지 않은 것은? (단, KDS 기준)

① 계산에 의하여 산정한 인장이형철근의 정착길이는 항상 200mm 이상이어야 한다.
② 계산에 의하여 산정한 압축이형철근의 정착길이는 항상 200mm 이상이어야 한다.
③ 인장 또는 압축을 받는 하나의 다발철근 내에 있는 개개 철근의 정착길이 l_d는 다발철근이 아닌 경우의 각 철근의 정착길이보다 3개의 철근으로 구성된 다발철근에 대해서는 20%를 증가시켜야 한다.
④ 단부에 표준갈고리가 있는 인장이형철근의 정착길이는 항상 $8d_b$이상, 또한 150mm 이상이어야 한다.

해설

인장력을 받는 이형철근의 최소 정착길이는 300mm이다.

합격 POINT 각종 철근의 정착길이

철근 종류	최소 정착길이
인장이형철근 (No hook)	300mm
인장이형철근 (Hook)	150mm, $8d_b$
압축이형철근	200mm

정답 57 ② 58 ④ 59 ①

60 ★★★

그림과 같은 구조물에 힘 P가 작용할 때 휨모멘트가 0이 되는 곳은 모두 몇 개인가?

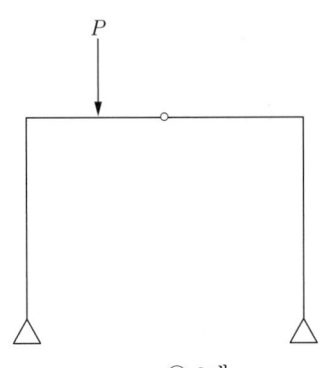

① 2개 ② 3개
③ 4개 ④ 6개

해설
휨모멘트도를 작성한다.

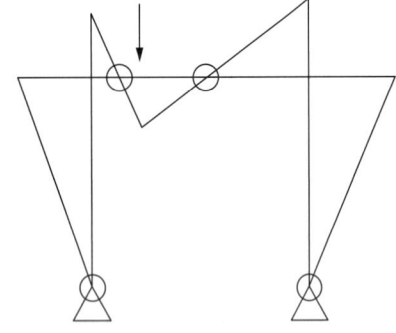

그림에 따르면 휨모멘트가 0이 되는 지점이 4개 있다.

제4과목 건축설비

61 ★★☆

다음 설명에 알맞은 통기방식은?

- 회로통기방식이라고도 한다.
- 2개 이상의 기구트랩에 공통으로 하나의 통기관을 설치하는 방식이다.

① 공용통기방식 ② 루프통기방식
③ 신정통기방식 ④ 결합통기방식

해설
루프통기방식(회로통기, 환상통기)은 1개의 통기관으로 위생기구 2개 이상 8개 이내의 트랩을 보호하기 위하여 설치하는 통기관이다.

합격 POINT 루프통기방식(회로통기, 환상통기)

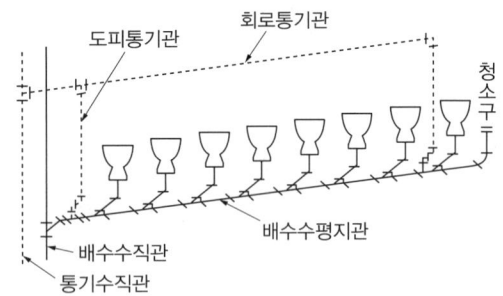

최상류에 있는 위생기구의 기구배수관이 배수수평지관과 연결되는 지점 바로 아래의 배수수평지관에 접속시켜 통기수직관 또는 신정통기관으로 연결하는 통기관이다.

62 ★★★

어떤 실의 취득열량이 현열 35,000W, 잠열 15,000W이었을 때, 현열비는?

① 0.3 ② 0.4
③ 0.7 ④ 2.3

해설
$$현열비 = \frac{현열부하}{현열부하 + 잠열부하} = \frac{35,000\text{W}}{(35,000+15,000)\text{W}} = 0.7$$

정답 60 ③ 61 ② 62 ③

63 ★★★

다음과 같은 조건에 있는 실의 틈새바람에 의한 현열부하는?

- 실의 체적: 400m³
- 환기횟수: 0.5회/h
- 실내온도: 20℃, 외기온도: 0℃
- 공기의 밀도: 1.2kg/m³
- 공기의 정압비열: 1.01kJ/kg·K

① 약 654W ② 약 972W
③ 약 1,347W ④ 약 1,654W

해설

$$Q = \frac{G \cdot \rho \cdot C \cdot \Delta t}{3,600}$$

$$= \frac{200m^3/h \times 1.2kg/m^3 \times 1.01kJ/kg \cdot K \times (20-0)K}{3,600}$$

$= 1.3467 ≒ 1.347kW = 1,347W$

Q: 현열부하(kW),
G: 환기량(m³/h)
(단, 여기서 G = 환기횟수 × 실의 체적 = 0.5회/h × 400m³ = 200m³/h)
ρ: 공기의 밀도(kg/m³), C: 공기의 비열(kJ/kg·K), Δt: 온도차(K)

64 ★★★

다음 중 건축물 실내공간의 잔향시간에 가장 큰 영향을 주는 것은?

① 실의 용적 ② 음원의 위치
③ 벽체의 두께 ④ 음원의 음압

해설

잔향시간은 실의 용적(체적)에 가장 큰 영향을 받는다.

합격 POINT ▶ Sabine의 잔향식

$$T = K\frac{V}{A} = K\frac{V}{aS}$$

- T: 잔향시간
- K: 비례상수 0.163
- V: 실의 용적(m³)
- A: 흡음력 = $\bar{a}$(평균 흡음률) × S(실내 표면적)

65 ★★☆

자연환기에 관한 설명으로 옳지 않은 것은?

① 풍력환기량은 풍속이 높을수록 증가한다.
② 중력환기량은 개구부 면적이 클수록 증가한다.
③ 중력환기량은 실내외 온도차가 클수록 감소한다.
④ 중력환기는 실내외의 온도차에 의한 공기의 밀도차가 원동력이 된다.

해설

중력환기량은 실내외 온도차가 클수록 증가한다.

66 ★★☆

단일덕트 변풍량 방식에 관한 설명으로 옳지 않은 것은?

① 전공기방식의 특성이 있다.
② 각 실이나 존의 온도를 개별제어할 수 있다.
③ 일사량 변화가 심한 페리미터 존에 적합하다.
④ 정풍량 방식에 비해 설비비는 낮아지나 운전비가 증가한다.

해설

변풍량 방식은 정풍량 방식에 비해 부속 기기류가 필요하여 설비비는 증가하나 각 실 마다 유닛을 설치하여 부하변동에 따라 송풍량을 조절할 수 있어 에너지 절약이 가능하여 운전비는 감소한다.

67 ★★☆

다음 중 조명률에 영향을 끼치는 요소와 가장 거리가 먼 것은?

① 광원의 높이 ② 마감재의 반사율
③ 조명기구의 배광방식 ④ 글레어(Glare)의 크기

해설

조명률에 영향을 미치는 요소에는 광원의 종류, 조명방식, 조명기구의 효율 및 배광방식, 실내 반사율, 실의 형태, 광원의 높이 등이 있다.

정답 63 ③ 64 ① 65 ③ 66 ④ 67 ④

68 ★★★
간접가열식 급탕방식에 관한 설명으로 옳지 않은 것은?

① 저압보일러를 써도 되는 경우가 많다.
② 직접가열식에 비해 소규모 급탕설비에 적합하다.
③ 급탕용 보일러는 난방용 보일러와 겸용할 수 있다.
④ 직접가열식에 비해 보일러 내면에 스케일이 발생할 염려가 적다.

해설
간접가열식 급탕방식은 직접가열식에 비해 대규모 급탕설비에 적합하다.

합격 POINT ▶ 중앙식 급탕방식의 종류

직접가열식	간접가열식
• 열효율 면에서 경제적 • 수질에 의해 보일러 내면에 스케일이 발생하여 열효율이 저하되며 보일러의 수명이 단축됨 • 급탕하는 건물의 높이가 높을 경우 고압보일러 필요 • 주택 또는 소규모 건물에 실용적	• 난방용 보일러의 증기 사용 시 급탕용 보일러 불필요 • 보일러 내면에 스케일이 거의 생기지 않음 • 건물의 높이에 따른 수압이 보일러에 작용하지 않고 저탕조에 작용하므로 고압용 보일러 불필요 • 대규모 급탕설비에 적합

69 ★★★
자동화재탐지설비의 열감지기 중 주위온도가 일정온도 이상일 때 작동하는 것은?

① 차동식
② 정온식
③ 광전식
④ 이온화식

해설
자동화재탐지설비의 열감지기 중 정온식은 주위온도가 일정온도 이상일 때 작동한다.

70 ★★☆
온열 감각에 영향을 미치는 물리적 온열 4요소에 속하지 않는 것은?

① 기온
② 습도
③ 일사량
④ 복사열

해설
열 쾌적을 나타내는 물리적 변수 4요소는 기온, 습도, 기류, 복사열이다.

71 ★★★
옥내소화전설비에 관한 설명으로 옳지 않은 것은?

① 옥내소화전방수구는 바닥으로부터의 높이가 1.5m 이하가 되도록 설치한다.
② 옥내소화전설비의 송수구는 구경 65mm의 쌍구형 또는 단구형으로 한다.
③ 전동기에 따른 펌프를 이용하는 가압송수 장치를 설치하는 경우, 펌프는 전용으로 하는 것이 원칙이다.
④ 어느 한 층의 옥내소화전을 동시에 사용할 경우 각 소화전의 노즐선단에서의 방수압력은 최소 0.7MPa 이상이 되어야 한다.

해설
어느 한 층의 옥내소화전을 동시에 사용할 경우 각 소화전의 노즐선단에서의 방수압력은 0.17MPa 이상이 되어야 한다.

72 ★★☆
다음 설명에 알맞은 접지의 종류는?

> 기능상 목적이 서로 다르거나 동일한 목적의 개별접지들을 전기적으로 서로 연결하여 구현한 접지

① 단독접지
② 공통접지
③ 통합접지
④ 종별접지

해설
통합접지는 전기설비의 접지계통과 건축물의 피뢰설비 및 통신설비 등의 접지극을 연결하여 구현하는 접지이다.

정답 68 ② 69 ② 70 ③ 71 ④ 72 ③

73 ★★★
온수난방방식에 관한 설명으로 옳지 않은 것은?
① 예열시간이 짧아 간헐운전에 주로 이용된다.
② 한랭지에서 운전 정지 중에 동결의 위험이 있다.
③ 증기난방방식에 의해 난방부하 변동에 따른 온도조절이 용이하다.
④ 보일러 정지 후에도 여열이 남아 있어 실내 난방이 어느 정도 지속된다.

해설
예열시간이 짧아 간헐운전에 주로 이용되는 것은 증기난방방식이다.

74 ★★☆
흡수식 냉동기의 주요 구성부분에 속하지 않는 것은?
① 응축기   ② 압축기
③ 증발기   ④ 재생기

해설
냉동기는 냉동방식에 따라 크게 압축식 냉동기와 흡수식 냉동기로 나눌 수 있다. 압축기는 압축식 냉동기의 주요 구성요소이다.

합격 POINT 냉동기의 주요 구성요소
- 압축식 냉동기: 압축기, 응축기, 팽창밸브, 증발기
- 흡수식 냉동기: 증발기, 흡수기, 재생기, 응축기

75 ★★★
다음 설명에 알맞은 급수 방식은?

- 위생성 측면에서 가장 바람직한 방식이다.
- 정전으로 인한 단수의 염려가 없다.

① 수도직결방식   ② 고가수조방식
③ 압력수조방식   ④ 펌프직송방식

해설
수도직결방식은 수도 본관에 직결하므로 급수오염의 가능성이 작아 위생적인 면에서 가장 좋고, 전동기(모터)를 사용하지 않으므로 정전으로 인한 단수의 염려가 없다.

76 ★★★
가스설비에 사용되는 거버너(Governor)에 관한 설명으로 옳은 것은?
① 실내에서 발생되는 배기가스를 외부로 배출시키는 장치
② 연소가 원활히 이루어지도록 외부로부터 공기를 받아들이는 장치
③ 가스가 누설되거나 지진이 발생했을 때 가스공급을 긴급히 차단하는 장치
④ 가스공급회사로부터 공급받은 가스를 건물에서 사용하기에 적합한 압력으로 조정하는 장치

해설
거버너(Governor)는 공급압력조정 감압밸브로, 가스공급회사로부터 공급받은 가스를 건물에서 사용하기에 적합한 압력으로 조정하는 장치이다. 즉, 가스의 양을 일정하게 조절하여 공급해 주는 기능을 가지고 있다.

77 ★★★
엘리베이터의 안전장치에 속하지 않는 것은?
① 균형추   ② 완충기
③ 조속기   ④ 전자브레이크

해설
균형추는 권상기의 부하를 가볍게 하여 전기를 절약할 목적으로 승강카(Car)의 반대 측 로프에 장치하는 것으로 안전장치에 해당하지 않는다.

합격 POINT 엘리베이터 안전장치
전자브레이크, 조속기, 비상정지장치, 종점스위치, 리밋스위치, 완충기, 도어 안전장치 등

정답 73 ① 74 ② 75 ① 76 ④ 77 ①

78 ★★★

어느 점광원에서 1m 떨어진 곳의 직각면 조도가 200lx일 때, 이 광원에서 2m 떨어진 곳의 직각면 조도는?

① 25lx
② 50lx
③ 100lx
④ 200lx

해설

$E = \dfrac{I}{d^2}$

E: 조도(lx), I: 광도(cd), d: 거리(m)

조도(E)는 거리(d)의 제곱에 반비례한다.

따라서, 거리가 2배가 되면 조도는 $\dfrac{1}{2^2}\left(=\dfrac{1}{4}\right)$배가 되므로 $200\text{lx} \times \dfrac{1}{4} = 50\text{lx}$이다.

79 ★★☆

전기설비의 배선공사에 관한 설명으로 옳지 않은 것은?

① 금속관 공사는 외부적 응력에 대해 전선보호의 신뢰성이 높다.
② 합성수지관 공사는 열적 영향이나 기계적 외상을 받기 쉬운 곳에서는 사용이 곤란하다.
③ 금속덕트 공사는 다수회선의 절연전선이 동일 경로에 부설되는 간선 부분에 사용된다.
④ 플로어덕트 공사는 옥내의 건조한 콘크리트 바닥면에 매입 사용되나 강·약전을 동시에 배선할 수 없다.

해설

플로어덕트 공사는 강·약전을 동시에 배선할 수 있다.

80 ★★☆

급수설비에서 역류를 방지하여 오염으로부터 상수계통을 보호하기 위한 방법으로 옳지 않은 것은?

① 토수구 공간을 둔다.
② 각개통기관을 설치한다.
③ 역류방지밸브를 설치한다.
④ 가압식 진공브레이커를 설치한다.

해설

각개통기관은 역류 방지가 아닌 트랩의 봉수를 보호할 목적으로 각 위생기구마다 통기관을 세우는 것으로 가장 이상적인 통기방식이다.

제5과목 건축관계법규

81 ★☆☆

계단 및 복도의 설치기준에 관한 설명으로 틀린 것은?

① 높이가 3m를 넘은 계단에는 높이 3m 이내마다 유효너비 120cm 이상의 계단참을 설치할 것
② 거실 바닥면적의 합계가 100m² 이상인 지하층에 설치하는 계단인 경우 계단 및 계단참의 유효너비는 120cm 이상으로 할 것
③ 계단을 대체하여 설치하는 경사로의 경사도는 1:6을 넘지 아니할 것
④ 문화 및 집회시설 중 공연장의 개별 관람실(바닥면적이 300m² 이상인 경우)의 바깥쪽에는 그 양쪽 및 뒤쪽에 각각 복도를 설치할 것

해설

계단을 대체하여 설치하는 경사로의 경사도는 1:8을 넘지 아니해야 한다.

82 ★★★

면적 등의 산정방법과 관련한 용어의 설명 중 틀린 것은?

① 대지면적은 대지의 수평투영면적으로 한다.
② 건축면적은 건축물의 외벽의 중심선으로 둘러싸인 부분의 수평투영면적으로 한다.
③ 용적률을 산정할 때에는 지하층의 면적을 포함하여 연면적을 계산한다.
④ 건축물의 높이는 지표면으로부터 그 건축물의 상단까지의 높이로 한다.

해설

연면적은 하나의 건축물 각 층의 바닥면적의 합계로 하되, 용적률을 산정할 때에는 다음에 해당하는 면적은 제외한다.
- 지하층의 면적
- 지상층의 주차용(해당 건축물의 부속용도인 경우만 해당)으로 쓰는 면적
- 초고층 건축물과 준초고층 건축물에 설치하는 피난안전구역의 면적
- 건축물의 경사지붕 아래에 설치하는 대피공간의 면적

정답 78 ② 79 ④ 80 ② 81 ③ 82 ③

83 ★☆☆

세대의 구분이 불분명한 건축물로 주거에 쓰이는 바닥면적의 합계가 300m²인 주거용 건축물의 음용수용 급수관 지름의 최소기준은?

① 20mm ② 25mm
③ 32mm ④ 40mm

해설

가구 또는 세대의 구분이 불분명한 건축물에 있어서는 주거에 쓰이는 바닥면적의 합계에 따라 다음과 같이 가구 수를 산정한다.

바닥면적	가구 수
85m² 이하	1
85m² 초과 150m² 이하	3
150m² 초과 300m² 이하	5
300m² 초과 500m² 이하	16
500m² 초과	17

주거용 건축물 급수관의 지름은 다음과 같다.

가구(세대) 수	1	2·3	4·5	6~8	9~16	17 이상
급수관 지름의 최소기준(단위: mm)	15	20	25	32	40	50

84 ★☆☆

다음 중 내화구조에 해당하지 않는 것은?

① 벽의 경우 철재로 보강된 콘크리트블록조·벽돌조 또는 석조로서 철재에 덮은 콘크리트블록 등의 두께가 3cm 이상인 것
② 기둥의 경우 철근콘크리트조로서 그 작은 지름이 25cm 이상인 것
③ 바닥의 경우 철근콘크리트조로서 두께가 10cm 이상인 것
④ 철근콘크리트조로 된 보

해설

벽의 경우 철재로 보강된 콘크리트블록조·벽돌조 또는 석조로서 철재에 덮은 콘크리트블록 등의 두께가 5cm 이상이어야 한다.

85 ★★★

「국토의 계획 및 이용에 관한 법령」상 아래와 같이 정의되는 것은?

> 도시·군계획 수립 대상지역의 일부에 대하여 토지이용을 합리화하고 그 기능을 증진시키며, 미관을 개선하고 양호한 환경을 확보하며, 그 지역을 체계적·계획적으로 관리하기 위하여 수립하는 도시·군관리계획

① 광역도시계획 ② 지구단위계획
③ 도시·군기본계획 ④ 입지규제최소구역계획

해설

지구단위계획이란 도시·군계획 수립 대상지역의 일부에 대하여 토지 이용을 합리화하고 그 기능을 증진시키며 미관을 개선하고 양호한 환경을 확보하며, 그 지역을 체계적·계획적으로 관리하기 위하여 수립하는 도시·군관리계획이다.

선지분석

① 광역도시계획: 지정된 광역계획권의 장기발전방향을 제시하는 계획
③ 도시·군기본계획: 특별시·광역시·특별자치시·특별자치도·시 또는 군의 관할 구역 및 생활권에 대하여 기본적인 공간구조와 장기발전방향을 제시하는 종합계획으로서 도시·군관리계획 수립의 지침이 되는 계획

86 ★☆☆

다음 중 「건축법」상 건축물의 용도 구분에 속하지 않는 것은? (단, 대통령령으로 정하는 세부 용도는 제외함)

① 공장 ② 교육시설
③ 묘지 관련 시설 ④ 자원순환 관련 시설

해설

교육 및 복지시설군에 속하는 것은 교육시설이 아닌 교육연구시설이다. 교육시설은 건축물의 용도 구분에 해당하지 않는다.

선지분석

공장, 묘지 관련 시설, 자원순환 관련 시설은 산업 등 시설군에 속한다.

정답 83 ② 84 ① 85 ② 86 ②

87 ★☆☆

「주차장법령」의 기계식주차장치의 안전기준과 관련하여, 중형 기계식주차장의 주차장치 출입구 크기기준으로 옳은 것은? (단, 사람이 통행하지 않는 기계식 주차장치인 경우임)

① 너비 2.3m 이상, 높이 1.6m 이상
② 너비 2.3m 이상, 높이 1.8m 이상
③ 너비 2.4m 이상, 높이 1.6m 이상
④ 너비 2.4m 이상, 높이 1.9m 이상

해설
기계식주차장치 출입구의 크기는 중형 기계식주차장의 경우 너비 2.3m 이상, 높이 1.6m 이상으로 한다.(단, 사람이 통행하지 않는 기계식 주차장)

88 ★☆☆

「주차장법령」상 노외주차장의 구조 및 설비기준에 관한 아래 설명에서, ⓐ~ⓒ에 들어갈 내용이 모두 옳은 것은?

> 노외주차장의 출구 부근의 구조는 해당 출구로부터 (ⓐ)m(이륜자동차전용 출구의 경우에는 1.3m)를 후퇴한 노외주차장의 차로의 중심선상 (ⓑ)m의 높이에서 도로의 중심선에 직각으로 향한 왼쪽·오른쪽 각각 (ⓒ)도의 범위에서 해당 도로를 통행하는 자를 확인할 수 있도록 하여야 한다.

① ⓐ 1, ⓑ 1.2, ⓒ 45
② ⓐ 2, ⓑ 1.4, ⓒ 60
③ ⓐ 3, ⓑ 1.6, ⓒ 60
④ ⓐ 2, ⓑ 1.2, ⓒ 45

해설
노외주차장의 출구 부근의 구조는 해당 출구로부터 2m(이륜자동차전용 출구의 경우에는 1.3m)를 후퇴한 노외주차장의 차로의 중심선상 1.4m의 높이에서 도로의 중심선에 직각으로 향한 왼쪽·오른쪽 각각 60도의 범위에서 해당 도로를 통행하는 자를 확인할 수 있도록 하여야 한다.

89 ★★☆

건축물의 거실에 국토교통부령으로 정하는 기준에 따라 배연설비를 하여야 하는 대상 건축물에 속하지 않는 것은? (단, 피난층의 거실은 제외하며, 6층 이상인 건축물의 경우임)

① 종교시설
② 판매시설
③ 위락시설
④ 방송통신시설

해설
6층 이상인 건축물로서 다음에 해당하는 건축물의 거실(피난층의 거실 제외)에는 배연설비를 해야 한다.

> 문화 및 집회시설, 종교시설, 판매시설, 운수시설, 의료시설(요양병원, 정신병원 제외), 교육연구시설 중 연구소, 노유자시설 중 아동 관련 시설, 노인복지시설(노인요양시설 제외), 수련시설 중 유스호스텔, 운동시설, 업무시설, 숙박시설, 위락시설, 관광휴게시설, 장례시설, 제2종 근린생활시설 중 공연장, 종교집회장, 인터넷컴퓨터게임시설제공업소 및 다중생활시설

90 ★★☆

피난 용도로 쓸 수 있는 광장을 옥상에 설치하여야 하는 대상 기준으로 옳지 않은 것은?

① 5층 이상인 층이 종교시설의 용도로 쓰는 경우
② 5층 이상인 층이 업무시설의 용도로 쓰는 경우
③ 5층 이상인 층이 판매시설의 용도로 쓰는 경우
④ 5층 이상인 층이 장례식장의 용도로 쓰는 경우

해설
5층 이상인 층이 제2종 근린생활시설 중 공연장·종교집회장·인터넷컴퓨터게임시설제공업소(바닥면적의 합계가 300m² 이상인 경우만 해당), 문화 및 집회시설(전시장, 동·식물원 제외), 종교시설, 판매시설, 위락시설 중 주점영업 또는 장례시설의 용도로 쓰는 경우에는 피난 용도로 쓸 수 있는 광장을 옥상에 설치하여야 한다.

91 ★★☆

건축물의 대지는 원칙적으로 최소 얼마 이상이 도로에 접하여야 하는가? (단, 자동차만의 통행에 사용되는 도로는 제외함)

① 1.5m
② 2m
③ 3m
④ 4m

해설
건축물의 대지는 2m 이상이 도로에 접하여야 한다.(자동차만의 통행에 사용되는 도로는 제외)

92 ★★☆

다음 설명에 알맞은 용도지구의 세분은?

> 건축물·인구가 밀집되어 있는 지역으로서 시설개선 등을 통하여 재해 예방이 필요한 지구

① 일반방재지구
② 시가지방재지구
③ 중요시설물보호지구
④ 역사문화환경보호지구

선지분석
① 일반방재지구는 법령에 고시되어있지 않음
③ 중요시설물보호지구: 중요시설물의 보호와 기능의 유지 및 증진 등을 위하여 필요한 지구
④ 역사문화환경보호지구: 국가유산·전통사찰 등 역사·문화적으로 보존가치가 큰 시설 및 지역의 보호와 보존을 위하여 필요한 지구

정답 87 ① 88 ② 89 ④ 90 ② 91 ② 92 ②

93 ★☆☆

건축지도원에 관한 설명으로 틀린 것은?

① 허가를 받지 아니하고 건축하거나 용도변경한 건축물의 단속 업무를 수행한다.
② 건축지도원은 시장, 군수, 구청장이 지정할 수 있다.
③ 건축지도원의 자격과 업무 범위는 국토교통부령으로 정한다.
④ 건축신고를 하고 건축 중에 있는 건축물의 시공 지도와 위법 시공 여부의 확인·지도 및 단속 업무를 수행한다.

해설
건축지도원의 자격과 업무 범위 등은 대통령령으로 정한다.

합격 POINT 건축지도원의 업무
- 건축신고를 하고 건축 중에 있는 건축물의 시공 지도와 위법 시공 여부의 확인·지도 및 단속
- 건축물의 대지, 높이 및 형태, 구조 안전 및 화재 안전, 건축설비 등이 법령 등에 적합하게 유지·관리되고 있는지의 확인·지도 및 단속
- 허가를 받지 아니하거나 신고를 하지 아니하고 건축하거나 용도변경한 건축물의 단속

94 ★☆☆

하나 이상의 필지의 일부를 하나의 대지로 할 수 있는 토지 기준에 해당하지 않는 것은?

① 도시·군계획시설이 결정·고시된 경우 그 결정·고시된 부분의 토지
② 농지법에 따른 농지전용허가를 받은 경우 그 허가받은 부분의 토지
③ 국토의 계획 및 이용에 관한 법률에 따른 지목변경허가를 받은 경우 그 허가받은 부분의 토지
④ 산지관리법에 따른 산지전용허가를 받은 경우 그 허가받은 부분의 토지

해설
하나 이상의 필지의 일부를 하나의 대지로 할 수 있는 토지는 다음과 같다.
- 도시·군계획시설이 결정·고시된 경우: 그 결정·고시된 부분의 토지
- 「농지법」에 따른 농지전용허가를 받은 경우: 그 허가받은 부분의 토지
- 「산지관리법」에 따른 산지전용허가를 받은 경우: 그 허가받은 부분의 토지
- 「국토의 계획 및 이용에 관한 법률」에 따른 개발행위허가를 받은 경우: 그 허가받은 부분의 토지
- 법에 따라 사용승인을 신청할 때 필지를 나눌 것을 조건으로 건축허가를 하는 경우: 그 필지가 나누어지는 토지

95 ★☆☆

다음은 지하층과 피난층 사이의 개방공간 설치와 관련된 기준 내용이다. ( ) 안에 알맞은 것은?

> 바닥면적의 합계가 ( ) 이상인 공연장·집회장·관람장 또는 전시장을 지하층에 설치하는 경우에는 각 실에 있는 자가 지하층 각 층에서 건축물 밖으로 피난하여 옥외 계단 또는 경사로 등을 이용하여 피난층으로 대피할 수 있도록 천장이 개방된 외부 공간을 설치하여야 한다.

① 500m²
② 1,000m²
③ 2,000m²
④ 3,000m²

해설
바닥면적의 합계가 3,000m² 이상인 공연장·집회장·관람장 또는 전시장을 지하층에 설치하는 경우에는 각 실에 있는 자가 지하층 각 층에서 건축물 밖으로 피난하여 옥외 계단 또는 경사로 등을 이용하여 피난층으로 대피할 수 있도록 천장이 개방된 외부 공간을 설치하여야 한다.

96 ★★☆

다음 중 「국토의 계획 및 이용에 관한 법령」에 따른 용도지역 안에서의 건폐율 최대한도가 가장 높은 것은?

① 준주거지역
② 중심상업지역
③ 일반상업지역
④ 유통상업지역

해설
중심상업지역의 건폐율은 90% 이하로 최대한도가 가장 높다.

선지분석
① 준주거지역: 70% 이하
③ 일반상업지역: 80% 이하
④ 유통상업지역: 80% 이하

97 ★★☆

건축물의 피난층 외의 층에서 피난층 또는 지상으로 통하는 직통계단을 거실의 각 부분으로부터 계단에 이르는 보행거리가 최대 얼마 이내가 되도록 설치하여야 하는가? (단, 건축물의 주요구조부는 내화구조이고 층수는 15층으로 공동주택이 아닌 경우임)

① 30m
② 40m
③ 50m
④ 60m

해설
주요구조부가 내화구조 또는 불연재료로 된 건축물은 그 보행거리가 50m(층수가 16층 이상인 공동주택의 경우 16층 이상인 층에 대해서는 40m) 이하가 되도록 설치할 수 있다.

정답 93 ③ 94 ③ 95 ④ 96 ② 97 ③

98 ★★☆

공동주택과 오피스텔의 난방설비를 개별난방방식으로 하는 경우 설치기준과 거리가 먼 것은?

① 보일러실의 윗부분에는 그 면적이 0.5m² 이상인 환기창을 설치할 것
② 보일러를 설치하는 곳과 거실 사이의 경계벽은 출입구를 포함하여 방화구조의 벽으로 구획할 것
③ 보일러의 연도는 내화구조로서 공동연도로 설치할 것
④ 기름보일러를 설치하는 경우에는 기름저장소를 보일러실 외의 다른 곳에 설치할 것

해설

보일러는 거실외의 곳에 설치하되, 보일러를 설치하는 곳과 거실 사이의 경계벽은 출입구를 제외하고는 내화구조의 벽으로 구획해야 한다.

99 ★☆☆

「국토의 계획 및 이용에 관한 법령」상 지구단위계획의 내용에 포함되지 않는 것은?

① 건축물의 배치·형태·색채에 관한 계획
② 건축물의 안전 및 방재에 대한 계획
③ 기반시설의 배치와 규모
④ 교통처리계획

해설

지구단위계획구역의 지정목적을 이루기 위하여 지구단위계획에 포함될 수 있는 사항은 다음과 같다.
- 용도지역이나 용도지구를 대통령령으로 정하는 범위에서 세분하거나 변경하는 사항
- 대통령령으로 정하는 기반시설의 배치와 규모
- 도로로 둘러싸인 일단의 지역 또는 계획적인 개발·정비를 위하여 구획된 일단의 토지의 규모와 조성계획
- 건축물의 용도제한, 건축물의 건폐율 또는 용적률, 건축물 높이의 최고한도 또는 최저한도
- 건축물의 배치·형태·색채 또는 건축선에 관한 계획
- 환경관리계획 또는 경관계획
- 보행안전 등을 고려한 교통처리계획
- 그 밖에 토지 이용의 합리화, 도시나 농·산·어촌의 기능 증진 등에 필요한 사항으로서 대통령령으로 정하는 사항

100 ★★★

다음 중 건축물의 용도변경 시 허가를 받아야 하는 경우에 해당하지 않는 것은?

① 주거업무시설군에 속하는 건축물의 용도를 근린생활시설군에 해당하는 용도로 변경하는 경우
② 문화 및 집회시설군에 속하는 건축물의 용도를 영업시설군에 해당하는 용도로 변경하는 경우
③ 전기통신시설군에 속하는 건축물의 용도를 산업 등의 시설군에 해당하는 용도로 변경하는 경우
④ 교육 및 복지시설군에 속하는 건축물의 용도를 문화 및 집회시설군에 해당하는 용도로 변경하는 경우

해설

다음의 어느 하나에 해당하는 시설군에 속하는 건축물의 용도를 상위군(상위 번호)에 해당하는 용도로 변경하는 경우에는 국토교통부령으로 정하는 바에 따라 특별자치시장·특별자치도지사 또는 시장·군수·구청장의 허가를 받아야 한다.
반대로 하위군(하위 번호)에 해당하는 용도로 변경하는 경우는 신고 대상이다.
1. 자동차 관련 시설군   6. 교육 및 복지시설군
2. 산업 등의 시설군   7. 근린생활시설군
3. 전기통신시설군   8. 주거업무시설군
4. 문화 및 집회시설군   9. 그 밖의 시설군
5. 영업시설군

문화 및 집회시설군에 속하는 건축물의 용도를 영업시설군에 해당하는 용도로 변경하는 경우는 하위군에 해당하는 용도로 변경하는 것이므로 신고 대상이다.

정답 98 ② 99 ② 100 ②

2021년 | 제1회 기출문제

제1과목 건축계획

01 ★★☆
쇼핑센터의 몰(Mall)의 계획에 관한 설명으로 옳지 않은 것은?

① 전문점들과 중심상점의 주출입구는 몰에 면하도록 한다.
② 몰에는 자연광을 끌어들여 외부공간과 같은 성격을 갖게 하는 것이 좋다.
③ 다층으로 계획할 경우, 시야의 개방감을 적극적으로 고려하는 것이 좋다.
④ 중심상점들 사이의 몰의 길이는 100m를 초과하지 않아야 하며, 길이 40~50m마다 변화를 주는 것이 바람직하다.

해설
- 중심상점들 사이의 몰의 길이는 240m를 초과하지 않아야 하며, 길이 20~30m마다 변화를 주는 것이 바람직하다.
- 일반적으로 몰의 폭은 6~12m로 한다.

02 ★★☆
연속적인 주제를 선(線)적으로 관계성 깊게 표현하기 위하여 전경(全景)으로 펼치도록 연출하는 것으로 맥락이 중요시될 때 사용되는 특수전시기법은?

① 아일랜드 전시 ② 파노라마 전시
③ 하모니카 전시 ④ 디오라마 전시

해설
파노라마 전시는 연속적인 주제를 연관성 있게 표현하기 위해 선형의 파노라마로 연출하는 전시기법이다.

선지분석
① 아일랜드 전시는 벽이나 천장을 직접 이용하지 않고 전시물 또는 전시장치를 배치하는 전시기법이다.
③ 하모니카 전시는 전시내용을 통일된 형식 속에서 규칙적으로 반복시켜 표현하는 기법이다.
④ 디오라마 전시는 하나의 사실 또는 주제의 시간 상황을 고정시켜 연출하는 것으로 현장에 임한 느낌을 주는 기법이다.

03 ★☆☆
다음 설명에 알맞은 극장 건축의 평면형식은?

- 가까운 거리에서 관람하면서 가장 많은 관객을 수용할 수 있다.
- 객석과 무대가 하나의 공간에 있으므로 양자의 일체감이 높다.
- 무대의 배경을 만들지 않으므로 경제성이 있다.

① 아레나(Arena)형
② 가변(Adaptable)형
③ 프로시니엄(Proscenium)형
④ 오픈 스테이지(Open stage)형

해설
관객이 360°로 둘러싸는 형태인 아레나(Arena)형에 대한 설명이다.

선지분석
② 가변(Adaptable)형: 대학의 연구소 등 실험적 요소가 있는 공간에 많이 이용되는 형식의 하나로 필요에 따라 무대의 객석을 변화시킬 수 있다.
③ 프로시니엄(Proscenium)형: 가장 일반적인 극장 형식의 하나로 어떠한 배경이라도 창출이 가능하여 강연, 아동극, 독주 등에 적합하다.
④ 오픈 스테이지(Open stage)형: 오픈 스테이지의 종류에는 아레나, 그리스 극장, 삼면위요형 등이 있다.

정답 01 ④ 02 ② 03 ①

04 ★☆☆

아파트 형식에 관한 설명으로 옳지 않은 것은?

① 계단실형은 거주의 프라이버시가 높다.
② 편복도형은 복도에서 각 세대로 진입하는 형식이다.
③ 메조넷형은 평면구성의 제약이 적어 소규모 주택에 주로 이용된다.
④ 플랫형은 각 세대의 주거단위가 동일한 층에 배치 구성된 형식이다.

해설
- 메조넷형은 하나의 주거 단위가 복층으로 구성되는 형태로 대규모 주택에 주로 이용된다.
- 메조넷형(복층형)에서는 공용 및 서비스 면적이 감소한다.

05 ★★☆

학교운영방식에 관한 설명으로 옳지 않은 것은?

① 종합교실형은 각 학급마다 가정적인 분위기를 만들 수 있다.
② 교과교실형은 초등학교 저학년에 대해 가장 권장되는 방식이다.
③ 플래툰형은 미국의 초등학교에서 과밀을 해소하기 위해 실시한 것이다.
④ 달톤형은 학급, 학년 구분을 없애고 학생들은 각자의 능력에 따라 교과를 선택하고 일정한 교과를 끝내면 졸업하는 방식이다.

해설
- 종합교실형은 초등학교 저학년에 대해 가장 권장되는 방식이다.
- 교과교실형은 모든 교실을 특정 교과의 수업을 위해 만들며 일반 교실은 존재하지 않는다. 학생의 이동이 심하여 초등학교 저학년에게 적합하지 않다.

06 ★★★

다음 중 단독주택의 현관 위치 결정에 가장 주된 영향을 끼치는 것은?

① 방위
② 주택의 층수
③ 거실의 위치
④ 도로와의 관계

해설
- 단독주택의 평면계획에서 현관의 위치는 대지의 형태, 도로와의 관계 등에 의하여 결정된다.
- 현관의 위치는 방위에는 거의 영향을 받지 않는다.
- 현관의 위치는 주택의 북측이 가장 좋으며 주택의 남측이나 중앙 부분에는 위치하지 않도록 한다.

07 ★☆☆

도서관의 열람실 및 서고계획에 관한 설명으로 옳지 않은 것은?

① 서고 안에 캐럴(Carrel)을 둘 수도 있다.
② 서고면적 $1m^2$당 150~250권의 수장능력으로 계획한다.
③ 열람실은 성인 1인당 3.0~3.5m^2의 면적으로 계획한다.
④ 서고실은 모듈러 플래닝(Modular planning)이 가능하다.

해설
- 열람실은 성인 1인당 1.5~2.0m^2의 면적으로 계획한다.
- 열람실은 아동 1인당 1.1m^2의 면적으로 계획한다.

선지분석
① 캐럴(Carrel)은 연구자들을 위해 서고 내에 설치하는 소규모 부스들을 갖춘 연구 열람실이다.
④ 서고는 시간이 지남에 따라 증가하는 도서 및 자료를 수용할 수 있도록 증축을 고려하여야 하는데 이때, 모듈에 의한 공간계획이 요구된다.

08 ★★☆

다음 중 건축계획에서 말하는 미의 특성 중 변화 또는 다양성을 얻는 방식과 가장 거리가 먼 것은?

① 억양(Accent)
② 대비(Contrast)
③ 균제(Proportion)
④ 대칭(Symmetry)

해설
- 대칭(Symmetry)은 양쪽이 같은 모양으로 표현되는 조형원리로 변화 또는 다양성을 얻기 어렵다.
- 건축의 3요소는 구조, 미, 기능이다.

정답 04 ③ 05 ② 06 ④ 07 ③ 08 ④

09 ★★★

공장건축의 레이아웃(Lay out)에 관한 설명으로 옳지 않은 것은?

① 제품중심의 레이아웃은 대량생산에 유리하며 생산성이 높다.
② 레이아웃이란 생산품의 특성에 따른 공장의 건축면적 결정 방식을 말한다.
③ 공정중심의 레이아웃은 다종 소량생산으로 표준화가 행해지기 어려운 경우에 적합하다.
④ 고정식 레이아웃은 조선소와 같이 조립부품이 고정된 장소에 있고 사람과 기계를 이동시키며 작업을 행하는 방식이다.

해설
레이아웃이란 공장 사이의 여러 부분, 작업장 내 기계 설비, 작업 구역, 자재나 제품 보관 장소 등의 상호 위치 관계이다. 공장 배치 계획 또는 평면 계획을 시행할 때 레이아웃을 고려한다.

10 ★★★

주택단지 도로의 유형 중 쿨데삭(Cul-de-sac)형에 관한 설명으로 옳은 것은?

① 단지 내 통과교통의 배제가 불가능하다.
② 교차로가 +자형이므로 자동차의 교통처리에 유리하다.
③ 우회도로가 없기 때문에 방재상 불리하다는 단점이 있다.
④ 주행속도 감소를 위해 도로의 교차방식을 주로 T자 교차로 한 형태이다.

해설
쿨데삭은 주택단지 내 막다른 도로로서 우회도로가 없기 때문에 방재·방범상 불리하다.

선지분석
① 통과교통이 방지되므로 주거환경의 쾌적성과 안정성을 모두 확보할 수 있다.
② 자동차 진입을 최소화하고, 보행자 위주로 계획하는 방법이다.

11 ★★☆

사무소 건축의 실단위 계획에 관한 설명으로 옳지 않은 것은?

① 개실 시스템은 독립성과 쾌적감의 이점이 있다.
② 개방식 배치는 전면적을 유용하게 이용할 수 있다.
③ 개방식 배치는 개실 시스템보다 공사비가 저렴하다.
④ 개실 시스템은 연속된 긴 복도로 인해 방 깊이에 변화를 주기가 용이하다.

해설
사무소의 개실 시스템은 연속된 긴 복도로 인해 방 길이에 변화를 주기는 용이하지만, 방 깊이에 변화를 주기가 어렵다.

합격 POINT 사무소 건축의 실단위 계획

개실 배치(Individual room system)
- 복도를 통해 각 층의 여러 부분으로 들어가는 방법이다.
- 독립성과 쾌적성이 좋다.
- 방 길이에는 변화를 줄 수 있지만, 방 깊이는 제한된다.

개방식 배치(Open system)
- 개실 배치보다 공사비가 저렴하다.
- 시각차단이 없으므로 독립성이 적어진다.
- 경영자 입장에서 전체를 통제하기 쉽다.
- 실의 깊이나 길이에 변화를 줄 수 있다.
- 전면적을 유용하게 사용할 수 있다.

정답 09 ② 10 ③ 11 ④

12 ★★★

미술관 전시실의 순회형식 중 연속 순회형식에 관한 설명으로 옳은 것은?

① 각 전시실에 바로 들어갈 수 있다는 장점이 있다.
② 연속된 전시실의 한 쪽 복도에 의해서 각 실을 배치한 형식이다.
③ 중심부에 하나의 큰 홀을 두고 그 주위에 각 전시실을 배치한 형식이다.
④ 전시실을 순서별로 통해야 하고, 한 실을 폐쇄하면 전체 동선이 막히게 된다.

해설
- 연속 순로(순회)형식은 구형 또는 다각형의 전시실을 연속적으로 연결하는 형식이다.
- 많은 실을 순서대로 통해야 하므로 하나의 실이 닫히면 전체 동선이 막히게 된다.
- 단순하지만 공간이 절약되는 장점이 있다.

선지분석
①, ② 갤러리 및 코리더 형식에 대한 설명이다.
③ 중앙홀 형식에 대한 설명이다.

13 ★☆☆

사무소 건축의 코어 유형에 관한 설명으로 옳지 않은 것은?

① 편심코어형은 기준층 바닥면적이 작은 경우에 적합하다.
② 독립코어형은 코어가 업무공간에서 별도로 분리시킨 형식이다.
③ 중심코어형은 코어가 중앙에 위치한 유형으로 유효율이 높은 계획이 가능하다.
④ 양단코어형은 수직동선이 양 측면에 위치한 관계로 피난에 불리하다는 단점이 있다.

해설
- 양단코어형은 코어가 분산되어 있어 피난에 유리하다.
- 양단코어형은 2방향 피난에 이상적이며 방재상 유리하다.

14 ★☆☆

비잔틴 건축에 관한 설명으로 옳지 않은 것은?

① 사라센 문화의 영향을 받았다.
② 도세렛(Dosseret)이 사용되었다.
③ 펜덴티브 돔(Pendentive dome)이 사용되었다.
④ 평면은 주로 장축형 평면(라틴 십자가)이 사용되었다.

해설
장축형 평면(라틴 십자가)의 사용은 초기 기독교 건축의 바실리카(Basilica)식 교회의 특징이다.

선지분석
① 비잔틴 건축은 로마 건축에 동양적 요소를 혼합한 것으로 동양의 사라센 건축 양식의 영향을 받았다.
② 비잔틴 건축에서 기둥은 주두가 2중으로 되어 있는데, 이중 상부를 도세렛(Dosseret)이라고 한다.
③ 펜덴티브 돔(Pendentive dome)은 사각형 평면 위에 원형 평면의 돔을 가설하는 것으로 비잔틴 양식의 독특한 기법이다.

15 ★★★

다음과 같은 특징을 갖는 에스컬레이터 배치 유형은?

- 점유면적이 다른 유형에 비해 작다.
- 연속적으로 승강이 가능하다.
- 승객의 시야가 좋지 않다.

① 교차식 배치
② 직렬식 배치
③ 병렬 단속식 배치
④ 병렬 연속식 배치

해설
교차식 배치는 에스컬레이터 배치 형식 중 점유면적이 가장 작고, 승객의 시야가 좋지 않다.

선지분석
② 직렬식 배치: 점유면적과 승객의 시야가 넓고, 승객의 시선이 한 방향으로 고정된다.
③ 병렬 단속식 배치: 승객의 시야가 좋고, 연속적으로 승강할 수 없다.
④ 병렬 연속식 배치: 오르기와 내리기의 연속적 시행이 가능하다.

정답 12 ④ 13 ④ 14 ④ 15 ①

16 ★★☆

클로즈드 시스템(Closed system)의 종합병원에서 외래진료부 계획에 관한 설명으로 옳지 않은 것은?

① 환자의 이용이 편리하도록 2층 이하에 두도록 한다.
② 부속 진료시설을 인접하게 하여 이용이 편리하게 한다.
③ 중앙주사실, 약국은 정면 출입구에서 멀리 떨어진 곳에 둔다.
④ 외과 계통 각 과는 1실에서 여러 환자를 볼 수 있도록 대실로 한다.

해설
중앙주사실, 회계, 약국 등은 정면 출입구 근처에 설치한다.

선지분석
① 환자의 이용이 편리하도록 1층 또는 2층 이하에 둔다.
② 부속 진료시설은 외래환자 및 입원환자 모두가 이용하는 곳으로 시설물들을 인접하게 하여 이용이 편리하게 한다.
④ 내과는 소규모 진료실을 다수 설치하고, 외과 계통은 대진료실을 설치한다.

17 ★★☆

다음 중 다포식(多包式) 건축으로 가장 오래된 것은?

① 창경궁 명정전   ② 전등사 대웅전
③ 불국사 극락전   ④ 심원사 보광전

해설
심원사 보광전은 고려시대 다포식 건축물이다.

선지분석
① 창경궁 명정전, ② 전등사 대웅전, ③ 불국사 극락전은 조선시대의 다포식 건축물이다.

18 ★★★

다음 중 시티 호텔에 속하지 않는 것은?

① 비치 호텔   ② 터미널 호텔
③ 커머셜 호텔   ④ 아파트먼트 호텔

해설
비치 호텔(Beach hotel)은 리조트 호텔에 속한다.

합격 POINT 호텔의 분류
- 시티 호텔: 터미널 호텔, 커머셜 호텔, 아파트먼트 호텔, 레지덴셜 호텔
- 리조트 호텔: 비치 호텔, 산장 호텔, 온천 호텔, 스키 호텔, 클럽 하우스

19 ★☆☆

고대 그리스의 기둥 양식에 속하지 않는 것은?

① 도리아식   ② 코린트식
③ 컴포지트식   ④ 이오니아식

해설
컴포지트식은 로마의 기둥양식이다.

선지분석
① 도리아식(남성적): 주두는 에키누스와 아바쿠스로 구성되며, 육중하고 엄정한 모습을 지니는 남성적 오더이다.
② 코린트식(나뭇잎): 주두를 아칸더스 나무잎 형상으로 장식하며, 가장 장식적이고 화려한 느낌을 갖는 오더이다.
④ 이오니아식(여성적): 소용돌이 형상의 주두가 특징이며, 우아하고 유연감을 주는 여성적 오더이다.

20 ★★☆

주택의 동선계획에 관한 설명으로 옳지 않은 것은?

① 동선은 가능한 굵고 짧게 계획하는 것이 바람직하다.
② 동선의 3요소 중 속도는 동선의 공간적 두께를 의미한다.
③ 개인, 사회, 가사노동권의 3개 동선은 상호간 분리하는 것이 좋다.
④ 화장실, 현관 등과 같이 사용빈도가 높은 공간은 동선을 짧게 처리하는 것이 중요하다.

해설
- 동선의 3요소 중 빈도는 동선의 공간적 두께를 의미한다.
- 동선의 3요소는 속도, 빈도, 하중이다.

정답 16 ③ 17 ④ 18 ① 19 ③ 20 ②

제2과목　건축시공

21 ★★☆
수직굴삭, 수중굴삭 등에 사용되는 깊은 흙파기용 기계이며, 연약지반에 사용하기에 적당한 기계는?

① 드래그쇼벨
② 클램쉘
③ 모터 그레이더
④ 파워쇼벨

해설
클램쉘은 수직굴착 등 일반적으로 협소한 장소의 굴착에 적합한 것으로 자갈 등의 적재에도 사용된다.

22 ★★☆
철근의 가공 및 조립에 관한 설명으로 옳지 않은 것은?

① 철근의 가공은 철근상세도에 표시된 형상과 치수가 일치하고 재질을 해치지 않은 방법으로 이루어져야 한다.
② 철근상세도에 철근의 구부리는 내면 반지름이 표시되어 있지 않은 때에는 KDS에 규정된 구부림의 최소 내면 반지름 이상으로 철근을 구부려야 한다.
③ 경미한 녹이 발생한 철근이라 하더라도 일반적으로 콘크리트와의 부착성능을 매우 저하시키므로 사용이 불가하다.
④ 철근은 상온에서 가공하는 것을 원칙으로 한다.

해설
경미한 녹은 철근과 콘크리트 결합 시 피막이 형성되어 더 이상 녹이 발생하지 않으므로 콘크리트 구조물 품질에 영향을 주지 않는다.

23 ★★☆
건축주 자신이 특정의 단일 상태를 선정하여 발주하는 방식으로서, 특수공사나 기밀보장이 필요한 경우, 또 긴급을 요하는 공사에서 주로 채택되는 것은?

① 공개경쟁입찰
② 제한경쟁입찰
③ 지명경쟁입찰
④ 특명입찰

해설
특명입찰은 건축주가 시공회사의 신용, 자산, 공사경력, 보유기자재 등을 고려하여 그 공사에 적격한 하나의 업체를 지명하여 입찰시키는 방법이다.
- 장점: 공사기밀유지, 우량시공, 간단한 입찰수속
- 단점: 공사비가 불명확하여 공사비 증대 우려

합격 POINT

구분		내용
특명입찰		적격한 하나의 회사를 지정하여 입찰시키는 방식
경쟁입찰	공개경쟁	유자격자는 모두 참가시키는 방식
	지명경쟁	적합하다고 판단되는 3~7개의 회사를 대상으로 입찰에 참가시키는 방식
	제한경쟁	업체 자격에 제한을 가하여 입찰에 참가시키는 방식

24 ★★★
문 윗틀과 문짝에 설치하여 문이 자동적으로 닫혀지게 하며, 개폐압력을 조절할 수 있는 장치는?

① 도어체크(Door check)
② 도어홀더(Door holder)
③ 피봇힌지(Pivot hinge)
④ 도어체인(Door chain)

해설
도어체크(Door check), 도어클로저(Door closer)는 여닫이문 개폐 시 자동으로 문을 닫아주는 장치이다.

선지분석
② 도어홀더(Door holder): 문을 열린 상태로 유지해주는 장치이다.
③ 피봇힌지(Pivot hinge): 일반적인 도어 힌지와 달리, 피봇 힌지는 하나의 축을 기준으로 하는 회전하는 장치이며, 중량문에 사용된다.
④ 도어체인(Door chain): 일반적으로 문 상단 부분에 설치되며, 문을 일부만 열어놓고 밖을 확인하여 출입을 통제할 수 있는 보안장치이다.

정답 21 ② 22 ③ 23 ④ 24 ①

25

건축 석공사에 관한 설명으로 옳지 않은 것은?

① 건식쌓기 공법의 경우 시공이 불량하면 백화현상 등의 원인이 된다.
② 석재 물갈기 마감공정의 종류는 거친갈기, 물갈기, 본갈기, 정갈기가 있다.
③ 시공 전에 설계도에 따라 돌나누기 상세도, 원척도를 만들고 석재의 치수, 형상, 마감방법 및 철물 등에 의한 고정방법을 정한다.
④ 마감면에 오염의 우려가 있는 경우에는 폴리에틸렌 시트 등으로 보양한다.

해설
백화현상은 습식쌓기 공법에서 발생된다.

합격 POINT 백화현상
벽 표면에서 침투하는 빗물에 의해 모르타르의 석회분이 공기 중의 탄산가스와 결합하여 흰가루가 스며나오는 현상이다.

26

벤치마크(Bench Mark)에 관한 설명으로 옳지 않은 것은?

① 적어도 2개소 이상 설치하도록 한다.
② 이동 또는 소멸 우려가 없는 곳에 설치한다.
③ 건축물 기초의 너비 또는 길이 등을 표시하기 위한 것이다.
④ 공사 완료 시까지 존치시켜야 한다.

해설
건축물의 기초의 너비 또는 길이 등을 표시하기 위한 것은 수평규준틀이다.

합격 POINT
벤치마크(Bench mark, 기준점)
토지나 건물의 위치나 높이를 측정하기 위한 기준점이다.
규준틀

구분	내용
수평규준틀	건물 각부의 거리, 위치, 높이의 기준과 기초의 너비 따위의 기준이 되는 수평 위치를 표시하는 가설물
수직규준틀 (세로규준틀)	조적공사에서 건물의 위치와 높이, 땅기기의 너비와 깊이 등을 표시하는 가설물

27

방부력이 약하고 도포용으로만 쓰이며, 상온에서 침투가 잘 되지 않고 흑색이므로 사용 장소가 제한되는 유성방부제는?

① 캐로신
② PCP
③ 염화아연 4% 용액
④ 콜타르

해설
콜타르는 석탄의 고온 건류 시 부산물로 얻어지는 흑갈색의 유성액체이다.

28

시멘트 600포대를 저장할 수 있는 시멘트 창고의 최소 필요 면적으로 옳은 것은? (단, 시멘트 600포대 전량을 저장할 수 있는 면적으로 산정함)

① $18.46m^2$
② $21.64m^2$
③ $23.25m^2$
④ $25.84m^2$

해설
시멘트 창고 면적$(A) = 0.4 \times \dfrac{N}{n} = 0.4 \times \dfrac{600}{13} ≒ 18.46m^2$

합격 POINT 시멘트 창고 면적
$A = 0.4 \times \dfrac{N}{n}$
여기서, n: 쌓기단수(최대 13단)
N: 시멘트 포대수
※ 시멘트 포대수 N산정

포대수	N
600포 미만	쌓기 포대수 전량
600포 이상~1,800포 이하	600포
1,800포대 초과	1/3만 적용

29

시멘트, 모래, 잔자갈, 안료 등을 섞어 이긴 것을 바탕바름이 마르기 전에 뿌려 붙이거나 또는 바르는 것으로 일종의 인조석 바름으로 볼 수 있는 것은?

① 회반죽
② 경석고 플라스터
③ 혼합석고 플라스터
④ 러프코트

해설
러프코트는 건축의 바름벽, 도장 공사에서 벽의 표면을 거칠게 마감하는 일종의 인조석 바름이다.

정답 25 ① 26 ③ 27 ④ 28 ① 29 ④

30 ★★★

용접작업 시 용착금속 단면에 생기는 작은 은색의 점을 무엇이라 하는가?

① 피시아이(Fish eye)
② 블로홀(Blow hole)
③ 슬래그 함입(Slag inclusion)
④ 크레이터(Crater)

해설
피시아이(Fish eye)는 은점이라고도 하며 용접작업 시 용접부에 슬래그 혼입이나 블로홀 겹침 현상으로 인한 용접결함 중 하나이다.

합격 POINT 용접결함의 종류

종류	특징	비고
균열(Crack)	• 용접금속에 금이 간 상태이다. • 용착금속이 응고되어 수축할 때 용접부가 구속되면 인장 잔류 응력에 의해 균열이 발생되며 대부분 냉각과정에서 용착금속 내에 발생한다.	Crack
블로홀 (Blow Hole) & 피트(Pit)	• 블로홀(Blow Hole): 용접 후 냉각 시 용접 부위에 공기가 포함되어 공극이 형성되는 것이다. • 피트(Pit): 용접부 표면에 생기는 미세한 홈이다.	Blow Hole, Pit
슬래그(Slag) 혼입	• 슬래그는 제강 시 생기는 비금속성 찌꺼기이다. • 용착금속이 급속히 냉각하는 경우나 운봉작업이 좋지 않은 경우에 일부가 표면에 뜨지 않고 내부로 혼입되는 현상이다.	Slag 혼입
오버랩 (Over Lap)	• 용융금속이 넘쳐서 표면에 융합되지 않은 상태를 말한다. • 용접 전류가 약할 때 주로 발생한다.	Over Lap
언더컷 (Under Cut)	• 용접 시 모재가 녹아 파이는 현상을 말한다. • 용접 전류가 클 때, 운봉 속도가 빠를 때 발생한다.	Under Cut
용입부족	• 용착금속이 모두 채워지지 않고 빈 공간이 남는 현상을 말한다. • 용접 전류가 낮거나, 운봉 속도가 빠를 때 발생한다.	용입부족
피시아이 (Fish Eye)	• 슬래그 혼입이나 블로홀 겹침 현상으로 생선 눈알 모양의 은색 반점이 생기는 결함이다.	Fish Eye
크레이터 (Crater)	• 용접 시 길이방향 끝부분에 용착금속이 채워지지 않고 우묵하게 패이는 결함이다. • 온도 저하로 용접금속이 수축하면서 균열이 생기기도 한다.	Crater

31 ★★☆

달성가치(Earned value)를 기준으로 원가관리를 시행할 때, 실제 투입원가와 계획된 일정에 근거한 진행성과 차이를 의미하는 용어는?

① CV(Cost Variance)
② SV(Schedule Variance)
③ CPI(Cost Performance Index)
④ SPI(Schedule Performance Index)

해설
원가 차이의 CV(Cost Variance)는 회사가 미리 계산한 예정 또는 표준제조 원가와 실제 원가의 차이를 의미한다.

32 ★★☆

시멘트 200포를 사용하여 배합비가 1 : 3 : 6의 콘크리트를 비벼 냈을 때의 전체 콘크리트량은? (단, 물-시멘트 비는 60%이고 시멘트 1포대는 40kg임)

① 25.25m³
② 36.36m³
③ 39.39m³
④ 44.44m³

해설
배합비가 1:3:6일 때 시멘트는 1m³당 220kg이 필요하다.
$220kg : 1m^3 = (200 \times 40)kg : x\,m^3$
$1m^3 \times (200 \times 40)kg = 220kg \times x\,m^3$
∴ $x = 36.36$

합격 POINT

배합비	시멘트(kg)	모래(m³)	자갈(m³)
1:3:6	220	0.47	0.94
1:2:4	320	0.45	0.9

33 ★☆☆

타일공사에서 시공 후 타일접착력 시험에 관한 설명으로 옳지 않은 것은?

① 타일의 접착력 시험은 600m²당 한 장씩 시험한다.
② 시험할 타일은 먼저 줄눈 부분을 콘크리트면까지 절단하여 주위의 타일과 분리시킨다.
③ 시험은 타일 시공 후 4주 이상일 때 행한다.
④ 시험결과의 판정은 타일 인장 부착강도가 10MPa 이상이어야 한다.

해설
타일의 접착력 시험결과의 판정은 타일의 인장 부착강도가 0.39MPa 이상이어야 한다.

정답 30 ① 31 ① 32 ② 33 ④

34 ★★☆

창면적이 클 때에는 스틸바(Steel bar)만으로는 부족하고, 또한 여닫을 때의 진동으로 유리가 파손될 우려가 있으므로 이것을 보강하고 외관을 꾸미기 위하여 강판을 중공형으로 접어 가로 또는 세로 대는 것을 무엇이라 하는가?

① Mullion
② Ventilator
③ Gallery
④ Pivot

해설

멀리온(Mullion)은 창 면적이 클 때에는 스틸바(기본 창틀)만으로는 약하므로 이것을 보강하고, 외관을 꾸미기 위하여 강판을 중공형으로 접어 가로 또는 세로로 보강하는 부재이다.

35 ★☆☆

벽돌조 건물에서 벽량이란 해당 층의 바닥면적에 대한 무엇의 비를 말하는가?

① 벽면적의 총합계
② 내력벽 길이의 총합계
③ 높이
④ 벽두께

해설

벽량 = $\dfrac{\text{내력벽 길이의 총합계}}{\text{해당 층 바닥면적}}$

36 ★★☆

PMIS(프로젝트 관리 정보시스템)의 특징에 관한 설명으로 옳지 않은 것은?

① 합리적인 의사결정을 위한 프로젝트용 정보관리시스템이다.
② 협업관리체계를 지원하며 정보의 공유와 축적을 지원한다.
③ 공정진척도는 구체적으로 측정할 수 없으므로 별도 관리한다.
④ 조직 및 월간업무 현황 등을 등록하고 관리한다.

해설

PMIS(Project Management Information System, 프로젝트 관리 정보시스템)
- 발주 공사의 체계적·과학적 관리를 위한 전산시스템이다.
- 주요기능은 공정관리, 공정진척보고(일일/주간/월간), 전자문서(업무지시 및 보고), 웹카메라운영, 수행실적평가, 안전점검, 벌점 등 이력관리, 준공도면관리 등이 있다.

37 ★★☆

콘크리트 거푸집용 박리제 사용 시 주의사항으로 옳지 않은 것은?

① 거푸집 종류에 상응하는 박리제를 선택·사용한다.
② 박리제 도포 전에 거푸집면의 청소를 철저히 한다.
③ 거푸집 뿐만 아니라 철근에도 도포하도록 한다.
④ 콘크리트 색조에 영향이 없는지를 시험한다.

해설

박리제는 철근과 콘크리트의 부착력을 저하시키므로 철근에는 도포하지 않는다.

38 ★☆☆

다음 중 도장공사를 위한 목부 바탕만들기 공정으로 옳지 않은 것은?

① 오염, 부착물의 제거
② 송진의 처리
③ 옹이땜
④ 바니시칠

해설

목부 바탕만들기 공정
1. 오염, 부착물 제거
2. 송진처리(긁어내기, 인두지짐, 휘발유 닦기)
3. 연마지 닦기(대패자국 제거)
4. 옹이땜(셀락니스칠)
5. 구멍땜(퍼티먹임) 및 눈메움

합격 POINT ▶ 바니시
합성수지·아스팔트·안료 등에 건성유나 용제를 첨가한 것이다. 매끄럽고 광택이 나며 투명막으로 되어 실내의 목부나 외부의 도장에 쓰인다.

정답 34 ① 35 ② 36 ③ 37 ③ 38 ④

39 ★★★

건축용 목재의 일반적인 성질에 관한 설명으로 옳지 않은 것은?

① 섬유포화점 이하에서는 목재의 함수율이 증가함에 따라 강도는 감소한다.
② 기건상태의 목재의 함수율은 15% 정도이다.
③ 목재의 심재는 변재보다 건조에 의한 수축이 적다.
④ 섬유포화점 이상에서는 목재의 함수율이 증가함에 따라 강도는 증가한다.

해설

섬유포화점(30%) 이상에서는 목재의 함수율이 증가하여도 강도는 일정하며, 이하에서는 함수율 감소에 따라 강도가 증가된다.

합격 POINT 목재의 상태별 함수율

절대건조상태	대기건조상태	섬유포화점
0%	15%	30%

40 ★★★

건축공사에서 V.E(Value Engineering)의 사고방식으로 옳지 않은 것은?

① 기능분석
② 제품위주의 사고
③ 비용절감
④ 조직적 노력

해설

V.E(Value Engineering, 가치공학)는 기능성을 우선으로 하여 조직적 노력과 분석으로 비용절감 및 기능향상을 목적으로 하는 관리기법이다.

- V.E = $\dfrac{기능(Function)}{비용(Cost)}$
- 기본원칙
  1. 사용자 우선의 원칙(사용자 중심의 사고)
  2. 기능본위 우선의 원칙(기능 중심의 사고)
  3. 창조에 의한 변경 우선의 원칙
  4. Team Design 우선의 원칙(조직적 노력)
  5. 가치향상 우선의 원칙(기능향상과 비용절감)

제3과목 건축구조

41 ★★☆

다음 그림과 같이 D16 철근이 90° 표준갈고리로 정착되었다면 이 갈고리의 소요 정착길이(l_{dh})는 약 얼마인가?

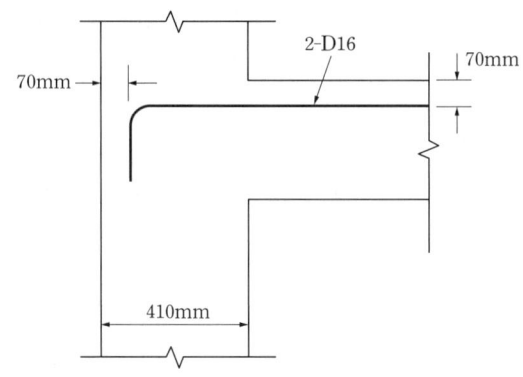

- $l_{hb} = \dfrac{0.24\beta d_b f_y}{\lambda\sqrt{f_{ck}}}$
- 도막계수: 1
- 경량콘크리트계수: 1
- D16의 공칭지름: 15.9mm
- f_{ck}: 21MPa
- f_y: 400MPa

① 233mm
② 243mm
③ 254mm
④ 263mm

해설

소요 정착길이(l_{dh}) = 기본 정착길이(l_{hb}) × 보정계수

기본 정착길이(l_{hb}) = $\dfrac{0.24\beta d_b f_y}{\lambda\sqrt{f_{ck}}}$ = $\dfrac{0.24 \times 1 \times 15.9 \times 400}{1 \times \sqrt{21}}$

D35 이하 90° 표준갈고리 시 피복두께가 50mm 이상인 경우 보정계수는 0.7

∴ l_{dh} = $\dfrac{0.24 \times 1 \times 15.9 \times 400}{1 \times \sqrt{21}} \times 0.7 ≒ 233$mm

정답 39 ④ 40 ② 41 ①

42 ★★★

연약한 지반에서 기초의 부동침하를 감소시키기 위한 상부 구조에 대한 대책으로 옳지 않은 것은?

① 건물을 경량화 할 것
② 강성을 크게 할 것
③ 이웃 건물과의 거리를 멀게 할 것
④ 폭이 일정한 경우 건물의 길이를 길게 할 것

해설
폭이 일정한 경우 건물의 길이를 짧게 해야 부동침하를 감소시킬 수 있다.

합격 POINT 부동침하 방지대책(상부 구조에 대한 대책)
1. 건물의 경량화 및 중량 분배
2. 건물의 길이를 짧게
3. 강성을 높게
4. 인접 건물과의 거리를 멀게

43 ★★☆

그림과 같은 라멘 구조물의 판별은?

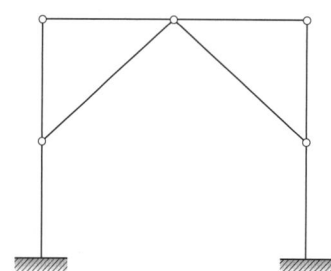

① 불안정 구조물
② 안정, 정정구조물
③ 안정, 1차 부정정구조물
④ 안정, 2차 부정정구조물

해설
$N = r + m + f - 2j$ 공식 이용
여기서, r: 지점반력수, m: 부재수, f: 강절점수, j: 지점수＋자유단 지점수
∴ $N = 6 + 8 + 0 - 2 \times 7 = 0$ 이므로 정정구조물이다.

44 ★★☆

그림과 같이 양단이 회전단인 부재의 좌굴축에 대한 세장비는?

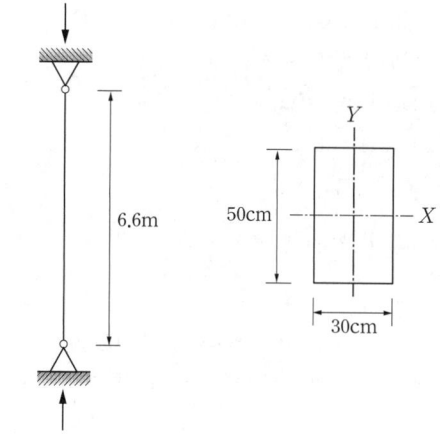

① 76.21
② 84.28
③ 94.64
④ 103.77

해설

세장비 $\lambda = \dfrac{l_k(\text{좌굴길이})}{r(\text{단면2차반경})}$

좌굴길이 $l_k = k(\text{좌굴계수}) \times l$

양단회전이므로 $k = 1$

좌굴길이 $l_k = 1 \times 660 = 660\text{cm}$

$r = \sqrt{\dfrac{I}{A}}$, $I = \dfrac{bh^3}{12} = \dfrac{50 \times 30^3}{12} = 112{,}500\text{cm}^4$

$r = \sqrt{\dfrac{I}{A}} = \sqrt{\dfrac{112{,}500}{50 \times 30}} ≒ 8.66\text{cm}$

$\lambda = \dfrac{l_k}{r} = \dfrac{660}{8.66} ≒ 76.21$

합격 POINT 유효좌굴길이계수

양단힌지	1단고정, 1단힌지	양단고정	1단고정, 1단자유
1	0.7	0.5	2

정답 42 ④ 43 ② 44 ①

45 ★★★

강구조 용접에서 용접 개시점과 종료점의 용착금속에 결함이 없도록 임시로 부착하는 것은?

① 엔드탭(End tab)
② 오버랩(Overlap)
③ 뒷댐재(Backing strip)
④ 언더컷(Under cut)

해설
엔드탭은 용접결함이 생기기 쉬운 용접의 시작이나 끝부분에 임시로 설치하는 보조 강판이다.

선지분석
② 오버랩(Overlap): 용융된 금속이 모재면에 덮혀진 상태
③ 뒷댐재(Backing strip): 맞대기 용접을 한 면으로만 실시하는 경우 충분한 용입을 확보하기 위해 루트 뒷면에 받치는 판
④ 언더컷(Under cut): 용접과정 중 생기는 표면결함으로 응력이 집중되면 균열로 발전할 수 있는 결함

46 ★★★

다음 각 구조시스템에 관한 정의로 옳지 않은 것은?

① 모멘트골조방식: 수직하중과 횡력을 보와 기둥으로 구성된 라멘골조가 저항하는 구조방식
② 연성모멘트골조방식: 횡력에 대한 저항능력을 증가시키기 위하여 부재와 접합부의 연성을 증가시킨 모멘트골조방식
③ 이중골조방식: 횡력의 25% 이상을 부담하는 전단벽이 연성모멘트골조와 조합되어 있는 구조방식
④ 건물골조방식: 수직하중은 입체골조가 저항하고 지진하중은 전단벽이나 가새골조가 저항하는 구조방식

해설
이중골조시스템에서 수평하중의 25% 이상을 부담하는 것은 전단벽이 아니라 연성 모멘트골조이다.

합격 POINT 이중골조형식(Dual structure)

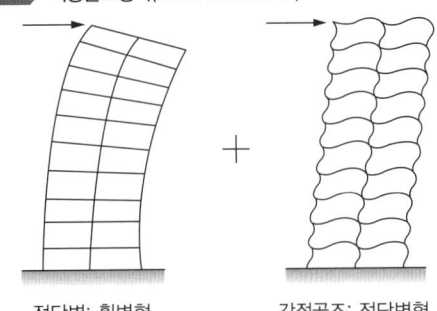

전단벽: 휨변형   강접골조: 전단변형

1. 수평하중의 25% 이상을 부담하는 모멘트(연성)골조가 전단벽이나 가새골조와 조합되어 있는 골조방식이다.
2. 강접골조(전단변형)와 가새골조(휨변형)가 혼합되었을 경우 내진설계에 있어서 비탄성 거동으로서의 연성도가 매우 크기 때문에 반응수정계수를 크게 규정하고 있어 지진력에 효율적으로 저항하는 구조가 된다.

47 ★☆☆

그림과 같은 콘크리트 슬래브에서 합성보 A의 슬래브 유효폭 b_e를 구하면? (단, 그림의 단위는 mm임)

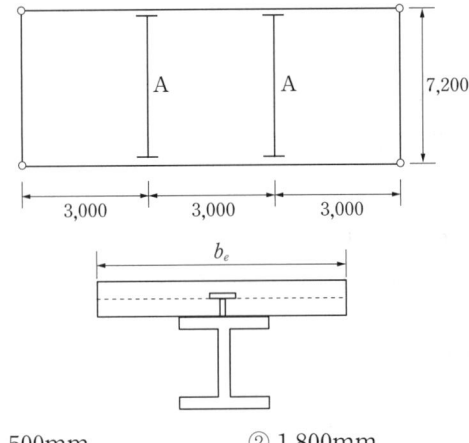

① 1,500mm
② 1,800mm
③ 2,000mm
④ 2,250mm

해설
합성보의 유효폭 b_e: 슬래브 양측 중심간 거리와 보 경간의 1/4 거리 값 중 작은 값으로 결정한다.

1. 슬래브 양측 중심간 거리: $\frac{3,000}{2} + \frac{3,000}{2} = 3,000$mm
2. 보 경간의 1/4: $7,200 \div 4 = 1,800$mm

따라서 두 값 중 작은 값인 경간의 1/4의 값(1,800mm)으로 결정된다.

정답 45 ① 46 ③ 47 ②

48 ★★☆

그림과 같은 등변분포하중이 작용하는 단순보의 최대휨모멘트 M_{max}는?

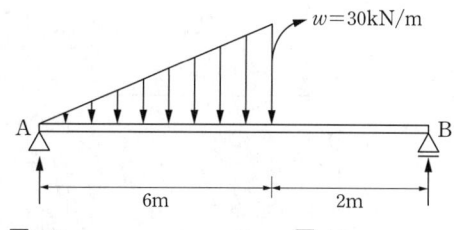

① $25\sqrt{3}$kN·m ② $25\sqrt{2}$kN·m
③ $90\sqrt{3}$kN·m ④ $90\sqrt{2}$kN·m

해설

등변분포하중을 집중하중 형태로 가정한다.
삼각형의 도심은 높이의 1/3에 위치하므로 점 A로부터 4m 지점에 삼각형의 면적만큼의 집중하중이 작용한다.
도심에 작용하는 집중하중의 크기는
$30kN/m \times 6m \times \frac{1}{2} = 90kN$, 수평하중은 작용하지 않으므로 점 A, B에서의 수평반력은 0이다.
집중하중이 가해지는 지점이 점 A와 점 B의 정중앙이므로 점 A, B의 수직반력은 45kN이다.
점 A로부터 거리가 x인 지점을 살펴보면 삼각형의 닮음을 이용하여 등변분포하중의 크기는 $5x$가 된다.
$M_x = +45x - \left(\frac{1}{2} \cdot x \cdot 5x \cdot \frac{x}{3}\right) = 45x - \frac{5}{6}x^3$
$\frac{dM_x}{dx} = V = 45 - \frac{15}{6}x^2 = 0$이 되는 $x = \sqrt{18} = 3\sqrt{2}$이다. (전단력이 0인 지점에서 휨모멘트 값이 최대이다.)
$x = 3\sqrt{2}$일 때의 휨모멘트 값은
$M_x = 45 \times 3\sqrt{2} - \frac{5}{6} \times 54\sqrt{2} = 90\sqrt{2}$kN·m

49 ★☆☆

보의 재질과 단면의 크기가 같을 때 (A)보의 최대처짐은 (B)보의 몇 배 인가?

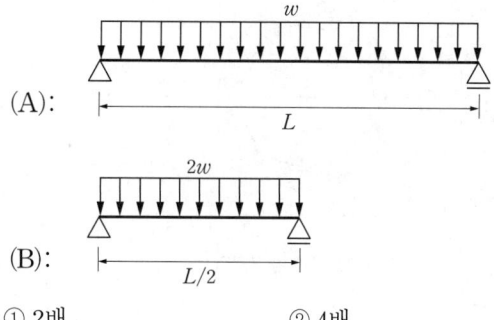

① 2배 ② 4배
③ 8배 ④ 16배

해설

단순보의 등분포하중 시 최대처짐 $\delta_{max} = \frac{5}{384} \cdot \frac{wL^4}{EI}$

(A)의 최대처짐이 $\frac{5}{384} \cdot \frac{wL^4}{EI}$이면

(B)의 최대처짐은 $\frac{5}{384} \cdot \frac{(2w)(L/2)^4}{EI} = \frac{5}{384} \cdot \frac{wL^4}{8EI}$이다.

따라서 (A)의 최대처짐은 (B)의 8배이다.

합격 POINT 단순보의 하중별 최대처짐

1. 중앙 집중하중 시, $\delta_{max} = \frac{PL^3}{48EI}$
2. 등분포하중 시, $\delta_{max} = \frac{5}{384} \cdot \frac{wL^4}{EI}$

정답 48 ④ 49 ③

50 ★★☆

그림과 같은 원통단면의 핵반경은?

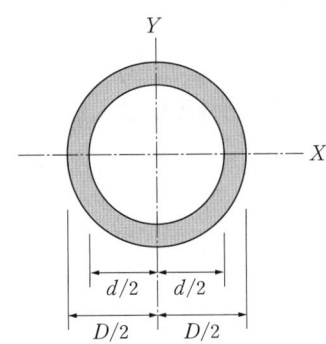

① $\dfrac{D+d}{6}$ ② $\dfrac{D}{8}$

③ $\dfrac{D+d}{8}$ ④ $\dfrac{D^2+d^2}{8D}$

해설

핵반경 $e=\dfrac{Z}{A}$, $Z=\dfrac{I}{y}$

여기서, Z: 단면계수, A: 단면적, I: 단면2차모멘트, y: 중심축으로부터의 거리

$Z=\dfrac{I}{y}=\dfrac{\frac{\pi}{64}(D^4-d^4)}{\frac{D}{2}}$, $A=\dfrac{\pi}{4}(D^2-d^2)$

핵반경 식에 대입하여 정리한다.

$\therefore e=\dfrac{Z}{A}=\dfrac{\frac{\pi(D^2-d^2)(D^2+d^2)}{32D}}{\frac{\pi(D^2-d^2)}{4}}=\dfrac{D^2+d^2}{8D}$

합격 POINT 각 도형의 단면2차모멘트

사각형	$I=\dfrac{bh^3}{12}$	원형	$I=\dfrac{\pi D^4}{64}$	삼각형	$I=\dfrac{bh^3}{36}$

51 ★★☆

다음 그림에서 파단선 A−B−F−C−D의 인장재 순단면적은? (단, 볼트구멍지름 d: 22mm, 인장재 두께는 6mm임)

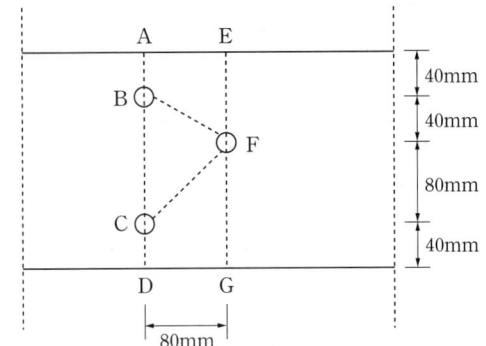

① 1,164mm²   ② 1,364mm²

③ 1,564mm²   ④ 1,764mm²

해설

순단면적＝총 단면적－구멍 면적＋대각선 면적이다.

$A_n=A_g-ndt+\Sigma\dfrac{s^2}{4g}t$

여기서 A_n: 순단면적, A_g: 총 단면적, n: 볼트 개수, d: 볼트구멍직경, t: 접합판의 두께, s: 인접 구멍 사이의 응력방향 중심간격, g: 게이지선들의 응력방향 중심간격

$A_n=6\times 200-3\times 22\times 6+\left(\dfrac{80^2}{4\times 40}\times 6\right)+\left(\dfrac{80^2}{4\times 80}\times 6\right)=1{,}164\text{mm}^2$

정답 50 ④ 51 ①

52 ★★☆

그림과 같은 독립기초에 $N=480\text{kN}$, $M=96\text{kN}\cdot\text{m}$가 작용할 때 기초저면에 발생하는 최대 지반반력은?

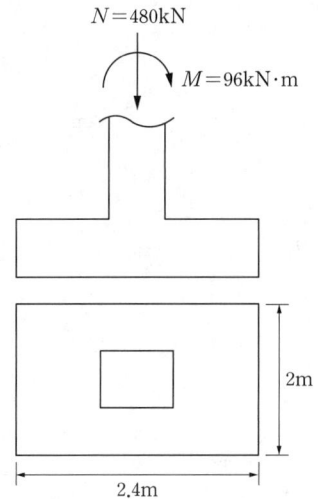

① 15kN/m^2 ② 150kN/m^2
③ 20kN/m^2 ④ 200kN/m^2

해설

최대 지반반력은 편심축하중 N에 의한 응력과 모멘트 M에 의한 응력이 같은 방향으로 발생할 때 발생한다.

최대 지반반력 $q_{max}=-\dfrac{N}{A}-\dfrac{M}{Z}$

여기서, A: 단면적, Z: 단면계수 $\left(\text{사각형: }\dfrac{bh^2}{6}\right)$

$\therefore q_{max}=-\dfrac{N}{A}-\dfrac{M}{Z}=-\dfrac{480}{2\times2.4}-\dfrac{96}{\dfrac{2\times2.4^2}{6}}=-150\text{kN/m}^2$

53 ★★★

그림과 같은 트러스에서 a부재의 부재력은 얼마인가?

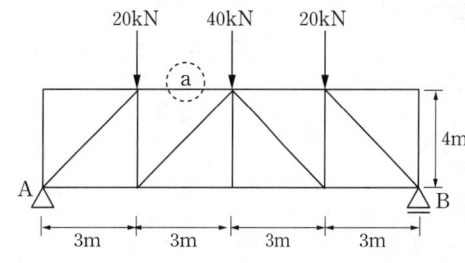

① 20kN (인장) ② 30kN (압축)
③ 40kN (인장) ④ 60kN (압축)

해설

트러스가 좌우대칭이고 점 A, B의 수직반력의 합이 80kN이 되어야 하므로 점 A, B에서의 수직반력은 각각 40kN이다.

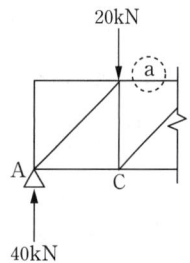

A점에서 우측으로 3m 떨어진 점을 C라고 하면,
$\Sigma M_C = 40\times3 + a\times4 = 0$
$a = -30$이므로 a부재의 부재력은 30kN의 압축력이다.

정답 52 ② 53 ②

54 ★☆☆

그림과 같은 단면에 전단력 40kN이 작용할 때 A점에서 전단응력은?

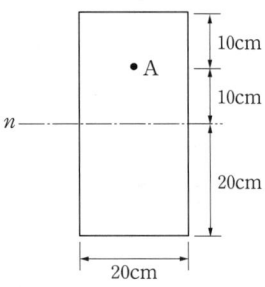

① 0.28MPa ② 0.56MPa
③ 0.84MPa ④ 1.12MPa

해설

전단응력 $\tau = \dfrac{V \cdot Q}{I \cdot b}$

여기서, V: 전단력, Q: 단면1차모멘트, I: 중립축에 대한 단면2차모멘트, b: 폭

보기의 단위에 따라 mm와 N단위로 변환해 준다.

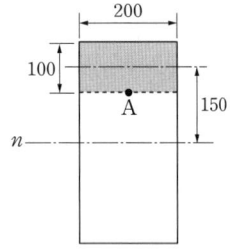

$V = 40 \times 10^3$N

$Q = 200 \times 100 \times 150$

$I = \dfrac{200 \times 400^3}{12}$

$b = 200$

∴ A점에서 전단응력

$\tau = \dfrac{V \cdot Q}{I \cdot b} = \dfrac{(40 \times 10^3) \times (200 \times 100 \times 150)}{\left(\dfrac{200 \times 400^3}{12}\right) \times (200)} = 0.5625$MPa

55 ★★☆

그림과 같이 O점에 모멘트가 작용할 때 OB부재와 OC부재에 분배되는 모멘트가 같게 하려면 OC부재의 길이를 얼마로 해야 하는가?

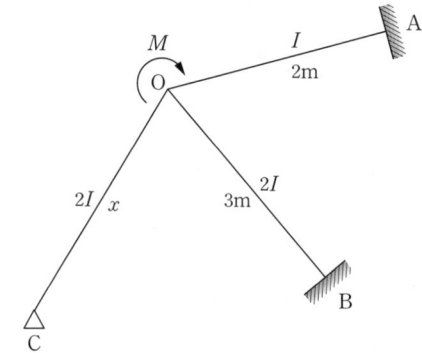

① $\dfrac{2}{3}$m ② $\dfrac{3}{2}$m
③ $\dfrac{9}{4}$m ④ 3m

해설

분배되는 모멘트가 같으려면 강도계수가 같아야 한다. OB, OC부재의 강도계수가 같다는 것을 이용해 OC부재의 길이를 구한다.

강도계수 $K = \dfrac{I}{L}$이다.

여기서 I: 단면2차모멘트, L: 부재의 길이

고정단일 경우에는 위의 강도계수 식에 1을 곱해 사용하지만, 고정단이 아닌 힌지일 경우에는 위의 식에 $\dfrac{3}{4}$을 곱해서 사용한다.

$K_{OB} = \dfrac{2I}{3\text{m}}$, $K_{OC} = \dfrac{2I}{x} \times \dfrac{3}{4}$

$K_{OB} = K_{OC}$이므로,

$\dfrac{2I}{3\text{m}} = \dfrac{6I}{4x}$에서 $4x = 9$m

∴ $x = \dfrac{9}{4}$m

정답 54 ② 55 ③

56

다음 그림과 같은 필릿용접부의 유효면적은?

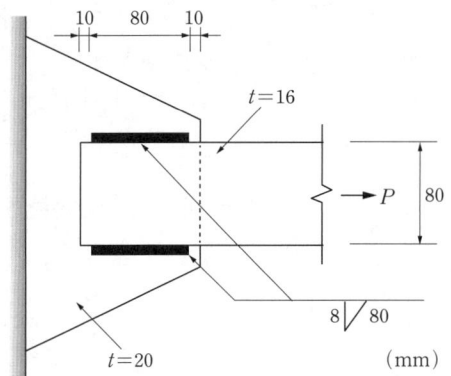

① 614.4mm²
② 691.2mm²
③ 716.8mm²
④ 806.4mm²

해설

필립용접부의 유효면적 $A_w = a \times L_e$ (양면용접은 ×2)
여기서 a: 유효목두께, L_e: 용접의 유효길이
$a = 0.7S$ (S는 모살치수)
  $= 0.7 \times 8 = 5.6$mm
$L_e = L - 2S$ (L은 용접길이)
  $= 80 - 2 \times 8 = 64$mm
∴ $A_w = a \times L_e \times 2 = 5.6 \times 64 \times 2 = 716.8$mm²

57

강도설계법에서 철근콘크리트 부재 중 콘크리트의 공칭전단강도(V_c)가 40kN, 전단철근에 의한 공칭전단강도(V_s)가 20kN일 때, 이 부재의 설계전단강도(ϕV_n)는? (단, 강도감소계수는 0.75 적용)

① 60kN
② 48kN
③ 52kN
④ 45kN

해설

설계전단강도 $\phi V_n = \phi(V_c + V_s)$이다.
$\phi V_n = 0.75 \times (40 + 20) = 45$kN

58

지진계에 기록된 진폭을 진원의 깊이와 진앙까지의 거리 등을 고려하여 지수로 나타낸 것으로 장소에 관계없는 절대적 개념의 지진크기를 말하는 것은?

① 규모
② 진도
③ 진원시
④ 지진동

해설

규모란 지진 자체의 크기를 나타내는 척도 중 하나로 절대적 개념이다.

선지분석

② 진도는 사람이 감지하는 지표면 흔들림을 나타내는 상대적 개념의 지표이다.
③ 진원시는 지진파가 처음 발생한 시각을 말한다.
④ 지진동은 지진파가 지표에 도달하여 관측되는 표면층의 진동을 말한다.

59

철근콘크리트 단순보에서 순간탄성처짐이 0.9mm이었다면 1년 뒤 이 부재의 총처짐량을 구하면? (단, 시간경과계수 $\xi = 1.4$, 압축철근비 $\rho' = 0.01071$)

① 1.52mm
② 1.72mm
③ 1.92mm
④ 2.12mm

해설

총처짐량 = 탄성처짐 + 장기처짐
  = 탄성처짐 + 탄성처짐 × $\dfrac{\xi}{1 + 50 \times \rho'}$

여기서, ξ: 시간경과계수, ρ': 압축철근비

∴ 총처짐량 = $0.9 + 0.9 \times \dfrac{1.4}{1 + 50 \times 0.01071} \fallingdotseq 1.72$mm

60

철근콘크리트 압축부재의 철근량 제한 조건에 따라 사각형이나 원형 띠철근으로 둘러싸인 경우 압축부재의 축방향 주철근의 최소 개수는 얼마인가?

① 2개
② 3개
③ 4개
④ 6개

해설

사각형 또는 원형 띠철근 기둥의 경우 축방향 주철근의 최소 개수는 4개이다.

합격 POINT 축방향 주철근의 최소 개수

구분	최소 개수
사각형 또는 원형 띠철근 기둥	4개
삼각형 띠철근 기둥	3개
나선철근 기둥	6개

정답 56 ③ 57 ④ 58 ① 59 ② 60 ③

제4과목　건축설비

61 ★★★
다음과 같은 조건에서 2,000명을 수용하는 극장의 실온을 20℃로 유지하기 위한 필요 환기량은?

- 외기온도: 10℃
- 1인당 발열량(현열): 60W
- 공기의 정압비열: 1.01kJ/kg·K
- 공기의 밀도: 1.2kg/m³
- 전등 및 기타 부하는 무시한다.

① 11,110m³/h   ② 21,222m³/h
③ 30,444m³/h   ④ 35,644m³/h

해설

$G = \dfrac{3,600Q}{\rho \cdot C \cdot \Delta t}$

$= \dfrac{3,600 \times 0.06\text{kW} \times 2,000명}{1.2\text{kg/m}^3 \times 1.01\text{kJ/kg·K} \times (20-10)\text{K}}$

$= 35,643.564 ≒ 35,644\text{m}^3/\text{h}$

G: 환기량(m³/h), Q: 발열량(kW), ρ: 공기의 밀도(kg/m³), C: 공기의 비열(kJ/kg·K), Δt: 온도차(K)

62 ★★☆
광원으로부터 일정거리 떨어진 소조면의 조도에 관한 설명으로 옳지 않은 것은?

① 광원의 광도에 비례한다.
② $\cos\theta$(입사각)에 비례한다.
③ 거리의 제곱에 반비례한다.
④ 측정점의 반사율에 반비례한다.

해설

조도는 광원의 광도, $\cos\theta$(입사각)에 비례하고 거리의 제곱에 반비례한다.

합격 POINT 조도의 코사인법칙

$E = \dfrac{I}{d^2}\cos\theta$

- E: 조도(lx)
- I: 광도(cd)
- d: 거리(m)
- θ: 입사광의 방향과 법선이 이루는 각

63 ★★☆
화재안전기준에 따라 소화기구를 설치하여야 하는 특정소방대상물의 연면적 기준은?

① 10m² 이상   ② 25m² 이상
③ 33m² 이상   ④ 50m² 이상

해설

소화기구를 설치하여야 하는 특정소방대상물의 연면적 기준은 33m² 이상이다.

64 ★★★
다음과 같은 공식을 통해 산출되는 값으로 전기 설비가 어느 정도 유효하게 사용되는가를 나타내는 것은?

$\dfrac{\text{부하의 평균전력}}{\text{최대 수용전력}} \times 100[\%]$

① 부하율   ② 보상률
③ 부등률   ④ 수용률

해설

부하율은 전기설비가 어느 정도 유효하게 사용되고 있는가를 나타내는 척도로, 어떤 기간 중에 최대 수용전력과 그 기간 중에 평균전력과의 비율을 백분율로 표시한 것이다.

65 ★★☆
음의 세기가 10^{-9}W/m^2일 때 음의 세기 레벨은? (단, 기준 음의 세기 $I_0 = 10^{-12}\text{W/m}^2$임)

① 3dB   ② 30dB
③ 0.3dB   ④ 0.03dB

해설

음의 세기 레벨(SIL)

$= 10\log\dfrac{I}{I_0} = 10\log\dfrac{10^{-9}}{10^{-12}} = 10 \times \log 10^3 = 30\text{dB}$

I: 대상음의 세기(W/m²), I_0: 기준음의 세기(W/m²)

정답 61 ④　62 ④　63 ③　64 ①　65 ②

66 ★☆☆

급탕설비 중 개별식 급탕방식에 관한 설명으로 옳지 않은 것은?

① 배관 길이가 길어 배관 중의 열손실이 크다.
② 건물 완공 후에도 급탕 개소의 증설이 비교적 쉽다.
③ 급탕 개소마다 가열기의 설치 스페이스가 필요하다.
④ 용도에 따라 필요한 개소에서 필요한 온도의 탕을 비교적 간단하게 얻을 수 있다.

해설

개별식 급탕방식은 배관 길이가 15m 이하로 짧아 배관 중의 열손실이 작다.

합격 POINT 개별식 급탕방식의 장단점

장점	• 배관 길이가 짧아 배관 중 열 손실이 적음 • 급탕 개소가 작은 경우 설비비 저렴 • 급탕 개소의 증설이 비교적 쉬움 • 소규모 건축물에 적합 • 난방 겸용의 온수보일러 이용 가능
단점	• 급탕 개소마다 가열기의 설치공간 필요 • 급탕 개소가 많으면 설비비가 많이 들고 비효율적 • 소형 온수 보일러는 수압의 변동으로 인해 사용이 불편 • 급탕 개소마다 탕비기를 설치하므로 미관상 좋지 않음

67 ★☆☆

플러시 밸브식 대변기에 관한 설명으로 옳은 것은?

① 대변기의 연속사용이 가능하다.
② 급수관경과 급수압력에 제한이 없다.
③ 우리나라에서는 일반 주택을 중심으로 널리 채용되고 있다.
④ 탱크에 저장된 물의 낙차에 의한 수압으로 대변기를 세척하는 방식이다.

해설

플러시 밸브식 대변기는 물을 저장하는 탱크 없이 사용하므로 대변기의 연속 사용이 가능하다.

선지분석

② 급수 관경은 25A 이상, 급수압력은 최소 0.07MPa 이상으로 제한이 있다.
③ 학교, 사무실, 호텔 등 불특정 다수가 사용하는 공공화장실에 주로 사용되고 있다.
④ 급수관에서 세정밸브를 거쳐 변기 급수구에 직결되고, 세정밸브의 핸들을 작동함으로써 일정량의 물이 분사되어 세정하는 방식이다.

68 ★★★

공기조화방식 중 2중덕트방식에 관한 설명으로 옳지 않은 것은?

① 전공기방식에 속한다.
② 냉·온풍의 혼합으로 인한 혼합손실이 있어 에너지 소비량이 많다.
③ 단일덕트방식에 비해 덕트 샤프트 및 덕트 스페이스를 크게 차지한다.
④ 부하특성이 다른 여러 개의 실이나 존이 있는 건물에는 적용할 수 없다.

해설

2중덕트방식은 부하특성이 다른 여러 개의 실이나 존이 있는 건물에 적용할 수 있다.

합격 POINT 2중덕트방식(Dual Duct System)

중앙의 공조기에서 냉풍과 온풍을 동시에 제조하여 각 실 또는 각 존에 공급하고, 각 실, 각 존 마다의 부하에 따라 혼합유닛에서 냉풍과 온풍을 적절히 혼합하여 송풍온도를 조절하는 방식이다.

장점	• 개별조절 가능 • 냉·난방을 동시에 할 수 있음 • 온도, 공기정화, 환기효과 등 고도의 처리 가능 • 일정량의 급기량 확보로 실내의 기류 분포 양호 • 실내에 열매수(熱媒水) 배관이나 공조용 동력 배선 불필요
단점	• 설비비 및 운전비가 고가 • 이중덕트이므로 차지하는 면적이 넓음 • 습도의 완전한 조절이 어려움 • 중간기에는 냉·온풍 혼합에 의한 에너지 낭비 발생

69 ★★★

다음과 같은 특징을 갖는 간선 배선 방식은?

• 사고 발생 때 타부하에 파급효과를 최소한으로 억제할 수 있어 다른 부하에 영향을 미치지 않는다.
• 경제적이지 못하다.

① 평행식
② 나뭇가지식
③ 네트워크식
④ 나뭇가지 평행 병용식

해설

평행식(개별식)은 각 분전반 마다 배전반으로부터 단독으로 배선되어 있으므로 전압강하가 적고, 화재 등 사고가 발생하여도 그 범위를 좁힐 수 있는 것이 특징이다. 배선비가 많아지므로 설비비는 많이 드는 편이다.

정답 66 ① 67 ① 68 ④ 69 ①

70 ★★★
압축식 냉동기의 냉동사이클로 옳은 것은?

① 압축 → 응축 → 팽창 → 증발
② 압축 → 팽창 → 응축 → 증발
③ 응축 → 증발 → 팽창 → 압축
④ 팽창 → 증발 → 응축 → 압축

해설
냉동기는 냉동방식에 따라 크게 압축식 냉동기와 흡수식 냉동기로 나눌 수 있다.
압축식 냉동기의 냉동사이클은 압축 → 응축 → 팽창 → 증발 순이다.

합격 POINT 흡수식 냉동기 냉동사이클
증발 → 흡수 → 재생 → 응축

71 ★★☆
온수난방과 비교한 증기난방의 설명으로 옳은 것은?

① 예열시간이 길다.
② 한랭지에서 동결의 우려가 있다.
③ 부하변동에 따른 방열량 제어가 용이하다.
④ 열매온도가 높으므로 방열기의 방열면적이 작아진다.

해설
증기난방은 온수난방에 비해 열매온도가 높아 방열기의 방열면적이 작다.

선지분석
① 증기난방은 예열시간이 짧다.
② 증기난방은 한랭지에서 동결의 우려가 적다.
③ 증기난방은 부하변동에 따른 방열량 제어가 어렵다.

72 ★★☆
바닥면적이 50m²인 사무실이 있다. 32W 형광등 20개를 균등하게 배치할 때 사무실의 평균 조도는? (단, 형광등 1개의 광속은 3,300lm, 조명률은 0.5, 보수율은 0.76임)

① 약 350lx   ② 약 400lx
③ 약 450lx   ④ 약 500lx

해설
$$E = \frac{N \cdot F \cdot U \cdot M}{A}$$
$$= \frac{20개 \times 3,300lm \times 0.5 \times 0.76}{50m^2} = 501.6 ≒ 500lx$$

E: 조도(lx), N: 광원의 수(개), F: 광속(lm), U: 조명률, M: 보수율(=유지율), A: 면적(m²)

73 ★☆☆
배수트랩에서 봉수깊이에 관한 설명으로 옳지 않은 것은?

① 봉수깊이는 50~100mm로 하는 것이 보통이다.
② 봉수깊이가 너무 낮으면 봉수를 손실하기 쉽다.
③ 봉수깊이를 너무 깊게 하면 통수능력이 감소된다.
④ 봉수깊이를 너무 깊게 하면 유수의 저항이 감소된다.

해설
배수트랩에서 봉수깊이를 너무 깊게 하면 유수의 저항이 증가된다.

74 ★★★
카(Car)가 최상층이나 최하층에서 정상 운행 위치를 벗어나 그 이상으로 운행하는 것을 방지하는 엘리베이터 안전장치는?

① 완충기   ② 가이드 레일
③ 리미트 스위치   ④ 카운터 웨이트

해설
리미트 스위치(Limit Switch)는 카가 최상층이나 최하층에서 정상 운행 위치를 벗어나 그 이상으로 운행하는 것을 방지하는 엘리베이터 안전장치이다.

선지분석
① 완충기(Buffer): 카가 최하층을 통과하여 피트로 떨어졌을 때 충격을 완화하기 위한 안전장치
④ 카운터 웨이트(Counter Weight): 권상기의 부하를 작게 하여 에너지를 절약하고자 하는 균형추

75 ★★★
전기설비에서 경질비닐관공사에 관한 설명으로 옳은 것은?

① 절연성과 내식성이 강하다.
② 자성체이며 금속관보다 시공이 어렵다.
③ 온도 변화에 따라 기계적 강도가 변하지 않는다.
④ 부식성 가스가 발생하는 곳에는 사용할 수 없다.

해설
경질비닐관공사는 절연성과 내식성이 강하다.

선지분석
② 절연체이며 금속관보다 시공이 쉽다.
③ 온도 변화에 따라 기계적 강도가 변한다.
④ 부식성 가스가 발생하는 곳에도 사용할 수 있다.

정답 70 ① 71 ④ 72 ④ 73 ④ 74 ③ 75 ①

76 ★☆☆
변전실에 관한 설명으로 옳지 않은 것은?

① 부하의 중심에 설치한다.
② 외부로부터 전력의 수전이 용이해야 한다.
③ 발전기실과 가능한 한 거리를 두고 설치한다.
④ 간선의 배선과 점검·유지보수가 용이한 장소에 설치한다.

해설
변전실은 발전기실과 가능한 한 가까운 곳이 좋다.

77 ★★★
환기에 관한 설명으로 옳지 않은 것은?

① 화장실은 송풍기(급기팬)와 배풍기(배기팬)를 설치하는 것이 일반적이다.
② 기밀성이 높은 주택의 경우 잦은 기계환기를 통해 실내 공기의 오염을 낮추는 것이 바람직하다.
③ 병원의 수술실은 오염공기가 실내로 들어오는 것을 방지하기 위해 실내압력을 주변공간보다 높게 설정한다.
④ 공기의 오염농도가 높은 도로에 면해 있는 건물의 경우, 공기조화설비 계통의 외기도입구를 가급적 높은 위치에 설치한다.

해설
화장실은 자연 급기와 배풍기(배기팬)로 환기한다.
이는 실내를 부압으로 유지하며 실내의 냄새나 유해물질을 다른 실로 흘려 보내지 않는 화장실, 주방, 쓰레기처리실 등에 적용한다.

합격 POINT 환기방식의 비교

구분	급기구	배기구	사용장소
제1종 환기	송풍기	배풍기	수술실
제2종 환기	송풍기	자연 배기	반도체 공장, 무균실
제3종 환기	자연 급기	배풍기	주방, 화장실

78 ★★★
액화천연가스(LNG)에 관한 설명으로 옳지 않은 것은?

① 메탄이 주성분이다.
② 무공해, 무독성이다.
③ 비중이 공기보다 크다.
④ 일반적으로 배관을 통해 공급한다.

해설
액화천연가스(LNG)는 비중이 공기보다 가볍기 때문에 천장에서 30cm 위치에 감지기를 설치한다.

합격 POINT 액화천연가스(LNG; Liquefied Natural Gas)
- 메탄(CH_4)이 주성분이다.
- 공기보다 가벼워 누설되어도 공기 중에 흡수되어 안전성이 높다.
- 가스경보기는 천장에서 30cm 아래에 설치한다.
- 발열량이 크고, 무공해이다.
- 배관을 통하여 공급하기 때문에 대규모 저장시설이 필요하다.

79 ★☆☆
다음 중 지역난방에 적용하기에 가장 적합한 보일러는?

① 수관보일러 ② 관류보일러
③ 입형보일러 ④ 주철제보일러

해설
지역난방에 적용하기에 가장 적합한 보일러는 수관보일러이다. 수관보일러는 드럼에 여러 개의 수관을 설치하여 복사열이 크게 전달되도록 하는 방식이다.

합격 POINT 수관보일러
- 예열시간이 짧고, 열효율이 좋다.
- 지역난방에 적용하기 적합하다.
- 고압, 고온형에 알맞다.
- 사용압력이 높다.
- 비교적 고가이고 급수처리가 복잡하다.

80 ★☆☆
다음 중 급탕설비에서 온수 순환 펌프로 주로 이용되는 것은?

① 사류 펌프 ② 원심식 펌프
③ 왕복식 펌프 ④ 회전식 펌프

해설
원심식 펌프는 급탕설비의 온수순환펌프로 주로 사용된다.

정답 76 ③ 77 ① 78 ③ 79 ① 80 ②

제5과목　건축관계법규

81 ★☆☆
건축물의 관람실 또는 집회실로부터 바깥쪽으로의 출구로 쓰이는 문을 안여닫이로 해서는 안 되는 건축물은?

① 위락시설
② 수련시설
③ 문화 및 집회시설 중 전시장
④ 문화 및 집회시설 중 동·식물원

해설
다음 어느 하나에 해당하는 건축물의 관람실 또는 집회실로부터 바깥쪽으로의 출구로 쓰이는 문은 안여닫이로 해서는 안 된다.
- 제2종 근린생활시설 중 공연장·종교집회장(바닥면적의 합계가 각각 300m² 이상인 경우)
- 문화 및 집회시설(전시장, 동·식물원 제외)
- 종교시설
- 위락시설
- 장례시설

82 ★★☆
다음은 대지의 조경에 관한 기준 내용이다. ( ) 안에 알맞은 것은?

> 면적이 ( ) 이상인 대지에 건축을 하는 건축주는 용도지역 및 건축물의 규모에 따라 해당 지방자치단체의 조례로 정하는 기준에 따라 대지에 조경이나 그 밖에 필요한 조치를 하여야 한다.

① 100m²　② 200m²
③ 300m²　④ 500m²

해설
면적이 200m² 이상인 대지에 건축을 하는 건축주는 용도지역 및 건축물의 규모에 따라 해당 지방자치단체의 조례로 정하는 기준에 따라 대지에 조경이나 그 밖에 필요한 조치를 하여야 한다.

83 ★☆☆
노외주차장에 설치하는 부대시설의 총 면적은 주차장 총 시설면적의 최대 얼마를 초과 하여서는 아니 되는가?

① 5%　② 10%
③ 20%　④ 30%

해설
노외주차장에 설치할 수 있는 부대시설의 총 면적은 주차장 총 시설면적의 20%를 초과해서는 안 된다.

84 ★★☆
노외주차장에 설치하여야 하는 차로의 최소 너비가 가장 작은 주차형식은? (단, 출입구가 2개 이상이며, 이륜자동차전용 외의 노외주차장의 경우임)

① 평행주차　② 교차주차
③ 직각주차　④ 45도 대향주차

해설
이륜자동차전용 외의 노외주차장의 경우 차로의 너비는 다음과 같다.

주차형식	차로의 너비	
	출입구가 2개 이상인 경우	출입구가 1개인 경우
평행주차	3.3m	5.0m
직각주차	6.0m	6.0m
60도 대향주차	4.5m	5.5m
45도 대향주차	3.5m	5.0m
교차주차	3.5m	5.0m

정답 81 ①　82 ②　83 ③　84 ①

85

국토교통부령으로 정하는 바에 따라 방화구조로 하거나 불연재료로 하여야 하는 목조 건축물의 최소 연면적 기준은?

① 500m² 이상
② 1,000m² 이상
③ 1,500m² 이상
④ 2,000m² 이상

해설
연면적이 1,000m² 이상인 목조의 건축물은 그 외벽 및 처마 밑의 연소할 우려가 있는 부분을 방화구조로 하되, 그 지붕은 불연재료로 하여야 한다.

86

거실의 반자설치와 관련된 기준 내용 중 ( ) 안에 들어갈 수 있는 건축물의 용도는?

> ( )의 용도에 쓰이는 건축물의 관람실 또는 집회실로서 그 바닥면적이 200m² 이상인 것의 반자의 높이는 4m(노대의 아랫부분의 높이는 2.7m) 이상이어야 한다. 다만, 기계환기장치를 설치하는 경우에는 그렇지 않다.

① 장례식장
② 교육 및 연구시설
③ 문화 및 집회시설 중 동물원
④ 문화 및 집회시설 중 전시장

해설
문화 및 집회시설(전시장 및 동·식물원 제외), 종교시설, 장례식장 또는 위락시설 중 유흥주점의 용도에 쓰이는 건축물의 관람실 또는 집회실로서 그 바닥면적이 200m² 이상인 것의 반자의 높이는 4m(노대의 아랫부분의 높이는 2.7m) 이상이어야 한다. 다만, 기계환기장치를 설치하는 경우에는 그렇지 않다.

87

건축물의 건축 시 허가 대상 건축물이라 하더라도 미리 특별자치시장·특별자치도지사 또는 시장·군수·구청장에게 국토교통부령으로 정하는 바에 따라 신고를 하면 건축허가를 받은 것으로 보는 소규모 건축물의 연면적 기준은?

① 연면적의 합계가 100m² 이하인 건축물
② 연면적의 합계가 150m² 이하인 건축물
③ 연면적의 합계가 200m² 이하인 건축물
④ 연면적의 합계가 300m² 이하인 건축물

해설
소규모 건축물로서 연면적의 합계가 100m² 이하의 건축물 건축의 경우 미리 특별자치시장·특별자치도지사 또는 시장·군수·구청장에게 국토교통부령으로 정하는 바에 따라 신고를 하면 건축허가를 받은 것으로 본다.

88

광역도시계획의 수립권자 기준에 대한 내용으로 틀린 것은?

① 광역계획권이 같은 도의 관할 구역에 속하여 있는 경우, 관할 시장 또는 군수가 공동으로 수립한다.
② 국가계획과 관련된 광역도시계획의 수립이 필요한 경우 국토교통부장관이 수립한다.
③ 광역계획권을 지정한 날부터 2년이 지날 때까지 관할 시장 또는 군수로부터 광역도시계획의 승인 신청이 없는 경우 국토교통부장관이 수립한다.
④ 광역계획권이 둘 이상의 시·도의 관할 구역에 걸쳐 있는 경우, 관할 시·도지사가 공동으로 수립한다.

해설
국토교통부장관, 시·도지사, 시장 또는 군수는 다음의 구분에 따라 광역도시계획을 수립하여야 한다.
- 광역계획권이 같은 도의 관할 구역에 속하여 있는 경우: 관할 시장 또는 군수가 공동으로 수립
- 광역계획권이 둘 이상의 시·도의 관할 구역에 걸쳐 있는 경우: 관할 시·도지사가 공동으로 수립
- 광역계획권을 지정한 날부터 3년이 지날 때까지 관할 시장 또는 군수로부터 광역도시계획의 승인 신청이 없는 경우: 관할 도지사가 수립
- 국가계획과 관련된 광역도시계획의 수립이 필요한 경우나 광역계획권을 지정한 날부터 3년이 지날 때까지 관할 시·도지사로부터 광역도시계획의 승인 신청이 없는 경우: 국토교통부장관이 수립

89

지구단위계획 중 관계 행정기관의 장과의 협의, 국토교통부장관과의 협의 및 중앙도시계획위원회·지방도시계획위원회 또는 공동위원회의 심의를 거치지 않고 변경할 수 있는 사항에 관한 기준 내용으로 옳은 것은?

① 건축선의 2m 이내의 변경인 경우
② 획지면적의 30% 이내의 변경인 경우
③ 가구면적의 20% 이내의 변경인 경우
④ 건축물 높이의 30% 이내의 변경인 경우

해설
획지면적의 30% 이내의 변경인 경우 관계 행정기관의 장과의 협의, 국토교통부장관과의 협의 및 중앙도시계획위원회·지방도시계획위원회 또는 공동위원회의 심의를 거치지 않고 지구단위계획을 변경할 수 있다.

정답 85 ② 86 ① 87 ① 88 ③ 89 ②

90 ★★☆

공동주택과 오피스텔 난방설비를 개별난방방식으로 하는 경우에 관한 기준 내용으로 틀린 것은?

① 보일러의 연도는 내화구조로서 공동연도로 설치할 것
② 보일러실의 윗부분에는 그 면적이 $0.5m^2$ 이상인 환기창을 설치할 것
③ 오피스텔의 경우에는 난방구획을 방화구획으로 구획할 것
④ 보일러는 거실 외의 곳에 설치하되, 보일러를 설치하는 곳과 거실 사이의 경계벽은 출입구를 제외하고는 방화구조의 벽으로 구획할 것

해설
보일러는 거실 외의 곳에 설치하되, 보일러를 설치하는 곳과 거실 사이의 경계벽은 출입구를 제외하고는 내화구조의 벽으로 구획해야 한다.

91 ★☆☆

대형건축물의 건축허가 사전승인신청 시 제출 도서의 종류 중 설계설명서에 표시하여야 할 사항이 아닌 것은?

① 공사금액
② 개략공정계획
③ 교통처리계획
④ 각부 구조계획

해설
각부 구조계획은 구조계획서에 표시하여야 한다.

92 ★☆☆

주거에 쓰이는 바닥면적의 합계가 $200m^2$인 주거용 건축물에 설치하는 음용수용 급수관의 최소 지름 기준은?

① 25mm
② 32mm
③ 40mm
④ 50mm

해설
가구 또는 세대의 구분이 불분명한 건축물에 있어서는 주거에 쓰이는 바닥면적의 합계에 따라 다음과 같이 가구 수를 산정한다.

바닥면적	가구 수
$85m^2$ 이하	1
$85m^2$ 초과 $150m^2$ 이하	3
$150m^2$ 초과 $300m^2$ 이하	5
$300m^2$ 초과 $500m^2$ 이하	16
$500m^2$ 초과	17

주거용 건축물 급수관의 지름은 다음과 같다.

가구(세대) 수	1	2·3	4·5	6~8	9~16	17 이상
급수관 지름의 최소 기준(단위: mm)	15	20	25	32	40	50

93 ★★☆

건축법령상 건축물의 대지에 공개공지 또는 공개공간을 확보하여야 하는 대상 건축물에 해당하지 않는 것은? (단, 해당 용도로 쓰는 바닥면적의 합계가 $5,000m^2$인 건축물의 경우로, 건축조례로 정하는 다중이 이용하는 시설의 경우는 고려하지 않음)

① 종교시설
② 업무시설
③ 숙박시설
④ 교육연구시설

해설
다음의 어느 하나에 해당하는 건축물의 대지에는 공개공지 또는 공개공간을 설치해야 한다.
- 문화 및 집회시설, 종교시설, 판매시설, 운수시설, 업무시설 및 숙박시설로서 해당 용도로 쓰는 바닥면적의 합계가 $5,000m^2$ 이상인 건축물
- 그 밖에 다중이 이용하는 시설로서 건축조례로 정하는 건축물

94 ★★☆

「국토의 계획 및 이용에 관한 법령」상 건폐율의 최대한도가 가장 높은 용도지역은?

① 준주거지역
② 생산관리지역
③ 중심상업지역
④ 전용공업지역

해설
중심상업지역은 90% 이하로, 건폐율의 최대한도가 가장 높다.

선지분석
① 준주거지역: 70% 이하
② 생산관리지역: 20% 이하
④ 전용공업지역: 70% 이하

95 ★★★

중고층주택을 중심으로 편리한 주거환경을 조성하기 위하여 지정하는 용도지역은?

① 제1종 일반주거지역
② 제2종 일반주거지역
③ 제3종 일반주거지역
④ 제4종 일반주거지역

해설
중고층주택을 중심으로 편리한 주거환경을 조성하기 위하여 필요한 지역은 제3종 일반주거지역이다.

선지분석
① 제1종 일반주거지역: 저층주택을 중심으로 편리한 주거환경을 조성하기 위하여 필요한 지역
② 제2종 일반주거지역: 중층주택을 중심으로 편리한 주거환경을 조성하기 위하여 필요한 지역
③ 제4종 일반주거지역은 현재 법령상 존재하지 않는다.

정답 90 ④ 91 ④ 92 ① 93 ④ 94 ③ 95 ③

96 ★☆☆

대지의 분할 제한과 관련한 아래 내용에서, 밑줄 친 부분에 해당하는 규모가 기준이 틀린 것은?

> 건축물이 있는 대지는 대통령령으로 정하는 범위에서 해당 지방자치단체의 조례로 정하는 면적에 못 미치게 분할할 수 없다.

① 주거지역: 60m² 이상 ② 상업지역: 100m² 이상
③ 공업지역: 150m² 이상 ④ 녹지지역: 200m² 이상

해설
"대통령령으로 정하는 범위"란 다음의 어느 하나에 해당하는 규모 이상을 말한다.
- 주거지역: 60m²
- 상업지역: 150m²
- 공업지역: 150m²
- 녹지지역: 200m²
- 위의 규정에 해당하지 아니하는 지역: 60m²

97 ★★☆

일조 등의 확보를 위한 건축물의 높이 제한 기준 중 (㉠)과 (㉡)에 해당하는 내용으로 옳은 것은?

> 전용주거지역이나 일반주거지역에서 건축물을 건축하는 경우에는 건축물의 각 부분을 정북(政北)방향으로의 인접 대지경계선으로부터 다음의 범위에서 건축조례로 정하는 거리 이상을 띄어 건축하여야 한다.
> 1. 높이 10m 이하인 부분: 인접 대지경계선으로부터 (㉠) 이상
> 2. 높이 10m 초과하는 부분: 인접 대지경계선으로부터 해당 건축물 각 부분 높이의 (㉡) 이상

① ㉠ 1m ② ㉠ 1.5m
③ ㉡ 3분의 1 ④ ㉡ 3분의 2

해설
전용주거지역이나 일반주거지역에서 건축물을 건축하는 경우에는 건축물의 각 부분을 정북방향으로의 인접 대지경계선으로부터 다음의 거리 이상을 띄어 건축하여야 한다.
1. 높이 10m 이하인 부분: 인접 대지경계선으로부터 1.5m 이상
2. 높이 10m 초과하는 부분: 인접 대지경계선으로부터 해당 건축물 각 부분 높이의 2분의 1 이상

98 ★☆☆

건축물 관련 건축기준의 허용오차 범위 기준이 2% 이내가 아닌 것은?

① 출구너비 ② 반자높이
③ 평면길이 ④ 벽체두께

해설
- 출구너비, 반자높이, 평면길이: 2% 이내
- 벽체두께: 3% 이내

99 ★★★

다음 중 승용승강기를 가장 많이 설치해야 하는 건축물의 용도는? (단, 6층 이상의 거실면적의 합계가 10,000m²이며, 8인승 승강기를 설치하는 경우임)

① 의료시설 ② 위락시설
③ 숙박시설 ④ 공동주택

해설

건축물의 용도 \ 6층 이상의 거실면적의 합계	3,000m² 초과
의료시설	기본 2대+3,000m² 초과 시 2,000m² 이내마다 1대 추가
위락시설, 숙박시설	기본 1대+3,000m² 초과 시 2,000m² 이내마다 1대 추가
공동주택	기본 1대+3,000m² 초과 시 3,000m² 이내마다 1대 추가

※ 8인승 이상 15인승 이하의 승강기는 1대의 승강기로 보고, 16인승 이상의 승강기는 2대의 승강기로 본다.

의료시설의 경우 기본 2대 + 3,000m² 초과 시 2,000m² 이내마다 1대가 추가된다.
6층 이상의 거실면적의 합계가 10,000m²이므로, 승용승강기 설치기준은 기본 2대+추가 4대=총 6대가 된다.
위락시설, 숙박시설의 승용승강기 설치기준은 기본 1대+추가 4대=총 5대이며, 공동주택의 승용승강기 설치기준은 기본 1대+추가 3대=총 4대이다.

100 ★★★

비상용승강기 승강장의 바닥면적은 비상용승강기 1대에 대하여 최소 얼마 이상으로 하여야 하는가? (단, 옥내 승강장인 경우임)

① 3m² ② 4m²
③ 5m² ④ 6m²

해설
승강장의 바닥면적은 비상용승강기 1대에 대하여 6m² 이상으로 하여야 한다. 다만, 옥외에 승강장을 설치하는 경우에는 그러하지 아니하다.

정답 96 ② 97 ② 98 ④ 99 ① 100 ④

끝이 좋아야 시작이 빛난다.

– 마리아노 리베라(Mariano Rivera)

에듀윌이
너를
지지할게

ENERGY

세상을 움직이려면
먼저 나 자신을 움직여야 한다.

– 소크라테스(Socrates)

에듀윌 건축기사
10+2개년

필기 기출문제집

2020~2016

차례 CONTENTS

2020년 기출문제

제4회 기출문제	6
제3회 기출문제	28
제1·2회 기출문제	51

2019년 기출문제

제4회 기출문제	74
제2회 기출문제	96
제1회 기출문제	118

2018년 기출문제

제4회 기출문제	140
제2회 기출문제	162
제1회 기출문제	185

2017년 기출문제

제4회 기출문제	210
제2회 기출문제	230
제1회 기출문제	251

2016년 기출문제

제4회 기출문제   272
제2회 기출문제   293
제1회 기출문제   315

2015년 기출문제

제4회 건축구조·건축관계법규   336
제2회 건축구조·건축관계법규   346
제1회 건축구조·건축관계법규   356

2014년 기출문제

제4회 건축구조·건축관계법규   366
제2회 건축구조·건축관계법규   375
제1회 건축구조·건축관계법규   385

2020년 | 제4회 기출문제

제1과목 건축계획

01 ★★☆
기업체가 자사제품의 홍보, 판매 촉진 등을 위해 제품 및 기업에 관한 자료를 소비자들에게 직접 호소하여 제품의 우위성을 인식시키는 전시공간은?

① 쇼룸
② 런드리
③ 프로시니엄
④ 인포메이션

해설
쇼룸(Show room)은 제품을 전시 공개하는 장소로서 기업측에서의 홍보나 판매 촉진 등을 목적으로 만든다.

선지분석
② 런드리는 세탁소이다.
③ 프로시니엄은 가장 일반적인 극장 형식의 하나로 어떠한 배경이라도 창출이 가능하여 강연, 아동극, 독주 등에 적합하다.
④ 인포메이션은 안내데스크이다.

02 ★☆☆
사무소 건축의 실단위 계획 중 개실 시스템에 관한 설명으로 옳지 않은 것은?

① 공사비가 저렴하다.
② 독립성과 쾌적감이 높다.
③ 방길이에 변화를 줄 수 있다.
④ 방깊이에 변화를 줄 수 없다.

해설
개방식 배치의 공사비가 저렴하다.

합격 POINT 개실 배치(Individual room system)
- 복도를 통해 각 층의 여러 부분으로 들어간다.
- 독립성과 쾌적성이 좋다.
- 방 길이에 변화를 줄 수 있지만, 방 깊이는 제한된다.

03 ★★★
주택단지계획에서 보차분리의 형태 중 평면분리에 해당하지 않는 것은?

① T자형
② 루프(Loop)
③ 쿨데삭(Cul-de-Sac)
④ 오버브리지(Overbridge)

해설
오버브리지(Overbridge)는 입체분리이다.

합격 POINT 보차분리
- 평면분리: 쿨데삭, 루프, T자형, 열쇠형
- 면적분리: 보행자 안전참, 보행자 공간, 몰
- 입체분리: 오버브리지, 언더패스
- 시간분리: 시간제 차량통행, 차 없는 날

04 ★★★
도서관의 출납 시스템 유형 중 이용자가 자유롭게 도서를 꺼낼 수 있으나 열람석으로 가기 전에 관원의 검열을 받는 형식은?

① 폐가식
② 반개가식
③ 자유개가식
④ 안전개가식

해설
안전개가식은 열람자가 직접 서가에서 책을 고르고 관원의 검열과 대출 기록을 남긴 후 열람한다.

선지분석
① 폐가식: 책의 목록을 보고 책을 선택한다. 관원에게 선택한 책의 대출 기록을 제출한 후 대출받는다.
② 반개가식: 열람자가 책의 체재나 표지를 통해 선택한 책을 관원에게 요구하면 관원이 서가에서 책을 가져와 대출 기록을 남긴 후 열람한다.
③ 자유개가식: 열람자가 직접 서가에서 책을 고르고 검열 없이 열람한다.

정답 01 ① 02 ① 03 ④ 04 ④

05 ★★☆

단독주택에서 다음과 같은 실들을 각각 직상층 및 직하층에 배치할 경우 가장 바람직하지 않은 것은?

① 상층: 침실, 하층: 침실
② 상층: 부엌, 하층: 욕실
③ 상층: 욕실, 하층: 침실
④ 상층: 욕실, 하층: 부엌

해설
- 상층 침실, 하층 욕실로 계획하는 것이 바람직하다.
- 단독주택은 배관을 집중하거나 개인 프라이버시를 위해 상층과 하층을 각각 부엌과 욕실로 배치하거나 상하층의 같은 위치에 침실을 배치하기도 한다.

06 ★★★

다음 중 백화점 매장의 기둥간격 결정요소와 가장 거리가 먼 것은?

① 엘리베이터의 배치방법
② 진열장의 치수와 배치방법
③ 지하주차장 주차방식과 주차 폭
④ 층별 매장 구성과 예상 이용 인원

해설
층별 매장 구성과 예상 이용 인원은 백화점 매장의 기둥간격 결정요소와 큰 관련이 없다.

합격 POINT 사무소와 백화점의 기둥간격 결정요소
- 사무소: 책상배치 단위, 채광상 층고에 의한 안깊이, 주차배치 단위 등
- 백화점: 가구(진열장) 배치, 에스컬레이터의 배치, 주차배치 단위, 층고 등

07 ★☆☆

학교 운영방식에 관한 설명으로 옳지 않은 것은?

① 종합교실형은 초등학교 저학년에 권장되는 방식이다.
② 교과교실형은 교실의 이용률은 높으나 순수율은 낮다.
③ 달톤형은 학급과 학년을 없애고 각자의 능력에 따라 교과를 선택하는 방식이다.
④ 플라툰형은 전 학급을 2분단으로 나누어 한 쪽이 일반 교실을 사용할 때, 다른 쪽은 특별교실을 사용한다.

해설
- 교과교실형은 순수율이 높아 시설의 활용도가 높다.
- 교과교실형은 모든 교실을 특정 교과의 수업을 위해 만들며 일반 교실은 존재하지 않는다.
- 교과교실형은 학생의 이동이 많다는 단점이 있다.

08 ★☆☆

종합병원에서 클로즈드 시스템(Closed system)의 외래진료부에 관한 설명으로 옳지 않은 것은?

① 내과는 소규모 진료실을 다수 설치하도록 한다.
② 환자의 이용이 편리하도록 1층 또는 2층 이하에 둔다.
③ 중앙주사실, 회계, 약국 등은 정면 출입구 근처에 설치한다.
④ 전체병원에 대한 외래진료부의 면적비율은 40~45% 정도로 한다.

해설
전체병원에 대한 외래진료부의 면적비율은 10~15% 정도로 한다.

선지분석
① 내과는 소규모 진료실을 다수 설치하고, 외과 계통은 대진료실을 설치한다.
② 환자의 이용이 편리하도록 2층 이하에 두도록 한다.

09 ★★☆

공장 건축의 레이아웃(Layout)에 관한 설명으로 옳지 않은 것은?

① 제품중심의 레이아웃은 대량생산에 유리하며 생산성이 높다.
② 레이아웃은 장래 공장규모의 변화에 대응한 융통성이 있어야 한다.
③ 공정중심의 레이아웃은 다품종 소량생산이나 주문생산에 적합한 형식이다.
④ 고정식 레이아웃은 기능이 동일하거나 유사한 공정, 기계를 접합하여 배치하는 방식이다.

해설
- 공정중심의 레이아웃은 기능이 동일하거나 유사한 공정, 기계를 접합하여 배치하는 방식이다.
- 고정식 레이아웃은 재료나 부품은 고정된 장소에 있고, 사람이나 기계가 이동하며 작업하는 방식으로 조선소 등과 같이 제품의 크기가 크고 생산수량이 적은 경우 적합하다.

정답 05 ③ 06 ④ 07 ② 08 ④ 09 ④

10 ★★☆
극장건축의 관련 제실에 관한 설명으로 옳지 않은 것은?

① 앤티룸(Anti room)은 출연자들이 출연 바로 직전에 기다리는 공간이다.
② 그린룸(Green room)은 출연자 대기실을 말하며 주로 무대 가까운 곳에 배치한다.
③ 배경제작실의 위치는 무대에 가까울수록 편리하며, 제작 중의 소음을 고려하여 차음 설비가 요구된다.
④ 의상실은 실의 크기가 1인당 최소 $8m^2$가 필요하며, 그린룸이 있는 경우 무대와 동일한 층에 배치하여야 한다.

해설
의상실은 실의 크기가 1인당 최소 $4 \sim 5m^2$가 필요하며, 그린룸이 있는 경우 무대와 동일한 층에 배치하지 않아도 된다.

11 ★★☆
상점의 동선계획에 관한 설명으로 옳지 않은 것은?

① 고객동선은 가능한 길게 한다.
② 직원동선은 가능한 짧게 한다.
③ 상품동선과 직원동선은 동일하게 처리한다.
④ 고객 출입구와 상품 반입/출 출입구는 분리하는 것이 좋다.

해설
상품동선과 직원동선은 분리한다.

선지분석
① 고객동선은 가능한 길고 원활하게 하여 다수의 손님을 수용할 수 있도록 한다.
② 적은 수의 직원으로 효과적인 상품의 판매가 이루어지도록 직원동선은 짧게 하여 보행 거리를 적게 한다.
④ 고객동선, 직원동선, 상품동선은 모두 분리하여 서로 교차되지 않는 것이 바람직하다.

12 ★★☆
건축공간의 치수계획에서 "압박감을 느끼지 않을 만큼의 천장 높이 결정"은 다음 중 어디에 해당하는가?

① 물리적 스케일 ② 생리적 스케일
③ 심리적 스케일 ④ 입면적 스케일

해설
- 심리적으로 압박감이나 답답함을 느끼지 않도록 계획하는 것은 심리적 스케일이다.
- 심리적 스케일은 인간의 심리적 여유감이나 안정감을 위해 필요한 건축공간의 치수(Scale)이다.
- 건축공간의 치수(Scale)는 인간을 기준으로 살펴볼 때 물리적 스케일, 생리적 스케일, 심리적 스케일의 세 가지로 구분한다.

선지분석
① 물리적 스케일: 출입구의 크기 등과 같이 인간이나 물체의 물리적 크기에 의해 결정
② 생리적 스케일: 필요한 환기량에 따라 실내의 창문 크기를 결정

13 ★★☆
고대 로마 건축물 중 판테온(Pantheon)에 관한 설명으로 옳지 않은 것은?

① 로툰다 내부는 드럼과 돔 두 부분으로 구성된다.
② 직사각형의 입구 공간은 외부와 내부 사이의 전이공간으로 사용된다.
③ 드럼 하부는 깊은 니치와 독립된 도리아식 기둥들로 동적인 공간을 구현한다.
④ 거대한 돔을 얹은 로툰다와 대형 열주 현관이라는 2가지 주된 구성 요소로 이루어진다.

해설
드럼 하부는 깊은 니치와 독립된 코린트식 기둥으로 구성된다.

14 ★☆☆
극장의 평면형식 중 오픈 스테이지(Open stage)형에 관한 설명으로 옳은 것은?

① 연기자가 남측 방향으로만 관객을 대하게 된다.
② 강연, 음악회, 독주, 연극 공연에 가장 적합한 형식이다.
③ 가장 일반적인 극장의 형식으로 어떠한 배경이라도 창출이 가능하다.
④ 무대와 객석이 동일공간에 있는 것으로 관객석이 무대의 대부분을 둘러싸고 있다.

해설
오픈 스테이지형은 무대와 객석이 동일공간에 있으며, 무대의 대부분을 관객석이 둘러싸고 많은 수의 관객이 시각 거리 내에 수용된다.

선지분석
①, ②, ③은 프로시니엄 스테이지에 대한 설명이다.

정답 10 ④ 11 ③ 12 ③ 13 ③ 14 ④

15 ★★☆

다음 설명에 알맞은 사무소 건축의 코어 유형은?

- 코어와 일체로 한 내진구조가 가능한 유형이다.
- 유효율이 높으며, 임대 사무소로서 경제적인 계획이 가능하다.

① 편심형 ② 독립형
③ 분리형 ④ 중심형

해설
중심형에 대한 설명이다. 중심형은 구조적으로 가장 바람직한 유형으로 고층, 초고층 사무소 건축에 주로 사용된다.

선지분석
① 편심형: 각 층 바닥면적이 소규모인 경우에 적합하다.
② 독립형: 코어를 업무공간에서 분리시킨 관계로 업무공간의 융통성이 높은 유형이다.
③ 분리형: 2방향 피난에 이상적이며 방재상 유리하다.

16 ★★☆

조선시대에 田자형 주택으로 대별되는 서민주택의 지방 유형은?

① 서울지방형 ② 남부지방형
③ 중부지방형 ④ 함경도지방형

해설
- 田자 형식은 함경도지방(북부지방)에 분포한다.
- 田자 형식은 부엌의 부뚜막을 넓게 하고, 도리 방향의 칸막이벽으로 방들을 田자 모양으로 구성한다.

선지분석
① 서울지방형: ㄱ자형, ㄴ자형, ㅁ자형
② 남부지방형: ㅡ자형(방 앞에 긴 마루를 설치함)
③ 중부지방형: ㄱ자형(방 앞에 좁은 툇마루를 설치함)

합격 POINT 조선시대 서민주택 평면형식
- ㄱ자 형식: 중부지방에 분포한다. 부엌, 안방, 웃방으로 일렬 배치하고 웃방에서 직각 방향에 대청을 두고 건너방을 연결한다(개성). 또는 방과 마루를 일렬 배치하고 직각 방향에 부엌을 연결한다(서울).
- ㅡ자 형식: 남부지방에 분포한다. 부엌, 방, 마루 등이 일렬로 연속 배치된다.

17 ★☆☆

메조넷형(Maisonette Type) 아파트에 관한 설명으로 옳지 않은 것은?

① 설비, 구조적인 해결이 유리하며 경제적이다.
② 통로가 없는 층의 평면은 프라이버시 확보에 유리하다.
③ 통로가 없는 층의 평면은 화재 발생 시 대피상 문제점이 발생할 수 있다.
④ 엘리베이터 정지층 및 통로 면적의 감소로 전용면적의 극대화를 도모할 수 있다.

해설
설비, 구조적인 해결이 불리하며 $50m^2$ 이하의 소규모 주택에서는 비경제적이다.

합격 POINT 메조넷형
- 한 주호가 2개의 층 이상으로 구성된다.
- 엘리베이터가 정지하는 층수를 적게 할 수 있다.
- 공용 및 서비스 면적이 감소하고 유효(전용, 거주, 대실)면적은 증가한다.
- 거주성, 특히 프라이버시 확보가 유리하다.
- 스킵 플로어인 경우 구조상 복잡하다.

18 ★★☆

고딕 성당에 관한 설명으로 옳지 않은 것은?

① 중앙집중식 배치를 지배적으로 사용하였다.
② 건축 형태에서 수직성을 강하게 강조하였다.
③ 고딕 성당으로는 랭스 성당, 아미앵 성당 등이 있다.
④ 수평 방향으로 통일되고 연속적인 공간을 만들었다.

해설
- 고딕 건축은 장축형(직선식) 배치를 지배적으로 사용하였다.
- 비잔틴 건축에서 중앙집중식 배치를 지배적으로 사용하였다.

19 ★☆☆

단독주택의 평면계획에 관한 설명으로 옳지 않은 것은?

① 거실은 평면계획상 통로나 홀로 사용하지 않는 것이 좋다.
② 현관의 위치는 대지의 형태, 도로와의 관계 등에 의하여 결정된다.
③ 부엌은 주택의 서측이나 동측이 좋으며 남향은 피하는 것이 좋다.
④ 노인침실은 일조가 충분하고 전망이 좋은 조용한 곳에 면하게 하고 식당, 욕실 등에 근접시킨다.

해설
- 부엌은 주택의 남측이나 동측이 좋으며 서측은 피하는 것이 좋다.
- 부엌의 위치는 일광에 의한 건조 소독이 가능한 남측 또는 동측이 좋다.
- 일사 시간이 긴 서측은 음식물이 부패하기 쉬우므로 피하는 것이 좋다.

정답 15 ④ 16 ④ 17 ① 18 ① 19 ③

20 ★★★

다음 중 호텔의 성격상 연면적에 대한 숙박면적의 비가 가장 큰 것은?

① 리조트 호텔 ② 커머셜 호텔
③ 클럽 하우스 ④ 레지덴셜 호텔

해설
호텔의 연면적에 대한 숙박면적의 비
커머셜(시티) 호텔 > 리조트 호텔 > 아파트먼트 호텔

합격 POINT 호텔의 부분별 면적비
- 숙박면적비: 커머셜(시티) 호텔 > 리조트 호텔 > 아파트먼트 호텔
- 공용면적비: 아파트먼트 호텔 > 리조트 호텔 > 커머셜(시티) 호텔

제2과목 건축시공

21 ★★★

벽두께 1.0B, 벽면적 30m² 쌓기에 소요되는 벽돌의 정미량은? (단, 벽돌은 표준형을 사용함)

① 3,900매 ② 4,095매
③ 4,470매 ④ 4,604매

해설
표준형벽돌 1.0B 쌓기 시 1m²당 149매를 사용하므로, 벽면적 30m² 쌓기와 정미량은 149매/m² × 30m² = 4,470매이다.

합격 POINT 벽돌량 산출(매/m²)

구분	0.5B	1.0B	1.5B	2.0B
표준형 (190×90×57mm)	75	149	224	298

22 ★★☆

석재의 일반적 성질에 관한 설명으로 옳지 않은 것은?

① 석재의 비중은 조암광물의 성질·비율·공극의 정도 등에 따라 달라진다.
② 석재의 강도에서 인장강도는 압축강도에 비해 매우 작다.
③ 석재의 공극률이 클수록 흡수율이 크고 동결융해저항성은 떨어진다.
④ 석재의 강도는 조성결정형이 클수록 크다.

해설
석재의 강도는 조성결정형(결정체)이 작을수록 크다.

23 ★★☆

Power shovel의 1시간당 추정 굴착 작업량을 다음 조건에 따라 구하면?

$$Q=1.2m^3,\ f=1.28,\ E=0.9,\ K=0.9,\ C_m=60초$$

① 67.2m³/h ② 74.7m³/h
③ 82.2m³/h ④ 89.6m³/h

해설
Power shovel의 1시간당 굴착 작업량
$$V = \frac{3,600 \times Q \times f \times E \times K}{C_m}$$
$$= \frac{3,600 \times 1.2 \times 1.28 \times 0.9 \times 0.9}{60} ≒ 74.65m^3/h$$

Q: 버킷용량, f: 토량환산계수, E: 작업효율, K: 굴삭계수, C_m: 싸이클시간

24 ★★☆

도장작업 시 주의사항으로 옳지 않은 것은?

① 도료의 적부를 검토하여 양질의 도료를 선택한다.
② 도료량을 표준량보다 두껍게 바르는 것이 좋다.
③ 저온 다습 시에는 작업을 피한다.
④ 피막은 각 층마다 충분히 건조 경화한 후 다음 층을 바른다.

해설
도장작업 시 도료량을 표준량보다 두껍지 않게 얇게 바른다.

합격 POINT 도장작업 시 주의사항
1. 바람이 강한 날에는 작업을 중지한다.
2. 온도가 5°C 이하, 35°C 이상, 습도가 85% 이상일 때는 작업을 중지하거나 다른 조치를 취한다.
3. 칠막의 각 층은 얇게 하고 충분히 건조시킨다.
4. 칠하는 횟수를 구분하기 위하여 색깔을 다르게 칠한다.

정답 20 ② 21 ③ 22 ④ 23 ② 24 ②

25 ★★☆
콘크리트의 내화, 내열성에 관한 설명으로 옳지 않은 것은?

① 콘크리트의 내화, 내열성은 사용한 골재의 품질에 크게 영향을 받는다.
② 콘크리트는 내화성이 우수해서 600℃ 정도의 화열을 장시간 받아도 압축강도는 거의 저하하지 않는다.
③ 철근콘크리트 부재의 내화성을 높이기 위해서는 철근의 피복두께를 충분히 하면 좋다.
④ 화재를 입은 콘크리트의 탄산화 속도는 그렇지 않은 것에 비하여 크다.

해설
콘크리트는 500~600℃ 정도의 화열에서 압축강도가 급격히 저하된다.

26 ★★★
아스팔트 방수공사에서 아스팔트 프라이머를 사용하는 가장 중요한 이유는?

① 콘크리트 면의 습기 제거
② 방수층의 습기 침입 방지
③ 콘크리트면과 아스팔트 방수층의 접착
④ 콘크리트 밑바닥의 균열 방지

해설
아스팔트 프라이머는 블로운 아스팔트에 휘발성 용제를 넣어 녹인 흑갈색 액체이며, 콘크리트 모체에 침투성을 높여 부착이 잘 되게 한다.

27 ★★☆
콘크리트 배합에 직접적으로 영향을 주는 요소가 아닌 것은?

① 단위수량
② 물-결합재비
③ 철근의 품질
④ 골재의 입도

해설
철근의 품질은 콘크리트 배합에 직접적으로 영향을 주는 요소가 아니다.

28 ★★★
철근, 볼트 등 건축용 강재의 재료시험 항목에서 일반적으로 제외되는 항목은?

① 압축강도시험
② 인장강도시험
③ 굽힘시험
④ 연신율시험

해설
압축강도시험은 콘크리트 재료시험에 해당한다.

합격 POINT 건축용 강재의 재료시험 항목
인장강도시험, 굽힘시험, 연신율시험 등

29 ★☆☆
발주자에 의한 현장관리로 볼 수 없는 것은?

① 착공신고
② 하도급계약
③ 현장회의 운영
④ 클레임 관리

해설
하도급계약은 원도급자의 관리항목으로 발주자에 의한 현장관리로 볼 수 없다. 하도급이란 도급받은 건설공사의 전부 또는 일부를 다시 도급하기 위하여 수급인이 제3자와 체결하는 계약을 말한다.

30 ★★★
어스앵커 공법에 관한 설명으로 옳지 않은 것은?

① 버팀대가 없어 굴착공간을 넓게 활용할 수 있다.
② 인접한 구조물의 기초나 매설물이 있는 경우 효과가 크다.
③ 대형 기계의 반입이 용이하다.
④ 시공 후 검사가 어렵다.

해설
어스앵커 공법의 특징
- 버팀대를 사용하지 않아 넓은 작업공간을 확보할 수 있다.
- 인접한 구조물의 기초나 매설물이 있는 경우 적용이 어렵다.
- 버팀대가 없어 대형장비 반입이 용이하다.
- 시공 후 검사가 곤란하다.

합격 POINT 어스앵커 공법
흙막이 설치 후 흙막이 배면을 어스 드릴로 천공하고 인장재와 모르타르를 주입하여 경화 시킨 후 버팀대 대신 강재의 인장력에 의해서 흙막이 배면의 토압을 지지하게 하는 방식이다.

정답 25 ② 26 ③ 27 ③ 28 ① 29 ② 30 ②

31 ★★★
단순조적 블록쌓기에 관한 설명으로 옳지 않은 것은?

① 살두께가 큰 편을 아래로 하여 쌓는다.
② 특별한 지정이 없으면 줄눈은 10mm가 되게 한다.
③ 하루의 쌓기 높이는 1.5m 이내를 표준으로 한다.
④ 줄눈 모르타르는 쌓은 후 줄눈누르기 및 줄눈파기를 한다.

해설
단순조적 블록쌓기 시 살두께가 큰 편을 위로 하여 쌓는다.

32 ★★★
다음 중 QC활동의 도구가 아닌 것은?

① 특성요인도 ② 파레토그램
③ 층별 ④ 기능계통도

해설
기능계통도는 V.E(Value Engineering, 가치공학)의 기능분석 방법이다.

합격 POINT 종합적 품질관리(TQC)의 7가지 도구

구분	내용
히스토그램	데이터가 어떠한 분포를 하고 있는지를 막대그래프로 작성한 그림
특성요인도	결과에 대하여 원인이 어떻게 관계하고 있는지 한눈에 알아볼 수 있도록 작성한 그림
파레토도	불량, 고장, 결점 등 발생건수를 원인과 형상별로 분류하여 크기 순서대로 나열해 놓은 그림
체크시트	계수값 데이터가 분류 항목별 집중도를 알아볼 수 있도록 작성한 것
층별	집단을 구성하고 있는 데이터를 특성에 따라 부분 집단으로 나누는 것
산점도	대응되는 2개의 짝으로 된 데이터를 그래프상에 점으로 나타낸 것
각종 그래프	작성 목적을 명확히 쉽게 파악할 수 있도록 표현한 그래프

33 ★☆☆
철근의 가스압접에 관한 설명으로 옳지 않은 것은?

① 이음공법 중 접합강도가 극히 크고 성분원소의 조직변화가 적다.
② 압접공은 작업 대상과 압접 장치에 관하여 충분한 경험과 지식을 가진 자로 책임기술자 승인을 받아야 한다.
③ 가스압접할 부분은 직각으로 자르고 절단면을 깨끗하게 한다.
④ 접합되는 철근의 항복점 또는 강도가 다른 경우에 주로 사용한다.

해설
항복점 또는 강도가 서로 다른 철근의 경우에는 가스압접이음을 할 수 없다.

합격 POINT 가스압접으로 이음할 수 없는 경우
- 철근의 지름 차이가 6mm 초과인 경우
- 철근의 재질이 서로 다른 경우
- 항복점 또는 강도가 서로 다른 경우
- 낮은 온도에서의 작업일 때(0℃ 이하)
- 지름의 1/5 이상의 편심오차가 발생한 경우

34 ★★☆
용제형(Solvent) 고무계 도막방수 공법에 관한 설명으로 옳지 않은 것은?

① 용제는 인화성이 강하므로 부근의 화기는 엄금한다.
② 한 층의 시공이 완료되면 1.5~2시간 경과 후 다음 층의 작업을 시작하여야 한다.
③ 완성된 도막은 외상(外傷)에 매우 강하다.
④ 합성고무를 휘발성 용제에 녹인 일종의 고무도료를 칠하여 두께 0.5~0.8mm의 방수피막을 형성하는 것이다.

해설
용제형 고무계 도박방수는 충격이나 외상에 약하다.

35 ★★☆
공사계약제도 중 공사관리방식(CM)의 단계별 업무내용 중 비용의 분석 및 VE기법의 도입 시 가장 효과적인 단계는?

① Pre-Design 단계
② Design 단계
③ Pre-Construction 단계
④ Construction 단계

해설
CM의 단계별 업무내용

단계	내용
Pre-Design 단계 (기획단계)	사업구상, 사업의 타당성 검토 및 사업수행의 구체적 계획 수립
Design 단계 (설계단계)	비용의 분석 및 VE기법의 도입, 대안공법의 검토
Pre-Construction 단계 (입찰·발주단계)	공사발주, 시공업자 선정
Construction 단계 (시공단계)	원가관리, 시공관리, 공사관리 등의 단계
Post-Construction 단계 (준공 후 단계)	유지관리

정답 31 ① 32 ④ 33 ④ 34 ③ 35 ②

36 ★★☆

커튼월(Curtain Wall)의 외관 형태별 분류에 해당하지 않는 방식은?

① Unit 방식
② Mullion 방식
③ Spandrel 방식
④ Sheath 방식

해설
Unit 방식은 커튼월의 조립 방식별 분류에 해당한다.

합격 POINT

외관 형태별	조립 방식별
• 멀리온(Mullion) 방식 • 스팬드럴(Spandrel) 방식 • 격자(Grid) 방식 • 피복(Sheath) 방식	• 유닛월(Unit Wall) 방식 • 스틱월(Stick Wall) 방식 • 윈도우월(Window Wall) 방식

37 ★★★

고층건축물 공사의 반복작업에서 각 작업조의 생산성을 기울기로 하는 직선으로 각 반복작업의 진행을 표시하여 전체 공사를 도식화하는 기법은?

① CPM
② PERT
③ PDM
④ LOB

해설
LOB(Line Of Balance)는 반복작업이 많은 공사에 효과적인 방법으로, 수량을 기울기의 직선으로 도식화하는 공정관리 기법이다.

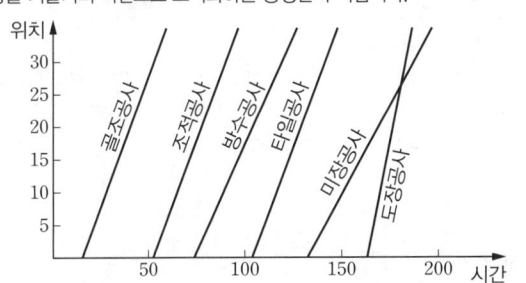

38 ★★★

수밀콘크리트의 시공에 관한 설명으로 옳지 않은 것은?

① 수밀콘크리트는 누수 원인이 되는 건조수축균열의 발생이 없도록 시공하여야 하며, 0.1mm 이상의 균열 발생이 예상되는 경우 누수를 방지하기 위한 방수를 검토하여야 한다.
② 거푸집의 긴결재로 사용한 볼트, 강봉, 세퍼레이터 등의 아래쪽에는 블리딩 수가 고여서 콘크리트가 경화한 후 물의 통로를 만들어 누수를 일으킬 수 있으므로 누수에 대하여 나쁜 영향이 없는 재질의 것을 사용하여야 한다.
③ 소요 품질을 갖는 수밀콘크리트를 얻기 위해서는 전체 구조부가 시공이음 없이 설계되어야 한다.
④ 수밀성의 향상을 위한 방수제를 사용하고자 할 때에는 방수제의 사용 방법에 따라 배처플랜트에서 충분히 혼합하여 현장으로 반입시키는 것을 원칙으로 한다.

해설
수밀콘크리트 시공 시 가급적 이어치지 않고, 적당한 간격으로 전단력이 작은 곳에 시공이음을 두도록 한다.

39 ★☆☆

철골공사 접합 중 용접에 관한 주의사항으로 옳지 않은 것은?

① 현장용접을 하는 부재는 그 용접 부위에 얇은 에나멜 페인트를 칠하되, 이밖에 다른 칠을 해서는 안 된다.
② 용접봉의 교환 또는 다층용접일 때에는 먼저 슬래그를 제거하고 청소한 후 용접한다.
③ 용접할 소재는 용접에 의한 수축변형이 생기고, 또 마무리 작업도 고려해야 하므로 치수에 여분을 두어야 한다.
④ 용접이 완료되면 슬래그 및 스페터를 제거하고 청소한다.

해설
현장용접 시 100mm 이내의 부분에 보일드 유 이외의 칠하지 않도록 주의한다. 에나멜 페인트 칠을 할 경우 용접선에 침전물이 불순물의 형태로 나타나 용접결함을 발생시키므로 사용하지 않는다.

정답 36 ① 37 ④ 38 ③ 39 ①

40 ★☆☆

기성 말뚝 세우기 공사 시 말뚝의 연직도나 경사도는 얼마 이내로 하여야 하는가?

① 1/50
② 1/75
③ 1/80
④ 1/100

해설

기성 말뚝 세우기 공사에서 말뚝의 연직도나 경사도는 1/50 이내로 유지되어야 한다.

* 2020년 4회 출제 당시의 정답은 ④번이었으나, 2021년 5월 12일 날짜로 표준시방서가 개정되어 개정된 규정에 따라 ①을 정답으로 수정하였습니다.

제3과목 건축구조

41 ★★★

강도설계법에 따른 철근콘크리트 단근보에서 $f_{ck}=27$ MPa, $f_y=400$ MPa, 균형철근비(ρ_b)=0.0293일 때 최대 철근비는?

① 0.0258
② 0.0220
③ 0.0213
④ 0.0188

해설

$f_y=400$ MPa일 경우

$\rho_{max}=0.726\rho_b=0.726\times0.0293≒0.0213$

합격 POINT 최대 철근비

철근 항복강도(f_y)	최소 허용변형률($\varepsilon_{t,\,min}$)	최대 철근비(ρ_{max})
300MPa	0.004	$0.658\rho_b$
350Mpa	0.004	$0.692\rho_b$
400MPa	0.004	$0.726\rho_b$
500MPa	$0.005(2\varepsilon_y)$	$0.699\rho_b$

※ 콘크리트 구조 힘 및 압축 설계기준이 개정되어 문제를 수정하였습니다.

42 ★☆☆

그림과 같은 구조물에서 C점에 발생되는 모멘트는?

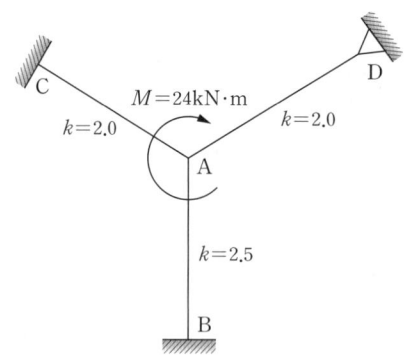

① 4.0kN·m
② 3.5kN·m
③ 3.0kN·m
④ 2.5kN·m

해설

1. 분배율: $DF_{AC}=\dfrac{2}{2+2.5+2\times\dfrac{3}{4}}=\dfrac{1}{3}$ (강비 k는 타단힌지일 경우 $\dfrac{3}{4}k$이다.)

2. 분배모멘트 계산: $M_{AC}=24\times\dfrac{1}{3}=8$kN·m

3. 전달모멘트 계산: $A \to C$ (전달률: 고정단은 $\dfrac{1}{2}$)

$M_{CA}=\dfrac{1}{2}M_{AC}=8\times\dfrac{1}{2}=4$kN·m

43 ★☆☆

온통기초에 관한 설명으로 옳지 않은 것은?

① 연약지반에 주로 사용된다.
② 독립기초에 비하여 구조해서 및 설계가 매우 단순하다.
③ 부동침하에 대하여 유리하다.
④ 지하수가 높은 지반에서도 유효한 기초방식이다.

해설

온통기초는 독립기초에 비하여 구조해석 및 설계가 복잡하다.

합격 POINT 온통기초

기둥과 벽체를 포함한 건물의 모든 하부면 전체에 슬래브와 같은 형태로 설치되는 기초이다. 이 기초는 연약지반에서 높은 강성으로 부동침하를 최소화 할 수 있고 지하수위가 높은 지반에서도 유효하다.

정답 40 ① 41 ③ 42 ① 43 ②

44 ★★☆

1방향 철근콘크리트 슬래브에서 철근의 설계기준 항복강도가 500MPa인 경우 콘크리트 전체 단면적에 대한 수축·온도 철근비는 최소 얼마 이상이어야 하는가? (단, KDS기준, 이형철근 사용)

① 0.0015
② 0.0016
③ 0.0018
④ 0.0020

해설

f_y가 500MPa로 400MPa 초과이므로

$\rho = 0.002 \times \dfrac{400}{500} = 0.0016$

합격 POINT 1방향 슬래브의 수축·온도 철근비

$f_y \leq 400$MPa인 경우 $\rho = 0.002$

$f_y > 400$MPa인 경우 $\rho = 0.002 \times \dfrac{400}{f_y}$

45 ★☆☆

길이 8m의 단순보가 100kN/m의 등분포활하중을 받을 때 위험단면에서 전단철근이 부담해야하는 공칭전단력(V_s)는 얼마인가? (단, 구조물 자중에 의한 $w_D = 6.72$kN/m, $f_{ck} = 24$MPa, $f_y = 300$MPa, $\lambda = 1$, $b_w = 400$mm, $d = 600$mm, $h = 700$mm)

① 424.43kN
② 530.53kN
③ 565.91kN
④ 571.40kN

해설

전단철근의 공칭전단력(V_s)을 구하는 식은 다음과 같다.

$V_u = \phi(V_c + V_s) \rightarrow V_s = \dfrac{V_u}{\phi} - V_c$

1. V_u 산정

$w_u = 1.6 w_L + 1.2 w_D = 1.6 \times 100 + 1.2 \times 6.72 = 168.064$kN/m

$V_u = w_u \times \dfrac{l}{2} = 168.064 \times \dfrac{8}{2} = 672.256$kN

소요전단은 보의 단부로부터 보의 유효깊이 $d(=600$mm$)$만큼 떨어진 곳의 위험단면의 전단력이므로 다음과 같이 환산한다.

$V_u = w_u \times \dfrac{l}{2} - w_u \times d = 672.256 - 168.064 \times 0.6 ≒ 571.42$kN

2. 콘크리트가 부담하는 전단강도(V_c) 산정

$V_c = \dfrac{1}{6} \cdot \lambda \cdot \sqrt{f_{ck}} \cdot b_w \cdot d$

$= \dfrac{1}{6} \times 1 \times \sqrt{24} \times 400 \times 600 \times 10^{-3} ≒ 195.96$kN

3. 전단철근이 부담하는 전단강도(V_s) 산정

$V_s = \dfrac{V_u}{\phi} - V_c = \dfrac{571.42}{0.75} - 195.96 ≒ 565.93$kN

46 ★★☆

다음 그림과 같은 보에서 A점의 수직반력을 구하면?

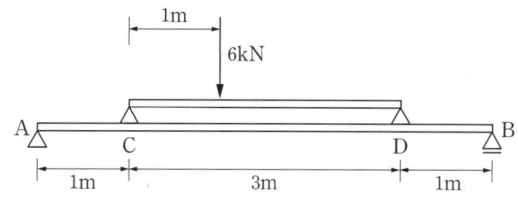

① 2.4kN
② 3.6kN
③ 4.8kN
④ 6.0kN

해설

중층보는 상층보를 분리하여 수직반력을 구하여 하층보의 하중으로 작용하게 하여 하층보를 해석한다.

1. CD보를 먼저 해석하면

$\Sigma M_D = 0$; $V_C \times 3 - 6 \times 2 = 0$, $V_C = 4$kN

$\Sigma V = 0$; $V_C + V_D - 6 = 0$, $V_D = 2$kN

2. V_C와 V_D를 AB보 위에 하중으로 치환시켜 A점의 수직반력을 구한다.

$\Sigma M_B = 0$; $V_A \times 5 - 4 \times 4 - 2 \times 1 = 0$

$\therefore V_A = \dfrac{1}{5} \times (16 + 2) = 3.6$kN

47 ★★★

단일 압축재에서 세장비를 구할 때 필요하지 않은 것은?

① 유효좌굴길이
② 단면적
③ 탄성계수
④ 단면2차모멘트

해설

세장비를 구할 때 탄성계수는 필요하지 않다.

합격 POINT 세장비

$\lambda = \dfrac{KL}{r} = \dfrac{KL}{\sqrt{\dfrac{I}{A}}}$

여기서, KL: 유효좌굴길이, K: 지지단의 상태에 따른 유효좌굴길이계수, L: 부재의 길이, r: 단면2차반경, I: 단면2차모멘트, A: 단면적

정답 44 ② 45 ③ 46 ② 47 ③

48 ★★★

모살치수 8mm, 용접길이 500mm인 양면모살용접 전체의 유효 단면적은 약 얼마인가?

① 2,100mm² ② 3,221mm²
③ 4,300mm² ④ 5,421mm²

해설

유효 목두께 a, 유효 용접길이 l_e일 때, 모살용접의 유효 단면적 A_e는 아래와 같다.

$A_e = a \times l_e$ (양면 모살용접은 ×2)

이때, $a = 0.7S$이므로 (S는 모살치수)

$a = 0.7 \times 8 = 5.6$mm

$l_e = l - 2S$ (l은 용접길이) $= 500 - 2 \times 8 = 484$mm

∴ $A_e = a \times L_e \times 2 = 5.6 \times 484 \times 2 = 5,420.8$mm²

49 ★★★

압축이형철근(D19)의 기본정착길이를 구하면? (단, 보통콘크리트 사용, D19의 단면적: 287mm², $f_{ck} = 21$MPa, $f_y = 400$MPa)

① 674mm ② 570mm
③ 482mm ④ 415mm

해설

압축이형철근의 기본정착길이 l_{db}는 다음 중 큰 값 이상이 되어야 한다.

$l_{db} = \dfrac{0.25 \cdot d_b \cdot f_y}{\lambda \cdot \sqrt{f_{ck}}}$	$l_{db} = 0.043 d_b f_y$

- f_{ck}: 콘크리트 압축강도
- f_y: 철근의 항복강도
- d_b: 철근의 지름
- λ: 경량콘크리트계수

1. $l_{db} = \dfrac{0.25 \times 19 \times 400}{1 \times \sqrt{21}} ≒ 414.61$mm

2. $l_{db} = 0.043 \times 19 \times 400 = 326.8$mm

∴ $l_{db} \geq 414.61$mm

50 ★★★

기초 설계 시 인접대지를 고려하여 편심기초를 만들고자 한다. 이 때 편심기초의 지내력이 균등해지도록 하기 위한 가장 타당한 방법은?

① 지중보를 설치한다.
② 기초 면적을 넓힌다.
③ 기둥의 단면적을 크게 한다.
④ 기초 두께를 두껍게 한다.

해설

편심기초는 기초판의 중앙에 기둥을 두지 않고 어느 한쪽으로 치우치게 설치하는 기초로, 이 경우에 기초의 지내력 분포가 불균등하므로 지중보를 배치하여야 한다.

합격 POINT 지중보

기초와 기초를 연결하여 주각부 강성증대, 지진저항 효과, 건축물의 부등침하 억제효과 등이 있다.

51 ★★☆

바람의 난류로 인해 발생되는 구조물의 동적 거동 성분을 나타내는 것으로 평균변위에 대한 최대변위의 비를 통계적인 값으로 나타낸 계수는?

① 활하중 저감계수 ② 중요도계수
③ 가스트 영향계수 ④ 지역계수

해설

가스트 영향계수: 바람의 세기는 일정하지 않고 항상 변하는 동적 거동성분이다. 이러한 특성을 고려하여 풍하중 산정 시 바람 세기의 평균값에 대한 피크값의 비를 통계적으로 나타낸 계수를 활용한다.

52 ★☆☆

독립기초에 $N = 20$kN, $M = 10$kN·m가 작용할 때 접지압이 압축력만 발생하도록 하기 위한 기초저면의 최소길이는?

① 2m ② 3m
③ 4m ④ 5m

해설

기초저면 최소길이: 지반이 부담할 수 없는 인장력이 기초에 발생하지 않기 위해서는 기초에 작용하는 축하중의 위치가 단면의 핵(Core)을 벗어나지 않아야 한다. 따라서 기초저면의 최소길이는 축하중이 핵의 가장자리인 핵점에 작용할 때를 기준으로 산정할 수 있다.

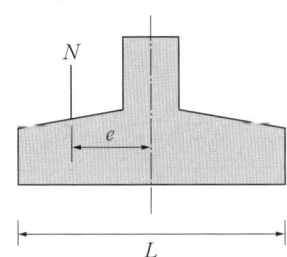

$M = N \times e$에서

편심거리 $e = \dfrac{M}{N} = \dfrac{10}{20} = 0.5$m

단면의 핵점: $e(=0.5\text{m}) \leq \dfrac{L}{6}$이므로

∴ $L \geq 3.0$m

정답 48 ④ 49 ④ 50 ① 51 ③ 52 ②

53 ★★☆

다음 그림과 같은 내민보에서 휨모멘트가 0이 되는 두 개의 반곡점 위치를 구하면? (단, 반곡점 위치는 A점으로부터의 거리임)

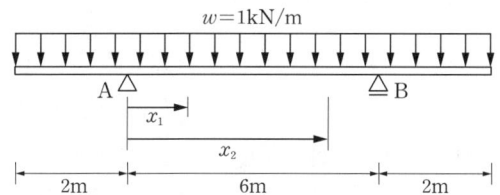

① $x_1=0.765m$, $x_2=5.235m$
② $x_1=0.785m$, $x_2=5.215m$
③ $x_1=0.805m$, $x_2=5.195m$
④ $x_1=0.825m$, $x_2=5.175m$

해설

1. A지점의 반력:
$$V_A=\frac{wl}{2}=\frac{1\times10}{2}=5kN$$

2. A점으로부터 우측으로 x위치의 휨모멘트
$$M_x=5\times x-\left(1\times(2+x)\times\left(\frac{2+x}{2}\right)\right)=-\frac{x^2}{2}+3x-2$$

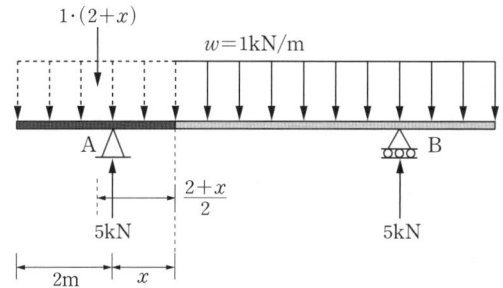

3. 반곡점은 휨모멘트가 0인 점이므로 위의 식을 0으로 하면 두 개의 x값 (x_1, x_2)을 구할 수 있게 된다.
$M_x=-\frac{x^2}{2}+3x-2=0$에서
근의 공식 $x=\frac{-b\pm\sqrt{b^2-4ac}}{2a}$를 이용하면,
$$x=\frac{-3\pm\sqrt{(3)^2-4\times\left(-\frac{1}{2}\right)\times(-2)}}{2\times\left(-\frac{1}{2}\right)}=3\pm\sqrt{5}$$

∴ $x_1\fallingdotseq0.764m$, $x_2\fallingdotseq5.236m$

54 ★★★

그림과 같은 철근콘크리트 보의 균열모멘트(M_{cr}) 값은? (단, 보통중량콘크리트 사용, $f_{ck}=24MPa$, $f_y=400MPa$)

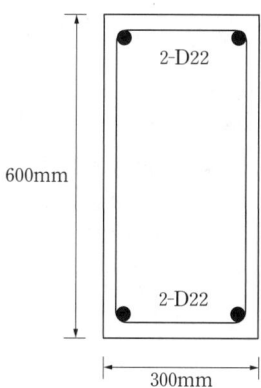

① 21.5kN·m ② 33.6kN·m
③ 42.8kN·m ④ 55.6kN·m

해설

균열모멘트 M_{cr}은 다음과 같은 식으로 구한다.
$$M_{cr}=f_r\times Z=0.63\lambda\sqrt{f_{ck}}\times\frac{bh^2}{6}$$

(여기서, 파괴계수 $f_r=0.63\lambda\sqrt{f_{ck}}$, 보통중량콘크리트 $\lambda=1.0$, f_{ck}: 콘크리트 압축강도, b: 부재폭, h: 부재높이)

∴ $M_{cr}=0.63\times1.0\times\sqrt{24}\times\frac{300\times600^2}{6}\fallingdotseq55.6kN\cdot m$

55 ★★★

강구조에서 용접선 단부에 붙인 보조판으로 아크의 시작이나 종단부의 크레이터 등의 결함을 방지하기 위해 붙이는 판은?

① 엔드탭 ② 스티프너
③ 윙플레이트 ④ 커버플레이트

해설

엔드탭은 용접결함이 생기기 쉬운 용접의 시작이나 끝부분에 임시로 설치하는 보조강판이다.

선지분석
② 스티프너: 기둥의 플랜지나 웨브의 좌굴방지용 보강재
③ 윙플레이트: 철골 주각부에 부착되는 강판
④ 커버플레이트: 강재의 플랜지를 보강하기 위해 사용하는 강판

정답 53 ① 54 ④ 55 ①

56 ★★★

강구조의 소성설계와 관계없는 항목은?

① 소성힌지 ② 안전율
③ 붕괴기구 ④ 하중계수

해설
안전율은 허용응력도 설계법상의 개념이며 소성설계와는 무관하다.

합격 POINT 강구조 소성설계에 관련된 용어
- 항복 모멘트
- 소성 모멘트
- 형상계수
- 소성힌지
- 붕괴기구
- 하중계수

57 ★★★

다음 캔틸레버 보의 자유단의 처짐각은? (단, 탄성계수 E, 단면2차모멘트 I)

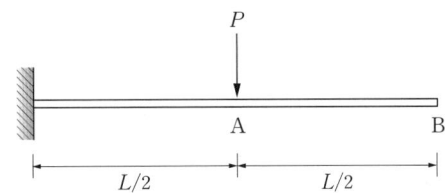

① $\dfrac{PL^2}{2EI}$ ② $\dfrac{PL^2}{3EI}$
③ $\dfrac{PL^2}{6EI}$ ④ $\dfrac{PL^2}{8EI}$

해설
부정정 구조물의 처짐각은 휨모멘트도를 이용하여 공액보법으로 구할 수 있다.

처짐각 = BMD 면적 × $\dfrac{1}{EI}$

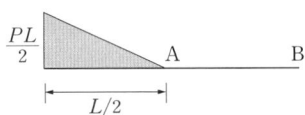

$\theta_B = \left(\dfrac{PL}{2} \times \dfrac{L}{2} \times \dfrac{1}{2}\right) \times \left(\dfrac{1}{EI}\right) = \dfrac{PL^2}{8EI}$

58 ★☆☆

그림과 같은 구조물의 부정정 차수는?

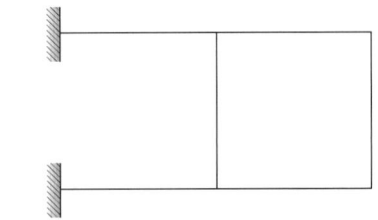

① 3차 부정정 ② 4차 부정정
③ 5차 부정정 ④ 6차 부정정

해설
$N = r + m + f - 2 \times j$ 공식 이용
여기서, r: 지점반력수, m: 부재수, f: 강절점수, j: 지점수 + 자유단 지점수이다.
$N = 6 + 6 + 6 - 2 \times 6 = 6$이므로 6차 부정정 구조물이다.

59 ★★☆

다음 그림은 각 구간에서 직선적으로 변화하는 단순보의 모멘트도이다. C점과 D점에 동일한 힘 P_1이 작용하고 보의 중앙점 E에 P_2가 작용할 때 P_1과 P_2의 절댓값은?

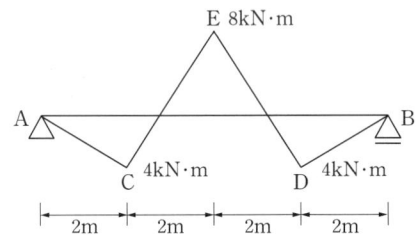

① $P_1 = 4\text{kN}$, $P_2 = 6\text{kN}$ ② $P_1 = 4\text{kN}$, $P_2 = 8\text{kN}$
③ $P_1 = 8\text{kN}$, $P_2 = 10\text{kN}$ ④ $P_1 = 8\text{kN}$, $P_2 = 12\text{kN}$

해설
휨모멘트를 미분하면 전단력이며, 전단력을 미분하면 하중이 된다. 따라서 역으로 해석하려면 적분한다.

1. C점의 휨모멘트로 A지점 반력 구하기
   $V_A \times 2 = 4\text{kN·m} \rightarrow V_A = 2\text{kN}$
2. E점의 휨모멘트로 하중 P_1 구하기
   $V_A \times 4 + P_1 \times 2 = -8\text{kN·m}$
   ∴ $P_1 = -8\text{kN}$
3. D점의 휨모멘트로 하중 P_2 구하기
   $V_A \times 6 + P_1 \times 4 + P_2 \times 2 = 4\text{kN·m}$
   ∴ $P_2 = 12\text{kN}$

60 ★★★

한계상태설계법에 따라 강구조물을 설계할 때 고려되는 강도 한계상태가 아닌 것은?

① 기둥의 좌굴 ② 접합부 파괴
③ 바닥재의 진동 ④ 피로 파괴

해설
바닥재의 진동은 사용 한계상태(Serviceability limit state)에 해당한다.

합격 POINT 한계상태설계법
1. 강도 한계상태: 구조체가 제 기능을 발휘 못하는 상태로 압축, 인장, 좌굴, 휨, 전단 등의 하중에 대한 지지 능력을 상실한 상태
2. 사용 한계상태: 구조 기능 저하로 균열, 처짐, 진동 등에 의하여 사용상 부적합한 상태

정답 56 ② 57 ④ 58 ④ 59 ④ 60 ③

제4과목　건축설비

61 ★★★
다음 중 겨울철 실내 유리창 표면에 발생하기 쉬운 결로의 방지 방법과 가장 거리가 먼 것은?
① 실내공기의 움직임을 억제한다.
② 실내에서 발생하는 수증기를 억제한다.
③ 이중유리로 하여 유리창의 단열성능을 높인다.
④ 난방기기를 이용하여 유리창 표면온도를 높인다.

해설
실내공기의 움직임을 억제할수록 표면결로가 잘 발생한다.

합격 POINT　결로 방지대책
- 자주 환기한다.
- 벽에 방습층을 설치한다.
- 벽체의 열관류율을 작게 한다.
- 벽체의 열관류저항을 크게 한다.
- 각 실 간의 온도차를 작게 한다.
- 난방에 의한 수증기 발생을 억제한다.
- 실내측 벽의 표면온도를 실내공기의 노점온도보다 높게 한다.

62 ★★★
엘리베이터의 안전장치 중에서 카가 최상층이나 최하층에서 정상 운행위치를 벗어나 그 이상으로 운행하는 것을 방지하는 것은?
① 완충기(Buffer)
② 조속기(Governor)
③ 리밋 스위치(Limit switch)
④ 카운터 웨이트(Counter weight)

해설
리밋 스위치는 카가 정상 운행 위치를 벗어나 그 이상으로 운행하는 것을 방지하는 엘리베이터 안전장치이다.

선지분석
① 완충기: 카가 최하층을 통과하여 피트로 떨어졌을 때 충격을 완화하기 위한 안전장치
② 조속기: 카와 같은 속도로 움직이는 조속기 로프에 의하여 회전되어 항상 카의 속도를 검출하는 안전장치
④ 카운터 웨이트: 권상기의 부하를 작게 하여 에너지를 절약하고자 하는 균형추

63 ★☆☆
도시가스 설비에서 도시가스 압력을 사용처에 맞게 낮추는 감압기능을 갖는 기기는?
① 기화기
② 정압기
③ 압송기
④ 가스홀더

해설
정압기(Governor)는 도시가스 압력을 사용처에 맞게 낮추는 감압기능과 2차 측의 압력을 허용범위 내의 압력으로 유지하는 정압기능 그리고 가스의 흐름이 없을 때 밸브를 완전히 폐쇄하여 압력상승을 방지하는 폐쇄기능 등을 가진 기기와 부속장치가 조합된 하나의 설비(Unit)를 말한다.

64 ★☆☆
다음의 공기조화방식 중 전수방식에 속하는 것은?
① 단일덕트방식
② 2중덕트방식
③ 멀티존유닛방식
④ 팬코일유닛방식

해설
팬코일유닛방식이 전수방식이다.
단일덕트방식, 2중덕트방식, 멀티존유닛방식은 전공기 방식이다.

65 ★☆☆
몰드 변압기에 관한 설명으로 옳지 않은 것은?
① 내진성이 우수하다.
② 내습성이 우수하다.
③ 반입, 반출이 용이하다.
④ 옥외 설치 및 대용량 제작이 용이하다.

해설
몰드 변압기는 습기나 진동에 의한 변압기의 열화나 고장 발생을 방지하는 목적으로 활용되며, 외함이 없는 상태로 옥외에 설치가 불가능하며, 대용량 제작이 어렵다.

정답　61 ①　62 ③　63 ②　64 ④　65 ④

66 ★★★
간선의 배선 방식 중 평행식에 관한 설명으로 옳은 것은?

① 설비비가 가장 저렴하다.
② 배선자재의 소요가 가장 적다.
③ 사고의 영향을 최소화할 수 있다.
④ 전압이 안정되나 부하의 증가에 적응할 수 없다.

해설
평행식(개별식)은 각 분전반 마다 배전반으로부터 단독으로 배선되어 있으므로 전압강하가 적고, 화재 등 사고가 발생하여도 그 범위를 좁힐 수 있는 것이 특징이다.

선지분석
① 설비비가 비싸다.
② 배선자재의 소요가 많다.
④ 전압이 안정되고 부하의 증가에 적응할 수 있다.

67 ★★★
다음 설명에 알맞은 유체역학의 기본 원리는?

> 에너지의 보존의 법칙을 유체의 흐름에 적용한 것으로 유체가 갖고 있는 운동에너지, 중력에 의한 위치에너지 및 압력에너지의 총합은 흐름 내 어디에서나 일정하다.

① 사이펀 작용 ② 파스칼의 원리
③ 뉴턴의 점성법칙 ④ 베르누이의 정리

해설
베르누이의 정리에 대한 설명이다.

합격 POINT 베르누이의 정리
운동하고 있는 유체의 역학적 총에너지, 즉 유체의 압력에 의한 에너지와 임의의 수평면에 대한 중력에 의한 위치에너지 그리고 유체의 운동에너지의 총합은 일정하다(단, 점성이 없는 비압축성 유체의 정상 흐름).

68 ★★☆
전기설비용 시설공간(실)의 계획에 관한 설명으로 옳지 않은 것은?

① 변전실은 부하의 중심에 설치한다.
② 변전실은 외부로부터 전력의 수전이 용이해야 한다.
③ 중앙감시실은 일반적으로 방재센터와 겸하도록 한다.
④ 발전기실은 변전실에서 최소 10m 이상 떨어진 위치에 배치한다.

해설
발전기실은 변전실과 인접하게 하여 전력공급이 원활하도록 해야 한다.

69 ★★★
급수 및 급탕설비에 사용되는 슬리브(Sleeve)에 관한 설명으로 옳은 것은?

① 사이펀 작용에 의한 트랩의 봉수 파괴 방지를 위해 사용한다.
② 스케일 부착 및 이물질 투입에 의한 관 폐쇄를 방지하기 위해 사용한다.
③ 가열장치 내의 압력이 설정압력을 넘는 경우에 압력을 도피시키기 위해 사용한다.
④ 배관 시 차후의 교체, 수리를 편리하게 하고 관의 신축에 무리가 생기지 않도록 하기 위해 사용한다.

해설
슬리브(Sleeve)는 이음의 한 종류로, 슬리브를 설치하면 관의 신축에 무리가 생기지 않고, 관의 수리나 교체가 용이하다.

70 ★★☆
아파트의 각 세대에 스프링클러헤드를 30개 설치한 경우, 스프링클러설비의 수원의 저수량은 최소 얼마 이상이 되도록 하여야 하는가? (단, 폐쇄형 스프링클러헤드를 사용한 경우임)

① 48m³   ② 32m³
③ 24m³   ④ 16m³

해설
아파트의 폐쇄형 스프링클러헤드의 기준개수는 10개이므로,
스프링클러설비 수원의 저수량 = 1.6m³ × 10개 = 16m³

합격 POINT 스프링클러설비 수원의 저수량
1. 폐쇄형스크링클러헤드
   1.6m³ × 설치장소별 스프링클러헤드의 기준개수
   ※ 설치장소별 스프링클러헤드의 기준개수

설치장소	기준개수
아파트	10개
지하층을 제외한 층수가 11층 이상인 소방대상물(아파트 제외)	30개
지하가 또는 지하역사	30개
판매시설, 복합건축물	30개

2. 개방형스크링클러헤드
   ① 스프링클러헤드의 개수가 30개 이하일 경우
      1.6m³ × 설치헤드 수
   ② 스프링클러헤드의 개수가 30개 초과일 경우
      가압송수장치의 분당 송수량 × 설계방수시간

정답 66 ③ 67 ④ 68 ④ 69 ④ 70 ④

71 ★☆☆

평균 BOD 150ppm인 가정오수 1,000m³/d가 유입되는 오수정화조의 1일 유입 BOD량은?

① 150kg/d
② 300kg/d
③ 45,000kg/d
④ 150,000kg/d

해설
유입 BOD량 = 평균 BOD 농도 × 오수량
$= 150\text{ppm} \times 1{,}000\text{m}^3/\text{d}$
$= (150 \times 10^{-6}) \times (1{,}000 \times 10^3)\text{kg/d}$
$= 150\text{kg/d}$

※ $1\text{m}^3 = 10^3\text{kg}$

72 ★★☆

습공기를 가열할 경우 감소하는 상태값은?

① 엔탈피
② 비체적
③ 상대습도
④ 건구온도

해설
습공기를 가열할 경우 상대습도는 감소하며, 엔탈피와 비체적, 건구온도는 증가한다.

합격 POINT 습공기 가열·냉각 시 상태변화

습공기	상태변화
가열	엔탈피 증가, 비체적 증가, 상대습도 감소
냉각	엔탈피 감소, 비체적 감소, 상대습도 증가

※ 절대습도는 가열하거나 냉각하여도 일정하다.

73 ★★★

냉각탑에 관한 설명으로 옳은 것은?

① 고압의 액체냉매를 증발시켜 냉동효과를 얻게 하는 설비이다.
② 증발기에서 나온 수증기를 냉각시켜 물이 되도록 하는 설비이다.
③ 대기 중에서 기체냉매를 냉각시켜 액체냉매로 응축하기 위한 설비이다.
④ 냉매를 응축시키는 데 사용된 냉각수를 재사용하기 위하여 냉각시키는 설비이다.

해설
냉각탑은 냉동기의 응축기에 사용하는 냉각수를 재사용하기 위해 실외의 공기와 직접 접촉시켜 물을 냉각하는 일종의 열교환 장치이다.

합격 POINT
응축기에서 발생한 응축잠열은 냉각수에 흡수된다. 응축잠열로 인해 고온이 된 냉각수를 공기에 직접 접촉시켜 방열하는 장치가 냉각탑이다.

74 ★★★

온수난방의 일반적인 특징에 관한 설명으로 옳지 않은 것은?

① 한랭지에서는 운전정지 중에 동결의 위험이 있다.
② 난방을 정지하여도 난방 효과가 어느 정도 지속된다.
③ 증기난방에 비하여 난방부하 변동에 따른 온도조절이 용이하다.
④ 증기난방에 비하여 소요방열면적과 배관경이 작게 되므로 설비비가 적게 든다.

해설
증기난방에 비교하여 소요방열면적과 배관경이 커야 하므로 설비비가 많이 든다.

합격 POINT 온수난방의 장단점

장점	• 난방부하의 변동에 따른 온도조절이 용이함 • 방열기 표면온도가 낮아 화상을 입을 우려가 없음 • 보일러 취급이 용이함 • 증기난방에 비해 관의 부식이 적음 • 스팀해머(Steam hammer)가 생기지 않아 소음이 없음
단점	• 증기난방에 비해 방열면적이 크므로 설비비가 고가 • 공기의 정체에 의한 순환 저해의 가능성 있음 • 예열시간이 긺 • 한랭 시 난방을 정지하는 경우 동결 우려 • 온수 순환 시간이 긺

정답 71 ① 72 ③ 73 ④ 74 ④

75 ★☆☆

다음 중 냉방부하 계산 시 현열과 잠열 모두 고려하여야 하는 요소는?

① 덕트로부터의 취득열량
② 유리로부터의 취득열량
③ 벽체로부터의 취득열량
④ 극간풍에 의한 취득열량

해설
현열과 잠열이 동시에 발생하는 것은 인체의 발생열량, 극간풍에 의한 취득열량, 외기의 도입으로 인한 취득열량, 실내열원기기이다.

합격 POINT 현열과 잠열
- 현열: 상태는 변하지 않고, 온도변화에 따라 출입하는 열
- 잠열: 온도는 변하지 않고, 상태변화에 따라 출입하는 열

76 ★★★

연면적이 $100m^2$인 어느 강당의 야간 소요 평균조도가 300lx이다. 1개당 광속이 2,000lm인 형광등을 사용할 경우 소요 형광등 수는? (단, 조명률은 60%이고 감광 보상률은 1.5임)

① 25개 ② 29개
③ 34개 ④ 38개

해설
$$N = \frac{E \cdot A \cdot D}{F \cdot U} = \frac{300lx \times 100m^2 \times 1.5}{2,000lm \times 0.6} = 37.5$$
∴ 38개
N: 광원의 수(개), E: 조도(lx), A: 면적(m^2), D: 감광 보상률, F: 광속(lm), U: 조명률

합격 POINT 광속법에 따른 광속, 조도 계산
- 소요광속
$$N \times F = \frac{E \cdot A}{U \cdot M} = \frac{E \cdot A \cdot D}{U}$$
(단, $D \times M$(유지율) = 1)
- 소요평균조도
$$E = \frac{N \cdot F \cdot U \cdot M}{A}$$

77 ★☆☆

다음 중 방송공동수신 설비의 구성기기에 속하지 않는 것은?

① 혼합기 ② 모시계
③ 컨버터 ④ 증폭기

해설
방송공동수신 설비의 구성기기는 혼합기, 컨버터, 증폭기, 안테나, 선로기기(분기장치, 분배기, 정합기, 분파기) 등이 있다.

78 ★☆☆

급수방식 중 고가수조방식에 관한 설명으로 옳은 것은?

① 대규모의 급수 수요에 쉽게 대응할 수 있다.
② 저수조가 없으므로 단수 시에 급수할 수 없다.
③ 수도 본관의 영향을 그대로 받아 수압 변화가 심하다.
④ 위생 및 유지·관리 측면에서 가장 바람직한 방식이다.

해설
고가수조방식은 대규모 건물에 적합한 급수방식이다.

선지분석
② 저수조가 있으므로 단수 시에 급수가 가능하다.
③ 수도 본관의 영향을 받지 않으므로 수압 변화가 거의 없다.
④ 위생 및 유지·관리 측면에서 가장 좋지 않은 방식이다.

79 ★★★

습공기의 건구온도와 습구온도를 알 때 습공기 선도에서 구할 수 있는 상태값이 아닌 것은?

① 엔탈피 ② 비체적
③ 기류속도 ④ 절대습도

해설
기류속도는 습공기 선도에서 알 수 없다.

합격 POINT 습공기 선도 구성요소
건구온도, 습구온도, 노점온도, 절대습도, 상대습도, 포화도, 수증기(분)압, 엔탈피, 비용적(비체적), 현열비, 열수분비

80 ★★☆

변풍량 단일덕트방식에서 송풍량 조절의 기준이 되는 것은?

① 실내 청정도 ② 실내 기류속도
③ 실내 현열부하 ④ 실내 잠열부하

해설
변풍량 단일덕트방식에서 송풍량 조절의 기준이 되는 것은 실내의 현열부하이다.

정답 75 ④ 76 ④ 77 ② 78 ① 79 ③ 80 ③

제5과목 건축관계법규

81 ★★☆
건축물의 대지 및 도로에 관한 설명으로 틀린 것은?

① 손궤의 우려가 있는 토지에 대지를 조성하고자 할 때 옹벽의 높이가 2m 이상인 경우에는 이를 콘크리트구조로 하여야 한다.
② 면적이 100m² 이상인 대지에 건축을 하는 건축주는 대지에 조경이나 그 밖에 필요한 조치를 하여야 한다.
③ 연면적의 합계가 2,000m² (공장인 경우 3,000m²) 이상인 건축물(축사, 작물 재배사, 그 밖에 이와 비슷한 건축물로서 건축조례로 정하는 규모의 건축물은 제외)의 대지는 너비 6m 이상의 도로에 4m 이상 접하여야 한다.
④ 도로면으로부터 높이 4.5m 이하에 있는 창문은 열고 닫을 때 건축선의 수직면을 넘지 아니하는 구조로 하여야 한다.

해설
면적이 200m² 이상인 대지에 건축을 하는 건축주는 용도지역 및 건축물의 규모에 따라 해당 지방자치단체의 조례로 정하는 기준에 따라 대지에 조경이나 그 밖에 필요한 조치를 하여야 한다.

82 ★★☆
건축허가신청에 필요한 설계도서에 해당하지 않는 것은?

① 배치도
② 투시도
③ 건축계획서
④ 평면도

해설
건축허가신청에 필요한 설계도서로는 건축계획서, 배치도, 평면도, 입면도, 단면도, 구조도, 구조계산서, 소방설비도가 있다.

83 ★★☆
직통계단의 설치에 관한 기준 내용 중 밑줄 친 "다음 각 호의 어느 하나에 해당하는 용도 및 규모의 건축물"의 기준 내용으로 틀린 것은?

> 법 제49조 제1항에 따라 피난층 외의 층이 다음 각 호의 어느 하나에 해당하는 용도 및 규모의 건축물에는 국토교통부령으로 정하는 기준에 따라 피난층 또는 지상으로 통하는 직통계단을 2개소 이상 설치하여야 한다.

① 지하층으로서 그 층 거실의 바닥면적의 합계가 200m² 이상인 것
② 종교시설의 용도로 쓰는 층으로서 그 층에서 해당 용도로 쓰는 바닥면적의 합계가 200m² 이상인 것
③ 숙박시설의 용도로 쓰는 3층 이상의 층으로서 그 층의 해당 용도로 쓰는 거실의 바닥면적의 합계가 200m² 이상인 것
④ 업무시설 중 오피스텔의 용도로 쓰는 층으로서 그 층의 해당 용도로 쓰는 거실의 바닥면적의 합계가 200m² 이상인 것

해설
공동주택(층당 4세대 이하는 제외) 또는 업무시설 중 오피스텔의 용도로 쓰는 층으로서 그 층의 해당 용도로 쓰는 거실의 바닥면적의 합계가 300m² 이상인 경우 피난층 또는 지상으로 통하는 직통계단을 2개소 이상 설치하여야 한다.

정답 81 ② 82 ② 83 ④

84

거실의 채광 및 환기에 관한 규정으로 옳은 것은?

① 교육연구시설 중 학교의 교실에는 채광 및 환기를 위한 창문 등이나 설비를 설치하여야 한다.
② 채광을 위하여 거실에 설치하는 창문 등의 면적은 그 거실의 바닥면적의 20분의 1 이상이어야 한다.
③ 환기를 위하여 거실에 설치하는 창문 등의 면적은 그 거실의 바닥면적 10분의 1 이상이어야 한다.
④ 채광 및 환기를 위한 창문 등의 면적에 관한 규정을 적용함에 있어서 수시로 개방할 수 있는 미닫이로 구획된 2개의 거실은 이를 2개의 거실로 본다.

해설
단독주택 및 공동주택의 거실, 교육연구시설 중 학교의 교실, 의료시설의 병실 및 숙박시설의 객실에는 국토교통부령으로 정하는 기준에 따라 채광 및 환기를 위한 창문 등이나 설비를 설치해야 한다.

선지분석
② 채광을 위하여 거실에 설치하는 창문 등의 면적은 그 거실의 바닥면적의 10분의 1 이상이어야 한다.
③ 환기를 위하여 거실에 설치하는 창문 등의 면적은 그 거실의 바닥면적의 20분의 1 이상이어야 한다.
④ 채광 및 환기를 위한 창문 등의 면적에 관한 규정을 적용함에 있어서 수시로 개방할 수 있는 미닫이로 구획된 2개의 거실은 이를 1개의 거실로 본다.

85

다음 중 건축면적에 산입하지 않는 대상 기준으로 틀린 것은?

① 지하주차장의 경사로
② 지표면으로부터 1.8m 이하에 있는 부분
③ 건축물 지상층에 일반인이 통행할 수 있도록 설치한 보행통로
④ 건축물 지상층에 차량이 통행할 수 있도록 설치한 차량통로

해설
지표면으로부터 1m 이하에 있는 부분(창고 중 물품을 입출고하기 위하여 차량을 접안시키는 부분의 경우에는 지표면으로부터 1.5m 이하에 있는 부분)은 건축면적에 산입하지 않는다.

86

시가화조정구역의 지정과 관련된 기준 내용 중 밑줄 친 "대통령령으로 정하는 기간"으로 옳은 것은?

> 시·도지사는 직접 또는 관계 행정기관의 장의 요청을 받아 도시지역과 그 주변 지역의 무질서한 시가화를 방지하고 계획적·단계적인 개발을 도모하기 위하여 대통령령으로 정하는 기간 동안 시가화를 유보할 필요가 있다고 인정되면 시가화조정구역의 지정 또는 변경을 도시·군관리계획으로 결정할 수 있다.

① 5년 이상 10년 이내의 기간
② 5년 이상 20년 이내의 기간
③ 7년 이상 10년 이내의 기간
④ 7년 이상 20년 이내의 기간

해설
"대통령령으로 정하는 기간"이란 5년 이상 20년 이내의 기간을 말한다.

87

지방건축위원회의가 심의 등을 하는 사항에 속하지 않는 것은?

① 건축선의 지정에 관한 사항
② 다중이용 건축물의 구조안전에 관한 사항
③ 특수구조 건축물의 구조안전에 관한 사항
④ 경관지구 내의 건축물의 건축에 관한 사항

해설
지방건축위원회의 심의사항은 다음과 같다.
- 건축선의 지정에 관한 사항
- 조례의 제정·개정 및 시행에 관한 중요 사항
- 다중이용 건축물 및 특수구조 건축물의 구조안전에 관한 사항
- 다른 법령에서 지방건축위원회의 심의를 받도록 한 경우 해당 법령에서 규정한 심의사항
- 도시 및 건축 환경의 체계적인 관리를 위하여 필요하다고 인정하여 지정·공고한 지역에서 건축조례로 정하는 건축물의 건축 등에 관한 것으로서 지방건축위원회의 심의가 필요하다고 인정한 사항

정답 84 ① 85 ② 86 ② 87 ④

88 ★★★
위락시설의 시설면적이 1,000m²일 때 「주차장법령」에 따라 설치해야 하는 부설주차장의 설치 기준은?

① 10대 ② 13대
③ 15대 ④ 20대

해설
위락시설은 시설면적 100m²당 1대(시설면적/100m²)의 부설주차장을 설치하여야 한다.
따라서 시설면적이 1,000m²인 경우 10대의 부설주차장이 설치되어야 한다.

89 ★★☆
공동주택과 오피스텔의 난방설비를 개별난방 방식으로 하는 경우에 관한 기준 내용으로 틀린 것은?

① 보일러는 거실 외의 곳에 설치할 것
② 보일러실의 윗부분에는 그 면적이 0.5m² 이상인 환기창을 설치할 것
③ 보일러실과 거실 사이의 출입구는 그 출입구가 닫힌 경우에는 보일러 가스가 거실에 들어갈 수 없는 구조로 할 것
④ 보일러의 연도는 내화구조로서 개별연도로 설치할 것

해설
보일러의 연도는 내화구조로서 공동연도로 설치해야 한다.

90 ★★☆
다음 중 「국토의 계획 및 이용에 관한 법령」상 공공시설에 속하지 않는 것은?

① 공동구 ② 방풍설비
③ 사방설비 ④ 쓰레기 처리장

해설
국토의 계획 및 이용에 관한 법령상 공공시설에는 도로·공원·철도·수도·항만·공항·광장·녹지·공공공지·공동구·하천·유수지·방화설비·방풍설비·방수설비·사방설비·방조설비·하수도·구거 등이 있다.

91 ★★★
6층 이상의 거실면적의 합계가 5,000m²인 경우, 다음 중 승용승강기를 가장 많이 설치해야 하는 것은? (단, 8인승 승용승강기를 설치하는 경우임)

① 위락시설 ② 숙박시설
③ 판매시설 ④ 업무시설

해설

건축물의 용도	6층 이상의 거실 면적의 합계 3,000m² 초과
판매시설	기본 2대+3,000m² 초과 시 2,000m² 이내마다 1대 추가
위락시설, 숙박시설, 업무시설	기본 1대+3,000m² 초과 시 2,000m² 이내마다 1대 추가

※ 8인승 이상 15인승 이하의 승강기는 1대의 승강기로 보고, 16인승 이상의 승강기는 2대의 승강기로 본다.

판매시설의 경우 기본 2대+3,000m² 초과 시 2,000m² 이내마다 1대가 추가된다.
6층 이상의 거실면적의 합계가 5,000m²이므로, 승용승강기 설치기준은 기본 2대+추가 1대=총 3대가 된다.
위락시설, 숙박시설, 업무시설의 승용승강기 설치기준은 기본 1대+추가 1대=총 2대이다.

92 ★★☆
지하식 또는 건축물식 노외주차장의 차로에 관한 기준 내용으로 틀린 것은?

① 경사로의 노면은 거친 면으로 하여야 한다.
② 높이는 주차바닥면으로부터 2.3m 이상으로 하여야 한다.
③ 경사로의 종단경사도는 직선 부분에서는 14%를 초과하여서는 아니 된다.
④ 주차대수 규모가 50대 이상인 경우의 경사로는 너비 6m 이상인 2차로를 확보하거나 진입차로와 진출차로를 분리하여야 한다.

해설
경사로의 종단경사도는 직선 부분에서는 17%를 초과하여서는 아니 된다.

정답 88 ① 89 ④ 90 ④ 91 ③ 92 ③

93 ★★☆
다음은 건축물의 사용승인에 관한 기준 내용이다. ( ) 안에 알맞은 것은?

> 건축주가 허가를 받았거나 신고를 한 건축물의 건축공사를 완료한 후 그 건축물을 사용하려면 공사감리자가 작성한 (㉠)와 (㉡) 등 국토교통부령으로 정하는 서류를 첨부하여 허가권자에게 사용승인을 신청하여야 한다.

① ㉠ 설계도서, ㉡ 시방서
② ㉠ 시방서, ㉡ 설계도서
③ ㉠ 감리완료보고서, ㉡ 공사완료도서
④ ㉠ 공사완료도서, ㉡ 감리완료보고서

해설
건축주가 허가를 받았거나 신고를 한 건축물의 건축공사를 완료한 후 그 건축물을 사용하려면 공사감리자가 작성한 감리완료보고서와 공사완료도서 등 국토교통부령으로 정하는 서류를 첨부하여 허가권자에게 사용승인을 신청하여야 한다.

94 ★☆☆
공사감리자의 업무에 속하지 않는 것은?

① 시공계획 및 공사관리의 적정 여부의 확인
② 상세 시공도면의 검토·확인
③ 설계변경의 적정 여부의 검토·확인
④ 공정표 및 현장설계도면 작성

해설
공사감리자가 수행하여야 하는 감리업무는 공정표 및 현장설계도면 작성이 아닌 공정표의 검토이다.

합격 POINT 공사감리자가 수행하여야 하는 감리업무
공사감리자는 다음의 업무를 수행한다.
1. 건축물 및 대지가 이 법 및 관계 법령에 적합하도록 공사시공자 및 건축주를 지도
2. 시공계획 및 공사관리의 적정 여부의 확인
2-1. 수급인이 시공자격을 갖춘 건설사업자에게 건축공사를 하도급 했는지에 대한 확인
2-2. 수급인이 공사현장에 건설기술인을 배치했는지에 대한 확인
3. 공사현장에서의 안전관리의 지도
4. 공정표의 검토
5. 상세시공도면의 검토·확인
6. 구조물의 위치와 규격의 적정 여부의 검토·확인
7. 품질시험의 실시여부 및 시험성과의 검토·확인
8. 설계변경의 적정 여부의 검토·확인
9. 기타 공사감리계약으로 정하는 사항

95 ★★☆
제2종 일반주거지역 안에서 건축할 수 있는 건축물에 속하지 않는 것은?

① 아파트
② 노유자시설
③ 종교시설
④ 문화 및 집회시설 중 관람장

해설
제2종 일반주거지역 안에서 문화 및 집회시설의 건축은 가능하나 관람장은 제외한다.

96 ★★★
주거기능을 위주로 이를 지원하는 일부 상업기능 및 업무기능을 보완하기 위하여 지정하는 주거지역의 세분은?

① 준주거지역
② 제1종 전용주거지역
③ 제1종 일반주거지역
④ 제2종 일반주거지역

해설
주거기능을 위주로 이를 지원하는 일부 상업기능 및 업무기능을 보완하기 위하여 필요한 지역은 준주거지역이다.

선지분석
② 제1종 전용주거지역: 단독주택 중심의 양호한 주거환경을 보호하기 위하여 필요한 지역
③ 제1종 일반주거지역: 저층주택을 중심으로 편리한 주거환경을 조성하기 위하여 필요한 지역
④ 제2종 일반주거지역: 중층주택을 중심으로 편리한 주거환경을 조성하기 위하여 필요한 지역

정답 93 ③ 94 ④ 95 ④ 96 ①

97 ★★☆

다음 중 피난층이 아닌 거실에 배연설비를 설치하여야 하는 대상 건축물에 속하지 않는 것은? (단, 6층 이상인 건축물의 경우임)

① 판매시설
② 종교시설
③ 교육연구시설 중 학교
④ 운수시설

해설

다음에 해당하는 건축물의 거실(피난층의 거실은 제외)에는 배연설비를 해야 한다.(단, 6층 이상의 건축물)
- 제2종 근린생활시설 중 공연장, 종교집회장, 인터넷컴퓨터게임시설제공업소 및 다중생활시설
- 문화 및 집회시설, 종교시설, 판매시설, 운수시설, 의료시설(요양병원, 정신병원 제외), 교육연구시설 중 연구소, 노유자시설 중 아동 관련 시설, 노인복지시설(노인요양시설 제외), 수련시설 중 유스호스텔, 운동시설, 업무시설, 숙박시설, 위락시설, 관광휴게시설, 장례시설

98 ★☆☆

다음 거실의 반자높이와 관련된 기준 내용 중 ( ) 안에 해당되지 않는 건축물의 용도는?

> (   )의 용도에 쓰이는 건축물의 관람실 또는 집회실로서 그 바닥면적이 200m² 이상인 것의 반자의 높이는 4m(노대의 아랫부분의 높이는 2.7m) 이상이어야 한다. 다만, 기계환기장치를 설치하는 경우에는 그렇지 않다.

① 문화 및 집회시설 중 동·식물원
② 장례식장
③ 위락시설 중 유흥주점
④ 종교시설

해설

문화 및 집회시설(전시장 및 동·식물원 제외), 종교시설, 장례식장 또는 위락시설 중 유흥주점의 용도에 쓰이는 건축물의 관람실 또는 집회실로서 그 바닥면적이 200m² 이상인 것의 반자의 높이는 4m(노대의 아랫부분의 높이는 2.7m) 이상이어야 한다. 다만, 기계환기장치를 설치하는 경우에는 그렇지 않다.

99 ★☆☆

대통령령으로 정하는 용도와 규모의 건축물이 소규모 휴식시설 등의 공개공지 또는 공개공간을 설치하여야 하는 대상 지역에 해당되지 않는 곳은?

① 준공업지역
② 일반공업지역
③ 일반주거지역
④ 준주거지역

해설

대통령령으로 정하는 기준에 따라 일반이 사용할 수 있도록 하는 소규모 휴식시설 등의 공개공지(공터) 또는 공개공간을 설치하여야 하는 지역은 다음과 같다.
- 일반주거지역, 준주거지역
- 상업지역
- 준공업지역
- 특별자치시장·특별자치도지사 또는 시장·군수·구청장이 도시화의 가능성이 크거나 노후 산업단지의 정비가 필요하다고 인정하여 지정·공고하는 지역

100 ★☆☆

주요구조부가 내화구조 또는 불연재료로 된 건축물로서 국토교통부령으로 정하는 기준에 따라 내화구조로 된 바닥·벽 및 방화문, 자동방화셔터로 구획하여야 하는 연면적 기준은?

① 400m² 초과
② 500m² 초과
③ 1,000m² 초과
④ 1,500m² 초과

해설

주요구조부가 내화구조 또는 불연재료로 된 건축물로서 연면적이 1,000m²를 넘는 것은 국토교통부령으로 정하는 기준에 따라 내화구조로 된 바닥 및 벽, 방화문, 자동방화셔터로 구획해야 한다.

정답 97 ③ 98 ① 99 ② 100 ③

2020년 | 제3회 기출문제

제1과목 건축계획

01 ★★★
극장의 평면형식에 관한 설명으로 옳지 않은 것은?

① 아레나형에서 무대 배경은 주로 낮은 가구로 구성된다.
② 프로시니엄형은 픽쳐 프레임 스테이지형이라고도 불리운다.
③ 오픈 스테이지형은 관객석이 무대의 대부분을 둘러싸고 있는 형식이다.
④ 프로시니엄형은 가까운 거리에서 관람하게 되며, 가장 많은 관객을 수용할 수 있다.

해설
아레나형은 가까운 거리에서 관람하게 되며, 가장 많은 관객을 수용할 수 있다.

합격 POINT 아레나형
- 관객이 무대를 360°로 둘러싼 형이다.
- 가까운 거리에서 관람하면서 가장 많은 관객을 수용할 수 있다.
- 객석과 무대가 하나의 공간에 있으므로 양자의 일체감이 높다.
- 무대의 배경을 만들지 않으므로 경제성이 있다.

02 ★★★
주택의 평면과 각 부위의 치수 및 기준척도에 관한 설명으로 옳지 않은 것은?

① 치수 및 기준척도는 안목치수를 원칙으로 한다.
② 거실 및 침실의 평면 각 변의 길이는 10cm를 단위로 한 것을 기준척도로 한다.
③ 거실 및 침실의 층높이는 2.4m 이상으로 하되, 5cm를 단위로 한 것을 기준척도로 한다.
④ 계단 및 계단참의 평면 각 변의 길이 또는 너비는 5cm를 단위로 한 것을 기준척도로 한다.

해설
거실 및 침실의 평면 각 변의 길이는 5cm를 단위로 한 것을 기준척도로 한다.

합격 POINT 주택의 평면과 각 부위의 치수 및 기준척도
- 치수 및 기준척도는 안목치수를 원칙으로 한다.
- 거실 및 침실의 평면 각 변의 길이는 5cm를 단위로 한 것을 기준척도로 한다.
- 부엌, 식당, 욕실, 화장실, 복도, 계단 및 계단참 등의 평면 각 변의 길이 또는 너비는 5cm를 단위로 한 것을 기준척도로 한다.
- 거실 및 침실의 층높이는 2.4m 이상으로 하되, 각각 5cm를 단위로 한 것을 기준척도로 한다.

03 ★★☆
종합병원의 외래진료부를 클로즈드 시스템(Closed system)으로 계획할 경우 고려할 사항으로 가장 부적절한 것은?

① 1층에 두는 것이 좋다.
② 부속 진료시설을 인접하게 한다.
③ 약국, 회계 등은 정면 출입구 근처에 설치한다.
④ 외과 계통은 소진료실을 다수 설치하도록 한다.

해설
내과는 소진료실을 다수 설치하고, 외과 계통은 1실에서 여러 환자를 볼 수 있도록 대진료실을 설치한다.

선지분석
① 환자의 이용이 편리하도록 1층 또는 2층 이하에 둔다.
② 부속 진료시설은 외래환자 및 입원환자 모두가 이용하는 곳으로 시설물들을 인접하게 하여 이용이 편리하게 한다.
③ 중앙주사실, 회계, 약국 등은 정면 출입구 근처에 설치한다.

04 ★★☆
공장의 지붕형태에 관한 설명으로 옳은 것은?

① 솟을지붕은 채광 및 환기에 적합한 방법이다.
② 샤렌구조는 기둥이 많이 소요된다는 단점이 있다.
③ 뾰족지붕은 직사광선이 완전히 차단된다는 장점이 있다.
④ 톱날지붕은 남향으로 할 경우 하루 종일 변함없는 조도를 가진 약광선을 받아들일 수 있다.

해설
솟을지붕은 채광창의 경사에 따라 채광량 조절이 가능하고, 상부를 열고 닫는 것에 의해 환기가 가능하므로 채광 및 환기에 적합하다.

선지분석
② 샤렌구조는 기둥이 적게 소요된다는 장점이 있다.
③ 뾰족지붕은 직사광선이 어느 정도 허용되는 단점이 있다.
④ 톱날지붕은 북향으로 할 경우 하루 종일 변함없는 조도를 가진 약광선을 받아들일 수 있다.

정답 01 ④ 02 ② 03 ④ 04 ①

05 ★★★
래드번(Radburn) 주택단지계획에 관한 설명으로 옳지 않은 것은?

① 중앙에는 대공원 설치를 계획하였다.
② 주거구는 슈퍼블록 단위로 계획하였다.
③ 보행자의 보도와 차도를 분리하여 계획하였다.
④ 주거지 내의 통과교통으로 간선도로를 계획하였다.

해설
자동차 통과교통 배제를 위한 슈퍼블록을 구성한다.

합격 POINT ▶ 래드번 계획의 5가지 기본원리
- 기능에 따른 4가지 종류의 도로 구분
- 보도망 형성 및 보도와 차도의 입체적 분리
- 자동차 통과도로 배제를 위한 슈퍼블록 구성
- 주택단지 어디로나 통할 수 있는 공동 오픈스페이스 구성
- 쿨데삭(막다른 도로)형의 좁은 도로 구성으로 주택의 거실이 보도나 정원을 향하도록 배치

06 ★★★
공포형식 중 다포형식에 관한 설명으로 옳지 않은 것은?

① 출목은 2출목 이상으로 전개된다.
② 수덕사 대웅전이 대표적인 건물이다.
③ 내부 천장구조는 대부분 우물천장이다.
④ 기둥 상부 이외에 기둥 사이에도 공포를 배열한 형식이다.

해설
수덕사 대웅전은 주심포식 건축물이다.

선지분석
① 다포식의 출목은 주로 2출목 이상, 주심포식은 2출목 이하로 전개된다.
③ 내부 천장구조는 다포식이 우물천장이고 주심포식은 연등천장이다.
④ 주심포식의 경우엔 기둥 상부에만 공포를 배열한다.

07 ★★★
탑상형 공동주택에 관한 설명으로 옳지 않은 것은?

① 각 세대에 시각적인 개방감을 준다.
② 각 세대의 거주 조건 및 환경이 균등하다.
③ 도심지 내의 랜드마크적인 역할이 가능하다.
④ 건축물 외면의 4개의 입면성을 강조한 유형이다.

해설
아래 그림과 같이 판상형 공동주택은 각 세대의 거주 조건 및 환경이 균등하다.

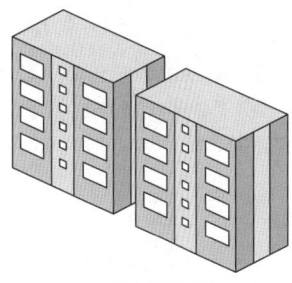

▲ 판상형 공동주택

합격 POINT ▶ 탑상형(타워형) 공동주택
- Y자형, +자형, ㅁ자형 등이 있다.
- 고층으로 조망권과 일조권이 좋다.
- 건축물의 외형미가 좋아 도심지 내 랜드마크적인 역할이 가능하다.
- 구조에 따라 강제 환기 시스템이 필요할 수 있다.
- 각 세대의 채광, 통풍이 동일하지 않다.(각 세대의 거주 조건 및 환경이 불균등하다.)

▲ 탑상형 공동주택

정답 05 ④ 06 ② 07 ②

08 ★★☆

학교의 운영방식에 관한 설명으로 옳지 않은 것은?

① 플래툰형은 교과교실형보다 학생의 이동이 많다.
② 종합교실형은 초등학교 저학년에 가장 권장할 만한 형식이다.
③ 달톤형은 규모 및 시설이 다른 다양한 형태의 교실이 요구된다.
④ 일반 및 특별교실형은 우리나라 중학교에서 일반적으로 사용되는 방식이다.

해설
교과교실형의 학생 이동이 플래툰형보다 더 많다.
교과교실형은 모든 교실을 특정 교과의 수업을 위해 만들며 일반 교실은 존재하지 않으므로, 다른 학교 운영방식 보다 학생의 이동이 많다.

선지분석
② 종합교실형은 학생의 이동이 없으며, 초등학교 저학년에 적합한 형식이다.
③ 달톤형은 학급과 학년의 구분 없이 학생들 각자의 능력에 따라 교과를 학습하며, 다양한 크기의 교실이 요구된다.

09 ★☆☆

사무소 건축에서 오피스 랜드스케이핑(Office landscaping)에 관한 설명으로 옳지 않은 것은?

① 프라이버시 확보가 용이하여 업무의 효율성이 증대된다.
② 커뮤니케이션의 융통성이 있고 장애요인이 거의 없다.
③ 실내에 고정된 칸막이를 설치하지 않으며 공간을 절약할 수 있다.
④ 변화하는 작업의 패턴에 따라 조절이 가능하며 신속하고 경제적으로 대처할 수 있다.

해설
• 오피스 랜드스케이핑은 소음에 취약하고, 독립성이 결여되어 프라이버시 확보가 어렵다.
• 오피스 랜드스케이핑은 서열이나 직급 등에 따라 획일적으로 배치하지 않고 사무의 흐름이나 작업의 성격에 따라 능률적으로 배치하는 방법이다.

10 ★★☆

엘리베이터의 설계 시 고려사항으로 옳지 않은 것은?

① 군 관리운전의 경우 동일 군내의 서비스 층은 같게 한다.
② 승객의 층별 대기시간은 평균 운전간격 이하가 되게 한다.
③ 건축물의 출입층이 2개 층이 되는 경우는 각각의 교통수요량 이상이 되도록 한다.
④ 백화점과 같은 대규모 매장에는 일반적으로 승객수송의 70~80%를 분담하도록 계획한다.

해설
대규모 매장에서 일반적으로 승객수송의 70~80%를 분담하도록 계획하는 것은 에스컬레이터이다.

11 ★☆☆

극장 건축과 관련된 용어 설명으로 옳지 않은 것은?

① 플라이 갤러리(Fly gallery): 무대 주위의 벽에 설치되는 좁은 통로이다.
② 사이클로라마(Cyclorama): 무대의 제일 뒤에 설치되는 무대 배경용 벽이다.
③ 그린룸(Green room): 연기자가 분장 또는 화장을 하고 의상을 갈아입는 곳이다.
④ 그리드 아이언(Grid iron): 무대 천장 밑에 설치한 것으로 배경이나 조명 기구 등이 매달린다.

해설
그린룸(Green room)은 출연자 대기실을 말하며 주로 무대 가까운 곳에 배치한다.

12 ★★★

숑바르 드 로브의 주거면적으로 옳은 것은?

① 병리기준: 6m², 한계기준: 12m²
② 병리기준: 6m², 한계기준: 14m²
③ 병리기준: 8m², 한계기준: 12m²
④ 병리기준: 8m², 한계기준: 14m²

해설
숑바르 드 로브의 주거면적
• 병리기준: 8m²/인
• 한계기준: 14m²/인
• 표준기준: 16m²/인

정답 08 ① 09 ① 10 ④ 11 ③ 12 ④

13 ★★☆
미술관 전시실의 순회형식에 관한 설명으로 옳지 않은 것은?

① 연속순회형식은 전시 벽면이 최대화되고 공간절약 효과가 있다.
② 연속순회형식은 한 실을 폐쇄하면 다음 실로의 이동이 불가능하다.
③ 갤러리 및 복도형식은 관람자가 전시실을 자유롭게 선택하여 관람할 수 있다.
④ 중앙홀 형식에서 중앙홀이 크면 장래의 확장에는 용이하나 동선의 혼잡이 심해진다.

해설
- 중앙홀 형식에서 중앙홀이 크면 장래의 확장에는 불리하나 동선의 혼란은 적다.
- 중앙홀 형식은 중심부에 홀을 두고 홀의 주위에 전시실을 배치하여 홀을 통해 출입하는 형식으로 홀의 크기가 크면 동선의 혼란이 줄어든다.

14 ★★☆
경복궁의 궁궐 배치는 전조공간과 후침공간으로 이루어져 있다. 다음 중 전조공간의 구성에 속하지 않는 것은?

① 근정전   ② 만춘전
③ 천추전   ④ 강녕전

해설
강녕전은 후침공간에 속한다.

합격 POINT 경복궁의 궁궐 배치
- 전조공간(정사를 보는 곳): 근정전, 사정전(중심편전), 만춘전(보조 편전), 천추전(보조편전) 등
- 후침공간(사적 생활공간): 강녕전(침전), 수정전, 교태전, 자경전 등

15 ★★☆
도서관 건축에 관한 설명으로 옳지 않은 것은?

① 캐럴(Carrel)은 서고 내에 설치된 소연구실이다.
② 서고의 내부는 자연채광을 하지 않고 인공조명을 사용한다.
③ 일반 열람실의 면적은 $0.25 \sim 0.5 m^2$/인 정도의 규모로 계획한다.
④ 서고면적 $1m^2$ 당 150~250권 정도의 수장능력을 갖도록 계획한다.

해설
- 열람실은 성인 1인당 $1.5 \sim 2.0 m^2$의 면적으로 계획한다.
- 열람실은 아동 1인당 $1.1 m^2$의 면적으로 계획한다.

16 ★☆☆
호텔건축에 관한 설명으로 옳지 않은 것은?

① 커머셜 호텔은 가급적 저층으로 한다.
② 아파트먼트 호텔은 장기 체류용 호텔이다.
③ 리조트 호텔은 자연 경관이 좋은 곳을 선택한다.
④ 터미널 호텔은 교통기관의 발착지점에 위치한다.

해설
커머셜 호텔은 가급적 고층으로 한다.

선지분석
② 아파트먼트 호텔은 일반적으로 부엌과 셀프서비스 시설을 갖추고 있어 장기간 체류에 적합하다.
③ 리조트 호텔은 관광객이나 휴양객에게 많이 이용되는 호텔로 조망이나 관광지의 전경을 충분히 즐길 수 있는 곳을 선택한다.
④ 터미널 호텔은 공항, 부두, 철도역 등 교통기관의 발착지점에 위치한다.

17 ★☆☆
공동주택 단위주거의 단면구성 형태에 관한 설명으로 옳지 않은 것은?

① 플랫형은 주거단위가 동일층에 한하여 구성되는 형식이다.
② 스킵 플로어형은 통로 및 공용면적이 적은 반면에 전체적으로 유효면적이 높다.
③ 복층형(메조네트형)은 플랫형에 비해 엘리베이터의 정치 층수를 적게 할 수 있다.
④ 트리플렉스형은 듀플렉스형보다 프라이버시의 확보율이 낮고 통로면적이 많이 필요하다.

해설
- 트리플렉스형은 듀플렉스형보다 프라이버시의 확보율이 높고 통로면적이 적게 필요하다.
- 2개 층인 복층마다 주호를 구성하는 듀플렉스형이 3개 층마다 주호를 구성하는 트리플렉스형보다 공용면적이 더 크다.
- 트리플렉스형은 듀플렉스형보다 통로가 없는 층이 많아 필요한 통로 면적이 적다.
- 트리플렉스형은 듀플렉스형보다 프라이버시와 채광 및 통풍이 좋다.

정답 13 ④ 14 ④ 15 ③ 16 ① 17 ④

18 ★☆☆

다음 중 건축요소와 해당 건축요소가 사용된 건축양식의 연결이 옳지 않은 것은?

① 장미창(Rose window) — 고딕
② 러스티케이션(Rustication) — 르네상스
③ 첨두아치(Pointed arch) — 로마네스크
④ 펜덴티브 돔(Pendentive dome) — 비잔틴

해설
- 첨두아치는 고딕양식이다.
- 고딕양식에 사용되는 양식에는 리브 보울트, 플라잉 버트레스, 첨두아치, 장미창 등이 있다.

19 ★☆☆

은행건축계획에 관한 설명으로 옳지 않은 것은?

① 고객과 직원과의 동선이 중복되지 않도록 계획한다.
② 대규모 은행일 경우 고객의 출입구는 되도록 1개소로 계획한다.
③ 이중문을 설치할 경우 바깥문은 바깥 여닫이 또는 자재문으로 계획한다.
④ 어린이의 출입이 많은 경우에는 주출입구에 회전문을 설치하는 것이 좋다.

해설
어린이의 출입이 많은 경우에는 안전에 유의하여 주출입구에 회전문을 설치하지 않는다.

선지분석
② 고객 출입구는 도난 방지와 관리를 위해 1개소만 설치한다.

20 ★★★

다음 중 백화점 기둥간격의 결정요소와 가장 거리가 먼 것은?

① 지하 주차장의 주차방법
② 진열대의 치수와 배열법
③ 엘리베이터의 배치 방법
④ 각 층별 매장의 상품구성

해설
백화점의 기둥간격의 결정과 각 층별 매장의 상품구성은 큰 관련이 없다.

합격 POINT 사무소와 백화점의 기둥간격 결정요소
- 사무소: 책상배치 단위, 채광상 층고에 의한 안깊이, 주차배치 단위 등
- 백화점: 가구(진열대)배치, 엘리베이터(에스컬레이터)의 배치, 주차배치 단위, 층고 등

제2과목 건축시공

21 ★☆☆

아래 그림의 형태를 가진 흙막이의 명칭은?

① H-말뚝 토류판
② 슬러리월
③ 소일콘크리트 말뚝
④ 시트파일

해설
시트파일(Sheet Pile, 널말뚝)은 연약 지반을 굴착할 때 주변으로부터의 토압을 지지하고 물의 침입을 방지할 목적으로 미리 주변에 연속적으로 박아 넣는 판 모양의 말뚝을 말한다.

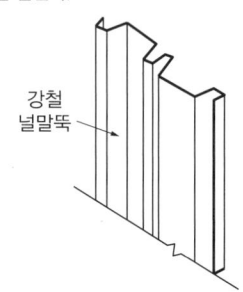

강철 널말뚝

22 ★★☆

다음 중 통계적 품질관리 기법의 종류에 해당되지 않는 것은?

① 히스토그램
② 특성요인도
③ 브레인스토밍
④ 파레토도

해설
브레인스토밍(Brainstorming)은 구성원의 자유로운 발언으로 아이디어를 제시하여 발상을 찾아내려는 방법이며, V.E기법에 아이디어 창출 단계에서 사용된다.

합격 POINT 종합적 품질관리(TQC)의 7가지 도구

구분	내용
히스토그램	데이터가 어떠한 분포를 하고 있는지를 막대그래프로 작성한 그림
특성요인도	결과에 대하여 원인이 어떻게 관계하고 있는지 한눈에 알아볼 수 있도록 작성한 그림
파레토도	불량, 고장, 결점 등 발생건수를 원인과 형상별로 분류하여 크기 순서대로 나열해 놓은 그림
체크시트	계수값 데이터가 분류 항목별 집중도를 알아볼 수 있도록 작성한 것
층별	집단을 구성하고 있는 데이터를 특성에 따라 부분 집단으로 나누는 것
산점도	대응되는 2개의 짝으로 된 데이터를 그래프상에 점으로 나타낸 것
각종 그래프	작성 목적을 명확히 쉽게 파악할 수 있도록 표현한 그래프

정답 18 ③ 19 ④ 20 ④ 21 ④ 22 ③

23 ★★☆

도장공사에 필요한 가연성 도료를 보관하는 창고에 관한 설명으로 옳지 않은 것은?

① 독립한 단층건물로서 주위 건물에서 1.5m 이상 떨어져 있게 한다.
② 건물 내의 일부를 도료의 저장장소로 이용할 때는 내화구조 또는 방화구조로 구획된 장소를 선택한다.
③ 바닥에는 침투성이 없는 재료를 깐다.
④ 지붕은 불연재로 하고, 적정한 높이의 천장을 설치한다.

해설
가연성 도료를 보관하는 창고의 지붕은 불연재로 하고, 천장은 설치하지 않는다.

24 ★★☆

철근콘크리트 구조물에서 철근 조립순서로 옳은 것은?

① 기초철근 → 기둥철근 → 보철근 → 슬래브철근 → 계단철근 → 벽철근
② 기초철근 → 기둥철근 → 벽철근 → 보철근 → 슬래브철근 → 계단철근
③ 기초철근 → 벽철근 → 기둥철근 → 보철근 → 슬래브철근 → 계단철근
④ 기초철근 → 벽철근 → 보철근 → 기둥철근 → 슬래브철근 → 계단철근

해설
철근 조립순서

기초 철근	거푸집 위치 먹줄치기 → 철근간격 표시 → 직교철근 배근 → 대각선 철근 배근 → 스페이서 설치 → 기둥주근 설치 → 띠근(Hoop) 끼우기
철근콘크리트	기초 → 기둥 → 벽 → 보 → 바닥판 → 계단
철골철근콘크리트조	기초 → 기둥 → 보 → 벽 → 바닥판 → 계단

25 ★★★

건설사업자원 통합 전산망으로 건설 생산활동 전 과정에서 건설 관련 주체가 전산망을 통해 신속히 교환·공유할 수 있도록 지원하는 통합 정보시스템을 지칭하는 용어는?

① 건설 CIC(Computer Integrated Construction)
② 건설 CALS(Continuous Acquisition & Life cycle Support)
③ 건설 EC(Engineering Construction)
④ 건설 EVMS(Earned Value Management System)

해설
CALS(Continuous Acquisition & Life cycle Support)
건설산업의 전수명주기에서 발생하는 자료들을 초고속정보통신망으로 교환·공유하여 공기단축, 공비를 절감하는 통합정보시스템을 말한다.

선지분석
① CIC: 건설생산에 초점을 맞추고 프로젝트를 효율적으로 계획, 설계, 관리, 시공 등을 수행하기 위해 개발된 종합적인 시스템이다.
③ EC: 건설사업의 발굴과 기획부터 설계, 시공, 유지관리까지 전반적인 사업 프로세스에 관한 것을 종합적으로 기획, 관리하는 업무영역을 의미한다.
④ EVMS: 프로젝트의 비용과 일정에 대한 계획과 실적을 객관적인 기준에 의해 비교 및 관리하는 기법이다.

26 ★★★

타일의 흡수율 크기의 대소관계로 옳은 것은?

① 석기질 > 도기질 > 자기질
② 도기질 > 석기질 > 자기질
③ 자기질 > 석기질 > 도기질
④ 석기질 > 자기질 > 도기질

해설
타일의 흡수율(%)은 도기질, 석기질, 자기질 순으로 크다.

정답 23 ④ 24 ② 25 ② 26 ②

27 ★★★

MCX(Minimum Cost Expediting) 기법에 의한 공기단축에서 아무리 비용을 투자해도 그 이상 공기를 단축할 수 없는 한계점을 무엇이라 하는가?

① 표준점 ② 포화점
③ 경제 속도점 ④ 특급점

해설
특급점은 직접비 곡선에서 특급공기와 특급비용이 만나는 점으로 더 이상 공기단축 할 수 없는 한계점이다.

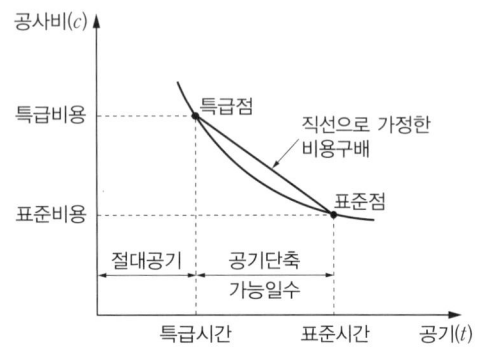

28 ★★☆

콘크리트에 사용되는 혼화재 중 플라이애시의 사용에 따른 이점으로 볼 수 없는 것은?

① 유동성의 개선 ② 수화열의 감소
③ 수밀성의 향상 ④ 초기강도의 증진

해설
플라이애시는 화력발전소의 미분탄 보일러 내의 연도 가스로부터 집진기로 포집한 미세립자로, 양질의 포졸란(Pozzolan)이다. 콘크리트의 워커빌리티(Workability, 시공연도)와 수밀성이 좋고 수화열이 작으며 초기강도는 작으나 장기강도가 증진된다.

합격 POINT 혼화재료

구분	내용
혼화재	• 시멘트 중량의 5% 이상 사용 • 배합설계 시 체적을 고려 • 플라이애시, 고로슬래그, 실리카흄, 착색재, 팽창재 등
혼화제	• 시멘트 중량의 1% 이하 사용 • 배합설계 시 체적을 미고려 • AE제, 유동화제, 응결지연제, 방청제 등

29 ★☆☆

다음 중 공사시방서에 기재하지 않아도 되는 사항은?

① 건물 전체의 개요 ② 공사비 지급방법
③ 시공방법 ④ 사용재료

해설
시방서는 건축물 또는 시설물을 건설하는 과정에서 설계도서에 포함되지 않는 추가적인 정보를 시공자에게 전달하기 위해 작성하는 문서이다. 시공 단계에서 필요한 재료 규격, 치수, 시공 방법, 유의 사항, 관리 등을 기술하므로 공사비 지급방법은 시방서에 기재되지 않는다.

30 ★☆☆

방수공사용 아스팔트의 종류 중 표준용융온도가 가장 낮은 것은?

① 1종 ② 2종
③ 3종 ④ 4종

해설
방수공사용 아스팔트의 종류 중 표준용융온도는 1종이 220~230℃로 가장 낮다.

합격 POINT 방수공사용 아스팔트의 표준용융온도

종류	온도(℃)
1종	220~230
2종	240~250
3종	260~270
4종	260~270

31 ★★☆

외부 조적벽의 방습, 방열, 방한, 방서 등을 위해서 설치하는 쌓기법은?

① 내쌓기 ② 기초쌓기
③ 공간쌓기 ④ 엇모쌓기

해설
조적벽의 공간쌓기는 벽체의 방습, 방열, 방한 등을 목적으로 공간이나 단열재를 두고 안팎에 벽돌을 쌓는 이중벽쌓기이다.

정답 27 ④ 28 ④ 29 ② 30 ① 31 ③

32 ★☆☆

칠공사에 사용되는 희석제의 분류가 잘못 연결된 것은?

① 송진건류품 - 테레빈유
② 석유건류품 - 휘발유, 석유
③ 콜타르 증류품 - 미네랄 스피리트
④ 송근건류품 - 송근유

해설

칠공사의 희석제 분류

구분	내용
송진건류품	테레빈유
석유건류품	미네랄 스피리트, 석유, 휘발유
콜타르 증류품	나프타, 솔벤트, 벤졸
송근건류품	송근유

33 ★★★

토공사에 쓰이는 굴착용 기계 중 기계가 서 있는 지반면보다 위에 있는 흙의 굴착에 적합한 장비는?

① 파워쇼벨(Power shovel)
② 드래그라인(Drag line)
③ 드래그쇼벨(Drag shovel)
④ 클램쉘(Clamshell)

해설

기계가 위치한 곳보다 높은 곳의 굴착에 적당한 건설기계는 파워쇼벨(Power Shovel)이다.

합격 POINT 굴착용 기계

종류	특성
파워쇼벨	지면보다 높은 곳의 굴착에 적합하며 굴착력이 크다.
드래그쇼벨 (백호)	지면보다 낮은 곳의 굴착에 적합하며 굴착력이 크고 범위가 좁다.
드래그라인	기계를 설치한 지반보다 낮은 장소 또는 수중을 굴착하는데 사용된다. 굴착력은 약하나 작업범위가 광범위하다.
클램쉘	좁은 곳의 수직굴착, 수중굴착에 적합하다.
트렌처	도랑파기, 줄기초 파기에 사용된다.

34 ★★★

바깥방수와 비교한 안방수의 특징에 관한 설명으로 옳지 않은 것은?

① 공사가 간단하다.
② 공사비가 비교적 싸다.
③ 보호누름이 없어도 무방하다.
④ 수압이 작은 곳에 이용된다.

해설

바깥방수와 달리 안방수는 보호누름이 필요하다.

합격 POINT 안방수와 바깥방수와의 비교

구분	안방수	바깥방수
사용환경	비교적 수압이 적은 지하실에 적당하다.	수압에 상관없이 할 수 있다.
바탕만들기	따로 만들 필요가 없다.	따로 만들어야 한다.
공사시기	자유로 선택할 수 있다.	본공사에 선행해야 한다.
공사 용이성	간단하다.	상당한 난점이 있다.
경제성(공사비)	비교적 싸다.	비교적 고가이다.
내수압성	작다.	크다.
보호누름	필요하다.	없어도 무방하다.
하자보수	쉽다.	어렵다.

35 ★★☆

한중콘크리트에 관한 설명으로 옳은 것은?

① 한중콘크리트는 공기연행콘크리트를 사용하는 것을 원칙으로 한다.
② 타설할 때의 콘크리트 온도는 구조물의 단면 치수, 기상 조건 등을 고려하여 최소 25℃ 이상으로 한다.
③ 물-결합재비는 50% 이하로 하고, 단위수량은 소요의 워커빌리티를 유지할 수 있는 범위 내에서 되도록 크게 정하여야 한다.
④ 콘크리트를 타설한 직후에 찬바람이 콘크리트 표면에 닿도록 하여 초기양생을 실시한다.

해설

한중콘크리트는 공기연행제를 사용하여 콘크리트 내부의 공기를 제거하여, 콘크리트의 강도와 내구성을 향상 시킨다.

선지분석

② 타설할 때의 콘크리트 온도는 구조물의 단면 치수, 기상 조건 등을 고려하여 최소 5~20℃ 이상으로 한다.
③ 물-결합재비는 60% 이하로 하고, 단위수량은 소요의 워커빌리티를 유지할 수 있는 범위 내에서 되도록 작게 정하여야 한다.
④ 콘크리트를 타설한 직후에 찬바람이 콘크리트 표면에 닿지 않도록 하여 초기양생을 실시한다.

정답 32 ③ 33 ① 34 ③ 35 ①

36 ★★★

네트워크(Network) 공정표의 장점으로 볼 수 없는 것은?

① 작업 상호간의 관련성을 알기 쉽다.
② 공정 계획의 초기 작성 시간이 단축된다.
③ 공사의 진척 관리를 정확히 할 수 있다.
④ 공기 단축 가능 요소의 발견이 용이하다.

해설
네트워크 공정표는 프로젝트에 필요한 작업들 간의 종속성과 선후관계를 나타내는 도구로, 다른 공정표에 비해 작성시간이 비교적 오래 걸리는 단점이 있다.

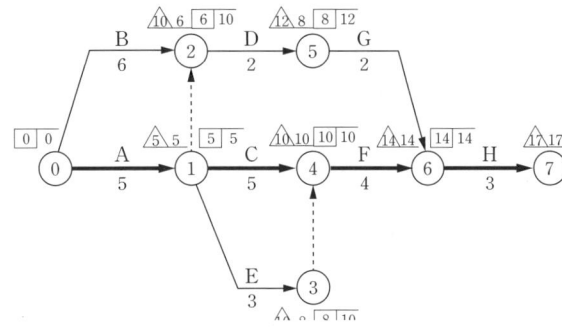

37 ★★☆

일반 콘크리트의 내구성에 관한 설명으로 옳지 않은 것은?

① 콘크리트에 사용하는 재료는 콘크리트의 소요 내구성을 손상시키지 않는 것이어야 한다.
② 굳지 않은 콘크리트 중의 전 염소이온량은 원칙적으로 0.3kg/m³ 이하로 하여야 한다.
③ 콘크리트는 원칙적으로 공기연행콘크리트로 하여야 한다.
④ 콘크리트의 물-결합재비는 원칙적으로 50% 이하여야 한다.

해설
콘크리트의 내구성 기준의 물-결합재비는 60% 이하이며, 수밀성 기준의 물-결합재비는 50% 이하이다.

38 ★★★

철근콘크리트 공사에서 철근조립에 관한 설명으로 옳지 않은 것은?

① 황갈색의 녹이 발생한 철근은 그 상태가 경미하다 하더라도 사용이 불가하다.
② 철근의 피복두께를 정확하게 확보하기 위해 적절한 간격으로 고임재 및 간격재를 배치하여야 한다.
③ 거푸집에 접하는 고임재 및 간격재는 콘크리트 제품 또는 모르타르 제품을 사용하여야 한다.
④ 철근을 조립한 다음 장기간 경과한 경우에는 콘크리트를 타설 전에 다시 조립 검사를 하고 청소하여야 한다.

해설
철근 가공 및 조립 시 경미한 녹은 부착력 저하가 거의 없으므로 제거 후 사용한다.

39 ★★★

다음 중 유리의 주성분으로 옳은 것은?

① Na_2O ② CaO
③ SiO_2 ④ K_2O

해설
유리의 주성분은 SiO_2로 유리의 전체의 71~73%를 차지한다.

40 ★★★

8개월간 공사하는 현장에 필요한 시멘트량이 2,397포이다. 이 공사 현장에 필요한 시멘트 창고 필요면적으로 적당한 것은? (단, 쌓기단수는 13단임)

① 24.6m² ② 54.2m²
③ 73.8m² ④ 98.5m²

해설
시멘트 창고 면적(A) = $0.4 \times \dfrac{\text{시멘트 포대수}(N)}{\text{쌓기단수}(n)}$

$= 0.4 \times \dfrac{799}{13} \fallingdotseq 24.6m^2$

(2,397포는 1,800초과이므로, 시멘트 포대수(N)는 1/3을 적용한 799포로 계산한다.)

합격 POINT ▶ 시멘트 창고 면적

$A = 0.4 \times \dfrac{N}{n}$

여기서, n: 쌓기단수(최대 13단), N: 시멘트 포대수
※ 시멘트 포대수 N 산정

포대수	N
600포 미만	쌓기 포대수 전량
600포 이상~1,800포 이하	600포
1,800포대 초과	1/3만 적용

정답 36 ② 37 ④ 38 ① 39 ③ 40 ①

제3과목 건축구조

41 ★☆☆
다음 중 지진에 의하여 발생되는 현상이 아닌 것은?

① 동상현상 ② 해일
③ 지반의 액상화 ④ 단층의 이동

해설
물이 얼음으로 변화할 때 부피는 약 9% 정도 증가하기 때문에 흙속에 포함된 수분이 얼면 부피가 증가하게 되고 지표면 위에 있는 건축물을 들어 올리는 현상을 동상현상(Frost heave)이라고 한다. 동상현상은 결국 온도변화와 관련된 지표이며 지진에 의해 발생되는 현상은 아니다.

합격 POINT 지반의 액상화
모래지반에서 순간충격, 지진, 진동 등에 의해 간극수압이 상승하고 유효응력이 감소되어 전단저항을 상실하고 지반이 액체와 같은 상태로 변화하는 현상을 말한다. 구조물의 부등침하·파괴, 지반 이동 등이 발생한다.

42 ★☆☆
철근콘크리트 보의 사인장 균열에 관한 설명으로 옳지 않은 것은?

① 전단력 및 비틀림에 의하여 발생한다.
② 보의 축과 약 45°의 각도를 이룬다.
③ 주인장응력도의 방향과 사인장 균열의 방향은 일치한다.
④ 보의 단부에 주로 발생한다.

해설
사인장 균열은 보의 단부에서 주인장응력도의 직각방향으로 발생하게 된다.

43 ★★★
다음 그림과 같은 띠철근 기둥의 설계축하중(ϕP_n)값으로 옳은 것은? (단, $f_{ck}=24$MPa, $f_y=400$MPa, 주근 단면적 (A_{st}): 3,000mm²임)

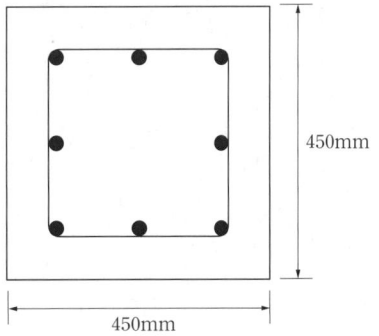

① 2,740kN ② 2,952kN
③ 3,335kN ④ 3,359kN

해설
기둥의 설계축하중: 기둥의 단면을 구성하고 있는 콘크리트와 철근이 부담할 수 있는 축하중을 합산하여 강도감소계수를 곱한 것이다.
$$\phi P_n = \phi \times 0.80 \times P_0$$
$$= \phi \times 0.80 \times (0.85 \times f_{ck} \times (A_g - A_{st}) + (f_y \cdot A_{st}))$$
$$= 0.65 \times 0.80 \times (0.85 \times 24 \times (450^2 - 3,000) + (400 \times 3,000))$$
$$= 2,740,296\text{N} = 2,740.296\text{kN}$$
(여기서, 띠철근의 강도감소계수(ϕ): 0.65)

44 ★★★
연약한 지반에 대한 대책 중 상부구조의 조치사항으로 옳지 않은 것은?

① 건물의 수평길이를 길게 한다.
② 건물을 경량화 한다.
③ 건물의 강성을 높여준다.
④ 건물의 인동간격을 멀리한다.

해설
건물의 수평길이를 짧게 한다.

합격 POINT 부등침하 방지대책(상부구조에 대한 대책)
1. 건물의 경량화 및 중량 분배
2. 건물의 길이를 짧게
3. 강성을 높게
4. 인접 건물과의 거리를 멀게

정답 41 ① 42 ③ 43 ① 44 ①

45 ★★☆

그림과 같은 단면에서 x축에 대한 단면2차모멘트는?

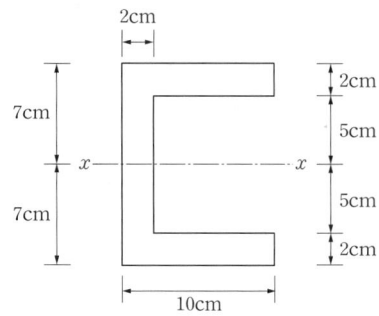

① 1,420cm⁴ ② 1,520cm⁴
③ 1,620cm⁴ ④ 1,720cm⁴

해설

비어있지 않은 큰 사각형(10cm×14cm)으로 계산한 단면2차모멘트에서 내부의 빈 사각형(8cm×10cm)의 단면2차모멘트를 뺀다.

사각형의 단면2차모멘트 $I = \dfrac{bh^3}{12}$

$\therefore I_x = \dfrac{BH^3 - bh^3}{12} = \dfrac{(10 \times 14^3) - (8 \times 10^3)}{12} = 1,620\text{cm}^4$

46 ★☆☆

철골조의 가새에 관한 설명으로 옳지 않은 것은?

① 트러스의 절점 또는 기둥의 절점을 각각 대각선 방향으로 연결하여 구조체의 변형을 방지하는 부재이다.
② 풍하중, 지진력 등의 수평하중에 저항하는 것으로 부재에는 인장응력만 발생한다.
③ 보통 단일형강새 또는 소립재를 쓰지만 응력이 작은 지붕가새에는 봉강을 사용한다.
④ 수평가새는 지붕트러스의 지붕면(경사면)에 설치한다.

해설

② 풍하중, 지진력 등의 수평하중에 저항하고 인장응력 뿐만 아니라 압축응력도 발생한다.

합격 POINT

철골구조의 가새는 대부분 인장응력을 부담하지만 압축응력을 부담하는 가새도 있다. 인장가새는 아이바(Eye bar), 루프바(Loop bar), 턴버클(Turn buckle) 등을 사용하고, 압축가새는 앵글(Angle)을 사용한다. 가새는 횡부재에 대해서 30~60° 범위 내에 있도록 배치해야 하고, 골조 전체로 보아 가새 방향이 대칭이 되어야 한다.

47 ★★☆

절점 B에 외력 $M = 200\text{kN}\cdot\text{m}$가 작용하고 각 부재의 강비가 그림과 같을 경우 M_{AB}는?

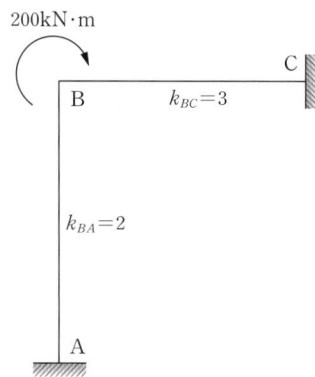

① 20kN·m ② 40kN·m
③ 60kN·m ④ 80kN·m

해설

지점 도달모멘트(M_{AB})는 분배모멘트(M_{BA})의 1/2이다.

1. 분배율: $DF_{BA} = \dfrac{2}{2+3} = \dfrac{2}{5}$

2. 분배모멘트 계산: B절점에서의 분배

   $M_{BA} = 200 \times \dfrac{2}{5} = 80\text{kN}\cdot\text{m}$

3. 전달모멘트 계산: $B \to A$ (전달률: 고정단은 $\dfrac{1}{2}$)

   $M_{AB} = \dfrac{1}{2} M_{BA} = 80 \times \dfrac{1}{2} = 40\text{kN}\cdot\text{m}$

정답 45 ③ 46 ② 47 ②

48 ★★☆

그림과 같은 모살용접의 유효용접길이는? (단, 유효용접길이는 1면에 대해서만 산정)

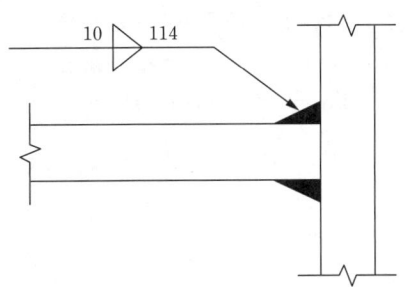

① 10mm   ② 94mm
③ 107mm   ④ 114mm

해설

유효용접길이(l_e)는 용접길이(l)에서 시작과 끝의 모살치수(S)만큼 뺀 길이이다.
$l_e = l - 2S$
문제의 용접기호에서 용접길이는 114mm, 모살치수는 10mm이므로,
∴ $l_e = l - 2S = 114 - (10 \times 2) = 94$mm

49 ★☆☆

강구조에서 하중점과 볼트, 접합된 부재의 반력 사이에서 지렛대와 같은 거동에 의해 볼트에 작용하는 인장력이 증폭되는 현상을 무엇이라 하는가?

① Slip-critical action   ② Bearing action
③ Prying action   ④ Buckling action

해설

Prying action(지레작용): 기계적 연결재를 사용한 인장 접합부에서 외력의 작용선, 연결재의 위치, 편심 등에 의해 접합 끝부분에 생기는 외력 방향의 2차 응력이다.

50 ★☆☆

다음 그림과 같은 보에서 고정단에 생기는 휨모멘트는?

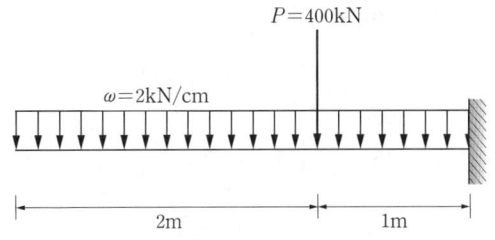

① 500kN·m   ② 900kN·m
③ 1,300kN·m   ④ 1,500kN·m

해설

캔틸레버보의 휨모멘트 계산 시 자유단에서부터 고정단 방향으로 휨모멘트를 계산하면 된다. 등분포하중과 집중하중으로 분리하여 지점에서 발생하는 휨모멘트를 계산하여 합산한다. (※ 단, 문제의 하중은 다음과 같이 단위를 환산하여 적용한다.)
$2\text{kN/cm} = \dfrac{2\text{kN}}{1\text{cm}} = \dfrac{2 \times 100\text{kN}}{100\text{cm}} = \dfrac{200\text{kN}}{1\text{m}} = 200$kN/m이다.
∴ 고정단에 생기는 휨모멘트는,
$(-400\text{kN} \times 1\text{m}) + (-(200\text{kN/m} \times 3\text{m}) \times 1.5\text{m}) = -1,300$kN·m

51 ★☆☆

다음 그림과 같은 구조물의 부정정차수로 옳은 것은?

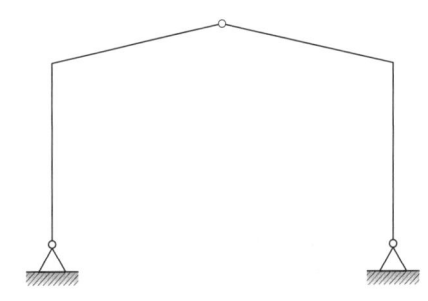

① 정정   ② 1차 부정정
③ 2차 부정정   ④ 3차 부정정

해설

$N = r + m + f - 2 \times j$ 공식 이용
여기서, r: 지점반력수, m: 부재수, f: 강절점수, j: 지점수+자유단 지점수이다.
∴ $N = 4 + 4 + 2 - 2 \times 5 = 0$이므로 정정 구조물이다.

정답 48 ② 49 ③ 50 ③ 51 ①

52 ★☆☆

다음과 같은 볼트군의 x_0부터의 도심위치 x를 구하면? (단, 그림의 단위는 mm)

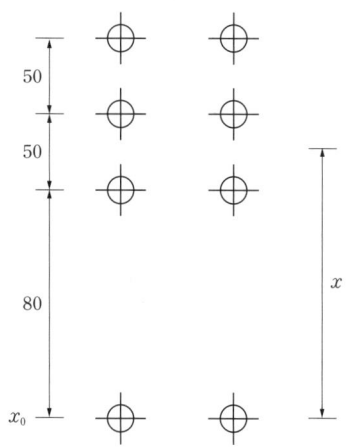

① 80mm
② 89.5mm
③ 90mm
④ 97.5mm

해설

도심거리는 기준축에서 각 볼트까지 거리의 합을 볼트 개수로 나눈 평균거리이므로,

$$x = \frac{(180 \times 2) + (130 \times 2) + (80 \times 2) + (0 \times 2)}{8} = 97.5\text{mm}$$

53 ★☆☆

압축이형철근의 정착길이에 관한 기준으로 옳지 않은 것은?

① 계산된 정착길이는 항상 200mm 이상이어야 한다.
② 기본정착길이는 최소 $0.043d_b f_y$ 이상이어야 한다.
③ 해석결과 요구되는 철근량을 초과하여 배치한 경우 $\left(\dfrac{\text{소요철근량}}{\text{배근철근량}}\right)$을 곱하여 보정한다.
④ 전경량콘크리트를 사용한 경우 기본정착길이에 0.85배 하여 정착길이를 산정한다.

해설

압축이형철근의 기본정착길이는 다음과 같이 산정할 수 있으며, 그 값은 $0.043d_b f_y$ 이상이 되어야 한다.

$$l_{db} = \frac{0.25 d_b f_y}{\lambda \sqrt{f_{ck}}} \geq 0.043 d_b f_y$$

여기서 λ는 경량콘크리트 계수로 전경량콘크리트는 0.75, 모래경량콘크리트는 0.85, 보통중량콘크리트는 1.0으로 규정되어 있다.

54 ★★★

다음 그림과 같은 압축재 $H-200 \times 200 \times 8 \times 12$가 부재의 중앙지점에서 약축에 대해 휨변형이 구속되어 있다. 이 부재의 탄성좌굴응력도를 구하면? (단, 단면적 $A = 63.53 \times 10^2 \text{mm}^2$, $I_x = 4.72 \times 10^7 \text{mm}^4$, $I_y = 1.60 \times 10^7 \text{mm}^4$, $E = 205,000\text{MPa}$)

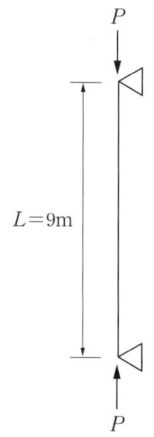

① 252N/mm²
② 186N/mm²
③ 132N/mm²
④ 108N/mm²

해설

1. 양단 힌지이므로 유효좌굴길이계수 $K = 1.0$
2. 강축(x)에 대해서는 부재 전체의 길이 $L = 9$m, 약축(y)에 대해서는 휨변형이 구속되어 있으므로 $L = 4.5$m를 적용함에 주의한다.
3. 강축과 약축에 대한 좌굴하중을 계산하여 작은 쪽이 탄성좌굴하중이 된다.

$$P_{cr,x} = \frac{\pi^2 E I_x}{(KL_x)^2} = \frac{\pi^2 \times 205,000 \times (4.72 \times 10^7)}{(1.0 \times 9,000)^2} \fallingdotseq 1,178,991.3\text{N}$$

$$P_{cr,y} = \frac{\pi^2 E I_y}{(KL_y)^2} = \frac{\pi^2 \times 205,000 \times (1.60 \times 10^7)}{(1.0 \times 4,500)^2} \fallingdotseq 1,598,632.2\text{N}$$

4. 탄성좌굴응력

$$\sigma_{cr} = \frac{P_{cr}}{A} = \frac{1,178,991.3}{63.53 \times 10^2} \fallingdotseq 185.58\text{N/mm}^2$$

정답 52 ④ 53 ④ 54 ②

55 ★☆☆

철근콘크리트 보에서 콘크리트를 이어붓기 할 때 그 이음의 위치로 가장 적당한 곳은?

① 전단력이 최소인 부분
② 휨모멘트가 최소인 부분
③ 큰 보와 작은 보가 접합되는 단면이 변화되는 부분
④ 보의 단부

해설
콘크리트를 이어붓는 위치는 구조적으로 취약하므로 부재가 부담하는 응력이 최소인 곳에 두어야 한다. 콘크리트는 전단응력과 압축응력을 부담한다. 따라서 콘크리트를 이어붓는 위치는 전단력과 압축력이 최소인 곳이 적당하다.

56 ★★☆

그림과 같이 양단이 고정된 강재 부재에 온도가 $\Delta T = 30°C$ 증가될 때 이 부재에 발생되는 압축응력은 얼마인가? (단, 강재의 탄성계수 $E_s = 2.0 \times 10^5 \text{MPa}$, 부재 단면적은 $5,000 \text{mm}^2$, 선팽창계수 $\alpha = 1.2 \times 10^{-5}/°C$임)

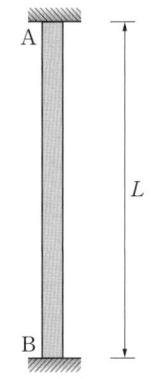

① 25MPa
② 48MPa
③ 64MPa
④ 72MPa

해설
$\sigma_T = E \times \alpha \times \Delta T$
$= (2.0 \times 10^5) \times (1.2 \times 10^{-5}) \times 30 = 72 \text{MPa}$

합격 POINT 온도응력
$\sigma_T = E \cdot \varepsilon_T = E \cdot \alpha \cdot \Delta T$
여기서, E: 탄성계수, α: 선팽창계수, ΔT: 온도 변화량이다.

57 ★★☆

철근콘크리트 보의 장기처짐을 구할 때 적용되는 5년 이상 지속하중에 대한 시간경과계수 ξ의 값은?

① 2.4
② 2.0
③ 1.2
④ 1.0

해설
5년 이상 시, 시간경과계수 ξ는 2.0

합격 POINT 장기처짐 = 탄성처짐 × λ

여기서, $\lambda = \dfrac{\xi}{1+50\rho'}$ (지속하중에 대한 처짐계수), ρ': 압축철근비, ξ: 시간경과계수

구분	ξ
3개월	1.0
6개월	1.2
12개월	1.4
5년 이상	2.0

58 ★★☆

강도설계법에서 휨 또는 휨과 축력을 동시에 받는 부재의 콘크리트 압축연단에서 극한변형률은 얼마로 가정하는가?

① 0.002
② 0.0033
③ 0.005
④ 0.007

해설
콘크리트의 극한 변형률
극한강도설계법에서 휨모멘트 또는 휨모멘트와 축력을 동시에 받는 부재의 콘크리트 압축연단의 극한변형률은 콘크리트의 설계기준압축강도가 40MPa 이하인 경우에 0.0033으로 가정한다.
※ 콘크리트 구조 휨 및 압축 설계기준이 개정되어 문제를 수정하였습니다.

정답 55 ① 56 ④ 57 ② 58 ②

59 ★★☆

그림과 같은 캔딜레버 보에서 B점의 처짐을 구하면?

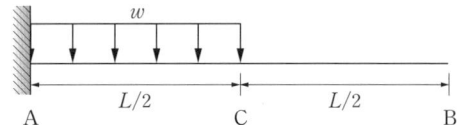

① $\dfrac{wL^4}{8EI}$ ② $\dfrac{wL^4}{128EI}$

③ $\dfrac{3wL^4}{128EI}$ ④ $\dfrac{7wL^4}{384EI}$

해설

처짐 = (휨모멘트도의 면적) × (도심거리) × $\left(\dfrac{1}{EI}\right)$

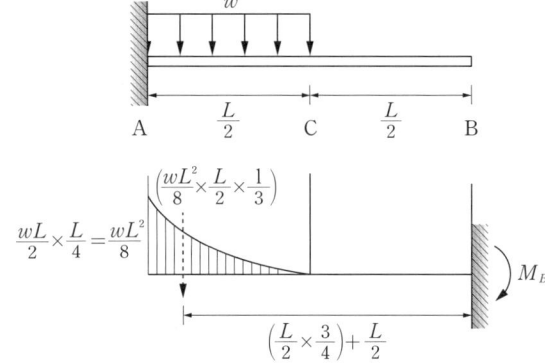

$\therefore \delta_B = \left(\dfrac{wL^2}{8} \times \dfrac{L}{2} \times \dfrac{1}{3}\right) \times \left(\dfrac{L}{2} \times \dfrac{3}{4} + \dfrac{L}{2}\right) \times \dfrac{1}{EI} = \dfrac{7wL^4}{384EI}$

60 ★☆☆

그림과 같은 구조물에서 기둥에 발생하는 휨모멘트가 0이 되려면 등분포하중 w는?

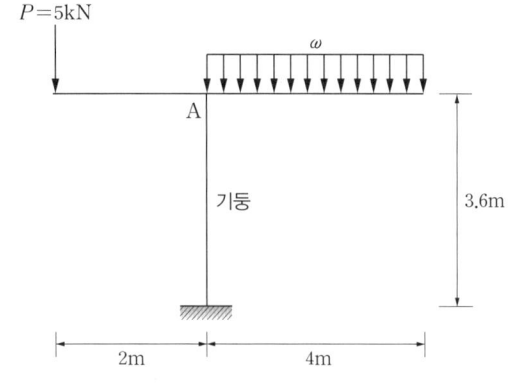

① 2.5kN/m ② 0.8kN/m
③ 1.25kN/m ④ 1.75kN/m

해설

A점에서 집중하중 P와 등분포하중 w에 대해 모멘트 M을 계산한다.

$\Sigma M_A = -5 \times 2 + (w \times 4) \times 2 = 0$

$\therefore w = 1.25 \text{kN/m}$

제4과목 건축설비

61 ★★★

자동화재탐지설비의 감지기 중 감지기 주위의 온도가 일정한 온도 이상이 되었을 때 작동하는 것은?

① 차동식 감지기 ② 정온식 감지기
③ 광전식 감지기 ④ 이온화식 감지기

해설

정온식 스폿형 감지기는 주위 온도가 일정 온도 이상으로 되면 동작하는 자동화재탐지설비 감지기로, 보일러실·주방과 같이 다량의 열을 취급하는 곳에 설치한다.

62 ★★☆

급탕설비에 관한 설명으로 옳은 것은?

① 팽창탱크는 반드시 개방식으로 해야 한다.
② 리버스 리턴(Reverse-return) 방식은 전 계통의 탕의 순환을 촉진하는 방식이다.
③ 직접가열식 중앙급탕법은 보일러 안에 스케일 부착이 없이 내부에 방식처리가 불필요하다.
④ 간접가열식 중앙급탕법은 저탕조와 보일러를 직결하여 순환가열하는 것으로 고압용 보일러가 주로 사용된다.

해설

리버스 리턴(역환수 방식)은 급탕·반탕관의 순환거리를 각 계통에 있어서 거의 같게 하여 전 계통의 탕의 순환을 촉진하는 방식이다. 팽창탱크는 개방식과 밀폐식으로 할 수 있다.

합격 POINT 중앙식 급탕방식의 종류

직접가열식	간접가열식
· 열효율 면에서 경제적 · 수질에 의해 보일러 내면에 스케일이 발생하여 열효율이 저하되며 보일러의 수명이 단축됨 · 급탕하는 건물의 높이가 높을 경우 고압보일러 필요 · 주택 또는 소규모 건물에 실용적	· 난방용 보일러의 증기 사용 시 급탕용 보일러 불필요 · 보일러 내면에 스케일이 거의 생기지 않음 · 건물의 높이에 따른 수압이 보일러에 작용하지 않고 저탕조에 작용하므로 고압용 보일러 불필요 · 대규모 급탕설비에 적합

정답 59 ④ 60 ③ 61 ② 62 ②

63 ★★☆
난방방식에 관한 설명으로 옳지 않은 것은?

① 증기난방은 잠열을 이용한 난방이다.
② 온수난방은 온수의 현열을 이용한 난방이다.
③ 온풍난방은 온습도 조절이 가능한 난방이다.
④ 복사난방은 열용량이 작으므로 간헐난방에 적합하다.

해설
복사난방은 열용량이 커서 외기온도가 급변할 경우 방열량 조절이 어렵기 때문에 지속난방에 적합하다.

64 ★★★
알칼리 축전지에 관한 설명으로 옳지 않은 것은?

① 고율방전특성이 좋다.
② 공칭전압은 2[V/셀]이다.
③ 기대수명이 10년 이상이다.
④ 부식성의 가스가 발생하지 않는다.

해설
알칼리 축전지의 공칭전압은 1.2[V/cell]이다.
공칭전압이 2.0[V/cell]인 것은 연 축전지이다.

65 ★☆☆
덕트 설비에 관한 설명으로 옳은 것은?

① 고속덕트에는 소음상자를 사용하지 않는 것이 원칙이다.
② 고속덕트는 관마찰저항을 줄이기 위하여 일반적으로 장방형 덕트를 사용한다.
③ 등마찰손실법은 덕트 내의 풍속을 일정하게 유지할 수 있도록 덕트 치수를 결정하는 방법이다.
④ 같은 양의 공기가 덕트를 통해 송풍될 때 풍속을 높게 하면 덕트의 단면치수를 작게 할 수 있다.

해설
같은 양의 공기가 덕트를 통해 송풍될 때 풍속을 높게 하면 덕트의 단면치수를 줄일 수 있다. 하지만 고속으로 인한 소음, 진동 등이 발생한다.

선지분석
① 고속덕트에는 소음상자를 사용하는 것이 원칙이다.
② 고속덕트는 관마찰저항을 줄이기 위하여 일반적으로 원형 덕트를 사용한다.
③ 등마찰손실법(정압법)은 단위 길이당 마찰저항값을 일정하게 하여 덕트의 치수를 결정하는 방법이다.

66 ★☆☆
사무소 건물에서 다음과 같이 위생기구를 배치하였을 때 이들 위생기구 전체로부터 배수를 받아들이는 배수수평지관의 관경으로 가장 알맞은 것은?

기구종류	바닥배수	소변기	대변기
배수부하단위	2	4	8
기구수	2	8	2

관경(mm)	배수수평지관의 배수부하단위
75	14
100	96
125	216
150	372

① 75mm
② 100mm
③ 125mm
④ 150mm

해설
배수부하 단위를 계산하면 다음과 같다. (2×2)+(4×8)+(8×2)=52
배수부하단위 52는 14보다 크므로 96으로 가정하면 관경은 100mm가 가장 알맞다.

67 ★★★
다음 중 건물 실내에 표면결로 현상이 발생하는 원인과 가장 거리가 먼 것은?

① 실내외 온도차
② 구조재의 열적 특성
③ 실내 수증기 발생량 억제
④ 생활 습관에 의한 환기 부족

해설
실내 수증기 발생량 억제는 표면결로 방지법이다.

합격 POINT 결로 방지대책
- 자주 환기한다.
- 벽에 방습층을 설치한다.
- 벽체의 열관류율을 작게 한다.
- 벽체의 열관류저항을 크게 한다.
- 각 실 간의 온도차를 작게 한다.
- 난방에 의한 수증기 발생을 억제한다.
- 실내측 벽의 표면온도를 실내공기의 노점온도보다 높게 한다.

정답 63 ④ 64 ② 65 ④ 66 ② 67 ③

68 ★★★

양수량이 1m³/min, 전양정이 50m인 펌프에서 회전수를 1.2배 증가시켰을 때 양수량은?

① 1.2배 증가 ② 1.44배 증가
③ 1.73배 증가 ④ 2.4배 증가

해설
펌프의 양수량은 펌프의 회전수에 비례하므로, 양수량도 1.2배 증가한다.

69 ★★★

높이 30m의 고가수조에 매분 1m³의 물을 보내려고 할 때 필요한 펌프의 축동력은? (단, 마찰손실수두 6m, 흡입양정 1.5m, 펌프효율 50%인 경우임)

① 약 2.5kW ② 약 9.8kW
③ 약 12.3kW ④ 약 16.7kW

해설

펌프의 축동력 $= \dfrac{W \cdot Q \cdot H}{6,120E}$

$= \dfrac{1{,}000\text{kg/m}^3 \times 1\text{m}^3/\text{min} \times (30+6+1.5)\text{m}}{6{,}120 \times 0.5}$

$= 12.255 ≒ 12.3\text{kW}$

W: 물의 단위용적중량($=1{,}000\text{kg/m}^3$), Q: 양수량(m^3/min),
H: 펌프의 전양정(m), E: 펌프효율(%)
※ $1\text{kW} = 6{,}120\text{kg} \cdot \text{m/min}$

70 ★★★

전기설비가 어느 정도 유효하게 사용되는가를 나타내며, 최대 수용전력에 대한 부하의 평균전력의 비로 표현되는 것은?

① 부하율 ② 부등률
③ 수용율 ④ 유효율

해설
부하율은 전기설비가 어느 정도 유효하게 사용되고 있는가를 나타내는 척도로, 어떤 기간 중에 최대 수용전력과 그 기간 중에 평균전력과의 비율을 백분율로 표시한 것이다.
식으로 나타내면 다음과 같다.

부하율 $= \dfrac{\text{부하의 평균전력}}{\text{최대 수용전력}} \times 100\%$

71 ★★★

각 층마다 옥내소화전이 3개씩 설치되어 있는 건물에서 옥내소화전설비의 수원의 저수량은 최소 얼마 이상이 되도록 하여야 하는가?

① 3.9m³ ② 4.2m³
③ 4.5m³ ④ 5.2m³

해설
옥내소화전의 수원의 저수량
= 옥내소화전 1개의 방수량 × 동시개구수 × 20분
= 130L/min × N개 × 20min
= 2.6m³ × N(최대 2개)
옥내소화전이 2개 이상 설치된 경우 N은 2로 계산한다.
= 2.6m³ × 2
= 5.2m³
※ $1L = 10^{-3}\text{m}^3$

72 ★☆☆

통기방식에 관한 설명으로 옳지 않은 것은?

① 신정통기방식에서는 통기수직관을 설치하지 않는다.
② 루프통기방식은 각 기구의 트랩마다 통기관을 설치하고 각각을 통기 수평지관에 연결하는 방식이다.
③ 신정통기방식은 배수수직관의 상부를 연장하여 신정통기관으로 사용하는 방식으로, 대기 중에 개구한다.
④ 각개통기방식은 트랩마다 통기되기 때문에 가장 안정도가 높은 방식으로, 자기사이펀 작용의 방지에도 효과가 있다.

해설
루프통기방식(회로통기, 환상통기)은 1개의 통기관으로 위생기구 2개 이상 8개 이내의 트랩을 보호하기 위하여 설치하는 통기관이다.

합격 POINT 루프통기방식(회로통기, 환상통기)

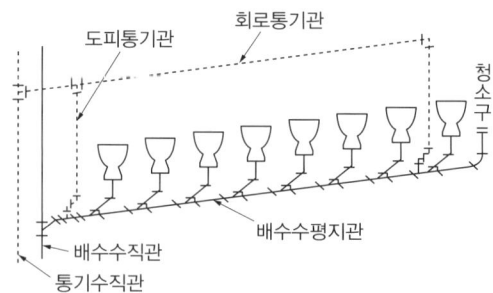

최상류에 있는 위생기구의 기구배수관이 배수수평지관과 연결되는 지점 바로 아래의 배수수평지관에 접속시켜 통기수직관 또는 신정통기관으로 연결하는 통기관이다.

정답 68 ① 69 ③ 70 ① 71 ④ 72 ②

73 ★★★
습공기를 가열하였을 경우 상태량이 변하지 않는 것은?

① 엔탈피 ② 비체적
③ 절대습도 ④ 상대습도

해설
예열시간이 짧아 간헐운전에 주로 이용되는 것은 증기난방방식이다.

합격 POINT 습공기 가열·냉각 시 상태변화

습공기	상태변화
가열	엔탈피 증가, 비체적 증가, 상대습도 감소
냉각	엔탈피 감소, 비체적 감소, 상대습도 증가

※ 절대습도는 가열하거나 냉각하여도 일정하다.

74 ★★★
어느 점광원에서 1m 떨어진 곳의 직각면 조도가 200lx일 때, 이 광원에서 2m 떨어진 곳의 직각면 조도는?

① 25lx ② 50lx
③ 100lx ④ 200lx

해설
$E = \dfrac{I}{d^2}$

E: 조도(lx), I: 광도(cd), d: 거리(m)
조도(E)는 거리(d)의 제곱에 반비례한다.
따라서, 거리가 2배가 되면 조도는 $\dfrac{1}{2^2}\left(=\dfrac{1}{4}\right)$배가 되므로
$200\text{lx} \times \dfrac{1}{4} = 50\text{lx}$이다.

75 ★★☆
공기조화방식 중 전수방식에 관한 설명으로 옳지 않은 것은?

① 각 실의 제어가 용이하다.
② 실내 배관에 의한 누수의 우려가 있다.
③ 극장의 관객석과 같이 많은 풍량을 필요로 하는 곳에 주로 사용된다.
④ 열매체가 증기 또는 냉·온수이므로 열의 운송동력이 공기에 비해 적게 소요된다.

해설
전수방식은 극장 같은 대공간에 부적당하며 유닛이 실내에 설치되므로 방송국 스튜디오에도 부적당하다. 높은 청정도 및 습도 조절이 불필요한 사무소, 호텔 등에 적용가능하다.
극장, 공장 등의 대공간에는 전공기방식인 단일덕트방식이 적합하다.

76 ★★★
터보 냉동기에 관한 설명으로 옳지 않은 것은?

① 왕복동식에 비하여 진동이 적다.
② 흡수식에 비해 소음 및 진동이 심하다.
③ 임펠러 회전에 의한 원심력으로 냉매가스를 압축한다.
④ 일반적으로 대용량에는 부적합하며 비례제어가 불가능하다.

해설
터보 냉동기는 일반적으로 대용량에 적합하며 비례제어가 가능하다.

합격 POINT 터보 냉동기(원심냉동기)
터보 냉동기는 날개 형태의 기기(임펠러)가 돌면서 생기는 원심력으로 냉매를 압축하는 형식이다.

77 ★★★
가스배관 경로 선정 시 주의하여야 할 사항으로 옳지 않은 것은?

① 장래의 증설 및 이설 등을 고려한다.
② 주요구조부를 관통하지 않도록 한다.
③ 옥내배관은 매립하는 것을 원칙으로 한다.
④ 손상이나 부식 및 전식을 받지 않도록 한다.

해설
옥내배관은 가스 누출 시 환기를 위해 노출 배관으로 한다.

78 ★★★
다음과 같은 특징을 갖는 배선 방법은?

- 열적 영향이나 기계적 외상을 받기 쉬운 곳이 아니면 금속관 배선과 같이 광범위하게 사용가능하다.
- 관 자체가 절연체이므로 감전의 우려가 없으며 시공이 용이하다.

① 금속덕트 배선 ② 버스덕트 배선
③ 플로어덕트 배선 ④ 합성수지관 배선

해설
합성수지관 배선은 열적 영향이나 기계적 외상을 받기 쉬우며, 관 자체가 절연체이므로 감전의 우려가 없으며, 시공이 용이하다.

합격 POINT 합성수지관 공사의 장단점

장점	단점
• 내식성이 강하다. • 접지가 불필요하다. • 누전의 우려가 없다. • 중량이 가볍고 시공이 용이하다.	• 열에 약하다. • 파열될 염려가 있다. • 기계적 강도가 약하다.

정답 73 ③ 74 ② 75 ③ 76 ④ 77 ③ 78 ④

79 ★★☆

엘리베이터의 일주시간 구성 요소에 속하지 않는 것은?

① 주행시간 ② 도어개폐시간
③ 승객출입시간 ④ 승객대기시간

해설
평균 일주시간=승객출입시간+도어개폐시간+주행시간
승객대기시간은 엘리베이터의 일주시간과 관계가 없다.

합격 POINT 일주시간
엘리베이터가 출발 기준층에서 승객을 싣고 출발하여 각층에 서비스 한 후 출발 기준층으로 되돌아와 다음 서비스를 위해 대기할 때까지의 총 시간이다.

80 ★★★

다음과 같은 조건에 있는 실의 틈새바람에 의한 현열 부하량은?

- 실의 체적: 400m³
- 환기 횟수: 0.5회/h
- 실내공기 건구온도: 20℃
- 외기 건구온도: 0℃
- 공기의 밀도: 1.2kg/m³
- 공기의 비열: 1.01kJ/kg·K

① 986W ② 1,124W
③ 1,347W ④ 1,542W

해설
$$Q = \frac{G \cdot \rho \cdot C \cdot \Delta t}{3,600}$$
$$= \frac{200 m^3/h \times 1.2 kg/m^3 \times 1.01 kJ/kg \cdot K \times (20-0)K}{3,600}$$
$$= 1.3467 ≒ 1.347 kW = 1,347 W$$

Q: 현열부하(kW),
G: 환기량(m³/h)
(단, 여기서 G=환기횟수×실의 체적=0.5회/h × 400m³=200m³/h)
ρ: 공기의 밀도(kg/m³), C: 공기의 비열(kJ/kg·K), Δt: 온도차(K)

제5과목 건축관계법규

81 ★☆☆

지구단위계획구역의 지정목적을 이루기 위하여 지구단위계획에 포함될 수 있는 내용이 아닌 것은?

① 용도지역이나 용도지구를 대통령령으로 정하는 범위에서 세분하거나 변경하는 사항
② 건축물 높이의 최고한도 또는 최저한도
③ 도시·군관리계획 중 정비사업에 관한 계획
④ 대통령령으로 정하는 기반시설의 배치와 규모

해설
지구단위계획구역의 지정목적을 이루기 위하여 지구단위계획에 포함될 수 있는 사항은 다음과 같다.
- 용도지역이나 용도지구를 대통령령으로 정하는 범위에서 세분하거나 변경하는 사항
- 대통령령으로 정하는 기반시설의 배치와 규모
- 도로로 둘러싸인 일단의 지역 또는 계획적인 개발·정비를 위하여 구획된 일단의 토지의 규모와 조성계획
- 건축물의 용도제한, 건축물의 건폐율 또는 용적률, 건축물 높이의 최고한도 또는 최저한도
- 건축물의 배치·형태·색채 또는 건축선에 관한 계획
- 환경관리계획 또는 경관계획
- 보행안전 등을 고려한 교통처리계획
- 그 밖에 토지 이용의 합리화, 도시나 농·산·어촌의 기능 증진 등에 필요한 사항으로서 대통령령으로 정하는 사항

82 ★☆☆

시장·군수·구청장이 「국토의 계획 및 이용에 관한 법률」에 따른 도시지역에서 건축선을 따로 지정할 수 있는 최대 범위는?

① 2m ② 3m
③ 4m ④ 6m

해설
특별자치시장·특별자치도지사 또는 시장·군수·구청장은 도시지역에 4m 이하의 범위에서 건축선을 따로 지정할 수 있다.

정답 79 ④ 80 ③ 81 ③ 82 ③

83 ★★☆

주차전용건축물이란 건축물의 연면적 중 주차장으로 사용되는 부분의 비율이 최소 얼마 이상인 건축물을 말하는가? (단, 주차장 외의 용도로 사용되는 부분이 자동차 관련 시설인 건축물의 경우)

① 70% ② 80%
③ 90% ④ 95%

해설

주차전용건축물이란 건축물의 연면적 중 주차장으로 사용되는 부분의 비율이 95% 이상인 것을 말한다.
다만, 주차장 외의 용도로 사용되는 부분이 단독주택, 공동주택, 제1종 근린생활시설, 제2종 근린생활시설, 문화 및 집회시설, 종교시설, 판매시설, 운수시설, 운동시설, 업무시설, 창고시설 또는 자동차 관련 시설인 경우에는 주차장으로 사용되는 부분의 비율이 70% 이상인 것을 말한다.

84 ★★★

건축물의 면적, 높이 및 층수 등의 산정 방법에 관한 설명으로 옳은 것은?

① 건축물의 높이 산정 시 건축물의 대지에 접하는 전면도로의 노면에 고저차가 있는 경우에는 그 건축물이 접하는 범위의 전면도로부분의 수평거리에 따라 가중평균한 높이의 수평면을 전면도로면으로 본다.
② 용적률 산정 시 연면적에는 지하층의 면적과 지상층의 주차용으로 쓰는 면적을 포함시킨다.
③ 건축면적은 건축물의 내벽의 중심선으로 둘러싸인 부분의 수평투영면적으로 한다.
④ 건축물의 층수는 지하층을 포함하여 산정하는 것이 원칙이다.

선지분석

② 연면적은 하나의 건축물 각 층의 바닥면적의 합계로 하되, 용적률을 산정할 때에는 지하층, 지상층의 주차용, 초고층 건축물과 준초고층 건축물에 설치하는 피난안전구역, 건축물의 경사지붕 아래에 설치하는 대피공간의 면적은 제외한다.
③ 건축면적은 건축물의 외벽의 중심선으로 둘러싸인 부분의 수평투영면적으로 한다.
④ 건축물의 지하층은 층수에 산입하지 아니한다.

85 ★☆☆

건축물을 건축하는 경우 해당 건축물의 설계자가 국토교통부령으로 정하는 구조기준 등에 따라 그 구조의 안전을 확인할 때, 건축구조기술사의 협력을 받아야 하는 대상 건축물 기준으로 틀린 것은?

① 다중이용 건축물
② 6층 이상인 건축물
③ 3층 이상의 필로티형식 건축물
④ 기둥과 기둥 사이의 거리가 10m 이상인 건축물

해설

기둥과 기둥 사이의 거리가 20m 이상인 건축물은 특수구조 건축물로서 건축구조기술사의 협력을 받아야 한다.

합격 POINT 건축구조기술사의 협력이 필요한 건축물

건축물의 설계자는 다음 건축물에 대한 구조의 안전을 확인하는 경우에는 건축구조기술사의 협력을 받아야 한다.

1. 6층 이상인 건축물
2. 특수구조 건축물
3. 다중이용 건축물
4. 준다중이용 건축물
5. 3층 이상의 필로티형식 건축물
6. 중요도 특 또는 중요도 1에 해당하는 건축물

합격 POINT 특수구조 건축물

1. 한쪽 끝은 고정되고 다른 끝은 지지되지 아니한 구조로 된 보·차양 등이 외벽(외벽이 없는 경우에는 외곽 기둥을 말함)의 중심선으로부터 3m 이상 돌출된 건축물
2. 기둥과 기둥 사이의 거리(기둥의 중심선 사이의 거리를 말하며, 기둥이 없는 경우에는 내력벽과 내력벽의 중심선 사이의 거리를 말함)가 20m 이상인 건축물
3. 특수한 설계·시공·공법 등이 필요한 건축물로서 국토교통부장관이 정하여 고시하는 구조로 된 건축물

86 ★☆☆

대형 건축물의 건축허가 사전승인신청 시 제출도서 중 설계설명서에 표시하여야 할 사항에 속하지 않는 것은?

① 시공방법 ② 동선계획
③ 개략공정계획 ④ 각부 구조계획

해설

각부 구조계획은 구조계획서에 표시하여야 한다.

정답 83 ① 84 ① 85 ④ 86 ④

87 ★★★

비상용승강기의 승강장 및 승강로 구조에 관한 기준 내용으로 틀린 것은?

① 옥내 승강장의 바닥면적은 비상용승강기 1대에 대하여 6m² 이상으로 한다.
② 각 층으로부터 피난층까지 이르는 승강로를 단일구조로 연결하여 설치하여야 한다.
③ 피난층이 있는 승강장의 출입구로부터 도로 또는 공지에 이르는 거리는 30m 이하로 한다.
④ 승강장에는 배연설비를 설치하여야 하며, 외부를 향하여 열 수 있는 창문 등을 설치하여서는 안 된다.

해설
노대 또는 외부를 향하여 열 수 있는 창문이나 배연설비를 설치하여야 한다.

88 ★★★

「국토의 계획 및 이용에 관한 법령」상 다음과 같이 정의되는 용어는?

> 개발로 인하여 기반시설이 부족할 것으로 예상되나 기반시설을 설치하기 곤란한 지역을 대상으로 건폐율이나 용적률을 강화하여 적용하기 위하여 지정하는 구역

① 시가화조정구역   ② 개발밀도관리구역
③ 기반시설부담구역   ④ 지구단위계획구역

해설
개발밀도관리구역이란 개발로 인하여 기반시설이 부족할 것으로 예상되나 기반시설을 설치하기 곤란한 지역을 대상으로 건폐율이나 용적률을 강화하여 적용하기 위하여 지정하는 구역을 말한다.

89 ★☆☆

다음 중 방화구조의 기준으로 틀린 것은?

① 시멘트모르타르 위에 타일을 붙인 것으로서 그 두께의 합계가 2.5cm 이상인 것
② 석고판 위에 회반죽을 바른 것으로서 그 두께의 합계가 2.5cm 이상인 것
③ 철망모르타르로서 그 바름두께가 1.5cm 이상인 것
④ 심벽에 흙으로 맞벽치기한 것

해설
방화구조의 기준은 다음과 같다.
- 철망모르타르로서 그 바름두께가 2cm 이상인 것
- 석고판 위에 시멘트모르타르 또는 회반죽을 바른 것으로서 그 두께의 합계가 2.5cm 이상인 것
- 시멘트모르타르 위에 타일을 붙인 것으로서 그 두께의 합계가 2.5cm 이상인 것
- 심벽에 흙으로 맞벽치기한 것
- 「산업표준화법」에 따른 한국산업표준이 정하는 바에 따라 시험한 결과 방화 2급 이상에 해당하는 것

90 ★★★

부설주차장의 설치대상 시설물 종류와 설치기준의 연결이 옳은 것은?

① 판매시설 – 시설면적 100m²당 1대
② 위락시설 – 시설면적 150m²당 1대
③ 종교시설 – 시설면적 200m²당 1대
④ 숙박시설 – 시설면적 200m²당 1대

선지분석
① 판매시설–시설면적 150m²당 1대(시설면적/150m²)
② 위락시설–시설면적 100m²당 1대(시설면적/100m²)
③ 종교시설–시설면적 150m²당 1대(시설면적/150m²)

91 ★★☆

다음은 「건축법령」상 지하층의 정의 내용이다. ( ) 안에 알맞은 것은?

> "지하층"이란 건축물의 바닥이 지표면 아래에 있는 층으로서 바닥에서 지표면까지 평균 높이가 해당 층 높이의 ( ) 이상인 것을 말한다.

① 2분의 1   ② 3분의 1
③ 3분의 2   ④ 4분의 3

해설
"지하층"이란 건축물의 바닥이 지표면 아래에 있는 층으로서 바닥에서 지표면까지 평균 높이가 해당 층 높이의 2분의 1 이상인 것을 말한다.

정답 87 ④ 88 ② 89 ③ 90 ④ 91 ①

92 ★☆☆

오피스텔에 설치하는 복도의 유효너비는 최소 얼마 이상이어야 하는가? (단, 건축물의 연면적은 300m²이며, 양옆에 거실이 있는 복도의 경우임)

① 1.2m ② 1.8m
③ 2.4m ④ 2.7m

해설

연면적 200m²를 초과하는 건축물에 설치하는 계단 및 복도는 다음의 국토교통부령으로 정하는 기준에 적합해야 한다.

구분	양옆에 거실이 있는 복도	기타의 복도
유치원, 초등학교, 중학교, 고등학교	2.4m 이상	1.8m 이상
공동주택, 오피스텔	1.8m 이상	1.2m 이상

93 ★☆☆

광역도시계획에 관한 내용으로 틀린 것은?

① 인접한 둘 이상의 특별시·광역시·특별자치시·특별자치도·시 또는 군의 관할 구역 전부 또는 일부를 광역계획권으로 지정할 수 있다.
② 군수가 광역도시계획을 수립하는 경우 도지사의 승인을 생략한다.
③ 광역계획권의 공간 구조와 기능 분담에 관한 정책 방향이 포함되어야 한다.
④ 광역도시계획을 공동으로 수립하는 시·도지사는 그 내용에 관하여 서로 협의가 되지 아니하면 공동이나 단독으로 국토교통부장관에게 조정을 신청할 수 있다.

해설

시장 또는 군수는 광역도시계획을 수립하거나 변경하려면 도지사의 승인을 받아야 한다.

94 ★★★

다음 중 건축물의 용도 분류가 옳은 것은?

① 식물원 – 동물 및 식물 관련 시설
② 동물병원 – 의료시설
③ 유스호스텔 – 수련시설
④ 장례식장 – 묘지 관련 시설

선지분석

① 식물원은 문화 및 집회시설이다.
② 동물병원은 제2종 근린생활시설이다.
④ 장례식장은 장례시설이다.

95 ★★☆

다음 중 「국토의 계획 및 이용에 관한 법령」상 공공(公共)시설에 속하지 않는 것은?

① 광장 ② 공동구
③ 유원지 ④ 사방설비

해설

다음 중 국토의 계획 및 이용에 관한 법령상 공공시설에는 광장·공동구·사방설비·도로·공원·철도·수도·항만·공항·녹지·공공공지·하천·유수지·방화설비·방풍설비·방수설비·방조설비·하수도·구거 등이 있다.

96 ★★★

태양열을 주된 에너지원으로 이용하는 주택의 건축면적 산정 시 이용하는 중심선의 기준으로 옳은 것은?

① 건축물의 외벽 경계선
② 건축물 기둥 사이의 중심선
③ 건축물의 외벽 중 내측 내력벽의 중심선
④ 건축물의 외벽 중 외측 내력벽의 중심선

해설

태양열을 주된 에너지원으로 이용하는 주택의 건축면적은 건축물의 외벽 중 내측 내력벽의 중심선을 기준으로 한다.

정답 92 ② 93 ② 94 ③ 95 ③ 96 ③

97

다음의 대지와 도로의 관계에 관한 기준 내용 중 ( ) 안에 알맞은 것은?

> 연면적의 합계가 2,000m²(공장인 경우에는 3,000m²) 이상인 건축물(축사, 작물 재배사, 그 밖에 이와 비슷한 건축물로서 건축조례로 정하는 규모의 건축물은 제외한다)의 대지는 너비 (㉠) 이상의 도로에 (㉡) 이상 접하여야 한다.

① ㉠ : 4m, ㉡ : 2m
② ㉠ : 6m, ㉡ : 4m
③ ㉠ : 8m, ㉡ : 6m
④ ㉠ : 8m, ㉡ : 4m

해설
연면적의 합계가 2,000m²(공장인 경우 3,000m²) 이상인 건축물(축사, 작물 재배사, 그 밖에 이와 비슷한 건축물로서 건축조례로 정하는 규모의 건축물은 제외)의 대지는 너비 6m 이상의 도로에 4m 이상 접하여야 한다.

98

다음 방화구획의 설치에 관한 기준을 적용하지 아니하거나 그 사용에 지장이 없는 범위에서 완화하여 적용할 수 있는 건축물의 부분에 해당되지 않는 것은?

> 주요구조부가 내화구조 또는 불연재료로 된 건축물로서 연면적이 1,000m²를 넘는 것은 내화구조로 된 바닥 및 벽, 60분+방화문, 60분 방화문 또는 자동방화셔터로 구획하여야 한다.

① 복층형 공동주택의 세대별 층간 바닥 부분
② 주요구조부가 내화구조 또는 불연재료로 된 주차장
③ 계단실 부분·복도 또는 승강기의 승강로 부분으로서 그 건축물의 다른 부분과 방화구획으로 구획된 부분
④ 문화 및 집회시설 중 동물원의 용도로 쓰는 거실로서 시선 및 활동공간의 확보를 위하여 불가피한 부분

해설
문화 및 집회시설(동·식물원 제외)의 용도로 쓰는 거실로서 시선 및 활동공간의 확보를 위하여 불가피한 부분은 방화구획의 설치에 관한 기준을 적용하지 아니하거나 그 사용에 지장이 없는 범위에서 완화하여 적용할 수 있다.

99

오피스텔의 난방설비를 개별난방방식으로 하는 경우에 관한 기준 내용으로 틀린 것은?

① 보일러의 연도는 내화구조로서 공동연도로 설치할 것
② 보일러는 거실 외의 곳에 설치할 것
③ 보일러실의 윗부분에는 그 면적이 0.5m² 이상인 환기창을 설치할 것
④ 기름보일러를 설치하는 경우에는 기름저장소를 보일러실에 설치할 것

해설
기름보일러를 설치하는 경우에는 기름저장소를 보일러실 외의 다른 곳에 설치해야 한다.

100

주요구조부가 내화구조 또는 불연재료로 된 층수가 16층 이상인 공동주택의 경우, 피난층 외의 층에서는 피난층 또는 지상으로 통하는 직통계단을 거실의 각 부분으로부터 계단에 이르는 보행거리가 최대 얼마 이하가 되도록 설치하여야 하는가? (단, 계단은 거실로부터 가장 가까운 거리에 있는 1개소의 계단을 말함)

① 30m
② 40m
③ 50m
④ 75m

해설
주요구조부가 내화구조 또는 불연재료로 된 건축물은 그 보행거리가 50m(층수가 16층 이상인 공동주택의 경우 16층 이상인 층에 대해서는 40m) 이하가 되도록 설치할 수 있다.

정답 97 ② 98 ④ 99 ④ 100 ②

2020년 | 제1·2회 기출문제

1회독 ___월 ___일
2회독 ___월 ___일
3회독 ___월 ___일

자동 채점

제1과목 건축계획

01 ★☆☆

동일한 대지조건, 동일한 단위주호 면적을 가진 편복도형 아파트가 홀형 아파트에 비해 유리한 점은?

① 피난에 유리하다.
② 공용면적이 작다.
③ 엘리베이터 이용효율이 높다.
④ 채광, 통풍을 위한 개구부가 넓다.

해설
편복도형은 1개의 엘리베이터를 다수의 주호가 사용하므로 엘리베이터의 이용효율이 높다.

합격 POINT 편복도형 특징
- 각 호의 통풍 및 채광이 양호하다.
- 중복도형에 비해 단위면적당 주호의 집결이 적다.
- 각 세대의 거주성이 균일한 배치 구성이 가능하다.
- 공용복도에 있어서 프라이버시가 침해되기 쉽다.

02 ★★★

주거단지 내의 공동시설에 관한 설명으로 옳지 않은 것은?

① 중심을 형성할 수 있는 곳에 설치한다.
② 이용 빈도가 높은 건물은 이용거리를 길게 한다.
③ 확장 또는 증설을 위한 용지를 확보하는 것이 좋다.
④ 이용성, 기능상의 인접성, 토지이용의 효율성에 따라 인접하여 배치한다.

해설
이용 빈도가 높은 건물은 이용거리를 짧게 한다.

03 ★★★

다음 중 연면적에 대한 숙박부분의 비율이 가장 높은 호텔은?

① 커머셜 호텔
② 리조트 호텔
③ 클럽 하우스
④ 아파트먼트 호텔

해설
호텔의 연면적에 대한 숙박면적의 비
커머셜(시티) 호텔 > 리조트 호텔 > 아파트먼트 호텔

합격 POINT 호텔의 부분별 면적비
- 숙박면적비: 커머셜(시티) 호텔 > 리조트 호텔 > 아파트먼트 호텔
- 공용면적비: 아파트먼트 호텔 > 리조트 호텔 > 커머셜(시티) 호텔

04 ★★★

종합병원의 건축형식 중 분관식(Pavilion type)에 관한 설명으로 옳지 않은 것은?

① 평면 분산식이다.
② 채광 및 통풍 조건이 좋다.
③ 일반적으로 3층 이하의 저층건물로 구성된다.
④ 재난 시 환자의 피난이 어려우며 공사비가 높다.

해설
재난 시 환자의 피난이 어려운 것은 집중식(Block type)에 대한 설명이다.

선지분석
①, ③ 분관식은 평면 분산식으로 각 건물은 3층 이하의 저층건물이며 외래부, 부속 진료시설, 병동을 각각 별동으로 하여 분산시키고 복도로 연결시키는 방법이다.
② 분관식은 각 병실을 남향으로 할 수 있어 각 실의 채광이 균등하고 일조와 통풍 조건이 좋다.

05 ★☆☆

한국 전통건축의 지붕양식에 관한 설명으로 옳은 것은?

① 팔작지붕은 원초적인 지붕형태로 원시움집에서부터 사용되었다.
② 모임지붕은 용마루와 내림마루가 있고 추녀마루만 없는 형태이다.
③ 맞배지붕은 용마루와 추녀마루로만 구성된 지붕으로 주로 다포식 건물에 사용되었다.
④ 우진각지붕은 네 면에 모두 지붕면이 있으며 전후 지붕면은 사다리꼴이고 양측 지붕면은 삼각형이다.

해설
우진각지붕은 건물 네 면에 모두 지붕면이 있고 추녀마루가 용마루에서 만나게 되는 지붕이다.

선지분석
① 팔작지붕은 대규모 건축에 사용되며, 화려하고 엄숙한 기풍을 가진 지붕이다.
② 모임지붕은 용마루가 없고 추녀마루로만 구성되는 형태이다.
③ 맞배지붕은 내림마루나 추녀마루가 없다.

정답 01 ③ 02 ② 03 ① 04 ④ 05 ④

06 ★★★

극장의 평면형식 중 아레나(Arena)형에 관한 설명으로 옳지 않은 것은?

① 관객이 무대를 360°로 둘러싼 형식이다.
② 무대의 장치나 소품은 주로 낮은 기구들로 구성된다.
③ 픽쳐 프레임 스테이지(Picture frame stage)형이라고도 한다.
④ 가까운 거리에서 관람하면서 많은 관객을 수용할 수 있다.

해설
- 프로시니엄 스테이지는 픽쳐 프레임 스테이지(Picture frame stage)형이라고도 한다.
- 프로시니엄 스테이지는 가장 일반적인 극장 형식의 하나로 어떠한 배경이라도 창출이 가능하여 강연, 아동극, 독주 등의 형식에 적합하다.

07 ★★☆

각 사찰에 관한 설명으로 옳지 않은 것은?

① 부석사의 가람배치는 누하진입 형식을 취하고 있다.
② 화엄사는 경사된 지형을 수단(數段)으로 나누어서 정지(整地)하여 건물을 적절히 배치하였다.
③ 통도사는 산지에 위치하나 산지가람처럼 건물들을 불규칙하게 배치하지 않고 직교식으로 배치하였다.
④ 봉정사 가람배치는 대지가 3단으로 나누어져 있으며 상단부분에 대웅전과 극락전 등 중요한 건물들이 배치되어 있다.

해설
- 통도사는 산과 계곡 사이의 좁고 긴 주지로 인해 건물들을 불규칙하게 배치하였다.
- 통도사는 고대시대 이후의 산지가람으로서 남북의 축을 유지하면서 동서로 길게 확장된 가람배치를 취하고 있다.

08 ★★☆

다음 설명에 알맞은 도서관의 자료 출납시스템 유형은?

> 이용자가 직접 서고 내의 서가에서 도서자료의 제목 정도는 볼 수 있지만 내용을 열람하고자 할 경우 관원에게 대출을 요구해야 하는 형식

① 폐가식
② 반개가식
③ 자유개가식
④ 안전개가식

해설
반개가식은 열람자가 책의 체재나 표지를 통해 선택한 책을 관원에게 요구하면 관원이 서가에서 책을 가져와 대출 기록을 남긴 후 열람한다.

선지분석
① 폐가식: 책의 목록을 보고 책을 선택한다. 관원에게 선택한 책의 대출 기록을 제출한 후 대출받는다.
③ 자유개가식: 열람자가 직접 서가에서 책을 고르고 검열 없이 열람한다.
④ 안전개가식: 열람자가 직접 서가에서 책을 고르고 관원의 검열과 대출 기록을 남긴 후 열람한다.

09 ★☆☆

공장 건축의 레이아웃 계획에 관한 설명으로 옳지 않은 것은?

① 플랜트 레이아웃은 공장건축의 기본설계와 병행하여 이루어진다.
② 고정식 레이아웃은 조선소와 같이 제품이 크고 수량이 적을 경우에 적용된다.
③ 다품종 소량생산이나 주문생산 위주의 공장에는 공정 중심의 레이아웃이 적합하다.
④ 레이아웃 계획은 작업장 내의 기계설비 배치에 관한 것으로 공장규모 변화에 따른 융통성은 고려대상이 아니다.

해설
- 레이아웃은 장래 공장규모의 변화에 대응한 융통성이 있어야 한다.
- 공장건축에서 레이아웃은 공장건축의 평면요소간의 위치 관계를 결정하는 것으로 장래성에 대한 고려가 필요하다.

정답 06 ③ 07 ③ 08 ② 09 ④

10 ★☆☆

다음 설명에 알맞은 국지도로의 유형은?

> 불필요한 차량 진입이 배제되는 이점을 살리면서 우회도로가 없는 Cul-de-sac형의 결점을 개량하여 만든 패턴으로서 보행자의 안전성 확보가 가능하다.

① Loop형　　　② 격자형
③ T자형　　　④ 간선분리형

해설
- Loop형은 우회도로가 없는 쿨데삭(Cul-de-sac)형의 결점을 개량하여 만든 패턴이다.
- Loop형은 단지의 가장자리를 커다란 루프(Loop)로 둘러싸서 내부의 세대와 연결시키는 형식이다.
- Loop형은 통과 교통을 차단하여 안정된 도로 공간이 조성되며, 도로율이 높아지는 단점이 있다.

선지분석
② 격자형은 가로망의 형태가 단순·명료하고, 가구 및 획지 구성상 택지의 이용효율이 높다.
③ T자형은 교차로를 통해 이동하면서 통행거리가 길어지며 보행자 전용 도로와 병용하여 계획한다.

11 ★★★

사무실 내의 책상배치의 유형 중 좌우대향형에 관한 설명으로 옳은 것은?

① 대향형과 동향형의 양쪽 특성을 절충한 형태로 커뮤니케이션의 형성에 불리하다.
② 4개의 책상이 맞물려 십자를 이루도록 배치하는 형식으로 그룹작업을 요하는 업무에 적합하다.
③ 책상이 서로 마주보도록 하는 배치로 면적효율은 좋으나 대면 시선에 의해 프라이버시가 침해당하기 쉽다.
④ 낮은 칸막이로 한 사람의 작업활동을 위한 공간이 주어지는 형태로 독립성을 요하는 전문직에 적합한 배치이다.

해설
좌우대향형은 그림과 같이 서로 대각선 방향에 배치되는 형으로 커뮤니케이션 형성에 불리하다.

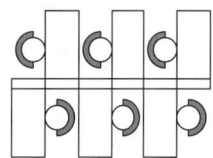

선지분석
② 십자형에 대한 설명이다. 그림과 같이 +자 형태를 이루는 배치이다.

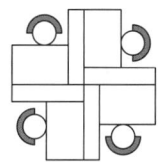

③ 대향형에 대한 설명이다. 그림과 같이 마주보는 배치로 커뮤니케이션 형성에 유리하나, 프라이버시가 침해당하기 쉽다.

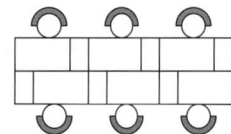

④ 자유형에 대한 설명이다. 개인의 작업을 위한 영역이 중요시된다.

정답 10 ①　11 ①

12 ★☆☆

백화점의 에스컬레이터 배치형식에 관한 설명으로 옳은 것은?

① 직렬식 배치는 승객의 시야도 좋고 점유면적도 작다.
② 병렬연속식 배치는 연속적으로 승강할 수 없다는 단점이 있다.
③ 교차식 배치는 점유면적이 작으며 연속 승강이 가능하다는 장점이 있다.
④ 병렬단속식 배치는 승객의 시야는 안 좋으나 점유면적이 작아 고층 백화점에 주로 사용된다.

해설
- 교차식 배치는 점유면적이 가장 작고, 연속적으로 승강할 수 있다.
- 교차식 배치는 승객의 시야가 좋지 않다.

선지분석
① 직렬식 배치는 점유면적이 가장 넓고 승객의 시야도 가장 넓다.
② 병렬연속식 배치는 오르고 내리기를 연속적으로 할 수 있다.
④ 병렬단속식 배치는 승객의 시야가 좋고, 연속적으로 승강할 수 없다.

14 ★★★

학교 건축에서 단층교사에 관한 설명으로 옳지 않은 것은?

① 재해 시 피난이 유리하다.
② 학습활동을 실외에 연장할 수 있다.
③ 부지의 이용률이 높으며 설비의 배선, 배관을 집약할 수 있다.
④ 개개의 교실에서 밖으로 직접 출입할 수 있으므로 복도가 혼잡하지 않다.

해설
- 단층교사는 부지의 이용률이 낮고 설비의 배선, 배관이 분산된다.
- 단층교사는 1개층의 여러 개 동으로 계획된다.
- 다층교사는 부지의 이용률이 높고 설비의 배선, 배관을 집약할 수 있다.

13 ★★☆

사무소 건축의 중심코어 형식에 관한 설명으로 옳은 것은?

① 구조코어로서 바람직한 형식이다.
② 유효율이 낮아 임대 사무소 건축에는 부적합하다.
③ 일반적으로 기준층 바닥면적이 작은 경우에 주로 사용된다.
④ 2방향 피난에는 이상적인 관계로 방재/피난상 가장 유리한 형식이다.

해설
중심코어형은 구조적으로 가장 바람직한 형식으로, 고층 및 초고층 사무소 건축에 주로 사용된다.

선지분석
② 중심코어형은 코어가 중앙에 위치한 유형으로 유효율이 높은 계획이 가능하다.
③ 편심코어형은 기준층 바닥면적이 작은 경우에 적합하다.
④ 양단코어형은 2방향 피난에 이상적이며 방재상 유리하다.

15 ★★☆

건축물의 에너지절약을 위한 계획 내용으로 옳지 않은 것은?

① 공동주택은 인동간격을 넓게 하여 저층부의 일사 수열량을 증대시킨다.
② 건축물의 체적에 대한 외피면적의 비 또는 연면적에 대한 외피면적의 비는 가능한 크게 한다.
③ 건축물은 대지의 향, 일조 및 주풍향 등을 고려하여 배치하며, 남향 또는 남동향 배치를 한다.
④ 거실의 층고 및 반자 높이는 실의 용도와 기능에 지장을 주지 않는 범위 내에서 가능한 낮게 한다.

해설
에너지 손실을 줄이기 위해 건축물의 체적에 대한 외피면적의 비 또는 연면적에 대한 외피면적의 비는 가능한 작게 한다.

정답 12 ③ 13 ① 14 ③ 15 ②

16 ★★☆
극장 무대에서 그리드 아이언(Grid iron)이란 무엇인가?

① 조명 조작 등을 위해 무대 주위 벽에 6~9m의 높이로 설치되는 좁은 통로
② 조명기구, 연기자 또는 음향 반사판을 매달기 위해 무대 천정 밑에 설치되는 시설
③ 하늘이나 구름 등 자연 현상을 나타내기 위한 무대 배경용 벽
④ 무대와 객석의 경계를 이루는 곳으로 액자와 같은 시각적 효과를 갖게 하는 시설

해설
그리드 아이언은 무대 천장 밑에 설치한 것으로 배경이나 조명 기구 등이 매달린다.

선지분석
① 플라이 갤러리는 그리드 아이언으로 올라가는 계단과 연결시킨 무대 주위 벽에 설치되는 좁은 통로이다.
③ 사이클로라마는 무대의 제일 뒤에 설치되는 무대 배경용의 벽이다.
④ 프로시니엄 아치는 그림을 액자에 넣은 것과 같이 관객의 눈을 무대로 쏠리게 하는 시각적 효과를 갖는다.

17 ★★★
다음 중 상점계획에서 파사드 구성에 요구되는 소비자 구매심리 5단계(AIDMA 법칙)에 속하지 않는 것은?

① 흥미(Interest)
② 욕망(Desire)
③ 기억(Memory)
④ 유인(Attraction)

해설
상점의 광고 5요소(AIDMA 법칙)
- Attention(주의)
- Interest(흥미)
- Desire(욕망, 욕구)
- Memory(기억, 인상)
- Action(행동)

18 ★★★
바실리카식 교회당의 각부 명칭과 관계없는 것은?

① 아일(Aisle)
② 파일론(Pylon)
③ 나르텍스(Narthex)
④ 트란셉트(Transept)

해설
- 파일론은 이집트 신전건축에서 볼 수 있는 육중한 탑문(신전 정문)이다.
- 파일론의 벽면은 아래로 갈수록 두꺼워지며, 상부와 양 측면은 몰딩처리가 되어 있다.

합격 POINT 바실리카식 교회 구성
- 앱스(Apse): 반원형의 성스러운 공간, 제단
- 트란셉트(Transept, 수랑): 네이브와 직각방향으로 형성된 공간
- 네이브(Nave, 신랑): 양측 열주에 의해 형성되는 장방형의 대공간, 신자석으로 이용
- 아일(Aisle, 측랑): 열주에 의해 네이브와 분리되는 네이브 양측의 공간, 측면의 복도로 이용
- 나르텍스(Narthex): 아트리움에서 본당으로 가는 전실
- 아트리움(Atrium): 중정

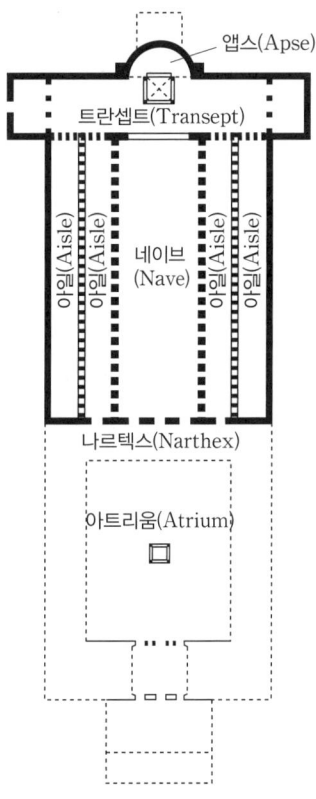

▲ 바실리카식 교회의 구성

정답 16 ② 17 ④ 18 ②

19 ★★★
전시공간의 특수전시기법에 관한 설명으로 옳지 않은 것은?

① 파노라마 전시는 전체의 맥락이 중요하다고 생각될 때 사용된다.
② 하모니카 전시는 동일 종류의 전시물을 반복하여 전시할 경우에 유리하다.
③ 디오라마 전시는 하나의 사실 또는 주체의 시간 상황을 고정시켜 연출하는 기법이다.
④ 아일랜드 전시는 벽면 전시 기법으로 전체 벽면의 일부만을 사용하며 그림과 같은 미술품 전시에 주로 사용된다.

해설
아일랜드(Island) 전시는 벽이나 천장을 직접 이용하지 않고 전시물 또는 전시장치를 배치함으로써 전시공간을 만드는 전시기법이다.

20 ★★☆
교학건축인 성균관의 구성에 속하지 않는 것은?

① 동재 ② 존경각
③ 천추전 ④ 명륜당

해설
천추전은 경복궁의 비공식 업무시설로 경복궁 사정전 서쪽에 위치한다.

선지분석
① 동재: 기숙사
② 존경각: 도서관
④ 명륜당: 유학을 배우는 강당

제2과목 건축시공

21 ★★★
콘크리트 블록(Block) 벽체의 크기가 $3 \times 5m$일 때 쌓기 모르타르의 소요량으로 옳은 것은? (단, 블록의 치수는 $390 \times 190 \times 190mm$, 재료량은 할증이 포함되었으며, 모르타르 배합비는 1:3)

① $0.10m^3$ ② $0.12m^3$
③ $0.15m^3$ ④ $0.18m^3$

해설
벽면적 $1m^2$당 모르타르의 소요량은 $0.01m^3$이므로, 벽면적 $3m \times 5m = 15m^2$의 모르타르 소요량은 $0.15m^3$이다.

합격 POINT 블록쌓기 품셈표

구분	치수	단위	수량	모르타르 (m^3)	시멘트 (kg)	모래 (m^3)
기본형	$210 \times 190 \times 390$	매	13	0.0105	5.36	0.012
	$190 \times 190 \times 390$			0.01	5.10	0.011
	$150 \times 190 \times 390$			0.009	4.59	0.01
	$100 \times 190 \times 390$			0.006	3.06	0.007

22 ★★★
지표 재하 하중으로 흙막이 저면 흙이 붕괴되고 바깥에 있는 흙이 안으로 밀려 볼록하게 되어 파괴되는 현상은?

① 히빙(Heaving) 파괴
② 보일링(Boiling) 파괴
③ 수동토압(Passive earth pressure) 파괴
④ 전단(Shearing) 파괴

해설
①번 히빙(Heaving) 파괴에 대한 설명이다.

합격 POINT 토공사의 흙막이벽 공사에서 발생하는 현상

구분	내용
히빙 (Heaving)	시트 파일 등의 흙막이벽 좌측과 우측의 토압차로써 흙막이 일부의 흙이 재하중 등의 영향으로 기초파기하는 공사장 안으로 흙막이벽 밑을 돌아서 미끄러져 올라오는 현상이다.
보일링 (Boiling)	모래질 지반에서 흙막이벽을 설치하고 기초파기 할 때의 흙막이벽 뒷면 수위가 높아서 지하수가 흙막이벽을 돌아서 지하수가 모래와 같이 솟아오르는 현상이다.
파이핑 (Piping)	흙막이벽의 부실공사로서 흙막이벽의 뚫린 구멍 또는 이음새를 통하여 물이 공사장 내부바닥으로 스며드는 현상이다.

정답 19 ④ 20 ③ 21 ③ 22 ①

23 ★★★
건설공사현장에서 보통 콘크리트를 KS규격품인 레미콘으로 주문할 때의 요구항목이 아닌 것은?

① 잔골재의 조립율
② 굵은 골재의 최대 치수
③ 호칭강도
④ 슬럼프

해설
레디믹스트 콘크리트 규격

Remicon(25-30-150)
  ㉠ ㉡ ㉢

㉠	굵은 골재 최대 치수(25mm)
㉡	호칭강도(30MPa)
㉢	슬럼프값(150mm)

24 ★★☆
유동화콘크리트에 관한 설명으로 옳지 않은 것은?

① 높은 유동성을 가지면서도 단위수량은 보통 콘크리트보다 적다.
② 일반적으로 유동성을 높이기 위하여 화학혼화제를 사용한다.
③ 동일한 단위시멘트량을 갖는 보통콘크리트에 비하여 압축강도가 매우 높다.
④ 일반적으로 건조수축은 묽은 비빔 콘크리트보다 작다.

해설
유동화콘크리트는 동일한 단위시멘트량을 갖는 보통콘크리트와 압축강도가 동일하다.

합격 POINT 유동화콘크리트
비비기가 완료된 베이스 콘크리트에 고성능 감수제(유동화)를 첨가함으로써 유동성을 높인 콘크리트이다.

25 ★★★
잔류유(찌꺼기)를 저온으로 장시간 증류한 것으로 응집력이 크고 온도에 의한 변화가 적으며 연화점이 높고 안전하여 방수공사에 많이 사용되는 것은?

① 아스팔트 펠트
② 블로운 아스팔트
③ 아스팔타이트
④ 레이크 아스팔트

해설
블로운 아스팔트는 아스팔트 제조 중에 공기 또는 공기와 증기와의 혼합물을 불어넣어 부분적으로 산화시킨 것으로 온도에 대한 감수성이 적고, 연화점이 높아 안전하여 보통 지붕의 방수공사에 쓰인다.

26 ★★☆
콘크리트용 골재의 품질에 관한 설명으로 옳지 않은 것은?

① 골재는 청정, 견경하고 유해량의 먼지, 유기불순물이 포함되지 않아야 한다.
② 골재의 입형은 콘크리트의 유동성을 갖도록 한다.
③ 골재는 예각으로 된 것을 사용하도록 한다.
④ 골재의 강도는 콘크리트 내 경화한 시멘트 페이스트의 강도보다 커야 한다.

해설
콘크리트용 골재는 입형이 둥근 것을 사용하여 콘크리트를 유동성 있게 한다.

27 ★☆☆
대안입찰제도의 특징에 관한 설명으로 옳지 않은 것은?

① 공사비를 절감할 수 있다.
② 설계상 문제점의 보완이 가능하다.
③ 신기술의 개발 및 축적을 기대할 수 있다.
④ 입찰기간이 단축된다.

해설
대안입찰제도는 발주가 복잡하여 입찰기간이 장기화되는 단점이 있다.

합격 POINT 대안입찰제도
발주기관이 제시하는 원안의 공사입찰 기본설계 또는 실시설계에 대하여 기본 방침의 변경없이 원안과 동등 이상의 기능과 효과를 가진 신공법·신기술·공기단축 등이 반영된 설계로서 원안의 가격보다 낮은 공사로 입찰하는 제도를 의미한다.

28 ★☆☆
다음에서 설명하고 있는 도장결함은?

> 도료를 겹칠하였을 때 하도의 색이 상도막 표면에 떠올라 상도의 색이 변하는 현상

① 번짐
② 색 분리
③ 주름
④ 핀홀

해설
번짐은 도료를 겹칠하였을 때 하도의 색이 상도막 표면에 떠올라 상도의 색이 변하는 도장결함이다.

정답 23 ① 24 ③ 25 ② 26 ③ 27 ④ 28 ①

29 ★★★
건축물 외부에 설치하는 커튼월에 관한 설명으로 옳지 않은 것은?

① 커튼월이란 외벽을 구성하는 비내력벽 구조이다.
② 커튼월의 조립은 대부분 외부에 대형발판이 필요하므로 비계공사가 필수적이다.
③ 공장에서 생산하여 반입하는 프리패브 제품이다.
④ 일반적으로 콘크리트나 벽돌 등의 외장재에 비하여 경량이어서 건물의 전체 무게를 줄이는 역할을 한다.

해설
비내력 벽체인 커튼월은 양중기로 설치작업을 하므로 가설비계를 설치하지 않는다.

30 ★★☆
계약 방식 중 단가계약 제도에 관한 설명으로 옳지 않은 것은?

① 실시수량의 확정에 따라서 차후 정산하는 방식이다.
② 긴급공사 시 또는 수량이 불명확할 때 간단히 계약할 수 있다.
③ 설계변경에 의한 수량의 증감이 용이하다.
④ 공사비를 절감할 수 있으며, 복잡한 공사에 적용하는 것이 좋다.

해설
단가도급은 공사금액을 구성하는 물량 또는 단위공사 부분에 대한 단가만을 확정하고 공사 완료 시 실시수량의 확정에 따라 정산하는 방식이다. 긴급공사나 공사수량이 불명확할 때 사용되며, 착공이 가장 빠르나 총공사비의 예측이 어렵고, 공사비가 상승의 단점이 있다.

31 ★★★
웰포인트공법에 관한 설명으로 옳지 않은 것은?

① 흙파기 밑면의 토질 약화를 예방한다.
② 진공펌프를 사용하여 토중의 지하수를 강제적으로 집수한다.
③ 지하수 저하에 따른 인접지반과 공동매설물 침하에 주의가 필요하다.
④ 사질지반보다 점토층 지반에서 효과적이다.

해설
웰포인트(Well point)공법은 사질지반에서 인접 건축물과 토류판 사이에 케이싱 파이프를 삽입하여 지하수를 배수하는 지반개량공법이다.

32 ★★★
콘크리트의 크리프에 관한 설명으로 옳지 않은 것은?

① 습도가 높을수록 크리프는 크다.
② 물-시멘트비가 클수록 크리프는 크다.
③ 콘크리트의 배합과 골재의 종류는 크리프에 영향을 끼친다.
④ 하중이 제거되면 크리프 변형은 일부 회복된다.

해설
크리프(Creep)가 증대되는 조건
- 재하재령이 짧을수록
- 작용응력이 클수록
- 부재의 단면치수가 작을수록
- 외부 습도가 낮을수록
- 온도가 높을수록
- 물시멘트의 비가 클수록
- 단위시멘트량이 많을수록

합격 POINT 크리프
작용되는 하중의 변화 없이 일정한 하중이 장기간 지속되어 변형이 증가하는 현상이다.

33 ★★☆
건축재료별 수량 산출 시 적용하는 할증률로 옳지 않은 것은?

① 유리: 1%
② 단열재: 5%
③ 붉은벽돌: 3%
④ 이형철근: 3%

해설
단열재의 할증률은 10%이다.

합격 POINT 재료별 할증률

할증률(%)	재료
1	콘크리트(철근), 유리
2	콘크리트(무근), 시멘트, 도료, 아스팔트
3	붉은벽돌, 내화벽돌, 타일(점토계, 크링커), 이형철근, 고력볼트, 슬레이트, 테라코타, 일반합판
4	시멘트블록
5	시멘트벽돌, 원형철근, 강관, 봉강, 리벳, 타일(합성수지계), 텍스, 석고보드, 기와, 수장합판, 목재(각재)
7	대형 형강
10	단열재, 강판, 목재(판재), 석재(정형)
20	졸대
30	석재(원석, 부정형)

정답 29 ② 30 ④ 31 ④ 32 ① 33 ②

34 ★☆☆

ALC 패널의 설치공법이 아닌 것은?

① 수직철근 공법
② 슬라이드 공법
③ 커버플레이트 공법
④ 피치 공법

해설

ALC(Autoclaved Light-weight Concrete)설치 공법
- 수직철근 공법
- 슬라이드 공법
- 커버플레이트 공법
- 볼트 조임 공법
- 타이플레이트 공법

35 ★★☆

공사 진행의 일반적인 순서로 가장 알맞은 것은?

① 가설공사 → 공사 착공 준비 → 토공사 → 구조체 공사 → 지정 및 기초공사
② 공사 착공 준비 → 가설공사 → 토공사 → 지정 및 기초공사 → 구조체 공사
③ 공사 착공 준비 → 토공사 → 가설공사 → 구조체 공사 → 지정 및 기초공사
④ 공사 착공 준비 → 지정 및 기초공사 → 토공사 → 가설공사 → 구조체 공사

해설

일반적인 공사진행 순서
공사 착공 준비 → 가설 공사 → 토공사 → 지정 및 기초공사 → 구조체 공사 → 마감공사

36 ★★★

블록조 벽체에 와이어메시를 가로줄눈에 묻어 쌓기도 하는데 이에 관한 설명으로 옳지 않은 것은?

① 전단작용에 대한 보강이다.
② 수직하중을 분산시키는 데 유리하다.
③ 블록과 모르타르의 부착성능의 증진을 위한 것이다.
④ 교차부의 균열을 방지하는 데 유리하다.

해설

와이어메시를 블록조 벽체의 가로줄눈에 묻는 목적
- 전단작용에 대한 보강
- 수직하중 분산
- 신축균열 교차부 균열방지

합격 POINT 와이어메시(Wire mesh)
철선을 격자 모양으로 짜고 접점에 전기저항용접을 한 것으로 빈 시멘트블록을 쌓을 때 수평줄눈에 묻어 벽면의 신축균열 교차부 또는 횡력에 안전하도록 설치하는 철선으로 된 좁은 망형의 철물이다.

37 ★★★

공사관리방법 중 CM 계약방식에 관한 설명으로 옳지 않은 것은?

① 대리인형 CM(CM for fee)인 경우 공사품질에 책임을 지며, 품질 문제 발생 시 책임소재가 명확하다.
② 프로젝트의 전 과정에 걸쳐 공사비, 공기 및 시공성에 대한 종합적인 평가 및 설계변경에 대한 효율적인 평가가 가능하여 발주자의 의사결정에 도움이 된다.
③ 설계과정에서 설계가 시공에 미치는 영향을 예측할 수 있어 설계도서의 현실성을 향상시킬 수 있다.
④ 단계적 발주 및 시공의 적용이 가능하다.

해설

공사품질에 책임을 지며, 품질 문제 발생 시 책임소재가 명확한 방식은 CM for Risk(시공자형 CM)이다.

합격 POINT CM의 형태

구분	내용
CM for Fee (대리인형CM)	프로젝트의 전반에 걸쳐 발주자의 컨설턴트 역할만을 수행하는 공사관리 계약방식
CM for Risk (시공자형 CM)	직접공사를 수행하거나 전문시공자와 계약을 맺어 공사 전반을 책임지는 공사관리 계약방식

정답 34 ④ 35 ② 36 ③ 37 ①

38

목구조 재료로 사용되는 침엽수의 특징에 해당하지 않는 것은?

① 직선부재의 대량생산이 가능하다.
② 단단하고 가공이 어려우나 미관이 좋다.
③ 병·충해가 약하여 방부 및 방충처리를 하여야 한다.
④ 수고(樹高)가 높으며 통직하다.

해설
단단하고 가공이 어려우나 미관이 좋은 목재는 활엽수이며, 침엽수는 활엽수에 비해 가공이 용이하다.

39

창호철물과 창호의 연결로 옳지 않은 것은?

① 도어체크(Door check) — 미닫이문
② 플로어 힌지(Floor hinge) — 자재 여닫이문
③ 크리센트(Crescent) — 오르내리창
④ 레일(Rail) — 미서기창

해설
도어체크(Door check), 도어클로저(Door closer)는 여닫이문 개폐 시 자동으로 문을 닫아주는 장치이다.

40

목재의 무늬와 바탕의 재질을 잘 보이게 하는 도장 방법은?

① 유성 페인트 도장
② 에나멜 페인트 도장
③ 합성수지 페인트 도장
④ 클리어 래커 도장

해설
목재의 무늬와 바탕의 재질을 잘 보이게 하는 도장은 클리어 래커로 투명 래커이며, 실내용 도장에 사용된다.

제3과목 건축구조

41

그림과 같은 앵글(Angle)의 유효 단면적으로 옳은 것은?
(단, $L_s-50\times50\times6$ 사용, $A=5.644\text{cm}^2$, $d=1.7\text{cm}$)

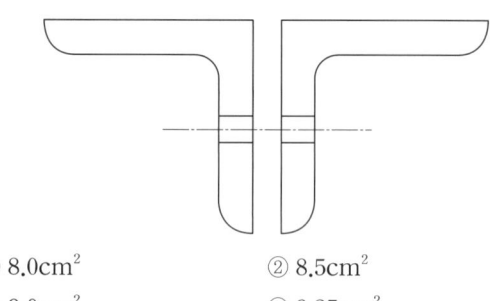

① 8.0cm^2
② 8.5cm^2
③ 9.0cm^2
④ 9.25cm^2

해설
순단면적(A_n)은 총단면적(A_g)에서 볼트 구멍에 의한 결손 단면적을 감한 단면적이다.
$A_n = A_g - n \cdot d \cdot t$
여기서, n: 인장력에 의한 파단선상에 있는 구멍의 수, t: 부재의 두께(mm), d: 순단면적 산정용 고력볼트 구멍의 여유폭
∴ $A_n = (5.644 \times 2개) - (2 \times 1.7 \times 0.6) = 9.248\text{cm}^2$

42

다음 용어 중 서로 관련이 가장 적은 것은?

① 기둥 — 메탈터치(Metal touch)
② 인장가새 — 턴버클(Turn buckle)
③ 주각부 — 거셋플레이트(Gusset plate)
④ 중도리 — 새그로드(Sag rod)

해설
거셋플레이트(Gusset plate)는 기둥, 보, 트러스 부재의 접합에 사용되는 덧댐판이며, 주각부에는 사용하지 않는다.

선지분석
① 메탈터치: 기둥을 이음하는 방식으로 접합면을 직접 접촉시켜 연결하며 접촉면을 따라 하중의 50%가 전달되므로 덧판과 끼움판의 부담을 줄일 수 있다.
② 턴버클: 양쪽에 서로 반대 방향으로 달려 있는 수나사를 돌려 양쪽에 이어진 로프나 인장재를 당겨서 조이는 기구
④ 새그로드: 철골조 지붕틀을 연결하는 중도리가 휘는 것을 방지하기 위하여 설치되는 부재로서 타이로드, 새그로드, 중도리 연결대 등으로 표현한다.

정답 38 ② 39 ① 40 ④ 41 ④ 42 ③

43 ★★☆

강재의 응력-변형도 시험에서 인장력을 가해 소성상태에 들어선 강재를 다시 반대 방향으로 압축력을 작용하였을 때의 압축항복점이 소성상태에 들어서지 않은 강재의 압축항복점에 비해 낮은 것을 볼 수 있는데 이러한 현상을 무엇이라 하는가?

① 루더선(Luder's line)
② 소성흐름(Plastic flow)
③ 바우싱거효과(Baushinger's effect)
④ 응력집중(Stress concentration)

해설
바우싱거효과: 재료에 탄성 한계 이상의 인장하중을 가한 다음에 압축하중을 가하여 측정된 비례한계 또는 항복점은 이 재료의 원래 해당 값보다 현저하게 저하하는 현상이다.

44 ★☆☆

그림에서 절점 D는 이동을 하지 않으며, A, B, C는 고정단일 때 C단의 모멘트는? (단, k는 부재의 강비임)

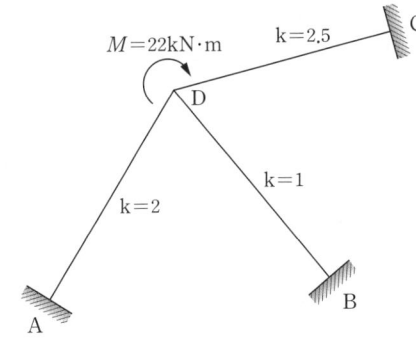

① 4.0kN·m
② 4.5kN·m
③ 5.0kN·m
④ 5.5kN·m

해설
1. 분배율: $DF_{DC} = \dfrac{2.5}{2+1+2.5} = \dfrac{2.5}{5.5} = \dfrac{5}{11}$
2. 분배모멘트 계산:
$M_{DC} = M_D \cdot DF_{DC} = 22 \times \dfrac{5}{11} = 10\text{kN·m}$
3. 전달모멘트 계산: $M_{CD} = \dfrac{1}{2}M_{DC} = \dfrac{1}{2} \times 10 = 5\text{kN·m}$

45 ★☆☆

단면의 지름이 150mm, 재축방향 길이가 300mm인 원형 강봉의 윗면에 300kN의 힘이 작용하여 재축방향 길이가 0.16mm 줄어들었고, 단면의 지름이 0.02mm 늘어났다면 이 강봉의 탄성계수 E와 푸아송비는?

① 31,830MPa, 0.25
② 31,830MPa, 0.125
③ 39,630MPa, 0.25
④ 39,630MPa, 0.125

해설
1. 훅의 법칙에 의해 응력도는 변형도와 탄성계수의 곱에 비례한다.
$(\sigma = E \cdot \varepsilon)$
응력 $\left(\sigma = \dfrac{P}{A}\right)$, 변형률 $\left(\varepsilon = \dfrac{\triangle L}{L}\right)$을 적용하면
$E = \dfrac{\sigma}{\varepsilon} = \dfrac{\dfrac{P}{A}}{\dfrac{\triangle L}{L}} = \dfrac{P \cdot L}{A \cdot \triangle L}$ 이다.

∴ $E = \dfrac{(300 \times 10^3) \times 300}{\left(\dfrac{\pi \times 150^2}{4}\right) \times 0.16} \fallingdotseq 31,831\text{N/mm}^2 = 31,831\text{MPa}$

2. 푸아송비$(\nu) = \dfrac{\text{압축변형률}}{\text{인장변형률}} = \dfrac{\dfrac{\triangle D}{D}}{\dfrac{\triangle L}{L}} = \dfrac{L \cdot \triangle D}{D \cdot \triangle L}$

∴ $\nu = \dfrac{300 \times 0.02}{150 \times 0.16} = 0.25$

46 ★★★

건축물의 기초구조 설계 시 말뚝재료별 구조세칙으로 옳지 않은 것은?

① 나무말뚝을 타설할 때 그 중심간격은 말뚝머리지름의 2.5배 이상 또한 600mm 이상으로 한다.
② 기성콘크리트말뚝을 타설할 때 그 중심간격은 말뚝머리지름의 2.5배 이상 또한 1,100mm 이상으로 한다.
③ 강재말뚝을 타설할 때 그 중심간격은 말뚝머리의 지름 또는 폭의 2.0배 이상(다만, 폐단강관 말뚝에 있어서 2.5배) 또한 750mm 이상으로 한다.
④ 현장타설콘크리트말뚝을 배치할 때 그 중심간격은 말뚝머리 지름의 2.0배 이상 또한 말뚝머리 지름에 1,000mm를 더한 값으로 한다.

해설
② 기성콘크리트말뚝을 타설할 때 그 중심간격은 말뚝머리지름의 2.5배 이상 또한 750mm 이상으로 한다.

합격 POINT 말뚝 최소 간격 기준

※ D: 말뚝머리 지름

종류	최소 간격
나무말뚝	2.5D 이상, 600mm 이상
기성콘크리트말뚝	2.5D 이상, 750mm 이상
강재말뚝	2.0D 이상, 750mm 이상
현장타설 콘크리트말뚝	2.0D 이상, D+1,000mm 이상

정답 43 ③ 44 ③ 45 ① 46 ②

47 ★★☆

볼트의 기계적 등급을 나타내기 위해 표시하는 F8T, F10T, F11T에서 가운데 숫자는 무엇을 의미하는가?

① 휨강도 ② 인장강도
③ 압축강도 ④ 전단강도

해설
가운데 숫자는 최저 인장강도(F_u)를 의미한다. 고력볼트 기호의 구성은 다음과 같다. 가령 F10T에서 F는 Friction grip joint, 10은 10tf/cm²=1,000MPa의 최저 인장강도(F_u)를 표현하고, T는 Tensile strength를 뜻한다.

48 ★☆☆

콘크리트 구조 설계 시 철근간격제한에 관한 내용으로 옳지 않은 것은?

① 벽체 또는 슬래브에서 휨 주철근의 간격은 벽체나 슬래브 두께의 3배 이하로 하여야 하고, 또한 450mm 이하로 하여야 한다.
② 상단과 하단에 2단 이상으로 배치된 경우 상하 철근은 동일 연직면 내에 배치하여야 하고, 이 때 상하 철근의 순간격은 25mm 이상으로 하여야 한다.
③ 나선철근 또는 띠철근이 배근된 압축부재에서 축방향 철근의 순간격은 25mm 이상, 또한 철근 공칭 지름의 2.5배 이상으로 하여야 한다.
④ 2개 이상의 철근을 묶어서 사용하는 다발철근은 이형철근으로 그 개수는 4개 이하이어야 하며, 이들은 스터럽이나 띠철근으로 둘러싸여져야 한다.

해설
③ 나선철근 또는 띠철근이 배근된 압축부재에서 축방향 철근의 순간격은 40mm 이상, 또한 철근 공칭지름의 1.5배 이상으로 하여야 한다.

49 ★★★

다음 중 한계상태설계법에서 강도 한계상태를 구성하는 요소가 아닌 것은?

① 바닥재의 진동 ② 기둥의 좌굴
③ 골조의 불안정성 ④ 취성파괴

해설
바닥재의 진동은 사용 한계상태(Serviceability limit state)에 해당한다.

합격 POINT ▶ 한계상태설계법
1. 강도 한계상태: 구조체가 제 기능을 발휘 못하는 상태로 압축, 인장, 좌굴, 휨, 전단 등의 하중에 대한 지지 능력을 상실한 상태
2. 사용 한계상태: 구조 기능 저하로 균열, 처짐, 진동 등에 의하여 사용상 부적합한 상태

50 ★★☆

다음 두 보의 최대 처짐량이 같기 위한 등분포하중의 비로 옳은 것은? (단, 부재의 재질과 단면은 동일하며 A부재의 길이는 B부재 길이의 2배임)

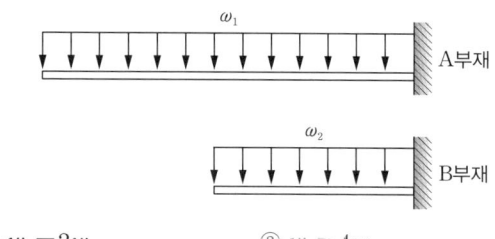

① $w_2 = 2w_1$ ② $w_2 = 4w_1$
③ $w_2 = 8w_1$ ④ $w_2 = 16w_1$

해설
등분포하중 시, 캔틸레버의 최대 처짐(δ_{max})은 $\dfrac{wl^4}{8EI}$이다.

$\delta_{A,max} = \dfrac{w_1 \cdot (2l)^4}{8EI}$, $\delta_{B,max} = \dfrac{w_2 \cdot (l)^4}{8EI}$

$\delta_{A,max} = \delta_{B,max}$이므로
$w_1 \cdot (2l)^4 = w_2 \cdot (l)^4$
$\therefore w_2 = 16w_1$

정답 47 ② 48 ③ 49 ① 50 ④

51 ★★☆

스터럽으로 보강된 휨 부재의 최외단 인장철근의 순인장 변형률 ε_t가 0.004일 경우 강도감소계수 ϕ로 옳은 것은? (단, $f_y=400\text{MPa}$)

① 0.65 ② 0.717
③ 0.783 ④ 0.817

해설

1. $0.002<\varepsilon_t(=0.004)<0.005$이므로 변화 구간 단면의 부재이다.
2. 변화 구간의 강도감소계수는 다음 식으로 구한다.

$$\phi=0.65+(\varepsilon_t-0.002)\times\frac{200}{3}$$

$$=0.65+(0.004-0.002)\times\frac{200}{3}\fallingdotseq 0.783$$

합격 POINT 순인장 변형률에 따른 강도감소계수의 변화

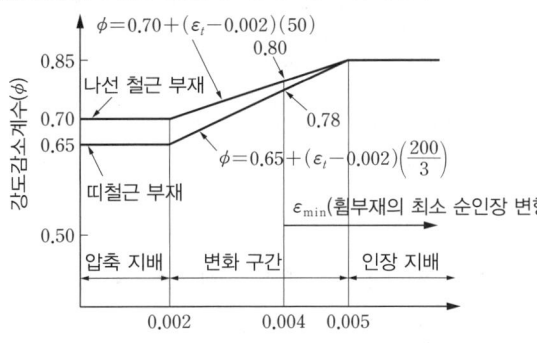

52 ★☆☆

그림과 같은 트러스에서 '가' 및 '나' 부재의 부재력을 옳게 구한 것은? (단, −는 압축력, +는 인장력을 의미함)

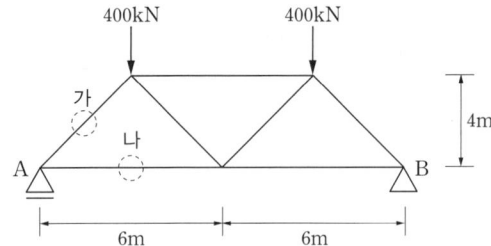

① 가=−500kN, 나=300kN
② 가=−500kN, 나=400kN
③ 가=−400kN, 나=300kN
④ 가=−400kN, 나=400kN

해설

지점에서 가까운 부재의 부재력을 해석할 때는 절점법이 알맞다. 따라서 A 절점에서 절점법을 이용한다.

1. 가 부재력(C)

$$\Sigma V=0;\ V_A+C\sin\theta=400+F_{가}\times\frac{4}{5}=0$$

$$\therefore F_{가}=-500\text{kN}(압축)$$

2. 나 부재력(D)

$$\Sigma H=0;\ D+C\cos\theta=F_{나}+F_{가}\times\frac{3}{5}=0$$

$$F_{나}=+300\text{kN}(인장)$$

53 ★★☆

강도설계법에 의한 철근콘크리트 보에서 콘크리트만의 설계전단강도는 얼마인가? (단, $f_{ck}=24\text{MPa}$, $\lambda=1$)

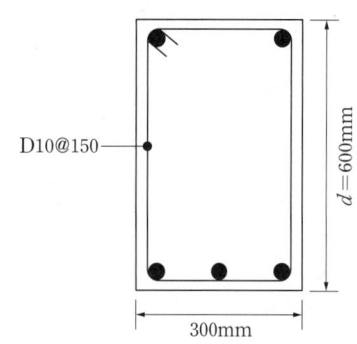

① 31.5kN ② 75.8kN
③ 110.2kN ④ 145.6kN

해설

콘크리트의 설계전단강도

$$V_d=\phi V_c=\phi\cdot\frac{1}{6}\lambda\sqrt{f_{ck}}\cdot b_w\cdot d$$

$$=0.75\times\frac{1}{6}\times1.0\times\sqrt{24}\times300\times600\fallingdotseq 110,227\text{N}\fallingdotseq 110.2\text{kN}$$

여기서, 전단력의 강도감소계수(ϕ)는 0.75이다.

정답 51 ③ 52 ① 53 ③

54 ★☆☆

그림과 같은 단면에 전단력 50kN이 가해진 경우 중립축에서 상방향으로 100mm 떨어진 지점의 전단응력은? (단, 전체 단면의 크기는 200×300mm임)

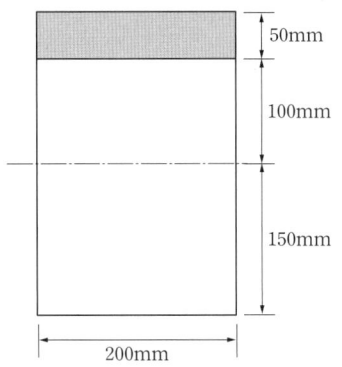

① 0.85MPa ② 0.79MPa
③ 0.73MPa ④ 0.69MPa

해설

사각형 단면의 임의 위치에서 최대 전단응력도는
$\tau(\text{N/mm}^2) = \dfrac{V \cdot Q}{I \cdot b}$ 이다.

여기서, V는 전단력(N), I는 중립축에 대한 단면2차모멘트(mm^4), b는 전단응력을 구하고자 하는 위치의 단면 폭(mm), Q는 전단응력을 구하고자 하는 외측 단면에 대한 중립축에서의 단면1차모멘트(mm^3)이다.

$I = \dfrac{bh^3}{12} = \dfrac{200 \times 300^3}{12} = 450 \times 10^6 \text{mm}^4$

$b = 200\text{mm}$

$V = 50\text{kN} = 50 \times 10^3 \text{N}$

$Q = (200 \times 50) \times \left(100 + \dfrac{50}{2}\right) = 1.25 \times 10^6 \text{mm}^3$

$\therefore \tau = \dfrac{(50 \times 10^3) \times (1.25 \times 10^6)}{(450 \times 10^6) \times (200)} \fallingdotseq 0.694\text{N/mm}^2 \fallingdotseq 0.69\text{MPa}$

55 ★★☆

등가정적해석법에 의한 건축물의 내진설계 시 고려해야 할 사항이 아닌 것은?

① 지역계수 ② 노풍도계수
③ 지반종류 ④ 반응수정계수

해설

노풍도계수: 건축물이 바람에 노출되는 정도를 나타내는 노풍도는 [건축구조기준 2009] 이후부터 지표면조도(Surface roughness)로 용어가 개정되었으며, 풍하중 설계 시 고려사항이다.

합격 POINT 등가정적해석법 밑면전단력 산정식

$V = C_s \cdot W = \dfrac{S_{D1}}{\left(\dfrac{R}{I_E}\right) \cdot T} \cdot W$

여기서, C_s: 지진응답계수
W: 유효건물중량
S_{D1}: 주기 1초에서의 설계스펙트럼 가속도
R: 반응수정계수
I_E: 건물의 중요도계수
T: 건물의 고유주기

56 ★★☆

그림과 같은 압축재에 $V-V$축의 세장비 값으로 옳은 것은? (단, $A = 10\text{cm}^2$, $I_V = 36\text{cm}^4$)

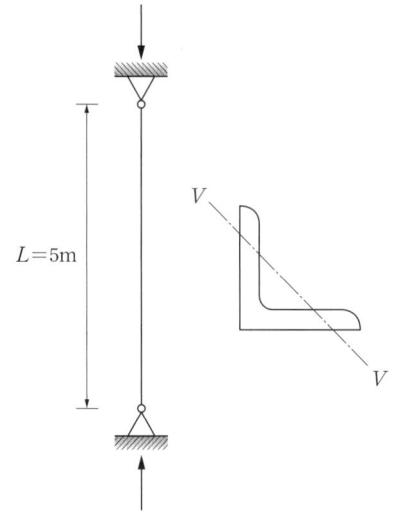

① 270.3 ② 263.1
③ 254.8 ④ 236.4

해설

세장비 $\lambda = \dfrac{KL}{r} = \dfrac{KL}{\sqrt{\dfrac{I}{A}}}$

여기서, KL: 좌굴길이, r: 단면2차반경, I: 단면2차모멘트, A: 단면적

$\therefore \lambda = \dfrac{1.0 \times 500}{\sqrt{\dfrac{36}{10}}} \fallingdotseq 263.5$

정답 54 ④ 55 ② 56 ②

57 ★☆☆

철근콘크리트 구조설계 시 고려하는 강도설계법에 관한 설명으로 옳지 않은 것은?

① 보의 압축측의 응력분포는 사다리꼴, 포물선 등의 형태로 본다.
② 규정된 허용하중이 초과될지도 모를 가능성을 예측하여 하중계수를 사용한다.
③ 재료의 변화, 시공오차 등의 기술적인 면을 고려하여 강도감소계수를 사용한다.
④ 이 설계방법은 탄성이론하에서 이루어진 설계법이다.

해설
(극한)강도설계법은 소성설계이론이 적용된 설계법이므로 탄성이론이 적용되지는 않는다.

합격 POINT
극한강도설계법은 철근과 콘크리트의 극한강도를 인정하되 건축물 사용 중 하중이 증가될 가능성에 대비하여 하중증가계수를 적용하고, 또한 설계와 시공 중 발생할 수 있는 각종 오차를 고려하여 강도감소계수를 적용한다.

58 ★★☆

3회전단 포물선 아치에 그림과 같이 등분포하중이 가해졌을 경우 단면상에 나타나는 부재력의 종류는?

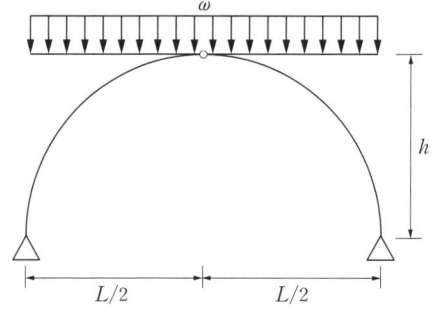

① 전단력, 휨모멘트
② 축방향력, 전단력, 휨모멘트
③ 축방향력, 전단력
④ 축방향력

해설
3회전단 아치구조는 축방향력에 의하여 하중을 지지하는 구조물이다. 3회전단 포물선 아치가 등분포하중을 받게 되면 부재력으로서 전단력이나 휨모멘트가 발생하지 않고 축방향력만 발생하므로 경제적인 구조가 된다.

59 ★★☆

그림과 같은 정정구조의 CD부재에서 C, D점의 휨모멘트 값 중 옳은 것은?

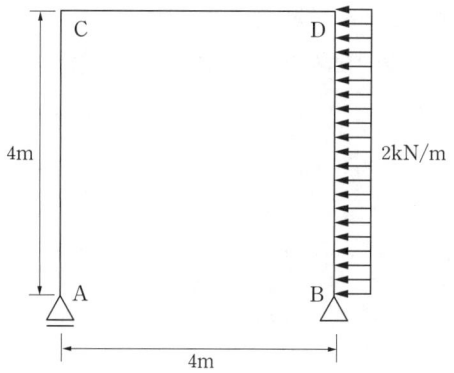

① C점: 0, D점: 16kN·m
② C점: 16kN·m, D점: 16kN·m
③ C점: 0, D점: 32kN·m
④ C점: 32kN·m, D점: 32kN·m

해설
$\Sigma H=0$; $H_B - 2 \times 4 = 0$, $H_B = 8\text{kN}(\rightarrow)$
A지점의 수직반력 산정
$\Sigma M_B = 0$; $V_A \times 4 - ((2 \times 4) \times 2) = 0$
$V_A = 4\text{kN}(\uparrow)$
A지점의 수직반력을 활용하여 두 지점의 휨모멘트를 산정한다.
A지점에는 수직반력만 존재하여 C절점에 휨모멘트는 존재하지 않으므로,
$M_{C,Left} = 0$
$M_{D,Right} = -(-(8 \times 4) + ((2 \times 4) \times 2)) = 16\text{kN} \cdot \text{m}$

60 ★★☆

일반 또는 경량콘크리트 휨부재의 크리프와 건조수축에 의한 추가 장기처짐 산정과 관련하여 5년 이상일 때, 지속하중에 대한 시간경과계수 ξ는 얼마인가?

① 2.4
② 2.2
③ 2.0
④ 1.4

해설
5년 이상 시, 시간경과계수 ξ는 2.0이다.

합격 POINT 장기처짐 = 탄성처짐 × λ

여기서, $\lambda = \dfrac{\xi}{1+50\rho'}$(지속하중에 대한 처짐계수), ρ': 압축철근비,
ξ: 시간경과계수

구분	ξ
3개월	1.0
6개월	1.2
12개월	1.4
5년 이상	2.0

정답 57 ④ 58 ④ 59 ① 60 ③

제4과목 건축설비

61 ★★☆
엘리베이터의 안전장치 중 일정 이상의 속도가 되었을 때 브레이크 등을 작동시키는 기능을 하는 것은?

① 조속기 ② 권상기
③ 완충기 ④ 가이드 슈

해설
조속기는 카와 같은 속도로 움직이는 조속기 로프에 의하여 회전되어 카의 속도를 검출하는 안전장치로, 엘리베이터의 카가 정상속도 이상으로 과속되었을 때 미리 설정된 속도에서 작동하여 안전하게 정지시킨다.

62 ★★☆
자연환기에 관한 설명으로 옳지 않은 것은?

① 외부 풍속이 커지면 환기량은 많아진다.
② 실내외의 온도차가 크면 환기량은 작아진다.
③ 중력환기는 실내외의 온도차에 의한 공기의 밀도차가 원동력이 된다.
④ 자연환기량은 중성대로부터 공기유입구 또는 유출구까지의 높이가 클수록 많아진다.

해설
실내외의 온도차가 크면 환기량은 많아진다.

63 ★★★
다음 중 변전실 면적 결정 시 영향을 주는 요소와 가장 거리가 먼 것은?

① 수전전압 ② 수전방식
③ 발전기 용량 ④ 큐비클의 종류

해설
발전기 용량은 변전실 면적과 관계가 없다.

합격 POINT 변전실 면적에 영향을 주는 요소
- 수전전압 및 수전방식
- 변전설비 변압방식, 변압기 용량, 수량 및 형식
- 설치 기기와 큐비클의 종류
- 기기의 배치방법 및 유지보수 필요 면적
- 건축물의 구조적 여건

64 ★★★
어떤 상태의 습공기를 절대습도의 변화 없이 건구온도만 상승시킬 때 습공기의 상태변화로 옳은 것은?

① 엔탈피는 증가한다. ② 비체적은 감소한다.
③ 노점온도는 낮아진다. ④ 상대습도는 증가한다.

해설
절대습도의 변화 없이 건구온도만 상승 시, 엔탈피는 증가한다.

선지분석
② 비체적은 증가한다.
③ 노점온도는 변화가 없다.
④ 상대습도는 감소한다.

65 ★★★
흡음 및 차음에 관한 설명으로 옳지 않은 것은?

① 벽의 차음성능은 투과손실이 클수록 높다.
② 차음성능이 높은 재료는 흡음성능도 높다.
③ 벽의 차음성능은 사용재료의 면밀도에 크게 영향을 받는다.
④ 벽의 차음성능은 동일 재료에서도 두께와 시공법에 따라 다르다.

해설
차음성능이 높은 재료는 대부분 흡음성능이 낮고, 차음성능이 낮은 재료는 대부분 흡음성능이 높다.

66 ★★★
다음 중 옥내의 노출된 건조한 장소에 시설할 수 없는 배선방법은? (단, 사용전압이 400V 미만인 경우)

① 금속관 배선 ② 버스덕트 배선
③ 가요전선관 배선 ④ 플로어덕트 배선

해설
플로어덕트 배선은 옥내의 건조한 콘크리트 바닥 내의 매설에 한하여 시설할 수 있다.

합격 POINT 배선공사

배선 종류	노출장소	
	건조한 장소	습기가 많은 장소
금속관	○	○
버스덕트	○	×
가요전선관	○	○
플로어덕트	×	×

정답 61 ① 62 ② 63 ③ 64 ① 65 ② 66 ④

67 ★☆☆

급수설비에서 펌프의 실양정이 의미하는 것은? (단, 물을 높은 곳으로 보내는 경우)

① 배관계의 마찰손실에 해당하는 높이
② 흡수면에서 토출수면까지의 수직거리
③ 흡수면에서 펌프축 중심까지의 수직거리
④ 펌프축 중심에서 토출수면까지의 수직거리

해설
펌프의 실양정은 흡입양정과 토출양정의 합으로, 이는 흡수면에서 토출수면까지의 높이(수직거리)를 말한다.

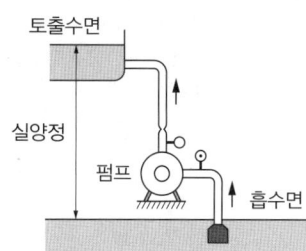

68 ★★☆

다음 중 실내를 부압으로 유지하며 실내의 냄새나 유해물질을 다른 실로 흘려보내지 않으므로 욕실, 화장실 등에 사용되는 환기 방식은?

①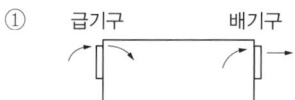

②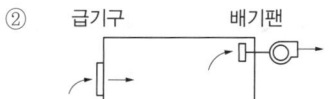

③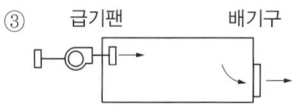

④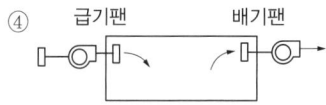

해설
화장실은 자연 급기와 배기팬(배풍기)으로 환기한다.

선지분석
① 자연 환기 방식
③ 2종 환기 방식
④ 1종 환기 방식

합격 POINT 환기방식의 비교

구분	급기구	배기구	사용장소
제1종 환기	급기팬	배기팬	수술실
제2종 환기	급기팬	자연 배기	반도체 공장, 무균실
제3종 환기	자연 급기	배기팬	주방, 화장실

69 ★★★

실내 CO_2 발생량이 17L/h, 실내 CO_2 허용농도가 0.1%, 외기의 CO_2 농도가 0.04%일 경우 필요 환기량은?

① 약 28.3m³/h ② 약 35.0m³/h
③ 약 40.3m³/h ④ 약 42.5m³/h

해설
$$Q = \frac{K}{P_i - P_o} = \frac{0.017 \text{m}^3/\text{h}}{(0.001 - 0.0004)} = 28.333 \fallingdotseq 28.3 \text{m}^3/\text{h}$$

Q: 환기량(m³/h), K: 발생량(m³/h), P_i: 허용농도(ppm), P_o: 외기가스농도(ppm)

※ $1L = 10^{-3} \text{m}^3$

70 ★★★

가스사용시설에서 가스계량기의 설치에 관한 설명으로 옳지 않은 것은?

① 전기접속기와의 거리가 최소 30cm 이상이 되도록 한다.
② 전기점멸기와의 거리가 최소 60cm 이상이 되도록 한다.
③ 전기개폐기와의 거리가 최소 60cm 이상이 되도록 한다.
④ 전기계량기와의 거리가 최소 60cm 이상이 되도록 한다.

해설
가스계량기와 전기점멸기와의 거리는 30cm 이상이다.

합격 POINT 가스계량기와의 거리

거리	종류
15cm 이상	절연조치를 하지 아니한 전선
30cm 이상	굴뚝(단열조치를 하지 아니한 경우), 전기점멸기, 전기접속기
60cm 이상	전기계량기, 전기개폐기

정답 67 ②　68 ②　69 ①　70 ②

71 ★★☆
조명설비의 광원 중 할로겐 램프에 관한 설명으로 옳지 않은 것은?

① 휘도가 낮다.
② 백열전구에 비해 수명이 길다.
③ 연색성이 좋고 설치가 용이하다.
④ 흑화가 거의 일어나지 않고 광속이나 색온도의 저하가 극히 적다.

해설
할로겐 램프는 휘도가 높다.

합격 POINT 휘도와 연색성
- 휘도: 물체 표면의 밝기, 단위는 nit(cd/m²)
- 연색성: 광원이 색을 충실하게 나타내고 있는가의 척도

72 ★★★
다음 중 냉방부하 계산 시 현열만을 고려하는 것은?

① 인체의 발생열량
② 벽체로부터의 취득열량
③ 극간풍에 의한 취득열량
④ 외기의 도입으로 인한 취득열량

해설
냉방부하 계산 시 현열만을 고려하는 것은 벽체로부터의 취득열량이다.

선지분석
①, ③, ④는 실내온도뿐만 아니라 습도에도 변화를 주므로 현열과 잠열 모두 고려하여야 한다.

73 ★★☆
급수방식 중 고가수조방식에 관한 설명으로 옳은 것은?

① 급수압력이 일정하다.
② 2층 정도의 건물에만 적용이 가능하다.
③ 위생성 측면에서 가장 바람직한 방식이다.
④ 저수조가 없으므로 단수 시에 급수가 불가능하다.

해설
고가수조방식은 수도 본관의 영향을 받지 않으므로 수압 변화가 거의 없다.

선지분석
② 고가수조방식은 대규모 건물에 적합한 급수방식이다.
③ 위생 및 유지·관리 측면에서 가장 좋지 않은 방식이다.
④ 저수조가 있으므로 단수 시에 급수가 가능하다.

74 ★★☆
전기샤프트(ES)에 관한 설명으로 옳지 않은 것은?

① 각 층마다 같은 위치에 설치한다.
② 전력용과 정보통신용은 공용으로 사용해서는 안 된다.
③ 전기샤프트의 면적은 보, 기둥 부분을 제외하고 산정한다.
④ 현재 장비 이외에 장래의 배선 등에 대한 여유성을 고려한 크기로 한다.

해설
전기샤프트(ES)는 전력용(EPS)과 정보통신용(TPS)을 구분하여 설치하는 것이 원칙이다. 예외적으로 각 용도의 설치 장비 및 배선이 적은 경우는 공용으로 사용 가능하다.

75 ★★★
다음과 같은 조건에서 실내에 500W의 열을 발산하는 기기가 있을 때, 이 열을 제거하기 위한 필요환기량은?

- 실내온도: 20℃
- 환기온도: 10℃
- 공기의 정압비열: 1.01kJ/kg·K
- 공기의 밀도: 1.2kg/m³

① 41.3m³/h
② 148.5m³/h
③ 413m³/h
④ 1,485m³/h

해설
$$G = \frac{3,600Q}{\rho \cdot C \cdot \Delta t}$$
$$= \frac{3,600 \times 0.5 \text{kW}}{1.2 \text{kg/m}^3 \times 1.01 \text{kJ/kg·K} \times (20-10)\text{K}}$$
$$= 148.515 ≒ 148.5 \text{m}^3/\text{h}$$

G: 환기량(m³/h), Q: 발열량(kW), q: 공기의 밀도(kg/m³), C: 공기의 비열(kJ/kg·K), Δt: 온도차(K)

정답 71 ① 72 ② 73 ① 74 ② 75 ②

76 ★☆☆
고온수 난방방식에 관한 설명으로 옳지 않은 것은?

① 장치의 열용량이 크므로 예열시간이 길게 된다.
② 공급과 환수의 온도차를 크게 할 수 있으므로 열수송량이 크다.
③ 공업용과 같이 고압증기를 다량으로 필요로 할 경우에는 부적당하다.
④ 지역난방에는 이용할 수 없으며 높이가 높고 건축면적이 넓은 단일 건물에 주로 이용된다.

해설
고온수 난방방식은 100℃ 이상의 온수를 사용하는 것으로 지역난방에 이용할 수 있고, 높이가 높은 건물에 공급이 곤란하며, 아파트와 같이 분산된 건물에 적합하다.

합격 POINT 고온수 난방방식의 장단점

장점	단점
• 고압증기의 흡입으로 온수 순환력이 커서 관경을 줄일 수 있음 • 보일러와 동일 높이의 방열기에도 온수 순환이 가능함 • 열매의 온도가 높아 방열기 면적을 줄일 수 있음 • 지역난방이나 배관의 총 길이가 길고 아파트와 같이 분산된 건물의 난방에 적합함	• 순환펌프의 용량이 큼 • 높은 건물에 공급이 곤란함 • 긴 예열시간으로 연료소비량이 큼 • 유황분이 많은 연료의 사용 시 부식의 염려가 있음

77 ★★★
다음과 같은 조건에 있는 양수펌프의 축동력은?

- 양수량: 490L/min
- 전양정: 30m
- 펌프의 효율: 60%

① 약 3kW ② 약 4kW
③ 약 5kW ④ 약 6kW

해설
펌프의 축동력 $= \dfrac{W \cdot Q \cdot H}{6,120E}$

$= \dfrac{1,000\text{kg/m}^3 \times 0.49\text{m}^3/\text{min} \times 30\text{m}}{6,120 \times 0.6}$

$= 4.003 ≒ 4\text{kW}$

W: 물의 단위용적중량(=1,000kg/m³), Q: 양수량(m³/min),
H: 펌프의 전양정(m), E: 펌프효율(%)

※ $1L = 10^{-3}\text{m}^3$, $1\text{kW} = 6,120\text{kg} \cdot \text{m/min}$

78 ★★☆
전기설비에서 다음과 같이 정의되는 장치는?

> 지락전류를 영상변류기로 검출하는 전류 동작형으로 지락전류가 미리 정해 놓은 값을 초과할 경우, 설정된 시간 내에 회로나 회로의 일부의 전원을 자동으로 차단하는 장치

① 퓨즈 ② 누전차단기
③ 단로스위치 ④ 절환스위치

해설
누전차단기는 교류 600V 이하의 저압선로에 감전, 화재 및 기계·기구의 손상 등을 방지하기 위해 설치하는 것으로 감전과 누전화재를 피하고 전기설비 및 전기기기의 보호를 위한 용도로 사용한다.

79 ★★☆
국소식 급탕방식에 관한 설명으로 옳지 않은 것은?

① 배관의 열손실이 적다.
② 급탕개소와 급탕량이 많은 경우에 유리하다.
③ 급탕개소마다 가열기의 설치 스페이스가 필요하다.
④ 건물 완공 후에도 급탕개소의 증설이 비교적 쉽다.

해설
국소식 급탕방식은 급탕규모가 작은 곳에서 손쉽게 고온의 물을 얻고자 할 때 사용하므로 급탕개소와 급탕량이 작은 경우에 유리하다.

80 ★☆☆
다음 설명에 알맞은 화재의 종류는?

> 나무, 섬유, 종이, 고무, 플라스틱류와 같은 일반 가연물이 타고 나서 재가 남는 화재

① A급 화재 ② B급 화재
③ C급 화재 ④ K급 화재

해설
나무, 섬유, 종이, 고무, 플라스틱류와 같은 일반 가연물이 타고 나서 재가 남는 화재는 일반화재인 A급 화재이다.

선지분석
① A급 화재: 일반화재(보통화재)
② B급 화재: 유류화재(기름화재)
③ C급 화재: 전기화재
④ K급 화재: 주방화재

정답 76 ④ 77 ② 78 ② 79 ② 80 ①

제5과목　건축관계법규

81　★☆☆
주거용 건축물 급수관의 지름 산정에 관한 기준 내용으로 틀린 것은?

① 가구 또는 세대수가 1일 때 급수관 지름의 최소기준은 15mm이다.
② 가구 또는 세대수가 7일 때 급수관 지름의 최소기준은 25mm이다.
③ 가구 또는 세대수가 18일 때 급수관 지름의 최소기준은 50mm이다.
④ 가구 또는 세대의 구분이 불분명한 건축물에 있어서는 주거에 쓰이는 바닥면적의 합계가 85m² 초과 150m² 이하인 경우는 3가구로 산정한다.

해설

가구(세대) 수	1	2·3	4·5	6~8	9~16	17 이상
급수관 지름의 최소 기준(단위: mm)	15	20	25	32	40	50

합격 POINT
가구 또는 세대의 구분이 불분명한 건축물에 있어서는 주거에 쓰이는 바닥면적의 합계에 따라 다음과 같이 가구 수를 산정한다.

바닥면적	가구 수
85m² 이하	1
85m² 초과 150m² 이하	3
150m² 초과 300m² 이하	5
300m² 초과 500m² 이하	16
500m² 초과	17

82　★★★
건축물의 면적·높이 및 층수 등의 산정 기준으로 틀린 것은?

① 대지면적은 대지의 수평투영면적으로 한다.
② 건축면적은 건축물의 외벽의 중심선으로 둘러싸인 부분의 수평투영면적으로 한다.
③ 바닥면적은 건축물의 각 층 또는 그 일부로서 벽, 기둥, 그 밖에 이와 비슷한 구획의 중심선으로 둘러싸인 부분의 수평투영면적으로 한다.
④ 연면적은 하나의 건축물 각 층의 거실면적의 합계로 한다.

해설
연면적은 하나의 건축물 각 층의 바닥면적의 합계로 한다.

83　★★☆
국가유산·전통사찰 등 역사·문화적으로 보존가치가 큰 시설 및 지역의 보호와 보존을 위하여 필요한 지구는?

① 생태계보호지구
② 시가지방재지구
③ 중요시설물보호지구
④ 역사문화환경보호지구

선지분석
① 생태계보호지구: 야생동식물서식처 등 생태적으로 보존가치가 큰 지역의 보호와 보존을 위하여 필요한 지구
② 시가지방재지구: 건축물·인구가 밀집되어 있는 지역으로서 시설 개선 등을 통하여 재해 예방이 필요한 지구
③ 중요시설물보호지구: 중요시설물의 보호와 기능의 유지 및 증진 등을 위하여 필요한 지구

84　★☆☆
노외주차장 내부 공간의 일산화탄소 농도는 주차장을 이용하는 차량이 가장 빈번한 시각의 앞뒤 8시간의 평균치가 몇 ppm 이하로 유지되어야 하는가?

① 80ppm
② 70ppm
③ 60ppm
④ 50ppm

해설
노외주차장 내부 공간의 일산화탄소 농도는 주차장을 이용하는 차량이 가장 빈번한 시각의 앞뒤 8시간의 평균치가 50ppm 이하(「다중이용시설 등의 실내공기질관리법」에 따른 실내주차장은 25ppm 이하)로 유지되어야 한다.

85　★☆☆
「국토의 계획 및 이용에 관한 법령」상 일반상업지역 안에서 건축할 수 있는 건축물은?

① 묘지 관련 시설
② 자원순환 관련 시설
③ 의료시설 중 요양병원
④ 자동차 관련 시설 중 폐차장

해설
일반상업지역 안에 요양병원은 건축이 가능하다.

선지분석
① 묘지 관련 시설(화장시설, 봉안당, 묘지와 자연장지에 부수되는 건축물 등)은 건축이 불가하다.
② 자원순환 관련 시설(하수 등 처리시설, 고물상, 폐기물재활용시설 등)은 건축이 불가하다.
④ 자동차 관련 시설 중 폐차장, 검사장, 매매장, 정비공장, 운전학원, 정비학원, 차고, 주기장은 건축이 불가하다.

정답　81 ②　82 ④　83 ④　84 ④　85 ③

86 ★☆☆

방화와 관련하여 같은 건축물에 함께 설치할 수 없는 것은?

① 의료시설과 업무시설 중 오피스텔
② 위험물 저장 및 처리시설과 공장
③ 위락시설과 문화 및 집회시설 중 공연장
④ 공동주택과 제2종 근린생활시설 중 다중생활시설

해설

다음에 해당하는 용도의 시설은 같은 건축물에 함께 설치할 수 없다.
- 노유자시설 중 아동 관련 시설 또는 노인복지시설과 판매시설 중 도매시장 또는 소매시장
- 단독주택(다중주택, 다가구주택 한정), 공동주택, 제1종 근린생활시설 중 조산원 또는 산후조리원과 제2종 근린생활시설 중 다중생활시설

87 ★☆☆

「국토의 계획 및 이용에 관한 법령」상 개발행위 허가를 받지 아니하여도 되는 경미한 행위 기준으로 틀린 것은?

① 지구단위계획구역에서 무게 100t 이하, 부피 50m³ 이하, 수평투영면적 25m² 이하인 공작물의 설치
② 조성이 완료된 기존 대지에 건축물이나 그 밖의 공작물을 설치하기 위한 토지의 형질 변경(절토 및 성토 제외)
③ 지구단위계획구역에서 채취면적이 25m² 이하인 토지에서의 부피 50m³ 이하의 토석 채취
④ 녹지지역에서 물건을 쌓아놓는 면적이 25m² 이하인 토지에 전체무게 50t 이하, 전체부피 50m³ 이하로 물건을 쌓아놓는 행위

해설

도시지역 또는 지구단위계획구역에서 무게가 50t 이하, 부피가 50m³ 이하, 수평투영면적이 50m² 이하인 공작물의 설치의 경우 대통령령으로 정하는 경미한 행위로 취급되어 허가를 받지 아니하여도 된다.

88 ★★☆

200m²인 대지에 10m²의 조경을 설치하고 나머지는 건축물의 옥상에 설치하고자 할 때 옥상에 설치하여야 하는 최소 조경면적은?

① 10m²
② 15m²
③ 20m²
④ 30m²

해설

1. 대지면적은 200m²이고, 조경설치기준은 대지면적의 10% 이상이므로 필요한 전체조경면적은 20m²이다.
2. 대지조경면적이 10m²이므로, 옥상조경면적 x의 2/3는 10m²이다.

$$\therefore x \times \frac{2}{3} = 10m^2, \quad x = 15m^2$$

합격 POINT 조경면적

전체조경면적	
지상조경면적 +	옥상조경면적 • 2/3만 인정 • 전체조경면적의 50% 초과 불가

89 ★★☆

두 도로의 너비가 각각 6m이고 교차각이 90°인 도로의 모퉁이에 위치한 대지의 도로 모퉁이 부분의 건축선은 그 대지에 접한 도로 경계선의 교차점으로부터 도로경계선에 따라 각각 얼마를 후퇴한 두 점을 연결한 선으로 하는가?

① 후퇴하지 아니한다.
② 2m
③ 3m
④ 4m

해설

(단위: 미터)

도로의 교차각	해당 도로의 너비		교차되는 도로의 너비
	6 이상 8 미만	4 이상 6 미만	
90° 미만	4	3	6 이상 8 미만
	3	2	4 이상 6 미만
90° 이상 120° 미만	3	2	6 이상 8 미만
	2	2	4 이상 6 미만

1. 도로의 교차각은 90°이다.
2. 한 도로의 너비와 교차되는 도로의 너비는 각각 6m이다.

그러므로 대지의 건축선은 3m를 후퇴하여 두 점을 연결한 선으로 한다.

정답 86 ④ 87 ① 88 ② 89 ③

90 ★☆☆
특별건축구역의 지정과 관련한 아래의 내용에서 밑줄 친 부분에 해당하지 않는 것은?

> 국토교통부장관 또는 시·도지사는 다음 각 호의 구분에 따라 도시나 지역의 일부가 특별건축구역으로 특례 적용이 필요하다고 인정하는 경우에는 특별건축구역을 지정할 수 있다.
> 1. 국토교통부장관이 지정하는 경우
>   가. 국가가 국제행사 등을 개최하는 도시 또는 지역의 사업구역
>   나. <u>관계법령에 따른 국가정책사업으로서 대통령령으로 정하는 사업구역</u>

① 「도로법」에 따른 접도구역
② 「도시개발법」에 따른 도시개발구역
③ 「택지개발촉진법」에 따른 택지개발사업구역
④ 「혁신도시 조성 및 발전에 관한 특별법」에 따른 혁신도시의 사업구역

해설
특별건축구역의 지정에 「도로법」에 따른 '접도구역'은 해당되지 않는다.

91 ★★☆
건축물의 출입구에 설치하는 회전문의 설치기준으로 틀린 것은?

① 계단이나 에스컬레이터로부터 2m 이상의 거리를 둘 것
② 회전문의 회전속도는 분당회전수가 15회를 넘지 아니하도록 할 것
③ 출입에 지장이 없도록 일정한 방향으로 회전하는 구조로 할 것
④ 회전문의 중심축에서 회전문과 문틀 사이의 간격을 포함한 회전문 날개 끝부분까지의 길이는 140cm 이상이 되도록 할 것

해설
회전문의 회전속도는 분당회전수가 8회를 넘지 아니하도록 해야 한다.

92 ★★★
태양열을 주된 에너지원으로 이용하는 주택의 건축면적 산정의 기준이 되는 것은?

① 외벽 중 내측 내력벽의 중심선
② 외벽 중 외측 비내력벽의 중심선
③ 외벽 중 내측 내력벽의 외측 외곽선
④ 외벽 중 외측 비내력벽의 외측 외곽선

해설
태양열을 주된 에너지원으로 이용하는 주택의 건축면적은 건축물의 외벽 중 내측 내력벽의 중심선을 기준으로 한다.

93 ★★★
「건축법령」상 건축물과 해당 건축물의 용도가 옳게 연결된 것은?

① 의원 - 의료시설
② 도매시장 - 판매시설
③ 유스호스텔 - 숙박시설
④ 장례식장 - 묘지 관련 시설

선지분석
① 의원은 제1종 근린생활시설이다.
③ 유스호스텔은 수련시설이다.
④ 장례식장은 장례시설이다.

94 ★★☆
건축물의 바깥쪽에 설치하는 피난계단의 구조에서 피난층으로 통하는 직통계단의 최소 유효너비 기준이 옳은 것은?

① 0.7m 이상   ② 0.8m 이상
③ 0.9m 이상   ④ 1.0m 이상

해설
건축물의 바깥쪽에 설치하는 피난계단의 유효너비는 0.9m 이상으로 해야 한다.

정답 90 ① 91 ② 92 ① 93 ② 94 ③

95 ★☆☆

공동주택을 리모델링이 쉬운 구조로 하여 건축허가를 신청할 경우 100분의 120의 범위에서 완화하여 적용받을 수 없는 것은?

① 대지의 분할 제한
② 건축물의 용적률
③ 건축물의 높이 제한
④ 일조 등의 확보를 위한 건축물의 높이 제한

해설

리모델링이 쉬운 구조의 공동주택의 건축을 촉진하기 위하여 공동주택을 대통령령으로 정하는 구조로 하여 건축허가를 신청하면 건축물의 용적률, 건축물의 높이 제한, 일조 등의 확보를 위한 건축물의 높이 제한을 100분의 120의 범위에서 대통령령으로 정하는 비율로 완화하여 적용할 수 있다.

96 ★☆☆

다음의 피난계단의 설치에 관한 기준 내용 중 (　) 안에 들어갈 내용으로 옳은 것은?

> 5층 이상 또는 지하 2층 이하인 층에 설치하는 직통계단은 피난계단 또는 특별피난계단으로 설치하여야 하는데, (　)의 용도로 쓰는 층으로부터의 직통계단은 그 중 1개소 이상을 특별피난계단으로 설치하여야 한다.

① 의료시설
② 숙박시설
③ 판매시설
④ 교육연구시설

해설

5층 이상 또는 지하 2층 이하인 층에 설치하는 직통계단은 국토교통부령으로 정하는 기준에 따라 피난계단 또는 특별피난계단으로 설치하여야 한다. 이 때, 판매시설의 용도로 쓰는 층으로부터의 직통계단은 그 중 1개소 이상을 특별피난계단으로 설치하여야 한다.

97 ★★★

「국토의 계획 및 이용에 관한 법령」에 따른 기반시설 중 공간시설에 속하지 않는 것은?

① 녹지
② 유원지
③ 유수지
④ 공공공지

해설

국토의 계획 및 이용에 관한 법률에 따른 공간시설에는 광장, 공원, 녹지, 유원지, 공공공지가 있다.
유수지는 방재시설에 속한다.

98 ★☆☆

상업지역 및 주거지역에서 건축물에 설치하는 냉방시설 및 환기시설의 배기구를 설치하는 높이 기준으로 옳은 것은?

① 도로면으로부터 1.5m 이상
② 도로면으로부터 2.0m 이상
③ 건축물 1층 바닥에서 1.5m 이상
④ 건축물 1층 바닥에서 2.0m 이상

해설

배기구는 도로면으로부터 2m 이상의 높이에 설치하여야 한다.

99 ★★★

비상용승강기 승강장의 구조 기준에 관한 내용으로 틀린 것은?

① 승강장은 각 층의 내부와 연결될 수 있도록 한다.
② 벽 및 반자가 실내에 접하는 부분의 마감재료는 불연재료로 하여야 한다.
③ 피난층에 있는 승강장의 경우 내부와 연결되는 출입구에는 60분+방화문 또는 60분방화문을 반드시 설치하여야 한다.
④ 옥내에 설치하는 승강장의 바닥면적은 비상용승강기 1대에 대하여 $6m^2$ 이상으로 하여야 한다.

해설

승강장은 각층의 내부와 연결될 수 있도록 하되, 그 출입구(승강로의 출입구를 제외)에는 60분+방화문 또는 60분방화문을 설치하여야 한다. 다만, 피난층에는 60분+방화문 또는 60분방화문을 설치하지 않을 수 있다.

100 ★★★

부설주차장의 설치대상 시설물 종류에 따른 설치기준이 틀린 것은?

① 골프장 - 1홀당 10대
② 위락시설 - 시설면적 $80m^2$당 1대
③ 판매시설 - 시설면적 $150m^2$당 1대
④ 숙박시설 - 시설면적 $200m^2$당 1대

해설

위락시설: 시설면적 $100m^2$당 1대(시설면적/$100m^2$)

정답 95 ① 96 ③ 97 ③ 98 ② 99 ③ 100 ②

2019년 제4회 기출문제

제1과목 건축계획

01 ★★☆
공장의 레이아웃 형식 중 생산에 필요한 모든 공정과 기계류를 제품의 흐름에 따라 배치하는 형식은?

① 고정식 레이아웃
② 혼성식 레이아웃
③ 제품중심의 레이아웃
④ 공정중심의 레이아웃

해설
제품중심의 레이아웃은 생산에 필요한 모든 공정, 기계 및 기구를 작업 흐름에 따라 배치하는 방식으로 대량생산에 유리하며 생산성이 높다.

선지분석
① 고정식 레이아웃은 재료나 부품은 고정된 장소에 있고, 사람이나 기계가 이동하며 작업하는 방식으로 조선소 등과 같이 제품의 크기가 크고 생산 수량이 적은 경우 적합하다.
② 혼성식 레이아웃은 제품중심의 레이아웃, 공정중심의 레이아웃, 고정식 레이아웃의 3가지 레이아웃을 섞어서 채용하는 방식이다.
④ 공정중심의 레이아웃은 작업 표준화가 어려운 경우 이용하는 방식으로 주문 생산에 적합하며 생산성이 낮다.

02 ★☆☆
사무소 건축의 코어 계획에 관한 설명으로 옳지 않은 것은?

① 코어부분에는 계단실도 포함시킨다.
② 코어 내 각 공간은 층마다 공통의 위치에 두도록 한다.
③ 코어 내의 화장실은 외부 방문객이 잘 알 수 없는 곳에 배치한다.
④ 엘리베이터 홀은 출입구문에 근접시키지 않고 일정한 거리를 유지하도록 한다.

해설
• 코어 내의 화장실은 외부 방문객이 쉽게 알 수 있는 곳에 배치한다.
• 코어 평면은 위치관계를 명확히 하여 계획한다.
• 코어 계획에서 계단, 엘리베이터, 화장실은 가능한 한 근접시킨다.

03 ★★★
미술관의 전시실 순회형식 중 많은 실을 순서별로 통해야 하고, 1실을 폐쇄할 경우 전체 동선이 막히게 되는 것은?

① 중앙홀 형식
② 연속순회 형식
③ 갤러리(Gallery) 형식
④ 코리더(Corridor) 형식

해설
• 연속순회 형식은 구형 또는 다각형의 전시실을 연속적으로 연결하는 형식이다.
• 많은 실을 순서대로 통해야 하므로 1실이 닫히면 전체 동선이 막히게 된다.
• 단순하지만 공간이 절약되는 장점이 있다.

선지분석
① 중앙홀 형식은 중심부에 홀을 두고 홀의 주위에 전시실을 배치하여 홀을 통해 출입하는 형식으로 홀의 크기가 크면 동선의 혼란이 줄어든다.
③, ④ 갤러리 및 코리더 형식은 연속된 전시실의 한쪽 복도에 의해서 각 실을 배치한 형식으로 관람자가 전시실을 자유롭게 선택하여 관람할 수 있다.

04 ★★☆
상점 매장의 가구배치에 따른 평면 유형에 관한 설명으로 옳지 않은 것은?

① 직렬형은 부분별로 상품 진열이 용이하다.
② 굴절형은 대면판매 방식만 가능한 유형이다.
③ 환상형은 대면판매와 측면판매 방식을 병행할 수 있다.
④ 복합형은 서점, 패션점, 악세사리점 등의 상점에 적용이 가능하다.

해설
• 굴절형은 대면판매와 측면판매 방식을 병행한다.
• 굴절형은 진열장의 배치와 고객 동선이 굴절 또는 곡선으로 구성된다.

합격 POINT 상점 평면 유형별 종류
• 직렬형: 서점, 침구점, 식기점, 실용 의복점 등
• 굴절형: 양품점, 모자점, 문방구, 안경점 등
• 환상형: 수예점, 민예품점 등
• 복합형: 서점, 패션점, 피혁 제품점 등

정답 01 ③ 02 ③ 03 ② 04 ②

05

다음의 공동주택 평면형식 중 각 주호의 프라이버시와 거주성이 가장 양호한 것은?

① 계단실형
② 중복도형
③ 편복도형
④ 집중형

해설
계단실형은 계단 혹은 엘리베이터가 있는 홀로부터 직접 단위 주거에 들어가는 방식으로 복도를 통하지 않으므로 각 주호의 프라이버시와 거주성이 양호하다.

합격 POINT 계단실형 특징
- 계단이나 엘리베이터로부터 각 세대가 연결되므로 통풍이 양호하다
- 통행을 위한 공용 면적이 작으므로 건물의 이용도가 높다.
- 엘리베이터를 공용으로 사용하는 세대가 적으므로 엘리베이터의 효율이 낮다.

06

다음은 극장의 가시거리에 관한 설명이다. ( ) 안에 알맞은 것은?

> 연극 등을 감상하는 경우 연기자의 표정을 읽을 수 있는 가시거리 한계는 (㉠)m 정도이다. 그러나 실제적으로 극장에서는 잘 보여야 되는 동시에 많은 관객을 수용해야 하므로 (㉡)m까지를 1차 허용한도로 한다.

① ㉠ 15, ㉡ 22
② ㉠ 20, ㉡ 35
③ ㉠ 22, ㉡ 35
④ ㉠ 22, ㉡ 38

해설
- 연기자의 표정이나 동작을 읽을 수 있는 가시거리의 한계는 15m이다. 인형극이나 아동극은 이 한계 내에 있어야 한다.
- 실제 극장 건축에서는 될 수 있는 한 많은 관객을 수용하기 위해 22m까지를 제1차 허용한도로 정한다. 국악이나 신극, 실내악 등은 이 범위 내에 객석을 둘 수 있다.

07

사무소 건축에서 엘리베이터 계획 시 고려되는 승객 집중시간은?

① 출근 시 상승
② 출근 시 하강
③ 퇴근 시 상승
④ 퇴근 시 하강

해설
사무소 건축에서 엘리베이터 계획 시 고려되는 승객 집중시간은 아침 출근시간 직전 5분간으로 출근을 위해 상승하는 엘리베이터 이용자를 기준으로 한다.

08

도서관 출납시스템에 관한 설명으로 옳지 않은 것은?

① 폐가식은 서고와 열람실이 분리되어 있다.
② 반개가식은 새로 출간된 신간 서적 안내에 채용된다.
③ 안전개가식은 서가 열람이 가능하여 도서를 직접 뽑을 수 있다.
④ 자유개가식은 이용자가 자유롭게 도서를 꺼낼 수 있으나 열람석으로 가기 전에 관원에게 체크를 받는 형식이다.

해설
자유개가식은 이용자가 자유롭게 도서를 꺼낼 수 있는 것은 맞으나 관원에게 체크를 받지는 않는다.

선지분석
① 폐가식은 책의 목록을 보고 책을 선택한다. 관원에게 선택한 책의 대출 기록을 제출한 후 대출받는다.
② 반개가식은 열람자가 책의 체재나 표지를 통해 선택한 책을 관원에게 요구하면 관원이 서가에서 책을 가져와 대출 기록을 남긴 후 열람한다.
③ 안전개가식은 열람자가 직접 서가에서 책을 고르고 관원의 검열과 대출 기록을 남긴 후 열람한다.

09

1주간의 평균 수업시간이 30시간인 어느 학교에서 설계제도교실이 사용되는 시간은 24시간이다. 그 중 6시간은 다른 과목을 위해 사용된다고 할 때, 설계제도교실의 이용률과 순수율은?

① 이용률 80%, 순수율 25%
② 이용률 80%, 순수율 75%
③ 이용률 60%, 순수율 25%
④ 이용률 60%, 순수율 75%

해설
- 이용률 $= \dfrac{\text{실제 교실 사용 시간}}{\text{평균수업 시간}} \times 100$
  $= \dfrac{24}{30} \times 100 = 80\%$
- 순수율 $= \dfrac{\text{해당 교과의 수업 시간}}{\text{실제 교실 사용 시간}} \times 100$
  $= \dfrac{18}{24} \times 100 = 75\%$

정답 05 ① 06 ① 07 ① 08 ④ 09 ②

10 ★★★
메조넷형 아파트에 관한 설명으로 옳지 않은 것은?

① 다양한 평면구성이 가능하다.
② 소규모 주택에서는 비경제적이다.
③ 편복도형일 경우 프라이버시가 양호하다.
④ 복도와 엘리베이터홀은 각 층마다 계획된다.

해설
메조넷형(복층형)에서는 하나의 주거단위가 복층(2개층)으로 구성되므로 복도와 엘리베이터홀이 없는 층이 있다.

합격 POINT 메조넷형
- 한 주호가 2개의 층 이상으로 구성된 형식이다.
- 엘리베이터가 정지하는 층수를 적게 할 수 있다.
- 공용 및 서비스 면적이 감소하고 유효(전용, 거주, 대실)면적은 증가한다.
- 거주성, 특히 프라이버시 확보가 유리하다.
- 스킵 플로어인 경우 구조상 복잡하다.

11 ★★★
극장의 평면형식에 관한 설명으로 옳지 않은 것은?

① 오픈스테이지형은 무대장치를 꾸미는데 어려움이 있다.
② 프로시니엄형은 객석 수용 능력에 있어서 제한을 받는다.
③ 가변형 무대는 필요에 따라서 무대와 객석을 변화시킬 수 있다.
④ 아레나형은 무대 배경설치 비용이 많이 소요된다는 단점이 있다.

해설
아레나형은 관객이 무대를 360°로 둘러싸고 있는 형으로 무대 배경을 만들지 않으므로 경제성이 있다.

12 ★★★
학교 건축에서 단층 교사에 관한 설명으로 옳지 않은 것은?

① 내진·내풍구조가 용이하다.
② 학습 활동을 실외로 연장할 수 있다.
③ 계단이 필요 없으므로 재해 시 피난이 용이하다.
④ 설비 등을 집약할 수 있어서 치밀한 평면계획이 용이하다.

해설
설비 등이 분산된다.

합격 POINT 단층 교사
- 1개층의 여러 개 동으로 계획한다.
- 부지의 이용률이 낮고 설비의 배선, 배관이 분산된다.
- 단층으로 각 교실에서 바로 출입이 가능하여 복도가 혼잡하지 않다.
- 채광이나 환기에 유리하다.
- 소음이나 악취 등을 격리시키기 쉽다.

13 ★★☆
주택의 부엌가구 배치 유형에 관한 설명으로 옳지 않은 것은?

① L자형은 부엌과 식당을 겸할 경우 많이 활용된다.
② ㄷ자형은 작업공간이 좁기 때문에 작업효율이 나쁘다.
③ 일(一)자형은 좁은 면적 이용에 효과적이므로 소규모 부엌에 주로 사용된다.
④ 병렬형은 작업 동선은 줄일 수 있지만 작업 시 몸을 앞뒤로 바꿔야 하므로 불편하다.

해설
- ㄷ자형은 작업공간이 넓고 작업효율이 좋다.
- ㄷ자형은 작업면이 가장 넓은 배치 유형으로 작업효율이 좋고 이용하기 편리하다.
- ㄷ자형은 평면계획상 외부로 통하는 출입구의 설치가 곤란하다.

선지분석
① L자형은 정방형의 부엌에 적당하며 부엌과 식당을 겸할 경우 많이 활용된다.
③ 일자형은 소규모 부엌에 알맞고 동선의 혼란이 없는 반면 움직임이 많아 동선이 길어진다.
④ 병렬형은 양쪽 벽면에 작업대가 마주 보도록 배치한 형식으로, 몸을 앞뒤로 바꾸어야 하는 점이 불편하다.

14 ★★★
「장애인·노인·임산부 등의 편의증진 보장에 관한 법령」에 따른 편의시설 중 매개시설에 속하지 않는 것은?

① 주출입구 접근로
② 유도 및 안내설비
③ 장애인전용주차구역
④ 주출입구 높이차이 제거

해설
유도 및 안내설비는 매개시설이 아니라 안내시설에 속한다.
- 매개시설: 주출입구 접근로, 장애인전용주차구역, 주출입구 높이차이 제거
- 안내시설: 유도 및 안내설비, 점자블록, 경보 및 피난설비

정답 10 ④ 11 ④ 12 ④ 13 ② 14 ②

15 ★☆☆
한국 고대 사찰배치 중 1탑 3금당 배치에 속하는 것은?

① 미륵사지
② 불국사지
③ 정림사지
④ 청암리사지

해설
- 청암리사지는 고구려 불사건축물로 탑의 좌우에 서금당과 동금당을 배치하고 북금당 뒤쪽으로 강당터가 있는 1탑 3금당 배치를 취한다.
- 1개의 불탑에 3개의 금당을 배치한 사찰을 1탑 3금당 배치라고 한다.
- 1탑 3금당 배치에는 원오리사지, 정릉사지, 청암리사지 등이 있다.

16 ★★☆
상점계획에 관한 설명으로 옳지 않은 것은?

① 고객의 동선은 일반적으로 짧을수록 좋다.
② 점원의 동선과 고객의 동선은 서로 교차되지 않는 것이 바람직하다.
③ 대면판매형식은 일반적으로 시계, 귀금속, 의약품 상점 등에서 쓰여진다.
④ 쇼케이스 배치 유형 중 직렬형은 다른 유형에 비하여 상품의 전달 및 고객의 동선상 흐름이 빠르다.

해설
고객동선은 가능한 길고 원활하게 하여 다수의 손님을 수용할 수 있도록 한다.

선지분석
② 고객동선, 직원동선, 상품동선은 모두 분리하여 서로 교차되지 않는 것이 바람직하다.
③ 대면판매방식은 쇼케이스(진열장) 내에 상품을 전시하는 것으로 진열면적이 감소되며 시계, 귀금속, 의약품 등의 판매에 적당하다.
④ 직렬형은 통로가 직선이므로 상품의 전달 및 고객의 동선상 흐름이 빠르다. 서점, 침구점, 식기점, 실용 의복점 등의 판매에 적당하다.

17 ★★☆
그리스 아테네 아크로폴리스에 관한 설명으로 옳지 않은 것은?

① 프로필리어는 아크로폴리스로 들어가는 입구 건물이다.
② 에레크테이온 신전은 이오닉 양식의 대표적인 신전으로 부정형 평면으로 구성되어 있다.
③ 니케 신전은 순수한 코린트식 양식으로서 페르시아와의 전쟁의 승리기념으로 세워졌다.
④ 파르테논 신전은 도릭 양식의 대표적인 신전으로서 그리스 고전건축을 대표하는 건물이다.

해설
니케 신전은 아테네 여신을 모시던 신전으로 아크로폴리스 최초의 이오니아식 건축물이다.

18 ★☆☆
다음 중 건축가와 작품의 연결이 옳지 않은 것은?

① 르 코르뷔지에(Le Corbusier) - 롱샹 교회
② 발터 그로피우스(Walter Gropius) - 아테네 미국대사관
③ 프랭크 로이드 라이트(Frank Lloyd Wright) - 구겐하임 미술관
④ 미스 반 데어 로에(Mies Van der Rohe) - M.I.T 공대 기숙사

해설
- M.I.T 공대 기숙사 중 베이커 하우스는 알바 알토(Alvar Aalto)가 설계하였고, 시먼스 홀은 스티븐 홀(Steven Holl)의 작품이다.
- 미스 반 데어 로에(Mies Van der Rohe)의 작품에는 바르셀로나 박람회 독일관(파빌리온), 투겐하트 주택, 시그램 빌딩, 일리노이 공과대학 크라운 홀 등이 있다.

선지분석
① 르 코르뷔지에(Le Corbusier)의 작품에는 롱샹 교회, 사보아 주택, 마르세유 아파트, 시트로앙 주택, 브뤼셀 필립관 등이 있다.
② 발터 그로피우스(Walter Gropius)의 작품에는 아테네 미국대사관, 데사우 바우하우스 교사, 파구스 공장, 하버드 대학의 대학원 등이 있다.
③ 프랭크 로이드 라이트(Frank Lloyd Wright)의 작품에는 구겐하임 미술관, 낙수장, 로비 하우스, 유니티 교회, 제국호텔, 존슨 왁스 사무소, 라킨 빌딩 등이 있다.

정답 15 ④ 16 ① 17 ③ 18 ④

19 ★★★
주거단지의 각 도로에 관한 설명으로 옳지 않은 것은?

① 격자형 도로는 교통을 균등 분산시키고 넓은 지역을 서비스할 수 있다.
② 선형 도로는 폭이 넓은 단지에 유리하고 한쪽 측면의 단지만을 서비스할 수 있다.
③ 루프(Loop)형은 우회도로가 없는 쿨데삭(Cul-de-sac)형의 결점을 개량하여 만든 유형이다.
④ 쿨데삭(Cul-de-sac)형은 통과교통을 방지함으로써 주거환경의 쾌적성과 안정성을 모두 확보할 수 있다.

해설
선형 도로는 폭이 좁은 단지에 유리하고 양 측면 또는 한 측면의 단지를 서비스할 수 있다.

합격 POINT 도로유형
- 격자형은 가로망의 형태가 단순·명료하고, 가구 및 획지 구성상 택지의 이용효율이 높다.
- Loop형은 단지의 가장자리를 커다란 루프(Loop)로 둘러싸서 내부의 세대와 연결시키는 형식이다.
- 쿨데삭형은 통과교통이 방지되므로 주거환경의 쾌적성과 안정성을 모두 확보할 수 있다.
- T자형은 교차로를 통해 이동하면서 통행거리가 길어지며 보행자 전용 도로와 병용하여 계획한다.

20 ★★★
다음은 주택의 기준척도에 관한 설명이다. ( ) 안에 알맞은 것은?

거실 및 침실의 평면 각 변의 길이는 ( )를 단위로 한 것을 기준척도로 할 것

① 5cm ② 10cm
③ 15cm ④ 30cm

해설
주택의 기준척도
- 치수 및 기준척도는 안목치수를 원칙으로 할 것
- 거실 및 침실의 평면 각 변의 길이는 5cm를 단위로 한 것을 기준척도로 할 것
- 부엌, 식당, 욕실, 화장실, 복도, 계단 및 계단참 등의 평면 각 변의 길이 또는 너비는 5cm를 단위로 한 것을 기준척도로 할 것
- 거실 및 침실의 반자높이(반자를 설치하는 경우만 해당)는 2.2m 이상으로 하고 층 높이는 2.4m 이상으로 하되, 각각 5cm를 단위로 한 것을 기준척도로 할 것

제2과목　건축시공

21 ★★☆
콘크리트의 균열을 발생시기에 따라 구분할 때 경화 후 균열의 원인에 해당되지 않는 것은?

① 알칼리 골재 반응 ② 동결융해
③ 탄산화 ④ 재료분리

해설
재료분리는 콘크리트의 경화 전 균열의 원인에 해당한다.

합격 POINT 콘크리트의 균열

시기	원인
경화 전 균열	• 재료분리, 침하 • 소성수축 • 거푸집 변형 • 진동 및 재하
경화 후 균열	• 건조(크리프) 수축 • 탄산화 • 화학반응(알칼리 골재 반응, 황산염에 의한 팽창반응) • 열응력(온도변화) • 동결융해 • 철근부식

22 ★★☆
도막방수에 관한 설명으로 옳지 않은 것은?

① 복잡한 형상에 대한 시공성이 우수하다.
② 용제형 도막방수는 시공이 어려우나 충격에 매우 강하다.
③ 에폭시계 도막방수는 접착성, 내열성, 내마모성, 내약품성이 우수하다.
④ 셀프레벨링공법은 방수 바닥에서 도료상태의 도막재를 바닥에 부어 도포한다.

해설
용제형 고무계 도박방수는 충격이나 외상에 약하다.

정답 19 ② 20 ① 21 ④ 22 ②

23 ★★★

다음과 같은 원인으로 인하여 발생하는 용접결함의 종류는?

> 원인: 도료, 녹, 밀스케일, 모재의 수분

① 피트
② 언더컷
③ 오버랩
④ 엔드탭

해설

피트(Pit)는 용접 비드(Bead) 표면에 도료, 녹, 밀스케일, 모재 수분으로 인해 발생한 구멍을 말한다.

합격 POINT 용접결함의 종류

종류	특징	비고
균열(Crack)	• 용접금속에 금이 간 상태이다. • 용착금속이 응고되어 수축할 때 용접부가 구속되면 인장 잔류 응력에 의해 균열이 발생되며 대부분 냉각과정에서 용착금속 내에 발생한다.	Crack
블로홀(Blow Hole) & 피트(Pit)	• 블로홀(Blow Hole): 용접 후 냉각 시 용접 부위에 공기가 포함되어 공극이 형성되는 것이다. • 피트(Pit): 용접부 표면에 생기는 미세한 홈이다.	Blow Hole, Pit
슬래그(Slag) 혼입	• 슬래그는 제강 시 생기는 비금속성 찌꺼기이다. • 용착금속이 급속히 냉각하는 경우나 운봉작업이 좋지 않은 경우에 일부가 표면에 뜨지 않고 내부로 혼입되는 현상이다.	Slag 혼입
오버랩(Over Lap)	• 용융금속이 넘쳐서 표면에 융합되지 않은 상태를 말한다. • 용접 전류가 약할 때 주로 발생한다.	Over Lap
언더컷(Under Cut)	• 용접 시 모재가 녹아 파이는 현상을 말한다. • 용접 전류가 클 때, 운봉 속도가 빠를 때 발생한다.	Under Cut
용입부족	• 용착금속이 모두 채워지지 않고 빈 공간이 남는 현상을 말한다. • 용접 전류가 낮거나, 운봉 속도가 빠를 때 발생한다.	용입부족
피시아이(Fish Eye)	• 슬래그 혼입이나 블로홀 겹침 현상으로 생선 눈알 모양의 은색 반점이 생기는 결함이다.	Fish Eye
크레이터(Crater)	• 용접 시 길이방향 끝부분에 용착금속이 채워지지 않고 우묵하게 패이는 결함이다. • 온도 저하로 용접금속이 수축하면서 균열이 생기기도 한다.	Crater

24 ★★☆

터파기 공사 시 지하수위가 높으면 지하수에 의한 피해가 우려되므로 차수공사를 실시하며, 이 방법만으로 부족할 때에는 강제배수를 실시하게 되는데 이 때 나타나는 현상으로 옳지 않은 것은?

① 점성토의 압밀
② 주변 침하
③ 흙막이 벽의 토압 감소
④ 주변 우물의 고갈

해설

강제배수 시 지하수위 저하에 따라 지반은 압밀되고, 흙막이 벽의 토압은 증가한다.

25 ★★☆

일반경쟁입찰의 업무순서에 따라 보기의 항목을 옳게 나열한 것은?

A. 입찰공고	B. 입찰등록
C. 견적	D. 참가등록
E. 입찰	F. 현장설명
G. 개찰 및 낙찰	H. 계약

① A → B → F → D → C → E → G → H
② A → D → F → C → B → E → G → H
③ A → B → C → F → D → G → E → H
④ A → D → C → F → E → G → B → H

해설

일반경쟁입찰의 업무순서

입찰공고 → 참가등록 → 현장설명 → 견적 → 입찰등록 → 입찰 → 개찰 및 낙찰 → 계약

∴ A → D → F → C → B → E → G → H

정답 23 ① 24 ③ 25 ②

26 ★★★

TQC를 위한 7가지 도구 중 다음 설명에 해당하는 것은?

> 모집단에 대한 품질특성을 알기 위하여 모집단의 분포상태, 분포의 중심위치, 분포의 산포 등을 쉽게 파악할 수 있도록 막대그래프 형식으로 작성한 도수분포도를 말한다.

① 히스토그램 ② 특성요인도
③ 파레토도 ④ 체크시트

해설
히스토그램에 대한 설명이다.

합격 POINT 종합적 품질관리(TQC)의 7가지 도구

구분	내용
히스토그램	데이터가 어떠한 분포를 하고 있는지를 막대그래프로 작성한 그림
특성요인도	결과에 대하여 원인이 어떻게 관계하고 있는지 한눈에 알아볼 수 있도록 작성한 그림
파레토도	불량, 고장, 결점 등 발생건수를 원인과 형상별로 분류하여 크기 순서대로 나열해 놓은 그림
체크시트	계수값 데이터가 분류 항목별 집중도를 알아볼 수 있도록 작성한 것
층별	집단을 구성하고 있는 데이터를 특성에 따라 부분 집단으로 나누는 것
산점도	대응되는 2개의 짝으로 된 데이터를 그래프상에 점으로 나타낸 것
각종 그래프	작성 목적을 명확히 쉽게 파악할 수 있도록 표현한 그래프

27 ★★☆

경량형 강재의 특징에 관한 설명으로 옳지 않은 것은?

① 경량형 강재는 중량에 대한 단면계수, 단면2차반경이 큰 것이 특징이다.
② 경량형 강재는 일반구조용 열간 압연한 일반형 강재에 비하여 단면형이 크다.
③ 경량형 강재는 판두께가 얇지만 판의 국부좌굴이나 국부변형이 생기지 않아 유리하다.
④ 일반구조용 열간 압연한 일반형 강재에 비하여 판두께가 얇고 강재량이 적으면서 휨강도는 크고 좌굴강도도 유리하다.

해설
경량형 강재는 너비와 춤 대비 판두께가 얇으므로 국부좌굴이나 국부변형이 생기기 쉽다.

28 ★★☆

거푸집에 작용하는 콘크리트의 측압에 끼치는 영향요인과 가장 거리가 먼 것은?

① 거푸집의 강성 ② 콘크리트 타설속도
③ 기온 ④ 콘크리트의 강도

해설
콘크리트의 강도는 측압에 영향을 주지 않는다.

합격 POINT 콘크리트의 측압이 커지는 경우

측압 영향요소	상태	측압 영향요소	상태
슬럼프	클수록	철골, 철근량	적을수록
타설속도	빠를수록	벽두께	두꺼울수록
타설높이	높을수록	온도	낮을수록
다짐	과할수록	습도	높을수록
배합	부배합	거푸집 강성	클수록

29 ★★★

건설 프로세스의 효율적인 운영을 위해 형성된 개념으로 건설생산에 초점을 맞추고 이에 관련된 계획, 관리, 엔지니어링, 설계, 구매, 계약, 시공, 유지 및 보수 등의 요소들을 주요 대상으로 하는 것은?

① CIC(Computer Integrated Construction)
② MIS(Management Information System)
③ CIM(Computer Integrated Manufacturing)
④ CAM(Computer Aided Manufacturing)

해설
CIC는 건설생산에 초점을 맞추고 프로젝트를 효율적으로 계획, 설계, 관리, 시공 등을 수행하기 위해 개발된 종합적인 시스템이다.

30 ★★★

경량기포콘크리트(ALC)에 관한 설명으로 옳지 않은 것은?

① 기건 비중은 보통 콘크리트의 약 1/4 정도로 경량이다.
② 열전도율은 보통 콘크리트의 약 1/10 정도로서 단열성이 우수하다.
③ 유기질 소재를 주원료로 사용하여 내화성능이 매우 낮다.
④ 흡음성과 차음성이 우수하다.

해설
경량기포콘크리트(ALC: Autoclave Light-weight Concrete)는 주원료인 생석회, 석고, 시멘트, 물 등을 발포시켜 고온·고압으로 증기양생한 다공질의 경량기포콘크리트이다.
- 기건 비중은 보통 콘크리트의 약 1/4 정도로 경량이다.
- 열전도율은 보통 콘크리트의 약 1/10 정도로서 단열성이 우수하다.
- 내화성, 흡음성과 차음성이 우수하다.

정답 26 ① 27 ③ 28 ④ 29 ① 30 ③

31 ★★★

실의 크기 조절이 필요한 경우 칸막이 기능을 하기 위해 만든 병풍 모양의 문은?

① 여닫이문 ② 자재문
③ 미서기문 ④ 홀딩 도어

해설
홀딩(폴딩) 도어(Folding door)는 여러 쪽의 좁은 문짝을 경첩으로 연결하여 접어서 여닫는 문으로 칸막이 기능을 한다.

합격 POINT

명칭	평면	입면
여닫이문		
자재문		
미서기문		
홀딩(폴딩) 도어 (Folding door)		

32 ★★★

타일 108mm 각으로, 줄눈을 5mm로 벽면 6m²를 붙일 때 필요한 타일의 장수는? (단, 정미량으로 계산함)

① 350장 ② 400장
③ 470장 ④ 520장

해설
타일 정미량
$$= \frac{타일의 면적(m^2당)}{(타일 한변의 길이(m)+줄눈 두께(m)) \times (타일 한변의 길이(m)+줄눈 두께(m))}$$
$$= \frac{6m^2}{(0.108m+0.005m)^2} = 469.88 ≒ 470장$$

합격 POINT 정미량
설계도서에 따라 정확한 길이(m), 면적(m²), 부피(m³), 개수 등을 산출한 수량으로 할증을 고려하지 않은 실제수량이다.

33 ★☆☆

수장공사 적산 시 유의사항에 관한 설명으로 옳지 않은 것은?

① 수장공사는 각종 마감재를 사용하여 바닥—벽—천장을 치장하므로 도면을 잘 이해하여야 한다.
② 최종 마감재만 포함하므로 설계도서를 기준으로 각종 부속공사는 제외하여야 한다.
③ 마무리 공사로서 자재의 종류가 다양하게 포함되므로 자재별로 잘 구분하여 시공 및 관리하여야 한다.
④ 공사범위에 따라서 주자재, 부자재, 운반 등을 포함하고 있는지 파악하여야 한다.

해설
최종 마감재뿐만 아니라 설계도서를 기준으로 각종 부속공사를 포함하여야 한다.

34 ★★★

평판재하시험에 관한 설명으로 옳지 않은 것은?

① 재하판의 크기는 45cm각을 사용한다.
② 침하의 증가가 2시간에 0.1mm 이하가 되면 정지한 것으로 판정한다.
③ 시험할 장소에서의 즉시침하를 방지하기 위하여 다짐을 실시한 후 시작한다.
④ 지반의 허용지지력을 구하는 것이 목적이다.

해설
평판재하시험은 지내력시험으로 다짐을 하지 않은 자연상태의 지반에서 실시한다.

합격 POINT 평판재하시험
1. 시험은 예정 기초 저면에서 행한다.
2. 재하판은 면적 0.2m² 이상의 장방형 또는 원형을 표준으로 하고, 보통 45cm각을 사용한다.
3. 매회 재하는 1t 이하, 예정파괴하중의 1/5 이하로 침하가 정지할 때까지 하여 침하량을 측정한다.
4. 침하정지: 침하의 증가가 2시간에 0.1mm의 비율 이하일 때 정지된 것으로 판단한다.
5. 자연상태(다짐을 실시하지 않은 상태)에서 실시한다.

정답 31 ④ 32 ③ 33 ② 34 ③

35 ★☆☆
석재의 표면 마무리의 갈기 및 광내기에 사용하는 재료가 아닌 것은?

① 금강사
② 황산
③ 숫돌
④ 산화주석

해설
석재의 표면 마무리의 갈기 및 광내기

구분	재료
초벌	금강사, 철사 등
재벌	인조숫돌 및 산화주석

※ 황산은 현재 환경오염의 문제로 사용하지 않는다.

36 ★★☆
건축주가 시공회사의 신용, 자산, 공사경력, 보유기자재 등을 고려하여 그 공사에 적격한 하나의 업체를 지명하여 입찰시키는 방법은?

① 공개경쟁입찰
② 제한경쟁입찰
③ 지명경쟁입찰
④ 특명입찰

해설
특명입찰에 관한 설명이다.

합격 POINT

구분		내용
특명입찰		적격한 하나의 회사를 지정하여 입찰시키는 방식
경쟁입찰	공개경쟁	유자격자는 모두 참가시키는 방식
	지명경쟁	적합하다고 판단되는 3~7개의 회사를 대상으로 입찰에 참가시키는 방식
	제한경쟁	업체 자격에 제한을 가하여 입찰에 참가시키는 방식

37 ★★★
서로 다른 종류의 금속재가 접촉하는 경우 부식이 일어나는 경우가 있는데 부식성이 큰 금속 순으로 옳게 나열된 것은?

① 알루미늄 > 철 > 주석 > 구리
② 주석 > 철 > 알루미늄 > 구리
③ 철 > 주석 > 구리 > 알루미늄
④ 구리 > 철 > 알루미늄 > 주석

해설
부식반응은 알루미늄 > 철 > 주석 > 구리 순으로 크다.

38 ★★★
스프레이 도장방법에 관한 설명으로 옳지 않은 것은?

① 도장거리는 스프레이 도장면에서 150mm를 표준으로 하고 압력에 따라 가감한다.
② 스프레이 할 때에는 매끈한 평면을 얻을 수 있도록 하고, 항상 평행이동하면서 운행의 한 줄마다 스프레이 너비의 1/3 정도를 겹쳐 뿜는다.
③ 각 회의 스프레이 방향은 전회의 방향에 직각으로 한다.
④ 에어레스 스프레이 도장은 1회 도장에 두꺼운 도막을 얻을 수 있고 짧은 시간에 넓은 면적을 도장할 수 있다.

해설
도장거리는 스프레이 도장면에서 300mm를 표준으로 하고 압력에 따라 가감한다.

합격 POINT 뿜칠 도장방법
- 매끈한 평면에 평행이동하면서 1/3 정도 겹쳐 뿜칠한다.
- 뿜칠면과의 거리는 300mm를 표준으로 압력에 따라 가감한다.
- 색을 다르게 칠하여 칠 횟수를 구분한다.
- 전회의 방향에서 직각으로 한다.

39 ★★★
창호철물 중 여닫이문에 사용하지 않는 것은?

① 도어행거(Door hanger)
② 도어체크(Door check)
③ 실린더록(Cylinder lock)
④ 플로어힌지(Floor hinge)

해설
도어행거(Door hanger)는 미닫이문에 사용된다.

정답 35 ② 36 ④ 37 ① 38 ① 39 ①

40 ★★☆

아스팔트 방수공사에 관한 설명으로 옳지 않은 것은?

① 아스팔트 프라이머는 건조하고 깨끗한 바탕면에 솔, 롤러, 뿜칠기 등을 이용하여 규정량을 균일하게 도포한다.
② 용융 아스팔트는 운반용 기구로 시공 장소까지 운반하여 방수 바탕과 시트재 사이에 롤러, 주걱 등으로 뿌리면서 시트재를 깔아 나간다.
③ 옥상에서의 아스팔트 방수 시공 시 평탄부에서의 방수시트 깔기 작업 후 특수부위에 대한 보강붙이기를 시행한다.
④ 평탄부에서는 프라이머의 적절한 건조상태를 확인하여 시트를 깐다.

해설
옥상에서의 아스팔트 방수 시공 시 특수부위에 대한 보강붙이기를 시행한 후 평탄부에서의 방수시트 깔기 작업을 진행한다.

제3과목 건축구조

41 ★★☆

다음 그림과 같은 라멘의 부정정차수는?

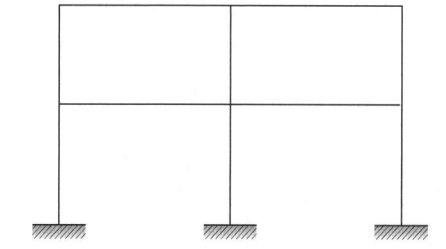

① 6차 부정정
② 8차 부정정
③ 10차 부정정
④ 12차 부정정

해설
$N=r+m+f-2j$ 공식 이용
여기서, r: 지점 반력수, m: 부재수, f: 강절점수, j: 지점수+자유단 지점수
∴ $N=9+10+11-2\times 9=12$

42 ★☆☆

1단은 고정, 1단은 자유인 길이 10m인 철골기둥에서 오일러의 좌굴하중은? (단, $A=6,000\text{mm}^2$, $I_x=4,000\text{cm}^4$, $I_y=2,000\text{cm}^4$, $E=205,000\text{MPa}$)

① 101.2kN
② 168.4kN
③ 195.7kN
④ 202.4kN

해설
$$P_{cr}=\frac{\pi^2 EI}{(KL)^2}=\frac{\pi^2\times 205,000\times(2,000\times 10^4)}{(2\times 10,000)^2}$$
$$\fallingdotseq 101,163.4\text{N}\fallingdotseq 101.2\text{kN}$$
(단면2차모멘트가 작은 값인 I_y를 적용, 1단 고정-1단 자유에서의 좌굴계수 $K=2$)

43 ★☆☆

다음 그림과 같은 보에서 중앙점(C점)의 휨모멘트(M_C)를 구하면?

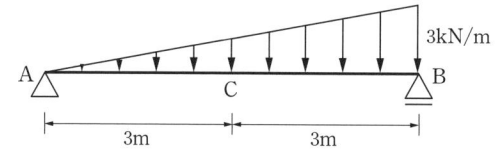

① 4.50kN·m
② 6.75kN·m
③ 8.00kN·m
④ 10.50kN·m

해설

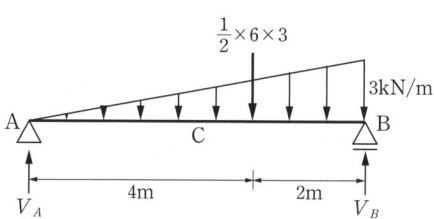

$\Sigma M_B=0$; $V_A\times 6-\left(\frac{1}{2}\times 6\times 3\right)\times 2=0$

$V_A=3\text{kN}$

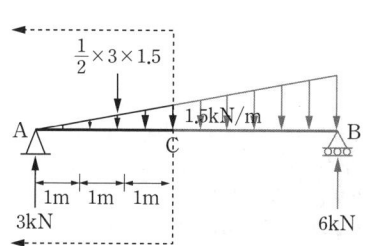

∴ $M_{C.Left}=3\times 3-\left(\frac{1}{2}\times 3\times 1.5\right)\times 1=6.75\text{kN}\cdot\text{m}$

정답 40 ③ 41 ④ 42 ① 43 ②

44 ★☆☆

그림과 같은 단면에서 x−x축에 대한 단면2차반경으로 옳은 것은?

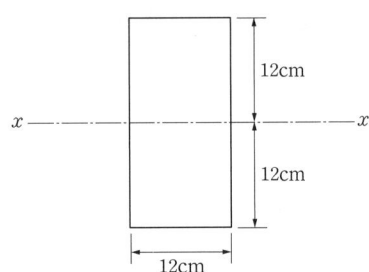

① 5.5cm ② 6.9cm
③ 7.7cm ④ 8.1cm

해설

단면2차반경 $r_x = \sqrt{\dfrac{I}{A}} = \sqrt{\dfrac{\dfrac{12 \times 24^3}{12}}{12 \times 24}} ≒ 6.93\text{cm}$

여기서, I: 단면2차모멘트$\left(\text{사각형} = \dfrac{bh^3}{12}\right)$, A: 단면적

45 ★☆☆

스팬이 l이고 양단이 고정인 보의 전체에 등분포하중 w가 작용할 때 중앙부의 최대 처짐은?

① $\dfrac{wl^4}{48EI}$ ② $\dfrac{5wl^4}{48EI}$
③ $\dfrac{wl^4}{384EI}$ ④ $\dfrac{5wl^4}{384EI}$

해설

양단고정보에 등분포하중 작용 시 중앙부의 최대 처짐

$\delta_{max} = \dfrac{1}{384} \cdot \dfrac{wl^4}{EI}$ 이다.

합격 POINT 단순보와 양단고정보의 최대 처짐

구분	단순보	양단고정보
집중하중	$\delta_{max} = \dfrac{1}{48} \cdot \dfrac{Pl^3}{EI}$	$\delta_{max} = \dfrac{1}{192} \cdot \dfrac{Pl^3}{EI}$
등분포하중	$\delta_{max} = \dfrac{5}{384} \cdot \dfrac{wl^4}{EI}$	$\delta_{max} = \dfrac{1}{384} \cdot \dfrac{wl^4}{EI}$

46 ★★☆

철근콘크리트의 보강철근에 관한 설명으로 옳지 않은 것은?

① 보강철근으로 보강하지 않은 콘크리트는 연성거동을 한다.
② 보강철근은 콘크리트의 크리프를 감소시키고 균열의 폭을 최소화시킨다.
③ 이형철근은 원형강봉의 표면에 돌기를 만들어 철근과 콘크리트의 부착력을 최대가 되도록 한 것이다.
④ 보강철근을 콘크리트 속에 매립함으로써 콘크리트의 휨강도를 증대시킨다.

해설

보강철근으로 보강하지 않은 콘크리트는 연성거동이 아닌 취성거동을 한다.

47 ★☆☆

강도설계법 적용 시 그림과 같은 단철근 직사각형보 단면의 공칭휨강도 M_n은? (단, $f_{ck} = 21\text{MPa}$, $f_y = 400\text{MPa}$, $A_s = 1{,}200\text{mm}^2$)

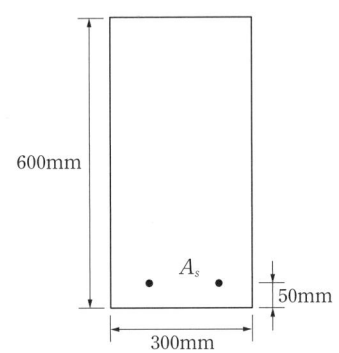

① 162kN·m ② 182kN·m
③ 202kN·m ④ 242kN·m

해설

$a = \dfrac{A_s f_y}{\eta(0.85 f_{ck})b} = \dfrac{1{,}200 \times 400}{1.00 \times 0.85 \times 21 \times 300} ≒ 90\text{mm}$

(여기서, $f_{ck} \leq 40\text{MPa}$이므로 $\eta = 1.00$)

$M_n = A_s \cdot f_y \cdot \left(d - \dfrac{a}{2}\right)$

$= 1{,}200 \times 400 \times \left(550 - \dfrac{90}{2}\right)$

$= 242{,}400{,}000\text{N·mm} = 242.4\text{kN·m}$

정답 44 ② 45 ③ 46 ① 47 ④

48 ★★★
철근의 정착길이에 관한 사항으로 옳지 않은 것은?

① 인장이형철근 및 이형철선의 정착길이 l_d는 항상 300mm 이상이어야 한다.
② 압축이형철근의 정착길이 l_d는 항상 150mm 이상이어야 한다.
③ 인장 또는 압축을 받는 하나의 다발철근 내에 있는 개개 철근의 정착길이 l_d는 다발철근이 아닌 경우의 각 철근의 정착길이보다 3개의 철근으로 구성된 다발철근에 대해서 20% 증가시켜야 한다.
④ 단부에 표준갈고리를 갖는 인장이형철근의 정착길이 l_{dh}는 항상 $8d_b$ 이상 또한 150mm 이상이어야 한다.

해설
$l_d = l_{db} \times$ 보정계수 $\geqq 200$mm
압축이형철근의 정착길이(l_d)는 기본정착길이(l_{db})에 보정계수를 곱하여 구한 값으로 최소 200mm 이상이어야 한다.

49 ★★★
강도설계법에 의한 철근콘크리트보 설계에서 양단연속인 경우 처짐을 계산하지 않아도 되는 보의 최소 두께로 옳은 것은? (단, 보통콘크리트 $m_c = 2,300$kg/m³와 설계기준항복강도 400MPa 철근을 사용)

① $l/16$ ② $l/21$
③ $l/24$ ④ $l/28$

해설
처짐을 계산하지 않아도 되는 양단연속인 보의 최소 두께: $l/21$

합격 POINT 처짐을 계산하지 않는 경우 보의 최소 두께

구분	최소 두께	구분	최소 두께
단순지지	$l/16$	양단연속	$l/21$
1단연속	$l/18.5$	캔틸레버	$l/8$

50 ★★★
내진설계에 있어서 밑면전단력 산정인자가 아닌 것은?

① 건물의 중요도계수   ② 반응수정계수
③ 진도계수   ④ 유효건물중량

해설
진도계수는 지진 시의 수평하중을 구하기 위해 지진의 최대 가속도를 중력 가속도로 나눈 값으로 밑면전단력 산정인자는 아니다.

합격 POINT 등가정적해석법 밑면전단력 산정식
$$V = C_s \cdot W = \frac{S_{D1}}{\left(\frac{R}{I_E}\right) \cdot T} \cdot W$$

여기서, C_s: 지진응답계수
W: 유효건물중량
S_{D1}: 주기 1초에서의 설계스펙트럼 가속도
R: 반응수정계수
I_E: 건물의 중요도계수
T: 건물의 고유주기

51 ★☆☆
그림과 같은 구조에서 B단에 발생하는 모멘트는?

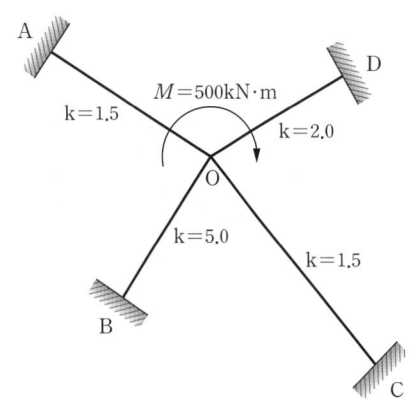

① 125kN·m   ② 188kN·m
③ 250kN·m   ④ 300kN·m

해설
분배율(DF_{OB})계산
$$DF_{OB} = \frac{k_{OB}}{\Sigma k} = \frac{5}{5 + 1.5 + 2 + 1.5} = \frac{1}{2}$$
분배모멘트 계산(O점에서의 분배)
$$M_{OB} = M_O \times DF_{OB} = 500 \times \frac{1}{2} = 250 \text{kN} \cdot \text{m}$$
전달 모멘트 계산$\left(O \to B, \text{전달률: 고정단은 } \frac{1}{2}\right)$
$$M_{BO} = M_{OB} \times \frac{1}{2} = 250 \times \frac{1}{2} = 125 \text{kN} \cdot \text{m}$$

정답 48 ② 49 ② 50 ③ 51 ①

52 ★★☆

다음 그림과 같은 구멍 2열에 대하여 파단선 $A-B-C$를 지나는 순단면적과 동일한 순단면적을 갖는 파단선 $D-E-F-G$의 피치(s)는? (단, 구멍은 여유폭을 포함하여 23mm임)

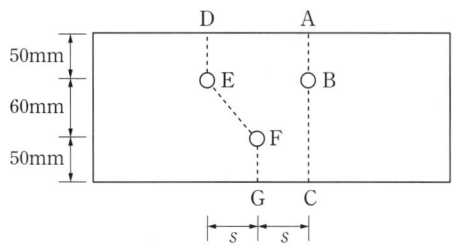

① 3.7cm　　　② 7.4cm
③ 11.1cm　　　④ 14.8cm

해설

㉠ 파단선 $A-B-C$의 순단면적
$A_n = A_g - n \cdot d \cdot t = (160 \times t) - (1 \times 23 \times t) = 137t$

㉡ 파단선 $D-E-F-G$의 순단면적
$A_n = A_g - n \cdot d \cdot t + \Sigma \dfrac{s^2}{4g} \cdot t$
$\quad = (160 \times t) - (2 \times 23 \times t) + \dfrac{s^2}{4 \times 60} \cdot t = 114t + \dfrac{s^2}{240} \cdot t$

㉠, ㉡ 두 식의 결과값이 같으므로
$137t = 114t + \dfrac{s^2}{240} \cdot t$
$s = \sqrt{(137-114) \times 240} ≒ 74.3\text{mm} ≒ 7.43\text{cm}$

53 ★☆☆

원형단면에 전단력 $V = 30\text{kN}$이 작용할 때 단면의 최대 전단응력도는? (단, 단면의 반경은 180mm이다.)

① 0.19MPa　　　② 0.24MPa
③ 0.39MPa　　　④ 0.44MPa

해설

최대 전단응력도 $\tau_{max} = k \cdot \dfrac{V}{A}$이고

원형단면의 전단계수 $k = \dfrac{4}{3}$이므로

$\tau_{max} = \dfrac{4}{3} \times \dfrac{30 \times 10^3}{\pi \times 180^2} ≒ 0.393\text{N/mm}^2(\text{MPa})$

54 ★★☆

다음 그림과 같은 부정정보에서 고정단모멘트 $M_{AB}(C_{AB})$의 절댓값은?

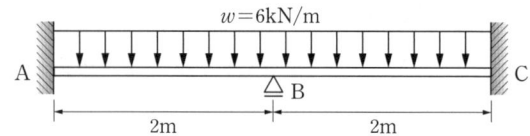

① 2kN·m　　　② 3kN·m
③ 4kN·m　　　④ 5kN·m

해설

AB구간으로 분리하고 양단고정보의 등분포하중 작용 시 A고정단의 휨모멘트로 구할 수 있다.

$M_A = -\dfrac{wl^2}{12} = -\dfrac{6 \times 2^2}{12} = -2\text{kN} \cdot \text{m}$

절댓값을 구하는 것이므로 답은 $2\text{kN}\cdot\text{m}$이다.

55 ★☆☆

그림과 같은 보의 C점에서의 최대 처짐은?

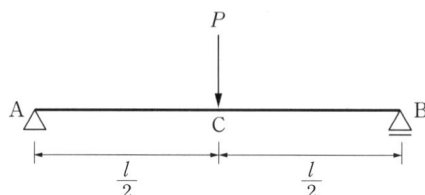

① $\dfrac{Pl^3}{2EI}$　　　② $\dfrac{Pl^3}{48EI}$

③ $\dfrac{Pl^3}{384EI}$　　　④ $\dfrac{5Pl^3}{384EI}$

해설

단순보에 집중하중 작용 시 중앙부의 최대 처짐 $\delta_{max} = \left(\dfrac{1}{48}\right) \cdot \left(\dfrac{Pl^3}{EI}\right)$이다.

합격 POINT 단순보와 양단고정보의 최대 처짐

구분	단순보	양단고정보
집중하중	$\delta_{max} = \dfrac{1}{48} \cdot \dfrac{Pl^3}{EI}$	$\delta_{max} = \dfrac{1}{192} \cdot \dfrac{Pl^3}{EI}$
등분포하중	$\delta_{max} = \dfrac{5}{384} \cdot \dfrac{wl^4}{EI}$	$\delta_{max} = \dfrac{1}{384} \cdot \dfrac{wl^4}{EI}$

정답 52 ②　53 ③　54 ①　55 ②

56 ★☆☆

바닥슬래브와 철골보 사이에 발생하는 전단력에 저항하기 위해 설치하는 것은?

① 커버플레이트(Cover plate)
② 스티프너(Stiffener)
③ 턴버클(Turn buckle)
④ 시어커넥터(Shear connector)

해설

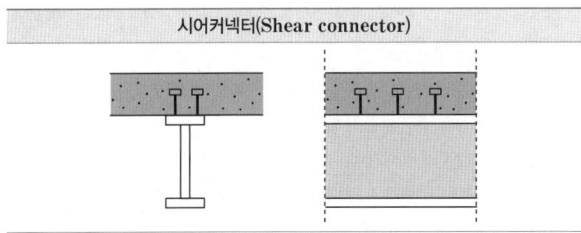

합성보에서 강재보와 철근콘크리트 슬래브 사이의 미끄러짐을 방지하고, 두 부재 사이의 수평전단력에 저항하는 전단연결재이다.

57 ★☆☆

말뚝기초에 관한 설명으로 옳지 않은 것은?

① 말뚝기초는 지반이 연약하고 기초상부의 하중을 지지하지 못할 때 보강공법으로 쓰인다.
② 지지말뚝은 굳은 지반까지 말뚝을 박아 하중을 직접 지반에 전달하며 주위 흙과의 마찰은 고려하지 않는다.
③ 마찰말뚝은 주위 흙과의 마찰력으로 지지되며 n개를 박았을 때 그 지지력은 n배가 된다.
④ 동일 건물에서는 서로 다른 종류의 말뚝을 혼용하지 않는다.

해설
마찰말뚝을 여러 개 박은 경우를 무리말뚝이라고 하며 n개를 박았을 때 그 지지력은 n배보다 감소하는 특성이 있다.

58 ★★☆

철골트러스의 특성에 관한 설명으로 옳지 않은 것은?

① 직선 부재들이 삼각형의 형태로 구성되어 안정적인 거동을 한다.
② 트러스의 개방된 웨브공간으로 전기배선이나 덕트 등과 같은 설비배관의 통과가 가능하다.
③ 부정정차수가 낮은 트러스의 경우에는 일부 부재나 접합부의 파괴가 트러스의 붕괴를 야기할 수 있다.
④ 직선 부재로만 구성되기 때문에 비정형 건축물의 구조체에는 적용되지 않는다.

해설
건축구조물의 형상이 정형, 비정형인지의 여부와 직선 트러스 부재의 적용과는 무관하다.

59 ★★★

다음 단면을 가진 철근콘크리트 기둥의 최대 설계축하중 (ϕP_n)은? (단, $f_{ck}=30\text{MPa}$, $f_y=400\text{MPa}$)

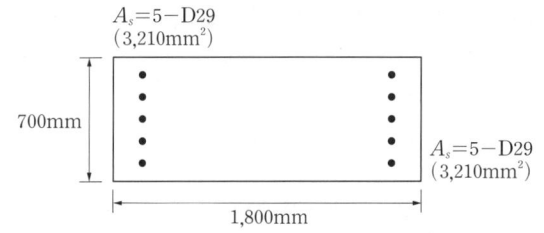

① 12,958kN
② 15,425kN
③ 17,958kN
④ 21,425kN

해설
띠철근 기둥의 최대 설계축하중
$\phi P_n = 0.65 \times 0.80 \times (0.85 f_{ck}(A_g - A_{st}) + (f_y \times A_{st}))$을 이용하여 값을 구한다.
$\phi P_n = 0.65 \times 0.8 \times (0.85 \times 30 \times (1,800 \times 700 - 2 \times 3,210)$
$+ (400 \times 2 \times 3,210)) \fallingdotseq 17,957,831\text{N}$
$\therefore \phi P_n = 17,958\text{kN}$

60 ★★★

철골구조 주각부의 구성요소가 아닌 것은?

① 커버플레이트
② 앵커볼트
③ 베이스모르타르
④ 베이스플레이트

해설

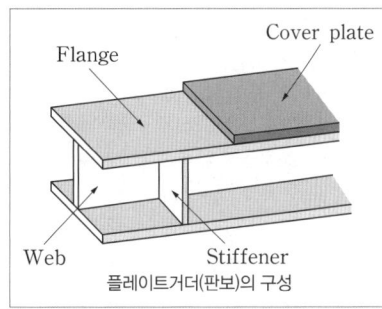

커버플레이트(Cover plate): 플레이트거더(Plate girder)의 요소 중 하나로 플랜지 전체 단면적의 70% 이하이며, 휨내력을 보강하기 위해 사용된다.

합격 POINT 철골구조 주각부의 구성

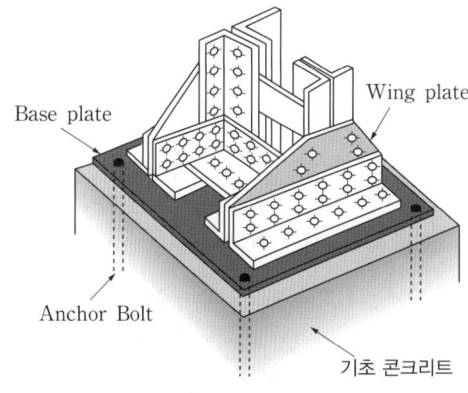

정답 56 ④ 57 ③ 58 ④ 59 ③ 60 ①

제4과목 건축설비

61
실내공기오염의 종합적 지표로서 사용되는 오염 물질은?

① 부유분진 ② 이산화탄소
③ 일산화탄소 ④ 이산화질소

해설
대부분의 오염 물질 농도는 이산화탄소의 농도에 비례하여 증가하기 때문에 실내공기오염의 종합적 지표로 이산화탄소(CO_2)가 사용된다.

62
전기샤프트(ES)에 관한 설명으로 옳지 않은 것은?

① 전기샤프트(ES)는 각 층마다 같은 위치에 설치한다.
② 전기샤프트(ES)의 면적은 보, 기둥부분을 제외하고 산정한다.
③ 전기샤프트(ES)는 전력용(EPS)과 정보통신용(TPS)을 공용으로 설치하는 것이 원칙이다.
④ 전기샤프트(ES)의 점검구는 유지보수 시 기기의 반입 및 반출이 가능하도록 하여야 한다.

해설
전기샤프트(ES)는 전력용(EPS)과 정보통신용(TPS)을 구분하여 설치하는 것이 원칙이다. 예외적으로 각 용도의 설치 장비 및 배선이 적은 경우는 공용으로 사용 가능하다.

63
기온, 습도, 기류의 3요소의 조합에 의한 실내 온열감각을 기온의 척도로 나타낸 것은?

① 작용온도 ② 등가온도
③ 유효온도 ④ 등온지수

해설
유효온도(ET; Effective Temperature)는 추위와 더위의 감각을 기온, 습도, 기류의 3요소 조합으로 나타낸 것으로, 감각온도 또는 실효온도라고도 한다.

64
증기난방에 관한 설명으로 옳지 않은 것은?

① 온수난방에 비해 예열시간이 짧다.
② 온수난방에 비해 한랭지에서 동결의 우려가 적다.
③ 운전 시 증기해머로 인한 소음을 일으키기 쉽다.
④ 온수난방에 비해 부하변동에 따른 실내 방열량의 제어가 용이하다.

해설
증기난방은 온수난방에 비해 부하변동에 따른 실내 방열량의 제어가 어렵다.

합격 POINT ▶ 증기난방의 특징
- 증발잠열을 이용하므로 열의 운반능력이 크다.
- 예열시간이 짧고, 증기순환이 빠르다.
- 한랭지에서 동결의 우려가 적다.
- 열매온도가 높아 방열기의 방열면적이 작다.
- 실내 방열량 제어가 어렵다.

65
조명설비에서 눈부심에 관한 설명으로 옳지 않은 것은?

① 광원의 크기가 클수록 눈부심이 강하다.
② 광원의 휘도가 작을수록 눈부심이 강하다.
③ 광원이 시선에 가까울수록 눈부심이 강하다.
④ 배경이 어둡고 눈이 암순응 될수록 눈부심이 강하다.

해설
휘도는 물체 표면의 밝기를 나타내며, 광원의 휘도가 높을수록 눈부심이 강하다.

66
주철제 보일러에 관한 설명으로 옳지 않은 것은?

① 재질이 약하여 고압으로는 사용이 곤란하다.
② 섹션(Section)으로 분할되므로 반입이 용이하다.
③ 재질이 주철이므로 내식성이 약하여 수명이 짧다.
④ 규모가 비교적 작은 건물의 난방용으로 사용된다.

해설
주철제 보일러는 내식성이 우수하여 수명이 길다.

합격 POINT ▶ 주철제 보일러의 특징
- 내식성이 우수하여 수명이 길다.
- 취급이 간편하고 분할 반입이 용이하다.
- 섹션을 니플, 볼트로 연결·조립하는 방식으로 섹션의 증감에 의하여 보일러의 능력변경이 가능하다.
- 내압력이 낮아 중·소규모 건축의 난방·급탕용, 증기보일러, 온수보일러로서 널리 사용된다.

정답 61 ② 62 ③ 63 ③ 64 ④ 65 ② 66 ③

67 ★☆☆
배수트랩에 관한 설명으로 옳지 않은 것은?

① 트랩은 이중으로 설치하면 효과적이다.
② 트랩의 봉수깊이가 너무 깊으면 통수능력이 감소된다.
③ 트랩은 하수가스의 실내 침입을 방지하는 역할을 한다.
④ 트랩은 위생기구에 가능한 한 접근시켜 설치하는 것이 좋다.

해설
배수관 속의 악취, 유독가스 및 벌레 등이 실내로 침투하는 것을 방지하기 위하여 배수계통의 일부에 봉수를 고이게 하는 기구를 트랩이라고 한다.
이중 트랩은 유속을 저해하므로 금지한다.

68 ★☆☆
다음 설명에 알맞은 냉동기는?

- 기계적 에너지가 아닌 열에너지에 의해 냉동효과를 얻는다.
- 구조는 증발기, 흡수기, 재생기(발생기), 응축기 등으로 구성되어 있다.

① 터보식 냉동기   ② 흡수식 냉동기
③ 스크류식 냉동기 ④ 왕복동식 냉동기

해설
냉동기는 냉동방식에 따라 크게 압축식 냉동기와 흡수식 냉동기로 나눌 수 있다. 흡수식 냉동기는 증발기, 흡수기, 재생기 및 응축기로 구성되며, 압축식 냉동기는 압축기, 응축기, 팽창밸브, 증발기로 구성된다.

합격 POINT 냉동기의 종류

압축식 냉동기	흡수식 냉동기
• 왕복식 냉동기 • 원심(터보) 냉동기 • 로터리 냉동기 • 스크롤 냉동기 • 스크류 냉동기	• 흡수식 냉동기 • 흡수식 냉온수기

69 ★★★
액화천연가스(LNG)에 관한 설명으로 옳지 않은 것은?

① 공기보다 가볍다.
② 무공해, 무독성이다.
③ 프로필렌, 부탄, 에탄이 주성분이다.
④ 대규모의 저장시설을 필요로 하며, 공급은 배관을 통하여 이루어진다.

해설
액화천연가스(LNG)의 주성분은 메탄(CH_4)이다.

합격 POINT 액화천연가스(LNG; Liquefied Natural Gas)
• 메탄(CH_4)이 주성분이다.
• 공기보다 가벼워 누설되어도 공기 중에 흡수되어 안전성이 높다.
• 가스경보기는 천장에서 30cm 아래에 설치한다.
• 발열량이 크고, 무공해이다.
• 배관을 통하여 공급하기 때문에 대규모 저장시설이 필요하다.

70 ★★★
수량 22.4m³/h를 양수하는 데 필요한 터빈 펌프의 구경으로 적당한 것은? (단, 터빈 펌프 내의 유속은 2m/s로 함)

① 65mm   ② 75mm
③ 100mm ④ 125mm

해설
펌프의 구경 $D = 1.13\sqrt{\dfrac{Q}{v}}$

$= 1.13 \times \sqrt{\dfrac{22.4 m^3/h}{2 m/s}} = 1.13 \times \sqrt{\dfrac{0.0062 m^3/s}{2 m/s}}$

$≒ 0.063m = 63mm$

∴ 펌프의 구경으로 적당한 길이는 65mm이다.
※ 22.4m³/h = 22.4m³/3,600s = 0.0062m³/s

71 ★☆☆
건축물의 에너지절약설계기준에 따른 건축물의 단열을 위한 권장사항으로 옳지 않은 것은?

① 외벽 부위는 내단열로 시공한다.
② 열손실이 많은 북측 거실의 창 및 문의 면적은 최소화한다.
③ 외피의 모서리 부분은 열교가 발생하지 않도록 단열재를 연속적으로 설치한다.
④ 발코니 확장을 하는 공동주택에는 단열성이 우수한 로이(Low-E) 복층창이나 삼중창 이상의 단열성능을 갖는 창을 설치한다.

해설
외벽 부위는 외단열로 시공한다. 외단열은 열교와 결로를 줄이고, 축열성능을 향상시킨다.

정답 67 ① 68 ② 69 ③ 70 ① 71 ①

72 ★☆☆

전류가 흐르고 있는 전기기기, 배선과 관련된 화재를 의미하는 것은?

① A급 화재
② B급 화재
③ C급 화재
④ K급 화재

해설

전류가 흐르고 있는 전기기기, 배선과 관련된 화재는 C급 화재이다.

선지분석

① A급 화재: 일반화재(보통화재)
② B급 화재: 유류화재(기름화재)
③ C급 화재: 전기화재
④ K급 화재: 주방화재

73 ★★★

다음 중 엘리베이터의 안전장치와 가장 관계가 먼 것은?

① 조속기
② 핸드레일
③ 종점 스위치
④ 전자 브레이크

해설

핸드레일은 에스컬레이터에서 승객이 몸을 지탱하기 위하여 손으로 잡는 부분으로 스탭과 연동되어 같은 속도로 움직여야 한다.

합격 POINT 엘리베이터 안전장치

전자 브레이크, 조속기, 비상정지장치, 종점 스위치, 리밋스위치, 완충기, 도어 안전장치 등

74 ★★★

다음 중 변전실 면적에 영향을 주는 요소와 가장 거리가 먼 것은?

① 발전기실의 면적
② 변전설비 변압방식
③ 수전전압 및 수전방식
④ 설치 기기와 큐비클의 종류

해설

발전기실의 면적은 변전실 면적과 서로 관계가 없다.

합격 POINT 변전실 면적에 영향을 주는 요소

- 수전전압 및 수전방식
- 변전설비 변압방식, 변압기 용량, 수량 및 형식
- 설치 기기와 큐비클의 종류
- 기기의 배치방법 및 유지보수 필요 면적
- 건축물의 구조적 여건

75 ★★★

배관재료에 관한 설명으로 옳지 않은 것은?

① 주철관은 오배수관이나 지중 매설 배관에 사용된다.
② 경질염화비닐관은 내식성은 우수하나 충격에 약하다.
③ 연관은 내식성이 작아 배수용보다는 난방배관에 주로 사용된다.
④ 동관은 전기 및 열전도율이 좋고 전성·연성이 풍부하며 가공도 용이하다.

해설

연관은 내식성이 크고 굴곡이 용이하며 점성이 좋아 가공이 쉽다. 하지만 열에 약하며 급탕 및 난방배관에 적합하지 않다.

76 ★★★

공기조화방식 중 팬코일유닛방식에 관한 설명으로 옳지 않은 것은?

① 각 실에 수배관으로 인한 누수의 우려가 있다.
② 덕트 샤프트나 스페이스가 필요 없거나 작아도 된다.
③ 각 실의 유닛은 수동으로도 제어할 수 있고, 개별제어가 쉽다.
④ 유닛을 창문 밑에 설치하면 콜드 드래프트(Cold draft)가 발생할 우려가 높다.

해설

유닛을 창문 밑에 설치하면 콜드 드래프트(Cold Draft)를 방지할 수 있다.

합격 POINT 콜드 드래프트(Cold Draft)

겨울철 외부의 찬 공기가 들어오거나 바깥공기와 접한 유리나 벽면이 냉각되면서 실내에 찬 공기가 하부로 내려오는 현상을 말한다.

정답 72 ③ 73 ② 74 ① 75 ③ 76 ④

77 ★☆☆

다음 그림과 같은 형태를 갖는 간선의 배선방식은?

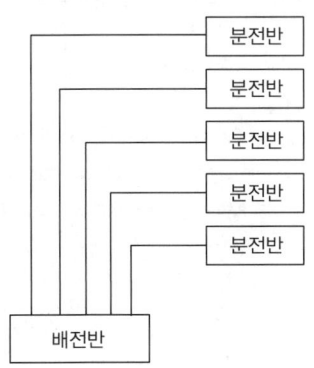

① 개별방식　　② 루프방식
③ 병용방식　　④ 나뭇가지방식

해설
개별방식(평행식)은 각 분전반마다 배전반으로부터 단독으로 배선되어 있으므로 전압강하가 적고, 화재 등 사고가 발생하여도 그 범위를 좁힐 수 있는 것이 특징이다. 배선비가 많아지므로 설비비는 많이 드는 편이다.

78 ★★★

실내의 탄산가스 허용농도가 1,000ppm, 외기의 탄산가스 농도가 400ppm일 때, 실내 1인당 필요한 환기량은? (단, 실내 1인당 탄산가스 배출량은 15L/h이다.)

① 15m³/h　　② 20m³/h
③ 25m³/h　　④ 30m³/h

해설
$Q = \dfrac{K}{P_i - P_o} = \dfrac{15\text{L/h}}{(1,000-400)\text{ppm}} = \dfrac{0.015\text{m}^3/\text{h}}{(0.001-0.0004)} = 25\text{m}^3/\text{h}$

Q: 환기량(m³/h), K: 발생량(m³/h), P_i: 허용농도(ppm),
P_o: 외기가스농도(ppm)

※ 1L = 10^{-3}m³, 1ppm = 10^{-6}

79 ★★★

펌프의 양수량이 10m³/min, 전양정이 10m, 효율이 80%일 때, 이 펌프의 축동력은?

① 20.4kW　　② 22.5kW
③ 26.5kW　　④ 30.6kW

해설
펌프의 축동력 $= \dfrac{W \cdot Q \cdot H}{6,120E}$
$= \dfrac{1,000\text{kg/m}^3 \times 10\text{m}^3/\text{min} \times 10\text{m}}{6,120 \times 0.8}$
$= 20.424 \fallingdotseq 20.4\text{kW}$

W: 물의 단위용적중량(=1,000kg/m³), Q: 양수량(m³/min),
H: 펌프의 전양정(m), E: 펌프효율(%)
※ 1kW = 6,120kg·m/min

80 ★★★

최대 수용전력을 구하기 위한 것으로 총 부하 설비용량에 대한 최대 수용전력의 비율을 백분율로 나타낸 것은?

① 역률　　② 수용률
③ 부등률　　④ 부하율

해설
수용률은 수용장소에 설치된 총 설비용량에 대하여 실제 사용하고 있는 부하의 최대 수용전력과의 비율이다.

수용률 $= \dfrac{\text{최대 수용전력 합계}}{\text{총 부하설비용량 합계}} \times 100(\%)$

선지분석
① 역률 $= \dfrac{\text{유효전력}}{\text{피상전력}}$
② 부등률 $= \dfrac{\text{각 부하의 최대 수용전력의 합}}{\text{합성 최대 수용전력}} \times 100(\%)$
③ 부하율 $= \dfrac{\text{부하의 평균전력}}{\text{최대 수용전력}} \times 100(\%)$

정답　77 ①　78 ③　79 ①　80 ②

제5과목 건축관계법규

81 ★★☆
특별피난계단의 구조에 관한 기준 내용으로 옳지 않은 것은?

① 계단실에는 예비전원에 의한 조명설비를 할 것
② 계단은 내화구조로 하되, 피난층 또는 지상까지 직접 연결되도록 할 것
③ 출입구의 유효너비는 0.9m 이상으로 하고 피난의 방향으로 열 수 있을 것
④ 계단실의 노대 또는 부속실에 접하는 창문은 그 면적을 각각 3m² 이하로 할 것

해설
노대 및 부속실에는 계단실외의 건축물의 내부와 접하는 창문 등(출입구 제외)을 설치하지 아니한다.

82 ★☆☆
그림과 같은 일반 건축물의 건축면적은? (단, 평면도 건물 치수는 두께 300mm인 외벽의 중심치수이고, 지붕선 치수는 지붕외곽선 치수임)

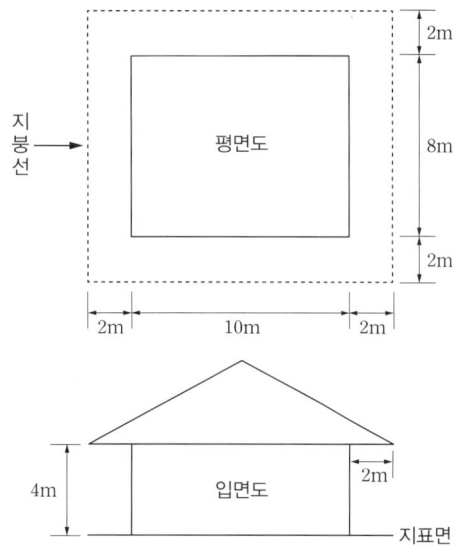

① 80m²
② 100m²
③ 120m²
④ 168m²

해설
해당 건축물의 경우 외벽의 중심선으로부터 1m 이상 처마가 돌출되어 있기 때문에, 처마의 끝부분으로부터 1m 후퇴한 선으로 둘러싸인 부분을 건축면적으로 산정한다.
∴ 12m(가로)×10m(세로)=120m²

합격 POINT 건축면적
건축물의 외벽(외벽이 없는 경우에는 외곽 부분의 기둥으로 함)의 중심선으로 둘러싸인 부분의 수평투영면적으로 한다. 다만, 처마, 차양, 부연, 그 밖에 이와 비슷한 것으로서 그 외벽의 중심선으로부터 수평거리 1m 이상 돌출된 부분이 있는 건축물의 건축면적은 그 돌출된 끝부분으로부터 다음의 구분에 따른 수평거리를 후퇴한 선으로 둘러싸인 부분의 수평투영면적으로 한다.

구분	후퇴 거리
전통사찰	4m
축사	3m
한옥, 충전시설, 신·재생에너지 설비 등	2m
그 밖의 건축물	1m

83 ★★☆
다음은 대지의 조경에 관한 기준 내용이다. ( ) 안에 알맞은 것은?

> 면적이 ( ) 이상인 대지에 건축을 하는 건축주는 용도지역 및 건축물의 규모에 따라 해당 지방자치단체의 조례로 정하는 기준에 따라 대지에 조경이나 그 밖에 필요한 조치를 하여야 한다.

① 100m²
② 200m²
③ 300m²
④ 500m²

해설
면적이 200m² 이상인 대지에 건축을 하는 건축주는 용도지역 및 건축물의 규모에 따라 해당 지방자치단체의 조례로 정하는 기준에 따라 대지에 조경이나 그 밖에 필요한 조치를 하여야 한다.

84 ★★☆
「건축법령」상 초고층 건축물의 정의로 옳은 것은?

① 층수가 30층 이상이거나 높이가 90m 이상인 건축물
② 층수가 30층 이상이거나 높이가 120m 이상인 건축물
③ 층수가 50층 이상이거나 높이가 150m 이상인 건축물
④ 층수가 50층 이상이거나 높이가 200m 이상인 건축물

해설
초고층 건축물이란 층수가 50층 이상 또는 높이가 200m 이상인 건축물을 말한다.

정답 81 ④ 82 ③ 83 ② 84 ④

85 ★★☆

건축물의 거실에 「건축물의 설비기준 등에 관한 규칙」에 따라 배연설비를 설치하여야 하는 대상 건축물에 속하지 않는 것은? (단, 피난층의 거실은 제외)

① 6층 이상인 건축물로서 창고시설의 용도로 쓰는 건축물
② 6층 이상인 건축물로서 운수시설의 용도로 쓰는 건축물
③ 6층 이상인 건축물로서 위락시설의 용도로 쓰는 건축물
④ 6층 이상인 건축물로서 종교시설의 용도로 쓰는 건축물

해설

6층 이상인 건축물로서 다음에 해당하는 건축물의 거실(피난층의 거실 제외)에는 배연설비를 해야 한다.

> 문화 및 집회시설, 종교시설, 판매시설, 운수시설, 의료시설(요양병원, 정신병원 제외), 교육연구시설 중 연구소, 노유자시설 중 아동 관련 시설, 노인복지시설(노인요양시설 제외), 수련시설 중 유스호스텔, 운동시설, 업무시설, 숙박시설, 위락시설, 관광휴게시설, 장례시설, 제2종 근린생활시설 중 공연장, 종교집회장, 인터넷컴퓨터게임시설제공업소 및 다중생활시설

86 ★★★

비상용승강기의 승강장의 구조에 관한 기준 내용으로 옳지 않은 것은?

① 채광이 되는 창문이 있거나 예비전원에 의한 조명설비를 할 것
② 벽 및 반자가 실내에 접하는 부분의 마감재료는 불연재료로 할 것
③ 피난층이 있는 승강장의 출입구로부터 도로 또는 공지에 이르는 거리가 50m 이하일 것
④ 옥내에 승강장을 설치하는 경우 승강장의 바닥면적은 비상용승강기 1대에 대하여 6m² 이상으로 할 것

해설

피난층이 있는 승강장의 출입구로부터 도로 또는 공지에 이르는 거리가 30m 이하이어야 한다.

87 ★☆☆

도시지역에서 복합적인 토지이용을 증진시켜 도시 정비를 촉진하고 지역 거점을 육성할 필요가 있다고 인정되는 지역을 대상으로 지정하는 구역은?

① 개발제한구역
② 시가화조정구역
③ 입지규제최소구역
④ 도시자연공원구역

해설

도시·군관리계획의 결정권자는 도시지역에서 복합적인 토지이용을 증진시켜 도시 정비를 촉진하고 지역 거점을 육성할 필요가 있다고 인정되는 지역의 전부 또는 일부를 입지규제최소구역으로 지정할 수 있다.

※ 해당 법령에서 "입지규제최소구역"이 삭제되었으나 CBT 시험에서는 출제될 가능성이 있으므로 문제를 그대로 수록합니다.

88 ★★☆

「건축법령」상 건축허가 신청에 필요한 설계도서에 속하지 않는 것은?

① 조감도
② 배치도
③ 건축계획서
④ 단면도

해설

건축허가신청에 필요한 설계도서로는 건축계획서, 배치도, 평면도, 입면도, 단면도, 구조도, 구조계산서, 소방설비도가 있다.

89 ★★☆

건축물의 주요구조부를 내화구조로 하여야 하는 대상 건축물에 속하지 않는 것은?

① 공장의 용도로 쓰는 건축물로서 그 용도로 쓰는 바닥면적의 합계가 500m²인 건축물
② 판매시설의 용도로 쓰는 건축물로서 그 용도로 쓰는 바닥면적의 합계가 500m²인 건축물
③ 창고시설의 용도로 쓰는 건축물로서 그 용도로 쓰는 바닥면적의 합계가 500m²인 건축물
④ 문화 및 집회시설 중 전시장의 용도로 쓰는 건축물로서 그 용도로 쓰는 바닥면적의 합계가 500m²인 건축물

해설

공장의 용도로 쓰는 건축물로서 그 용도로 쓰는 바닥면적의 합계가 2,000m² 이상인 건축물의 주요구조부와 지붕은 내화구조로 해야 한다.

90 ★★☆

노외주차장의 출입구가 2개인 경우 주차형식에 따른 차로의 최소 너비가 옳지 않은 것은? (단, 이륜자동차전용 외의 노외주차장의 경우)

① 직각주차: 6.0m
② 평행주차: 3.3m
③ 45도 대향주차: 3.5m
④ 60도 대향주차: 5.0m

해설

이륜자동차전용 외의 노외주차장의 경우 차로의 너비는 다음과 같다.

주차형식	차로의 너비	
	출입구가 2개 이상인 경우	출입구가 1개인 경우
평행주차	3.3m	5.0m
직각주차	6.0m	6.0m
60° 대향주차	4.5m	5.5m
45° 대향주차	3.5m	5.0m
교차주차	3.5m	5.0m

정답 85 ① 86 ③ 87 ③ 88 ① 89 ① 90 ④

91 ★☆☆

막다른 도로의 길이가 20m인 경우, 이 도로가 「건축법령」상 도로이기 위한 최소 너비는?

① 2m   ② 3m
③ 4m   ④ 6m

해설

막다른 도로의 길이	도로의 너비
10m 미만	2m
10m 이상 35m 미만	3m
35m 이상	6m(읍·면지역은 4m)

92 ★★☆

어느 건축물에서 주차장 외의 용도로 사용되는 부분이 판매시설인 경우, 이 건축물이 주차전용 건축물이기 위해서는 주차장으로 사용되는 부분의 연면적 비율이 최소 얼마 이상이어야 하는가?

① 50%   ② 70%
③ 85%   ④ 95%

해설

주차전용건축물이란 건축물의 연면적 중 주차장으로 사용되는 부분의 비율이 95% 이상인 것을 말한다.
다만, 주차장 외의 용도로 사용되는 부분이 단독주택, 공동주택, 제1종 근린생활시설, 제2종 근린생활시설, 문화 및 집회시설, 종교시설, 판매시설, 운수시설, 운동시설, 업무시설, 창고시설 또는 자동차 관련 시설인 경우에는 주차장으로 사용되는 부분의 비율이 70% 이상인 것을 말한다.

93 ★☆☆

다음은 차수설비(물막이설비)의 설치에 관한 기준 내용이다. ( ) 안에 알맞은 것은?

> 「국토의 계획 및 이용에 관한 법률」에 따른 방재지구에서 연면적 ( ) 이상의 건축물을 건축하려는 자는 빗물 등의 유입으로 건축물이 침수되지 아니하도록 해당 건축물의 지하층 및 1층의 출입구(주차장의 출입구를 포함한다)에 차수설비(물막이설비)를 설치하여야 한다. 다만, 허가권자가 침수의 우려가 없다고 인정하는 경우에는 그러하지 아니한다.

① 3,000m²   ② 5,000m²
③ 10,000m² ④ 20,000m²

해설

방재지구에서 연면적 10,000m² 이상의 건축물을 건축하려는 자는 빗물 등의 유입으로 건축물이 침수되지 않도록 해당 건축물의 지하층 및 1층의 출입구(주차장의 출입구를 포함한다)에 물막이판 등 해당 건축물의 침수를 방지할 수 있는 설비를 설치해야 한다. 다만, 허가권자가 침수의 우려가 없다고 인정하는 경우에는 그렇지 않다.

94 ★☆☆

「건축법령」상 아파트의 정의로 가장 알맞은 것은?

① 주택으로 쓰는 층수가 3개 층 이상인 주택
② 주택으로 쓰는 층수가 5개 층 이상인 주택
③ 주택으로 쓰는 층수가 7개 층 이상인 주택
④ 주택으로 쓰는 층수가 10개 층 이상인 주택

해설

건축법 시행령에 따른 아파트의 정의는 '주택으로 쓰는 층수가 5개 층 이상인 주택'이다.

95 ★★★

부설주차장의 설치대상 시설물이 업무시설인 경우 설치기준으로 옳은 것은? (단, 외국공관 및 오피스텔은 제외)

① 시설면적 100m² 당 1대
② 시설면적 150m² 당 1대
③ 시설면적 200m² 당 1대
④ 시설면적 350m² 당 1대

해설

업무시설의 설치기준은 시설면적 150m²당 1대(시설면적/150m²)이다. 단, 외국공관 및 오피스텔은 제외한다.

96 ★★★

문화 및 집회시설 중 공연장의 개별 관람실을 다음과 같이 계획하였을 경우, 옳지 않은 것은? (단, 개별 관람실의 바닥면적은 1,000m²임)

① 각 출구의 유효너비는 1.5m 이상으로 하였다.
② 관람실로부터 바깥쪽으로의 출구로 쓰이는 문을 밖여닫이로 하였다.
③ 개별 관람실의 바깥쪽에는 그 양쪽 및 뒤쪽에 각각 복도를 설치하였다.
④ 개별 관람실의 출구는 3개소 설치하였으며 출구의 유효너비의 합계는 4.5m로 하였다.

해설

개별 관람실 출구의 유효너비의 합계는 개별 관람실의 바닥면적 100m²마다 0.6m의 비율로 산정한 너비 이상으로 해야 한다. 바닥면적이 1,000m²이므로 출구의 유효너비의 합계는 10×0.6=6m가 되어야 한다.

정답 91 ② 92 ② 93 ③ 94 ② 95 ② 96 ④

97 ★★☆

용도지역의 세분 중 도심·부도심의 상업기능 및 업무기능의 확충을 위하여 필요한 지역은?

① 유통상업지역
② 근린상업지역
③ 일반상업지역
④ 중심상업지역

선지분석
① 유통상업지역: 도시내 및 지역간 유통기능의 증진을 위하여 필요한 지역
② 근린상업지역: 근린지역에서의 일용품 및 서비스의 공급을 위하여 필요한 지역
③ 일반상업지역: 일반적인 상업기능 및 업무기능을 담당하게 하기 위하여 필요한 지역

98 ★★★

층수가 15층이며, 6층 이상의 거실면적의 합계(m²)가 15,000m²인 종합병원에 설치하여야 하는 승용승강기의 최소 대수는? (단, 8인승 승용승강기의 경우)

① 6대
② 7대
③ 8대
④ 9대

해설

건축물의 용도	6층 이상의 거실 면적의 합계	3,000m² 초과
의료시설		기본 2대+3,000m² 초과 시 2,000m² 이내마다 1대 추가

※ 8인승 이상 15인승 이하의 승강기는 1대의 승강기로 보고, 16인승 이상의 승강기는 2대의 승강기로 본다.

의료시설의 경우 기본 2대+3,000m² 초과 시 2,000m² 이내마다 1대가 추가된다.
6층 이상의 거실면적의 합계가 15,000m²이므로, 승용승강기 설치기준은 기본 2대+추가 6대=총 8대가 된다.

99 ★★★

「국토의 계획 및 이용에 관한 법령」상 기반시설 중 광장의 세분에 해당하지 않는 것은?

① 옥상광장
② 일반광장
③ 지하광장
④ 건축물부설광장

해설
국토의 계획 및 이용에 관한 법령상 광장은 교통광장, 일반광장, 경관광장, 지하광장, 건축물부설광장으로 세분화된다.

100 ★☆☆

다음 중 제1종 전용주거지역 안에서 건축할 수 있는 건축물에 속하지 않는 것은? (단, 도시·군계획조례가 정하는 바에 의하여 건축할 수 있는 건축물 포함)

① 노유자시설
② 공동주택 중 아파트
③ 교육연구시설 중 고등학교
④ 제2종 근린생활시설 중 종교집회장

해설
제1종 전용주거지역 안에 건축할 수 있는 공동주택으로는 연립주택과 다세대주택이 있으며 아파트는 건축할 수 없다.

정답 97 ④ 98 ③ 99 ① 100 ②

2019년 | 제2회 기출문제

제1과목 건축계획

01 ★★☆
도서관의 출납시스템 중 폐가식에 관한 설명으로 옳지 않은 것은?

① 서고와 열람실이 분리되어 있다.
② 도서의 유지 관리가 좋아 책의 망실이 적다.
③ 대출 절차가 간단하여 관원의 작업량이 적다.
④ 규모가 큰 도서관의 독립된 서고의 경우에 많이 채용된다.

해설
- 대출 절차가 복잡하고 관원의 작업량이 많다.
- 폐가식은 책의 목록을 보고 책을 선택하고 관원에게 선택한 책의 대출 기록을 제출한 후 대출받는 형식이다.
- 폐가식은 도서의 유지 관리가 용이하다.

02 ★★★
다음 중 르 코르뷔지에가 제시한 근대건축의 5원칙에 속하는 것은?

① 옥상정원 ② 유기적 건축
③ 노출 콘크리트 ④ 유니버셜 스페이스

해설
르 코르뷔지에 근대건축 5대원칙
- 옥상정원
- 자유로운 평면
- 자유로운 입면
- 필로티
- 연속적인 수평창

03 ★★★
다음 중 전시공간의 융통성을 주요 건축개념으로 한 것은?

① 퐁피두 센터 ② 루브르 박물관
③ 구겐하임 미술관 ④ 슈투트가르트 미술관

해설
퐁피두 센터는 파리 3대 미술관 중 하나로 다음과 같이 융통성을 고려하여 건축되었다.
- 배수관과 가스관, 통풍구 등이 밖으로 노출되도록 지어졌으며, 컬러풀한 철골조 건물로서 구조체를 그대로 드러낸 외벽과 유리면으로 구성되어 있다.
- 향후 성장을 고려하여 일부분의 마감을 하지 않은 상태로 지어졌다.
- 오락이나 대중성 등과 변화감을 강조하였다.

▲ 퐁피두 센터 외관

04 ★★★
미술관 전시공간의 순회형식 중 갤러리 및 코리더 형식에 관한 설명으로 옳은 것은?

① 복도의 일부를 전시장으로 사용할 수 있다.
② 전시실 중 하나의 실을 폐쇄하면 동선이 단절된다는 단점이 있다.
③ 중앙에 커다란 홀을 계획하고 그 홀에 접하여 전시실을 배치한 형식이다.
④ 이 형식을 채용한 대표적인 건축물로는 뉴욕 근대 미술관과 프랭크 로이드 라이트의 구겐하임 미술관이 있다.

해설
갤러리 및 코리더 형식은 연속된 전시실의 한쪽 복도에 의해서 각 실을 배치한 형식으로 복도 자체도 전시 공간으로 이용할 수 있다.

선지분석
② 연속순회 형식에 대한 설명이다.
③, ④ 중앙홀 형식에 대한 설명이다.

정답 01 ③ 02 ① 03 ① 04 ①

05 ★★☆

다음 중 구조코어로서 가장 바람직한 코어형식으로, 바닥면적이 큰 고층, 초고층 사무소에 적합한 것은?

① 중심코어형 ② 편심코어형
③ 독립코어형 ④ 양단코어형

해설
중심코어형(중앙코어형)은 중앙에 코어가 있어서 구조적으로 가장 바람직한 코어형식으로 바닥면적이 큰 고층, 초고층 사무소에 적합하다.

선지분석
② 편심코어형은 기준층 바닥면적이 작은 경우에 적합하다.
③ 독립코어형은 코어를 업무공간에서 별도로 분리시킨 형식이다.
④ 양단코어형은 코어가 분산되어 있어 피난에 유리하다.

06 ★☆☆

아파트의 평면형식에 관한 설명으로 옳지 않은 것은?

① 중복도형은 부지의 이용률이 적다.
② 홀형(계단실형)은 독립성(Privacy)이 우수하다.
③ 집중형은 복도부분 자연환기, 채광이 극히 나쁘다.
④ 편복도형은 복도를 외기에 터놓으면 통풍, 채광이 중복도형보다 양호하다.

해설
중복도형은 아파트 평면형식 중 부지의 이용률이 가장 높다.

선지분석
② 홀형은 계단 또는 엘리베이터가 있는 홀로부터 단위 주거에 직접 들어가는 방식으로 독립성이 우수하다.
③ 집중형은 엘리베이터와 계단을 중심으로 주호를 배치한 형식으로 통풍이나 채광 조건이 나쁘고 복도 부분의 환기 등의 문제를 해결하기 위해 기계적 환경 조절이 필요하다.
④ 편복도형은 중복도형에 비해 단위면적당 주호의 집결이 적고, 각 호의 통풍 및 채광이 양호하다.

07 ★★☆

상점의 판매방식에 관한 설명으로 옳지 않은 것은?

① 측면판매방식은 직원 동선의 이동성이 많다.
② 대면판매방식은 측면판매방식에 비해 상품진열면적이 넓어진다.
③ 측면판매방식은 고객이 직접 진열된 상품을 접촉할 수 있는 관계로 선택이 용이하다.
④ 대면판매방식은 쇼케이스를 중심으로 판매원이 고정된 자리나 위치를 확보하는 것이 용이하다.

해설
- 대면판매방식은 직원의 통로 면적이 더 필요하게 되므로 측면판매방식에 비해 상품진열면적이 좁아진다.
- 대면판매방식은 쇼케이스(진열장) 내에 상품을 전시하는 것으로 진열면적이 감소되며 시계, 귀금속, 의약품 등의 판매에 적당하다.

합격 POINT 상점의 판매방식
- 대면판매: 고객과 직원이 진열장을 사이에 두고 판매하는 형식, 직원의 위치를 정하기 용이하지만 직원의 통로면적이 소요되므로 진열 면적이 감소함
- 측면판매: 고객과 직원이 진열 상품을 같은 방향으로 보며 판매하는 형식, 직원의 위치를 정하기 어렵지만 진열 면적이 커짐

08 ★☆☆

사무소 건축의 실단위 계획에 관한 설명으로 옳지 않은 것은?

① 개실 시스템은 독립성과 쾌적감의 이점이 있다.
② 개방식 배치는 전면적을 유용하게 사용할 수 있다.
③ 개방식 배치는 개실 시스템보다 공사비가 저렴하다.
④ 오피스 랜드스케이프(Office landscape)는 개실 시스템을 위한 실단위 계획이다.

해설
오피스 랜드스케이프는 개방식 배치의 하나로 서열이나 직급 등에 따라 획일적으로 배치하지 않고 사무의 흐름이나 작업의 성격에 따라 능률적으로 배치하는 방법이다.

선지분석
① 사무소 건축의 실단위 계획에서 개실 배치는 독립성과 쾌적감 확보에 유리하다.
② 개방식 배치는 전면적을 유용하게 사용할 수 있어 공간 절약상 유리하다.

09 ★★★

주택 단지 내 도로의 형태 중 쿨데삭(Cul-de-sac)형에 관한 설명으로 옳지 않은 것은?

① 통과교통이 방지된다.
② 우회도로가 없기 때문에 방재·방범상으로는 불리하다.
③ 주거환경의 쾌적성과 안전성 확보가 용이하다.
④ 대규모 주택 단지에 주로 사용되며, 도로의 최대 길이는 1km 이하로 한다.

해설
쿨데삭의 최대 길이는 120~300m까지로 하며, 300m 이상 시에는 중간부에 회전지점이 필요하다.

선지분석
①, ③ 통과교통이 방지되므로 주거환경의 쾌적성과 안정성을 모두 확보할 수 있다.
② 쿨데삭은 주택단지 내 막다른 도로로서 우회도로가 없기 때문에 방재·방범상 불리하다.

정답 05 ① 06 ① 07 ② 08 ④ 09 ④

10 ★☆☆
학교의 배치형식 중 분산병렬형에 관한 설명으로 옳지 않은 것은?

① 일종의 핑거 플랜이다.
② 구조계획이 간단하고 시공이 용이하다.
③ 부지의 크기에 상관없이 적용이 용이하다.
④ 일조·통풍 등 교실의 환경조건을 균등하게 할 수 있다.

해설
분산병렬형은 넓은 부지를 필요로 한다.

합격 POINT 분산병렬형
- 일종의 핑거 플랜이다.
- 넓은 부지를 필요로 한다.
- 구조계획이 간단하고 시공이 용이하다.
- 일조·통풍 등 교실의 환경조건을 균등하게 할 수 있다.
- 각 교사건축물 사이의 공간을 놀이터나 정원으로 이용할 수 있다.

11 ★★★
상점의 매장 및 정면 구성에서 요구되는 AIDMA 법칙의 내용으로 옳지 않은 것은?

① Memory   ② Interest
③ Attention ④ Attraction

해설
상점의 광고 5요소(AIDMA 법칙)
- Attention(주의)
- Interest(흥미)
- Desire(욕망, 욕구)
- Memory(기억, 인상)
- Action(행동)

12 ★★★
테라스 하우스에 관한 설명으로 옳지 않은 것은?

① 경사가 심할수록 밀도가 높아진다.
② 각 세대의 깊이는 7.5m 이상으로 하여야 한다.
③ 평지보다 더 많은 인구를 수용할 수 있어 경제적이다.
④ 시각적인 인공테라스형은 위층으로 갈수록 건물의 내부 면적이 작아지는 형태이다.

해설
테라스 하우스에서 각 세대의 깊이는 6.0 ~ 7.5m 이상이 되지 않도록 해야 한다.

합격 POINT 테라스 하우스
- 경사지에서 적절히 절토하여 지형에 맞추어 건물을 짓는다.
- 각 호마다 전용 정원(뜰)을 갖는다.
- 전입방식에 따라 하향식과 상향식으로 나눈다.
- 각 세대당 2.7m 정도의 높이 차가 나는 것이 적당하다.

13 ★★★
극장건축에서 무대의 제일 뒤에 설치되는 무대 배경용의 벽을 의미하는 것은?

① 사이클로라마 ② 플라이 로프트
③ 플라이 갤러리 ④ 그리드 아이언

해설
무대의 제일 뒤에 설치되는 무대 배경용의 벽은 사이클로라마(Cyclorama)이다.

선지분석
② 플라이 로프트: 무대 상부 공간
③ 플라이 갤러리: 그리드 아이언으로 올라가는 계단과 연결시킨 무대 주위 벽에 설치되는 좁은 통로
④ 그리드 아이언: 무대의 천장 밑에 철골을 촘촘히 깔아만든 바닥으로 배경이나 조명기구, 음향 반사판 등을 매달 수 있게 한 장치

14 ★★★
다음의 호텔 중 연면적에 대한 숙박면적의 비가 일반적으로 가장 큰 것은?

① 커머셜 호텔   ② 클럽 하우스
③ 리조트 호텔   ④ 아파트먼트 호텔

해설
호텔의 연면적에 대한 숙박면적의 비
커머셜(시티) 호텔 > 리조트 호텔 > 아파트먼트 호텔

합격 POINT 호텔의 부분별 면적비
- 숙박면적비: 커머셜(시티) 호텔 > 리조트 호텔 > 아파트먼트 호텔
- 공용면적비: 아파트먼트 호텔 > 리조트 호텔 > 커머셜(시티) 호텔

15 ★☆☆
다음 중 건축가와 작품의 연결이 옳지 않은 것은?

① 르 코르뷔지에 — 사보아 주택
② 오스카 니마이머 — 브라질 국회의사당
③ 미스 반 데어 로에 — 뉴욕 레버하우스
④ 프랭크 로이드 라이트 — 뉴욕 구겐하임 미술관

해설
- 뉴욕 레버하우스는 고든 번샤프트의 작품이다.
- 미스 반 데어 로에(Mies Van der Rohe)의 작품에는 바르셀로나 박람회 독일관(파빌리온), 투겐하트 주택, 시그램 빌딩, 일리노이 공과대학 크라운 홀 등이 있다.

정답 10 ③ 11 ④ 12 ② 13 ① 14 ① 15 ③

16 ★★☆
주택의 부엌 계획에 관한 설명으로 옳지 않은 것은?

① 일사가 긴 서쪽은 음식물이 부패하기 쉬우므로 피하도록 한다.
② 작업삼각형은 냉장고와 개수대 그리고 배선대를 잇는 삼각형이다.
③ 부엌가구의 배치유형 중 ㄱ자형은 부엌과 식당을 겸할 경우 많이 활용되는 형식이다.
④ 부엌가구의 배치유형 중 일렬형은 면적이 좁은 경우 이용에 효과적이므로 소규모 부엌에 주로 활용된다.

해설
- 작업삼각형은 냉장고와 개수대 그리고 가열대를 잇는 삼각형이다.
- 작업삼각형의 길이는 3.6~6.6m로 하는 것이 능률적이다.

선지분석
① 부엌의 위치는 일광에 의한 건조 소독이 가능한 남측 또는 동측이 좋다.
③ ㄱ자형(ㄴ자형)은 정방형의 부엌에 적당하며 부엌과 식당을 겸할 경우 많이 활용되는 형식이다.
④ 일렬형(일자형)은 소규모 부엌에 알맞고 동선의 혼란이 없는 반면 움직임이 많아 동선이 길어진다.

17 ★★★
종합병원계획에 관한 설명으로 옳지 않은 것은?

① 수술부는 타 부분의 통과교통이 없는 장소에 배치한다.
② 수술실의 바닥은 전기도체성 마감을 사용하는 것이 좋다.
③ 간호사 대기실은 각 간호단위 또는 층별, 동별로 설치한다.
④ 평면계획 시 모듈을 적용하여 각 병실을 모두 동일한 크기로 하는 것이 좋다.

해설
평면계획 시 모듈을 적용하여 각 병실은 1인실, 2인실, 다인실 등 각각 다른 크기로 하는 것이 좋다.

18 ★☆☆
공장 건축계획에 관한 설명으로 옳지 않은 것은?

① 기능식 레이아웃은 소종 다량생산이나 표준화가 쉬운 경우에 주로 적용된다.
② 공장의 지붕형식 중 톱날지붕은 균일한 조도를 얻을 수 있다는 장점이 있다.
③ 평면계획 시 관리부분과 생산공정부분을 구분하고 동선이 혼란되지 않게 한다.
④ 공장건축의 형식에서 집중식(Block type)은 건축비가 저렴하고, 공간효율도 좋다.

해설
- 기능식 레이아웃은 다종 소량생산이나 표준화가 어려운 경우에 주로 적용된다.
- 기능식 레이아웃은 다른 말로 공정중심의 레이아웃(기계설비 중심)이라고 한다.
- 공정중심의 레이아웃은 작업 표준화가 어려운 경우 이용하는 방식으로 주문 생산에 적합하며 생산성이 낮다.

선지분석
② 톱날지붕은 북향으로 할 경우 하루 종일 변함없는 조도를 가진 약광선을 받아들일 수 있다.

19 ★★☆
척도 조정(M.C.)에 관한 설명으로 옳지 않은 것은?

① 설계작업이 단순해지고 간편해진다.
② 현장작업이 단순해지고 공기가 단축된다.
③ 건축물 형태의 다양성 및 창조성 확보가 용이하다.
④ 구성재의 상호조합에 의한 호환성을 확보할 수 있다.

해설
건축물 형태의 창조성과 인간성이 상실될 수 있다.

합격 POINT 척도 조정(Modular Coordination)
1. 정의
   건물의 설계 시나 구조계획 또는 시공의 측면에서 고려해야 할 일반적인 기준인 모듈을 사용해서 건축물의 재료나 부품에서부터 설계, 시공에 이르기까지 건축 생산 전반에 걸쳐 치수의 유기적인 연계성을 만들어 건축물의 미적 질서를 갖게 하는 것이다.
2. 장점
   - 설계작업이 단순화된다.
   - 건축구성재의 대량생산이 가능해지고, 생산 비용이 낮아진다.
   - 건축구성재의 수송과 취급이 편리해진다.
   - 현장작업이 단순해지므로 공사시간이 단축된다.
   - 국제적인 MC를 사용하면 건축구성재의 국제교역이 가능해진다.

20 ★★☆
봉정사 극락전에 관한 설명으로 옳지 않은 것은?

① 지붕은 팔작지붕의 형태를 띠고 있다.
② 공포를 주상에만 짜놓은 주심포 양식의 건축물이다.
③ 우리나라에 현존하는 목조 건축물 중 가장 오래된 것이다.
④ 정면 3칸에 측면 4칸의 규모이며 서남향으로 배치되어 있다.

해설
- 지붕은 단층 맞배지붕의 형태를 띠고 있다.
- 봉정사 극락전은 주심포식의 고려 초기(13C) 건축물로 현존하는 가장 오래된 목조건축물이다.

정답 16 ② 17 ④ 18 ① 19 ③ 20 ①

제2과목 건축시공

21 ★★★
금속 커튼월의 Mock up test에 있어 기본 성능시험의 항목에 해당되지 않는 것은?

① 정압수밀시험 ② 방재시험
③ 구조시험   ④ 기밀시험

해설
커튼월 실물대모형시험의 시험 항목
- 구조시험
- 기밀시험
- 동압수밀시험
- 정압수밀시험
- 예비시험

합격 POINT 커튼월 실물대모형시험(Mock Up Test)
풍동시험(Wind Tunnel Test) 설계풍하중을 토대로 제작된 실물모형에 임의로 설정된 최악의 외부 환경상태에서 실물모형에 어떠한 영향을 주는가를 비교, 분석하는 실험이다.

22 ★☆☆
표준시방서에 따른 시스템비계에 관한 기준으로 옳지 않은 것은?

① 수직재와 수직재의 연결은 전용의 연결조인트를 사용하여 견고하게 연결하고, 연결 부위가 탈락 또는 꺾어지지 않도록 하여야 한다.
② 수평재는 수직재에 연결핀 등의 결합 방법에 의해 견고하게 결합되어 흔들리거나 이탈되지 않도록 하여야 한다.
③ 대각으로 설치하는 가새는 비계의 외면으로 수평면에 대해 40~60° 방향으로 설치하며 수평재 및 수직재에 결속한다.
④ 시스템 비계 최하부에 설치하는 수직재는 받침 철물의 조절너트와 밀착되도록 설치하여야 하며, 수직과 수평을 유지하여야 한다. 이때, 수직재와 받침 철물의 겹침길이는 받침 철물 전체 길이의 5분의 1 이상이 되도록 하여야 한다.

해설
시스템비계의 최하부에 설치하는 수직재는 받침 철물의 조절너트와 밀착되도록 설치하여야 하며, 수직과 수평을 유지하여야 한다. 이때, 수직재와 받침 철물의 겹침길이는 받침 철물 전체 길이의 3의 1 이상이 되도록 하여야 한다.

23 ★★☆
다음 중 열가소성수지에 해당하는 것은?

① 페놀수지   ② 염화비닐수지
③ 요소수지   ④ 멜라민수지

해설
페놀수지, 요소수지, 멜라민수지는 열경화성수지이며, 염화비닐수지는 열가소성수지에 해당한다.

합격 POINT 합성수지의 종류

구분	종류
열경화성	에폭시수지, 실리콘수지, 요소수지, 멜라민수지, 페놀수지 등
열가소성	아크릴수지, 폴리스티렌수지, 폴리에틸렌수지, 염화비닐수지, 초산비닐수지, 폴리아미드수지, 폴리프로필렌수지 등

24 ★★★
콘크리트 균열의 발생 시기에 따라 구분할 때 콘크리트의 경화 전 균열의 원인이 아닌 것은?

① 크리프수축 ② 거푸집의 변형
③ 침하   ④ 소성수축

해설
크리프수축은 콘크리트의 경화 후 균열의 원인에 해당한다.

합격 POINT 콘크리트의 균열

시기	원인
경화 전 균열	• 재료분리, 침하 • 소성수축 • 거푸집 변형 • 진동 및 재하
경화 후 균열	• 건조(크리프)수축 • 탄산화 • 화학반응(알칼리 골재 반응, 황산염에 의한 팽창반응) • 열응력(온도변화) • 동결융해 • 철근부식

정답 21 ② 22 ④ 23 ② 24 ①

25 ★★☆

프리스트레스트 콘크리트(Prestressed concrete)에 관한 설명으로 옳지 않은 것은?

① 포스트텐션(Post-tension)공법은 콘크리트의 강도가 발현된 후에 프리스트레스를 도입하는 현장형 공법이다.
② 구조물의 자중을 경감할 수 있으며, 부재단면을 줄일 수 있다.
③ 화재에 강하며, 내화피복이 불필요하다.
④ 고강도이면서 수축 또는 크리프 등의 변형이 적은 균일한 품질의 콘크리트가 요구된다.

해설
프리스트레스트 콘크리트(PS 콘크리트)는 포스트텐션, 프리텐션 공법으로 미리 부재에 응력을 주어 외력을 없애는 콘크리트로 화재에 약하며 내화피복이 필요하다.

26 ★★☆

고강도 콘크리트의 배합에 대한 기준으로 옳지 않은 것은?

① 단위수량은 소요의 워커빌리티를 얻을 수 있는 범위 내에서 가능한 작게 하여야 한다.
② 잔골재율은 소요의 워커빌리티를 얻도록 시험에 의하여 결정하여야 하며, 가능한 작게 하도록 한다.
③ 고성능 감수제의 단위량은 소요 강도 및 작업에 적합한 워커빌리티를 얻도록 시험에 의해서 결정하여야 한다.
④ 기상의 변화 등에 관계없이 공기연행제를 사용하는 것을 원칙으로 한다.

해설
고강도 콘크리트 배합설계 시 공기연행제를 사용하지 않는 것을 원칙으로 한다. (단, 기상의 변화나 동결융해 대책 필요 시 예외)

27 ★★☆

철골공사의 접합에 관한 설명으로 옳지 않은 것은?

① 고력볼트접합의 종류에는 마찰접합, 지압접합이 있다.
② 녹막이도장은 작업장소 주위의 기온이 5°C 미만이거나 상대습도가 85%를 초과할 때는 작업을 중지한다.
③ 철골이 콘크리트에 묻히는 부분은 특히 녹막이칠을 잘해야 한다.
④ 용접 접합에 대한 비파괴시험의 종류에는 자분탐상시험, 초음파탐상시험 등이 있다.

해설
철골이 콘크리트에 묻히는 부분은 녹막이칠을 하지 않는다.

합격 POINT 철골공사 시 녹막이칠을 하지 않는 부위
- 현장 용접하는 부분
- 고력볼트 접합부의 마찰면
- 콘크리트에 묻히는 부분이나 밀폐되는 내면
- 조립에 의하여 밀착되는 부분

28 ★★★

건설현장에서 공사감리자로 근무하고 있는 A씨가 하는 업무로 옳지 않은 것은?

① 상세시공도면의 작성
② 공사시공자가 사용하는 건축자재가 관계 법령에 의한 기준에 적합한 건축자재인지 여부의 확인
③ 공사현장에서의 안전관리지도
④ 품질시험의 실시여부 및 시험성과의 검토, 확인

해설
상세시공도면은 시공자가 작성한다.

정답 25 ③ 26 ④ 27 ③ 28 ①

29 ★☆☆

다음 중 가설비용의 종류로 볼 수 없는 것은?

① 가설건물비　　② 바탕처리비
③ 동력, 전등설비　④ 용수설비

해설
바탕처리비는 본공사 비용이다.

합격 POINT 가설공사의 분류

공통가설공사	직접가설공사
• 대지측량 • 가설운반로 • 가설울타리 • 가설건물 • 가설창고 • 공사용 동력 • 용수설비(가설용수) • 시험설비 • 공사용 장비 • 운반 • 인접건물 보상 • 종말 정리청소 • 통신, 환기, 냉·난방 설비	• 규준틀 • 비계 • 안전시설 • 보양재료 • 건축물 현장정리

30 ★☆☆

다음과 같은 철근콘크리트조 건축물에서 외줄 비계면적으로 옳은 것은? (단, 비계 높이는 건축물의 높이로 함)

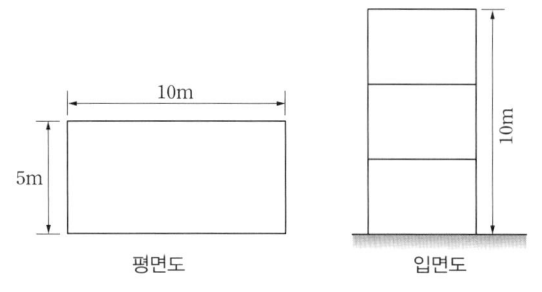

① 300m²　　② 336m²
③ 372m²　　④ 400m²

해설
외줄 비계면적(A)
={외벽둘레(L)+0.45×8}×비계 높이(H)
={(10m+5m)×2+3.6m}×10m
=336m²

합격 POINT 비계설치를 위한 이격거리
• 외줄 비계: 0.45m 이격
• 쌍줄 비계: 0.9m 이격
• 단관 파이프: 1.0m 이격

31 ★★☆

보통 콘크리트용 부순 골재의 원석으로서 가장 적합하지 않은 것은?

① 현무암　　② 응회암
③ 안산암　　④ 화강암

해설
부순 골재로는 현무암, 안산암, 화강암의 단단한 암석을 사용한다.

32 ★★☆

조적식 구조의 기초에 관한 설명으로 옳지 않은 것은?

① 내력벽의 기초는 연속기초로 한다.
② 기초판은 철근콘크리트구조로 할 수 있다.
③ 기초판은 무근콘크리트구조로 할 수 있다.
④ 기초벽의 두께는 최하층의 벽체 두께와 같게 하되, 250mm 이하로 하여야 한다.

해설
기초벽의 두께는 250mm 이상으로 하여야 한다.

33 ★★★

건축공사 스프레이 도장 방법에 관한 설명으로 옳지 않은 것은?

① 도장거리는 스프레이 도장면에서 300mm를 표준으로 한다.
② 매 회에 에어스프레이는 붓도장과 동등한 정도의 두께로 하고, 2회분의 도막 두께를 한 번에 도장하지 않는다.
③ 각 회의 스프레이 방향은 전회의 방향과 평행으로 진행한다.
④ 스프레이할 때는 항상 평행이동하면서 운행의 한 줄마다 스프레이 너비의 1/3 정도를 겹쳐 뿜는다.

해설
각 회의 스프레이 방향은 전회의 방향에 직각으로 한다.

합격 POINT 뿜칠 도장방법
• 매끈한 평면에 평행이동하면서 1/3 정도 겹쳐 뿜칠한다.
• 뿜칠면과의 거리는 300mm를 표준으로 압력에 따라 가감한다.
• 색을 다르게 칠하여 칠 횟수를 구분한다.
• 전회의 방향에서 직각으로 한다.

정답 29 ② 30 ② 31 ② 32 ④ 33 ③

34 ★★★

시멘트 광물질의 조성 중에서 발열량이 높고 응결시간이 가장 빠른 것은?

① 알루민산 삼석회 ② 규산 삼석회
③ 규산 이석회 ④ 알루민산철 사석회

해설
시멘트 성분 중 응결이 빠른 순서는 알루민산 3석회 > 규산 3석회 > 알루민산철 4석회 > 규산 2석회이다.

35 ★☆☆

공사장 부지 경계선으로부터 50m 이내에 주거·상가건물이 있는 경우에 공사현장 주위에 가설울타리는 최소 얼마 이상의 높이로 설치하여야 하는가?

① 1.5m ② 1.8m
③ 2m ④ 3m

해설
공사현장 주위에 가설울타리의 최소 설치 높이는 1.8m 이상이다. (단, 공사장부지 경계선으로부터 50m 이내에 주거·상가건물이 집단으로 밀집되어 있는 경우 높이 3m 이상으로 설치한다.)

36 ★★☆

다음 중 조적벽 치장줄눈의 종류로 옳지 않은 것은?

① 오목줄눈 ② 빗줄눈
③ 통줄눈 ④ 실줄눈

해설
통줄눈은 벽돌쌓기에서 여러 켜의 세로줄눈이 상하 일직선으로 이어진 줄눈이다. 치장줄눈은 조적벽에서 의장적인 역할을 하는 줄눈으로 오목줄눈, 빗줄눈, 실줄눈, 평줄눈 등이 있다.

37 ★★☆

열적외선을 반사하는 은소재 도막으로 코팅하여 방사율과 열관류율을 낮추고 가시광선 투과율을 높인 유리는?

① 스팬드럴유리 ② 접합유리
③ 배강도유리 ④ 로이유리

해설
로이(Low-E)유리는 적외선 반사율이 높은 금속막으로 코팅된 유리로서 가시광선의 투과율이 높고 열선 투과율이 낮은 에너지절약형유리이다.

선지분석
① 스팬드럴유리(Spandrel glass): 스팬드럴 부분의 보나 기둥, 기타 구조재 등을 감추기 위한 목적으로 창이나 커튼월에 끼워 넣는 불투명한 유리이다.
② 접합(안전)유리: 2개 이상의 유리판 사이에 수지 층을 넣어 접합한 유리로, 파손 시 유리 파편이 튀지 않는 안전유리이다.
③ 배강도유리: 일반유리의 2배 정도의 강도를 가진 유리로 파손 시 강화유리와 유사하게 깨진다.

38 ★☆☆

타격에 의한 말뚝박기공법을 대체하는 저소음, 저진동의 말뚝공법에 해당되지 않는 것은?

① 압입 공법 ② 사수(Water jetting) 공법
③ 프리보링 공법 ④ 바이브로콤포저 공법

해설
바이브로콤포저(Vibro composer)공법은 지반에 모래말뚝을 조성하여 진동다짐하는 지반개량공법이다.

합격 POINT 무소음, 무진동 말뚝공법

종류	내용
프리보링(Preboring) 공법	미리 구멍을 뚫고 굴착한 후에 말뚝을 타입하는 공법
사수(Water jetting) 공법	말뚝선단에서 고압의 물을 분사하여 타입하는 공법
압입(壓入) 공법	잭으로 말뚝머리에 큰 하중을 가하여 박는 공법
중공굴착(중굴) 공법	말뚝의 중공부(中空部)에 오거를 삽입하여 매설하는 공법

정답 34 ① 35 ④ 36 ③ 37 ④ 38 ④

39 ★★★

공정관리에서의 네트워크(Network)에 관한 용어와 관계 없는 것은?

① 커넥터(Connector)
② 크리티컬 패스(Critical path)
③ 더미(Dummy)
④ 플로트(Float)

해설
커넥터(Connector)는 못, 핀 등의 접합 철물이다.

합격 POINT 네트워크 공정표 용어

용어	영어	내용
더미	Dummy	화살표형 네트워크에서 정상 표현으로 할 수 없는 작업 상호관계를 표시하는 화살표
작업	Job, Activity	프로젝트를 구성하는 작업단위
결합점 (이벤트)	Node, Event	화살표형 네트워크의 작업과 작업을 결합하는 점 및 개시점·종료점
크리티컬 패스	Critical path	개시 결합점에서 종료 결합점에 이르는 가장 긴 패스
플로트	Float	각 작업에 허용되는 시간적인 여유

40 ★★☆

다음 각 유리에 관한 설명으로 옳지 않은 것은?

① 망입유리는 파손되더라도 파편이 튀지 않으므로 진동에 의해 파손되기 쉬운 곳에 사용된다.
② 복층유리는 단열 및 차음성이 좋지 않아 주로 선박의 창 등에 이용된다.
③ 강화유리는 압축강도를 한층 강화한 유리로 현장가공 및 절단이 되지 않는다.
④ 자외선 투과 유리는 병원이나 온실 등에 이용된다.

해설
복층유리(이중유리)는 2장 이상의 판유리를 전용 스페이서로 일정 간격으로 유지해서 그 주변을 금속, 봉착 접착제 등으로 밀봉한 유리로 방음, 단열이 좋고, 결로방지에 효과적이다.

제3과목 건축구조

41 ★★☆

$H-300 \times 150 \times 6.5 \times 9$인 형강보가 $10\,kN$의 전단력을 받을 때 웨브에 생기는 전단응력도의 크기는 약 얼마인가? (단, 웨브전단면적 산정 시 플랜지 두께는 제외함)

① 3.46MPa ② 4.46MPa
③ 5.46MPa ④ 6.46MPa

해설
전단력은 웨브 부재가 모두 부담한다고 간주한다.

$$\therefore 전단응력 \tau = \frac{V}{t_w \cdot h} = \frac{10 \times 10^3}{6.5 \times (300-2\times9)} \fallingdotseq 5.46MPa$$

42 ★☆☆

다음 강종 표시기호에 관한 설명으로 옳지 않은 것은? (단, KS 강종기호 개정사항 반영)

SMA	355	B	W
|	|	|	|
(가)	(나)	(다)	(라)

① (가) : 용도에 따른 강재의 명칭 구분
② (나) : 강재의 인장강도 구분
③ (다) : 충격흡수에너지 등급 구분
④ (라) : 내후성 등급 구분

해설
(가) 강재명칭 − SMA: Steel Marine Atmosphere(용접구조용 내후성 열간압연강재)
(나) 강재의 항복강도 − 355MPa
(다) 샤르피 흡수에너지 등급 − B(B: 일정수준 충격치 요구)
(라) 내후성 등급 − W(녹안정화 처리)

정답 39 ① 40 ② 41 ③ 42 ②

43 ★★☆

각종 단면의 주축(主軸)을 표시한 것으로 옳지 않은 것은?

①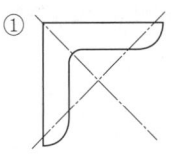
②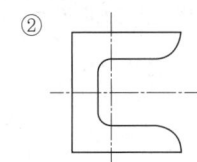
③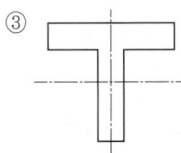
④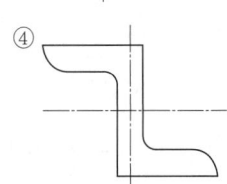

해설

z형강 단면의 주축

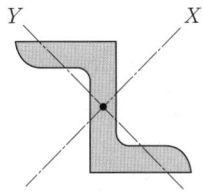

44 ★★☆

그림과 같은 라멘의 AB재에 휨모멘트가 발생하지 않게 하려면 P는 얼마가 되어야 하는가?

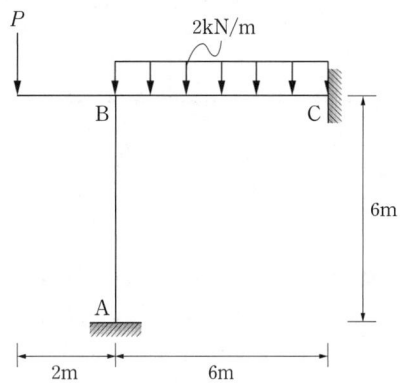

① 3kN
② 4kN
③ 5kN
④ 6kN

해설

고정단모멘트(FEM; Fixed End Moment)

$FEM_{AB} = -\dfrac{wL^2}{12}$

$FEM_{BA} = +\dfrac{wL^2}{12}$

B절점에서 절점방정식을 적용한다.

$\Sigma M_B = 0$;

$M_{BA} + M_{B(자유단)} + M_{BC} = 0$

$0 - P \times 2 + \dfrac{2 \times 6^2}{12} = 0$

$\therefore P = 3\text{kN}$

정답 43 ④ 44 ①

45 ★☆☆

그림과 같은 단순보에서 A점과 B점에 발생하는 반력으로 옳은 것은?

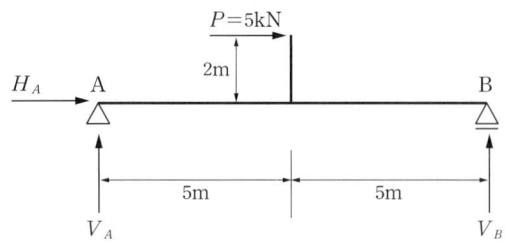

① $H_A=+5kN, V_A=+1kN, V_B=+1kN$
② $H_A=-5kN, V_A=-1kN, V_B=+1kN$
③ $H_A=+5kN, V_A=+1kN, V_B=-1kN$
④ $H_A=-5kN, V_A=+1kN, V_B=+1kN$

해설

$\Sigma H=0; H_A+5=0, \therefore H_A=-5kN$
$\Sigma M_B=0; V_A\times10+5\times2=0, \therefore V_A=-1kN$
$\Sigma V=0; V_A+V_B=0, \therefore V_B=+1kN$

46 ★☆☆

다음과 같은 단순보의 최대 처짐량(δ_{max})이 30cm 이하가 되기 위하여 보의 단면2차모멘트는 최소 얼마 이상이 되어야 하는가? (단, 보의 탄성계수는 $E=1.25\times10^4 N/mm^2$)

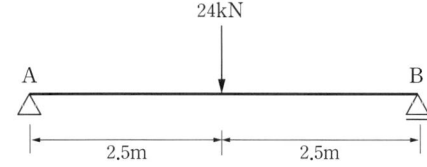

① 1,500cm⁴ ② 1,670cm⁴
③ 2,000cm⁴ ④ 2,500cm⁴

해설

단순보의 중앙에 집중하중 작용 시 중앙점 최대 처짐

$\delta_{max}=\frac{1}{48}\cdot\frac{PL^3}{EI}$ 으로부터

$I=\frac{PL^3}{48E\cdot\delta_{max}}$

$\therefore I=\frac{24,000N\times(5,000mm)^3}{48\times(1.25\times10^4 N/mm^2)(300mm)}$

$\fallingdotseq 16,666,667mm^4 \fallingdotseq 1,667cm^4$

47 ★☆☆

횡력의 25% 이상을 부담하는 연성모멘트 골조가 전단벽이나 가새골조와 조합되어 있는 구조방식을 무엇이라 하는가?

① 제진시스템방식
② 면진시스템방식
③ 이중골조방식
④ 메가칼럼-전단벽 구조방식

해설

이중골조형식(Dual structure)은 수평하중의 25% 이상을 부담하는 모멘트(연성)골조가 전단벽이나 가새골조와 조합되어 있는 골조방식이다.

48 ★☆☆

구조물의 내진보강 대책으로 적합하지 않은 것은?

① 구조물의 강도를 증가시킨다.
② 구조물의 연성을 증가시킨다.
③ 구조물의 중량을 증가시킨다.
④ 구조물의 감쇠를 증가시킨다.

해설

지진하중과 같은 동적인 힘이 구조물에 가해질 경우, 구조물의 질량은 건물 기초에서의 흔들림에 대한 반력과 같게 되므로 반력으로 작용하는 질량이 작으면 작을수록 지진하중은 작아진다. 따라서 구조물의 불필요한 무게를 줄이는 것이 내진설계의 기본원칙이 된다.

49 ★★★

폭 $b=250mm$, 높이 $h=500mm$인 직사각형 콘크리트 보 부재의 균열모멘트 M_{cr}은? (단, 경량콘크리트계수 $\lambda=1$, $f_{ck}=24MPa$)

① 8.3kN·m ② 16.4kN·m
③ 24.5kN·m ④ 32.2kN·m

해설

균열모멘트

$M_{cr}=0.63\lambda\sqrt{f_{ck}}\times\frac{bh^2}{6}=0.63\times1\times\sqrt{24}\times\frac{250\times500^2}{6}$

$\fallingdotseq 32.15\times10^6 N\cdot mm=32.15kN\cdot m$

합격 POINT 균열모멘트

$M_{cr}=f_r\times Z=0.63\lambda\sqrt{f_{ck}}\times\frac{bh^2}{6}$

여기서 f_r(콘크리트 파괴계수)=$0.63\lambda\sqrt{f_{ck}}$, Z: 단면계수, f_{ck}: 콘크리트 압축강도, b: 부재폭, h: 부재높이

정답 45 ② 46 ② 47 ③ 48 ③ 49 ④

50

철골콘크리트 T형보의 유효폭 산정식에 관련된 사항과 거리가 먼 것은?

① 보의 폭
② 슬래브 중점간 거리
③ 슬래브의 두께
④ 보의 춤

해설

T형보의 유효폭(b_e)은 다음 중 최솟값
1. $16t_f + b_w$ (t_f: 슬래브 두께, b_w: 보의 폭)
2. 양쪽 슬래브 중심간 거리
3. 보 경간(Span)의 $\dfrac{1}{4}$

51

하중저항계수설계법에 따른 강구조 연결 설계기준을 근거로 할 때 고장력볼트의 직경이 M24라면 표준구멍의 직경으로 옳은 것은?

① 26mm
② 27mm
③ 28mm
④ 30mm

해설

M24이므로 표준구멍의 직경은 3mm를 더한 27mm이다.

합격 POINT ▶ 표준구멍의 직경

고장력볼트 호칭직경에 여유폭을 더한 값이다.
1. M16~22: 호칭직경 +2mm
2. M24~30: 호칭직경 +3mm

52

강도설계법에서 처짐을 계산하지 않는 경우 스팬이 8.0m인 단순지지된 보의 최소 두께로 옳은 것은? (단, 보통중량콘크리트와 $f_y = 400$MPa 철근을 사용한 경우)

① 380mm
② 430mm
③ 500mm
④ 600mm

해설

최소 두께 $h_{\min} = \dfrac{l}{16} = \dfrac{8{,}000}{16} = 500$mm

53

그림과 같은 도형의 x-x축에 대한 단면2차모멘트는?

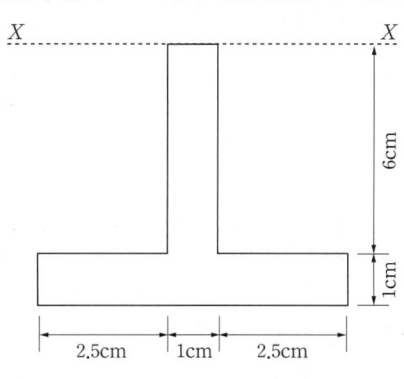

① 326cm⁴
② 278cm⁴
③ 215cm⁴
④ 188cm⁴

해설

단면2차모멘트 평행축 정리
$I_{\text{이동축}} = I_{\text{도심축}} + A \cdot e^2$
여기서, $I_{\text{이동축}}$: 이동축에 대한 단면2차모멘트
$I_{\text{도심축}}$: 도심축에 대한 단면2차모멘트
A: 단면적, e: 도심축으로부터 이동축까지의 거리

$\therefore I_x = \left(\dfrac{1 \times 6^3}{12} + (1 \times 6) \times 3^2\right) + \left(\dfrac{6 \times 1^3}{12} + (6 \times 1) \times 6.5^2\right) = 326\text{cm}^4$

정답 50 ④ 51 ② 52 ③ 53 ①

54 ★☆☆

그림과 같은 트러스(Truss)에서 T부재에 발생하는 부재력으로 옳은 것은?

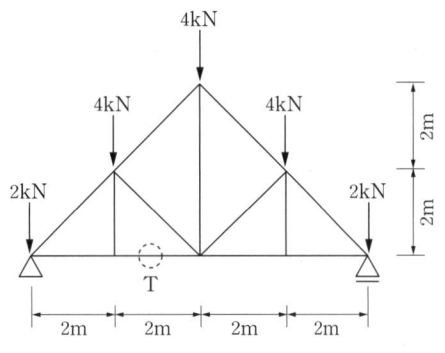

① 4kN ② 6kN
③ 8kN ④ 16kN

해설

하중과 경간이 좌우 대칭이므로
$V_A = V_B = +8kN(↑)$

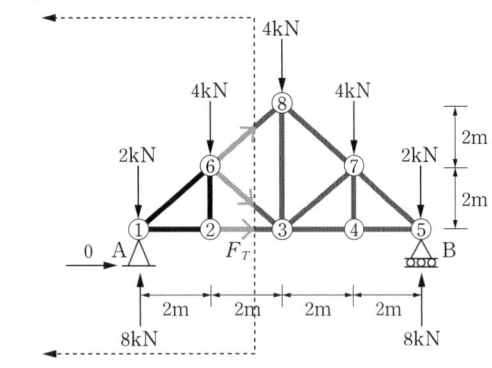

절점 ⑥에서 모멘트를 계산하면,
$M_{⑥.LEFT} = 0;\ 8 \times 2 - 2 \times 2 - F_T \times 2 = 0$
∴ $F_T = 6kN$(인장)

55 ★☆☆

저층 강구조 장스팬 건물의 구조계획에서 고려해야 할 사항과 가장 관계가 적은 것은?

① 층고, 지붕형태 등 건물의 형상 산정
② 적절한 골조 간격의 선정
③ 강절점, 활절점에 대한 부재의 접합방법 선정
④ 풍하중에 의한 횡변위 제어방법

해설

풍하중에 의한 횡변위 제어는 저층 장스팬 구조가 아닌 (초)고층 구조계획에서 고려해야 할 사항이다.

56 ★☆☆

보 또는 보의 역할을 하는 리브나 지판이 없이 기둥으로 하중을 전달하는 2방향으로 철근이 배치된 콘크리트 슬래브는?

① 워플 슬래브(Waffle slab)
② 플랫 플레이트(Flat plate)
③ 플랫 슬래브(Flat slab)
④ 데크플레이트 슬래브(Deck plate slab)

해설

플랫 플레이트(Flat plate): 보 또는 리브, 지판 혹은 주두 없이 기둥과 슬래브만으로 이루어진 구조

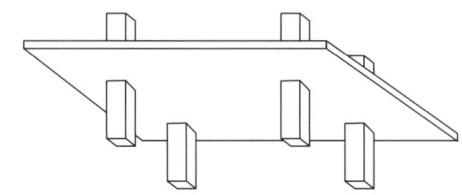

선지분석

①	워플 슬래브(Waffle slab): 격자형 리브가 양방향으로 설치된 슬래브	
③	플랫 슬래브(Flat slab): 기둥과 슬래브 사이의 뚫림전단에 저항하기 위해 지판이나 주두를 설치한 슬래브	
④	데크플레이트 슬래브(Deck plate slab): 슬래브용 거푸집과 철근이 일체화된 구조시스템으로서 공장제작으로 시공정밀도와 생산성이 우수하고, 공기단축과 공사비 절감이 가능	

정답 54 ② 55 ④ 56 ②

57 ★★☆

그림과 같은 ㄷ형강(Channel)에서 전단중심(剪斷中心)의 대략적인 위치는?

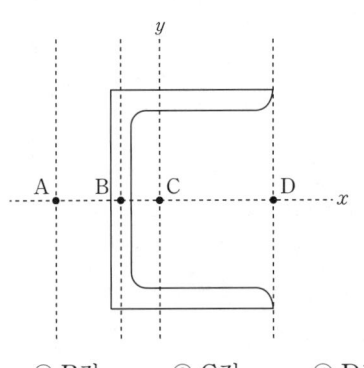

① A점　② B점　③ C점　④ D점

해설

ㄷ형강 단면의 보에서 하중을 단면의 중심선상에 가하면 비틀림이 생기고, 이 비틀림의 크기는 하중이 웨브 쪽으로 옮겨감에 따라 감소한다. ㄷ형강의 전단중심은 웨브의 바깥쪽에 있는 A점의 위치가 되며, A의 위치에 외력이 작용하게 되면 비틀림이 생기지 않고 휨변형만 발생하게 된다.

58 ★★☆

인장이형철근의 정착길이를 산정할 때 작용되는 보정계수에 해당되지 않는 것은?

① 철근배근 위치계수
② 도막계수
③ 크리프계수
④ 경량콘크리트 계수

해설

크리프계수는 크리프 변형이 거의 일정한 값으로 수렴했을 때 크리프 변형과 탄성 변형의 비율이다. 여기서 크리프 변형은 지속적인 응력 작용 시 시간이 경과하면서 증가하는 변형을 말한다.

합격 POINT 인장이형철근 정착길이

$$l_d = \frac{0.9 d_b \cdot f_y}{\lambda\sqrt{f_{ck}}} \cdot \frac{\alpha \cdot \beta \cdot \gamma}{\left(\frac{c+K_{tr}}{d_b}\right)}$$

여기서, λ: 경량콘크리트 계수, α: 철근배근 위치계수, β: 도막계수, γ: 철근의 크기계수, c: 철근 간격 또는 피복두께에 관련된 치수, K_{tr}: 횡방향 철근지수

59 ★★★

철근콘크리트 단근보에서 균형철근비를 계산한 결과 $\rho_b = 0.039$이었다. 최대 철근비는? (단, $E=200,000$MPa, $f_y=400$MPa, $f_{ck}=24$MPa임)

① 0.01863　② 0.02256
③ 0.02607　④ 0.02831

해설

$f_y = 400$MPa일 경우

$\rho_{max} = 0.726\rho_b = 0.726 \times 0.039 ≒ 0.028314$

합격 POINT 최대 철근비

철근 항복강도(f_y)	최소 허용변형률($\varepsilon_{t, min}$)	최대 철근비(ρ_{max})
300MPa	0.004	$0.658\rho_b$
350Mpa	0.004	$0.692\rho_b$
400MPa	0.004	$0.726\rho_b$
500MPa	$0.005(2\varepsilon_y)$	$0.699\rho_b$

60 ★★☆

다음 중 압축재의 좌굴하중 산정 시 직접적인 관계가 없는 것은?

① 부재의 푸아송비
② 부재의 단면2차모멘트
③ 부재의 탄성계수
④ 부재의 지지조건

해설

푸아송비는 수직응력에 의해 발생되는 가로변형률과 길이변형률의 비율이다.

합격 POINT 좌굴하중 기본식

$$P_{cr} = \frac{\pi EI}{(KL)^2}$$

여기서, E: 탄성계수, I: 단면2차모멘트, K: 단부지지조건, L: 부재의 길이

정답 57 ①　58 ③　59 ④　60 ①

제4과목 건축설비

61 ★★★
다음의 냉방부하 발생요인 중 현열부하만 발생시키는 것은?

① 인체의 발생열량
② 벽체로부터의 취득열량
③ 극간풍에 의한 취득열량
④ 외기의 도입으로 인한 취득열량

해설
냉방부하 계산 시 현열만을 고려하는 것은 벽체로부터의 취득열량이다.

선지분석
①, ③, ④는 실내 온도뿐만 아니라 습도에도 변화를 주므로 현열과 잠열 모두 고려하여야 한다.

62 ★★☆
온열지표 중 기온, 습도, 기류, 주벽면 온도의 4요소를 조합하여 체감과의 관계를 나타낸 것은?

① 작용온도   ② 불쾌지수
③ 등온지수   ④ 유효온도

해설
등온지수는 기온, 습도, 기류, 주벽면 온도를 고려한 체감 척도이다. 바람이 없는 실내에서 습도가 100%이고 주벽의 평균 방사온도가 실온과 같은 경우에 그 실온으로 나타낸다.

선지분석
① 작용온도: 공기의 습도는 고려되지 않으며, 기온, 기류, 주위 벽의 방사온도의 조합에 의해서 체감온도를 나타낸다.
② 불쾌지수: 기온과 습도에 의해 결정된다.
④ 유효온도: 온도, 기류, 습도의 조합으로 나타낸 것으로 감각온도 또는 실효온도라고도 한다.

63 ★★☆
직경 200mm의 배관을 통하여 물이 1.5m/s의 속도로 흐를 때 유량은?

① 2.83m³/min   ② 3.2m³/min
③ 3.83m³/min   ④ 6.0m³/min

해설
$$Q = A \cdot V = \frac{\pi D^2}{4} \times V = \frac{\pi \times (0.2m)^2}{4} \times 1.5 m/s$$
$$= 0.047 m^3/s \fallingdotseq 2.83 m^3/min$$
Q: 유량(m³/s), A: 단면적(m²), V: 유속(m/s)

64 ★★★
건구온도 26°C인 실내공기 8,000m³/h와 건구온도 32°C인 외부공기 2,000m³/h를 단열혼합하였을 때 혼합공기의 건구온도는?

① 27.2°C   ② 27.6°C
③ 28.0°C   ④ 29.0°C

해설
$(8,000 + 2,000) m^3/h \times x°C$
$\qquad = 8,000 m^3/h \times 26°C + 2,000 m^3/h \times 32°C$
$\therefore x = \dfrac{(8,000 \times 26) + (2,000 \times 32)}{(8,000 + 2,000)} = 27.2°C$

합격 POINT 혼합공기의 온도
$(Q_1 + Q_2) \times t_3 = (Q_1 \times t_1) + (Q_2 \times t_2)$
- Q_1, Q_2: 혼합 전의 공기량
- t_1, t_2: 혼합 전의 공기 온도
- t_3: 혼합 후의 공기 온도

65 ★★★
바닥복사 난방방식에 관한 설명으로 옳지 않은 것은?

① 열용량이 커서 예열시간이 짧다.
② 방을 개방상태로 하여도 난방효과가 있다.
③ 다른 난방방식에 비교하여 쾌적감이 높다.
④ 실내에 방열기를 설치하지 않으므로 바닥이나 벽면을 유용하게 이용할 수 있다.

해설
열용량이 커서 예열시간이 길다.

합격 POINT 바닥복사 난방방식의 장단점

장점	단점
• 쾌적감 높음 • 실내의 온도 분포 균일 • 방열기를 설치하지 않으므로 바닥의 이용도 높음 • 방을 개방하여도 난방 효과가 높음 • 실온이 낮아도 난방 효과가 높음 • 천장이 높아도 난방 가능 • 대류현상이 적어 바닥면의 먼지가 상승하지 않음	• 열용량이 커서 바깥공기 온도가 급변할 경우 방열량 조절이 어려움 • 시공이 어렵고, 수리비와 시설비가 고가임 • 매입배관으로 고장 요소의 발견이 어려움 • 열손실을 막기 위한 단열층 필요 • 바닥 하중 증대

정답 61 ② 62 ③ 63 ① 64 ① 65 ①

66 ★☆☆

점광원으로부터의 거리가 n배가 되면 그 값은 $1/n^2$배가 된다는 '거리의 역제곱의 법칙'이 적용되는 빛환경 지표는?

① 조도 ② 광도
③ 휘도 ④ 복사속

해설
조도(E)는 거리(d)의 제곱에 반비례한다.

합격 POINT 거리의 역제곱의 법칙

$$E = \frac{I}{d^2}$$

- E: 조도(lx)
- I: 광도(cd)
- d: 거리(m)

67 ★★★

가스사용시설의 가스계량기에 관한 설명으로 옳지 않은 것은?

① 가스계량기와 전기점멸기와의 거리는 30cm 이상 유지하여야 한다.
② 가스계량기와 전기계량기와의 거리는 60cm 이상 유지하여야 한다.
③ 가스계량기와 전기개폐기와의 거리는 60cm 이상 유지하여야 한다.
④ 공동주택의 경우 가스계량기는 일반적으로 대피공간이나 주방에 설치한다.

해설
가스계량기 설치금지 장소로는 공동주택의 대피공간, 방·거실 및 주방 등으로서 사람이 거처하는 곳, 가스계량기에 나쁜 영향을 미칠 우려가 있는 장소이다.

합격 POINT 가스계량기와의 거리

거리	종류
15cm 이상	절연조치를 하지 아니한 전선
30cm 이상	굴뚝(단열조치를 하지 아니한 경우), 전기점멸기, 전기접속기
60cm 이상	전기계량기, 전기개폐기

68 ★★☆

트랩의 구비 조건으로 옳지 않은 것은?

① 봉수깊이는 50mm 이상 100mm 이하일 것
② 오수에 포함된 오물 등이 부착 또는 침전하기 어려운 구조일 것
③ 봉수부에 이음을 사용하는 경우에는 금속제 이음을 사용하지 않을 것
④ 봉수부의 소제구는 나사식 플러그 및 적절한 가스켓을 이용한 구조일 것

해설
봉수부에 이음을 사용하는 경우에는 금속제 이음을 사용한다.

69 ★★☆

크로스 커넥션(Cross connection)에 관한 설명으로 가장 알맞은 것은?

① 관로 내의 유체의 유동이 급격히 변화하여 압력변화를 일으키는 것
② 상수의 급수·급탕계통과 그 외의 계통배관이 장치를 통하여 직접 접속되는 것
③ 겨울철 난방을 하고 있는 실내에서 창을 타고 차가운 공기가 하부로 내려오는 현상
④ 급탕·반탕관의 순환거리를 각 계통에 있어서 거의 같게 하여 전 계통의 탕의 순환을 촉진하는 방식

해설
급수·급탕계통과 그 외의 계통배관이 장치를 통하여 접속되는 것을 크로스 커넥션(Cross Connection)이라고 한다.

선지분석
① 수격작용(Water Hammering): 관로 내의 유체의 유동이 급격히 변화하여 압력변화를 일으키는 것
③ 콜드 드래프트(Cold Draft): 겨울철 외부의 찬 공기가 들어오거나 바깥 공기와 접한 유리나 벽면이 냉각되면서 실내에 찬 공기가 하부로 내려오는 현상
④ 역환수방식(Reverse Return): 급탕·반탕관의 순환거리를 각 계통에 있어서 거의 같게 하여 전 계통의 탕의 순환을 촉진하는 방식

정답 66 ① 67 ④ 68 ③ 69 ②

70 ★★★
습공기의 상태변화에 관한 설명으로 옳지 않은 것은?

① 가열하면 엔탈피는 증가한다.
② 냉각하면 비체적은 감소한다.
③ 가열하면 절대습도는 증가한다.
④ 냉각하면 습구온도는 감소한다.

해설
절대습도는 습공기를 구성하고 있는 건조 공기 1kg당의 수증기량을 말하며 공기를 가열하거나 냉각하여도 변함이 없다.

합격 POINT ▶ 습공기 가열·냉각 시 상태변화

습공기	상태변화
가열	엔탈피 증가, 비체적 증가, 상대습도 감소
냉각	엔탈피 감소, 비체적 감소, 상대습도 증가

※ 절대습도는 가열하거나 냉각하여도 일정하다.

71 ★★☆
TV 공청설비의 주요 구성기기에 속하지 않은 것은?

① 증폭기   ② 월패드
③ 컨버터   ④ 혼합기

해설
월패드(세대단말기)는 홈 네트워크 장비이다. TV 공청설비의 주요 구성기기에는 안테나, 혼합기, 컨버터, 증폭기, 선로기기, 전송선 등이 있다.

72 ★☆☆
다음의 저압 옥내배선방법 중 노출되고 습기가 많은 장소에 시설이 가능한 것은? (단, 400V 미만인 경우)

① 금속관 배선   ② 금속몰드 배선
③ 금속덕트 배선   ④ 플로어덕트 배선

해설
400V 미만인 경우, 저압 옥내배선방법 중 노출되고 습기가 많은 장소에 시설이 가능한 것은 금속관 배선이다.

73 ★★★
100V, 500W의 전열기를 90V에서 사용할 경우 소비전력은?

① 200W   ② 310W
③ 405W   ④ 420W

해설
전력공식 $P = V \cdot I$
$I = \dfrac{P}{V} = \dfrac{500W}{100V} = 5A$
P: 전력(W), V: 전압(V), I: 전류(A)
전류와 전압은 비례관계(옴의 법칙)이므로
$100V : 5A = 90V : xA$
$x = 4.5A$
∴ $P = V \cdot I = 90V \times 4.5A = 405W$

74 ★★★
급탕설비에 관한 설명으로 옳지 않은 것은?

① 냉수, 온수를 혼합 사용해도 압력차에 의한 온도변화가 없도록 한다.
② 배관은 적정한 압력손실 상태에서 피크 시를 충족시킬 수 있어야 한다.
③ 도피관에는 압력을 도피시킬 수 있도록 밸브를 설치하고 배수는 직접배수로 한다.
④ 밀폐형 급탕시스템에는 온도상승에 의한 압력을 도피시킬 수 있는 팽창탱크 등의 장치를 설치한다.

해설
도피관(팽창관)에는 밸브를 설치하지 않으며, 팽창탱크의 배수는 간접배수로 한다.
도피관은 급탕계통 내 부피팽창을 방지하고, 배관 내의 공기, 증기를 배출시키는 관이다.

정답 70 ③ 71 ② 72 ① 73 ③ 74 ③

75 ★★☆

다음 에스컬레이터의 경사도에 관한 설명 중 ( ) 안에 알맞은 것은?

> 에스컬레이터의 경사도는 (㉠)를 초과하지 않아야 한다. 다만, 높이가 6m 이하이고 공칭속도 0.5m/s 이하인 경우에는 경사도를 (㉡)까지 증가시킬 수 있다.

① ㉠ 25°, ㉡ 30°
② ㉠ 25°, ㉡ 35°
③ ㉠ 30°, ㉡ 35°
④ ㉠ 30°, ㉡ 40°

해설
에스컬레이터의 경사도는 30°를 초과하지 않아야 한다. 다만, 높이가 6m 이하이고 공칭속도 0.5m/s 이하인 경우에는 경사도를 35°까지 증가시킬 수 있다.

76 ★★☆

소방시설은 소화설비, 경보설비, 피난구조설비, 소화용수설비, 소화활동설비로 구분할 수 있다. 다음 중 소화활동설비에 속하는 것은?

① 제연설비
② 비상방송설비
③ 스프링클러설비
④ 자동화재탐지설비

해설
소화활동설비에는 제연설비, 연결송수관설비, 연결살수설비, 비상콘센트설비, 무선통신보조설비, 연소방지설비가 있다.

77 ★☆☆

작업구역에는 전용의 국부조명방식으로 조명하고, 기타 주변 환경에 대하여는 간접조명과 같은 낮은 조도레벨로 조명하는 방식은?

① TAL 조명방식
② 반직접 조명방식
③ 반간접 조명방식
④ 전반확산 조명방식

해설
TAL(Task & Ambient Lighting) 조명방식은 작업구역에는 전용의 국부조명방식으로 조명하고, 기타 주변 환경에 대하여는 간접조명과 같은 낮은 조도 레벨로 조명하는 방식이다.

78 ★★★

다음 중 습공기를 가열하였을 때 증가하지 않는 상태량은?

① 엔탈피
② 비체적
③ 상대습도
④ 습구온도

해설
습공기를 가열하였을 때 상대습도는 감소한다.

합격 POINT 습공기 가열·냉각 시 상태변화

습공기	상태변화
가열	엔탈피 증가, 비체적 증가, 상대습도 감소
냉각	엔탈피 감소, 비체적 감소, 상대습도 증가

※ 절대습도는 가열하거나 냉각하여도 일정하다.

79 ★★★

냉방설비의 냉각탑에 관한 설명으로 옳은 것은?

① 열에너지에 의해 냉동효과를 얻는 장치
② 냉동기의 냉각수를 재활용하기 위한 장치
③ 임펠러의 원심력에 의해 냉매가스를 압축하는 장치
④ 물과 브롬화리튬 혼합용액으로부터 냉매인 수증기와 흡수제인 LiBr로 분리시키는 장치

해설
냉각탑은 냉동기의 응축기에 사용하는 냉각수를 재사용하기 위해 실외의 공기와 직접 접촉시켜 물을 냉각하는 일종의 열교환 장치이다.

선지분석
① 열에너지에 의해 냉동효과를 얻는 장치는 흡수식 냉동기이다.
③ 임펠러의 원심력에 의해 냉매가스를 압축하는 장치는 원심냉동기 또는 터보냉동기라고 한다.
④ 물과 브롬화리튬 혼합용액으로부터 냉매인 수증기와 흡수제인 LiBr로 분리시키는 장치는 흡수식 냉동기의 재생기(발생기)이다.

80 ★☆☆

전력부하 산정에서 수용률 산정 방법으로 옳은 것은?

① (부등율/설비용량)×100%
② (최대 수용전력/부등율)×100%
③ (최대 수용전력/설비용량)×100%
④ (부하 각개의 최대 수용전력 합계/각 부하를 합한 최대 수용전력)×100%

해설
수용장소에 설치된 총 설비용량에 대하여 실제 사용하고 있는 부하의 최대 수용전력과의 비율을 수용률이라고 한다.

$$수용률 = \frac{최대\ 수용전력\ 합계}{총\ 부하설비용량\ 합계} \times 100(\%)$$

정답 75 ③ 76 ① 77 ① 78 ③ 79 ② 80 ③

제5과목　건축관계법규

81　★★☆
다음 설명에 알맞은 용도지구의 세분은?

> 건축물·인구가 밀집되어 있는 지역으로서 시설 개선 등을 통하여 재해 예방이 필요한 지구

① 시가지방재지구
② 특정개발진흥지구
③ 복합개발진흥지구
④ 중요시설물보호지구

선지분석
② 특정개발진흥지구: 주거기능, 공업기능, 유통·물류기능 및 관광·휴양기능 외의 기능을 중심으로 특정한 목적을 위하여 개발·정비할 필요가 있는 지구
③ 복합개발진흥지구: 주거기능, 공업기능, 유통·물류기능 및 관광·휴양기능 중 2 이상의 기능을 중심으로 개발·정비할 필요가 있는 지구
④ 중요시설물보호지구: 중요시설물의 보호와 기능의 유지 및 증진 등을 위하여 필요한 지구

82　★☆☆
건축허가를 하기 전에 건축물의 구조안전과 인접 대지의 안전에 미치는 영향 등을 평가하는 건축물 안전영향평가를 실시하여야 하는 대상 건축물 기준으로 옳은 것은?

① 층수가 6층 이상으로 연면적 10,000m² 이상인 건축물
② 층수가 6층 이상으로 연면적 100,000m² 이상인 건축물
③ 층수가 16층 이상으로 연면적 10,000m² 이상인 건축물
④ 층수가 16층 이상으로 연면적 100,000m² 이상인 건축물

해설
다음의 건축물을 건축하려는 자는 건축허가를 신청하기 전에 허가권자에게 건축물 안전영향평가를 의뢰하여야 한다.
- 초고층 건축물
- 16층 이상으로 연면적이 10만 제곱미터 이상인 건축물

83　★★★
6층 이상의 거실면적의 합계가 12,000m²인 문화 및 집회시설 중 전시장에 설치하여야 하는 승용승강기의 최소 대수는? (단, 8인승 승강기 기준)

① 4대
② 5대
③ 6대
④ 7대

해설

건축물의 용도	6층 이상의 거실면적의 합계 3,000m² 초과
문화 및 집회시설 중 전시장	기본 1대+3,000m² 초과 시 2,000m² 이내마다 1대 추가

※ 8인승 이상 15인승 이하의 승강기는 1대의 승강기로 보고, 16인승 이상의 승강기는 2대의 승강기로 본다.

전시장의 경우 기본 1대+3,000m² 초과 시 2,000m² 이내마다 1대가 추가된다.
6층 이상의 거실면적의 합계가 12,000m²이므로, 승용승강기 설치기준은 기본 1대+추가 5대=총 6대가 된다.

84　★☆☆
다음은 건축선에 따른 건축제한에 관한 기준 내용이다. (　) 안에 알맞은 것은?

> 도로면으로부터 높이 (　　　) 이하에 있는 출입구, 창문, 그 밖에 이와 유사한 구조물은 열고 닫을 때 건축선의 수직면을 넘지 아니하는 구조로 하여야 한다.

① 3m
② 4.5m
③ 6m
④ 10m

해설
도로면으로부터 높이 4.5m 이하에 있는 출입구, 창문, 그 밖에 이와 유사한 구조물은 열고 닫을 때 건축선의 수직면을 넘지 아니하는 구조로 하여야 한다.

정답　81 ①　82 ④　83 ③　84 ②

85 ★★★
부설주차장의 설치대상 시설물 종류와 설치기준의 연결이 옳지 않은 것은?

① 위락시설 – 시설면적 150m² 당 1대
② 종교시설 – 시설면적 150m² 당 1대
③ 판매시설 – 시설면적 150m² 당 1대
④ 수련시설 – 시설면적 350m² 당 1대

해설
위락시설: 시설면적 100m²당 1대(시설면적/100m²)

86 ★☆☆
평행주차형식으로 일반형인 경우 주차장의 주차단위구획의 크기 기준으로 옳은 것은?

① 너비 1.7m 이상, 길이 5.0m 이상
② 너비 1.7m 이상, 길이 6.0m 이상
③ 너비 2.0m 이상, 길이 5.0m 이상
④ 너비 2.0m 이상, 길이 6.0m 이상

해설
평행주차형식의 경우 주차단위구획은 다음과 같다.

구분	너비	길이
경형	1.7m 이상	4.5m 이상
일반형	2.0m 이상	6.0m 이상
보도와 차도의 구분이 없는 주거지역의 도로	2.0m 이상	5.0m 이상
이륜자동차 전용	1.0m 이상	2.3m 이상

87 ★★☆
용도지역의 건폐율 기준으로 옳지 않은 것은?

① 주거지역: 70% 이하
② 상업지역: 90% 이하
③ 공업지역: 70% 이하
④ 녹지지역: 30% 이하

해설
녹지지역의 경우 건폐율은 20% 이하이다.

88 ★☆☆
「국토의 계획 및 이용에 관한 법령」상 아파트를 건축할 수 있는 지역은?

① 자연녹지지역
② 제1종 전용주거지역
③ 제2종 전용주거지역
④ 제1종 일반주거지역

해설
제2종 전용주거지역에는 국토의 계획 및 이용에 관한 법률에 따라 아파트, 연립주택, 다세대주택, 기숙사 등 건축이 가능하다.

89 ★☆☆
다음은 대피공간의 설치에 관한 기준 내용이다. 밑줄 친 요건 내용으로 옳지 않은 것은?

> 공동주택 중 아파트로서 4층 이상인 층의 각 세대가 2개 이상의 직통계단을 사용할 수 없는 경우에는 발코니에 인접 세대와 공동으로 또는 각 세대 별로 다음 각 호의 <u>요건</u>을 모두 갖춘 대피공간을 하나 이상 설치하여야 한다.

① 대피공간은 바깥의 공기와 접하지 않을 것
② 대피공간은 실내의 다른 부분과 방화구획으로 구획될 것
③ 대피공간의 바닥면적은 각 세대별로 설치하는 경우에는 2m² 이상일 것
④ 대피공간의 바닥면적은 인접 세대와 공동으로 설치하는 경우에는 3m² 이상일 것

해설
대피공간은 바깥의 공기와 접해야 한다.

정답 85 ① 86 ④ 87 ④ 88 ③ 89 ①

90 ★★★

「국토의 계획 및 이용에 관한 법령」상 광장·공원·녹지·유원지·공공공지가 속하는 기반시설은?

① 교통시설
② 공간시설
③ 환경기초시설
④ 공공·문화체육시설

해설
국토의 계획 및 이용에 관한 법령상 광장, 공원, 녹지, 유원지, 공공공지는 공간시설에 속한다.

선지분석
① 교통시설: 도로, 철도, 항만, 공항, 주차장, 자동차정류장, 궤도, 차량 검사 및 면허시설
③ 환경기초시설: 하수도, 폐기물처리 및 재활용시설, 빗물저장 및 이용시설, 수질오염방지시설, 폐차장
④ 공공·문화체육시설: 학교, 공공청사, 문화시설, 공공필요성이 인정되는 체육시설, 연구시설, 사회복지시설, 공공직업훈련시설, 청소년수련시설

91 ★★★

용적률 산정에 사용되는 연면적에 포함되는 것은?

① 지하층의 면적
② 층고가 2.1m인 다락의 면적
③ 준초고층 건축물에 설치하는 피난안전구역의 면적
④ 건축물의 경사지붕 아래에 설치하는 대피공간의 면적

해설
연면적은 하나의 건축물 각 층의 바닥면적의 합계로 하되, 용적률을 산정할 때에는 다음에 해당하는 면적은 제외한다.
- 지하층의 면적
- 지상층의 주차용(해당 건축물의 부속용도인 경우만 해당)으로 쓰는 면적
- 초고층 건축물과 준초고층 건축물에 설치하는 피난안전구역의 면적
- 건축물의 경사지붕 아래에 설치하는 대피공간의 면적

92 ★★★

건축물과 해당 건축물의 용도의 연결이 옳지 않은 것은?

① 주유소 – 자동차 관련 시설
② 야외음악당 – 관광휴게시설
③ 치과의원 – 제1종 근린생활시설
④ 일반음식점 – 제2종 근린생활시설

해설
주유소는 위험물 저장 및 처리 시설에 속한다.

93 ★☆☆

피난용승강기의 설치에 관한 기준 내용으로 옳지 않은 것은?

① 예비전원으로 작동하는 조명설비를 설치할 것
② 승강장의 바닥면적은 승강기 1대당 5m² 이상으로 할 것
③ 각 층으로부터 피난층까지 이르는 승강로를 단일구조로 연결하여 설치할 것
④ 승강장의 출입구 부근의 잘 보이는 곳에 해당 승강기가 피난용승강기임을 알리는 표지를 설치할 것

해설
승강장의 바닥면적은 승강기 1대당 6m² 이상으로 해야 한다.

94 ★★☆

노외주차장의 구조·설비에 관한 기준 내용으로 옳지 않은 것은?

① 출입구의 너비는 3.0m 이상으로 하여야 한다.
② 주차구획선의 긴 변과 짧은 변 중 한 변 이상이 차로에 접하여야 한다.
③ 지하식인 경우 차로의 높이는 주차바닥면으로부터 2.3m 이상으로 하여야 한다.
④ 주차에 사용되는 부분의 높이는 주차바닥면으로부터 2.1m 이상으로 하여야 한다.

해설
노외주차장의 출입구 너비는 3.5m 이상으로 하여야 하며, 주차대수 규모가 50대 이상인 경우에는 출구와 입구를 분리하거나 너비 5.5m 이상의 출입구를 설치하여 소통이 원활하도록 하여야 한다.

95 ★☆☆

다음 중 특별건축구역으로 지정할 수 없는 구역은?

① 「도로법」에 따른 접도구역
② 「택지개발촉진법」에 따른 택지개발사업구역
③ 국가가 국제행사 등을 개최하는 도시 또는 지역의 사업구역
④ 지방자치단체가 국제행사 등을 개최하는 도시 또는 지역의 사업구역

해설
특별건축구역의 지정에 「도로법」에 따른 '접도구역'은 해당되지 않는다.

정답 90 ② 91 ② 92 ① 93 ② 94 ① 95 ①

96 ★★☆
지하층에 설치하는 비상탈출구의 유효너비 및 유효높이 기준으로 옳은 것은? (단, 주택이 아닌 경우)

① 유효너비 0.5m 이상, 유효높이 1.0m 이상
② 유효너비 0.5m 이상, 유효높이 1.5m 이상
③ 유효너비 0.75m 이상, 유효높이 1.0m 이상
④ 유효너비 0.75m 이상, 유효높이 1.5m 이상

해설
비상탈출구의 유효너비는 0.75m 이상으로 하고, 유효높이는 1.5m 이상으로 해야 한다.

97 ★★☆
다음은 대지의 조경에 관한 기준 내용이다. ( ) 안에 알맞은 것은?

> 면적이 ( ) 이상인 대지에 건축을 하는 건축주는 용도지역 및 건축물의 규모에 따라 지방자치단체의 조례로 정하는 기준에 따라 대지에 조경이나 그 밖에 필요한 조치를 하여야 한다.

① 100m² ② 150m²
③ 200m² ④ 300m²

해설
면적이 200m² 이상인 대지에 건축을 하는 건축주는 용도지역 및 건축물의 규모에 따라 해당 지방자치단체의 조례로 정하는 기준에 따라 대지에 조경이나 그 밖에 필요한 조치를 하여야 한다.

98 ★☆☆
같은 건축물 안에 공동주택과 위락시설을 함께 설치하고자 하는 경우에 관한 기준 내용으로 옳지 않은 것은?

① 건축물의 주요 구조부를 내화구조로 할 것
② 공동주택과 위락시설은 서로 이웃하도록 배치할 것
③ 공동주택과 위락시설은 내화구조로 된 바닥 및 벽으로 구획하여 서로 차단할 것
④ 공동주택의 출입구와 위락시설의 출입구는 서로 그 보행거리가 30m 이상이 되도록 설치할 것

해설
공동주택과 위락시설은 서로 이웃하지 아니하도록 배치해야 한다.

99 ★☆☆
「건축법령」상 다음과 같이 정의되는 용어는?

> 건축물의 건축·대수선·용도변경, 건축설비의 설치 또는 공작물의 축조에 관한 공사를 발주하거나 현장 관리인을 두어 스스로 그 공사를 하는 자

① 건축주 ② 건축사
③ 설계자 ④ 공사시공자

해설
건축주란 건축물의 건축·대수선·용도변경, 건축설비의 설치 또는 공작물의 축조에 관한 공사를 발주하거나 현장 관리인을 두어 스스로 그 공사를 하는 자를 말한다.

100 ★★☆
건축물에 설치하는 피난안전구역의 구조 및 설비에 관한 기준 내용으로 옳지 않은 것은?

① 피난안전구역의 높이는 1.8m 이상일 것
② 피난안전구역의 내부마감재료는 불연재료로 설치할 것
③ 비상용 승강기는 피난안전구역에서 승하차 할 수 있는 구조로 설치할 것
④ 건축물의 내부에서 피난안전구역으로 통하는 계단은 특별피난계단의 구조로 설치할 것

해설
피난안전구역의 높이는 2.1m 이상이어야 한다.

정답 96 ④ 97 ③ 98 ② 99 ① 100 ①

2019년 | 제1회 기출문제

제1과목 건축계획

01 ★★☆
공포형식 중 다포식에 관한 설명으로 옳지 않은 것은?

① 다포식 건축물로는 서울 숭례문(남대문) 등이 있다.
② 기둥 상부 이외에 기둥 사이에도 공포를 배열한 형식이다.
③ 규모가 커지면서 내부출목보다는 외부출목이 점차 많아졌다.
④ 주심포식에 비해서 지붕하중을 등분포로 전달할 수 있는 합리적인 구조법이다.

해설
- 다포식은 일반적으로 내부출복이 외부출목보다 더 많다.
- 주심포식은 대부분 내부출목이 없다.

선지분석
① 다포식 건축물에는 서울 남대문, 심원사 보광전, 석왕사 응진전, 성불사 응진전 등이 있다.
② 다포식은 창방 위에 평방을 놓고, 주간에도 공포를 배치한다. 주심포식의 경우엔 기둥 상부에만 공포를 배열한다.

02 ★☆☆
공동주택을 건설하는 주택단지는 기간도로와 접하거나 기간도로로부터 당해 단지에 이르는 진입도로가 있어야 한다. 주택단지의 총세대수가 400세대인 경우 기간도로와 접하는 폭 또는 진입도로의 폭은 최소 얼마 이상이어야 하는가? (단, 진입도로가 1개이며, 원룸형 주택이 아닌 경우)

① 4m   ② 6m
③ 8m   ④ 12m

해설
총세대수가 400세대인 경우 8m 이상이어야 한다.

합격 POINT 공동주택단지 진입도로 폭

주택단지 세대수	폭
300 세대 미만	6m 이상
300 세대 이상 500 세대 미만	8m 이상
500 세대 이상 1,000 세대 미만	12m 이상
1,000 세대 이상 2,000 세대 미만	15m 이상
2,000 세대 이상	20m 이상

03 ★☆☆
페리(C.A. Perry)의 근린주구(Neighborhood Unit) 이론의 내용으로 옳지 않은 것은?

① 초등학교 학구를 기본단위로 한다.
② 중학교와 의료시설을 반드시 갖추어야 한다.
③ 지구 내 가로망은 통과교통에 사용되지 않도록 한다.
④ 주민에게 적절한 서비스를 제공하는 1~2개소 이상의 상점가를 주요도로의 결절점에 배치한다.

해설
초등학교와 의료시설을 반드시 갖추어야 한다.

04 ★☆☆
POE(Post Occupancy Evaluation)의 의미로 가장 알맞은 것은?

① 건축물 사용자를 찾는 것이다.
② 건축물을 사용해 본 후에 평가하는 것이다.
③ 건축물의 사용을 염두에 두고 계획하는 것이다.
④ 건축물 모형을 만들어 설계의 적정성을 평가하는 것이다.

해설
- POE은 거주 후 평가라는 뜻으로 건축물을 사용해 본 후에 평가하는 것이다.
- 평가 요소에는 사용자, 환경장치, 주변 환경, 디자인 등이 있다.
- 평가 유형에는 기술적 평가(건물에 대한 평가), 기능적 평가(서비스에 대한 평가), 행태적 평가(환경 심리에 대한 평가)가 있다.

정답 01 ③ 02 ③ 03 ② 04 ②

05 ★☆☆

미술관의 전시 기법 중 전시평면이 동일한 공간으로 연속되어 배치되는 전시기법으로 동일 종류의 전시물을 반복 전시할 경우에 유리한 방식은?

① 디오라마 전시
② 파노라마 전시
③ 하모니카 전시
④ 아일랜드 전시

해설

하모니카 전시는 전시내용을 통일된 형식 속에서 규칙적으로 반복시켜 표현하는 기법이다.

선지분석

① 디오라마 전시는 하나의 사실 또는 주제의 시간 상황을 고정시켜 연출하는 것으로 현장에 임한 느낌을 주는 기법이다.
② 파노라마 전시는 연속적인 주제를 일관성 있게 표현하기 위해 선형의 파노라마로 연출하는 전시기법이다.
④ 아일랜드 전시는 벽이나 천장을 직접 이용하지 않고 전시물 또는 전시장치를 배치하는 전시기법이다.

06 ★★★

숑바르 드 로브(Chombard de Lawve)가 제시하는 1인당 주거 면적의 병리기준은?

① 6m²
② 8m²
③ 10m²
④ 12m²

해설

숑바르 드 로브의 주거면적
- 병리기준: 8m²/인
- 한계기준: 14m²/인
- 표준기준: 16m²/인

07 ★☆☆

극장의 무대에 관한 설명으로 옳지 않은 것은?

① 프로시니엄 아치는 일반적으로 장방형이며, 종횡의 비율은 황금비가 많다.
② 프로시니엄 아치의 바로 뒤에는 막이 쳐지는데, 이 막의 위치를 커튼 라인이라고 한다.
③ 무대의 폭은 적어도 프로시니엄 아치 폭의 2배, 깊이는 프로시니엄 아치 폭 이상으로 한다.
④ 플라이 갤러리는 배경이나 조명기구, 연기자 또는 음향 반사판 등을 매달 수 있도록 무대 천장 밑에 철골로 설치한 것이다.

해설

- 그리드 아이언은 배경이나 조명기구, 연기자 또는 음향 반사판 등을 매달 수 있도록 무대 천장 밑에 철골로 설치한 것이다.
- 플라이 갤러리는 그리드 아이언으로 올라가는 계단과 연결시킨 무대 주위 벽에 설치되는 좁은 통로이다.

08 ★☆☆

이슬람교의 영향을 받은 건축물에서 볼 수 있는 연속적인 기하학적 문양, 식물문양, 당초문양 등을 이르는 용어는?

① 스퀸치
② 펜던티브
③ 모자이크
④ 아라베스크

해설

이슬람교의 영향을 받은 장식 무늬인 아라베스크에 대한 설명이다.

선지분석

① 스퀸치: 로마 건축 양식으로 8각형의 구조 위에 돔이 올라가도록 되어 있다.
② 펜던티브: 비잔틴 건축 양식으로 돔 위에 돔을 올리는 모양이다. 2단으로 올려진 돔 아래쪽 네 모서리의 삼각형 모양이 펜던티브로서 돔의 하중이 모서리에 집중되고 다른 부분은 상대적으로 하중이 적어 개구부가 된다.
③ 모자이크: 비잔틴 미술 양식으로 색 유리를 이용한 모자이크는 빛의 반사 효과로 신비로운 분위기를 연출할 수 있다.

합격 POINT 스퀸치와 펜던티브

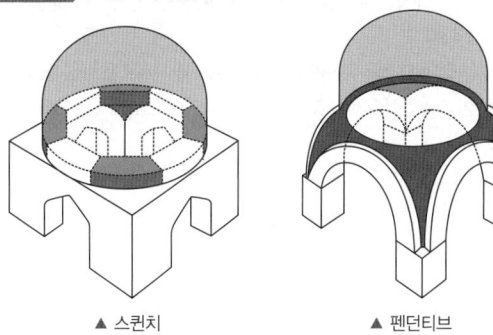

▲ 스퀸치   ▲ 펜던티브

09 ★☆☆

종합병원 건축계획에 관한 설명으로 옳지 않은 것은?

① 간호사 대기실은 각 간호단위 또는 층별, 동별로 설치한다.
② 수술실의 바닥마감은 전기도체성 마감을 사용하는 것이 좋다.
③ 병실의 창문은 환자가 병상에서 외부를 전망할 수 있게 하는 것이 좋다.
④ 우리나라의 일반적인 외래진료방식은 오픈 시스템이며 대규모의 각종 과를 필요로 한다.

해설

우리나라의 일반적인 외래진료방식은 클로즈드 시스템이며 대규모의 각종 과를 필요로 한다.

정답 05 ③ 06 ② 07 ④ 08 ④ 09 ④

10 ★★☆

다음 설명에 알맞은 백화점 진열장 배치방법은?

- Main 통로를 직각 배치하며, Sub 통로를 45° 정도 경사지게 배치하는 유형이다.
- 많은 고객이 매장공간의 코너까지 접근하기 용이하지만, 이 형의 진열장이 많이 필요하다.

① 직각배치 ② 방사배치
③ 사행배치 ④ 자유유선배치

해설
사행배치에 대한 설명이다.

선지분석
① 직각배치: 단조롭고 간단한 배치 방법이나 통로의 최소폭을 기준으로 진열장을 배치하므로 통행량에 따른 통로폭을 조절하기 어려워 국부적 혼란이 생길 수 있다.
② 방사배치: 판매장의 통로를 방사형으로 배치하는 방법으로 일반적으로 적용이 어렵다.
④ 자유유선배치: 고객의 유동 방향에 따라 통로를 자유로운 곡선 형태로 배치하는 방법으로 전시에 변화를 주고 매장의 특수성을 살릴 수 있다.

11 ★☆☆

사무소 건축의 코어 유형에 관한 설명으로 옳지 않는 것은?

① 중심코어형은 유효율이 높은 계획이 가능하다.
② 양단코어형은 2방향 피난에 이상적이며 방재상 유리하다.
③ 편심코어형은 각 층 바닥면적이 소규모인 경우에 적합하다.
④ 독립코어형은 구조적으로 가장 바람직한 유형으로, 고층, 초고층 사무소 건축에 주로 사용된다.

해설
- 중심코어형은 구조적으로 가장 바람직한 유형으로, 고층, 초고층 사무소 건축에 주로 사용된다.
- 독립코어형은 업무공간에서 코어를 별도로 분리시킨 형식이다.

12 ★★★

한식주택과 양식주택에 관한 설명으로 옳지 않은 것은?

① 양식주택은 입식생활이며, 한식주택은 좌식생활이다.
② 양식주택의 실은 단일용도이며, 한식주택의 실은 혼용도이다.
③ 양식주택은 실의 위치별 분화이며, 한식주택은 실의 기능별 분화이다.
④ 양식주택의 가구는 주요한 내용물이며, 한식주택의 가구는 부차적 존재이다.

해설
양식주택은 실의 기능별 분화이며, 한식주택은 실의 위치별 분화이다.

합격 POINT 한식주택과 양식주택

한식주택	양식주택
안방, 사랑방 등과 같이 위치별 실의 분화	거실, 침실 등과 같이 기능별 실의 분화
실을 다용도로 사용	실을 단일용도로 사용
목조 가구식	벽돌 조적식
좌식(온돌)	입식(침대)
가구는 부차적 존재(가구와 관계없이 각 실의 크기 및 설비를 결정)	가구는 중요한 내용물(가구의 종류와 형에 따라 실의 크기와 폭을 결정)

13 ★★☆

아파트에 의무적으로 설치하여야 하는 장애인·노인·임산부 등의 편의시설에 속하지 않는 것은?

① 점자블록
② 장애인선용 주차수역
③ 높이 차이가 제거된 건축물 출입구
④ 장애인 등의 통행이 가능한 접근로

해설
- 시각장애인의 보행 편의를 위해 설치하는 점자블록은 의무시설이 아닌 권장시설이다.
- 아파트에 설치하는 편의시설은 의무시설과 권장시설로 구분되며 장애인전용 주차주역, 높이 차이가 제거된 건축물 출입구, 장애인 등의 통행이 가능한 접근로는 의무시설이다.

정답 10 ③ 11 ④ 12 ③ 13 ①

14 ★★☆
다음 설명에 알맞은 공장건축의 레이아웃 형식은?

- 동종의 공정, 동일한 기계 설비 또는 기능이 유사한 것을 하나의 그룹으로 집합시키는 방식
- 다종 소량 생산의 경우, 예상 생산이 불가능한 경우, 표준화가 이루어지기 어려운 경우에 채용

① 고정식 레이아웃　　② 혼성식 레이아웃
③ 공정중심의 레이아웃　　④ 제품중심의 레이아웃

해설
- 공정중심의 레이아웃은 기능이 동일하거나 유사한 공정, 기계를 접합하여 배치하는 방식이다.
- 공정중심의 레이아웃은 다종 소량생산으로 표준화가 행해지기 어려운 경우에 적합하다.
- 공정중심의 레이아웃(기계설비 중심)은 기능식 레이아웃이다.

선지분석
① 고정식 레이아웃은 재료나 부품은 고정된 장소에 있고, 사람이나 기계가 이동하며 작업하는 방식으로 조선소 등과 같이 제품의 크기가 크고 생산 수량이 적은 경우 적합하다.
② 혼성식 레이아웃은 제품중심의 레이아웃, 공정중심의 레이아웃, 고정식 레이아웃의 3가지 레이아웃을 섞어서 채용하는 방식이다.
④ 제품중심의 레이아웃은 생산에 필요한 모든 공정, 기계 및 기구를 작업 흐름에 따라 배치하는 방식으로 대량생산에 유리하며 생산성이 높다.

15 ★☆☆
학교 운영방식에 관한 설명으로 옳지 않은 것은?

① 교과교실형은 교실의 순수율은 높으나 학생의 이동이 심하다.
② 종합교실형은 학생의 이동이 없고 초등학교 저학년에 적합하다.
③ 일반교실, 특별교실형은 각 학급마다 일반교실을 하나씩 배당하고 그 외에 특별교실을 갖는다.
④ 플래툰(Platoon)형은 학급과 학년을 없애고 학생들은 각자의 능력에 따라서 교과를 선택하는 방식이다.

해설
- 달톤형은 학급과 학년을 없애고 학생들은 각자의 능력에 따라서 교과를 선택하는 방식이다.
- 플래툰형은 학급을 2분단으로 나누어 한 쪽이 일반교실을 사용할 때, 다른 쪽은 특별교실을 사용한다.

선지분석
① 교과교실형은 모든 교실을 특정 교과의 수업을 위해 만들며 일반 교실은 존재하지 않으므로, 다른 학교 운영방식보다 학생의 이동이 많다.
② 종합교실형은 학생의 이동이 없어 초등학교 저학년에 적합하며 이용률이 높지만 순수율이 낮다.
③ 일반 및 특별교실형은 우리나라 중학교에서 일반적으로 사용되는 방식으로 각 학급마다 일반교실을 하나씩 배당하고 그 외에 특별교실을 갖는다.

16 ★★☆
로마시대의 것으로 그리스의 아고라(Agora)와 유사한 기능을 갖는 것은?

① 포럼(Forum)　　② 인술라(Insula)
③ 도무스(Domus)　　④ 판테온(Pantheon)

해설
- 로마시대 포럼은 그리스의 아고라와 유사하게 공공광장으로 사용되었다.
- 포럼은 도시구조의 중심으로 광장 주위에 바실리카, 신전 등의 공공건축물과 개선문 등의 기념건축물이 위치한다.

선지분석
② 인술라(Insula): 평민이나 노예를 위한 다층의 집합주택
③ 도무스(Domus): 개인주택
④ 판테온(Pantheon): 로마시대 대표적 건축물로 전면의 열주현관은 코린트식 주범의 기둥 8개로 구성된다.

17 ★☆☆
백화점의 에스컬레이터 배치에 관한 설명으로 옳지 않은 것은?

① 교차식 배치는 점유면적이 작다.
② 직렬식 배치는 점유면적이 크나 승객의 시야가 좋다.
③ 병렬식 배치는 백화점 매장 내부에 대한 시계가 양호하다.
④ 병렬 연속식 배치는 연속적으로 승강할 수 없다는 단점이 있다.

해설
병렬 연속식 배치는 오르고 내리기를 연속적으로 할 수 있다.

선지분석
① 교차식 배치는 점유면적이 가장 작고, 연속적으로 승강할 수 있다.
② 직렬식 배치는 점유면적이 가장 넓고 승객의 시야도 가장 넓다.

정답 14 ③　15 ④　16 ①　17 ④

18 ★☆☆

극장의 평면형식 중 관객이 연기자를 사면에서 둘러싸고 관람하는 형식으로 가장 많은 관객을 수용할 수 있는 형식은?

① 아레나(Arena)형
② 가변(Adaptable stage)형
③ 프로시니엄(Proscenium)형
④ 오픈스테이지(Open stage)형

해설
- 아레나형은 관객이 연기자를 사면에서 360°로 둘러싸고 관람하는 형식이다.
- 아레나형은 가까운 거리에서 관람하게 되며, 가장 많은 관객을 수용할 수 있다.

선지분석
② 가변(Adaptable stage)형: 대학의 연구소 등 실험적 요소가 있는 공간에 많이 이용되는 형식의 하나로 필요에 따라 무대와 객석을 변화시킬 수 있다.
③ 프로시니엄(Proscenium)형: 가장 일반적인 극장 형식의 하나로 어떠한 배경이라도 창출이 가능하여 강연, 아동극, 독주 등의 형식에 적합하다.
④ 오픈스테이지(Open stage)형: 오픈스테이지의 종류에는 아레나, 그리스 극장, 삼면위요형 등이 있다.

19 ★★☆

도서관의 출납시스템 중 열람자는 직접 서가에 면하여 책의 체제나 표지 정도는 볼 수 있으나 내용을 보려면 관원에게 요구하여 대출 기록을 남긴 후 열람하는 형식은?

① 폐가식   ② 반개가식
③ 안전개가식   ④ 자유개가식

해설
반개가식은 열람자가 책의 체재나 표지를 통해 선택한 책을 관원에게 요구하면 관원이 서가에서 책을 가져와 대출 기록을 남긴 후 열람한다.

선지분석
① 폐가식: 책의 목록을 보고 책을 선택한다. 관원에게 선택한 책의 대출 기록을 제출한 후 대출받는다.
③ 안전개가식: 열람자가 직접 서가에서 책을 고르고 관원의 검열과 대출 기록을 남긴 후 열람한다.
④ 자유개가식: 열람자가 직접 서가에서 책을 고르고 검열 없이 열람한다.

20 ★☆☆

사무소 건축의 실단위 계획 중 개방식 배치에 관한 설명으로 옳지 않은 것은?

① 공사비를 줄일 수 있다.
② 실의 깊이나 길이에 변화를 줄 수 없다.
③ 시각차단이 없으므로 독립성이 적어진다.
④ 경영자의 입장에서는 전체를 통제하기가 쉽다.

해설
- 개방식 배치는 실의 깊이나 길이에 변화를 줄 수 있다.
- 개실 배치는 연속된 긴 복도로 인해 방 길이에 변화를 주기는 용이하지만, 방 깊이에 변화를 주기가 어렵다.

합격 POINT ▶ 사무소 건축의 실단위 계획

개실 배치(Individual room system)
- 복도를 통해 각 층의 여러 부분으로 들어가는 방법이다.
- 독립성과 쾌적성이 좋다.
- 방 길이에 변화를 줄 수 있지만, 방 깊이는 제한된다.

개방식 배치(Open system)
- 개실 배치보다 공사비가 저렴하다.
- 시각차단이 없으므로 독립성이 적어진다.
- 경영자의 입장에서 전체를 통제하기 쉽다.
- 실의 깊이나 길이에 변화를 줄 수 있다.
- 전면적을 유용하게 사용할 수 있다.

제2과목 건축시공

21 ★☆☆

그림과 같은 네트워크 공정표에서 주공정선(Critical path)은?

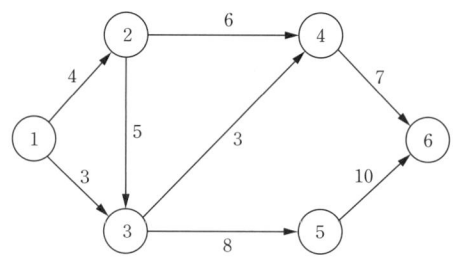

① ① → ③ → ⑤ → ⑥
② ① → ② → ④ → ⑥
③ ① → ② → ③ → ④ → ⑥
④ ① → ② → ③ → ⑤ → ⑥

해설
① → ② → ③ → ⑤ → ⑥: 4 + 5 + 8 + 10 = 27일로 가장 긴 경로가 주공정선(CP)이다.

정답 18 ① 19 ② 20 ② 21 ④

22 ★★★

용접결함에 관한 설명으로 옳지 않은 것은?

① 슬래그 함입−용융금속이 급속하게 냉각되면 슬래그의 일부분이 달아나지 못하고 용착금속 내에 혼입되는 것
② 오버랩−용접금속과 모재가 융합되지 않고 겹쳐지는 것
③ 블로우홀−용융금속이 응고할 때 방출되어야 할 가스가 잔류한 것
④ 크레이터−용접전류가 과소하여 발생

해설

크레이터(Crater)은 과대전류나 부적합한 운봉으로 용접 시 끝부분이 오목하게 파이는 현상이다.

합격 POINT 용접결함의 종류

종류	특징	비고
균열(Crack)	• 용접금속에 금이 간 상태이다. • 용착금속이 응고되어 수축할 때 용접부가 구속되면 인장 잔류 응력에 의해 균열이 발생되며 대부분 냉각과정에서 용착금속 내에 발생한다.	Crack
블로홀(Blow Hole) & 피트(Pit)	• 블로홀(Blow Hole): 용접 후 냉각 시 용접 부위에 공기가 포함되어 공극이 형성되는 것이다. • 피트(Pit): 용접부 표면에 생기는 미세한 흠이다.	Blow Hole, Pit
슬래그(Slag) 혼입	• 슬래그는 제강 시 생기는 비금속성 찌꺼기이다. • 용착금속이 급속히 냉각하는 경우나 운봉작업이 좋지 않은 경우에 일부가 표면에 뜨지 않고 내부로 혼입되는 현상이다.	Slag 혼입
오버랩(Over Lap)	• 용융금속이 넘쳐서 표면에 융합되지 않은 상태를 말한다. • 용접 전류가 약할 때 주로 발생한다.	Over Lap
언더컷(Under Cut)	• 용접 시 모재가 녹아 파이는 현상을 말한다. • 용접 전류가 클 때, 운봉 속도가 빠를 때 발생한다.	Under Cut
용입부족	• 용착금속이 모두 채워지지 않고 빈 공간이 남는 현상을 말한다. • 용접 전류가 낮거나, 운봉 속도가 빠를 때 발생한다.	용입부족
피시아이(Fish Eye)	• 슬래그 혼입이나 블로홀 겹침 현상으로 생선 눈알 모양의 은색 반점이 생기는 결함이다.	Fish Eye
크레이터(Crater)	• 용접 시 길이방향 끝부분에 용착금속이 채워지지 않고 우묵하게 패이는 결함이다. • 온도 저하로 용접금속이 수축하면서 균열이 생기기도 한다.	Crater

23 ★★☆

합성수지에 관한 설명으로 옳지 않은 것은?

① 에폭시 수지는 접착제, 프린트 배선판 등에 사용된다.
② 염화비닐수지는 내후성이 있고, 수도관 등에 사용된다.
③ 아크릴 수지는 내약품성이 있고, 조명기구커버 등에 사용된다.
④ 페놀수지는 알칼리에 매우 강하고, 천장 채광판 등에 주로 사용된다.

해설

페놀수지는 알칼리에 매우 약하며 전기절연재료, 통신 기자재 등에 주로 사용된다.

24 ★★★

도장공사 시 주의사항으로 옳지 않은 것은?

① 바탕의 건조가 불충분하거나 공기의 습도가 높을 때에는 시공하지 않는다.
② 불투명한 도장일 때에는 초벌부터 정벌까지 같은 색으로 시공해야 한다.
③ 야간에는 색을 잘못 도장할 염려가 있으므로 시공하지 않는다.
④ 직사광선은 가급적 피하고 도막이 손상될 우려가 있을 때에는 도장하지 않는다.

해설

도장공사 시 초벌, 재벌, 정벌 등 칠횟수를 구별하기 위해 다른 색으로 도장한다.

25 ★★★

건축공사에서 공사원가를 구성하는 직접공사비에 포함되는 항목을 옳게 나열한 것은?

① 자재비, 노무비, 이윤, 일반관리비
② 자재비, 노무비, 이윤, 경비
③ 자재비, 노무비, 외주비, 경비
④ 자재비, 노무비, 외주비, 일반관리비

해설

공사원가의 구성

구분	내용
직접공사비	자재비, 노무비, 외주비, 경비
간접공사비 (직접공사비 외)	일반관리비, 기타경비, 현장근로자 보험료, 간접노무비, 안전관리비 등

정답 22 ④ 23 ④ 24 ② 25 ③

26 ★★★

수밀콘크리트에 관한 설명으로 옳지 않은 것은?

① 콘크리트의 소요 슬럼프는 되도록 작게 하여 180mm를 넘지 않도록 한다.
② 콘크리트의 워커빌리티를 개선시키기 위해 공기연행제, 공기연행감수제 또는 고성능 공기연행감수제를 사용하는 경우라도 공기량은 2% 이하가 되게 한다.
③ 물결합재비는 50% 이하를 표준으로 한다.
④ 콘크리트 타설 시 다짐을 충분히 하여, 가급적 이어붓기를 하지 않아야 한다.

해설
수밀콘크리트의 워커빌리티 개선을 위해 공기량은 4% 이하로 한다.

27 ★★★

사질 지반 굴착 시 벽체 배면의 토사가 흙막이 틈새 또는 구멍으로 누수가 되어 흙막이벽 배면에 공극이 발생하여 물의 흐름이 점차로 커져 결국에는 주변 지반을 함몰시키는 현상은?

① 보일링 현상 ② 히빙 현상
③ 액상화 현상 ④ 파이핑 현상

해설
④번 파이핑(Piping) 현상에 대한 설명이다.

합격 POINT 토공사의 흙막이벽 공사에서 발생하는 현상

구분	내용
히빙 (Heaving)	시트 파일 등의 흙막이벽 좌측과 우측의 토압차로써 흙막이 일부의 흙이 재하중 등의 영향으로 기초파기하는 공사장 안으로 흙막이벽 밑을 돌아서 미끄러져 올라오는 현상이다.
보일링 (Boiling)	모래질 지반에서 흙막이벽을 설치하고 기초파기 할 때의 흙막이벽 뒷면 수위가 높아서 지하수가 흙막이벽을 돌아서 지하수가 모래와 같이 솟아오르는 현상이다.
파이핑 (Piping)	흙막이벽의 부실공사로서 흙막이벽의 뚫린 구멍 또는 이음새를 통하여 물이 공사장 내부바닥으로 스며드는 현상이다.

28 ★★☆

무지보공 거푸집에 관한 설명으로 옳지 않은 것은?

① 하부공간을 넓게 하여 작업공간으로 활용할 수 있다.
② 슬래브(Slab) 동바리의 감소 또는 생략이 가능하다.
③ 트러스 형태의 빔(Beam)을 보거푸집 또는 벽체 거푸집에 걸쳐 놓고 바닥판 거푸집을 시공한다.
④ 층고가 높을 경우 적용이 불리하다.

해설
무지보공 거푸집은 철근의 장력을 이용한 조립보로서 버팀기둥이 불필요한 공법이며 층고가 높을 경우 적용이 용이하다.

29 ★★★

지반조사 시 실시하는 평판재하시험에 관한 설명으로 옳지 않은 것은?

① 시험은 예정 기초면보다 높은 위치에서 실시해야 하기 때문에 일부 성토작업이 필요하다.
② 시험재하판은 실제 구조물의 기초면적에 비해 매우 작으므로 재하판 크기의 영향 즉, 스케일 이펙트(Scale effect)를 고려한다.
③ 하중시험용 재하판은 정방형 또는 원형의 판을 사용한다.
④ 침하량을 측정하기 위해 다이얼게이지 지지대를 고정하고 좌우측에 2개의 다이얼게이지를 설치한다.

해설
평판재하시험은 시험 예정 기초 저면에서 자연상태의 지반에서 실시한다.

합격 POINT 평판재하시험
1. 시험은 예정 기초 저면에서 행한다.
2. 재하판은 면적 $0.2m^2$ 이상의 장방형 또는 원형을 표준으로 하고, 보통 45cm각을 사용한다.
3. 매회 재하는 1t 이하, 예정파괴하중의 1/5 이하로 침하가 정지할 때까지 하여 침하량을 측정한다.
4. 침하정지: 침하의 증가가 2시간에 0.1mm의 비율 이하일 때 정지된 것으로 판단한다.
5. 자연상태(다짐을 실시하지 않은 상태)에서 실시한다.

30 ★☆☆

철근콘크리트 공사 중 거푸집이 벌어지지 않게 하는 긴장재는?

① 세퍼레이터(Separator) ② 스페이서(Spacer)
③ 폼타이(Form tie) ④ 인서트(Insert)

해설
폼타이(Form Tie)은 거푸집이 벌어지는 것을 방지하고 일정한 간격을 유지시켜주는 부재이다.

선지분석
① 세퍼레이터(Separator, 격리재)는 거푸집 사이를 일정하게 격리시키는 부재이며 웨브 사이에 설치하는 철판이나 주철물 혹은 파이프이다.
② 스페이서(Spacer, 간격재)는 철근콘크리트 기둥이나 보에서 철근에 대한 콘크리트 피복의 두께를 정확하게 유지하기 위해 설치하는 받침대. 거푸집 내 철근사이의 일정 거리 확보를 위하여 사용하는 부품이다.
④ 인서트(Insert)는 콘크리트 타설에 앞서 부착용 부품을 매입해 두는 부품이다.

정답 26 ② 27 ④ 28 ④ 29 ① 30 ③

31 ★★★
건설현장에서 굳지 않은 콘크리트에 대해 실시하는 시험으로 옳지 않은 것은?

① 슬럼프(Slump) 시험 ② 코어(Core) 시험
③ 염화물 시험 ④ 공기량 시험

해설
코어(Core) 시험은 콘크리트 구조체로부터 코어 드릴로 잘라낸 원주상의 시험체에 의한 주로 압축 강도 시험으로 굳은 콘크리트의 강도 시험 방법이다.

32 ★★☆
건축공사에서 활용되는 견적방법 중 가장 상세한 공사비의 산출이 가능한 견적방법은?

① 명세견적 ② 개산견적
③ 입찰견적 ④ 실행견적

해설
명세견적은 완성된 설계도서, 질의응답, 계약조건 등에 의거하여 면밀한 적산, 견적 하에 공사비를 산출하는 방법이다.

33 ★★★
돌로마이트 플라스터 바름에 관한 설명으로 옳지 않은 것은?

① 실내온도가 5℃ 이하일 때는 공사를 중단하거나 난방하여 5℃ 이상으로 유지한다.
② 정벌바름용 반죽은 물과 혼합한 후 4시간 정도 지난 다음 사용하는 것이 바람직하다.
③ 초벌바름에 균열이 없을 때에는 고름질한 후 7일 이상 두어 고름질면의 건조를 기다린 후 균열이 발생하지 아니함을 확인한 다음 재벌바름을 실시한다.
④ 재벌바름이 지나치게 건조한 때는 적당히 물을 뿌리고 정벌바름한다.

해설
돌로마이트 플라스터 정벌바름용 반죽은 물과 혼합한 후 12시간 정도 지난 다음 사용하는 것이 바람직하다.

합격 POINT ▶ 돌로마이트 플라스터
- 돌로마이트(마그네시아 석회)에 모래·여물을 섞어 반죽한 도벽재료로 기경성이며 점성이 좋아 해초풀을 사용하지 않는다.
- 필요에 따라 시멘트의 혼입도 하고 초벌용과 정벌용의 등급이 있다.
- 시공
  1. 정벌바름용 반죽은 물과 혼합한 후 12시간 정도 지난 다음 사용하는 것이 바람직하며, 시멘트와 혼합하여 2시간 이상 경과한 것은 사용할 수 없다.
  2. 바름두께가 균일하지 못하면 균열이 발생하기 쉽다.
  3. 실내온도가 5℃ 이하일 때는 공사를 중단하거나 난방하여 5℃ 이상으로 유지한다.
  4. 초벌바름에 균열이 없을 때에는 고름질한 후 7일 이상 두어 고름질면의 건조를 기다린 후 균열이 발생하지 아니함을 확인한 다음 재벌바름을 실시한다.
  5. 바름두께가 균일하지 못하면 균열이 발생하기 쉽다.
  6. 재벌바름이 지나치게 건조한 때는 적당히 물을 뿌리고 정벌바름한다.

34 ★★☆
철근콘크리트 슬래브와 철골보가 일체로 되는 합성구조에 관한 설명으로 옳지 않은 것은?

① 쉐어커넥터가 필요하다.
② 바닥판의 강성을 증가시키는 효과가 크다.
③ 자재를 절감하므로 경제적이다.
④ 경간이 작은 경우에 주로 적용한다.

해설
합성구조는 철골과 철근콘크리트를 일체화시킨 구조로 2종 이상의 구조방식에 의한 복합구조이며 경간이 긴 경우에 적용된다.

정답 31 ② 32 ① 33 ② 34 ④

35 ★☆☆
건설공사의 일반적인 특징으로 옳은 것은?

① 공사비, 공사기일 등의 제약을 받지 않는다.
② 주로 도급식 또는 직영식으로 이루어진다.
③ 육체노동이 주가 되므로 대량생산이 가능하다.
④ 건설 생산물의 품질이 일정하다.

해설
건설공사는 주로 도급식 또는 직영식으로 이루어진다.

선지분석
① 공사비, 공사기일 등의 제약을 받는다.
③ 육체노동이 주가 되므로 대량생산이 불가능하다.
④ 수작업으로 건설 생산물의 품질이 일정하지 않다.

36 ★★☆
다음 중 공사감리업무와 가장 거리가 먼 항목은?

① 설계도서의 적정성 검토
② 시공상의 안전관리 지도
③ 공사 실행예산의 편성
④ 사용자재와 설계도서와의 일치 여부 검토

해설
공사 실행예산의 편성은 시공자의 업무이다.

합격 POINT 공사감리자업무
- 건축자재의 법령 기준 준수 여부 확인
- 시공계획, 공사관리 적정 여부, 공정표의 검토
- 구조물의 위치와 규격 검토 확인
- 시공자가 설계도서에 따라 시공하는지 확인

37 ★★☆
목공사에 사용되는 철물에 관한 설명으로 옳지 않은 것은?

① 감잡이쇠는 큰 보에 걸쳐 작은 보를 받게 하고, 안장쇠는 평보를 대공에 달아매는 경우 또는 평보와 ㅅ자보의 밑에 쓰인다.
② 못의 길이는 박아대는 재두께의 2.5배 이상이며, 마구리 등에 박는 것은 3.0배 이상으로 한다.
③ 볼트 구멍은 볼트지름보다 3mm 이상 커서는 안 된다.
④ 듀벨은 볼트와 같이 사용하여 듀벨에는 전단력, 볼트에는 인장력을 분담시킨다.

해설
안장쇠는 큰 보에 걸쳐 작은 보를 받게 하고, 감잡이쇠는 평보를 대공에 달아매는 경우 또는 평보와 ㅅ자보의 밑에 쓰인다.

38 ★★★
방수공사에 관한 설명으로 옳은 것은?

① 보통 수압이 적고 얕은 지하실에는 바깥방수법, 수압이 크고 깊은 지하실에는 안방수법이 유리하다.
② 지하실에 안방수법을 채택하는 경우, 지하실 내부에 설치하는 칸막이벽, 창문틀 등은 방수층 시공 전 먼저 시공하는 것이 유리하다.
③ 바깥방수법은 안방수법에 비하여 하자보수가 곤란하다.
④ 바깥방수법은 보호누름이 필요하지만, 안방수법은 없어도 무방하다.

해설
바깥방수는 기초벽, 지하실 등에 사용되는 적용되며, 구조물 전체를 방수층으로 겉에서 감싼 후 되메우기를 실시하므로 하자보수가 곤란하다.

합격 POINT 안방수와 바깥방수와의 비교

구분	안방수	바깥방수
사용환경	비교적 수압이 적은 지하실에 적당하다.	수압에 상관없이 할 수 있다.
바탕만들기	따로 만들 필요가 없다.	따로 만들어야 한다.
공사시기	자유로 선택할 수 있다.	본공사에 선행해야 한다.
공사 용이성	간단하다.	상당한 난점이 있다.
경제성(공사비)	비교적 싸다.	비교적 고가이다.
내수압성	작다.	크다.
보호누름	필요하다.	없어도 무방하다.
하자보수	쉽다.	어렵다.

39 ★★★
QC(Quality Control) 활동의 도구가 아닌 것은?

① 기능계통도
② 산점도
③ 히스토그램
④ 특성요인도

해설
기능계통도는 V.E(Value Engineering, 가치공학)의 수행 시 기능을 분석하는 방법이다.

합격 POINT 종합적 품질관리(TQC)의 7가지 도구

구분	내용
히스토그램	데이터가 어떠한 분포를 하고 있는지를 막대그래프로 작성한 그림
특성요인도	결과에 대하여 원인이 어떻게 관계하고 있는지 한눈에 알아볼 수 있도록 작성한 그림
파레토도	불량, 고장, 결점 등 발생건수를 원인과 형상별로 분류하여 크기 순서대로 나열해 놓은 그림
체크시트	계수값 데이터가 분류 항목별 집중도를 알아볼 수 있도록 작성한 것
층별	집단을 구성하고 있는 데이터를 특성에 따라 부분 집단으로 나누는 것
산점도	대응되는 2개의 짝으로 된 데이터를 그래프상에 점으로 나타낸 것
각종 그래프	작성 목적을 명확히 쉽게 파악할 수 있도록 표현한 그래프

정답 35 ② 36 ③ 37 ① 38 ③ 39 ①

40 ★★★
다음 중 멤브레인 방수공사에 해당되지 않는 것은?

① 아스팔트방수공사 ② 실링방수공사
③ 시트방수공사 ④ 도막방수공사

해설
멤브레인 방수(Membrane waterproofing)는 구조물 외주에 피막을 구성시키는 방수방법으로 아스팔트 방수, 시트방수, 도막방수, 합성고분자 시트방수 등이 있다.

제3과목 건축구조

41 ★★☆
다음 그림과 같이 수평하중 30kN이 작용하는 라멘구조에서 E점에서의 휨모멘트값(절댓값)은?

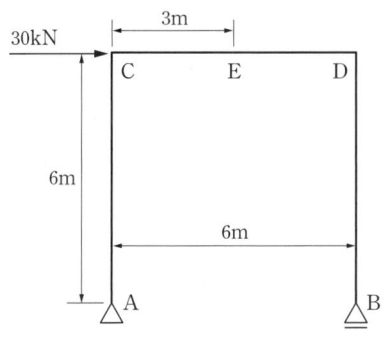

① 40kN·m ② 45kN·m
③ 60kN·m ④ 90kN·m

해설
$\Sigma M_A = 0$; $30 \times 6 - V_B \times 6 = 0$
$V_B = +30kN$
E점의 휨모멘트(절댓값)
$|M_{E.Right}| = |-30 \times 3| = 90kN \cdot m$

42 ★★☆
철골구조에 관한 설명으로 옳지 않은 것은?

① 수평하중에 의한 접합부의 연성능력이 낮다.
② 철근콘크리트조에 비하여 넓은 전용면적을 얻을 수 있다.
③ 정밀한 시공을 요한다.
④ 장스팬 구조물에 적합하다.

해설
철골구조는 수평하중에 의한 접합부의 연성능력이 높다.

43 ★★☆
부하면적 36m²인 콘크리트 기둥의 영향면적에 따른 활하중 저감계수(C)로 옳은 것은? (단, $C = 0.3 + \dfrac{4.2}{\sqrt{A}}$, A는 영향면적)

① 0.25 ② 0.45
③ 0.65 ④ 1

해설
기둥의 영향면적(A)은 부하면적의 4배이므로
$A = 36m^2 \times 4 = 144m^2$이다.
∴ $C = 0.3 + \dfrac{4.2}{\sqrt{A}} = 0.3 + \dfrac{4.2}{\sqrt{144}} = 0.65$

합격 POINT 영향면적
1. 부재에 직접적으로 하중의 영향을 미치는 범위 내에 있는 바닥의 면적을 말한다.
2. 기둥 및 기초에서는 부하면적의 4배, 보에서는 부하면적의 2배, 슬래브에서는 부하면적을 적용하며, 부하면적 중 캔틸레버 부분은 영향면적에 단순 합산한다.

44 ★★☆
각 지반의 허용지내력의 크기가 큰 것부터 순서대로 올바르게 나열된 것은?

| A. 자갈 | B. 모래 |
| C. 연암반 | D. 경암반 |

① B>A>C>D ② A>B>C>D
③ D>C>A>B ④ D>C>B>A

해설
경암반 > 연암반 > 자갈 > 모래

합격 POINT 지반의 허용지내력(단위: kN/m²)

구분	장기	단기
경암반	4,000	
연암반	2,000/1,000	
자갈	300	장기값×1.5
자갈+모래	200	
모래+점토	150	
모래 또는 점토	100	

정답 40 ② 41 ④ 42 ① 43 ③ 44 ③

45 ★★☆

그림과 같은 하중을 받는 단순보에서 단면에 생기는 최대 휨응력도는? (단, 목재는 결함이 없는 균질한 단면임)

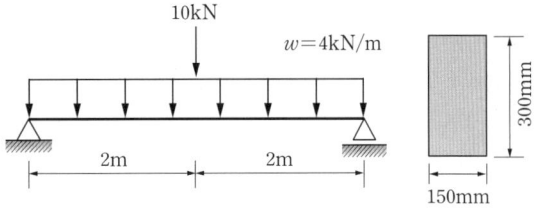

① 8MPa ② 10MPa
③ 12MPa ④ 15MPa

해설

보의 최대 휨응력은 최대 모멘트 나누기 단면계수이다.

$\sigma_{max} = \dfrac{M_{max}}{Z}$

$M_{max} = \dfrac{PL}{4} + \dfrac{wL^2}{8} = \dfrac{10 \times 4}{4} + \dfrac{4 \times 4^2}{8} = 18 \text{kN} \cdot \text{m}$

$Z = \dfrac{bh^2}{6} = \dfrac{150 \times 300^2}{6} = 2.25 \times 10^6 \text{mm}^3$

$\left(\text{사각형 단면계수 } Z = \dfrac{bh^2}{6}\right)$

$\therefore \sigma_{max} = \dfrac{M_{max}}{Z} = \dfrac{(18 \times 10^6)}{(2.25 \times 10^6)} = 8\text{N/mm}^2 = 8\text{MPa}$

46 ★★☆

다음 그림과 같은 H형강($H-440 \times 300 \times 10 \times 20$) 단면의 전소성모멘트($M_p$)는 얼마인가? (단, $F_y = 400\text{MPa}$)

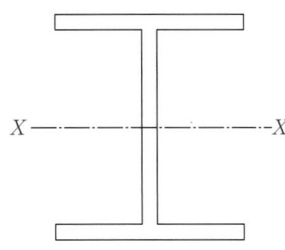

① 963kN·m ② 1,168kN·m
③ 1,363kN·m ④ 1,568kN·m

해설

소성단면계수(Z_p): 단면의 도심을 지나는 전체 단면적을 2등분하는 축에 대한 단면계수

$Z_P = A_c \cdot y_c + A_t \cdot y_t$
$\quad = 2 \times (300 \times 20 \times 210) + 2 \times (10 \times 200 \times 100)$
$\quad = 2.92 \times 10^6 \text{mm}^3$

여기서, A_c: 플랜지면적, y_c: 플랜지의 도심에서 연단까지의 거리,
A_t: 웨브면적, y_t: 웨브의 도심에서 연단까지의 거리

소성모멘트

$M_p = F_y \cdot Z_p = 400 \times 2.92 \times 10^6 = 1.168 \times 10^9 \text{N} \cdot \text{mm}$
$\quad = 1,168 \text{kN} \cdot \text{m}$

47 ★★★

양단 힌지인 길이 6m의 $H-300 \times 300 \times 10 \times 15$의 기둥이 약축방향으로 부재 중앙이 가새로 지지되어 있을 때 이 부재의 세장비는? (단, 단면2차반경 $r_x = 13.1\text{cm}$, $r_y = 7.51\text{cm}$)

① 40.0 ② 45.8
③ 58.2 ④ 66.3

해설

양단 힌지이므로 유효좌굴길이계수 $K = 1.0$

세장비: 강축(x)에 대해서는 부재 전체의 길이 $L = 6\text{m}$, 약축(y)에 대해서는 가새로 횡지지 되어 있으므로 $L = 3\text{m}$를 적용함에 주의하며 다음의 ㉠, ㉡ 중에서 큰 값으로 선정한다.

㉠ $\lambda_x = \dfrac{KL}{r_x} = \dfrac{1.0 \times 600}{13.1} ≒ 45.8$

㉡ $\lambda_y = \dfrac{KL}{r_y} = \dfrac{1.0 \times 300}{7.51} ≒ 39.9$

48 ★☆☆

그림과 같은 구조물의 부정정차수는?

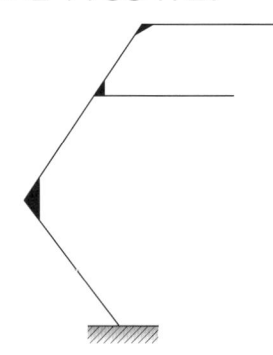

① 불안정 ② 1차 부정정
③ 3차 부정정 ④ 정정

해설

$N = r + m + f - 2j$ 공식 이용

(r: 지점 반력수, m: 부재수, f: 강절점수, j: 지점수 + 자유단 지점수)

$\therefore N = 3 + 5 + 4 - 2 \times 6 = 0$이므로 정정

정답 45 ① 46 ② 47 ② 48 ④

49 ★☆☆

등분포하중을 받는 그림과 같은 3회전단 아치에서 C점의 전단력을 구하면?

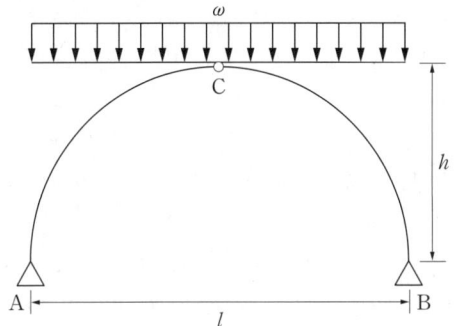

① 0
② $\dfrac{wl}{2}$
③ $\dfrac{wh}{4}$
④ $\dfrac{wl}{8}$

해설
축선이 포물선인 3활절 아치에 등분포하중 작용 시 부재 내력으로 축방향력만 발생하고 전단력이나 휨모멘트는 발생하지 않으므로 전단력은 0이다.

다른 풀이
하중과 경간이 대칭이므로
$V_A = V_B = \dfrac{wl}{2}$
$\Sigma H = 0; H_A + H_B = 0$
여기서 수직반력 V_A, V_B는 구했으나, 수평반력 H_A, H_B는 구하지 못했다. 따라서 미지의 반력을 구하기 위해서 부재 내 힌지 절점에 대해 휨모멘트가 발생하지 않는다는 조건방정식을 추가로 세워야 한다.
$V_{C.Left} = \left(\dfrac{wl}{2}\right) - \left(w \cdot \dfrac{l}{2}\right) = 0$

50 ★★☆

그림과 같은 연속보에 있어 절점 B의 회전을 저지시키기 위해 필요한 모멘트의 절댓값은?

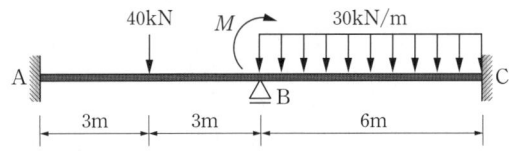

① 30kN·m
② 60kN·m
③ 90kN·m
④ 120kN·m

해설
AB구간의 집중하중에 대한 고정단 모멘트와 BC구간의 등분포하중에 대한 고정단 모멘트의 차를 구한다.
B절점을 기준으로 AB구간의 집중하중에 대한 고정단 모멘트, BC구간의 등분포하중에 의한 고정단 모멘트를 구하여 합산한다.
$FEM_B = FEM_{AB} + FEM_{BC} = +\dfrac{PL}{8} - \dfrac{wL^2}{12}$
$= \left|\dfrac{40 \times 6}{8} - \dfrac{30 \times 6^2}{12}\right| = |-60\text{kN·m}| = 60\text{kN·m}$

51 ★☆☆

독립기초(자중포함)가 축방향력 650kN, 휨모멘트 130kN·m를 받을 때 기초 저면의 편심거리는?

① 0.2m
② 0.3m
③ 0.4m
④ 0.6m

해설
$M = N \times e$
$\therefore e = \dfrac{M}{N} = \dfrac{130}{650} = 0.2\text{m}$

52 ★☆☆

다음 그림과 같은 중공형 단면에 대한 단면2차반경 r_x는?

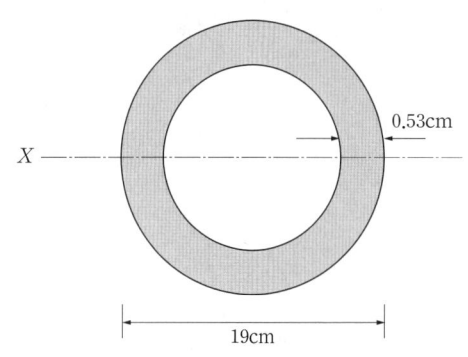

① 3.21cm
② 4.62cm
③ 6.53cm
④ 7.34cm

해설
단면2차반경
$r_x = \sqrt{\dfrac{I}{A}}$ (I: 단면2차모멘트, A: 단면적)

원형단면의 단면2차모멘트는 $\dfrac{\pi d^4}{64}$이고,

원형단면의 면적은 $\dfrac{\pi d^2}{4}$이며,

외경 $d_1 = 19$cm, 내경 $d_2 = 19 - 2 \times 0.53 = 17.94$cm이므로

$r_x = \sqrt{\dfrac{I}{A}} = \sqrt{\dfrac{\dfrac{\pi}{64}(d_1^4 - d_2^4)}{\dfrac{\pi}{4}(d_1^2 - d_2^2)}}$

$= \sqrt{\dfrac{\dfrac{\pi}{64}(d_1^2 + d_2^2)(d_1^2 - d_2^2)}{\dfrac{\pi}{4}(d_1^2 - d_2^2)}} = \sqrt{\dfrac{d_1^2 + d_2^2}{16}}$

$= \sqrt{\dfrac{(19)^2 + (17.94)^2}{16}} \fallingdotseq 6.53\text{cm}$

정답 49 ① 50 ② 51 ① 52 ③

53 ★☆☆

다음 그림과 같은 단순보의 중앙점에서 보의 최대 처짐은? (단. 부재의 EI는 일정함)

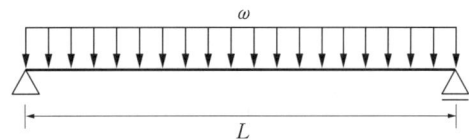

① $\dfrac{wL^3}{24EI}$ ② $\dfrac{wL^3}{48EI}$

③ $\dfrac{wL^4}{384EI}$ ④ $\dfrac{5wL^4}{384EI}$

해설

단순보의 하중조건에 따른 처짐각과 처짐

하중조건	처짐각(θ)	처짐(δ)
집중하중	$\dfrac{PL^2}{16EI}$	$\dfrac{PL^3}{48EI}$
등분포하중	$\dfrac{wL^3}{24EI}$	$\dfrac{5wL^4}{384EI}$

54 ★★★

지진하중 설계 시 밑면전단력과 관계없는 것은?

① 유효건물중량   ② 중요도계수
③ 지반증폭계수   ④ 가스트계수

해설

가스트계수는 순간 최대풍속을 구할 때 평균풍속에 곱하는 계수를 말하는 것으로 지진하중 설계와는 관련이 없다.

합격 POINT 등가정적해석법 밑면전단력 산정식

$$V = C_s \cdot W = \dfrac{S_{D1}}{\left(\dfrac{R}{I_E}\right) \cdot T} \cdot W$$

여기서, C_s: 지진응답계수
W: 유효건물중량
S_{D1}: 주기 1초에서의 설계스펙트럼 가속도
R: 반응수정계수
I_E: 건물의 중요도계수
T: 건물의 고유주기

55 ★☆☆

철근콘크리트 구조물의 내구성 설계에 관한 설명으로 옳지 않은 것은?

① 설계기준 강도가 35MPa를 초과하는 콘크리트는 동해저항 콘크리트에 대한 전체 공기량 기준에서 1% 감소시킬 수 있다.
② 동해저항 콘크리트에 대한 전체 공기량 기준에서 굵은골재의 최대 치수가 25mm인 경우 심한 노출에서의 공기량 기준은 6.0%이다.
③ 바닷물에 노출된 콘크리트의 철근부식 방지를 위한 보통골재 콘크리트의 최대 물결합재비는 40%이다.
④ 철근의 부식방지를 위하여 굳지 않은 콘크리트의 전체 염소이온량은 원칙적으로 0.9kg/m³ 이하로 하여야 한다.

해설

철근의 부식방지를 위하여 굳지 않는 콘크리트의 전체 염소이온량은 원칙적으로 0.3kg/m³ 이하로 하여야 한다.

56 ★★☆

다음 그림의 모살용접부의 유효목두께는?

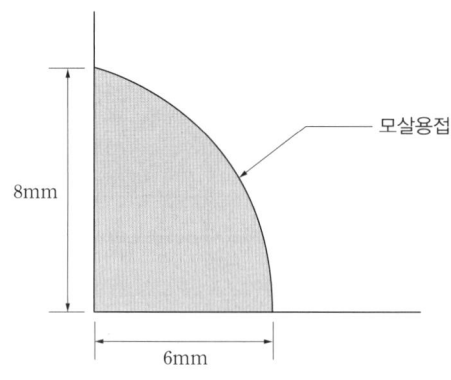

① 4.0mm   ② 4.2mm
③ 4.8mm   ④ 5.6mm

해설

필릿사이즈가 다를 경우 짧은 쪽을 기준으로 한다.
∴ 유효목두께 $a = 0.7S = 0.7 \times 6 = 4.2$mm

정답 53 ④   54 ④   55 ④   56 ②

57 ★★★

강도설계법에서 D22 압축이형철근의 기본정착길이 l_{db}는? (단, 경량콘크리트 계수 $\lambda=1.0$, $f_{ck}=27MPa$, $f_y=400MPa$)

① 200.5mm ② 378.4mm
③ 423.4mm ④ 604.6mm

해설

압축이형철근의 기본정착길이 l_{db}는 다음 중 큰 값 이상이 되어야 한다.

$l_{db}=\dfrac{0.25 \cdot d_b \cdot f_y}{\lambda \cdot \sqrt{f_{ck}}}$	$l_{db}=0.043 d_b f_y$

- f_{ck}: 콘크리트 압축강도
- f_y: 철근의 항복강도
- d_b: 철근의 지름
- λ: 경량콘크리트계수(1.0)

1. $l_{db}=\dfrac{0.25\times 22\times 400}{1.0\times\sqrt{27}}≒423.4mm$
2. $l_{db}=0.043\times 22\times 400=378.4mm$

∴ $l_{db}≥423.4mm$

58 ★★★

다음 그림과 같이 단면의 크기 500mm×500mm인 띠철근 기둥이 저항할 수 있는 최대 설계축하중 ϕP_n은? (단, $f_y=400MPa$, $f_{ck}=27MPa$)

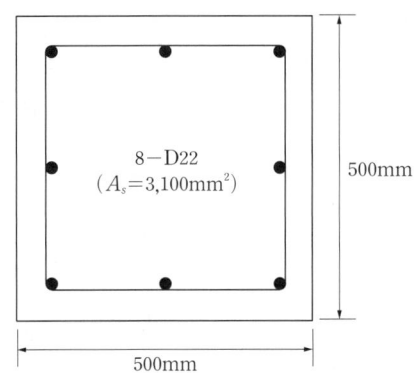

① 3,591kN ② 3,972kN
③ 4,170kN ④ 4,275kN

해설

띠철근 기둥의 최대 설계축하중
$\phi P_n = 0.65 \times 0.80 \times P_0$
$= 0.65 \times 0.80 \times (0.85 f_{ck}(A_g - A_{st}) + (f_y \times A_{st}))$
$= 0.65 \times 0.8 \times (0.85 \times 27 \times (500^2 - 3,100) + (400 \times 3,100))$
$≒ 3,591,305N ≒ 3,591kN$

59 ★★★

보의 유효깊이 $d=550mm$, 보의 폭 $b_w=300mm$인 보에서 스터럽이 부담할 전단력 $V_s=200kN$일 경우, 수직 스터럽의 간격으로 가장 타당한 것은? (단, $A_v=142mm^2$, $f_{yt}=400MPa$, $f_{ck}=24MPa$)

① 120mm ② 150mm
③ 180mm ④ 200mm

해설

전단철근의 전단강도 $V_s = \dfrac{A_v \cdot f_{yt} \cdot d}{s}$

여기서, s: 스터럽의 간격

$s = \dfrac{A_v \cdot f_{yt} \cdot d}{V_s} = \dfrac{142 \times 400 \times 550}{200 \times 10^3} = 156.2mm$

∴ 150mm가 가장 타당하다.

60 ★☆☆

연약지반에서 부동침하를 줄이기 위한 가장 효과적인 기초의 종류는?

① 독립기초 ② 복합기초
③ 연속기초 ④ 온통기초

해설

온통기초(매트기초)는 부동침하 방지에 가장 효과적인 기초이다.

선지분석

① 독립기초: 기둥 하나에 기초판 하나인 기초
② 복합기초: 2개 이상의 기둥을 하나의 기초판으로 받치는 것으로, 기둥 간격이 좁을 때 사용
③ 연속기초: 벽 또는 1열의 기둥을 받는 기초

정답 57 ③ 58 ① 59 ② 60 ④

제4과목 건축설비

61 ★★☆
고속덕트에 관한 설명으로 옳지 않은 것은?

① 원형 덕트의 사용이 불가능하다.
② 동일한 풍량을 송풍할 경우 저속덕트에 비해 송풍기 동력이 많이 든다.
③ 공장이나 창고 등과 같이 소음이 별로 문제가 되지 않는 곳에 사용된다.
④ 동일한 풍량을 송풍할 경우 저속덕트에 비해 덕트의 단면치수가 작아도 된다.

해설
고속덕트는 관마찰저항을 줄이기 위하여 일반적으로 원형 덕트를 사용한다.

62 ★★☆
통기관의 설치 목적으로 옳지 않은 것은?

① 트랩의 봉수를 보호한다.
② 오수와 잡배수가 서로 혼합되지 않게 한다.
③ 배수계통 내의 배수 및 공기의 흐름을 원활히 한다.
④ 배수관 내에 환기를 도모하여 관내를 청결하게 유지한다.

해설
통기관의 설치목적은 트랩의 봉수를 보호하고, 배수계통 내의 배수 및 공기의 흐름을 원활히 하며, 배수관 내에 환기를 도모하여 관내를 청결하게 유지하는 것이다.

63 ★★★
간접가열식 급탕설비에 관한 설명으로 옳지 않은 것은?

① 대규모 급탕설비에 적당하다.
② 비교적 안정된 급탕을 할 수 있다.
③ 보일러 내면에 스케일이 많이 생긴다.
④ 가열 보일러는 난방용 보일러와 겸용할 수 있다.

해설
간접가열식 급탕법은 보일러 내면에 스케일이 거의 생기지 않는다.

합격 POINT 중앙식 급탕방식의 종류

직접가열식	간접가열식
• 열효율 면에서 경제적 • 수질에 의해 보일러 내면에 스케일이 발생하여 열효율이 저하되며 보일러의 수명이 단축됨 • 급탕하는 건물의 높이가 높을 경우 고압보일러 필요 • 주택 또는 소규모 건물에 실용적	• 난방용 보일러의 증기 사용 시 급탕용 보일러 불필요 • 보일러 내면에 스케일이 거의 생기지 않음 • 건물의 높이에 따른 수압이 보일러에 작용하지 않고 저장조에 작용하므로 고압용 보일러 불필요 • 대규모 급탕설비에 적합

64 ★☆☆
도시가스에서 중압의 가스압력은? (단, 액화가스가 기화되고 다른 물질과 혼합되지 아니한 경우 제외)

① 0.05MPa 이상, 0.1MPa 미만
② 0.01MPa 이상, 0.1MPa 미만
③ 0.1MPa 이상, 1MPa 미만
④ 1MPa 이상, 10MPa 미만

해설
도시가스 중압의 기준은 0.1MPa 이상 1MPa 미만이다.

합격 POINT 도시가스의 압력에 의한 분류

구분	압력
고압	1MPa 이상
중압	0.1MPa 이상~1MPa 미만
저압	0.1MPa 미만

65 ★☆☆
가로, 세로, 높이가 각각 $4.5 \times 4.5 \times 3$m인 실의 각 벽면 표면온도가 18°C, 천장면 20°C, 바닥면 30°C일 때 평균복사온도(MRT)는?

① 15.2°C
② 18.0°C
③ 21.0°C
④ 27.2°C

해설
$$MRT = \frac{A_1T_1 + A_2T_2 + A_3T_3 + \cdots + A_nT_n}{A_1 + A_2 + A_3 + \cdots + A_n}$$

$$= \frac{(4.5m \times 3m) \times 18°C \times 4개 + (4.5m \times 4.5m) \times 30°C + (4.5m \times 4.5m) \times 20°C}{(4.5m \times 3m) \times 4개 + (4.5m \times 4.5m) \times 2개}$$

$$= \frac{1,984.5}{94.5} = 21°C$$

합격 POINT 평균복사온도(MRT; Mean Radiant Temperature)
실내공간의 벽, 바닥, 천장을 포함한 표면에서의 복사의 평균온도를 말한다.

정답 61 ① 62 ② 63 ③ 64 ③ 65 ③

66 ★★★

전기설비가 어느 정도 유효하게 사용되는가를 나타내며, 다음과 같은 식으로 산정되는 것은?

$$\frac{\text{부하의 평균전력}}{\text{최대 수용전력}} \times 100\%$$

① 역률 ② 부등률
③ 부하율 ④ 수용률

해설
부하율은 전기설비가 어느 정도 유효하게 사용되고 있는가를 나타내는 척도로, 어떤 기간 중에 최대 수용전력과 그 기간 중에 평균전력과의 비율을 백분율로 표시한 것이다.

선지분석
① 역률 $= \dfrac{\text{유효전력}}{\text{피상전력}}$

② 부등률 $= \dfrac{\text{각 부하의 최대 수용전력의 합}}{\text{합성 최대 수용전력}} \times 100(\%)$

④ 수용률 $= \dfrac{\text{최대 수용전력 합계}}{\text{총 부하설비 용량합계}} \times 100(\%)$

67 ★★★

냉방부하 계산 결과 현열부하가 620W, 잠열부하가 155W일 경우 현열비는?

① 0.2 ② 0.25
③ 0.4 ④ 0.8

해설
현열비 $= \dfrac{\text{현열부하}}{\text{현열부하}+\text{잠열부하}} = \dfrac{620\text{W}}{(620+155)\text{W}} = 0.8$

68 ★★☆

승객 스스로 운전하는 전자동 엘리베이터로 카 버튼이나 승강장의 호출신호로 기동, 정지를 이루는 엘리베이터 조작방식은?

① 승합전자동 방식
② 카 스위치 방식
③ 시그널 컨트롤 방식
④ 레코드 컨트롤 방식

해설
승합전자동 방식은 승객 스스로 운전하는 전자동 엘리베이터로, 누른 순서에 관계없이 각 호출에 따른다.

선지분석
② 카 스위치 방식: 운전원 조작반의 핸들로 시동, 정지를 조작하는 방식이다.
③ 시그널 컨트롤 방식: 시동은 운전원 조작반의 핸들로 하고, 정지는 조작반이 목적층 버튼을 누르거나 승강장의 호출 신호에 의해 층의 순서대로 자동 정지하는 방식이다.

69 ★★★

다음 중 그 값이 클수록 안전한 것은?

① 접지저항 ② 도체저항
③ 접촉저항 ④ 절연저항

해설
저항이 클수록 흐르는 전류의 크기가 작아지므로 절연저항이 클수록 안전한 것이다.

70 ★★☆

스프링클러설비 설치장소가 아파트인 경우, 스프링클러헤드의 기준 개수는? (단, 폐쇄형 스프링클러헤드를 사용하는 경우)

① 10개 ② 20개
③ 30개 ④ 40개

해설
폐쇄형 스프링클러헤드를 사용하는 경우의 설치장소별 기준 개수
1. 아파트: 10개
2. 판매시설·복합건축물, 지하층을 제외한 층수가 11층 이상인 소방대상물·지하가 또는 지하역사: 30개

71 ★☆☆

수관식 보일러에 관한 설명으로 옳지 않은 것은?

① 사용압력이 연관식보다 낮다.
② 설치면적이 연관식보다 넓다.
③ 부하변동에 대한 추종성이 높다.
④ 대형건물과 같이 고압증기를 다량 사용하는 곳이나 지역난방 등에 사용된다.

해설
수관식 보일러의 압력은 1.0MPa 이상으로 연관식 보일러보다 높다.

정답 66 ③ 67 ④ 68 ① 69 ④ 70 ① 71 ①

72 ★★☆

음의 대소를 나타내는 감각량을 음의 크기라고 하는데, 음의 크기의 단위는?

① dB ② cd
③ Hz ④ sone

해설
음의 크기의 단위는 sone이다.
dB는 소리의 상대적인 세기를 나타내는 단위이며, cd는 광원에서 나오는 빛의 세기 단위, Hz는 주파수의 단위이다.

73 ★★★

온수난방에 관한 설명으로 옳지 않은 것은?

① 증기난방에 비해 보일러의 취급이 비교적 쉽고 안전하다.
② 동일 방열량인 경우 증기난방보다 관 지름을 작게 할 수 있다.
③ 증기난방에 비해 난방부하의 변동에 따른 온도 조절이 용이하다.
④ 보일러 정지 후에도 여열이 남아 있어 실내 난방이 어느 정도 지속된다.

해설
동일 방열량인 경우 증기난방보다 관 지름을 크게 해야 한다.

합격 POINT 온수난방의 장단점

장점	• 난방부하의 변동에 따른 온도조절이 용이함 • 방열기 표면온도가 낮아 화상을 입을 우려가 없음 • 보일러 취급이 용이함 • 증기난방에 비해 관의 부식이 적음 • 스팀해머(Steam hammer)가 생기지 않아 소음이 없음
단점	• 증기난방에 비해 방열면적이 크므로 설비비가 고가 • 공기의 정체에 의한 순환 저해의 가능성 있음 • 예열시간이 김 • 한랭 시 난방을 정지하는 경우 동결 우려 • 온수 순환 시간이 김

74 ★☆☆

간접조명기구에 관한 설명으로 옳지 않은 것은?

① 직사 눈부심이 없다.
② 매우 넓은 면적이 광원으로서의 역할을 한다.
③ 일반적으로 발산광속 중 상향광속이 90~100% 정도이다.
④ 천장, 벽면 등은 빛이 잘 흡수되는 색과 재료를 사용하여야 한다.

해설
간접조명은 천장, 벽 등에 의해 반사되는 빛을 이용하므로 반사되는 색과 재료를 사용하여야 한다.

75 ★★☆

전기설비에서 다음과 같이 정의되는 것은?

> 전면이나 후면 또는 양면에 개폐기, 과전류 차단장치 및 기타 보호장치, 모선 및 계측기 등이 부착되어 있는 하나의 대형 패널 또는 여러 개의 패널, 프레임 또는 패널 조립품으로서, 전면과 후면에서 접근할 수 있는 것

① 캐비닛 ② 차단기
③ 배전반 ④ 분전반

해설
배전반은 공용 전기 배전망과 건축물 전기회로의 접속점을 형성하는 장치로 전면이나 후면 또는 양면에 각종 개폐기, 과전류 차단장치 및 기타 보호장치, 모선 및 계측기 등이 부착된다.

76 ★☆☆

공조시스템의 전열교환기에 관한 설명으로 옳지 않은 것은?

① 공기 대 공기의 열교환기로서 현열만 교환이 가능하다.
② 공조기는 물론 보일러나 냉동기의 용량을 줄일 수 있다.
③ 공기방식의 중앙공조시스템이나 공장 등에서 환기에서의 에너지 회수방식으로 사용된다.
④ 전열교환기를 사용한 공조시스템에서 중간기(봄, 가을)를 제외한 냉방기와 난방기의 열회수량은 실내·외의 온도차가 클수록 많다.

해설
전열교환기는 실내의 열에너지를 회수하여 도입되는 외기에 공급함으로써 환기에 의한 열 손실을 줄일 목적으로 설치하고, 외기와 배기가 간접 접촉하여 현열과 잠열을 교환하며 열원의 종류에 따라 공기 대 공기, 물 대 물, 물 대 공기, 지열, 태양열 등이 있다.

77 ★☆☆

다음 중 수격작용의 발생 원인과 가장 거리가 먼 것은?

① 밸브의 급폐쇄
② 감압밸브의 설치
③ 배관방법의 불량
④ 수도본관의 고수입(高水壓)

해설
감압밸브는 고압배관과 저압배관 사이에 설치하여 압력을 감소시킬 때 사용한다.

합격 POINT 수격작용의 원인
• 플러시 밸브나 수전류를 급격히 열거나 닫을 때
• 관경이 작을 때
• 관 내의 유속이 빠를 때
• 배관에 굴곡부가 많을수록 발생

정답 72 ④ 73 ② 74 ④ 75 ③ 76 ① 77 ②

78 ★★★

전압이 1V일 때 1A의 전류가 1s 동안 하는 일을 나타내는 것은?

① 1Ω ② 1J
③ 1dB ④ 1W

해설
전기가 하는 일의 양을 전력이라고 하며, 단위는 W를 쓴다.

합격 POINT 전력공식

$P = V \cdot I$
- P: 전력(W)
- V: 전압(V)
- I: 전류(A)

79 ★☆☆

수도직결방식의 급수방식에서 수도 본관으로부터 8m 높이에 위치한 기구의 소요압이 70kPa이고 배관의 마찰손실이 20kPa인 경우 이 기구에 급수하기 위해 필요한 수도본관의 최소 압력은?

① 약 90kPa ② 약 98kPa
③ 약 170kPa ④ 약 210kPa

해설
$P \geq P_1 + P_2 + 0.01h \text{(MPa)}$
→ $P \geq P_1 + P_2 + 10h \text{(kPa)}$
$P \geq 70\text{kPa} + 20\text{kPa} + 10 \times 8\text{m}\text{(kPa)}$
$P \geq 170\text{kPa}$
P: 수도본관의 최소 압력(MPa), P_1: 기구별 최소 소요압력(MPa),
P_2: 관의 마찰손실수두(MPa),
h: 수도 본관으로부터 최고층 급수기구까지의 높이(m)

80 ★☆☆

겨울철 주택의 단열 및 결로에 관한 설명으로 옳지 않은 것은?

① 단층 유리보다 복층 유리의 사용이 단열에 유리하다.
② 벽체 내부로 수증기 침입을 억제할 경우 내부결로 방지에 효과적이다.
③ 단열이 잘 된 벽체에서는 내부결로는 발생하지 않으나 표면결로는 발생하기 쉽다.
④ 실내측 벽 표면온도가 실내공기의 노점온도보다 높은 경우 표면결로는 발생하지 않는다.

해설
난방 시 단열이 잘 된 벽체의 실내측에서는 표면결로는 생기지 않으나 외측으로 갈수록 온도가 낮아지기 때문에 그 부분에서 내부결로가 발생하기 쉽다. 따라서 외측단열을 하여 벽체 내부온도를 일정온도 이상으로 높게 유지하는 것이 좋다.

제5과목 건축관계법규

81 ★☆☆

다음 중 「건축법」이 적용되는 건축물은?

① 역사(驛舍)
② 고속도로 통행료 징수시설
③ 철도의 선로 부지에 있는 플랫폼
④ 「문화유산의 보존 및 활용에 관한 법률」에 따른 임시지정 문화유산

해설
건축법이 적용되지 않는 건축물은 다음과 같다.
- 「문화유산의 보존 및 활용에 관한 법률」에 따른 지정문화유산이나 임시지정문화유산 또는 「자연유산의 보존 및 활용에 관한 법률」에 따라 지정된 천연기념물 등이나, 임시지정천연기념물, 임시지정명승, 임시지정시·도자연유산, 임시자연유산자료
- 철도나 궤도의 선로 부지에 있는 플랫폼, 운전보안시설, 철도 선로의 위나 아래를 가르지르는 보행시설, 해당 철도 또는 궤도사업용 급수·급탄 및 급유 시설
- 고속도로 통행료 징수시설
- 컨테이너를 이용한 간이창고
- 「하천법」에 따른 하천구역 내의 수문조작실

82 ★★★

「국토의 계획 및 이용에 관한 법령」에 따른 도시·군관리계획의 내용에 속하지 않는 것은?

① 광역계획권의 장기발전방향에 관한 계획
② 도시개발사업이나 정비사업에 관한 계획
③ 기반시설의 설치·정비 또는 개량에 관한 계획
④ 용도지역·용도지구의 지정 또는 변경에 관한 계획

해설
도시·군관리계획의 내용은 다음과 같다.
- 도시개발사업이나 정비사업에 관한 계획
- 기반시설의 설치·정비 또는 개량에 관한 계획
- 용도지역·용도지구의 지정 또는 변경에 관한 계획
- 개발제한구역, 도시자연공원구역, 시가화조정구역, 수산자원보호구역의 지정 또는 변경에 관한 계획
- 지구단위계획구역의 지정 또는 변경에 관한 계획과 지구단위계획
- 도시혁신구역의 지정 또는 변경에 관한 계획과 도시혁신계획
- 복합용도구역의 지정 또는 변경에 관한 계획과 복합용도계획
- 도시·군계획시설입체복합구역의 지정 또는 변경에 관한 계획

정답 78 ④ 79 ③ 80 ③ 81 ① 82 ①

83 ★★☆
다음 중 아파트를 건축할 수 없는 용도지역은?

① 준주거지역
② 제1종 일반주거지역
③ 제2종 전용주거지역
④ 제3종 일반주거지역

해설
제1종 일반주거지역 안에서 공동주택 건설은 가능하지만 아파트는 제외한다.

84 ★★☆
주차장의 수급 실태조사에 관한 설명으로 옳지 않은 것은?

① 실태조사의 주기는 5년으로 한다.
② 조사구역은 사각형 또는 삼각형 형태로 설정한다.
③ 조사구역 바깥 경계선의 최대거리가 300m를 넘지 않도록 한다.
④ 각 조사구역은 「건축법」에 따른 도로를 경계로 구분한다.

해설
수급실태조사 및 안전관리실태조사의 주기는 3년으로 한다.

85 ★★☆
한 방에서 층의 높이가 다른 부분이 있는 경우 층고 산정방법으로 옳은 것은?

① 가장 낮은 높이로 한다.
② 가장 높은 높이로 한다.
③ 각 부분 높이에 따른 면적에 따라 가중평균한 높이로 한다.
④ 가장 낮은 높이와 가장 높은 높이의 산술평균한 높이로 한다.

해설
층고는 방의 바닥구조체 윗면으로부터 위층 바닥구조체의 윗면까지의 높이로 한다. 다만, 한 방에서 층의 높이가 다른 부분이 있는 경우에는 그 각 부분 높이에 따른 면적에 따라 가중평균한 높이로 한다.

86 ★★☆
다음 설명에 알맞은 용도지구의 세분은?

> 산지·구릉지 등 자연경관을 보호하거나 유지하기 위하여 필요한 지구

① 자연경관지구
② 자연방재지구
③ 특화경관지구
④ 생태계보호지구

선지분석
② 자연방재지구: 토지의 이용도가 낮은 해안변, 하천변, 급경사지 주변 등의 지역으로서 건축 제한 등을 통하여 재해 예방이 필요한 지구
③ 특화경관지구: 지역 내 주요 수계의 수변 또는 문화적 보존가치가 큰 건축물 주변의 경관 등 특별한 경관을 보호 또는 유지하거나 형성하기 위하여 필요한 지구
④ 생태계보호지구: 야생동식물서식처 등 생태적으로 보존가치가 큰 지역의 보호와 보존을 위하여 필요한 지구

87 ★☆☆
다음과 같은 경우 연면적 1,000m²인 건축물의 대지에 확보하여야 하는 전기설비 설치공간의 면적기준은?

> • 수전전압: 저압
> • 전력수전 용량: 200kW

① 가로 2.5m, 세로 2.8m
② 가로 2.5m, 세로 4.6m
③ 가로 2.8m, 세로 2.8m
④ 가로 2.8m, 세로 4.6m

해설
전기설비 설치공간 확보기준은 다음과 같다.

수전전압	전력수전 용량	확보면적
(특)고압	100kW 이상	가로 2.8m, 세로 2.8m
저압	75kW 이상 150kW 미만	가로 2.5m, 세로 2.8m
	150kW 이상 200kW 미만	가로 2.8m, 세로 2.8m
	200kW 이상 300kW 미만	가로 2.8m, 세로 4.6m
	300kW 이상	가로 2.8m 이상, 세로 4.6m 이상

정답 83 ② 84 ① 85 ③ 86 ① 87 ④

88 ★★☆

「건축법」 제61조 제2항에 따른 높이를 산정할 때, 공동주택을 다른 용도와 복합하여 건축하는 경우 건축물의 높이 산정을 위한 지표면 기준은?

> 건축법 제61조(일조 등의 확보를 위한 건축물의 높이 제한)
> ② 다음 각 호의 어느 하나에 해당하는 공동주택(일반상업지역과 중심상업지역에 건축하는 것은 제외한다)은 채광(採光) 등의 확보를 위하여 대통령령으로 정하는 높이 이하로 하여야 한다.
> 1. 인접 대지경계선 등의 방향으로 채광을 위한 창문 등을 두는 경우
> 2. 하나의 대지에 두 동(棟) 이상을 건축하는 경우

① 전면도로의 중심선
② 인접 대지의 지표면
③ 공동주택의 가장 낮은 부분
④ 다른 용도의 가장 낮은 부분

해설
건축법 제61조 제2항에 따른 높이를 산정할 때 해당 대지가 인접 대지의 높이보다 낮은 경우에는 해당 대지의 지표면을 지표면으로 보고, 공동주택을 다른 용도와 복합하여 건축하는 경우에는 공동주택의 가장 낮은 부분을 그 건축물의 지표면으로 본다.

89 ★☆☆

다음 중 노외주차장의 출구 및 입구를 설치할 수 있는 장소는?

① 육교로부터 4m 거리에 있는 도로의 부분
② 지하횡단보도에서 10m 거리에 있는 도로의 부분
③ 초등학교 출입구로부터 15m 거리에 있는 도로의 부분
④ 장애인 복지시설 출입구로부터 15m 거리에 있는 도로의 부분

해설
횡단보도(육교, 지하횡단보도 포함)로부터 5m 이내에 있는 도로의 부분에는 노외주차장의 출구 및 입구를 설치할 수 없다.
따라서 지하횡단보도에서 10m 거리에 있는 도로에는 노외주차장의 출구 및 입구의 설치가 가능하다.

선지분석
① 횡단보도(육교, 지하횡단보도 포함)로부터 5m 이내에 있는 도로의 부분에는 설치가 불가하다.
③, ④ 유아원, 유치원, 초등학교, 특수학교, 노인복지시설, 장애인복지시설 및 아동전용시설 등의 출입구로부터 20m 이내에 있는 도로의 부분에는 설치가 불가하다.

90 ★★☆

건축물에 설치하는 지하층의 구조 및 설비에 관한 기준 내용으로 옳지 않은 것은?

① 거실의 바닥면적의 합계가 1,000m² 이상인 층에는 환기설비를 설치할 것
② 거실의 바닥면적이 30m² 이상인 층에는 피난층으로 통하는 비상탈출구를 설치할 것
③ 지하층의 바닥면적이 300m² 이상인 층에는 식수 공급을 위한 급수전을 1개소 이상 설치할 것
④ 문화 및 집회시설 중 공연장의 용도에 쓰이는 층으로서 그 층의 거실의 바닥면적의 합계가 50m² 이상인 건축물에는 직통계단을 2개소 이상 설치할 것

해설
거실의 바닥면적이 50m² 이상인 층에는 직통계단 외에 피난층 또는 지상으로 통하는 비상탈출구 및 환기통을 설치하여야 한다. 다만, 직통계단이 2개소 이상 설치되어 있는 경우에는 그러하지 아니하다.

91 ★★☆

다음 중 건축물의 대지에 공개공지 또는 공개공간을 확보하여야 하는 대상 건축물에 속하는 것은? (단, 일반주거지역의 경우)

① 업무시설로서 해당 용도로 쓰는 바닥면적의 합계가 3,000m²인 건축물
② 숙박시설로서 해당 용도로 쓰는 바닥면적의 합계가 4,000m²인 건축물
③ 종교시설로서 해당 용도로 쓰는 바닥면적의 합계가 5,000m²인 건축물
④ 문화 및 집회시설로서 해당 용도로 쓰는 바닥면적의 합계가 4,000m²인 건축물

해설
다음의 어느 하나에 해당하는 건축물의 대지에는 공개공지 또는 공개공간을 설치해야 한다.
• 문화 및 집회시설, 종교시설, 판매시설, 운수시설, 업무시설 및 숙박시설로서 해당 용도로 쓰는 바닥면적의 합계가 5,000m² 이상인 건축물
• 그 밖에 다중이 이용하는 시설로서 건축조례로 정하는 건축물

정답 88 ③ 89 ② 90 ② 91 ③

92 ★★★
다음 중 부설주차장 설치대상 시설물의 종류와 설치기준의 연결이 옳지 않은 것은?

① 골프장 － 1홀당 10대
② 숙박시설 － 시설면적 200m²당 1대
③ 위락시설 － 시설면적 150m²당 1대
④ 문화 및 집회시설 중 관람장 － 정원 100명당 1대

해설
위락시설: 시설면적 100m²당 1대(시설면적/100m²)

93 ★★☆
다음 중 건축에 속하지 않는 것은?

① 이전　　② 증축
③ 개축　　④ 대수선

해설
건축이란 건축물을 신축·증축·개축·재축하거나 건축물을 이전하는 것을 말한다.
대수선이란 건축물의 기둥, 보, 내력벽, 주계단 등의 구조나 외부 형태를 수선·변경하거나 증설하는 것으로서 대통령령으로 정하는 것을 말한다. 또한 대수선은 증축·개축 또는 재축에 해당하지 아니하는 것을 말한다.

94 ★★☆
전용주거지역 또는 일반주거지역 안에서 높이 8m의 2층 건축물을 건축하는 경우, 건축물의 각 부분은 일조 등의 확보를 위하여 정북방향으로의 인접대지경계선으로부터 최소 얼마 이상 띄어 건축하여야 하는가?

① 1m　　② 1.5m
③ 2m　　④ 3m

해설
전용주거지역이나 일반주거지역에서 건축물을 건축하는 경우에는 건축물의 각 부분을 정북방향으로의 인접 대지경계선으로부터 다음의 거리 이상을 띄어 건축하여야 한다.
- 높이 10m 이하인 부분: 인접 대지경계선으로부터 1.5m 이상
- 높이 10m를 초과하는 부분: 인접 대지경계선으로부터 해당 건축물 각 부분 높이의 2분의 1 이상

95 ★★☆
건축물의 내부에 설치하는 피난계단의 구조에 관한 기준 내용으로 옳지 않은 것은?

① 계단의 유효너비는 0.9m 이상으로 할 것
② 계단실의 실내에 접하는 부분의 마감은 불연재료로 할 것
③ 계단은 내화구조로 하고 피난층 또는 지상까지 직접 연결되도록 할 것
④ 건축물의 내부에서 계단실로 통하는 출입구의 유효너비는 0.9m 이상으로 할 것

해설
계단의 유효너비를 0.9m 이상으로 해야 하는 것은 건축물의 바깥쪽에 설치하는 피난계단이다.

96 ★☆☆
다음은 공동주택의 환기설비에 관한 기준 내용이다. (　) 안에 알맞은 것은?

> 신축 또는 리모델링하는 30세대 이상의 공동주택에는 시간당 (　) 이상의 환기가 이루어질 수 있도록 자연환기설비 또는 기계환기설비를 설치하여야 한다.

① 0.5회　　② 1회
③ 1.5회　　④ 2회

해설
신축 또는 리모델링하는 '30세대 이상의 공동주택' 또는 '주택을 주택 외의 시설과 동일건축물로 건축하는 경우로서 주택이 30세대 이상인 건축물'에는 시간당 0.5회 이상의 환기가 이루어질 수 있도록 자연환기설비 또는 기계환기설비를 설치해야 한다.

97 ★★★
다음 중 허가대상에 속하는 용도변경은?

① 숙박시설에서 의료시설로의 용도변경
② 판매시설에서 문화 및 집회시설로의 용도변경
③ 제1종 근린생활시설에서 업무시설로의 용도변경
④ 제1종 근린생활시설에서 공동주택으로의 용도변경

정답 92 ③　93 ④　94 ②　95 ①　96 ①　97 ②

해설
다음의 어느 하나에 해당하는 시설군에 속하는 건축물의 용도를 상위군(상위 번호)에 해당하는 용도로 변경하는 경우에는 국토교통부령으로 정하는 바에 따라 특별자치시장·특별자치도지사 또는 시장·군수·구청장의 허가를 받아야 한다.
반대로 하위군(하위 번호)에 해당하는 용도로 변경하는 경우는 신고 대상이다.

1. 자동차 관련 시설군
2. 산업 등의 시설군
3. 전기통신시설군
4. 문화 및 집회시설군
5. 영업시설군
6. 교육 및 복지시설군
7. 근린생활시설군
8. 주거업무시설군
9. 그 밖의 시설군

판매시설(영업시설군)에서 문화 및 집회시설(문화 및 집회시설군)로의 용도 변경은 상위군에 해당하는 용도로 변경하는 것이므로 허가 대상이다.

선지분석
① 숙박시설(영업시설군)에서 의료시설(교육 및 복지시설군)로의 용도변경은 신고 대상이다.
③ 제1종 근린생활시설(근린생활시설군)에서 업무시설(주거업무시설군)로의 용도변경은 신고 대상이다.
④ 제1종 근린생활시설(근린생활시설군)에서 공동주택(주거업무시설군)으로의 용도변경은 신고 대상이다.

98 ★★★
「국토의 계획 및 이용에 관한 법률」상 다음과 같이 정의되는 것은?

> 도시·군계획 수립 대상지역의 일부에 대하여 토지 이용을 합리화하고 그 기능을 증진시키며 미관을 개선하고 양호한 환경을 확보하여, 그 지역을 체계적·계획적으로 관리하기 위하여 수립하는 도시·군관리계획

① 광역도시계획
② 지구단위계획
③ 도시·군기본계획
④ 입지규제최소구역계획

해설
지구단위계획이란 도시·군계획 수립 대상지역의 일부에 대하여 토지 이용을 합리화하고 그 기능을 증진시키며 미관을 개선하고 양호한 환경을 확보하며, 그 지역을 체계적·계획적으로 관리하기 위하여 수립하는 도시·군관리계획이다.

선지분석
① 광역도시계획: 지정된 광역계획권의 장기발전방향을 제시하는 계획
③ 도시·군기본계획: 특별시·광역시·특별자치시·특별자치도·시 또는 군의 관할 구역 및 생활권에 대하여 기본적인 공간구조와 장기발전방향을 제시하는 종합계획으로서 도시·군관리계획 수립의 지침이 되는 계획

99 ★☆☆
다음의 대규모 건축물의 방화벽에 관한 기준 내용 중 ( ) 안에 공통으로 들어갈 내용은?

> 연면적 ( ) 이상인 건축물은 방화벽으로 구획하되, 각 구획된 바닥면적의 합계는 ( ) 미만이어야 한다.

① 500m²
② 1,000m²
③ 1,500m²
④ 3,000m²

해설
연면적 1,000m² 이상인 건축물은 방화벽으로 구획하되, 각 구획된 바닥면적의 합계는 1,000m² 미만이어야 한다.

100 ★★☆
그림과 같은 대지의 도로 모퉁이 부분의 건축선으로서 도로 경계선의 교차점에서의 거리 "A"로 옳은 것은?

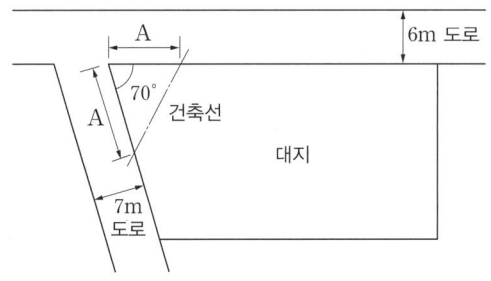

① 1m
② 2m
③ 3m
④ 4m

해설
너비 8m 미만인 도로의 모퉁이에 위치한 대지의 도로 모퉁이 부분의 건축선은 그 대지에 접한 도로경계선의 교차점으로부터 도로경계선에 따라 다음의 표에 따른 거리를 각각 후퇴한 두 점을 연결한 선으로 한다.

(단위: 미터)

도로의 교차각	해당 도로의 너비		교차되는 도로의 너비
	6 이상 8 미만	4 이상 6 미만	
90° 미만	4	3	6 이상 8 미만
	3	2	4 이상 6 미만
90° 이상 120° 미만	3	2	6 이상 8 미만
	2	2	4 이상 6 미만

1. 도로의 교차각은 70°이며 해당 도로의 너비는 7m이다.
2. 교차되는 도로의 너비는 6m이다.
따라서 도로 경계선의 교차점에서의 거리 A는 4m가 된다.

정답 98 ② 99 ② 100 ④

2018년 | 제4회 기출문제

제1과목 건축계획

01 ★★★

주당 평균 40시간을 수업하는 어느 학교에서 음악실에서의 수업이 총 20시간이며, 이중 15시간은 음악시간으로 나머지 5시간은 학급 토론시간으로 사용되었다면 이 음악실의 이용률과 순수율은?

① 이용률 37.5%, 순수율 75%
② 이용률 50%, 순수율 75%
③ 이용률 75%, 순수율 37.5%
④ 이용률 75%, 순수율 50%

해설

- 이용률(%) = $\dfrac{\text{실제 교실 사용시간}}{\text{평균 수업시간}} \times 100$

  $= \dfrac{20}{40} \times 100 = 50\%$

- 순수율(%) = $\dfrac{\text{해당 교과의 수업시간}}{\text{실제 교실 사용시간}} \times 100$

  $= \dfrac{15}{20} \times 100 = 75\%$

02 ★☆☆

다음 중 사무소 건축의 기준층 층고 결정요소와 가장 거리가 먼 것은?

① 채광률
② 사용 목적
③ 계단의 형태
④ 공조시스템의 유형

해설

- 계단의 형태는 사무소 건축의 기준층 층고 결정요소가 아니다.
- 사무실의 층고와 깊이는 채광률, 사용 목적, 공사비 등에 의해 결정된다.

합격 POINT 층고 결정요소

구조적 요소	보의 춤
설비적 요소	냉·난방설비(파이프, 덕트 등), 공조시스템의 유형, 소방설비(스프링클러 등), 전기설비(조명 등)
생리적 요소	소요 기적량, 사무실의 깊이 결정요소(채광, 창 크기 등)

03 ★★★

탑상형 공동주택에 관한 설명으로 옳지 않은 것은?

① 건축물 외면의 입면성을 강조한 유형이다.
② 각 세대에 시각적인 개방감을 줄 수 있다.
③ 각 세대의 채광, 통풍 등 자연조건이 동일하다.
④ 도시의 랜드마크(Landmark)적인 역할이 가능하다.

해설

판상형 공동주택이 각 세대의 채광, 통풍 등 자연조건이 동일하다.

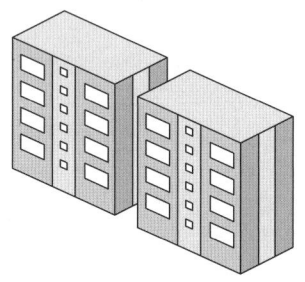

▲ 판상형 공동주택

합격 POINT 탑상형(타워형) 공동주택

- Y자형, +자형, ㅁ자형 등이 있다.
- 고층으로 조망권과 일조권이 좋다.
- 건축물의 외형미가 좋아 도심지 내 랜드마크적인 역할이 가능하다.
- 구조에 따라 강제 환기 시스템이 필요할 수 있다.
- 각 세대의 채광, 통풍이 동일하지 않다.

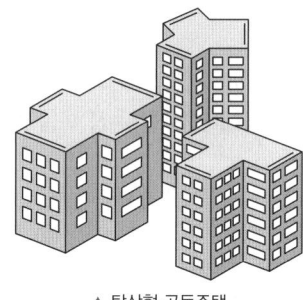

▲ 탑상형 공동주택

04 ★★☆

도서관 건축 계획에서 장래에 증축을 반드시 고려해야 할 부분은?

① 서고
② 대출실
③ 사무실
④ 휴게실

해설

서고는 시간이 지남에 따라 증가하는 도서 및 자료를 수용할 수 있도록 증축을 반드시 고려하여야 하는데 이때, 모듈에 의한 공간계획이 요구된다.

정답 01 ② 02 ③ 03 ③ 04 ①

05 ★★☆

아파트의 단면형식 중 메조넷형(Maisonette type)에 관한 설명으로 옳지 않은 것은?

① 다양한 평면구성이 가능하다.
② 거주성, 특히 프라이버시의 확보가 용이하다.
③ 통로가 없는 층은 채광 및 통풍 확보가 용이하다.
④ 공용 및 서비스 면적이 증가하여 유효면적이 감소된다.

해설
메조넷형(복층형)에서는 하나의 주거단위가 복층(2개층)으로 구성되므로 공용 및 서비스 면적이 감소하고 유효면적(주거면적)은 증가한다.

06 ★★★

전시공간의 특수전시기법에 관한 설명으로 옳지 않은 것은?

① 파노라마 전시는 전체의 맥락이 중요하다고 생각될 때 사용된다.
② 하모니카 전시는 동일 종류의 전시물을 반복하여 전시할 경우에 유리하다.
③ 디오라마 전시는 하나의 사실 또는 주제의 시간 상황을 고정시켜 연출하는 기법이다.
④ 아일랜드 전시는 벽면 전시 기법으로 전체 벽면의 일부만을 사용하며 그림과 같은 미술품 전시에 주로 사용된다.

해설
아일랜드 전시는 벽이나 천장을 직접 이용하지 않고 전시물 또는 전시장치를 배치하는 전시기법이다.

선지분석
① 파노라마 전시는 연속적인 주제를 연관성 있게 표현하기 위해 선형의 파노라마로 연출하는 전시기법이다.
② 하모니카 전시는 전시내용을 통일된 형식 속에서 규칙적으로 반복시켜 표현하는 기법이다.
③ 디오라마 전시는 하나의 사실 또는 주제의 시간 상황을 고정시켜 연출하는 것으로 현장에 임한 느낌을 주는 기법이다.

07 ★★☆

다음 중 터미널 호텔의 종류에 속하지 않은 것은?

① 해변 호텔　② 부두 호텔
③ 공항 호텔　④ 철도역 호텔

해설
- 해변 호텔은 리조트 호텔의 종류에 속한다.
- 터미널 호텔은 공항이나 부두, 철도역 등 교통 기관의 발착 지점에 위치한 호텔을 뜻한다.

08 ★★☆

백화점 매장에 에스컬레이터를 설치할 경우, 설치 위치로 가장 알맞은 곳은?

① 매장의 한 쪽 측면
② 매장의 가장 깊은 곳
③ 백화점의 계단실 근처
④ 백화점의 주출입구와 엘리베이터 존의 중간

해설
백화점에서 에스컬레이터는 평면상 중간 위치인 주출입구와 엘리베이터 존의 중간에 배치하는 것이 알맞다. 승객은 에스컬레이터를 이용하면서 전체 매장을 둘러 볼 수 있다.

09 ★☆☆

타운 하우스에 관한 설명으로 옳지 않는 것은?

① 각 세대마다 주차가 용이하다.
② 프라이버시 확보를 위한 경계벽 설치가 가능하다.
③ 단독주택의 장점을 고려한 형식으로 토지 이용의 효율성이 높다.
④ 일반적으로 1층은 침실 등 개인공간, 2층은 거실 등 생활공간으로 구성한다.

해설
- 일반적으로 1층은 거실 등 생활공간, 2층은 침실 등 개인공간으로 구성한다.
- 타운 하우스는 단독주택의 장점을 최대한 살린 형식으로 토지 이용의 효율성이 높고 건설비나 유지관리비가 절약되는 장점이 있다.

10 ★☆☆

주택의 식당에 관한 설명으로 옳지 않은 것은?

① 독립형은 쾌적한 식당 구성이 가능하다.
② 리빙 다이닝 키친은 공간의 이용률이 높다.
③ 리빙 키친은 거실의 분위기에서 식사 분위기가 연출된다.
④ 다이닝 키친은 주부 동선이 길고 복잡하다는 단점이 있다.

해설
다이닝 키친은 주부의 동선을 짧게 하기 위하여 부엌과 식사실을 분리하지 않고 하나의 공간으로 구성한다.

선지분석
① 독립형은 거실과 식사실이 따로 분리된 형식으로 쾌적한 식당 구성이 가능하다.
③ 리빙 키친은 거실, 식사실, 부엌을 겸한 것으로 거실의 분위기에서 식사 분위기가 연출된다.

정답 05 ④　06 ④　07 ①　08 ④　09 ④　10 ④

11 ★☆☆

다음과 같은 특징을 갖는 그리스 건축의 오더는?

- 주두는 에키누스와 아바쿠스로 구성된다.
- 육중하고 엄정한 모습을 지니는 남성적인 오더이다.

① 코린트식 오더 ② 도리아식 오더
③ 이오니아식 오더 ④ 컴포지트 오더

해설
- 도리아식 오더는 그리스 건축 오더 중 가장 단순하고 간단한 양식으로 직선적이고 장중하며 남성적인 느낌을 갖는다.
- 도리아식 오더의 예로는 파르테논 신전, 포세이돈 신전, 헤라이온 신전 등이 있다.

선지분석
① 코린트식 오더는 그리스 건축 오더 중 가장 화려하며 올림피에이온, 리시크라테스의 기념탑 등이 있다.
③ 이오니아식 오더는 우아하고 유연하며 여성적인 느낌을 갖는다. 에렉테이온 신전, 니케 아프로테스 신전, 아르테미스 신전 등이 있다.

12 ★★★

다음 설명에 알맞은 공장건축의 레이아웃(Layout) 형식은?

- 생산에 필요한 모든 공정, 기계·기구를 제품의 흐름에 따라 배치한다.
- 대량생산에 유리하며 생산성이 높다.

① 혼성식 레이아웃
② 고정식 레이아웃
③ 제품중심 레이아웃
④ 공정중심 레이아웃

해설
제품중심의 레이아웃은 생산에 필요한 모든 공정, 기계 및 기구를 작업 흐름에 따라 배치하는 방식으로 대량생산에 유리하며 생산성이 높다.

선지분석
① 혼성식 레이아웃은 제품중심의 레이아웃, 공정중심의 레이아웃, 고정식 레이아웃의 3가지 레이아웃을 섞어서 채용하는 방식이다.
② 고정식 레이아웃은 재료나 부품은 고정된 장소에 있고, 사람이나 기계가 이동하며 작업하는 방식으로 조선소 등과 같이 제품의 크기가 크고 생산 수량이 적은 경우 적합하다.
④ 공정중심의 레이아웃은 작업 표준화가 어려운 경우 이용하는 방식으로 주문 생산에 적합하며 생산성이 낮다.

13 ★★☆

미술관의 전시실 순회형식에 관한 설명으로 옳지 않은 것은?

① 갤러리 및 코리더 형식에서는 복도 자체도 전시공간으로 이용이 가능하다.
② 중앙홀 형식에서 중앙홀이 크면 동선의 혼란은 많으나 장래의 확장에는 유리하다.
③ 연속순회 형식은 전시 중에 하나의 실을 폐쇄하면 동선이 단절된다는 단점이 있다.
④ 갤러리 및 코리더 형식은 복도에서 각 전시실에 직접 출입할 수 있으며 필요시에 자유로이 독립적으로 폐쇄 할 수가 있다.

해설
- 중앙홀 형식에서 중앙홀이 크면 장래의 확장에는 불리하나 동선의 혼란은 적다.
- 중앙홀 형식은 중심부에 홀을 두고 홀의 주위에 전시실을 배치하여 홀을 통해 출입하는 형식으로 홀의 크기가 크면 동선의 혼란이 줄어든다.

14 ★☆☆

종합병원계획에 관한 설명으로 옳지 않은 것은?

① 수술부는 타 부분의 통과교통이 없는 장소에 배치한다.
② 전체적으로 바닥의 단차이를 가능한 줄이는 것이 좋다.
③ 외래 진료부의 구성단위는 간호단위를 기본단위로 한다.
④ 내과는 진료검사에 시간이 걸리므로, 소진료실을 다수 설치한다.

해설
병동부의 구성단위는 간호단위를 기본단위로 한다.

선지분석
① 수술부는 외래와 병동 중간에 위치시킨다.
④ 내과는 소규모 진료실을 다수 설치하고, 외과 계통은 대진료실을 설치한다.

정답 11 ② 12 ③ 13 ② 14 ③

15 ★★★

사무소 건물의 엘리베이터 배치 시 고려사항으로 옳지 않은 것은?

① 교통동선의 중심에 설치하여 보행거리가 짧도록 배치한다.
② 대면배치의 경우, 대면거리는 동일 군 관리의 경우 3.5m~4.5m로 한다.
③ 여러 대의 엘리베이터를 설치하는 경우, 그룹별 배치와 군 관리 운전방식으로 한다.
④ 일렬배치는 6대를 한도로 하고, 엘리베이터 중심 간 거리는 10m 이하가 되도록 한다.

해설
일렬배치는 4대를 한도로 하고, 엘리베이터 중심 간 거리는 8m 이하가 되도록 한다.

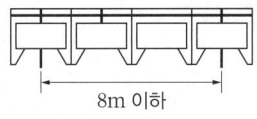

합격 POINT 대면배치, 알코브형 배치
- 6대 이상일 경우 알코브(Alcove)형이나 대면배치를 사용한다.
- 대면거리는 3.5~4.5m 정도로 계획한다.

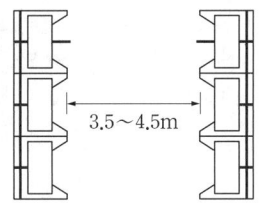

16 ★☆☆

18세기에서 19세기 초에 있었던 신고전주의 건축의 특징으로 옳은 것은?

① 장대하고 허식적인 벽면 장식
② 고딕건축의 정열적인 예술창조 운동
③ 각 시대의 건축양식의 자유로운 선택
④ 고대 로마와 그리스 건축의 우수성에 대한 모방

해설
신고전주의 건축은 로마와 그리스 건축을 연구하고 고전 건축의 우수한 면을 모방한 것이 특징이다.

17 ★★☆

한국건축의 가구법과 관련하여 칠량가에 속하지 않는 것은?

① 무위사 극락전　② 수덕사 대웅전
③ 금산사 대적광전　④ 지림사 대적광전

해설
- 수덕사 대웅전은 9량가이다.
- 한국건축의 가구법에서는 도리의 수에 따라 구조형식을 3량가, 5량가, 7량가, 9량가 등으로 구분한다.

18 ★★★

쇼핑센터의 공간구성에서 고객을 각 상점에 유도하는 주요 보행자 동선인 동시에 고객의 휴식처로서의 기능을 갖고 있는 곳은?

① 몰(Mall)　② 허브(Hub)
③ 코트(Court)　④ 핵상점(Magnet store)

해설
- 몰은 쇼핑센터 내의 주요 보행자 동선이며 휴식처의 기능을 가지고 있다.
- 몰은 고객의 주요보행동선으로서 중심 상점과 각 전문점에서 출입이 이루어지는 곳이다.

19 ★★★

극장건축에서 그린룸(Green room)의 역할로 가장 알맞은 것은?

① 의상실　② 배경제작실
③ 관리관계실　④ 출연대기실

해설
그린룸(Green room)은 출연자 대기실을 말하며 주로 무대 가까운 곳에 배치한다.

선지분석
① 의상실은 실의 크기가 1인당 최소 4~5m²가 필요하며, 그린룸이 있는 경우 무대와 동일한 층에 배치하지 않아도 된다.
② 배경제작실의 위치는 무대에 가까울수록 편리하며, 제작 중의 소음을 고려하여 차음 설비가 요구된다.

20 ★☆☆

주택법상 주택단지의 복리시설에 속하지 않는 것은?

① 경로당　② 관리사무소
③ 어린이놀이터　④ 주민운동시설

해설
관리사무소는 부대시설에 속한다.
부대시설에는 관리사무소, 주차장, 담장, 주택단지 안의 도로 등이 있다.

합격 POINT 복리시설
복리시설은 주택단지의 입주자 등의 생활복리를 위한 공동시설로 경로당, 어린이놀이터, 주민운동시설, 근린생활시설, 유치원 등이 있다.

정답 15 ④　16 ④　17 ②　18 ①　19 ④　20 ②

제2과목 건축시공

21 ★★★
도장공사 시 희석제 및 용제로 활용되지 않은 것은?

① 테레빈유 ② 벤젠
③ 티탄백 ④ 나프타

해설
티탄백은 산화티탄으로 된 백색 안료로 도료, 그림 물감, 고무, 리놀륨, 각종 플라스틱용의 안료로 사용된다. 또한 인견의 광택을 없애는 용도로 사용한다.

합격 POINT 칠공사의 희석제 분류

구분	내용
송진건류품	테레빈유
석유건류품	미네랄 스피리트, 석유, 휘발유
콜타르 증류품	나프타, 솔벤트, 벤졸(벤젠)
송근건류품	송근유

22 ★★☆
다음 미장재료 중 기경성 재료로만 구성된 것은?

① 회반죽, 석고 플라스터, 돌로마이트 플라스터
② 시멘트 모르타르, 석고 플라스터, 회반죽
③ 석고 플라스터, 돌로마이트 플라스터, 진흙
④ 진흙, 회반죽, 돌로마이트 플라스터

해설
미장재료의 경화성에 따른 분류

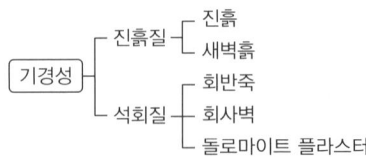

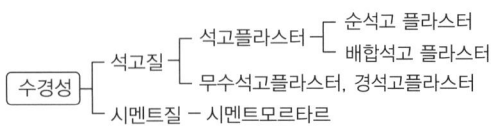

23 ★☆☆
얇은 강판에 동일한 간격으로 펀칭하고 잡아 늘려 그물처럼 만든 것으로 천장, 벽, 처마둘레 등의 미장바탕에 사용하는 재료로 옳은 것은?

① 와이어라스(Wire lath)
② 메탈라스(Metal lath)
③ 와이어메쉬(Wire mesh)
④ 펀칭메탈(Punching metal)

해설
메탈라스(Metal lath)는 얇은 강판에 마름모꼴의 구멍을 연속적으로 뚫어 그물처럼 만든 것으로 천장·벽 등의 미장 바탕에 쓰인다.

선지분석
① 와이어라스(Wire lath): 철선을 엮어서 그물같이 만든 것으로 아연도금한 연강선을 마름모꼴·갑형·둥근형 등으로 한 미장 바탕용의 철망이다.
③ 와이어메쉬(Wire mesh): 철선을 격자 모양으로 짜고 접점에 전기저항 용접을 한 것으로 빈 시멘트블록을 쌓을 때 수평줄눈에 묻어 벽면의 신축균열 교차부 또는 횡력에 안전하도록 설치하는 철선으로 된 좁은 망형의 철물이다.
④ 펀칭메탈(Punching metal): 여러 가지 모양의 구멍을 뚫은 철판이다.

24 ★★☆
다음 중 건설사업관리(CM)의 주요 업무로 옳지 않은 것은?

① 입찰 및 계약 관리 업무
② 건축물의 조사 또는 감정 업무
③ 제네콘(Genecon) 관리 업무
④ 현장조직 관리 업무

해설
건축물의 조사 또는 감정 업무는 건축사의 업무이다.

합격 POINT 건설사업관리 CM(Construction Management)
건설의 전 과정에 걸쳐 각 부분의 전문가들이 원가절감, 공기 단축을 수행하는 종합적인 건설 관리 시스템이다.

정답 21 ③ 22 ④ 23 ② 24 ②

25 ★★☆

시멘트 액체방수에 관한 설명으로 옳지 않은 것은?

① 값이 저렴하고 시공 및 보수가 용이한 편이다.
② 바탕의 상태가 습하거나 수분이 함유되어 있더라도 시공할 수 있다.
③ 옥상 등 실외에서 효력의 지속성을 기대할 수 없다.
④ 바탕콘크리트의 침하, 경화 후의 건조수축, 균열 등 구조적 변형이 심한 부분에서도 사용할 수 있다.

해설
시멘트 액체방수는 바탕콘크리트의 침하, 경화 후의 건조수축, 균열 등 구조적 변형이 심한 부분에서 사용할 수 없다.

합격 POINT 시멘트 액체방수
모체 표면에 시멘트 방수제를 도포하고 방수모르타르를 덧발라 방수층을 형성하는 공법이다.
- 바탕처리 → 지수 → 혼합 → 바르기 → 마무리순으로 진행한다.
- 바탕면은 습윤상태를 유지하여 시공한다.
- 값이 저렴하고 시공 및 보수가 용이하다.
- 건조수축 등에 의해 구조체 균열에 대한 저항성이 약하다.
- 옥상 등 실외에서는 효력의 지속성을 기대할 수 없다.

26 ★★☆

다음 그림과 같은 건물에서 G_1과 같은 보가 8개 있다고 할 때 보의 총 콘크리트량을 구하면? (단, 보의 단면상 슬래브와 겹치는 부분은 제외하며, 철근량은 고려하지 않음)

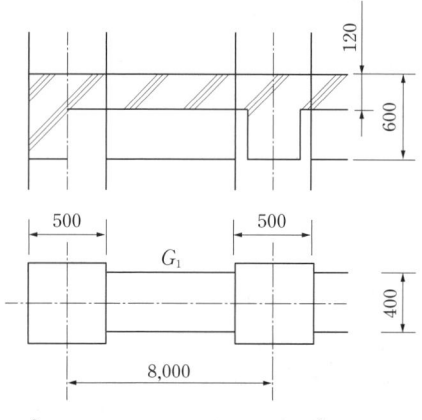

① $11.52m^3$
② $12.23m^3$
③ $13.44m^3$
④ $15.36m^3$

해설
보의 콘크리트량(V)
＝보의 너비×(보의 춤－바닥판의 두께)×기둥 안목거리×보의 개소
＝$0.4m×(0.6-0.12)m×(8-0.5)m×8개=11.52m^3$
(여기서, 보의 두께는 문제조건에 따라 슬래브 두께를 공제하여 계산한다.)

27 ★☆☆

콘크리트 펌프 사용에 관한 설명으로 옳지 않은 것은?

① 콘크리트 펌프를 사용하여 시공하는 콘크리트 소요의 워커빌리티를 가지며, 시공 시 및 경화 후에 소정의 품질을 갖는 것이어야 한다.
② 압송관의 지름 및 배관의 경로는 콘크리트의 종류 및 품질, 굵은골재의 최대치수, 콘크리트 펌프의 기종, 압송조건, 압송 작업의 용이성, 안전성 등을 고려하여 정하여야 한다.
③ 콘크리트 펌프의 형식은 피스톤식이 적당하고 스퀴즈식은 적용이 불가하다.
④ 압송은 계획에 따라 연속적으로 실시하며, 되도록 중단되지 않도록 하여야 한다.

해설
콘크리트 펌프의 형식은 피스톤식와 스퀴즈식 모두 적용이 가능하다.

28 ★★☆

다음 중 도장공사를 위한 목부 바탕 만들기 공정으로 옳지 않은 것은?

① 오염, 부착물의 제거
② 송진의 처리
③ 옹이땜
④ 바니시칠

해설
바니시는 합성수지·아스팔트·안료 등에 건성유나 용제를 첨가한 것으로 칠하면 매끄럽고 광택이 나고 투명막으로 되며 목부의 마감처리 단계에 사용한다.

정답 25 ④　26 ①　27 ③　28 ④

29 ★★☆

발주자가 시공자에게 공사를 발주하는 경우 계약방식에 의한 시공방식으로 옳지 않은 것은?

① 보증방식
② 직영방식
③ 실비정산방식
④ 단가도급방식

해설
보증방식은 계약방식에 의한 시공방식에 해당하지 않는다.
계약방식에 의한 시공방식에는 직영방식, 도급방식(일식·분할·공동도급, 정액·단가·실비정산보수가산도급), 턴키, CM, 파트너링방식 등이 있다.

30 ★★☆

건물의 중앙부만 남겨두고, 주위부분에 먼저 흙막이를 설치하고 굴착하여 기초부와 주위벽체, 바닥판 등을 구축하고 난 다음 중앙부를 시공하는 터파기 공법은?

① 복수공법
② 지멘스 웰 공법
③ 트렌치 컷 공법
④ 아일랜드 컷 공법

해설

공법	내용
트렌치 컷 (Trench cut method)	건물의 중앙부만 남겨두고, 주위부분에 먼저 흙막이를 설치하고 굴착하여 기초부와 주위벽체, 바닥판 등을 구축하는 방식이다.
아일랜드 컷 (Island cut method)	흙파기 공법중 가운데 부분을 먼저 파내어 기초 콘크리트를 쳐서 굳힌 다음 이것에 의지하여 둘레를 파고, 나머지 부분을 시공해 나가는 방식이다.

31 ★★☆

PERT-CPM 공정표 작성 시에 EST와 EFT의 계산방법 중 옳지 않은 것은?

① 작업의 흐름에 따라 전진 계산한다.
② 선행작업이 없는 첫 작업의 EST는 프로젝트의 개시시간과 동일하다.
③ 어느 작업의 EFT는 그 작업의 EST에 소요일수를 더하여 구한다.
④ 복수의 작업에 종속되는 작업의 EST는 선행작업 중 EFT의 최소값으로 한다.

해설
복수의 작업에 종속되는 작업의 EST는 선행작업 중 EFT의 최대값으로 한다.

32 ★★★

웰포인트(Well point)공법에 관한 설명으로 옳지 않은 것은?

① 인접 대지에서 지하수위 저하로 우물 고갈의 우려가 있다.
② 투수성이 비교적 낮은 사질토층까지도 강제배수가 가능하다.
③ 압밀침하가 발생하지 않아 주변 대지, 도로 등의 균열 발생 위험이 없다.
④ 지반의 안전성을 대폭 향상시킨다.

해설
웰포인트(Well point)공법은 사질지반에서 인접 건축물과 토류판 사이에 케이싱 파이프를 삽입하여 지하수를 배수하는 지반개량공법이며 지하수위 저하에 의한 압밀침하가 발생하여 주변 대지, 도로 등의 균열 발생 위험이 있다.

33 ★☆☆

다음 조건에 따라 바닥재로 화강석을 사용할 경우 소요되는 화강석의 재료량(할증률 고려)으로 옳은 것은?

- 바닥면적: 300m²
- 화강석 판의 두께: 40mm
- 정형돌
- 습식공법

① 315m²
② 321m²
③ 330m²
④ 345m²

해설
정형돌의 할증률은 10%이므로,
재료량 = 바닥면적 × 할증률 = 300m² × 1.1 = 330m²

합격 POINT 석재의 할증률

규격	수량(m²)	할증률
정형돌	1.1	10%
부정형돌	1.3	30%

정답 29 ① 30 ③ 31 ④ 32 ③ 33 ③

34 ★★★

건축공사의 원가계산상 현장의 공사용수설비는 어느 항목에 포함되는가?

① 재료비 ② 외주비
③ 가설공사비 ④ 콘크리트 공사비

해설
공사용수설비는 가설공사비에 해당하며 재료비, 외주비, 콘크리트 공사비는 직접공사비에 해당한다.

합격 POINT 공사원가의 구성

구분	내용
직접공사비	자재비, 노무비, 외주비, 경비
간접공사비 (직접공사비 외)	일반관리비, 기타경비, 현장근로자 보험료, 간접노무비, 안전관리비 등

35 ★★★

콘크리트 이어치기에 관한 설명으로 옳지 않은 것은?

① 보의 이어치기는 전단력이 가장 적은 스팬의 중앙부에서 수직으로 한다.
② 슬래브(Slab)의 이어치기는 가장자리에서 한다.
③ 아치의 이어치기는 아치축에 직각으로 한다.
④ 기둥의 이어치기는 바닥판 윗면에서 수평으로 한다.

해설
슬래브(Slab)의 이어치기는 스팬의 중앙부에서 수직으로 한다.

합격 POINT 콘크리트 이어치기 위치

개소	이어치기 위치
기둥	바닥판 윗면에서 수평
벽	개구부 주위
보, 슬래브	스팬의 중앙부에서 수직
아치	아치축에 직각
캔틸레버	이어치기를 하지 않고 한번에 타설

36 ★☆☆

다음 중 회전문(Revolving door)에 관한 설명으로 옳지 않은 것은?

① 큰 개구부나 칸막이를 가변성이 있게 한 장치의 문이다.
② 회전날개 140cm 이상, 분당 회전수는 8회를 넘지 않도록 한다.
③ 원통형의 중심축에 돌개철물을 대어 자유롭게 회전시키는 문이다.
④ 사람의 출입을 조절하고 외기의 유입과 실내공기의 유출을 막을 수 있다.

해설
큰 개구부나 칸막이를 가변성 있게 장치한 문은 접문이다. 접문(Folding door)은 그림과 같이 몇개의 문을 정첩으로 연결 혹은 문 윗틀에 설치한 레일에 특수한 도르래가 달린 문이다.

37 ★☆☆

벽체구조에 관한 설명으로 옳지 않은 것은?

① 목조 벽체를 수평력에 견디게 하고 안정한 구조로 하기 위해 귀잡이를 설치한다.
② 벽돌구조에서 각 층의 대린벽으로 구획된 각 벽에 있어서 개구부의 폭의 합계는 그 벽의 길이의 2분의 1 이하로 하여야 한다.
③ 목조 벽체에서 샛기둥은 본기둥 사이에 벽체를 이루는 것으로서 가새의 옆 휨을 막는 데 유효하다.
④ 너비 180cm가 넘는 문꼴의 상부에는 철근콘크리트 인방보를 설치하고, 벽돌벽면에서 내미는 창 또는 툇마루 등은 철골 또는 철근콘크리트로 보강한다.

해설
귀잡이는 수평으로 직교하는 부재간에 45°로 걸쳐 구석을 보강하는 부재로 지진이나 바람 등의 수평력을 분산시켜 구석 부분의 변형을 방지한다.

합격 POINT 수평력에 대한 보강재

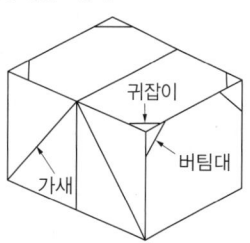

정답 34 ③ 35 ② 36 ① 37 ①

38 ★★★

서중 콘크리트에 관한 설명으로 옳은 것은?

① 동일 슬럼프를 얻기 위한 단위수량이 많아진다.
② 장기강도의 증진이 크다.
③ 콜드조인트가 쉽게 발생하지 않는다.
④ 워커빌리티가 일정하게 유지된다.

해설
서중콘크리트는 하루 평균 기온이 25℃ 또는 최고온도가 30℃를 초과할 때 시공하는 콘크리트로, 슬럼프가 저하되고 공기량이 감소되어 소요의 워커빌리티를 얻기 위해서 단위수량이 많아진다.

선지분석
② 초기강도의 증진이 크다.
③ 콜드조인트가 쉽게 발생한다.
④ 워커빌리티가 감소한다.

39 ★★☆

압연강재가 냉각될 때 표면에 생기는 산화철 표피를 무엇이라 하는가?

① 스페터 ② 밀스케일
③ 슬래그 ④ 비드

해설
밀스케일(Mill scale)은 흑피라고도 부르며, 800℃ 이상의 열로써 압연할 때 강재의 표면부분에 붙어있는 어두운 색의 산화물 층을 말한다.

선지분석
① 스페터(Spetter)는 아크용접과 가스용접에서 용접 중 튀어나오는 슬래그 또는 금속 입자를 말한다.
③ 슬래그(Slag)는 용접비드의 표면을 덮은 비금속물질로 피복제의 성분 중에 가스 발생 물질 이외의 플럭스 또는 분해 생성물에 의해 생성된다.
④ 비드(Bead)는 용접 시 용접봉과 모재가 용융되어 생긴 파형 자국이다.

40 ★★☆

철골의 구멍뚫기에서 이형철근 D22의 관통구멍의 구멍직경으로 옳은 것은?

① 24mm ② 28mm
③ 31mm ④ 35mm

해설
이형철근 D22의 구멍직경은 35mm이다.

합격 POINT 철골공사의 구멍뚫기에서 관통구멍의 직경

1. 이형철근

호칭	+치수	구멍직경(mm)
D10	11	21
D13		24
D16	12	28
D19		31
D22	13	35
D25		38
D29	14	43
D32		46

2. 원형철근: 철근 직경+10mm

제3과목 | 건축구조

41 ★★★

그림과 같은 단순 인장접합부의 강도한계상태에 따른 고장력볼트의 설계전단강도는? (단, 강재의 재질은 SS275, 고장력볼트 M22(F10T), 공칭전단강도 $F_{nv}=500\text{MPa}$, $\phi=0.75$)

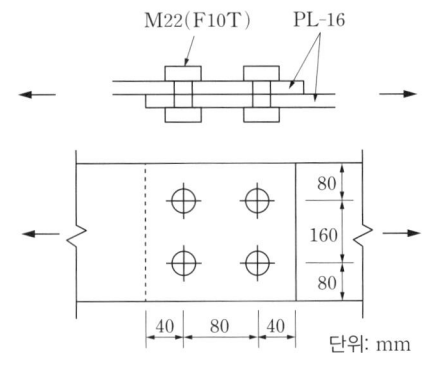

① 500kN ② 530kN
③ 550kN ④ 570kN

해설
설계전단강도 $\phi R_{nv} = \phi \cdot F_{nv} \cdot A_b \cdot n_s$이다.
여기서, F_{nv}: 공칭전단강도, A_b: 볼트의 공칭단면적, n_s: 전단면의 수
$\therefore \phi R_{nv} = 0.75 \times 500 \times \dfrac{\pi \times 22^2}{4} \times 4 = 570,199\text{N} = 570\text{kN}$

정답 38 ① 39 ② 40 ④ 41 ④

42 ★☆☆

폭 250mm, f_{ck}=30MPa인 철근콘크리트 보 부재의 압축변형률 ε_c=0.003일 경우 인장철근의 변형률은? (단, d_t=440mm, A_s=1,520.1mm², f_y=400MPa)

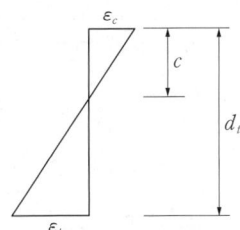

① 0.00197
② 0.00368
③ 0.00523
④ 0.00807

해설

$c : \varepsilon_c = (d_t-c) : \varepsilon_t$ 비례식에 의해

인장철근의 변형률은 $\varepsilon_t = \dfrac{d_t-c}{c} \times \varepsilon_c$이므로 c값을 구하면 ε_t값을 구할 수 있다.

$c = \dfrac{a}{\beta_1}$이므로 a와 β_1을 구하면,

f_{ck}(MPa)	≤40
ε_{cu}	0.0033
η	1.00
β_1	0.80

$\beta_1 = 0.80$

$a = \dfrac{A_s f_y}{\eta(0.85 f_{ck})b} = \dfrac{1,520.1 \times 400}{1.00 \times 0.85 \times 30 \times 250} ≒ 95.379\text{mm}$

(여기서, $f_{ck} \leq 40$MPa이므로 $\eta=1.00$)

따라서 $c = \dfrac{a}{\beta_1} = \dfrac{95.379}{0.80} ≒ 119.22\text{mm}$이므로,

$\varepsilon_t = \dfrac{d_t-c}{c} \times \varepsilon_c = \dfrac{440-119.22}{119.22} \times 0.003 ≒ 0.008072$이다.

※ 콘크리트 구조 휨 및 압축 설계기준이 개정되어 문제를 수정하였습니다.

43 ★★★

철골조 주각부분에 사용하는 보강재에 해당되지 않는 것은?

① 윙플레이트
② 데크플레이트
③ 사이드앵글
④ 클립앵글

해설

데크플레이트는 콘크리트 슬래브의 거푸집으로 사용되며, 바닥판이나 평지붕에도 사용된다.

합격 POINT 데크플레이트(Deck plate)

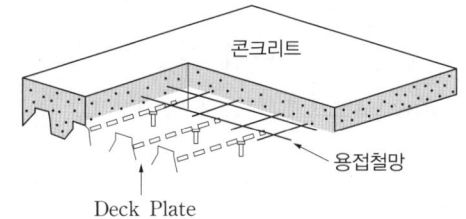

1. 강도를 유지하는데 합리적인 모양으로 골을 넣어 만든 폭이 넓은 대형 강판이다.
2. 콘크리트 슬래브의 거푸집으로 사용된다.
3. 바닥판이나 평지붕에도 사용된다.
4. 서포트가 필요하지 않아서 고층빌딩에 많이 이용된다.

44 ★☆☆

그림과 같은 단순보에서 최대 처짐은? (단, 보의 단면 ($b \times h$)은 200mm×300mm, E=200,000MPa)

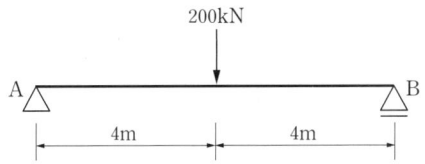

① 13.6mm
② 18.1mm
③ 23.7mm
④ 27.1mm

해설

단순보의 최대 처짐 $\delta_{max} = \dfrac{PL^3}{48EI}$이다.

$I = \dfrac{bh^3}{12} = \dfrac{200 \times 300^3}{12} = 450 \times 10^6 \text{mm}^4$이므로

$\delta_{max} = \dfrac{PL^3}{48EI} = \dfrac{(200 \times 10^3) \times 8,000^3}{48 \times 200,000 \times 450,000,000} ≒ 23.7\text{mm}$

정답 42 ④ 43 ② 44 ③

45 ★★☆

다음 그림과 같은 두 개의 단순보에 크기가 같은 ($P=wL$) 하중이 작용할 때, A점에서 발생하는 처짐각의 비율(가 : 나)은? (단, 부재의 EI는 일정함)

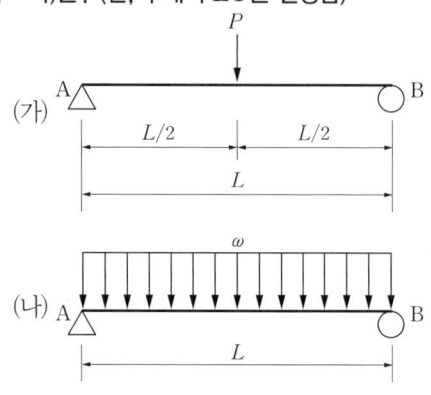

① 1 : 1.5
② 1.5 : 1
③ 1 : 0.33
④ 0.67 : 1

해설

공액보법을 이용해 각각의 처짐각을 구하면,

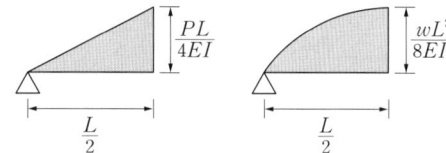

(가) $\theta_A = \dfrac{1}{2} \cdot \dfrac{L}{2} \cdot \dfrac{PL}{4EI} = \dfrac{PL^2}{16EI} = \dfrac{wL \cdot L^2}{16EI} = \dfrac{wL^3}{16EI}$

(조건에서 $P=wL$이므로)

(나) $\theta_A = \dfrac{2}{3} \cdot \dfrac{L}{2} \cdot \dfrac{wL^2}{8EI} = \dfrac{wL^3}{24EI}$

∴ (가) : (나) $= \dfrac{1}{16} : \dfrac{1}{24} = 1.5 : 1$이다.

46 ★★☆

강구조에 관한 설명으로 옳지 않은 것은?

① 장스팬의 구조물이나 고층 구조물에 적합하다.
② 재료가 불에 타지 않기 때문에 내화성이 크다.
③ 강재는 다른 구조재료에 비하여 균질도가 높다.
④ 단면에 비하여 부재길이가 비교적 길고 두께가 얇아 좌굴하기 쉽다.

해설

강구조는 열에 의한 강도저하가 크므로 내화피복이 반드시 필요하다.

합격 POINT 강구조의 특성

1. 강도가 크다.
2. 연성 및 인성이 우수하다.
3. 인장응력과 압축응력이 거의 같다.
4. 재료가 균질하다.
5. 시공 편의성이 좋다.
6. 열에 의한 강도 저하가 커서 내화피복이 필요하다.
7. 좌굴 발생이 우려된다.
8. 응력반복에 의한 강도 저하가 크다.
9. 정기적 도장이 필요하여 관리비가 증대된다.

47 ★☆☆

다음 트러스 구조물에서 부재력이 '0'이 되는 부재의 개수는?

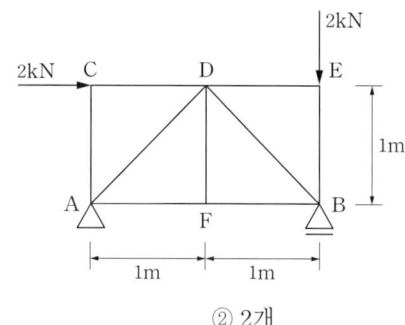

① 1개
② 2개
③ 3개
④ 4개

해설

지점 반력을 생각하면 A지점에서는 수직 반력과 수평 반력을, B지점에서는 수직 반력을 가진다.

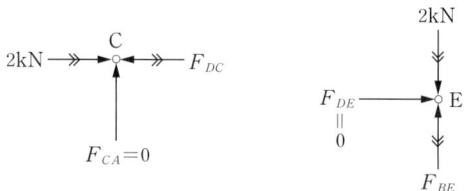

먼저, C절점과 E절점을 보면 외력이 각각 부재 CD와 EB에 나란하게 작용하므로, 다른 한 부재인 CA와 DE는 부재력이 0이다.

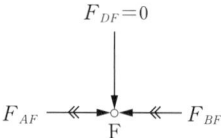

다음으로, F절점을 보면 절점에 외력이 작용하지 않을 경우 동일 직선상에 놓여있는 2개 부재의 부재력은 같고 다른 한 부재의 부재력은 0이므로, 부재 AF와 FB의 부재력은 같고, 부재 DF의 부재력은 0이다.

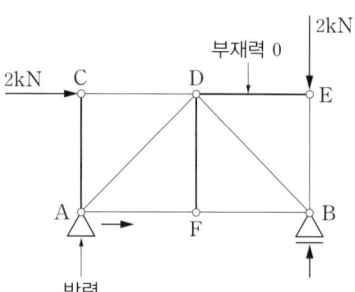

마지막으로, 대각선 부재들을 해석하면 부재 AD는 A지점의 반력을 지지하는 부재력을 가지고, 동일한 논리로 부재 BD도 부재력을 갖는다.

정답 45 ② 46 ② 47 ③

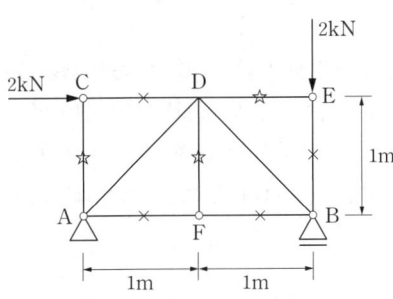

따라서 부재력이 0이 되는 부재는 부재 CA, DF, DE로 3개이다.

합격 POINT 트러스에서 부재력이 0인 부재 조건

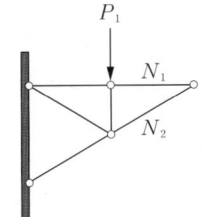

2개의 부재가 만나는 절점에 외력이 작용하지 않는 경우, 2개의 부재 모두 부재력은 0이다.

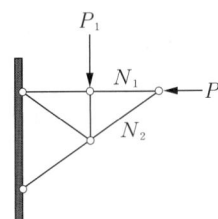

하나의 부재축과 나란하게 외력이 작용하는 경우, 다른 한 부재의 부재력은 0이다.

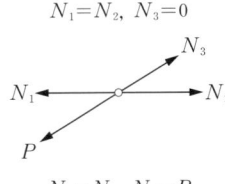

절점에 외력이 작용하지 않는 경우 동일 직선상에 놓여 있는 2개 부재의 부재력은 같고 다른 한 부재의 부재력은 0이다.

절점에 외력이 작용할 때 그 외력이 부재와 일직선상에 나란하게 작용하면 그 부재의 부재력은 외력과 같다.

48 ★☆☆

철근의 부착성능에 영향을 주는 요인에 관한 설명으로 옳지 않은 것은?

① 이형철근이 원형철근보다 부착강도가 크다.
② 블리딩의 영향으로 수직철근이 수평철근보다 부착강도가 작다.
③ 보통의 단위중량을 갖는 콘크리트의 부착강도는 콘크리트의 압축강도, 즉 $\sqrt{f_{ck}}$에 비례한다.
④ 피복두께가 크면 부착강도가 크다.

해설
블리딩(Bleeding)의 영향으로 수평철근이 수직철근보다 부착강도가 작다.

49 ★★☆

그림과 같은 캔틸레버보의 자유단(B점)에서 처짐각은?

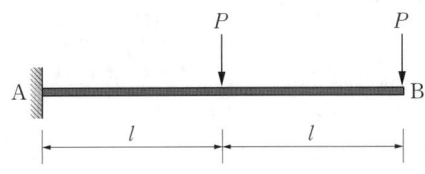

① $\dfrac{Pl^2}{2EI}$ ② Pl^2

③ $2Pl^2$ ④ $\dfrac{5Pl^2}{2EI}$

해설
각 하중에 대한 탄성하중도를 각각 구하여 처짐각을 구한 후 합하는 방법이다.
각각의 탄성하중도가 아래와 같으므로

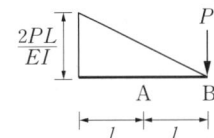 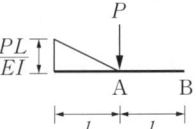

$\theta_B = -\left(\dfrac{1}{2} \times 2l \times \dfrac{2Pl}{EI}\right) - \left(\dfrac{1}{2} \times l \times \dfrac{Pl}{EI}\right)$

$= -\dfrac{2Pl^2}{EI} - \dfrac{Pl^2}{2EI} = -\dfrac{5Pl^2}{2EI}$ 이다.

50 ★★☆

고력볼트 1개의 인장파단 한계상태에 대한 설계인장 강도는? (단, 볼트의 등급 및 호칭은 F10T, M24, $\phi=0.75$)

① 254kN ② 284kN
③ 304kN ④ 324kN

해설
설계인장강도 $\phi R_{nt} = \phi \cdot F_{nt} \cdot A_b \cdot n_s$이다.
여기서, F_{nt}: 공칭인장강도, A_b: 볼트의 공칭단면적, n_s: 전단면의 수, F_u: 인장강도
$F_{nt} = 0.75 F_u = 0.75 \times 1,000 = 750\text{N/mm}^2$이므로
$\phi R_{nt} = 0.75 \times 750 \times \dfrac{\pi \times 24^2}{4} \times 1 ≒ 254,469\text{N} ≒ 254\text{kN}$이다.

정답 48 ② 49 ④ 50 ①

51 ★★☆

그림과 같은 구조물에 있어 AB부재의 재단모멘트 M_{AB}는?

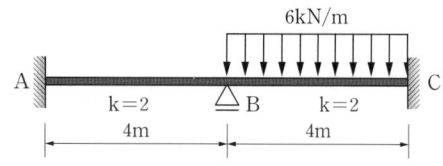

① 0.5kN·m ② 1kN·m
③ 1.5kN·m ④ 2kN·m

해설

AC부재는 연속경간이기 때문에 고정단과 같은 개념으로 풀이한다.

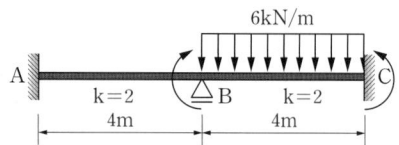

먼저, B절점에서의 고정단모멘트(FEM)을 계산하면
$FEM = \dfrac{wl^2}{12} = \dfrac{6 \times 4^2}{12} = 8\text{kN·m}$이다.

주어진 강도계수를 이용하여 분배율을 구하면
$DF_{BA} = \dfrac{2}{2+2} = \dfrac{1}{2}$이므로 분배모멘트는
$M_{BA} = FEM \times DF_{BA} = 8 \times \dfrac{1}{2} = 4\text{kN·m}$이다.
따라서 전달모멘트(전달률: 고정단 1/2)
$M_{AB} = \dfrac{1}{2} \times M_{BA} = \dfrac{1}{2} \times 4 = 2\text{kN·m}$이다.

52 ★☆☆

직경 24mm의 봉강에 65kN의 인장력이 작용할 때 인장응력은 약 얼마인가?

① 128MPa ② 136MPa
③ 144MPa ④ 150MPa

해설

$\sigma_t = \dfrac{P}{A} = \dfrac{65 \times 10^3}{\dfrac{\pi \times 24^2}{4}} \fallingdotseq 143.7\text{N/mm}^2 \fallingdotseq 144\text{MPa}$

53 ★★☆

강도설계법에서 그림과 같이 보의 이음이 없는 경우 요구되는 보의 최소폭 b는 약 얼마인가? (단, 전단철근의 구부림 내면반지름은 고려하지 않으며, 굵은골재의 최대치수는 25mm, 피복두께 40mm, 주철근 D22, 스터럽 D10)

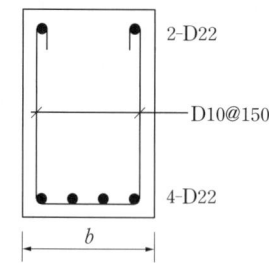

① 290mm ② 330mm
③ 375mm ④ 400mm

해설

보의 최소폭
b=(피복두께+스터럽두께)×2+주철근두께×주철근개수+주철근 순간격×(주철근개수−1)
나머지 조건은 모두 지문에 나와 있으므로
주철근의 간격을 구하면,
주철근 순간격=최대값(주철근직경, 25mm, 굵은골재 최대치수×$\dfrac{4}{3}$)
=최대값(22mm, 25mm, 33.3mm(=$25 \times \dfrac{4}{3}$))
=33.3mm이므로
∴ $b = (40+10) \times 2 + 22 \times 4 + 33.3 \times 3 = 287.9$mm이다.

54 ★☆☆

말뚝기초에 관한 설명으로 옳지 않은 것은?

① 사질토(砂質土)에는 마찰말뚝의 적용이 불가하다.
② 말뚝 내력(耐力)의 결정방법은 재하시험이 정확하다.
③ 철근콘크리트 말뚝은 현장에서 제작 양생하여 시공할 수도 있다.
④ 마찰말뚝은 한 곳에 집중하여 시공하지 않는 것이 좋다.

해설

마찰말뚝은 사질토 및 점성토의 적용여부와는 관계없다.

합격 POINT 마찰말뚝

말뚝 주변의 마찰에 의한 지지력이 말뚝의 선단 지지력보다 비교적 큰 경우의 말뚝을 말한다.

정답 51 ④ 52 ③ 53 ① 54 ①

55 ★★☆

고층건물의 구조형식 중에서 건물의 중간층에 대형 수평부재를 설치하여 횡력을 외곽기둥이 분담할 수 있도록 한 형식은?

① 트러스 구조
② 튜브 구조
③ 골조 아웃리거 구조
④ 스페이스 프레임 구조

해설
고층건물의 중간층에 대형 수평부재를 설치하여 횡력을 외곽기둥이 분담할 수 있도록 한 형식은 골조 아웃리거 구조이다.

선지분석
① 트러스 구조: 강재나 목재를 삼각형 그물 모양으로 짜서 하중을 지탱시킨다. 마찰이 없는 힌지로 결합되어 있는 직선 부재의 구조이다.
② 튜브 구조: 고층건물의 외곽기둥을 밀실하게 배치하고 일체화한 형식이다.
④ 스페이스 프레임 구조: 대공간 건축물을 만들기 위한 형식으로 강판이나 파이프를 강접하여 골격을 구성한 구조이다.

56 ★★★

강도설계법에 의한 띠철근을 가진 철근콘크리트의 기둥설계에서 단주의 최대 설계축하중은 약 얼마인가? (단, 기둥의 크기는 $400mm \times 400mm$, $f_{ck}=24MPa$, $f_y=400MPa$, $12-D22(A_s=4,644mm^2)$, $\phi=0.65$)

① 2,452kN
② 2,525kN
③ 2,614kN
④ 3,234kN

해설
띠철근 기둥의 최대 설계축하중
$P_u = \alpha\phi P_n = \alpha\phi(0.85f_{ck}A_c + f_yA_{st})$
여기서, A_g: 기둥의 전체 단면적, A_{st}: 축방향 철근의 전체 단면적, A_c: 콘크리트의 단면적 $(A_c = A_g - A_{st})$, 띠철근 기둥$(\alpha=0.80, \phi=0.65)$
$\therefore P_u = 0.80 \times 0.65 \times (0.85 \times f_{ck} \times (A_g - A_{st}) + (f_y \times A_{st}))$
$= 0.80 \times 0.65 \times (0.85 \times 24 \times (400^2 - 4,644) + (400 \times 4,644))$
$\approx 2,613,968N \approx 2,614kN$이다.
※ 나선철근 기둥일 경우 $\alpha=0.85, \phi=0.70$

57 ★☆☆

그림과 같은 직각삼각형인 구조물에서 AC부재가 받는 힘은?

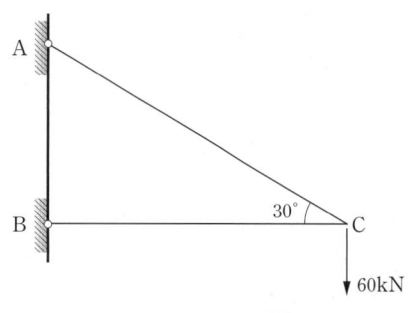

① 30kN
② $30\sqrt{3}kN$
③ $60\sqrt{3}kN$
④ 120kN

해설
C절점에서 $\Sigma V = 0$ 조건을 적용하면,
$\Sigma V = (F_{AC} \times \sin30°) - 60 = 0$;
$\therefore F_{AC} = \dfrac{60}{\sin30°} = 120kN$이다.

58 ★★☆

그림과 같은 3회전단의 포물선 아치가 등분포하중을 받을 때 아치부재의 단면력에 관한 설명으로 옳은 것은?

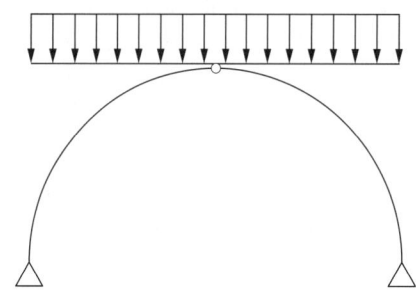

① 축방향력만 존재한다.
② 축방향력과 휨모멘트가 존재한다.
③ 전단력과 축방향력이 존재한다.
④ 축방향력, 전단력, 휨모멘트가 모두 존재한다.

해설
3회전단 포물선 아치가 등분포하중을 받게 되면 부재력으로서 전단력이나 휨모멘트가 발생하지 않고 축방향력만 발생하므로 경제적인 구조가 된다.

정답 55 ③ 56 ③ 57 ④ 58 ①

59 ★★★

과도한 처짐에 의해 손상되기 쉬운 비구조요소를 지지 또는 부착하지 않은 바닥구조의 활하중 l에 의한 순간처짐의 한계는?

① $\dfrac{l}{180}$ ② $\dfrac{l}{240}$

③ $\dfrac{l}{360}$ ④ $\dfrac{l}{480}$

해설

처짐의 한계는 최대허용처짐 규정에 따라 결정된다. 따라서 과도한 처짐에 의해 손상되기 쉬운 비구조요소를 지지 또는 부착하지 않은 바닥구조의 활하중에 의한 순간처짐의 한계는 $\dfrac{l}{360}$이다.

60 ★☆☆

다음 부정정 구조물에서 A단에 도달하는 모멘트의 크기는 얼마인가?

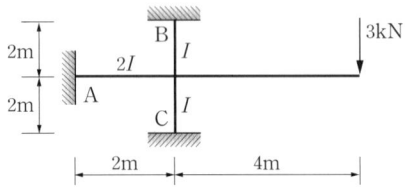

① 1.5kN·m ② 2.0kN·m
③ 2.5kN·m ④ 3.0kN·m

해설

두 부재가 교차하는 점을 D라고 하면 아래와 같다.

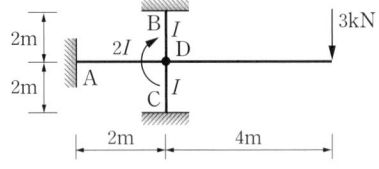

D절점에서의 고정단모멘트(FEM)을 계산하면
$FEM = 4 \times 3 = 12 \text{kN} \cdot \text{m}$이다.
주어진 강도계수를 이용하여 분배율을 구하면
$DF_{DA} = \dfrac{2}{2+1+1} = \dfrac{1}{2}$이므로
분배모멘트
$M_{DA} = FEM \times DF_{DA} = 12 \times \dfrac{1}{2} = 6 \text{kN} \cdot \text{m}$이다.
따라서 전달모멘트를 구하면,
$M_{AD} = \dfrac{1}{2} \times M_{DA} = \dfrac{1}{2} \times 6 = 3 \text{kN} \cdot \text{m}$이다.
(전달률: 고정단은 1/2)

제4과목 건축설비

61 ★☆☆

일반적으로 가스사용시설의 지상배관 표면 색상은 어떤 색상으로 도색하는가?

① 백색 ② 황색
③ 청색 ④ 적색

해설

가스사용시설의 지상배관의 표면 색상은 황색으로 한다.

62 ★★★

다음의 간선 배전방식 중 분전반에서 사고가 발생했을 때 그 파급 범위가 가장 좁은 것은?

① 평행식 ② 방사선식
③ 나뭇가지식 ④ 나뭇가지 평행식

해설

평행식(개별식)은 각 분전반 마다 배전반으로부터 단독으로 배선되어 있으므로 전압강하가 적고, 화재 등 사고가 발생하여도 그 범위를 좁힐 수 있는 것이 특징이다.

63 ★★☆

에스컬레이터의 경사도는 최대 얼마 이하로 하여야 하는가? (단, 공칭속도가 0.5m/s를 초과하는 경우이며 기타 조건은 무시함)

① 25° ② 30°
③ 35° ④ 40°

해설

공칭속도가 0.5m/s를 초과하는 경우이므로 에스컬레이터의 경사도를 30° 이하로 하여야 한다.
- 공칭속도 0.75m/s 이하일 때: 경사도 30° 이하
- 공칭속도 0.5m/s 이하일 때: 경사도 30° 초과 35° 이하

정답 59 ③ 60 ④ 61 ② 62 ① 63 ②

64 ★★★

환기에 관한 설명으로 옳지 않은 것은?

① 화장실은 송풍기(급기팬)와 배풍기(배기팬)를 설치하는 것이 일반적이다.
② 기밀성이 높은 주택의 경우 잦은 기계 환기를 통해 실내 공기의 오염을 낮추는 것이 바람직하다.
③ 병원의 수술실은 오염공기가 실내로 들어오는 것을 방지하기 위해 실내 압력을 주변공간보다 높게 설정한다.
④ 공기의 오염농도가 높은 도로에 면해 있는 건물의 경우, 공기조화설비 계통의 외기도입구를 가급적 높은 위치에 설치한다.

해설

화장실은 자연급기와 배풍기를 설치하여 환기한다.

합격 POINT 환기방식의 비교

구분	급기구	배기구	사용장소
제1종 환기	송풍기	배풍기	수술실
제2종 환기	송풍기	자연 배기	반도체 공장, 무균실
제3종 환기	자연 급기	배풍기	주방, 화장실

65 ★☆☆

조명기구를 사용하는 도중에 광원의 능률저하나 기구의 오염, 손상 등으로 조도가 점차 저하되는데, 인공조명 설계 시 이를 고려하여 반영하는 계수는?

① 광도
② 조명률
③ 실지수
④ 감광보상률

해설

감광보상률은 조명기구의 노화, 오염 등으로 시간이 지나 조도가 감소하는 것을 고려하여, 광원 교체나 기구 청소 시점까지 요구되는 조도를 유지할 수 있도록 미리 적용하는 여유 비율을 말한다.

66 ★★★

다음 설명에 알맞은 급수 방식은?

- 위생성 측면에서 가장 바람직한 방식이다.
- 정전으로 인한 단수의 염려가 없다.

① 수도직결방식
② 고가수조방식
③ 압력수조방식
④ 펌프직송방식

해설

수도직결방식은 수도 본관에 직결하므로 급수오염의 가능성이 작아 위생적인 면에서 가장 좋고, 전동기(모터)를 사용하지 않으므로 정전으로 인한 단수의 염려가 없다.

67 ★☆☆

대기압 하에서 0℃의 물이 0℃의 얼음으로 될 경우의 체적 변화에 관한 설명으로 옳은 것은?

① 체적이 4% 팽창한다.
② 체적이 4% 감소한다.
③ 체적이 9% 팽창한다.
④ 체적이 9% 감소한다.

해설

대기압 하에서 0℃의 물이 0℃의 얼음으로 될 경우 체적이 9% 팽창한다.

68 ★☆☆

어떤 사무실의 취득 현열량이 15,000W일 때 실내온도를 26℃로 유지하기 위하여 16℃의 외기를 도입할 경우, 실내에 공급하는 송풍량은 얼마로 해야 하는가? (단, 공기의 정압비열은 $1.01kJ/kg·K$, 밀도는 $1.2kg/m^3$임)

① $2,455m^3/h$
② $4,455m^3/h$
③ $6,455m^3/h$
④ $8,455m^3/h$

해설

$$G = \frac{3,600Q}{\rho \times C \times \Delta t}$$

$$= \frac{3,600 \times 15kW}{1.2kg/m^3 \times 1.01kJ/kg·K \times (26-16)K}$$

$$= 4,455.45 ≒ 4,455m^3/h$$

G: 송풍량(m^3/h), Q: 발열량(kW), ρ: 공기의 밀도(kg/m^3),
C: 공기의 비열(kJ/kg·K), Δt: 온도차(K)

69 ★☆☆

급수배관의 설계 및 시공상의 주의점에 관한 설명으로 옳지 않은 것은?

① 급수관의 기울기는 1/100을 표준으로 한다.
② 수평배관에는 공기나 오물이 정체하지 않도록 한다.
③ 급수주관으로부터 분기하는 경우는 티(Tee)를 사용한다.
④ 음료용 급수관과 다른 용도의 배관을 크로스 커넥션하지 않도록 한다.

해설

급수관의 기울기는 1/250을 표준으로 한다.

정답 64 ① 65 ④ 66 ① 67 ③ 68 ② 69 ①

70 ★★★

다음과 같은 조건에 있는 실의 틈새바람에 의한 현열부하는?

- 실의 체적: 400m³
- 환기회수: 0.5회/h
- 실내온도: 20℃
- 외기온도: 0℃
- 공기의 밀도: 1.2kg/m³
- 공기의 정압비열: 1.01kJ/kg·K

① 약 654W
② 약 972W
③ 약 1,347W
④ 약 1,654W

해설

$$Q = \frac{G \cdot \rho \cdot C \cdot \Delta t}{3,600}$$

$$= \frac{200\text{m}^3/\text{h} \times 1.2\text{kg/m}^3 \times 1.01\text{kJ/kg·K} \times (20-0)\text{K}}{3,600}$$

$= 1.3467 ≒ 1.347\text{kW} = 1,347\text{W}$

Q: 현열부하(kW), G: 환기량(m³/h)
(단, 여기서 G=환기횟수×실의 체적=0.5회/h×400m³=200m³/h)
ρ: 공기의 밀도(kg/m³), C: 공기의 비열(kJ/kg·K), Δt: 온도차(K)

71 ★☆☆

지역난방 방식에 관한 설명으로 옳지 않은 것은?

① 열원설비의 집중화로 관리가 용이하다.
② 설비의 고도화로 대기오염 등 공해를 방지 할 수 있다.
③ 각 건물의 이용시간차를 이용하면 보일러의 용량을 줄일 수 있다.
④ 고온수 난방을 채용할 경우 감압장치가 필요하며 응축수 트랩이나 환수관이 복잡해진다.

해설

고온수 난방을 채용할 경우 고온, 고압을 사용하므로 압력을 높여주는 가압장치가 필요하며 응축수 트랩이나 환수관이 복잡해진다.

72 ★☆☆

공기조화방식 중 냉풍과 온풍을 공급받아 각 실 또는 각 존의 혼합유닛에서 혼합하여 공급하는 방식은?

① 단일덕트방식
② 이중덕트방식
③ 유인유닛방식
④ 팬코일유닛방식

해설

이중덕트방식은 중앙의 공조기에서 냉풍과 온풍을 동시에 제조하여 각 실 또는 각 존에 공급하고, 각 실, 각 존 마다의 부하에 따라 혼합유닛에서 냉풍과 온풍을 적절히 혼합하여 송풍온도를 조절하는 방식이다.

73 ★★★

다음 중 건축물 실내공간의 잔향시간에 가장 큰 영향을 주는 것은?

① 실의 용적
② 음원의 위치
③ 벽체의 두께
④ 음원의 음압

해설

잔향시간은 실의 체적(용적), 흡음력(흡음률×표면적) 등에 의해 결정된다.

합격 POINT Sabine의 잔향식

$$T = K\frac{V}{A} = K\frac{V}{\overline{a}S}$$

- T: 잔향시간
- K: 비례상수 0.163
- V: 실의 용적(m³)
- A: 흡음력=$\overline{a}$(평균 흡음률)×S(실내 표면적)

74 ★☆☆

자동화재탐지설비의 감지기 중 주위의 온도상승률이 일정한 값을 초과하는 경우 동작하는 것은?

① 차동식
② 정온식
③ 광전식
④ 이온화식

해설

감지기 중 차동식은 주위온도가 일정 온도상승률 이상이 되면 작동하며, 부착 높이가 8m 미만인 장소(사무실, 연구실, 학교 등)에 주로 설치한다.

75 ★★☆

배수트랩의 봉수파괴 원인 중 통기관을 설치함으로써 봉수파괴를 방지할 수 있는 것이 아닌 것은?

① 분출작용
② 모세관작용
③ 자기사이펀작용
④ 유도사이펀작용

해설

모세관작용에 의한 봉수파괴는 트랩 출구의 천 조각이나 머리카락을 제거함으로써 방지할 수 있다.

합격 POINT 트랩의 봉수파괴 방지대책

봉수파괴 원인	방지대책
자기사이펀작용, 유도사이펀작용, 분출작용	통기관 설치
모세관작용	천조각, 머리카락 제거
운동량에 의한 관성작용	격자쇠 설치

정답 70 ③ 71 ④ 72 ② 73 ① 74 ① 75 ②

76 ★★☆

방열기의 입구 수온이 90℃이고 출구 수온이 80℃이다. 난방부하가 3,000W인 방을 온수난방 할 경우 방열기의 온수순환량은? (단, 물의 비열은 4.2kJ/kg·K로 함)

① 143kg/h   ② 257kg/h
③ 368kg/h   ④ 455kg/h

해설

$G = \dfrac{3,600Q}{C \cdot \Delta t}$

$= \dfrac{3,600 \times 3\text{kW}}{4.2\text{kJ/kg} \cdot \text{K} \times (90-80)\text{K}}$

$= 257.14 \fallingdotseq 257\text{kg/h}$

G: 온수순환량(kg/h), Q: 발열량(kW), C: 공기의 비열(kJ/kg·K),
Δt: 온도차(K)

77 ★★★

습공기를 가열하였을 경우 상태량이 변하지 않는 것은?

① 절대습도   ② 상대습도
③ 건구온도   ④ 습구온도

해설

절대습도는 습공기를 구성하고 있는 건조공기 1kg당의 수증기량을 말하며 공기를 가열하거나 냉각하여도 변함이 없다.

합격 POINT 습공기 가열·냉각 시 상태변화

습공기	상태변화
가열	엔탈피 증가, 비체적 증가, 상대습도 감소
냉각	엔탈피 감소, 비체적 감소, 상대습도 증가

※ 절대습도는 가열하거나 냉각하여도 일정하다.

78 ★☆☆

각각의 최대 수용 전력의 합이 1,200kW, 부등률이 1.2일 때 합성 최대 수용 전력은?

① 800kW   ② 1,000kW
③ 1,200kW   ④ 1,440kW

해설

부등률 = $\dfrac{\text{각 부하의 최대 수용 전력의 합계}}{\text{합성 최대 수용 전력}} \times 100(\%)$

∴ 합성 최대 수용 전력 = $\dfrac{\text{각 부하의 최대 수용 전력의 합계}}{\text{부등률}}$

$= \dfrac{1,200\text{kW}}{1.2} = 1,000\text{kW}$

79 ★★☆

개방형 헤드를 사용하는 연결살수설비에 있어서 하나의 송수구역에 설치하는 살수헤드의 수는 최대 얼마 이하가 되도록 하여야 하는가?

① 10개   ② 20개
③ 30개   ④ 40개

해설

개방형 헤드를 사용하는 연결살수설비의 경우 하나의 송수구역에 설치하는 살수헤드의 수는 10개 이하가 되도록 한다.

80 ★☆☆

다음 중 최근 저압선로의 배선보호용 차단기로 가장 많이 사용되는 것은?

① ACB   ② GCB
③ MCCB   ④ ABCB

해설

MCCB(배선용 차단기)는 전류가 흐를 때 자동적으로 회로를 끊어서 보호하는 것으로, 퓨즈와는 달리 그 자체에 아무런 손상을 입지 않고 다시 원상태로 복귀하여 재사용할 수 있으며 노퓨즈브레이커(NFB; No Fuse Breaker)라고도 한다.

선지분석

① ACB(Air Circuit Breaker): 압축된 공기를 이용한 차단기
② GCB(Gas Circuit Breaker): 가스차단기
④ ABCB(Air Blast Circuit Breaker): 압축된 공기를 이용한 차단기

정답 76 ② 77 ① 78 ② 79 ① 80 ③

제5과목 건축관계법규

81 ★★☆

지하식 또는 건축물식 노외주차장의 차로에 관한 기준 내용으로 옳지 않은 것은? (단, 이륜자동차전용 노외주차장이 아닌 경우)

① 높이는 주차바닥면으로부터 2.3m 이상으로 하여야 한다.
② 경사로의 종단경사도는 직선 부분에서는 17%를 초과하여서는 아니 된다.
③ 곡선 부분은 자동차가 4m 이상의 내변반경으로 회전할 수 있도록 하여야 한다.
④ 주차대수 규모가 50대 이상인 경우의 경사로는 너비 6m 이상인 2차로를 확보하거나 진입차로와 진출차로를 분리하여야 한다.

해설
곡선 부분은 자동차가 6m(총주차대수가 50대 이하인 경우에는 5m, 이륜자동차전용 노외주차장의 경우에는 3m) 이상의 내변반경으로 회전할 수 있도록 하여야 한다.

82 ★★★

다음 중 도시·군관리계획에 포함되지 않는 것은?

① 도시개발사업이나 정비사업에 관한 계획
② 광역계획권의 장기발전방향을 제시하는 계획
③ 기반시설의 설치·정비 또는 개량에 관한 계획
④ 용도지역·용도지구의 지정 또는 변경에 관한 계획

해설
도시·군관리계획의 내용은 다음과 같다.
- 도시개발사업이나 정비사업에 관한 계획
- 기반시설의 설치·정비 또는 개량에 관한 계획
- 용도지역·용도지구의 지정 또는 변경에 관한 계획
- 개발제한구역, 도시자연공원구역, 시가화조정구역, 수산자원보호구역의 지정 또는 변경에 관한 계획
- 지구단위계획구역의 지정 또는 변경에 관한 계획과 지구단위계획
- 도시혁신구역의 지정 또는 변경에 관한 계획과 도시혁신계획
- 복합용도구역의 지정 또는 변경에 관한 계획과 복합용도계획
- 도시·군계획시설입체복합구역의 지정 또는 변경에 관한 계획

83 ★★★

용도지역의 세분에 있어 주거기능을 위주로 이를 지원하는 일부 상업기능 및 업무기능을 보완하기 위하여 필요한 지역은?

① 준주거지역
② 전용주거지역
③ 일반주거지역
④ 유통상업지역

선지분석
② 전용주거지역: 양호한 주거환경을 보호하기 위하여 필요한 지역
③ 일반주거지역: 편리한 주거환경을 조성하기 위하여 필요한 지역
④ 유통상업지역: 도시내 및 지역간 유통기능의 증진을 위하여 필요한 지역

84 ★★☆

다음 중 제2종 일반주거지역 안에서 건축할 수 있는 건축물에 속하지 않는 것은?

① 종교시설
② 운수시설
③ 노유자시설
④ 제1종 근린생활시설

해설
제2종 일반주거지역 안에서 건축할 수 있는 건축물의 종류는 단독주택, 공동주택, 제1종 근린생활시설, 종교시설, 노유자시설, 유치원·초·중·고등학교 등이며 운수시설은 해당되지 않는다.

85 ★☆☆

높이 31m를 넘는 각 층의 바닥면적 중 최대 바닥면적이 5,000m²인 업무시설에 원칙적으로 설치하여야 하는 비상용 승강기의 최소 대수는?

① 1대
② 2대
③ 3대
④ 4대

해설
높이 31m를 넘는 각 층의 바닥면적 중 최대 바닥면적이 1,500m²를 넘는 건축물에는 기본 1대의 비상용 승강기를 설치하여야 하며 이후 1,500m²를 넘는 3,000m² 이내마다 1대씩 더한 대수 이상을 설치하여야 한다.
따라서 기본 설치대수 1대에 추가 설치대수 2대를 더하여 최소 3대를 설치하여야 한다.

정답 81 ③ 82 ② 83 ① 84 ② 85 ③

86 ★★☆

다음은 「건축법령」상 다세대주택의 정의이다. ( ) 안에 알맞은 것은?

> 주택으로 쓰는 1개 동의 바닥면적 합계가 (㉠) 이하이고, 층수가 (㉡) 이하인 주택(2개 이상의 동을 지하주차장으로 연결하는 경우에는 각각의 동으로 본다.)

① ㉠ 330m², ㉡ 3개 층
② ㉠ 330m², ㉡ 4개 층
③ ㉠ 660m², ㉡ 3개 층
④ ㉠ 660m², ㉡ 4개 층

해설

다세대주택: 주택으로 쓰는 1개 동의 바닥면적 합계가 660m² 이하이고, 층수가 4개 층 이하인 주택(2개 이상의 동을 지하주차장으로 연결하는 경우에는 각각의 동으로 본다.)

87 ★★☆

건축물의 거실에 국토교통부령으로 정하는 기준에 따라 배연설비를 하여야 하는 대상 건축물에 속하지 않는 것은? (단, 피난층의 거실은 제외하며, 6층 이상인 건축물의 경우)

① 종교시설
② 판매시설
③ 위락시설
④ 방송통신시설

해설

6층 이상인 건축물로서 다음에 해당하는 건축물의 거실(피난층의 거실 제외)에는 배연설비를 해야 한다.

> 문화 및 집회시설, 종교시설, 판매시설, 운수시설, 의료시설(요양병원, 정신병원 제외), 교육연구시설 중 연구소, 노유자시설 중 아동 관련 시설, 노인복지시설(노인요양시설 제외), 수련시설 중 유스호스텔, 운동시설, 업무시설, 숙박시설, 위락시설, 관광휴게시설, 장례시설, 제2종 근린생활시설 중 공연장, 종교집회장, 인터넷컴퓨터게임시설제공업소 및 다중생활시설

88 ★★☆

일반주거지역에서 건축물을 건축하는 경우 건축물의 높이 5m인 부분은 정북방향의 인접 대지 경계선으로부터 원칙적으로 최소 얼마 이상을 띄어 건축하여야 하는가?

① 1.0m
② 1.5m
③ 2.0m
④ 3.0m

해설

전용주거지역이나 일반주거지역에서 건축물을 건축하는 경우에는 건축물의 각 부분을 정북방향으로의 인접 대지경계선으로부터 다음의 거리 이상을 띄어 건축하여야 한다.
- 높이 10m 이하인 부분: 인접 대지경계선으로부터 1.5m 이상
- 높이 10m를 초과하는 부분: 인접 대지경계선으로부터 해당 건축물 각 부분 높이의 2분의 1 이상

89 ★☆☆

「국토의 계획 및 이용에 관한 법률」에 따른 용도지역에서의 용적률 최대한도 기준이 옳지 않은 것은? (단, 도시지역의 경우)

① 주거지역: 500% 이하
② 녹지지역: 100% 이하
③ 공업지역: 400% 이하
④ 상업지역: 1,000% 이하

해설

상업지역의 용적률 최대한도 기준은 1,500% 이하이다.

90 ★★☆

건축물을 신축하는 경우 옥상에 조경을 150m² 시공했다. 이 경우 대지의 조경면적은 최소 얼마 이상으로 하여야 하는가? (단, 대지면적은 1,500m²이고, 조경설치 기준은 대지면적의 10%임)

① 25m²
② 50m²
③ 75m²
④ 100m²

해설

1. 대지면적은 1,500m²이고, 조경설치기준은 대지면적의 10% 이상이므로 필요한 전체조경면적은 150m²이다.
2. 옥상조경면적의 2/3를 지상조경면적으로 산정할 수 있지만 전체조경면적의 50/100을 초과할 수 없다.

$(150m^2 \times \frac{2}{3} = 100m^2$ 인정, $150m^2 \times \frac{2}{3} = 75m^2$ 초과 불가함)

따라서 전체조경면적인 150m²에서 지상조경면적으로 산정한 옥상조경면적인 75m²를 제외한 75m²를 지상에 설치한다.

합격 POINT 조경면적

전체조경면적		
지상조경면적	+	옥상조경면적 • 2/3만 인정 • 전체조경면적의 50% 초과 불가

정답 86 ④ 87 ④ 88 ② 89 ④ 90 ③

91 ★★☆

공작물을 축소할 때 특별자치시장·특별자치도지사 또는 시장·군수·구청장에게 신고를 하여야 하는 대상 공작물 기준으로 옳지 않은 것은? (단, 건축물과 분리하여 축조하는 경우임)

① 높이 6m를 넘는 굴뚝
② 높이 4m를 넘는 광고탑
③ 높이 2m를 넘는 장식탑
④ 높이 2m를 넘는 옹벽 또는 담장

해설
장식탑은 높이 4m를 넘는 경우 신고 대상이다.

선지분석
① 굴뚝은 높이 6m를 넘는 경우 신고 대상이다.
② 장식탑, 기념탑, 첨탑, 광고탑, 광고판 등은 높이 4m를 넘는 경우 신고 대상이다.
④ 옹벽 또는 담장은 높이 2m를 넘는 경우 신고 대상이다.

92 ★★☆

건축물에 설치하는 지하층의 구조에 관한 기준 내용으로 옳지 않은 것은?

① 지하층에 설치하는 비상탈출구의 유효너비는 0.75m 이상으로 할 것
② 거실의 바닥면적의 합계가 1,000m² 이상인 층에는 환기설비를 설치할 것
③ 지하층의 바닥면적이 300m² 이상인 층에는 식수공급을 위한 급수전을 1개소 이상 설치할 것
④ 거실의 바닥면적이 33m² 이상인 층에는 직통계단 외에 피난층 또는 지상으로 통하는 비상탈출구를 설치할 것

해설
거실의 바닥면적이 50m² 이상인 층에는 직통계단 외에 피난층 또는 지상으로 통하는 비상탈출구 및 환기통을 설치하여야 한다. 다만, 직통계단이 2개소 이상 설치되어 있는 경우에는 그러하지 아니하다.

93 ★★☆

비상용승강기 승강장의 구조에 관한 기준 내용으로 옳지 않은 것은?

① 승강장은 각 층의 내부와 연결될 수 있도록 할 것
② 벽 및 반자가 실내에 접하는 부분의 마감재료는 준불연재료로 할 것
③ 옥내에 설치하는 승강장의 바닥면적은 비상용 승강기 1대에 대하여 6m² 이상으로 할 것
④ 피난층이 있는 승강장의 출입구로부터 도로 또는 공지에 이르는 거리가 30m 이하일 것

해설
벽 및 반자가 실내에 접하는 부분의 마감재료는 불연재료로 해야 한다.

94 ★★☆

다음 중 허가 대상 건축물이라 하더라도 건축신고를 하면 건축허가를 받은 것으로 보는 경우에 속하지 않는 것은?

① 건축물의 높이를 4m 증축하는 건축물
② 연면적의 합계가 80m²인 건축물의 건축
③ 연면적이 150m²이고 2층인 건물의 대수선
④ 2층 건축물로서 바닥면적의 합계 80m²를 증축하는 건축물

해설
건축물의 높이를 3m 이하의 범위에서 증축하는 건축물은 건축신고를 하면 건축허가를 받은 것으로 본다.

선지분석
다음의 경우 건축신고를 하면 건축허가를 받은 것으로 본다.
② 소규모 건축물로서 연면적의 합계가 100m² 이하의 건축물의 경우
③ 연면적이 200m² 미만이고 3층 미만인 건축물의 대수선의 경우
④ 3층 미만이며 바닥면적의 합계가 85m² 이내 증축·개축 또는 재축하는 건축물의 경우

95 ★☆☆

다음은 대지와 도로의 관계에 관한 기준 내용이다. ( ) 안에 알맞은 것은? (단, 축사, 작물 재배사, 그 밖에 이와 비슷한 건축물로서 건축조례로 정하는 규모의 건축물은 제외)

> 연면적의 합계가 2,000m²(공장인 경우에는 3,000m²) 이상인 건축물의 대지는 너비 (㉠) 이상의 도로에 (㉡) 이상 접하여야 한다.

① ㉠ 2m, ㉡ 4m
② ㉠ 4m, ㉡ 2m
③ ㉠ 4m, ㉡ 6m
④ ㉠ 6m, ㉡ 4m

해설
연면적의 합계가 2,000m²(공장인 경우 3,000m²) 이상인 건축물(축사, 작물 재배사, 그 밖에 이와 비슷한 건축물로서 건축조례로 정하는 규모의 건축물은 제외)의 대지는 너비 6m 이상의 도로에 4m 이상 접하여야 한다.

정답 91 ③ 92 ④ 93 ② 94 ① 95 ④

96 ★☆☆

「건축법령」상 공사감리자가 수행하여야 하는 감리업무에 속하지 않는 것은?

① 공정표의 작성
② 상세시공도면의 검토·확인
③ 공사현장에서의 안전관리의 지도
④ 설계변경의 적정 여부의 검토·확인

해설
공사감리자가 수행하여야 하는 감리업무는 공정표의 작성이 아닌 공정표의 검토이다.

합격 POINT 공사감리자가 수행하여야 하는 감리업무
공사감리자는 다음의 업무를 수행한다.
1. 건축물 및 대지가 이 법 및 관계 법령에 적합하도록 공사시공자 및 건축주를 지도
2. 시공계획 및 공사관리의 적정 여부의 확인
2-1. 수급인이 시공자격을 갖춘 건설사업자에게 건축공사를 하도급 했는지에 대한 확인
2-2. 수급인이 공사현장에 건설기술인을 배치했는지에 대한 확인
3. 공사현장에서의 안전관리의 지도
4. 공정표의 검토
5. 상세시공도면의 검토·확인
6. 구조물의 위치와 규격의 적정 여부의 검토·확인
7. 품질시험의 실시 여부 및 시험성과의 검토·확인
8. 설계변경의 적정 여부의 검토·확인
9. 기타 공사감리계약으로 정하는 사항

97 ★★★

태양열을 주된 에너지원으로 이용하는 주택의 건축면적 산정 시 기준이 되는 것은?

① 외벽의 외곽선
② 외벽의 내측 벽면선
③ 외벽 중 내측 내력벽의 중심선
④ 외벽 중 외측 비내력벽의 중심선

해설
태양열을 주된 에너지원으로 이용하는 주택의 건축면적은 건축물의 외벽 중 내측 내력벽의 중심선을 기준으로 한다.

98 ★★☆

피난층 이외 층으로서 피난층 또는 지상으로 통하는 직통계단을 2개소 이상 설치하여야 하는 대상기준으로 옳지 않은 것은?

① 지하층으로서 그 층 거실의 바닥면적의 합계가 200m² 이상인 것
② 종교시설의 용도로 쓰는 층으로서 그 층에서 해당 용도로 쓰는 바닥면적의 합계가 200m² 이상인 것
③ 판매시설의 용도로 쓰는 3층 이상의 층으로서 그 층의 해당 용도로 쓰는 거실의 바닥면적의 합계가 200m² 이상인 것
④ 업무시설 중 오피스텔의 용도로 쓰는 층으로서 그 층의 해당 용도로 쓰는 거실의 바닥면적의 합계가 200m² 이상인 것

해설
공동주택(층당 4세대 이하는 제외) 또는 업무시설 중 오피스텔의 용도로 쓰는 층으로서 그 층의 해당 용도로 쓰는 거실의 바닥면적의 합계가 300m² 이상인 경우 피난층 또는 지상으로 통하는 직통계단을 2개소 이상 설치하여야 한다.

99 ★★☆

주차장 수급 실태 조사의 조사구역 설정에 관한 기준 내용으로 옳지 않은 것은?

① 실태 조사의 주기는 3년으로 한다.
② 사각형 또는 삼각형 형태로 조사구역을 설정한다.
③ 각 조사구역은 「건축법」에 따른 도로를 경계로 구분한다.
④ 조사구역 바깥 경계선의 최대거리가 500m를 넘지 않도록 한다.

해설
사각형 또는 삼각형 형태로 조사구역을 설정하되 조사구역 바깥 경계선의 최대거리가 300m를 넘지 않도록 한다.

100 ★★★

부설주차장 설치대상 시설물이 종교시설인 경우 부설주차장 설치기준으로 옳은 것은?

① 시설면적 50m²당 1대
② 시설면적 100m²당 1대
③ 시설면적 150m²당 1대
④ 시설면적 200m²당 1대

해설
종교시설의 부설주차장 설치기준은 시설면적 150m²당 1대(시설면적/150m²)이다.

정답 96 ① 97 ③ 98 ④ 99 ④ 100 ③

2018년 | 제2회 기출문제

제1과목 건축계획

01 ★☆☆
사방에서 감상해야 할 필요가 있는 조각물이나 모형을 전시하기 위해 벽면에서 띄어놓아 전시하는 특수전시기법은?

① 아일랜드 전시
② 디오라마 전시
③ 파노라마 전시
④ 하모니카 전시

해설
아일랜드 전시에 대한 설명이다.

선지분석
② 디오라마 전시: 현장감을 가장 실감나게 표현하는 방법이다. 하나의 사실 또는 주제의 시간 상황을 고정시켜 연출하는 것으로 현장에 임한 느낌을 주는 전시기법이다.
③ 파노라마 전시: 연속적인 주제를 선적으로 연계성을 표현하기 위한 전시이다. 넓은 시야의 전경(全景)을 보는 듯한 느낌을 연출한다. 맥락이 중요시될 때 사용되는 특수전시기법이다.
④ 하모니카 전시: 전시평면이 동일한 공간으로 연속되어 배치되는 전시기법으로 동일 종류의 전시물을 반복 전시할 경우에 유리하다.

02 ★☆☆
은행건축계획에 관한 설명으로 옳지 않은 것은?

① 은행원과 고객의 출입구는 별도로 설치하는 것이 좋다.
② 영업실의 면적은 은행원 1인당 1.2m²을 기준으로 한다.
③ 대규모의 은행일 경우 고객의 출입구는 되도록 1개소로 하는 것이 좋다.
④ 주출입구에 이중문을 설치할 경우, 바깥문은 바깥여닫이 또는 자재문으로 할 수 있다.

해설
영업실 면적: 은행원 1인당 4~6m² 정도
영업장 면적(영업실과 고객대기실 포함): 은행원 1인당 10m² 정도
※ 영업실과 영업장의 용어가 혼재되어 출제되는 경우가 있으므로 4~6m², 10m² 두 가지를 모두 암기하는 것이 좋다.

03 ★★☆
극장 무대 주위의 벽에 6~9m 높이로 설치되는 좁은 통로로, 그리드 아이언에 올라가는 계단과 연결되는 것은?

① 그린룸
② 록레일
③ 플라이 갤러리
④ 슬라이딩 스테이지

해설
극장 무대 주위의 벽에 6~9m 높이로 설치되는 좁은 통로를 플라이 갤러리(Fly gallery)라고 한다.

04 ★★★
병원건축의 형식 중 분관식에 관한 설명으로 옳지 않은 것은?

① 동선이 길어진다.
② 채광 및 통풍이 좋다.
③ 대지면적에 제약이 있는 경우에 주로 적용된다.
④ 환자는 주로 경사로를 이용한 보행 또는 들것으로 운반된다.

해설
대지면적에 제약이 있는 경우에 주로 적용되는 것은 집중식이다.

합격 POINT 병원건축 분관식
1. 일반적으로 3층 이하의 저층건물로 구성된다.
2. 각 병실의 일조, 통풍 환경을 균일하게 할 수 있다.
3. 동선이 길어진다.
4. 환자는 주로 경사로를 이용한 보행 또는 들것으로 운반된다.

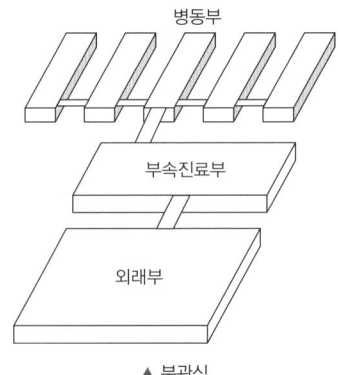
▲ 분관식

정답 01 ① 02 ② 03 ③ 04 ③

05 ★★★

다음 중 도서관에서 장서가 60만 권일 경우 능률적인 작업 용량으로서 가장 적정한 서고의 면적은?

① 3,000m²
② 4,500m²
③ 5,000m²
④ 6,000m²

해설
서고 1m²당 200권을 수장할 수 있다.
따라서, 600,000권÷200권=3,000m²

06 ★☆☆

다음 중 백화점의 기둥간격 결정요소와 가장 거리가 먼 것은?

① 화장실의 크기
② 에스컬레이터의 배치방법
③ 매장 진열장의 치수와 배치방법
④ 지하주차장의 주차방식과 주차폭

해설
화장실의 크기와 백화점 건축의 기둥간격과는 관계가 멀다.

합격 POINT 기둥간격 결정요소

구분	기둥간격(스팬, Span) 결정요소
사무소	• 주차배치 단위 • 책상배치 단위 • 채광창 층고에 의한 안깊이 등
백화점	• 주차배치 단위 • 가구(진열장, 진열대)배치 단위 • 에스컬레이터 및 엘리베이터 배치 단위 등

07 ★★☆

건축계획에서 말하는 미의 특성 중 변화 혹은 다양성을 얻는 방식과 가장 거리가 먼 것은?

① 억양(Accent)
② 대비(Contrast)
③ 균제(Proportion)
④ 대칭(Symmetry)

해설
대칭(Symmetry)은 통일성을 특성으로 가지고 있으므로 변화나 다양성을 얻기 어렵다.

08 ★★★

주택단지 안의 건축물에 설치하는 계단의 유효폭은 최소 얼마 이상으로 하여야 하는가?

① 0.9m
② 1.2m
③ 1.5m
④ 1.8m

해설
주택단지 안의 공동으로 사용하는 계단의 유효폭은 1.2m 이상이다.

합격 POINT
주택단지 안의 건축물 또는 옥외에 설치하는 계단의 각 부위의 치수

계단의 종류	유효폭	단높이	단너비
공동으로 사용하는 계단	120cm 이상	18cm 이하	26cm 이상
건축물의 옥외계단	90cm 이상	20cm 이하	24cm 이상

09 ★☆☆

사무소 건축의 코어 형식에 관한 설명으로 옳은 것은?

① 편심코어형은 각 층의 바닥면적이 큰 경우 적합하다.
② 양단코어형은 코어가 분산되어 있어 피난상 불리하다.
③ 중심코어형은 구조적으로 바람직한 형식으로 유효율이 높은 계획이 가능하다.
④ 외코어형은 설비 덕트나 배관을 코어로부터 사무실 공간으로 연결하는데 제약이 없다.

해설
중심코어형은 건물 중앙에 코어가 있어 구조적으로 가장 유리하고 유효율이 높으며, 임대 사무소로서 경제적인 계획이 가능하다.

선지분석
① 바닥면적이 소규모인 경우에 적합하다.
② 2방향 피난으로 피난상 유리하다.
④ 설비 덕트나 배관을 코어로부터 사무실 공간으로 연결하는데 제약이 많다.

정답 05 ① 06 ① 07 ④ 08 ② 09 ③

10 ★☆☆

학교 건축계획에서 그림과 같은 평면 유형을 갖는 학교운영 방식은?

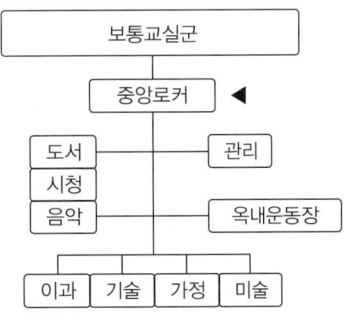

① 달톤형 ② 플래툰형
③ 교과교실형 ④ 종합교실형

해설
플래툰형은 각 학급을 2분단으로 나누어 한 쪽이 일반교실(보통교실)을 사용할 때, 다른 한 쪽은 특별교실을 사용한다.

11 ★★☆

공장건축의 지붕형에 관한 설명으로 옳지 않은 것은?

① 솟을지붕은 채광, 환기에 적합한 방법이다.
② 샤렌지붕은 기둥이 많이 소요되는 단점이 있다.
③ 뾰족지붕은 직사광선을 어느 정도 허용하는 결점이 있다.
④ 톱날지붕은 북향의 채광창으로 일정한 조도를 유지할 수 있다.

해설
샤렌지붕은 톱날지붕의 결점(기둥이 많이 소요)을 보완하기 위해 그림과 같이 지붕을 곡선형으로 만든 형태로 기둥이 적게 소요되는 장점이 있다.

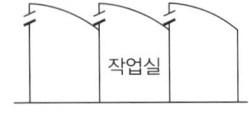

12 ★★★

다음 중 학교건축계획에 요구되는 융통성과 가장 거리가 먼 것은?

① 지역사회의 이용에 대한 융통성
② 학교운영방식의 변화에 대응하는 융통성
③ 광범위한 교과내용의 변화에 대응하는 융통성
④ 한계 이상의 학생수의 증가에 대응하는 융통성

해설
학생수의 증가는 융통성이 아닌 확장성과 관계되며, 이것 또한 한계 이내여야 한다.

합격 POINT 학교건축계획의 융통성
1. 융통성이 요구되는 원인
   ㉠ 확장과 지역사회의 이용에 의한 융통성
   ㉡ 광범위한 교과내용의 변화에 대응하는 융통성
   ㉢ 학교운영방식의 변화에 대응하는 융통성
2. 융통성의 해결 방안
   ㉠ 칸막이의 이동변경(구조계획상)
   ㉡ 융통성이 있는 교실배치(배치계획상)
   ㉢ 공간의 다목적성(평면계획상)

13 ★★★

극장의 평면형식 중 아레나(Arena)형에 관한 설명으로 옳지 않은 것은?

① 무대의 배경을 만들지 않으므로 경제성이 있다.
② 무대의 장치나 소품은 주로 낮은 기구들로 구성한다.
③ 가까운 거리에서 관람하면서 많은 관객을 수용할 수 있다.
④ 연기자가 일정한 방향으로만 관객을 대하므로 강연, 콘서트, 독주, 연극 공연에 가장 좋은 형식이다.

해설
연기자가 일정한 방향으로만 관객을 대하므로 강연, 콘서트, 독주, 연극 공연에 가장 좋은 형식은 프로시니엄형이다.

정답 10 ② 11 ② 12 ④ 13 ④

14 ★★★

사무소 건축의 실단위 계획에 있어서 개방식 배치(Open plan)에 관한 설명으로 옳지 않은 것은?

① 독립성과 쾌적감 확보에 유리하다.
② 공사비가 개실시스템보다 저렴하다.
③ 방의 길이나 깊이에 변화를 줄 수 있다.
④ 전면적을 유효하게 이용할 수 있어 공간 절약상 유리하다.

해설
독립성 확보가 용이한 것은 개실 배치의 특징이다.

합격 POINT 개실 배치와 개방식 배치

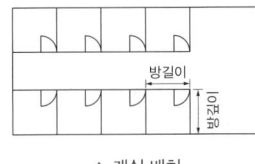 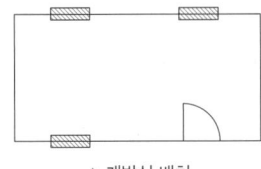
▲ 개실 배치   ▲ 개방식 배치

15 ★★☆

주택 부엌에서 작업삼각형(Work triangle)의 구성 요소에 속하지 않는 것은?

① 개수대   ② 배선대
③ 가열대   ④ 냉장고

해설
주방의 작업삼각형은 냉장고와 개수대 그리고 가열대를 잇는 삼각형을 말하며, 배선대는 포함되지 않는다.

16 ★☆☆

다음 중 건축가와 그의 작품의 연결이 옳지 않은 것은?

① Marcel Breuer — 파리 유네스코본부
② Le Corbusier — 동경 국립서양미술관
③ Antonio Gaudi — 시드니 오페라하우스
④ Frank Lloyd Wright — 뉴욕 구겐하임 미술관

해설
시드니 오페라하우스는 예른 웃손(Jørn Utzon)의 작품이다.
안토니오 가우디(Antonio Gaudi)의 대표적인 작품으로는 사그라다 파밀리아, 카사 바트요, 카사 밀라, 구엘 공원, 구엘 별장 등이 있다.

17 ★★☆

다음의 한국 근대건축 중 르네상스 양식을 취하고 있는 것은?

① 명동성당   ② 한국은행
③ 덕수궁 정관헌   ④ 서울 성공회성당

해설
한국은행은 르네상스 양식의 건축물이다.

선지분석
① 명동성당: 고딕 양식
③ 덕수궁 정관헌: 절충주의
④ 서울 성공회성당: 로마네스크 양식

18 ★★★

다포식(多包式) 건축양식에 관한 설명으로 옳지 않은 것은?

① 기둥 상부에만 공포를 배열한 건축양식이다.
② 주로 궁궐이나 사찰 등의 주요 정전에 사용되었다.
③ 주심포형식에 비해서 지붕하중을 등분포로 전달할 수 있는 합리적 구조법이다.
④ 간포를 받치기 위해 창방 외에 평방이라는 부재가 추가되었으며 주로 팔작지붕이 많다.

해설
다포식은 기둥 상부 이외에 기둥 사이에도 공포를 배열한 형식이고, 기둥 상부에만 공포를 배열한 것은 주심포식이다.

합격 POINT 다포 양식의 특징
1. 기둥 상부 이외에 기둥 사이에도 공포를 배열한 형식이다.
2. 출목은 2출목 이상으로 전개되며, 내부 천장구조는 대부분 우물천장이다.
3. 간포를 받치기 위해 창방 외에 평방이라는 부재가 추가되며 주로 팔작지붕이 많다.
4. 주심포형식에 비해서 지붕하중을 등분포로 전달할 수 있는 합리적 구조법이다.
5. 주로 궁궐이나 사찰 등의 주요 정전에 사용 되었다.

정답 14 ① 15 ② 16 ③ 17 ② 18 ①

19 ★★☆

아파트의 평면형식에 관한 설명으로 옳지 않은 것은?

① 집중형은 기후조건에 따라 기계적 환경조절이 필요하다.
② 편복도형은 공용복도에 있어서 프라이버시가 침해되기 쉽다.
③ 홀형은 승강기를 설치할 경우 1대당 이용률이 복도형에 비해 적다.
④ 편복도형은 단위면적당 가장 많은 주호를 집결시킬 수 있는 형식이다.

해설
편복도형은 중복도형에 비해 단위면적당 주호의 집결이 적다.

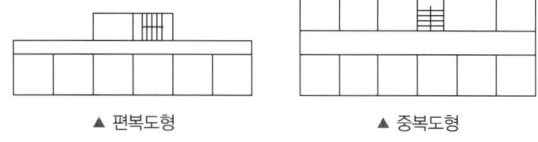

▲ 편복도형　　　　　　▲ 중복도형

20 ★☆☆

근린생활권에 관한 설명으로 옳지 않은 것은?

① 인보구는 가장 작은 생활권 단위이다.
② 인보구 내에는 어린이놀이터 등이 포함된다.
③ 근린주구는 초등학교를 중심으로 한 단위이다.
④ 근린분구는 주간선도로 또는 국지도로에 의해 구분된다.

해설
근린분구는 국지도로 등으로 다른 분구와 구별하고 근린주구는 보조간선도로 또는 집산도로에 의해 다른 주구와 구별한다.

합격 POINT 근린생활권

구분	인구규모 (명)	고려사항
근린 분구	약 2,000	• 근린상점, 어린이 놀이터 설치 • 국지도로 등으로 다른 분구와 구별 • 중심까지의 최대거리 100~150m
근린 주구	약 5,000 ~10,000	• 초등학교와 근린상가 설치 • 보조간선도로 또는 집산도로에 의하여 다른 주구와 구별 • 중심까지의 최대거리 300~400m

제2과목 건축시공

21 ★★☆

지반조사 중 보링에 관한 설명으로 옳지 않은 것은?

① 보링의 깊이는 일반적인 건물의 경우 대략 지지 지층 이상으로 한다.
② 채취시료는 충분히 햇빛에 건조시키는 것이 좋다.
③ 부지 내에서 3개소 이상 행하는 것이 바람직하다.
④ 보링 구멍은 수직으로 파는 것이 중요하다.

해설
채취한 시료는 자연상태로 보관한다.

합격 POINT 보링(Boring)
기초지반에 작은 구멍을 뚫어 깊이에 따른 토질의 시료를 채취하여 그에 따라 지층의 상황을 판단하는 기초지반 조사방법이다.

22 ★☆☆

콘크리트 블록벽체 $2m^2$를 쌓는데 소요되는 콘크리트 블록 장수로 옳은 것은? (단, 블록은 기본형이며, 할증은 고려하지 않음)

① 26장　　　　② 30장
③ 34장　　　　④ 38장

해설
기본형 콘크리트 블록은 $1m^2$당 13장이 필요하므로, 블록벽체 $2m^2$의 소요 콘크리트 블록장수는 $2m^2 \times 13장/m^2 = 26장$이다.

합격 POINT 블록 크기별 소요량 ($1m^2$ 기준)

구분	치수	단위	수량
기본형	210×190×390	매	13
	190×190×390		
	150×190×390		
	100×190×390		
장려형	190×190×290	매	17
	150×190×290		
	100×190×290		

정답 19 ④　20 ④　21 ②　22 ①

23 ★★★

콘크리트용 재료 중 시멘트에 관한 설명으로 옳지 않은 것은?

① 중용열 포틀랜드시멘트는 수화작용에 따르는 발열이 적기 때문에 매스콘크리트에 적당하다.
② 조강 포틀랜드시멘트는 조기강도가 크기 때문에 한중콘크리트공사에 주로 쓰인다.
③ 알칼리 골재반응을 억제하기 위한 방법으로써 내황산염 포틀랜드시멘트를 사용한다.
④ 조강 포틀랜드시멘트를 사용한 콘크리트의 7일 강도는 보통 포틀랜드시멘트를 사용한 콘크리트의 28일 강도와 거의 비슷하다.

해설
알칼리 골재반응을 억제하기 위한 방법으로 고로슬래그 미분말, 실리카 흄, 플라이애시 등을 사용한다.

합격 POINT ▶ 알칼리 골재반응
시멘트 중 알칼리분이 골재 중의 실리카 광물질과 반응하여 과도한 체적팽창으로 균열이 발생되는 현상이다.

24 ★★★

도장공사에서의 뿜칠에 관한 설명으로 옳지 않은 것은?

① 큰 면적을 균등하게 도장할 수 있다.
② 스프레이건과 뿜칠면 사이의 거리는 30cm를 표준으로 한다.
③ 뿜칠은 도막두께를 일정하게 유지하기 위해 겹치지 않게 순차적으로 이행한다.
④ 뿜칠 공기압은 2~4kg/cm²를 표준으로 한다.

해설
뿜칠은 매끈한 평면에 평행이동하면서 1/3 정도 겹치게 칠한다.

합격 POINT ▶ 뿜칠 도장방법
- 매끈한 평면에 평행이동하면서 1/3 정도 겹쳐 뿜칠한다.
- 뿜칠면과의 거리는 300mm를 표준으로 압력에 따라 가감한다.
- 색을 다르게 칠하여 칠 횟수를 구분한다.
- 전회의 방향에서 직각으로 한다.

25 ★★☆

타일공사에서 시공 후 타일 접착력 시험에 관한 설명으로 옳지 않은 것은?

① 타일의 접착력 시험은 600m²당 한 장씩 시험한다.
② 시험할 타일은 먼저 줄눈 부분을 콘크리트면까지 절단하여 주위의 타일과 분리시킨다.
③ 시험은 타일 시공 후 4주 이상일 때 행한다.
④ 시험결과의 판정은 타일 인장 부착강도가 10MPa 이상이어야 한다.

해설
타일의 접착력 시험결과의 판정은 타일 인장 부착강도가 0.39MPa 이상이어야 한다.

26 ★☆☆

다음 중 무기질 단열재료가 아닌 것은?

① 셀룰로오스 섬유판
② 세라믹 섬유
③ 펄라이트 판
④ ALC 패널

해설

종류	항목
무기질 단열재	경량기포콘크리트(ALC 패널), 펄라이트 판, 암면, 유리면, 세라믹 섬유, 규산 칼슘판
유기질 단열재	셀룰로오스 섬유판, 경질우레탄폼, 연질 섬유판, 폴리스틸렌폼

27 ★★★

CM(Construction Management)의 주요업무가 아닌 것은?

① 설계부터 공사관리까지 전반적인 지도, 조언, 관리업무
② 입찰 및 계약 관리업무와 원가관리업무
③ 현장 조직관리업무와 공정관리업무
④ 자재조달업무와 시공도 작업업무

해설
자재조달업무와 시공도 작업업무는 시공자의 업무이다.

합격 POINT ▶ 건설사업관리 CM(Construction Management)
건설의 전 과정에 걸쳐 각 부분의 전문가들이 원가절감, 공기 단축을 수행하는 종합적인 건설 관리 시스템이다.

정답 23 ③ 24 ③ 25 ④ 26 ① 27 ④

28 ★★★

용접작업 시 용착금속 단면에 생기는 작은 은색의 점을 무엇이라 하는가?

① 피시아이(Fish eye)
② 블로홀(Blow hole)
③ 슬래그 함입(Slag inclusion)
④ 크레이터(Crater)

해설

피시아이(Fish eye)는 은점이라고도 하며 용접작업 시 용접부에 슬래그 혼입이나 블로홀 겹침 현상으로 인한 용접결함 중 하나이다.

합격 POINT 용접결함의 종류

종류	특징	비고
균열(Crack)	• 용접금속에 금이 간 상태이다. • 용착금속이 응고되어 수축할 때 용접부가 구속되면 인장 잔류 응력에 의해 균열이 발생되며 대부분 냉각과정에서 용착금속 내에 발생한다.	Crack
블로홀 (Blow Hole) & 피트(Pit)	• 블로홀(Blow Hole): 용접 후 냉각 시 용접 부위에 공기가 포함되어 공극이 형성되는 것이다. • 피트(Pit): 용접부 표면에 생기는 미세한 흠이다.	Blow Hole / Pit
슬래그(Slag) 혼입	• 슬래그는 제강 시 생기는 비금속성 찌꺼기이다. • 용착금속이 급속히 냉각하는 경우나 운봉작업이 좋지 않은 경우에 일부가 표면에 뜨지 않고 내부로 혼입되는 현상이다.	Slag 혼입
오버랩 (Over Lap)	• 용융금속이 넘쳐서 표면에 융합되지 않은 상태를 말한다. • 용접 전류가 약할 때 주로 발생한다.	Over Lap
언더컷 (Under Cut)	• 용접 시 모재가 녹아 파이는 현상을 말한다. • 용접 전류가 클 때, 운봉 속도가 빠를 때 발생한다.	Under Cut
용입부족	• 용착금속이 모두 채워지지 않고 빈 공간이 남는 현상을 말한다. • 용접 전류가 낮거나, 운봉 속도가 빠를 때 발생한다.	용입부족
피시아이 (Fish Eye)	• 슬래그 혼입이나 블로홀 겹침 현상으로 생선 눈알 모양의 은색 반점이 생기는 결함이다.	Fish Eye
크레이터 (Crater)	• 용접 시 길이방향 끝부분에 용착금속이 채워지지 않고 오목하게 패이는 결함이다. • 온도 저하로 용접금속이 수축하면서 균열이 생기기도 한다.	Crater

29 ★★★

한중(寒中)콘크리트의 양생에 관한 설명으로 옳지 않은 것은?

① 보온양생 또는 급열양생을 끝마친 후에는 콘크리트의 온도를 급격히 저하시켜 양생을 마무리 하여야 한다.
② 초기양생에서 소요 압축강도가 얻어질 때까지 콘크리트의 온도를 5℃ 이상으로 유지하여야 한다.
③ 초기양생에서 구조물의 모서리나 가장자리의 부분은 보온하기 어려운 곳이어서 초기동해를 받기 쉬우므로 초기양생에 주의하여야 한다.
④ 한중콘크리트의 보온양생 방법은 급열양생, 단열양생, 피복양생 및 이들을 복합한 방법 중 한 가지 방법을 선택하여야 한다.

해설

한중콘크리트는 양생을 끝마친 후에도 온도차에 의한 온도균열을 방지하기 위해 온도를 서서히 저하시켜야 한다.

30 ★☆☆

실링공사의 재료에 관한 설명으로 옳지 않은 것은?

① 가스켓은 콘크리트의 균열 부위를 충전하기 위하여 사용하는 부정형 재료이다.
② 프라이머는 접착면과 실링재와의 접착성을 좋게 하기 위하여 도포하는 바탕처리 재료이다.
③ 백업재는 소정의 줄눈깊이를 확보하기 위하여 줄눈 속을 채우는 재료이다.
④ 마스킹테이프는 시공 중에 실링재 충전개소 이외의 오염방지와 줄눈선을 깨끗이 마무리하기 위한 보호 테이프이다.

해설

가스켓(Gasket)은 기계기구·압력용기·관플랜지 등의 고정결합면에 끼워 볼트 등으로 조여서 내부유체의 누출을 막는 작용을 하는 것이다.

정답 28 ① 29 ① 30 ①

31 ★☆☆
도막방수 시공 시 유의사항으로 옳지 않은 것은?

① 도막방수재는 혼합에 따라 재료 물성이 크게 달라지므로 반드시 혼합비를 준수한다.
② 용제형의 프라이머를 사용할 경우에는 화기에 주의하고, 특히 실내 작업의 경우 환기장치를 사용하여 인화나 유기용제 중독을 미연에 예방하여야 한다.
③ 코너부위, 드레인 주변은 보강이 필요하다.
④ 도막방수 공사는 바탕면 시공과 관통공사가 종결되지 않더라도 할 수 있다.

해설
도막방수 공사는 바탕면 시공과 관통공사가 종결된 후에 진행한다.

32 ★★★
지반조사시험에서 서로 관련 있는 항목끼리 옳게 연결된 것은?

① 지내력 — 정량분석시험
② 연한 점토 — 표준관입시험
③ 진흙의 점착력 — 베인시험(Vane test)
④ 염분 — 신월샘플링(Thin wall sampling)

해설
베인시험(Vane test)은 연약 점토 지반의 전단강도를 측정하는 방법으로, +자 형태의 날개(Vane)를 지반에 삽입한 뒤 회전시켜 발생하는 저항 토크로 점착력을 산정한다. 주로 연약 점토에서 간편하게 현장 전단강도를 구할 수 있다.

선지분석
① 정량분석시험 – 모래의 염화물 시험
② 표준관입시험 – 모래 지반의 전단력
④ 신월샘플링(Thin wall sampling) – 연약점토 시료 채취

33 ★☆☆
공사 착공시점의 인허가항목이 아닌 것은?

① 비산먼지 발생사업 신고
② 오수처리시설 설치신고
③ 특정공사 사전신고
④ 가설건축물 축조신고

해설
공사 착공시점의 인허가항목은 비산먼지 발생사업 신고, 특정공사 사전신고, 가설건축물 축조신고 등이 있다.

34 ★★☆
콘크리트 공사 중 적산온도와 가장 관계 깊은 것은?

① 매스(Mass)콘크리트 공사
② 수밀(水密)콘크리트 공사
③ 한중(寒中)콘크리트 공사
④ AE콘크리트 공사

해설
한중콘크리트의 양생 및 거푸집 해체 시기는 현장콘크리트와 동일한 상태에서 양생한 공시체의 강도시험에 의하거나 콘크리트의 온도기록에 의한 적산온도로부터 추정한 강도에 의해 정한다.

35 ★★★
조적벽 40m²를 쌓는데 필요한 벽돌량은? (단, 표준형 벽돌 0.5B 쌓기, 할증은 고려하지 않음)

① 2,850장
② 3,000장
③ 3,150장
④ 3,500장

해설
- 표준형 벽돌 0.5B 쌓기 시 1m²당 75장이 소요
- 조적벽 40m²를 쌓는데 필요한 벽돌량은 40m²×75장/m²=3,000장이다.

합격 POINT 표준형 벽돌의 단위수량

벽두께	단위수량
0.5B	75
1.0B	149
1.5B	224
2.0B	298
2.5B	373
3.0B	447

정답 31 ④ 32 ③ 33 ② 34 ③ 35 ②

36 ★★☆
고력볼트 접합에 관한 설명으로 옳지 않은 것은?

① 현대건축물의 고층화, 대형화 추세에 따라 소음이 심한 리벳은 현재 거의 사용하지 않고 볼트접합과 용접접합이 대부분을 차지하고 있다.
② 토크쉐어형 고력볼트는 조여서 소정의 축력이 얻어지면 자동적으로 핀테일이 파단되는 구조로 되어 있다.
③ 고력볼트의 조임기구는 토크렌치와 임팩트렌치 등이 있다.
④ 고력볼트의 접합형태는 모두 마찰접합이며, 마찰접합은 하중이나 응력을 볼트가 직접 부담하는 방식이다.

해설
고력볼트의 접합형태는 마찰접합(90%), 인장접합, 지압접합이 있으며, 마찰접합은 강구조에서 접합부의 압착된 면에서 볼트의 조임력이 유발하는 마찰력에 의해 저항하도록 설계한 접합이다.

37 ★☆☆
기본공정표와 상세공정표에 표시된 대로 공사를 진행시키기 위해 재료, 노력, 원척도 등이 필요한 기일까지 반입, 동원될 수 있도록 작성한 공정표는?

① 횡선식 공정표 ② 열기식 공정표
③ 사선 그래프식 공정표 ④ 일순식 공정표

해설
열기식 공정표는 각 공사의 재료 및 착수, 완료일 등을 글자로 기록한 공정표다.

38 ★★☆
유리섬유, 합성섬유 등의 망상포를 적층하여 도포하는 도막방수 공법은?

① 시멘트액체방수공법 ② 라이닝공법
③ 스터코마감공법 ④ 루핑공법

해설
유리섬유, 합성섬유 등의 망상포를 적층하여 도포하는 도박방수 공법은 라이닝공법이다.

39 ★☆☆
강제말뚝의 부식에 대한 대책과 가장 거리가 먼 것은?

① 부식을 고려하여 두께를 두껍게 한다.
② 에폭시 등의 도막을 설치한다.
③ 부마찰력에 대한 대책을 수립한다.
④ 콘크리트로 피복한다.

해설
부마찰력(Negative Friction)은 지지층에 근입된 말뚝의 주위 지반이 침하하는 경우 말뚝 주면에 하향으로 작용하는 마찰력으로, 강제말뚝의 부식 대책과 거리가 멀다.

40 ★★☆
콘크리트 중 공기량의 변화에 관한 설명으로 옳은 것은?

① AE제의 혼입량이 증가하면 연행공기량도 증가한다.
② 시멘트 분말도 및 단위시멘트량이 증가하면 공기량은 증가한다.
③ 잔골재 중의 0.15~0.3mm의 골재가 많으면 공기량은 감소한다.
④ 슬럼프가 커지면 공기량은 감소한다.

해설
AE제의 혼입량이 증가하면 연행공기량도 증가한다.

선지분석
② 시멘트의 분말도 및 단위 시멘트량이 증가하면 공기량은 감소한다.
③ 잔골재 중의 0.15mm 이하의 골재가 많으면 공기량은 감소한다.
④ 슬럼프가 커지면 공기량은 증가한다.

제3과목 건축구조

41 ★☆☆
강구조 용접에서 용접결함에 속하지 않는 것은?

① 오버랩(Overlap) ② 크랙(Crack)
③ 가우징(Gouging) ④ 언더컷(Under cut)

해설
가우징은 금속판 면에 홈이나 구멍을 뚫는 것으로 용접결함이 아니다.

합격 POINT 가우징(Gouging)
1. 다층 용접 시 먼저 용접한 부위의 결함 제거나 주철의 균열 보수를 위해 좁은 홈을 파내는 것이다.
2. 기계적 방법과 가스나 아크를 이용하는 방법이 있다.
3. 가스가우징은 산소 아세틸렌 불꽃을 이용한다.

정답 36 ④ 37 ② 38 ② 39 ③ 40 ① 41 ③

42 ★★★

그림과 같은 구조물의 부정정 차수는?

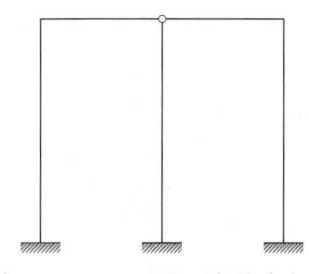

① 1차 부정정 ② 2차 부정정
③ 3차 부정정 ④ 4차 부정정

해설

$N=r+m+f-2\times j$ (r: 지점반력수, m: 부재수, f: 강절점수, j: 지점수 +자유단 절점수)의 공식을 이용해 부정정 차수를 구하면
$N=(3+3+3)+5+2-2\times 6=4$이므로
4차 부정정 구조이다.

43 ★☆☆

동일단면, 동일재료를 사용한 캔틸레버보 끝단에 집중하중이 작용하였다. P_1이 작용한 부재의 최대처짐량이 P_2가 작용한 부재의 최대처짐량의 2배일 경우 $P_1 : P_2$는?

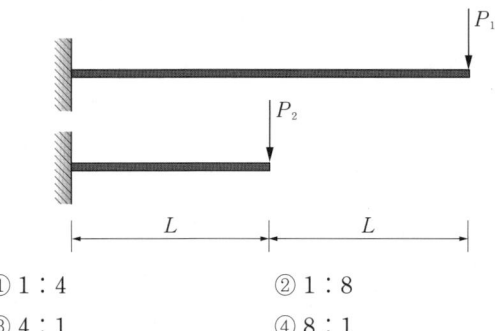

① 1 : 4 ② 1 : 8
③ 4 : 1 ④ 8 : 1

해설

자유단에 걸리는 하중이 P, 길이가 L인 캔틸레버보 자유단의 최대처짐은
$\delta_{max}=\left(\dfrac{PL}{EI}\times L\right)\times \dfrac{L}{3}=\dfrac{PL^3}{3EI}$이다.
지문의 조건에 따르면
$\dfrac{P_1\cdot(2L)^3}{3EI}=\dfrac{P_2\cdot(L)^3}{3EI}\times 2$이므로 $\dfrac{P_1}{P_2}=\dfrac{1}{4}$이다.
따라서 $P_1 : P_2=1 : 4$이다.

44 ★☆☆

그림과 같은 단순보의 일부 구간으로부터 떼어낸 자유물체도에서 각 좌우측면(가, 나면)에 작용하는 전단력의 방향과 그 값으로 옳은 것은?

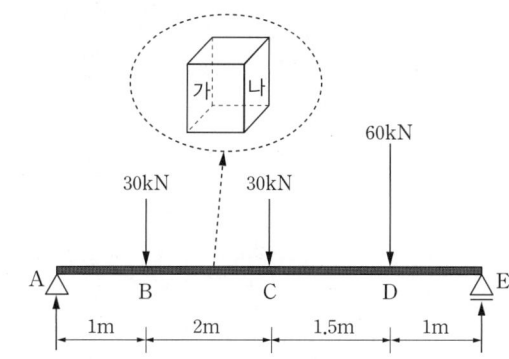

① 가 : 19.1kN(↑), 나 : 19.1kN(↓)
② 가 : 19.1kN(↓), 나 : 19.1kN(↑)
③ 가 : 16.1kN(↑), 나 : 16.1kN(↓)
④ 가 : 16.1kN(↓), 나 : 16.1kN(↑)

해설

힘의 평형에 따라 $\Sigma M_E=0$을 만족해야 하므로
$-(1\times 60)-(2.5\times 30)-(4.5\times 30)+5.5\times V_A=0$
$V_A≒49.1$kN이다.
따라서 구하고자 하는 B와 C 사이의 지점을 x라고 할 때,
$V_{x,left}=+49.1-30=+19.1$kN(↑↓)이다.

합격 POINT 전단력의 계산

지점반력 계산 후, 임의 점 수직절단 후 절단면 좌측 계산은 (+)부호, 우측 계산은 (−) 부호를 붙여 계산한다.

정답 42 ④ 43 ① 44 ①

45 ★☆☆

그림과 같이 수평하중을 받는 라멘에서 휨모멘트 값이 가장 큰 위치는?

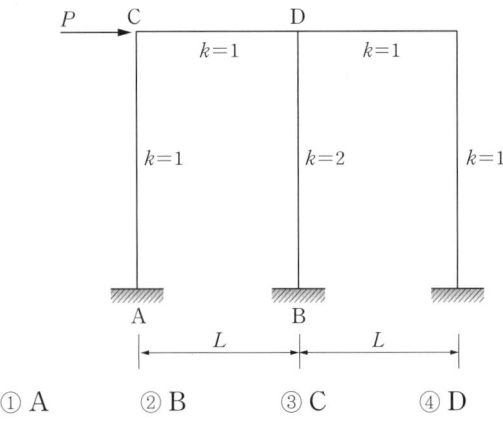

① A ② B ③ C ④ D

해설

기둥의 높이가 제시되지 않은 개념적인 문제이다. 휨모멘트는 절점으로부터 각 부재의 강성의 비율로 분배되기 때문에, 강성이 크고 분배되는 절점이 적은 B지점의 휨모멘트가 가장 크다.

46 ★☆☆

그림과 같은 단순보에서 A점 및 B점에서의 반력을 각각 R_A, R_B라 할 때 반력의 크기로 옳은 것은?

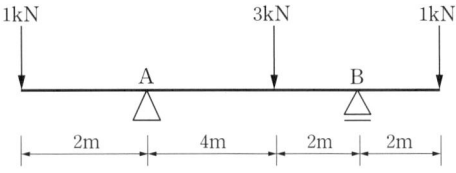

① $R_A=3$kN, $R_B=2$kN
② $R_A=2$kN, $R_B=3$kN
③ $R_A=2.5$kN, $R_B=2.5$kN
④ $R_A=4$kN, $R_B=1$kN

해설

$R=\sqrt{H^2+V^2}$이다. 위의 경우에는 $H_A=0$이므로, R_A, R_B는 각각 V_A, V_B이다.
$\Sigma M_B=0$; $(2\times 1)-(2\times 3)+(6\times V_A)-(8\times 1)=0$,
$\Sigma V=0$; $V_A+V_B-1-3-1=0$이므로
$R_A=V_A=2$kN, $R_B=V_B=3$kN이다.

47 ★☆☆

필릿용접의 최소 치수에 관한 설명으로 옳지 않은 것은?

① 접합부 얇은 쪽 소재 두께가 6mm 미만일 경우 3mm이다.
② 접합부 얇은 쪽 소재 두께가 6mm 이상이고 13mm 미만일 경우 4mm이다.
③ 접합부 얇은 쪽 소재 두께가 13mm 이상이고 20mm 미만일 경우 6mm이다.
④ 접합부 얇은 쪽 소재 두께가 20mm 이상일 경우 8mm이다.

해설

접합부 얇은 쪽 소재 두께가 6mm 이상이고 13mm 미만일 경우의 필릿용접의 최소 치수는 4mm가 아니라 5mm이다.

합격 POINT ▶ 필릿용접 치수 제한

접합부의 얇은 쪽 소재 두께, t	필릿(모살)용접의 최소 치수(mm)
$t<6$	3
$6\leq t<13$	5
$13\leq t<20$	6
$20\leq t$	8

48 ★★★

다음 각 구조시스템에 관한 정의로 옳지 않은 것은?

① 모멘트골조방식: 수직하중과 횡력을 보와 기둥으로 구성된 라멘골조가 저항하는 구조방식
② 연성 모멘트골조방식: 횡력에 대한 저항능력을 증가시키기 위하여 부재와 접합부의 연성을 증가시킨 모멘트골조방식
③ 이중골조방식: 횡력의 25% 이상을 부담하는 전단벽이 연성 모멘트골조와 조합되어있는 구조방식
④ 건물골조방식: 수직하중은 입체골조가 저항하고 지진하중은 전단벽이나 가새골조가 저항하는 구조방식

해설

이중골조시스템에서 수평하중의 25% 이상을 부담하는 것은 전단벽이 아니라 연성 모멘트골조이다.

정답 45 ② 46 ② 47 ② 48 ③

합격 POINT ▶ 이중골조형식(Dual structure)

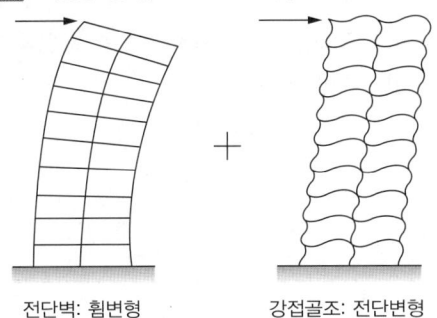

전단벽: 휨변형 　　 강접골조: 전단변형

1. 수평하중의 25% 이상을 부담하는 모멘트(연성)골조가 전단벽이나 가새골조와 조합되어 있는 골조 방식
2. 강접골조(전단변형)와 가새골조(휨변형)가 혼합되었을 경우 내진설계에 있어서 비탄성 거동으로서의 연성도가 매우 크기 때문에 반응수정계수를 크게 규정하고 있어 지진력에 효율적으로 저항하는 구조가 된다.

49 ★☆☆

그림에서 같은 H형강 H-300×150×6.5×9의 $x-x$축에 대한 단면계수 값으로 옳은 것은?
(단, $I_x = 5,080,000\text{mm}^4$임)

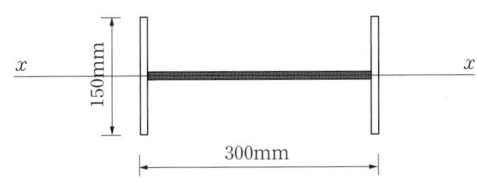

① 58,539mm³　　② 60,568mm³
③ 67,733mm³　　④ 71,384mm³

해설

$x-x$축에 대한 단면계수 $Z = \dfrac{I_x}{y}$이다.

이 때, y는 $\dfrac{150}{2}$이므로 $Z = \dfrac{5,080,000}{\frac{150}{2}} ≒ 67,733\text{mm}^3$이다.

50 ★★☆

다음 부정정 구조물에서 B점의 반력을 구하면?

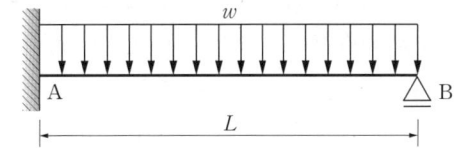

① $\dfrac{1}{8}wL$　　② $\dfrac{3}{8}wL$
③ $\dfrac{5}{8}wL$　　④ $\dfrac{7}{8}wL$

해설

변위일치법을 이용하면, 일단고정에 등분포하중이 작용하고 있는 구조의 지점 반력은 $\dfrac{3}{8}wL$이다.

상세 풀이

변위일치법을 이용하여 구하면 B점에서의 등분포하중에 의한 처짐(δ_w)과 반력 V_B에 의한 처짐(δ_V)의 합이 0이므로, $\delta = \delta_w + \delta_V = 0$이다.

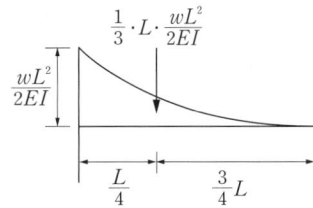

$\delta_w = \left(\dfrac{1}{3} \cdot L \cdot \dfrac{wL^2}{2EI}\right) \times \dfrac{3L}{4} = \dfrac{wL^4}{8EI}$

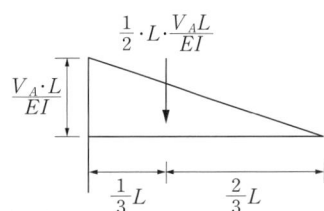

$\delta_V = \left(\dfrac{1}{2} \cdot L \cdot \dfrac{V_A \cdot L}{EI}\right) \times \dfrac{2L}{3} = \dfrac{V_A \cdot L^3}{3EI}$이다.

따라서, $\dfrac{wL^4}{8EI} = \dfrac{V_A \cdot L^3}{3EI}$이므로 $V_A = \dfrac{3}{8}wL$이다.

합격 POINT ▶ 변위일치법 간단한 부정정구조물의 지점반력

일단고정 등분포하중	V_B	M_A
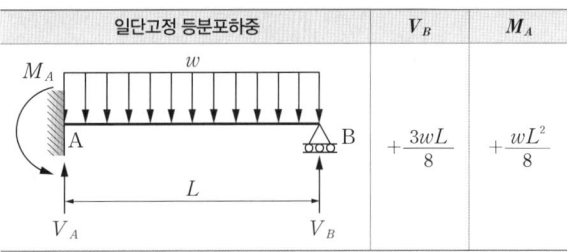	$+\dfrac{3wL}{8}$	$+\dfrac{wL^2}{8}$

정답 49 ③　50 ②

51 ★★★

인장을 받는 이형철근의 직경이 D16(직경 15.9mm)이고, 콘크리트 강도가 30MPa인 표준갈고리의 기본정착길이는? (단, $f_y=400$MPa, $\beta=1.0$, $m_c=2,300$kg/m³)

① 238mm ② 258mm
③ 279mm ④ 312mm

해설

표준갈고리를 갖는 인장이형철근의 기본정착길이는
$l_{hb}=\dfrac{0.24\beta \cdot d_b \cdot f_y}{\lambda\sqrt{f_{ck}}}$이다.

$m_c=2,300$kg/m³이므로 경량콘크리트계수 $\lambda=1.0$을 대입하면,

$l_{hb}=\dfrac{0.24\times 1.0\times 15.9\times 400}{(1.0)\sqrt{30}}≒278.68$mm이다.

52 ★★★

양단 힌지인 길이 6m의 H−300×300×10×15의 기둥이 부재 중앙에서 약축방향으로 가새를 통해 지지되어 있을 때 설계용 세장비는? (단, $r_x=131$mm, $r_y=75.1$mm)

① 39.9 ② 45.8
③ 58.2 ④ 66.3

해설

세장비 $\lambda=\dfrac{KL}{r}$이고, 양단 힌지이므로 $K=1.0$이다.
(여기서, KL: 유효좌굴길이, r: 단면2차반경)

강축(x)에 대해서는 부재 전체의 길이 6m를,
약축(y)에 대해서는 가새로 횡지지 되어 있으므로 3m를 적용하여 세장비를 계산하면

강축(λ_x): $\dfrac{KL}{r_x}=\dfrac{(1.0)(6,000)}{131}≒45.8$

약축(λ_y): $\dfrac{KL}{r_y}=\dfrac{(1.0)(3,000)}{75.1}≒39.90$이다.

이 중 큰 값을 선정하므로 45.8이다.

합격 POINT 유효좌굴길이계수 K

구분	양단 힌지	1단고정, 1단힌지	양단고정	1단고정, 1단자유
계수 값	1	0.7	0.5	2

53 ★☆☆

그림과 같은 이동하중이 스팬 10m의 단순보 위를 지날 때 절대 최대휨모멘트를 구하면?

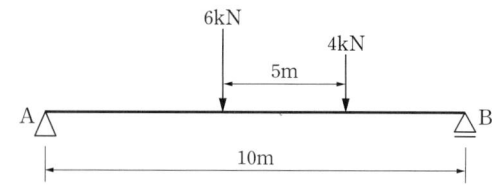

① 16kN·m ② 18kN·m
③ 25kN·m ④ 30kN·m

해설

바리뇽의 정리를 이용해 이동하중의 합력의 위치를 구하면
$10\times x=6\times 0+4\times 5$이므로 $x=2$m이다.
따라서 합력 R은 6kN 작용점과 4kN 작용점을 2 : 3 내분한 곳에 위치한다.

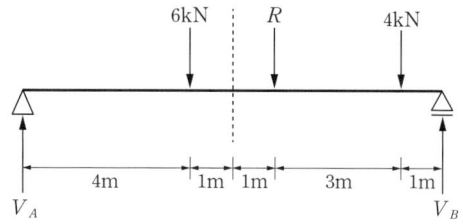

위의 그림과 같이 합력과 큰 하중작용점의 중심이 보의 중심에 위치할 때, 합력과 인접한 큰 하중작용점에서 절대 최대휨모멘트가 발생한다.
힘의 평형식을 이용하면 $\Sigma M_B=0$을 만족해야 하므로
$(10\times V_A)-(6\times 6)-(1\times 4)=0$, $V_A=4$kN이다.
따라서 $M_{\max.abs}=+(4\times 4)=+16$kN·m이다.

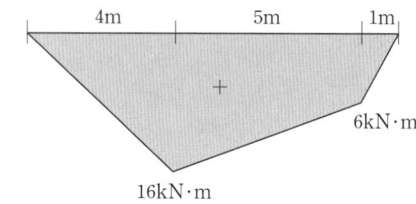

정답 51 ③ 52 ② 53 ①

54 ★☆☆

그림과 같은 구조물에서 B단에 발생하는 휨모멘트 값으로 옳은 것은?

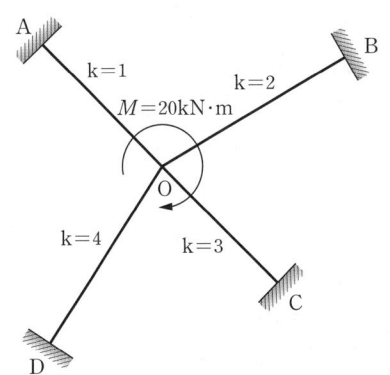

① 2kN·m ② 3kN·m
③ 4kN·m ④ 6kN·m

해설

모멘트분배법을 이용하여 풀이하면,

B단의 전달모멘트 $M_{BO}=\frac{1}{2}M_{OB}=\frac{1}{2}M_O \cdot DF_{OB}$이다.

$M_O=20\text{kN·m}$, $DF_{OB}=\frac{2}{1+2+3+4}=\frac{1}{5}$이므로

$M_{BO}=\frac{1}{2}\times 20 \times \frac{1}{5}=2\text{kN·m}$이다.

55 ★☆☆

등분포하중을 받는 두 스팬 연속보인 B_1RC보 부재에서 Ⓐ, Ⓑ, Ⓒ지점의 보 배근에 관한 설명으로 옳지 않은 것은?

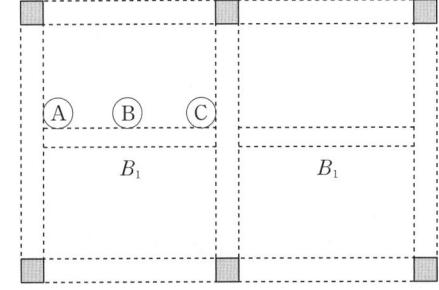

① Ⓐ단면에서는 하부근이 주근이다.
② Ⓑ단면에서는 하부근이 주근이다.
③ Ⓐ단면에서의 스터럽 배치간격은 Ⓑ단면에서의 경우보다 촘촘하다.
④ Ⓒ단면에서는 하부근이 주근이다.

해설

B_1보는 큰보 위에 얹혀진 형태이며, 좌측은 이동단, 우측은 고정단으로 보는 것이 합당하다. 따라서 B_1의 개략적인 휨모멘트도는 다음와 같다.

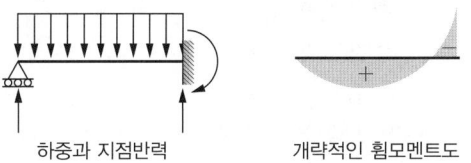

하중과 지점반력   개략적인 휨모멘트도

Ⓒ단면은 (−)휨모멘트를 받는 구간이므로 상부근이 주근이다.

선지분석

① Ⓐ단면은 (+)모멘트를 받는 구간이므로 하부근이 주근이다.
② Ⓑ단면은 (+)모멘트를 받는 구간이므로 하부근이 주근이다.
③ Ⓐ단면이 Ⓑ단면보다 전단력이 크기 때문에 스트럽 배치간격은 Ⓐ단면이 더 촘촘하다.

56 ★★☆

그림과 같은 독립기초에 $N=480\text{kN}$, $M=96\text{kN·m}$가 작용할 때 기초저면에 발생하는 최대지반반력은?

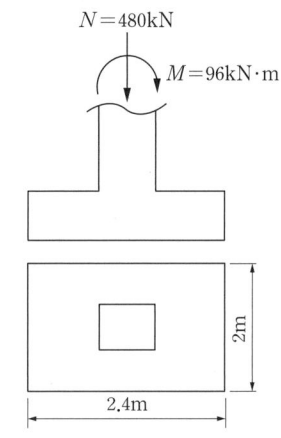

① 15kN/m² ② 150kN/m²
③ 20kN/m² ④ 200kN/m²

해설

최대지반반력은 편심축하중 N에 의한 응력과 모멘트 M에 의한 응력이 같은 방향으로 발생할 때 발생한다.

$\sigma_{\max.N}=-\frac{N}{A}=-\frac{480}{(2\times 2.4)}=-100\text{kN/m}^2$

$\sigma_{\max.M}=-\frac{M}{Z}=-\frac{M}{\frac{bh^2}{6}}=-\frac{96}{\frac{(2)(2.4)^2}{6}}=-50\text{kN/m}^2$이므로

$\sigma_{\max}=-\frac{N}{A}-\frac{M}{Z}=-100-50=-150\text{kN/m}^2$이다.

정답 54 ① 55 ④ 56 ②

57 ★★☆
철골보의 처짐을 적게 하는 방법으로 가장 적절한 것은?

① 보의 길이를 길게 한다.
② 웨브의 단면적을 작게 한다.
③ 상부플랜지의 두께를 줄인다.
④ 단면2차모멘트 값을 크게 한다.

해설
기본역학에서 처짐식은 경간(L) 전체에 등분포하중(w)이 작용하는 경우 $\delta = K\dfrac{wL^4}{EI}$ 형태로 표현되므로, 단면2차모멘트(I)를 크게 하는 것이 처짐을 감소시키기 위한 효과적인 조치가 된다.

58 ★★★
강도설계법에서 직접설계법을 이용한 콘크리트 슬래브 설계 시 적용조건으로 옳지 않은 것은?

① 각 방향으로 3경간 이상 연속되어야 한다.
② 슬래브 판들은 단변경간에 대한 장변경간의 비가 2 이하인 직사각형이어야 한다.
③ 각 방향으로 연속한 받침부 중심간 경간 차이는 긴 경간의 1/3 이하이어야 한다.
④ 모든 하중은 슬래브판의 특정지점에 작용하는 집중하중이어야 하며 활하중은 고정하중의 3배 이하이어야 한다.

해설
활하중은 고정하중의 2배 이하이어야 한다.

59 ★★★
연약지반에 기초구조를 적용할 때 부동침하를 감소시키기 위한 상부구조의 대책으로 옳지 않은 것은?

① 폭이 일정할 경우 건물의 길이를 길게 할 것
② 건물을 경량화 할 것
③ 강성을 크게 할 것
④ 부분 증축을 가급적 피할 것

해설
연약지반에 기초구조를 적용할 때 부동침하를 감소시키기 위해서는 건물의 길이를 짧게 해야 한다.

합격 POINT 부동침하 및 연약지반 상부구조에 대한 대책
1. 건물의 경량화 및 중량을 분배한다.
2. 건물의 길이를 짧게 한다.
3. 강성을 높게 한다.
4. 인접 건물과의 거리를 멀게 한다.

60 ★★★
등가정적해석법에 따른 지진응답계수의 산정식과 가장 거리가 먼 것은?

① 가스트영향계수
② 반응수정계수
③ 주기 1초에서의 설계스펙트럼 가속도
④ 건축물의 고유주기

해설
지진응답계수 $C_s = \dfrac{S_{D1}}{\left[\dfrac{R}{I_E}\right] \cdot T}$ 이다.

여기서, S_{D1}: 주기 1초에서의 설계스펙트럼 가속도
R: 반응수정계수
I_E: 건물의 중요도계수
T: 건물의 고유주기

정답 57 ④ 58 ④ 59 ① 60 ①

제4과목 건축설비

61 ★★★
배수 배관에서 청소구(Clean out)의 일반적 설치 장소에 속하지 않는 것은?

① 배수수직관의 최상부
② 배수수평지관의 기점
③ 배수수평주관의 기점
④ 배수관이 45°를 넘는 각도에서 방향을 전환하는 개소

해설
청소구는 배수수직관의 최하부에 설치한다.

합격 POINT 청소구(Clean out) 설치 위치
1. 가옥배수관과 부지하수관이 접속되는 곳
2. 배수수직관의 최하단부
3. 배수수평주관, 배수수평지관의 기점
4. 배관이 45° 이상 구부러진 곳
5. 각종 트랩 및 기타 필요한 곳

62 ★★☆
다음과 같은 조건에서 사무실의 평균조도를 800lx로 설계하고자 할 경우, 광원의 필요수량은?

- 광원 1개의 광속: 2,000lm
- 실의 면적: 10m²
- 감광 보상률: 1.5
- 조명률: 0.6

① 3개 ② 5개
③ 8개 ④ 10개

해설
$$N=\frac{E \cdot A \cdot D}{F \cdot U}=\frac{800\text{lx} \times 10\text{m}^2 \times 1.5}{2,000\text{lm} \times 0.6}=10개$$

N: 광원의 수(개), E: 조도(lx), A: 면적(m²), D: 감광 보상률, F: 광속(lm), U: 조명률

합격 POINT 광속법에 따른 광속, 조도 계산
- 소요광속
$$N \times F = \frac{E \cdot A}{U \cdot M} = \frac{E \cdot A \cdot D}{U}$$
(단, $D \times M$(유지율)$=1$)
- 소요평균조도
$$E = \frac{N \cdot F \cdot U \cdot M}{A}$$

63 ★★☆
최대수용전력이 500kW, 수용률이 80%일 때 부하설비용량은?

① 400kW   ② 625kW
③ 800kW   ④ 1,250kW

해설
$$수용률 = \frac{최대 수용전력 합계}{총 부하설비용량 합계} \times 100(\%)$$

$$\therefore 부하설비용량 = \frac{최대 수용전력}{수용률} = \frac{500\text{kW}}{0.8} = 625\text{kW}$$

64 ★☆☆
이동식 보도에 관한 설명으로 옳지 않은 것은?

① 속도는 60~70m/min이다.
② 주로 역이나 공항 등에 이용된다.
③ 승객을 수평으로 수송하는 데 사용된다.
④ 수평으로부터 10° 이내의 경사로 되어 있다.

해설
이동식 보도는 보행 이동이 많고, 이동 거리가 긴 곳에 보행자를 수평으로 이동시키는 설비로, 이동식 보도의 속도는 경사 8° 이하는 50m/min 이하, 경사 8° 초과는 40m/min 이하로 한다.

65 ★☆☆
급수관에 워터해머(Water hammer)가 생기는 가장 주된 원인은?

① 배관의 부식   ② 배관 지름의 확대
③ 수원의 고갈   ④ 배관 내 유수의 급정지

해설
급수관에 워터해머(수격작용)가 생기는 가장 주된 원인은 배관 내 유수(流水)의 급정지이다.

합격 POINT 수격작용(워터해머)
1. 정의
급수관 내 유속의 흐름을 급정지시키거나 정지된 물을 갑자기 흘려보낼 때 관 내에 압력차가 생겨 수압의 상승과 함께 배관을 망치로 치는 듯한 소음이 발생하는 현상이다.
2. 발생 원인
- 플러시 밸브나 수전류를 급격히 열거나 닫을 때 발생하기 쉽다.
- 관경이 작을수록, 관 내의 유속이 빠를수록 발생하기 쉽다.
- 배관에 굴곡부가 많을수록 발생하기 쉽다.

정답 61 ① 62 ④ 63 ② 64 ① 65 ④

66 ★★★
압력에 따른 도시가스의 분류에서 고압의 기준으로 옳은 것은?

① 0.1MPa 이상　② 1MPa 이상
③ 10MPa 이상　④ 100MPa 이상

해설
도시가스 고압의 기준은 1MPa 이상이다.

합격 POINT 도시가스의 압력에 의한 분류

구분	압력
고압	1MPa 이상
중압	0.1MPa 이상~1MPa 미만
저압	0.1MPa 미만

67 ★☆☆
압축식 냉동기의 주요 구성요소가 아닌 것은?

① 재생기　② 압축기
③ 증발기　④ 응축기

해설
냉동기는 냉동방식에 따라 크게 압축식 냉동기와 흡수식 냉동기로 나눌 수 있다. 재생기는 흡수식 냉동기의 주요 구성요소이다.

합격 POINT 냉동기의 주요 구성요소
- 압축식 냉동기: 압축기, 응축기, 팽창밸브, 증발기
- 흡수식 냉동기: 증발기, 흡수기, 재생기, 응축기

68 ★☆☆
옥내소화전설비의 설치 대상 건축물로서 옥내소화전의 설치 개수가 가장 많은 층의 설치 개수가 4개인 경우, 옥내소화전 설비 수원의 유효 저수량은 최소 얼마 이상이 되어야 하는가?

① 2.6m³　② 7.8m³
③ 5.2m³　④ 10.4m³

해설
옥내소화전의 수원의 저수량
= 옥내소화전 1개의 방수량 × 동시개구수 × 20분
= 130L/min × N개 × 20min
= 2.6m³ × N (최대 2개)
옥내소화전이 2개 이상 설치된 경우 N은 2로 계산한다.
= 2.6m³ × 2
= 5.2m³

69 ★★☆
변풍량 단일덕트방식에서 송풍량 조절의 기준이 되는 것은?

① 실내 청정도　② 실내 기류속도
③ 실내 현열 부하　④ 실내 잠열 부하

해설
변풍량 단일덕트방식에서 송풍량 조절의 기준이 되는 것은 실내 현열 부하이다.

70 ★★★
증기난방에 관한 설명으로 옳지 않은 것은?

① 온수난방에 비해 예열시간이 짧다.
② 운전 중 증기해머로 인한 소음발생의 우려가 있다.
③ 온수난방에 비해 한랭지에서 동결의 우려가 적다.
④ 온수난방에 비해 부하변동에 따른 실내 방열량 제어가 용이하다.

해설
증기난방은 온수난방에 비해 부하변동에 따른 실내 방열량 제어가 어렵다.

합격 POINT 증기난방의 특징
- 증발잠열을 이용하므로 열의 운반능력이 크다.
- 예열시간이 짧고, 증기순환이 빠르다.
- 한랭지에서 동결의 우려가 적다.
- 열매온도가 높아 방열기의 방열면적이 작다.
- 실내 방열량 제어가 어렵다.

71 ★★☆
피뢰시스템에 관한 설명으로 옳지 않은 것은?

① 피뢰시스템은 보호성능 정도에 따라 등급을 구분한다.
② 피뢰시스템의 등급은 Ⅰ, Ⅱ, Ⅲ의 3등급으로 구분된다.
③ 수뢰부시스템은 보호범위 산정방식(보호각, 회전구체법, 메시법)에 따라 설치한다.
④ 피보호건축물에 적용하는 피뢰시스템의 등급 및 보호에 관한 사항은 한국산업표준의 낙뢰 리스트평가에 의한다.

해설
피뢰시스템의 등급은 Ⅰ, Ⅱ, Ⅲ, Ⅳ의 4개 등급으로 구분된다.

정답 66 ②　67 ①　68 ③　69 ③　70 ④　71 ②

72 ★★☆

다음 공기조화방식 중 전공기 방식에 속하지 않는 것은?

① 단일덕트방식 ② 이중덕트방식
③ 멀티존유닛방식 ④ 팬코일유닛방식

해설
팬코일유닛방식은 전수 방식이다.

합격 POINT 공기조화 방식의 분류

열원방식	시스템 명칭
전공기 방식	정풍량 단일덕트방식, 변풍량 단일덕트방식, 이중덕트방식, 멀티존유닛방식, 각층 유닛 방식
공기·수 방식	덕트병용 팬코일유닛방식, 유인(인덕션)유닛방식, 복사 냉난방 방식
전수 방식	팬코일유닛방식
냉매 방식	룸에어컨, 패키지유닛방식(중앙식), 패키지유닛방식(터미널유닛방식)

73 ★☆☆

다음과 같은 조건에서 바닥면적 300m², 천장고 2.7m인 실의 난방부하 산정 시 틈새바람에 의한 외기부하는?

- 실내 건구온도: 20℃
- 외기온도: −10℃
- 환기횟수: 0.5회/h
- 공기의 밀도: 1.2kg/m³
- 공기의 비열: 1.01kJ/kg·K

① 3.4kW ② 4.1kW
③ 4.7kW ④ 5.2kW

해설

$$Q = \frac{G \cdot \rho \cdot C \cdot \Delta t}{3,600}$$

$$= \frac{405\text{m}^3/\text{h} \times 1.2\text{kg/m}^3 \times 1.01\text{kJ/kg·K} \times [20-(-10)]\text{K}}{3,600}$$

$= 4.0905 \fallingdotseq 4.1\text{kW}$

Q: 현열부하(kW),
G: 환기량(m³/h)
(단, 여기서 G = 환기횟수 × 실의 체적
   $= 0.5$회/h × (300m³ × 2.7m) = 405m³/h)
ρ: 공기의 밀도(kg/m³), C: 공기의 비열(kJ/kg·K), Δt: 온도차(K)

74 ★★☆

다음 중 사이펀식 트랩에 속하지 않는 것은?

① P트랩 ② S트랩
③ U트랩 ④ 드럼트랩

해설
드럼트랩은 비사이펀식 트랩이다. 드럼트랩은 주방 싱크의 배수용 트랩으로 다량의 물을 고이게 하여 봉수가 잘 파괴되지 않고, 청소가 가능하다.

합격 POINT 사이펀식 트랩과 비사이펀식 트랩
- 사이펀식 트랩: P트랩, S트랩, U트랩
- 비사이펀식 트랩: 드럼트랩, 벨트랩

75 ★☆☆

일사에 관한 설명으로 옳지 않은 것은?

① 일사에 의한 건물의 수열은 방위에 따라 차이가 있다.
② 추녀와 차양은 창면에서의 일사조절 방법으로 사용된다.
③ 블라인드, 루버, 롤스크린은 계절이나 시간, 실내의 사용상황에 따라 일사를 조절할 수 있다.
④ 일사조절의 목적은 일사에 의한 건물의 수열이나 흡열을 작게 하여 동계의 실내기후의 악화를 방지하는데 있다.

해설
일사조절의 목적은 일사에 의한 건물의 수열이나 흡열을 조절하여 난방기간에는 최대일사량을 받고 냉방기간에는 최소일사량을 받도록 하는 것이다.

76 ★★★

급수방식 중 펌프직송방식에 관한 설명으로 옳지 않은 것은?

① 전력 차단 시 급수가 불가능하다.
② 고가수조방식에 비해 수질오염 가능성이 크다.
③ 건축적으로 건물의 외관 디자인이 용이해지고 구조적 부담이 경감된다.
④ 적정한 수압과 수량 확보를 위해서는 정교한 제어장치 및 내구성 있는 제품의 선정이 필요하다.

선지분석
펌프직송방식은 고가수조방식에 비해 수질오염 가능성은 작지만, 설비비는 비싸다.

합격 POINT 펌프직송방식(탱크 없는 부스터방식)의 장단점

장점	단점
• 옥상탱크 불필요 • 옥상탱크방식에 비해 수질오염 가능성 낮음 • 최상층의 수압을 크게 할 수 있음 • 펌프의 토출량 및 토출압력 조절 가능	• 정전 시 급수 불가능 • 자동제어시스템 고장 시 수리가 어려움 • 펌프의 단락이 잦음 • 20m 이상의 건물에는 전력 소모가 커서 비효율적

정답 72 ④ 73 ② 74 ④ 75 ④ 76 ②

77 ★☆☆

실내공기 중에 부유하는 직경 10μm 이하의 미세먼지를 의미하는 것은?

① VOC10
② PMV10
③ PM10
④ SS10

해설
미세먼지 PM10은 대기 중에 부유하는 분진 중 직경이 10μm 이하인 먼지로 눈에 보이지 않을 정도로 가늘고 작은 입자를 말한다.
초미세먼지 PM2.5는 직경이 2.5μm보다 작은 먼지로 머리카락 직경의 1/20~1/30보다 작은 입자를 말한다.

78 ★★★

축전지의 충전 방식 중 필요할 때마다 표준 시간율로 소정의 충전을 하는 방식은?

① 급속충전
② 보통충전
③ 부동충전
④ 세류충전

해설
보통충전은 필요할 때마다 표준 시간율로 소정의 충전을 하는 방식이다.

79 ★★★

경질비닐관공사에 관한 설명으로 옳은 것은?

① 절연성과 내식성이 강하다.
② 자성체이며 금속관보다 시공이 어렵다.
③ 온도 변화에 따라 기계적 강도가 변하지 않는다.
④ 부식성 가스가 발생하는 곳에는 사용할 수 없다.

해설
경질비닐관공사는 절연성과 내식성이 강하다.

선지분석
② 절연체이며 금속관보다 시공이 쉽다.
③ 온도 변화에 따라 기계적 강도가 변한다.
④ 부식성 가스가 발생하는 곳에는 사용할 수 있다.

80 ★☆☆

여름철 실내 최고 온도는 외기온도가 가장 높은 시각 이후에 나타나는 것이 일반적이다. 이와 같은 현상은 벽체를 구성하고 있는 재료의 어떤 성능 때문인가?

① 축열성능
② 단열성능
③ 일사반사성능
④ 일사투과성능

해설
벽체의 열을 저장하는 성질인 축열성능 때문에 일어나는 현상이다.

제5과목 건축관계법규

81 ★★☆

다음 설명에 알맞은 용도지구의 세분은?

> 건축물·인구가 밀집되어 있는 지역으로서 시설 개선 등을 통하여 재해 예방이 필요한 지구

① 일반방재지구
② 시가지방재지구
③ 중요시설물보호지구
④ 역사문화환경보호지구

선지분석
① 일반방재지구는 법령에 고시되어있지 않음
③ 중요시설물보호지구: 중요시설물의 보호와 기능의 유지 및 증진 등을 위하여 필요한 지구
④ 역사문화환경보호지구: 국가유산·전통사찰 등 역사·문화적으로 보존가치가 큰 시설 및 지역의 보호와 보존을 위하여 필요한 지구

82 ★☆☆

바닥으로부터 높이 1m까지의 안쪽벽의 마감을 내수재료로 하지 않아도 되는 것은?

① 아파트의 욕실
② 숙박시설의 욕실
③ 제1종 근린생활시설 중 휴게음식점의 조리장
④ 제2종 근린생활시설 중 일반음식점의 조리장

해설
다음에 해당하는 욕실 또는 조리장의 바닥과 그 바닥으로부터 높이 1m까지의 안쪽벽의 마감은 이를 내수재료로 해야 한다.
- 제1종 근린생활시설중 목욕장의 욕실과 휴게음식점의 조리장
- 제2종 근린생활시설중 일반음식점 및 휴게음식점의 조리장과 숙박시설의 욕실

정답 77 ③ 78 ② 79 ① 80 ① 81 ② 82 ①

83 ★★☆

대지면적이 1,000m²인 건축물의 옥상에 조경면적을 90m² 설치한 경우, 대지에 설치하여야 하는 최소 조경면적은? (단, 조경설치기준은 대지면적의 10%)

① 10m² ② 40m²
③ 50m² ④ 100m²

해설

1. 대지면적은 1,000m²이고, 조경설치기준은 대지면적의 10% 이상이므로 필요한 전체조경면적은 100m²이다.
2. 옥상조경면적의 2/3를 지상조경면적으로 산정할 수 있지만 전체조경면적의 50/100을 초과할 수 없다.

($90m^2 \times \frac{2}{3} = 60m^2$ 인정, $100m^2 \times \frac{50}{100} = 50m^2$ 초과 불가함)

따라서 전체조경면적인 100m²에서 지상조경면적으로 산정한 옥상조경면적인 50m²를 제외한 50m²를 지상에 설치한다.

합격 POINT 조경면적

전체조경면적	
지상조경면적 +	옥상조경면적 • 2/3만 인정 • 전체조경면적의 50% 초과 불가

84 ★★☆

다음은 주차장 수급실태조사의 조사구역에 관한 설명이다. ( ) 안에 알맞은 것은?

> 사각형 또는 삼각형 형태로 조사구역을 설정하되 조사구역 바깥 경계선의 최대거리가 ( )를 넘지 아니하도록 한다.

① 100m ② 200m
③ 300m ④ 400m

해설

사각형 또는 삼각형 형태로 조사구역을 설정하되 조사구역 바깥 경계선의 최대거리가 300m를 넘지 않도록 한다.

85 ★★★

도시·군계획 수립 대상지역의 일부에 대하여 토지 이용을 합리화하고 그 기능을 증진시키며 미관을 개선하고 양호한 환경을 확보하며, 그 지역을 체계적·계획적으로 관리하기 위하여 수립하는 도시·군관리계획은?

① 광역도시계획 ② 지구단위계획
③ 지구경관계획 ④ 택지개발계획

해설

지구단위계획이란 도시·군계획 수립 대상지역의 일부에 대하여 토지 이용을 합리화하고 그 기능을 증진시키며 미관을 개선하고 양호한 환경을 확보하며, 그 지역을 체계적·계획적으로 관리하기 위하여 수립하는 도시·군관리계획이다.

86 ★★★

다음 중 허가 대상에 속하는 용도변경은?

① 영업시설군에서 근린생활시설군으로의 용도변경
② 교육 및 복지시설군에서 영업시설군으로의 용도변경
③ 근린생활시설군에서 주거업무시설군으로의 용도변경
④ 산업 등의 시설군에서 전기통신시설군으로의 용도변경

해설

다음의 어느 하나에 해당하는 시설군에 속하는 건축물의 용도를 상위군(상위 번호)에 해당하는 용도로 변경하는 경우에는 국토교통부령으로 정하는 바에 따라 특별자치시장·특별자치도지사 또는 시장·군수·구청장의 허가를 받아야 한다.
반대로 하위군(하위 번호)에 해당하는 용도로 변경하는 경우는 신고 대상이다.

1. 자동차 관련 시설군   6. 교육 및 복지시설군
2. 산업 등의 시설군   7. 근린생활시설군
3. 전기통신시설군   8. 주거업무시설군
4. 문화 및 집회시설군   9. 그 밖의 시설군
5. 영업시설군

교육 및 복지시설군에서 영업시설군으로의 용도변경은 상위군에 해당하는 용도로 변경하는 것이므로 허가 대상이다.

선지분석

① 영업시설군에서 근린생활시설군으로의 용도변경은 신고 대상이다.
③ 근린생활시설군에서 주거업무시설군으로의 용도변경은 신고 대상이다.
④ 산업 등의 시설군에서 전기통신시설군으로의 용도변경은 신고 대상이다.

87 ★☆☆

일반상업지역에 건축할 수 없는 건축물에 속하지 않는 것은?

① 묘지 관련 시설
② 자원순환 관련 시설
③ 운수시설 중 철도시설
④ 자동차 관련 시설 중 폐차장

해설

일반상업지역 안에서 건축할 수 없는 건축물에 철도시설은 해당되지 않는다.

정답 83 ③ 84 ③ 85 ② 86 ② 87 ③

88 ★★☆

「건축법령」상 건축물의 대지에 공개공지 또는 공개공간을 확보하여야 하는 대상 건축물에 속하지 않는 것은? (단, 해당 용도로 쓰는 바닥면적의 합계가 5,000m²인 건축물의 경우)

① 종교시설
② 의료시설
③ 업무시설
④ 숙박시설

해설
다음의 어느 하나에 해당하는 건축물의 대지에는 공개공지 또는 공개공간을 설치해야 한다.
• 문화 및 집회시설, 종교시설, 판매시설, 운수시설, 업무시설 및 숙박시설로서 해당 용도로 쓰는 바닥면적의 합계가 5,000m² 이상인 건축물
• 그 밖에 다중이 이용하는 시설로서 건축조례로 정하는 건축물

89 ★☆☆

시설물의 부지 인근에 부설주차장을 설치하는 경우, 해당 부지의 경계선으로부터 부설주차장의 경계선까지의 거리 기준으로 옳은 것은?

① 직선거리 300m 이내
② 도보거리 800m 이내
③ 직선거리 500m 이내
④ 도보거리 1,000m 이내

해설
부설주차장을 설치할 수 있는 시설물의 부지인근의 범위는 다음과 같다.
• 해당 부지의 경계선으로부터 부설주차장의 경계선까지의 직선거리 300m 이내 또는 도보거리 600m 이내
• 해당 시설물이 있는 동·리 및 그 시설물과의 통행 여건이 편리하다고 인정되는 인접 동·리

90 ★★☆

다중이용 건축물에 속하지 않는 것은? (단, 층수가 10층이며, 해당 용도로 쓰는 바닥면적의 합계가 5,000m²인 건축물의 경우)

① 업무시설
② 종교시설
③ 판매시설
④ 숙박시설 중 관광숙박시설

해설
다중이용 건축물이란 다음의 어느 하나에 해당하는 건축물을 말한다.
• 바닥면적의 합계가 5,000m² 이상인 문화 및 집회시설(동물원 및 식물원 제외), 종교시설, 판매시설, 운수시설 중 여객용 시설, 의료시설 중 종합병원, 숙박시설 중 관광숙박시설
• 16층 이상인 건축물

91 ★★☆

다음의 옥상광장 등의 설치에 관한 기준 내용 중 ( ) 안에 알맞은 것은?

> 옥상광장 또는 2층 이상인 층에 있는 노대나 그 밖에 이와 비슷한 것의 주위에는 높이 (   ) 이상의 난간을 설치하여야 한다. 다만, 그 노대 등에 출입할 수 없는 구조인 경우에는 그러하지 아니하다.

① 1.0m
② 1.2m
③ 1.5m
④ 1.8m

해설
옥상광장 또는 2층 이상인 층에 있는 노대 등의 주위에는 높이 1.2m 이상의 난간을 설치하여야 한다. 다만, 그 노대 등에 출입할 수 없는 구조인 경우에는 그러하지 아니하다.

92 ★☆☆

도시지역에 지정된 지구단위계획구역 내에서 건축물을 건축하려는 자가 그 대지의 일부를 공공시설 부지로 제공하는 경우 그 건축물에 대하여 완화하여 적용할 수 있는 항목이 아닌 것은?

① 건축선
② 건폐율
③ 용적률
④ 건축물의 높이

해설
지구단위계획구역에서 건축물을 건축하려는 자가 그 대지의 일부를 공공시설 등의 부지로 제공하거나 공공시설 등을 설치하여 제공하는 경우에는 그 건축물에 대하여 지구단위계획으로 건폐율·용적률 및 높이제한을 완화하여 적용할 수 있다.

정답 88 ② 89 ① 90 ① 91 ② 92 ①

93 ★★☆

건축물의 거실(피난층의 거실 제외)에 국토교통부령으로 정하는 기준에 따라 배연설비를 설치하여야 하는 대상 건축물에 속하지 않는 것은?

① 6층 이상인 건축물로서 종교시설의 용도로 쓰는 건축물
② 6층 이상인 건축물로서 판매시설의 용도로 쓰는 건축물
③ 6층 이상인 건축물로서 방송통신시설 중 방송국의 용도로 쓰는 건축물
④ 6층 이상인 건축물로서 교육연구시설 중 연구소의 용도로 쓰는 건축물

해설
6층 이상인 건축물로서 다음에 해당하는 건축물의 거실(피난층의 거실 제외)에는 배연설비를 해야 한다.

> 문화 및 집회시설, 종교시설, 판매시설, 운수시설, 의료시설(요양병원, 정신병원 제외), 교육연구시설 중 연구소, 노유자시설 중 아동 관련 시설, 노인복지시설(노인요양시설 제외), 수련시설 중 유스호스텔, 운동시설, 업무시설, 숙박시설, 위락시설, 관광휴게시설, 장례시설, 제2종 근린생활시설 중 공연장, 종교집회장, 인터넷컴퓨터게임시설제공업소 및 다중생활시설

94 ★★★

태양열을 주된 에너지원으로 이용하는 주택의 건축면적 산정의 기준이 되는 것은?

① 외벽 중 내측 내력벽의 중심선
② 외벽 중 외측 비내력벽의 중심선
③ 외벽 중 내측 내력벽의 외측 외곽선
④ 외벽 중 외측 비내력벽의 외측 외곽선

해설
태양열을 주된 에너지원으로 이용하는 주택의 건축면적은 건축물의 외벽 중 내측 내력벽의 중심선을 기준으로 한다.

95 ★☆☆

다음은 「건축법령」상 리모델링에 대비한 특혜 등에 관한 기준 내용이다. ( ) 안에 알맞은 것은?

> 리모델링이 쉬운 구조의 공동주택의 건축을 촉진하기 위하여 공동주택을 대통령령으로 정하는 구조로 하여 건축허가를 신청하면 제56조(건축물의 용적률), 제60조(건축물의 높이 제한) 및 제61조(일조 등의 확보를 위한 건축물의 높이 제한)에 따른 기준을 ( )의 범위에서 대통령령으로 정하는 비율로 완화하여 적용할 수 있다.

① 100분의 110
② 100분의 120
③ 100분의 130
④ 100분의 140

해설
리모델링이 쉬운 구조의 공동주택의 건축을 촉진하기 위하여 공동주택을 대통령령으로 정하는 구조로 하여 건축허가를 신청하면 제56조, 제60조 및 제61조에 따른 기준을 100분의 120의 범위에서 대통령령으로 정하는 비율로 완화하여 적용할 수 있다.

96 ★★★

전체 층수가 12층이고 6층 이상의 거실면적의 합계가 12,000m²인 교육연구시설에 설치하여야 하는 8인승 승용승강기의 최소 대수는?

① 2대
② 3대
③ 4대
④ 5대

해설

건축물의 용도	6층 이상의 거실 면적의 합계 3,000m² 초과
교육연구시설	기본 1대+3,000m² 초과 시 3,000m² 이내마다 1대 추가

※ 8인승 이상 15인승 이하의 승강기는 1대의 승강기로 보고, 16인승 이상의 승강기는 2대의 승강기로 본다.

교육연구시설의 경우 기본 1대+3,000m² 초과 시 3,000m² 이내마다 1대가 추가된다.
6층 이상의 거실면적의 합계가 12,000m²이므로, 승용승강기 설치기준은 기본 1대+추가 3대=총 4대가 된다.

정답 93 ③ 94 ① 95 ② 96 ③

97 ★★☆

건축물의 출입구에 설치하는 회전문은 계단이나 에스컬레이터로부터 최소 얼마 이상의 거리를 두어야 하는가?

① 1m
② 1.5m
③ 2m
④ 3m

해설
건축물의 출입구에 설치하는 회전문은 계단이나 에스컬레이터로부터 2m 이상의 거리를 두어야 한다.

98 ★★☆

주요구조부를 내화구조로 해야 하는 대상 건축물 기준으로 옳은 것은?

① 장례시설의 용도로 쓰는 건축물로서 집회실의 바닥면적의 합계가 150m² 이상인 건축물
② 판매시설의 용도로 쓰는 건축물로서 그 용도로 쓰는 바닥면적의 합계가 300m² 이상인 건축물
③ 운수시설의 용도로 쓰는 건축물로서 그 용도로 쓰는 바닥면적의 합계가 400m² 이상인 건축물
④ 문화 및 집회시설 중 전시장의 용도로 쓰는 건축물로서 그 용도로 쓰는 바닥면적의 합계가 500m² 이상인 건축물

선지분석
① 장례시설의 용도로 쓰는 건축물로서 관람실 또는 집회실의 바닥면적의 합계가 200m² 이상인 건축물
② 판매시설의 용도로 쓰는 건축물로서 그 용도로 쓰는 바닥면적의 합계가 500m² 이상인 건축물
③ 운수시설의 용도로 쓰는 건축물로서 그 용도로 쓰는 바닥면적의 합계가 500m² 이상인 건축물

99 ★★★

건축물의 면적, 높이 및 층수 산정의 기본 원칙으로 옳지 않은 것은?

① 대지면적은 대지의 수평투영면적으로 한다.
② 연면적은 하나의 건축물 각 층의 거실면적의 합계로 한다.
③ 건축면적은 건축물의 외벽(외벽이 없는 경우에는 외곽부분의 기둥)의 중심선으로 둘러싸인 부분의 수평투영면적으로 한다.
④ 바닥면적은 건축물의 각 층 또는 그 일부로서 벽, 기둥, 그 밖에 이와 비슷한 구획의 중심선으로 둘러싸인 부분의 수평투영면적으로 한다.

해설
연면적은 하나의 건축물 각 층의 바닥면적의 합계로 한다.

100 ★★★

부설주차장 설치대상 시설물이 판매시설인 경우 부설주차장 설치기준으로 옳은 것은?

① 시설면적 100m²당 1대
② 시설면적 150m²당 1대
③ 시설면적 200m²당 1대
④ 시설면적 400m²당 1대

해설
판매시설: 시설면적 150m²당 1대(시설면적/150m²)

정답 97 ③ 98 ④ 99 ② 100 ②

2018년 | 제1회 기출문제

제1과목 건축계획

01 ★★★
도서관의 출납 시스템 유형 중 이용자가 자유롭게 도서를 꺼낼 수 있으나 열람석으로 가기 전에 관원의 검열을 받는 형식은?

① 폐가식 ② 반개가식
③ 자유개가식 ④ 안전개가식

해설
안전개가식에 대한 설명이다.

합격 POINT 도서관 출납시스템

구분	내용
폐가식	도서 목록을 보고 선택하여 관원에게 대출받는 형식
반개가식	서가에서 도서의 표지 정도는 볼 수 있지만 내용을 열람하고자 하는 경우에는 관원에게 대출을 요구하는 형식
자유개가식	서가에서 자유롭게 도서를 꺼내어 고르고 열람하는 형식
안전개가식	서가에서 자유롭게 도서를 꺼낼 수 있으나 열람석으로 가기 전에 관원의 검열을 받는 형식

02 ★★☆
쇼핑센터의 몰(Mall)의 계획에 관한 설명으로 옳지 않은 것은?

① 전문점들과 중심상점의 주출입구는 몰에 면하도록 한다.
② 몰에는 자연광을 끌어들여 외부공간과 같은 성격을 갖게 하는 것이 좋다.
③ 다층으로 계획할 경우 시야의 개방감을 적극적으로 고려하는 것이 좋다.
④ 중심상점들 사이의 몰의 길이는 150m를 초과하지 않아야 하며, 길이 40~50m마다 변화를 주는 것이 바람직하다.

해설
몰의 길이는 240m를 초과하지 않아야 하며, 길이 20~30m마다 변화를 주는 것이 바람직하다.

03 ★★★
연극을 감상하는 경우 배우의 표정이나 동작을 감상할 수 있는 시각 한계는?

① 3m ② 5m
③ 10m ④ 15m

해설
생리적 한도(15m): 연기자의 표정이나 동작을 자세히 감상할 수 있는 거리
제1차 허용한도(22m): 가능한 많은 관객을 수용하기 위한 적당한 거리
제2차 허용한도(35m): 배우의 일반적인 동작만 보이면 지장이 없는 거리

04 ★☆☆
학교의 강당계획에 관한 설명으로 옳지 않은 것은?

① 체육관의 크기는 배구코트의 크기를 표준으로 한다.
② 강당은 반드시 전교생을 수용할 수 있도록 크기를 결정하지는 않는다.
③ 강당 및 체육관으로 겸용하게 될 경우 체육관 목적으로 치중하는 것이 좋다.
④ 강당 겸 체육관은 커뮤니티의 시설로서 이용될 수 있도록 고려하여야 한다.

해설
체육관의 크기는 농구코트의 크기를 표준으로 한다.

합격 POINT 학교의 강당 및 체육관 계획
1. 강당 및 체육관으로 겸용할 경우 일반적으로 강당보다는 체육관으로서의 사용이 높으므로 체육관 목적으로 치중하는 것이 좋다.
2. 학생이 이용하기 쉬운 곳에 배치하며 지역 주민의 이용(커뮤니티의 시설로 이용)도 고려한다.
3. 강당은 반드시 전교생을 수용할 수 있는 크기로 결정하지는 않는다.
4. 체육관의 크기는 농구코트를 기준으로 최소 400m²가 필요하며 천장의 높이는 6m 이상으로 한다.

정답 01 ④ 02 ④ 03 ④ 04 ①

05 ★★☆

다음 중 사무소 건축에서 기둥간격(Span)의 결정요소와 가장 관계가 먼 것은?

① 건물의 외관
② 주차배치의 단위
③ 책상배치의 단위
④ 채광상 층고에 의한 안깊이

해설
건물의 외관과 사무소 건축 기둥간격과는 관계가 멀다.

합격 POINT 기둥간격 결정요소

구분	기둥간격(스팬, Span) 결정요소
사무소	• 주차배치 단위 • 책상배치 단위 • 채광창 층고에 의한 안깊이 등
백화점	• 주차배치 단위 • 가구(진열장, 진열대)배치 단위 • 에스컬레이터 및 엘리베이터 배치 단위 등

06 ★★★

건축양식의 시대적 순서가 가장 올바르게 나열된 것은?

| ㉠ 로마네스크 | ㉡ 바로크 | ㉢ 고딕 |
| ㉣ 르네상스 | ㉤ 비잔틴 | |

① ㉠ → ㉢ → ㉣ → ㉡ → ㉤
② ㉠ → ㉢ → ㉣ → ㉤ → ㉡
③ ㉤ → ㉣ → ㉢ → ㉠ → ㉡
④ ㉤ → ㉠ → ㉢ → ㉣ → ㉡

해설
서양건축사의 시대순서
이집트 → 그리스 → 로마 → 초기기독교 → **비잔틴** → 사라센 → **로마네스크** → **고딕** → **르네상스** → **바로크** → 로코코

07 ★☆☆

아파트의 평면형식에 관한 설명으로 옳지 않은 것은?

① 중복도형은 모든 세대의 향을 동일하게 할 수 없다.
② 편복도형은 각 세대의 거주성이 균일한 배치 구성이 가능하다.
③ 홀형은 각 세대가 양쪽으로 개구부를 계획할 수 있는 관계로 일조와 통풍이 양호하다.
④ 집중형은 공용 부분이 오픈되어 있으므로 공용 부분에 별도의 기계적 설비계획이 필요 없다.

해설
집중형은 부지의 이용률은 높으나 통풍 및 채광에는 불리하며, 기후조건에 따라 기계적 환경조절이 필요한 형식이다.

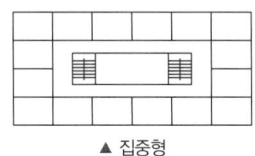

▲ 집중형

08 ★★☆

고대 로마 건축에 관한 설명으로 옳지 않은 것은?

① 인슐라(Insula)는 다층의 집합주거 건물이다.
② 콜로세움의 1층에는 도릭 오더가 사용되었다.
③ 바실리카 울피아는 황제를 위한 신전으로 배럴 볼트가 사용되었다.
④ 판테온은 거대한 돔을 얹은 로툰다와 대형 열주 현관이라는 두 주된 구성 요소로 이루어진다.

해설
바실리카 울피아는 로마시대에 재판이나 집회 및 상업거래를 위해 사용된 건축물이다.

정답 05 ① 06 ④ 07 ④ 08 ③

09 ★★★

사무소 건축의 엘리베이터 설치 계획에 관한 설명으로 옳지 않은 것은?

① 군 관리운전의 경우 동일 군내의 서비스 층은 같게 한다.
② 승객의 층별 대기시간은 평균 운전간격 이상이 되게 한다.
③ 서비스를 균일하게 할 수 있도록 건축물 중심부에 설치하는 것이 좋다.
④ 건축물의 출입층이 2개 층이 되는 경우는 각각의 교통수요량 이상이 되도록 한다.

해설
승객의 층별 대기시간은 평균 운전간격 이하가 되게 한다.

합격 POINT 엘리베이터 배치
1. 교통동선의 중심에 설치하여 보행거리가 짧도록 배치한다.
2. 여러 대의 엘리베이터를 설치하는 경우, 그룹별 배치와 군관리 운전방식으로 한다.
3. 군 관리운전의 경우 동일 군내의 서비스 층은 같게 한다.
4. 일렬배치는 4대를 한도로 하고, 엘리베이터 중심간 거리는 8m 이하가 되도록 한다.
5. 대면배치 시 대면거리는 동일 군 관리의 경우는 3.5~4.5m로 한다.
6. 엘리베이터 홀은 엘리베이터 정원 합계의 50% 정도를 수용할 수 있어야 하며, 1인당 점유면적은 $0.5~0.8m^2$로 계산한다.

10 ★★★

다음 중 일반적으로 연면적에 대한 숙박 관계 부분의 비율이 가장 큰 호텔은?

① 해변호텔 ② 리조트호텔
③ 커머셜호텔 ④ 레지덴셜호텔

해설
커머셜호텔은 주로 비즈니스를 위한 일반 여행자용 호텔이다. 연면적에 대한 숙박 관계 부분의 비율이 가장 크고, 고밀도의 고층형이다.

11 ★☆☆

다음 중 모듈 시스템의 적용이 가장 부적절한 것은?

① 극장 ② 학교
③ 도서관 ④ 사무소

해설
극장 건축은 모듈에 의한 내부 공간의 융통성이나 확장성을 고려하여 계획하기에는 무리가 있다.

12 ★★☆

공장 건축의 레이아웃 계획에 관한 설명으로 옳지 않은 것은?

① 플랜트 레이아웃은 공장 건축의 기본설계와 병행하여 이루어진다.
② 고정식 레이아웃은 조선소와 같이 제품이 크고 수량이 적을 경우에 적용된다.
③ 다품종 소량생산이나 주문생산 위주의 공장에는 공정 중심의 레이아웃이 적합하다.
④ 레이아웃 계획은 작업장 내의 기계설비 배치에 관한 것으로 공장규모 변화에 따른 융통성은 고려대상이 아니다.

해설
공장 건축의 레이아웃은 공장의 여러 부분, 작업장 내의 기계설비, 작업자의 작업 구역, 자재나 제품을 두는 곳 등의 상호 위치 관계를 가리키는 것으로 장래 공장 규모의 변화에 대응하는 융통성이 있어야 한다.

13 ★★☆

다음과 같은 특징을 갖는 부엌의 평면형은?

- 작업 시 몸을 앞뒤로 바꾸어야 하는 불편이 있다.
- 식당과 부엌이 개방되지 않고 외부로 통하는 출입구가 필요한 경우에 많이 쓰인다.

① 일렬형 ② ㄱ자형
③ 병렬형 ④ ㄷ자형

해설
병렬형은 양쪽 벽면의 작업대가 마주 보도록 배치한 형태로 몸을 앞뒤로 바꾸며 작업해야 하는 불편이 있다.

14 ★★☆

다음 중 다포양식의 건축물이 아닌 것은?

① 내소사 대웅전 ② 경복궁 근정전
③ 전등사 대웅전 ④ 무위사 극락전

해설
무위사 극락전은 주심포양식 건축물이다.

합격 POINT 대표적인 다포 건축양식
- 서울 동대문
- 서울 남대문
- 경복궁 근정전
- 창덕궁 돈화문
- 심원사 보광전
- 전등사 대웅전
- 내소사 대웅전

정답 09 ② 10 ③ 11 ① 12 ④ 13 ③ 14 ④

15 ★★☆

현장감을 가장 실감나게 표현하는 방법으로 하나의 사실 또는 주제의 시간 상황을 고정시켜 연출하는 것으로 현장에 임한 느낌을 주는 특수전시기법은?

① 디오라마 전시
② 파노라마 전시
③ 하모니카 전시
④ 아일랜드 전시

해설
디오라마 전시는 하나의 사실 또는 주제의 시간 상황을 고정시켜 연출하는 것으로 현장에 임한 느낌을 준다.

16 ★☆☆

종합병원의 건축계획에 관한 설명으로 옳지 않은 것은?

① 부속진료부는 외래환자 및 입원환자 모두가 이용하는 곳이다.
② 간호사 대기소는 각 간호단위 또는 각 층 및 동별로 설치한다.
③ 집중식 병원건축에서 부속진료부와 외래부는 주로 건물의 저층부에 구성된다.
④ 외래진료부의 운영방식에 있어서 미국의 경우는 대개 클로즈드 시스템인데 비하여, 우리나라는 오픈 시스템이다.

해설
외래진료부의 운영방식에 있어서 미국의 경우는 대개 오픈 시스템인데 비하여, 우리나라는 클로즈드 시스템이다.

17 ★★★

상점 정면(Facade)구성에 요구되는 5가지 광고요소(AIDMA 법칙)에 속하지 않는 것은?

① Attention(주의)
② Identity(개성)
③ Desire(욕구)
④ Memory(기억)

해설
Identity는 AIDMA에 속하지 않는다.

합격 POINT AIDMA 법칙
- A(Attention): 주의
- I(Interest): 흥미
- D(Desire): 욕망, 욕구
- M(Memory): 기억
- A(Action): 행동

18 ★☆☆

단독주택계획에 관한 설명으로 옳지 않은 것은?

① 건물이 대지의 남측에 배치되도록 한다.
② 건물은 가능한 한 동서로 긴 형태가 좋다.
③ 동지 때 최소한 4시간 이상의 햇빛이 들어오도록 한다.
④ 인접 대지에 기존 건물이 없더라도 개발 가능성을 고려하도록 한다.

해설
일조, 일사를 고려하여 건물을 대지의 북측에 배치함이 유리하다.

19 ★★☆

극장의 평면형식 중 프로시니엄형에 관한 설명으로 옳지 않은 것은?

① 픽쳐 프레임 스테이지형이라고도 한다.
② 배경은 한 폭의 그림과 같은 느낌을 준다.
③ 연기자가 제한된 방향으로만 관객을 대하게 된다.
④ 가까운 거리에서 관람하면서 가장 많은 관객을 수용할 수 있다.

해설
아레나형은 가까운 거리에서 관람하면서 많은 관객을 수용할 수 있다.

합격 POINT 프로시니엄형의 특징
- 픽쳐 프레임 스테이지형이라고도 하며, 배경은 한 폭의 그림과 같은 느낌을 준다.
- 스테이지에 가깝게 많은 관객을 배치하는 것은 곤란하다.
- 연기자가 제한된 방향으로만 관객을 바라보므로 어떤 배경이라도 창출이 가능하다.
- 강연, 콘서트, 독주, 연극 공연 등에 적합하다.

20 ★☆☆

다음 중 단독주택의 부엌 크기 결정 요소로 볼 수 없는 것은?

① 작업대의 면적
② 주택의 연면적
③ 주부의 동작에 필요한 공간
④ 후드(Hood)의 설치에 의한 공간

해설
후드 설치에 의한 공간은 부엌 크기 결정 요소와 관계없다.

합격 POINT 단독주택 부엌 크기 결정 요소
- 주택의 연면적
- 작업대의 면적과 수납공간의 면적
- 주부의 동작에 필요한 공간
- 가족 수, 평균 작업인 수
- 연료의 종류와 공급 방법

정답 15 ① 16 ④ 17 ② 18 ① 19 ④ 20 ④

제2과목 건축시공

21 ★★☆
린건설(Lean construction)에서의 관리방법으로 옳지 않은 것은?

① 변이관리 ② 당김생산
③ 흐름생산 ④ 대량생산

해설
린건설은 '낭비를 최소화 하는 가장 효율적인 건설 생산 시스템'을 의미하며 다품종을 소량생산으로 관리한다.

22 ★☆☆
와이어로프로 매단 비계 권상기에 의해 상하로 이동시킬 수 있는 공사용 비계의 명칭은?

① 시스템비계 ② 틀비계
③ 달비계 ④ 쌍줄비계

해설
달비계는 건물에 고정된 돌출보 등에 밧줄로 매단 비계로 외부 마무리·외벽 청소·고층건물의 유리창 청소 등에 쓰인다.

선지분석
① 시스템비계: 공장에서 제작한 비계부재를 현장에서 조립하여 사용하는 조립형 비계이다.
② 틀비계: 강틀로 짜서 조립할 수 있는 비계로 강관을 전기용접으로 접합하여 작업판 지지용의 틀형의 구조단위로 만들어 현장에서 조립하여 쓸 수 있도록 구성한 비계이다.
④ 쌍줄비계: 비계기둥을 앞뒤 두 줄로 하여 조립한 비계로 고층 구조물 공사에서 작업발판을 마련하기 위한 구조물이다.

23 ★★★
조적조에 발생하는 백화현상을 방지하기 위하여 취하는 조치로서 효과가 없는 것은?

① 줄눈부분을 방수처리하여 빗물을 막는다.
② 잘 구워진 벽돌을 사용한다.
③ 줄눈 모르타르에 방수제를 넣는다.
④ 석회를 혼합하여 줄눈 모르타르를 바른다.

해설
줄눈 모르타르에 석회를 혼합 시 백화현상이 증대된다.

합격 POINT
백화현상
벽 표면에서 침투하는 빗물에 의해 모르타르의 석회분이 공기 중의 탄산가스와 결합하여 흰가루가 스며나오는 현상이다.

백화현상 방지대책
1. 10% 이하의 흡수율을 가진 양질의 벽돌을 사용한다.
2. 벽면에 빗물막이를 설치한다.
3. 처마 또는 차양을 설치한다.
4. 파라핀 도료를 발라 염류가 나오는 것을 방지한다.
5. 벽면에 실리콘 방수를 한다.
6. 줄눈 모르타르에 방수제를 넣는다.

24 ★★☆
건축마감공사로서 단열공사에 관한 설명으로 옳지 않은 것은?

① 단열시공바탕은 단열재 또는 방습재 설치에 못, 철선, 모르타르 등의 돌출물이 도움이 되므로 제거하지 않아도 된다.
② 설치위치에 따른 단열공법 중 내단열공법은 단열성능이 적고 내부 결로가 발생할 우려가 있다.
③ 단열재를 접착제로 바탕에 붙이고자 할 때에는 바탕면을 평탄하게 한 후 밀착하여 시공하되 초기박리를 방지하기 위해 압착상태를 유지시킨다.
④ 단열재료에 따른 공법은 성형판단열재 공법, 현장발포재 공법, 뿜칠단열재 공법 등으로 분류할 수 있다.

해설
단열시공바탕은 단열재 또는 방습재 설치에 지장이 없도록 못, 철선, 모르타르 등의 돌출물을 제거하여 평탄하게 한다.

정답 21 ④ 22 ③ 23 ④ 24 ①

25 ★★★
QC(Quality Control) 활동의 도구와 거리가 먼 것은?

① 기능계통도 ② 산점도
③ 히스토그램 ④ 특성요인도

해설
기능계통도는 V.E(Value Engineering, 가치공학)의 수행 시 기능을 분석하는 방법이다.

합격 POINT 종합적 품질관리(TQC)의 7가지 도구

구분	내용
히스토그램	데이터가 어떠한 분포를 하고 있는지를 막대그래프로 작성한 그림
특성요인도	결과에 대하여 원인이 어떻게 관계하고 있는지 한눈에 알아볼 수 있도록 작성한 그림
파레토도	불량, 고장, 결점 등 발생건수를 원인과 현상별로 분류하여 크기 순서대로 나열해 놓은 그림
체크시트	계수값 데이터가 분류 항목별 집중도를 알아볼 수 있도록 작성한 것
층별	집단을 구성하고 있는 데이터를 특성에 따라 부분 집단으로 나누는 것
산점도	대응되는 2개의 짝으로 된 데이터를 그래프상에 점으로 나타낸 것
각종 그래프	작성 목적을 명확히 쉽게 파악할 수 있도록 표현한 그래프

26 ★★☆
바닥판과 보밑 거푸집 설계 시 고려해야 하는 하중을 옳게 짝지은 것은?

① 굳지 않은 콘크리트 중량, 충격하중
② 굳지 않은 콘크리트 중량, 측압
③ 작업하중, 풍하중
④ 충격하중, 풍하중

해설
바닥판과 보밑 거푸집 설계 시 수직하중을 고려해야 한다.

구분	항목
수직하중	굳지 않은 콘크리트 중량, 작업하중, 충격하중 등
수평하중	측압, 풍하중 등

27 ★☆☆
보강 콘크리트 블록조의 내력벽에 관한 설명으로 옳지 않은 것은?

① 사춤은 3켜 이내마다 한다.
② 통줄눈은 될 수 있는 한 피한다.
③ 사춤은 철근이 이동하지 않게 한다.
④ 벽량이 많아야 구조상 유리하다.

해설
보강 콘크리트 블록조는 각 블록의 빈 속에 철근과 콘크리트를 부어 넣기 위해 수평·수직의 줄눈이 교차하는 통줄눈을 사용한다.

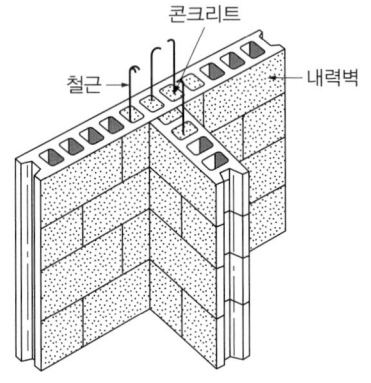

28 ★★★
철골공사에 관한 설명으로 옳지 않은 것은?

① 볼트접합부는 부식하기 쉬우므로 방청도장을 하여야 한다.
② 볼트조임에는 임팩트렌치, 토크렌치 등을 사용한다.
③ 철골조는 화재에 의한 강성 저하가 심하므로 내화피복을 하여야 한다.
④ 용접부 비파괴검사에는 침투탐상법, 초음파탐상법 등이 있다.

해설
볼트접합부는 볼트의 마찰력증대와 풀림을 방지하기 위해 방청도장을 하지 않는다.

정답 25 ① 26 ① 27 ② 28 ①

29 ★★☆

철근콘크리트 PC 기둥을 8ton 트럭으로 운반하고자 한다. 차량 1대에 최대로 적재 가능한 PC 기둥의 수는? (단, PC 기둥의 단면크기는 30cm×60cm, 길이는 3m임)

① 1개 ② 2개
③ 4개 ④ 6개

해설

- PC기둥 1개 중량
  = 기둥의 부피(m^3)×철근콘크리트의 비중($2.4t/m^3$)
  = (0.3m×0.6m×3m)×$2.4t/m^3$ = 1.296t
- 8t 차량의 적재량
  = 8t÷1.296t ≒ 6.17개 이므로, PC 기둥의 최대 적재 개수는 6개이다.

30 ★☆☆

시멘트 분말도 시험방법이 아닌 것은?

① 플로우시험법 ② 체분석법
③ 피크노메타법 ④ 브레인법

해설

플로우시험법(Flow test)은 비빔콘크리트의 반죽질기를 측정하는 시험이다.

31 ★★★

아스팔트 방수층, 개량 아스팔트 시트 방수층, 합성고분자계 시트 방수층 및 도막 방수층 등 불투수성 피막을 형성하여 방수하는 공사를 총칭하는 용어로 옳은 것은?

① 실링 방수 ② 멤브레인 방수
③ 구체침투 방수 ④ 벤토나이트 방수

해설

멤브레인 방수(Membrane waterproofing)는 아스팔트 방수와 같이 시트상의 재료를 사용하는 방수공법을 총칭한다.

32 ★★★

건축물 높낮이의 기준이 되는 벤치마크(Bench mark)에 관한 설명으로 옳지 않은 것은?

① 이동 또는 소멸우려가 없는 장소에 설치한다.
② 수직규준틀이라고도 한다.
③ 이동 등 훼손될 것을 고려하여 2개소 이상 설치한다.
④ 공사가 완료된 뒤라도 건축물의 침하, 경사 등의 확인을 위해 사용되기도 한다.

해설

수직규준틀(세로규준틀)은 건물의 위치와 높이, 땅파기의 너비와 깊이 등을 표시하기 위한 가설물로 특히 벽돌이나 돌 등을 쌓을 때 사용한다.

합격 POINT

벤치마크(Bench mark, 기준점
토지나 건물의 위치나 높이를 측정하기 위한 기준점이다.

규준틀

구분	내용
수평규준틀	건물 각부의 거리, 위치, 높이의 기준과 기초의 너비 따위의 기준이 되는 수평 위치를 표시하는 가설물
수직규준틀 (세로규준틀)	조적공사에서 건물의 위치와 높이, 땅파기의 너비와 깊이 등을 표시하는 가설물

33 ★★☆

파이프 구조에 관한 설명으로 옳지 않은 것은?

① 파이프 구조는 경량이며, 외관이 경쾌하다.
② 파이프 구조는 대규모의 공장, 창고, 체육관, 동·식물원 등에 이용된다.
③ 접합부의 절단가공이 어렵다.
④ 파이프의 부재 형상이 복잡하여 공사비가 증대된다.

해설

파이프의 부재 형상이 간단하여 공사비가 저렴하다.

34 ★☆☆

미장공사에서 나타나는 결함의 유형과 가장 거리가 먼 것은?

① 균열 ② 부식
③ 탈락 ④ 백화

해설

부식은 물건이 외부환경으로 인하여 썩거나 녹이 슬어 모양이 변형되는 것으로 목재나 금속에 발생하는 결함이다.

합격 POINT

회반죽, 모르타르 등으로 벽과 바닥 등을 바르는 마무리 공사인 미장공사의 결함에는 균열, 탈락, 백화, 들뜸, 곰팡이 등이 있다.

정답 29 ④ 30 ① 31 ② 32 ② 33 ④ 34 ②

35 ★★☆
공사금액의 결정방법에 따른 도급방식이 아닌 것은?

① 정액 도급
② 공종별 도급
③ 단가 도급
④ 실비정산보수가산도급

해설
공종별 도급방식은 공사 종목별로 계약하는 방식으로, 공사금액이 아닌 공사 실시방식에 따른 도급방식이다.

합격 POINT 도급(전통계약방식)

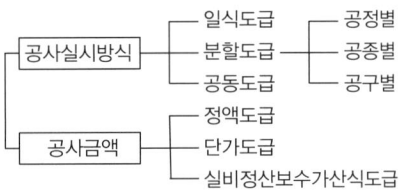

36 ★☆☆
경량골재콘크리트와 관련된 기준으로 옳지 않은 것은?

① 단위시멘트량의 최솟값: 400kg/m³
② 물-결합재비의 최댓값: 60%
③ 기건단위질량(경량골재콘크리트 1종): 1,700~2,000kg/m³
④ 굵은 골재의 최대치수: 20mm

해설
경량골재콘크리트 단위시멘트량의 최솟값은 300kg/m³이다.

37 ★★☆
프리패브 콘크리트(Prefab concrete)에 관한 설명으로 옳지 않은 것은?

① 제품의 품질을 균일화 및 고품질화 할 수 있다.
② 작업의 기계화로 노무 절약을 기대할 수 있다.
③ 공장생산으로 기계화하여 부재의 규격을 쉽게 변경할 수 있다.
④ 자재를 규격화하여 표준화 및 대량생산을 할 수 있다.

해설
프리패브 콘크리트는 공장에서 미리 대량생산한 고품질의 표준화된 부재를 사용하므로 규격 변경이 어렵다.

38 ★☆☆
보통 포틀랜드시멘트 경화체의 성질에 관한 설명으로 옳지 않은 것은?

① 응결과 경화는 수화반응에 의해 진행된다.
② 경화체의 모세관수가 소실되면 모세관 장력이 작용하여 건조수축을 일으킨다.
③ 모세관 공극은 물시멘트비가 커지면 감소한다.
④ 모세관 공극에 있는 수분은 동결하면 팽창되고 이에 의해 내부압이 발생하여 경화체의 파괴를 초래한다.

해설
모세관 공극은 시멘트풀에서 시멘트 등의 고체성분이 채워지지 않고 비어있는 것으로, 물시멘트비가 커지면 모세관 공극도 증가한다.

39 ★☆☆
다음 설명이 의미하는 공법으로 옳은 것은?

> 미리 공장 생산한 기둥이나 보, 바닥판, 외벽, 내벽 등을 한 층씩 쌓아 올라가는 조립식으로 구체를 구축하고 이어서 마감 및 설비공사까지 포함하여 차례로 한 층씩 완성해 가는 공법

① 하프 PC합성바닥판공법
② 역타공법
③ 적층공법
④ 지하연속벽공법

해설
적층공법은 미리 공장 생산한 철골철근콘크리트조 건물 등의 구조체, 바닥판, 외벽 등을 1개 단위로 조립하여 마감 및 설비공사까지 동시에 시공하는 공법으로 대규모 건물의 시공에 유리하다.

40 ★☆☆
목재를 천연건조 시킬 때의 장점에 해당되지 않는 것은?

① 비교적 균일한 건조가 가능하다.
② 시설투자 비용 및 작업 비용이 적다.
③ 건조 소요시간이 짧은 편이다.
④ 타 건조방식에 비해 건조에 의한 결함이 비교적 적은 편이다.

해설
목재를 천연건조 시킬 경우 인공건조보다 건조 소요시간이 길어진다.

정답 35 ② 36 ① 37 ③ 38 ③ 39 ③ 40 ③

제3과목 건축구조

41 ★☆☆

그림과 같은 내민보에서 A지점의 반력값은?

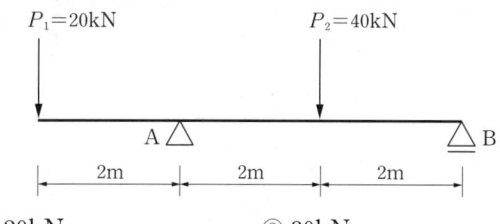

① 20kN ② 30kN
③ 40kN ④ 50kN

해설

$\Sigma H=0$; $H_A=0$
$\Sigma M_B=0$;
$(-20\times 6)+(V_A\times 4)-(40\times 2)=0$
$\therefore V_A=50\text{kN}$

42 ★★★

기초 설계 시 인접대지를 고려하여 편심기초를 만들고자 한다. 이때 편심기초의 지내력이 균등하도록 하기 위하여 어떤 방법을 이용함이 가장 타당한가?

① 지중보를 설치한다.
② 기초 면적을 넓힌다.
③ 기둥의 단면적을 크게 한다.
④ 기초 두께를 두껍게 한다.

해설

지중보를 설치하여 편심기초의 지내력을 균등하게 할 수 있다.

합격 POINT 지중보
1. 기초와 기초를 연결하여 주각부의 강성증대
2. 지진에 대한 저항효과
3. 건축물의 부등침하 억제
4. 기초에 중심축하중 유도

43 ★★★

주철근으로 사용된 D22 철근 180° 표준갈고리의 구부림 최소 내면 반지름(r)으로 옳은 것은?

① $r=1d_b$ ② $r=2d_b$
③ $r=2.5d_b$ ④ $r=3d_b$

해설

주철근의 180° 표준갈고리와 90° 표준갈고리의 구부림 최소 내면 반지름은 다음 표의 값 이상이어야 한다.

철근 크기	최소 내면 반지름
D10~D25	$3d_b$
D29~D35	$4d_b$
D38 이상	$5d_b$

44 ★★★

모살치수 8mm, 용접길이 500mm인 양면 모살용접의 유효 단면적은 약 얼마인가?

① 2,100mm² ② 3,221mm²
③ 4,300mm² ④ 5,421mm²

해설

유효 목두께 a, 유효용접길이 l_e일 때, 모살용접의 유효 단면적 A_e는 아래와 같다.
$A_e=a\times l_e$ (양면 모살용접은 ×2)
이때, $a=0.7S$이므로 (S는 모살치수)
$a=0.7\times 8=5.6\text{mm}$
$l_e=l-2S$ (l은 용접길이)$=500-2\times 8=484\text{mm}$
$\therefore A_e=a\times L_e\times 2=5.6\times 484\times 2=5,420.8\text{mm}^2$

정답 41 ④ 42 ① 43 ④ 44 ④

45 ★★★

강구조에서 용접선 단부에 붙인 보조판으로 아크의 시작이나 종단부의 크레이터 등의 결함을 방지하기 위해 붙이는 판은?

① 스티프너
② 엔드탭
③ 윙플레이트
④ 커버플레이트

해설
엔드탭은 용접결함이 생기기 쉬운 용접의 시작이나 끝부분에 임시로 설치하는 보조 강판이다.

선지분석
① 스티프너: 기둥의 플랜지나 웨브의 좌굴방지용 보강재
③ 윙플레이트: 철골 주각부에 부착되는 강판
④ 커버플레이트: 강재의 플랜지를 보강하기 위해 사용하는 강판

46 ★☆☆

그림과 같은 교차보(Cross beam) A, B부재의 최대휨모멘트의 비로서 옳은 것은? (단, 각 부재의 EI는 일정함)

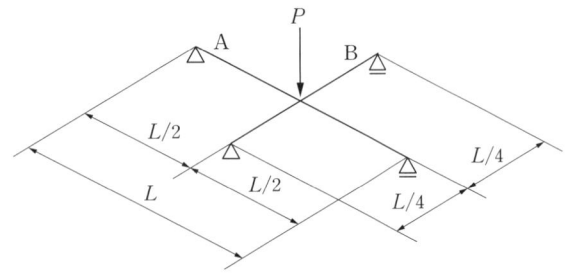

① 1 : 2
② 1 : 3
③ 1 : 4
④ 1 : 8

해설
최대 휨모멘트를 구하기 위해서는 각 보 A, B에 하중 P가 어떻게 분배되는지 알아야 한다. 교차점을 N이라고 할 때, 보 A, B의 N점에서의 변위가 같기 때문에 $\delta_A = \delta_B$를 통해 P_A, P_B를 구하고, 이를 통해 최대모멘트를 구하는 방식으로 풀이한다.

1. 단순보에 집중하중 작용 시 처짐공식을 이용해 δ_A, δ_B를 구하면

$$\delta_A = \frac{P_A \cdot L^3}{48EI}, \quad \delta_B = \frac{P_B \cdot \left(\frac{L}{2}\right)^3}{48EI} \text{이다.}$$

$$\delta_A = \delta_B \to \frac{P_A \cdot L^3}{48EI} = \frac{P_B \cdot \left(\frac{L}{2}\right)^3}{48EI} \text{이므로, } 8P_A = P_B \text{이다.}$$

$P = P_A + P_B = P_A + 8P_A = 9P_A$이므로
P_A, P_B는 각각 $\frac{1}{9}P$, $\frac{8}{9}P$이다.

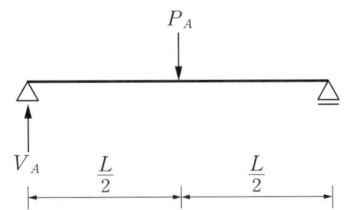

2. 하중이 보의 중앙에 작용하기 때문에 P_A는 양쪽 반력이 똑같이 부담한다. 또한 단순보의 보 중앙에 집중하중이 작용할 경우 휨모멘트는 보 중앙에서 가장 크기 때문에 보 A의 최대휨모멘트는

$$M_{\max} = \frac{P}{18} \times \frac{L}{2} = \frac{PL}{36} \text{이다.}$$

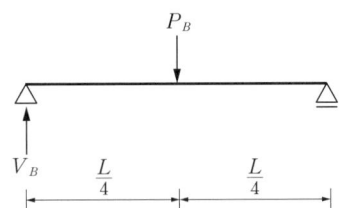

3. 같은 방법으로 보 B의 최대휨모멘트를 구하면

$$M_{\max} = \frac{4P}{9} \times \frac{L}{4} = \frac{4PL}{36} \text{이다.}$$

따라서 $A : B = 1 : 4$이다.

합격 POINT 단순보에 집중하중 작용 시 처짐각과 처짐

하중 조건	휨모멘트(BMD)	공액보

$$\theta_A = F_{A_s} = \frac{1}{2} \cdot \frac{L}{2} \cdot \frac{PL}{4EI} = \frac{1}{16} \cdot \frac{PL^2}{EI}$$

$$\delta_C = M_C = \left(\frac{1}{2} \cdot \frac{L}{2} \cdot \frac{PL}{4EI}\right)\left(\frac{L}{2} \cdot \frac{2}{3}\right) = \frac{1}{48} \cdot \frac{PL^3}{EI}$$

정답 45 ② 46 ③

47 ★★★

프리스트레스하지 않는 부재의 현장치기 콘크리트에서 흙에 접하여 콘크리트를 친 후 영구히 흙에 묻혀 있는 콘크리트 부재의 최소 피복두께로 옳은 것은?

① 40mm ② 50mm
③ 60mm ④ 75mm

해설

프리스트레스하지 않는 부재의 현장치기 콘크리트의 최소 피복두께

구분			현장치기 콘크리트 피복두께
수중			100mm
흙에 접하여 타설 후 영구히 흙에 묻혀 있는 콘크리트			75mm
흙에 접하거나 옥외의 공기에 직접 노출		D19 이상	50mm
		D16 이하의 철근, 지름 16 이하의 철선	40mm
옥외의 공기나 흙에 직접 접하지 않는 콘크리트	슬래브, 벽체, 장선	D35 초과	40mm
		D35 이하	20mm
	보, 기둥*		40mm
	쉘, 절판부재		20mm

* 보, 기둥의 경우 $f_{ck} \geq 40\text{MPa}$이면 10mm 저감 가능

48 ★☆☆

H형강의 플랜지에 커버플레이트를 붙이는 주목적으로 옳은 것은?

① 수평부재 간 접합 시 틈새를 메우기 위하여
② 슬래브와의 전단접합을 위하여
③ 웨브플레이트의 전단내력 보강을 위하여
④ 휨내력의 보강을 위하여

해설

플랜지(Flange)는 휨모멘트에 저항하며 커버플레이트(Cover plate)로 보강한다.

합격 POINT 플레이트 거더 구조

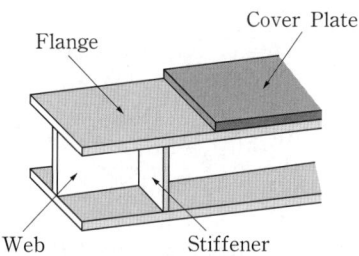

커버 플레이트(Cover plate)는 플랜지 전체 단면적의 70% 이하로 규정하고 있다.

49 ★★☆

다음 그림과 같은 부정정보를 정정보로 만들기 위해 필요한 내부 힌지의 최소 개수는?

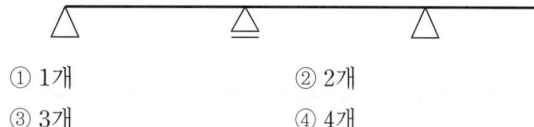

① 1개 ② 2개
③ 3개 ④ 4개

해설

$N = r + m + f - 2 \times j$ 공식 이용

부정정보를 정정보로 만들기 위해서는 부정정 차수만큼 힌지를 추가해 주면 된다.

$N = r + m + f - 2 \times j$ (r: 지점반력수, m: 부재수, f: 강절점수, j: 지점수 + 자유단 절점수)의 공식을 이용해 부정정 차수를 구하면

$N = 5 + 3 + 2 - 2 \times 4 = 2$이므로 필요한 내부 힌지의 최소 개수는 2개이다.

50 ★★☆

직경 2.2cm, 길이 50cm의 강봉에 축방향 인장력을 작용시켰더니 길이는 0.04cm 늘어났고 직경은 0.0006cm 줄었다. 이 재료의 포아송수는?

① 0.015 ② 0.34
③ 2.93   ④ 66.67

해설

포아송비(ν) = $\dfrac{\text{압축변형률}(\varepsilon')}{\text{인장변형률}(\varepsilon)} = \dfrac{1}{\text{포아송수}(m)}$

포아송수(m) = $\dfrac{\text{인장변형률}(\varepsilon)}{\text{압축변형률}(\varepsilon')}$ 이다.

이 때, $\varepsilon = \dfrac{\Delta L}{L}$, $\varepsilon' = \dfrac{\Delta D}{D}$이므로

포아송수(m) = $\dfrac{\varepsilon}{\varepsilon'} = \dfrac{\frac{\Delta L}{L}}{\frac{\Delta D}{D}} = \dfrac{\frac{0.04}{50}}{\frac{0.0006}{2.2}} \approx 2.93$이다.

정답 47 ④ 48 ④ 49 ② 50 ③

51 ★★☆

다음 그림과 같은 캔틸레버보에서 B점의 처짐각(θ_B)은? (단, EI는 일정함)

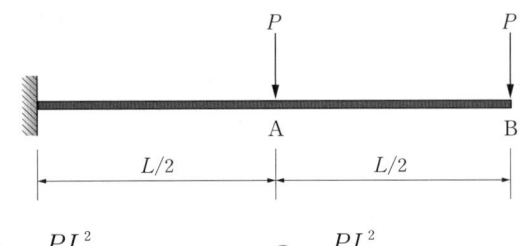

① $-\dfrac{PL^2}{2EI}$
② $-\dfrac{PL^2}{8EI}$
③ $-\dfrac{5PL^2}{8EI}$
④ $-\dfrac{2PL^2}{3EI}$

해설

공액보법에 따르면 처짐각은 탄성하중도$\left(\dfrac{M}{EI}\right)$의 면적이다. 탄성하중도가 다음과 같으므로

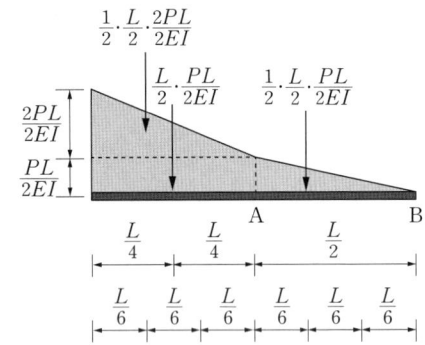

자유단 B의 처짐각을 구하면,

$\theta_B = -\left(\dfrac{1}{2} \cdot \dfrac{L}{2} \cdot \dfrac{PL}{2EI}\right) - \left(\dfrac{L}{2} \cdot \dfrac{PL}{2EI}\right) - \left(\dfrac{1}{2} \cdot \dfrac{L}{2} \cdot \dfrac{2PL}{2EI}\right)$

$= -\dfrac{5}{8} \cdot \dfrac{PL^2}{EI}$이다.

다른 풀이

각 하중에 대한 탄성하중도를 각각 구하여 처짐각을 구한 후 합하는 방법이다.
각각의 탄성하중도가 아래와 같으므로

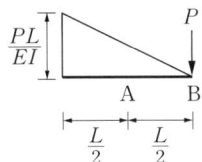 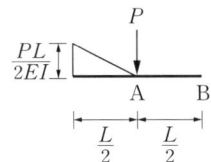

$\theta_B = -\left(\dfrac{1}{2} \cdot L \cdot \dfrac{PL}{EI}\right) - \left(\dfrac{1}{2} \cdot \dfrac{L}{2} \cdot \dfrac{PL}{2EI}\right)$

$= -\dfrac{PL^2}{8EI} - \dfrac{PL^2}{2EI} = -\dfrac{5PL^2}{8EI}$이다.

52 ★★☆

그림과 같은 단면을 가진 압축재에서 유효좌굴길이 $KL = 250\text{mm}$일 때 Euler의 좌굴하중 값은? (단, $E = 210{,}000\text{MPa}$임)

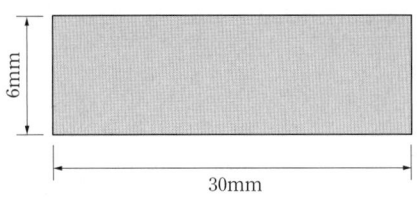

① 17.9kN
② 43.0kN
③ 52.9kN
④ 64.7kN

해설

좌굴하중 $P_{cr} = \dfrac{\pi^2 EI}{(KL)^2}$이고,

여기서, E: 탄성계수, I: 단면2차모멘트, KL: 유효좌굴길이, 사각형 단면의 $I = \dfrac{bh^3}{12}$이다.

따라서

$P_{cr} = \dfrac{\pi^2 EI}{(KL)^2} = \dfrac{\pi^2 \times 210{,}000 \times \dfrac{30 \times 6^3}{12}}{250^2} ≒ 17{,}907.4\text{N} ≒ 17.9\text{kN}$이다.

정답 51 ③ 52 ①

53 ★★★

그림과 같은 부정정 라멘의 B.M.D에서 P값을 구하면?

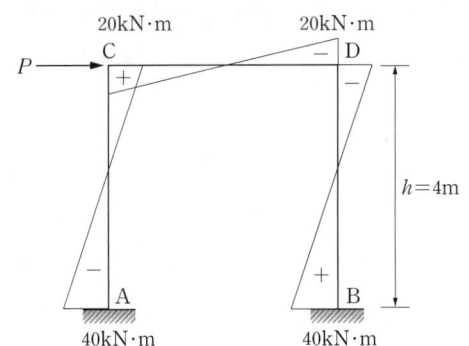

① 20kN ② 30kN
③ 50kN ④ 60kN

해설

처짐각법 전단력 평형조건식에 따라

$P = \dfrac{(M_{CA}+M_{AC})+(M_{DB}+M_{BD})}{h}$ 이므로

$P = \dfrac{(20+40)+(20+40)}{4} = 30\text{kN}$ 이다.

합격 POINT 처짐각법 전단력 평형조건식

절점방정식	층방정식
모멘트 평형조건식	전단력 평형조건식
$M_O = M_{OA}+M_{OB}+M_{OC}$	$P = \dfrac{M_{AB}+M_{BA}}{h}$

54 ★☆☆

지진력저항시스템의 분류 중 이중골조시스템에 관한 설명으로 옳지 않은 것은?

① 모멘트골조가 최소한 설계지진력의 75%를 부담한다.
② 모멘트골조와 전단벽 또는 가새골조로 이루어져 있다.
③ 전체 지진력은 각 골조의 횡강성비에 비례하여 분배한다.
④ 일정 이상의 변형능력을 갖도록 연성상세설계가 되어야 한다.

해설

이중골조시스템에서 모멘트골조는 수평하중의 25% 이상을 부담한다.

합격 POINT 이중골조형식(Dual structure)

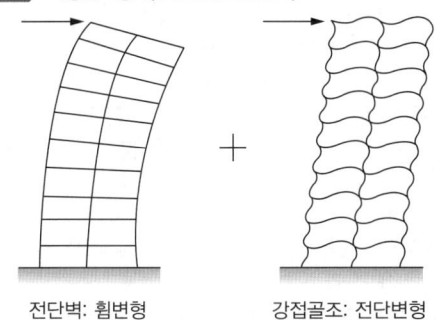

전단벽: 휨변형   강접골조: 전단변형

1. 수평하중의 25% 이상을 부담하는 모멘트(연성)골조가 전단벽이나 가새골조와 조합되어 있는 골조 방식
2. 강접골조(전단변형)와 가새골조(휨변형)가 혼합되었을 경우 내진설계에 있어서 비탄성 거동으로서의 연성도가 매우 크기 때문에 반응수정계수를 크게 규정하고 있어 지진력에 효율적으로 저항하는 구조가 된다.

55 ★★☆

그림과 같은 부정정 라멘에서 CD기둥의 전단력 값은?

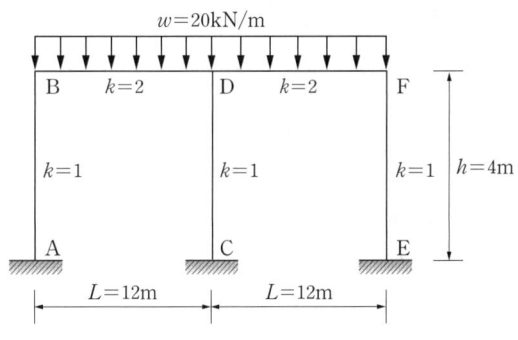

① 0   ② 10kN
③ 20kN   ④ 30kN

해설

CD기둥을 중심으로 좌우의 형태, 하중, 강비가 대칭이므로 CD기둥의 전단력은 0이다.

정답 53 ② 54 ① 55 ①

56 ★★☆

그림과 같은 옹벽에 토압 10kN이 가해지는 경우 이 옹벽이 전도되지 않기 위해서는 어느 정도의 자중(自重)을 필요로 하는가?

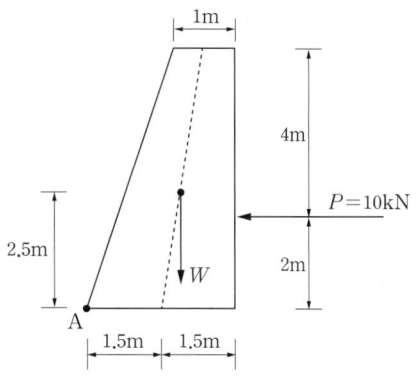

① 12.71kN ② 11.71kN
③ 10.44kN ④ 9.71kN

해설

옹벽이 전도되지 않기 위해서는 A점에서의 자중의 모멘트 값이 회전력의 모멘트 값보다 커야 한다.
$\overline{x}$가 A점에서 자중 W까지의 거리라 할 때, $W \times \overline{x} > P \times 2$를 만족해야 한다.

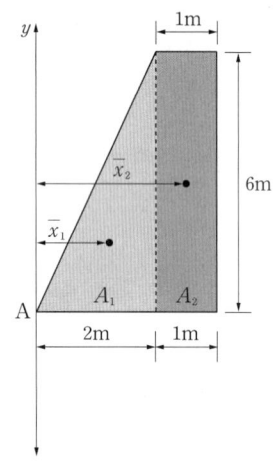

$G_y = A_1 \cdot \overline{x_1} + A_2 \cdot \overline{x_2}$이므로

$$\overline{x} = \frac{G_y}{A} = \frac{\left(\frac{1}{2} \times 2 \times 6\right) \times \left(2 \times \frac{2}{3}\right) + (1 \times 6) \times \left(2 + 1 \times \frac{1}{2}\right)}{\left(\frac{1}{2} \times 2 \times 6\right) + (1 \times 6)} ≒ 1.917\text{m}$$

$W \times 1.917 > 10 \times 2$을 만족해야 하므로
$W > 10.433 ≒ 10.44\text{kN}$이다.

57 ★★★

강도설계법에서 처짐을 계산하지 않는 경우 철근콘크리트보의 최소 두께 규정으로 옳지 않은 것은? (단, 보통콘크리트와 설계기준 항복강도 400MPa 철근을 사용한 부재임)

① 단순 지지: $l/16$
② 1단 연속: $l/18.5$
③ 양단 연속: $l/12$
④ 캔틸레버: $l/8$

해설

l: 경간 길이(mm)

부재	최소 두께(h_{min})			
	단순 지지	1단 연속	양단 연속	캔틸레버
보 및 리브가 있는 1방향 슬래브	$\dfrac{l}{16}$	$\dfrac{l}{18.5}$	$\dfrac{l}{21}$	$\dfrac{l}{8}$

58 ★☆☆

강도설계법에 의해서 전단보강 철근을 사용하지 않고 계수하중에 의한 전단력 $V_u = 50\text{kN}$을 지지하기 위한 직사각형 단면보의 최소 유효깊이 d는? (단, 보통중량콘크리트 사용, $f_{ck} = 28\text{MPa}$, $b_w = 300\text{mm}$)

① 405mm ② 444mm
③ 504mm ④ 605mm

해설

전단철근이 필요하지 않는 조건은
$V_u \leq \dfrac{1}{2}\phi V_c = \dfrac{1}{2}\phi\left(\dfrac{1}{6}\lambda\sqrt{f_{ck}}b_w d\right)$이다.

이 식을 변형하면 $d \geq \dfrac{12V_u}{\phi\lambda\sqrt{f_{ck}}b_w}$이므로

$d \geq \dfrac{12V_u}{\phi\lambda\sqrt{f_{ck}}b_w} = \dfrac{12 \times 50 \times 10^3}{0.75 \times 1 \times \sqrt{28} \times 300} ≒ 503.95$이다.

(여기서, 전단력의 강도감소계수(ϕ)는 0.75)

정답 56 ③ 57 ③ 58 ③

59 ★★☆

강도설계법에 따른 철근콘크리트 부재의 휨에 관한 일반사항으로 옳지 않은 것은?

① 콘크리트의 인장강도는 철근콘크리트 부재 단면의 축강도와 휨강도 계산에서 무시할 수 있다.
② 휨모멘트 또는 휨모멘트와 축력을 동시에 받는 부재의 콘크리트 압축연단의 극한 변형률은 0.0033으로 가정한다.
③ 최소철근비는 $\phi M_n \geq 1.2 M_{cr}$를 만족하여야 한다.
④ 강도설계법에서는 연성파괴보다는 취성파괴를 유도하도록 설계의 초점을 맞추고 있다.

해설
취성파괴는 불안정하며 고속으로 진전하므로 위험하다. 따라서 강도설계법에서는 취성파괴가 아닌 연성파괴를 유도하도록 설계의 초점을 맞추고 있다.
※ 콘크리트 구조 휨 및 압축 설계기준이 개정되어 문제를 수정하였습니다.

60 ★☆☆

1변의 길이가 각각 50mm(A), 100mm(B)인 두 개의 정사각형 단변에 동일한 압축하중 P가 작용할 때 압축응력도의 비(A : B)는?

① 2 : 1
② 4 : 1
③ 8 : 1
④ 16 : 1

해설
$\sigma(\text{응력}) = \dfrac{P(\text{하중})}{A(\text{면적})}$를 통해 $\sigma_A : \sigma_B$를 구하면,

$\sigma_A = \dfrac{P}{50 \times 50} = \dfrac{P}{2{,}500}$

$\sigma_B = \dfrac{P}{100 \times 100} = \dfrac{P}{10{,}000}$

$\sigma_A : \sigma_B = \dfrac{P}{2{,}500} : \dfrac{P}{10{,}000} = 4 : 1$이다.

제4과목 건축설비

61 ★☆☆

다음의 어떤 수조면의 일사량을 나타낸 값 중 그 값이 가장 큰 것은?

① 전천일사량
② 확산일사량
③ 천공일사량
④ 반사일사량

해설
전천일사량은 구름의 영향이 없을 때 일사에 직각인 면에 입사하는 태양복사와 구름으로 가려져 입사하는 태양복사의 합으로, 수조면의 일사량 중 가장 크다.

62 ★★★

간접가열식 급탕법에 관한 설명으로 옳지 않은 것은?

① 대규모 급탕설비에 적합하다.
② 보일러 내부에 스케일의 발생 가능성이 높다.
③ 가열코일에 순환하는 증기는 저압으로도 된다.
④ 난방용 증기를 사용하면 별도의 보일러가 필요 없다.

해설
간접가열식 급탕법은 저탕조에서 가열코일을 이용하여 가열하기 때문에 보일러 내부에 스케일의 발생 가능성이 낮다.

합격 POINT 중앙식 급탕방식의 종류

직접가열식	간접가열식
• 열효율 면에서 경제적 • 수질에 의해 보일러 내면에 스케일이 발생하여 열효율이 저하되며 보일러의 수명이 단축됨 • 급탕하는 건물의 높이가 높을 경우 고압보일러 필요 • 주택 또는 소규모 건물에 실용적	• 난방용 보일러의 증기 사용 시 급탕용 보일러 불필요 • 보일러 내면에 스케일이 거의 생기지 않음 • 건물의 높이에 따른 수압이 보일러에 작용하지 않고 저탕조에 작용하므로 고압용 보일러 불필요 • 대규모 급탕설비에 적합

정답 59 ④ 60 ② 61 ① 62 ②

63 ★★★

볼류트 펌프의 토출구를 지나는 유체의 유속이 2.5m/s, 유량이 $1m^3/min$일 경우, 토출구의 구경은?

① 75mm ② 82mm
③ 92mm ④ 105mm

해설

펌프의 구경 $D = 1.13\sqrt{\dfrac{Q}{v}}$

$= 1.13 \times \sqrt{\dfrac{1m^3/min}{2.5m/s}} = 1.13 \times \sqrt{\dfrac{0.0167m^3/s}{2.5m/s}}$

$≒ 0.0924m ≒ 92mm$

※ $1m^3/min = 1m^3/60s = 0.0167m^3/s$

64 ★☆☆

다음과 같은 조건에서 실의 현열부하가 7,000W인 경우 실내 취출풍량은?

- 실내온도: 22℃
- 취출공기온도: 12℃
- 공기의 비열: 1.01kJ/kg·K
- 공기의 밀도: $1.2kg/m^3$

① $1,042m^3/h$ ② $2,079m^3/h$
③ $3,472m^3/h$ ④ $6,944m^3/h$

해설

$G = \dfrac{3,600Q}{\rho \cdot C \cdot \Delta t}$

$= \dfrac{3,600 \times 7kW}{1.2kg/m^3 \times 1.01kJ/kg \cdot K \times (22-12)K}$

$= 2,079.21 ≒ 2,079m^3/h$

G: 환기량(m^3/h), Q: 발열량(kW), ρ: 공기의 밀도(kg/m^3),
C: 공기의 비열(kJ/kg·K), Δt: 온도차(K)

65 ★☆☆

금속관 공사에 관한 설명으로 옳지 않은 것은?

① 고조파의 영향이 없다.
② 저압, 고압, 통신설비 등에 널리 사용된다.
③ 사용목적과 상관없이 접지를 할 필요가 없다.
④ 사용장소로는 은폐장소, 노출장소, 옥측, 옥외 등 광범위 하게 사용할 수 있다.

해설

금속관 공사는 사용목적과 사용전압 등에 따라 적절한 접지가 필요하다.

66 ★★☆

급수관의 관경 결정과 관계가 없는 것은?

① 관균등표 ② 동시사용률
③ 마찰저항선도 ④ 동적부하해석법

해설

동적부하해석법은 공기조화 부하계산방법 중 기간 부하의 한 종류로, 급수관의 관경 결정과는 관계가 없다. 급수관의 관경 결정 방법에는 관균등표, 동시사용률, 마찰저항선도에 의한 방법이 있다.

67 ★☆☆

주관적 온열요소 중 인체의 활동상태의 단위로 사용되는 것은?

① MET ② clo
③ lm ④ cd

해설

주관적 온열요소 중 인체의 활동상태의 단위로 사용되는 것은 MET이며 1MET는 조용히 앉아 있는 성인남자의 신체 표면적 $1m^2$에서 발산되는 평균 열량으로 $58.2W/m^2$에 해당한다.

68 ★★☆

다음 중 약전설비(소세력 전기설비)에 속하지 않는 것은?

① 조명설비 ② 전기음향설비
③ 감시제어설비 ④ 주차관제설비

해설

조명설비는 강전설비에 해당한다. 전기를 에너지로 다루는 설비는 강전설비이고, 전기를 신호로 다루는 설비는 약전설비이다.

합격 POINT 약전설비의 종류

주차관제설비, 방재설비, 감시제어설비, 전화설비, 인터폰설비, 음성통신설비, 구내방송설비, 무선통신설비, 구내통신설비, TV공청설비, 영상통신설비, 영상회의설비, 시간정보설비, 전기시계설비, 원격검침설비 등

정답 63 ③ 64 ② 65 ③ 66 ④ 67 ① 68 ①

69 ★☆☆

압력탱크식 급수설비에서 탱크 내의 최고압력이 350kPa, 흡입양정이 5m인 경우, 압력탱크에 급수하기 위해 사용되는 급수펌프의 양정은?

① 약 3.5m ② 약 8.5m
③ 약 35m   ④ 약 40m

해설
급수펌프의 양정 = 최고압력 + 흡입양정
= 350kPa(35m) + 5m = 40m

70 ★☆☆

직류 엘리베이터에 관한 설명으로 옳지 않은 것은?

① 임의의 기동 토크를 얻을 수 있다.
② 고속 엘리베이터용으로 사용이 가능하다.
③ 원활한 가감속이 가능하여 승차감이 좋다.
④ 교류 엘리베이터에 비하여 가격이 저렴하다.

해설
직류 엘리베이터는 교류 엘리베이터에 비하여 고가이지만, 속도 제어가 용이하고 승차감이 양호하여 주로 고급의 중·고속 엘리베이터에 적용된다.

71 ★★☆

전기설비의 전압구분에서 저압 기준으로 옳은 것은?

① 교류 300[V] 이하, 직류 600[V] 이하
② 교류 600[V] 이하, 직류 600[V] 이하
③ 교류 1,000[V] 이하, 직류 1,500[V] 이하
④ 교류 1,500[V] 이하, 직류 1,500[V] 이하

해설
저압의 전압 기준은 교류의 경우 1,000V 이하이고, 직류의 경우 1,500V 이하이다.

합격 POINT 교류와 직류의 전압구분

구분	교류	직류
저압	1,000V 이하	1,500V 이하
고압	1,000V 초과 7,000V 이하	1,500V 초과 7,000V 이하
특고압	7,000V 초과	7,000V 초과

72 ★★★

900명을 수용하고 있는 극장에서 실내 CO_2 농도를 0.1%로 유지하기 위해 필요한 환기량은? (단, 외기 CO_2 농도는 0.04%, 1인당 CO_2 배출량은 18L/h임)

① 27,000m^3/h ② 30,000m^3/h
③ 60,000m^3/h ④ 66,000m^3/h

해설
$$Q = \frac{K}{P_i - P_o} = \frac{18\text{L/h} \times 900\text{명}}{(0.001 - 0.0004)}$$
$$= \frac{0.018\text{m}^3/\text{h} \times 900\text{명}}{(0.001 - 0.0004)} = 27,000\text{m}^3/\text{h}$$

Q: 환기량(m^3/h), K: 발생량(m^3/h), P_i: 허용농도(ppm), P_o: 외기가스농도(ppm)
※ $1L = 10^{-3}m^3$

73 ★☆☆

냉난방 부하에 관한 설명으로 옳지 않은 것은?

① 틈새바람부하에는 현열부하 요소와 잠열부하 요소가 있다.
② 최대부하를 계산하는 것은 장치의 용량을 구하기 위한 것이다.
③ 냉방부하 중 실부하란 전열부하, 일사에 의한 부하 등을 말한다.
④ 인체 발생열과 조명기구 발생열은 난방부하를 증가시키므로 난방부하 계산에 포함시킨다.

해설
인체 발생열과 조명기구 발생열은 난방부하 계산 시에는 무시한다.
인체 발생열과 조명기구 발생열, 기기 발생열은 냉방부하 계산에 포함시킨다.

정답 69 ④ 70 ④ 71 ③ 72 ① 73 ④

74 ★★☆
광원의 연색성에 관한 설명으로 옳지 않은 것은?

① 고압수은램프의 평균 연색평가수(Ra)는 100이다.
② 연색성을 수치로 나타낸 것을 연색평가수라고 한다.
③ 평균 연색평가수(Ra)가 100에 가까울수록 연색성이 좋다.
④ 물체가 광원에 의하여 조명될 때, 그 물체의 색의 보임을 정하는 광원의 성질을 말한다.

해설
연색성이란 광원이 색을 충실하게 나타내고 있는가의 척도로, 평균 연색평가수(Ra)로 나타낸다. 고압수은램프의 평균 연색평가수는 45~46이다.

75 ★★☆
다음은 옥내소화전설비에서 전동기에 따른 펌프를 이용하는 가압송수장치에 관한 설명이다. (   ) 안에 알맞은 것은?

> 특정소방대상물의 어느 층에 있어서도 해당 층의 옥내소화전(2개 이상 설치된 경우에는 2개의 옥내소화전)을 동시에 사용할 경우 각 소화전의 노즐 선단에서의 방수압력이 (㉠) 이상이고, 방수량이 (㉡) 이상이 되는 성능의 것으로 할 것

① ㉠ 0.17MPa, ㉡ 130L/min
② ㉠ 0.17MPa, ㉡ 250L/min
③ ㉠ 0.34MPa, ㉡ 130L/min
④ ㉠ 0.34MPa, ㉡ 250L/min

해설
해당 층의 옥내소화전을 동시에 사용할 경우 각 소화전의 노즐 선단에서의 방수압력은 0.17MPa 이상이며, 방수량은 130L/min 이상이 되는 성능의 것으로 한다.

76 ★★★
구조체를 가열하는 복사난방에 관한 설명으로 옳지 않은 것은?

① 복사열에 의하므로 쾌적성이 좋다.
② 바닥, 벽체, 천장 등을 방열면으로 할 수 있다.
③ 예열시간이 길고 일시적인 난방에는 바람직하지 않다.
④ 방열기의 설치로 인해 실의 바닥면적의 이용도가 낮다.

해설
복사난방은 방열기를 설치하지 않으며, 온수코일을 바닥, 천장, 벽 등에 매설하므로 바닥면적의 이용도가 높다. 방열기 설치는 증기난방, 온수난방 등에 해당된다.

77 ★☆☆
겨울철 벽체를 통해 실내에서 실외로 빠져나가는 열손실량을 계산할 때 필요하지 않은 요소는?

① 외기온도
② 실내습도
③ 벽체의 두께
④ 벽체 재료의 열전도율

해설
열손실량 계산에서 실내습도와는 관련이 없다.

합격 POINT 열손실량 공식

$$Q = K \times A \times \Delta t \times p$$

- Q: 열손실량(W)
- K: 열관류율(W/m²·K)
- A: 면적(m²)
- Δt: 온도차(K)
- p: 방위계수

합격 POINT 열관류율 공식

$$K = \cfrac{1}{\cfrac{1}{\alpha_i} + \sum \cfrac{d}{\lambda} + \gamma_a + \cfrac{1}{\alpha_o}}$$

- α_i: 내표면 열전달률(W/m²·K)
- d: 재료의 두께(m)
- λ: 재료의 열전도율(W/m·K)
- γ_a: 공기층이 있을 경우 그 공기층의 열저항
- α_o: 재료의 열전달률(W/m²·K)

정답 74 ① 75 ① 76 ④ 77 ②

78 ★★★
공기조화방식 중 팬코일유닛방식에 관한 설명으로 옳지 않은 것은?

① 덕트 방식에 비해 유닛의 위치 변경이 용이하다.
② 유닛을 창문 밑에 설치하면 콜드 드래프트를 줄일 수 있다.
③ 전공기 방식으로 각 실에 수배관으로 인한 누수의 염려가 없다.
④ 각 실의 유닛은 수동으로도 제어할 수 있고, 개별 제어가 용이하다.

해설
팬코일유닛방식은 전수 방식으로 각 실에 수배관으로 인한 누수의 염려가 있다.

합격 POINT 팬코일유닛방식의 장단점

장점	• 공기의 공급을 할 수 없어서 덕트 불필요 • 실내 각 유닛마다 개별제어 용이 • 장래의 부하변동에 대응하기 쉬움 • 동력비가 적게 듦
단점	• 송풍량이 적어 고성능 필터 사용 어려움 • 각 실에 수배관으로 인한 누수의 우려 있음 • 유닛은 개구부 아래에 설치해야 하므로 실의 이용률이 적음 • 고가의 설비비와 보수 관리비 • 고도의 공기 처리 불가능 • 외기량 부족으로 실내공기 오염이 심함

79 ★★★
3상 동력과 단상 전등, 전열부하를 동시에 사용 가능한 방식으로 사무소 건물 등 대규모 건물에 많이 사용되는 구내 배전방식은?

① 단상 2선식   ② 단상 3선식
③ 3상 3선식   ④ 3상 4선식

해설
3상 4선식은 대형빌딩이나 공장 등의 전등 및 동력의 전원으로 여러 종류의 전압이 필요할 때 선택하며, 주로 220V/380V를 사용한다.

80 ★★☆
도시가스 배관 시공에 관한 설명으로 옳지 않은 것은?

① 건물 내에서는 반드시 은폐배관으로 한다.
② 배관 도중에 신축 흡수를 위한 이음을 한다.
③ 건물의 주요 구조부를 관통하지 않도록 한다.
④ 건물의 규모가 크고 배관 연장이 길 경우는 계통을 나누어 배관한다.

해설
도시가스 배관은 건물 내에서는 반드시 노출배관으로 해야 한다.

제5과목 건축관계법규

81 ★☆☆
다음 중 두께에 관계없이 방화구조에 해당되는 것은?

① 심벽에 흙으로 맞벽치기한 것
② 석고판 위에 회반죽을 바른 것
③ 시멘트모르타르 위에 타일을 붙인 것
④ 석고판 위에 시멘트모르타르를 바른 것

해설
벽에 흙으로 맞벽치기한 경우 두께에 관계없이 방화구조에 적합한 구조로 인정된다.

합격 POINT 방화구조의 기준
• 철망모르타르로서 그 바름두께가 2cm 이상인 것
• 석고판 위에 시멘트모르타르 또는 회반죽을 바른 것으로서 그 두께의 합계가 2.5cm 이상인 것
• 시멘트모르타르 위에 타일을 붙인 것으로서 그 두께의 합계가 2.5cm 이상인 것
• 심벽에 흙으로 맞벽치기한 것
• 「산업표준화법」에 따른 한국산업표준이 정하는 바에 따라 시험한 결과 방화 2급 이상에 해당하는 것

82 ★★★
다음의 각종 용도지역의 세분에 관한 설명 중 옳지 않은 것은?

① 근린상업지역: 근린지역에서의 일용품 및 서비스의 공급을 위하여 필요한 지역
② 중심상업지역: 도심·부도심의 상업기능 및 업무기능의 확충을 위하여 필요한 지역
③ 제1종 일반주거지역: 단독주택을 중심으로 양호한 주거환경을 조성하기 위하여 필요한 지역
④ 준주거지역: 주거기능을 위주로 이를 지원하는 일부 상업기능 및 업무기능을 보완하기 위하여 필요한 지역

해설
제1종 일반주거지역은 저층주택을 중심으로 편리한 주거환경을 조성하기 위하여 필요한 지역을 의미한다.

정답 78 ③ 79 ④ 80 ① 81 ① 82 ③

83 ★☆☆

다음은 공사감리에 관한 기준 내용이다. 밑줄 친 "공사의 공정이 대통령령으로 정하는 진도에 다다른 경우"에 속하지 않는 것은? (단, 건축물의 구조가 철근콘크리트조인 경우)

> 공사감리자는 국토교통부령으로 정하는 바에 따라 감리일지를 기록·유지하여야 하고, 공사의 공정(工程)이 대통령령으로 정하는 진도에 다다른 경우에는 감리중간보고서를 작성하여 건축주에게 제출하여야 한다.

① 지붕슬래브배근을 완료한 경우
② 기초공사 시 철근배치를 완료한 경우
③ 기초공사에서 주춧돌의 설치를 완료한 경우
④ 지상 5개 층마다 상부 슬래브배근을 완료한 경우

해설
보기의 '공사의 공정이 대통령령으로 정하는 진도에 다다른 경우'는 다음과 같다.(단, 해당 건축물의 구조가 철근콘크리트조·철골철근콘크리트조·조적조 또는 보강콘크리트블럭조인 경우)
• 기초공사 시 철근배치를 완료한 경우
• 지붕슬래브배근을 완료한 경우
• 지상 5개 층마다 상부 슬래브배근을 완료한 경우

84 ★★★

「국토의 계획 및 이용에 관한 법령」상 다음과 같이 정의되는 용어는?

> 개발로 인하여 기반시설이 부족할 것으로 예상되나 기반시설을 설치하기 곤란한 지역을 대상으로 건폐율이나 용적률을 강화하여 적용하기 위하여 지정하는 구역

① 개발제한구역   ② 시가화조정구역
③ 입지규제최소구역   ④ 개발밀도관리구역

해설
개발밀도관리구역이란 개발로 인하여 기반시설이 부족할 것으로 예상되나 기반시설을 설치하기 곤란한 지역을 대상으로 건폐율이나 용적률을 강화하여 적용하기 위하여 지정하는 구역을 말한다.

85 ★★☆

제1종 일반주거지역 안에서 건축할 수 있는 건축물에 속하지 않는 것은?

① 아파트
② 단독주택
③ 노유자시설
④ 교육 연구시설 중 중·고등학교

해설
제1종 일반주거지역안에서 공동주택은 건축할 수 있으나 아파트는 제외한다.

86 ★☆☆

대통령령으로 정하는 용도와 규모의 건축물에 대해 일반이 사용할 수 있도록 소규모 휴식시설 등의 공개 공지 또는 공개 공간을 설치하여야 하는 대상 지역에 속하지 않는 것은?

① 준주거지역   ② 준공업지역
③ 일반주거지역   ④ 전용주거지역

해설
대통령령으로 정하는 기준에 따라 일반이 사용할 수 있도록 하는 소규모 휴식시설 등의 공개 공지(공터) 또는 공개 공간을 설치하여야 하는 지역은 다음과 같다.
• 일반주거지역, 준주거지역
• 상업지역
• 준공업지역
• 특별자치시장·특별자치도지사 또는 시장·군수·구청장이 도시화의 가능성이 크거나 노후 산업단지의 정비가 필요하다고 인정하여 지정·공고하는 지역

정답 83 ③   84 ④   85 ①   86 ④

87 ★★★
건축물의 층수 산정에 관한 기준 내용으로 옳지 않은 것은?

① 지하층은 건축물의 층수에 산입하지 아니한다.
② 층의 구분이 명확하지 아니한 건축물은 그 건축물의 높이 4m마다 하나의 층으로 보고 그 층수를 산정한다.
③ 건축물이 부분에 따라 그 층수가 다른 경우에는 바닥면적에 따라 가중평균한 층수를 그 건축물의 층수로 본다.
④ 계단탑으로서 그 수평투영면적의 합계가 해당 건축물 건축면적의 8분의 1 이하인 것은 건축물의 층수에 산입하지 아니한다.

해설
건축물의 층수 산정방법은 다음과 같다.
- 승강기탑(장애인용 승강기의 승강기탑은 제외), 계단탑, 망루, 장식탑, 옥탑, 그 밖에 이와 비슷한 건축물의 옥상 부분으로서 그 수평투영면적의 합계가 해당 건축물 건축면적의 8분의 1 이하인 것과 지하층 및 장애인용 승강기의 승강기탑은 건축물의 층수에 산입하지 아니한다.
- 층의 구분이 명확하지 아니한 건축물은 그 건축물의 높이 4m마다 하나의 층으로 보고 그 층수를 산정한다.
- 건축물이 부분에 따라 그 층수가 다른 경우에는 그 중 가장 많은 층수를 그 건축물의 층수로 본다.

88 ★★☆
건축물의 건축 시 허가 대상 건축물이라 하더라도 미리 특별자치시장·특별 자치도지사 또는 시장·군수·구청장에게 국토교통부령으로 정하는 바에 따라 신고를 하면 건축허가를 받은 것으로 보는 소규모 건축물의 연면적 기준은?

① 연면적의 합계가 100m² 이하인 경우
② 연면적의 합계가 150m² 이하인 경우
③ 연면적의 합계가 200m² 이하인 경우
④ 연면적의 합계가 300m² 이하인 경우

해설
소규모 건축물로서 연면적의 합계가 100m² 이하의 건축물의 경우 미리 특별자치시장·특별자치도지사 또는 시장·군수·구청장에게 국토교통부령으로 정하는 바에 따라 신고를 하면 건축허가를 받은 것으로 본다.

89 ★☆☆
다음은 지하층과 피난층 사이의 개방공간 설치에 관한 기준 내용이다. ( ) 안에 알맞은 것은?

> 바닥면적의 합계가 ( ) 이상인 공연장·집회장·관람장 또는 전시장을 지하층에 설치하는 경우에는 각 실에 있는 자가 지하층 각 층에서 건축물 밖으로 피난하여 옥외 계단 또는 경사로 등을 이용하여 피난층으로 대피할 수 있도록 천장이 개방된 외부 공간을 설치하여야 한다.

① 1,000m² ② 2,000m²
③ 3,000m² ④ 4,000m²

해설
바닥면적의 합계가 3,000m² 이상인 공연장·집회장·관람장 또는 전시장을 지하층에 설치하는 경우에는 각 실에 있는 자가 지하층 각 층에서 건축물 밖으로 피난하여 옥외 계단 또는 경사로 등을 이용하여 피난층으로 대피할 수 있도록 천장이 개방된 외부 공간을 설치하여야 한다.

90 ★☆☆
건축법령상 연립주택의 정의로 알맞은 것은?

① 주택으로 쓰는 층수가 5개 층 이상인 주택
② 주택으로 쓰는 1개 동의 바닥면적 합계가 660m² 이하이고, 층수가 4개 층 이하인 주택
③ 주택으로 쓰는 1개 동의 바닥면적 합계가 660m²를 초과하고, 층수가 4개 층 이하인 주택
④ 1개 동의 주택으로 쓰이는 바닥면적의 합계가 660m² 이하이고 주택으로 쓰는 층수가 3개 층 이하인 주택

해설
연립주택은 주택으로 쓰는 1개 동의 바닥면적 합계가 660m²를 초과하고, 층수가 4개 층 이하인 주택이다.

선지분석
① 아파트: 주택으로 쓰는 층수가 5개 층 이상인 주택
② 다세대주택: 주택으로 쓰는 1개 동의 바닥면적 합계가 660m² 이하이고, 층수가 4개 층 이하인 주택

91 ★★★
「국토의 계획 및 이용에 관한 법령」상 기반시설 중 도로의 세분에 속하지 않는 것은?

① 고가도로 ② 보행자우선도로
③ 자전거우선도로 ④ 자동차전용도로

해설
국토의 계획 및 이용에 관한 법령상 도로는 일반도로, 고가도로, 보행자우선도로, 보행자전용도로, 자전거전용도로, 자동차전용도로, 지하도로로 세분화된다.

정답 87 ③ 88 ① 89 ③ 90 ③ 91 ③

92 ★☆☆

급수·배수(配水)·배수(排水)·환기·난방 등의 건축설비를 건축물에 설치하는 경우, 건축기계설비기술사 또는 공조냉동기계기술사의 협력을 받아야 하는 대상 건축물에 속하지 않는 것은?

① 의료시설로서 해당 용도에 사용되는 바닥면적의 합계가 2,000m²인 건축물
② 업무시설로서 해당 용도에 사용되는 바닥면적의 합계가 2,000m²인 건축물
③ 숙박시설로서 해당 용도에 사용되는 바닥면적의 합계가 2,000m²인 건축물
④ 유스호스텔로서 해당 용도에 사용되는 바닥면적의 합계가 2,000m²인 건축물

해설
판매시설, 연구소, 업무시설의 용도로 사용되며 바닥면적의 합계가 3,000m² 이상인 건축물의 경우 건축기계설비기술사 또는 공조냉동기계기술사의 협력을 받아야 한다.

93 ★☆☆

자연녹지지역으로서 노외주차장을 설치할 수 있는 지역에 속하지 않는 것은?

① 토지의 형질변경 없이 주차장의 설치가 가능한 지역
② 주차장 설치를 목적으로 토지의 형질변경 허가를 받은 지역
③ 택지개발사업 등의 단지조성사업 등에 따라 주차수요가 많은 지역
④ 하천구역 및 공유수면으로서 주차장이 설치되어도 해당 하천 및 공유수면의 관리에 지장을 주지 아니하는 지역

해설
자연녹지지역에 노외주차장을 설치하려면 다음 중 어느 하나에 해당하여야 한다.
- 토지의 형질변경 없이 주차장 설치가 가능한 지역
- 주차장 설치를 목적으로 토지의 형질변경 허가를 받은 지역
- 하천구역 및 공유수면으로서 주차장이 설치되어도 해당 하천 및 공유수면의 관리에 지장을 주지 아니하는 지역
- 특별시장·광역시장, 시장·군수 또는 구청장이 특히 주차장의 설치가 필요하다고 인정하는 지역

94 ★★☆

다음은 「건축법령」상 직통계단의 설치에 관한 기준 내용이다. ( ) 안에 알맞은 것은?

> 초고층 건축물에는 피난층 또는 지상으로 통하는 직통계단과 직접 연결되는 피난안전구역(건축물의 피난·안전을 위하여 건축물 중간층에 설치하는 대피공간)을 지상층으로부터 최대 ( ) 층마다 1개소 이상 설치하여야 한다.

① 10개 ② 20개
③ 30개 ④ 40개

해설
초고층 건축물에는 피난층 또는 지상으로 통하는 직통계단과 직접 연결되는 피난안전구역(건축물의 피난·안전을 위하여 건축물 중간층에 설치하는 대피공간)을 지상층으로부터 최대 30개 층마다 1개소 이상 설치하여야 한다.

95 ★★★

다음 중 건축물의 용도분류상 문화 및 집회시설에 속하는 것은?

① 야외극장   ② 산업전시장
③ 어린이회관 ④ 청소년수련원

선지분석
①, ③ 야외극장과 어린이회관은 관광 휴게시설에 속한다.
④ 청소년 수련원은 수련시설에 속한다.

96 ★★★

부설주차장 설치대상 시설물이 문화 및 집회시설 중 예식장으로서 시설면적이 1,200m²인 경우, 설치하여야 하는 부설주차장의 최소 대수는?

① 8대   ② 10대
③ 15대 ④ 20대

해설
문화 및 집회시설(관람장 제외)의 경우 시설면적 150m²당 1대(시설면적/150m²)의 부설주차장을 설치하여야 한다.
시설면적이 1,200m²이므로 설치하여야 하는 부설주차장의 최소 대수는 8대이다.

정답 92 ② 93 ③ 94 ③ 95 ② 96 ①

97 ★★☆

주차장 주차단위구획의 최소 크기로 옳지 않은 것은? (단, 평행주차형식 외의 경우)

① 경형: 너비 2.0m, 길이 3.6m
② 일반형: 너비 2.0m, 길이 6.0m
③ 확장형: 너비 2.6m, 길이 5.2m
④ 장애인 전용: 너비 3.3m, 길이 5.0m

해설

평행주차형식 외의 경우 주차단위구획은 다음과 같다.

구분	너비	길이
경형	2.0m 이상	3.6m 이상
일반형	2.5m 이상	5.0m 이상
확장형	2.6m 이상	5.2m 이상
장애인전용	3.3m 이상	5.0m 이상
이륜자동차전용	1.0m 이상	2.3m 이상

98 ★★☆

피난안전구역(건축물의 피난·안전을 위하여 건축물 중간층에 설치하는 대피공간)의 구조 및 설비에 관한 기준 내용으로 옳지 않은 것은?

① 피난안전구역의 높이는 2.1m 이상일 것
② 비상용 승강기는 피난안전구역에서 승하차할 수 있는 구조로 설치할 것
③ 건축물의 내부에서 피난안전구역으로 통하는 계단은 피난계단의 구조로 설치할 것
④ 피난안전구역에는 식수공급을 위한 급수전을 1개소 이상 설치하고 예비전원에 의한 조명설비를 설치할 것

해설

건축물의 내부에서 피난안전구역으로 통하는 계단은 특별피난계단의 구조로 설치해야 한다.

99 ★★★

6층 이상의 거실면적의 합계가 3,000m²인 경우, 건축물의 용도별 설치하여야 하는 승용승강기의 최소 대수가 옳은 것은? (단, 15인승 승강기의 경우)

① 업무시설 — 2대
② 의료시설 — 2대
③ 숙박시설 — 2대
④ 위락시설 — 2대

해설

건축물의 용도	6층 이상의 거실 면적의 합계 3,000m² 이하 승용승강기 최소 설치대수
의료시설	2대
업무시설, 숙박시설, 위락시설	1대

※ 8인승 이상 15인승 이하의 승강기는 1대의 승강기로 보고, 16인승 이상의 승강기는 2대의 승강기로 본다.

6층 이상의 거실면적의 합계가 3,000m²인 경우 의료시설의 승용승강기 설치기준은 2대이다.
같은 조건에서 업무시설, 숙박시설, 위락시설의 승용승강기 설치기준은 1대이다.

100 ★★☆

공작물을 축조할 때 특별자치시장·특별자치도지사 또는 시장·군수·구청장에게 신고를 하여야 하는 대상 공작물에 속하지 않는 것은? (단, 건축물과 분리하여 축조하는 경우)

① 높이 3m인 담장
② 높이 5m인 굴뚝
③ 높이 5m인 광고탑
④ 높이 5m인 광고판

해설

굴뚝은 높이 6m를 넘는 경우 신고 대상이다.

선지분석

① 옹벽 또는 담장은 높이 2m를 넘는 경우 신고 대상이다.
③, ④ 장식탑, 기념탑, 첨탑, 광고탑, 광고판 등은 높이 4m를 넘는 경우 신고 대상이다.

정답 97 ② 98 ③ 99 ② 100 ②

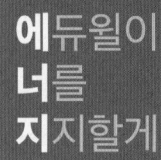

끝을 맺기를 처음과 같이하면 실패가 없다.
마지막에 이르기까지
처음과 마찬가지로 주의를 기울이면
어떤 일도 해낼 수 있을 것이다.

– 노자

2017년 | 제4회 기출문제

제1과목 건축계획

01 ★★☆
학교 운영방식에 관한 설명으로 옳지 않은 것은?
① 달톤형은 다양한 크기의 교실이 요구된다.
② 교과교실형은 각 교과교실의 순수율이 낮다는 단점이 있다.
③ 플래툰형은 교사수 및 시설이 부족하면 운영이 곤란하다는 단점이 있다.
④ 종합교실형은 학생의 이동이 없으며, 초등학교 저학년에 적합한 형식이다.

해설
교과교실형은 모든 교실이 특정한 교과 수업을 위해 만들어진 형식으로, 교실의 순수율이 높다는 장점이 있다.

02 ★★★
주택단지 안의 건축물에 설치하는 계단의 유효폭은 최소 얼마 이상이어야 하는가? (단, 공동으로 사용하는 계단의 경우)
① 90cm
② 120cm
③ 150cm
④ 180cm

해설
공동으로 사용하는 계단의 유효폭은 120cm 이상이다.

합격 POINT 주택단지 안의 건축물 또는 옥외에 설치하는 계단의 각 부위의 치수

계단의 종류	유효폭	단높이	단너비
공동으로 사용하는 계단	120cm 이상	18cm 이하	26cm 이상
건축물의 옥외계단	90cm 이상	20cm 이하	24cm 이상

03 ★★★
극장건축에서 무대의 제일 뒤에 설치되는 무대 배경용의 벽을 나타내는 용어는?
① 프로시니엄
② 사이클로라마
③ 플라이 로프트
④ 그리드 아이언

해설
사이클로라마에 대한 설명이다.

선지분석
① 프로시니엄: 연기자가 제한된 방향으로만 관객을 대하는 방식으로 픽쳐 프레임 스테이지형이라고도 한다.
③ 플라이 로프트: 무대의 위쪽 공간을 말하며, 일반적으로 프로시니엄의 4배 높이이다.
④ 그리드 아이언: 배경이나 조명기구, 연기자 또는 음향 반사판을 매달기 위해 무대 천정 밑에 설치되는 시설이다.

04 ★★☆
사무소 건축의 실단위 계획에 관한 설명으로 옳지 않은 것은?
① 개실 시스템은 독립성과 쾌적감의 이점이 있다.
② 개방식 배치는 전면적을 유용하게 이용할 수 있다.
③ 개방식 배치는 개실 시스템보다 공사비가 저렴하다.
④ 개실 시스템은 연속된 긴 복도로 인해 방 깊이에 변화를 주기가 용이하다.

해설
개실 시스템은 연속된 긴 복도로 인해 방 깊이에는 변화를 주기가 어렵다.

합격 POINT 개실 배치와 개방식 배치

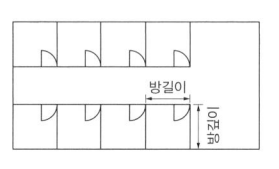
▲ 개실 배치

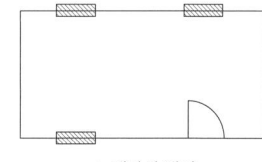
▲ 개방식 배치

정답 01 ② 02 ② 03 ② 04 ④

05 ★★★

주택의 평면과 각 부위의 치수 및 기준척도에 관한 설명으로 옳지 않은 것은?

① 치수 및 기준척도는 안목치수를 원칙으로 한다.
② 거실 및 침실의 평면 각 변의 길이는 10cm를 단위로 한 것을 기준척도로 한다.
③ 거실 및 침실의 층높이는 2.4m 이상으로 하되, 5cm를 단위로 한 것을 기준척도로 한다.
④ 계단 및 계단참의 평면 각 변의 길이 또는 너비는 5cm를 단위로 한 것을 기준척도로 한다.

해설
거실 및 침실의 평면 각 변의 길이는 5cm를 단위로 한 것을 기준척도로 한다.

합격 POINT 주택의 평면과 각 부위의 치수 및 기준척도
- 치수 및 기준척도는 안목치수를 원칙으로 할 것
- 거실 및 침실의 평면 각 변의 길이는 5cm를 단위로 한 것을 기준척도로 할 것
- 부엌·식당·욕실·화장실·복도·계단 및 계단참 등의 평면 각 변의 길이 또는 너비는 5cm를 단위로 한 것을 기준척도로 할 것
- 거실 및 침실의 반자높이(반자를 설치하는 경우만 해당)는 2.2m 이상으로 하고 층높이는 2.4m 이상으로 하되, 각각 5cm를 단위로 한 것을 기준척도로 할 것
- 창호설치용 개구부의 치수는 한국산업규격이 정하는 창호개구부 및 창호부품의 표준모듈호칭치수에 의할 것

06 ★☆☆

메조넷형(Maisonette type) 공동주택에 관한 설명으로 옳지 않은 것은?

① 주택 내의 공간의 변화가 있다.
② 거주성, 특히 프라이버시가 높다.
③ 소규모 단위평면에 적합한 유형이다.
④ 양면 개구에 의한 통풍 및 채광 확보가 양호하다.

해설
메조넷형은 소규모 단위평면에는 비경제적이다.

합격 POINT 메조넷형

정의	하나의 주거단위가 2개 층 이상으로 구성
장점	• 다양한 평면 구성 가능 • 거주성, 프라이버시 확보 용이 • 통로가 없는 층은 채광 및 통풍 확보 용이 • 공용 및 서비스 면적이 감소, 유효면적은 증가
단점	• 소규모 주택에서는 비경제적 • 통로가 없는 층은 화재 발생 시 대피상 불리 • 구조상 복잡함

07 ★★☆

고대 이집트의 분묘 건축 형태에 속하지 않는 것은?

① 인슐라
② 피라미드
③ 암굴분묘
④ 마스타바

해설
인슐라(Insula)는 고대 로마 건축의 다층의 집합주거 건물이다.

합격 POINT 고대 이집트의 분묘 건축
- 마스타바
- 피라미드
- 암굴분묘

08 ★★★

쇼핑센터에서 고객의 주 보행동선으로서 중심 상점과 각 전문점에서의 출입이 이루어지는 곳은?

① 몰(Mall)
② 코트(Court)
③ 터미널(Terminal)
④ 페데스트리언 지대(Pedestrian area)

해설
몰은 쇼핑센터의 공간구성에서 페디스트리언 지대의 일부로서 고객을 각 상점에 유도하는 주요 보행자 동선인 동시에 고객의 휴식처로서 기능을 갖고 있다.

09 ★★★

극장의 평면 형식 중 아레나형에 관한 설명으로 옳지 않은 것은?

① 무대의 배경을 만들지 않으므로 경제성이 있다.
② 무대의 장치나 소품은 낮은 가구들로 구성된다.
③ 연기는 한정된 액자 속에서 나타나는 구상화의 느낌을 준다.
④ 가까운 거리에서 관람하면서 가장 많은 관객을 수용할 수 있다.

해설
액자와 같이 관객의 시선을 무대에 쏠리게 하는 시각적 효과를 갖는 것은 프로시니엄형이다.

정답 05 ② 06 ③ 07 ① 08 ① 09 ③

10 ★★☆
도서관 출납시스템에 관한 설명으로 옳지 않은 것은?

① 자유개가식은 책 내용의 파악 및 선택이 자유롭다.
② 자유개가식은 서가의 정리가 잘 안되면 혼란스럽게 된다.
③ 폐가식은 규모가 큰 도서관의 독립된 서고의 경우에 채용한다.
④ 폐가식은 서가나 열람실에서 감시가 필요하나 대출절차가 간단하여 관원의 작업량이 적다.

해설
폐가식은 대출절차가 복잡하여 관원의 작업량이 많다.

합격 POINT 도서관 출납시스템

구분	내용
폐가식	도서 목록을 보고 선택하여 관원에게 대출받는 형식
반개가식	서가에서 도서의 표지 정도는 볼 수 있지만 내용을 열람하고자 하는 경우에는 관원에게 대출을 요구하는 형식
자유개가식	서가에서 자유롭게 도서를 꺼내어 고르고 열람하는 형식
안전개가식	서가에서 자유롭게 도서를 꺼낼 수 있으나 열람석으로 가기 전에 관원의 검열을 받는 형식

11 ★☆☆
미술관 전시실의 순회형식에 관한 설명으로 옳은 것은?

① 연속순회 형식은 각 실에 직접 들어갈 수 있다는 장점이 있다.
② 갤러리 및 코리도 형식은 하나의 실을 폐쇄하면 전체 동선이 막히게 되는 단점이 있다.
③ 연속순회 형식은 연속된 전시실의 한쪽 복도에 의해서 각 실을 배치한 형식이다.
④ 중앙홀 형식에서 중앙홀을 크게 하면 동선의 혼란은 없으나 장래의 확장에는 다소 무리가 따른다.

해설
중앙홀을 크게 하면 장래의 확장에 무리가 따른다.

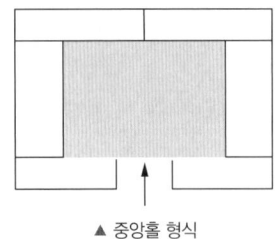
▲ 중앙홀 형식

선지분석
① 각 실에 직접 들어갈 수 있는 장점이 있는 것은 갤러리 및 코리도 형식이다.
② 하나의 실을 폐쇄하면 전체 동선이 막히는 것은 연속순회 형식이다.
③ 연속된 전시실의 한 쪽 복도에 의해서 각 실을 배치한 형식은 갤러리 및 코리도 형식이다.

12 ★★☆
다음 중 기계 공장의 지붕을 톱날형으로 하는 이유로 가장 적당한 것은?

① 모양이 좋다.
② 소음이 줄어든다.
③ 빗물 처리가 용이하다.
④ 균일한 조도를 얻을 수 있다.

해설
톱날형은 채광창을 북측으로 하여 하루 종일 균일한 조도를 유지할 수 있다.

▲ 톱날지붕

13 ★★★
병원건축의 형식 중 분관식(Pavilion type)에 관한 설명으로 옳은 것은?

① 저층 분산형의 형태이다.
② 각 병실의 채광 및 통풍 조건이 불리하다.
③ 환자의 이동은 주로 에스컬레이터를 이용한다.
④ 외래부, 부속진료부는 저층부에, 병동은 고층부에 배치한다.

해설
분관식은 일반적으로 3층 이하의 저층건물로 구성된다.
②, ③, ④는 집중식에 대한 설명이다.

합격 POINT 병원건축 분관식
1. 일반적으로 3층 이하의 저층건물로 구성된다.
2. 각 병실의 일조, 통풍 환경을 균일하게 할 수 있다.
3. 동선이 길어진다.
4. 환자는 주로 경사로를 이용한 보행 또는 들것으로 운반된다.

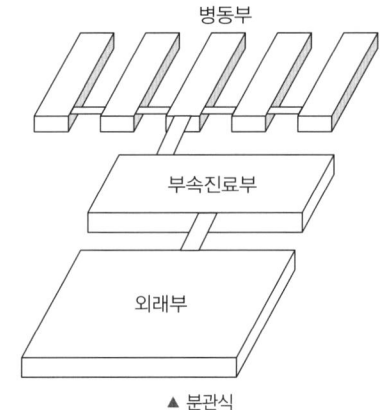
▲ 분관식

정답 10 ④ 11 ④ 12 ④ 13 ①

14 ★★☆

주택의 거실계획에 관한 설명으로 옳지 않은 것은?

① 거실에서 문이 열린 침실의 내부가 보이지 않게 한다.
② 거실이 다른 공간들을 연결하는 단순한 통로의 역할이 되지 않도록 한다.
③ 거실의 출입구에서 의자나 소파에 앉을 경우 동선이 차단되지 않도록 한다.
④ 일반적으로 전체 연면적의 10~15% 정도의 규모로 계획하는 것이 바람직하다.

해설
거실은 일반적으로 전체 연면적의 20~30% 정도의 규모로 계획하는 것이 바람직하다.

15 ★☆☆

다음 건축물 중 익공식(翼工式)에 속하는 것은?

① 강릉 오죽헌
② 서울 동대문
③ 봉정사 대웅전
④ 무위사 극락전

해설
강릉 오죽헌은 익공식에 속한다.
선지분석
② 다포식에 속한다.
③ 다포식에 속한다.
④ 주심포식에 속한다.

16 ★☆☆

사무소 건축의 엘리베이터 계획에 관한 설명으로 옳지 않은 것은?

① 대면배치에서 대면거리는 동일 군 관리의 경우는 3.5~4.5m로 한다.
② 여러 대의 엘리베이터를 설치하는 경우, 그룹별 배치와 군 관리 운전방식으로 한다.
③ 일렬 배치는 8대를 한도로 하고, 엘리베이터 중심 간 거리는 8m 이하가 되도록 한다.
④ 엘리베이터 홀은 엘리베이터 정원 합계의 50% 정도를 수용할 수 있어야 하며, 1인당 점유면적은 0.5~0.8m² 로 계산한다.

해설
일렬 배치는 4대를 한도로 하고, 엘리베이터 중심 간 거리는 8m 이하가 되도록 한다.

합격 POINT 엘리베이터 배치

- 교통동선의 중심에 설치하여 보행거리가 짧도록 배치한다.
- 여러 대의 엘리베이터를 설치하는 경우, 그룹별 배치와 군 관리 운전방식으로 한다.
- 군 관리운전의 경우 동일 군내의 서비스 층은 같게 한다.
- 일렬배치는 4대를 한도로 하고, 엘리베이터 중심 간 거리는 8m 이하가 되도록 한다.
- 대면배치 시 대면거리는 동일 군 관리의 경우는 3.5~4.5m로 한다.
- 엘리베이터 홀은 엘리베이터 정원 합계의 50% 정도를 수용할 수 있어야 하며, 1인당 점유면적은 0.5~0.8m²로 계산한다.

17 ★☆☆

불사건축의 진입방법에서 누하진입방식을 취한 것은?

① 부석사
② 통도사
③ 화엄사
④ 범어사

해설
부석사의 가람배치는 누하진입방식을 취하고 있다.

18 ★☆☆

은행의 주출입구에 관한 설명으로 옳지 않은 것은?

① 겨울철의 방풍을 위해 방풍실을 설치하는 것이 좋다.
② 내부와 면한 출입문은 도난방지상 바깥여닫이로 하는 것이 좋다.
③ 이중문을 설치하는 경우, 바깥문은 바깥여닫이 또는 자재문으로 계획할 수 있다.
④ 어린이들의 출입이 많은 곳에서는 안전을 고려하여 회전문 설치를 배제하는 것이 좋다.

해설
내부와 면한 출입문은 도난방지상 안여닫이로 하는 것이 좋다.

정답 14 ④ 15 ① 16 ③ 17 ① 18 ②

19 ★★★

페리(C. A. Perry)의 근린주구에 관한 설명으로 옳지 않은 것은?

① 경계: 4면의 간선도로에 의해 구획
② 지구 내 상업시설: 지구 중심에 집중하여 배치
③ 오픈 스페이스: 주민의 일상생활 요구를 충족시키기 위한 소공원과 위락공간체계
④ 지구 내 가로체계: 내부 가로망은 단지 내의 교통량을 원활히 처리하고 통과 교통을 방지

해설
주민에게 적절한 서비스를 제공하는 1~2개소 이상의 상점가를 주요도로의 결절점에 배치한다.

합격 POINT 페리의 근린주구 이론
- 하나의 초등학교가 필요하게 되는 인구
- 경계는 간선도로에 의해 구획
- 내부 가로망은 단지 내의 교통량을 원활히 처리하고 통과교통에 사용되지 않도록 계획
- 서비스를 제공하는 1~2개소 이상의 상점가를 주요도로의 결절점에 배치

20 ★★☆

다음 중 리조트 호텔에 속하지 않는 것은?

① 해변 호텔(Beach hotel)
② 부두 호텔(Harbor hotel)
③ 산장 호텔(Mountain hotel)
④ 클럽 하우스(Club house)

해설
부두 호텔은 터미널 호텔에 해당한다.

합격 POINT 리조트 호텔의 종류
- 해변 호텔
- 산장 호텔
- 온천 호텔
- 스키 호텔
- 스포츠 호텔
- 클럽 하우스

제2과목 건축시공

21 ★☆☆

공기단축을 목적으로 공정에 따라 부분적으로 완성된 도면만을 가지고 각 분야별 전문가를 구성하여 패스트 트랙(Fast track) 공사를 진행하기에 가장 적합한 조직구조는?

① 기능별 조직(Functional organization)
② 매트릭스 조직(Matrix organization)
③ 태스크포스 조직(Task force organization)
④ 라인스탭 조직(Line-staff organization)

해설
패스트 트랙(Fast track) 공사에서 공기단축의 목적으로 적합한 조직구조는 라인스탭 조직(Line-staff organization)이다.

22 ★★☆

벽돌쌓기 시공에 관한 설명으로 옳지 않은 것은?

① 연속되는 벽면의 일부를 나중쌓기 할 때에는 그 부분을 층단 들여쌓기로 한다.
② 내력벽 쌓기에서는 세워쌓기나 옆쌓기가 주로 쓰인다.
③ 벽돌쌓기 시 줄눈모르타르가 부족하면 하중분담이 일정하지 않아 벽면에 균열이 발생할 수 있다.
④ 창대쌓기는 물흘림을 위해 벽돌을 15° 정도 기울여 벽면에서 3~5cm 정도 내밀어 쌓는다.

해설
내력벽 쌓기에서는 눕혀쌓기가 주로 쓰인다.

23 ★★☆

굴착구멍 내 지하수위보다 2m 이상 높게 물을 채워 굴착함으로써 굴착 벽면에 $2t/m^2$ 이상의 정수압에 의해 벽면의 붕괴를 방지하면서 현장타설 콘크리트 말뚝을 형성하는 공법은?

① 베노토 파일
② 프랭키 파일
③ 리버스서큘레이션 파일
④ 프리팩트 파일

해설
리버스서큘레이션공법(Reverse circulation drill method)은 굴착토사와 안정액 및 물의 혼합물을 파이프 내부를 통해 역순환시켜 밖으로 배출하는 공법으로 현장타설 말뚝공법에 해당한다.

정답 19 ② 20 ② 21 ④ 22 ② 23 ③

24 ★★☆

흙의 함수비에 관한 설명으로 옳지 않은 것은?

① 연약점토질 지반의 함수비를 감소시키기 위해서 샌드드레인 공법을 사용할 수 있다.
② 함수비가 크면 흙의 전단강도가 작아진다.
③ 모래지반에서 함수비가 크면 내부마찰력이 감소된다.
④ 점토지반에서 함수비가 크면 점착력이 증가한다.

해설
점토지반에서 함수비가 크면 점착력이 감소한다.

25 ★★★

벽마감공사에서 규격 200×200mm인 타일을 줄눈너비 10mm로 벽면적 100m²에 붙일 때 붙임매수는 몇 장인가? (단, 할증률 및 파손은 없는 것으로 가정함)

① 2,238매　② 2,248매
③ 2,258매　④ 2,268매

해설
타일 정미량

$$= \frac{\text{타일 면적}}{(\text{타일 한 변의 길이}+\text{줄눈 두께}) \times (\text{타일 한 변의 길이}+\text{줄눈 두께})}$$

$$= \frac{100\text{m}^2}{(0.2+0.01)\text{m} \times (0.2+0.01)\text{m}} = \frac{100\text{m}^2}{0.0441\text{m}^2}$$

$\fallingdotseq 2{,}267.5737 = 2{,}268$매

26 ★★★

지름 100mm, 높이 200mm인 원주 공시체로 콘크리트의 압축강도를 시험하였더니 200kN에서 파괴되었다면 이 콘크리트의 압축강도는?

① 12.89MPa　② 17.48MPa
③ 25.46MPa　④ 50.9MPa

해설
콘크리트의 압축강도

$$f_c = \frac{P}{A} = \frac{\text{최대하중(N)}}{\text{시험체 단면적(mm}^2)}$$

$$= \frac{200 \times 10^3 (\text{N})}{\frac{\pi}{4} \times 100^2 (\text{mm}^2)} \fallingdotseq 25.46\text{N/mm}^2 = 25.46\text{MPa}$$

※ 1kN = 1,000N

27 ★★☆

철근의 가공·조립에 관한 설명으로 옳지 않은 것은?

① 철근배근도에 철근의 구부리는 내면 반지름이 표시되어 있지 않은 때에는 건축구조기준에 규정된 구부림의 최소 내면 반지름 이하로 철근을 구부려야 한다.
② 철근은 상온에서 가공하는 것을 원칙으로 한다.
③ 철근 조립이 끝난 후 철근배근도에 맞게 조립되어 있는지 검사하여야 한다.
④ 철근의 조립은 녹, 기름 등을 제거한 후 실시한다.

해설
철근배근도에 철근의 구부리는 내면 반지름이 표시되어 있지 않은 때에는 건축구조기준(KDS)에 규정된 구부림의 최소 내면 반지름 이상으로 철근을 구부려야 한다.

28 ★★☆

건축 방수공사의 성능 확인을 위한 가장 일반적인 시험방법은?

① 수압시험　② 기밀시험
③ 실물시험　④ 담수시험

해설
담수시험은 배수구를 임시로 메우고 방수층 위에 물을 채워 약 24시간 후에 실내 혹은 방수층 밖으로 물이 누수되는지 확인하는 시험방법이다.

29 ★★★

가설건축물 중 시멘트창고에 관한 설명으로 옳지 않은 것은?

① 바닥구조는 일반적으로 마루널깔기로 한다.
② 창고의 크기는 시멘트 100포당 2~3m²로 하는 것이 바람직하다.
③ 공기의 유통이 잘 되도록 개구부를 가능한 한 크게 한다.
④ 벽은 널판붙임으로 하고 장기간 사용하는 것은 함석붙이기로 한다.

해설
시멘트창고에 채광창 이외에 창은 설치하지 않으며, 통풍 시 시멘트의 풍화를 유발하므로 환기창의 설치를 금한다.

정답 24 ④　25 ④　26 ③　27 ①　28 ④　29 ③

30 ★★☆
콘크리트의 내화·내열성에 관한 설명으로 옳지 않은 것은?

① 콘크리트의 내화·내열성은 사용한 골재의 품질에 크게 영향을 받는다.
② 콘크리트는 내화성이 우수해서 600℃ 정도의 화열을 장시간 받아도 압축강도는 거의 저하하지 않는다.
③ 철근콘크리트 부재의 내화성을 높이기 위해서는 철근의 피복두께를 충분히 하면 좋다.
④ 화재를 당한 콘크리트의 중성화 속도는 그렇지 않은 것에 비하여 크다.

해설
콘크리트는 500~600℃ 정도의 화열에서 압축강도가 급격히 저하된다.

31 ★★☆
레디믹스트 콘크리트(Ready mixed concrete)를 사용하는 이유로 옳지 않은 것은?

① 시가지에서는 콘크리트를 혼합할 장소가 좁다.
② 현장에서는 균질한 품질의 콘크리트를 얻기 어렵다.
③ 콘크리트의 혼합이 충분하여 품질이 고르다.
④ 콘크리트의 운반거리 및 운반시간에 제한을 받지 않는다.

해설
레디믹스트 콘크리트를 운반하는 경우, 혼합을 개시하고 부터의 시간 경과에 따라 슬럼프, 공기량 등의 변화를 일으키므로 운반시간에 제한을 받는다.

32 ★☆☆
폴리머함침콘크리트에 관한 설명으로 옳지 않은 것은?

① 시멘트계의 재료를 건조시켜 미세한 공극에 수용성 폴리머를 함침·중합시켜 일체화한 것이다.
② 내화성이 뛰어나며 현장시공이 용이하다.
③ 내구성 및 내약품성이 뛰어나다.
④ 고속도로 포장이나 댐의 보수공사 등에 사용된다.

해설
폴리머함침콘크리트(Polymer impregnated concrete)는 내구성, 내약품성 등이 좋으나 내화성이 나쁘고 현장시공이 어렵다.

33 ★★☆
다음 중 비철금속에 해당되지 않는 것은?

① 알루미늄 ② 탄소강
③ 동   ④ 아연

해설
탄소강은 철금속에 해당된다.

합격 POINT 비철금속
- 철 또는 강 이외의 금속
- 구리, 알루미늄, 납, 아연, 주석, 니켈, 크롬, 금, 은 등

34 ★★★
VE(Value Engineering)의 사고방식과 가장 거리가 먼 것은?

① 제도, 법규 위주의 사고
② 비용절감
③ 발주자, 사용자 중심의 사고
④ 기능 중심의 사고

해설
V.E(Value Engineering, 가치공학)는 기능성을 우선으로 하여 조직적 노력과 분석으로 비용절감 및 기능향상을 목적으로 하는 관리기법이다.

- $V \cdot E = \dfrac{기능(Function)}{비용(Cost)}$
- 기본원칙
  1. 사용자 우선의 원칙(사용자 중심의 사고)
  2. 기능본위 우선의 원칙(기능 중심의 사고)
  3. 창조에 의한 변경 우선의 원칙
  4. Team Design 우선의 원칙(조직적 노력)
  5. 가치향상 우선의 원칙(기능향상과 비용절감)

35 ★★☆
철골공사 용접작업의 용접자세를 표현하는 각 기호의 의미하는 바가 옳은 것은?

① F: 수평자세 ② H: 수직자세
③ O: 상향자세 ④ V: 하향자세

해설
① F(Flat position): 하향자세
② H(Horizontal position): 수평자세
④ V(Vertical position): 수직자세

정답 30 ② 31 ④ 32 ② 33 ② 34 ① 35 ③

36 ★★★
철골재의 수량산출에서 사용되는 재료별 할증률로 옳지 않은 것은?

① 고장력볼트: 5% ② 강판: 10%
③ 봉강: 5% ④ 강관: 5%

해설
고장력(고력)볼트의 할증률은 3%이다.

합격 POINT 재료별 할증률

할증률(%)	재료
1	콘크리트(철근), 유리
2	콘크리트(무근), 도료
3	붉은벽돌, 타일(점토계, 크링커), 이형철근, 고력볼트, 슬레이트, 테라코타, 일반합판
4	시멘트블록
5	시멘트벽돌, 원형철근, 강관, 봉강, 리벳, 타일(합성수지계), 텍스, 석고보드, 기와, 수장합판, 목재(각재)
7	대형 형강
10	단열재, 강판, 목재(판재), 석재(정형)
20	졸대
30	석재(원석, 부정형)

37 ★★☆
매스콘크리트(Mass concrete)의 타설 및 양생에 관한 설명으로 옳지 않은 것은?

① 내부온도가 최고온도에 달한 후에는 보온하여 중심부와 표면부의 온도차 및 중심부의 온도강하 속도가 크지 않도록 양생한다.
② 신구 콘크리트의 유효탄성계수 및 온도 차이가 클수록 이어붓기 시간 간격을 길게 하면 할수록 좋다.
③ 부어넣는 콘크리트의 온도는 온도균열을 제어하기 위해 가능한 한 저온(일반적으로 35℃ 이하)으로 해야 한다.
④ 거푸집널 및 보온을 위하여 사용한 재료는 콘크리트 표면부의 온도와 외기온도와의 차이가 작아지면 해체한다.

해설
매스콘크리트(Mass concrete)의 타설 및 양생 시 신구 콘크리트의 유효탄성계수 및 온도 차이가 크면 클수록 커지므로 신구 콘크리트의 타설 시간 간격을 지나치게 길게 하지 않도록 한다.

합격 POINT 매스콘크리트(Mass concrete)
콘크리트댐이나 큰 교각 등과 같이 치수가 큰 콘크리트로서, 시멘트의 수화열로 인한 온도상승이 콘크리트의 품질에 영향을 줄 정도의 큰 콘크리트이다. 수화열의 영향으로 내응력 때문에 균열을 발생시켜 누수 등의 장해를 일으키므로 저열시멘트나 중용열시멘트를 사용한다.

38 ★☆☆
건축물이 초고층화, 대형화됨에 따라 발생되는 기둥 축소량(Column shortening)의 방지대책으로 적합하지 않은 것은?

① 구조설계 시 변위 발생량에 대해 여유 있게 산정한다.
② 전체 건물의 층을 몇 절(Tier)로 등분하여 변위 차이를 최소화 한다.
③ 가조립 시 위치별, 단면크기별 등 변위를 충분히 발생시킨 후 본조립한다.
④ 시공 시 발생되는 변위를 최대한 보정한 후 실시한다.

해설
기둥 축소량(Column shortening)의 구조설계 시 변위 발생량을 최소화 한다.

합격 POINT 기둥 축소량(Column shortening, 컬럼 쇼트닝)
철골조 건물이 초고층화, 대형화됨에 따라 발생하는 축하중에 의한 기둥 축소량으로 내외부 기둥구조 및 재질이나 응력, 하중의 차이에 의하여 발생한다.

39 ★★☆
콘크리트 배합 시 시공연도와 가장 거리가 먼 것은?

① 시멘트 강도 ② 골재의 입도
③ 혼화제 ④ 혼합시간

해설
시공연도(Workability)

영향을 미치는 요인	단위수량, 단위시멘트량, 시멘트의 성질, 골재의 입도 및 입형, 공기량, 혼화제, 비빔시간, 온도 등
측정방법	Slump시험, Flow시험, 구 관입시험, Vee-Bee시험(된반죽 콘크리트의 반죽질기를 측정), Remolding시험(반복 낙하횟수로 반죽질기를 측정)

40 ★☆☆
계약제도의 하나로서 독립된 회사의 연합으로 법인을 설립하지 않으며 공사의 책임과 공사 클레임 등을 각각 독립된 회사의 계약 당사자가 책임을 지는 방식은?

① 공동도급(Joint venture)
② 파트너링(Partnering)
③ 컨소시엄(Consortium)
④ 분할도급(Partial contract)

해설
공사 클레임이 발생 시 공동도급(Joint venture)은 투자비율에 따라 공동 부담하며, 컨소시엄(Consortium)은 각각 독립된 회사의 계약 당사자가 책임을 진다.

정답 36 ① 37 ② 38 ① 39 ① 40 ③

제3과목 건축구조

41 ★★☆

다음 그림과 같은 단순보를 $I-200\times100\times7$로 설계하였다면 최대 처짐량은? (단, $I_x=2.18\times10^7\text{mm}^4$, $E=2.0\times10^5\text{MPa}$)

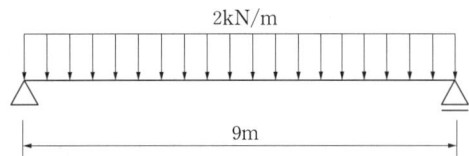

① 32.1mm ② 33.6mm
③ 34.5mm ④ 39.2mm

해설
단순보의 최대 처짐 $\delta=\dfrac{M'}{EI}=\dfrac{5wl^4}{384EI}$로 구한다.
(M': 최대 모멘트, E: 탄성계수 I: 단면2차모멘트)
$\therefore \delta=\dfrac{5\times2\times9{,}000^4}{384\times(2.0\times10^5)\times(2.18\times10^7)}≒39.19\text{mm}$

42 ★★★

다음과 같은 조건에서의 필릿용접의 최소 치수는 얼마인가?

- 접합부의 얇은 쪽 소재 두께(t), mm
- $6\leq t<13$

① 3mm ② 5mm
③ 6mm ④ 8mm

해설
접합부의 얇은 쪽 소재 두께가 $6\leq t<13$이면 최소 치수는 5mm이다.

합격 POINT 필릿용접 최소 치수

얇은 쪽 소재 두께(t)	최소 치수(mm)
$t<6$	3
$6\leq t<13$	5
$13\leq t<20$	6
$20\leq t$	8

43 ★☆☆

콘크리트 압축강도가 30MPa일 때 보통 골재를 사용한 콘크리트의 탄성계수는?

① $2.62\times10^4\text{MPa}$ ② $2.75\times10^4\text{MPa}$
③ $2.95\times10^4\text{MPa}$ ④ $3.12\times10^4\text{MPa}$

해설
콘크리트 탄성계수 $E_c=8{,}500\cdot\sqrt[3]{f_{ck}+\Delta f}$로 구한다.
여기서, f_{ck}: 콘크리트 항복강도, $f_{ck}\leq40\text{MPa}$이면 $\Delta f=4$
$\therefore E_c=8{,}500\cdot\sqrt[3]{30+4}≒27{,}536.7≒2.75\times10^4\text{MPa}$

44 ★☆☆

강도설계법에서 단철근 직사각형 보의 단면이 $b=400\text{mm}$, $d=800\text{mm}$이고 등가응력블록깊이 a가 100mm일 경우 철근비는? (단, $f_y=300\text{MPa}$, $f_{ck}=24\text{MPa}$)

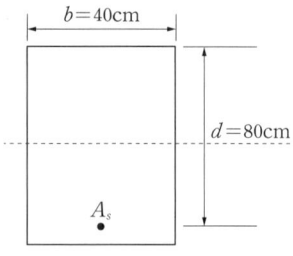

① 0.0035 ② 0.0057
③ 0.0085 ④ 0.0103

해설
철근비 ρ는 철근의 면적 A_s를 보의 단면적으로 나누어서 구한다.
$\rho=\dfrac{A_s}{bd}$
$A_s=\dfrac{\eta(0.85f_{ck})ab}{f_y}=\dfrac{1.00\times0.85\times24\times100\times400}{300}=2{,}720\text{mm}^2$
(여기서, $f_{ck}\leq40\text{MPa}$이므로 $\eta=1.00$)
$\therefore \rho=\dfrac{2{,}720}{400\times800}=0.0085$

45 ★☆☆

길이가 1.5m이고, 한 변이 100mm인 정사각형 단면을 가지고 있는 캔틸레버보의 최대휨응력과 최대처짐을 구하면? (단, 부재의 탄성계수: $1\times10^4\text{MPa}$)

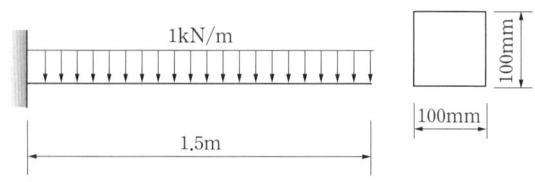

① 최대휨응력: 3.37MPa, 최대처짐: 3.8mm
② 최대휨응력: 3.37MPa, 최대처짐: 7.6mm
③ 최대휨응력: 6.75MPa, 최대처짐: 3.8mm
④ 최대휨응력: 6.75MPa, 최대처짐: 7.6mm

정답 41 ④ 42 ② 43 ② 44 ③ 45 ④

해설

1. 최대휨응력 $\sigma_{max} = \dfrac{M_{max}}{Z}$로 구한다.
   (M_{max}: 최대휨모멘트, Z: 단면계수)
   여기서, 단면이 사각형일 경우: $Z = \dfrac{bh^2}{6}$
   최대휨모멘트는 고정단에서 발생
   $M_{max} = (1 \times 1.5) \times \left(\dfrac{1.5}{2}\right) = 1.125 \text{kN} \cdot \text{m}$
   $\therefore \sigma_{max} = \dfrac{1.125 \times 10^6}{\dfrac{100 \times 100^2}{6}} = 6.75 \text{N/mm}^2 = 6.75 \text{MPa}$

2. 캔틸레버보의 자유단에 등분포하중이 작용하는 경우 최대처짐은
   $\delta_{max} = \dfrac{wL^4}{8EI}$로 구한다.
   단면이 사각형인 경우 단면2차모멘트: $I = \dfrac{bh^3}{12}$
   $\therefore \delta_{max} = \dfrac{1 \times 1,500^4}{8 \times (1 \times 10^4) \times \left(\dfrac{100 \times 100^3}{12}\right)} \approx 7.59 \text{mm}$

46 ★★☆

다음 그림에서 동일한 처짐이 되기 위한 P_1, P_2의 값의 비로 옳은 것은? (단, 부재의 EI는 일정함)

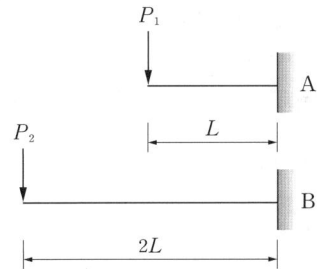

① $P_1 : P_2 = 2 : 1$ ② $P_1 : P_2 = 4 : 1$
③ $P_1 : P_2 = 6 : 1$ ④ $P_1 : P_2 = 8 : 1$

해설

캔틸레버 보의 자유단에 집중하중이 작용하는 경우 최대처짐은
$\delta_{max} = \dfrac{PL^3}{3EI}$로 구한다.

A보	B보
$\delta_{max} = \dfrac{P_1 L^3}{3EI}$	$\delta_{max} = \dfrac{P_2 (2L)^3}{3EI}$

$\therefore P_1 : P_2 = 8 : 1$

47 ★☆☆

폭이 $b = 100 \text{mm}$, 높이가 $h = 200 \text{mm}$인 단면에 전단력 4kN이 작용할 때 최대전단응력을 구하면?

① 0.3MPa ② 0.4MPa
③ 0.5MPa ④ 0.6MPa

해설

직사각형 단면의 최대전단응력 $\tau_{max} = \dfrac{3}{2} \times \dfrac{V}{A}$로 구한다.
$\therefore \tau_{max} = \dfrac{3}{2} \times \dfrac{4 \times 10^3}{100 \times 200} = 0.3 \text{N/mm}^2 = 0.3 \text{MPa}$

48 ★☆☆

다음 그림에서 B점에 도달되는 모멘트는 얼마인가?

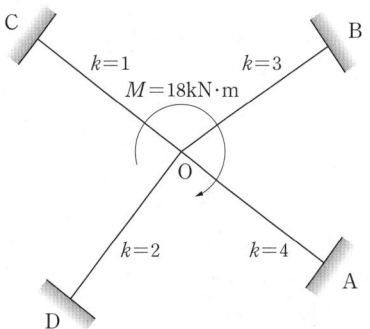

① 2.7kN·m ② 3.0kN·m
③ 5.4kN·m ④ 6.0kN·m

해설

모멘트 분배법을 이용해 구한다.
B점 도달(전달)모멘트 M_{BO}는 분배모멘트 M_{OB}의 1/2이다.
$M_{BO} = \dfrac{1}{2} M_{OB}$

분배율: $DF_{OB} = \dfrac{K_{OB}}{\sum K} = \dfrac{3}{4+3+1+2} = \dfrac{3}{10}$

분배모멘트: $M_{OB} = M_O \cdot DF_{OB} = 18 \times \dfrac{3}{10} = 5.4 \text{kN} \cdot \text{m}(\frown)$

전달모멘트: $M_{BO} = \dfrac{1}{2} M_{OB} = \dfrac{5.4}{2} = 2.7 \text{kN} \cdot \text{m}(\frown)$

49 ★★★

인장이형철근 및 압축이형철근의 정착길이(l_d)에 관한 기준으로 옳지 않은 것은?

① 계산에 의하여 산정한 인장이형철근의 정착길이는 항상 250mm 이상이어야 한다.
② 계산에 의하여 산정한 압축이형철근의 정착길이는 항상 200mm 이상이어야 한다.
③ 인장 또는 압축을 받는 하나의 다발철근 내에 있는 개개 철근의 정착길이 l_d는 다발철근이 아닌 경우의 각 철근의 정착길이보다 3개의 철근으로 구성된 다발철근에 대해서 20%를 증가시켜야 한다.
④ 단부에 표준갈고리가 있는 인장이형철근의 정착길이는 항상 $8d_b$ 이상 또한 150mm 이상이어야 한다.

해설

인장력을 받는 이형철근의 최소 정착길이는 300mm이다.

정답 46 ④ 47 ① 48 ① 49 ①

50 ★☆☆
그림과 같은 구조물의 부정정 차수는?

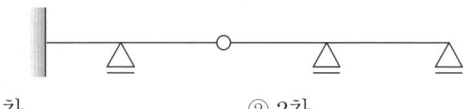

① 1차 ② 2차
③ 3차 ④ 4차

해설
$N=r+m+f-2j$ 공식 이용
(여기서, r: 지점 반력수, m: 부재수, f: 강절점수, j: 지점수+자유단 지점수)
∴ $N=6+4+2-2\times5=2$ (2차 부정정 구조물)

51 ★★★
다음 그림과 같은 철근 콘크리트보의 균열모멘트(M_{cr})값은? (단, 보통중량 콘크리트 사용, $f_{ck}=24MPa$, $f_y=400MPa$)

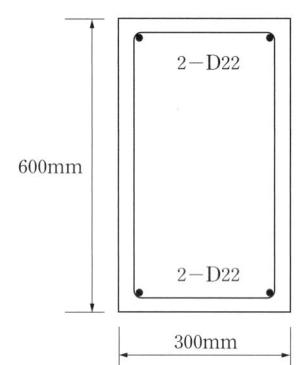

① 21.5kN·m ② 33.6kN·m
③ 42.8kN·m ④ 55.6kN·m

해설
균열모멘트 M_{cr}은 다음과 같은 식으로 구한다.
$M_{cr}=f_r \times Z=0.63\lambda\sqrt{f_{ck}} \times \dfrac{bh^2}{6}$
(여기서, 파괴계수 $f_r=0.63\lambda\sqrt{f_{ck}}$, 보통중량콘크리트 $\lambda=1.0$, f_{ck}: 콘크리트 압축강도, b: 부재폭, h: 부재높이)
∴ $M_{cr}=0.63\times1.0\times\sqrt{24}\times\dfrac{300\times600^2}{6}\times10^{-6}≒55.6kN\cdot m$

52 ★★★
강도설계법에서 처짐을 계산하지 않는 경우, 철근 콘크리트 보의 최소 두께 규정으로 옳은 것은? (단, 보통콘크리트 $m_c=2,300kg/m^3$와 설계기준 항복강도 $400MPa$ 철근을 사용한 부재)

① 1단연속: $l/18.5$ ② 단순지지: $l/15$
③ 양단연속: $l/24$ ④ 캔틸레버: $l/10$

해설
처짐을 계산하지 않는 경우 보의 최소 두께 규정 중 1단연속일 경우 $l/18.5$이다.

합격 POINT 처짐을 계산하지 않는 경우 보의 최소 두께 규정
1. 캔틸레버: $\dfrac{l}{8}$ 2. 단순지지: $\dfrac{l}{16}$
3. 1단연속: $\dfrac{l}{18.5}$ 4. 양단연속: $\dfrac{l}{21}$

53 ★★☆
연약지반에 대한 대책으로 옳지 않은 것은?

① 지반개량공법을 실시한다.
② 말뚝기초를 적용한다.
③ 독립기초를 적용한다.
④ 건물을 경량화 한다.

해설
독립기초를 적용하는 것은 연약지반에 대한 대책과 관련이 없다.

합격 POINT 연약지반의 부동침하 방지대책
1. 상부구조: 건물의 경량화, 건물의 길이 제한, 인접건물과 이격, 건물의 중량 균등 분배
2. 하부구조: 경질 지반에 지지, 마찰말뚝 사용, 지하실(온통기초) 설치, 지중보 또는 지하 연속벽 시공

54 ★☆☆
강구조 기둥의 주각부에 관한 설명으로 옳지 않은 것은?

① 기둥의 응력이 크면 윙플레이트, 접합앵글, 리브 등으로 보강하여 응력의 분산을 도모한다.
② 앵커볼트는 기초콘크리트에 매입되어 주각부의 이동을 방지하는 역할을 한다.
③ 주각은 조건에 관계없이 고정으로만 가정하여 응력을 산정한다.
④ 축방향력이나 휨모멘트는 베이스플레이트 저면의 압축력이나 앵커볼트의 인장력에 의해 전달된다.

해설
주각은 핀 구조물로 가정하여 설계한다. (경우에 따라 고정도 가능)

정답 50 ② 51 ④ 52 ① 53 ③ 54 ③

55 ★☆☆

래티스형식 조립압축재에 관한 설명으로 옳지 않은 것은?

① 단일 래티스 부재의 세장비 L/r은 140 이하로 한다.
② 단일 래티스 부재의 부재축에 대한 기울기는 60° 이상으로 한다.
③ 복 래티스 부재의 세장비 L/r은 180 이하로 한다.
④ 복 래티스 부재의 부재축에 대한 기울기는 45° 이상으로 한다.

해설
복 래티스 부재의 세장비 L/r은 200 이하로 한다.

합격 POINT 래티스형식 조립압축재

구분	단일 래티스	복 래티스
부재의 기울기	60° 이상	45° 이상
래티스 세장비	140 이하	200 이하

56 ★★★

다음 그림과 같은 트러스에서 a부재의 부재력은 얼마인가?

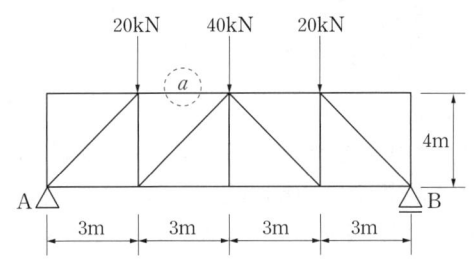

① 20kN(인장)   ② 30kN(압축)
③ 40kN(인장)   ④ 60kN(압축)

해설
$\Sigma F_y=0$; $V_A+V_B=80$kN
하중과 좌우 경간이 같으므로, $V_A=V_B=40$kN(↑)
절단법을 이용한다.

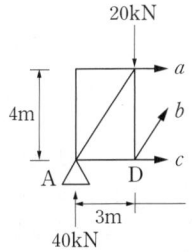 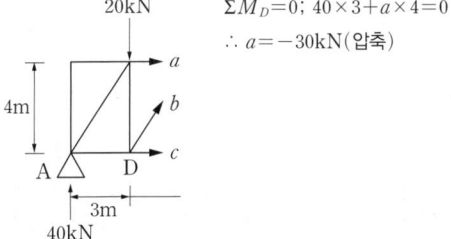

$\Sigma M_D=0$; $40\times3+a\times4=0$
∴ $a=-30$kN(압축)

57 ★★★

기초설계 시 장기 150kN(자중포함)의 하중을 받는 경우 장기허용지내력도 20kN/m²의 지반에서 필요한 기초판의 크기는?

① 1.6m×1.6m   ② 2.0m×2.0m
③ 2.4m×2.4m   ④ 2.8m×2.8m

해설
응력(지내력) σ은 작용하중 P를 작용면적 A로 나누어 구하는 식을 이용한다.
$$\sigma=\frac{P}{A} \to A=\frac{P}{\sigma}$$
$$A=\frac{150}{20}=7.5\text{m}^2$$
한변을 a라고 가정하면, $A=a^2$이므로
$\sqrt{7.5}\text{m}\times\sqrt{7.5}\text{m}≒2.74\text{m}\times2.74\text{m}$보다 커야 한다.

58 ★★★

다음 모살용접부의 유효용접면적은?

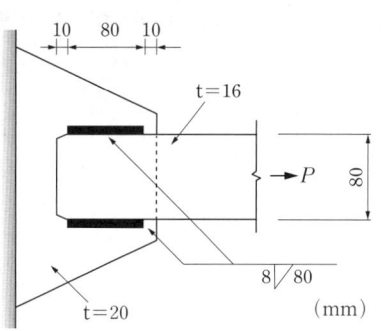

① 614.4mm²   ② 691.2mm²
③ 716.8mm²   ④ 806.4mm²

해설
필릿(모살)용접의 유효용접면적 A_e는 유효목두께 a와 유효용접길이 L_e의 곱으로 구하며, 양면모살용접일 경우 2배를 한다.
$A_e=a\times L_e\times 2$
$a=0.7S$ (S는 모살치수 8mm) $=0.7\times8=5.6$mm
$L_e=L-2S$ (L은 용접길이 80mm) $=80-(2\times8)=64$mm
∴ $A_e=5.6\times64\times2=716.8$mm²

정답 55 ③ 56 ② 57 ④ 58 ③

59 ★★☆

말뚝머리 지름이 400mm인 기성 콘크리트 말뚝을 시공할 때 그 중심간격으로 가장 적당한 것은?

① 800mm
② 900mm
③ 1,000mm
④ 1,100mm

해설

기성 콘크리트 말뚝의 최소간격은 2.5D 이상 또한 750mm 이상이다.
∴ 2.5×400=1,000mm

합격 POINT 말뚝의 최소간격 산정

※ D: 말뚝머리 지름

종류	최소간격
나무말뚝	2.5D, 600mm 이상
기성 콘크리트 말뚝	2.5D, 750mm 이상
강재말뚝	2.0D, 750mm 이상
현장타설 콘크리트 말뚝	2.0D, D+1,000mm 이상

60 ★★☆

다음 그림과 같은 단순보의 양단 수직반력을 구하면?

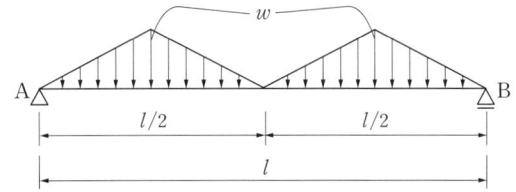

① $R_A=R_B=\dfrac{wl}{2}$
② $R_A=R_B=\dfrac{wl}{4}$
③ $R_A=R_B=\dfrac{wl}{6}$
④ $R_A=R_B=\dfrac{wl}{8}$

해설

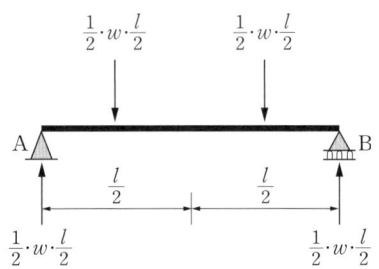

좌우대칭이므로 각 삼각형의 면적이 곧 반력이 된다.

$R_A=R_B=\dfrac{1}{2}\times w\times\left(\dfrac{l}{2}\right)=\dfrac{wl}{4}$

제4과목 건축설비

61 ★★★

자동화재탐지설비의 열감지기 중 주위온도가 일정온도 이상일 때 작동하는 것은?

① 차동식
② 정온식
③ 광전식
④ 이온화식

해설

정온식 감지기는 주위 온도가 일정 온도 이상이 되면 동작하는 자동화재탐지설비 감지기로, 보일러실·주방과 같이 다량의 열을 취급하는 곳에 설치한다.

62 ★★☆

온수난방과 비교한 증기난방의 설명으로 옳은 것은?

① 예열시간이 길다.
② 한랭지에서 동결의 우려가 있다.
③ 부하변동에 따른 방열량 제어가 용이하다.
④ 열매온도가 높으므로 방열기의 방열면적이 작아진다.

해설

증기난방의 특징
- 증발잠열을 이용하므로 열의 운반능력이 크다.
- 예열시간이 짧고, 증기순환이 빠르다.
- 한랭지에서 동결의 우려가 적다.
- 열매온도가 높아 방열기의 방열면적이 작다.
- 실내 방열량 제어가 어렵다.

63 ★★★

광속이 2,000lm인 백열전구로부터 2m 떨어진 책상에서 조도를 측정하였더니 200lx이었다. 이 책상을 백열전구로부터 4m 떨어진 곳에 놓고 측정하였을 때 조도는?

① 50lx
② 100lx
③ 150lx
④ 200lx

해설

$E=\dfrac{I}{d^2}$

E: 조도(lx), I: 광도(cd), d: 거리(m)

조도(E)는 거리(d)의 제곱에 반비례한다.

따라서, 거리가 2배가 되면 조도는 $\dfrac{1}{2^2}\left(=\dfrac{1}{4}\right)$배가 되므로

$200\text{lx}\times\dfrac{1}{4}=50\text{lx}$이다.

정답 59 ③ 60 ② 61 ② 62 ④ 63 ①

64 ★☆☆
옥내소화전설비의 설치기준으로 옳지 않은 것은?

① 방수구는 바닥으로부터의 높이가 1.5m 이하가 되도록 한다.
② 연결송수관설비의 배관과 겸용할 경우의 주배관은 구경 100mm 이상으로 한다.
③ 특정소방대상물의 각 부분으로부터 하나의 옥내소화전 방수구까지의 수평거리가 30m 이하가 되도록 한다.
④ 수원은 그 저수량이 옥내소화전의 설치 개수가 가장 많은 층의 설치 개수(2개 이상 설치된 경우에는 2개)에 $2.6m^3$를 곱한 양 이상이 되도록 한다.

해설
특정소방대상물의 각 부분으로부터 하나의 옥내소화전 방수구까지의 수평거리는 25m 이하가 되도록 한다.

65 ★★☆
LPG에 관한 설명으로 옳지 않은 것은?

① 비중이 공기보다 작다.
② 액화석유가스를 말한다.
③ 액화하면 그 체적은 약 1/250로 된다.
④ 상압에서는 기체이지만 압력을 가하면 액화된다.

해설
LPG는 공기보다 비중이 크기 때문에 가스경보기는 바닥으로부터 30cm 위치에 설치한다.

66 ★★☆
엘리베이터의 안전장치 중 일정 이상의 속도가 되었을 때 브레이크 등을 작동시키는 기능을 하는 것은?

① 조속기   ② 권상기
③ 완충기   ④ 가이드 슈

해설
조속기는 엘리베이터의 카가 정상속도 이상으로 과속되었을 때 미리 설정된 속도에서 작동하여 안전하게 정지시키는 장치이다.

합격 POINT 엘리베이터 안전장치
전자브레이크, 조속기, 비상정지장치, 종점스위치, 리밋스위치, 완충기, 도어 안전장치 등

67 ★☆☆
급기온도를 일정하게 하고 송풍량을 변화시켜서 실내온도를 조절하는 공기조화방식은?

① FCU 방식
② 이중덕트방식
③ 정풍량 단일덕트방식
④ 변풍량 단일덕트방식

해설
변풍량 단일덕트방식은 취출온도를 일정하게 하고 부하에 따라 송풍량을 변화시키는 방식의 공기조화방식이다.

68 ★★★
알칼리 축전지에 관한 설명으로 옳지 않은 것은?

① 고율방전특성이 좋다.
② 공칭전압은 2[V/셀]이다.
③ 기대수명이 10년 이상이다.
④ 부식성의 가스가 발생하지 않는다.

해설
알칼리 축전지의 공칭전압은 1.2[V/cell]이다.
공칭전압이 2.0[V/cell]인 것은 연 축전지이다.

69 ★★☆
습공기가 냉각되어 포함되어 있던 수증기가 응축되기 시작하는 온도를 의미하는 것은?

① 노점온도   ② 습구온도
③ 건구온도   ④ 절대온도

해설
노점온도는 습공기가 냉각되어 공기 속의 수분이 수증기의 형태로 존재할 수 없어 이슬로 맺히는 온도를 말한다. 즉, 습공기가 포화상태일 때의 온도이다.

정답 64 ③ 65 ① 66 ① 67 ④ 68 ② 69 ①

70 ★★☆
자연환기에 관한 설명으로 옳은 것은?

① 풍력환기에 의한 환기량은 풍속에 반비례한다.
② 풍력환기에 의한 환기량은 유량계수에 비례한다.
③ 중력환기에 의한 환기량은 공기의 입구와 출구가 되는 두 개구부의 수직거리에 반비례한다.
④ 중력환기에서는 실내온도가 외기온도보다 높을 경우, 공기는 건물 상부의 개구부에서 들어와서 하부의 개구부로 나간다.

해설
풍력환기에 의한 환기량은 유량계수에 비례한다.

선지분석
① 풍력환기에 의한 환기량은 풍속에 비례한다.
③ 중력환기에 의한 환기량은 공기의 입구와 출구가 되는 두 개구부의 수직거리의 제곱근에 비례한다.
④ 중력환기에서는 실내온도가 외기온도보다 높을 경우, 공기는 건물 하부의 개구부에서 들어와서 상부의 개구부로 나간다.

71 ★☆☆
보일러 하부의 물 드럼과 상부의 기수 드럼을 연결하는 다수의 관을 연소실 주위에 배치한 구조로 상부 기수드럼 내의 증기를 사용하는 보일러는?

① 수관 보일러   ② 관류 보일러
③ 주철제 보일러 ④ 노통연관 보일러

해설
수관 보일러는 드럼에 여러 개의 수관을 설치하여 복사열이 크게 전달되도록 하는 방식의 보일러이다. 수관 보일러는 연소상태가 좋고, 보일러의 열효율이 좋으며, 고압증기를 대량으로 사용하는 대규모 건축물에 적합하다.

72 ★☆☆
덕트의 치수 결정 방법에 속하지 않는 것은?

① 균등법   ② 등속법
③ 등마찰법 ④ 정압재취득법

해설
덕트의 치수 결정 방법에는 등속법, 등마찰법, 정압재취득법 등이 있다.

73 ★☆☆
배수트랩의 구비조건으로 옳지 않은 것은?

① 가동부분이 있을 것
② 자기세정 기능을 가지고 있을 것
③ 봉수깊이는 50mm 이상 100mm 이하일 것
④ 오수에 포함된 오물 등이 부착 또는 침전하기 어려운 구조일 것

해설
배수트랩은 별도의 가동부분이 필요 없다.

74 ★☆☆
급수방식 중 고가수조방식에 관한 설명으로 옳은 것은?

① 상향급수 배관방식이 주로 사용된다.
② 3층 이상의 고층으로의 급수가 어렵다.
③ 압력수조방식에 비해 급수압 변동이 크다.
④ 펌프직송방식에 비해 수질오염 가능성이 크다.

해설
고가수조방식은 위생 및 유지·관리 측면에서 가장 좋지 않은 방식이다.

선지분석
① 하향급수 배관방식에 사용된다.
② 3층 이상의 고층으로의 급수가 가능하다.
③ 압력수조방식에 비해 급수압 변동이 작다.

75 ★☆☆
합성 최대 수용전력이 1,000kW, 부하율이 0.6일 때 평균전력 kW은?

① 600   ② 800
③ 1,000 ④ 1,667

해설
$$부하율 = \frac{부하의 평균전력}{최대 수용전력} \times 100(\%)$$

∴ 부하의 평균전력 = 부하율 × 최대 수용전력
= 0.6 × 1,000kW = 600kW

정답 70 ② 71 ① 72 ① 73 ① 74 ④ 75 ①

76 ★★☆

다음 중 약전설비에 속하는 것은?

① 변전설비
② 전화설비
③ 축전지설비
④ 자가발전설비

해설
전기를 에너지로 다루는 설비는 강전설비이고, 전기를 신호로 다루는 설비는 약전설비이다.
전화설비는 약전설비에 속한다.

합격 POINT 약전설비의 종류
주차관제설비, 방재설비, 감시제어설비, 전화설비, 인터폰설비, 음성통신설비, 구내방송설비, 무선통신설비, 구내통신설비, TV공청설비, 영상통신설비, 영상회의설비, 시간정보설비, 전기시계설비, 원격검침설비 등

77 ★★☆

급탕배관에 관한 설명으로 옳지 않은 것은?

① 관의 신축을 고려하여 굽힘 부분에는 스위블이음 등으로 접합한다.
② 관의 신축을 고려하여 건물의 벽관통 부분의 배관에는 슬리브를 사용한다.
③ 역구배나 공기 정체가 일어나기 쉬운 배관 등 온수의 순환을 방해하는 것을 피한다.
④ 배관재로 동관을 사용하는 경우 관내 유속을 느리게 하면 부식되기 쉬우므로 2.5m/s 이상으로 하는 것이 바람직하다.

해설
급탕배관 부식의 대부분은 과대한 유속이 원인으로, 관내 유속은 동관에서 0.4~1.5m/s의 범위를 준수한다.

78 ★☆☆

작업면의 필요 조도가 400lx, 면적이 10m², 전등 1개의 광속이 2,000lm, 감광 보상률이 1.5, 조명률이 0.6일 때 전등의 소요 수량은?

① 3등
② 5등
③ 8등
④ 10등

해설
$$N = \frac{E \cdot A \cdot D}{F \cdot U} = \frac{400\text{lx} \times 10\text{m}^2 \times 1.5}{2,000\text{lm} \times 0.6} = 5\text{등}$$

N: 광원의 수(개), E: 조도(lx), A: 면적(m²), D: 감광 보상률, F: 광속(lm), U: 조명률

합격 POINT 광속법에 따른 광속, 조도 계산

・소요광속
$$N \times F = \frac{E \cdot A}{U \cdot M} = \frac{E \cdot A \cdot D}{U}$$
(단, $D \times M$(유지율)=1)

・소요평균조도
$$E = \frac{N \cdot F \cdot U \cdot M}{A}$$

79 ★★★

압축식 냉동기의 냉동사이클로 옳은 것은?

① 압축 → 응축 → 팽창 → 증발
② 압축 → 팽창 → 응축 → 증발
③ 응축 → 증발 → 팽창 → 압축
④ 팽창 → 증발 → 압축 → 응축

해설
압축식 냉동기의 냉동사이클은 압축 → 응축 → 팽창 → 증발 순이다.
흡수식 냉동기의 냉동사이클은 증발 → 흡수 → 재생 → 응축 순이다.

80 ★☆☆

대변기에 설치한 세정밸브(Flush valve)의 최저 필요압력은?

① 10kPa 이상
② 30kPa 이상
③ 50kPa 이상
④ 70kPa 이상

해설
대변기에 설치한 세정밸브의 최저 필요압력은 70kPa 이상이다.

정답 76 ② 77 ④ 78 ② 79 ① 80 ④

제5과목　건축관계법규

81 ★★★
주거기능을 위주로 이를 지원하는 일부 상업기능 및 업무기능을 보완하기 위하여 지정하는 주거지역의 세분은?

① 준주거지역
② 제1종 전용주거지역
③ 제1종 일반주거지역
④ 제2종 일반주거지역

해설
주거기능을 위주로 이를 지원하는 일부 상업기능 및 업무기능을 보완하기 위하여 필요한 지역은 준주거지역이다.

선지분석
② 제1종 전용주거지역: 단독주택 중심의 양호한 주거환경을 보호하기 위하여 필요한 지역
③ 제1종 일반주거지역: 저층주택을 중심으로 편리한 주거환경을 조성하기 위하여 필요한 지역
④ 제2종 일반주거지역: 중층주택을 중심으로 편리한 주거환경을 조성하기 위하여 필요한 지역

82 ★★★
면적 등의 산정방법에 대한 기본 원칙으로 옳지 않은 것은?

① 대지면적은 대지의 수평투영면적으로 한다.
② 건축면적은 건축물의 외벽의 중심선으로 둘러싸인 부분의 수평투영면적으로 한다.
③ 바닥면적은 건축물의 각 층 또는 그 일부로서 벽, 기둥, 그 밖에 이와 비슷한 구획의 중심선으로 둘러싸인 부분의 수평투영면적으로 한다.
④ 용적률 산정 시 적용하는 연면적은 지하층을 포함하여 하나의 건축물 각 층의 바닥면적의 합계로 한다.

해설
연면적은 하나의 건축물 각 층의 바닥면적의 합계로 하되, 용적률을 산정할 때에는 다음에 해당하는 면적은 제외한다.
• 지하층의 면적
• 지상층의 주차용(해당 건축물의 부속용도인 경우만 해당)으로 쓰는 면적
• 초고층 건축물과 준초고층 건축물에 설치하는 피난안전구역의 면적
• 건축물의 경사지붕 아래에 설치하는 대피공간의 면적

83 ★☆☆
다음 중 해당 용도로 사용되는 바닥면적의 합계에 의해 건축물의 용도 분류가 다르게 되지 않는 것은?

① 오피스텔
② 종교집회장
③ 골프연습장
④ 휴게음식점

선지분석
② 종교집회장은 바닥면적의 합계가 500m^2 미만인 경우 제2종 근린생활시설로 분류되며 그 외는 종교시설로 분류된다.
③ 골프연습장은 바닥면적의 합계가 500m^2 미만인 경우 제2종 근린생활시설로 분류되며 그 외는 운동시설로 분류된다.
④ 휴게음식점은 바닥면적의 합계가 300m^2 미만인 경우 제1종 근린생활시설로 분류되며 300m^2 이상은 제2종 근린생활시설로 분류된다.

84 ★★★
다음 중 「건축법령」상 용도에 따른 건축물의 종류가 옳지 않은 것은?

① 교육연구시설 - 유치원
② 묘지 관련 시설 - 장례식장
③ 관광 휴게시설 - 어린이회관
④ 문화 및 집회시설 - 수족관

해설
장례식장은 장례시설에 속한다.

85 ★☆☆
용도변경과 관련된 시설군 중 산업 등 시설군에 속하지 않는 것은?

① 운수시설
② 창고시설
③ 발전시설
④ 묘지 관련 시설

해설
산업 등 시설군에 속하는 시설은 다음과 같다.

운수시설, 창고시설, 공장, 위험물저장 및 처리시설, 자원순환 관련 시설, 묘지 관련 시설, 장례시설

정답 81 ①　82 ④　83 ①　84 ②　85 ③

86 ★★☆

주차장의 수급실태를 조사하려는 경우, 조사구역의 설정 기준으로 옳지 않은 것은?

① 원형 형태로 조사구역을 설정한다.
② 각 조사구역은 「건축법」에 따른 도로를 경계로 구분한다.
③ 조사구역 바깥 경계선의 최대거리가 300m를 넘지 아니하도록 한다.
④ 주거기능과 상업·업무기능이 섞여 있는 지역의 경우에는 주차시설 수급의 적정성, 지역적 특성 등을 고려하여 같은 특성을 가진 지역별로 조사구역을 설정한다.

해설
주차장의 수급실태 조사 시 조사구역 설정방법은 다음과 같다.
- 사각형 또는 삼각형 형태로 조사구역을 설정하되 조사구역 바깥 경계선의 최대거리가 300m를 넘지 않도록 할 것
- 각 조사구역은 「건축법」에 따른 도로를 경계로 구분할 것
- 아파트단지와 단독주택단지가 섞여 있는 지역 또는 주거기능과 상업·업무기능이 섞여 있는 지역의 경우에는 주차시설 수급의 적정성, 지역적 특성 등을 고려하여 같은 특성을 가진 지역별로 조사구역을 설정할 것

87 ★★★

부설주차장 설치 대상 시설물로서 시설면적이 1,400m²인 제2종 근린생활시설에 설치하여야 하는 부설주차장의 최소 대수는?

① 7대 ② 9대
③ 10대 ④ 14대

해설
제2종 근린생활시설의 경우 시설면적 200m²당 1대(시설면적/200m²)의 부설주차장을 설치해야 한다.
따라서 시설면적이 1,400m²인 경우 총 7대의 부설주차장을 설치해야 한다.

88 ★☆☆

다음은 승용승강기의 설치에 관한 기준 내용이다. 밑줄 친 "대통령령으로 정하는 건축물"에 대한 기준 내용으로 옳은 것은?

> 건축주는 6층 이상으로 연면적이 2,000m² 이상인 건축물(대통령령으로 정하는 건축물은 제외함)을 건축하려면 승강기를 설치하여야 한다.

① 층수가 6층인 건축물로서 각 층 거실의 바닥면적 300m² 이내마다 1개소 이상의 직통계단을 설치한 건축물
② 층수가 6층인 건축물로서 각 층 거실의 바닥면적 500m² 이내마다 1개소 이상의 직통계단을 설치한 건축물
③ 층수가 10층인 건축물로서 각 층 거실의 바닥면적 300m² 이내마다 1개소 이상의 직통계단을 설치한 건축물
④ 층수가 10층인 건축물로서 각 층 거실의 바닥면적 500m² 이내마다 1개소 이상의 직통계단을 설치한 건축물

해설
"대통령령으로 정하는 건축물"이란 층수가 6층인 건축물로서 각 층 거실의 바닥면적 300m² 이내마다 1개소 이상의 직통계단을 설치한 건축물을 말한다.

89 ★★☆

상업지역의 세분에 속하지 않는 것은?

① 중심상업지역 ② 근린상업지역
③ 유통상업지역 ④ 전용상업지역

해설
상업지역은 중심상업지역, 일반상업지역, 근린상업지역, 유통상업지역으로 세분하여 지정할 수 있다.

90 ★☆☆

막다른 도로의 길이가 15m일 때 이 도로가 「건축법령」상 도로이기 위한 최소 폭은?

① 2m ② 3m
③ 4m ④ 6m

해설

막다른 도로의 길이	도로의 너비
10m 미만	2m
10m 이상 35m 미만	3m
35m 이상	6m(읍·면지역은 4m)

91 ★★☆

용도지역에 따른 건폐율의 최대한도로 옳지 않은 것은? (단, 도시지역의 경우)

① 녹지지역: 30% 이하 ② 주거지역: 70% 이하
③ 공업지역: 70% 이하 ④ 상업지역: 90% 이하

해설
녹지지역의 경우 건폐율은 20% 이하이다.

정답 86 ① 87 ① 88 ① 89 ④ 90 ② 91 ①

92 ★☆☆

준주거지역 안에서 건축할 수 없는 건축물에 속하지 않는 것은?

① 위락시설
② 자원순환 관련 시설
③ 의료시설 중 격리병원
④ 문화 및 집회시설 중 공연장

해설

「국토의 계획 및 이용에 관한 법률」에 따라 위락시설, 자원순환 관련 시설, 의료시설 중 격리병원은 준주거지역 안에서 건축할 수 없다.

93 ★☆☆

방송 공동수신설비를 설치하여야 하는 대상 건축물에 속하지 않는 것은?

① 다가구주택
② 다세대주택
③ 바닥면적의 합계가 5,000m²으로서 업무시설의 용도로 쓰는 건축물
④ 바닥면적의 합계가 5,000m²으로서 숙박시설의 용도로 쓰는 건축물

해설

건축물에는 방송수신에 지장이 없도록 공동시청 안테나, 유선방송 수신시설, 위성방송 수신설비, 에프엠(FM)라디오방송 수신설비 또는 방송 공동수신설비를 설치할 수 있다. 다만, 다음의 건축물에는 방송 공동수신설비를 설치하여야 한다.
1. 공동주택
2. 바닥면적의 합계가 5,000m² 이상으로서 업무시설이나 숙박시설의 용도로 쓰는 건축물

합격 POINT

공동주택에 속하는 건축물에는 아파트, 연립주택, 다세대주택, 기숙사가 있다.

94 ★☆☆

「주차장법령」상 다음과 같이 정의되는 주차장의 종류는?

> 도로의 노면 또는 교통광장(교차점광장만 해당)의 일정한 구역에 설치된 주차장으로서 일반(一般)의 이용에 제공되는 것

① 노외주차장
② 노상주차장
③ 부설주차장
④ 공영주차장

해설

노상주차장이란 도로의 노면 또는 교통광장의 일정한 구역에 설치된 주차장으로서 일반의 이용에 제공되는 것을 의미한다.

선지분석

① 노외주차장: 도로의 노면 및 교통광장 외의 장소에 설치된 주차장으로서 일반의 이용에 제공되는 것
③ 부설주차장: 건축물, 골프연습장, 그 밖에 주차수요를 유발하는 시설에 부대하여 설치된 주차장으로서 해당 건축물·시설의 이용자 또는 일반의 이용에 제공되는 것

95 ★★★

문화 및 집회시설 중 공연장의 개별 관람실 바닥면적이 2,000m²일 경우 개별 관람실의 출구는 최소 몇 개소 이상 설치하여야 하는가? (단, 각 출구의 유효너비를 2m로 하는 경우임)

① 3개소
② 4개소
③ 5개소
④ 6개소

해설

개별 관람실 출구의 유효너비의 합계는 개별 관람실의 바닥면적 100m²마다 0.6m의 비율로 산정한 너비 이상으로 해야 한다. 바닥면적이 2,000m²이므로 각 출구의 유효너비의 합은 $2,000 \times \frac{0.6}{100} = 12$m가 되어야 한다.

각 출구의 유효너비가 2m이므로, 유효너비의 합계가 12m 이상 되려면, 출구는 최소 6개소 이상 설치하여야 한다.

96 ★★☆

다음은 대지의 조경에 관한 기준 내용이다. ( ) 안에 알맞은 것은?

> 면적이 ( ) 이상인 대지에 건축을 하는 건축주는 용도지역 및 건축물의 규모에 따라 해당 지방자치단체의 조례로 정하는 기준에 따라 대지에 조경이나 그 밖에 필요한 조치를 하여야 한다.

① 100m²
② 200m²
③ 300m²
④ 500m²

해설

면적이 200m² 이상인 대지에 건축을 하는 건축주는 용도지역 및 건축물의 규모에 따라 해당 지방자치단체의 조례로 정하는 기준에 따라 대지에 조경이나 그 밖에 필요한 조치를 하여야 한다.

정답 92 ④ 93 ① 94 ② 95 ④ 96 ②

97 ★★☆

전용주거지역이나 일반주거지역에서 건축물을 건축하는 경우, 건축물의 높이 **10m** 이하의 부분은 정북(正北)방향으로의 인접 대지경계선으로부터 원칙적으로 최소 얼마 이상의 거리를 띄어야 하는가?

① 1m
② 1.5m
③ 2m
④ 3m

해설
전용주거지역이나 일반주거지역에서 건축물을 건축하는 경우에는 건축물의 각 부분을 정북방향으로의 인접 대지경계선으로부터 다음의 거리 이상을 띄어 건축하여야 한다.
- 높이 10m 이하인 부분: 인접 대지경계선으로부터 1.5m 이상
- 높이 10m를 초과하는 부분: 인접 대지경계선으로부터 해당 건축물 각 부분 높이의 2분의 1 이상

98 ★★☆

다음의 직통계단의 설치에 관한 기준 내용 중 밑줄 친 "다음 각 호의 어느 하나에 해당하는 용도 및 규모의 건축물"의 기준 내용으로 옳지 않은 것은?

> 법 제49조 제1항에 따라 피난층 외의 층이 <u>다음 각 호의 어느 하나에 해당하는 용도 및 규모의 건축물</u>에는 국토교통부령으로 정하는 기준에 따라 피난층 또는 지상으로 통하는 직통계단을 2개소 이상 설치하여야 한다.

① 지하층으로서 그 층 거실의 바닥면적의 합계가 200m² 이상인 것
② 종교시설의 용도로 쓰는 층으로서 그 층에서 해당 용도로 쓰는 바닥면적의 합계가 200m² 이상인 것
③ 숙박시설의 용도로 쓰는 3층 이상의 층으로서 그 층의 해당 용도로 쓰는 거실의 바닥면적의 합계가 200m² 이상인 것
④ 업무시설 중 오피스텔의 용도로 쓰는 층으로서 그 층의 해당 용도로 쓰는 거실의 바닥면적의 합계가 200m² 이상인 것

해설
공동주택(층당 4세대 이하는 제외) 또는 업무시설 중 오피스텔의 용도로 쓰는 층으로서 그 층의 해당 용도로 쓰는 거실의 바닥면적의 합계가 300m² 이상인 경우 피난층 또는 지상으로 통하는 직통계단을 2개소 이상 설치하여야 한다.

99 ★☆☆

「건축법령」에 따라 건축물의 경사지붕 아래에 설치하는 대피공간에 관한 기준 내용으로 옳지 않은 것은?

① 특별피난계단 또는 피난계단과 연결되도록 할 것
② 관리사무소 등과 긴급 연락이 가능한 통신시설을 설치할 것
③ 대피공간의 면적은 지붕 수평투영면적의 20분의 1 이상일 것
④ 출입구는 유효너비 0.9m 이상으로 하고, 그 출입구에는 60분+방화문 또는 60분방화문을 설치할 것

해설
대피공간의 면적은 지붕 수평투영면적의 10분의 1 이상이어야 한다.

100 ★★☆

건축법령에 따른 고층 건축물의 정의로 옳은 것은?

① 층수가 30층 이상이거나 높이가 90m 이상인 건축물
② 층수가 30층 이상이거나 높이가 120m 이상인 건축물
③ 층수가 50층 이상이거나 높이가 150m 이상인 건축물
④ 층수가 50층 이상이거나 높이가 200m 이상인 건축물

해설
고층 건축물이란 층수가 30층 이상이거나 높이가 120m 이상인 건축물을 말한다.

정답 97 ② 98 ④ 99 ③ 100 ②

2017년 | 제2회 기출문제

제1과목 건축계획

01 ★☆☆

백화점의 진열장 배치에 관한 설명으로 옳지 않은 것은?

① 직각배치는 매장 면적의 이용률을 최대로 확보할 수 있다.
② 사행배치는 주통로 이외의 제2통로를 상하교통계를 향해서 45° 사선으로 배치한 것이다.
③ 사행배치는 많은 고객이 매장구석까지 가기 쉬운 이점이 있으나 이행의 진열장이 필요하다.
④ 자유유선배치는 획일성을 탈피할 수 있으며, 변화와 개성을 추구할 수 있고 시설비가 적게 든다.

해설
자유유선배치는 획일성을 탈피하여 변화와 개성을 추구할 수 있지만 쇼케이스나 판매대 등 특수한 형태를 필요로 하므로 시설비가 많이 드는 단점이 있다.

02 ★★★

다음의 주요 사례에서 전시공간의 융통성을 가장 많이 부여하고 있는 것은?

① 과천 현대 미술관   ② 파리 퐁피두 센터
③ 파리 루브르 박물관 ④ 뉴욕 구겐하임 미술관

해설
리차드 로저스의 파리 퐁피두 센터는 다양한 전시공간의 변화의 요구에 대처할 수 있도록 전시공간의 융통성을 극대화시킨 건축물이다.

03 ★★☆

극장의 프로시니엄에 관한 설명으로 옳은 것은?

① 무대배경용 벽을 말하며 쿠펠 호리존트라고도 한다.
② 조명기구나 사이클로라마를 설치한 연기부분 무대의 후면 부분을 일컫는다.
③ 무대의 천장 밑에 설치되는 것으로 배경이나 조명기구 등을 매다는데 사용된다.
④ 그림에 있어서 액자와 같이 관객의 시선을 무대에 쏠리게 하는 시각적 효과를 갖는다.

해설
액자와 같이 관객의 시선을 무대에 쏠리게 하는 시각적 효과를 주는 갖는 것이 프로시니엄형의 특징이다.

합격 POINT 프로시니엄형의 특징
- 픽쳐 프레임 스테이지형이라고도 한다.
- 배경은 한 폭의 그림과 같은 느낌을 준다.
- 연기자가 제한된 방향으로만 관객을 대하게 된다.
- 강연, 콘서트, 독주, 연극 공연 등에 적합하다.

04 ★★☆

백화점 계획에서 매장 부분의 외관을 무창으로 하는 이유로 옳지 않은 것은?

① 실내의 조도를 일정하게 하기 위해서
② 벽면에 상품 전시공간을 확보하기 위해서
③ 인접건물의 화재 시 백화점으로의 인화를 방지하기 위해서
④ 창으로부터의 역광이 없도록 하여 디스플레이(Display)를 유리하게 하기 위해서

해설
백화점의 무창계획과 인화방지는 관계없다.

합격 POINT 백화점 무창계획
- 창으로부터의 역광을 방지한다.
- 실내의 조도를 일정하게 할 수 있다.
- 벽면에 상품 전시공간을 확보할 수 있다.
- 공기조화와 냉난방 효율이 좋으나 고도의 설비시설이 요구된다.
- 화재나 정전 시 피난에 어려움이 있다.

05 ★★★

능률적인 작업용량으로서 10만 권을 수장할 도서관 서고의 면적으로 가장 알맞은 것은?

① 350m²   ② 500m²
③ 800m²   ④ 950m²

해설
서고 1m²당 200권을 수장할 수 있다.
따라서, 100,000권 ÷ 200권/m² = 500m²

정답 01 ④ 02 ② 03 ④ 04 ③ 05 ②

06 ★☆☆

병원건축의 병동배치형식 중 집중식(Block type)에 관한 설명으로 옳지 않은 것은?

① 재난 시 환자의 피난이 용이하다.
② 병동에서의 조망을 확보할 수 있다.
③ 대지를 효과적으로 이용할 수 있다.
④ 공조설비가 필요하게 되어 설비비가 높다.

해설
집중식은 재난 시 환자의 피난이 불리하다.

합격 POINT 집중식(고층밀집형) 병원 건축의 특징
- 일조, 통풍 등의 조건이 불리
- 각 병실의 환경이 균일하지 않음
- 대지를 효과적으로 이용하지만 공조설비가 필요하여 설비비가 높음
- 관리가 용이하며, 대부분의 종합병원은 집중식 방식을 채용

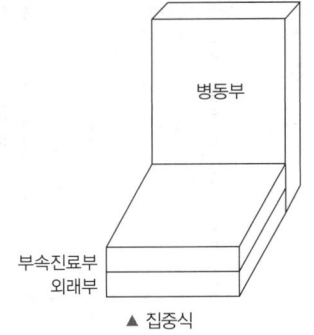
▲ 집중식

07 ★★★

사무소 건축에서 엘리베이터 계획 시 고려사항으로 옳지 않은 것은?

① 수량 계산 시 대상 건축물의 교통수요량에 적합해야 한다.
② 승객의 층별 대기시간은 평균 운전간격 이상이 되게 한다.
③ 군 관리 운전의 경우 동일 군내의 서비스 층은 같게 한다.
④ 초고층, 대규모 빌딩인 경우는 서비스 그룹을 분할(조닝)하는 것을 검토한다.

해설
승객의 층별 대기시간은 평균 운전간격 이하가 되게 한다.

합격 POINT 엘리베이터 배치
- 교통동선의 중심에 설치하여 보행거리가 짧도록 배치한다.
- 여러 대의 엘리베이터를 설치하는 경우, 그룹별 배치와 군 관리 운전방식으로 한다.
- 군 관리 운전의 경우 동일 군내의 서비스 층은 같게 한다.
- 일렬배치는 4대를 한도로 하고, 엘리베이터 중심 간 거리는 8m 이하가 되도록 한다.
- 대면배치 시 대면거리는 동일 군 관리의 경우는 3.5~4.5m로 한다.
- 엘리베이터 홀은 엘리베이터 정원 합계의 50% 정도를 수용할 수 있어야 하며, 1인당 점유면적은 0.5~0.8m²로 계산한다.

08 ★☆☆

다음의 건축물과 양식의 연결이 옳지 않은 것은?

① 판테온 - 로마 양식
② 파르테논 신전 - 그리스 양식
③ 성 소피아 성당 - 비잔틴 양식
④ 노트르담 성당 - 로마네스크 양식

해설
노트르담 성당은 고딕 양식이다.

09 ★★★

일반주택의 동선계획에 관한 설명으로 옳지 않은 것은?

① 하중이 큰 가사노동의 동선은 길게 처리한다.
② 동선에는 공간이 필요하고 가구를 둘 수 없다.
③ 일반적으로 동선의 3요소라 함은 속도, 빈도, 하중을 의미한다.
④ 개인, 사회, 가사노동권의 3개 동선은 서로 분리하는 것이 바람직하다.

해설
하중이 큰 가사노동의 동선은 짧게 처리한다.

10 ★★☆

아파트의 평면형식 중 계단실형에 관한 설명으로 옳은 것은?

① 대지에 관한 이용률이 가장 높은 유형이다.
② 통행을 위한 공용면적이 크므로 건물의 이용도가 낮다.
③ 각 세대가 양쪽으로 개구부를 계획할 수 있는 관계로 통풍이 양호하다.
④ 엘리베이터를 공용으로 사용하는 세대가 많으므로 엘리베이터의 효율이 높다.

해설
계단실형은 각 세대가 양쪽으로 개구부를 취할 수 있다.

선지분석
① 대지의 이용률은 다른 형식에 비해 낮다.
② 통행을 위한 공용면적이 작으므로 건물의 이용도가 높다.
④ 엘리베이터를 공용으로 사용하는 세대가 적으므로 엘리베이터의 효율이 낮다.

정답 06 ① 07 ② 08 ④ 09 ① 10 ③

11 ★★☆

주거단지의 도로형식에 관한 설명으로 옳지 않은 것은?

① 격자형은 가로망의 형태가 단순명료하고, 가구 및 획지 구성상 택지의 이용효율이 높다.
② 쿨데삭(Cul-de-sac)형은 각 가구와 관계없는 자동차의 진입을 방지할 수 있다는 장점이 있다.
③ 루프(Loop)형은 우회도로가 없는 쿨데삭형의 결점을 개량하여 만든 패턴으로 도로율이 높아지는 단점이 있다.
④ T자형은 도로의 교차방식을 주로 T자 교차로 한 형태로 통행거리가 짧아 보행자 전용도로와 병용이 불필요하다.

해설
T자형은 보행자 전용도로와의 병용이 필요하다.

12 ★☆☆

한국건축에 관한 설명으로 옳지 않은 것은?

① 대부분의 한국건축은 인간적 척도 개념을 나타내는 특징이 있다.
② 기둥의 안쏠림으로 건축의 외관에 시지각적인 안정감을 느끼게 하였다.
③ 한국건축은 서양건축과 달리 박공면이 정면이 되고 지붕면이 측면이 된다.
④ 한국건축은 공간의 위계성이 있어 각 공간의 관계가 주(主)와 종(從)의 관계를 갖는다.

해설
한국건축은 서양건축과 달리 지붕면이 정면이 되고 박공면이 측면이 된다.

13 ★☆☆

초기 기독교 시기의 바실리카 양식의 본당의 평면도에서 회랑의 중앙부분을 나타내는 용어는?

① 아일(Aisle) ② 네이브(Nave)
③ 아트리움(Atrium) ④ 페디먼트(Pediment)

해설
회랑의 중앙부분은 네이브이다.

합격 POINT 바실리카식 교회의 실내공간 구성
- 앱스
- 네이브
- 나르텍스
- 트란셉트
- 아일
- 아트리움

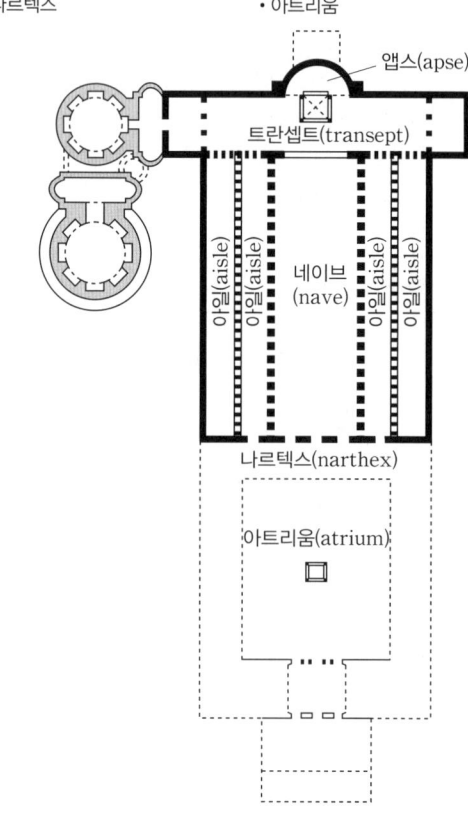

▲ 바실리카식 교회의 구성

정답 11 ④ 12 ③ 13 ②

14 ★★★

극장에서 인형극이나 아동극 및 연극과 같이 배우의 표정과 동작을 자세히 감상할 필요가 있는 공연에 적합한 가시거리의 한계는?

① 10m ② 15m
③ 22m ④ 38m

해설
생리적 한도(15m): 연기자의 표정이나 동작을 자세히 감상할 수 있는 거리
제1차 허용한도(22m): 가능한 많은 관객을 수용하기 위한 적당한 거리
제2차 허용한도(35m): 배우의 일반적인 동작만 보이면 지장이 없는 거리

15 ★★☆

호텔 건축에 관한 설명으로 옳은 것은?

① 호텔의 동선에서 물품동선과 고객동선은 교차시키는 것이 좋다.
② 프런트 오피스는 수평동선이 수직동선으로 전이되는 공간이다.
③ 현관은 퍼블릭 스페이스의 중심으로 로비, 라운지와 분리하지 않고 통합시킨다.
④ 주식당은 숙박객 및 외래객을 대상으로 하여, 외래객이 편리하게 이용할 수 있도록 출입구를 별도로 설치하는 것이 좋다.

해설
주식당(Main Dining Room)은 외래객도 편리하게 이용할 수 있도록 출입구를 별도로 설치한다.

선지분석
① 물품동선과 고객동선은 교차시키지 않는다.
② 수평동선이 수직동선으로 전이되는 공간은 로비이다.
③ 로비는 퍼블릭 스페이스의 중심으로 휴식, 면회, 담화, 독서 등 다목적으로 사용되는 공간이다.

16 ★★☆

건축공간의 치수계획에서 "압박감을 느끼지 않을 만큼의 천장 높이 결정"은 다음 중 어디에 해당하는가?

① 물리적 스케일 ② 생리적 스케일
③ 심리적 스케일 ④ 입면적 스케일

해설
심리적 스케일에 대한 설명이다.

선지분석
① 물리적 스케일: 인간이나 물체의 크기에 의해 결정
② 생리적 스케일: 생리적 필요에 의해 결정

17 ★★☆

공장건축의 레이아웃(Layout)에 관한 설명으로 옳지 않은 것은?

① 제품 중심의 레이아웃은 대량생산에 유리하여 생산성이 높다.
② 레이아웃은 장래 공장 규모의 변화에 대응한 융통성이 있어야 한다.
③ 공정 중심의 레이아웃은 다품종 소량생산이나 주문생산에 적합한 형식이다.
④ 고정식 레이아웃은 기능이 동일하거나 유사한 공정, 기계를 접합하여 배치하는 방식이다.

해설
• 기능이 동일하거나 유사한 공정, 기계를 접합하여 배치하는 방식은 공정 중심의 레이아웃이다.
• 고정식 레이아웃은 조선소와 같이 조립부품이 고정된 장소에 있고 사람과 기계를 이동시키며 작업을 행하는 방식이다.

18 ★☆☆

2층 단독주택에서 1층에 부모가, 2층에 자녀들이 거주할 경우 가족의 단란에 가장 영향을 줄 수 있는 요소는?

① 계단의 배치
② 침실의 방위
③ 건물의 층고
④ 식당과 부엌의 연결방법

해설
1층과 2층의 연결공간인 계단의 배치가 가족의 단란에 가장 큰 영향을 준다.

정답 14 ② 15 ④ 16 ③ 17 ④ 18 ①

19 ★☆☆

학교운영방식 중 플래툰형에 관한 설명으로 옳은 것은?

① 교실수는 학급수와 동일하다.
② 초등학교 저학년에 가장 적합한 형식이다.
③ 교과 담임제와 학급 담임제를 병용할 수 있는 형식이다.
④ 모든 교실이 특정한 교과 수업을 위해 만들어진 형식으로, 일반교실은 없다.

해설
플래툰형은 전 학급을 2분단으로 나누고 한편이 일반 교실을 사용할 때 다른 한편은 특별교실을 이용하는 형식으로 교과담임제와 학급담임제를 병용할 수 있다.

선지분석
① 종합교실형에 대한 설명이다.
② 종합교실형에 대한 설명이다.
④ 교과교실형에 대한 설명이다.

20 ★☆☆

사무소 건축의 기준층 평면형태 결정요소와 가장 거리가 먼 것은?

① 방화구획상 면적
② 구조상 스팬의 한도
③ 대피상 최소 피난거리
④ 덕트, 배선, 배관 등 설비 시스템상의 한계

해설
대피상 최소 피난거리가 아닌 최대 피난거리를 고려해야 한다.

합격 POINT 사무소 건축의 기준층 규모 산정 시 고려사항
- 구조상 스팬의 한계
- 동선상의 거리
- 자연광에 의한 조명 한계
- 피난 시 최대 보행거리
- 덕트, 배관, 배선 등 설비의 한계
- 방화구획상 면적

제2과목 건축시공

21 ★★☆

공사현장의 가설건축물에 관한 설명으로 옳지 않은 것은?

① 하도급자 사무실은 후속공정에 지장이 없는 현장사무실과 가까운 곳에 둔다.
② 시멘트 창고는 통풍이 되지 않도록 출입구 이외는 개구부 설치를 금하고, 벽, 천장, 바닥에는 방수, 방습처리한다.
③ 변전소는 안전상 현장사무실에서 가능한 멀리 위치한다.
④ 인화성 재료저장소는 벽, 지붕, 천장의 재료를 방화구조 또는 불연구조로 하고 소화설비를 갖춘다.

해설
변전소는 현장사무실과 가깝게 위치시켜 문제 발생 시 빠르게 대처할 수 있도록 한다.

22 ★★★

페인트칠의 경우 초벌과 재벌 등을 도장할 때마다 색을 약간씩 다르게 하는 주된 이유는?

① 희망하는 색을 얻기 위하여
② 색이 진하게 되는 것을 방지하기 위하여
③ 착색안료를 낭비하지 않고 경제적으로 사용하기 위하여
④ 초벌, 재벌 등 페인트칠 횟수를 구별하기 위해서

해설
도장공사 시 초벌, 재벌, 정벌 등 칠 횟수를 구별하기 위해 다른 색으로 도장한다.

23 ★★★

건설공사 기획부터 설계, 입찰 및 구매, 시공, 유지관리의 전 단계에 있어 업무절차의 전자화를 추구하는 종합건설정보망 체계를 의미하는 것은?

① CALS   ② BIM
③ SCM   ④ B2B

해설
CALS(Continuous Acquisition & Life Cycle Support)
건설산업의 전수명주기에서 발생하는 자료들을 초고속정보통신망으로 교환, 공유하여 공기단축, 공비를 절감하는 통합정보시스템을 말한다.

정답 19 ③ 20 ③ 21 ③ 22 ④ 23 ①

24 ★★★
지질조사를 통한 주상도에서 나타나는 정보가 아닌 것은?

① N치
② 투수계수
③ 토층별 두께
④ 토층의 구성

해설
투수계수는 흙 속을 흐르는 물의 통과 용이성을 보여주는 수치이다.

합격 POINT 토질주상도 기재 내용
- 지반조사 해당 지역
- 조사일자 및 작성자
- 보링(Boring)의 방법
- 공내수위
- 심도에 따른 토질 및 색조
- 표준관입시험 N값
- 지층의 두께 및 구성 상태
- 샘플링 방법

25 ★★☆
목재에 사용하는 방부제에 해당하지 않는 것은?

① 크레오소트유(Creosote oil)
② 콜타르(Coal tar)
③ 카세인(Casein)
④ P.C.P(Penta Chloro Phenol)

해설
카세인(Casein)은 접착제, 유화제, 수성 도료 등의 제조에 사용된다.

합격 POINT

강재 방청도료(녹막이칠)	목재 방부제
• 광명단	• 크레오소트유
• 방청 산화철	• 콜타르
• 징크로메이트 도료	• PCP(Penta Chloro Phenol)
• 알루미늄 도료	• 유성페인트
• 역청질 도료	• 아스팔트

26 ★★★
철골부재 용접 시 겹침이음, T자이음 등에 사용되는 용접으로 목두께의 방향이 모재의 면과 45° 또는 거의 45°의 각을 이루는 것은?

① 완전용입 맞댐용접
② 모살용접
③ 부분용입 맞댐용접
④ 다층용접

해설
필릿용접(Fillet Welding, 모살용접)에 대한 설명이다.

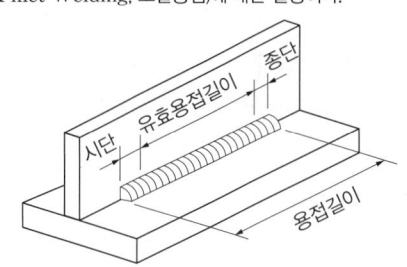

27 ★★★
실비정산보수가산계약 제도의 특징이 아닌 것은?

① 설계와 시공의 중첩이 가능한 단계별 시공이 가능하다.
② 복잡한 변경이 예상되거나 긴급을 요하는 공사에 적합하다.
③ 계약체결 시 공사비용의 최댓값을 정하는 최대보증한도 실비정산보수가산계약이 일반적으로 사용된다.
④ 공사금액을 구성하는 물량 또는 단위공사 부분에 대한 단가만을 확정하고 공사 완료 시 실시수량의 확정에 따라 정산하는 방식이다.

해설
단가계약방식은 공사금액을 구성하는 물량 또는 단위공사 부분에 대한 단가만을 확정하고 공사 완료 시 실시수량의 확정에 따라 정산한다.

합격 POINT 실비정산보수가산도급
공사의 실비를 건축주와 도급자가 확인 정산하고 건축주는 미리 정한 보수율에 따라 도급자에게 그 보수액을 지불하는 방식이다.

정답 24 ② 25 ③ 26 ② 27 ④

28 ★☆☆

특수콘크리트 공사에 관한 설명으로 옳지 않은 것은?

① 하루의 평균기온이 4℃ 이하가 예상되는 조건일 때 한중콘크리트로 시공한다.
② 하루의 평균기온이 25℃를 초과하는 것이 예상되는 경우 서중콘크리트로 시공한다.
③ 매스콘크리트로 다루어야 할 부재치수는 일반적인 표준으로서 하단이 구속된 벽조의 경우 두께 0.8m 이상으로 한다.
④ 섬유보강 콘크리트의 시공은 품질이 얻어지도록 재료, 배합, 비비기 설비 등에 대하여 충분히 고려한다.

해설

매스콘크리트로 다루어야 할 부재치수는 일반적인 표준으로서 하단이 구속된 벽조의 두께는 0.5m 이상으로 하고, 넓이가 넓은 평판구조의 두께는 0.8m 이상으로 한다.

29 ★☆☆

건설클레임과 분쟁에 관한 설명으로 옳지 않은 것은?

① 클레임의 예방대책으로는 프로젝트의 모든 단계에서 시공의 기술과 경험을 이용한 시공성 검토가 있다.
② 작업범위 관련 클레임은 주로 예상치 못했던 지하구조물의 출현이나 지반 형태로 인해 시공자가 작업 수행을 위해 입찰 시 책정된 예정 가격을 초과 부담해야 할 경우에 발생한다.
③ 분쟁은 발주자와 계약자의 상호 이견 발생 시 조정, 중재, 소송의 개념으로 진행되는 것이다.
④ 클레임의 접근절차는 사전평가단계, 근거자료확보단계, 자료분석단계, 문서작성단계, 청구금액산출단계, 문서제출단계 등으로 진행된다.

해설

②는 현장조건 상이에 따른 클레임(Differing site condition claim)에 대한 설명이다. 이러한 클레임은 설계 시 예상 못했던 지하구조물 및 지반형태로 인해 수주자가 작업 수행을 위해 입찰 시 책정된 공사비를 초과하여 부담하여야 하는 상황에서 발생한다.

30 ★★★

블록조 벽체에 와이어메시를 가로줄눈에 묻어 쌓기도 하는데 이에 관한 설명 중 옳지 않은 것은?

① 전단작용에 대한 보강이다.
② 수직하중을 분산시키는 데 유리하다.
③ 블록과 모르타르의 부착성능의 증진을 위한 것이다.
④ 교차부의 균열을 방지하는 데 유리하다.

해설

와이어메시를 블록조 벽체의 가로줄눈에 묻는 목적
- 전단작용에 대한 보강
- 수직하중 분산
- 교차부 신축균열방지

합격 POINT 와이어메시(Wire mesh)

철선을 격자 모양으로 짜고 접점에 전기저항용접을 한 것으로 빈 시멘트블록을 쌓을 때 수평줄눈에 묻어 벽면의 신축균열 교차부 또는 횡력에 안전하도록 설치하는 철선으로 된 좁은 망형의 철물이다.

31 ★★★

콘크리트의 크리프에 관한 설명으로 옳지 않은 것은?

① 습도가 높을수록 크리프는 크다.
② 물-시멘트 비가 클수록 크리프는 크다.
③ 콘크리트의 배합과 골재의 종류는 크리프에 영향을 끼친다.
④ 하중이 제거되면 크리프 변형은 일부 회복된다.

해설

크리프(Creep)가 증대되는 조건
- 재하재령이 짧을수록
- 작용응력이 클수록
- 부재의 단면치수가 작을수록
- 외부 습도가 낮을수록
- 온도가 높을수록
- 물시멘트의 비가 클수록
- 단위시멘트량이 많을수록

합격 POINT 크리프

작용되는 하중의 변화 없이 일정한 하중이 장기간 지속되어 변형이 증가하는 현상이다.

정답 28 ③ 29 ② 30 ③ 31 ①

32 ★★☆

건축물에 사용되는 금속제품과 그 용도가 바르게 연결되지 않은 것은?

① 피벗: 문의 하부 발이 닿는 부분에 대하여 문짝이 손상되는 것을 방지하는 철물
② 코너비드: 벽, 기둥 등의 모서리에 대는 보호용 철물
③ 논슬립: 계단에 사용하는 미끄럼 방지 철물
④ 조이너: 천장, 벽 등의 이음새 감추기용 철물

해설
피벗 힌지(Pivot hinge)는 중량문 하부에 설치하여 문을 회전시키는 철물이다.

33 ★★★

건축물 외벽공사 중 커튼월 공사의 특징으로 옳지 않은 것은?

① 외벽의 경량화
② 공업화 제품에 따른 품질 제고
③ 가설비계의 증가
④ 공기단축

해설
비내력 벽체인 커튼월은 양중기로 설치작업을 하므로 가설비계의 설치가 불필요하다.

34 ★★☆

콘크리트에 사용되는 혼화재 중 플라이애시의 사용에 따른 이점으로 볼 수 없는 것은?

① 유동성의 개선
② 초기강도의 증진
③ 수화열의 감소
④ 수밀성의 향상

해설
플라이애시(Fly ash)는 화력발전소의 미분탄 보일러 내의 연도 가스로부터 집진기로 포집한 미세립자인 양질의 포졸란(Pozzolan)으로, 콘크리트의 워커빌리티(Workability, 시공연도)와 수밀성이 좋고 수화열이 작으며 초기강도는 작으나 장기강도가 증진된다.

합격 POINT 혼화재료

구분	내용
혼화재	• 시멘트 중량의 5% 이상 사용 • 배합설계 시 체적 고려 • 플라이애시, 고로슬래그, 실리카흄, 착색재, 팽창재 등
혼화제	• 시멘트 중량의 1% 이하 사용 • 배합설계 시 체적을 미고려 • AE제, 유동화제, 응결지연제, 방청제 등

35 ★★★

방수공사에서 안방수와 바깥방수를 비교한 설명으로 옳지 않은 것은?

① 바탕 만들기에서 안방수는 따로 만들 필요가 없으나 바깥방수는 따로 만들어야 한다.
② 경제성(공사비)에서는 안방수는 비교적 저렴한 편인 반면 바깥방수는 고가인 편이다.
③ 공사시기에서 안방수는 본공사에 선행해야 하나 바깥방수는 자유로이 선택할 수 있다.
④ 안방수는 바깥방수에 비해 시공이 간편하다.

해설
공사시기에서 바깥방수는 본공사에 선행해야 하나 안방수는 자유로이 선택할 수 있다.

합격 POINT 안방수와 바깥방수와의 비교

구분	안방수	바깥방수
사용환경	비교적 수압이 적은 지하실에 적당하다.	수압에 상관없이 할 수 있다.
바탕만들기	따로 만들 필요가 없다.	따로 만들어야 한다.
공사시기	자유로이 선택할 수 있다.	본공사에 선행해야 한다.
공사 용이성	간단하다.	상당한 난점이 있다.
경제성(공사비)	비교적 싸다.	비교적 고가이다.
내수압성	작다.	크다.
보호누름	필요하다.	없어도 무방하다.
하자보수	쉽다.	어렵다.

36 ★★☆

벽돌벽에서 장식적으로 구멍을 내어 쌓는 벽돌쌓기 방식은?

① 불식쌓기
② 영롱쌓기
③ 무늬쌓기
④ 층단떼어쌓기

해설
영롱쌓기는 장식적인 효과를 위해 벽체에 구멍을 내어 쌓는 것으로 난간벽(Parapet)과 같이 상부 하중을 지지하지 않는 벽이다.

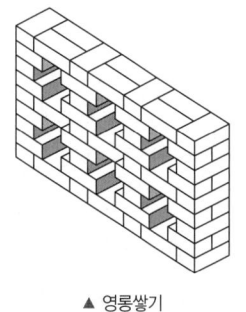

▲ 영롱쌓기

정답 32 ① 33 ③ 34 ② 35 ③ 36 ②

37 ★★☆

시멘트 액체방수에 관한 설명으로 옳은 것은?

① 모체 표면에 시멘트 방수제를 도포하고 방수모르타르를 덧발라 방수층을 형성하는 공법이다.
② 구조체 균열에 대한 저항성이 매우 우수하다.
③ 시공은 바탕처리 → 혼합 → 바르기 → 지수 → 마무리 순으로 진행된다.
④ 시공 시 방수층의 부착력을 위하여 방수할 콘크리트 바탕면은 충분히 건조시키는 것이 좋다.

해설
시멘트 액체방수는 모체 표면에 시멘트 방수제를 도포하고 방수모르타르를 덧발라 방수층을 형성하는 공법으로 바탕의 상태가 습하거나 수분이 함유되어 있더라도 시공할 수 있다.

선지분석
② 건조수축 등에 의해 구조체 균열에 대한 저항성이 약하다.
③ 시공은 바탕처리 → 지수 → 혼합 → 바르기 → 마무리순으로 진행한다.
④ 바탕면은 습윤상태를 유지하여 시공한다.

38 ★★☆

고층건축물 공사의 반복작업에서 각 작업조의 생산성을 기울기로 하는 직선으로 각 반복작업의 진행을 표시하여 전체 공사를 도식화하는 기법은?

① CPM
② PERT
③ PDM
④ LOB

해설
LOB(Line Of Balance) 반복작업이 많은 공사에 효과적인 방법으로 수량을 기울기의 직선으로 도식화하는 공정관리 기법이다.

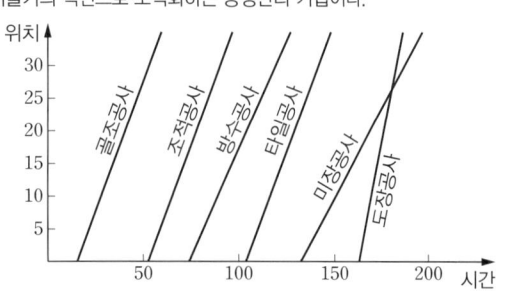

39 ★★☆

토공사에 적용되는 체적환산계수 L의 정의로 옳은 것은?

① $\dfrac{\text{흐트러진 상태의 체적}(m^3)}{\text{자연상태의 체적}(m^3)}$

② $\dfrac{\text{자연상태의 체적}(m^3)}{\text{흐트러진 상태의 체적}(m^3)}$

③ $\dfrac{\text{다져진 상태의 체적}(m^3)}{\text{자연상태의 체적}(m^3)}$

④ $\dfrac{\text{자연상태의 체적}(m^3)}{\text{다져진 상태의 체적}(m^3)}$

해설
토공사에 적용되는 체적환산계수
- $L = \dfrac{\text{흐트러진 상태의 체적}(m^3)}{\text{자연상태의 체적}(m^3)}$

40 ★★★

건축재료의 수량 산출 시 적용하는 할증률이 옳지 않은 것은?

① 유리: 1%
② 단열재: 5%
③ 붉은벽돌: 3%
④ 이형철근: 3%

해설
단열재의 할증률은 10%이다.

합격 POINT 재료별 할증률

할증률(%)	재료
1	콘크리트(철근), 유리
2	콘크리트(무근), 도료
3	붉은벽돌, 타일(점토계, 크링커), 이형철근, 고력볼트, 슬레이트, 테라코타, 일반합판
4	시멘트블록
5	시멘트벽돌, 원형철근, 강관, 봉강, 리벳, 타일(합성수지계), 텍스, 석고보드, 기와, 수장합판, 목재(각재)
7	대형 형강
10	단열재, 강판, 목재(판재), 석재(정형)
20	졸대
30	석재(원석, 부정형)

정답 37 ① 38 ④ 39 ① 40 ②

제3과목 건축구조

41 ★★☆

다음 그림과 같은 단순보에 변등분포하중이 작용할 때 전단력이 '0'이 되는 점에 대하여 A점으로부터의 거리를 구하면?

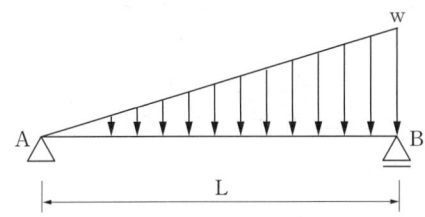

① $\dfrac{L}{\sqrt{2}}$ ② $\dfrac{L}{\sqrt{3}}$

③ $\dfrac{L}{\sqrt{4}}$ ④ $\dfrac{L}{\sqrt{5}}$

해설

A점의 수직반력을 먼저 구한다.

$\sum M_B = 0$;

$V_A \times L - L \times w \times \dfrac{1}{2} \times \dfrac{L}{3} = 0$, ∴ $V_A = \dfrac{wL}{6}$

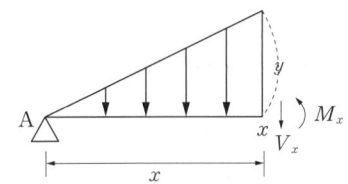

전단력이 0인 지점의 위치 x에서 하중이 y이면,

$L : w = x : y$이므로 $y = \dfrac{xw}{L}$이다.

이제 전단력이 0이 되는 거리 x를 구한다.

$\sum V = 0$; $\dfrac{wL}{6} - \dfrac{1}{2} \cdot x \cdot \dfrac{xw}{L} = 0$

$\dfrac{wL}{6} = \dfrac{wx^2}{2L}$

$x^2 = \dfrac{L^2}{3}$이므로

∴ $x = \dfrac{L}{\sqrt{3}}$

42 ★★☆

다음 그림과 같은 보에서 A점에서 $200\text{kN}\cdot\text{m}$의 모멘트가 작용하였을 때 B점이 지지하는 모멘트 및 수직반력은?

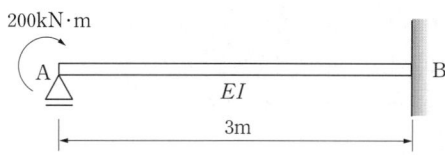

① $M_{BA} = 200\text{kN}\cdot\text{m}$, $V_B = 100\text{kN}$
② $M_{BA} = 200\text{kN}\cdot\text{m}$, $V_B = 50\text{kN}$
③ $M_{BA} = 100\text{kN}\cdot\text{m}$, $V_B = 100\text{kN}$
④ $M_{BA} = 100\text{kN}\cdot\text{m}$, $V_B = 50\text{kN}$

해설

모멘트 분배법을 이용해 구한다.

B점 도달모멘트 M_{BA}는 분배모멘트의 1/2이다.

$M_{BA} = \dfrac{1}{2} M_{AB}$

분배율: $DF_{AB} = \dfrac{K_{AB}}{\sum K} = \dfrac{1}{1} = 1$

분배모멘트: $M_{AB} = M_A \cdot DF_{AB} = 200\text{kN}\cdot\text{m}(\frown)$

전달모멘트: $M_{BA} = \dfrac{1}{2} M_{AB} = \dfrac{200}{2} = 100\text{kN}\cdot\text{m}(\frown)$

반력: $\sum M_A = 0$; $200 + 100 - V_B \times 3 = 0$

∴ $V_B = 100\text{kN}(\uparrow)$

43 ★☆☆

다음 구조물의 부정정 차수의 합은?

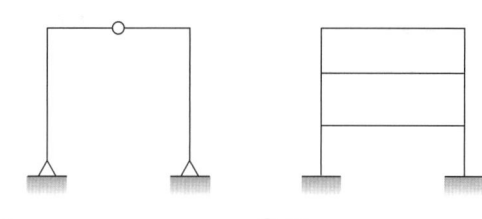

① 9 ② 10
③ 11 ④ 12

해설

$N = r + m + f - 2j$ 공식 이용

(r: 지점 반력수, m: 부재수, f: 강절점수, j: 지점수 + 자유단 지점수)

좌측 구조물	우측 구조물
$N = 4 + 4 + 2 - 2 \times 5 = 0$	$N = 6 + 9 + 10 - 2 \times 8 = 9$
정정 구조물	9차 부정정 구조물

∴ 두 구조물의 부정정 차수의 합은 9가 된다.

정답 41 ② 42 ③ 43 ①

44 ★★☆

부동침하의 원인과 거리가 먼 것은?

① 건물이 경사지반에 근접되어 있을 경우
② 건물이 이질지반에 걸쳐 있을 경우
③ 이질의 기초구조를 적용했을 경우
④ 건물의 강도가 불균등할 경우

해설
건물의 강도가 불균등한 경우와 부동침하는 관련이 없다.

합격 POINT 부동침하의 여러 가지 원인

연약층	경사 지반	이질 지층	낭떠러지	증축
지하수위 변경	지하 구멍	메운땅 흙막이	이질 지정	일부 지정

45 ★★★

다음 그림과 같은 보에서 C점의 처짐은? (단, EI는 전 경간에 걸쳐 일정함)

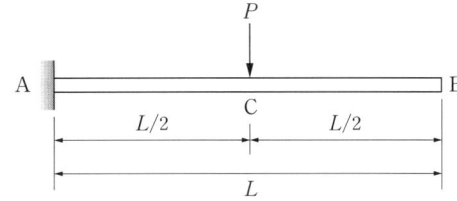

① $\dfrac{PL^3}{12EI}$ ② $\dfrac{PL^3}{24EI}$

③ $\dfrac{PL^3}{48EI}$ ④ $\dfrac{PL^3}{96EI}$

해설
처짐 $\delta = \dfrac{M'}{EI}$ (M': 처짐을 구하려는 위치의 모멘트)

C점 $M' = \dfrac{PL}{2} \times \dfrac{L}{2} \times \dfrac{1}{2} \times \left(\dfrac{2}{3} \times \dfrac{L}{2}\right) = \dfrac{PL^3}{24}$

$\therefore \delta_C = \dfrac{\dfrac{PL^3}{24}}{EI} = \dfrac{PL^3}{24EI}$

46 ★★☆

1방향 철근콘크리트 슬래브에서 철근의 설계기준항복강도가 500MPa인 경우 콘크리트 전체 단면적에 대한 수축·온도 철근비는 최소 얼마 이상이어야 하는가?(단, 이형철근 사용)

① 0.0015 ② 0.0016
③ 0.0018 ④ 0.0020

해설
1방향 슬래브의 온도 철근비는 $\rho = 0.002 \times \dfrac{400}{f_y}$로 구한다.

f_y: 철근의 항복강도

$\rho = 0.002 \times \dfrac{400}{500} = 0.0016$

합격 POINT 1방향 슬래브의 온도 철근비

$f_y \leq 400\text{MPa}$인 경우 $\rho = 0.002$

$f_y > 400\text{MPa}$인 경우 $\rho = 0.002 \times \dfrac{400}{f_y}$

47 ★★★

그림과 같은 부정정 라멘에서 A점의 M_{AB}는?

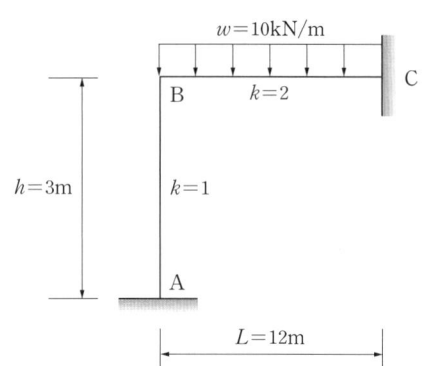

① 0kN·m ② 20kN·m
③ 40kN·m ④ 60kN·m

해설
모멘트분배법을 이용해 구한다.

A점 도달모멘트 M_{AB}는 분배모멘트의 1/2이다.

$M_{AB} = \dfrac{1}{2} M_{BA}$을 이용해 구할 수 있다.

BC부재는 양단 고정보이고, 등분포하중이 작용한다.

$M_B = \dfrac{wl^2}{12} = \dfrac{10 \times 12^2}{12} = 120\text{kN·m}$

분배율: $DF_{BA} = \dfrac{K_{BA}}{\sum K} = \dfrac{1}{1+2} = \dfrac{1}{3}$

분배모멘트: $M_{BA} = M_B \times DF_{BA} = 120 \times \dfrac{1}{3} = 40\text{kN·m}(\frown)$

전달모멘트: $M_{AB} = \dfrac{1}{2} M_{BA} = \dfrac{40}{2} = 20\text{kN·m}$

정답 44 ④ 45 ② 46 ② 47 ②

48 ★★☆

고장력볼트 F10T(M20) 1면전단일 때 볼트 한 개당 설계전단강도(ϕR_n)를 구하면?(단, 고력볼트의 $F_u=1,000\text{MPa}$, $\phi=0.75$, $F_{nv}=0.5F_u$임)

① 117.8kN   ② 94.2kN
③ 58.8kN   ④ 47.1kN

해설

설계전단강도는 다음과 같은 식으로 구한다.
$\phi R_n = 0.75 \cdot F_{nv} \cdot A_b \cdot n_s$
여기서, F_{nv}: 공칭전단강도, A_b: 볼트의 공칭단면적, n_s: 전단면수
$F_{nv} = 0.5F_u = 0.5 \times 1,000 = 500\text{MPa}$
$A_b = \dfrac{\pi(20)^2}{4} \fallingdotseq 314\text{mm}^2$
$\phi R_n = 0.75 \times 500 \times 314 \times 1 = 117,750\text{N} \fallingdotseq 117.8\text{kN}$

49 ★☆☆

강구조에서 규정된 별도의 설계하중이 없는 경우 접합부의 최소 설계강도 기준은?(단, 연결재, 새그로드 또는 띠장은 제외)

① 30kN 이상   ② 35kN 이상
③ 40kN 이상   ④ 45kN 이상

해설

강구조 접합부의 최소 설계강도는 45kN 이상이 되어야 한다.

50 ★☆☆

다음 그림과 같은 강재가 전단력을 받아 점선과 같이 변형되었을 때 이 강재의 전단변형률은?

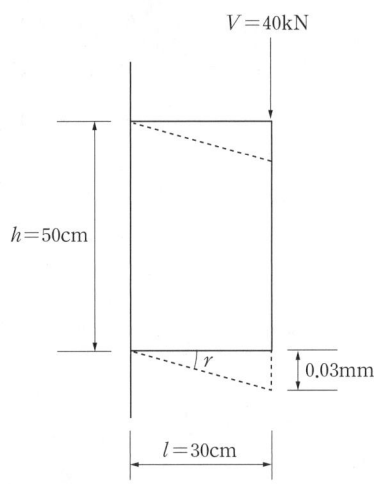

① 0.00006rad   ② 0.0001rad
③ 0.00125rad   ④ 0.00075rad

해설

전단변형률 $\gamma = \dfrac{\Delta}{l}$로 구한다. ($\Delta$: 변형 길이)

∴ $\gamma = \dfrac{0.03\text{mm}}{300\text{mm}} = 0.0001\text{rad}$

51 ★★☆

강구조 필릿용접에 관한 설명으로 옳지 않은 것은?

① 필릿용접의 유효면적은 유효길이에 유효목두께를 곱한 것으로 한다.
② 필릿용접의 유효길이는 필릿용접의 총길이에서 2배의 필릿사이즈를 공제한 값으로 하여야 한다.
③ 필릿용접의 유효목두께는 용접루트로부터 용접표면까지의 최단거리로 한다. 단, 이음면이 직각인 경우에는 필릿사이즈의 $\sqrt{2}$배로 한다.
④ 구멍필릿과 슬롯필릿용접의 유효길이는 목두께의 중심을 잇는 용접중심선의 길이로 한다.

해설

필릿용접의 유효목두께는 용접루트로부터 용접표면까지의 최단거리로 한다.
단, 이음면이 직각인 경우에는 필릿사이즈의 0.7배$\left(\dfrac{1}{\sqrt{2}}\text{배}\right)$로 한다.

52 ★☆☆

$f_y = 400\text{MPa}$ 이형철근을 사용한 경우 필요한 철근의 인장정착길이가 1,000mm이었다. 철근의 강도를 $f_y = 500\text{MPa}$로 변경하고, 소요철근보다 1.25배 많게 철근을 배근하였을 경우 변경된 철근의 인장정착길이는 얼마인가?

① 750mm   ② 1,000mm
③ 1,200mm   ④ 1,500mm

해설

정착길이는 철근의 항복강도 f_y에 비례한다.
따라서 $f_y = 400\text{MPa}$에서 $f_y = 500\text{MPa}$로 변경하면, $1.25\left(=\dfrac{500}{400}\right)$배 만큼의 정착길이가 더 필요하다.
소요철근보다 1.25배 많게 배근했으므로 인장철근 정착길이는 그대로 1,000mm가 된다.

53 ★★★

강도설계법에서 고정하중 40kN, 활하중 30kN이 작용할 때 계수하중은 얼마인가?

① 135kN   ② 124kN
③ 116kN   ④ 96kN

해설

고정하중(D)과 활하중(L)에 의한 하중조합(U)식 중 큰 값을 사용한다.
1. $U = 1.4D = 1.4 \times 40 = 56\text{kN}$
2. $U = 1.2D + 1.6L = 1.2 \times 40 + 1.6 \times 30 = 96\text{kN}$

정답 48 ① 49 ④ 50 ② 51 ③ 52 ② 53 ④

54 ★☆☆

철근콘크리트 단근보를 강도설계법으로 설계 시 콘크리트의 전압축력으로 옳은 것은?(단, $f_{ck}=24\text{MPa}$, 보의 폭 300mm, 응력블록의 깊이 110mm)

① 750.6kN ② 724.4kN
③ 673.2kN ④ 650.8kN

해설

콘크리트의 전압축력 $C=\eta(0.85f_{ck})ab$로 구한다.
(f_{ck}: 콘크리트 항복강도, a: 등가응력블록의 깊이, b: 보의 폭, $f_{ck}\leq 40\text{MPa}$이므로 $\eta=1.00$)
$C=1.00\times0.85\times24\times110\times300=673,200\text{N}=673.2\text{kN}$

55 ★☆☆

건축구조기준에 따른 우리나라 지진구역 및 이에 따른 지진구역계수값이 옳게 연결된 것은?

① 지진구역 I : 0.11g, 지진구역 II : 0.07g
② 지진구역 I : 0.17g, 지진구역 II : 0.11g
③ 지진구역 I : 0.11g, 지진구역 II : 0.17g
④ 지진구역 I : 0.14g, 지진구역 II : 0.22g

해설

지진구역 I : 0.11g, 지진구역 II : 0.07g이다.

합격 POINT 지진구역 및 지진구역계수

재현주기 500년인 최대 예상지진의 유효지반가속도에 따른 내진설계기준 연구에 의거하여 다음과 같이 산정한다.

지진구역	행정구역		지역구역계수
I	시	서울, 인천, 대전, 부산, 대구, 울산, 광주, 세종	0.11g
	도	경기, 충북, 충남, 경북, 경남, 전북, 전남, 강원 남부*	
II	도	강원 북부**, 제주	0.07g

*강원 남부: 영월, 정선, 삼척, 강릉, 동해, 원주, 태백
*강원 북부: 홍천, 철원, 화천, 횡성, 평창, 양구, 인제, 고성, 양양, 춘천, 속초

※ 건축구조기준이 개정되어 문제가 성립할 수 있도록 수정하였습니다.

56 ★☆☆

건축구조별 특징에 관한 설명 중 옳지 않은 것은?

① 가구식 구조는 삼각형보다 사각형으로 조립하면 안정한 구조체를 이룰 수 있다.
② 조적식 구조는 압축력에는 강하지만 횡력에 취약하다.
③ 조립식 구조는 부재를 공장에서 생산·가공하여 현장에서 조립하므로 공기가 짧다.
④ 일체식 구조는 비교적 균일한 강도를 가진다.

해설

가구식 구조는 사각형보다 삼각형으로 조립하면 더욱 안정한 구조체를 이룰 수 있다.

57 ★★★

단근보에서 하중이 재하됨에 동시에 순간처짐이 20mm가 발생되었다. 이 하중이 5년 이상 지속되는 경우 총처짐량은 얼마인가?(단, $\lambda=\dfrac{\zeta}{1+50\rho'}$이고 지속하중에 의한 시간경과계수 ζ는 2임)

① 30mm ② 40mm
③ 60mm ④ 80mm

해설

총처짐=탄성처짐+장기처짐으로 구한다.
탄성처짐=순간처짐
장기처짐=탄성처짐×λ(λ: 지속하중에 대한 처짐계수)
단근보이므로 압축철근비 $\rho'=0$이다.
$\lambda=\dfrac{2}{1+50\times0}=2$이므로, 장기처짐=$20\times2=40$mm
∴ 총처짐=$20+40=60$mm

58 ★☆☆

그림과 같은 하중을 지지하는 단주의 단면에서 인장력을 발생시키지 않는 거리 x의 한계는?

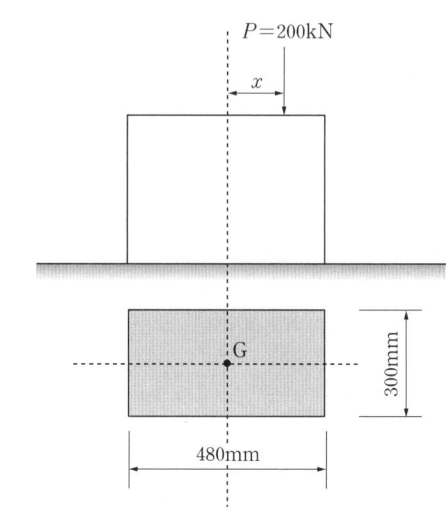

① 40mm ② 60mm
③ 80mm ④ 100mm

해설

편심하중을 받는 단주의 휨응력(σ)은 다음과 같은 식으로 구한다.
$\sigma=\dfrac{P}{A}\pm\dfrac{M}{Z}$
P: 하중, A: 기둥 단면적, M: 모멘트, Z: 기둥의 단면계수
여기서, 직사각형의 단면계수 $Z=\dfrac{bh^2}{6}$
$\sigma=\dfrac{200\times10^3}{300\times480}-\dfrac{200\times10^3}{\dfrac{300\times480^2}{6}}\times x=0$
∴ $x=80$mm

정답 54 ③ 55 ① 56 ① 57 ③ 58 ③

59 ★☆☆

다음 그림과 같은 구조에서 기둥에 압축력만 발생하게 하려면 A점에서 내민 부재길이 x의 값은?

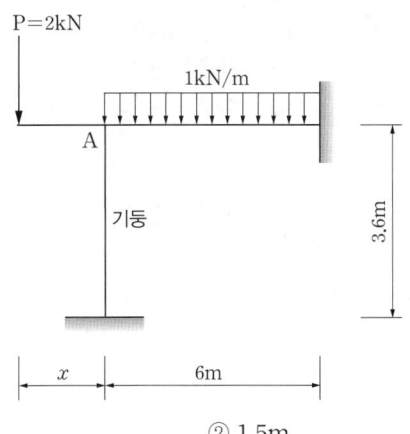

① 1m ② 1.5m
③ 2m ④ 3m

해설
절점방정식을 이용해 구한다.
$\sum M_A = 0$; $M_{A-지면} + M_{A-자유단} + M_{A-벽면} = 0$
$(0) - (2 \times x) + \left(\dfrac{1 \times 6^2}{12}\right) = 0$ ∴ $x = 1.5\text{m}$

($M_{A-벽면}$은 양단고정보에 등분포하중이므로 $\dfrac{wl^2}{12}$)

60 ★☆☆

다음 그림과 같은 보 단면에서 정착되는 철근의 수평 순간격을 구하면?

- D22(인장, 압축철근), 지름: 22mm로 계산
- D13@150(스터럽), 지름: 13mm로 계산
- 최소 피복두께: 40mm
- 구부림 최소 내면반지름은 무시

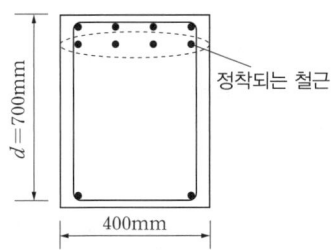

① 60.7mm ② 63.7mm
③ 66.7mm ④ 68.7mm

해설
수평 순간격
$= \dfrac{1}{4-1}(b - 피복두께 \times 2 - 스터럽직경 \times 2 - 주근직경 \times 4)$
$= \dfrac{1}{3}(400 - 40 \times 2 - 13 \times 2 - 22 \times 4) ≒ 68.7\text{mm}$

제4과목 건축설비

61 ★★★

다음의 스프링클러설비의 화재안전기준 내용 중 ( ) 안에 알맞은 것은?

> 전동기에 따른 펌프를 이용하는 가압송수장치의 송수량은 0.1MPa의 방수압력 기준으로 ( ) 이상의 방수성능을 가진 기준 개수의 모든 헤드로부터 방수량을 충족시킬 수 있는 양 이상으로 할 것

① 80L/min ② 90L/min
③ 110L/min ④ 130L/min

해설
스프링클러설비의 송수량은 0.1MPa의 방수압력 기준으로 80L/min 이상의 방수성능을 갖추어야 한다.

62 ★☆☆

3상 대칭 성형(Y)결선에서 상전압이 220V일 때 선간전압은 얼마인가?

① 110V ② 220V
③ 380V ④ 440V

해설
$V_{ab} = \sqrt{3}E = \sqrt{3} \times 220 ≒ 381.05 ≒ 380\text{V}$
V_{ab}: 선간전압(V), E: 상전압(V)

63 ★☆☆

공기조화기 설계에서 사용되는 바이패스 팩터(Bypass factor)의 의미로 옳은 것은?

① 급기팬을 통과하는 공기 중 건공기의 비율
② 공기조화기의 도입외기와 환기(Return air)의 비율
③ 실내로부터의 환기(Return air) 중 공기조화기로 도입되는 공기의 비율
④ 냉온수 코일의 통과 공기 중 냉온수 코일과 접촉하지 않고 통과하는 공기의 비율

해설
바이패스 팩터는 냉온수 코일을 통과하는 공기 중 냉온수 코일과 접촉하지 않고 그대로 통과하는 공기의 비율이다.

정답 59 ② 60 ④ 61 ① 62 ③ 63 ④

64 ★★★

다음과 같은 조건에 있는 실의 틈새바람에 의한 현열 부하량은?

[조건]
- 실의 체적: 400m³
- 환기횟수: 0.5회/h
- 실내공기 건구온도: 20℃
- 외기 건구온도: 0℃
- 공기의 밀도: 1.2kg/m³
- 공기의 비열: 1.01kJ/kg·K

① 986W ② 1,124W
③ 1,347W ④ 1,542W

해설

$Q = \dfrac{G \cdot \rho \cdot C \cdot \Delta t}{3,600}$

$= \dfrac{200 \text{m}^3/\text{h} \times 1.2 \text{kg/m}^3 \times 1.01 \text{kJ/kg·K} \times (20-0)\text{K}}{3,600}$

$= 1.3467 ≒ 1.347 \text{kW} = 1,347 \text{W}$

Q: 현열부하(kW),
G: 환기량(m³/h)
(단, 여기서 G = 환기횟수 × 실의 체적 = 0.5회/h × 400m³ = 200m³/h)
ρ: 공기의 밀도(kg/m³), C: 공기의 비열(kJ/kg·K), Δt: 온도차(K)

65 ★★☆

인터폰설비의 통화망 구성 방식에 속하지 않는 것은?

① 모자식 ② 상호식
③ 복합식 ④ 프레스토크식

해설

인터폰설비의 통화망 구성 방식으로는 모자식, 상호식, 복합식이 있다.

66 ★☆☆

공기조화방식 중 전공기방식에 속하는 것은?

① 패키지방식 ② 이중덕트방식
③ 유인유닛방식 ④ 팬코일유닛방식

해설

이중덕트방식은 전공기방식이다.

합격 POINT 공기조화방식의 분류

열원방식	시스템 명칭
전공기방식	정풍량 단일덕트방식, 변풍량 단일덕트방식, 이중덕트방식, 멀티존유닛방식, 각층 유닛방식
공기·수방식	덕트병용 팬코일유닛방식, 유인(인덕션)유닛방식, 복사 냉난방방식
전수방식	팬코일유닛방식
냉매방식	룸에어컨, 패키지유닛방식(중앙식), 패키지유닛방식(터미널유닛방식)

67 ★☆☆

압력탱크 급수방식에 관한 설명으로 옳지 않은 것은?

① 정전 시 급수가 곤란하다.
② 급수압력을 일정하게 유지할 수 있다.
③ 단수 시 저수조의 물을 사용할 수 있다.
④ 탱크를 높은 곳에 설치하지 않아도 된다.

해설

압력탱크 급수방식은 급수압력을 일정하게 유지할 수 없으며 밸브나 부품의 파손이 많다. 급수압력을 일정하게 유지할 수 있는 급수방식은 고가수조 방식이다.

68 ★★☆

3상 유도전동기의 속도제어 방법으로 옳지 않은 것은?

① 인버터를 사용하여 주파수를 변화시킨다.
② 2선의 접속을 바꿔 회전자계의 방향이 반대로 되도록 한다.
③ 회전자에 접속되어 있는 저항을 변화시켜 비례추이의 원리로 제어한다.
④ 독립된 2조의 극수가 서로 다른 고정자 권선을 감아 놓고 필요에 따라 극수를 선택하여 극수를 변화시킨다.

해설

3상 유도전동기의 속도 제어방법 중에서 ①의 방법은 주파수 제어법이며, ③의 방법은 2차 저항 제어법, ④의 방법은 극수변환법이다.

69 ★★☆

건구온도 30℃, 상대습도 60%인 공기를 냉수코일에 통과시켰을 때 공기의 상태변화로 옳은 것은? (단, 코일 입구 수온 5℃, 코일 출구수온 10℃)

① 건구온도는 낮아지고 절대습도는 높아진다.
② 건구온도는 높아지고 절대습도는 낮아진다.
③ 건구온도는 높아지고 상대습도는 높아진다.
④ 건구온도는 낮아지고 상대습도는 높아진다.

해설

공기를 냉수코일에 통과시키면 건구온도는 낮아지고 상대습도는 높아진다.

정답 64 ③ 65 ④ 66 ② 67 ② 68 ② 69 ④

70 ★★★
간접가열식 급탕방식에 관한 설명으로 옳지 않은 것은?

① 저압보일러를 써도 되는 경우가 많다.
② 직접가열식에 비해 소규모 급탕설비에 적합하다.
③ 급탕용 보일러는 난방용 보일러와 겸용할 수 있다.
④ 직접가열식에 비해 보일러 내면에 스케일이 발생할 염려가 적다.

해설
간접가열식 급탕방식은 직접가열식에 비해 대규모 급탕설비에 적합하다.

합격 POINT 중앙식 급탕방식의 종류

직접가열식	간접가열식
• 열효율 면에서 경제적 • 수질에 의해 보일러 내면에 스케일이 발생하여 열효율이 저하되며 보일러의 수명이 단축 • 급탕하는 건물의 높이가 높을 경우 고압보일러 필요 • 주택 또는 소규모 건물에 실용적	• 난방용 보일러의 증기 사용 시 급탕용 보일러 불필요 • 보일러 내면에 스케일이 거의 생기지 않음 • 건물의 높이에 따른 수압이 보일러에 작용하지 않고 저탕조에 작용하므로 고압용 보일러 불필요 • 대규모 급탕설비에 적합

71 ★★★
증기난방에 관한 설명으로 옳지 않은 것은?

① 계통별 용량제어가 곤란하다.
② 한랭지에서 동결의 우려가 적다.
③ 예열시간이 온수난방에 비하여 짧다.
④ 부하변동에 따른 실내 방열량의 제어가 용이하다.

해설
증기난방은 온수난방에 비해 부하변동에 따른 실내 방열량의 제어가 어렵다.

합격 POINT 증기난방의 특징
• 증발잠열을 이용하므로 열의 운반능력이 크다.
• 예열시간이 짧고, 증기순환이 빠르다.
• 한랭지에서 동결의 우려가 적다.
• 열매온도가 높아 방열기의 방열면적이 작다.
• 실내 방열량 제어가 어렵다.

72 ★★☆
실내열환경 지표 중 공기의 습도가 고려되지 않은 것은?

① 작용온도　　② 유효온도
③ 등온지수　　④ 신유효지수

해설
작용온도는 공기의 습도는 고려되지 않으며, 기온, 기류 및 주위의 벽의 방사온도의 종합에 의해서 체감온도를 나타낸다.

73 ★☆☆
주택의 1인 1일 오수량이 $0.05m^3$/인·일이고 오수의 BOD 농도가 $260g/m^3$일 때 1인 1일당 BOD 부하량은?

① 5g/인·일　　② 13g/인·일
③ 26g/인·일　　④ 50g/인·일

해설
BOD 부하량 = 1인 1일 오수량 × BOD 농도
= $0.05m^3$/인·일 × $260g/m^3$
= 13g/인·일

74 ★★★
조명기구를 배광에 따라 분류할 경우, 다음과 같은 특징을 갖는 것은?

발산광속 중 상향광속이 60~90% 정도이고, 하향광속이 10~40% 정도이며, 천장을 주광원으로 이용한다.

① 직접조명기구　　② 반직접조명기구
③ 반간접조명기구　　④ 전반확산조명기구

해설
반간접조명기구는 발산광속 중 상향광속이 60~90% 정도이고, 하향광속이 10~40% 정도이며, 천장을 주광원으로 이용한다.

75 ★☆☆
유체의 흐름을 한 방향으로만 흐르게 하고 반대방향으로는 흐르지 못하게 하는 밸브는?

① 콕　　② 체크밸브
③ 게이트밸브　　④ 글로브밸브

해설
체크밸브는 유체의 흐름을 한 방향으로만 흐르게 하는 반대방향으로는 흐르지 못하게 하는 밸브로, 유량조절이 불가능하다.

정답 70 ② 71 ④ 72 ① 73 ② 74 ③ 75 ②

76 ★☆☆

펌프에서 발생하는 공동현상(Cavation)의 방지 대책으로 가장 알맞은 것은?

① 펌프의 설치위치를 높인다.
② 펌프의 흡입양정을 낮춘다.
③ 펌프의 토출양정을 높인다.
④ 펌프의 토출구경을 확대한다.

해설

공동현상(Cavation)을 방지하기 위해서는 펌프의 설치 높이를 최대한 낮추어 흡입양정을 낮춘다.

합격 POINT 공동현상(Cavation)의 방지 대책
- 수온 상승을 방지한다.
- 흡입 배관의 마찰저항을 감소한다.
- 펌프의 회전수를 낮추어 흡입비 속도를 작게 한다.
- 펌프의 설치 높이를 최대한 낮추어 흡입양정을 낮게 한다.

77 ★★★

엘리베이터의 안전장치 중에서 카가 최상층이나 최하층에서 정상 운행위치를 벗어나 그 이상으로 운행하는 것을 방지하는 것은?

① 완충기(Buffer)
② 조속기(Governor)
③ 리밋 스위치(Limit switch)
④ 카운터 웨이트(Counter weight)

해설

리밋 스위치는 카가 정상 운행위치를 벗어나 그 이상으로 운행하는 것을 방지하도록 승강로에 설치된 스위치이다.

선지분석

① 완충기: 카가 최하층을 통과하여 피트로 떨어졌을 때 충격을 완화하기 위한 안전장치
② 조속기: 카와 같은 속도로 움직이는 조속기 로프에 의하여 회전되어 항상 카의 속도를 검출하는 안전장치
④ 카운터 웨이트: 권상기의 부하를 작게 하여 에너지를 절약하고자 하는 균형추

78 ★☆☆

옥내배선의 전선 굵기 결정요소에 속하지 않는 것은?

① 허용 전류
② 배선 방식
③ 전압 강하
④ 기계적 강도

해설

전선의 굵기는 전선의 허용 전류, 전압 강하, 기계적 강도 등을 고려하여 결정한다.

79 ★★★

가스설비에 사용되는 거버너(Governor)에 관한 설명으로 옳은 것은?

① 실내에서 발생되는 배기가스를 외부로 배출시키는 장치
② 연소가 원활히 이루어지도록 외부로부터 공기를 받아들이는 장치
③ 가스가 누설되거나 지진이 발생했을 때 가스 공급을 긴급히 차단하는 장치
④ 가스공급회사로부터 공급받은 가스를 건물에서 사용하기에 적합한 압력으로 조정하는 장치

해설

거버너(Governor)는 공급압력조정 감압밸브로, 가스공급회사로부터 공급받은 가스를 건물에서 사용하기에 적합한 압력으로 조정하는 장치이다.
즉, 가스의 양을 일정하게 조절하여 공급해 주는 기능을 가지고 있다.

80 ★★☆

일반적으로 실내 환기량의 기준이 되는 것은?

① 공기 온도
② NO_2 농도
③ CO_2 농도
④ SO_2 농도

해설

대부분의 오염 물질 농도는 이산화탄소의 농도에 비례하여 증가하기 때문에 실내 환기량(공기오염)의 기준은 이산화탄소(CO_2)의 농도이다.

정답 76 ② 77 ③ 78 ② 79 ④ 80 ③

제5과목 건축관계법규

81 ★☆☆

「국토의 계획 및 이용에 관한 법령」상 제2종 전용주거지역 안에서 건축할 수 있는 건축물에 속하지 않은 것은?

① 공동주택
② 판매시설
③ 노유자시설
④ 교육연구시설 중 고등학교

해설

제2종 전용주거지역 안에서 건축할 수 있는 건축물은 다음과 같다.
- 단독주택, 공동주택, 교육연구시설 중 유치원·초등학교·중학교 및 고등학교, 노유자시설, 자동차관련시설 중 주차장, 종교집회장
- 다음의 시설은 바닥면적의 합계 1,000m² 미만에 한한다.
  - 제1종 근린생활시설, 박물관, 미술관, 종교시설, 체험관(한옥 건축물에 한함), 기념관

82 ★☆☆

같은 건축물 안에 공동주택과 위락시설을 함께 설치하고자 하는 경우, 공동주택의 출입구와 위락시설의 출입구는 서로 그 보행거리가 최소 얼마 이상이 되도록 설치하여야 하는가?

① 10m ② 20m
③ 30m ④ 50m

해설

공동주택등의 출입구와 위락시설등의 출입구는 서로 그 보행거리가 30m 이상이 되도록 설치해야 한다.

83 ★★☆

건축허가 대상 건축물이라 하더라도 건축신고를 하면 건축허가를 받은 것으로 보는 경우에 속하지 않는 것은? (단, 층수가 2층인 건축물의 경우)

① 바닥면적의 합계가 75m²의 증축
② 바닥면적의 합계가 75m²의 재축
③ 바닥면적의 합계가 75m²의 개축
④ 연면적의 합계가 250m²인 건축물의 대수선

해설

연면적이 200m² 미만이고 3층 미만인 건축물의 대수선의 경우 미리 특별자치시장·특별자치도지사 또는 시장·군수·구청장에게 국토교통부령으로 정하는 바에 따라 신고를 하면 건축허가를 받은 것으로 본다.

선지분석

①, ②, ③ 바닥면적의 합계가 85m² 이내이며 3층 미만의 건축물의 증축·개축 또는 재축의 경우 미리 특별자치시장·특별자치도지사 또는 시장·군수·구청장에게 국토교통부령으로 정하는 바에 따라 신고를 하면 건축허가를 받은 것으로 본다.

84 ★★☆

건축물에 설치하는 지하층의 구조 및 설비에 관한 기준 내용으로 옳지 않은 것은?

① 거실의 바닥면적의 합계가 1,000m² 이상인 층에는 환기설비를 설치할 것
② 지하층의 바닥면적이 300m² 이상인 층에는 식수공급을 위한 급수전을 1개소 이상 설치할 것
③ 거실의 바닥면적이 30m² 이상인 층에는 직통계단 외에 피난층 또는 지상으로 통하는 비상탈출구 및 환기통을 설치할 것
④ 바닥면적이 1,000m² 이상인 층에는 피난층 또는 지상으로 통하는 직통계단을 관련 규정에 의한 방화구획으로 구획되는 각 부분마다 1개소 이상 설치하되, 이를 피난계단 또는 특별피난계단의 구조로 할 것

해설

거실의 바닥면적이 50m² 이상인 층에는 직통계단 외에 피난층 또는 지상으로 통하는 비상탈출구 및 환기통을 설치하여야 한다. 다만, 직통계단이 2개소 이상 설치되어 있는 경우에는 그러하지 아니하다.

85 ★★★

각 층의 바닥면적이 5,000m²이고 각 층의 거실면적이 3,000m²인 14층 숙박시설에 설치하여야 하는 승용승강기의 최소 대수는? (단, 24인승 승용승강기를 설치하는 경우)

① 6대 ② 7대
③ 12대 ④ 13대

해설

건축물의 용도	6층 이상의 거실면적의 합계 3,000m² 초과
숙박시설	기본 1대+3,000m² 초과 시 2,000m² 이내마다 1대 추가

※ 8인승 이상 15인승 이하의 승강기는 1대의 승강기로 보고, 16인승 이상의 승강기는 2대의 승강기로 본다.

1. 층수가 14층이며 각 층의 거실면적이 3,000m²인 경우, 6층 이상의 거실면적의 합계는 27,000m²가 된다.
2. 숙박시설은 기본 승강기 2대+3,000m² 초과 시 2,000m² 이내마다 1대가 추가된다.

위의 조건을 종합하였을 때, 면적의 합계가 27,000m²인 숙박시설의 승용승강기 설치기준은 기본 1대+추가 12대=총 13대가 된다.

그러나 16인승 이상의 승강기는 2대의 승강기로 보기 때문에 $\frac{13대}{2}=6.5대$가 된다.

따라서 최소 7대의 승용승강기를 설치해야 한다.

정답 81 ② 82 ③ 83 ④ 84 ③ 85 ②

86 ★☆☆

도시지역에서 복합적인 토지이용을 증진시켜 도시 정비를 촉진하고 지역 거점을 육성할 필요가 있다고 인정되는 지역을 대상으로 지정하는 용도구역은?

① 개발제한구역
② 시가화조정구역
③ 입지규제최소구역
④ 도시자연공원구역

해설
도시·군관리계획의 결정권자는 도시지역에서 복합적인 토지이용을 증진시켜 도시 정비를 촉진하고 지역 거점을 육성할 필요가 있다고 인정되는 지역의 전부 또는 일부를 입지규제최소구역으로 지정할 수 있다.
※ 해당 법령에서 "입지규제최소구역"이 삭제되었으나 CBT 시험에서는 출제될 가능성이 있으므로 문제를 그대로 수록합니다.

87 ★☆☆

다음 중 「건축법령」에 따른 용어의 정의가 옳지 않은 것은?

① 고층건축물이란 층수가 30층 이상이거나 높이가 120m 이상인 건축물을 말한다.
② 리빌딩이란 건축물의 노후화를 억제하거나 기능 향상 등을 위하여 대수선하거나 일부 증축하는 행위를 말한다.
③ 지하층이란 건축물의 바닥이 지표면 아래에 있는 층으로서 바닥에서 지표면까지 평균높이가 해당 층 높이의 2분의 1 이상인 것을 말한다.
④ 발코니란 건축물의 내부와 외부를 연결하는 완충공간으로서 전망이나 휴식 등의 목적으로 건축물 외벽에 접하여 부가적으로 설치되는 공간을 말한다.

해설
건축물의 노후화를 억제하거나 기능 향상 등을 위하여 대수선하거나 건축물의 일부를 증축 또는 개축하는 행위는 리모델링이다.

88 ★★☆

다음 중 「국토의 계획 및 이용에 관한 법령」에 따른 용도지역 안에서의 건폐율 최대한도가 가장 높은 것은?

① 준주거지역
② 중심상업지역
③ 일반상업지역
④ 유통상업지역

해설
중심상업지역의 건폐율 최대한도는 90% 이하이다.

선지분석
① 준주거지역: 70% 이하
③ 일반상업지역: 80% 이하
④ 유통상업지역: 80% 이하

89 ★★☆

「국토의 계획 및 이용에 관한 법령」에 따른 용도지구에 속하지 않는 것은?

① 경관지구
② 방재지구
③ 보호지구
④ 도시설계지구

해설
도시·군관리계획결정에 의해 용도지구는 경관지구, 방재지구, 보호지구, 취락지구, 개발진흥지구로 나누어진다.

90 ★☆☆

노상주차장의 구조 및 설비에 관한 기준 내용으로 옳은 것은?

① 너비 6m 이상의 도로에 설치하여서는 안 된다.
② 종단경사도가 3%를 초과하는 도로는 설치하여서는 아니 된다.
③ 고속도로, 자동차 전용도로 또는 고가도로에 설치하여서는 아니 된다.
④ 주차대수 규모가 20대인 경우, 장애인 전용주차구획을 최소 2면 이상 설치하여야 한다.

선지분석
① 너비 6m 미만의 도로에 설치해서는 안 된다.
② 종단경사도가 4%를 초과하는 도로에 설치하여서는 아니 된다.
④ 주차대수 규모가 20대 이상 50대 미만인 경우 장애인 전용주차구획을 한 면 이상 설치하여야 한다.

91 ★★☆

건축물의 연면적 중 주차장으로 사용되는 비율이 70%인 경우, 주차전용 건축물로 볼 수 있는 주차장 외의 용도에 속하지 않는 것은?

① 의료시설
② 운동시설
③ 제1종 근린생활시설
④ 제2종 근린생활시설

해설
건축물의 연면적 중 주차장으로 사용되는 비율이 70% 이상인 경우, 주차전용건축물로 볼 수 있는 주차장 외의 용도는 다음과 같다.

> 단독주택, 공동주택, 제1종 근린생활시설, 제2종 근린생활시설, 문화 및 집회시설, 종교시설, 판매시설, 운수시설, 운동시설, 업무시설, 창고시설, 자동차 관련 시설

정답 86 ③ 87 ② 88 ② 89 ④ 90 ③ 91 ①

92 ★★☆

다음은 일조 등의 확보를 위한 건축물의 높이 제한에 관한 기준 내용이다. ( ) 안에 알맞은 것은?

> ( ) 안에서 건축하는 건축물의 높이는 일조 등의 확보를 위하여 정북방향의 인접 대지경계선으로부터의 거리에 따라 대통령령으로 정하는 높이 이하로 하여야 한다.

① 일반주거지역과 준주거지역
② 전용주거지역과 일반주거지역
③ 중심상업지역과 일반상업지역
④ 일반상업지역과 근린상업지역

해설
전용주거지역과 일반주거지역 안에서 건축하는 건축물의 높이는 일조 등의 확보를 위하여 정북방향의 인접 대지경계선으로부터의 거리에 따라 대통령령으로 정하는 높이 이하로 하여야 한다.

93 ★★☆

건축허가신청에 필요한 설계도서의 종류 중 건축계획서에 표시하여야 할 사항이 아닌 것은?

① 주차장규모
② 대지의 종·횡 단면도
③ 건축물의 용도별 면적
④ 지역·지구 및 도시계획사항

해설
건축계획서에 표시하여야 할 사항은 다음과 같다.
1. 개요(위치·대지면적 등)
2. 지역·지구 및 도시계획사항
3. 건축물의 규모(건축면적·연면적·높이·층수 등)
4. 건축물의 용도별 면적
5. 주차장규모
6. 에너지절약계획서(해당건축물에 한함)
7. 노인 및 장애인 등을 위한 편의시설 설치계획서(설치의무가 있는 경우에 한함)

94 ★☆☆

다음의 부설주차장의 설치에 관한 기준 내용 중 밑줄 친 "대통령령으로 정하는 규모"로 옳은 것은?

> 부설주차장이 대통령령으로 정하는 규모 이하이면 시설물의 부지 인근에 단독 또는 공동으로 부설주차장으로 설치할 수 있다.

① 주차대수 100대의 규모
② 주차대수 200대의 규모
③ 주차대수 300대의 규모
④ 주차대수 400대의 규모

해설
부설주차장이 대통령령으로 정하는 규모 이하이면 같은 항에도 불구하고 시설물의 부지 인근에 단독 또는 공동으로 부설주차장을 설치할 수 있다. 여기서 대통령령으로 정하는 규모란 주차대수 300대의 규모를 말한다.

95 ★☆☆

급수, 배수, 환기, 난방설비를 건축물에 설치하는 경우, 건축기계설비기술사 또는 공조냉동기계기술사의 협력을 받아야 하는 대상 건축물에 속하지 않는 것은?

① 아파트
② 연립주택
③ 기숙사로서 해당 용도에 사용되는 바닥면적의 합계가 2,000m²인 건축물
④ 업무시설로서 해당 용도에 사용되는 바닥면적의 합계가 2,000m²인 건축물

해설
판매시설, 연구소, 업무시설의 용도로 사용되며 바닥면적의 합계가 3,000m² 이상인 건축물의 경우 건축기계설비기술사 또는 공조냉동기계기술사의 협력을 받아야 한다.

정답 92 ② 93 ② 94 ③ 95 ④

96 ★☆☆

다음의 피난계단의 설치에 관한 기준 내용 중 ( ) 안에 알맞은 것은?

> 5층 이상 또는 지하 2층 이하인 층에 설치하는 직통계단은 피난계단 또는 특별피난계단으로 설치하여야 하는데, ( )의 용도로 쓰는 층으로부터의 직통계단은 그 중 1개소 이상을 특별피난계단으로 설치하여야 한다.

① 의료시설 ② 숙박시설
③ 판매시설 ④ 교육연구시설

해설
5층 이상 또는 지하 2층 이하인 층에 설치하는 직통계단은 국토교통부령으로 정하는 기준에 따라 피난계단 또는 특별피난계단으로 설치하여야 한다. 이 때, 판매시설의 용도로 쓰는 층으로부터의 직통계단은 그 중 1개소 이상을 특별피난계단으로 설치하여야 한다.

97 ★★☆

공작물을 축조할 때 특별자치시장·특별자치도지사 또는 시장·군수·구청장에게 신고를 하여야 하는 대상 공작물 기준으로 옳지 않은 것은? (단, 건축물과 분리하여 축조하는 경우)

① 높이 4m를 넘는 장식탑
② 높이 4m를 넘는 광고탑
③ 높이 4m를 넘는 옹벽
④ 높이 6m를 넘는 굴뚝

해설
옹벽 또는 담장은 높이 2m를 넘는 경우 신고 대상이다.

선지분석
①, ② 장식탑, 기념탑, 첨탑, 광고탑, 광고판 등은 높이 4m를 넘는 경우 신고 대상이다.
④ 굴뚝은 높이 6m를 넘는 경우 신고 대상이다.

98 ★★☆

다음은 「건축법령」상 바닥면적 산정에 관한 기준 내용이다. ( ) 안에 포함되지 않는 것은?

> 공동주택으로서 지상층에 설치한 ( )의 면적은 바닥면적에 산입하지 아니한다.

① 기계실 ② 탁아소
③ 조경시설 ④ 어린이놀이터

해설
공동주택으로서 지상층에 설치한 기계실, 전기실, 어린이놀이터, 조경시설 및 생활폐기물 보관시설의 면적은 바닥면적에 산입하지 않는다.

99 ★☆☆

「건축법령」상 공사감리자가 수행하여야 하는 감리업무에 속하지 않는 것은?

① 공정표의 검토
② 상세시공도면의 작성 및 확인
③ 공사현장에서의 안전관리의 지도
④ 설계변경의 적정여부의 검토 및 확인

해설
공사감리자가 수행하여야 하는 감리업무는 상세시공도면의 작성 및 확인이 아닌 상세시공도면의 검토 및 확인이다.

합격 POINT 공사감리자가 수행하여야 하는 감리업무
공사감리자는 다음의 업무를 수행한다.
1. 건축물 및 대지가 이 법 및 관계 법령에 적합하도록 공사시공자 및 건축주를 지도
2. 시공계획 및 공사관리의 적정여부의 확인
2-1. 수급인이 시공자격을 갖춘 건설사업자에게 건축공사를 하도급 했는지에 대한 확인
2-2. 수급인이 공사현장에 건설기술인을 배치했는지에 대한 확인
3. 공사현장에서의 안전관리의 지도
4. 공정표의 검토
5. 상세시공도면의 검토·확인
6. 구조물의 위치와 규격의 적정여부의 검토·확인
7. 품질시험의 실시여부 및 시험성과의 검토·확인
8. 설계변경의 적정여부의 검토·확인
9. 기타 공사감리계약으로 정하는 사항

100 ★★☆

건축물의 대지는 원칙적으로 최소 얼마 이상이 도로에 접하여야 하는가?

① 1m ② 2m
③ 3m ④ 4m

해설
건축물의 대지는 2m 이상이 도로에 접하여야 한다.(자동차만의 통행에 사용되는 도로는 제외)

정답 96 ③ 97 ③ 98 ② 99 ② 100 ②

2017년 제1회 기출문제

제1과목 건축계획

01 ★☆☆

종합병원의 건축계획에 관한 설명으로 옳지 않은 것은?

① 간호사의 보행거리는 24m 이내가 되도록 한다.
② 외래진료부는 환자의 이용이 편리하도록 1층 또는 2층 이하에 둔다.
③ 일반적으로 병원건축의 시설규모는 입원환자의 병상수에 의해 결정된다.
④ 병동배치방식 중 분관식(Pavilion type)은 동선이 짧게 되는 이점이 있다.

해설
분관식의 경우 동선이 길어지는 것이 단점이다.

합격 POINT 병원건축 분관식
- 일반적으로 3층 이하의 저층건물로 구성된다.
- 각 병실의 일조, 통풍 환경을 균일하게 할 수 있다.
- 동선이 길어진다.
- 환자는 주로 경사로를 이용한 보행 또는 들것으로 운반된다.

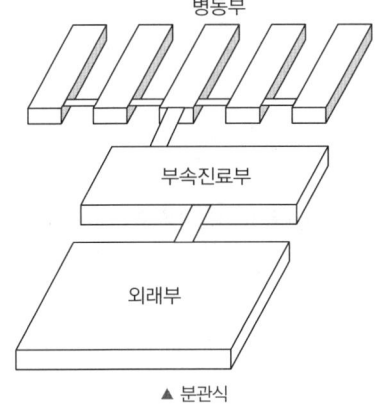

▲ 분관식

02 ★★☆

호텔의 퍼블릭 스페이스(Public space) 계획에 관한 설명으로 옳지 않은 것은?

① 로비는 개방성과 다른 공간과의 연계성이 중요하다.
② 프론트 데스크 후방에 프론트 오피스를 연속시킨다.
③ 주식당은 외래객이 편리하게 이용할 수 있도록 출입구를 별도로 설치한다.
④ 프론트 오피스는 기계화된 설비보다는 많은 사람을 고용함으로써 고객의 편의와 능률을 높여야 한다.

해설
프론트 오피스는 기계화·현대화된 설비와 함께 적은 인원으로도 고객의 편의와 능률을 높여야 한다.

03 ★★★

건축계획단계에서 조사방법에 관한 설명으로 옳지 않은 것은?

① 설문조사를 통하여 생활과 공간 간의 대응관계를 규명하는 것은 생활행동 행위의 관찰에 해당된다.
② 주거단지에서 어린이들의 행동특성을 조사하기 위해서는 생활행동 행위 관찰 방식이 일반적으로 적절하다.
③ 이용 상황이 명확하게 기록되어 있는 시설의 자료 등을 활용하는 것은 기존자료를 통한 조사에 해당된다.
④ 건물의 이용자를 대상으로 설문을 작성하여 조사하는 방식은 생활과 공간의 대응관계 분석에 유효하다.

해설
설문조사를 통하여 생활과 공간 간의 대응관계를 규명하는 것은 설문지법에 해당한다.

04 ★☆☆

전통적인 주택의 골목길을 적층(積層) 주택인 아파트에 구현하고자 했던 설계어휘는?

① 진입광장   ② 공중가로
③ Eco-bridge   ④ 데크식 주차장

해설
골목길을 아파트에 입체적인 형태로 구현한 것은 공중가로이다.

▲ 공중가로

정답 01 ④ 02 ④ 03 ① 04 ②

05 ★★★

다음 중 공공 도서관에서 능률적인 작업용량을 고려할 경우, 200,000권의 책을 수장하는 서고의 바닥면적으로 가장 적당한 것은?

① 300m²
② 500m²
③ 600m²
④ 1,000m²

해설
서고 1m²당 200권을 수장할 수 있다.
따라서, 200,000권÷200권/m²=1,000m²

06 ★☆☆

주택 부엌의 작업 삼각형(Work triangle)에 관한 설명으로 옳지 않은 것은?

① 3변의 길이 합은 7~8m 정도가 기능적이다.
② 삼각형의 한 변의 길이는 1.8m 이하가 바람직하다.
③ 냉장고, 개수대, 레인지의 중간 지점을 연결한 삼각형이다.
④ 삼각형의 한 변 길이가 너무 길어지면 동선이 길어지므로 기능상 좋지 않다.

해설
냉장고와 개수대 그리고 가열대를 잇는 작업 삼각형의 3변 길이 합은 3.6~6.6m로 하는 것이 기능적이다.

07 ★★★

미술관의 연속순로 형식에 관한 설명으로 옳은 것은?

① 각 실을 필요시에는 자유로이 독립적으로 폐쇄할 수 있다.
② 평면적인 형식으로 2, 3개 층의 입체적인 방법은 불가능하다.
③ 많은 실을 순서별로 통하여야 하는 불편이 있으나 공간 절약의 이점이 있다.
④ 중심부에 하나의 큰 홀을 두고 그 주위에 각 전시실을 배치하여 자유로이 출입하는 형식이다.

해설
연속순로 형식은 단순함과 공간절약의 의미에서 이점이 있으나 많은 실을 순서별로 통하여야 하는 불편이 있다.

선지분석
① 갤러리 및 코리더 형식에 대한 설명이다.
② 계단을 통하여 2, 3개 층의 입체적인 방법으로 연결이 가능하다.
④ 중앙홀 형식에 대한 설명이다.

08 ★★☆

공장건축에 관한 설명으로 옳은 것은?

① 계획 시부터 장래증축을 고려하는 것이 필요하며 평면형은 가능한 요철이 많은 것이 유리하다.
② 재료반입과 제품반출 동선은 동일하게 하고 물품 동선과 사람 동선은 별도로 하는 것이 바람직하다.
③ 외부인 동선과 작업원 동선은 동일하게 하고, 견학자는 생산과 교차하지 않는 동선을 확보하도록 한다.
④ 자연환기방식의 경우 환기방법은 채광형식과 관련하여 건물형태를 결정하는 매우 중요한 요소가 된다.

해설
자연환기방식의 경우 환기방법과 채광형식은 밀접한 관계가 있다.

선지분석
① 요철이 적은 것이 유리하다.
② 재료의 반입과 반출 동선도 분리하는 것이 바람직하다.
③ 외부인과 작업원의 동선은 분리한다.

09 ★★★

현존하는 우리나라 목조건축물 중 가장 오래된 것은?

① 봉정사 극락전
② 법주사 팔상전
③ 부석사 무량수전
④ 화엄사 보광대전

해설
봉정사 극락전은 고려시대 주심포식 양식으로, 현존하는 가장 오래된 목조건축물이다.

10 ★☆☆

학교운영방식 중 교과교실형에 관한 설명으로 옳지 않은 것은?

① 교실의 순수율이 높다.
② 학생들의 동선계획에 많은 고려가 필요하다.
③ 시간표 짜기와 담당교사 수 맞추기가 용이하다.
④ 학생 소지품을 두는 곳을 별도로 만들 필요가 있다.

해설
교과교실형은 모든 교실이 특정한 교과 수업을 위해 만들어진 형식으로 시간표 짜기가 복잡하고, 담당교사 수를 맞추기에도 어려움이 있다.

정답 05 ④ 06 ① 07 ③ 08 ④ 09 ① 10 ③

11 ★★★
극장의 평면형 중 아레나(Arena)형에 관한 설명으로 옳은 것은?

① Picture frame stage라고도 불리운다.
② 무대의 배경을 만들지 않으므로 경제적이다.
③ 연기자가 한 쪽 방향으로만 관객을 대하게 된다.
④ 투시도법을 무대공간에 응용함으로써 하나의 구상화와 같은 느낌이 들게 한다.

해설
아레나형은 무대의 배경을 만들지 않으므로 경제성이 있다.

선지분석
①, ③, ④ 프로시니엄형에 대한 설명이다.

12 ★★☆
래드번(Radburn) 계획의 5가지 기본원리로 옳지 않은 것은?

① 기능에 따른 4가지 종류의 도로 구분
② 자동차 통과도로 배제를 위한 슈퍼블록 구성
③ 보도망 형성 및 보도와 차도의 평면적 분리
④ 주택단지 어디로나 통할 수 있는 공동 오픈 스페이스 조성

해설
보도와 차로의 평면적 분리가 아닌 입체적 분리이다.

합격 POINT 래드번 계획(슈퍼블록) 기본원리
- 통과교통 배제를 위한 슈퍼블록을 구성
- 4가지 기능의 도로
- 보도망의 형성 및 보도와 차도의 입체적 분리
- 쿨데삭형의 좁은 도로 구성
- 오픈 스페이스망 조성

13 ★★☆
백화점 매장의 배치 유형에 관한 설명으로 옳지 않은 것은?

① 직각형 배치는 매장 면적의 이용률을 최대로 확보할 수 있다.
② 직각형 배치는 고객의 통행량에 따라 통로 폭을 조절하기 용이하다.
③ 경사형 배치는 많은 고객이 매장공간의 코너까지 접근하기 용이한 유형이다.
④ 경사형 배치는 Main 통로를 직각 배치하며, Sub 통로를 45° 정도 경사지게 배치하는 유형이다.

해설
직각형 배치는 매장 면적의 이용률을 최대로 확보할 수 있지만, 고객의 통행량에 따라 통로 폭을 조절하기 어렵다.

14 ★★★
바실리카식 교회당의 구성에 속하지 않는 것은?

① 아일 ② 파일론
③ 트란셉트 ④ 나르텍스

해설
파일론은 바실리카식 교회의 구성과 관계없다.

합격 POINT 바실리카식 교회의 실내공간 구성
- 앱스
- 네이브
- 나르텍스
- 트란셉트
- 아일
- 아트리움

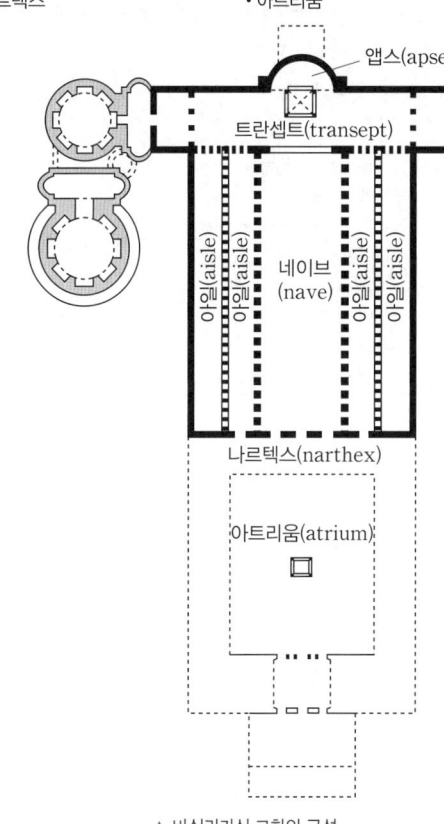

▲ 바실리카식 교회의 구성

정답 11 ② 12 ③ 13 ② 14 ②

15 ★★☆

다음 설명에 알맞은 사무소 건축의 코어 유형은?

> • 코어와 일체로 한 내진구조가 가능한 유형이다.
> • 유효율이 높으며, 임대 사무소로서 경제적인 계획이 가능하다.

① 편심형　　　　　② 독립형
③ 분리형　　　　　④ 중심형

해설

중심형(중심코어형)은 건물 중앙에 코어가 있어 구조적으로 가장 유리하며, 유효율이 높다. 고층, 초고층 사무소에 적합하며 임대 사무소로서 경제적인 계획이 가능하다.

합격 POINT 사무소 건축 코어형식의 주요 특징

구분	특징
중심코어	• 내진구조상 유리하며 구조코어로서 가장 바람직한 형식 • 유효율 높음 • 고층, 초고층 사무소에 적합
편심코어	• 바닥면적이 소규모인 경우 적합 • 고층인 경우 구조상 불리
외코어	• 설비 덕트나 배관을 코어로부터 사무실 공간으로 연결하는데 제약이 많음
양측코어	• 2방향 피난에 이상적이며 방재·피난상 유리

16 ★★★

서양 건축양식의 역사적인 순서가 옳게 배열된 것은?

① 로마 → 로마네스크 → 고딕 → 르네상스 → 바로크
② 로마 → 고딕 → 로마네스크 → 르네상스 → 바로크
③ 로마 → 로마네스크 → 고딕 → 바로크 → 르네상스
④ 로마 → 고딕 → 로마네스크 → 바로크 → 르네상스

해설

서양건축사의 시대순서

이집트 → 그리스 → **로마** → 초기기독교 → 비잔틴 → 사라센 → **로마네스크** → **고딕** → **르네상스** → **바로크** → 로코코

17 ★★☆

사무소 건축에서 오피스 랜드스케이핑에 관한 설명으로 옳지 않은 것은?

① 대형가구 등 소리를 반향시키는 기재의 사용이 어렵다.
② 작업장의 집단을 자유롭게 그루핑하여 불규칙한 평면을 유도한다.
③ 변화하는 작업의 패턴에 따라 조절이 가능하며 신속하고 경제적으로 대처할 수 있다.
④ 개실시스템의 한 형식으로 배치를 의사전달과 작업흐름의 실제적 패턴에 기초를 둔다.

해설

오피스 랜드스케이핑은 개방식 배치의 한 형식이다.

18 ★★☆

다음 설명에 알맞은 도서관의 자료 출납시스템 유형은?

> 이용자가 직접 서고 내의 서가에서 도서자료의 제목 정도는 볼 수 있지만 내용을 열람하고자 할 경우 관원에게 대출을 요구해야 하는 형식

① 폐가식　　　　　② 반개가식
③ 자유개가식　　　④ 안전개가식

해설

반개가식에 대한 설명이다.

합격 POINT 도서관 자료 출납시스템

구분	내용
폐가식	도서 목록을 보고 선택하여 관원에게 대출받는 형식
반개가식	서가에서 도서의 표지 정도는 볼 수 있지만 내용을 열람하고자 하는 경우에는 관원에게 대출을 요구하는 형식
자유개가식	서가에서 자유롭게 도서를 꺼내어 고르고 열람하는 형식
안전개가식	서가에서 자유롭게 도서를 꺼낼 수 있으나 열람석으로 가기 전에 관원의 검열을 받는 형식

19 ★★☆

은행의 건축계획에 관한 설명으로 옳지 않은 것은?

① 고객이 지나는 동선은 되도록 짧게 한다.
② 직원과 고객의 출입구는 따로 설치하는 것이 좋다.
③ 규모가 큰 건물에 은행을 계획하는 경우, 고객 출입구는 최소 2개소 이상 설치하여야 한다.
④ 일반적으로 출입문은 안여닫이로 하며, 전실을 둘 경우에 바깥문은 밖여닫이 또는 자재문으로 하기도 한다.

해설

은행의 경우 고객의 출입구는 되도록 1개소로 한다.

합격 POINT 은행건축의 동선계획

• 고객이 지나는 동선은 되도록 짧게 한다.
• 고객의 동선과 직원의 동선이 교차되지 않도록 유의한다.
• 직원의 동선계획 시 업무의 흐름을 고객이 알지 못하도록 계획하는 것이 좋다.
• 고객의 출입구는 되도록 1개소로 하고 안여닫이로 하는 것이 보편적이다.
• 직원과 고객의 출입구는 별도로 설치하는 것이 좋다.

정답 15 ④　16 ①　17 ④　18 ②　19 ③

20 ★☆☆

자연형 테라스 하우스에 관한 설명으로 옳지 않은 것은?

① 각 세대마다 전용의 정원을 가질 수 있다.
② 하향식이나 상향식 모두 스플릿 레벨이 가능하다.
③ 하향식의 경우 각 세대의 규모를 동일하게 할 수 없다.
④ 일반적으로 후면에 창을 설치할 수 없으므로 각 세대 깊이가 너무 깊지 않도록 한다.

해설
하향식이나 상향식 모두 각 세대의 규모를 동일하게 할 수 있다.

합격 POINT 테라스 하우스
- 경사가 심할수록 밀도가 높아진다.
- 평지보다 더 많은 인구를 수용할 수 있어 경제적이다.
- 시각적인 인공테라스형은 위층으로 갈수록 건물의 내부면적이 작아지는 형태이다.
- 각 호마다 전용의 뜰(정원)을 갖는다.
- 진입방식에 따라 하향식과 상향식으로 나눌 수 있다.
- 하향식이나 상향식 모두 스플릿 레벨이 가능하다.
- 하향식이나 상향식 모두 각 세대의 규모를 동일하게 할 수 있다.
- 일반적으로 후면에 창을 설치할 수 없으므로 각 세대 깊이가 너무 깊지 않도록 한다.(6~7.5m 이상이 되어서는 안 된다.)

제2과목 건축시공

21 ★☆☆

다음 공종 중 건설현장의 공사비 절감을 위해 집중분석해야 하는 공종이 아닌 것은?

A. 공사비 금액이 큰 공종
B. 단가가 높은 공종
C. 시행실적이 많은 공종
D. 지하공사 등의 어려움이 많은 공종

① A ② B
③ C ④ D

해설
시행실적이 많은 공종은 이전 시행 자료들을 보유하고 있으므로 공사비 절감의 노력이 적게 들어간다.

22 ★★☆

건설공사에 사용되는 시방서에 관한 설명으로 옳지 않은 것은?

① 시방서는 계약서류에 포함되지 않는다.
② 시방서는 설계도서에 포함된다.
③ 시방서에는 공법의 일반사항, 유의사항 등이 기재된다.
④ 시방서에 재료 메이커를 지정하지 않아도 좋다.

해설
시방서에는 건축설계자가 작성한 설계도에 표현되지 않은 재료의 규격 및 치수, 시공방법 등의 세부사항이 기재된다.

합격 POINT 계약서류

23 ★★☆

창 면적이 클 때에는 스틸바(Steel bar)만으로는 부족하며, 또한 여닫을 때의 진동으로 유리가 파손될 우려가 있으므로 이것을 보강하고 외관을 꾸미기 위하여 강판을 중공형으로 접어 가로 또는 세로로 대는 것을 무엇이라 하는가?

① Mullion ② Ventilator
③ Gallery ④ Pivot

해설
멀리온(Mullion)은 창 면적이 클 때에는 스틸바(기본 창틀)만으로는 약하므로 이것을 보강하고, 외관을 꾸미기 위하여 강판을 정도의 중공형으로 접어 가로 또는 세로로 보강하는 부재이다.

선지분석
② 벤틸레이터(Ventilator)는 팬(Fan)이라고도 하며, 화장실 냄새를 제거하는 환기장치이다.
③ 갤러리(Gallery)는 갤러리창으로 환기와 통풍의 목적으로 사용된다.
④ 피벗(Pivot)은 문의 회전축 철물이다.

정답 20 ③ 21 ③ 22 ① 23 ①

24

목재의 무늬나 바탕의 재질을 잘 보이게 하는 도장 방법은?

① 유성페인트 도장　② 에나멜페인트 도장
③ 합성수지 페인트 도장　④ 클리어 래커 도장

해설

목재의 무늬와 바탕의 재질을 잘 보이게하는 도장은 클리어 래커로 투명 래커이며, 실내용 도장에 사용된다.

25

철근콘크리트 건축물이 6m×10m 평면에 높이가 4m일 때 동바리 소요량은 몇 공m^3가 되는가?

① 216　② 228
③ 240　④ 264

해설

동바리 소요량(공m^3)
= 건축물의 높이×바닥 면적×0.9(동바리 소요량은 90%)
= 4m×(6m×10m)×0.9 = 216공m^3

26

클라이밍 폼의 특징에 대한 설명으로 옳지 않은 것은?

① 고소 작업 시 안전성이 높다.
② 거푸집 해체 시 콘크리트에 미치는 충격이 적다.
③ 초기 투자비가 적은 편이다.
④ 비계설치가 불필요하다.

해설

클라이밍 폼(Climbing form)은 벽체 마감공사에 사용되는 비계틀을 일체로 조립하여 인양하여 설치하는 거푸집이며, 초기 투자비용이 크다.

27

멤브레인 방수에 속하지 않는 방수공법은?

① 시멘트 액체방수　② 합성고분자 시트방수
③ 도막방수　④ 시트 도막 복합방수

해설

멤브레인 방수(Membrane waterproofing)는 구조물 외주에 피막을 구성시키는 방수방법으로 아스팔트 방수, 시트방수, 도막방수, 합성고분자 시트방수 등이 있다.

28

수밀콘크리트의 물결합재비 기준으로 옳은 것은? (단, 건축공사표준시방서 기준)

① 40% 이하　② 45% 이하
③ 50% 이하　④ 55% 이하

해설

수밀콘크리트의 배합
- 물결합재비는 50% 이하를 표준으로 한다.
- 콘크리트의 소요 슬럼프는 되도록 작게 하여 180mm를 넘지 않도록 한다.
- 콘크리트의 워커빌리티를 개선시키기 위해 공기연행제, 공기연행감수제 또는 고성능 공기연행감수제를 사용하는 경우라도 공기량은 4% 이하가 되게 한다.
- 콘크리트 타설 시 다짐을 충분히 하여, 가급적 이어붓기를 하지 않아야 한다.

29

금속재료의 종류와 특성에 관한 설명으로 옳지 않은 것은?

① 구조용 특수강이란 강의 탄소량을 0.5% 이하로 하고 니켈, 망간, 규소, 크롬, 몰리브덴 등의 금속원소 1~2종을 약 5% 이하로 첨가한 것을 말한다.
② 스테인리스강은 공기 및 수중에서 잘 부식되지 않는 강을 말하며, 일반적으로 전기저항이 작고 열전도율이 높으며 경도에 비해 가공성이 우수하다.
③ 내후성강은 대기중에서의 내식성을 보통강보다 2~6배 증대시키면서 보통강과 동등 이상의 재질, 가공성, 용접성 등을 갖게 한 강재이다.
④ TMCP강재는 탄소당량이 낮음에도 불구하고 용접성을 개선하여 용접성이 우수하며, 강재의 두께가 증가하더라도 항복강도의 저하가 없도록 한 것이다.

해설

스테인리스강은 공기 및 수중에서 잘 부식되지 않는 강을 말한다. 전기저항이 크고 열전도율이 낮으며 경도에 비해 가공성이 우수하다.

정답 24 ④　25 ①　26 ③　27 ①　28 ③　29 ②

30 ★★★
콘크리트의 블리딩에 관한 설명으로 옳지 않은 것은?

① 콘크리트 타설 후 비교적 가벼운 물이나 미세한 물질 등이 상승하는 현상을 의미한다.
② 콘크리트의 물시멘트비가 클수록 블리딩량은 증대한다.
③ 콘크리트의 컨시스턴시가 클수록 블리딩량은 증대한다.
④ 단위시멘트량이 많을수록 블리딩량은 크다.

해설
블리딩(Bleeding)은 굳지 않은 콘크리트 속 혼합수가 콘크리트 윗면으로 상승하는 재료분리 현상으로, 단위시멘트량이 많을수록 블리딩량은 적어진다.

31 ★★☆
다음 시멘트 중 시멘트 분말의 비표면적이 가장 큰 것은?

① 보통 포틀랜드 시멘트
② 중용열 포틀랜드 시멘트
③ 조강 포틀랜드 시멘트
④ 백색 포틀랜드 시멘트

해설
조강 포틀랜드 시멘트는 긴급공사에 사용되는 시멘트로, 시멘트 분말의 비표면적이 크므로 수화반응이 크고 조기강도가 증대된다.
* 비표면적: 단위 부피당 표면적으로 분말도를 의미

합격 POINT 포틀랜드 시멘트의 분말도 [KS L 5201]

포틀랜드 시멘트	분말도(cm^2/g)
보통(1종)	2,800 이상
중용열(2종)	2,800 이상
조강(3종)	3,300 이상
저열(4종)	2,800 이상
내황산염(5종)	2,800 이상

32 ★★☆
합성고무와 열가소성수지를 사용하여 1겹으로 방수효과를 내는 공법은?

① 도막방수
② 시트방수
③ 아스팔트방수
④ 표면도포방수

해설
시트방수는 시트 1층으로 방수효과를 내는 공법이며 도막방수, 아스팔트방수, 표면도포방수는 다층 방수 방식의 공법이다.

33 ★★★
공동도급방식(Joint venture)에 관한 설명으로 옳은 것은?

① 2명 이상의 수급자가 어느 특정공사에 대하여 협동으로 공사계약을 체결하는 방식이다.
② 발주자, 설계자, 공사관리자의 세 전문집단에 의하여 공사를 수행하는 방식이다.
③ 발주자와 수급자가 상호신뢰를 바탕으로 팀을 구성하여 공동으로 공사를 수행하는 방식이다.
④ 공사수행방식에 따라 설계/시공(D/B)방식과 설계/관리(D/M)방식으로 구분한다.

해설
공동도급방식이란 2명 이상의 수급자가 하나의 법인을 설립하여 프로젝트에 참여하는 도급 방식으로 이익이나 문제발생 시 투자지분에 따라 공동 분배 및 책임을 진다.

선지분석
② 건설사업관리(CM)에 대한 설명이다.
③ 파트너링(Partnering)에 대한 설명이다.
④ 턴키(Turn-Key) 계약방식에 대한 설명이다.

34 ★☆☆
시험말뚝박기에서 다음 항목 중 말뚝의 허용지지력 산출에 거의 영향을 주지 않는 것은?

① 추의 낙하높이
② 말뚝의 길이
③ 말뚝의 최종 관입량
④ 추의 무게

해설
샌더(Sander)의 말뚝 공식
추의 무게, 추의 낙하 높이, 말뚝의 관입량을 이용하여 지지력을 산정하는 식이나 현재는 사용하지 않는 공식이다.

극한 지지력	$Q_u = \dfrac{W_h \times H}{S}, Q_a = \dfrac{W_h \times H}{8S}$

- W_h: 추의 중량
- H: 추의 낙하높이
- S: 말뚝의 평균 관입량

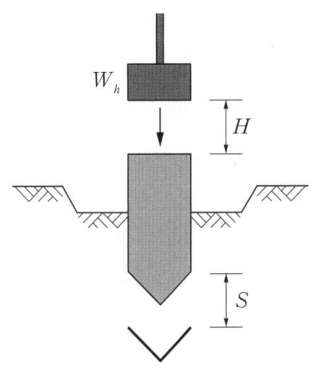

정답 30 ④ 31 ③ 32 ② 33 ① 34 ②

35 ★★★

콘크리트 타설 후 부재가 건조수축에 대하여 내외부의 구속을 받지 않도록 일정폭을 두어 어느 정도 양생한 후 남겨둔 부분을 콘크리트로 채워 처리하는 조인트는?

① Construction joint   ② Delay joint
③ Cold joint   ④ Expansion joint

해설
Delay joint(지연줄눈)은 100m가 넘는 장스팬의 구조에 Expansion joint(조절줄눈)를 설치하지 않고, 건조수축을 감소시킬 목적으로 설치하는 줄눈이다.

선지분석
① Construction joint(시공줄눈)은 콘크리트를 한번에 이어붓지 못할 때 생기는 계획된 줄눈이다.
③ Cold joint(콜드조인트)는 휴식시간 동안 응결하기 시작한 콘크리트에 새로운 콘크리트를 이어칠 때 일체화가 저해되어 발생하는 줄눈이다.
④ Expansion joint(신축줄눈)는 온도 변화, 지진에 의한 신축이나 부등침하, 진동으로 균열이 예상되는 위치에 설치하는 줄눈이다.

36 ★★☆

유리섬유(Glass fiber)에 관한 설명으로 옳지 않은 것은?

① 단위면적에 따른 인장강도는 다르고, 가는 섬유일수록 인장강도는 크다.
② 탄성이 작고 전기절연성이 크다.
③ 내화성, 단열성, 내수성이 좋다.
④ 경량이면서 굴곡에 강하다.

해설
유리섬유(Glass fiber)는 유리의 원료를 녹여서 만든 가는 섬유로, 탄성이 작아 굴곡에는 약하지만 인장강도, 전기절연성, 내화성, 내수성, 내식성, 경량성이 좋다.

37 ★★★

지하연속벽(Slurry wall)에 관한 설명으로 옳지 않은 것은?

① 차수성이 우수하다.
② 비교적 지반조건에 좌우되지 않는다.
③ 소음·진동이 적고, 벽체의 강성이 높다.
④ 공사비가 타공법에 비하여 저렴하고 공기가 단축된다.

해설
지하연속벽(Slurry wall)의 장점과 단점

장점	• 무진동, 무소음 시공 가능 • 벽체강성이 큼 • 차수성이 큼 • 각종 지반조건에 적용 가능 • 단면 형상을 자유롭게 선택 가능
단점	• 공사비가 고가임 • 고도의 기술, 경험이 필요 • 벤토나이트 이수처리가 곤란함 • 품질관리가 어려움

38 ★★★

네트워크 공정표에서 작업의 상호관계만을 도식하기 위하여 사용하는 화살선을 무엇이라 하는가?

① Event   ② Dummy
③ Activity   ④ Critical path

해설
네트워크 공정표 용어

용어	영어	기호	내용
더미	Dummy	┄┄▶	화살표형 네트워크에서 정상 표현으로 할 수 없는 작업 상호관계를 표시하는 화살표
작업	Job, Activity	─▶	프로젝트를 구성하는 작업단위
결합점 (이벤트)	Node, Event	○	화살표형 네트워크의 작업과 작업을 결합하는 점 및 개시점·종료점
크리티컬 패스	Critical path	CP	개시 결합점에서 종료 결합점에 이르는 가장 긴 패스

정답 35 ② 36 ④ 37 ④ 38 ②

39 ★☆☆

고강도콘크리트공사에 사용되는 굵은 골재에 대한 품질기준으로 옳지 않은 것은? (단, 건축공사표준시방서 기준)

① 절대건조밀도: 2.5g/cm³ 이상
② 흡수율: 3.0% 이하
③ 점토량: 0.25% 이하
④ 씻기시험에 의한 손실량: 1.0% 이하

해설
고강도콘크리트의 골재품질 중 흡수율은 2.0% 이하이다.

합격 POINT 고강도콘크리트 골재 품질

구분	굵은 골재	잔골재
절건비중	2.5 이상	2.5 이상
흡수율(%)	2.0 이하	3.0 이하
실적률(%)	59 이상	—
점토량(%)	0.25 이하	1.0 이하
씻기시험에 의한 손실량(%)	1.0 이하	2.0 이하
유기불순물	—	표준색 이하
염화물이온량(%)	—	0.02 이하
안정성(%)	12 이하	10 이하

40 ★☆☆

건축공사의 공사원가 계산방법으로 옳지 않은 것은?

① 재료비＝재료량×단위당 가격
② 경비＝소요(소비)량×단위당 가격
③ 고용보험료＝재료비×고용보험요율(%)
④ 일반관리비＝공사원가×일반관리비율(%)

해설
고용보험료＝노무비×고용보험요율(%)
*노무비＝직접노무비＋간접노무비

제3과목 건축구조

41 ★★☆

다음 그림에서 파단선 a–1–2–3–d의 인장재의 순단면적은? (단, 판두께는 10mm, 볼트구멍지름은 22mm)

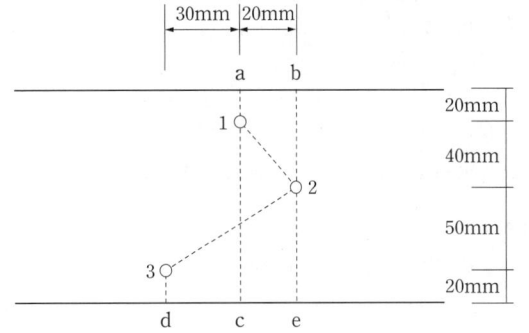

① 690mm²
② 790mm²
③ 890mm²
④ 990mm²

해설
$A_n = \left(130 - 3 \times 22 + \dfrac{20^2}{4 \times 40} + \dfrac{50^2}{4 \times 50}\right) \times 10 = 790\,\text{mm}^2$

합격 POINT 엇모배치 상태의 인장재 순단면적(A_n)

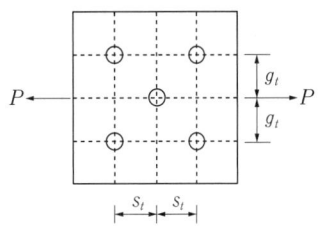

$A_n = \left(h - n \times d + \sum \dfrac{s^2}{4g}\right) t$

- h: 부재 높이
- n: 파단선상 구멍 수
- d: 파스너 구멍의 직경
- s: 피치
- g: 게이지
- t: 부재의 두께

42 ★☆☆

강도설계법에서 깊은 보는 순경간이 부재 깊이의 몇 배 이하인 부재인가?

① 2배
② 3배
③ 4배
④ 5배

해설
깊은 보는 순경간이 부재 깊이의 4배 이하인 보이다.

정답 39 ② 40 ③ 41 ② 42 ③

43 ★☆☆

다음과 같은 조건에서 철근콘크리트 보의 인장철근의 최대 허용 배근 간격은 얼마인가? (단, 철근은 보의 인장부에만 배근하고 피복두께는 40mm임)

- 일반환경 조건($k_{cr}=210$) · $f_{ck}=28$MPa
- $f_y=400$MPa · $f_s=(2/3)f_y$
- $A_s=1{,}548.5$mm²(4-D22)

① 106.7mm ② 163.5mm
③ 195.3mm ④ 239.1mm

해설

배근간격 s는 다음 중 작은 값 이하로 결정한다.
(k_{cr}: 일반환경 조건, c_c: 피복두께)

- $s=375\left(\dfrac{k_{cr}}{f_s}\right)-2.5c_c$
- $s=300\left(\dfrac{k_{cr}}{f_s}\right)$

$s=375\times\left(\dfrac{210}{\frac{2}{3}\times 400}\right)-2.5\times 40 ≒ 195.31$mm

$s=300\times\left(\dfrac{210}{\frac{2}{3}\times 400}\right)=236.25$mm

∴ $s=195.3$mm

44 ★★☆

다음 그림과 같은 구조물의 판별로 옳은 것은?

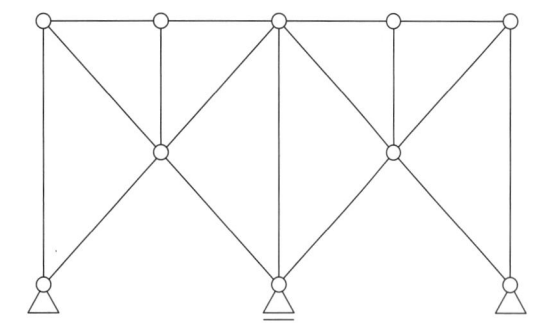

① 불안정 ② 정정
③ 1차 부정정 ④ 2차 부정정

해설

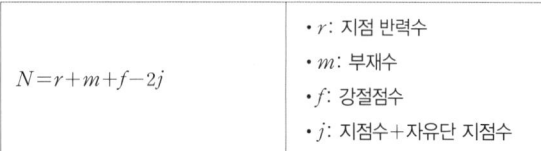

- r: 지점 반력수
- m: 부재수
- f: 강절점수
- j: 지점수+자유단 지점수

∴ $N=5+17+0-2\times 10=2$(2차 부정정 구조물)

45 ★☆☆

다음 그림과 같은 구조물에서 AE부재와 EB부재의 전단력의 차이는?

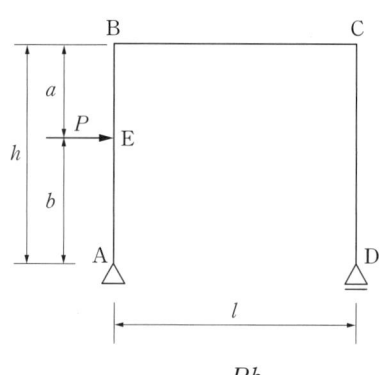

① $\dfrac{Pa}{l}$ ② $\dfrac{Pb}{l}$
③ P ④ 0

해설

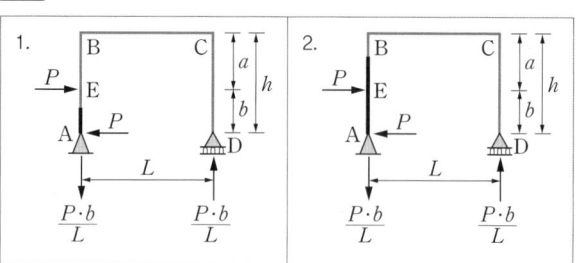

$\sum H=0: +(H_A)+P=0$
∴ $H_A=-P(\leftarrow)$
1. $V_{AE}=+P$
2. $V_{EB}=+P-P=0$
∴ 전단력 차이는 P

46 ★☆☆

철골구조의 기둥-보 접합부의 구성요소와 가장 거리가 먼 것은?

① 엔드플레이트(End plate)
② 다이아프램(Diaphragm)
③ 스플릿티(Split tee)
④ 메탈터치(Metal touch)

해설

메탈터치(Metal touch)는 기둥과 기둥의 밀착이음 가공으로 기둥의 이음과 관계있다.

선지분석

① 엔드플레이트(End plate): 보 단부를 공장용접하여 현장에서 기둥과 연결하는 방식
② 다이아프램(Diaphragm): 원형 기둥과 보를 이음하는 방식
③ 스플릿티(Split tee): 부분 강접 접합부의 한 형태로 기둥과 보를 접합하는 방식

정답 43 ③ 44 ④ 45 ③ 46 ④

47 ★☆☆

탄성계수가 10^5MPa이고 균일한 단면을 가진 부재에 인장력이 작용하여 10MPa의 인장응력이 발생하였다. 이 때 부재의 길이가 0.5mm 늘어났다면 부재의 원래의 길이는?

① 2m ② 5m
③ 8m ④ 10m

해설

$L = \dfrac{10^5 \times 0.5}{10} = 5{,}000\text{mm} = 5\text{m}$

합격 POINT 탄성계수의 활용

$$L = \dfrac{E \cdot \Delta L}{\sigma}$$

- L: 변형 전 길이
- E: 탄성계수
- ΔL: 늘어난 길이
- σ: 인장응력

48 ★★★

보통중량 콘크리트를 사용한 그림과 같은 보의 단면에서 외력에 의해 휨균열을 일으키는 균열모멘트(M_{cr}) 값으로 옳은 것은?(단, $f_{ck}=27$MPa, $f_y=400$MPa, 철근은 개략적으로 도시되었음)

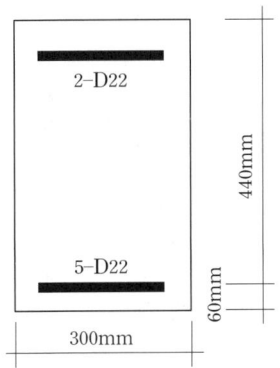

① 29.5kN·m ② 34.7kN·m
③ 40.9kN·m ④ 52.4kN·m

해설

$M_{cr} = 0.63 \times 1.0 \times \sqrt{27} \times \dfrac{300 \times 500^2}{6}$

$\fallingdotseq 40{,}919{,}700\text{N} \cdot \text{mm} \fallingdotseq 40.9\text{kN} \cdot \text{m}$

합격 POINT 균열모멘트(M_{cr})

$M_{cr} = f_r \times Z$
$= 0.63\lambda\sqrt{f_{ck}} \times \dfrac{bh^2}{6}$

- 콘크리트 파괴계수 $f_r = 0.63\lambda\sqrt{f_{ck}}$
- Z: 단면계수
- 보통중량 콘크리트 λ: 1.0
- f_{ck}: 콘크리트 압축강도
- b: 부재폭
- h: 부재높이

49 ★★☆

$f_{ck}=27$MPa, $f_y=400$MPa, $d=550$mm인 철근콘크리트 단근직사각형 보에서 균형철근비 ρ_b를 구하면?(단, $E_s = 2.0 \times 10^5$MPa)

① 0.0260 ② 0.0286
③ 0.0325 ④ 0.0352

해설

$\rho_b = 0.8 \times \dfrac{1.00 \times 0.85 \times 27}{400} \times \dfrac{660}{660+400} \fallingdotseq 0.0286$

(여기서, $f_{ck} \leq 40$MPa이므로 $\beta_1 = 0.80$, $\eta = 1.00$)

합격 POINT 균형철근비

$\rho_b = \beta_1 \dfrac{\eta(0.85 f_{ck})}{f_y} \cdot \dfrac{660}{660+f_y}$

($\varepsilon_{cu}=0.0033$, $E_s = 200{,}000$MPa)

여기서, f_{ck}: 콘크리트 압축강도, f_y: 철근 항복강도

※ 콘크리트 구조 휨 및 압축 설계기준이 개정되어 문제를 수정하였습니다.

50 ★★☆

다음 중 내진 Ⅰ등급 구조물의 허용층간변위로 옳은 것은? (단, h_{sx}는 x층 층고)

① $0.005h_{sx}$ ② $0.010h_{sx}$
③ $0.015h_{sx}$ ④ $0.020h_{sx}$

해설

내진 Ⅰ등급의 허용층간변위는 $0.015h_{sx}$이다.

합격 POINT 건물 허용층간변위(h_{sx}: 층고)

내진등급	허용층간변위
특	$0.010h_{sx}$
Ⅰ	$0.015h_{sx}$
Ⅱ	$0.020h_{sx}$

정답 47 ② 48 ③ 49 ② 50 ③

51 ★★☆

다음 그림과 같은 철골구조에서 $K_B/K_C=0$일 때 기둥의 좌굴길이는? (단. 수평력에 의해 수평변형이 생길 때임)

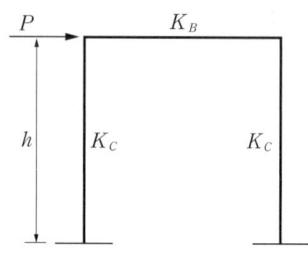

① 0.5h ② 0.7h
③ 1.0h ④ 2.0h

해설

$K_B/K_C=0$이므로 K_B는 거의 무시할 수 있는 강도이다. 따라서 수평의 보가 존재하지 않는 상태의 캔틸레버(고정—자유단) 기둥으로 볼 수 있다. 고정—자유단 기둥이므로 좌굴길이는 $2.0h$이다.

52 ★★☆

다음 그림과 같은 내민보에 집중하중이 작용할 때 A점의 처짐각 θ_A를 구하면?

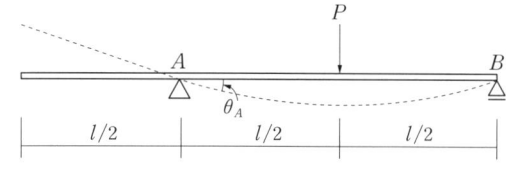

① $\dfrac{Pl^2}{4EI}$ ② $\dfrac{Pl^2}{16EI}$
③ $\dfrac{Pl^2}{128EI}$ ④ $\dfrac{Pl^2}{256EI}$

해설

내민보에 하중이 작용하지 않으므로 단순보라고 생각하고 계산한다.

∴ 단순보의 처짐각 공식에서 $\theta_A = \dfrac{Pl^2}{16EI}$

53 ★★★

다음 그림과 같은 사다리꼴 단면형의 도심(圖心)의 위치 y를 나타내는 식은?

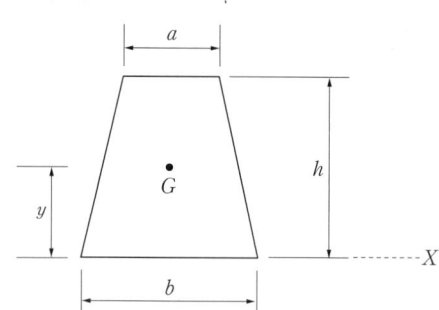

① $y=\dfrac{h}{3}\times\dfrac{2a+b}{a+b}$ ② $y=\dfrac{h}{3}\times\dfrac{a+2b}{a+b}$
③ $y=\dfrac{h}{3}\times\dfrac{a+b}{2a+b}$ ④ $y=\dfrac{h}{3}\times\dfrac{a+b}{a+2b}$

해설

도심거리는 단면1차모멘트 G_x를 면적 A로 나누어 구하므로, $y=\dfrac{G_x}{A}$

사다리꼴의 도심은 삼각형 $\left(\dfrac{1}{2}bh\right)$와 삼각형 $\left(\dfrac{1}{2}ah\right)$로 나눈 후 더하여 계산할 수 있다.

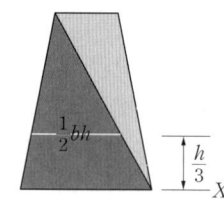 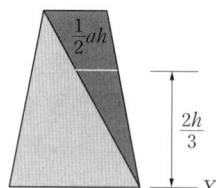

1. $G_x = \dfrac{1}{2}bh \times \dfrac{h}{3}$ 2. $G_x = \dfrac{1}{2}ah \times \dfrac{2h}{3}$

∴ $y=\dfrac{G_x}{A}=\dfrac{\left(\dfrac{1}{2}bh\times\dfrac{h}{3}\right)+\left(\dfrac{1}{2}ah\times\dfrac{2h}{3}\right)}{\left(\dfrac{1}{2}bh\right)+\left(\dfrac{1}{2}ah\right)}=\dfrac{h}{3}\times\dfrac{2a+b}{a+b}$

54 ★★★

강구조 용접에서 용접 개시점과 종료점의 용착금속에 결함이 없도록 임시로 부착하는 것은?

① 엔드탭(End tab) ② 오버랩(Overlap)
③ 뒷댐재(Backing strip) ④ 언더컷(Under cut)

해설

엔드탭은 용접결함이 생기기 쉬운 용접의 시작이나 끝부분에 임시로 설치하는 보조 강판이다.

선지분석

② 오버랩(Overlap): 용융된 금속이 모재면에 덮어진 상태이다.
③ 뒷댐재(Backing strip): 맞대기 용접을 한 면으로만 실시하는 경우 충분한 루트 뒷면에 받치는 판이다.
④ 언더컷(Under cut): 용접과정 중 생기는 표면결함으로 응력이 집중되면 균열로 발전할 수 있는 결함이다.

정답 51 ④ 52 ② 53 ① 54 ①

55 ★★★

표준갈고리를 갖는 인장 이형철근(D13)의 기본정착길이는?(단, D13의 공칭지름: $12.7mm$, $f_{ck}=27MPa$, $f_y=400MPa$, $\beta=1.0$, $m_c=2,300kg/m^3$)

① 190mm ② 205mm
③ 220mm ④ 235mm

해설

$l_{db}=\dfrac{0.24\times1\times12.7\times400}{1\times\sqrt{27}}\fallingdotseq234.64mm$

($m_c=2,300kg/m^3$이므로 경량콘크리트계수 $\lambda=1.0$)

합격 POINT 표준갈고리가 있는 인장 철근의 기본정착길이(l_{db})

$$l_{db}=\dfrac{0.24\cdot\beta\cdot d_b\cdot f_y}{\lambda\sqrt{f_{ck}}}$$

- f_{ck}: 콘크리트 압축강도
- d_b: 철근의 지름
- f_y: 철근의 항복강도
- β: 도막계수
- λ: 경량콘크리트계수

56 ★★★

다음 그림과 같은 인장재의 순단면적을 구하면?(단, F10T-M20볼트 사용(표준구멍), 판의 두께는 6mm임)

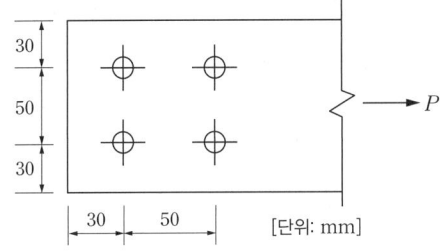

① 296mm² ② 396mm²
③ 426mm² ④ 536mm²

해설

정렬배치 상태의 인장재 순단면적 A_n은 다음과 같은 식으로 구한다.

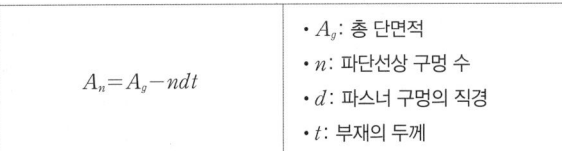

$A_n=A_g-ndt$	• A_g: 총 단면적 • n: 파단선상 구멍 수 • d: 파스너 구멍의 직경 • t: 부재의 두께

※ 표준구멍(d)
  직경 24mm 미만 → M+2.0mm
  직경 24mm 이상 → M+3.0mm
  따라서, M20의 표준구멍은 22mm
  ∴ $A_n=(6\times110)-2\times(20+2)\times6=396mm^2$

57 ★★★

다음 중 철골구조의 소성설계와 관계없는 것은?

① 형상계수(Form factor)
② 소성힌지(Plastic hinge)
③ 붕괴기구(Collapse mechanism)
④ 잔류응력(Residual stress)

해설

잔류응력(Residual stress)은 외력이 작용하지 않는 상태에서, 재료 내에 존재하는 응력을 말한다. 주로 열간압연에 의한 형강이 냉각수축 될 때 단면 내에서의 냉각속도의 차이에 의해 발생하는 현상을 의미하므로 소성설계와는 무관하다.

선지분석

① 형상계수(Form factor): 소성모멘트와 항복모멘트의 비
② 소성힌지(Plastic hinge): 부재의 전단면이 소성상태가 될 때 이론상 무한한 변형이 허용되는 지점
③ 붕괴기구(Collapse mechanism): 소성힌지가 발생하여 붕괴에 이르게 하는 과정

합격 POINT 소성설계

극한설계라고도 불리며, 강재의 응력이 항복점까지는 후크의 법칙을 따르고 그 후에는 일정한 응력 하에서 항복한다고 가정하고 시행하는 이론이다.

58 ★★★

압축이형철근(D19)의 기본정착길이를 구하면? (단, D19의 단면적: $287mm^2$, $f_{ck}=21MPa$, $f_y=400MPa$)

① 674mm ② 570mm
③ 482mm ④ 415mm

해설

압축이형철근의 기본정착길이 l_{db}는 다음 중 큰 값 이상이 되어야 한다.

$l_{db}=\dfrac{0.25\cdot d_b\cdot f_y}{\lambda\cdot\sqrt{f_{ck}}}$	$l_{db}=0.043d_bf_y$
• f_{ck}: 콘크리트 압축강도 • f_y: 철근의 항복강도	• d_b: 철근의 지름 • λ: 경량콘크리트계수

1. $l_{db}=\dfrac{0.25\times19\times400}{1\times\sqrt{21}}\fallingdotseq414.61mm$
2. $l_{db}=0.043\times19\times400=326.8mm$
∴ $l_{db}\geq414.61mm$

정답 55 ④ 56 ② 57 ④ 58 ④

59 ★☆☆

다음 그림과 같은 하중을 받는 단순보에서 E점의 전단력값은?

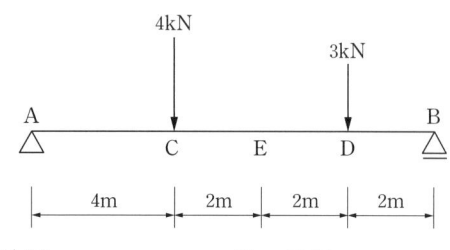

① −1kN
② −2kN
③ −3kN
④ −4kN

해설

$\sum M_B = 0$; $+V_A \times 10 - 4 \times 6 - 3 \times 2 = 0$
$V_A = +3\text{kN}(\uparrow)$
$V_{ELeft} = +3 - 4 = -1\text{kN}(\downarrow)$
∴ E점에서의 전단력은 −1kN

60 ★★★

말뚝재료별 구조세칙에 관한 내용으로 옳지 않은 것은?

① 현장타설 콘크리트말뚝을 배치할 때 그 중심 간격은 말뚝머리지름의 1.5배 이상 또한 말뚝머리지름에 500mm를 더한 값 이상으로 한다.
② 나무말뚝은 갈라짐 등의 흠이 없는 생통나무 껍질을 벗긴 것으로 말뚝머리에서 끝마구리까지 대체로 균일하게 지름이 변화하고 끝마구리의 지름이 120mm 이상의 것을 사용한다.
③ 기성콘크리트말뚝을 타설할 때 그 중심 간격은 말뚝머리지름의 2.5배 이상 또한 750mm 이상으로 한다.
④ 매입말뚝을 배치할 때 그 중심 간격은 말뚝머리지름의 2배 이상으로 한다.

해설

현장타설 콘크리트말뚝의 최소 간격은 2.0D 이상 또한 D+1,000mm 이상이다.

합격 POINT 말뚝 최소 간격 기준

※ D: 말뚝머리지름

종류	최소 간격
나무말뚝	2.5D 이상, 600mm 이상
기성콘크리트말뚝	2.5D 이상, 750mm 이상
강재말뚝	2.0D 이상, 750mm 이상
현장타설 콘크리트말뚝	2.0D 이상, D+1,000mm 이상

제4과목 건축설비

61 ★★★

가스사용시설에서 가스계량기의 설치에 관한 설명으로 옳지 않은 것은?

① 전기접속기와의 거리가 최소 30cm 이상이 되도록 한다.
② 전기점멸기와의 거리가 최소 60cm 이상이 되도록 한다.
③ 전기개폐기와의 거리가 최소 60cm 이상이 되도록 한다.
④ 전기계량기와의 거리가 최소 60cm 이상이 되도록 한다.

해설

가스계량기와 전기점멸기와의 거리는 30cm 이상이다.

합격 POINT 가스계량기와의 거리

거리	종류
15cm 이상	절연조치를 하지 아니한 전선
30cm 이상	굴뚝(단열조치를 하지 아니한 경우), 전기점멸기, 전기접속기
60cm 이상	전기계량기, 전기개폐기

62 ★☆☆

이중덕트방식에 관한 설명으로 옳은 것은?

① 부하감소에 따라 송풍량이 감소된다.
② 부하변동에 따른 적응속도가 느리다.
③ 혼합손실로 인한 에너지 소비량이 크다.
④ 부하특성이 다른 여러 실에 적용하기 곤란하다.

해설

이중덕트방식은 냉온풍 혼합에 따른 에너지 손실이 크다.

선지분석

① 부하감소에 따라 송풍량이 감소하지는 않는다.
② 부하변동에 따른 적응속도가 빠르다.
④ 부하특성이 다른 여러 실에 적용할 수 있다.

63 ★☆☆

세정밸브식 대변기의 최소 급수관경은?

① 15A
② 20A
③ 25A
④ 32A

해설

세정밸브식 대변기의 최소 급수관경은 25A(25mm) 이상이다.

정답 59 ① 60 ① 61 ② 62 ③ 63 ③

64 ★☆☆
에스컬레이터의 좌우에 설치되어 있으며, 스텝을 주행시키는 역할을 하는 것은?

① 스텝체인 ② 핸드레일
③ 스커트가드 ④ 가이드레일

해설
에스컬레이터의 좌우에 설치되어 있으며, 에스컬레이터의 스텝을 주행시키는 역할을 하는 것은 스텝체인이다.

65 ★★☆
연결송수관설비의 방수구에 관한 설명으로 옳지 않은 것은?

① 방수구의 위치표시는 표시등 또는 축광식 표지로 한다.
② 호스접결구는 바닥으로부터 0.5m 이상 1m 이하의 위치에 설치한다.
③ 개폐기능을 가진 것으로 설치하여야 하며, 평상시 닫힌 상태를 유지하도록 한다.
④ 연결송수관설비의 전용방수구 또는 옥내소화전 방수구로서 구경 50mm의 것으로 설치한다.

해설
연결송수관설비의 전용방수구 또는 옥내소화전 방수구로서 구경 65mm의 것으로 설치한다.

66 ★☆☆
변전실의 위치에 관한 설명으로 옳지 않은 것은?

① 습기와 먼지가 적은 곳일 것
② 전기 기기의 반출입이 용이한 곳일 것
③ 가능한 한 부하의 중심에서 먼 곳일 것
④ 외부로부터 전원의 인입이 쉬운 곳일 것

해설
변전실의 위치는 가능한 한 부하의 중심에서 가까운 곳이어야 한다.

67 ★☆☆
압력수조 급수방식에 관한 설명으로 옳지 않은 것은?

① 정전 시 급수가 곤란하다.
② 고가수조가 필요 없어 미관상 좋다.
③ 고가수조방식에 비해 급수압의 변동이 크다.
④ 고가수조방식에 비해 수조의 설치 위치에 제한이 많다.

해설
압력수조 급수방식은 고가수조방식에 비해 수조의 설치 위치에 제한은 없으나, 급수과정이 가장 길고(높고) 복잡하다.

68 ★★★
어느 점광원과 1m 떨어진 곳의 수평면 조도가 200lx일 때, 이 광원에서 2m 떨어진 곳의 수평면 조도는?

① 25lx ② 50lx
③ 100lx ④ 200lx

해설
$$E = \frac{I}{d^2}$$
E: 조도(lx), I: 광도(cd), d: 거리(m)
조도(E)는 거리(d)의 제곱에 반비례한다.
따라서, 거리가 2배가 되면 조도는 $\frac{1}{2^2}\left(=\frac{1}{4}\right)$배가 되므로
$200\text{lx} \times \frac{1}{4} = 50\text{lx}$이다.

69 ★☆☆
공기조화설비의 에너지 절약방법 중 배열을 회수하여 이용하는 방식은?

① 변유량 방식 ② 외기냉방 방식
③ 전열교환 방식 ④ 전력수요제어 방식

해설
전열교환기는 실내에서 배기하는 열에너지를 회수하여 도입되는 외기에 공급함으로써 에너지를 절약할 수 있으며, 현열과 잠열 양방의 열교환이 가능하다.

정답 64 ① 65 ④ 66 ③ 67 ④ 68 ② 69 ③

70 ★★★
냉각탑에 대한 설명으로 옳은 것은?

① 고압의 액체냉매를 증발시켜 냉동효과를 얻게 하는 설비이다.
② 증발기에서 나온 수증기를 냉각시켜 물이 되도록 하는 설비이다.
③ 대기 중에서 기체냉매를 냉각시켜 액체냉매로 응축하기 위한 설비이다.
④ 냉매를 응축시키는데 사용된 냉각수를 재사용하기 위하여 냉각시키는 설비이다.

해설
냉각탑은 냉동기의 응축기에 사용하는 냉각수를 재사용하기 위해 실외의 공기와 직접 접촉시켜 물을 냉각하는 일종의 열교환 장치이다.

합격 POINT
응축기에서 발생한 응축잠열은 냉각수에 흡수된다. 응축잠열로 인해 고온이 된 냉각수를 공기에 직접 접촉시켜 방열하는 장치가 냉각탑이다.

71 ★★★
220/380V 전원을 공급하는 빌딩 및 공장의 전등 및 동력용 간선으로 가장 많이 사용되는 배선방식은?

① 단상 2선식 ② 단상 3선식
③ 3상 3선식 ④ 3상 4선식

해설
3상 4선식은 대형빌딩이나 공장 등의 전등 및 동력의 전원으로 여러 종류의 전압이 필요할 때 선택하며, 주로 220V/380V를 사용한다.

72 ★★★
환기에 관한 설명으로 옳지 않은 것은?

① 외부 풍속이 커지면 환기량은 많아진다.
② 실내외의 온도차가 크면 환기량은 작아진다.
③ 중성대란 중력환기에서 실내외의 압력이 같아지는 위치이다.
④ 자연환기량은 중성대로부터 공기유입구 또는 유출구까지의 높이가 클수록 많아진다.

해설
실내외의 온도차가 크면 환기량은 많아진다.

73 ★★★
수량 $20m^3/h$를 양수하는 데 필요한 펌프의 구경은? (단, 양수펌프 내 유속은 $2m/s$로 함)

① 30mm ② 40mm
③ 50mm ④ 60mm

해설
펌프의 구경 $D = 1.13\sqrt{\dfrac{Q}{v}}$
$= 1.13 \times \sqrt{\dfrac{20m^3/h}{2m/s}} \fallingdotseq 1.13 \times \sqrt{\dfrac{0.0056m^3/s}{2m/s}}$
$\fallingdotseq 0.060m = 60mm$

※ $20m^3/h = 20m^3/3,600s \fallingdotseq 0.0056m^3/s$

74 ★★★
양수량이 $1m^3/min$, 전양정이 50m인 펌프에서 회전수를 1.2배 증가시켰을 때 양수량은?

① 1.2배 증가 ② 1.44배 증가
③ 1.73배 증가 ④ 2.4배 증가

해설
양수량과 펌프의 회전수는 비례관계에 있으므로 회전수가 1.2배 증가하면 양수량도 1.2배 증가한다.

75 ★★★
바닥복사난방에 관한 설명으로 옳지 않은 것은?

① 천장이 높은 실의 난방에는 사용할 수 없다.
② 실내의 온도분포가 비교적 균등하고 쾌감도가 높다.
③ 예열시간이 길어 일시적인 난방에는 바람직하지 않다.
④ 방열기를 설치하지 않아 실내 바닥면의 이용도가 높다.

해설
바닥복사난방은 복사열에 의해 실내를 난방하는 방법으로, 천장이 높은 실의 난방에도 효과가 좋다.

정답 70 ④ 71 ④ 72 ② 73 ④ 74 ① 75 ①

76 ★★★

건구온도가 25℃인 실내공기 8,000m³/h와 건구온도 31℃인 외부공기 2,000m³/h를 단열혼합 하였을 때 혼합공기의 건구온도는?

① 24.8℃ ② 26.2℃
③ 27.5℃ ④ 29.8℃

해설

$(8,000+2,000)\text{m}^3/\text{h} \times x℃ = 8,000\text{m}^3/\text{h} \times 25℃ + 2,000\text{m}^3/\text{h} \times 31℃$

$\therefore x = \dfrac{(8,000 \times 25) + (2,000 \times 31)}{(8,000 + 2,000)} = 26.2℃$

합격 POINT 혼합공기의 온도

$(Q_1 + Q_2) \times t_3 = (Q_1 \times t_1) + (Q_2 \times t_2)$

- Q_1, Q_2: 혼합 전의 공기량
- t_1, t_2: 혼합 전의 공기 온도
- t_3: 혼합 후의 공기 온도

77 ★☆☆

다음 중 상대습도(R.H) 100%에서 그 값이 같지 않은 온도는?

① 건구온도 ② 효과온도
③ 습구온도 ④ 노점온도

해설

상대습도(R.H) 100%일 때 건구온도, 습구온도, 노점온도의 값은 같다.

78 ★★☆

다음 설명에 알맞은 접지의 종류는?

> 기능상 목적이 서로 다르거나 동일한 목적의 개별접지들을 전기적으로 서로 연결하여 구현한 접지시스템

① 단독접지 ② 공통접지
③ 통합접지 ④ 종별접지

해설

통합접지는 전기설비의 접지계통과 건축물의 피뢰설비 및 통신설비 등의 접지극을 연결하여 구현하는 접지이다.

79 ★★★

자동화재탐지설비의 감지기 중 감지기 주위의 온도가 일정한 온도 이상이 되었을 때 작동하는 것은?

① 차동식 감지기
② 정온식 감지기
③ 광전식 감지기
④ 이온화식 감지기

해설

정온식 감지기는 주위 온도가 일정 온도 이상으로 되면 동작하는 자동화재탐지설비 감지기로, 보일러실·주방과 같이 다량의 열을 취급하는 곳에 설치한다.

선지분석

① 차동식 감지기: 온도상승률 감지
③ 광전식 감지기: 연기 입자로 광전 소자에 대한 입사광량이 변화를 이용하여 감지
④ 이온화식 감지기: 연기 입자 때문에 이온 전류의 변화를 이용하여 감지

80 ★☆☆

급탕배관의 신축이음의 종류에 속하지 않는 것은?

① 루프형 ② 칼라형
③ 슬리브형 ④ 벨로즈형

해설

칼라형은 콘크리트관 접합방법이다.

정답 76 ② 77 ② 78 ③ 79 ② 80 ②

제5과목 건축관계법규

81 ★☆☆
다음 중 특별시나 광역시에 건축할 경우, 특별시장이나 광역시장의 허가를 받아야 하는 대상 건축물은?

① 층수가 20층인 호텔
② 층수가 25층인 사무소
③ 연면적이 150,000m²인 공장
④ 연면적이 50,000m²인 공장

해설
특별시장 또는 광역시장의 허가를 받아야 하는 건축물의 건축은 층수가 21층 이상이거나 연면적의 합계가 100,000m² 이상인 경우를 말한다. 다만, 공장, 창고, 지방건축위원회의 심의를 거친 건축물의 건축은 제외한다.

82 ★★★
용도별 건축물의 종류가 옳지 않은 것은?

① 판매시설: 소매시장
② 의료시설: 치과병원
③ 문화 및 집회시설: 수족관
④ 제1종 근린생활시설: 동물병원

해설
동물병원은 제2종 근린생활시설에 속한다.

83 ★☆☆
다음의 대지와 도로의 관계에 관한 기준 내용 중 ( ) 안에 알맞은 것은?

> 연면적의 합계가 2,000m²(공장인 경우에는 3,000m²) 이상인 건축물(축사, 작물재배사, 그 밖에 이와 비슷한 건축물로서 건축조례로 정하는 규모의 건축물은 제외한다)의 대지는 너비 (㉠) 이상의 도로에 (㉡) 이상 접하여야 한다.

① ㉠ 4m, ㉡ 2m
② ㉠ 6m, ㉡ 4m
③ ㉠ 8m, ㉡ 6m
④ ㉠ 8m, ㉡ 4m

해설
연면적의 합계가 2,000m²(공장인 경우 3,000m²) 이상인 건축물(축사, 작물재배사, 그 밖에 이와 비슷한 건축물로서 건축조례로 정하는 규모의 건축물은 제외)의 대지는 너비 6m 이상의 도로에 4m 이상 접하여야 한다.

84 ★★☆
「건축법령」상 다중이용 건축물에 속하지 않는 것은?

① 층수가 16층인 판매시설
② 층수가 20층인 관광숙박시설
③ 종합병원으로 쓰는 바닥면적의 합계가 3,000m²인 건축물
④ 종교시설로 쓰는 바닥면적의 합계가 5,000m²인 건축물

해설
다중이용 건축물이란 다음의 어느 하나에 해당하는 건축물을 말한다.
- 바닥면적의 합계가 5,000m² 이상인 문화 및 집회시설(동물원 및 식물원 제외), 종교시설, 판매시설, 운수시설 중 여객용 시설, 의료시설 중 종합병원, 숙박시설 중 관광숙박시설
- 16층 이상인 건축물

85 ★★☆
건축법령상 다음과 같은 건축물의 높이는? (단, 가로구역에서의 건축물의 높이 제한과 관련된 건축물의 높이임)

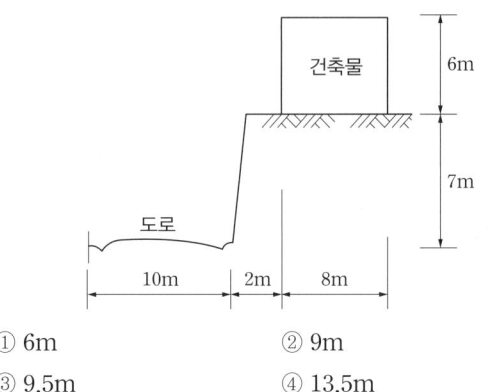

① 6m
② 9m
③ 9.5m
④ 13.5m

해설

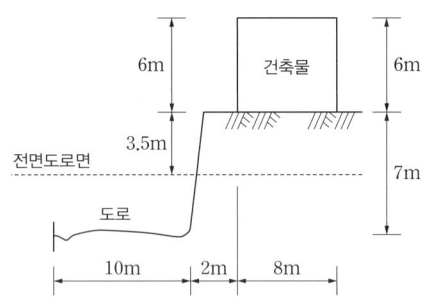

건축물의 대지의 지표면이 전면도로보다 높은 경우에는 그 고저차의 2분의 1의 높이만큼 올라온 위치에 그 전면도로의 면이 있는 것으로 본다.
전면도로와 건축물 대지의 고저차가 7m이므로, 건축물의 높이는 고저차의 2분의 1의 높이(3.5m)를 더하여 산정한다.
따라서 고저차의 1/2(3.5m)+건축물의 높이(6m)=9.5m

정답 81 ② 82 ④ 83 ② 84 ③ 85 ③

86

건축물의 관람실 또는 집회실로부터 바깥쪽으로의 출구로 쓰이는 문을 안여닫이로 하여서는 안 되는 건축물은?

① 위락시설
② 수련시설
③ 문화 및 집회시설 중 전시장
④ 문화 및 집회시설 중 동·식물원

해설
다음 어느 하나에 해당하는 건축물의 관람실 또는 집회실로부터 바깥쪽으로의 출구로 쓰이는 문은 안여닫이로 해서는 안 된다.
- 제2종 근린생활시설 중 공연장·종교집회장(바닥면적의 합계가 각각 300m² 이상인 경우)
- 문화 및 집회시설(전시장, 동·식물원 제외)
- 종교시설
- 위락시설
- 장례시설

87

특별피난계단의 구조에 관한 기준 내용으로 옳지 않은 것은?

① 계단은 내화구조로 하되, 피난층 또는 지상까지 직접 연결되도록 한다.
② 계단실 및 부속실의 실내에 접하는 부분의 마감은 불연재료로 한다.
③ 출입구의 유효너비는 0.9m 이상으로 하고 피난의 방향으로 열 수 있도록 한다.
④ 계단의 유효너비는 0.9m 이상으로 한다.

해설
계단의 유효너비를 0.9m 이상으로 해야하는 것은 건축물의 바깥쪽에 설치하는 피난계단이다.

88

주차전용건축물이란 건축물의 연면적 중 주차장으로 사용되는 부분의 비율이 최소 얼마 이상인 건축물을 말하는가? (단, 주차장 외의 용도가 자동차관련시설인 경우)

① 70% ② 80%
③ 90% ④ 95%

해설
주차전용건축물이란 건축물의 연면적 중 주차장으로 사용되는 부분의 비율이 95% 이상인 것을 말한다.
다만, 주차장 외의 용도로 사용되는 부분이 「건축법 시행령」 별표 1에 따른 단독주택, 공동주택, 제1종 근린생활시설, 제2종 근린생활시설, 문화 및 집회시설, 종교시설, 판매시설, 운수시설, 운동시설, 업무시설, 창고시설 또는 자동차 관련 시설인 경우에는 주차장으로 사용되는 부분의 비율이 70% 이상인 것을 말한다.

89

공동주택의 난방설비를 개별난방방식으로 하는 경우에 관한 기준 내용으로 옳지 않은 것은?

① 보일러의 연도는 내화구조로서 공동연도로 설치할 것
② 보일러실 윗부분에는 그 면적이 최소 1.0m² 이상인 환기창을 설치할 것
③ 기름보일러를 설치하는 경우에는 기름저장소를 보일러실 외의 다른 곳에 설치할 것
④ 보일러를 설치하는 곳과 거실 사이의 경계벽은 출입구를 제외하고는 내화구조의 벽으로 구획할 것

해설
보일러실의 윗부분에는 그 면적이 0.5m² 이상인 환기창을 설치하고, 보일러실의 윗부분과 아랫부분에는 각각 지름 10cm 이상의 공기흡입구 및 배기구를 항상 열려있는 상태로 바깥공기에 접하도록 설치해야 한다.

정답 86 ① 87 ④ 88 ① 89 ②

90 ★★★

「국토의 계획 및 이용에 관한 법령」에 따른 기반시설 중 자동차 정류장의 세분에 속하지 않는 것은?

① 고속터미널　　② 물류터미널
③ 공영차고지　　④ 여객자동차터미널

해설
국토의 계획 및 이용에 관한 법령에 따른 기반시설 중 자동차 정류장은 물류터미널, 공영차고지, 여객자동차터미널, 공동차고지, 화물자동차 휴게소, 복합환승센터로 세분화된다.

91 ★☆☆

건축법령에 따른 리모델링이 쉬운 구조에 속하지 않는 것은?

① 구조체가 철골구조로 구성되어 있을 것
② 구조체에서 건축설비, 내부 마감재료 및 외부 마감재료를 분리할 수 있을 것
③ 개별 세대 안에서 구획된 실의 크기, 개수 또는 위치 등을 변경할 수 있을 것
④ 각 세대는 인접한 세대와 수직 또는 수평 방향으로 통합하거나 분할할 수 있을 것

해설
건축법령상 리모델링이 쉬운 구조는 다음과 같다.
- 구조체에서 건축설비, 내부 마감재료 및 외부 마감재료를 분리할 수 있을 것
- 개별 세대 안에서 구획된 실의 크기, 개수 또는 위치 등을 변경할 수 있을 것
- 각 세대는 인접한 세대와 수직 또는 수평 방향으로 통합하거나 분할할 수 있을 것

92 ★★★

건축물의 필로티 부분을 「건축법령」상의 바닥면적에 산입하는 경우에 속하는 것은?

① 공중의 통행에 전용되는 경우
② 차량의 주차에 전용되는 경우
③ 업무시설의 휴식공간으로 전용되는 경우
④ 공동주택의 놀이공간으로 전용되는 경우

해설
필로티 부분이 공중의 통행이나 차량의 통행 또는 주차에 전용되는 경우와 공동주택으로서 지상층에 설치한 기계실, 전기실, 어린이놀이터, 조경시설 및 생활폐기물 보관시설의 면적은 바닥면적에 산입하지 아니한다.

93 ★☆☆

지하식 또는 건축물식 노외주차장에서 경사로가 직선형인 경우, 경사로의 차로 너비는 최소 얼마 이상으로 하여야 하는가? (단, 2차로인 경우)

① 5m　　② 6m
③ 7m　　④ 8m

해설
경사로의 차로 너비는 직선형인 경우에는 3.3m 이상, 2차로의 경우에는 6m 이상으로 한다.

94 ★☆☆

주차대수가 300대인 기계식주차장의 진입로 또는 전면공지와 접하는 장소에 확보하여야 하는 정류장의 최소 규모는?

① 12대　　② 13대
③ 14대　　④ 15대

해설
기계식주차장에는 도로에서 기계식주차장치 출입구까지의 차로 또는 전면공지와 접하는 장소에 자동차가 대기할 수 있는 장소를 설치하여야 한다. 이 경우 주차대수 20대를 초과하는 20대마다 한 대분의 정류장을 확보하여야 한다. 따라서 주차대수가 300대인 경우 총 14대의 정류장 확보가 필요하다.

95 ★☆☆

다음은 도시·군관리계획도서 중 계획도에 관한 기준 내용이다. ( ) 안에 알맞은 것은? (단, 모든 축척의 지형도가 간행되어 있는 경우)

> 도시·군관리계획도서 중 계획도는 ( )의 지형도에 도시·군관리계획 사항을 명시한 도면으로 작성하여야 한다.

① 축척 100분의 1또는 축척 500분의 1
② 축척 500분의 1또는 축척 2,000분의 1
③ 축척 1,000분의 1또는 축척 5,000분의 1
④ 축척 3,000분의 1또는 축척 10,000분의 1

해설
도시·군관리계획도서 중 계획도는 축척 1,000분의 1 또는 축척 5,000분의 1의 지형도(수치지형도 포함)에 도시·군관리계획사항을 명시한 도면으로 작성하여야 한다.

정답 90 ①　91 ①　92 ③　93 ②　94 ③　95 ③

96 ★★☆
제2종 일반주거지역 안에서 건축할 수 있는 건축물에 속하지 않는 것은?

① 아파트
② 노유자시설
③ 문화 및 집회시설 중 전시장
④ 문화 및 집회시설 중 관람장

해설
제2종 일반주거지역 안에서 문화 및 집회시설의 건축은 가능하나 관람장은 제외한다.

97 ★★★
각 층의 거실면적이 1,000m²이며, 층수가 15층인 다음 건축물 중 설치하여야 하는 승용승강기의 최소 대수가 가장 많은 것은? (단, 8인승 승용승강기인 경우)

① 위락시설
② 업무시설
③ 교육연구시설
④ 문화 및 집회시설 중 집회장

해설

건축물의 용도	6층 이상의 거실 면적의 합계 3,000m² 초과
문화 및 집회시설 중 집회장	기본 2대+3,000m² 초과 시 2,000m² 이내마다 1대 추가
위락시설, 업무시설	기본 1대+3,000m² 초과 시 2,000m² 이내마다 1대 추가
교육연구시설	기본 1대+3,000m² 초과 시 3,000m² 이내마다 1대 추가

※ 8인승 이상 15인승 이하의 승강기는 1대의 승강기로 보고, 16인승 이상의 승강기는 2대의 승강기로 본다.

1. 층수가 15층이며 각 층의 거실면적이 1,000m²인 경우, 6층 이상의 거실면적의 합계는 10,000m²가 된다.
2. 문화 및 집회시설 중 집회장은 기본 승강기 2대+3,000m² 초과 시 2,000m² 이내마다 1대가 추가된다.

위의 조건을 종합하였을 때, 면적의 합계가 10,000m²인 집회장의 승용승강기 설치기준은 기본 2대+추가 4대=총 6대가 된다.

선지분석
①, ② 위락시설, 업무시설: 기본 1대+추가 4대=총 5대
③ 교육연구시설: 기본 1대+추가 3대=총 4대

98 ★☆☆
대형건축물의 건축허가 사전승인신청 시 제출도서 중 설계설명서에 표시하여야 할 사항에 속하지 않는 것은?

① 시공방법
② 동선계획
③ 개략공정계획
④ 각부 구조계획

해설
각부 구조계획은 구조계획서에 표시하여야 한다.

99 ★☆☆
지구단위계획 중 관계 행정기관의 장과의 협의, 국토교통부장관과의 협의 및 중앙도시계획위원회·지방도시계획위원회 또는 공동위원회의 심의를 거치지 아니하고 변경할 수 있는 사항에 관한 기준 내용으로 옳은 것은?

① 건축선의 2m 이내의 변경인 경우
② 획지면적의 30% 이내의 변경인 경우
③ 가구면적의 20% 이내의 변경인 경우
④ 건축물 높이의 30% 이내의 변경인 경우

해설
획지면적의 30% 이내의 변경인 경우 관계 행정기관의 장과의 협의, 국토교통부장관과의 협의 및 중앙도시계획위원회·지방도시계획위원회 또는 공동위원회의 심의를 거치지 않고 지구단위계획을 변경할 수 있다.

100 ★★☆
「건축법령」상 고층 건축물의 정의로 옳은 것은?

① 층수가 30층 이상이거나 높이가 90m 이상인 건축물
② 층수가 30층 이상이거나 높이가 120m 이상인 건축물
③ 층수가 50층 이상이거나 높이가 150m 이상인 건축물
④ 층수가 50층 이상이거나 높이가 200m 이상인 건축물

해설
고층 건축물이란 층수가 30층 이상이거나 높이가 120m 이상인 건축물을 말한다.

정답 96 ④ 97 ④ 98 ④ 99 ② 100 ②

2016년 | 제4회 기출문제

제1과목 건축계획

01 ★★★
숑바르 드 로브의 주거면적 기준으로 옳은 것은?

① 병리기준: 6m², 한계기준: 12m²
② 병리기준: 6m², 한계기준: 14m²
③ 병리기준: 8m², 한계기준: 12m²
④ 병리기준: 8m², 한계기준: 14m²

해설
숑바르 드 로브의 주거면적 기준
- 병리기준: 8m²/인
- 한계기준: 14m²/인
- 표준기준: 16m²/인

02 ★☆☆
다음 중 사무소 건물의 스팬(Span) 결정요인과 가장 거리가 먼 것은?

① 지하층의 주차단위
② 냉·난방 설비방식
③ 층고에 의한 유효 채광범위
④ 사무실의 작업단위(책상배열 단위)

해설
냉·난방 설비방식은 기둥간격(스팬, Span)과 관계없다.

합격 POINT 기둥간격 결정요소

구분	기둥간격(스팬, Span) 결정요소
사무소	• 주차배치 단위 • 책상배치 단위 • 채광창 층고에 의한 안깊이 등
백화점	• 주차배치 단위 • 가구(진열장, 진열대)배치 단위 • 에스컬레이터 및 엘리베이터 배치 단위 등

03 ★★☆
학교 운영방식 중 종합교실형에 관한 설명으로 옳지 않은 것은?

① 교실의 이용률이 높다.
② 교실의 순수율이 높다.
③ 학생의 이동을 최소화 할 수 있다.
④ 초등학교 저학년에 적합한 형식이다.

해설
종합교실형은 교실의 이용률이 높지만 순수율은 낮다.

04 ★★☆
주택의 현관에 관한 설명 중 옳지 않은 것은?

① 현관의 위치는 대지의 형태, 방위, 도로와의 관계에 영향을 받는다.
② 현관의 위치는 주택의 북측이 가장 좋으며 주택의 남측이나 중앙부분에는 위치하지 않도록 한다.
③ 현관의 크기는 현관에서 간단한 접객의 용무를 겸하는 이외의 불필요한 공간을 두지 않는 것이 좋다.
④ 현관의 크기는 주택의 규모와 가족의 수, 방문객의 예상 수 등을 고려한 출입량에 중점을 두어 계획하는 것이 바람직하다.

해설
현관의 위치는 주택의 각 공간으로 쉽게 진입할 수 있도록 건물 중앙부에 위치하는 것이 유리하다.

05 ★☆☆
다음 중 아파트의 평면형식에 따른 분류에 속하지 않는 것은?

① 홀형
② 집중형
③ 복도형
④ 판상형

해설
판상형 및 탑상형은 주동형식에 따른 분류이다.
- 평면형식에 따른 분류: 홀형(계단실형), 복도형, 집중형
- 주동형식에 따른 분류: 판상형, 탑상형

정답 01 ④ 02 ② 03 ② 04 ② 05 ④

06 ★☆☆
미술관 건축계획에 관한 설명으로 옳은 것은?

① 하모니카 전시기법은 동일 종류의 전시물을 반복 전시할 경우 유리하다.
② 연속 순회형식이 가장 이상적으로 반영되어 있는 건축물로는 뉴욕의 구겐하임 미술관이 있다.
③ 미술관의 채광 방식을 편측창 방식으로 할 경우 실 전체의 조도분포가 균일하여 별도의 조명설비가 필요 없다.
④ 아일랜드 전시기법은 벽이나 천장을 직접 이용하여 전시물을 배치하는 기법으로 관람자의 시거리를 짧게 할 수 없다는 단점이 있다.

해설
하모니카 전시는 전시내용을 통일된 형식 속에서 규칙적으로 반복시켜 표현하는 기법이다.

선지분석
② 구겐하임 미술관은 중앙홀 형식에 해당한다.
③ 편측창 방식은 조도분포가 균일하지 않다.
④ 아일랜드 전시는 벽이나 천장을 직접 이용하지 않고 전시물을 배치함으로써 전시공간을 만들어 내는 전시기법이다.

07 ★☆☆
사무소 건축에서 3중지역 배치(Triple Zone Layout)에 관한 설명으로 옳지 않은 것은?

① 서비스부분을 중심에 위치하도록 한다.
② 고층사무소 건축의 전형적인 해결방식이다.
③ 부가적인 인공조명과 기계환기가 필요하다.
④ 대여사무실을 포함하는 건물에 가장 적합하다.

해설
3중지역 배치는 대여사무실을 포함하는 건물에는 적합하지 않다.

합격 POINT 3중지역 배치
- 2중의 복도 양쪽에 사무실을 둔 형태이다.
- 교통시설과 위생설비는 건물 내부의 제3지역 또는 중심지역에 위치하고, 사무실은 외벽을 따라 배치한다.
- 복도, 깊은 사무공간 등의 건물 내부지역에는 인공조명과 환기설비가 필요하다.

08 ★★☆
종합병원건축의 면적 배분에서 가장 많이 차지하는 부분은?

① 외래부   ② 병동부
③ 관리부   ④ 중앙진료부

해설
전체 병원면적에 대한 병동부의 면적 비율이 약 40%로 가장 많은 면적을 차지한다.

09 ★★☆
각 사찰에 관한 설명 중 옳지 않은 것은?

① 부석사의 가람배치는 누하진입 형식을 취하고 있다.
② 화엄사는 경사된 지형을 수단(數段)으로 나누어서 정지(整地)하여 건물을 적절히 배치하였다.
③ 통도사는 산지에 위치하나 산지가람처럼 건물들을 불규칙하게 배치하지 않고 직교식으로 배치하였다.
④ 봉정사 가람배치는 대지가 3단으로 나누어져 있으며 상단부분에 대웅전과 극락전 등 중요한 건물들이 배치되어 있다.

해설
- 통도사는 산과 계곡 사이의 좁고 긴 주지로 인해 건물들을 불규칙하게 배치하였다.
- 통도사는 고대시대 이후의 산지가람으로서 남북의 축을 유지하면서 동서로 길게 확장된 가람배치를 취하고 있다.

10 ★☆☆
건축물과 양식의 연결이 옳지 않은 것은?

① 노트르담 성당 - 고딕 양식
② 샤르트르 성당 - 고딕 양식
③ 피사의 사탑 - 바로크 양식
④ 성 소피아 성당 - 비잔틴 양식

해설
피사의 사탑은 로마네스크 양식이다.

11 ★★☆
한국건축의 평면형식에 관한 설명으로 옳지 않은 것은?

① 쌍봉사 대웅전은 2칸 장방형 평면이다.
② 퇴 없이 측면이 단칸인 평면은 평안도 살림집에서 많이 나타난다.
③ 중부지방 민가에서는 ㄱ자형 평면이 많은데 이를 곱은자집이라고도 한다.
④ 다각형 평면으로는 육각과 팔각이 많이 사용되었는데 대개 정자에서 나타난다.

해설
쌍봉사 대웅전은 정면 1칸, 측면 1칸의 정사각형 평면이다.

정답 06 ① 07 ④ 08 ② 09 ③ 10 ③ 11 ①

12 ★★☆
전시실 순회방식에 관한 설명으로 옳지 않은 것은?

① 연속 순회형식은 비교적 소규모 전시실에 적합하다.
② 중앙홀형식은 홀의 크기가 크면 중앙부 동선의 혼란이 있다.
③ 갤러리 및 코리더형식은 복도 자체도 전시공간으로 이용이 가능하다.
④ 갤러리 및 코리더형식은 각 실에 직접 들어갈 수 있는 점이 유리하다.

해설
중앙홀형식은 중앙홀이 크면 동선의 혼란은 없는 반면 장래 확장에는 어려움이 있다.

합격 POINT 중앙홀형식
중심부에 하나의 큰 홀을 두고 그 주위에 각 전시실을 배치하여 자유로이 출입하는 형식이다.

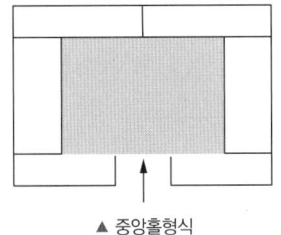

▲ 중앙홀형식

13 ★★★
극장의 음향계획에 관한 설명으로 옳지 않은 것은?

① 반사음의 집중이 없도록 한다.
② 무대 근처에는 음의 반사재를 취한다.
③ 불필요한 음은 적당히 감쇠시키고 필요한 음의 청취에 방해가 되지 않게 한다.
④ 천장계획에 있어서 돔(Dome)형은 음원의 위치 여하를 막론하고 음을 확산시키므로 바람직하다.

해설
돔(Dome)형의 천장은 음을 한곳으로 집중시키므로 음이 모이는 곳 외에는 잘 들리지 않게 된다.

14 ★★☆
우리나라 전통 한식주택에서 문꼴부분(개구부)의 면적이 큰 이유로 가장 적합한 것은?

① 겨울의 방한을 위해서
② 하절기의 고온다습을 견디기 위해서
③ 출입하는데 편리하게 하기 위해서
④ 상부의 하중을 효과적으로 지지하기 위해서

해설
여름(하절기)의 고온다습에 견디기 위해 문꼴부분(개구부)의 면적이 크다.

15 ★☆☆
페리(C.A.Perry)의 근린주구 이론에서 근린주구의 중심이 되는 시설은?

① 약국　　　　　② 대학교
③ 초등학교　　　④ 어린이놀이터

해설
페리의 이론에서 근린주구는 하나의 초등학교가 필요하게 되는 인구에 대응하는 규모를 가져야 한다.

합격 POINT 페리의 근린주구 이론
- 하나의 초등학교가 필요하게 되는 인구
- 경계는 간선도로에 의해 구획
- 내부 가로망은 단지 내의 교통량을 원활히 처리하고 통과교통에 사용되지 않도록 계획
- 서비스를 제공하는 1~2개소 이상의 상점가를 주요도로의 결절점에 배치

16 ★☆☆
단지계획에 있어서 교통계획의 주요 착안사항으로 옳지 않은 것은?

① 통행량이 많은 고속도로는 근린주구단위를 분리시킨다.
② 근린주구단위 내부로의 자동차 통과진입을 최소화 한다.
③ 2차 도로체계는 주도로와 연결하고 통과도로를 이루게 한다.
④ 단지 내의 교통량을 줄이기 위하여 고밀도지역은 진입구 주변에 배치시킨다.

해설
2차 도로체계는 주도로와 연결되어 쿨데삭을 이루게 한다.

17 ★★☆
은행건축에 관한 설명으로 옳지 않은 것은?

① 금고실은 고객대기실에서 떨어진 위치에 둔다.
② 일반적으로 주출입문은 안여닫이로 함이 타당하다.
③ 영업실의 면적은 은행원 1인당 최소 $20m^2$ 이상 되어야 한다.
④ 은행실은 고객대기실과 영업실로 나누어지며 은행의 주체를 이루는 곳이다.

해설
영업실의 면적은 은행원 1인당 $10m^2$를 기준으로 한다.

정답 12 ② 13 ④ 14 ② 15 ③ 16 ③ 17 ③

18 ★☆☆
다음 중 호텔 외관의 형태에 가장 크게 영향을 미치는 부분은?

① 관리부분 ② 공공부분
③ 숙박부분 ④ 설비부분

해설
숙박부분이 호텔의 가장 중요한 부분으로 외관의 형태를 결정한다.

19 ★☆☆
공장 형식 중 분관식(Pavilion Type)에 관한 설명으로 옳은 것은?

① 공간의 효율이 좋다.
② 공장의 신설, 확장이 용이하다.
③ 공장건설을 병행할 수 없으므로 시공기간이 길다.
④ 자재나 제품의 운반이 용이하고 흐름이 단순하다.

해설
분관식은 추후의 확장계획에 따른 신설과 증축이 용이한 형식이다.

합격 POINT 공장 형식

구분	특징
분관식 Pavilion type	• 형식과 구조를 다르게 할 수 있고, 신설과 확장이 용이 • 순차적으로 병행 건축하여 조기 가동이 가능 • 대지 형태가 부정형이거나 지형상의 고저차가 있을 때 유리 • 화학공장, 다층공장에 유리
집중식 Block type	• 유사한 기능의 공장을 근접하여 블록화하거나 단일 건축물로 배치한 형식 • 공간 효율이 높고, 내부 배치 변화에 융통성이 있음 • 건축비가 저렴하고, 자재나 제품의 운반이 용이 • 단층공장, 평지붕 무창공장에 유리

20 ★☆☆
도서관 출납시스템의 유형 중 열람자 자신이 서가에서 책을 꺼내어 책을 고르고 그대로 검열을 받지 않고 열람하는 형식은?

① 폐가식 ② 반개가식
③ 자유개가식 ④ 안전개가식

해설
자유개가식에 대한 설명이다.

합격 POINT 도서관 출납시스템

구분	내용
폐가식	도서 목록을 보고 선택하여 관원에게 대출받는 형식
반개가식	서가에서 도서의 표지 정도는 볼 수 있지만 내용을 열람하고자 하는 경우에는 관원에게 대출을 요구하는 형식
자유개가식	서가에서 자유롭게 도서를 꺼내어 고르고 열람하는 형식
안전개가식	서가에서 자유롭게 도서를 꺼낼 수 있으나 열람석으로 가기 전에 관원의 검열을 받는 형식

제2과목 건축시공

21 ★★★
벽면적 $4.8m^2$ 크기에 1.5B 두께로 붉은벽돌을 쌓고자 할 때 벽돌 소요매수는? (단, 벽돌 크기는 $190 \times 90 \times 57mm$)

① 925매 ② 963매
③ 1,108매 ④ 1,245매

해설
표준형벽돌($190 \times 90 \times 57mm$) 1.5B 쌓기 시 $1m^2$당 224매를 사용하므로, 벽돌 소요매수는 $224매/m^2 \times 4.8m^2 \times 1.03 = 1,107.456 ≒ 1,108$매이다.
※ 붉은벽돌의 할증률은 3%이다.

합격 POINT 벽돌량 산출(매/m^2)

구분	0.5B	1.0B	1.5B	2.0B
표준형	75	149	224	298

22 ★☆☆
비철금속에 관한 설명 중 옳지 않은 것은?

① 동에 아연을 합금시킨 일반적인 황동은 아연함유량이 40% 이하이다.
② 구조용 알루미늄 합금은 4~5%의 동을 함유하므로 내식성이 좋다.
③ 주로 합금재료로 쓰이는 주석은 유기산에는 거의 침해되지 않는다.
④ 아연은 철강의 방식용에 피복재로서 사용할 수 있다.

해설
구조용 알루미늄 합금은 마그네슘, 아연이 첨가된 것으로 내식성이 좋아 교량 등에 사용된다.

정답 18 ③ 19 ② 20 ③ 21 ③ 22 ②

23 ★★★

토공사용 기계에 관한 설명 중 옳지 않은 것은?

① 파워쇼벨(Power Shovel)은 지반보다 낮은 곳을 깊게 팔 수 있는 기계로서 보통 약 5m까지 팔 수 있다.
② 드래그라인(Drag Line)은 기계를 설치한 지반보다 낮은 장소 또는 수중을 굴착하는데 사용된다.
③ 불도저(BullDozer)는 일반적으로 흙의 표면을 밀면서 깎아 단거리 운반을 하거나 정지를 한다.
④ 클램쉘(Clam Shell)은 수직굴착 등 일반적으로 협소한 장소의 굴착에 적합한 것으로 자갈 등의 적재에도 사용된다.

해설
파워쇼벨(Power Shovel)은 기계가 위치한 곳 보다 높은 곳의 굴착에 적당한 건설기계이다.

합격 POINT ▶ 굴착용 기계

종류	특성
파워쇼벨	지면보다 높은 곳의 굴착에 적합하며 굴착력이 크다.
드래그쇼벨 (백호)	지면보다 낮은 곳의 굴착에 적합하며 굴착력이 크고 범위가 좁다.
드래그라인	기계를 설치한 지반보다 낮은 장소 또는 수중을 굴착하는데 사용된다. 굴착력은 약하나 작업범위가 광범위하다.
클램쉘	좁은 곳의 수직굴착, 수중굴착에 적합하다.
트렌처	도랑파기, 줄기초 파기에 사용된다.

24 ★★★

보통콘크리트용 부순 골재의 원석으로서 가장 적합 하지 않은 것은?

① 현무암   ② 안산암
③ 화강암   ④ 응회암

해설
부순 골재로는 현무암, 안산암, 화강암의 단단한 암석을 사용한다.

25 ★★★

철골공사에서 크롬산 아연을 안료로 하고, 알키드 수지를 전색료로 한 것으로서 알루미늄 녹막이 초벌칠에 적당한 것은?

① 그래파이트 도료   ② 징크로메이트 도료
③ 광명단   ④ 알루미늄 도료

해설
징크로메이트 도료는 크롬산아연을 안료로 하고, 알키드수지를 전색료로 한 도료이다. 녹막이 효과가 좋고 알루미늄 녹막이 초벌칠에 적당하다.

합격 POINT ▶ 기능성 도장

방청 도료	방부 도료	방화 도료
• 징크로메이트 도료 • 광명단 • Boiled 유 • 아연분말 도료 • 방청페인트	• 콜타르(흑색) • 크레오소트 오일 • P.C.P용액(무색) • 아스팔트	• 요소수지 • 비닐수지 • 염화파라핀

26 ★★★

지하연속벽 공법 중 슬러리월의 특징으로 옳은 것은?

① 인접건물의 경계선까지 시공이 불가능하다.
② 주변지반에 대한 영향이 크다.
③ 시공시의 소음·진동이 크다.
④ 일반적으로 차수효과가 뛰어나다.

해설
지하연속벽 공법인 슬러리월은 먼저 안내벽을 설치한 후 벤토나이트 안정액을 사용하여 지반을 굴착하며 철근망을 설치한 후 콘크리트를 타설하여 지중에 연속벽체를 형성하는 공법이다. 흙막이의 안정성이 뛰어나며 차수성능이 우수하다.

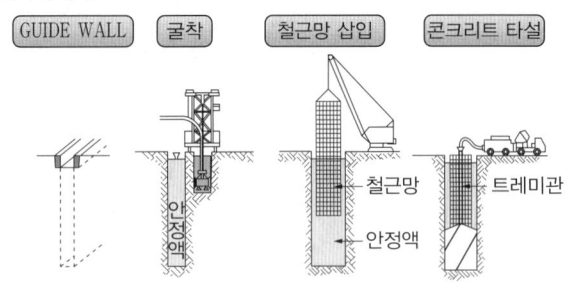

선지분석
① 인접건물의 경계선까지 시공이 가능하다.
② 주변지반에 대한 영향이 적다.
③ 시공시의 소음·진동이 작다.(무소음·무진동)

27 ★★☆

건축공사에서 제자리콘크리트 말뚝이나 수중콘크리트를 칠 경우 콘크리트 속에 2m 이상 묻혀 있도록 하여 콘크리트치기를 용이하게 하는 것은?

① 리바운드 체크   ② 웰포인트
③ 트레미관   ④ 드릴링 바스켓

해설
트레미관(Tremie pipe)은 수중콘크리트 타설에 사용되는 수송관으로 관 하부를 콘크리트 속에 2m 이상 삽입한 상태를 유지하면서 조금씩 관을 빼내어 타설한다.

정답 23 ① 24 ④ 25 ② 26 ④ 27 ③

28 ★☆☆

철골공사에서 용접봉의 내밀기, 이동 등을 기계화한 것으로, 서브머지드 아크용접법에 쓰이며, 피복재대신에 분말상의 플럭스를 쓰는 용접기기 명칭으로 옳은 것은?

① 직류아크용접기 ② 교류아크용접기
③ 자동용접기 ④ 반자동용접기

해설
자동용접기에 대한 설명이다.

합격 POINT 서브머지드 아크용접(SAW, Submerged Arc Welding)
모재의 용접부에 분말상의 플럭스를 쌓아놓고 와이어의 선단과 모재 사이에 전극의 와이어를 삽입하고 아크를 발생시켜 와이어 모재 및 플럭스를 용융·융합시켜 용착금속을 만든다.

29 ★★☆

창호의 기능검사 항목과 가장 거리가 먼 것은?

① 내동해성 ② 내풍압성
③ 기밀성 ④ 수밀성

해설
창호의 기능검사 항목
• 내풍압성 • 기밀성
• 수밀성 • 방음성
• 단열성

30 ★★☆

가이데릭(Guy Derick)에 대한 설명 중 옳지 않은 것은?

① 기계대수는 평면높이의 가동범위·조립능력과 공기에 따라 결정한다.
② 붐(Boom)의 길이는 마스트의 길이보다 길다.
③ 볼 휠(Ball Wheel)은 가이데릭 하단부에 위치한다.
④ 붐(Boom)의 회전각은 360°이다.

해설
가이데릭의 붐(Boom) 길이는 마스트의 길이보다 짧다.

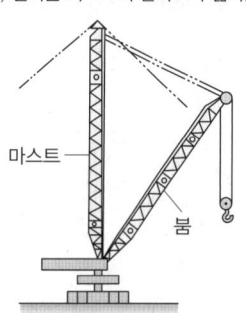

31 ★★☆

다음 중 화성암에 속하지 않는 것은?

① 화강암 ② 섬록암
③ 안산암 ④ 점판암

해설
점판암은 변성암에 해당한다.

합격 POINT 석재의 분류

구분	종류
화성암	화강암, 안산암, 섬록암, 현무암
수성암	석회암, 사암, 응회암
변성암	점판암, 대리석, 사문암, 편암

32 ★★☆

발주자에 의한 현장관리로 볼 수 없는 것은?

① 착공신고 ② 하도급계약
③ 현장회의 운영 ④ 클레임 관리

해설
하도급이란 도급을 받은 건설공사의 전부 또는 일부를 다시 도급하기 위하여 수급인이 제3자와 체결하는 계약을 말한다. 하도급계약은 원도급자의 관리항목이므로 발주자에 의한 현장관리로 볼 수 없다.

33 ★☆☆

멤브레인 방수공법에 해당되지 않는 것은?

① 아스팔트방수 ② 콘크리트 구체방수
③ 도막방수 ④ 합성고분자 시트방수

해설
멤브레인 방수(Membrane waterproofing)는 구조물 외주에 피막을 구성시키는 방수방법으로 아스팔트 방수, 시트방수, 도막방수, 합성고분자 시트방수 등이 있다.

정답 28 ③ 29 ① 30 ② 31 ④ 32 ② 33 ②

34 ★★☆

벽돌공사에 관한 설명으로 옳지 않은 것은?

① 치장줄눈은 줄눈모르타르가 충분히 굳은 후에 줄눈파기를 한다.
② 벽돌쌓기에서 하루 쌓기높이는 1.2m를 표준으로 한다.
③ 붉은벽돌은 벽돌쌓기 하루 전에 물호스로 충분히 젖게 하여 표면에 습도를 유지한 상태로 준비한다.
④ 세로줄눈의 모르타르는 벽돌 마구리면에 충분히 발라 쌓도록 한다.

해설
치장줄눈은 줄눈모르타르가 완전히 굳기 전에 줄눈파기를 한다.

35 ★☆☆

콘크리트 보수 및 보강에 관한 설명으로 옳지 않은 것은?

① 주입공법은 작업의 신속성을 위하여 균열부위에 주입파이프를 설치하여 보수재를 고압고속으로 주입하는 공법이다.
② 표면처리공법은 균열 0.2mm 이하 부위에 수지로 충전하고 균열표면에 보수재료를 씌우는 공법이다.
③ 충전공법 사용재료는 실링재, 에폭시수지 및 폴리머 시멘트모르타르 등이 있다.
④ 탄소섬유접착공법은 탄소섬유판을 에폭시수지 등으로 콘크리트 면에 부착시켜 탄소섬유판의 높은 인장 저항성으로 콘크리트를 보강하는 공법이다.

해설
주입공법은 0.2mm 이상의 균열에 주입파이프를 설치 후 에폭시 수지를 저압저속으로 주입하는 공법이다.

36 ★★☆

프리스트레스트 콘크리트 공사에서 강재의 부식저항성과 관련하여 비빌 때에 프리스트레스트 그라우트 중에 포함되는 염화물 이온의 총량은 얼마 이하를 원칙으로 하는가?

① 0.1kg/m³
② 0.2kg/m³
③ 0.3kg/m³
④ 0.4kg/m³

해설
콘크리트에 포함되는 염화물 이온(Cl^-)의 총량은 0.3kg/m³ 이하이다.

합격 POINT 골재의 염분 함유량 기준

구분	내용
잔골재 절건중량 기준	• 염화물($NaCl^-$): 0.04% 이하 • 염소이온(Cl^-): 0.02% 이하
콘크리트에 함유된 염화물 총량 기준	• 염소이온(Cl^-): 0.3kg/m³ 이하, 0.6kg/m³ 초과 금지

37 ★★☆

도막방수에 관한 설명으로 옳지 않은 것은?

① 도막방수의 바탕처리는 시멘트액체방수에 준하여 실시한다.
② 도막방수에는 노출공법과 비노출공법이 있다.
③ 아크릴계 도막방수는 인화성이 강하므로 시공 시 화기를 엄금한다.
④ 용제형 도막방수는 강풍이 불 경우 방수층 접착이 불량하다.

해설
용제형 도막방수는 인화성이 강하므로 시공 시 화기를 엄금한다.

합격 POINT

구분	내용
유제형 도막방수	수지 에멀션형(아크릴형) 도막방수라고도 하는데, 수지 에멀션제(유제)를 바탕 콘크리트 면에 여러 차례 덧발라 방수층을 만드는 공법이다.
용제형 도막방수	천연 및 합성고무를 휘발성 용제에 녹인 고무도료를 여러 번 덧칠하여 방수층을 만드는 공법이다.

38 ★★★

건축공사비의 원가구성 항목이 아닌 것은?

① 재료비
② 노무비
③ 경비
④ 도급공사비

해설
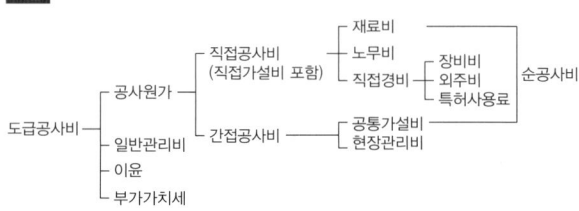

정답 34 ① 35 ① 36 ③ 37 ③ 38 ④

39 ★★★

화살선형 네트워크의 화살표에 대한 설명 중 옳지 않은 것은?

① 화살표 밑에는 계획작업 일수를 숫자로 기재한다.
② 더미(Dummy)는 화살점선으로 표시한다.
③ 화살표 위에는 결합점 번호를 기재한다.
④ 화살표의 길이는 특정한 의미가 없다.

해설
화살표 위에는 작업명을 기재한다.

합격 POINT 네트워크 공정표 용어

용어	영어	기호	내용
더미	Dummy	···▶	화살표형 네트워크에서 정상 표현으로 할 수 없는 작업 상호관계를 표시하는 화살표
작업	Job, Activity	⟶	프로젝트를 구성하는 작업단위
결합점 (이벤트)	Node, Event	○	화살표형 네트워크의 작업과 작업을 결합하는 점 및 개시점·종료점
크리티컬 패스	Critical path	CP	개시 결합점에서 종료 결합점에 이르는 가장 긴 패스

예시

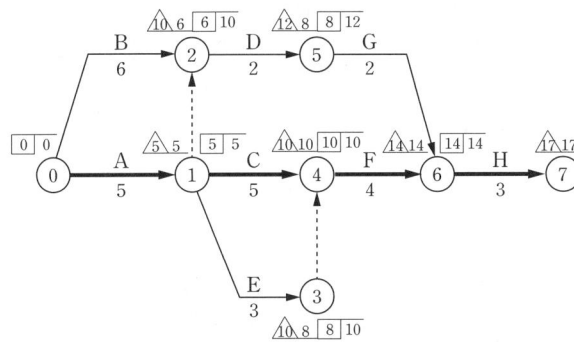

40 ★☆☆

타일공사에 관한 설명 중 옳은 것은?

① 모자이크 타일의 줄눈나비의 표준은 5mm이다.
② 벽체타일이 시공되는 경우 바닥타일은 벽체타일을 붙이기 전에 시공한다.
③ 타일을 붙이는 모르타르에 시멘트 가루를 뿌리면 백화가 방지된다.
④ 치장줄눈은 24시간이 경과한 뒤 붙임모르타르의 경화정도를 보아 시공한다.

선지분석
① 모자이크 타일의 줄눈나비의 표준은 2mm이다.
② 벽체타일이 시공되는 경우 바닥타일은 벽체타일을 붙이고 바닥청소 후 시공한다.
③ 타일을 붙이는 모르타르에 시멘트 가루를 뿌릴 경우 시멘트는 수산화칼슘의 주성분인 생석회(CaO)의 다량 공급원으로서 백화의 주된 요인으로 작용하여 백화현상이 증대된다.

제3과목 건축구조

41 ★★☆

단면 $b_w \times d = 300mm \times 550mm$ 콘크리트 보 부재의 최소인장철근량으로 옳은 것은? (단, $f_{ck}=40MPa$, $f_y=400MPa$)

① 495mm²
② 577mm²
③ 546mm²
④ 725mm²

해설
콘크리트 보 부재의 최소인장철근량

$A_{s,min} = 0.178 \dfrac{\lambda\sqrt{f_{ck}}}{\phi f_y} \cdot bd$

$A_{s,min} = 0.178 \dfrac{(1.0)\sqrt{40}}{(0.85)(400)} \cdot (300)(550) ≒ 546.33mm^2$

∴ 보의 최소인장철근량은 546mm²이다.

※ 강도감소계수(ϕ)의 경우, 인장지배단면(0.85)으로 가정
※ 보통중량콘크리트 $\lambda=1.0$

42 ★☆☆

그림과 같은 지상 4층 건물에 기둥(C_1)의 1층에 발생하는 계수하중에 의한 축력을 면적법으로 구하면? (단, 보 및 기둥 자중은 무시하며, 바닥하중(지붕하중 동일)은 고정하중 =5kN/m², 활하중=3kN/m²이며 활하중 저감은 무시한다.)

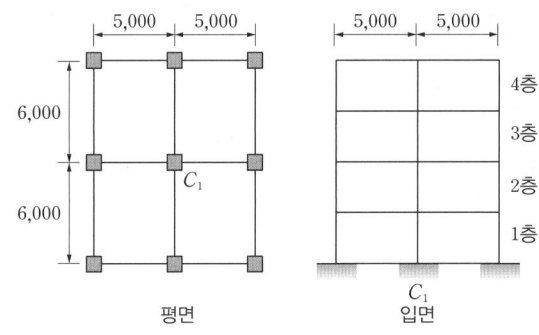

평면 / 입면

① 1,296kN
② 1,396kN
③ 1,412kN
④ 1,498kN

해설
단위층의 C_1 부담면적=5m×6m=30m²
1층 기둥의 부담층수 4층
계수하중 1.2×5+1.6×3=10.8kN/m²
따라서, 1층에 발생하는 계수하중에 의한 축력은 다음과 같다.
30×4×10.8=1,296kN

정답 39 ③ 40 ④ 41 ③ 42 ①

43 ★☆☆

다음 조건을 만족하는 철근콘크리트 벽체의 최소 수직철근량과 최소 수평철근량은 얼마인가?

- 벽체 길이: 3,000mm
- 벽체 높이: 2,600mm
- 벽체 두께: 200mm
- f_y=400MPa, D16

① 최소 수직철근량: 720mm^2,
    최소 수평철근량: 1,020mm^2
② 최소 수직철근량: 730mm^2,
    최소 수평철근량: 1,020mm^2
③ 최소 수직철근량: 720mm^2,
    최소 수평철근량: 1,040mm^2
④ 최소 수직철근량: 730mm^2,
    최소 수평철근량: 1,040mm^2

해설

벽체의 철근량

최소 수직철근량＝벽체의 수평단면적×최소 수직철근비(0.0012)
＝(200×3,000)×0.0012＝720mm^2

최소 수평철근량＝벽체의 수직단면적×최소 수평철근비(0.002)
＝(200×2,600)×0.002＝1,040mm^2

44 ★★☆

건축구조용 압연강이라 하며, 건축물의 내진성능을 확보하기 위하여 항복점의 상한치 제한 등에 의한 품질의 편차를 줄이고, 용접성 및 냉간 가공성을 향상시킨 강재는?

① SM강재　　② TMCP강재
③ SS강재　　④ SN강재

해설

SN강재: 건축구조용 압연강재

선지분석

① SM강재: 용접구조용 압연강재
② TMCP강재: 고층구조물용 강재
③ SS강재: 일반구조용 압연강재

45 ★★☆

$x-x$축에 대한 단면2차모멘트를 구하면?

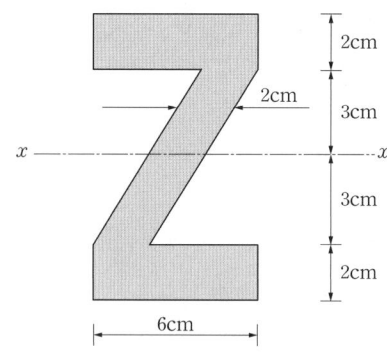

① 76cm^4　　② 258cm^4
③ 428cm^4　　④ 500cm^4

해설

축 이동에 대한 단면2차모멘트
$I_{이동축}=I_{도심축}+A\cdot e^2$

- $I_{이동축}$: 이동축에 대한 단면2차모멘트
- $I_{도심축}$: 도심축에 대한 단면2차모멘트
- A: 단면적
- e: 도심축으로부터 이동축까지의 거리

도심축에 대한 직사각형(10×6)의 단면2차모멘트에서 편심축에 대한 삼각형 2개의 단면2차모멘트를 뺀다.

$$\therefore I_x = \frac{bh^3}{12} - \left[\frac{bh^3}{36}+A\cdot e^2\right]\times 2$$
$$= \frac{(6)(10)^3}{12} - \left[\frac{(4)(6)^3}{36}+\left(\frac{1}{2}\times 4\times 6\right)(1)^2\right]\times 2$$
$$= 428\text{cm}^4$$

46 ★★☆

보통골재를 사용한 철근콘크리트 보에 콘크리트 압축강도(f_{ck}=24MPa), 철근의 항복강도(f_y=400MPa)의 재료를 사용할 경우 탄성계수비는 약 얼마인가? (단, E_s=200,000MPa)

① 6.75　　② 7.75
③ 8.25　　④ 9.15

해설

콘크리트 탄성계수 $E_c=8,500\cdot\sqrt[3]{f_{ck}+\triangle f}$MPa

- f_{ck}: 콘크리트 항복강도
- $f_{ck}\le 40$MPa이면 $\triangle f=4$

철근의 탄성계수 $E_s=200,000$MPa

$$\therefore \text{탄성계수 비 } \frac{E_s}{E_c}=\frac{200,000}{8,500\cdot\sqrt[3]{24+4}}\fallingdotseq 7.749$$

정답 43 ③　44 ④　45 ③　46 ②

47 ★☆☆

철근콘크리트 보에서 고정하중과 활하중에 의하여 구한 설계모멘트 $M_u=540\text{kN}\cdot\text{m}$라면 이때의 공칭강도를 구하면? (단, 중립축의 깊이(c)는 220mm, 최외단 압축연단에서 최외단 인장철근까지의 거리(d_t)는 550mm, 철근의 항복강도(f_y)는 400MPa)

① 638kN·m
② 754kN·m
③ 798kN·m
④ 832kN·m

해설

소요강도(M_u)와 공칭강도(M_n)

$M_u \le M_d = \phi M_n$에서 $M_u = \phi M_n$이므로

$M_n = \dfrac{M_u}{\phi}$

ϕ(강도감소계수) 계산

$\varepsilon_t = \dfrac{d_t - c}{c} \cdot \varepsilon_{cu} = \dfrac{550-220}{220} \times 0.0033 = 0.00495$

산정된 철근의 순인장 변형률(ε_t)이 0.00495이므로 변화구간($0.002 < \varepsilon_t < 0.005$)에 속하며 다음 식에 의해 강도감소계수($\phi$)를 구한다.

$\phi = 0.65 + (\varepsilon_t - 0.002) \times \dfrac{200}{3}$

$= 0.65 + (0.00495 - 0.002) \times \dfrac{200}{3} \fallingdotseq 0.8467$

$\therefore M_n = \dfrac{M_u}{\phi} = \dfrac{540}{0.8467} \fallingdotseq 637.8\text{kN}\cdot\text{m}$

48 ★☆☆

그림과 같은 구조물에서 휨모멘트가 작용하지 않는 부재($M=0$)는?

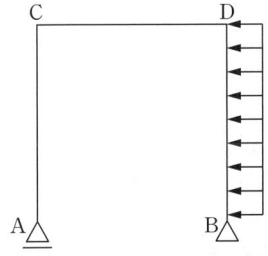

① 없음
② CD부재
③ BD부재
④ AC부재

해설

A지점에는 수직반력만 존재하여 C절점에 휨모멘트는 존재하지 않는다.

49 ★★☆

그림과 같은 구조에서 C단에 발생하는 휨모멘트는?

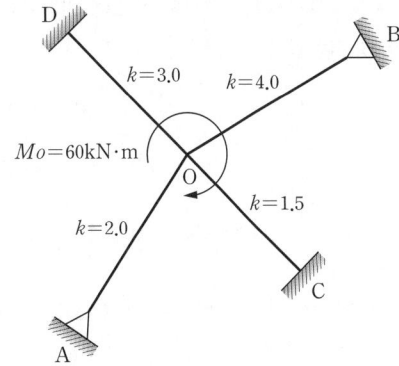

① 2.47kN·m
② 5kN·m
③ 6.5kN·m
④ 10kN·m

해설

모멘트 분배법을 이용해 구한다.

C점 도달(전달)모멘트 M_{CO}는 분배모멘트 M_{OC}의 $\dfrac{1}{2}$이다.

→ $M_{CO} = \dfrac{1}{2} M_{OC}$

분배율: $DF_{OC} = \dfrac{K_{OC}}{\Sigma K} = \dfrac{1.5}{2.0 \times \dfrac{3}{4} + 4.0 \times \dfrac{3}{4} + 1.5 + 3.0} = \dfrac{1}{6}$

(힌지점은 강성 k에 $\dfrac{3}{4}$을 곱한다)

분배모멘트: $M_{OC} = M_O \cdot DF_{OC} = 60 \times \dfrac{1}{6} = 10\text{kN}\cdot\text{m}(\curvearrowright)$

전달모멘트: $M_{CO} = \dfrac{1}{2} M_{OC} = \dfrac{10}{2} = 5\text{kN}\cdot\text{m}(\curvearrowright)$

50 ★☆☆

용접 H형강 H−450×450×20×28의 플랜지 및 웨브에 대한 판폭두께비를 구하면?

① 플랜지: 16.07, 웨브: 14.07
② 플랜지: 16.07, 웨브: 19.7
③ 플랜지: 8.04, 웨브: 14.07
④ 플랜지: 8.04, 웨브: 19.7

해설

플랜지 $\lambda_f = \dfrac{b}{t_f} = \dfrac{(450/2)}{(28)} \fallingdotseq 8.04$

웨브 $\lambda_w = \dfrac{h}{t_w} = \dfrac{(450)-2(28)}{(20)} = 19.7$

정답 47 ① 48 ④ 49 ② 50 ④

51 ★★☆

지진계에 기록된 진폭을 진원의 깊이와 진앙까지의 거리 등을 고려하여 지수로 나타낸 것으로 장소에 관계없는 절대적 개념의 지진크기를 말하는 것은?

① 규모
② 진도
③ 진원시
④ 지진동

해설

규모란 지진 자체의 크기를 나타내는 척도 중 하나로 절대적 개념이다.

선지분석

② 진도는 사람이 감지하는 지표면 흔들림을 나타내는 상대적 개념의 지표이다.
③ 진원시는 지진파가 처음 발생한 시각을 말한다.
④ 지진동은 지진파가 지표에 도달하여 관측되는 표면층의 진동을 말한다.

52 ★★☆

그림과 같은 $2L_s-90\times90\times7$ 조립압축재의 단면2차반경 r_y는 얼마인가? (단, 개재의 중심축에 대한 단면2차반경 r_y는 27.6mm, c_y는 24.6mm이다)

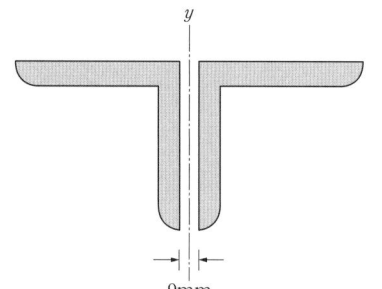

① 38.5mm
② 40.1mm
③ 52.2mm
④ 58.8mm

해설

조립압축재의 단면2차반경

y축에 대한 단면2차모멘트

$$I_y = \left[I_y + A \cdot \left(\frac{c}{2}\right)^2\right] \times 2개 = 2I_y + 2A \cdot \left(\frac{c}{2}\right)^2$$

y축 단면에 대한 단면2차반경

$$r_y = \sqrt{\frac{\Sigma I_y}{\Sigma A}} = \sqrt{\frac{2I_y + 2A\cdot\left(\frac{c}{2}\right)^2}{2A}} = \sqrt{(r_y)^2 + \left(\frac{c}{2}\right)^2}$$

$$\therefore r_y = \sqrt{(r_y)^2 + \left(\frac{c}{2}\right)^2} = \sqrt{(27.6)^2 + \left(\frac{2\times24.6+9}{2}\right)^2}$$

$\fallingdotseq 40.107\text{mm}$

53 ★★★

강도설계법에서 흙에 접하는 기둥의 최소 피복두께 기준으로 옳은 것은? (단, 프리스트레스하지 않는 부재의 현장치기 콘크리트로서 D25인 철근임)

① 20mm
② 30mm
③ 40mm
④ 50mm

해설

흙에 접하고 D25인 기둥의 최소 피복두께는 50mm이다.

합격 POINT

프리스트레스하지 않는 부재의 현장치기 콘크리트의 최소 피복두께

구분			현장치기 콘크리트 피복두께
수중			100mm
흙에 접하여 타설 후 영구히 흙에 묻혀 있는 콘크리트			75mm
흙에 접하거나 옥외의 공기에 직접 노출		D19 이상	50mm
		D16 이하의 철근, 지름 16 이하의 철선	40mm
옥외의 공기나 흙에 직접 접하지 않는 콘크리트	슬래브, 벽체, 장선	D35 초과	40mm
		D35 이하	20mm
	보, 기둥*		40mm
	쉘, 절판부재		20mm

* 보, 기둥의 경우 $f_{ck} \geq 40\text{MPa}$이면 10mm 저감 가능

54 ★★★

지진하중 설계 시 밑면전단력과 관계없는 것은?

① 유효건물중량
② 중요도계수
③ 지반증폭계수
④ 가스트계수

해설

가스트계수는 순간 최대풍속을 구할 때 평균풍속에 곱하는 계수를 말하는 것으로 지진하중 설계와는 관련이 없다.

합격 POINT 등가정적해석법 밑면전단력 산정식

$$V = C_s \cdot W = \frac{S_{D1}}{\left(\frac{R}{I_E}\right)\cdot T} \cdot W$$

여기서, C_s: 지진응답계수
W: 유효건물중량
S_{D1}: 주기 1초에서의 설계스펙트럼 가속도
R: 반응수정계수
I_E: 건물의 중요도계수
T: 건물의 고유주기

정답 51 ① 52 ② 53 ④ 54 ④

55

그루브용접부에서 A와 D 부위의 명칭으로 옳은 것은?

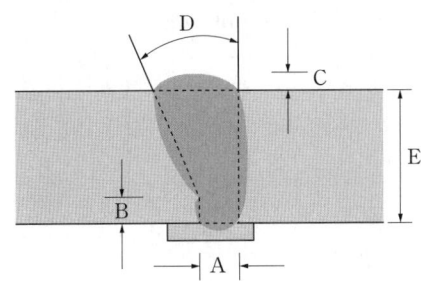

① A: 루트간격, D: 개선각
② A: 루트면, D: 유효목두께
③ A: 루트간격, D: 보강살높이
④ A: 루트면, D: 개선각

해설

그루부용접부의 각 명칭은 다음과 같다.

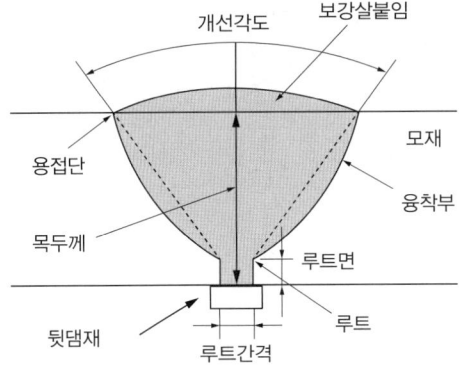

56

그림과 같은 단순보에서 중앙점의 처짐량이 2cm로 나타났다. 만일 보의 춤을 2배로 크게 하면 처짐량은 얼마로 되는가?

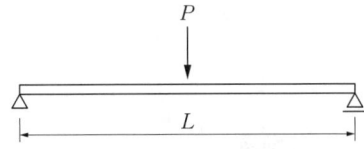

① 1cm ② 0.5cm
③ 0.25cm ④ 0.125cm

해설

단순보 중앙점 집중하중 시

처짐량 $\delta_{max} = \dfrac{PL^3}{48EI}$ 이다.

여기서, 단면2차모멘트 $I = \dfrac{bh^3}{12}$ 이므로

보의 춤(h)을 2배로 하면

처짐은 $\dfrac{1}{2^3} = \dfrac{1}{8}$ 배가 된다.

∴ $2\text{cm} \times \dfrac{1}{8} = 0.25\text{cm}$

합격 POINT 단순보의 처짐량

집중하중	등분포하중
$\dfrac{PL^3}{48EI}$	$\dfrac{5wL^4}{384EI}$

정답 55 ① 56 ③

57 ★★☆

다음과 같은 구조물의 판별로 옳은 것은? (단, 그림의 하부 지점은 고정단임)

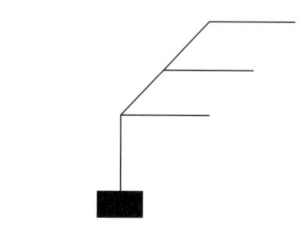

① 불안정 ② 정정
③ 1차 부정정 ④ 2차 부정정

해설

$N=r+m+f-2j$ 공식 이용

여기서, r: 지점반력수, m: 부재수, f: 강절점수, j: 지점수+자유단 지점수

∴ $N=3+6+5-2\times7=0$이므로 정정구조물이다.

58 ★☆☆

그림과 같은 구조물에 작용되는 4개의 힘이 평형을 이룰때 F의 크기 및 거리 x는?

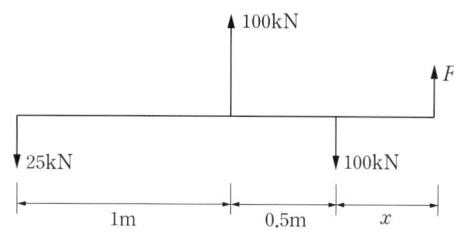

① $F=25$kN, $x=1$m
② $F=50$kN, $x=1$m
③ $F=25$kN, $x=0.5$m
④ $F=50$kN, $x=0.5$m

해설

힘의 평형조건: $\sum H=0$, $\sum V=0$, $\sum M=0$

$\sum H=0$: 수평력이 작용하지 않으므로 검토할 필요가 없다.

$\sum V=0: -(25)+(100)-(100)+F=0$

∴ $F=+25$kN(↑)

100kN 하향 하중 작용점에서 $\sum M=0$을 적용하면

$\sum M=-(25)(1.5)+(100)(0.5)-(F)(x)=0$

∴ $x=0.5$m

59 ★★☆

그림과 같은 T형보(G1)의 유효폭 B의 값은? (단, 슬래브 두께는 120mm, 보의 폭은 300mm)

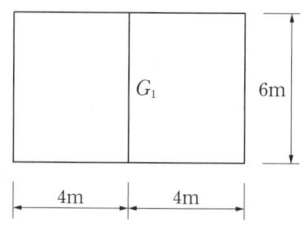

① 150cm ② 192cm
③ 222cm ④ 400cm

해설

T형보의 유효폭은 다음 중 최소값으로 정한다.

1. $16t_f+b_w=16(12)+30=222$cm
2. 양측 슬래브 중심거리 $=\dfrac{400}{2}+\dfrac{400}{2}=400$cm
3. $\dfrac{1}{4}\times$(보 스팬)$=\dfrac{1}{4}\times600=150$cm

따라서, T형보의 유효폭은 150cm이다.

60 ★★☆

말뚝머리지름이 400mm인 기성 콘크리트 말뚝을 시공할 때 그 중심간격으로 가장 적당한 것은?

① 750mm ② 800mm
③ 900mm ④ 1,000mm

해설

기성 콘크리트 말뚝의 최소간격은 $2.5D$ 이상 또한 750mm 이상이다.

∴ $2.5\times400=1,000$mm

합격 POINT 말뚝의 최소간격 산정

※ D: 말뚝머리 지름

종류	최소간격
나무말뚝	$2.5D$, 600mm 이상
기성 콘크리트 말뚝	$2.5D$, 750mm 이상
강재말뚝	$2.0D$, 750mm 이상
현장타설 콘크리트 말뚝	$2.0D$, $D+1,000$mm 이상

정답 57 ② 58 ③ 59 ① 60 ④

제4과목 건축설비

61 ★★★

엘리베이터 카(Car)가 최상층이나 최하층에서 정상운행위치를 벗어나 그 이상으로 운행하는 것을 방지하기 위해 설치하는 전기적 안전장치는?

① 조속기
② 가이드 레일
③ 전자 브레이크
④ 최종 리밋 스위치

해설
리밋 스위치는 카가 정상 운행위치를 벗어나 그 이상으로 운행하는 것을 방지하도록 승강로에 설치된 스위치이다.
조속기는 카와 같은 속도로 움직이는 조속기 로프에 의하여 회전되어 항상 카의 속도를 검출하는 안전장치이다.

62 ★★☆

다음과 같은 특징을 갖는 배선공사는?

- 열적영향이나 기계적 외상을 받기 쉽다.
- 관 자체가 절연체이므로 감전의 우려가 없다.
- 옥내의 점검할 수 없는 은폐 장소에도 사용이 가능하다.

① 금속관 공사
② 버스덕트 공사
③ 경질비닐관 공사
④ 라이팅덕트 공사

해설
경질비닐관 공사는 절연성과 내식성(부식을 잘 견디는 성질)이 강하지만, 열이나 기계적 충격, 중량물 압력 등의 외력에 약하다.

63

기준 개정으로 인해 문제가 성립하지 않으므로 삭제

64 ★★★

전양정이 24m, 양수량이 13.8m³/h, 효율이 60%일 때 이 펌프의 축동력은?

① 약 0.5kW
② 약 1.0kW
③ 약 1.5kW
④ 약 3.0kW

해설
펌프의 축동력 $= \dfrac{W \cdot Q \cdot H}{6{,}120E}$

$= \dfrac{1{,}000\text{kg/m}^3 \times 0.23\text{m}^3/\text{min} \times 24\text{m}}{6{,}120 \times 0.6}$

$≒ 1.503 ≒ 1.5\text{kW}$

W: 물의 단위용적중량(=1,000kg/m³), Q: 양수량(m³/min),
H: 펌프의 전양정(m), E: 펌프효율(%)
※ 13.8m³/h=13.8m³/60min=0.23m³/min, 1kW=6,120kg·m/min

65 ★★☆

주철제 보일러에 관한 설명으로 옳지 않은 것은?

① 재질이 약하여 고압으로는 사용이 곤란하다.
② 섹션(Section)으로 분할되므로 반입이 용이하다.
③ 재질이 주철이므로 내식성이 약하여 수명이 짧다.
④ 규모가 비교적 작은 건물의 난방용으로 사용된다.

해설
주철제 보일러는 내식성이 우수하여 수명이 길다.

합격 POINT ▶ 주철제 보일러의 특징
- 내식성이 우수하여 수명이 길다.
- 취급이 간편하고 분할 반입이 용이하다.
- 섹션을 니플, 볼트로 연결·조립하는 방식으로 섹션의 증감에 의하여 보일러의 능력변경이 가능하다.
- 내압력이 낮아 중·소규모 건축의 난방·급탕용, 증기보일러, 온수보일러로서 널리 사용된다.

정답 61 ④ 62 ③ 64 ③ 65 ③

66 ★☆☆

베르누이(Bernoulli)의 정리를 가장 올바르게 표현한 것은?

① 유체가 갖고 있는 운동에너지는 흐름 내 어디에서나 일정하다.
② 유체가 갖고 있는 운동에너지와 중력에 의한 위치 에너지의 총합은 흐름 내 어디에서나 일정하다.
③ 유체가 갖고 있는 운동에너지, 중력에 의한 위치 에너지의 총합은 흐름 내 어디에서나 압력에너지와 같다.
④ 유체가 갖고 있는 운동에너지, 중력에 의한 위치 에너지 및 압력에너지의 총합은 흐름 내 어디에서나 일정하다.

해설

베르누이의 정리
운동하고 있는 유체의 역학적 총에너지, 즉 유체의 압력에 의한 에너지와 임의의 수평면에 대한 중력에 의한 위치에너지 그리고 유체의 운동에너지의 총합은 일정하다(단, 점성이 없는 비압축성 유체의 정상 흐름).

67 ★★★

공기조화방식 중 팬코일유닛방식에 관한 설명으로 옳지 않은 것은?

① 전수방식에 속한다.
② 덕트 샤프트와 스페이스가 반드시 필요하다.
③ 각 실에 수배관으로 인한 누수의 우려가 있다.
④ 각 실의 유닛은 수동으로도 제어할 수 있고, 개별제어가 쉽다.

해설

팬코일유닛방식은 전수방식이므로 덕트 샤프트와 스페이스가 필요 없다.

합격 POINT 팬코일유닛방식의 장단점

장점	• 공기의 공급을 할 수 없어서 덕트 불필요 • 실내 각 유닛마다 개별제어 용이 • 장래의 부하변동에 대응하기 쉬움 • 동력비가 적게 듦
단점	• 송풍량이 적어 고성능 필터 사용 어려움 • 각 실에 수배관으로 인한 누수의 우려 있음 • 유닛은 개구부 아래에 설치해야 하므로 실의 이용률이 적음 • 고가의 설비비와 보수 관리비 • 고도의 공기 처리 불가능 • 외기량 부족으로 실내공기 오염이 심함

68 ★★★

온수난방에 관한 설명으로 옳지 않은 것은?

① 증기난방에 비하여 예열시간이 짧다.
② 온수의 현열을 이용하여 난방하는 방식이다.
③ 한랭지에서 운전 정지 중에 동결의 우려가 있다.
④ 온수의 순환방식에 따라 중력식과 강제식으로 구분할 수 있다.

해설

온수난방은 증기난방에 비하여 예열시간이 길다.

합격 POINT 온수난방의 장단점

장점	• 난방부하의 변동에 따른 온도조절이 용이함 • 방열기 표면온도가 낮아 화상을 입을 우려가 없음 • 보일러 취급이 용이함 • 증기난방에 비해 관의 부식이 적음 • 스팀해머(Steam hammer)가 생기지 않아 소음이 없음
단점	• 증기난방에 비해 방열면적이 크므로 설비비가 고가 • 공기의 정체에 의한 순환 저해의 가능성 있음 • 예열시간이 긺 • 한랭 시 난방을 정지하는 경우 동결 우려 • 온수 순환 시간이 긺

69 ★★★

급탕설비에 관한 설명으로 옳지 않은 것은?

① 냉수, 온수를 혼합 사용해도 압력차에 의한 온도 변화가 없도록 한다.
② 배관은 적정한 압력손실 상태에서 피크 시를 충족시킬 수 있어야 한다.
③ 도피관에는 압력을 도피시킬 수 있도록 밸브를 설치하고 배수는 직접배수로 한다.
④ 밀폐형 급탕시스템에는 온도상승에 의한 압력을 도피시킬 수 있는 팽창탱크 등의 장치를 설치한다.

해설

도피관(팽창관)에는 밸브를 설치하지 않으며, 팽창탱크의 배수는 간접배수로 한다.
도피관은 급탕계통 내 부피팽창을 방지하고, 배관 내의 공기, 증기를 배출시키는 관이다.

정답 66 ④ 67 ② 68 ① 69 ③

70 ★★★

주위온도가 일정온도 이상으로 되면 동작하는 자동화재탐지설비의 감지기는?

① 이온화식 감지기
② 차동식 스폿 감지기
③ 정온식 스폿 감지기
④ 광전식 스폿 감지기

해설

정온식 감지기는 주위 온도가 일정온도 이상으로 되면 동작하는 자동화재탐지설비 감지기로, 보일러실·주방과 같이 다량의 열을 취급하는 곳에 설치한다.

선지분석

① 이온화식 감지기: 연기 입자로 인해 이온 전류가 변화하는 것을 이용하여 감지
② 차동식 감지기: 온도상승률 감지
④ 광전식 감지기: 연기 입자로 광전 소자에 대한 입사광량이 변화하는 것을 이용하여 감지

71 ★★★

다음 설명에 알맞은 전동기는?

- 구조와 취급이 간단하고 기계적으로 견고하다.
- 가격이 비교적 싸고 운전이 대체로 쉽다.
- 건축설비에서 가장 널리 사용되고 있다.

① 유도전동기
② 동기전동기
③ 직류전동기
④ 정류자전동기

해설

유도전동기는 취급이 매우 간단하고 기계적으로도 견고하며 가격이 저렴한 것이 특징으로 건축설비에서 널리 사용된다.

72 ★☆☆

고가수조 급수방식에서 물 공급 순서로 옳은 것은?

① 상수도 → 저수조 → 펌프 → 고가수조 → 위생기구
② 상수도 → 고가수조 → 펌프 → 저수조 → 위생기구
③ 상수도 → 고가수조 → 저수조 → 펌프 → 위생기구
④ 상수도 → 저수조 → 고가수조 → 펌프 → 위생기구

해설

고가수조 급수방식의 물 공급 순서
상수도 → 저수조 → 펌프 → 고가수조 → 위생기구

73 ★★★

습공기의 상태변화에 관한 설명으로 옳지 않은 것은?

① 가열하면 엔탈피는 증가한다.
② 냉각하면 비체적은 감소한다.
③ 가열하면 절대습도는 증가한다.
④ 냉각하면 습구온도는 감소한다.

해설

절대습도는 습공기를 구성하고 있는 건조공기 1kg당의 수증기량을 말하며 공기를 가열하거나 냉각하여도 변함이 없다.

합격 POINT 습공기 가열·냉각 시 상태변화

습공기	상태변화
가열	엔탈피 증가, 비체적 증가, 상대습도 감소
냉각	엔탈피 감소, 비체적 감소, 상대습도 증가

※ 절대습도는 가열하거나 냉각하여도 일정하다.

74 ★★★

흡음 및 차음에 관한 설명으로 옳지 않은 것은?

① 벽의 차음성능은 투과손실이 클수록 높다.
② 차음성능이 높은 재료는 흡음성능도 높다.
③ 벽의 차음성능은 사용재료의 면밀도에 크게 영향을 받는다.
④ 벽의 차음성능은 동일 재료에서도 두께와 시공법에 따라 다르다.

해설

차음성능이 높은 재료는 대부분 흡음성능이 낮고, 차음성능이 낮은 재료는 대부분 흡음성능이 높다.

75 ★★★

어느 점광원에서 1m 떨어진 곳의 직각면 조도가 200lx일 때, 이 광원에서 2m 떨어진 곳의 직각면 조도는?

① 25lx
② 50lx
③ 100lx
④ 200lx

해설

$$E = \frac{I}{d^2}$$

E: 조도(lx), I: 광도(cd), d: 거리(m)
조도(E)는 거리(d)의 제곱에 반비례한다.

따라서, 거리가 2배가 되면 조도는 $\frac{1}{2^2}\left(=\frac{1}{4}\right)$배가 되므로

$200\text{lx} \times \frac{1}{4} = 50\text{lx}$이다.

정답 70 ③ 71 ① 72 ① 73 ③ 74 ② 75 ②

76 ★★☆
다음의 옥내소화전 설비에 관한 설명 중 ( ) 안에 알맞은 것은?

> 옥내소화전 방수구는 특정소방대상물의 층마다 설치하되, 해당 특정소방대상물의 각 부분으로부터 하나의 옥내소화전 방수구까지의 수평거리가 ( )m 이하가 되도록 할 것

① 25 ② 30
③ 35 ④ 40

해설
특정소방대상물의 각 부분으로부터 하나의 옥내소화전 방수구까지의 수평거리는 25m 이하가 되도록 한다.

77 ★☆☆
배수수직관 내의 압력변화를 방지 또는 완화하기위해 배수수직관으로부터 분기·입상하여 통기수직관에 접속하는 도피통기관은?

① 각개통기관 ② 신정통기관
③ 결합통기관 ④ 루프통기관

해설
결합통기관은 오배수수직관 내의 압력변동을 방지하기 위하여 오배수수직관 상향으로 통기수직관에 연결하는 통기관이다.

선지분석
① 각개통기관: 각 위생기구마다 통기관을 세우는 방식이다.
② 신정통기관: 관경을 줄이지 않고 배수수직주관 끝을 옥상으로 연장하여 통기관으로 사용한다.
④ 루프통기관: 최상류 위생기구의 기구배수관이 배수수평지관과 연결되는 바로 하류의 수평지관에 접속시켜 통기수직관 또는 신정통기관으로 연결하는 통기관이다.

78 ★☆☆
비상콘센트설비에 관한 설명으로 옳지 않은 것은?

① 층수가 6층 이상인 특정소방대상물의 전층에 설치하여야 한다.
② 전원회로는 각층에 있어서 2 이상이 되도록 설치하는 것을 원칙으로 한다.
③ 비상콘센트는 바닥으로부터 높이 0.8m 이상 1.5m 이하의 위치에 설치한다.
④ 소방시설 중 화재를 진압하거나 인명구조활동을 위하여 사용하는 소화활동설비에 속한다.

해설
층수가 11층 이상인 특정소방대상물의 경우 11층 이상의 층에 비상콘센트설비를 설치하여야 한다.

79 ★★★
에스컬레이터에 관한 설명으로 옳지 않은 것은?

① 수송량에 비해 점유면적이 작다.
② 수송능력이 엘리베이터보다 작다.
③ 대기시간이 없고 연속적인 수송설비이다.
④ 연속 운전되므로 전원설비에 부담이 적다.

해설
에스컬레이터의 수송능력은 엘리베이터의 10배 이상 크며, 연속 운행으로써 짧은 거리의 다량 수송용으로 적당하다.

80 ★☆☆
공기조화설비에서 사용되는 고속덕트에 관한 설명으로 옳은 것은?

① 소음 및 진동이 발생하지 않는다.
② 공기혼합상자를 설치하여야 한다.
③ 덕트 설치공간을 작게 할 수 있다.
④ 공장이나 창고에는 적용할 수 없다.

해설
덕트 설치공간을 작게 할 수 있으므로 고속덕트를 사용하면 덕트 공간을 줄일 수 있다. 하지만 고속으로 인한 소음, 진동 등이 발생한다.

제5과목 건축관계법규

81 ★★★
건축법령상 제2종 근린생활시설에 속하는 것은?

① 도서관 ② 미술관
③ 한의원 ④ 일반음식점

선지분석
① 도서관은 교육연구시설에 속한다.
② 미술관은 문화 및 집회시설에 속한다.
③ 한의원은 제1종 근린생활시설

정답 76 ① 77 ③ 78 ① 79 ② 80 ③ 81 ④

82 ★★★

문화 및 집회시설 중 공연장의 개별 관람실의 출구를 다음과 같이 설치하였을 경우, 옳지 않은 것은? (단, 개별 관람실의 바닥면적이 800m²인 경우)

① 출구는 모두 바깥여닫이로 하였다.
② 관람실별로 2개소 이상 설치하였다.
③ 각 출구의 유효너비를 1.6m로 하였다.
④ 각 출구의 유효너비의 합계를 4.5m로 하였다.

해설
개별 관람실 출구의 유효너비의 합계는 개별 관람실의 바닥면적 100m²마다 0.6m의 비율로 산정한 너비 이상으로 해야 한다. 바닥면적이 800m²이므로 각 출구의 유효너비의 합은 8×0.6=4.8m 이상이 되어야 한다.

선지분석
① 출구로 쓰이는 문은 안여닫이로 해서는 안 된다.
② 출구는 관람실별로 2개소 이상 설치해야 한다.
③ 각 출구의 유효너비는 1.5m 이상으로 해야 한다.

83 ★★☆

전용주거지역이나 일반주거지역에서 건축물을 건축하는 경우, 건축물의 높이 10m 이하인 부분은 정북(正北)방향으로의 인접대지경계선으로부터 최소 얼마 이상 띄어 건축하여야 하는가?

① 1m　　② 1.5m
③ 2m　　④ 3m

해설
전용주거지역이나 일반주거지역에서 건축물을 건축하는 경우에는 건축물의 각 부분을 정북방향으로의 인접 대지경계선으로부터 다음의 거리 이상을 띄어 건축하여야 한다.
- 높이 10m 이하인 부분: 인접 대지경계선으로부터 1.5m 이상
- 높이 10m를 초과하는 부분: 인접 대지경계선으로부터 해당 건축물 각 부분 높이의 2분의 1 이상

84 ★★☆

다음은 건축법령상 지하층의 정의 내용이다. ( ) 안에 알맞은 것은?

> "지하층"이란 건축물의 바닥이 지표면 아래에 있는 층으로서 바닥에서 지표면까지 평균높이가 해당 층 높이의 ( ) 이상인 것을 말한다.

① 2분의 1　　② 3분의 1
③ 3분의 2　　④ 4분의 1

해설
"지하층"이란 건축물의 바닥이 지표면 아래에 있는 층으로서 바닥에서 지표면까지 평균높이가 해당 층 높이의 2분의 1 이상인 것을 말한다.

85 ★☆☆

그림과 같은 거실의 평균 반자높이는? (단, 단위는 m)

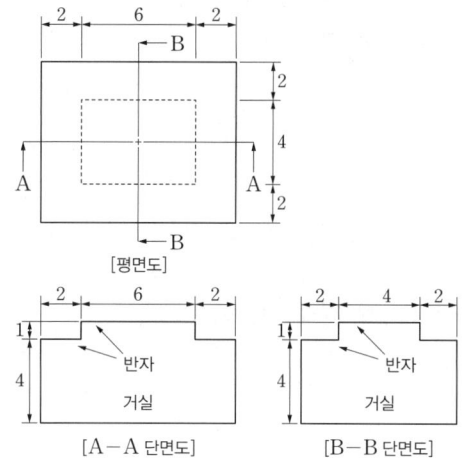

① 4.3m　　② 4.6m
③ 4.9m　　④ 5.2m

해설

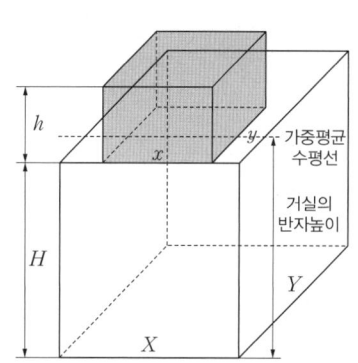

고저차가 있는 실의 가중평균 반자높이
$$= \frac{(X \times Y \times H) + (x \times y \times h)}{X \times Y}$$
$$= \frac{(10 \times 8 \times 4) + (6 \times 4 \times 1)}{10 \times 8} = 4.3m$$

합격 POINT 반자높이

반자높이는 방의 바닥면으로부터 반자까지의 높이로 한다. 다만, 한 방에서 반자높이가 다른 부분이 있는 경우에는 그 각 부분의 반자면적에 따라 가중평균한 높이로 한다.

86 ★★☆

건축물의 대지는 원칙적으로 최소 얼마 이상이 도로에 접하여야 하는가? (단, 자동차만의 통행에 사용되는 도로는 제외)

① 1m　　② 2m
③ 3m　　④ 4m

해설
건축물의 대지는 2m 이상이 도로에 접하여야 한다.(자동차만의 통행에 사용되는 도로는 제외)

정답 82 ④　83 ②　84 ①　85 ①　86 ②

87 ★☆☆

주차법령상 다음과 같이 정의되는 주차장의 종류는?

> 도로의 노면 또는 교통광장(교차점 광장만 해당)의 일정한 구역에 설치된 주차장으로서 일반(一般)의 이용에 제공되는 것

① 노외주차장 ② 노상주차장
③ 부설주차장 ④ 기계식주차장

해설

노상주차장이란 도로의 노면 또는 교통광장의 일정한 구역에 설치된 주차장으로서 일반의 이용에 제공되는 것을 의미한다.

선지분석

① 노외주차장: 도로의 노면 및 교통광장 외의 장소에 설치된 주차장으로서 일반의 이용에 제공되는 것
③ 부설주차장: 건축물, 골프연습장, 그 밖에 주차수요를 유발하는 시설에 부대하여 설치된 주차장으로서 해당 건축물·시설의 이용자 또는 일반의 이용에 제공되는 것
④ 기계식주차장: 기계식주차장치를 설치한 노외주차장 및 부설주차장

88 ★★★

주거지역의 세분 중 중층주택을 중심으로 편리한 주거환경을 조성하기 위하여 필요한 지역은?

① 제1종 일반주거지역 ② 제2종 일반주거지역
③ 제1종 전용주거지역 ④ 제2종 전용주거지역

해설

중층주택을 중심으로 편리한 주거환경을 조성하기 위하여 필요한 지역은 제2종 일반주거지역이다.

선지분석

① 제1종 일반주거지역: 저층주택을 중심으로 편리한 주거환경을 조성하기 위하여 필요한 지역
③ 제1종 전용주거지역: 단독주택 중심의 양호한 주거환경을 보호하기 위하여 필요한 지역
④ 제2종 전용주거지역: 공동주택 중심의 양호한 주거환경을 보호하기 위하여 필요한 지역

89 ★★☆

국토의 계획 및 이용에 관한 법령에 따른 용도지구에 속하지 않는 것은?

① 경관지구 ② 취락지구
③ 시설용지지구 ④ 개발진흥지구

해설

도시·군관리계획결정에 의해 용도지구는 경관지구, 방재지구, 보호지구, 취락지구, 개발진흥지구로 나누어진다.

90 ★★★

시설면적이 9,000m²인 종합병원에 설치하여야 하는 부설주차장의 최소 주차대수는?

① 45대 ② 60대
③ 90대 ④ 100대

해설

의료시설(정신병원, 요양병원, 격리병원 제외)에는 시설면적 150m²당 1대(시설면적/150m²)의 부설주차장을 설치해야 한다.
따라서 시설면적이 9,000m²인 종합병원에는 최소 60대의 부설주차장이 설치되어야 한다.

91 ★☆☆

다음 중 기계식 주차장의 세분에 속하지 않는 것은?

① 지하식 ② 지평식
③ 건축물식 ④ 공작물식

해설

- 자주식 주차장: 지하식·지평식 또는 건축물식(공작물식 포함)
- 기계식 주차장: 지하식·건축물식(공작물식 포함)

92 ★★☆

건축법령상 건축을 하는 경우 조경 등의 조치를 하지 아니할 수 있는 건축물 기준으로 옳지 않은 것은? (단, 면적이 200m² 이상인 대지에 건축을 하는 경우)

① 축사
② 녹지지역에 건축하는 건축물
③ 연면적의 합계가 2,000m² 미만인 공장
④ 면적 5,000m² 미만인 대지에 건축하는 공장

해설

연면적의 합계가 1,500m² 미만인 공장 또는 면적 5,000m² 미만인 대지에 건축하는 공장에는 조경 등의 조치를 하지 아니할 수 있다.

정답 87 ② 88 ② 89 ③ 90 ② 91 ② 92 ③

93 ★☆☆

국토의 계획 및 이용에 관한 법령상 일반상업지역에서 건축할 수 있는 건축물은?

① 묘지 관련 시설
② 자원순환 관련 시설
③ 의료시설 중 요양병원
④ 자동차 관련 시설 중 폐차장

해설
요양병원은 일반상업지역 안에서 건축할 수 있다.

선지분석
① 묘지 관련 시설(화장시설, 봉안당, 묘지와 자연장지에 부수되는 건축물, 동물화장시설, 동물건조장 시설 및 동물 전용의 납골시설)은 건축이 불가하다.
② 자원순환 관련 시설(하수 등 처리시설, 고물상, 폐기물재활용시설, 폐기물처분시설, 폐기물감량화시설)은 건축이 불가하다.
④ 자동차 관련 시설 중 폐차장, 검사장, 매매장, 정비공장, 운전학원, 정비학원, 차고, 주기장은 건축이 불가하다.

94 ★★☆

건축허가신청에 필요한 기본설계도서 중 건축계획서에 표시하여야 할 사항으로 옳지 않은 것은?

① 주차장 규모
② 공개공지 및 조경계획
③ 건축물의 용도별 면적
④ 지역·지구 및 도시계획사항

해설
건축계획서에 표시하여야 할 사항은 다음과 같다.
1. 개요(위치·대지면적 등)
2. 지역·지구 및 도시계획사항
3. 건축물의 규모(건축면적·연면적·높이·층수 등)
4. 건축물의 용도별 면적
5. 주차장 규모
6. 에너지절약계획서(해당건축물에 한함)
7. 노인 및 장애인 등을 위한 편의시설 설치계획서(설치의무가 있는 경우에 한함)

95 ★☆☆

건축법령상 다음과 같이 정의되는 용어는?

> 건축물의 건축·대수선·용도변경, 건축설비의 설치 또는 공작물의 축조에 관한 공사를 발주하거나 현장 관리인을 두어 스스로 그 공사를 하는 자

① 건축주
② 건축사
③ 설계자
④ 공사시공자

해설
건축주란 건축물의 건축·대수선·용도변경, 건축설비의 설치 또는 공작물의 축조에 관한 공사를 발주하거나 현장 관리인을 두어 스스로 그 공사를 하는 자를 말한다.

96 ★☆☆

국토교통부장관이 정한 범죄예방 기준에 따라 건축 하여야 하는 대상 건축물에 속하지 않는 것은?

① 수련시설
② 단독주택 중 다중주택
③ 업무시설 중 오피스텔
④ 숙박시설 중 다중생활시설

해설
국토교통부장관은 범죄를 예방하고 안전한 생활환경을 조성하기 위하여 건축물, 건축설비 및 대지에 관한 범죄예방 기준을 정하여 고시할 수 있으며, 범죄예방 기준을 적용하여야 하는 건축물은 다음과 같다.

> 다가구주택, 아파트, 연립주택 및 다세대주택, 제1종 근린생활시설 중 일용품을 판매하는 소매점, 제2종 근린생활시설 중 다중생활시설, 문화 및 집회시설(동·식물원은 제외), 교육연구시설(연구소 및 도서관은 제외), 노유자시설, 수련시설, 업무시설 중 오피스텔, 숙박시설 중 다중생활시설

정답 93 ③ 94 ② 95 ① 96 ②

97 ★★☆

너비 8m 미만인 도로의 모퉁이에 위치한 대지의 도로 모퉁이 부분의 건축선은 그 대지에 접한 도로경계선의 교차점으로부터 도로경계선에 따라 다음의 표에 따른 거리를 각각 후퇴한 두 점을 연결한 선으로 한다. ( ) 안의 숫자로 옳은 것은? (단, 도로의 교차각 90° 미만인 경우)

해당 도로의 너비	교차되는 도로의 너비
6m 이상 8m 미만	
(㉠)m	6m 이상 8m 미만
(㉡)m	4m 이상 6m 미만

① ㉠ 2, ㉡ 2
② ㉠ 3, ㉡ 2
③ ㉠ 3, ㉡ 3
④ ㉠ 4, ㉡ 3

해설

(단위: 미터)

도로의 교차각	해당 도로의 너비		교차되는 도로의 너비
	6 이상 8 미만	4 이상 6 미만	
90° 미만	4	3	6 이상 8 미만
	3	2	4 이상 6 미만
90° 이상 120° 미만	3	2	6 이상 8 미만
	2	2	4 이상 6 미만

98 ★★☆

건축물의 내부에 설치하는 피난계단의 구조에 관한 기준 내용으로 옳지 않은 것은?

① 계단은 내화구조로 하고 피난층 또는 지상까지 직접 연결되도록 할 것
② 계단실의 실내에 접하는 부분의 마감은 불연재료 또는 준불연재료로 할 것
③ 건축물의 내부에서 계단실로 통하는 출입구의 유효 너비는 0.9m 이상으로 할 것
④ 계단실은 창문·출입구 기타 개구부를 제외한 당해 건축물의 다른 부분과 내화구조의 벽으로 구획할 것

해설

계단실의 실내에 접하는 부분의 마감은 불연재료로 해야 한다.

99 ★★★

국토의 계획 및 이용에 관한 법령상 다음과 같이 정의되는 용어는?

> 개발로 인하여 기반시설이 부족할 것으로 예상되나 기반시설을 설치하기 곤란한 지역을 대상으로 건폐율이나 용적률을 강화하여 적용하기 위하여 지정하는 구역

① 시가화조정구역
② 개발밀도관리구역
③ 기반시설부담구역
④ 지구단위계획구역

해설

개발밀도관리구역이란 개발로 인하여 기반시설이 부족할 것으로 예상되나 기반시설을 설치하기 곤란한 지역을 대상으로 건폐율이나 용적률을 강화하여 적용하기 위하여 지정하는 구역을 말한다.

100 ★☆☆

다음은 건축물의 사용승인에 관한 기준 내용이다. ( ) 안에 알맞은 것은?

> 건축주가 허가를 받았거나 신고를 한 건축물의 건축공사를 완료한 후 그 건축물을 사용하려면 공사감리자가 작성한 (㉠)와 (㉡) 등 국토교통부령으로 정하는 서류를 첨부하여 허가권자에게 사용승인을 신청하여야 한다.

① ㉠ 설계도서, ㉡ 시방서
② ㉠ 시방서, ㉡ 설계도서
③ ㉠ 감리완료보고서, ㉡ 공사완료도서
④ ㉠ 공사완료도서, ㉡ 감리완료보고서

해설

건축주가 허가를 받았거나 신고를 한 건축물의 건축공사를 완료한 후 그 건축물을 사용하려면 공사감리자가 작성한 감리완료보고서와 공사완료도서 등 국토교통부령으로 정하는 서류를 첨부하여 허가권자에게 사용승인을 신청하여야 한다.

정답 97 ④ 98 ② 99 ② 100 ③

2016년 | 제2회 기출문제

제1과목 건축계획

01 ★★☆
래드번(Radburn) 계획에서 슈퍼블록을 구성함으로써 얻어질 수 있는 효과로 옳지 않은 것은?

① 충분한 공동의 오픈스페이스의 확보가 가능
② 건물을 집약화함으로써 고층화·효율화가 가능
③ 도로교통의 개선, 즉 보도와 차도의 완전 분리가 가능
④ 커뮤니티시설의 중심배치로 간선도로변의 활성화가 가능

해설
래드번 계획은 보행과 차도의 완전 분리와 슈퍼블록 내부 중심부의 커뮤니티 시설 배치가 원칙이며, 간선도로변의 활성화와는 관계없다.

합격 POINT 래드번 계획(슈퍼블록) 기본원리
- 통과교통 배제를 위한 슈퍼블록을 구성
- 4가지 기능의 도로
- 보도망의 형성 및 보도와 차도의 입체적 분리
- 쿨데삭형의 좁은 도로 구성
- 오픈 스페이스망 조성

02 ★★☆
고층밀집형 병원에 관한 설명으로 옳지 않은 것은?

① 병동에서 조망을 확보할 수 있다.
② 대지를 효과적으로 이용할 수 있다.
③ 각종 방재대책에 대한 비용이 높다.
④ 병원의 확장 등 성장변화에 대한 대응이 용이하다.

해설
확장 등 성장변화에 대한 대응이 용이한 것은 분관식 병원 건축의 특징이다.

합격 POINT 집중식(고층밀집형) 병원 건축의 특징
- 일조, 통풍 등의 조건이 불리
- 각 병실의 환경이 균일하지 않음
- 대지를 효과적으로 이용하지만 공조설비가 필요하여 설비비가 높음
- 관리가 용이하며, 대부분의 종합병원은 집중식 방식을 채용

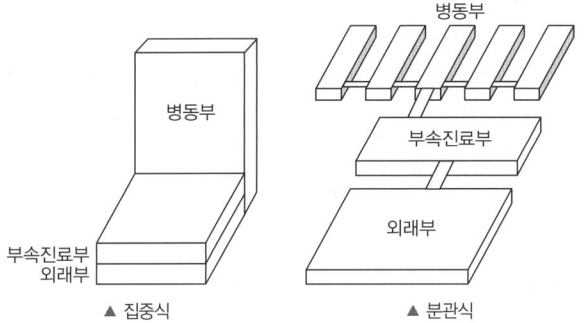

▲ 집중식   ▲ 분관식

03 ★★☆
주택의 부엌에서 작업과정을 고려한 작업대의 배치 순서로 가장 알맞은 것은?

① 레인지 → 싱크대 → 조리대 → 냉장고
② 조리대 → 싱크대 → 레인지 → 냉장고
③ 싱크대 → 냉장고 → 조리대 → 레인지
④ 냉장고 → 싱크대 → 조리대 → 레인지

해설
부엌의 작업 순서
냉장고 → 개수대(싱크대) → 조리대 → 레인지 → 배선대

04 ★★★
다음의 건축물 중 주심포식 건축양식에 속하지 않는 것은?

① 강릉 객사문   ② 석왕사 응진전
③ 봉정사 극락전   ④ 부석사 무량수전

해설
석왕사 응진전은 다포식 건축양식에 해당한다.

합격 POINT 대표적인 주심포 건축양식
- 봉정사 극락전
- 부석사 무량수전
- 부석사 조사당
- 수덕사 대웅전
- 강릉 객사문
- 정수사 법당
- 무위사 극락전
- 송광사 국사전

05 ★☆☆
엘리베이터 배치 시 고려사항으로 옳지 않은 것은?

① 대면배치 시 대면거리는 동일 군 관리의 경우는 3.5~4.5m로 한다.
② 엘리베이터 홀은 엘리베이터 정원 합계의 10% 정도를 수용할 수 있도록 한다.
③ 여러 대의 엘리베이터를 설치하는 경우, 그룹별 배치와 군 관리 운전방식으로 한다.
④ 일렬배치는 4대를 한도로 하고, 엘리베이터 중심간 거리는 8m 이하가 되도록 한다.

해설
엘리베이터 홀은 정원 합계의 50% 정도를 수용할 수 있어야 하며, 1인당 점유면적은 0.5~0.8m²로 계산한다.

정답 01 ④ 02 ④ 03 ④ 04 ② 05 ②

06 ★☆☆

전통 주거건축 중 부엌, 방, 대청, 방의 순으로 배열되는 일(一)자형 평면을 가진 민가형은?

① 남부 지방형
② 개성 지방형
③ 평안도 지방형
④ 함경도 지방형

해설
남부 지방형이 주로 일(一)자형 평면을 구성한다.

07 ★★☆

공장의 지붕형태에 관한 설명으로 옳은 것은?

① 솟을지붕은 채광 및 환기에 적합한 방법이다.
② 샤렌구조는 기둥이 많이 소요된다는 단점이 있다.
③ 뾰족지붕은 직사광선이 완전히 차단된다는 장점이 있다.
④ 톱날지붕은 남향으로 할 경우 하루 종일 변함없는 조도를 가진 약광선을 받아들일 수 있다.

해설
솟을지붕은 채광, 환기에 적합하다.

선지분석
② 샤렌구조는 기둥이 적게 소요된다.
③ 뾰족지붕은 직사광선을 어느 정도 허용한다.
④ 톱날지붕은 북향의 채광창으로 균일한 조도를 가진 약광선을 받아들일 수 있다.

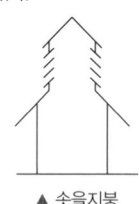
▲ 솟을지붕

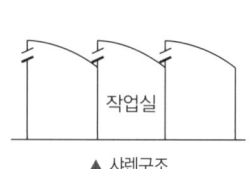
▲ 샤렌구조

▲ 뾰족지붕

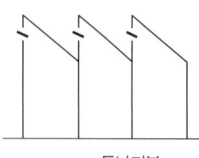
▲ 톱날지붕

08 ★☆☆

공동주택의 평면형식에 관한 설명으로 옳지 않은 것은?

① 집중형은 각 세대별 조망이 다르다.
② 중복도형은 독신자 아파트에 많이 이용된다.
③ 편복도형은 각 호의 통풍 및 채광이 양호하다.
④ 계단실형은 통행부 면적이 커서 대지의 이용률이 높다.

해설
계단실형(홀형)은 복도나 통행부의 면적이 작아서 대지(건물)의 이용률이 높다.

합격 POINT 계단실형(홀형)

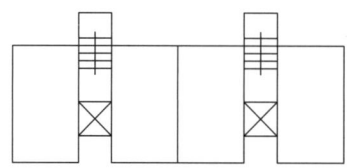

- 계단 또는 엘리베이터 홀로부터 직접 주거 단위로 들어가는 형식
- 세대 내 프라이버시가 가장 양호하며 채광 및 통풍 유리
- 복도나 통행부의 면적이 작아서 건물의 이용도가 높음
- 건물 이용도 및 전용면적비를 높일 수 있음
- 좁은 대지에서 집약형 주거 가능

09 ★★☆

쇼핑센터의 몰(Mall)에 관한 설명으로 옳은 것은?

① 전문점과 핵상점의 주출입구는 몰에 면하도록 한다.
② 쇼핑체류시간을 늘릴 수 있도록 방향성이 복잡하게 계획한다.
③ 몰은 고객의 통과동선으로서 부속시설과 서비스 기능의 출입이 이루어지는 곳이다.
④ 일반적으로 공기조화에 의해 쾌적한 실내기후를 유지할 수 있는 오픈 몰(Open Mall)이 선호된다.

해설
전문점과 핵상점의 주출입구는 몰에 면한다.

선지분석
② 몰에는 확실한 방향성과 식별성이 요구된다.
③ 몰은 고객의 주보행동선으로서 중심상점과 각 전문점에서의 출입이 이루어지는 곳이다.
④ 공기조화에 의해 쾌적한 실내기후를 유지할 수 있는 것은 클로즈드 몰(Closed Mall)이다.

정답 06 ① 07 ① 08 ④ 09 ①

10 ★★★
극장의 평면형 중 아레나(Arena)형에 관한 설명으로 옳은 것은?

① 투시도법을 무대공간에 응용한 형식이다.
② 무대의 장치나 소품은 주로 높은 가구로 구성된다.
③ 픽쳐 프레임 스테이지(Picture Frame Stage)라고도 한다.
④ 가까운 거리에서 관람하면서 가장 많은 관객을 수용할 수 있다.

해설
아레나형은 가까운 거리에서 관람이 가능하며, 가장 많은 관객을 수용할 수 있다.

선지분석
① 프로시니엄 스테이지에 대한 설명이다.
② 아레나형은 주로 낮은 가구로 구성된다.
③ 프로시니엄 스테이지에 대한 설명이다.

11 ★☆☆
극장의 객석 계획에 관한 설명 중 옳지 않은 것은?

① 객석의 세로통로는 무대를 중심으로 하는 방사선상이 좋다.
② 연극 등을 감상하는 경우 연기자의 표정을 읽을 수 있는 가시한계는 15m 정도이다.
③ 객석은 무대의 중심 또는 스크린의 중심을 중심으로 하는 원호의 배열이 이상적이다.
④ 좌석을 엇갈리게 배열(Stagger Seats)하는 방법은 객석의 바닥구배가 완만할 경우에는 사용할 수 없으며 통로 폭이 좁아지는 단점이 있다.

해설
객석의 바닥구배가 완만할 경우 좌석을 엇갈리게 배열하면 좌석 바로 앞줄에 앉은 사람의 머리가 시야를 방해하지 않도록 할 수 있다.

12 ★☆☆
국지도로의 유형 중 쿨데삭(Cul-de-sac)형에 관한 설명으로 옳은 것은?

① 통과교통이 다수 발생한다.
② 우회도로가 있어 방재, 방범상 유리하다.
③ 도로의 최대 길이는 30m 이하이어야 한다.
④ 주택 배면에 보행자전용도로가 설치되어야 효과적이다.

해설
쿨데삭은 막다른 주택지 도로로 차량과 보행자 분리가 가능하다.

선지분석
① 통과교통이 방지된다.
② 우회도로가 없기 때문에 방재, 방범상 불리하다.
③ 쿨데삭의 적정 길이는 120~300m이다.

합격 POINT 쿨데삭(Cul-de-Sac)
- 막다른 주택지 도로로, 통과교통을 피하여 주거환경의 쾌적성과 안전성 확보가 용이하다.
- 차량과 보행자를 분리할 수 있다.
- 쿨데삭의 적정길이는 120~300m까지를 최대로 제안한다.
- 우회도로가 없기 때문에 방재·방범상으로는 불리하다.
- 루프(Loop)형은 우회도로가 없는 쿨데삭형의 결점을 개량한 패턴으로 도로율이 높아지는 단점이 있다.

13 ★☆☆
상점 내에서 조명에 의한 반사 글레어를 방지하기 위한 대책으로 옳지 않은 것은?

① 젖빛 유리구를 사용한다.
② 간접조명방식을 채택한다.
③ 광도가 낮은 배광기구를 이용한다.
④ 평활하고 광택이 있는 반사면을 사용한다.

해설
평활하고 광택이 있는 반사면은 반사 글레어 방지를 위한 대책에 해당하지 않는다.

합격 POINT 상점 내 조명에 의한 반사 글레어 방지 대책
1. 직접조명 보다는 간접조명 방식을 채택
2. 글레어 방지형 조명기구 사용
3. 광도가 낮은 배광기구를 사용
4. 휘도가 낮은 광원을 사용

정답 10 ④ 11 ④ 12 ④ 13 ④

14 ★★★
미술관 전시공간의 순회형식 중 갤러리 및 코리더 형식에 관한 설명으로 옳은 것은?

① 복도의 일부를 전시장으로 사용할 수 있다.
② 전시실 중 하나의 실을 폐쇄하면 동선이 단절된다는 단점이 있다.
③ 중앙에 커다란 홀을 계획하고 그 홀에 접하여 전시실을 배치한 형식이다.
④ 이 형식을 채용한 대표적인 건축물로는 뉴욕 근대 미술관과 프랭크 로이드 라이트의 구겐하임 미술관이 있다.

해설
갤러리 및 코리더 형식은 복도 자체도 전시공간으로 이용이 가능하다.

선지분석
② 연속순회형식에 대한 설명이다.
③ 중앙홀형식에 대한 설명이다.
④ 뉴욕 근대 미술관과 구겐하임 미술관은 중앙홀형식에 해당한다.

15 ★★☆
다음 중 초등학교 저학년에 대해 가장 권장할만한 학교 운영 방식은?

① 달톤형 ② 플래툰형
③ 종합교실형 ④ 교과교실형

해설
초등학교 저학년에 가장 적합한 방식은 종합교실형으로 이용률은 높지만 순수율은 낮다.

16 ★★☆
리조트 호텔에 속하지 않는 것은?

① 해변 호텔(Beach Hotel)
② 부두 호텔(Harbor Hotel)
③ 클럽 하우스(Club House)
④ 산장 호텔(Mountain Hotel)

해설
부두 호텔은 터미널 호텔에 해당한다.

합격 POINT 리조트 호텔의 종류
- 해변 호텔
- 산장 호텔
- 온천 호텔
- 스키 호텔
- 스포츠 호텔
- 클럽 하우스

17 ★☆☆
사무소 건축에서 코어 계획에 관한 설명으로 옳지 않은 것은?

① 코어 부분에는 계단실도 포함시킨다.
② 코어 내의 각 공간은 각 층마다 공통의 위치에 두도록 한다.
③ 엘리베이터 홀이 출입구문에 바싹 접근해 있지 않도록 한다.
④ 코어 내에서 화장실은 외래자에게 잘 알려질 수 없는 곳에 위치시킨다.

해설
코어 내의 화장실은 그 위치가 외래자에게 잘 알려질 수 있도록 하되 건물 출입구 홀이나 복도에서 화장실 내부가 보이지 않도록 한다.

18 ★★★
탑상형 공동주택에 관한 설명으로 옳지 않은 것은?

① 각 세대에 시각적인 개방감을 준다.
② 각 세대의 거주 조건이나 환경이 균등하다.
③ 도심지 내의 랜드마크적인 역할이 가능하다.
④ 건축물 외면의 4개의 입면성을 강조한 유형이다.

해설
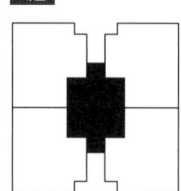
탑상형 공동주택은 각 세대의 채광, 통풍의 환경이 균등하지 않다.

19 ★☆☆
도서관의 출납시스템 중 자유개가식에 관한 설명으로 옳지 않은 것은?

① 책의 마모, 망실의 우려가 크다.
② 서가의 정리가 잘 안되면 혼란스럽게 된다.
③ 자유로이 책의 내용을 보고 필요한 책을 정확히 고를 수 있다.
④ 보통 2실형이고, 50,000권 이상의 서적보관과 열람에 적당하다.

해설
자유개가식은 보통 1실형이고, 10,000권 이하가 적당하다.

정답 14 ① 15 ③ 16 ② 17 ④ 18 ② 19 ④

20 ★★☆

그리스 건축의 오더 중 도릭 오더의 구성에 속하지 않는 것은?

① 볼류트(Volute) ② 프리즈(Frieze)
③ 아바쿠스(Abacus) ④ 에키누스(Echinus)

해설
볼류트는 이오니아식과 코린트식 오더에 쓰인다.

제2과목　건축시공

21 ★★★

수밀콘크리트 시공에 대한 설명 중 옳지 않은 것은?

① 불가피하게 이어치기 할 경우 이어치기 면의 레이턴스를 제거하고 빈배합 콘크리트를 사용한다.
② 콘크리트의 표면마감은 진공처리방법을 사용하는 것이 좋다.
③ 타설이 완료된 콘크리트면은 충분한 습윤양생을 한다.
④ 연속타설 시간간격은 외기온도가 25℃를 넘었을 경우는 1.5시간, 25℃ 이하일 경우는 2시간을 넘어서는 안된다.

해설
불가피하게 이어치기 할 경우 이어치기 면의 레이턴스를 제거하고 부배합 콘크리트를 사용한다.

합격 POINT

구분	내용
빈배합	시멘트량이 비교적 적은 것
부배합	시멘트량이 비교적 많은 것

22 ★☆☆

목조 지붕틀 구조에 있어서 모서리 기둥과 층도리 맞춤에 사용되는 철물은?

① 띠쇠 ② 감잡이쇠
③ 주걱볼트 ④ ㄱ자쇠

해설
ㄱ자쇠는 모서리에 있는 가로재를 연결하거나 가로·세로 연결에 쓰인다.

23 ★★☆

시멘트 200포를 사용하여 배합비가 1:3:6의 콘크리트를 비벼냈을 때의 전체 콘크리트의 량은? (단, 물시멘트비는 60%이고 시멘트 1포대는 40kg이다.)

① 25.25m³ ② 36.36m³
③ 39.39m³ ④ 44.44m³

해설
배합비가 1:3:6일 때 시멘트는 1m³당 220kg이 필요하다.
콘크리트량을 x로 놓고 비례식으로 구하면
220kg : 1m³ = 40kg × 200 : x이므로 x는 36.36m³이다.

합격 POINT

배합비	시멘트(kg)	모래(m³)	자갈(m³)
1:3:6	220	0.47	0.94
1:2:4	320	0.45	0.9

24 ★★★

다음 중 건설공사 경비에 포함되지 않는 것은?

① 외주제작비 ② 현장관리비
③ 교통비 ④ 업무추진비

해설
경비에는 교통비, 현장관리비, 업무추진비, 가설비, 안전관리비, 운반비가 포함된다.

합격 POINT

구분	내용
직접공사비	자재비, 노무비, 외주비, 경비
간접공사비 (직접공사비 외)	일반관리비, 기타경비, 현장근로자 보험료, 간접노무비, 안전관리비 등

정답　20 ①　21 ①　22 ④　23 ②　24 ①

25 ★★☆

표준관입시험에서 상대밀도의 정도가 중간(Medium)에 해당될 때의 사질지반의 N값으로 옳은 것은?

① 0~4
② 4~10
③ 10~30
④ 30~50

해설
중간 밀도 사질지반의 N값은 10~30이다.

합격 POINT 표준관입시험 N값에 따른 모래의 밀도

타격회수 N값	모래 밀도
5 이하	아주 느슨한 모래(Very loose)
5~10	느슨한 모래(Loose)
10~30	보통 모래(Medium)
30~50 이상	밀실한 모래(Dense)

26 ★★★

ALC 제품에 관한 설명으로 옳지 않은 것은?

① 절건상태에서의 비중이 0.75~1 정도이다.
② 압축강도는 3MPa~4MPa 정도이다.
③ 내화성능을 보유하고 있다.
④ 사용 후 변형이나 균열이 적다.

해설
ALC(Autoclaved Lightweight Concrete,경량기포콘크리트)의 절건상태의 비중은 0.5이다.

27 ★★☆

슬래브에서 4변 고정인 경우 철근배근을 가장 많이 하여야 하는 부분은?

① 단변방향의 주간대
② 단변방향의 주열대
③ 장변방향의 주간대
④ 장변방향의 주열대

해설
슬래브가 4변 고정인 경우 철근은 단변방향이 주근이므로, 장변방향보다 단변방향의 주열대에 철근을 많이 넣어야 한다.

28 ★★☆

도막방수에 관한 설명으로 옳지 않은 것은?

① 방수재의 도포시 치켜올림 부위를 도포한 다음, 평면부위의 순서로 도포한다.
② 방수재의 겹쳐바르기 폭은 100mm 내외로 한다.
③ 도막두께는 원칙적으로 사용량을 중심으로 관리한다.
④ 우레아수지계 도막방수재를 스프레이 시공할 경우 바탕면과 200mm 이하로 간격을 유지하도록 한다.

해설
우레아수지계 도막방수재를 스프레이 시공할 경우 바탕면과 300mm 이하로 간격을 유지하도록 한다.

29 ★☆☆

공사착공전에 건축물의 형태에 맞춰 줄을 띄우거나 석회 등으로 선을 그어 건축물의 건설위치를 표시하는것으로 도로 및 인접건축물과의 관계, 건축물의 건축으로 인한 재해 및 안전대책 점검과 관련 있는 것은?

① 줄쳐보기
② 벤치마크
③ 먹매김
④ 수평보기

해설
줄쳐보기에 대한 설명이다.

30 ★★★

다음 중 QC 활동의 도구가 아닌 것은?

① 특성요인도
② 파레토그램
③ 층별
④ 기능계통도

해설
기능계통도는 V.E(Value Engineering, 가치공학)의 수행 시 기능을 분석하는 방법이다.

합격 POINT 종합적 품질관리(TQC)의 7가지 도구

구분	내용
히스토그램	데이터가 어떠한 분포를 하고 있는지를 막대그래프로 작성한 그림
특성요인도	결과에 대하여 원인이 어떻게 관계하고 있는지 한눈에 알아볼 수 있도록 작성한 그림
파레토도	불량, 고장, 결점 등 발생건수를 원인과 현상별로 분류하여 크기 순서대로 나열해 놓은 그림
체크시트	계수값 데이터가 분류 항목별 집중도를 알아볼 수 있도록 작성한 것
층별	집단을 구성하고 있는 데이터를 특성에 따라 부분 집단으로 나누는 것
산점도	대응되는 2개의 짝으로 된 데이터를 그래프상에 점으로 나타낸 것
각종 그래프	작성 목적을 명확히 쉽게 파악할 수 있도록 표현한 그래프

정답 25 ③ 26 ① 27 ② 28 ④ 29 ① 30 ④

31 ★★☆
석재에 관한 설명으로 옳지 않은 것은?

① 심성암에 속한 암석은 대부분 입상의 결정 광물로 되어 있어 압축강도가 크고 무겁다.
② 화산암의 조암광물은 결정질이 작고 비결정질이어서 경석과 같이 공극이 많고 물에 뜨는 것도 있다.
③ 안산암은 강도가 작고 내화적이지 않으나, 색조가 균일하며 가공도 용이하다.
④ 수성암은 화성암의 풍화물, 유기물, 기타 광물질이 땅속에 퇴적되어 지열과 지압을 받아서 응고된 것이다.

해설
안산암은 마그마가 굳어서 생성된 화성암의 일종으로 내화성이 좋으나 색조가 균일하지 않다.

32 ★☆☆
부순 골재를 사용하는 콘크리트의 배합설계에 관한 설명으로 옳지 않은 것은?

① 굵은골재의 크기는 강자갈의 경우보다 조금 작은편이 좋다.
② 잔골재는 특히 미립분이 부족하지 않도록 주의한다.
③ 모래는 강자갈 콘크리트의 경우보다 적게 사용한다.
④ 될 수 있는 한 AE제를 사용한다.

해설
부순 골재를 사용하는 콘크리트는 공극률이 증가함에 따라 잔골재율이 높아지므로 모래는 강자갈 콘크리트의 경우 보다 많이 사용한다.

33 ★★☆
석고 플라스터 바름에 대한 설명으로 옳지 않은 것은?

① 보드용 플라스터는 초벌바름, 재벌바름의 경우 물을 가한 후 2시간 이상 경과한 것은 사용할 수 없다.
② 실내온도가 10℃ 이하일 때는 공사를 중단한다.
③ 바름작업 중에는 될 수 있는 한 통풍을 방지한다.
④ 바름작업이 끝난 후 실내를 밀폐하지 않고 가열과 동시에 환기하여 바름면이 서서히 건조되도록 한다.

해설
석고 플라스터 바름 시 실내온도가 5℃ 이하일 때는 공사를 중단하거나 난방으로 5℃ 이상 유지한다.

34 ★★☆
철골공사에 사용되는 공구가 아닌 것은?

① 턴버클(Turn buckle)
② 리머(Reamer)
③ 임팩트렌치(Impact wrench)
④ 세퍼레이터(Separator)

해설
세퍼레이터(Separator, 격리재)는 거푸집 사이를 일정하게 격리시키는 부재이다.

선지분석
① 턴버클(Turn buckle): 지지막대나 지지와이어 로프 등의 길이를 조절하기 위한 기구로 철골 구조나 목조의 현장 조립등에서 다시 세우거나 철근 가새 등에 사용한다.
② 리머(Reamer): 볼트, 리벳 등의 설치를 위해 드릴로 뚫은 구멍의 치수를 조정하거나 다듬는 공구이다.
③ 임팩트렌치(Impact wrench): 고력볼트 등을 압축공기를 이용하여 조이는 공구이다.

35 ★☆☆
모든 석재와 콘크리트가 잘 부착되도록 쌓고, 콘크리트가 앞면접촉부까지 채워지도록 다지는 돌쌓기 방법은?

① 메쌓기
② 찰쌓기
③ 막돌쌓기
④ 건쌓기

해설
찰쌓기에 대한 설명이다.

정답 31 ③ 32 ③ 33 ② 34 ④ 35 ②

36 ★★☆

일반콘크리트에서 굳지 않은 콘크리트 중의 전 염소이온량은 얼마 이하로 하여야 하는가? (단, 콘크리트표준시방서 기준)

① 0.10kg/m³
② 0.20kg/m³
③ 0.30kg/m³
④ 0.40kg/m³

해설

콘크리트에 포함되는 염화물 이온(Cl⁻)의 총량은 0.3kg/m³ 이하이다.

합격 POINT 골재의 염분 함유량 기준

구분	내용
잔골재 절건중량 기준	• 염화물(NaCl⁻): 0.04% 이하 • 염소이온(Cl⁻): 0.02% 이하
콘크리트에 함유된 염화물 총량 기준	• 염소이온(Cl⁻): 0.3kg/m³ 이하, 0.6kg/m³ 초과 금지

37 ★★☆

다음 중 공사 진행의 일반적인 순서로 옳은 것은?

① 가설공사 → 공사 착공 준비 → 토공사 → 지정 및 기초공사 → 구조체공사
② 공사 착공 준비 → 가설공사 → 토공사 → 지정 및 기초공사 → 구조체공사
③ 공사 착공 준비 → 토공사 → 가설공사 → 구조체공사 → 지정 및 기초공사
④ 공사 착공 준비 → 지정 및 기초공사 → 토공사 → 가설공사 → 구조체공사

해설

일반적인 공사진행 순서: 공사 착공 준비 → 가설 공사 → 토공사 → 지정 및 기초공사 → 구조체 공사 → 마감공사

38 ★★★

다음 중 녹막이칠에 사용하는 도료가 아닌 것은?

① 광명단
② 크레오소트유
③ 아연분말 도료
④ 역청질 도료

해설

크레오소트유는 목재 방부제로 사용된다.

합격 POINT 강재 방청도료(녹막이칠)

강재 방청도료(녹막이칠)	목재 방부제
• 광명단 • 방청 산화철 • 징크로메이트 도료 • 알루미늄 도료 • 역청질 도료	• 크레오소트유 • 콜타르 • PCP(Penta Chloro Phenol) • 유성페인트 • 아스팔트

39 ★★★

공사원가 구성요소의 하나인 직접공사비에 속하지 않는 것은?

① 자재비
② 노무비
③ 경비
④ 일반관리비

해설

공사원가의 구성

구분	내용
직접공사비	자재비, 노무비, 외주비, 경비
간접공사비 (직접공사비 외)	일반관리비, 기타경비, 현장근로자 보험료, 간접노무비, 안전관리비 등

40 ★★☆

콘크리트 배합에 직접적인 영향을 주는 요소가 아닌 것은?

① 시멘트강도
② 물시멘트비
③ 철근의 품질
④ 골재의 입도

해설

콘크리트의 배합 과정은 소요강도 > 배합강도 > 시멘트강도 > 물시멘트비 > 슬럼프 > 굵은골재 최대치수 > 잔골재율 > 단위수량 > 시방배합 > 현장배합 순이며, 철근의 품질은 콘크리트 배합에 직접적으로 영향을 주는 요소가 아닙니다.

정답 36 ③ 37 ② 38 ② 39 ④ 40 ③

제3과목 건축구조

41 ★☆☆

다음 그림과 같이 용접을 할 때, 용접의 목두께(a)를 구하는 식으로 옳은 것은?

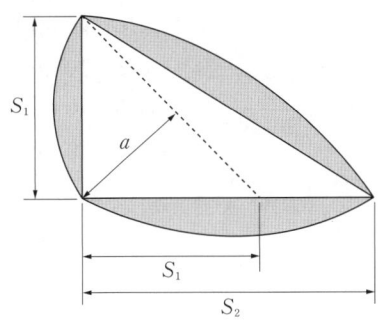

① $a=\sqrt{2}S_1$ ② $a=\sqrt{2}S_2$
③ $a=0.7S_1$ ④ $a=0.7S_2$

해설
필릿사이즈가 다를 경우에는 짧은 쪽을 기준으로 한다.
유효목두께 $a=0.7S_1$

42 ★★☆

그림과 같은 정정구조의 CD부재에서 C, D점의 휨모멘트 값 중 옳은 것은?

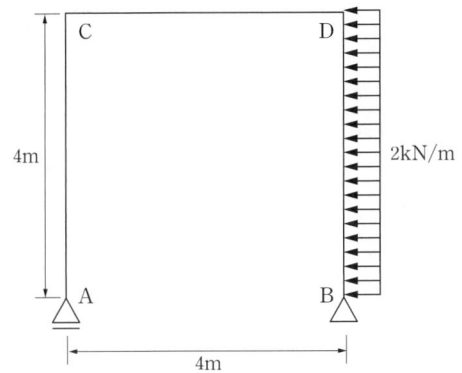

① C점: 0, D점: 16kN·m
② C점: 16kN·m, D점: 16kN·m
③ C점: 0, D점: 32kN·m
④ C점: 32kN·m, D점: 32kN·m

해설
$\Sigma H=0$; $H_B-2\times4=0$, $H_B=8$kN($\rightarrow$)
A지점의 수직반력 산정
$\Sigma M_B=0$; $V_A\times4-((2\times4)\times2)=0$
$V_A=4$kN($\uparrow$)
A지점의 수직반력을 활용하여 두 지점의 휨모멘트를 산정한다.
A지점에는 수직반력만 존재하여 C절점에 휨모멘트는 존재하지 않으므로,
$M_{C,Left}=0$
$M_{D,Right}=-(-(8\times4)+((2\times4)\times2))=16$kN·m

43 ★★★

그림과 같은 직사각형 기둥에서 띠철근의 최대간격은? (단, 주근은 D22, 띠철근은 D10)

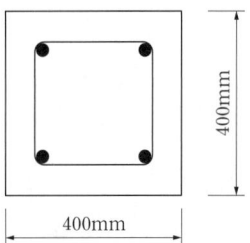

① 100mm   ② 200mm   ③ 352mm   ④ 480mm

해설
띠철근의 수직간격은 다음 중 최소값을 사용(단, 200mm보다 좁을 필요는 없음)
1. 주철근 직경의 16배=22×16=352mm
2. 띠철근 직경의 48배=10×48=480mm
3. 기둥 단면 최소 치수의 $\frac{1}{2}=\frac{400}{2}=200$mm

따라서 띠철근의 수직간격은 200mm
※ 기준이 개정되어 문제를 수정하였습니다.

44 ★☆☆

그림과 같은 양단 고정보의 단부 휨모멘트는?

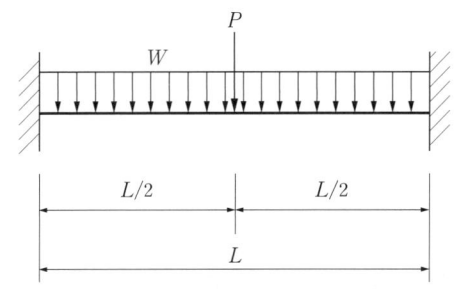

① $M=-\dfrac{wL^2}{16}-\dfrac{PL}{12}$ ② $M=-\dfrac{wL^2}{12}-\dfrac{PL}{8}$
③ $M=-\dfrac{wL^2}{8}-\dfrac{PL}{4}$ ④ $M=-\dfrac{wL^2}{16}-\dfrac{PL}{8}$

해설
양단 고정보의 단부 반력 및 고정단모멘트는 다음과 같다.

집중하중(P)	등분포하중(w)
$V_A=\dfrac{P}{2}$, $M_A=\dfrac{PL}{8}$	$V_A=\dfrac{wL}{2}$, $M_A=\dfrac{wL^2}{12}$

중첩의 원리를 이용하여 그림의 단부 휨모멘트를 구한다.
$M_A=+\left[-\left(\dfrac{PL}{8}\right)-\left(\dfrac{wL^2}{12}\right)\right]=-\dfrac{PL}{8}-\dfrac{wL^2}{12}$

정답 41 ③ 42 ① 43 ② 44 ②

45 ★★★

다음 캔틸레버 보의 자유단의 처짐각은? (단, 탄성계수 E, 단면2차모멘트 I)

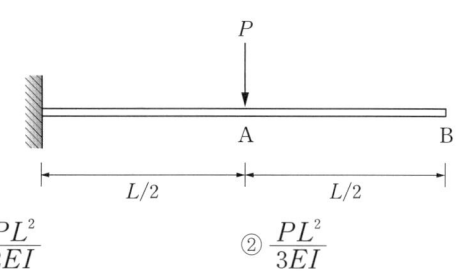

① $\dfrac{PL^2}{2EI}$ ② $\dfrac{PL^2}{3EI}$

③ $\dfrac{PL^2}{6EI}$ ④ $\dfrac{PL^2}{8EI}$

해설

부정정 구조물의 처짐각은 휨모멘트도를 이용하여 공액보법으로 구할 수 있다.

처짐각 = BMD 면적 × $\dfrac{1}{EI}$

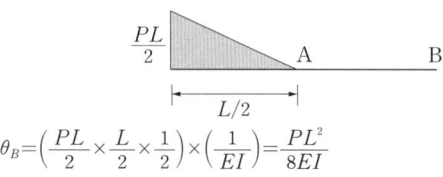

$\theta_B = \left(\dfrac{PL}{2} \times \dfrac{L}{2} \times \dfrac{1}{2}\right) \times \left(\dfrac{1}{EI}\right) = \dfrac{PL^2}{8EI}$

46 ★★★

다음 그림과 같은 휨모멘트도를 통해 구조물에 작용하는 수평하중 P를 구하면?

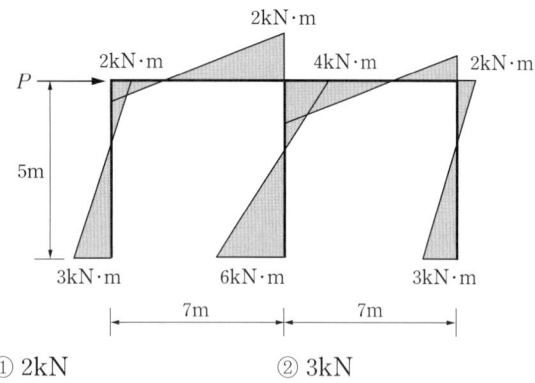

① 2kN ② 3kN
③ 4kN ④ 6kN

해설

층방정식을 이용해 구한다.

$P = V = \dfrac{M_{up} + M_{dn}}{h}$

(h: 높이, M_{up}: 위쪽 모멘트, M_{dn}: 아래쪽 모멘트)

$\therefore P = \dfrac{(2+4+2)+(3+6+3)}{5} = 4\text{kN}$

47 ★☆☆

그림과 같은 단면의 x축에 대한 단면계수 값으로서 옳은 것은?

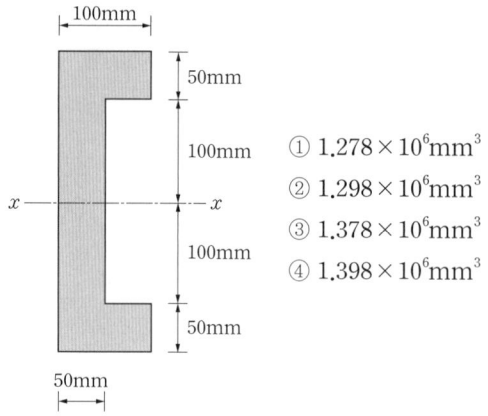

① $1.278 \times 10^6 \text{mm}^3$
② $1.298 \times 10^6 \text{mm}^3$
③ $1.378 \times 10^6 \text{mm}^3$
④ $1.398 \times 10^6 \text{mm}^3$

해설

$x-x$축에 대한 단면계수 $Z = \dfrac{I_x}{y}$이다. 이때, $\overline{y}$는 150이므로

$Z = \dfrac{I_x}{\overline{y}} = \dfrac{\left(\dfrac{1}{12}(100 \times 300^3 - 50 \times 200^3)\right)}{(150)} \fallingdotseq 1.278 \times 10^6 \text{mm}^3$

48 ★☆☆

인장을 받는 이형철근의 정착길이(l_d)는 기본정착길이(l_{db})에 보정계수를 곱하여 구한다. 이 보정계수에 대한 설명 중 옳지 않은 것은?

① 철근배치 위치계수 α 상부철근일 경우 1.5이고, 기타 철근일 경우 1.0이다.
② 철근크기계수 γ는 철근직경이 D22 이상인 경우 1.0이고, D19 이하일 경우 0.8이다.
③ 도막계수 β는 도막되지 않은 철근일 경우 1.0이다.
④ 경량콘크리트계수 λ는 일반콘크리트인 경우 1.0이다.

해설

철근배치 위치계수 α는 상부철근일 경우 1.3이다.

합격 POINT 인장이형철근의 정착길이 보정계수

철근의 종류	인장이형철근		압축이형철근
	No Hook	Hook	
기본정착길이 (l_{db})	$\dfrac{0.6 d_b f_y}{\lambda\sqrt{f_{ck}}}$	$\dfrac{0.24\beta d_b f_y}{\lambda\sqrt{f_{ck}}}$	$\dfrac{0.25 d_b f_y}{\lambda\sqrt{f_{ck}}}$ 또는 $0.043 d_b f_y$
보정계수	상부근: 1.3 에폭시 도장: 1.2 D19 이하: 0.8	에폭시 도장: 1.2 λ: 1.0(보통중량콘크리트)	$\dfrac{\text{소요철근량}}{\text{실제철근량}}$ 횡방향보강: 0.75
최소정착길이	300mm	150mm, $8d_b$	200mm

정답 45 ④ 46 ③ 47 ① 48 ①

49 ★☆☆

그림과 같은 구조물의 부정정 차수는?

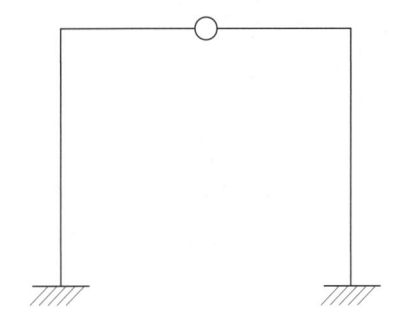

① 1차 부정정 ② 2차 부정정
③ 3차 부정정 ④ 4차 부정정

해설

$N = r + m + f - 2j$ 공식 이용
여기서, r: 지점반력수, m: 부재수, f: 강절점수, j: 지점수＋자유단 지점수
∴ $N = 6 + 4 + 2 - 2 \times 5 = 2$
따라서, 2차 부정정 구조물이다.

50 ★★☆

반T형 보의 유효폭으로 옳은 것은? (단, 보 경간은 6m)

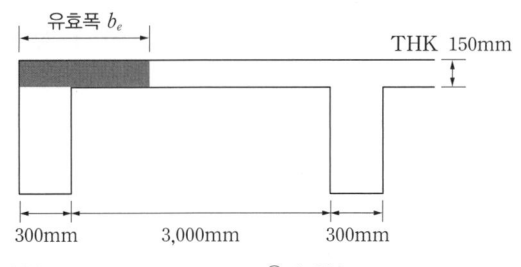

① 800mm   ② 1,200mm
③ 1,800mm ④ 2,300mm

해설

반T형 보의 유효폭은 다음 중 최소값으로 한다.
$b_e = 6t + b_w = 6 \times 150 + 300 = 1,200 \text{mm}$
$b_e = $ 슬래브 순간격 $\times \dfrac{1}{2} + b_w = 3,000 \times \dfrac{1}{2} + 300 = 1,800 \text{mm}$
$b_e = $ 보경간 $\times \dfrac{1}{12} + b_w = 6,000 \times \dfrac{1}{12} + 300 = 800 \text{mm}$
따라서 반T형 보의 유효폭은 최소값인 800mm이다.

51 ★☆☆

직사각형 단면의 탄성단면계수에 대한 소성단면계수의 비(比)는?

① 0.67 ② 1.20
③ 1.50 ④ 3.00

해설

탄성단면계수(Z)

$$Z = \frac{I}{y} = \frac{\left(\dfrac{bh^3}{12}\right)}{\left(\dfrac{h}{2}\right)} = \frac{bh^2}{6}$$

소성단면계수(Z_p): 단면의 도심을 지나는 전체 단면적을 2등분 하는 축에 대한 단면계수

$$Z_p = A_c \cdot y_c + A_t \cdot y_t = \left(\dfrac{bh}{2}\right)\left(\dfrac{h}{4}\right) \times 2 = \dfrac{bh^2}{4}$$

형상계수(f): 소성모멘트($M_p = F_y \cdot Z_p$)와 항복모멘트($M_y = F_y \cdot Z$)의 비

$$f = \frac{F_y \cdot Z_p}{F_y \cdot Z} = \frac{Z_p(\text{소성단면계수})}{Z(\text{탄성단면계수})} = \frac{\dfrac{bh^2}{4}}{\dfrac{bh^2}{6}} = 1.5$$

∴ 직사각형 단면의 탄성단면계수에 대한 소성단면계수의 비＝1.5
※ H형강 단면의 탄성단면계수에 대한 소성단면계수의 비: 1.10～1.80

52 ★☆☆

다음에서 설명하는 용어는?

> 포화사질토가 비배수상태에서 급속한 재하를 받게 되면 과잉 간극수압의 발생과 동시에 유효응력이 감소하며, 이로 인해 전단저항이 크게 감소하는 현상

① 히빙   ② 액상화
③ 보일링 ④ 파이핑

해설

액상화(Liquefaction) 현상에 대한 설명이다.

정답 49 ② 50 ① 51 ③ 52 ②

53 ★☆☆

부재의 EI가 일정하고, 양단의 지지상태가 그림과 같은 경우, A기둥의 탄성좌굴하중은 B기둥의 탄성좌굴하중의 몇 배인가?

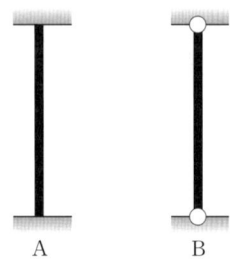

① 4배 ② 6배
③ 8배 ④ 16배

해설
오일러 좌굴하중

좌굴하중 $P_{cr} = \dfrac{\pi^2 EI}{(KL)^2} = \dfrac{1}{K^2} \cdot \dfrac{\pi^2 EI}{L^2}$ 의 형태로부터 $\dfrac{1}{K^2}$ 을 기둥의 강도라고 정의할 수 있다.

여기서, E: 탄성계수, I: 단면2차모멘트, KL: 유효좌굴길이, 사각형 단면 $I = \dfrac{bh^3}{12}$ 이다.

$A = \dfrac{1}{(0.5)^2} = 4$, $B = \dfrac{1}{(1.0)^2} = 1$

∴ A 기둥의 탄성좌굴하중은 B 기둥의 탄성좌굴하중의 4배이다.

54 ★★☆

다음 그림에서 파단선 A-B-F-C-D의 인장재 순단면적은? (단, 볼트구멍지름 d: 22mm, 인장재 두께는 6mm임)

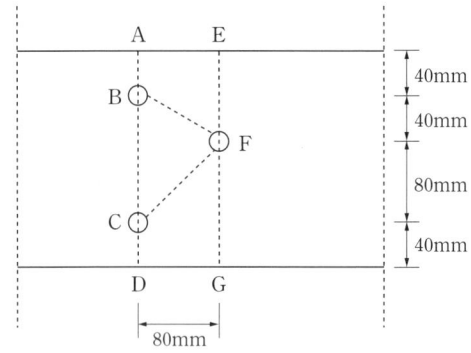

① 1,164mm²   ② 1,364mm²
③ 1,564mm²   ④ 1,764mm²

해설
순단면적=총단면적-구멍면적+대각선 면적이다.

$A_n = A_g - ndt + \Sigma \dfrac{s^2}{4g} t$

여기서 A_n: 순단면적, A_g: 총단면적, n: 볼트 개수, d: 볼트구멍직경, t: 접합판의 두께, s: 인접 구멍 사이의 응력방향 중심간격, g: 게이지선들의 응력방향 중심간격

$A_n = 6 \times 200 - 3 \times 22 \times 6 + \left(\dfrac{80^2}{4 \times 40} \times 6\right) + \left(\dfrac{80^2}{4 \times 80} \times 6\right) = 1{,}164\text{mm}^2$

55 ★★☆

지진의 진도(Intensity)와 규모(Magnitude)에 대한 설명으로 옳지 않은 것은?

① 진도는 상대적 개념의 지진 크기이다.
② 규모는 장소에 관계없는 절대적 개념의 크기이다.
③ 진도는 사람이 느끼는 감각, 물체이동 등을 계급별로 구분한다.
④ 규모는 지반의 운동정도를 평가하나 정밀하지는 않다.

해설
지진의 규모는 장소와 무관한 절대적 수치이며 진도에 비해 매우 정밀한 값이다.
규모는 각 관측소에서 지진계에 기록된 진폭을 진앙까지의 거리나 진원의 깊이 등을 고려하여 지수형태로 나타낸다.

56 ★★★

강도설계법에서 철근콘크리트 구조물 설계 시 고려해야 하는 하중조합으로 옳지 않은 것은? (단, D는 고정하중, F는 유체압 및 유기내용물하중, L은 활하중, W는 풍하중, E는 지진하중, S는 적설하중)

① $U = 1.4(D+F)$
② $U = 1.2D + 1.0W + 1.0L + 0.5S$
③ $U = 1.2D + 1.0E + 1.0L + 0.2S$
④ $U = 1.4D + 1.3L + 1.6S$

해설
D, L, S의 하중조합은 $U = 1.2D + 1.6L + 0.5S$이다.
※ 건축구조기준(2022)

정답 53 ① 54 ① 55 ④ 56 ④

57 ★★☆

강구조의 볼트접합에 관한 일반적인 설명으로 옳지 않은 것은?

① 볼트는 가공정밀도에 따라 상볼트, 중볼트, 흑볼트로 나뉜다.
② 볼트 중심 사이의 간격을 게이지라인(Gauge Line)이라고 한다.
③ 게이지라인(Gauge Line)과 게이지라인과의 거리를 게이지(Gauge)라고 한다.
④ 배치방식은 정렬배치와 엇모배치가 있다.

해설
볼트의 중심선을 연결하는 선을 게이지라인. 볼트의 중심 사이의 간격은 피치이다.

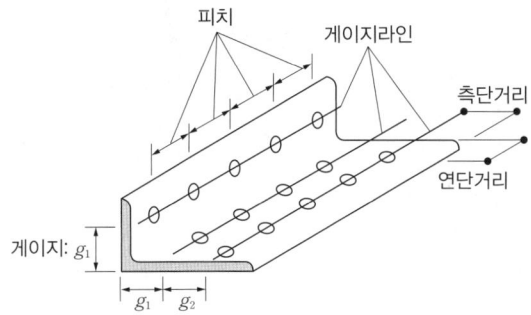

58 ★★☆

다음 그림과 같은 부재의 최대 휨응력은 약 얼마인가? (단, 부재의 자중은 무시한다.)

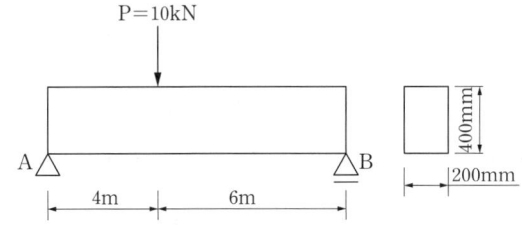

① 1.2MPa
② 2.2MPa
③ 3.6MPa
④ 4.5MPa

해설
최대 휨응력 $\sigma_{max} = \dfrac{M}{Z}$

$V_A = \dfrac{10 \times 6}{10} = 6\text{kN}$, $M_{max} = 6 \times 4 = 24\text{kN} \cdot \text{m}$

직사각형의 단면계수 $Z = \dfrac{bh^2}{6}$이므로

$\therefore \sigma_{max} = \dfrac{(24 \times 10^6)}{\dfrac{(200)(400)^2}{6}} = 4.5\text{N/mm}^2 = 4.5\text{MPa}$

59 ★★★

지진력저항시스템 중 다음 각 구조시스템에 관한 설명으로 옳지 않은 것은?

① 모멘트골조방식: 수직하중과 횡력을 보와 기둥으로 구성된 라멘골조가 저항하는 구조방식
② 연성모멘트골조방식: 횡력에 대한 저항능력을 증가시키기 위하여 부재와 접합부의 연성을 증가시킨 모멘트골조방식
③ 이중골조방식: 횡력의 25% 이상을 부담하는 전단벽이 연성모멘트골조와 조합되어 있는 구조방식
④ 건물골조방식: 수직하중은 입체골조가 저항하고 지진하중은 전단벽이나 가새골조가 저항하는 구조방식

해설
이중골조시스템에서 수평하중의 25% 이상을 부담하는 것은 전단벽이 아니라 연성모멘트골조이다.

합격 POINT 이중골조형식(Dual structure)

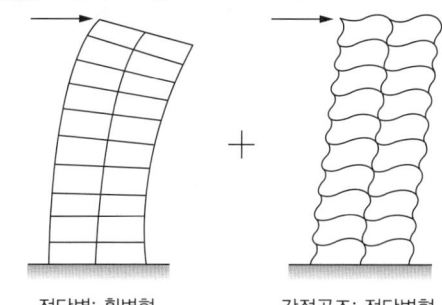

전단벽: 휨변형 　　　 강접골조: 전단변형

1. 수평하중의 25% 이상을 부담하는 모멘트(연성)골조가 전단벽이나 가새골조와 조합되어 있는 골조방식이다.
2. 강접골조(전단변형)와 가새골조(휨변형)가 혼합되었을 경우 내진설계에 있어서 비탄성 거동으로서의 연성도가 매우 크기 때문에 반응수정계수를 크게 규정하고 있어 지진력에 효율적으로 저항하는 구조가 된다.

정답 57 ② 58 ④ 59 ③

60 ★★☆

그림은 연직하중을 받는 철근콘크리트의 보의 균열 상태를 표시한 것이다. 전단력에 의해서 생기는 대표적인 균열의 형태로 옳은 것은?

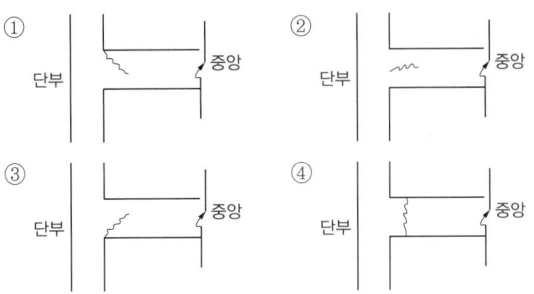

해설
전단력에 의해 연직하중이 작용하는 방향의 45° 각도로 균열이 발생한다.

합격 POINT 전단균열(사인장균열)
전단균열은 전단응력이 큰 방향에 대해 45° 각도로 발생한다.

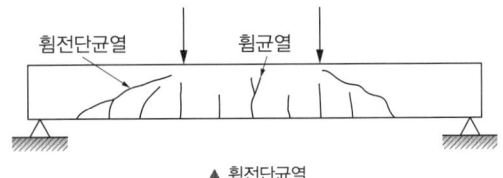

▲ 휨전단균열

제4과목 건축설비

61 ★★☆

조명설비에서 연색성에 관한 설명으로 옳지 않은 것은?

① 평균 연색평가수(Ra)가 0에 가까울수록 연색성이 좋다.
② 일반적으로 할로겐전구가 고압 수은램프보다 연색성이 좋다.
③ 연색성이란 물체가 광원에 의하여 조명될 때, 그 물체의 색의 보임을 정하는 광원의 성질을 말한다.
④ 평균 연색평가수(Ra)란 많은 물체의 대표색으로서 8종류의 시험색을 사용하여 그 평균값으로부터 구한 것이다.

해설
평균 연색평가수(Ra)가 100에 가까울수록 연색성이 좋다.

합격 POINT 광원의 종류에 따른 평균 연색평가수

광원의 종류	평균 연색평가수
백열전구	100
할로겐전구	100
형광램프 주광색(D)	76~77
형광램프 백색(W)	62~65
형광램프 자연색(D-DSL)	94~96
메탈할라이드램프(M)	70
고압수은램프(HF-XW)	45~46
고압나트륨램프(NH)	27

62 ★★★

습공기의 건구온도와 습구온도를 알 때 습공기 선도를 사용하여 구할 수 있는 상태값이 아닌 것은?

① 엔탈피 ② 비체적
③ 기류속도 ④ 절대습도

해설
기류속도는 습공기 선도를 사용하여 구할 수 있는 상태값이 아니다.

합격 POINT 습공기 선도 구성요소
건구온도, 습구온도, 노점온도, 절대습도, 상대습도, 수증기 분압, 비체적, 엔탈피, 현열비 등

정답 60 ③ 61 ① 62 ③

63 ★☆☆

피뢰설비에서 수뢰부시스템의 보호범위 산정방식에 속하지 않는 것은?

① 보호각
② 메시법
③ 축점조도법
④ 회전구체법

해설
수뢰부시스템은 보호범위 산정방식(보호각법, 회전구체법, 메시법)에 따라 설치한다.

64 ★★☆

1,200형 에스컬레이터의 공칭 수송능력은?

① 4,800인/h
② 6,000인/h
③ 7,200인/h
④ 9,000인/h

해설
1,200형 에스컬레이터의 공칭 수송능력은 시간당 9,000명이다.

합격 POINT ▶ 에스컬레이터 수송능력

형식(형)	수송능력 (인/h)	유효폭(m)	계단너비 (mm)	경사각	속도 (m/분)
800	6,000	0.8	600	30°	30
1,200	9,000	1.2	1,000		

해당 규정은 개정으로 삭제되었으나, CBT 문제은행에서 출제될 가능성도 있으므로 개정 전 내용을 수록하였습니다.

65 ★☆☆

물의 경도에 관한 설명으로 옳지 않은 것은?

① 일반적으로 지표수는 연수, 지하수는 경수로 간주한다.
② 경도가 큰 물을 경수, 경도가 낮은 물을 연수라고 한다.
③ 경수를 보일러 용수로 사용하면 그 내면에 스케일이 생겨 전열효율이 감소된다.
④ 물의 경도는 물속에 녹아 있는 칼슘, 마그네슘 등의 염류의 양을 탄산마그네슘의 농도로 환산하여 나타낸 것이다.

해설
물의 경도는 물속에 녹아 있는 칼슘(Ca), 마그네슘(Mg) 등의 염류의 양을 탄산칼슘($CaCO_3$)의 100만분율(ppm)로 환산하여 표시한다.

66 ★★☆

흡수식 냉동기에 관한 설명으로 옳지 않은 것은?

① 열에너지가 아닌 기계적 에너지에 의해 냉동효과를 얻는다.
② 증발기, 흡수기, 재생기(발생기), 응축기 등으로 구성되어 있다.
③ 냉방용의 흡수식 냉동기는 물과 브롬화리튬의 혼합 용액을 사용한다.
④ 2중 효용 흡수식 냉동기는 단효용 흡수식 냉동기보다 에너지 절약적이다.

해설
흡수식 냉동기는 열에너지에 의해 냉동효과를 얻으며, 구조는 증발기·흡수기·재생기 및 응축기의 4가지 주요 요소로 구성되어 있다.
기계적 에너지에 의해 냉동효과를 얻는 것은 압축식 냉동기이다.

67 ★☆☆

오수정화조로 유입되는 오수의 BOD 농도가 150ppm이고, 방류수의 BOD 농도가 60ppm일 때 이 정화조의 BOD 제거율은?

① 40%
② 60%
③ 75%
④ 90%

해설
$$BOD\ 제거율 = \frac{유입수\ BOD - 유출수\ BOD}{유입수\ BOD} \times 100$$
$$= \frac{(150-60)ppm}{150ppm} \times 100 = 60\%$$

68 ★★☆

길이가 20m인 동관으로 된 급탕수평주관에 급탕이 공급되어 관의 온도가 10℃에서 60℃로 온도가 상승된 경우, 동관의 팽창량은? (단, 동관의 선팽창계수는 1.71×10^{-5}이다.)

① 0.86mm
② 8.6mm
③ 17.1mm
④ 171mm

해설
$\Delta V = a \cdot \Delta t \cdot L$
$= (1.71 \times 10^{-5})/℃ \times (60-10)℃ \times 20,000mm$
$= 17.1mm$

ΔV: 팽창량(mm), a: 선팽창계수(/℃), Δt: 온도차(℃), L: 관의 길이(mm)

정답 63 ③ 64 ④ 65 ④ 66 ① 67 ② 68 ③

69 ★★★
냉방부하의 종류 중 현열만을 포함하고 있는 것은?

① 인체의 발생열량
② 유리로부터의 취득열량
③ 극간풍에 의한 취득열량
④ 외기의 도입으로 인한 취득열량

해설
유리로부터의 취득열량은 일사에 의한 현열만을 포함한다.

선지분석
①, ③, ④는 실내온도뿐만 아니라 습도에도 변화를 주므로 현열과 잠열 모두 고려하여야 한다.

합격 POINT ▶ 현열과 잠열
- 현열: 상태는 변하지 않고, 온도변화에 따라 출입하는 열
- 잠열: 온도는 변하지 않고, 상태변화에 따라 출입하는 열

70 ★★★
다음과 같은 특징을 갖는 배선공사 방식은?

- 열적 영향이나 기계적 외상을 받기 쉬운 곳이 아니면 금속배관과 같이 광범위하게 사용 가능하다.
- 관 자체가 절연체이므로 감전의 우려가 없으며 시공이 쉬운 게 장점이다.

① 버스덕트 공사
② 애자사용 공사
③ 합성수지관 공사
④ 플로어덕트 공사

해설
합성수지관 공사는 열적 영향이나 기계적 외상을 받기 쉬우며, 관 자체가 절연체이므로 감전의 우려가 없고, 시공이 용이하다.

합격 POINT ▶ 합성수지관 공사의 장단점

장점	단점
• 내식성이 강함 • 접지가 불필요함 • 누전의 우려가 없음 • 중량이 가볍고 시공이 용이함	• 열에 약함 • 파열될 염려가 있음 • 기계적 강도가 약함

71 ★☆☆
가스의 연소성을 나타내는 것은?

① 비열비
② 가버너
③ 웨버지수
④ 단열지수

해설
웨버지수는 가스 호환성 지표로서 단위는 kcal/Nm³이며, 가스 연료의 단위 시간당 방출 에너지를 정의하기 위한 변수이다. 여기서 가스 호환성이란 주어진 연소기에서 다른 종류의 연료를 공급했을 때 기하학적 형상이나 운전조건 변화 없이 그대로 사용할 수 있는 대체 가능성을 말한다.

72 ★★★
중앙식 급탕법에 관한 설명으로 옳지 않은 것은?

① 배관 및 기기로부터의 열손실이 많다.
② 급탕개소마다 가열기의 설치 스페이스가 필요하다.
③ 일반적으로 열원장치는 공조설비와 겸용하여 설치된다.
④ 급탕기구의 동시 사용률을 고려하기 때문에 가열장치의 전체용량을 줄일 수 있다.

해설
중앙식 급탕법은 급탕개소마다 가열기를 설치할 필요가 없다. 급탕개소마다 가열장치가 설치되는 것은 개별식 급탕방식이다.

73 ★★★
덕트의 분기부에 설치하여 풍량 조절용으로 사용되는 댐퍼는?

① 스플릿 댐퍼
② 평행익형 댐퍼
③ 대향익형 댐퍼
④ 버터플라이 댐퍼

해설
스플릿 댐퍼(Split damper)는 덕트 분기부에서 풍량 조절에 사용한다.

합격 POINT ▶ 댐퍼
댐퍼는 덕트 도중에 설치하여 풍량이나 유체의 흐름을 조절하거나 차단할 때 사용한다.

정답 69 ② 70 ③ 71 ③ 72 ② 73 ①

74 ★★☆

소방시설은 소화설비, 경보설비, 피난설비, 소화용수설비, 소화활동설비로 구분할 수 있다. 다음 중 소화활동설비에 속하는 것은?

① 제연설비 ② 비상방송설비
③ 스프링클러설비 ④ 자동화재탐지설비

해설
소화활동설비에는 제연설비, 연결송수관설비, 연결살수설비, 비상콘센트설비, 무선통신보조설비, 연소방지설비가 있다.

75 ★★★

건구온도 26℃인 실내공기 8,000m³/h와 건구온도 32℃인 외부공기 2,000m³/h를 단열혼합하였을 때 혼합공기의 건구온도는?

① 27.2℃ ② 27.6℃
③ 28.0℃ ④ 29.0℃

해설
$(8,000+2,000)\text{m}^3/\text{h} \times x℃ = 8,000\text{m}^3/\text{h} \times 26℃ + 2,000\text{m}^3/\text{h} \times 32℃$

$\therefore x = \dfrac{(8,000 \times 26)+(2,000 \times 32)}{(8,000+2,000)} = 27.2℃$

합격 POINT ▶ 혼합공기의 온도
$(Q_1+Q_2) \times t_3 = (Q_1 \times t_1)+(Q_2 \times t_2)$
- Q_1, Q_2: 혼합 전의 공기량
- t_1, t_2: 혼합 전의 공기 온도
- t_3: 혼합 후의 공기 온도

76 ★☆☆

엘리베이터의 기계실에 있는 주요설비에 속하지 않는 것은?

① 조속기 ② 권상기
③ 완충기 ④ 전자 브레이크

해설
엘리베이터는 기계실, 카(Car), 승강로, 승강장 등으로 구성되며, 완충기는 승강로 하부에 설치된다.

합격 POINT ▶ 엘리베이터 기계실의 주요설비
권상기, 전동기, 전자 브레이크, 제어반, 조속기 등

77 ★☆☆

다음 설명에 알맞은 통기관의 종류는?

> 1개의 트랩을 위해 트랩 하류에서 취출하여, 그 기구보다 윗부분에서 통기계통에 접속하거나 또는 대기 중에 개구하도록 설치한 통기관을 말한다.

① 루프 통기관 ② 신정 통기관
③ 결합 통기관 ④ 각개 통기관

해설
각개 통기관은 역류 방지가 아닌 트랩의 봉수를 보호할 목적으로 각 위생기구 마다 통기관을 세우는 것으로 가장 이상적인 통기방식이다.

선지분석
① 루프 통기관(회로통기, 환상통기)은 1개의 통기관으로 위생기구 2개 이상 8개 이내의 트랩을 보호하기 위하여 설치하는 통기관이다.
② 신정 통기관: 관경을 줄이지 않고 배수수직주관 끝을 옥상으로 연장하여 통기관으로 사용한다.
③ 결합 통기관: 오배수수직관 내의 압력변동을 방지하기 위하여 오배수수직관 상향으로 통기수직관에 연결하는 통기관이다.

정답 74 ① 75 ① 76 ③ 77 ④

78 ★★★

다음 설명에 알맞은 전동기의 종류는?

- 회전자계를 만드는 여자전류가 전원 측으로부터 흐르는 관계로 역률이 나쁘다는 결점이 있다.
- 구조와 취급이 간단하여 건축설비에서 가장 널리 사용된다.

① 직권전동기 ② 분권전동기
③ 유도전동기 ④ 동기전동기

해설
유도전동기는 취급이 매우 간단하고 기계적으로도 견고하며 가격이 저렴하여 널리 사용된다.

합격 POINT 전동기의 종류

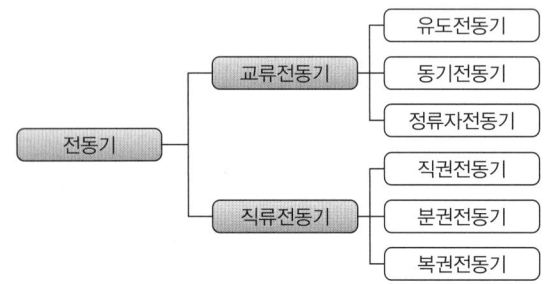

80 ★☆☆

다음과 같은 벽체의 열관류율은?

- ㉠ 내표면 열전달률: $8W/m^2 \cdot K$
- ㉡ 외표면 열전달률: $20W/m^2 \cdot K$
- ㉢ 재료의 열전도율
  - 콘크리트: $1.2W/m \cdot K$
  - 유리면: $0.036W/m \cdot K$
  - 타일: $1.1W/m \cdot K$

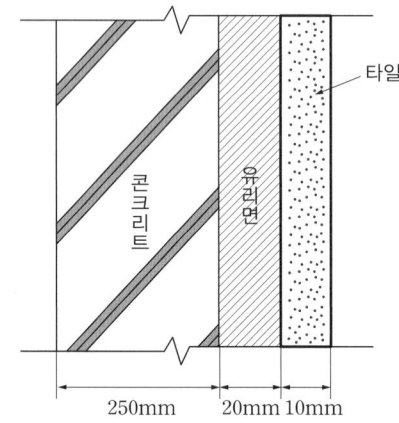

① 약 $0.90W/m^2 \cdot K$
② 약 $1.05W/m^2 \cdot K$
③ 약 $1.20W/m^2 \cdot K$
④ 약 $1.35W/m^2 \cdot K$

해설
$$K = \frac{1}{\frac{1}{\alpha_i} + \sum \frac{d}{\lambda} + \frac{1}{\alpha_o} + \gamma_a}$$
$$= \frac{1}{\frac{1}{8} + \left(\frac{0.25}{1.2} + \frac{0.02}{0.036} + \frac{0.01}{1.1}\right) + \frac{1}{20}}$$
$$\fallingdotseq \frac{1}{0.948} \fallingdotseq 1.0549 \fallingdotseq 1.05 W/m^2 \cdot K$$

K: 열관류율($W/m^2 \cdot K$), α_i: 내표면 열전달률($W/m^2 \cdot K$), d: 재료의 두께(m), λ: 재료의 열전도율($W/m \cdot K$), α_o: 외표면 열전달률($W/m^2 \cdot K$), γ_a: (공기층이 있을 경우) 공기층의 열저항

79 ★☆☆

건축물 등에서 항공기의 추돌을 방지하기 위하여 설치하는 각종의 안전등화를 무엇이라 하는가?

① 선회등 ② 유도로등
③ 항공등화 ④ 항공장애 표시등

해설
항공장애 표시등은 야간 항공에 장애가 될 염려가 있는 높은 건축물이나 위험물의 존재를 항공기 조종사가 인지하고 회피할 수 있도록 설치한 조명장치이다.

정답 78 ③ 79 ④ 80 ②

제5과목 건축관계법규

81 ★☆☆
준주거지역에서 건축할 수 없는 건축물은?

① 위락시설
② 종교시설
③ 공동주택 중 아파트
④ 문화 및 집회시설 중 전시장

해설
준주거지역에 위락시설은 건축할 수 없다.

82 ★☆☆
범죄예방 기준에 따라 건축하여야 하는 대상 건축물에 속하지 않는 것은?

① 수련시설
② 업무시설 중 오피스텔
③ 숙박시설 중 일반숙박시설
④ 아파트

해설
국토교통부장관은 범죄를 예방하고 안전한 생활환경을 조성하기 위하여 건축물, 건축설비 및 대지에 관한 범죄예방 기준을 정하여 고시할 수 있으며, 범죄예방 기준을 적용하여야 하는 건축물은 다음과 같다.

다가구주택, 아파트, 연립주택 및 다세대주택, 제1종 근린생활시설 중 일용품을 판매하는 소매점, 제2종 근린생활시설 중 다중생활시설, 문화 및 집회시설(동·식물원은 제외), 교육연구시설(연구소 및 도서관은 제외), 노유자시설, 수련시설, 업무시설 중 오피스텔, 숙박시설 중 다중생활시설

83 ★★★
국토의 계획 및 이용에 관한 법령상 광장·공원·녹지·유원지·공공공지가 속하는 기반시설은?

① 교통시설   ② 공간시설
③ 환경기초시설   ④ 보건위생시설

해설
국토의 계획 및 이용에 관한 법령상 광장, 공원, 녹지, 유원지, 공공공지는 공간시설에 속한다.

선지분석
① 교통시설: 도로, 철도, 항만, 공항, 주차장, 자동차정류장, 궤도, 차량 검사 및 면허시설
③ 환경기초시설: 하수도, 폐기물처리 및 재활용시설, 빗물저장 및 이용시설, 수질오염방지시설, 폐차장
④ 보건위생시설: 장사시설, 도축장, 종합의료시설

84 ★★☆
건축물의 주요구조부를 내화구조로 하여야 하는 대상 건축물에 속하지 않는 것은?

① 공장의 용도로 쓰는 건축물로서 그 용도로 쓰는 바닥면적 합계가 500m²인 건축물
② 판매시설의 용도로 쓰는 건축물로서 그 용도로 쓰는 바닥면적 합계가 500m²인 건축물
③ 창고시설의 용도로 쓰는 건축물로서 그 용도로 쓰는 바닥면적 합계가 500m²인 건축물
④ 문화 및 집회시설 중 전시장의 용도로 쓰는 건축물로서 그 용도로 쓰는 바닥면적 합계가 500m²인 건축물

해설
공장의 용도로 쓰는 건축물로서 그 용도로 쓰는 바닥면적의 합계가 2,000m² 이상인 건축물의 주요구조부와 지붕은 내화구조로 해야 한다.

85 ★☆☆
다음 중 특별건축구역으로 지정할 수 있는 사업구역에 속하지 않는 것은?

① 「도로법」에 따른 접도구역
② 「도시개발법」에 따른 도시개발구역
③ 「택지개발촉진법」에 따른 택지개발사업구역
④ 「혁신도시 조성 및 발전에 관한 특별법」에 따른 혁신도시의 사업구역

해설
건축법에 의한 특별건축구역의 지정에 「도로법」에 따른 접도구역'은 해당되지 않는다.

정답 81 ① 82 ③ 83 ② 84 ① 85 ①

86

다음은 건축법상 리모델링에 대비한 특례 등에 관한 내용이다. ( ) 안에 알맞은 것은?

> 리모델링이 쉬운 구조의 공동주택의 건축을 촉진하기 위하여 공동주택을 대통령령으로 정하는 구조로 하여 건축허가를 신청하면 제56조, 제60조 및 제61조에 따른 기준을 (   )의 범위에서 대통령령으로 정하는 비율로 완화하여 적용할 수 있다.

① 100분의 110
② 100분의 120
③ 100분의 140
④ 100분의 150

해설
리모델링이 쉬운 구조의 공동주택의 건축을 촉진하기 위하여 공동주택을 대통령령으로 정하는 구조로 하여 건축허가를 신청하면 제56조, 제60조 및 제61조에 따른 기준을 100분의 120의 범위에서 대통령령으로 정하는 비율로 완화하여 적용할 수 있다.

87

건축물의 건축주가 착공신고를 할 때, 해당 건축물의 설계자로부터 받은 구조안전의 확인서류를 허가권자에게 제출하여야 하는 대상 건축물 기준으로 옳지 않은 것은? (단, 허가대상 건축물인 경우)

① 높이가 11m 이상인 건축물
② 처마높이가 9m 이상인 건축물
③ 국토교통부령으로 정하는 지진구역 안의 건축물
④ 기둥과 기둥 사이의 거리가 10m 이상인 건축물

해설
구조안전의 확인서류를 허가권자에게 제출하여야 하는 대상 건축물은 높이가 11m가 아닌 13m 이상인 건축물이다.

88

문화 및 집회시설 중 공연장의 개별 관람실에 다음과 같이 출구를 설치하였을 경우, 옳은 것은? (단, 개별 관람실의 바닥면적은 900m²이다.)

① 출구를 1개소 설치하였다.
② 각 출구의 유효너비를 2.4m로 하였다.
③ 출구로 쓰이는 문을 안여닫이로 하였다.
④ 출구의 유효너비의 합계를 5.0m로 하였다.

선지분석
① 출구는 관람실별로 2개소 이상 설치하여야 한다.
③ 건축물의 관람실 또는 집회실로부터 바깥쪽으로의 출구로 쓰이는 문은 안여닫이로 해서는 안 된다.
④ 개별 관람실 출구의 유효너비의 합계는 개별 관람실의 바닥면적 100m²마다 0.6m의 비율로 산정한 너비 이상으로 해야 한다. 문제의 개별 관람실의 바닥면적이 900m²이므로 출구의 유효너비의 합은 $900 \times \frac{0.6}{100} = 5.4m$가 되어야 한다.

89

6층 이상의 거실면적 합계가 9,000m²인 층수가 10층인 업무시설에 설치하여야 하는 승용승강기의 최소대수는? (단, 8인승 승강기의 경우)

① 2대
② 3대
③ 4대
④ 5대

해설

건축물의 용도	6층 이상의 거실 면적의 합계 3,000m² 초과
업무시설	기본 1대+3,000m² 초과 시 2,000m² 이내마다 1대 추가

※ 8인승 이상 15인승 이하의 승강기는 1대의 승강기로 보고, 16인승 이상의 승강기는 2대의 승강기로 본다.

업무시설이며 6층 이상의 거실면적의 합계가 9,000m²인 경우, 승용승강기 설치기준은 기본 1대+추가 3대이다.
따라서 설치하여야 하는 승강기의 최소 대수는 4대가 된다.

90

상업지역에서 건축물에 설치하는 냉방시설 및 환기시설의 배기구는 도로면으로부터 최소 얼마 이상의 높이에 설치하여야 하는가?

① 1m
② 1.5m
③ 2m
④ 2.5m

해설
배기구는 도로면으로부터 2m 이상의 높이에 설치하여야 한다.

정답 86 ② 87 ① 88 ② 89 ③ 90 ③

91

다음 중 신고 대상에 속하는 용도변경은?

① 영업시설군에서 문화 및 집회시설군으로 용도변경
② 근린생활시설군에서 주거업무시설군으로 용도변경
③ 산업 등의 시설군에서 자동차 관련 시설군으로 용도변경
④ 교육 및 복지시설군에서 전기통신시설군으로 용도변경

해설

다음의 어느 하나에 해당하는 시설군에 속하는 건축물의 용도를 상위군(상위 번호)에 해당하는 용도로 변경하는 경우에는 국토교통부령으로 정하는 바에 따라 특별자치시장·특별자치도지사 또는 시장·군수·구청장의 허가를 받아야 한다.
반대로 하위군(하위 번호)에 해당하는 용도로 변경하는 경우는 신고 대상이다.

1. 자동차 관련 시설군
2. 산업 등의 시설군
3. 전기통신시설군
4. 문화 및 집회시설군
5. 영업시설군
6. 교육 및 복지시설군
7. 근린생활시설군
8. 주거업무시설군
9. 그 밖의 시설군

'근린생활시설군에서 주거업무시설군으로 용도변경'은 하위군에 해당하는 용도로 변경하는 것이므로 신고 대상이다.

선지분석
① 영업시설군에서 문화 및 집회시설군으로 용도변경은 허가 대상이다.
③ 산업 등의 시설군에서 자동차관련시설군으로 용도변경은 허가 대상이다.
④ 교육 및 복지시설군에서 전기통신시설군으로 용도변경은 허가 대상이다.

92

노외주차장인 주차전용건축물의 건폐율, 용적률, 대지면적의 최소한도 및 높이 제한에 관한 기준 내용으로 옳지 않은 것은?

① 건폐율: 100분의 90 이하
② 용적률: 1,500% 이하
③ 대지면적의 최소한도: 45m² 이상
④ 높이 제한(대지가 너비 12m 미만의 도로에 접하는 경우): 건축물의 각 부분의 높이는 그 부분으로부터 대지에 접한 도로의 반대쪽 경계선까지의 수평거리의 4배

해설

노외주차장인 주차전용건축물의 높이 제한은 다음과 같다.
- 대지가 너비 12m 미만의 도로에 접하는 경우: 건축물의 각 부분의 높이는 그 부분으로부터 대지에 접한 도로의 반대쪽 경계선까지의 수평거리의 3배
- 대지가 너비 12m 이상의 도로에 접하는 경우: 건축물의 각 부분의 높이는 그 부분으로부터 대지에 접한 도로의 반대쪽 경계선까지의 수평거리의 $\frac{36}{도로의 너비(m)}$배. 다만, 배율이 1.8배 미만인 경우에는 1.8배

93

다음 중 건축물관련 건축기준의 허용되는 오차의 범위(%)가 가장 큰 것은?

① 평면길이
② 출구너비
③ 반자높이
④ 바닥판두께

해설

- 평면길이, 출구너비, 반자높이: 2% 이내
- 바닥판두께: 3% 이내

94

법령 개정으로 인해 문제가 성립하지 않으므로 삭제

95

건축물의 용도를 변경하는 경우 변경 후 용도의 주차대수와 변경 전 용도의 주차대수의 차이에 해당하는 부설주차장을 추가로 확보하지 아니하고 용도를 변경할 수 있는 경우에 속하지 않는 것은? (단, 사용승인 후 5년이 지난 연면적 1,000m² 미만의 건축물의 용도를 변경하는 경우)

① 종교시설의 용도로 변경하는 경우
② 판매시설의 용도로 변경하는 경우
③ 다세대주택의 용도로 변경하는 경우
④ 문화 및 집회시설 중 전시장의 용도로 변경하는 경우

해설

건축물의 용도를 변경하는 경우에는 용도변경 시점의 주차장 설치기준에 따라 변경 후 용도의 주차대수와 변경 전 용도의 주차대수를 산정하여 그 차이에 해당하는 부설주차장을 추가로 확보하여야 한다. 다만, 다음의 어느 하나에 해당하는 경우에는 부설주차장을 추가로 확보하지 아니하고 건축물의 용도를 변경할 수 있다.
- 사용승인 후 5년이 지난 연면적 1,000m² 미만의 건축물의 용도를 변경하는 경우. 다만, 문화 및 집회시설 중 공연장·집회장·관람장, 위락시설 및 주택 중 다세대주택·다가구주택의 용도로 변경하는 경우는 제외한다.
- 해당 건축물 안에서 용도 상호간의 변경을 하는 경우. 다만, 부설주차장 설치기준이 높은 용도의 면적이 증가하는 경우는 제외한다.

정답 91 ② 92 ④ 93 ④ 95 ③

96 ★★★

면적의 산정방법 중 건축물의 외벽(외벽이 없는 경우에는 외곽 부분의 기둥)의 중심선으로 둘러싸인 부분의 수평투영면적으로 하는 것은?

① 연면적
② 대지면적
③ 건축면적
④ 거실면적

해설

건축면적: 건축물의 외벽(외벽이 없는 경우는 외곽 부분의 기둥으로 한다.)의 중심선으로 둘러싸인 부분의 수평투영면적으로 한다.

선지분석

① 연면적: 하나의 건축물 각 층의 바닥면적의 합계로 한다.
② 대지면적: 대지의 수평투영면적으로 한다.

97 ★★☆

출입구의 개소에 관계없이 노외주차장의 차로의 너비를 최소 6m 이상으로 하여야 하는 주차형식은? (단, 이륜자동차전용 외의 노외주차장의 경우)

① 평행주차
② 직각주차
③ 교차주차
④ 45도 대향주차

해설

이륜자동차전용 외의 노외주차장의 경우 차로의 너비는 다음과 같다.

주차형식	차로의 너비	
	출입구가 2개 이상인 경우	출입구가 1개인 경우
평행주차	3.3m	5.0m
직각주차	6.0m	6.0m
60도 대향주차	4.5m	5.5m
45도 대향주차	3.5m	5.0m
교차주차	3.5m	5.0m

98 ★★★

다음 중 바닥면적에 산입되는 것은?

① 층고가 1.5m인 다락방
② 다세대주택의 편복도
③ 공동주택의 필로티 부분
④ 공동주택의 지상층에 설치한 기계실

선지분석

다음의 항목은 바닥면적에 산입하지 아니한다.
① 층고가 1.5m(경사진 형태의 지붕인 경우에는 1.8m) 이하인 다락
③ 공동주택의 필로티
④ 공동주택으로서 지상층에 설치한 기계실

99 ★★★

건축법령상 공동주택에 속하지 않는 것은?

① 기숙사
② 연립주택
③ 다가구주택
④ 다세대주택

해설

공동주택에 속하는 건축물에는 기숙사, 연립주택, 다세대주택, 아파트가 있다.

100 ★★★

주거지역 중 단독주택 중심의 양호한 주거환경을 보호하기 위하여 지정하는 지역은?

① 제1종 전용주거지역
② 제2종 전용주거지역
③ 제1종 일반주거지역
④ 제2종 일반주거지역

해설

단독주택 중심의 양호한 주거환경을 보호하기 위하여 필요한 지역은 제1종 전용주거지역이다.

선지분석

② 제2종 전용주거지역: 공동주택 중심의 양호한 주거환경을 보호하기 위하여 필요한 지역
③ 제1종 일반주거지역: 저층주택을 중심으로 편리한 주거환경을 조성하기 위하여 필요한 지역
④ 제2종 일반주거지역: 중층주택을 중심으로 편리한 주거환경을 조성하기 위하여 필요한 지역

정답 96 ③ 97 ② 98 ② 99 ③ 100 ①

2016년 | 제1회 기출문제

제1과목 건축계획

01 ★★☆
고대 로마건축에 관한 설명으로 옳지 않은 것은?
① 카라칼라 황제 욕장은 정사각형 안에 직사각형을 담은 배치를 취하였다.
② 바실리카 울피아는 신전 건축물로서 로마식의 광대한 내부 공간을 전형적으로 보여준다.
③ 콜로세움의 외벽은 도리스–이오니아–코린트 오더를 수직으로 중첩시키는 방식을 사용하였다.
④ 판테온은 거대한 돔을 얹은 로툰다와 대형 열주현관이라는 두 주된 구성 요소로 이루어진다.

해설
바실리카 울피아는 로마시대에 재판이나 집회 및 상업거래를 위해 사용된 건축물이다.

02 ★★★
공장건축의 레이아웃(Layout)에 관한 설명으로 옳지 않은 것은?
① 제품 중심의 레이아웃은 대량생산에 유리하며 생산성이 높다.
② 레이아웃이란 생산품의 특성에 따른 공장의 건축면적 결정 방식을 말한다.
③ 공정 중심의 레이아웃은 다종 소량생산으로 표준화가 행해지기 어려운 주문생산에 적합하다.
④ 고정식 레이아웃은 조선소와 같이 조립부품이 고정된 장소에 있고 사람과 기계를 이동시키며 작업을 행하는 방식이다.

해설
공장건축의 레이아웃은 공장의 여러 부분, 작업장 내의 기계설비, 작업자의 작업 구역, 자재나 제품을 두는 곳 등의 상호 위치 관계를 가리키는 것이다.
합격 POINT
레이아웃은 장래 공장 규모의 변화에 대응한 융통성이 있어야 한다.

03 ★☆☆
주택의 동선계획에 관한 설명으로 옳지 않은 것은?
① 동선은 가능한 한 굵고 짧게 한다.
② 동선의 형은 가능한 한 단순하게 한다.
③ 동선에는 공간이 필요하고 가구를 두지 않는다.
④ 화장실 등과 같이 사용빈도가 높은 공간은 동선을 길게 처리한다.

해설
화장실, 현관 등과 같이 사용빈도가 높은 공간은 동선을 짧게 처리한다.

04 ★☆☆
은행건축계획에 관한 설명으로 옳지 않은 것은?
① 고객이 지나는 동선은 되도록 짧게 한다.
② 아이들이 많은 지역에서는 주출입구를 회전문으로 하지 않는 것이 좋다.
③ 야간금고는 가능한 한 주출입구 근처에 위치하도록 하며 조명시설이 완비되도록 한다.
④ 경비 및 관리의 능률상 은행 내 출입은 주출입구 하나로 집약시키고 별도의 출입구는 설치하지 않는다.

해설
은행건축계획에서 고객의 출입구는 도난방지와 관리를 위해 1개소만 설치하는 것과는 별개로, 직원의 출입구를 따로 설치하는 것이 좋다.

정답 01 ② 02 ② 03 ④ 04 ④

05 ★★★

오토 바그너(Otto Wagner)가 주장한 근대건축의 설계지침 내용으로 옳지 않은 것은?

① 경제적인 구조
② 그리스 건축양식의 복원
③ 시공재료의 적당한 선택
④ 목적을 정확히 파악하고 완전히 충족시킬 것

해설
그리스와 로마의 건축양식을 복원하고 모방하는 것은 신고전주의 건축의 특징이다.

합격 POINT 오토 바그너 – 근대건축의 설계지침
1. 목적의 파악
2. 재료의 선택
3. 단순하고 경제적인 구조
4. 위와 같은 결과로 나타날 형태

06 ★★☆

다음 중 주거공간의 효율을 높이고, 데드 스페이스(Dead Space)를 줄이는 방법과 가장 거리가 먼 것은?

① 유닛 가구를 활용한다.
② 가구와 공간의 치수 체계를 통합한다.
③ 기능과 목적에 따라 독립된 실로 계획한다.
④ 침대, 계단 밑 등을 수납공간으로 활용한다.

해설
불필요한 공간인 데드 스페이스를 최소화 하는 방법과 기능과 목적에 따라 독립된 실을 계획하는 것은 다른 보기에 비해 관계가 적다.

07 ★☆☆

다음 중 사무소 건축의 기준층 평면형태의 결정 요소와 가장 거리가 먼 것은?

① 엘리베이터 대수
② 방화구획상 면적
③ 구조상 스팬의 한도
④ 자연광에 의한 조명한계

해설
사무소 건축의 기준층 규모 산정 시 고려사항
1. 구조상 스팬의 한계
2. 동선상의 거리
3. 자연광에 의한 조명 한계
4. 피난 시 최대 보행거리
5. 덕트, 배관, 배선 등 설비의 한계
6. 방화구획상 면적

08 ★☆☆

미술관 건축계획에 관한 설명으로 옳지 않은 것은?

① 미술관은 이용하기에 편리한 도심지에 위치하는 것이 좋다.
② 미술관의 연속순회 형식은 연속된 전시실의 한쪽복도에 의해서 각 실을 배치한 형식이다.
③ 디오라마 전시란 전시물을 부각시켜 관람객에게 현장감을 부여하는 입체적인 수법을 말한다.
④ 2층 이상의 층은 일반적으로 전시실로는 부적당하나 뉴욕 근대미술관은 이러한 개념을 타파하였다.

해설
연속된 전시실의 한쪽복도에 의해서 각 실을 배치한 형식은 갤러리 및 코리도 형식에 대한 설명이다.

합격 POINT 연속순회 형식
미술관의 전시실 순회 형식 중 많은 실을 순서별로 통해야 하고, 1실을 폐쇄할 경우 전체 동선이 막히게 되는 것이 연속순회 형식의 특징이다.

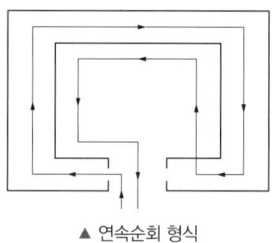

▲ 연속순회 형식

09 ★★★

학교 교사의 배치 형식 중 분산병렬형에 관한 설명으로 옳지 않은 것은?

① 구조계획이 간단하다.
② 일종의 핑거 플랜(Finger Plan)이다.
③ 교실의 환경 조건을 균등하게 할 수 없다는 단점이 있다.
④ 각 교사건축물 사이의 공간을 놀이터나 정원으로 이용할 수 있다.

해설
일조, 통풍 등 환경 조건이 불균등한 것은 폐쇄형의 특징이다.

합격 POINT 교사의 배치 형식

구분	폐쇄형	분산병렬형
형태	ㅁ자 평면	핑거플랜
장점	부지의 효율적 이용	• 일조, 통풍 등 환경 조건이 균등 • 구조 계획이 간단 • 건물 사이를 놀이터나 정원으로 이용
단점	• 화재 및 비상시 불리 • 일조, 통풍 등 환경 조건이 불균등 • 교사 주위 활용되지 않는 부분의 존재	• 넓은 부지가 필요

정답 05 ② 06 ③ 07 ① 08 ② 09 ③

10 ★★☆

도서관의 출납시스템 중 열람자는 직접 서가에 면하여 책의 체제나 표지 정도는 볼 수 있으나 내용을 보려면 관원에게 요구하여 대출 기록을 남긴 후 열람하는 형식은?

① 폐가식
② 반개가식
③ 안전개가식
④ 자유개가식

해설
반개가식에 대한 설명이다.

합격 POINT 도서관 출납시스템

구분	내용
폐가식	도서 목록을 보고 선택하여 관원에게 대출받는 형식
반개가식	서가에서 도서의 표지 정도는 볼 수 있지만 내용을 열람하고자 하는 경우에는 관원에게 대출을 요구하는 형식
자유개가식	서가에서 자유롭게 도서를 꺼내어 고르고 열람하는 형식
안전개가식	서가에서 자유롭게 도서를 꺼낼 수 있으나 열람석으로 가기 전에 관원의 검열을 받는 형식

11 ★★☆

클로즈드 시스템(Closed System)의 종합병원에서 외래진료부 계획에 관한 설명으로 옳지 않은 것은?

① 환자의 이용이 편리하도록 2층 이하에 두도록 한다.
② 부속 진료시설을 인접하게 하여 이용이 편리하게 한다.
③ 중앙주사실, 약국은 정면 출입구에서 멀리 떨어진 곳에 둔다.
④ 외과 계통 각 과는 1실에서 여러 환자를 볼 수 있도록 대실로 한다.

해설
중앙주사실, 회계, 약국 등은 정면 출입구 근처에 설치한다.

합격 POINT 클로즈드 시스템의 외래진료부
- 환자의 이용이 편리하도록 1층 또는 2층 이하에 둔다.
- 중앙주사실, 회계, 약국 등은 정면 출입구 근처에 설치한다.
- 내과는 소규모 진료실을 다수 설치한다.
- 외과는 1실에서 여러 환자를 볼 수 있도록 대실로 한다.
- 부속 진료시설을 인접하게 하여 이용이 편리하게 한다.

12 ★★☆

페리의 근린주구이론의 내용으로 옳지 않은 것은?

① 주민에게 적절한 서비스를 제공하는 1~2개소 이상의 상점가를 주요 도로의 결절점에 배치하여야 한다.
② 내부 가로망은 단지 내의 교통량을 원활히 처리하고 통과교통에 사용되지 않도록 계획되어야 한다.
③ 근린주구의 단위는 통과교통이 내부를 관통하지 않고 용이하게 우회할 수 있는 충분한 넓이의 간선도로에 의해 구획되어야 한다.
④ 근린주구는 하나의 중학교가 필요하게 되는 인구에 대응하는 규모를 가져야 하고, 그 물리적 크기는 인구밀도에 의해 결정되어야 한다.

해설
페리의 근린주구이론은 초등학교 한 곳을 필요로 하는 인구가 적당하다.

13 ★☆☆

사무소 건축의 실단위 계획 중 개방식 배치에 관한 설명으로 옳은 것은?

① 독립성과 쾌적감의 이점이 있다.
② 조명은 자연채광만으로 이루어지며 별도의 인공조명은 필요 없다.
③ 방 길이에는 변화를 줄 수 있으나 방 깊이에는 변화를 줄 수 없다.
④ 개방식 배치에 있어 불리한 점은 소음으로, 소음경감에 대한 고려가 필요하다.

선지분석
① 소음이 크고 독립성이 떨어진다.
② 자연채광에 별도의 인공조명이 필요하다.
③ 방의 길이나 깊이에 변화를 줄 수 있다.

14 ★★★

르 코르뷔지에(Le Corbusier)가 주장한 건축 5대 원칙에 속하지 않는 것은?

① 필로티
② 모듈러
③ 옥상정원
④ 자유로운 평면

해설
모듈러는 해당하지 않는다.

합격 POINT 르 코르뷔지에 근대건축 5대 원칙
- 필로티
- 옥상정원
- 가로로 긴 창(연속적인 수평창)
- 자유로운 입면
- 자유로운 평면

정답 10 ② 11 ③ 12 ④ 13 ④ 14 ②

15 ★☆☆
사무소 건축의 엘리베이터 계획에 관한 설명으로 옳지 않은 것은?

① 군 관리운전의 경우 동일 군 내의 서비스 층은 같게 한다.
② 승객의 층별 대기시간은 평균 운전간격 이하가 되게 한다.
③ 실내 공간의 확장을 용이하게 할 수 있도록 건축물의 한쪽 끝에 설치한다.
④ 초고층, 대규모 빌딩인 경우는 서비스 그룹을 분할(조닝)하는 것을 검토한다.

해설
서비스를 균일하게 이용할 수 있도록 건축물 중심부에 설치하는 것이 좋다.

16 ★★☆
호텔의 건축계획에 관한 설명으로 옳지 않은 것은?

① 객실의 크기는 대지나 건물의 형태에 영향을 받지 않는다.
② 기준층의 객실 수는 기준층의 면적이나 기둥 간격의 구조적인 문제에 영향을 받는다.
③ 로비는 퍼블릭 스페이스의 중심으로 휴식, 면회, 담화, 독서 등 다목적으로 사용되는 공간이다.
④ 주식당(Main Dining Room)은 숙박객 및 외래객을 대상으로 하며 외래객이 편리하게 이용할 수 있도록 출입구를 별도로 설치한다.

해설
객실의 크기는 대지나 건물의 형태에 영향을 받는다.

17 ★☆☆
공동주택단지 안의 도로의 설계속도는 최대 얼마 이하가 되도록 하여야 하는가?

① 10km/h
② 15km/h
③ 20km/h
④ 30km/h

해설
주택단지 안의 도로는 유선형 도로로 설계하거나 도로 노면의 요철(凹凸) 포장 또는 과속방지턱의 설치 등을 통하여 도로의 설계속도가 20km/h 이하가 되도록 하여야 한다.

18 ★☆☆
장애인·노인·임산부 등을 위한 편의시설은 매개시설, 내부시설, 위생시설, 안내시설 등으로 구분할 수 있다. 다음 중 매개시설에 속하는 것은?

① 점자블록
② 장애인전용 주차구역
③ 장애인 등의 통행이 가능한 복도
④ 시각 및 청각장애인 경보·피난설비

선지분석
① 안내시설
③ 내부시설
④ 안내시설

합격 POINT 매개시설
- 장애인 등의 통행이 가능한 접근로(주출입구 접근로)
- 장애인전용 주차구역
- 높이 차이가 제거된 건축물 출입구(주출입구 높이 차이 제거)

19 ★★★
다음은 객석의 가시거리에 관한 설명이다. ( ) 안에 알맞은 것은?

> 연극 등을 감상하는 경우 연기자의 표정을 읽을 수 있는 가시한계는 (㉠) 정도이다. 그러나 실제적으로 극장에서는 잘 보여야 되는 동시에 많은 관객을 수용해야 하므로 (㉡)까지를 제1차 허용 한도로 한다.

① ㉠ 10m, ㉡ 22m
② ㉠ 15m, ㉡ 22m
③ ㉠ 10m, ㉡ 25m
④ ㉠ 15m, ㉡ 25m

해설
- 생리적 한도(15m): 연기자의 표정이나 동작을 자세히 감상할 수 있는 거리
- 제1차 허용한도(22m): 가능한 많은 관객을 수용하기 위한 적당한 거리
- 제2차 허용한도(35m): 배우의 일반적인 동작만 보이면 지장이 없는 거리

정답 15 ③ 16 ① 17 ③ 18 ② 19 ②

20 ★★★

한식주택과 양식주택에 관한 설명으로 옳지 않은 것은?

① 양식주택은 입식생활이며, 한식주택은 좌식생활이다.
② 양식주택의 실은 단일용도이며, 한식주택의 실은 혼용도이다.
③ 양식주택은 실의 위치별 분화이며, 한식주택은 실의 기능별 분화이다.
④ 양식주택의 가구는 주요한 내용물이며, 한식주택의 가구는 부차적 존재이다.

해설
양식주택은 실의 기능별 분화이며, 한식주택은 실의 위치별 분화이다.

합격 POINT 한식주택과 양식주택의 실의 구분
- 한식주택: 실의 위치별 구분(안방, 건너방, 사랑방 등)
- 양식주택: 실의 기능별 구분(거실, 식당, 침실 등)

제2과목 건축시공

21 ★★★

건축물의 터파기 공사 시 실시하는 계측의 항목과 계측기를 연결한 것으로 옳지 않은 것은?

① 지하수의 수압 – 트랜싯
② 흙막이벽의 측압, 수동토압 – 토압계
③ 흙막이벽의 중간부 변형 – 경사계
④ 흙막이벽의 응력 – 변형계

해설
지하수의 수압 계측기는 피에조미터(Piezo meter)이다. 트랜싯(Transit)은 지상의 기울기를 측정하는 계측기이다.

22 ★★☆

도료의 원료로 사용되는 천연수지에 해당되지 않는 것은?

① 로진(Rosin)
② 셸락(Shellac)
③ 코펄(Copal)
④ 알키드 수지(Alkyd Resin)

해설
알키드 수지(Alkyd Resin)는 열경화성 합성수지이다.

23 ★★☆

콘크리트 시공 시 진동다짐에 관한 설명으로 옳지 않은 것은?

① 진동의 효과는 봉의 직경, 진동수 등에 따라 다르다.
② 안정되어 엉기거나 굳기 시작한 콘크리트라도 콘크리트의 표면에 페이스트가 얇게 떠오를 때까지 진동기를 사용하여야 한다.
③ 진동기를 인발할 때에는 진동을 주면서 천천히 뽑아 콘크리트에 구멍을 남기지 말아야 한다.
④ 고강도 콘크리트에서는 고주파 내부진동기가 효과적이다.

해설
안정되어 엉기거나 굳기 시작한 콘크리에는 진동기를 사용하지 않는다.

24 ★★★

토공사를 수행할 경우 주의해야 할 현상으로 가장 거리가 먼 것은?

① 파이핑(Piping)   ② 보일링(Boiling)
③ 그라우팅(Grouting)   ④ 히빙(Heaving)

해설
그라우팅(Grouting)은 지반공간에 시멘트풀을 압입하여 지반개량이나 용수를 방지하는 공법이다.

합격 POINT 토공사의 흙막이벽 공사에서 발생하는 현상

구분	내용
히빙(Heaving)	시트 파일 등의 흙막이벽 좌측과 우측의 토압차로써 흙막이 일부의 흙이 재하하중 등의 영향으로 기초파기하는 공사장 안으로 흙막이벽 밑을 돌아서 미끄러져 올라오는 현상이다.
보일링(Boiling)	모래질 지반에서 흙막이벽을 설치하고 기초파기 할 때의 흙막이벽 뒷면 수위가 높아져 지하수가 흙막이벽을 돌아서 지하수가 모래와 같이 솟아오르는 현상이다.
파이핑(Piping)	흙막이벽의 부실공사로서 흙막이벽의 뚫린 구멍 또는 이음새를 통하여 물이 공사장 내부바닥으로 스며드는 현상이다.

정답 20 ③ 21 ① 22 ④ 23 ② 24 ③

25 ★★☆

보통 창유리의 특성 중 투과에 관한 설명으로 옳지 않은 것은?

① 투사각 0도일 때 투명하고 청결한 창유리는 약 90%의 광선을 투과한다.
② 보통의 창유리는 많은 양의 자외선을 투과시키는 편이다.
③ 보통 창유리도 먼지가 부착되거나 오염되면 투과율이 현저하게 감소한다.
④ 광선의 파장이 길고 짧음에 따라 투과율이 다르게 된다.

해설
보통의 창유리는 자외선 투과율이 낮다.
자외선이 50~90% 이상 통과되며 일산화철을 함유한 유리는 자외선 투과유리이다.

26 ★★☆

벽돌쌓기 공사에 관한 설명으로 옳지 않은 것은?

① 가로 및 세로줄눈의 너비는 도면 또는 공사시방서에 정한 바가 없을 때에는 20mm를 표준으로 한다.
② 벽돌쌓기는 도면 또는 공사시방서에서 정한 바가 없을 때에는 영식 쌓기 또는 화란식 쌓기로 한다.
③ 세로줄눈의 모르타르는 벽돌 마구리면에 충분히 발라 쌓도록 한다.
④ 하루의 쌓기 높이는 1.2m(18켜 정도)를 표준으로 하고, 최대 1.5m(22켜 정도) 이하로 한다.

해설
가로 및 세로줄눈의 너비는 도면 또는 공사시방서에 정한 바가 없을 때에는 10mm를 표준으로 한다.

27 ★★☆

백화현상에 대한 설명으로 옳지 않은 것은?

① 시멘트는 수산화칼슘의 주성분인 생석회(CaO)의 다량 공급원으로서 백화의 주된 요인이다.
② 백화현상은 미장 표면뿐만 아니라 벽돌벽체, 타일 및 착색 시멘트 제품 등의 표면에도 발생한다.
③ 겨울철보다 여름철의 높은 온도에서 백화 발생 빈도가 높다.
④ 배합수 중에 용해되는 가용 성분이 시멘트 경화체의 표면건조 후 나타나는 현상을 백화라 한다.

해설
백화현상은 저온, 그늘진 곳에서 잘 발생하므로 여름철보다 겨울철에 발생빈도가 높다.

합격 POINT ▶ 백화현상
벽 표면에서 침투하는 빗물에 의해 모르타르의 석회분이 공기 중의 탄산가스와 결합하여 흰가루가 스며나오는 현상이다.

28 ★★☆

콘크리트의 배합에 관한 설명으로 옳지 않은 것은?

① 일반적으로 굵은 골재의 최대치수가 클수록 잔골재율을 작게 할 수 있다.
② 잔골재율은 소요의 워커빌리티가 얻어지는 범위 내에서 단위 수량이 가능한 한 작게 되도록 시험비빔에 의해 결정한다.
③ 단위수량이 동일하면 골재량이나 시멘트량의 근소한 변화는 슬럼프에 그다지 영향을 주지 않는다.
④ 강도 및 슬럼프가 동일하면 실적률이 큰 굵은 골재를 사용할수록 단위수량이 많아진다.

해설
강도 및 슬럼프가 동일하면 실적률이 큰 굵은 골재 사용 시 공극률이 작아지므로 단위수량이 적어진다.

합격 POINT ▶ 실적률
용기를 골재로 채울 시 용기의 용적에 대한 골재의 절대 용적을 백분율(%)로 나타낸 값이다.
- 실적률(%) = 100 − 공극률(%)

29 ★★★

8개월간 공사하는 어느 공사 현장에 필요한 시멘트량이 2,397포이다. 이 공사 현장에 필요한 시멘트 창고면적으로 적당한 것은? (단, 쌓기 단수는 13단)

① $24.6m^2$ ② $54.2m^2$
③ $73.8m^2$ ④ $98.5m^2$

해설
시멘트 창고 면적$(A) = 0.4 \times \dfrac{\text{시멘트 포대수}(N)}{\text{쌓기단수}(n)}$

$= 0.4 \times \dfrac{799}{13} ≒ 24.6m^2$

(2,397포는 1,800초과이므로 시멘트 포대수(N)는 1/3을 적용한 799포이다.)

합격 POINT ▶ 시멘트 창고 면적

$A = 0.4 \times \dfrac{N}{n}$

여기서, n: 쌓기단수(최대 13단)
N: 시멘트 포대수

※ 시멘트 포대수 N 산정

포대수	N
600포 미만	쌓기 포대수 전량
600포 이상~1,800포 이하	600포
1,800포대 초과	1/3만 적용

정답 25 ② 26 ① 27 ③ 28 ④ 29 ①

30 ★☆☆

입찰참가 사전자격심사(Pre-Qualification)에 관한 설명으로 옳지 않은 것은?

① 공사입찰 시 참가자의 기술능력, 관리 및 경영상태 등을 종합 평가한다.
② 공사입찰 시 입찰자로 하여금 산출내역서를 제출하도록 한 입찰제도이다.
③ 댐, 지하철, 고속도로 등의 토목 대형 공사에 주로 적용된다.
④ 부실공사를 방지하기 위한 수단이다.

해설
산출내역서는 본계약 시 제출한다.

합격 POINT
건설공사의 입찰순서
입찰통지 → 현장설명 → 입찰 → 개찰 → 낙찰 → 계약
PQ(Pre-Qualification, 사전자격심사)
입찰 전 참가자의 기술능력, 재무상태, 시공경험 등을 종합적으로 심사하여 공사이행능력을 갖춘 자에게만 입찰참가자격을 부여하는 제도이다.

31 ★★★

아스팔트 방수공사에 관한 설명 중 옳지 않은 것은?

① 아스팔트의 용융 중에는 최소한 30분에 1회 정도로 온도를 측정하며, 접착력 저하 방지를 위하여 200℃ 이하가 되지 않도록 한다.
② 한랭지에서 사용되는 아스팔트는 침입도 지수가 적은 것이 좋다.
③ 지붕방수에는 침입도가 크고 연화점(軟化點)이 높은 것을 사용한다.
④ 아스팔트 용융솥은 가능한 한 시공장소와 근접한 곳에 설치한다.

해설
한랭지에서 사용되는 아스팔트는 침입도 지수가 큰 것을 사용한다.

합격 POINT 침입도
아스팔트의 경도를 나타내는 것으로 25℃에서 100g 추가 5초 동안 바늘을 누를 때 0.1mm 들어가는 것을 침입도 1이라 한다.

32 ★☆☆

철골부재의 공장제작 시 대략적인 작업순서를 옳게 나열한 것은?

① 원척도 → 본뜨기 → 금매김 → 절단 및 가공 → 구멍뚫기 → 가조립 → 본조립 → 검사
② 본뜨기 → 원척도 → 금매김 → 절단 및 가공 → 구멍뚫기 → 가조립 → 본조립 → 검사
③ 원척도 → 금매김 → 본뜨기 → 절단 및 가공 → 구멍뚫기 → 가조립 → 본조립 → 검사
④ 원척도 → 본뜨기 → 금매김 → 구멍뚫기 → 절단 및 가공 → 가조립 → 본조립 → 검사

해설
철골부재의 공장제작 작업순서
원척도 → 본뜨기 → 변형 바로잡기 → 금매김 → 절단 → 구멍뚫기 → 가조립 → 본조립 → 검사 → 녹막이칠 → 운반

33 ★★★

점토질 연약지반의 탈수공법으로 적합하지 않은 것은?

① 샌드 드레인(Sand Drain) 공법
② 생석회 말뚝(Chemico Pile) 공법
③ 페이퍼 드레인(Paper Drain) 공법
④ 웰 포인트(Well Point) 공법

해설
웰 포인트(Well Point) 공법은 사질지반에서 인접 건축물과 토류판 사이에 케이싱 파이프를 삽입하여 지하수를 배수하는 지반개량공법이다.

34 ★☆☆

벽돌벽 내쌓기에서 내쌓을 수 있는 총 길이의 한도는?

① 2.0B ② 1.0B
③ 1/2B ④ 1/4B

해설
벽체에 방화벽 설치나 마루 틀을 높이기 위해 처마부분을 가릴 때 내밀어 쌓는 방식이다. 한 켜당 1/8B 또는 두 켜당 1/4B, 내미는 정도는 2.0B를 한도로 한다.

정답 30 ② 31 ② 32 ① 33 ④ 34 ①

35 ★★☆

사무실 용도의 건물에서 철골구조의 슬래브 바닥재로 일반적으로 사용되는 것은?

① 데크 플레이트 ② 커버 플레이트
③ 거싯 플레이트 ④ 베이스 플레이트

해설
데크 플레이트(Deck plate)는 철골공사 시 바닥슬래브를 타설하기 전에 철골보 위에 설치하여 바닥판 등으로 사용하는 절곡된 얇은 판이다.

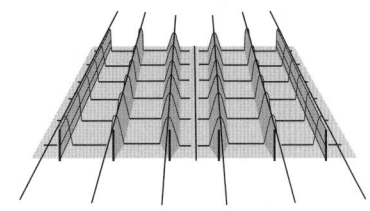

36 ★★★

통합품질관리 TQC(Total Quality Control)를 위한 도구에 관한 설명으로 옳지 않은 것은?

① 파레토도란 층별 요인이나 특성에 대한 불량점유율을 나타낸 그림으로서 가로축에는 층별 요인이나 특성을, 세로축에는 불량건수나 불량손실금액 등을 표시하여 그 점유율을 나타낸 불량해석도이다.
② 특성요인도란 문제로 하고 있는 특성 요인 간의 관계, 요인 간의 상호관계를 쉽게 이해할 수 있도록 화살표를 이용하여 나타낸 그림이다.
③ 히스토그램이란 모집단에 대한 품질특성을 알기 위하여 모집단의 분포상태, 분포의 중심위치, 분포의 산포 등을 쉽게 파악할 수 있도록 막대그래프 형식으로 작성한 도수분포도를 말한다.
④ 관리도란 통계적 요인이나 특성에 대한 두 변량 간의 상관관계를 파악하기 위한 그림으로서 두 변량을 각각 가로축과 세로축에 취하여 측정값을 타점하여 작성한다.

해설
④은 관리도가 아닌 산점도에 대한 설명이다.

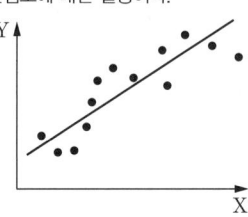

합격 POINT 종합적 품질관리(TQC)의 7가지 도구

구분	내용
히스토그램	데이터가 어떠한 분포를 하고 있는지를 막대그래프로 작성한 그림
특성요인도	결과에 대하여 원인이 어떻게 관계하고 있는지 한눈에 알아볼 수 있도록 작성한 그림
파레토도	불량, 고장, 결점 등 발생건수를 원인과 형상별로 분류하여 크기 순서대로 나열해 놓은 그림
체크시트	계수값 데이터가 분류 항목별 집중도를 알아볼 수 있도록 작성한 것
층별	집단을 구성하고 있는 데이터를 특성에 따라 부분 집단으로 나누는 것
산점도	대응되는 2개의 짝으로 된 데이터를 그래프상에 점으로 나타낸 것
각종 그래프	작성 목적을 명확히 쉽게 파악할 수 있도록 표현한 그래프

37 ★★★

바깥방수와 비교한 안방수의 특징에 관한 설명으로 옳지 않은 것은?

① 공사가 간단하다.
② 공사비가 비교적 싸다.
③ 보호누름이 없어도 무방하다.
④ 수압이 작은 곳에 이용된다.

해설
바깥방수와 달리 안방수는 보호누름이 필요하다.

합격 POINT 안방수와 바깥방수와의 비교

구분	안방수	바깥방수
사용환경	비교적 수압이 적은 지하실에 적당하다.	수압에 상관없이 할 수 있다.
바탕만들기	따로 만들 필요가 없다.	따로 만들어야 한다.
공사시기	자유로 선택할 수 있다.	본공사에 선행해야 한다.
공사 용이성	간단하다.	상당한 난점이 있다.
경제성(공사비)	비교적 싸다.	비교적 고가이다.
내수압성	작다.	크다.
보호누름	필요하다.	없어도 무방하다.
하자보수	쉽다.	어렵다.

정답 35 ① 36 ④ 37 ③

38 ★★☆

유리를 연화점(500~600℃)에 가깝게 가열하고 양면에 냉기를 불어 넣고 급랭시켜 표면에 압축, 내부에 인장력을 도입한 유리는?

① 망입유리 ② 강화유리
③ 형판유리 ④ 물유리

해설
강화유리는 고열에 의한 특수유리로 강도가 일반유리의 3~5배이다.

39 ★★☆

공사계약제도 중 공사관리방식(CM)의 단계별 업무내용 중 비용의 분석 및 VE 기법의 도입 시 가장 효과적인 단계는?

① Pre-Design 단계(기획단계)
② Design 단계(설계단계)
③ Pre-Construction 단계(입찰·발주단계)
④ Construction 단계(시공단계)

해설
CM의 단계별 업무내용

단계	내용
Pre-Design 단계 (기획단계)	사업구상, 사업의 타당성 검토 및 사업수행의 구체적 계획 수립
Design 단계 (설계단계)	비용의 분석 및 VE기법의 도입, 대안공법의 검토
Pre-Construction 단계 (입찰·발주단계)	공사발주, 시공업자 선정
Construction 단계 (시공단계)	원가관리, 시공관리, 공사관리 등의 단계
Post-Construction 단계 (준공 후 단계)	유지관리

40 ★★☆

목재의 접착제로 활용되는 수지로 가장 거리가 먼 것은?

① 요소수지 ② 멜라민수지
③ 폴리스티렌수지 ④ 페놀수지

해설
폴리스티렌수지는 합성수지 중 건축물의 천장재, 블라인드 등을 만드는 열가소성 수지로 무색 투명하고 내수성, 내약품성이 크다.

제3과목 건축구조

41 ★★☆

그림과 같은 기둥단면이 300mm×300mm인 사각형 단주에서 기둥에 발생하는 최대압축응력은? (단, 부재의 재질은 균등한 것으로 본다.)

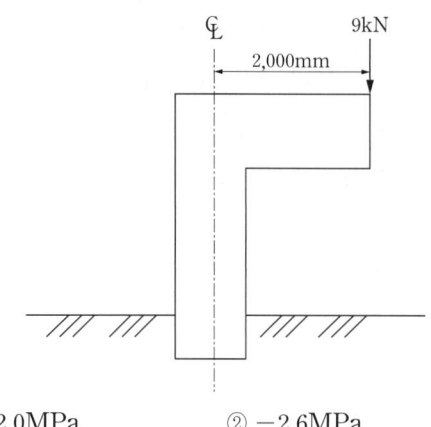

① −2.0MPa ② −2.6MPa
③ −3.1MPa ④ −4.1MPa

해설
편심압축응력을 구하는 공식은 다음과 같다.

$$\sigma = \sigma_c + \sigma_{bz} = -\frac{P}{A} \mp \frac{M}{Z}$$

여기서, P: 하중, A: 기둥 단면적, M: 모멘트, Z: 기둥의 단면계수(직사각형 $Z = \frac{bh^2}{6}$)

$$\therefore \sigma = -\frac{9 \times 10^3}{300 \times 300} - \frac{9 \times 10^3 \times 2{,}000}{\frac{300^3}{6}} = -4.1\text{MPa}$$

42 ★☆☆

철근콘크리트 독립기초를 설계할 때 수직압력만 받도록 하기 위한 방법으로 가장 효과적인 것은?

① 기초판의 크기를 증가시킨다.
② 기초판의 두께를 증가시킨다.
③ 기초 위 주각을 연결하는 지중보의 크기를 증가시킨다.
④ 기초 위 기둥단면의 크기를 증가시킨다.

해설
지중보는 기초의 주각부를 연결하는 수평보로서 기초와 기초를 연결하여 주각부의 강성을 증대시키고, 지진에 대한 저항과 건축물의 부등침하를 억제하는 효과가 있다. 또 기초에 중심축하중을 유도하는 기능을 하기 때문에 독립기초를 설계할 수직압력만 받도록 하기 위한 방법으로 가장 효과적이다.

정답 38 ② 39 ② 40 ③ 41 ④ 42 ③

43 ★★★

폭 $b=250mm$, 높이 $h=500mm$인 직사각형 콘크리트 보 부재의 균열모멘트 M_{cr}은? (단, 경량콘크리트계수 $\lambda=1$, $f_{ck}=24MPa$)

① 8.3kN·m ② 16.4kN·m
③ 24.5kN·m ④ 32.2kN·m

해설

균열모멘트 $M_{cr}=0.63\lambda\sqrt{f_{ck}}\times\dfrac{bh^2}{6}=0.63\times1\times\sqrt{24}\times\dfrac{250\times500^2}{6}$
$\fallingdotseq 32.15\times10^6 N\cdot mm=32.15 kN\cdot m$

합격 POINT 균열모멘트

$M_{cr}=f_r\times Z=0.63\lambda\sqrt{f_{ck}}\times\dfrac{bh^2}{6}$

여기서 f_r(콘크리트 파괴계수)$=0.63\lambda\sqrt{f_{ck}}$, Z: 단면계수,
f_{ck}: 콘크리트 압축강도, b: 부재폭, h: 부재높이

44 ★☆☆

정방향 단면의 크기가 120mm×120mm이고, 길이가 3m인 기둥의 세장비는 약 얼마인가?

① 67 ② 76
③ 87 ④ 95

해설

문제의 조건에 지지단에 대한 언급이 없으면 유효좌굴길이 계수 $K=1.0$을 적용한다.

$\therefore \lambda=\dfrac{KL}{r}=\dfrac{KL}{\sqrt{\dfrac{I}{A}}}=\dfrac{(1.0)(3\times10^3)}{\sqrt{\dfrac{(120)(120^3)}{12}/(120\times120)}}\fallingdotseq 86.60\fallingdotseq 87$

45 ★★★

강구조에서 기초 콘크리트에 매입되어, 주각부의 이동을 방지하는 역할을 하는 것은?

① 턴 버클 ② 클립 앵글
③ 앵커 볼트 ④ 사이드 앵글

해설

기초 콘크리트에 매입되며 주각부의 이동을 방지하는 것은 앵커 볼트이다.

합격 POINT 주각부

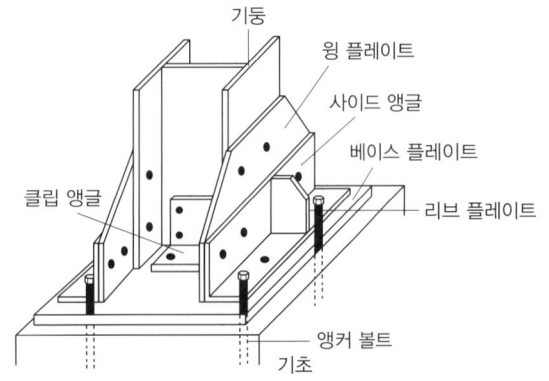

46 ★★★

다음 그림과 같은 띠철근 기둥의 설계축하중(ϕP_n)값으로 옳은 것은? (단, $f_{ck}=24MPa$, $f_y=400MPa$, 주근 단면적 (A_{st}): 3,000mm²임)

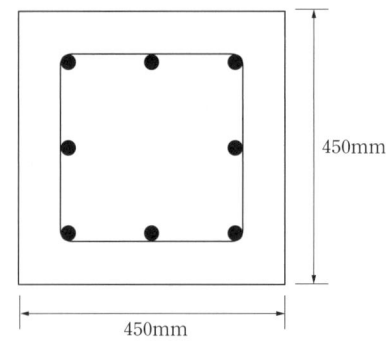

① 2,740kN ② 2,952kN
③ 3,335kN ④ 3,359kN

해설

기둥의 설계축하중: 기둥의 단면을 구성하고 있는 콘크리트와 철근이 부담할 수 있는 축하중을 합산하여 강도감소계수를 곱한 것이다.

$\phi P_n=\phi\times0.80\times P_0$
$=\phi\times0.80\times(0.85\times f_{ck}\times(A_g-A_{st})+(f_y\cdot A_{st}))$
$=0.65\times0.80\times(0.85\times24\times(450^2-3,000)+(400\times3,000))$
$=2,740,296N=2,740.296kN$

(여기서, 띠철근의 강도감소계수(ϕ): 0.65)

47 ★★★

강도설계법에서 압축이형철근 D22의 기본정착길이는? (단, $f_{ck}=24MPa$, $f_y=400MPa$, 경량콘크리트계수 $\lambda=1$)

① 400mm ② 450mm
③ 500mm ④ 550mm

해설

압축이형철근의 기본정착길이 l_{db}는 다음 중 큰 값 이상이 되어야 한다.

$l_{db}=\dfrac{0.25\cdot d_b\cdot f_y}{\lambda\cdot\sqrt{f_{ck}}}$	$l_{db}=0.043 d_b f_y$

- f_{ck}: 콘크리트 압축강도
- d_b: 철근의 지름
- f_y: 철근의 항복강도
- λ: 경량콘크리트계수(1.0)

1. $l_{db}=\dfrac{0.25\times22\times400}{(1.0)\times\sqrt{24}}\fallingdotseq 449.07mm$

2. $l_{db}=0.043\times22\times400=378.4mm$

$\therefore l_{db}\geq 449.07mm$

정답 43 ④ 44 ③ 45 ③ 46 ① 47 ②

48
다음 구조물의 부정정 차수는? ★☆☆

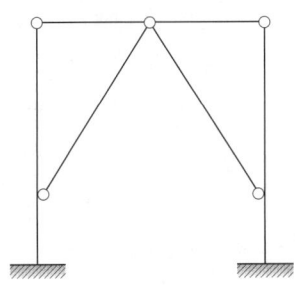

① 1차 부정정 ② 2차 부정정
③ 3차 부정정 ④ 4차 부정정

해설
$N = r + m + k - 2j$ 공식 이용
∴ $N = 6 + 8 + 2 - 2 \times 7 = 2$
따라서, 2차 부정정 구조물이다.

49
강구조에 사용되는 고력볼트 M24 표준구멍의 직경으로 옳은 것은? ★★☆

① 26mm ② 27mm
③ 28mm ④ 30mm

해설
M24이므로 표준구멍의 직경은 3mm를 더한 27mm이다.

합격 POINT 표준구멍의 직경
고장력볼트 호칭직경에 여유폭을 더한 값이다.
1. M16~22: 호칭직경 +2mm
2. M24~30: 호칭직경 +3mm

50
다음 그림과 같은 캔틸레버보에서 집중하중 P가 작용할 때 C점의 처짐의 크기는? (단, 보의 EI는 일정한값) ★☆☆

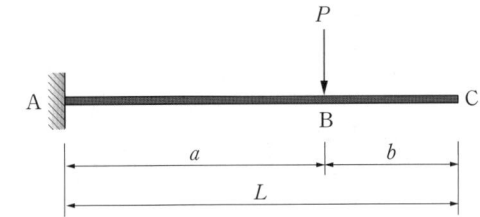

① $\dfrac{Pa^2\left(b+\dfrac{2a}{3}\right)}{2EI}$ ② $\dfrac{Pa}{2EI}$

③ $\dfrac{Pa}{EI}$ ④ $\dfrac{Pa\left(b+\dfrac{2a}{3}\right)}{2EI}$

해설
처짐 $\delta = \dfrac{M'}{EI}$ (M': 처짐을 구하려는 위치의 모멘트)

C점 $M' = Pa \times a \times \dfrac{1}{2} \times \left(b + \dfrac{2}{3} \times a\right) = \dfrac{Pa^2\left(b + \dfrac{2a}{3}\right)}{2}$

∴ $\delta_C = \dfrac{\dfrac{Pa^2\left(b+\dfrac{2a}{3}\right)}{2}}{EI} = \dfrac{Pa^2\left(b+\dfrac{2a}{3}\right)}{2EI}$

51
다음 그림과 같은 H형강 단면의 핵 면적을 구하면? ★☆☆

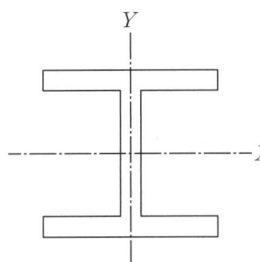

- $H - 200 \times 200 \times 8 \times 12$
- $A_s = 6{,}350 mm^2$
- $I_x = 4.72 \times 10^7 mm^4$
- $I_y = 1.60 \times 10^7 mm^4$

① $932.47 mm^2$ ② $1{,}864.93 mm^2$
③ $2{,}797.40 mm^2$ ④ $3{,}745.81 mm^2$

해설
핵 면적을 구하기 위해선 먼저 편심거리(e_x, e_y)를 알아야 한다.

$e_x = \dfrac{r_y^2}{x} = \dfrac{\dfrac{I_y}{A}}{x} = \dfrac{\dfrac{(1.60 \times 10^7)}{(6{,}350)}}{(100)} ≒ 25.1969 mm$

$e_y = \dfrac{r_x^2}{y} = \dfrac{\dfrac{I_x}{A}}{y} = \dfrac{\dfrac{(4.72 \times 10^7)}{(6{,}350)}}{(100)} ≒ 74.3307 mm$

핵 면적을 구하는 식은 다음과 같다.

$\left(\dfrac{1}{2} \cdot e_x \cdot e_y\right) \times 4$
$= \left(\dfrac{1}{2}(25.1969)(74.3307)\right) \times 4 ≒ 3{,}745.81 mm^2$

정답 48 ② 49 ② 50 ① 51 ④

52 ★★☆

그림과 같은 양단 고정보에서 B단의 휨모멘트 값은?

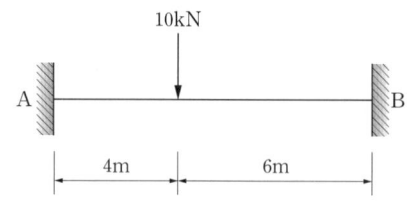

① 2.4kN·m ② 9.6kN·m
③ 14.4kN·m ④ 24.8kN·m

해설

양단 고정보에서 양 끝단의 휨모멘트의 경우 다음 그림과 같다.

B단의 휨모멘트 $M_B = \dfrac{Pa^2b}{L^2}$ 이므로

$M_B = \dfrac{10\text{kN} \times (4\text{m})^2 \times 6\text{m}}{(10\text{m})^2} = 9.6\text{kN}\cdot\text{m}$

합격 POINT 양단 고정보 휨모멘트

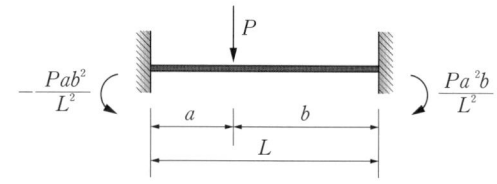

53 ★☆☆

각형 강관 □-250×250×6을 사용한 충전형 합성기둥의 강재비와 폭두께비는? (단, $A_s = 5{,}763\text{mm}^2$)

① 강재비 : 0.092, 폭두께비 : 40
② 강재비 : 0.092, 폭두께비 : 38
③ 강재비 : 0.098, 폭두께비 : 40
④ 강재비 : 0.098, 폭두께비 : 38

해설

강재비: $\rho_s = \dfrac{A_s}{A_g} = \dfrac{5{,}763}{250 \times 250} ≒ 0.0922$

폭두께비: $\dfrac{b}{t} = \dfrac{250 - 2 \times 6}{6} ≒ 39.67$

54 ★☆☆

우리나라에서 지진구역계수를 결정하는 지진위험도 기준은?

① 2,400년 재현주기 지진 ② 1,000년 재현주기 지진
③ 100년 재현주기 지진 ④ 500년 재현주기 지진

해설

지진구역계수(Seismic zone factor): 지진구역 I과 지진구역 II의 기반암 상에서 평균재현주기 500년 지진의 유효수평지반가속도를 중력가속도 단위로 표현한 값이다.

※ 과거 기준에서는 평균재현주기 2,400년 기준으로는 I구역 구역계수 0.22, II 구역 구역계수 0.14이였으나, 개정 기준에는 평균재현주기 500년을 기준으로 I구역 0.11, II 구역 0.07로 제시되고 있다.

55 ★★☆

보 폭은 400mm, 한 쪽으로 내민 플랜지 두께는 150mm, 보의 경간은 9m, 인접 보와의 내측 거리 3m인 경우, 슬래브와 보가 일체로 타설된 반T형 보의 유효폭은?

① 1,000mm ② 1,150mm
③ 1,300mm ④ 1,900mm

해설

반T형 보의 유효폭은 다음 중 최소값으로 정한다.
1. $6t_f + b_w = 6(150) + 400 = 1{,}300\text{mm}$
2. (인접 보와의 내측거리/2) + b_w
 = (3,000/2) + 400 = 1,900mm
3. (보 경간(span)/12) + b_w
 = (9,000/12) + 400 = 1,150mm

따라서 반T형 보의 유효폭은 1,150mm이다.

56 ★☆☆

그림과 같은 래티스보에서 $V = 3\text{kN}$일 때 웨브재의 축방향력은?

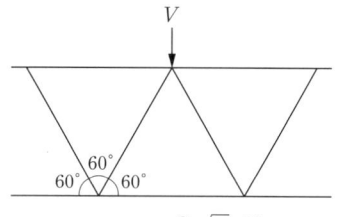

① 1.5kN ② $\sqrt{3}$kN
③ 2.0kN ④ 3.0kN

해설

절점법을 통해 축방향력(F)를 구한다.

$\sum V = 0;$
$-3 - (2F \cdot \cos 30°) = 0$
$\therefore F = -\dfrac{3}{2\cos 30°} = -\dfrac{3}{2} \times \dfrac{2}{\sqrt{3}} = -\sqrt{3}\text{kN}(압축)$

정답 52 ② 53 ① 54 ④ 55 ② 56 ②

57 ★★★

철근콘크리트 단근보에서 균형철근비를 계산한 결과 $\rho_b=0.039$이었다. 최대 철근비는? (단, $E=200,000\text{MPa}$, $f_y=400\text{MPa}$, $f_{ck}=24\text{MPa}$임)

① 0.01863 ② 0.02256
③ 0.02607 ④ 0.02831

해설

$f_y=400\text{MPa}$일 경우

$\rho_{\max}=0.726\rho_b=0.726\times0.039=0.028314$

합격 POINT ▶ 최대 철근비

철근 항복강도(f_y)	최소 허용변형률($\varepsilon_{t,\min}$)	최대 철근비($\rho_{\max}$)
300MPa	0.004	$0.658\rho_b$
350Mpa	0.004	$0.692\rho_b$
400MPa	0.004	$0.726\rho_b$
500MPa	$0.005(2\varepsilon_y)$	$0.699\rho_b$

※ 콘크리트 구조 휨 및 압축 설계기준이 개정되어 문제를 수정하였습니다.

58 ★★☆

그림과 같은 단면의 주축(主軸)으로 옳지 않은 것은?

①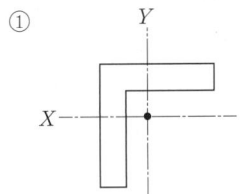
②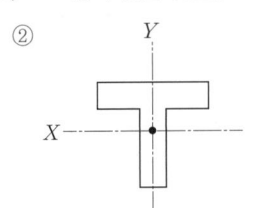
③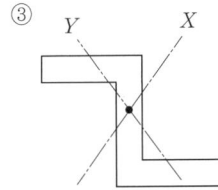
④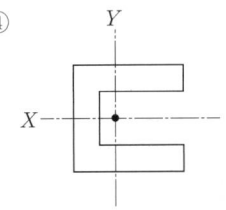

해설

L형강 단면의 주축은 다음과 같다.

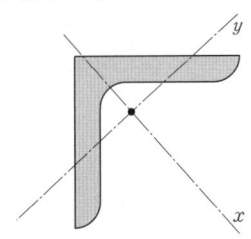

59 ★★☆

다음 그림은 각 구간에서 직선적으로 변화하는 단순보의 모멘트도이다. C점과 D점에 동일한 힘 P_1이 작용하고 보의 중앙점 E에 P_2가 작용할 때 P_1과 P_2의 절댓값은?

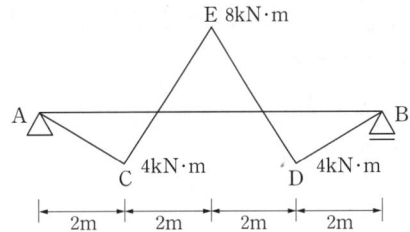

① $P_1=4\text{kN}$, $P_2=6\text{kN}$
② $P_1=4\text{kN}$, $P_2=8\text{kN}$
③ $P_1=8\text{kN}$, $P_2=10\text{kN}$
④ $P_1=8\text{kN}$, $P_2=12\text{kN}$

해설

휨모멘트를 미분하면 전단력이며, 전단력을 미분하면 하중이 된다. 따라서 역으로 해석하려면 적분한다.

1. C점의 휨모멘트로 A지점 반력 구하기
   $V_A\times2=4\text{kN}\cdot\text{m}\to V_A=2\text{kN}$
2. E점의 휨모멘트로 하중 P_1 구하기
   $V_A\times4+P_1\times2=-8\text{kN}\cdot\text{m}$
   $\therefore P_1=-8\text{kN}$
3. D점의 휨모멘트로 하중 P_2 구하기
   $V_A\times6+P_1\times4+P_2\times2=4\text{kN}\cdot\text{m}$
   $\therefore P_2=12\text{kN}$

60 ★★☆

활하중의 영향면적에 대해 옳게 설명한 것은?

① 기둥 및 기초에서는 부하면적의 6배
② 보에서는 부하면적의 5배
③ 캔틸레버 부분은 영향면적에 단순 합산
④ 슬래브에서는 부하면적의 2배

해설

부하면적 중 캔틸레버 부분은 영향면적에 단순 합산이다.

선지분석

① 기둥 및 기초에서는 부하면적의 4배
② 보에서는 부하면적의 2배
④ 슬래브에서는 부하면적의 1배

정답 57 ④ 58 ① 59 ④ 60 ③

제4과목 건축설비

61 ★★☆

조명을 요하는 면적을 A, 사용램프의 전광속을 F, 조명률을 U, 보수율을 M, 평균조도를 E라고 할 때, 평균조도의 산정식으로 옳은 것은?

① $E = \dfrac{F \times U \times A}{M}$

② $E = \dfrac{F \times U \times M}{A}$

③ $E = \dfrac{F \times U}{A \times M}$

④ $E = \dfrac{A \times M}{F \times U}$

해설

조도(E) = 전광속(F) × 조명률(U) × 보수율(M) ÷ 면적(A)

합격 POINT 소요평균조도 공식

$$E = \dfrac{N \cdot F \cdot U \cdot M}{A}$$

- E: 조도(lx)
- N: 광원의 수(개)
- F: 광속(lm)
- U: 조명률
- M: 보수율(유지율)
- A: 면적(m²)

62 ★★☆

증기난방과 비교한 온수난방의 특징으로 옳지 않은 것은?

① 열용량이 크다.
② 예열부하가 적다.
③ 용량제어가 용이하다.
④ 배관 부식의 우려가 적다.

해설

온수난방은 예열부하가 크다.

합격 POINT 온수난방의 장단점

장점	• 난방부하의 변동에 따른 온도조절이 용이함 • 방열기 표면온도가 낮아 화상을 입을 우려가 없음 • 보일러 취급이 용이함 • 증기난방에 비해 관의 부식이 적음 • 스팀해머(Steam hammer)가 생기지 않아 소음이 없음
단점	• 증기난방에 비해 방열면적이 크므로 설비비가 고가 • 공기의 정체에 의한 순환 저해의 가능성 있음 • 예열시간이 긺 • 한랭 시 난방을 정지하는 경우 동결 우려 • 온수순환시간이 긺

63 ★★★

옥내소화전설비에 관한 설명으로 옳지 않은 것은?

① 옥내소화전 방수구는 바닥으로부터의 높이가 1.5m 이하가 되도록 설치한다.
② 옥내소화전설비의 송수구는 소방차가 쉽게 접근할 수 있는 잘 보이는 장소에 설치한다.
③ 전동기에 따른 펌프를 이용하는 가압송수장치를 설치하는 경우, 펌프는 전용으로 하는 것이 원칙이다.
④ 당해 층의 옥내소화전을 동시에 사용할 경우 각 소화전의 노즐선단에서의 방수압력은 최소 0.7MPa 이상이 되어야 한다.

해설

특정소방대상물의 어느 층에 있어서도 해당 층의 옥내소화전(5개 이상 설치된 경우에는 5개의 옥내소화전)을 동시에 사용할 경우 각 소화전의 노즐선단에서의 방수압력이 0.17MPa 이상이고, 방수량이 130L/min 이상이 되는 성능의 것으로 한다.

64 ★★★

엘리베이터의 조작방식 중 무운전원방식으로 다음과 같은 특징을 갖는 것은?

> 승객 스스로 운전하는 전자동 엘리베이터로, 승강장으로부터의 호출 신호로 기동, 정지를 이루는 조작방식이며, 누른 순서에 상관없이 각 호출에 응하여 자동적으로 정지한다.

① 단식자동방식
② 카 스위치 방식
③ 승합전자동방식
④ 시그널 컨트롤 방식

해설

승합전자동방식은 승객 스스로 운전하는 전자동 엘리베이터로, 누른 순서에 관계없이 각 호출에 따른다.

선지분석

① 단식 자동방식: 승객 스스로 운전하며, 승강장의 호출에 의해 시동, 정지하는 방식으로, 운전 중 다른 호출은 운전 종료 시까지 받지 않는다.
② 카 스위치 방식: 운전원 조작반의 핸들로 시동, 정지를 조작하는 방식이다.
④ 시그널 컨트롤 방식: 시동은 운전원 조작반의 핸들로 하고, 정지는 조작반이 목적층 버튼을 누르거나 승강장의 호출 신호에 의해 층의 순서대로 자동 정지하는 방식이다.

정답 61 ② 62 ② 63 ④ 64 ③

65 ★★☆
공기조화방식 중 전공기 방식에 속하지 않는 것은?

① 이중덕트방식
② 팬코일유닛방식
③ 멀티존유닛방식
④ 변풍량 단일덕트방식

해설
팬코일유닛방식은 전수방식이다.

합격 POINT 공기조화방식의 분류

열원방식	시스템 명칭
전공기방식	정풍량 단일덕트방식, 변풍량 단일덕트방식, 이중덕트방식, 멀티존유닛방식, 각층 유닛방식
공기·수방식	덕트병용 팬코일유닛방식, 유인(인덕션)유닛방식, 복사냉난방방식
전수방식	팬코일유닛방식
냉매방식	룸에어컨, 패키지유닛방식(중앙식), 패키지유닛방식(터미널유닛식)

66 ★☆☆
전선의 굵기 결정 요소에 속하지 않는 것은?

① 전압강하
② 기계적 강도
③ 전선의 허용전류
④ 전선 외곽의 보호관 굵기

해설
전선의 굵기는 전압강하, 기계적 강도, 전선의 허용전류 등을 고려하여 결정한다.

67 ★☆☆
다음 중 일반적으로 사용이 금지되는 트랩에 속하지 않는 것은?

① 2중 트랩
② 격벽 트랩
③ 수봉식 트랩
④ 가동부분이 있는 트랩

해설
수봉식 트랩은 봉수를 담는 트랩으로 일반적으로 사용한다.
2중 트랩, 격벽 트랩, 가동부분이 있는 트랩, 보틀트랩은 봉수의 흐름이 원활하지 못하므로 사용을 금지한다.

68 ★☆☆
벽체의 열관류율 계산에 고려되지 않는 것은?

① 실내복사열
② 재료의 두께
③ 공기층의 열저항
④ 재료의 열전도율

해설
벽체의 열관류율 계산에서 실내복사열과는 관련이 없다.

합격 POINT 벽체의 열관류율

$$K = \frac{1}{\frac{1}{a_i} + \sum \frac{d}{\lambda} + \frac{1}{a_o} + \gamma_a}$$

- K : 열관류율(W/m²·K)
- a_i : 내표면 열전달률(W/m²·K)
- d : 재료의 두께(m)
- λ : 재료의 열전도율(W/m·K)
- a_o : 외표면 열전달률(W/m²·K)
- γ_a : (공기층이 있을 경우) 공기층의 열저항

69 ★★☆
건물·시설 등에서 발생하는 오수를 다시 처리하여 생활용수·공업용수 등으로 재이용하는 시설로 정의되는 것은?

① 중수도
② 하수관거
③ 배수설비
④ 개인하수도

해설
중수도란 오수를 버리지 않고 처리하여 인체와 접촉이 없는 용도로 재이용하는 시설을 말한다.
하수관거는 오수와 우수를 하수처리장, 방류지역으로 운반하는 배수관로를 말한다.

정답 65 ② 66 ④ 67 ③ 68 ① 69 ①

70 ★★★

다음과 같은 조건에 있는 양수펌프의 축동력은?

- 양수량: 490L/min
- 전양정: 30m
- 펌프의 효율: 60%

① 약 3kW ② 약 4kW
③ 약 5kW ④ 약 6kW

해설

펌프의 축동력 $= \dfrac{W \cdot Q \cdot H}{6{,}120E}$

$= \dfrac{1{,}000\text{kg/m}^3 \times 0.49\text{m}^3/\text{min} \times 30\text{m}}{6{,}120 \times 0.6}$

$\fallingdotseq 4.003 \fallingdotseq 4\text{kW}$

W: 물의 단위용적중량(=1,000kg/m³), Q: 양수량(m³/min), H: 펌프의 전양정(m), E: 펌프효율(%)

※ $1\text{L} = 10^{-3}\text{m}^3$, $1\text{kW} = 6{,}120\text{kg} \cdot \text{m/min}$

71 ★★★

35°C의 공기 300m³와 27°C의 공기 700m³를 단열혼합하였을 경우, 혼합공기의 온도는?

① 28.2°C ② 29.4°C
③ 30.6°C ④ 32.6°C

해설

$(300+700)\text{m}^3/\text{h} \times x°\text{C} = 300\text{m}^3 \times 35°\text{C} + 700\text{m}^3 \times 27°\text{C}$

$\therefore x = \dfrac{(300 \times 35) + (700 \times 27)}{(300+700)} = 29.4°\text{C}$

합격 POINT 혼합공기의 온도

$(Q_1 + Q_2) \times t_3 = (Q_1 \times t_1) + (Q_2 \times t_2)$

- Q_1, Q_2: 혼합 전의 공기량
- t_1, t_2: 혼합 전의 공기 온도
- t_3: 혼합 후의 공기 온도

72 ★☆☆

에스컬레이터의 안전장치에 속하지 않는 것은?

① 리타이어링 캠   ② 비상정지스위치
③ 구동체인 안전장치 ④ 핸드레일 인입안전장치

해설

엘리베이터의 케이지 문과 승차장 문은 리타이어링 캠(닫힘 및 잠금장치)에 의하여 열고 닫힌다.

선지분석

② 비상정지스위치: 비상시 에스컬레이터 또는 수평보행기를 정지시키기 위한 안전장치
③ 구동체인 안전장치: 구동체인이 파손될 때 즉시 모터의 작동을 정지시켜 주는 안전장치
④ 핸드레일 인입안전장치: 핸드레일 인입구에 이물질이 들어가는 것을 방지하는 장치로, 손 또는 이물질이 끼었을 경우 즉시 작동되어 에스컬레이터를 정지시키는 안전장치

73 ★★★

10Ω의 저항 10개를 직렬로 접속할 때의 합성 저항은 병렬로 접속할 때의 합성저항의 몇 배가 되는가?

① 5배   ② 10배
③ 50배 ④ 100배

해설

- 직렬로 접속할 때의 합성저항

$R = R_1 + R_2 + R_3 + \cdots + R_{10} = 10 \times 10 = 100\Omega$

- 병렬로 접속할 때의 합성저항

$R = \dfrac{1}{\left(\dfrac{1}{R_1} + \dfrac{1}{R_2} + \dfrac{1}{R_3} + \cdots + \dfrac{1}{R_{10}}\right)}$

$= \dfrac{1}{\left(\dfrac{1}{10} + \dfrac{1}{10} + \dfrac{1}{10} + \cdots + \dfrac{1}{10}\right)} = \dfrac{1}{\dfrac{10}{10}} = 1\Omega$

$\therefore \dfrac{\text{직렬로 접속할 때의 합성저항}}{\text{병렬로 접속할 때의 합성저항}} = \dfrac{100\Omega}{1\Omega} = 100$배

74 ★★★

습공기의 엔탈피를 가장 올바르게 표현한 것은?

① 공기 1m³의 중량
② 건공기에 포함된 수증기의 중량
③ 건공기와 수증기에 포함된 열량
④ 공기 중의 수분량과 포화수증기량의 비율

해설

습공기의 엔탈피는 건공기의 엔탈피와 습공기의 엔탈피를 더한 값이다.

75 ★★☆

전기설비의 전압 구분에서 고압의 범위 기준으로 옳은 것은? (단, 교류의 경우)

① 1,000V 이상
② 1,500V 이상
③ 1,000V 초과 7,000V 이하
④ 1,500V 초과 7,000V 이하

해설

고압의 전압 기준은 교류의 경우 1,000V 초과 7,000V 이하이다.

합격 POINT 교류와 직류의 전압구분

구분	교류	직류
저압	1,000V 이하	1,500V 이하
고압	1,000V 초과 7,000V 이하	1,500V 초과 7,000V 이하
특고압	7,000V 초과	7,000V 초과

정답 70 ② 71 ② 72 ① 73 ④ 74 ③ 75 ③

76 ★☆☆

급수설비에서 수격작용(워터 해머)에 관한 설명으로 옳지 않은 것은?

① 관경이 클수록 발생하기 쉽다.
② 굴곡 개소로 인해 발생하기 쉽다.
③ 유속이 빠를수록 발생하기 쉽다.
④ 플러시 밸브나 수전류를 급격히 열고 닫을 때 발생하기 쉽다.

해설
수격작용은 관경이 작을수록 발생하기 쉽다.
수격작용은 급수관 내 유속의 흐름을 급정지시키거나 정지된 물을 갑자기 흘려보낼 때 관 내에 압력차가 생겨 수압의 상승과 함께 배관을 망치로 치는 듯한 소음이 발생하는 현상이다.

합격 POINT 수격작용의 원인
- 플러시 밸브나 수전류를 급격히 열거나 닫을 때
- 관경이 작을 때
- 관 내의 유속이 빠를 때
- 배관에 굴곡부가 많을수록 발생

77 ★★★

액화천연가스(LNG)에 관한 설명으로 옳지 않은 것은?

① 공기보다 가볍다.
② 무공해, 무독성이다.
③ 프로필렌, 부탄, 에탄이 주성분이다.
④ 대규모의 저장시설을 필요로 하며, 공급은 배관을 통하여 이루어진다.

해설
액화천연가스(LNG)의 주성분은 메탄(CH_4)이다.

합격 POINT 액화천연가스(LNG; Liquefied Natural Gas)
- 메탄(CH_4)이 주성분이다.
- 공기보다 가벼워 누설되어도 공기 중에 흡수되어 안전성이 높다.
- 가스경보기는 천장에서 30cm 아래에 설치한다.
- 발열량이 크고, 무공해이다.
- 배관을 통하여 공급하기 때문에 대규모 저장시설이 필요하다.

78 ★☆☆

각종 보일러에 관한 설명으로 옳은 것은?

① 관류 보일러는 보유수량이 많아 예열시간이 길다.
② 주철제 보일러는 사용 내압이 높아 고압용으로 주로 사용되며 용량도 크다.
③ 수관 보일러는 소용량으로 소규모 건물에 적합하며 지역난방으로는 사용이 불가능하다.
④ 노통연관 보일러는 부하 변동에 잘 적응되며, 보유수면이 넓어서 급수용량 제어가 쉽다.

해설
노통연관 보일러는 보유 수량이 많아 부하변동에도 안정적이다.

선지분석
① 관류 보일러는 보유 수량이 적다.
② 주철제 보일러는 내압력이 낮아 중·소규모 건물에 사용된다.
③ 수관 보일러는 고압·고온형에 알맞으며, 고압증기를 대량으로 사용하는 대규모 건축물에 적합하다.

79 ★★★

실내 공기의 탄산가스 함유량을 0.1%로 유지하는데 필요한 환기량은? (단, 실내 발생 탄산가스량은 51L/h, 외기의 탄산가스 함유량은 0.03%이다.)

① 약 23m³/h   ② 약 35m³/h
③ 약 43m³/h   ④ 약 73m³/h

해설
$$Q = \frac{K}{P_i - P_o} = \frac{0.051 \text{m}^3/\text{h}}{(0.001 - 0.0003)} ≒ 72.86 ≒ 73\text{m}^3/\text{h}$$

Q: 환기량(m³/h), K: 발생량(m³/h), P_i: 허용농도(ppm), P_o: 외기가스농도(ppm)
※ $1L = 10^{-3}\text{m}^3$

80 ★★☆

건축화 조명 중 천장 전면에 광원 또는 조명기구를 배치하고, 발광면을 확산투과성 플라스틱 판이나 루버 등으로 전면을 가리는 조명방법은?

① 밸런스 조명   ② 광천장 조명
③ 코니스 조명   ④ 다운라이트 조명

해설
광천장 조명은 건축구조상 천장에 기구를 설치하고 그 밑에 루버와 확산투과 플라스틱판을 천장마감으로 설치한 방식으로, 천장 전면을 낮은 휘도로 빛나게 하는 방법이다.

정답 76 ① 77 ③ 78 ④ 79 ④ 80 ②

제5과목　건축관계법규

81 ★★☆

건축법령상 일반주거지역, 준주거지역, 상업지역 또는 준공업지역의 환경을 쾌적하게 조성하기 위하여 대지에 공개공지 또는 공개공간을 확보하여야 하는 대상 건축물에 속하지 않는 것은? (단, 건축 조례로 정하는 건축물 제외)

① 숙박시설로서 해당 용도로 쓰는 바닥면적의 합계가 5,000m² 이상인 건축물
② 의료시설로서 해당 용도로 쓰는 바닥면적의 합계가 5,000m² 이상인 건축물
③ 업무시설로서 해당 용도로 쓰는 바닥면적의 합계가 5,000m² 이상인 건축물
④ 종교시설로서 해당 용도로 쓰는 바닥면적의 합계가 5,000m² 이상인 건축물

해설
다음의 어느 하나에 해당하는 건축물의 대지에는 공개공지 또는 공개공간을 설치해야 한다.
- 문화 및 집회시설, 종교시설, 판매시설, 운수시설, 업무시설 및 숙박시설로서 해당 용도로 쓰는 바닥면적의 합계가 5,000m² 이상인 건축물
- 그 밖에 다중이 이용하는 시설로서 건축조례로 정하는 건축물

82 ★★☆

다음은 건축물에 설치하는 지하층의 구조 및 설비에 관한 기준 내용이다. ( ) 안에 알맞은 것은?

> 거실의 바닥면적이 ( ) 이상인 층에는 직통계단 외에 피난층 또는 지상으로 통하는 비상탈출구 및 환기통을 설치할 것. 다만, 직통계단이 2개소 이상 설치되어 있는 경우에는 그러하지 아니하다.

① 30m²　② 50m²
③ 80m²　④ 100m²

해설
거실의 바닥면적이 50m² 이상인 층에는 직통계단 외에 피난층 또는 지상으로 통하는 비상탈출구 및 환기통을 설치해야 한다. 다만, 직통계단이 2개소 이상 설치되어 있는 경우에는 그러하지 아니하다.

83 ★★☆

다음은 일조 등의 확보를 위한 건축물의 높이 제한에 관한 기준 내용이다. ( ) 안의 내용으로 옳은 것은?

> 전용주거지역과 일반주거지역에서 건축물을 건축하는 경우에는 건축물의 각 부분을 정북방향으로의 인접 대지경계선으로부터 다음의 범위에서 건축조례로 정하는 거리 이상을 띄어 건축하여야 한다.
> 1. 높이 10m 이하인 부분: 인접 대지경계선으로부터 (㉠) 이상
> 2. 높이 10m를 초과하는 부분: 인접 대지경계선으로부터 해당 건축물 각 부분 높이의 (㉡) 이상

① ㉠ 1m　② ㉠ 1.5m
③ ㉡ 3분의 1　④ ㉡ 3분의 2

해설
전용주거지역이나 일반주거지역에서 건축물을 건축하는 경우에는 건축물의 각 부분을 정북방향으로의 인접 대지경계선으로부터 다음의 거리 이상을 띄어 건축하여야 한다.
1. 높이 10m 이하인 부분: 인접 대지경계선으로부터 1.5m 이상
2. 높이 10m를 초과하는 부분: 인접 대지경계선으로부터 해당 건축물 각 부분 높이의 2분의 1 이상

84 ★★★

비상용 승강기의 승강장 및 승강로의 구조에 관한 기준 내용으로 옳지 않은 것은?

① 승강장은 각 층의 내부와 연결될 수 있도록 할 것
② 각 층으로부터 피난층까지 이르는 승강로는 단일구조로 연결하여 설치할 것
③ 옥내 승강장의 바닥면적은 비상용 승강기 1대에 대하여 6m² 이상으로 할 것
④ 피난층이 있는 승강장의 출입구로부터 도로 또는 공지에 이르는 거리가 50m 이하일 것

해설
피난층이 있는 승강장의 출입구로부터 도로 또는 공지에 이르는 거리가 30m 이하이어야 한다.

정답 81 ②　82 ②　83 ②　84 ④

85 ★★★
주차장법령상 건축 및 설치 시 부설주차장을 설치하지 않을 수 있는 시설물은?

① 종교시설 중 교회
② 종교시설 중 성당
③ 종교시설 중 사찰
④ 종교시설 중 수녀원

해설
종교시설 중 수도원·수녀원·제실 및 사당의 경우 부설주차장을 설치하지 않을 수 있다.

86 ★★☆
피난 용도로 쓸 수 있는 광장을 옥상에 설치하여야 하는 대상에 속하지 않는 것은?

① 5층 이상인 층이 종교시설의 용도로 쓰이는 경우
② 5층 이상인 층이 판매시설의 용도로 쓰이는 경우
③ 5층 이상인 층이 장례식장의 용도로 쓰이는 경우
④ 5층 이상인 층이 문화 및 집회시설 중 전시장의 용도로 쓰이는 경우

해설
5층 이상인 층이 제2종 근린생활시설 중 공연장·종교집회장·인터넷컴퓨터게임시설제공업소(바닥면적의 합계가 300m² 이상인 경우만 해당), 문화 및 집회시설(전시장, 동·식물원 제외), 종교시설, 판매시설, 위락시설 중 주점영업 또는 장례시설의 용도로 쓰는 경우에는 피난 용도로 쓸 수 있는 광장을 옥상에 설치하여야 한다.

87 ★★☆
주차장의 장애인전용 주차단위구획 기준으로 옳은 것은? (단, 평행주차형식 외의 경우)

① 너비 2.3m 이상, 길이 5m 이상
② 너비 2.3m 이상, 길이 6m 이상
③ 너비 3.3m 이상, 길이 5m 이상
④ 너비 3.3m 이상, 길이 6m 이상

해설
평행주차형식 외의 경우 주차단위구획은 다음과 같다.

구분	너비	길이
경형	2.0m 이상	3.6m 이상
일반형	2.5m 이상	5.0m 이상
확장형	2.6m 이상	5.2m 이상
장애인전용	3.3m 이상	5.0m 이상
이륜자동차전용	1.0m 이상	2.3m 이상

88 ★★★
건축물의 용도변경 시 분류된 시설군에 속하지 않는 것은?

① 영업시설군
② 공업시설군
③ 주거업무시설군
④ 문화 및 집회시설군

해설
건축법에 공시된 시설군의 분류는 다음과 같다.

1. 자동차 관련 시설군
2. 산업 등의 시설군
3. 전기통신시설군
4. 문화 및 집회시설군
5. 영업시설군
6. 교육 및 복지시설군
7. 근린생활시설군
8. 주거업무시설군
9. 그 밖의 시설군

89 ★★★
다음은 건축면적에 산입하지 아니하는 경우에 관한 기준 내용이다. ( ) 안에 알맞은 것은?

다음의 경우에는 건축면적에 산입하지 않는다.
지표면으로부터 (㉠) 이하에 있는 부분[창고 중 물품을 입출고하기 위하여 차량을 접안시키는 부분의 경우에는 지표면으로부터 (㉡) 이하에 있는 부분]

① ㉠ 1m, ㉡ 1.5m
② ㉠ 1m, ㉡ 2m
③ ㉠ 1.2m, ㉡ 1.5m
④ ㉠ 1.2m, ㉡ 2m

해설
지표면으로부터 1m 이하에 있는 부분(창고 중 물품을 입출고하기 위하여 차량을 접안시키는 부분의 경우에는 지표면으로부터 1.5m 이하에 있는 부분)은 건축면적에 산입하지 않는다.

90 ★★★
부설주차장을 설치하여야 하는 최소 규모(설치대수)의 크기 관계가 옳은 것은?

㉠ 시설면적이 600m²인 위락시설
㉡ 시설면적이 800m²인 숙박시설
㉢ 타석 수가 5타석인 골프연습장
㉣ 시설면적이 900m²인 판매시설

① ㉠=㉣>㉢>㉡
② ㉠>㉣=㉢>㉡
③ ㉢>㉣>㉠>㉡
④ ㉢>㉣=㉠>㉡

해설
㉠ 위락시설: 시설면적 100m²당 1대 ∴ 600m²의 경우 총 6대
㉡ 숙박시설: 시설면적 200m²당 1대 ∴ 800m²의 경우 총 4대
㉢ 골프연습장: 1타석당 1대 ∴ 5타석의 경우 총 5대
㉣ 판매시설: 시설면적 150m²당 1대 ∴ 900m²의 경우 총 6대

정답 85 ④　86 ④　87 ③　88 ②　89 ①　90 ①

91 ★☆☆
건축물로부터 바깥쪽으로 나가는 출구를 국토교통부령으로 정하는 기준에 따라 설치하여야 하는 대상 건축물에 속하지 않는 것은?

① 종교시설
② 의료시설 중 종합병원
③ 교육연구시설 중 학교
④ 문화 및 집회시설 중 관람장

해설
다음의 어느 하나에 해당하는 건축물에는 국토교통부령으로 정하는 기준에 따라 그 건축물로부터 바깥쪽으로 나가는 출구를 설치하여야 한다.
1. 제2종 근린생활시설 중 공연장·종교집회장·인터넷컴퓨터게임시설제공업소 (해당 용도로 쓰는 바닥면적의 합계가 각각 300m² 이상인 경우만 해당)
2. 문화 및 집회시설(전시장 및 동·식물원 제외)
3. 종교시설
4. 판매시설
5. 업무시설 중 국가 또는 지방자치단체의 청사
6. 위락시설
7. 연면적이 5,000m² 이상인 창고시설
8. 교육연구시설 중 학교
9. 장례시설
10. 승강기를 설치하여야 하는 건축물

92 ★★☆
건축허가신청에 필요한 설계도서에 속하지 않는 것은?

① 조감도
② 건축계획서
③ 배치도
④ 소방설비도

해설
건축허가신청에 필요한 설계도서로는 건축계획서, 배치도, 평면도, 입면도, 단면도, 구조도, 구조계산서, 소방설비도가 있다.

93 ★☆☆
다음 중 제1종 전용주거지역 안에서 건축할 수 있는 건축물에 속하지 않는 것은? (단, 도시·군계획 조례가 정하는 바에 의하여 건축할 수 있는 건축물 포함)

① 노유자시설
② 공동주택 중 아파트
③ 교육연구시설 중 고등학교
④ 제2종 근린생활시설 중 종교집회장

해설
제1종 전용주거지역 안에 건축할 수 있는 공동주택으로는 연립주택과 다세대주택이 있으며 아파트는 건축할 수 없다.

94 ★★☆
국토교통부령으로 정하는 기준에 따라 거실에 배연설비를 설치하여야 하는 대상 건축물에 속하지 않는 것은? (단, 6층 이상의 건축물)

① 의료시설
② 위락시설
③ 수련시설 중 유스호스텔
④ 교육연구시설 중 대학교

해설
6층 이상인 건축물로서 다음에 해당하는 건축물의 거실(피난층의 거실 제외)에는 배연설비를 해야 한다.

문화 및 집회시설, 종교시설, 판매시설, 운수시설, 의료시설(요양병원, 정신병원 제외), 교육연구시설 중 연구소, 노유자시설 중 아동 관련 시설, 노인복지시설(노인요양시설 제외), 수련시설 중 유스호스텔, 운동시설, 업무시설, 숙박시설, 위락시설, 관광휴게시설, 장례시설, 제2종 근린생활시설 중 공연장, 종교집회장, 인터넷컴퓨터게임시설제공업소 및 다중생활시설

95 ★★★
다음 중 도시·군관리계획에 포함되지 않는 것은?

① 도시개발사업이나 정비사업에 관한 계획
② 광역계획권의 장기발전방향을 제시하는 계획
③ 기반시설의 설치·정비 또는 개량에 관한 계획
④ 용도지역·용도지구의 지정 또는 변경에 관한 계획

해설
도시·군관리계획의 내용은 다음과 같다.
- 도시개발사업이나 정비사업에 관한 계획
- 기반시설의 설치·정비 또는 개량에 관한 계획
- 용도지역·용도지구의 지정 또는 변경에 관한 계획
- 개발제한구역, 도시자연공원구역, 시가화조정구역, 수산자원보호구역의 지정 또는 변경에 관한 계획
- 지구단위계획구역의 지정 또는 변경에 관한 계획과 지구단위계획
- 도시혁신구역의 지정 또는 변경에 관한 계획과 도시혁신계획
- 복합용도구역의 지정 또는 변경에 관한 계획과 복합용도계획
- 도시·군계획시설입체복합구역의 지정 또는 변경에 관한 계획

정답 91 ② 92 ① 93 ② 94 ④ 95 ②

96 ★☆☆

건축물의 옥상에 60m²의 옥상조경을 설치하고 대지에 100m²의 조경을 설치한 경우 조경면적으로 산정받을 수 있는 전체 조경면적은? (단, 이 건축물에 설치하여야 하는 조경면적은 100m²이다.)

① 130m² ② 140m²
③ 150m² ④ 160m²

해설
1. 옥상조경면적의 2/3를 지상조경면적으로 산정할 수 있다.
$$60m^2 \times \frac{2}{3} = 40m^2$$
2. 여기에 대지에 설치된 100m²를 더하면 전체조경면적을 산정할 수 있다.
∴ $40m^2 + 100m^2 = 140m^2$

합격 POINT 조경면적

전체조경면적		
지상조경면적	+	옥상조경면적 • 2/3만 인정 • 전체조경면적의 50% 초과 불가

97 ★★☆

건축물의 지하층에 비상탈출구를 설치하여야 하는 경우, 설치되는 비상탈출구에 관한 기준내용으로 옳지 않은 것은? (단, 주택이 아닌 경우)

① 비상탈출구의 유효너비는 0.75m 이상으로 할 것
② 비상탈출구의 유효높이는 1.5m 이상으로 할 것
③ 비상탈출구는 출입구로부터 3m 이상 떨어진 곳에 설치할 것
④ 비상탈출구의 문은 피난방향으로 열리도록 하고, 실내에서 비상시에만 열 수 있는 구조로 할 것

해설
비상탈출구의 문은 피난방향으로 열리도록 하고, 실내에서 항상 열 수 있는 구조로 하여야 하며, 내부 및 외부에는 비상탈출구의 표시를 해야 한다.

98 ★☆☆

국토의 계획 및 이용에 관한 법률상 용도지역에서의 용적률 기준이 옳지 않은 것은? (단, 도시지역의 경우)

① 주거지역: 500% 이하
② 상업지역: 1,200% 이하
③ 공업지역: 400% 이하
④ 녹지지역: 100% 이하

해설
상업지역의 용적률 최대한도 기준은 1,500% 이하이다.

99 ★★☆

건축법령상 아파트의 정의로 옳은 것은?

① 주택으로 쓰는 층수가 3개 층 이상인 주택
② 주택으로 쓰는 층수가 4개 층 이상인 주택
③ 주택으로 쓰는 층수가 5개 층 이상인 주택
④ 주택으로 쓰는 층수가 6개 층 이상인 주택

해설
건축법 시행령에 따른 아파트의 정의는 '주택으로 쓰는 층수가 5개 층 이상인 주택'이다.

100 ★☆☆

국토의 계획 및 이용에 관한 법률에 따른 용도지구의 종류에 속하지 않는 것은?

① 취락지구 ② 고도지구
③ 주차장정비지구 ④ 특정용도제한지구

해설
용도지구의 종류는 다음과 같다.

> 경관지구, 고도지구, 방화지구, 방재지구, 보호지구, 취락지구, 개발진흥지구, 특정용도제한지구, 복합용도지구, 그 밖에 대통령령으로 정하는 지구

정답 96 ② 97 ④ 98 ② 99 ③ 100 ③

2015년 | 제4회
건축구조·건축관계법규

제3과목   건축구조

41 ★★☆
연약지반에서 부동침하를 방지하는 대책으로 옳지 않은 것은?

① 건물을 경량화한다.
② 지하실을 강성체로 설치한다.
③ 줄기초와 마찰말뚝기초를 병용한다.
④ 건물의 구조강성을 높인다.

해설
연약지반에서 줄기초와 마찰말뚝기초의 병용 시 부동침하의 원인이 된다. 연약지반에서는 온통기초를 사용하는 것이 좋다.

합격 POINT 연약지반의 부동침하 방지대책
1. 상부구조: 건물의 경량화, 건물의 길이 제한, 인접건물과 이격, 건물의 중량 균등 분배
2. 하부구조: 경질 지반에 지지, 마찰말뚝 사용하고 서로 다른 종류의 말뚝 혼용을 금지, 지하실(온통기초) 설치, 지중보 또는 지하 연속벽 시공

42 ★☆☆
철근콘크리트 구조물 설계를 위해 선형탄성 구조해석을 수행한 결과, 보 단면에 다음과 같은 단면력이 계산되었다. 이 값을 사용해서 계수 휨모멘트를 구하면?

- 고정하중에 의한 모멘트 $M_D = 150 \text{kN} \cdot \text{m}$
- 활하중에 의한 모멘트 $M_L = 120 \text{kN} \cdot \text{m}$
- 풍하중에 의한 모멘트 $M_W = 60 \text{kN} \cdot \text{m}$

① 195kN·m   ② 210kN·m
③ 300kN·m   ④ 360kN·m

해설
풍하중(W)에 의한 하중조합 중 가장 큰 값을 사용한다.
$U = 1.2D + 1.0W + 1.0L$
 $= 1.2 \times 150 + 1.0 \times 60 + 1.0 \times 120 = 360 \text{kN} \cdot \text{m}$
$U = 1.2D + 0.5W$
 $= 1.2 \times 150 + 0.5 \times 60 = 210 \text{kN} \cdot \text{m}$
$U = 0.9D + 1.0W$
 $= 0.9 \times 150 + 1.0 \times 60 = 195 \text{kN} \cdot \text{m}$

43 ★☆☆
그림의 포물선 아치에서 중앙점(C)의 휨모멘트(M_C) 값으로 옳은 것은?

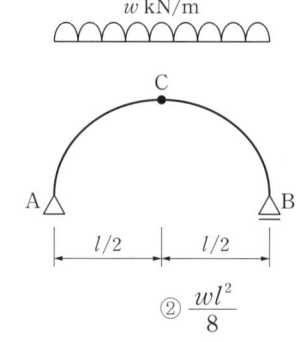

① $\dfrac{wl^2}{16}$ ② $\dfrac{wl^2}{8}$
③ $\dfrac{wl^2}{4}$ ④ 0

해설
하중과 경간이 대칭이다.
$\therefore V_A = V_B = + \dfrac{wl}{2} (\uparrow)$
$M_{C, Left} = \left[\left(\dfrac{wl}{2}\right)\left(\dfrac{l}{2}\right) - \left(\dfrac{wl}{2}\right)\left(\dfrac{l}{4}\right) \right] = \dfrac{wl^2}{8}$

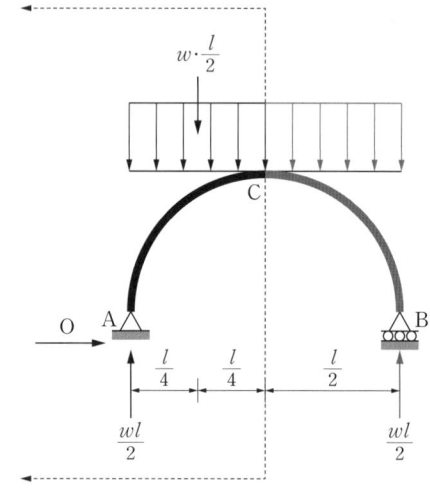

정답 41 ③   42 ④   43 ②

44 ★☆☆

그림과 같은 트러스가 절점 C 및 D에서 하중을 지지하고 있다. 이 트러스에서 응력이 발생하지 않는 부재는 어느 것인가?

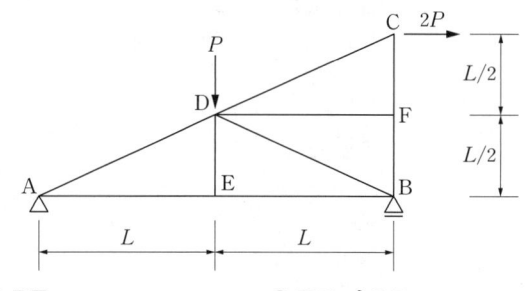

① DF
② DE 및 DB
③ DE 및 DF
④ DE, DB 및 DF

해설

절점 E와 F에서 3개의 부재가 모이고 그 중 2개가 동일 직선상에 있고 그 절점에 외력이 작용하지 않으므로 DE부재와 DF부재는 0부재이다.

합격 POINT 트러스에서 부재력이 0인 부재 조건

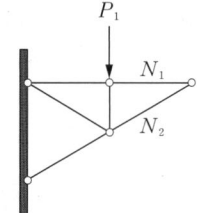

2개의 부재가 만나는 절점에 외력이 작용하지 않는 경우, 2개의 부재 모두 부재력은 0이다.

$N_1 = N_2 = 0$

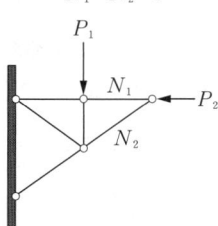

하나의 부재축과 나란하게 외력이 작용하는 경우, 다른 한 부재의 부재력은 0이다.

$N_1 = P_1,\ N_2 = 0$

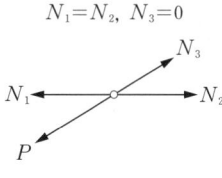

절점에 외력이 작용하지 않는 경우 동일 직선상에 놓여 있는 2개 부재의 부재력은 같고 다른 한 부재의 부재력은 0이다.

$N_1 = N_2,\ N_3 = 0$

절점에 외력이 작용할 때 그 외력이 부재와 일직선상에 나란하게 작용하면 그 부재의 부재력은 외력과 같다.

$N_1 = N_2,\ N_3 = P$

45 ★☆☆

다음 ( ) 안에 알맞은 숫자가 순서대로 옳게 짝지어진 것은?

> 현장타설 콘크리트말뚝을 배치할 때 그 중심간격은 말뚝머리 지름의 ( )배 이상 또한 말뚝머리 지름에 ( )mm를 더한 값 이상으로 한다.

① 2.5, 750
② 2.5, 1,000
③ 2.0, 750
④ 2.0, 1,000

해설

현장타설 콘크리트말뚝의 최소 간격은 2.0D 이상 또한 D+1,000mm 이상이다.

합격 POINT 말뚝 최소 간격 기준

※ D: 말뚝머리 지름

종류	최소 간격
나무말뚝	2.5D 이상, 600mm 이상
기성콘크리트말뚝	2.5D 이상, 750mm 이상
강재말뚝	2.0D 이상, 750mm 이상
현장타설 콘크리트말뚝	2.0D 이상, D+1,000mm 이상

정답 44 ③ 45 ④

46 ★☆☆

그림과 같은 보의 웨브에 발생하는 최대 전단응력도는? (단, 사용강재는 SS400, 단면 H-250×125×6×9이며, 횡좌굴이 일어나지 않도록 충분히 보강되었으며, 전단면적 산정 시 플랜지 두께는 제외함)

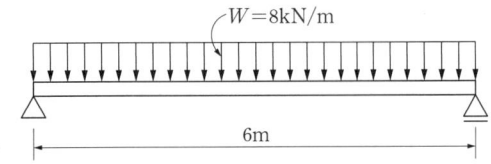

① 24.48MPa ② 17.24MPa
③ 14.67MPa ④ 9.82MPa

해설

사각형 단면의 임의 위치에서 전단응력은 $\tau = \dfrac{V \cdot Q}{I \cdot b}$ 이다.

여기서, V: 전단력(N), I: 중립축에 대한 단면2차모멘트(mm^4), b: 전단응력을 구하고자 하는 위치의 단면 폭(mm), Q: 전단응력을 구하고자 하는 외측 단면에 대한 중립축에서의 단면1차모멘트(mm^3)이다.

$b = 6mm$

$I = \dfrac{bh^3}{12} = \dfrac{(125)(250)^3 - (125-6)(250-9\times 2)^3}{12} \fallingdotseq 3.893 \times 10^7 mm^4$

$V_{max} = V_A = V_B = \dfrac{8 \times 6}{2} = 24kN$

H형강 단면의 최대전단응력은 단면의 중앙부에서 발생하므로

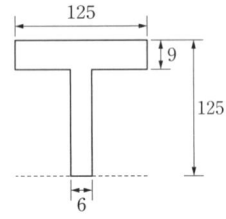

$Q = (125 \times 9)(125 - 4.5) + ((125-9) \times 6)(116 \div 2) = 175,930.5 mm^3$

$\therefore \tau = \dfrac{V \cdot Q}{I \cdot b} = \dfrac{(24 \times 10^3)(175,930.5)}{(3.893 \times 10^7)(6)} = 18.08 MPa$

평균전단응력은 계산된 위의 결과값에서 ±10% 이내 오차범위 안에 있는 17.24MPa이다.

47 ★★★

경간이 4m인 1방향 슬래브에서 양단연속일 경우 처짐을 계산하지 않은 슬래브의 최소 두께는?

① 112mm ② 125mm
③ 143mm ④ 156mm

해설

양단연속인 1방향 슬래브의 최소 두께는 $l/28$이므로 $\dfrac{4,000}{28} \fallingdotseq 142.86mm$이다.

합격 POINT 처짐을 계산하지 않는 경우 1방향 슬래브의 최소 두께

구분	최소 두께	구분	최소 두께
단순지지	$l/20$	양단연속	$l/28$
1단연속	$l/24$	캔틸레버	$l/10$

48 ★★★

그림과 같은 장방형 기둥에서 사용되는 띠철근의 최소 간격은? (단, 주철근=D19, 띠철근=D10)

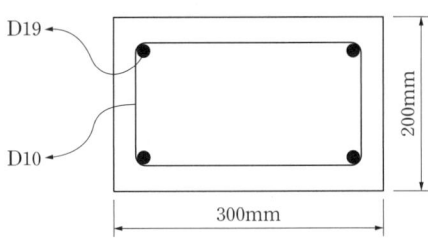

① 150mm ② 200mm
③ 300mm ④ 400mm

해설

띠철근의 수직간격은 다음 조건식 중 최소값을 사용한다.
※ 단, 200mm보다 좁을 필요는 없음

1. 축방향 철근 지름의 16배 이하: $19 \times 16 = 304mm$
2. 띠철근 지름의 48배 이하: $10 \times 48 = 480mm$
3. 기둥 단면 최소 치수의 $\dfrac{1}{2}$ 이하: $\dfrac{200}{2} = 100mm$

※ 띠철근의 수직간격은 200mm보다 좁을 필요가 없으므로 답은 200mm이다.

49 ★★☆

강도설계법을 근거로 그림과 같은 단근 직사각형 보의 최소 철근량을 구하면?(단, $f_{ck} = 21MPa$, $f_y = 400MPa$)

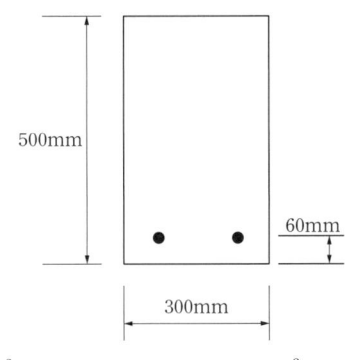

① 317mm² ② 354mm²
③ 420mm² ④ 504mm²

해설

휨부재의 최소철근량

$A_{s,min} = \dfrac{0.178\lambda\sqrt{f_{ck}}}{\phi f_y} \cdot bd$

$A_{s,min} = \dfrac{0.178(1.0)\sqrt{21}}{(0.85)(400)} \cdot (300)(440) \fallingdotseq 316.68mm^2$

∴ 보의 최소 철근량은 317mm²이다.

※ 강도감소계수(ϕ)의 경우, 인장지배단면(0.85)으로 가정
※ 보통중량콘크리트 $\lambda = 1.0$

정답 46 ② 47 ③ 48 ② 49 ①

50 ★★☆

철골기둥의 좌굴하중(Critical Buckling Load)을 계산하는데 직접적인 영향을 주지 않는 것은?

① 재료의 항복강도　② 재료의 탄성계수
③ 단면2차모멘트　　④ 유효좌굴길이

해설

좌굴하중 기본식

$P_{cr} = \dfrac{\pi^2 EI}{(KL)^2}$

- E: 탄성계수(강재의 경우 210,000MPa)
- I: 단면2차모멘트
- KL: 지지단 조건에 따른 유효좌굴길이

51 ★★★

밑면전단력 산정 시 활용되는 지진응답계수를 구성하는 4가지 항목과 가장 거리가 먼 것은?

① 반응수정계수　② 건물의 중요도계수
③ 건물의 유효중량　④ 건물의 고유주기

해설

밑면전단력 산정 시 활용되는 지진응답계수는 $C_s = \dfrac{S_{D1}}{\left[\dfrac{R}{I_E}\right] \cdot T}$ 이다.

여기서, S_{D1}: 주기 1초에서의 설계스펙트럼가속도, R: 반응수정계수, T: 건물의 고유주기, I_E: 건물의 중요도계수

52 ★★☆

다음 H형강($H-440 \times 300 \times 10 \times 20$) 단면의 전소성모멘트($M_p$)는 얼마인가?(단, $F_y = 330\text{MPa}$)

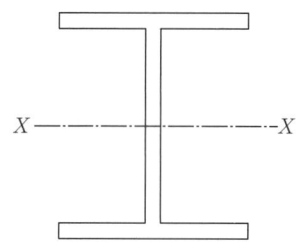

① 1,025kN·m　② 963.6kN·m
③ 700.8kN·m　④ 575kN·m

해설

소성단면계수(Z_p): 단면의 도심을 지나는 전체 단면적을 2등분하는 축에 대한 단면계수

$Z_P = A_c \cdot y_c + A_t \cdot y_t$
　$= 2 \times (300 \times 20 \times 210) + 2 \times (10 \times 200 \times 100)$
　$= 2.92 \times 10^6 \text{mm}^3$

여기서, A_c: 플랜지면적, y_c: 플랜지의 도심에서 연단까지의 거리,
　　　A_t: 웨브면적, y_t: 웨브의 도심에서 연단까지의 거리

소성모멘트

$M_p = F_y \cdot Z_p = 330 \times 2.92 \times 10^6 = 963.6 \text{kN} \cdot \text{m}$

53 ★☆☆

다음 그림과 같은 슬래브에서 직접설계법에 의한 설계모멘트를 결정하고자 한다. 화살표방향 패널 중 빗금 친 부분의 정적 모멘트 M_o를 구하면? (단, 등분포 고정하중 $w_D = 7.18\text{kPa}$, 등분포활하중 $w_L = 2.39\text{kPa}$이 작용하고 있으며 기둥의 단면은 $300 \times 300\text{mm}$이다.)

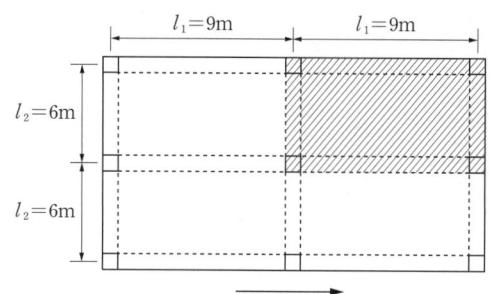

① 406.2 kN·m　② 506.2 kN·m
③ 706.2 kN·m　④ 806.2 kN·m

해설

등분포하중 환산

$w_u = 1.2 w_D + 1.6 w_L$
　$= 1.2 \times 7.18 + 1.6 \times 2.39$
　$= 12.44 \text{kPa} = 12.44 \text{kN/m}^2$

경간 환산

설계방향 순경간(l_n): $9 - (0.15 \times 2) = 8.7\text{m}$
설계방향의 직각방향 중심 경간(l_2): 6m

전체 정적 계수 모멘트 산정

$M_u = \dfrac{w_u l_2 (l_n)^2}{8} = \dfrac{12.44 \times 6 \times 8.7^2}{8} \fallingdotseq 706.188 \text{kN} \cdot \text{m}$

54 ★★☆

H형강을 사용한 길이 6m인 단순보에 5kN/m의 등분포하중 재하 시 최대 처짐량은? (단, $E_s = 206,000\text{MPa}$, $I_x = 4,720\text{cm}^4$, 좌굴의 영향은 없는 것으로 가정)

① 1.70mm　② 5.69mm
③ 8.68mm　④ 12.49mm

해설

단순보에 등분포하중이 작용하는 경우 최대 처짐은

$\delta_{\max} = \dfrac{5}{384} \cdot \dfrac{wL^4}{EI}$ 이다.

$\therefore \delta_{\max} = \dfrac{5}{384} \cdot \dfrac{(5)(6 \times 10^3)^4}{(206,000)(4,720 \times 10^4)} \fallingdotseq 8.678 \text{mm}$

정답 50 ①　51 ③　52 ②　53 ③　54 ③

55 ★☆☆

압축을 받는 이형철근의 기본정착길이(l_{db})가 420mm으로 계산되었다. 해석결과 요구되는 철근량보다 20%를 초과하여 배치한 경우 압축을 받는 이형철근의 정착길이(l_d)를 구하면?

① 320mm ② 350mm
③ 420mm ④ 504mm

해설

해석 결과 요구되는 철근량을 초과하여 배치한 경우 이형철근의 정착길이에는 기본정착길이에 $\left(\dfrac{\text{소요철근량}}{\text{배근철근량}}\right)$을 곱하여 보정한 값을 사용한다. 압축을 받는 이형철근의 기본정착길이가 420mm으로 계산되었다. 해석결과 요구되는 철근량보다 20%를 초과하여 배치하였으므로 보정해주어야 한다.

정착길이 $l_d =$ 기본정착길이 $l_{db} \times \left(\dfrac{\text{소요철근량}}{\text{배근철근량}}\right)$

$= 420 \times \dfrac{1}{1.2} = 350\text{mm}$

56 ★☆☆

다음 그림과 같은 모살용접 이음부의 설계강도를 구하고, 이 설계강도를 근거로 고정하중 $P_D = 40\text{kN}$, 활하중 $P_L = 30\text{kN}$이 작용하는 경우에 이음부의 안전성을 옳게 검토한 것은? (단, 강재는 SM490, $F_y = 325\text{MPa}$, $\phi = 0.9$)

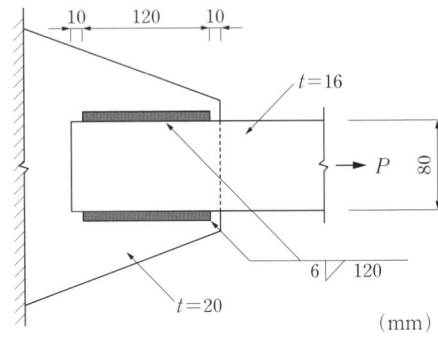

① 설계강도: 159.2kN, 검토결과: 안전
② 설계강도: 79.6kN, 검토결과: 안전
③ 설계강도: 159.2kN, 검토결과: 불안전
④ 설계강도: 79.6kN, 검토결과: 불안전

해설

1. 모살용접 이음부의 설계강도

   $\phi R_w = \phi F_w \cdot A_w$

   설계저항계수 $\phi = 0.9$

   용접공칭강도 $F_w = 0.6 F_y = 0.6 \times 325 = 195 \text{N/mm}^2$

   유효목두께 $a = 0.7S = 0.7 \times 6 = 4.2\text{mm}$

   유효용접길이 $L_e = (L - 2S) \times 2 = [120 - (2 \times 6)] \times 2 = 216\text{mm}$

   용접유효면적 $A_w = a \times L_e = 4.2 \times 216 = 907.2$

   ∴ 설계강도 $\phi R_w = 0.9 \times 195 \times 907.2 ≒ 159.2\text{kN}$

2. 모살용접 이음부의 안전성 검토

   $P_u = 1.2 P_D + 1.6 P_L = (1.2 \times 40) + (1.6 \times 30) = 96\text{kN}$

   $P_u = 96\text{kN} < 159.2\text{kN}$이므로 안전

57 ★★☆

그림과 같은 강접골조에 수평력 $P = 10\text{kN}$이 작용하고 기둥의 강비 $k = \infty$인 경우, 기둥의 모멘트가 최대가 되는 위치 h_0는? (단, 괄호 안의 기호는 강비이다.)

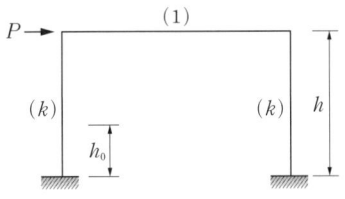

① 0 ② $0.5h$
③ $(4/7)h$ ④ h

해설

기둥의 강비가 무한대인 경우 해당 기둥은 캔틸레버보와 동일하게 해석된다. 따라서 모멘트가 최대가 되는 위치는 지점이다.

∴ $h_0 = 0$

58 ★☆☆

건축물에 작용하는 풍압력의 크기를 결정하는 요소와 가장 거리가 먼 것은?

① 건축물의 무게 ② 건축물의 높이
③ 건축물의 형상 ④ 풍속

해설

건축물의 무게는 풍압력을 산정하는데 관계없다.

정답 55 ② 56 ① 57 ① 58 ①

59 ★★☆

그림과 같은 원통단면의 핵반경은?

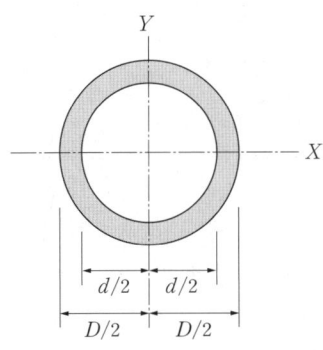

① $\dfrac{D+d}{6}$ ② $\dfrac{D}{8}$

③ $\dfrac{D+d}{8}$ ④ $\dfrac{D^2+d^2}{8D}$

해설

핵반경 $e=\dfrac{Z}{A}$, $Z=\dfrac{I}{y}$

여기서, Z: 단면계수, A: 단면적, I: 단면2차모멘트, y: 중심축으로부터의 거리

$Z=\dfrac{I}{y}=\dfrac{\dfrac{\pi}{64}(D^4-d^4)}{\dfrac{D}{2}}$, $A=\dfrac{\pi}{4}(D^2-d^2)$

핵반경 식에 대입하여 정리한다.

$\therefore e=\dfrac{Z}{A}=\dfrac{\dfrac{\pi(D^2-d^2)(D^2+d^2)}{32D}}{\dfrac{\pi(D^2-d^2)}{4}}=\dfrac{D^2+d^2}{8D}$

합격 POINT 각 도형의 단면2차모멘트

| 사각형 | $I=\dfrac{bh^3}{12}$ | 원형 | $I=\dfrac{\pi D^4}{64}$ | 삼각형 | $I=\dfrac{bh^3}{36}$ |

60 ★☆☆

플랜지에 작용하는 전단력으로 인해 비틀림 모멘트가 생기게 되므로 부재가 비틀림이 없이 휨을 받으려면, 하중의 작용선이 단면의 어느 특정 지점을 지나야 한다. 이 점을 무엇이라 하는가?

① 하중중심(Force Center)
② 비틀림중심(Torsion Center)
③ 무게중심(Gravity Center)
④ 전단중심(Shear Center)

해설

전단중심은 부재의 단면에서 하중이 작용할 때 휨만 발생하고 비틀림이 발생하지 않는 지점이다. 플랜지에 작용하는 전단력으로 인해 발생하는 비틀림 모멘트를 방지하기 위해서는 하중이 전단중심을 지나야 한다.

제5과목 건축관계법규

81 ★☆☆

부설주차장의 총 주차대수 규모가 8대 이하인 자주식 주차장의 구조 및 설비에 관한 기준 내용으로 옳지 않은 것은?

① 차로의 너비는 2.5m 이상으로 한다.
② 출입구의 너비는 3m 이상으로 하는 것이 원칙이다.
③ 주차대수 6대 이하의 주차단위구획은 차로를 기준으로 하여 세로를 2대까지 접하여 배치할 수 있다.
④ 보행인의 통행로가 필요한 경우에는 시설물과 주차단위구획 사이에 0.5m 이상의 거리를 두어야 한다.

해설

주차대수 5대 이하의 주차단위구획은 차로를 기준으로 하여 세로로 2대까지 접하여 배치할 수 있다.

82 ★★★

국토의 계획 및 이용에 관한 법률에 따른 도시·군관리계획의 내용에 속하지 않은 것은?

① 광역계획권의 장기발전방향에 관한 계획
② 도시개발사업이나 정비사업에 관한 계획
③ 기반시설의 설치·정비 또는 개량에 관한 계획
④ 용도지역·용도지구의 지정 또는 변경에 관한 계획

해설

도시·군관리계획의 내용은 다음과 같다.
- 용도지역·용도지구의 지정 또는 변경에 관한 계획
- 개발제한구역, 도시자연공원구역, 시가화조정구역, 수산자원보호구역의 지정 또는 변경에 관한 계획
- 기반시설의 설치·정비 또는 개량에 관한 계획
- 도시개발사업이나 정비사업에 관한 계획
- 지구단위계획구역의 지정 또는 변경에 관한 계획과 지구단위계획
- 도시혁신구역의 지정 또는 변경에 관한 계획과 도시혁신계획
- 복합용도구역의 지정 또는 변경에 관한 계획과 복합용도계획
- 도시·군계획시설입체복합구역의 지정 또는 변경에 관한 계획

정답 59 ④ 60 ④ 81 ③ 82 ①

83 ★★☆
건축허가신청에 필요한 설계도서 중 평면도에 표시하여야 할 사항에 속하지 않는 것은?

① 주차장 규모
② 승강기의 위치
③ 기둥·벽·창문 등의 위치
④ 방화구획 및 방화문의 위치

해설
주차장 규모는 건축계획서에 표시하여야 할 사항이다.

합격 POINT
건축허가신청에 필요한 설계도서 중 평면도에 표시하여야 할 사항은 다음과 같다.
- 1층 및 기준층 평면도
- 기둥·벽·창문 등의 위치
- 방화구획 및 방화문의 위치
- 복도 및 계단의 위치
- 승강기의 위치

84 ★★☆
건축물의 출입구에 설치하는 회전문은 계단이나 에스컬레이터로부터 최소 얼마 이상의 거리를 두어야 하는가?

① 1m
② 1.5m
③ 2m
④ 2.5m

해설
건축물의 출입구에 설치하는 회전문은 계단이나 에스컬레이터로부터 2m 이상의 거리를 두어야 한다.

85 ★☆☆
손궤의 우려가 있는 토지에 대지를 조성하는 경우 설치하는 옹벽에 관한 기준 내용으로 옳지 않은 것은?

① 옹벽에는 3m²마다 하나 이상의 배수구멍을 설치하여야 한다.
② 옹벽의 높이가 2m 이상인 경우에는 이를 콘크리트 구조로 하는 것이 원칙이다.
③ 옹벽의 외벽면에 설치하는 배수를 위한 시설은 밖으로 튀어 나오지 않도록 하여야 한다.
④ 옹벽의 윗가장자리로부터 안쪽으로 2m 이내에 묻는 배수관은 주철관, 강관 또는 흡관으로 하고, 이음부분은 물이 새지 않도록 하여야 한다.

해설
옹벽의 외벽면에는 이의 지지 또는 배수를 위한 시설 외의 구조물이 밖으로 튀어 나오지 않도록 해야 한다.

86 ★★☆
건축물의 주요구조부를 내화구조로 하여야 하는 대상 건축물에 속하지 않는 것은?

① 공장의 용도로 쓰는 건축물로서 그 용도로 쓰는 바닥면적 합계가 500m²인 건축물
② 판매시설의 용도로 쓰는 건축물로서 그 용도로 쓰는 바닥면적 합계가 500m²인 건축물
③ 창고시설의 용도로 쓰는 건축물로서 그 용도로 쓰는 바닥면적 합계가 500m²인 건축물
④ 문화 및 집회시설 중 전시장의 용도로 쓰는 건축물로서 그 용도로 쓰는 바닥면적 합계가 500m²인 건축

해설
공장의 용도로 쓰는 건축물로서 그 용도로 쓰는 바닥면적의 합계가 2,000m² 이상인 건축물의 주요구조부와 지붕은 내화구조로 해야 한다.

87 ★☆☆
다음의 시가화조정구역 지정과 관련된 기준 내용 중 밑줄 친 '대통령령으로 정하는 기간'으로 옳은 것은?

> 시·도지사는 직접 또는 관계 행정기관의 장의 요청을 받아 도시지역과 그 주변지역의 무질서한 시가화를 방지하고 계획적·단계적인 개발을 도모하기 위하여 <u>대통령령으로 정하는 기간</u> 동안 시가화를 유보할 필요가 있다고 인정되면 시가화조정구역의 지정 또는 변경을 도시·군관리계획으로 결정할 수 있다.

① 5년 이상 10년 이내의 기간
② 5년 이상 20년 이내의 기간
③ 7년 이상 10년 이내의 기간
④ 7년 이상 20년 이내의 기간

해설
대통령령으로 정하는 기간이란 5년 이상 20년 이내의 기간을 말한다.

88 ★★★
부설주차장 설치대상 시설물의 종류에 따른 설치기준이 옳지 않은 것은?

① 골프장: 1홀당 10대
② 위락시설: 시설면적 80m²당 1대
③ 판매시설: 시설면적 150m²당 1대
④ 숙박시설: 시설면적 200m²당 1대

해설
위락시설: 시설면적 100m²당 1대

정답 83 ① 84 ③ 85 ③ 86 ① 87 ② 88 ②

89 ★★★

다음은 바닥면적의 산정방법에 관한 기준 내용이다. ( ) 안에 알맞은 것은?

> 벽·기둥의 구획이 없는 건축물은 그 지붕 끝부분으로부터 수평거리 (   )를 후퇴한 선으로 둘러싸인 수평투영면적으로 한다.

① 0.5m
② 1m
③ 1.5m
④ 2m

해설
벽·기둥의 구획이 없는 건축물은 그 지붕 끝부분으로부터 수평거리 1m를 후퇴한 선으로 둘러싸인 수평투영면적으로 한다.

90 ★★☆

건축법령상 건축물의 대지에 공개공지 또는 공개공간을 확보하여야 하는 대상 건축물에 속하지 않은 것은? (단, 해당 용도로 쓰는 바닥면적의 합계가 5,000m²인 건축물의 경우)

① 종교시설
② 업무시설
③ 숙박시설
④ 교육연구시설

해설
다음의 어느 하나에 해당하는 건축물의 대지에는 공개공지 또는 공개공간을 설치해야 한다.
• 문화 및 집회시설, 종교시설, 판매시설, 운수시설, 업무시설 및 숙박시설로서 해당 용도로 쓰는 바닥면적의 합계가 5,000m² 이상인 건축물
• 그 밖에 다중이 이용하는 시설로서 건축조례로 정하는 건축물

91 ★★★

문화 및 집회시설 중 공연장의 개별관람석의 출구에 관한 기준 내용으로 옳지 않은 것은? (단, 바닥면적이 300m² 이상인 개별관람석의 경우)

① 관람석별로 2개소 이상 설치할 것
② 각 출구의 유효너비는 1.2m 이상일 것
③ 바깥쪽으로의 출구로 쓰이는 문은 안여닫이로 하지 않을 것
④ 개별관람석 출구의 유효너비의 합계는 개별 관람석의 바닥면적 100m²마다 0.6m의 비율로 산정한 너비 이상으로 할 것

해설
문화 및 집회시설 중 공연장의 개별 관람실(바닥면적이 300m² 이상인 것만 해당)의 출구의 유효너비는 1.5m 이상이다.

92 ★★☆

주요구조부가 내화구조 또는 불연재료로 된 층수가 16층 이상인 공동주택의 경우, 피난층 외의 층에서 피난층 또는 지상으로 통하는 직통계단을 거실의 각 부분으로부터 보행거리가 최대 얼마 이하가 되도록 설치하여야 하는가? (단, 계단은 거실로부터 가장 가까운 거리에 있는 계단을 말한다.)

① 30m
② 40m
③ 50m
④ 75m

해설
주요구조부가 내화구조 또는 불연재료로 된 건축물은 그 보행거리가 50m(층수가 16층 이상인 공동주택의 경우 16층 이상인 층에 대해서는 40m) 이하가 되도록 설치할 수 있다.

정답 89 ② 90 ④ 91 ② 92 ②

93 ★★☆
다음과 같은 직사각형 대지의 대지면적은?

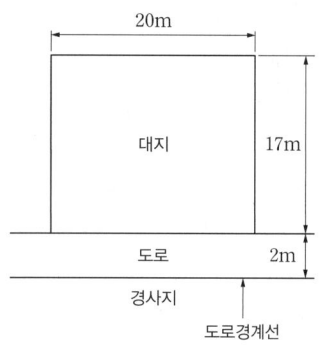

① 280m²
② 300m²
③ 320m²
④ 340m²

해설

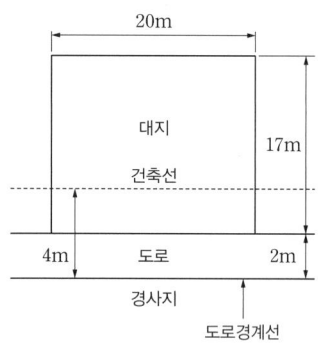

도로의 소요너비는 4m이다. 도로의 중심선으로부터 양쪽으로 소요너비의 1/2의 수평거리(2m)만큼 물러난 선을 건축선으로 해야 하지만, 도로의 반대편이 경사지이다. 이 경우 경사지 쪽의 도로경계선에서 소요너비에 해당하는 수평거리(4m)의 선을 건축선으로 한다.
따라서 대지면적은 20m × 15m = 300m²

합격 POINT
- 도로: 보행과 자동차 통행이 가능한 너비 4m 이상의 도로
- 건축선: 도로와 접한 부분에 건축물을 건축할 수 있는 선
- 대지면적: 대지의 수평투영면적(단, 건축선과 도로 사이의 대지면적은 제외)

94 ★★☆
제1종 일반주거지역 안에서 건축할 수 있는 건축물에 속하지 않은 것은?

① 노유자시설
② 제1종 근린생활시설
③ 공동주택 중 아파트
④ 교육연구시설 중 고등학교

해설
제1종 일반주거지역안에서 공동주택은 건축할 수 있으나 아파트는 제외한다.

95 ★★☆
경형 자동차용 주차단위구획의 최소 크기는? (단, 평행주차형식 외의 경우)

① 너비 1.7m, 길이 4.5m
② 너비 2.0m, 길이 5.0m
③ 너비 2.0m, 길이 3.6m
④ 너비 2.3m, 길이 5.0m

해설
평행주차형식 외의 경우 주차단위구획은 다음과 같다.

구분	너비	길이
경형	2.0m 이상	3.6m 이상
일반형	2.5m 이상	5.0m 이상
확장형	2.6m 이상	5.2m 이상
장애인전용	3.3m 이상	5.0m 이상
이륜자동차전용	1.0m 이상	2.3m 이상

정답 93 ② 94 ③ 95 ③

96 ★★☆
건축물에 설치하는 지하층의 구조 및 설비에 관한 기준 내용으로 옳지 않은 것은?

① 거실의 바닥면적의 합계가 1,000m² 이상인 층에는 환기설비를 설치할 것
② 거실의 바닥면적이 30m² 이상인 층에는 피난층으로 통하는 비상탈출구를 설치할 것
③ 지하층의 바닥면적이 300m² 이상인 층에는 식수공급을 위한 급수전을 1개소 이상 설치할 것
④ 문화 및 집회시설 중 공연장의 용도에 쓰이는 층으로서 그 층 거실 바닥면적의 합계가 50m² 이상인 건축물에는 직통계단을 2개소 이상 설치할 것

해설
거실의 바닥면적이 50m² 이상인 층에는 직통계단 외에 피난층 또는 지상으로 통하는 비상탈출구 및 환기통을 설치하여야 한다. 다만, 직통계단이 2개소 이상 설치되어 있는 경우에는 그러하지 아니하다.

97 ★★★
태양열을 주된 에너지원으로 이용하는 주택의 건축면적 산정 시 기준이 되는 것은?

① 외벽의 외곽선
② 외벽의 내측 벽면석
③ 외벽 중 내측 내력벽의 중심선
④ 외벽 중 외측 비내력벽의 중심선

해설
태양열을 주된 에너지원으로 이용하는 주택의 건축면적은 건축물의 외벽 중 내측 내력벽의 중심선을 기준으로 한다.

98 ★★☆
다음은 일조 등의 확보를 위한 건축물의 높이 제한과 관련된 기준 내용이다. ( ) 안에 알맞은 것은?

> ( ) 안에서 건축하는 건축물의 높이는 일조 등의 확보를 위하여 정북방향의 인접 대지경계선으로부터의 거리에 따라 대통령령으로 정하는 높이 이하로 하여야 한다.

① 전용주거지역과 준주거지역
② 일반주거지역과 준주거지역
③ 일반상업지역과 준주거지역
④ 전용주거지역과 일반주거지역

해설
전용주거지역과 일반주거지역 안에서 건축하는 건축물의 높이는 일조 등의 확보를 위하여 정북방향의 인접 대지경계선으로부터의 거리에 따라 대통령령으로 정하는 높이 이하로 하여야 한다.

99
법령 개정으로 인해 문제가 성립하지 않으므로 삭제

100 ★★★
건축법령상 제2종 근린생활시설에 속하지 않는 것은?

① 독서실   ② 유치원
③ 동물병원   ④ 노래연습장

해설
유치원은 교육연구시설에 해당한다.

정답 96 ② 97 ③ 98 ④ 100 ②

2015년 | 제2회
건축구조·건축관계법규

제3과목   건축구조

41 ★★★

다음과 같은 사다리꼴 단면의 도심 y_0값은?

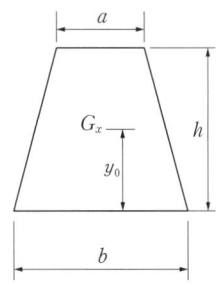

① $\dfrac{h(2a+b)}{3(a+b)}$ ② $\dfrac{h(a+b)}{3(2a+b)}$

③ $\dfrac{3h(2a+b)}{(a+b)}$ ④ $\dfrac{h(a+2b)}{3(a+b)}$

해설

도심거리는 단면1차모멘트 G_x를 면적 A로 나누어 구한다.

$y = \dfrac{G_x}{A}$

사다리꼴의 도심은 삼각형 $\left(\dfrac{1}{2}bh\right)$와 삼각형 $\left(\dfrac{1}{2}ah\right)$로 나눈 후 더하여 계산할 수 있다.

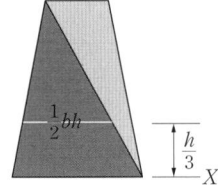 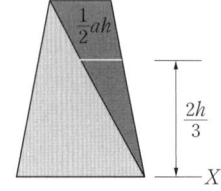

1. $G_x = \dfrac{1}{2}bh \times \dfrac{h}{3}$ 2. $G_x = \dfrac{1}{2}ah \times \dfrac{2h}{3}$

$\therefore y = \dfrac{G_x}{A} = \dfrac{\left(\dfrac{1}{2}bh \times \dfrac{h}{3}\right) + \left(\dfrac{1}{2}ah \times \dfrac{2h}{3}\right)}{\left(\dfrac{1}{2}bh\right) + \left(\dfrac{1}{2}ah\right)} = \dfrac{h}{3} \times \dfrac{2a+b}{a+b}$

42 ★★☆

절점 B에 외력 $M=200\text{kN}\cdot\text{m}$가 작용하고 각 부재의 강비가 그림과 같을 경우 M_{AB}는?

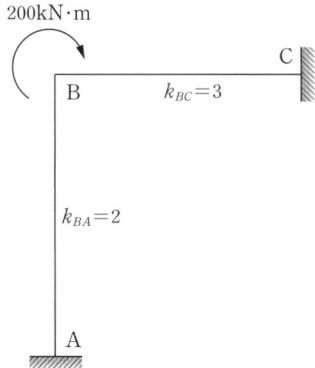

① $20\text{kN}\cdot\text{m}$ ② $40\text{kN}\cdot\text{m}$
③ $60\text{kN}\cdot\text{m}$ ④ $80\text{kN}\cdot\text{m}$

해설

지점 도달모멘트(M_{AB})는 분배모멘트(M_{BA})의 1/2이다.

1. 분배율: $DF_{BA} = \dfrac{2}{2+3} = \dfrac{2}{5}$

2. 분배모멘트 계산: B절점에서의 분배

   $M_{BA} = 200 \times \dfrac{2}{5} = 80\text{kN}\cdot\text{m}$

3. 전달모멘트 계산: $B \to A$ $\left(\text{전달률: 고정단은 }\dfrac{1}{2}\right)$

   $M_{AB} = \dfrac{1}{2}M_{BA} = 80 \times \dfrac{1}{2} = 40\text{kN}\cdot\text{m}$

정답 41 ①   42 ②

43 ★★★

그림과 같은 철근콘크리트 보의 균열모멘트(M_{cr}) 값은? (단, 보통중량콘크리트 사용, $f_{ck}=24\text{MPa}, f_y=400\text{MPa}$)

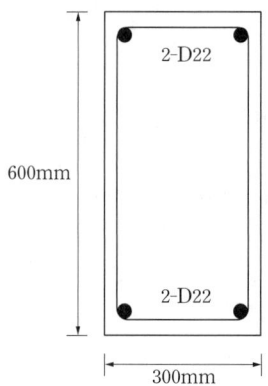

① 21.5kN·m ② 33.6kN·m
③ 42.8kN·m ④ 55.6kN·m

해설

균열모멘트 M_{cr}은 다음과 같은 식으로 구한다.

$$M_{cr}=f_r \times Z=0.63\lambda\sqrt{f_{ck}}\times\frac{bh^2}{6}$$

(여기서, 파괴계수 $f_r=0.63\lambda\sqrt{f_{ck}}$, 보통중량콘크리트 $\lambda=1.0$, f_{ck}: 콘크리트 압축강도, b: 부재폭, h: 부재높이)

∴ $M_{cr}=0.63\times 1.0 \times \sqrt{24} \times \frac{300\times 600^2}{6} ≒ 55.6\text{kN·m}$

44 ★★☆

강재의 응력-변형도 시험에서 인장력을 가해 소성상태에 들어선 강재를 다시 반대 방향으로 압축력을 작용하였을 때의 압축항복점이 소성상태에 들어서지 않은 강재의 압축항복점에 비해 낮은 것을 볼 수 있는데 이러한 현상을 무엇이라 하는가?

① 루더선(Luder's line)
② 소성흐름(Plastic flow)
③ 바우싱거효과(Baushinger's effect)
④ 응력집중(Stress concentration)

해설

바우싱거효과: 재료에 탄성 한계 이상의 인장하중을 가한 다음에 압축하중을 가하여 측정된 비례한계 또는 항복점은 이 재료의 원래 해당 값보다 현저하게 저하하는 현상이다.

45 ★☆☆

다음 그림은 고력볼트 체결부의 명칭을 나타낸 것이다. 명칭이 틀린 것은?

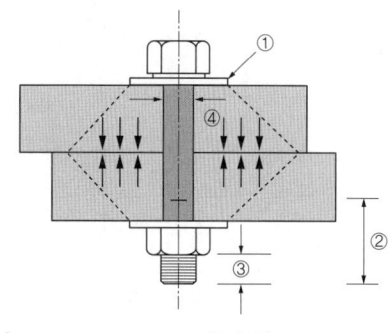

① 평와셔 ② 축부
③ 여유길이 ④ 볼트직경

해설

②는 나사부이다.

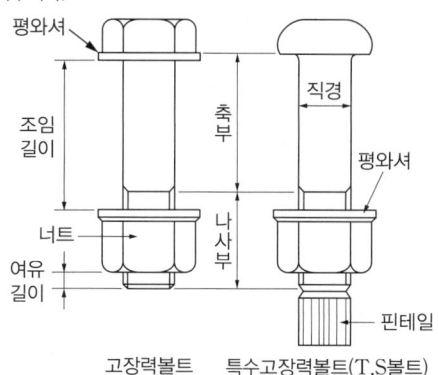

정답 43 ④ 44 ③ 45 ②

46 ★★★

그림과 같은 부정정 라멘의 B.M.D에서 P값을 구하면?

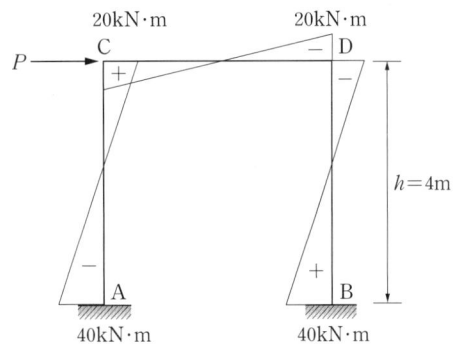

① 20kN ② 30kN
③ 50kN ④ 60kN

해설

처짐각법 전단력 평형조건식에 따라
$$P = \frac{(M_{CA}+M_{AC})+(M_{DB}+M_{BD})}{h}$$ 이므로
$$P = \frac{(20+40)+(20+40)}{4} = 30 \text{kN}이다.$$

합격 POINT 처짐각법 평형조건식

절점방정식	층방정식
모멘트 평형조건식	전단력 평형조건식
(그림: $M_{OA}, M_O, M_{OB}, M_{OC}$)	(그림: P, M_{BA}, M_{AB}, h)
$M_O = M_{OA} + M_{OB} + M_{OC}$	$P = \dfrac{M_{AB}+M_{BA}}{h}$

47 ★☆☆

인장철근량 $A_s=1,500\text{mm}^2$인 단철근 장방향 보에서 사각형 응력분포깊이 a는 얼마인가? (단, $f_{ck}=24\text{MPa}$, $f_y=300\text{MPa}$, $b=300\text{mm}$, $d=500\text{mm}$)

① 65.12mm ② 73.52mm
③ 82.57mm ④ 89.69mm

해설

응력분포깊이 a는 압축력 C와 인장력 T의 크기가 같다는 조건으로 구할 수 있다.
$C = 0.85 f_{ck} \cdot a \cdot b$
$T = A_s \cdot f_y$
$C = T$
$$\therefore a = \frac{A_s \cdot f_y}{0.85 f_{ck} \cdot b} = \frac{1,500 \times 300}{0.85 \times 24 \times 300} \fallingdotseq 73.53\text{mm}$$

48 ★☆☆

다음 강종 중 건축구조용 압연강재를 나타내는 것은?

① SS275 ② SM355
③ SMA355 ④ SN355

해설

SN: Steel New, 건축구조용 압연강재

선지분석

① SS: Steel Structure, 일반구조용 압연강재
② SM: Steel Marine, 용접구조용 압연강재
③ SMA: Steel Marine Atmosphere, 용접구조용 내후성 열간압연강재

49 ★☆☆

목구조에 대한 설명 중 옳지 않은 것은?

① 목골구조는 건물의 뼈대는 목재로 구성하고, 벽에는 벽돌, 돌 등을 쌓아 막은 구조이다.
② 목구조는 주로 목재를 써서 뼈대를 조립한 가구식 구조를 말한다.
③ 심벽 목구조는 기둥·샛기둥의 내외면에 메탈라스 또는 철망을 치고 모르타르 등으로 마감한 구조로 기둥, 샛기둥, 가새 등은 외부에 보이지 않게 된다.
④ 목재패널구조는 합판 또는 널재로 대형패널을 만들어 구조내력부재로 이용하는 목조건물의 구조법이다.

해설

심벽(Core Wall)은 목조건축에서 벽을 기둥과 기둥 사이에 쳐서 기둥이 벽면보다 드러나게 한 벽이므로 기둥이 외부에 잘 보인다.

50 ★★★

다음 용접기호에 대한 설명으로 옳은 것은?

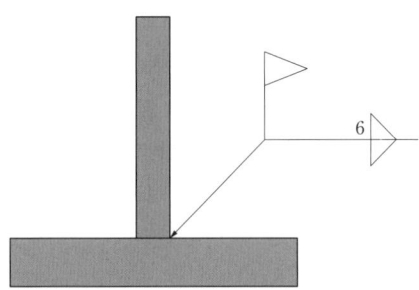

① 공장에서 용접치수 6mm로 양측에 모살용접한다.
② 현장에서 용접치수 6mm로 화살방향에 맞댐용접한다.
③ 공장에서 용접치수 6mm로 화살방향에 맞댐용접한다.
④ 현장에서 용접치수 6mm로 양측에 모살용접한다.

정답 46 ② 47 ② 48 ④ 49 ③ 50 ④

해설
현장에서 용접치수 6mm로 양측에 필릿(모살)용접을 한다.

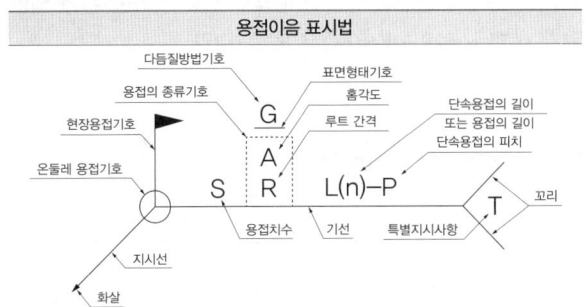

51 ★☆☆
철골 주각부에 부착하는 강판으로 사이드앵글을 거쳐서 또는 직접 용접에 의해 기둥으로부터의 응력을 베이스플레이트에 전달하기 위해 붙이는 판은?

① 스티프너
② 커버플레이트
③ 윙플레이트
④ 엔드탭

해설
윙플레이트는 철골 주각부에 부착되는 강판이다.

선지분석
① 스티프너: 기둥의 플랜지나 웨브의 좌굴방지용 보강재
② 커버플레이트: 강재의 플랜지를 보강하기 위해 사용하는 강판
④ 엔드탭: 용접결함이 생기기 쉬운 용접의 시작이나 끝 부분에 임시로 설치하는 보조 강판

52 ★★★
단일 압축재에서 세장비를 구할 때 필요 없는 것은?

① 좌굴길이
② 단면적
③ 단면2차모멘트
④ 탄성계수

해설
세장비를 구할 때 탄성계수는 필요하지 않다.

합격 POINT 세장비
$$\lambda = \frac{KL}{r} = \frac{KL}{\sqrt{\dfrac{I}{A}}}$$

여기서, KL: 유효좌굴길이, K: 지지단의 상태에 따른 유효좌굴길이계수, L: 부재의 길이, r: 단면2차반경, I: 단면2차모멘트, A: 단면적

53 ★☆☆
트러스 해법의 기본가정으로 틀린 것은?

① 절점을 연결하는 직선은 재축과 일치한다.
② 외력은 모두 절점에 작용하는 것으로 한다.
③ 부재를 연결하는 절점은 강절점으로 간주한다.
④ 외력은 모두 트러스를 포함한 평면 안에 있는 것으로 한다.

해설
트러스 구조에서 절점은 힌지로 간주한다. 이를 통해 트러스 구조의 간단한 해석을 가능하게 한다.

54 ★★☆
다음 그림과 같은 두 개의 단순보에 크기가 같은 ($P=wL$) 하중이 작용할 때, A점에서 발생하는 처짐각의 비율(가 : 나)은? (단, 부재의 EI는 일정함)

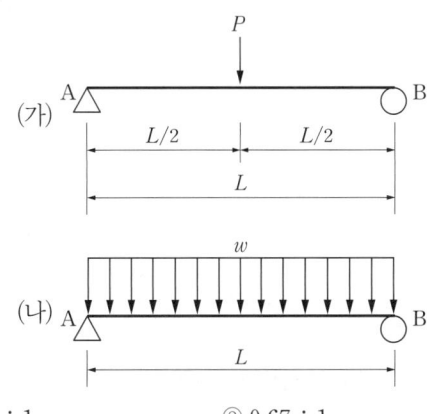

① 1.5 : 1
② 0.67 : 1
③ 1 : 1.5
④ 1 : 0.5

해설
공액보법을 이용해 각각의 처짐각을 구하면,

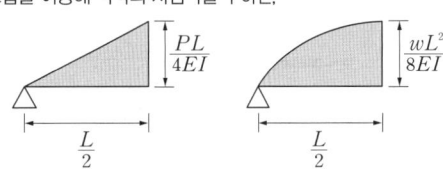

(가) $\theta_A = \dfrac{1}{2} \cdot \dfrac{L}{2} \cdot \dfrac{PL}{4EI} = \dfrac{PL^2}{16EI} = \dfrac{wL \cdot L^2}{16EI} = \dfrac{wL^3}{16EI}$

(조건에서 $P=wL$이므로)

(나) $\theta_A = \dfrac{2}{3} \cdot \dfrac{L}{2} \cdot \dfrac{wL^2}{8EI} = \dfrac{wL^3}{24EI}$

$\therefore$ (가) : (나) $= \dfrac{1}{16} : \dfrac{1}{24} = 1.5 : 1$이다.

정답 51 ③ 52 ④ 53 ③ 54 ①

55 ★☆☆

강도설계법에서 등가응력블록을 산정할 때 사용하는 계수 β_1에 대한 설명 중 틀린 것은?

① β_1은 콘크리트 등가직사각형 압축응력블록의 깊이를 나타낼 때 사용하는 계수이다.
② β_1은 f_{ck}가 40MPa 이하일 경우에는 일정한 값을 갖는다.
③ 등가응력블록의 깊이(a)를 중립축(c)보다 작게 계산하기 위하여 β_1은 1보다 작은 계수이다.
④ β_1의 최댓값은 0.90이다.

해설
β_1의 최댓값은 0.80이다.

합격 POINT 압축응력등가블록 깊이 계수(β_1)

f_{ck}(MPa)	≤40	50	60	70	80	90
β_1	0.80	0.80	0.76	0.74	0.72	0.70

56 ★★★

다음 모살용접부의 유효용접면적은?

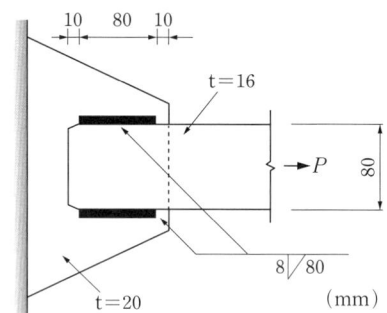

① 716.8mm² ② 614.4mm²
③ 806.4mm² ④ 691.2mm²

해설
필릿(모살)용접의 유효용접면적 A_e는 유효목두께 a와 유효용접길이 L_e의 곱으로 구하며, 양면모살용접일 경우 2배를 한다.
$A_e = a \times L_e \times 2$
$a = 0.7S$ (S는 모살치수 8mm) $= 0.7 \times 8 = 5.6$mm
$L_e = L - 2S$ (L은 용접길이 80mm) $= 80 - (2 \times 8) = 64$mm
∴ $A_e = 5.6 \times 64 \times 2 = 716.8$mm²

57 ★☆☆

다음 그림에서 경간이 같은 2개의 단순보의 하중 P에 의한 처짐 y_1과 y_2와의 비(比) 값은 얼마인가?

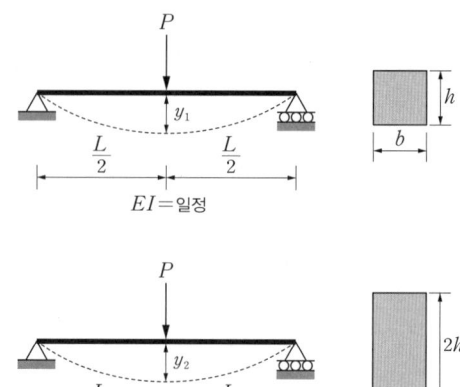

① 2 : 1 ② 4 : 1
③ 6 : 1 ④ 8 : 1

해설
단순보 중앙에 집중하중 작용 시의 처짐은 다음과 같은 공식으로 구할 수 있다.
$\delta = \frac{1}{48} \cdot \frac{PL^2}{EI}$
문제의 조건에서 단면2차모멘트 I를 제외하고 나머지 조건이 동일하므로 단면2차모멘트만 비교한다.
$I_1 : I_2 = \frac{bh^3}{12} : \frac{b(2h)^3}{12} = 1 : 8$
단면2차모멘트는 처짐에 반비례하므로
∴ $y_1 : y_2 = 8 : 1$

정답 55 ④ 56 ① 57 ④

58 ★★☆

그림과 같은 단순보에서 반력 R_A의 값은?

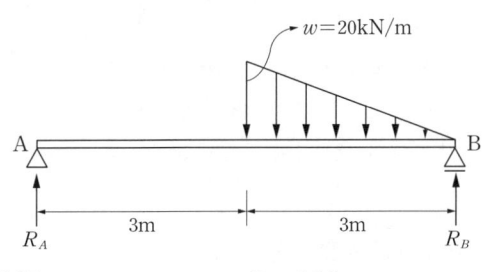

① 5kN
② 10kN
③ 20kN
④ 25kN

해설

1. 등변분포하중을 집중하중 형태로 가정한다.
   삼각형의 도심은 점 A로부터 4m 지점에 위치하며, 해당 위치에 삼각형의 면적만큼의 집중하중이 작용한다고 가정한다. 따라서 도심에 작용하는 집중하중의 크기는
   $20\text{kN/m} \times 3\text{m} \times \frac{1}{2} = 30\text{kN}$이다.
2. 수평하중은 작용하지 않으므로 점 A, B에서의 수평반력은 0이다.
3. 점 A에서의 수직반력과 점 B에서의 수직반력의 합은 30kN이고 도심으로부터의 거리의 비가 4 : 2이므로 점 A와 점 B에서 30kN의 하중을 1 : 2로 분담한다. 따라서 반력 R_A의 값은 $30\text{kN} \times \frac{1}{3} = 10\text{kN}$이다.

60 ★★★

다음과 같은 조건의 1방향 슬래브에서 처짐을 계산하지 않고 정할 수 있는 슬래브의 최소 두께는?

- 중심스팬: 4,200mm
- 양단연속
- 보통콘크리트와 설계기준항복강도 400MPa 철근 사용

① 150mm ② 180mm
③ 200mm ④ 220mm

해설

보통콘크리트(m_c=2,300kg/m³)와 항복강도 400MPa의 철근을 사용하고, 처짐을 계산하지 않는 경우 양단연속 1방향 슬래브의 최소 두께는 $l/28$이므로, 4,200/28≒150mm이다.

합격 POINT 처짐을 계산하지 않는 경우 1방향 슬래브의 최소 두께

구분	최소 두께	구분	최소 두께
단순지지	$l/20$	양단연속	$l/28$
1단연속	$l/24$	캔틸레버	$l/10$

59 ★★☆

그림과 같은 라멘 구조물의 판별은?

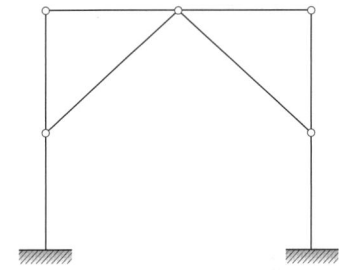

① 불안정 구조물
② 안정, 정정구조물
③ 안정, 1차 부정정구조물
④ 안정, 2차 부정정구조물

해설

$N = r + m + f - 2j$ 공식 이용
여기서, r: 지점반력수, m: 부재수, f: 강절점수, j: 지점수＋자유단 지점수
∴ $N = 6 + 8 + 0 - 2 \times 7 = 0$이므로 정정구조물이다.

제5과목 건축관계법규

81 ★★★

건축물의 면적, 높이 및 층수 산정의 기본원칙으로 옳지 않은 것은?

① 대지면적은 대지의 수평투영면적으로 한다.
② 연면적은 하나의 건축물 각 층의 거실면적의 합계로 한다.
③ 건축면적은 건축물의 외벽(외벽이 없는 경우에는 외곽부분의 기둥)의 중심선으로 둘러싸인 부분의 수평투영면적으로 한다.
④ 바닥면적은 건축물의 각 층 또는 그 일부로서 벽, 기둥 기타 이와 유사한 구획의 중심선으로 둘러싸인 부분의 수평투영면적으로 한다.

해설

연면적은 하나의 건축물 각 층의 바닥면적의 합계로 한다.

정답 58 ② 59 ② 60 ① 81 ②

82 ★★☆
다음 중 아파트를 건축할 수 없는 용도지역은?

① 준주거지역
② 제1종 일반주거지역
③ 제2종 전용주거지역
④ 제3종 일반주거지역

해설
제1종 일반주거지역 안에서 공동주택 건설은 가능하지만 아파트는 제외한다.

83 ★★☆
기존 건축물의 내력벽, 기둥, 보를 철거하고 그 대지에 종전과 같은 규모의 범위에서 건축물을 다시 축조하는 건축행위는?

① 신축
② 증축
③ 재축
④ 개축

해설
개축이란 기존 건축물의 전부 또는 일부를 해체하고 그 대지에 종전과 같은 규모의 범위에서 건축물을 다시 축조하는 것을 말한다.

선지분석
① 신축이란 건축물이 없는 대지에 새로 건축물을 축조하는 것을 말한다.
② 증축이란 기존 건축물이 있는 대지에서 건축물의 건축면적, 연면적, 층수 또는 높이를 늘리는 것을 말한다.
③ 재축이란 건축물이 천재지변이나 그 밖의 재해로 멸실된 경우 그 대지에 다음의 요건을 모두 갖추어 다시 축조하는 것을 말한다.
  • 연면적 합계는 종전 규모 이하로 할 것
  • 동수, 층수 및 높이가 모두 종전 규모 이하일 것
  • 동수, 층수 또는 높이의 어느 하나가 종전 규모를 초과하는 경우에는 해당 동수, 층수 및 높이가 「건축법」, 「건축법 시행령」 또는 건축조례에 모두 적합할 것

84 ★★☆
건축법령상 고층건축물의 정의로 옳은 것은?

① 층수가 30층 이상이거나 높이가 90m 이상인 건축물
② 층수가 30층 이상이거나 높이가 120m 이상인 건축물
③ 층수가 50층 이상이거나 높이가 150m 이상인 건축물
④ 층수가 50층 이상이거나 높이가 200m 이상인 건축물

해설
고층건축물이란 층수가 30층 이상이거나 높이가 120m 이상인 건축물을 말한다.

85 ★☆☆
지방건축위원회의 심의사항에 속하지 않는 것은?

① 건축선의 지정에 관한 사항
② 다중이용 건축물의 구조안전에 관한 사항
③ 특수구조 건축물의 구조안전에 관한 사항
④ 경관지구 내의 건축물의 건축에 관한 사항

해설
지방건축위원회의 심의사항은 다음과 같다.
• 건축선의 지정에 관한 사항
• 조례의 제정·개정 및 시행에 관한 중요 사항
• 다중이용 건축물 및 특수구조 건축물의 구조안전에 관한 사항
• 다른 법령에서 지방건축위원회의 심의를 받도록 한 경우 해당 법령에서 규정한 심의사항
• 도시 및 건축 환경의 체계적인 관리를 위하여 필요하다고 인정하여 지정·공고한 지역에서 건축조례로 정하는 건축물의 건축등에 관한 것으로서 지방건축위원회의 심의가 필요하다고 인정한 사항

86 ★★☆
건축허가신청에 필요한 설계도서 중 건축계획서에 표시하여야 할 사항에 속하지 않는 것은?

① 주차장 규모
② 건축물의 층수
③ 건축물의 용도별 면적
④ 공개공지 및 조경계획

해설
건축계획서에 표시하여야 할 사항은 다음과 같다.
1. 개요(위치·대지면적 등)
2. 지역·지구 및 도시계획사항
3. 건축물의 규모(건축면적·연면적·높이·층수 등)
4. 건축물의 용도별 면적
5. 주차장 규모
6. 에너지절약계획서(해당건축물에 한함)
7. 노인 및 장애인 등을 위한 편의시설 설치계획서(설치의무가 있는 경우에 한함)

정답 82 ② 83 ④ 84 ② 85 ④ 86 ④

87 ★★☆

허가대상 건축물이라 하더라도 미리 특별자치시장·특별자치도지사 또는 시장·군수·구청장에게 국토교통부령으로 정하는 바에 따라 신고를 하면 건축허가를 받은 것으로 보는 경우에 속하지 않는 것은? (단, 층수가 2층인 건축물의 경우)

① 바닥면적의 합계가 85m² 이내의 신축
② 바닥면적의 합계가 85m² 이내의 증축
③ 바닥면적의 합계가 85m² 이내의 개축
④ 연면적이 200m² 미만인 건축물의 대수선

해설

다음의 어느 하나에 해당하는 경우에는 미리 특별자치시장·특별자치도지사 또는 시장·군수·구청장에게 국토교통부령으로 정하는 바에 따라 신고를 하면 건축허가를 받은 것으로 본다.
- 바닥면적의 합계가 85m² 이내의 증축·개축 또는 재축
- 관리지역, 농림지역 또는 자연환경보전지역에서 연면적이 200m² 미만이고 3층 미만인 건축물의 건축
- 연면적이 200m² 미만이고 3층 미만인 건축물의 대수선
- 주요구조부의 해체가 없는 등 대통령령으로 정하는 대수선
- 그 밖에 소규모 건축물로서 대통령령으로 정하는 건축물의 건축

88 ★★★

부설주차장의 설치대상 시설물의 종류에 따른 설치기준이 옳지 않은 것은?

① 골프장: 1홀당 10대
② 위락시설: 시설면적 150m²당 1대
③ 판매시설: 시설면적 150m²당 1대
④ 숙박시설: 시설면적 200m²당 1대

해설

위락시설: 시설면적 100m²당 1대(시설면적/100m²)

89 ★☆☆

국토의 계획 및 이용에 관한 법률에 따른 용도지역에서의 용적률 최대한도 기준이 옳지 않은 것은? (단, 도시지역의 경우)

① 주거지역: 500% 이하
② 녹지지역: 100% 이하
③ 공업지역: 400% 이하
④ 상업지역: 1,000% 이하

해설

상업지역의 용적률 최대한도 기준은 1,500% 이하이다.

90 ★★☆

피난안전구역의 구조 및 설비에 관한 기준 내용으로 옳지 않은 것은?

① 피난안전구역의 높이는 2.1m 이상일 것
② 피난안전구역의 내부마감재료는 불연재료로 설치할 것
③ 비상용승강기는 피난안전구역에서 승하차할 수 있는 구조로 설치할 것
④ 건축물의 내부에서 피난안전구역으로 통하는 계단은 피난계단의 구조로 설치할 것

해설

건축물의 내부에서 피난안전구역으로 통하는 계단은 특별피난계단의 구조로 설치해야 한다.

91 ★☆☆

건축물에 가스, 급수, 배수, 환기설비를 설치하는 경우 건축기계설비기술사 또는 공조냉동기계기술사의 협력을 받아야 하는 대상 건축물에 속하지 않는 것은?

① 기숙사로서 해당 용도에 사용되는 바닥면적의 합계가 2,000m²인 건축물
② 판매시설로서 해당 용도에 사용되는 바닥면적의 합계가 2,000m²인 건축물
③ 의료시설로서 해당 용도에 사용되는 바닥면적의 합계가 2,000m²인 건축물
④ 숙박시설로서 해당 용도에 사용되는 바닥면적의 합계가 2,000m²인 건축물

해설

판매시설, 연구소, 업무시설 용도로 사용되며 바닥면적의 합계가 3,000m² 이상인 건축물의 경우 건축기계설비기술사 또는 공조냉동기계기술사의 협력을 받아야 한다.

정답 87 ① 88 ② 89 ④ 90 ④ 91 ②

92 ★☆☆

건축물의 용도변경과 관련된 시설군 중 산업 등 시설군에 속하는 건축물의 용도가 아닌 것은?

① 장례식장
② 발전시설
③ 창고시설
④ 자원순환 관련 시설

해설
발전시설은 전기통신시설군에 속한다.

합격 POINT
산업 등 시설군에 속하는 건축물의 용도는 다음과 같다.

> 운수시설, 창고시설, 공장, 위험물저장 및 처리시설, 자원순환 관련 시설, 묘지 관련 시설, 장례시설

93 ★★★

국토의 계획 및 이용에 관한 법률상 다음과 같이 정의되는 것은?

> 도시·군계획 수립 대상지역의 일부에 대하여 토지 이용을 합리화하고 그 기능을 증진시키며 미관을 개선하고 양호한 환경을 확보하며, 그 지역을 체계적·계획적으로 관리하기 위하여 수립하는 도시·군관리계획

① 광역도시계획
② 지구단위계획
③ 도시·군기본계획
④ 입지규제최소구역계획

해설
지구단위계획이란 도시·군계획 수립 대상지역의 일부에 대하여 토지 이용을 합리화하고 그 기능을 증진시키며 미관을 개선하고 양호한 환경을 확보하며, 그 지역을 체계적·계획적으로 관리하기 위하여 수립하는 도시·군관리계획이다.

선지분석
① 광역도시계획: 지정된 광역계획권의 장기발전방향을 제시하는 계획
③ 도시·군기본계획: 특별시·광역시·특별자치시·특별자치도·시 또는 군의 관할 구역 및 생활권에 대하여 기본적인 공간구조와 장기발전방향을 제시하는 종합계획으로서 도시·군관리계획 수립의 지침이 되는 계획

94 ★★★

공동주택 중심의 양호한 주거환경을 보호하기 위하여 주거지역을 세분하여 지정하는 지역은?

① 제1종 전용주거지역
② 제2종 전용주거지역
③ 제1종 일반주거지역
④ 제2종 일반주거지역

해설
공동주택 중심의 양호한 주거환경을 보호하기 위하여 필요한 지역은 제2종 전용주거지역이다.

선지분석
① 제1종 전용주거지역: 단독주택 중심의 양호한 주거환경을 보호하기 위하여 필요한 지역
③ 제1종 일반주거지역: 저층주택을 중심으로 편리한 주거환경을 조성하기 위하여 필요한 지역
④ 제2종 일반주거지역: 중층주택을 중심으로 편리한 주거환경을 조성하기 위하여 필요한 지역

95 ★★★

문화 및 집회시설 중 공연장의 개별 관람실의 출구에 관한 설명으로 옳지 않은 것은? (단, 개별 관람실의 바닥면적은 $500m^2$인 경우)

① 각 출구의 유효너비는 0.9m 이상으로 한다.
② 출구는 관람실별로 2개소 이상 설치하여야 한다.
③ 개별 관람실 출구의 유효너비의 합계는 3.0m 이상이어야 한다.
④ 바깥쪽으로의 출구로 쓰이는 문은 안여닫이로 하여서는 아니 된다.

해설
각 출구의 유효너비는 1.5m 이상으로 해야 한다.

선지분석
③ 개별 관람실 출구의 유효너비의 합계는 개별 관람실의 바닥면적 $100m^2$마다 0.6m의 비율로 산정한 너비 이상으로 해야 한다.
개별 관람실의 바닥면적이 $500m^2$이므로, 출구의 유효너비는
$$\frac{0.6m}{100m^2} \times 500m^2 = 3.0m$$ 가 된다.

정답 92 ② 93 ② 94 ② 95 ①

96 ★★☆

지하식 또는 건축물식 노외주차장의 차로에 관한 기준내용으로 옳지 않은 것은?

① 높이는 주차 바닥면으로부터 2.3m 이상으로 하여야 한다.
② 경사로의 종단경사도는 직선부분에서는 17%를 초과하여서는 아니 된다.
③ 곡선 부분은 자동차가 4m 이상의 내변반경으로 회전할 수 있도록 하여야 한다.
④ 주차대수 규모가 50대 이상인 경우의 경사로는 너비 6m 이상인 2차로를 확보하거나 진입차로와 진출차로를 분리하여야 한다.

해설
곡선 부분은 자동차가 6m 이상의 내변반경으로 회전할 수 있도록 하여야 한다.

97 ★☆☆

다음은 노외주차장의 설치에 관한 계획기준 내용이다. ( ) 안에 알맞은 것은?

> 특별시장·광역시장, 시장·군수 또는 구청장이 설치하는 노외주차장의 주차대수 규모가 (㉠) 이상인 경우에는 주차대수의 (㉡)의 범위에서 장애인의 주차수요를 고려하여 지방자치단체의 조례로 정하는 비율 이상의 장애인 전용주차구획을 설치하여야 한다.

① ㉠ 50대, ㉡ 1%부터 3%까지
② ㉠ 50대, ㉡ 2%부터 4%까지
③ ㉠ 100대, ㉡ 1%부터 3%까지
④ ㉠ 100대, ㉡ 2%부터 4%까지

해설
특별시장·광역시장, 시장·군수 또는 구청장이 설치하는 노외주차장의 주차대수 규모가 50대 이상인 경우에는 주차대수의 2%부터 4%까지의 범위에서 장애인의 주차수요를 고려하여 지방자치단체의 조례로 정하는 비율 이상의 장애인 전용주차구획을 설치하여야 한다.

98 ★★☆

공작물을 축조할 때 특별자치시장·특별자치도지사 또는 시장·군수·구청장에게 신고를 하여야 하는 대상 공작물 기준으로 옳지 않은 것은?

① 높이 2m를 넘는 담장
② 높이 4m를 넘는 굴뚝
③ 높이 4m를 넘는 광고탑
④ 높이 4m를 넘는 장식탑

해설
굴뚝은 높이 6m를 넘는 경우 신고 대상이다.

선지분석
① 옹벽 또는 담장은 높이 2m를 넘는 경우 신고 대상이다.
③, ④ 장식탑, 기념탑, 첨탑, 광고탑, 광고판 등은 높이 4m를 넘는 경우 신고 대상이다.

99 ★★☆

건축물의 대지는 원칙적으로 최소 얼마 이상이 도로에 접하여야 하는가? (단, 자동차만의 통행에 사용되는 도로는 제외)

① 1m　　② 2m
③ 3m　　④ 4m

해설
건축물의 대지는 2m 이상이 도로에 접하여야 한다.(자동차만의 통행에 사용되는 도로는 제외)

100 ★☆☆

높이 31m를 넘는 각 층의 바닥면적 중 최대 바닥면적이 3,500m²인 종합병원에 설치하여야 할 비상용 승강기의 최소대수는?

① 1대　　② 2대
③ 3대　　④ 4대

해설
높이 31m를 넘는 각 층의 바닥면적 중 최대 바닥면적이 1,500m²를 넘는 건축물에는 기본 1대의 비상용 승강기를 설치하여야 하며 이후 1,500m²를 넘는 3,000m² 이내마다 1대씩 더한 대수 이상을 설치하여야 한다.
따라서 기본 설치대수 1대에 추가 설치대수 1대를 더하여 최소 2대를 설치하여야 한다.

정답 96 ③　97 ②　98 ②　99 ②　100 ②

2015년 | 제1회
건축구조·건축관계법규

제3과목 건축구조

41 ★☆☆

그림과 같은 정정 라멘에서 A점에 발생하는 수직변위를 옳게 나타낸 것은?

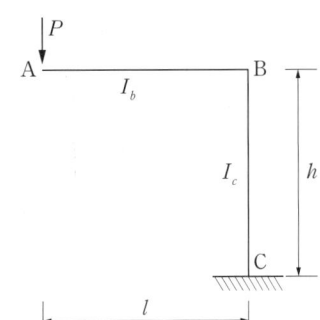

① $\dfrac{Pl^3}{3EI_b}+\dfrac{Ph^2l}{EI_c}$ ② $\dfrac{Pl^3}{3EI_b}+\dfrac{Ph^3}{EI_c}$

③ $\dfrac{Pl^2h}{3EI_b}+\dfrac{Pl^2h}{EI_c}$ ④ $\dfrac{Pl^3}{3EI_b}+\dfrac{Pl^2h}{EI_c}$

해설

변위를 구하려는 위치에 주어진 변형 방향과 일치하는 가상의 단위 집중하중을 적용하여 변위를 계산한다.

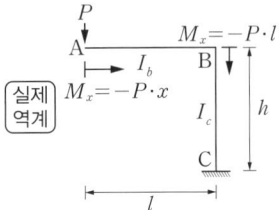
[실제 역계]

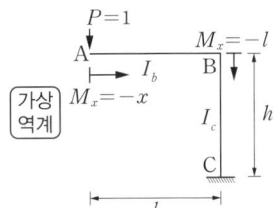
[가상 역계]

$\delta_A = \dfrac{1}{EI}\int M \cdot x\, dx$

$= \dfrac{1}{EI_b}\int_0^l (-Px)\cdot(-x)\,dx + \dfrac{1}{EI_c}\int_0^h (-Pl)\cdot(-l)\,dx$

$= \dfrac{Pl^3}{3EI_b} + \dfrac{Pl^2h}{EI_c}$

42 ★★☆

다음 부정정 구조물의 A단의 휨모멘트 값은?

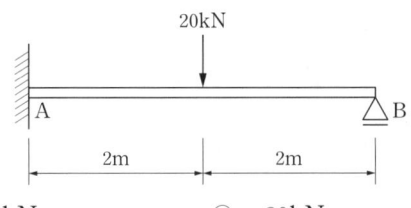

① $-15\mathrm{kN\cdot m}$ ② $-20\mathrm{kN\cdot m}$
③ $-30\mathrm{kN\cdot m}$ ④ $-40\mathrm{kN\cdot m}$

해설

변위 일치법을 이용하면, 일단고정에 집중하중이 작용하고 있는 구조물의 휨모멘트는 $-\dfrac{3}{16}PL$이다.

$\therefore -\dfrac{3}{16}PL = -\dfrac{3}{16}\times 20 \times 4 = -15\mathrm{kN\cdot m}$

상세 풀이

변위일치법을 이용하여 구하면 집중하중 P에 의한 처짐(δ_P)과 반력 V_B에 의한 처짐(δ_V)의 합이 0이므로 적합조건식 $\delta_B = \delta_P + \delta_V = 0$을 활용가능하다.

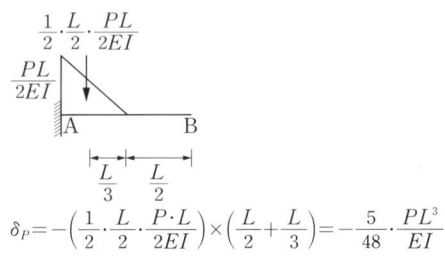

$\delta_P = -\left(\dfrac{1}{2}\cdot\dfrac{L}{2}\cdot\dfrac{P\cdot L}{2EI}\right)\times\left(\dfrac{L}{2}+\dfrac{L}{3}\right) = -\dfrac{5}{48}\cdot\dfrac{PL^3}{EI}$

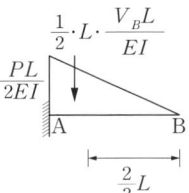

$\delta_V = \left(\dfrac{1}{2}\cdot L\cdot\dfrac{V_B\cdot L}{EI}\right)\times\dfrac{2L}{3} = \dfrac{V_B\cdot L^3}{3EI}$ 이다.

$\delta_B = \delta_P + \delta_V = -\dfrac{5}{48}\cdot\dfrac{PL^3}{EI}+\dfrac{V_B\cdot L^3}{3EI} = 0$이므로

$\therefore V_B = \dfrac{5}{16}P$

추가로 힘의 평형 조건식을 활용하여 반력 V_A와 휨모멘트 M_A를 구할 수 있다.

$\sum V = 0;\ V_A + V_B - P = 0,\ \therefore V_A = \dfrac{11}{16}P$

$\sum M_A = 0;\ \left(\dfrac{5}{16}P\right)\cdot(L) - (P)\left(\dfrac{L}{2}\right) - (M_A) = 0,\ \therefore M_A = -\dfrac{3}{16}PL$

정답 41 ④ 42 ①

43 ★☆☆

단면이 400mm×400mm인 콘크리트 기둥에 D22 (a_1=387mm²) 철근을 사용하여 최소철근비를 만족하도록 주철근을 배근하였다. 배근할 주철근의 최소 개수로 옳은 것은?

① 3개 ② 4개
③ 5개 ④ 6개

해설

철근콘크리트 기둥의 최소철근비 ρ_{min}=0.01이므로, 이를 활용하여 최소철근량 $A_{s,min}$을 계산할 수 있다. 이 최소철근량을 철근 단면적으로 나누어 배근할 주철근의 최소 개수를 구할 수 있다.

$A_{s,min} = \rho_{min} \cdot A_g$
$= (0.01) \times (400 \times 400) = 1{,}600 \text{mm}^2$

$n = \dfrac{1{,}600\text{mm}^2}{387\text{mm}^2} ≒ 4.13$

∴ 배근할 주철근의 최소 개수가 요구되므로, 5개이다.

44 ★☆☆

강구조에 사용하는 강재에 대한 설명으로 틀린 것은?

① SN재는 건축물의 내진성능을 확보하기 위하여 항복점의 상한치를 제한하는 강재이다.
② TMCP 강재는 판두께 증가에 따른 항복강도의 저감이 크게 나타난다.
③ SMA는 내후성을 높인 강재이다.
④ SM490B 강재의 기호 B는 충격흡수에너지를 제한하는 값에 대한 기호이다.

해설

TMCP 강재(Thermo-Mechanical Control Process)는 구조물의 고층화, 대형화에 따라 용접성과 내진성이 뛰어난 극후판의 고강도 강재의 필요에 의해 개발된 강재이다. 적은 탄소량을 함유하고 있어 우수한 용접성을 나타내며 판두께 40mm 이상의 후판도 항복강도의 저하가 없다.

45 ★★★

철골조의 소성설계와 관계없는 항목은?

① 소성힌지 ② 안전율
③ 붕괴기구 ④ 하중계수

해설

안전율은 허용응력도 설계법상의 개념이며 소성설계와는 무관하다.

합격 POINT 강구조 소성설계에 관련된 용어
- 항복 모멘트
- 형상계수
- 붕괴기구
- 소성 모멘트
- 소성힌지
- 하중계수

46 ★☆☆

한 변의 길이가 a인 정사각형 단면을 가진 부재가 있다. 이 부재가 4kN의 인장력을 견딜 수 있는 a의 값으로 가장 적정한 것은? (단, 부재의 허용인장강도는 5MPa이다.)

① 15mm ② 20mm
③ 25mm ④ 30mm

해설

단위면적당 힘, 즉 응력 σ에 대한 문제이다.

$\sigma = \dfrac{P}{A} = \dfrac{4 \cdot 10^3 \text{N}}{a^2 \text{mm}^2} = 5\text{MPa} = 5\text{N/mm}^2$

$a = \sqrt{\dfrac{4 \cdot 10^3}{5}} ≒ 28.28\text{mm}$

따라서, a의 값으로 가장 적정한 것은 30mm이다.

정답 43 ③ 44 ② 45 ② 46 ④

47 ★★★

그림과 같은 구조물에 힘 P가 작용할 때 휨모멘트가 0이 되는 곳은 모두 몇 개인가?

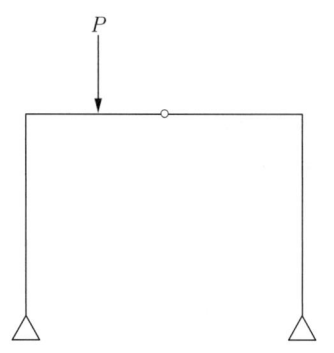

① 2개　　　　　　② 3개
③ 4개　　　　　　④ 6개

해설

휨모멘트도를 작성한다.

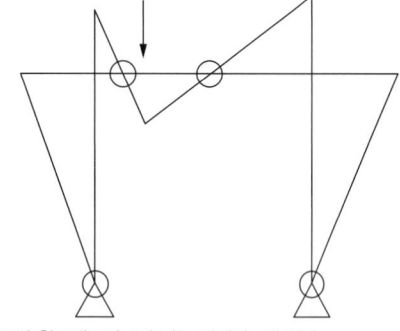

그림에 따르면 휨모멘트가 0이 되는 지점이 4개 있다.

48 ★★☆

그림과 같은 양단고정 보에서 A점의 휨모멘트는 얼마인가? (단, EI는 일정)

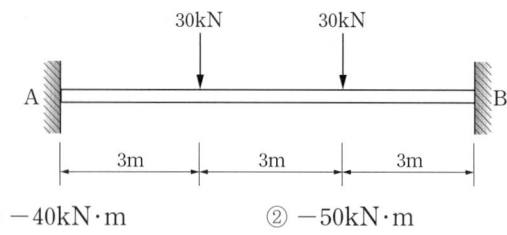

① $-40\text{kN}\cdot\text{m}$　　　② $-50\text{kN}\cdot\text{m}$
③ $-60\text{kN}\cdot\text{m}$　　　④ $-70\text{kN}\cdot\text{m}$

해설

중첩의 원리를 적용하여 두 집중하중에 대한 고정단모멘트를 각각 더한다.

(좌측) $M_{A1} = -\dfrac{P_1 \cdot a \cdot b^2}{L^2} = -\dfrac{(30)(3)(6)^2}{(9)^2} = -40\text{kN}\cdot\text{m}$

(우측) $M_{A2} = -\dfrac{P_2 \cdot a \cdot b^2}{L^2} = -\dfrac{(30)(6)(3)^2}{(9)^2} = -20\text{kN}\cdot\text{m}$

$\therefore M_A = M_{A1} + M_{A2} = -60\text{kN}\cdot\text{m}$

49 ★★★

현장타설콘크리트 말뚝의 구조세칙으로 틀린 것은?

① 현장타설 콘크리트말뚝은 특별한 경우를 제외하고 주근은 6개 이상으로 한다.
② 현장타설 콘크리트말뚝은 배치할 때 그 중심간격은 말뚝머리 지름의 1.5배 이상 또한 말뚝머리 지름에 500mm를 더한 값 이상으로 한다.
③ 현장타설 콘크리트말뚝의 선단부는 지지층에 확실히 도달시켜야 한다.
④ 저부의 단면을 확대한 현장타설 콘크리트말뚝의 측면경사가 수직면과 이루는 각은 30° 이하로 한다.

해설

현장타설콘크리트 말뚝의 최소 간격은 말뚝머리지름의 2배 이상 또한 말뚝머리지름에 1,000mm를 더한 값 이상으로 한다.

합격 POINT 말뚝 최소 간격 기준

※ D: 말뚝머리 지름

종류	최소 간격
나무말뚝	2.5D 이상, 600mm 이상
기성콘크리트말뚝	2.5D 이상, 750mm 이상
강재말뚝	2.0D 이상, 750mm 이상
현장타설 콘크리트말뚝	2.0D 이상, D+1,000mm 이상

정답 47 ③　48 ③　49 ②

50 ★★★

강도설계법에서 처짐을 계산하지 않는 경우 철근콘크리트 보의 최소 두께 규정으로 옳은 것은? (단, 보통콘크리트 $m_c=2,300\text{kg/m}^3$와 설계기준항복강도 400MPa 철근을 사용한 부재)

① 단순지지: $l/20$
② 1단연속: $l/18.5$
③ 양단연속: $l/24$
④ 캔틸레버: $l/10$

해설

처짐을 계산하지 않는 경우 보 또는 1방향 슬래브의 최소 두께

l: 경간 길이(mm)

부재	최소 두께(h_{min})			
	단순지지	1단연속	양단연속	캔틸레버
보 및 리브가 있는 1방향 슬래브	$\dfrac{l}{16}$	$\dfrac{l}{18.5}$	$\dfrac{l}{21}$	$\dfrac{l}{8}$

51 ★★★

강구조에서 용접선 단부에 붙인 보조판으로 아크의 시작이나 종단부의 크레이터 등의 결함을 방지하기 위해 붙이는 판은?

① 스티프너
② 윙플레이트
③ 커버플레이트
④ 엔드탭

해설

엔드탭은 용접결함이 생기기 쉬운 용접의 시작이나 끝부분에 임시로 설치하는 보조 강판이다.

선지분석
① 스티프너: 기둥의 플랜지나 웨브의 좌굴방지용 보강재
② 윙플레이트: 철골 주각부에 부착되는 강판
③ 커버플레이트: 강재의 플랜지를 보강하기 위해 사용하는 강판

합격 POINT

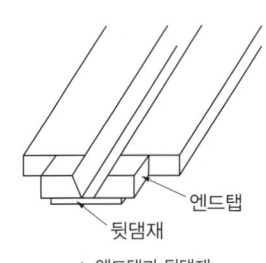

▲ 엔드탭과 뒷댐재

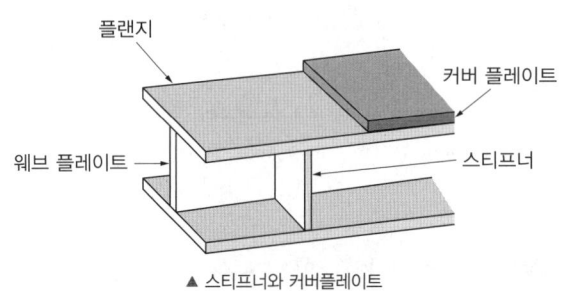

▲ 스티프너와 커버플레이트

52 ★★☆

그림과 같은 구조물의 판별로 옳은 것은?

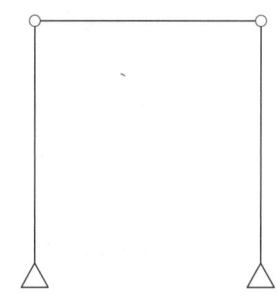

① 불안정
② 정정
③ 1차 부정정
④ 2차 부정정

해설

$N=r+m+f-2j$ 공식 이용
(r: 지점 반력수, m: 부재수, f: 강절점수, j: 지점수＋자유단 지점수)
∴ $N=4+3+0-2\times4=-1$
따라서, 불안정 구조물이다.

53 ★☆☆

다음 강구조 접합부 중 회전저항에 유연해서 모멘트를 전달하지 않는 형태로 기둥에 보의 플랜지를 연결하지 않고 웨브만 접합한 형태는?

① 강접 접합부
② 스플릿 티 모멘트 접합부
③ 전단 접합부
④ 반강접 접합부

해설

전단 접합은 회전 운동을 허용하고 모멘트를 전달하지 않은 접합 형태이다.

합격 POINT 강구조 접합부의 주요 분류

단순접합, 전단접합, 핀(Pin)접합	모멘트접합, 강접합
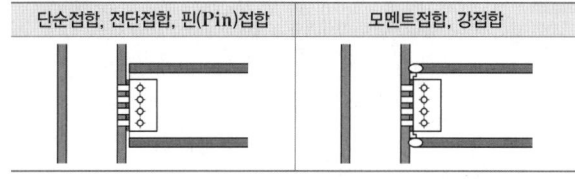	

정답 50 ② 51 ④ 52 ① 53 ③

54 ★☆☆

곡면판이 지니는 역학적 특성을 응용한 구조로서 외력은 주로 판의 면내력으로 전달되기 때문에 경량이고 내력이 큰 구조물을 구성할 수 있는 것은?

① 쉘구조
② 튜브 시스템
③ 스페이스 프레임
④ 절판구조

해설
곡면판이 지니는 역학적 특성을 이용한 구조로서 외력이 주로 판의 면내력으로 전달되는 구조는 쉘구조이다.

55 ★★☆

직경 2.2cm, 길이 50cm의 강봉에 축방향 인장력을 작용시켰더니 길이는 0.04cm 늘어났고 직경은 0.0006cm 줄었다. 이 재료의 포아송수는?

① 0.34
② 2.93
③ 0.015
④ 66.67

해설

포아송비$(\nu) = \dfrac{압축변형률(\varepsilon')}{인장변형률(\varepsilon)} = \dfrac{1}{포아송수(m)}$

포아송수$(m) = \dfrac{인장변형률(\varepsilon)}{압축변형률(\varepsilon')}$ 이다.

이 때, $\varepsilon = \dfrac{\Delta L}{L}, \varepsilon' = \dfrac{\Delta D}{D}$ 이므로

포아송수$(m) = \dfrac{\varepsilon}{\varepsilon'} = \dfrac{\dfrac{\Delta L}{L}}{\dfrac{\Delta D}{D}} = \dfrac{\dfrac{0.04}{50}}{\dfrac{0.0006}{2.2}} ≒ 2.930$이다.

56 ★★☆

강도설계법에 의한 철근콘크리트 보에서 콘크리트만의 설계전단강도는 얼마인가? (단, $f_{ck}=24\text{MPa}, \lambda=1$)

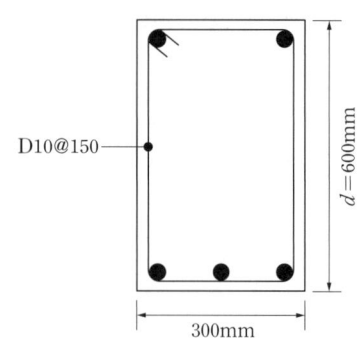

① 31.5kN
② 75.8kN
③ 110.2kN
④ 145.6kN

해설
콘크리트의 설계전단강도

$V_d = \phi V_c = \phi \cdot \dfrac{1}{6} \lambda \sqrt{f_{ck}} \cdot b_w \cdot d$

$= 0.75 \times \dfrac{1}{6} \times 1.0 \times \sqrt{24} \times 300 \times 600 ≒ 110,227\text{N} ≒ 110.2\text{kN}$

여기서, 전단력의 강도감소계수(ϕ)는 0.75이다.

57 ★★☆

다음 그림의 모살용접부의 유효목두께는?

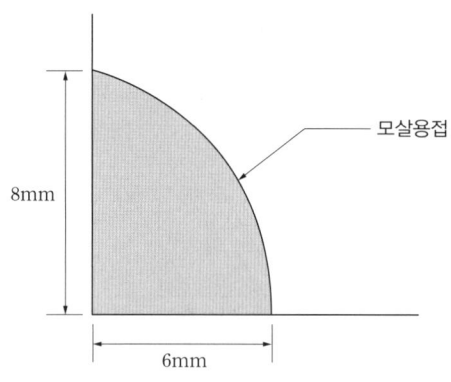

① 4.0mm
② 4.2mm
③ 4.8mm
④ 5.6mm

해설
필릿사이즈가 다를 경우 짧은 쪽을 기준으로 한다.
∴ 유효목두께 $a = 0.7S = 0.7 \times 6 = 4.2\text{mm}$

정답 54 ① 55 ② 56 ③ 57 ②

58 ★☆☆

아래 그림과 같은 6m 길이의 기둥에 압축하중이 작용할 때 횡구속에 가장 유리한 조건은? (단, SS400 강재 사용)

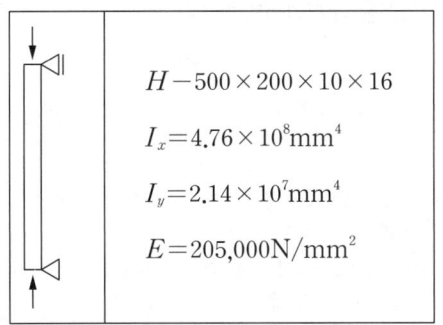

$H-500 \times 200 \times 10 \times 16$
$I_x = 4.76 \times 10^8 \text{mm}^4$
$I_y = 2.14 \times 10^7 \text{mm}^4$
$E = 205,000 \text{N/mm}^2$

① 5m 높이에 강축에만 휨변형 구속이 있다.
② 3m 높이에 강축에만 휨변형 구속이 있다.
③ 5m 높이에 약축에만 휨변형 구속이 있다.
④ 3m 높이에 약축에만 휨변형 구속이 있다.

해설
1. 기둥은 압축하중 작용 시 좌굴이 횡방향으로 발생하며, 단면2차모멘트 I 가 가장 작은 축을 중심으로 일어난다.
   I_y가 I_x보다 작으므로, 약축(y축) 방향의 좌굴에 취약하며 약축에 대한 보강이 필요하다.
2. 좌굴하중은 오일러 공식에 의해 $P_{cr} = \dfrac{\pi^2 EI}{(KL)^2}$로 구한다. 여기서, L은 기둥의 유효좌굴길이이며, 보강재를 설치하면 이 길이를 줄여 좌굴하중을 증가시킬 수 있다. 길이 6m인 기둥에서 보강재를 설치하여 좌굴길이를 최소화하려면 정중앙 3m 지점에 설치하는 것이 효과적이다.

59 ★☆☆

다음 그림은 단순보의 전단력도이다. 각 구간에 대한 역학적 설명으로 틀린 것은?

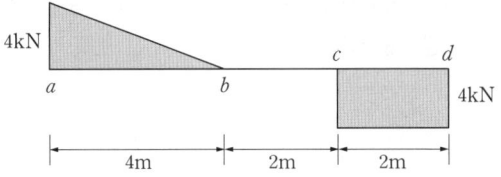

① $a-b$ 구간에는 등분포 하중 1kN/m가 작용한다.
② $b-c$ 구간에는 하중이 작용하지 않는다.
③ c점에는 집중하중 2kN이 작용한다.
④ 양단부(지점)의 반력의 크기는 4kN이다.

해설
c점에는 집중하중 4kN이 작용한다.

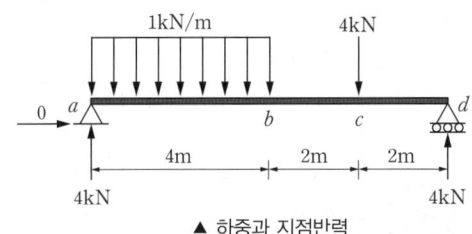

▲ 하중과 지점반력

60 ★☆☆

철근콘크리트 보의 공칭휨강도를 산정할 때 기본가정으로 틀린 것은?

① 계수 β_1은 콘크리트 압축강도에 비례하여 증가한다.
② 철근과 콘크리트의 변형률은 중립축으로부터의 거리에 비례한다.
③ 콘크리트 압축연단의 극한변형률은 0.0033이다.
④ 철근의 응력이 설계기준항복강도 f_y 이하일 때 철근의 응력은 그 변형률에 E_s를 곱한 값으로 한다.

해설
압축응력등가블록 깊이계수(β_1)는 콘크리트 압축강도(f_{ck})에 비례하여 감소한다.

f_{ck}(MPa)	≤40	50	60	70	80	90
β_1	0.80	0.80	0.76	0.74	0.72	0.70

제5과목 건축관계법규

81 ★★★

부설주차장 설치 대상 시설물로서 시설면적이 1,400m²인 제2종 근린생활시설에 설치하여야 하는 부설주차장의 최소 대수는?

① 7대
② 9대
③ 10대
④ 14대

해설
제2종 근린생활시설의 경우 시설면적 200m²당 1대(시설면적/200m²)의 부설주차장을 설치해야 한다.
따라서 시설면적이 1,400m²인 경우 총 7대의 부설주차장을 설치해야 한다.

정답 58 ④ 59 ③ 60 ① 81 ①

82

비상용승강기 승강장의 구조에 관한 기준 내용으로 옳지 않은 것은?

① 승강장은 각층의 내부와 연결될 수 있도록 할 것
② 벽 및 반자가 실내에 접하는 부분의 마감재료는 불연재료로 할 것
③ 옥내 승강장의 바닥면적은 비상용승강이 1대에 대하여 $5m^2$ 이상으로 할 것
④ 피난층이 있는 승강장의 출입구로부터 도로 또는 공지에 이르는 거리가 30m 이하일 것

해설
옥내 승강장의 바닥면적은 비상용승강기 1대에 대하여 $6m^2$ 이상으로 해야 한다.

83

용도변경과 관련된 시설군 중 교육 및 복지시설군에 속하지 않는 것은?

① 의료시설
② 수련시설
③ 종교시설
④ 노유자시설

해설
종교시설은 문화집회시설군에 속한다.

선지분석
의료시설, 수련시설, 노유자시설, 교육연구시설, 야영장 시설은 교육 및 복지시설군에 속한다.

84

태양열을 주된 에너지원으로 이용하는 주택의 건축면적 산정 시 기준이 되는 것은?

① 건축물 외벽의 외곽선
② 건축물의 외벽 중 내측 내력벽의 중심선
③ 건축물의 외벽 중 외측 비내력벽의 중심선
④ 건축물 외벽의 내력벽과 비내력벽의 경계선

해설
태양열을 주된 에너지원으로 이용하는 주택의 건축면적은 건축물의 외벽 중 내측 내력벽의 중심선을 기준으로 한다.

85

대지면적이 $600m^2$인 건축물의 옥상에 조경면적을 $60m^2$ 설치한 경우, 대지에 설치하여야 하는 최소 조경면적은? (단, 조경설치기준은 대지면적의 10%)

① $10m^2$
② $20m^2$
③ $30m^2$
④ $40m^2$

해설
1. 대지면적은 $600m^2$이고, 조경설치기준은 대지면적의 10% 이상이므로 필요한 전체조경면적은 $60m^2$이다.
2. 옥상조경면적의 2/3를 지상조경면적으로 산정할 수 있지만 전체조경면적의 50/100을 초과할 수 없다.
   ($60m^2 \times \frac{2}{3} = 40m^2$ 인정, $60m^2 \times \frac{50}{100} = 30m^2$ 초과 불가함)

따라서 전체조경면적인 $60m^2$에서 지상조경면적으로 산정한 옥상조경면적인 $30m^2$를 제외한 $30m^2$를 지상에 설치한다.

합격 POINT 조경면적

전체조경면적	
지상조경면적	옥상조경면적 • 2/3만 인정 • 전체조경면적의 50% 초과 불가

86

업무시설로서 6층 이상의 거실면적의 합계가 $10,000m^2$인 경우, 설치하여야 하는 승용승강기의 최소 대수는? (단, 8인승 승용승강기를 사용하는 경우)

① 3대
② 4대
③ 5대
④ 6대

해설

건축물의 용도 \ 6층 이상의 거실면적의 합계	$3,000m^2$ 초과
업무시설	기본 1대+$3,000m^2$ 초과 시 $2,000m^2$ 이내마다 1대 추가

※ 8인승 이상 15인승 이하의 승강기는 1대의 승강기로 보고, 16인승 이상의 승강기는 2대의 승강기로 본다.

업무시설이며 6층 이상의 거실면적의 합계가 $10,000m^2$인 경우, 승용승강기 설치기준은 기본 1대+추가 4대이다.
따라서 설치하여야 하는 승강기의 최소 대수는 5대가 된다.

정답 82 ③ 83 ③ 84 ② 85 ③ 86 ③

87 ★★☆

노외주차장의 구조·설비에 관한 기준 내용으로 옳지 않은 것은?

① 주차구획선의 긴 변과 짧은 변 중 한 변 이상이 차로에 접하여야 한다.
② 주차대수 규모가 50대 미만인 노외주차장의 출입구 너비는 3.5m 이상으로 하여야 한다.
③ 노외주차장에서 주차에 사용되는 부분의 높이는 주차바닥면으로부터 2.1m 이상으로 하여야 한다.
④ 지하식 또는 건축물식 노외주차장의 차로의 높이는 주차바닥면으로부터 2.1m 이상으로 하여야 한다.

해설
지하식 또는 건축물식 노외주차장의 차로의 높이는 주차바닥면으로부터 2.3m 이상으로 하여야 한다.

88 ★☆☆

다음 중 철골조로 하였을 경우, 피복과 관계없이 그 자체만으로 내화구조에 속하는 것은?

① 벽　　② 기둥
③ 지붕　④ 계단

해설
계단은 다음 어느 하나에 해당하는 경우 내화구조로 인정된다.
- 철근콘크리트조 또는 철골철근콘크리트조
- 무근콘크리트조·콘크리트블록조·벽돌조 또는 석조
- 철재로 보강된 콘크리트블록조·벽돌조 또는 석조
- 철골조

89 ★☆☆

다음은 건축법상 리모델링에 대비한 특례 등에 관한 내용이다. 밑줄 친 기준 내용에 속하지 않는 것은?

> 리모델링이 쉬운 구조의 공동주택의 건축을 촉진하기 위하여 공동주택을 대통령령으로 정하는 구조로 하여 건축허가를 신청하면 제56조, 제60조 및 제61조에 따른 기준을 100분의 120의 범위에서 대통령령으로 정하는 비율로 완화하여 적용할 수 있다.

① 건축물의 건폐율
② 건축물의 용적률
③ 건축물의 높이 제한
④ 일조 등의 확보를 위한 건축물의 높이 제한

해설
- 건축법 제56조: 건축물의 용적률
- 건축법 제60조: 건축물의 높이 제한
- 건축법 제61조: 일조 등의 확보를 위한 건축물의 높이 제한

90 ★☆☆

주차장의 주차단위구획 기준으로 옳은 것은? (단, 평행주차형식으로 일반형인 경우)

① 너비 1.0m 이상, 길이 2.3m 이상
② 너비 1.7m 이상, 길이 4.5m 이상
③ 너비 2.0m 이상, 길이 6.0m 이상
④ 너비 2.3m 이상, 길이 5.0m 이상

해설
평행주차형식의 경우 주차단위구획은 다음과 같다.

구분	너비	길이
경형	1.7m 이상	4.5m 이상
일반형	2.0m 이상	6.0m 이상
보도와 차도의 구분이 없는 주거지역의 도로	2.0m 이상	5.0m 이상
이륜자동차전용	1.0m 이상	2.3m 이상

정답 87 ④　88 ④　89 ①　90 ③

91 ★★☆

건축법령상, 다중이용 건축물에 해당되지 않는 것은? (단, 해당하는 용도로 쓰는 바닥면적의 합계가 5,000m²인 건축물인 경우)

① 종교시설
② 판매시설
③ 업무시설
④ 의료시설 중 종합병원

해설
다중이용 건축물이란 다음의 어느 하나에 해당하는 건축물을 말한다.
- 바닥면적의 합계가 5,000m² 이상인 문화 및 집회시설(동물원 및 식물원 제외), 종교시설, 판매시설, 운수시설 중 여객용 시설, 의료시설 중 종합병원, 숙박시설 중 관광숙박시설
- 16층 이상인 건축물

92 ★☆☆

주거지역에서 건축물에 설치하는 냉방시설의 배기구는 도로면으로부터 최소 얼마 이상의 높이에 설치하여야 하는가?

① 1m
② 1.8m
③ 2m
④ 2.4m

해설
배기구는 도로면으로부터 2m 이상의 높이에 설치하여야 한다.

93 ★★☆

제2종 일반주거지역에서 건축할 수 있는 건축물에 속하지 않는 것은?

① 종교시설
② 숙박시설
③ 노유자시설
④ 제1종 근린생활시설

해설
제2종 일반주거지역에 숙박시설은 건축할 수 없다.

94 ★★☆

다음의 옥상광장 등의 설치에 관한 기준 내용 중 ( ) 안에 알맞은 것은?

> 옥상광장 또는 2층 이상인 층에 있는 노대 등의 주위에는 높이 ( ) 이상의 난간을 설치하여야 한다. 다만, 그 노대 등에 출입할 수 없는 구조인 경우에는 그러하지 아니하다.

① 1.0m
② 1.2m
③ 1.5m
④ 1.8m

해설
옥상광장 또는 2층 이상인 층에 있는 노대 등의 주위에는 높이 1.2m 이상의 난간을 설치하여야 한다. 다만, 그 노대 등에 출입할 수 없는 구조인 경우에는 그러하지 아니하다.

95 ★★☆

용도지역에 따른 건폐율의 최대한도가 옳지 않은 것은? (단, 도시지역의 경우)

① 녹지지역: 30% 이하
② 주거지역: 70% 이하
③ 공업지역: 70% 이하
④ 상업지역: 90% 이하

해설
녹지지역의 경우 건폐율의 최대한도는 20% 이하이다.

96

법령 개정으로 인해 문제가 성립하지 않으므로 삭제

정답 91 ③ 92 ③ 93 ② 94 ② 95 ①

97 ★★★

건축법령상 건축물과 해당 건축물의 용도가 옳게 연결된 것은?

① 의원 – 의료시설
② 도매시장 – 판매시설
③ 유스호스텔 – 숙박시설
④ 장례식장 – 묘지관련시설

선지분석
① 의원은 제1종 근린생활시설이다.
③ 유스호스텔은 수련시설이다.
④ 장례식장은 장례시설이다.

98 ★★★

다음은 바닥면적의 산정과 관련된 기준 내용이다. ( ) 안에 알맞은 것은?

> 벽·기둥의 구획이 없는 건축물은 그 지붕 끝부분으로부터 수평거리 ( )를 후퇴한 선으로 둘러싸인 수평투영면적으로 한다.

① 0.5m
② 1m
③ 1.5m
④ 2m

해설
벽·기둥의 구획이 없는 건축물은 그 지붕 끝부분으로부터 수평거리 1m를 후퇴한 선으로 둘러싸인 수평투영면적으로 한다.

99 ★★★

주거기능을 위주로 이를 지원하는 일부 상업기능 및 업무기능을 보완하기 위하여 지정하는 주거지역의 세분은?

① 준주거지역
② 제1종 전용주거지역
③ 제1종 일반주거지역
④ 제2종 일반주거지역

해설
주거기능을 위주로 이를 지원하는 일부 상업기능 및 업무기능을 보완하기 위하여 필요한 지역은 준주거지역이다.

선지분석
② 제1종 전용주거지역: 단독주택 중심의 양호한 주거환경을 보호하기 위하여 필요한 지역
③ 제1종 일반주거지역: 저층주택을 중심으로 편리한 주거환경을 조성하기 위하여 필요한 지역
④ 제2종 일반주거지역: 중층주택을 중심으로 편리한 주거환경을 조성하기 위하여 필요한 지역

100 ★★☆

전용주거지역이나 일반주거지역에서 건축물을 건축하는 경우에는 건축물의 각 부분을 정북방향으로의 인접 대기 경계선으로부터 일정 거리 이상을 띄어 건축하여야 하는데, 높이 **10m 이하인** 부분은 원칙적으로 인접 대지경계선으로부터 최소 얼마 이상 띄어야 하는가?

① 0.5m
② 1.0m
③ 1.5m
④ 2.0m

해설
전용주거지역이나 일반주거지역에서 건축물을 건축하는 경우에는 건축물의 각 부분을 정북방향으로의 인접 대지경계선으로부터 다음의 거리 이상을 띄어 건축하여야 한다.
- 높이 10m 이하인 부분: 인접 대지경계선으로부터 1.5m 이상
- 높이 10m를 초과하는 부분: 인접 대지경계선으로부터 해당 건축물 각 부분 높이의 2분의 1 이상

정답 97 ② 98 ② 99 ① 100 ③

2014년 | 제4회
건축구조·건축관계법규

제3과목 건축구조

41 ★★☆
그림과 같은 구조물에 있어 AB부재의 재단모멘트 M_{AB}는?

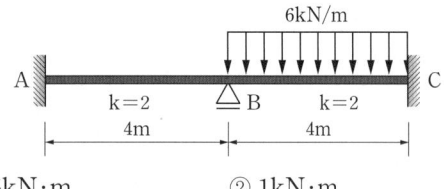

① 0.5kN·m
② 1kN·m
③ 1.5kN·m
④ 2kN·m

해설

AC부재는 연속경간이기 때문에 고정단과 같은 개념으로 풀이한다.

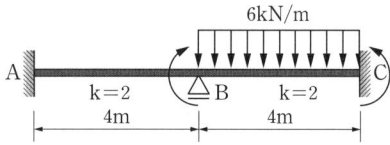

먼저, B절점에서의 고정단모멘트(FEM)을 계산하면
$$FEM = \frac{wl^2}{12} = \frac{6 \times 4^2}{12} = 8kN \cdot m$$이다.

주어진 강도계수를 이용하여 분배율을 구하면
$DF_{BA} = \frac{2}{2+2} = \frac{1}{2}$이므로 분배모멘트는

$M_{BA} = FEM \times DF_{BA} = 8 \times \frac{1}{2} = 4kN \cdot m$이다.

따라서 전달모멘트(전달률: 고정단은 1/2)

$M_{AB} = \frac{1}{2} \times M_{BA} = \frac{1}{2} \times 4 = 2kN \cdot m$이다.

42 ★☆☆
그림과 같은 T자형 단면에서 x축으로부터 단면의 중심 0점까지의 거리 $\bar{y}$는?

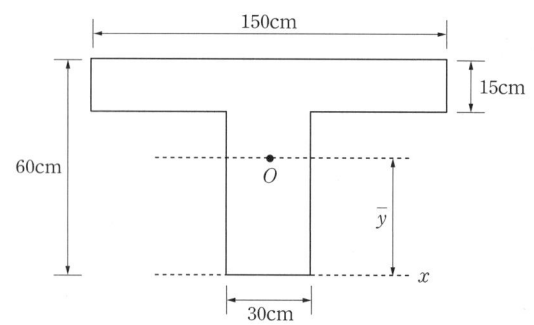

① 15cm
② 30cm
③ 37.5cm
④ 41.25cm

해설

도심거리는 단면1차모멘트 G_x를 면적 A로 나누어 구하며, $\bar{y} = \frac{G_x}{A}$

플랜지(150×15)와 웨브(30×45)로 구분하여 더한다.

$$\therefore \bar{y} = \frac{G_x}{A} = \frac{(150 \times 15)(52.5) + (30 \times 45)(22.5)}{(150 \times 15) + (30 \times 45)} = 41.25cm$$

43 ★★★
모살용접에서 접합부의 얇은 쪽 소재 두께가 12mm일 경우 모살용접의 최소 치수는 얼마인가?

① 3mm
② 5mm
③ 6mm
④ 8mm

해설

접합부의 얇은 쪽 소재 두께가 $6 \leq t < 13$이면 최소 치수는 5mm이다.

필릿용접 최소 치수

얇은 쪽 소재 두께(t)	최소 치수(mm)
$t < 6$	3
$6 \leq t < 13$	5
$13 \leq t < 20$	6
$20 \leq t$	8

정답 41 ④ 42 ④ 43 ②

44 ★☆☆

다음 그림은 강도설계법에서 단근 직사각형 보의 응력도를 나타낸 것이다. 응력중심간 거리 $\left(d-\dfrac{a}{2}\right)$로 옳은 것은? (단, $f_{ck}=21\text{MPa}$, $f_y=300\text{MPa}$, $b=300\text{mm}$, $d=540\text{mm}$, $A_s=1,161\text{mm}^2$)

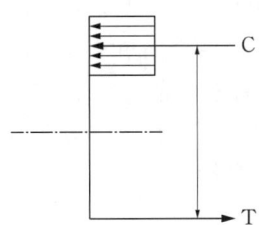

① 524.4mm
② 507.5mm
③ 486.8mm
④ 472.4mm

해설

등가응력블록의 깊이

$a=\dfrac{A_s f_y}{\eta(0.85f_{ck})b}=\dfrac{1,161\times 300}{1.0\times(0.85\times 21)\times 300}≒65.04$

$\therefore d-\dfrac{a}{2}=540-\dfrac{65.04}{2}=507.48$

합격 POINT 콘크리트 압축강도에 따른 ε_{cu}, η, β_1

f_{ck}(MPa)	≤40
ε_{cu}(콘크리트 극한변형률)	0.0033
η(콘크리트 등가직사각형 압축응력블록의 크기 계수)	1.0
β_1(압축응력블록의 깊이 계수)	0.8

45 ★★☆

다음 부정정 구조물의 A단 수직반력은?

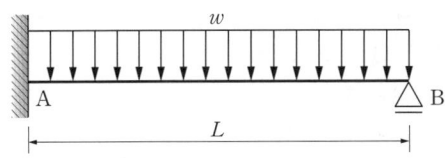

① $\dfrac{5wL}{8}$
② $\dfrac{3wL}{8}$
③ $\dfrac{wL}{2}$
④ $\dfrac{2wL}{3}$

해설

변위일치법을 이용하면, 일단고정에 등분포하중이 작용하고 있는 구조의 지점 반력은 $\dfrac{5}{8}wL$이다. 변위일치법은 부정정구조물이 정정구조물이 되도록 상황을 가정하여 이때의 두 변위의 합이 0이 됨을 이용한다.

1.

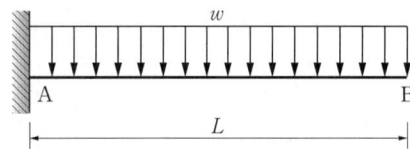

B점이 자유단일 경우 켄틸레버보의 최대처짐은 $+\dfrac{wL^4}{8EI}$

2.

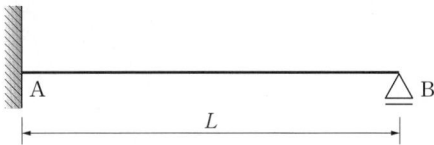

B점에서 수직반력이 작용할 때 발생하는 최대처짐은 $-\dfrac{V_B\cdot L^3}{3EI}$

3. 두 처짐의 합이 0이므로 $V_B=\dfrac{3wL}{8}$이다.

$\therefore \sum V=0;+(V_A)+(V_B)-(w\cdot L)=0$

$V_A=+\dfrac{5wL}{8}(\uparrow)$

46 ★☆☆

단면이 $b=350\text{mm}$, $h=700\text{mm}$인 장방형 보의 균열모멘트(M_{cr})는 얼마인가? (단, 보의 휨파괴 강도 $f_r=3\text{MPa}$)

① 85.75kN·m
② 95.75kN·m
③ 105.75kN·m
④ 115.75kN·m

해설

$M_{cr}=f_r\times\dfrac{bh^2}{6}=3\times\dfrac{(350)(700)^2}{6}$

$=85.75\text{kN}\cdot\text{m}$

f_r: 파괴계수($=0.63\lambda\sqrt{f_{ck}}$)
y_t: 도심에서 인장측 외단까지의 거리
I_g: 보의 전체 단면에 대한 단면2차모멘트

정답 44 ② 45 ① 46 ①

47 ★★☆

그림과 같이 양단이 회전단인 부재의 좌굴축에 대한 세장비는?

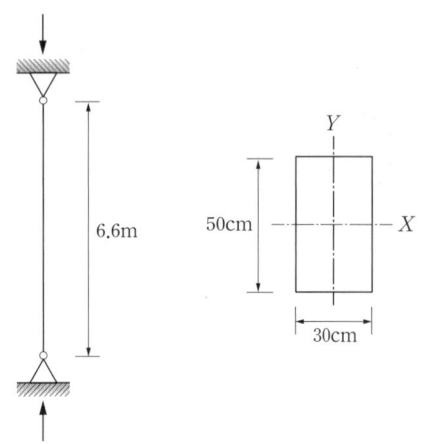

① 76.21 ② 84.28
③ 94.64 ④ 103.77

해설

세장비 $\lambda = \dfrac{l_k(\text{좌굴길이})}{r(\text{단면2차반경})}$

좌굴길이 $l_k = k(\text{좌굴계수}) \times l$

양단회전이므로 $k=1$

좌굴길이 $l_k = 1 \times 660 = 660\text{cm}$

$r = \sqrt{\dfrac{I}{A}}$, $I = \dfrac{bh^3}{12} = \dfrac{50 \times 30^3}{12} = 112{,}500\text{cm}^4$

$r = \sqrt{\dfrac{I}{A}} = \sqrt{\dfrac{112{,}500}{50 \times 30}} ≒ 8.66\text{cm}$

$\lambda = \dfrac{l_k}{r} = \dfrac{660}{8.66} ≒ 76.21$

합격 POINT 유효좌굴길이계수

양단힌지	1단고정, 1단힌지	양단고정	1단고정, 1단자유
1	0.7	0.5	2

48 ★★☆

등가정적해석법에 의한 건축물의 내진설계 시 고려해야 할 사항이 아닌 것은?

① 지역계수 ② 지반종류
③ 노풍도계수 ④ 반응수정계수

해설

노풍도계수: 건축물이 바람에 노출되는 정도를 나타내는 노풍도는 [건축구조기준 2009] 이후부터 지표면조도(Surface roughness)로 용어가 개정되었으며, 풍하중 설계 시 고려사항이다.

합격 POINT 등가정적해석법 밑면전단력 산정식

$$V = C_s \cdot W = \dfrac{S_{D1}}{\left(\dfrac{R}{I_E}\right) \cdot T} \cdot W$$

여기서, C_s: 지진응답계수, W: 유효건물중량, S_{D1}: 주기 1초에서의 설계스펙트럼 가속도, R: 반응수정계수, I_E: 건물의 중요도계수, T: 건물의 고유주기

49 ★★☆

철근콘크리트의 보강철근에 대한 설명으로 틀린 것은?

① 보강철근으로 보강하지 않은 콘크리트는 인장강도가 낮아서 취성(Brittle)거동을 한다.
② 보강철근은 콘크리트의 크리프를 감소시키고 균열의 폭을 최소화시킨다.
③ 이형철근은 원형강봉의 표면에 돌기를 만들어 철근과 콘크리트의 부착력을 최대가 되도록 한 것이다.
④ KS에서 철근의 번호는 inch단위의 공칭지름을 8로 나눈값을 의미한다.

해설

한국의 KS에서 철근의 번호는 mm단위의 공칭지름을 의미한다.

50 ★★☆

그림과 같이 양단이 고정된 강재 부재에 온도가 $\Delta T = 30℃$ 증가될 때 이 부재에 발생되는 압축응력은 얼마인가? (단, 강재의 탄성계수 $E_s = 2.0 \times 10^5 \text{MPa}$, 부재 단면적은 $5{,}000\text{mm}^2$, 선팽창계수 $\alpha = 1.2 \times 10^{-5}/℃$임)

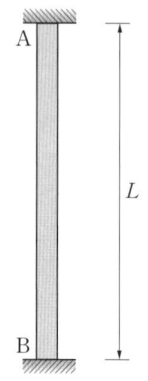

① 25MPa ② 48MPa
③ 64MPa ④ 72MPa

해설

$\sigma_T = E \times \alpha \times \Delta T$
$= (2.0 \times 10^5) \times (1.2 \times 10^{-5}) \times 30 = 72\text{MPa}$

합격 POINT 온도응력

$\sigma_T = E \cdot \varepsilon_T = E \cdot \alpha \cdot \Delta T$

여기서, E: 탄성계수, α: 선팽창계수, ΔT: 온도 변화량이다.

정답 47 ① 48 ③ 49 ④ 50 ④

51 ★★☆

보의 길이가 같은 캔틸레버보에서 작용하는 집중하중의 크기가 $P_1=P_2$일 때, 보의 단면이 그림과 같다면 최대처짐 $y_1:y_2$의 비는?

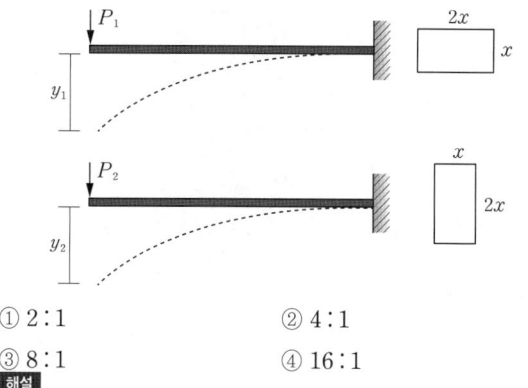

① 2:1　　② 4:1
③ 8:1　　④ 16:1

해설

캔틸레버보의 자유단 끝에 집중하중이 작용하는 경우 최대처짐은 $\delta_{max}=y_{max}=\dfrac{PL^3}{3EI}$로 구한다.

여기서, 두 조건의 다른 점은 단면2차모멘트이므로,

(단면이 사격형인 경우 단면2차모멘트: $I=\dfrac{bh^3}{12}$)

$I_{y_1}=\dfrac{2x \times x^3}{12}$, $I_{y_2}=\dfrac{x \times (2x)^3}{12}$

$y_1 : y_2 = \dfrac{1}{\dfrac{(2x)(x)^3}{12}} : \dfrac{1}{\dfrac{(x)(2x)^3}{12}} = \dfrac{1}{2} : \dfrac{1}{8}$

∴ $y_1 : y_2 = 4 : 1$

52 ★☆☆

지반침하의 원인에 해당하지 않는 것은?

① 지하수의 지나친 양수
② 매립지반의 압축
③ 지반의 수평지지력의 과대
④ 지반 굴착에 의한 지반변위

해설

지반의 수평지지력이 과대하면 지반침하가 방지된다.

53 ★☆☆

벽돌구조에 대한 설명으로 옳지 않은 것은?

① 석구조 및 블록구조와 함께 조적식 구조의 일종이다.
② 고층 건물이나 대규모 건물에 적합하다.
③ 내화, 내구적이다.
④ 풍압력, 지진력 등에 약하다.

해설

벽돌구조는 저층 건물이나 소규모 건물에 적합한 구조이다.

54 ★★★

철근콘크리트 단순보에서 순간탄성처짐이 $0.9mm$이었다면 1년 뒤 이 부재의 총처짐량을 구하면? (단, 시간경과계수 $\xi=1.4$, 압축철근비 $\rho'=0.01071$)

① 1.52mm　　② 1.72mm
③ 1.92mm　　④ 2.12mm

해설

총처짐량＝탄성처짐＋장기처짐

$\quad =$ 탄성처짐＋탄성처짐$\times \dfrac{\xi}{1+50\times\rho'}$

여기서, ξ: 시간경과계수, ρ': 압축철근비

∴ 총처짐량$=0.9+0.9\times\dfrac{1.4}{1+50\times 0.01071}\fallingdotseq 1.72mm$

55 ★★☆

그림과 같은 모살용접의 유효길이는?

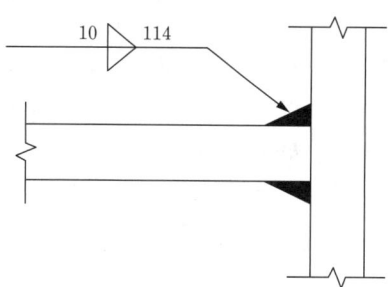

① 1.0cm　　② 9.4cm
③ 10.7cm　　④ 11.4cm

해설

유효용접길이(l_e)는 용접길이(l)에서 시작과 끝의 모살치수(S)만큼 뺀 길이이다.

$l_e = l - 2S$

문제의 용접기호에서 용접길이는 114mm, 모살치수는 10mm이므로,

∴ $l_e = l - 2S = 114 - (10 \times 2) = 94mm$

정답 51 ②　52 ③　53 ②　54 ②　55 ②

56 ★★☆

그림과 같은 ㄷ형강(Channel)에서 전단중심(剪斷中心)의 대략적인 위치는?

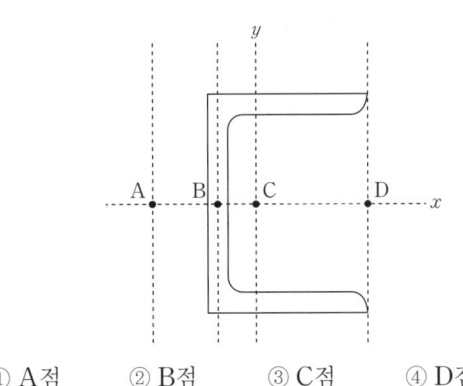

① A점   ② B점   ③ C점   ④ D점

해설

ㄷ형강 단면의 보에서 하중을 단면의 중심선상에 가하면 비틀림이 생기고, 이 비틀림의 크기는 하중이 웨브 쪽으로 옮겨감에 따라 감소한다. ㄷ형강의 전단중심은 웨브의 바깥쪽에 있는 A점의 위치가 되며, A의 위치에 외력이 작용하게 되면 비틀림이 생기지 않고 휨변형만 발생하게 된다.

57 ★★★

강도설계법에서 그림과 같은 띠철근을 가진 기둥의 설계 축하중 ϕP_n은 약 얼마인가? (단, $f_y=400MPa$, $f_{ck}=21MPa$, 강도감소계수 $\phi=0.65$, 주근: $8-D22(A_{st}=3,096mm^2)$, 띠철근: $D10@300$, 보조띠철근: $D10@900$)

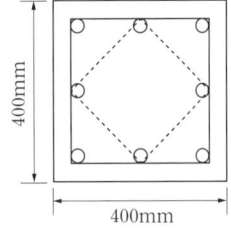

① 2,300kN   ② 2,200kN
③ 2,100kN   ④ 2,000kN

해설

띠철근 기둥 설계식

$\phi P_n = (0.65)(0.80)[0.85f_{ck} \cdot (A_g - A_{st}) + f_y \cdot A_{st}]$
$= (0.65)(0.8)[0.85(21)(400^2 - 3,096) + (400)(3,096)]$
$= 2,100.351kN$

58 ★☆☆

다음 구조물의 판별로 옳은 것은?

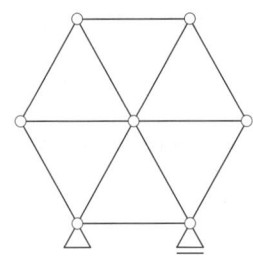

① 불안전 구조물   ② 정정 구조물
③ 1차 부정정 구조물   ④ 2차 부정정 구조물

해설

$N = r + m + k - 2j$ 공식 이용
∴ $N = 3 + 12 + 0 - 2 \times 7 = 1$
따라서, 1차 부정정 구조물이다.

59 ★★☆

다음 그림과 같은 단순보에서 부재 길이가 2배로 증가할 때 보의 중앙점 최대 처짐은 몇 배로 증가되는가?

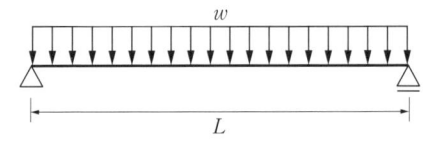

① 2배   ② 4배
③ 8배   ④ 16배

해설

단순보 등분포하중 시 최대 처짐은 $\delta_{max} = \frac{5wL^4}{384EI}$이다.

처짐이 부재 길이(L)의 4제곱에 비례하므로, 부재 길이가 2배 증가하면 최대 처짐은 16배 증가한다.

합격 POINT 단순보의 하중조건에 따른 처짐각과 처짐

하중조건	처짐각(θ)	처짐(δ)
집중하중	$\frac{PL^2}{16EI}$	$\frac{PL^3}{48EI}$
등분포하중	$\frac{wL^3}{24EI}$	$\frac{5wL^4}{384EI}$

정답 56 ① 57 ③ 58 ③ 59 ④

60 ★★☆

다음 그림과 같은 내민보에서 휨모멘트가 0이 되는 두 개의 반곡점 위치를 구하면? (단, 반곡점 위치는 A점으로부터의 거리임)

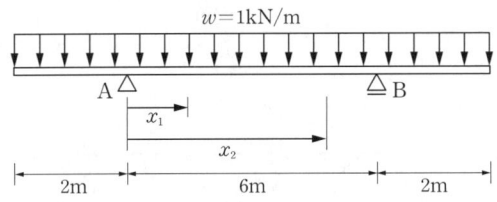

① $x_1=0.765m$, $x_2=5.235m$
② $x_1=0.785m$, $x_2=5.215m$
③ $x_1=0.805m$, $x_2=5.195m$
④ $x_1=0.825m$, $x_2=5.175m$

해설

1. A지점의 반력:
$$V_A = \frac{wl}{2} = \frac{1 \times 10}{2} = 5kN$$

2. A점으로부터 우측으로 x위치의 휨모멘트
$$M_x = 5 \times x - \left(1 \times (2+x) \times \left(\frac{2+x}{2}\right)\right) = -\frac{x^2}{2} + 3x - 2$$

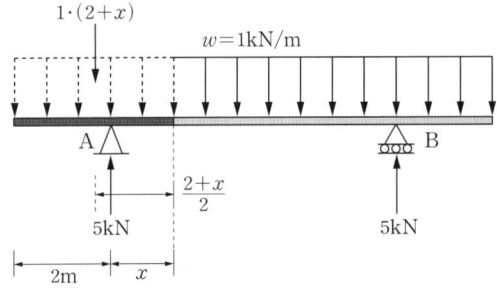

3. 반곡점은 휨모멘트가 0인 점이므로 위의 식을 0으로 하면 두 개의 x값 (x_1, x_2)을 구할 수 있게 된다.

$M_x = -\frac{x^2}{2} + 3x - 2 = 0$에서

근의 공식 $x = \frac{-b \pm \sqrt{b^2 - 4ac}}{2a}$ 를 이용하면,

$$x = \frac{-3 \pm \sqrt{(3)^2 - 4 \times \left(-\frac{1}{2}\right) \times (-2)}}{2 \times \left(-\frac{1}{2}\right)} = 3 \pm \sqrt{5}$$

∴ $x_1 \fallingdotseq 0.764m$, $x_2 \fallingdotseq 5.236m$

제5과목 건축관계법규

81 ★☆☆

주차장법령상 기계식주차장의 세분에 속하지 않는 것은?

① 지하식
② 지평식
③ 건축물식
④ 공작물식

해설
- 자주식주차장: 지하식·지평식 또는 건축물식(공작물식 포함)
- 기계식주차장: 지하식·건축물식(공작물식 포함)

82 ★★☆

다음은 주차장 수급 실태 조사의 조사구역에 관한 설명이다. ( ) 안에 알맞은 것은?

> 사각형 또는 삼각형 형태로 조사구역을 설정하되 조사구역 바깥 경계선의 최대거리가 ( )를 넘지 아니하도록 한다.

① 100m
② 200m
③ 300m
④ 400m

해설
사각형 또는 삼각형 형태로 조사구역을 설정하되 조사구역 바깥 경계선의 최대거리가 300m를 넘지 않도록 한다.

83 ★★☆

건축물에 설치하는 피난안전구역의 구조 및 설비에 관한 기준 내용으로 옳지 않은 것은?

① 피난안전구역의 높이는 1.8m 이상일 것
② 피난안전구역의 내부마감재료는 불연재료로 설치할 것
③ 비상용 승강기는 피난안전구역에서 승하차할 수 있는 구조로 설치할 것
④ 건축물의 내부에서 피난안전구역으로 통하는 계단은 특별피난계단의 구조로 설치할 것

해설
피난안전구역의 높이는 2.1m 이상이어야 한다.

정답 60 ① 81 ② 82 ③ 83 ①

84 ★★★

저층주택을 중심으로 편리한 주거환경을 조성하기 위하여 주거지역을 세분화하여 지정한 지역은?

① 준주거지역
② 제1종 일반주거지역
③ 제2종 일반주거지역
④ 제3종 일반주거지역

해설

저층주택을 중심으로 편리한 주거환경을 조성하기 위하여 필요한 지역은 제1종 일반주거지역이다.

선지분석

① 준주거지역: 주거기능을 위주로 이를 지원하는 일부 상업기능 및 업무기능을 보완하기 위하여 필요한 지역
③ 제2종 일반주거지역: 중층주택을 중심으로 편리한 주거환경을 조성하기 위하여 필요한 지역
④ 제3종 일반주거지역: 중고층주택을 중심으로 편리한 주거환경을 조성하기 위하여 필요한 지역

85 ★☆☆

국토의 계획 및 이용에 관한 법령상 아파트를 건축할 수 있는 지역은?

① 자연녹지지역
② 제1종 전용주거지역
③ 제2종 전용주거지역
④ 제1종 일반주거지역

해설

제2종 전용주거지역에는 국토의 계획 및 이용에 관한 법률에 따라 아파트, 연립주택, 다세대주택, 기숙사 등 건축이 가능하다.

86 ★★☆

건축물의 내부에 설치하는 피난계단의 구조에 관한 기준 내용으로 옳지 않은 것은?

① 계단의 유효너비는 0.9m 이상으로 할 것
② 계단실의 실내에 접하는 부분의 마감은 불연재료로 할 것
③ 계단은 내화구조로 하고 피난층 또는 지상까지 직접 연결되도록 할 것
④ 건축물의 내부에서 계단실로 통하는 출입구의 유효너비는 0.9m 이상으로 할 것

해설

계단의 유효너비를 0.9m 이상으로 해야 하는 것은 건축물의 바깥쪽에 설치하는 피난계단이다.

87 ★★★

각 층의 바닥면적이 5,000m²이고, 각 층의 거실면적이 3,000m²인 14층 숙박시설에 설치하여야 하는 승용승강기의 최소 대수는? (단, 24인승 승용승강기를 설치하는 경우)

① 6대
② 7대
③ 12대
④ 13대

해설

건축물의 용도	6층 이상의 거실 면적의 합계 3,000m² 초과
숙박시설	기본 1대+3,000m² 초과 시 2,000m² 이내마다 1대 추가

※ 8인승 이상 15인승 이하의 승강기는 1대의 승강기로 보고, 16인승 이상의 승강기는 2대의 승강기로 본다.

층수가 14층이며 각 층의 거실면적이 3,000m²인 경우, 6층 이상의 거실 면적의 합계는 27,000m²가 된다.
면적의 합계가 27,000m²인 숙박시설의 승용승강기 설치기준은 기본 1대＋추가 12대＝13대이다.
그러나 16인승 이상의 승강기는 2대로 보므로, $\frac{13대}{2}$=6.5대가 된다. 따라서 최소 7대를 설치하여야 한다.

88 ★★★

국토의 계획 및 이용에 관한 법령에 따른 기반시설 중 도로의 세분에 속하지 않는 것은?

① 고속도로
② 일반도로
③ 고가도로
④ 보행자전용도로

해설

도로의 세분: 일반도로, 자전거전용도로, 자동차전용도로, 고가도로, 보행자전용도로, 지하도로, 보행자우선도로

89 ★★☆

다음은 건축법령상 증축의 정의이다. ( ) 안에 포함되지 않는 것은?

"증축"이란 기존 건축물이 있는 대지에서 건축물의 ( )을/를 늘리는 것을 말한다.

① 층수
② 높이
③ 연면적
④ 대지면적

해설

"증축"이란 기존 건축물이 있는 대지에서 건축물의 건축면적, 연면적, 층수 또는 높이를 늘리는 것을 말한다.

정답 84 ② 85 ③ 86 ① 87 ② 88 ① 89 ④

90 ★★☆

다음은 건축법령상 다세대주택의 정의이다. ( ) 안에 알맞은 것은?

> 주택으로 쓰는 1개 동의 바닥면적 합계가 (㉠) 이하이고, 층수가 (㉡) 이하인 주택(2개 이상의 동을 지하주차장으로 연결하는 경우에는 각각의 동으로 본다.)

① ㉠ 330m², ㉡ 3개층
② ㉠ 330m², ㉡ 4개층
③ ㉠ 660m², ㉡ 3개층
④ ㉠ 660m², ㉡ 4개층

해설
다세대주택: 주택으로 쓰는 1개 동의 바닥면적 합계가 660m² 이하이고, 층수가 4개 층 이하인 주택(2개 이상의 동을 지하주차장으로 연결하는 경우에는 각각의 동으로 본다.)

91 ★★☆

공작물을 축조할 때 특별자치도지사 또는 시장·군수·구청장에게 신고를 하여야 하는 대상 공작물 기준으로 옳지 않은 것은?

① 높이 4m를 넘는 광고판
② 높이 4m를 넘는 장식탑
③ 높이 8m를 넘는 고가수조
④ 바닥면적 20m²를 넘는 지하대피호

해설
지하대피호의 경우 바닥면적 30m²를 넘는 경우 신고 대상이다.

선지분석
①, ② 장식탑, 기념탑, 첨탑, 광고탑, 광고판 등은 높이 4m를 넘는 경우 신고 대상이다.
③ 고가수조 등은 높이 8m를 넘는 경우 신고 대상이다.

92 ★☆☆

지방건축위원회의 심의사항에 속하지 않는 것은?

① 건축선의 지정에 관한 사항
② 다중이용건축물의 구조안전에 관한 사항
③ 특수구조건축물의 구조안전에 관한 사항
④ 건축법에 따른 표준설계도서의 인정에 관한 사항

해설
건축법에 따른 표준설계도서의 인정에 관한 사항은 중앙건축위원회의 심의사항이다.

93 ★☆☆

건축신고 대상건축물로서 착공신고를 할 때 토지굴착 및 옹벽도 중 흙막이 구조도면을 첨부하여야 하는 건축물은?

① 층수가 6층 이상인 건축물
② 지하 2층 이상의 지하층을 설치하는 건축물
③ 너비 12m 이상인 도로변에 지하층을 설치하는 건축물
④ 인접대지경계선으로부터 2m 이내에 지하층을 설치하는 건축물

해설
지하 2층 이상의 지하층을 설치하는 경우 착공신고서에 흙막이 구조도면을 첨부하여야 한다.

94 ★★★

다음의 용도변경 중 허가대상에 속하지 않는 것은?

① 영업시설군에서 주거업무시설군으로 용도변경
② 교육 및 복지시설군에서 영업시설군으로 용도변경
③ 주거업무시설군에서 문화 및 집회시설군으로 용도변경
④ 교육 및 복지시설군에서 문화 및 집회시설군으로 용도변경

해설
다음의 어느 하나에 해당하는 시설군에 속하는 건축물의 용도를 상위군(상위 번호)에 해당하는 용도로 변경하는 경우에는 국토교통부령으로 정하는 바에 따라 특별자치시장·특별자치도지사 또는 시장·군수·구청장의 허가를 받아야 한다.
반대로 하위군(하위 번호)에 해당하는 용도로 변경하는 경우는 신고 대상이다.

1. 자동차 관련 시설군
2. 산업 등의 시설군
3. 전기통신시설군
4. 문화 및 집회시설군
5. 영업시설군
6. 교육 및 복지시설군
7. 근린생활시설군
8. 주거업무시설군
9. 그 밖의 시설군

영업시설군에서 주거업무시설군으로의 용도변경은 하위군에 해당하는 용도로 변경하는 것이므로 신고 대상이다.

정답 90 ④ 91 ④ 92 ④ 93 ② 94 ①

95 ★☆☆
건축물의 설비기준 등에 관한 규칙에 따라 피뢰설비를 설치하여야 하는 건축물의 높이 기준은?

① 10m
② 20m
③ 21m
④ 31m

해설
낙뢰의 우려가 있는 건축물, 높이 20m 이상의 건축물, 높이 20m 이상의 공작물에는 적합하게 피뢰설비를 설치해야 한다.

96 ★☆☆
공동주택 중 아파트로서 대피공간을 설치하여야 하는 경우, 대피공간의 바닥면적은 최소 얼마 이상이어야 하는가? (단, 인접 세대와 공동으로 설치하는 경우)

① $1m^2$
② $2m^2$
③ $3m^2$
④ $4m^2$

해설
대피공간의 바닥면적은 인접 세대와 공동으로 설치하는 경우에는 $3m^2$ 이상, 각 세대별로 설치하는 경우에는 $2m^2$ 이상이어야 한다.

97 ★☆☆
건축 분야의 건축사보 한 명 이상을 공사기간 동안 공사현장에서 감리업무를 수행하게 하여야 하는 건축공사의 바닥면적 기준은? (단, 축사 또는 작물 재배사의 건축공사는 제외)

① 바닥면적의 합계가 $1,000m^2$ 이상인 건축공사
② 바닥면적의 합계가 $2,000m^2$ 이상인 건축공사
③ 바닥면적의 합계가 $5,000m^2$ 이상인 건축공사
④ 바닥면적의 합계가 $10,000m^2$ 이상인 건축공사

해설
건축 분야의 건축사보 한 명 이상을 공사기간 동안 공사현장에서 감리업무를 수행하게 하여야 하는 건축공사의 바닥면적 기준은 바닥면적의 합계가 $5,000m^2$ 이상인 건축공사이다. 다만, 축사 또는 작물 재배사의 건축공사는 제외한다.

98 ★★★
부설주차장의 설치대상 시설물 종류와 설치기준의 연결이 옳은 것은?

① 판매시설 – 시설면적 $100m^2$당 1대
② 위락시설 – 시설면적 $150m^2$당 1대
③ 종교시설 – 시설면적 $200m^2$당 1대
④ 숙박시설 – 시설면적 $200m^2$당 1대

선지분석
① 판매시설 – 시설면적 $150m^2$당 1대
② 위락시설 – 시설면적 $100m^2$당 1대
③ 종교시설 – 시설면적 $150m^2$당 1대

99 ★★★
태양열을 주된 에너지원으로 이용하는 주택의 건축면적 산정 시 기준이 되는 것은?

① 건축물 외벽의 외곽선
② 전체 외벽두께의 중심선
③ 건축물의 외벽 중 내측 내력벽의 중심선
④ 건축물의 외벽 중 외측 내력벽의 중심선

해설
태양열을 주된 에너지원으로 이용하는 주택의 건축면적은 건축물의 외벽 중 내측 내력벽의 중심선을 기준으로 한다.

100
법령 개정으로 인해 문제가 성립하지 않으므로 삭제

정답 95 ② 96 ③ 97 ③ 98 ④ 99 ③

2014년 | 제2회
건축구조·건축관계법규

제3과목   건축구조

41 ★☆☆
판보는 웨브에 전단응력, 휨응력 또는 지압응력에 의한 좌굴이 일어날 가능성이 있는데 이를 방지하기 위하여 사용되는 것은?

① 사이드 앵글(Side angle)
② 스캘럽(Scallop)
③ 스티프너(Stiffener)
④ 새그 로드(Sag rod)

해설
스티프너란 철골보 웨브에 전단응력, 휨응력 또는 지압응력에 의한 좌굴을 방지하기 위해 사용된다.

42 ★★★
주철근으로 사용된 D22 철근 180° 표준갈고리의 구부림 최소 내면 반지름(r)으로 옳은 것은?

① $r=1d_b$
② $r=2d_b$
③ $r=2.5d_b$
④ $r=3d_b$

해설
주철근의 180° 표준갈고리와 90° 표준갈고리의 구부림 최소 내면 반지름은 다음 표의 값 이상이어야 한다.

철근 크기	최소 내면 반지름
D10~D25	$3d_b$
D29~D35	$4d_b$
D38 이상	$5d_b$

43 ★★★
다음 조건과 같은 압축부재에서 사용되는 띠철근의 수직간격은 얼마 이하이어야 하는가?

- 기둥 단면: 600mm×500mm
- 주철근 D25, 띠철근 D10

① 250mm
② 400mm
③ 480mm
④ 500mm

해설
띠철근의 수직간격은 다음 3가지 중 최솟값으로 적용한다.
※ 단, 200mm보다 좁을 필요는 없음
1. 축방향 철근 지름의 16배 이하
   25mm×16배=400mm
2. 띠철근 지름의 48배 이하
   10mm×48배=480mm
3. 기둥 단면 최소 치수의 $\frac{1}{2}$ 이하
   $\frac{500mm}{2}=250mm$

∴ 압축부재 띠철근의 수직간격은 최솟값인 250mm 이하이어야 한다.
※ 기준이 개정되어 문제를 수정하였습니다.

44 ★★☆
강도설계법으로 설계된 그림과 같은 보에서 이음이 없는 경우 요구되는 보의 최소폭 b를 구하면? (단, 전단철근의 구부림 내면반지름을 고려하며, 굵은골재의 최대치수는 25mm, 피복두께 40mm이며, 주철근의 직경은 22mm, 스터럽의 직경은 10mm로 계산)

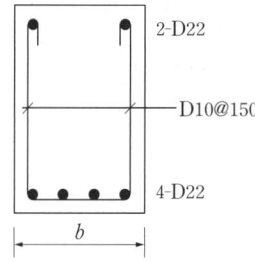

① 287.9mm
② 305.9mm
③ 310.3mm
④ 317.5mm

해설
보의 최소폭
b=(피복두께+스터럽두께)×2+주철근두께×주철근개수+주철근 순간격×(주철근개수-1)
나머지 조건은 모두 지문에 나와 있으므로
주철근의 간격을 구하면,
주철근 순간격=최대값$\left(주철근직경, 25mm, 굵은골재 최대치수×\frac{4}{3}\right)$
=최대값$\left(22mm, 25mm, 33.3mm\left(=25×\frac{4}{3}\right)\right)$
=33.3mm이므로
∴ $b=(40+10)×2+22×4+33.3×3=287.9$mm이다.

정답 41 ③ 42 ④ 43 ① 44 ①

45 ★★☆

직경(D) 30mm, 길이(L) 4m인 강봉에 90kN의 인장력이 작용할 때 인장응력(σ_t)과 늘어난 길이(ΔL)는 약 얼마인가? (단, 강봉의 탄성계수 $E=200,000$MPa)

① $\sigma_t=127.3$MPa, $\Delta L=1.43$mm
② $\sigma_t=127.3$MPa, $\Delta L=2.55$mm
③ $\sigma_t=132.5$MPa, $\Delta L=1.43$mm
④ $\sigma_t=132.5$MPa, $\Delta L=2.55$mm

해설

인장응력과 늘어난 길이를 구하는 공식은 다음과 같다.

$$\sigma_t=\frac{P}{A}=\frac{(90\times10^3)}{\frac{\pi(30)^2}{4}}\fallingdotseq 127.32\text{N/mm}^2\fallingdotseq 127.3\text{MPa}$$

$$\Delta L=\frac{\sigma\times L}{E}=\frac{127.3\times 4,000}{200,000}=2.546\text{mm}\fallingdotseq 2.55\text{mm}$$

46 ★★☆

스터럽으로 보강된 휨 부재의 최외단 인장철근의 순인장 변형률 ε_t가 0.004일 경우 강도감소계수 ϕ로 옳은 것은? (단, $f_y=400$MPa)

① 0.65 ② 0.717
③ 0.783 ④ 0.817

해설

1. $0.002<\varepsilon_t(=0.004)<0.005$이므로 변화 구간 단면의 부재이다.
2. 변화 구간의 강도감소계수는 다음 식으로 구한다.

$$\phi=0.65+(\varepsilon_t-0.002)\times\frac{200}{3}$$
$$=0.65+(0.004-0.002)\times\frac{200}{3}\fallingdotseq 0.783$$

합격 POINT 순인장 변형률에 따른 강도감소계수의 변화

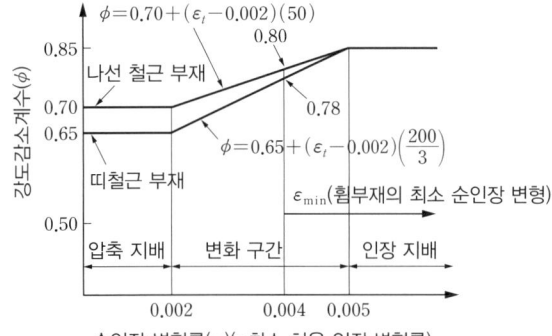

47 ★★★

다음 그림과 같은 압축재 $H-200\times200\times8\times12$가 부재의 중앙지점에서 약축에 대해 휨변형이 구속되어 있다. 이 부재의 탄성좌굴응력도를 구하면? (단, 단면적 $A=63.53\times10^2\text{mm}^2$, $I_x=4.72\times10^7\text{mm}^4$, $I_y=1.60\times10^7\text{mm}^4$, $E=205,000$MPa)

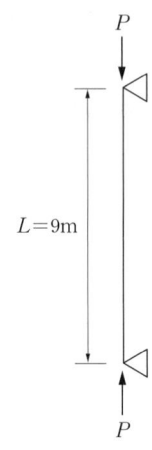

① 252N/mm² ② 186N/mm²
③ 132N/mm² ④ 108N/mm²

해설

1. 양단 힌지이므로 유효좌굴길이계수 $K=1.0$
2. 강축(x)에 대해서는 부재 전체의 길이 $L=9$m, 약축(y)에 대해서는 휨변형이 구속되어 있으므로 $L=4.5$m를 적용함에 주의한다.
3. 강축과 약축에 대한 좌굴하중을 계산하여 작은 쪽이 탄성좌굴하중이 된다.

$$P_{cr,x}=\frac{\pi^2 EI_x}{(KL_x)^2}=\frac{\pi^2\times 205,000\times(4.72\times 10^7)}{(1.0\times 9,000)^2}\fallingdotseq 1,178,991.3\text{N}$$

$$P_{cr,y}=\frac{\pi^2 EI_y}{(KL_y)^2}=\frac{\pi^2\times 205,000\times(1.60\times 10^7)}{(1.0\times 4,500)^2}\fallingdotseq 1,598,632.2\text{N}$$

4. 탄성좌굴응력

$$\sigma_{cr}=\frac{P_{cr}}{A}=\frac{1,178,991.3}{63.53\times 10^2}\fallingdotseq 185.58\text{N/mm}^2$$

정답 45 ② 46 ③ 47 ②

48 ★★☆

그림과 같이 O점에 모멘트가 작용할 때 OB부재와 OC부재에 분배되는 모멘트가 같게 하려면 OC부재의 길이를 얼마로 해야 하는가?

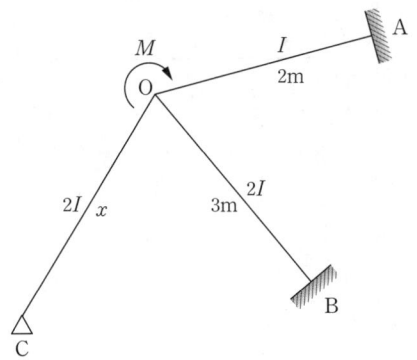

① $\frac{3}{2}$m
② 3m
③ $\frac{2}{3}$m
④ $\frac{9}{4}$m

해설

분배되는 모멘트가 같으려면 강도계수가 같아야 한다. OB, OC부재의 강도계수가 같다는 것을 이용해 OC부재의 길이를 구한다.

강도계수 $K=\frac{I}{L}$이다.

여기서 I: 단면2차모멘트, L: 부재의 길이

고정단일 경우에는 위의 강도계수 식에 1을 곱해 사용하지만, 고정단이 아닌 힌지일 경우에는 위의 식에 $\frac{3}{4}$을 곱해서 사용한다.

$K_{OB}=\frac{2I}{3\text{m}}$, $K_{OC}=\frac{2I}{x}\times\frac{3}{4}$

$K_{OB}=K_{OC}$이므로,

$\frac{2I}{3\text{m}}=\frac{6I}{4x}$에서 $4x=9\text{m}$

$\therefore x=\frac{9}{4}$m

49 ★☆☆

단면 $b\times d=300\text{mm}\times 550\text{mm}$이고, 모래 경량콘크리트를 사용한 철근콘크리트 보에서 콘크리트가 부담할 수 있는 공칭전단강도(V_c)는? (단, $f_{ck}=21\text{MPa}$이다.)

① 95kN
② 107kN
③ 126kN
④ 132kN

해설

공칭전단강도 $V_c=\frac{1}{6}\lambda\sqrt{f_{ck}}\cdot b_w\cdot d$

λ는 경량콘크리트 계수로 모래 경량콘크리트의 경우에는 0.85를 사용한다.

$V_c=\frac{1}{6}\lambda\sqrt{f_{ck}}\cdot b_w\cdot d$

$=\frac{1}{6}(0.85)\sqrt{21}(300)(550)$

$≒107,118\text{N}≒107.1\text{kN}$

50 ★★★

그림과 같은 구조물의 부정정 차수는?

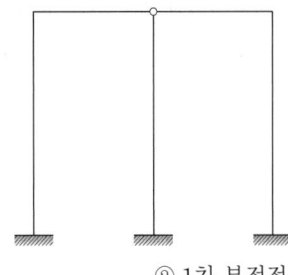

① 정정
② 1차 부정정
③ 3차 부정정
④ 4차 부정정

해설

$N=r+m+f-2\times j$ (r: 지점반력수, m: 부재수, f: 강절점수, j: 지점수 + 자유단 절점수)의 공식을 이용해 부정정 차수를 구하면

$N=(3+3+3)+5+2-2\times 6=4$이므로

4차 부정정 구조이다.

정답 48 ④ 49 ② 50 ④

51 ★☆☆

다음 골조-아웃리거 시스템에 관한 설명 중 ( ) 안에 가장 알맞은 것은?

> 건물이 고층화됨에 따라 횡하중에 의한 횡변형이 많이 발생하게 된다. 보통골조-전단벽 구조에서는 횡하중을 부담하는 코어에 아웃리거와 ( )을/를 설치하여 외곽 기둥과 연결시킨다.

① 벨트트러스 ② 프리스트레스트 빔
③ 합성슬래브 ④ 슈퍼칼럼

해설
골조-아웃리거 시스템에서 아웃리거(Outrigger)가 외곽기둥과 코어를 잇는 역할이라면, 벨트트러스(Belt truss)는 외곽기둥을 연결하는 역할을 한다.

53 ★★☆

다음 그림과 같이 D16 철근이 90°표준갈고리로 정착되었다면 이 갈고리의 소요 정착길이(l_{dh})는 약 얼마인가?

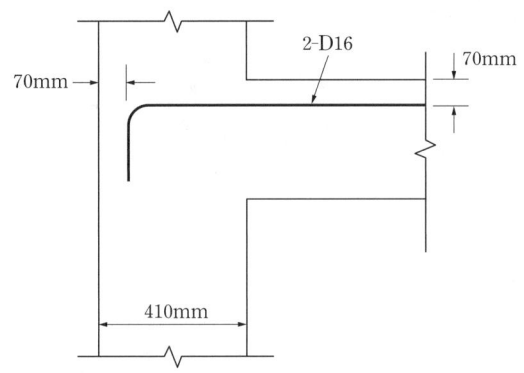

- $l_{hb} = \dfrac{0.24\beta d_b f_y}{\lambda\sqrt{f_{ck}}}$
- 도막계수: 1
- 경량콘크리트계수: 1
- D16의 공칭지름: 15.9mm
- f_{ck}: 21MPa
- f_y: 400MPa

① 233mm ② 243mm
③ 254mm ④ 263mm

해설
소요 정착길이(l_{dh}) = 기본 정착길이(l_{hb}) × 보정계수
기본 정착길이(l_{hb}) = $\dfrac{0.24\beta d_b f_y}{\lambda\sqrt{f_{ck}}} = \dfrac{0.24 \times 1 \times 15.9 \times 400}{1 \times \sqrt{21}}$
D35 이하 90° 표준갈고리 시 피복두께가 50mm 이상인 경우 보정계수는 0.7
∴ $l_{dh} = \dfrac{0.24 \times 1 \times 15.9 \times 400}{1 \times \sqrt{21}} \times 0.7 ≒ 233\text{mm}$

52 ★★☆

그림과 같은 앵글(Angle)의 유효 단면적으로 옳은 것은?
(단, $L_s-50\times50\times6$ 사용, $A=5.644\text{cm}^2$, $d=1.7\text{cm}$)

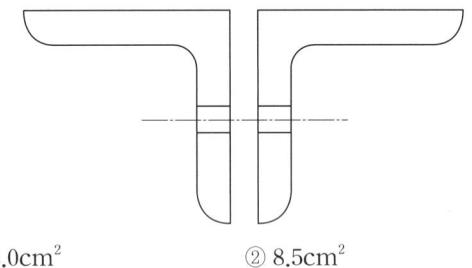

① 8.0cm² ② 8.5cm²
③ 9.0cm² ④ 9.25cm²

해설
순단면적(A_n)은 총단면적(A_g)에서 볼트 구멍에 의한 결손 단면적을 감한 단면적이다.
$A_n = A_g - n \cdot d \cdot t$
여기서, n: 인장력에 의한 파단선상에 있는 구멍의 수, t: 부재의 두께(mm), d: 순단면 산정용 고력볼트 구멍의 여유폭
∴ $A_n = (5.644 \times 2\text{개}) - (2 \times 1.7 \times 0.6) = 9.248\text{cm}^2$

정답 51 ① 52 ④ 53 ①

54 ★★☆

다음 구조용 강재의 명칭에 대한 내용으로 틀린 것은?

① SM – 용접구조용 압연강재(KS D 3515)
② SS – 일반구조용 압연강재(KS D 3503)
③ SN – 내진건축구조용 냉간성형 각형강관(KS D 3864)
④ STK – 일반구조용 탄소강관(KS D 3566)

해설
SN(Steel New)은 건축구조용 압연강재를 의미한다.

55 ★☆☆

그림과 같은 중도리에 $S=8\text{kN}$의 전단력이 작용할 때 단면 내에 생기는 최대 전단응력도는?

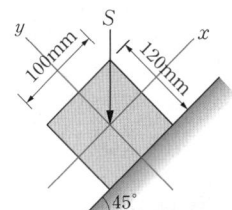

① 1MPa ② 2MPa
③ 3MPa ④ 4MPa

해설
직사각형 단면의 전단계수 $k=\dfrac{3}{2}$

$t=k\cdot\dfrac{V}{A}=\dfrac{3}{2}\times\dfrac{8\times10^3}{100\times120}=1\text{N/mm}^2=1\text{MPa}$

56 ★★★

다음과 같은 조건의 단면을 가진 부재의 균열모멘트 M_{cr}을 구하면?

- 단면의 중립축에서 인장연단까지의 거리 $y_t=420\text{mm}$
- 총 단면2차모멘트 $I_g=1.0\times10^{10}\text{mm}^4$
- 보통중량콘크리트 설계기준압축강도 $f_{ck}=21\text{MPa}$

① 50.6kN·m
② 53.3kN·m
③ 62.5kN·m
④ 68.8kN·m

해설

$M_{cr}=f_r\times Z=0.63\lambda\sqrt{f_{ck}}\times\dfrac{I_g}{y_t}$

$\therefore M_{cr}=0.63\times1.0\times\sqrt{21}\times\dfrac{1.0\times10^{10}}{420}$

$\fallingdotseq 68{,}738{,}635\text{N}\cdot\text{mm}\fallingdotseq 68.739\text{kN}\cdot\text{m}$

합격 POINT 균열모멘트(M_{cr})

$M_{cr}=\dfrac{f_r}{y_t}I_g=\dfrac{0.63\lambda\sqrt{f_{ck}}}{y_t}I_g$	• f_r: 파괴계수
	• λ: 경량콘크리트 계수
	  – 보통중량콘크리트 1.0
	  – 모래경량콘크리트 0.85
	  – 전경량콘크리트 0.75
	• y_t: 중립축에서 인장축 연단까지의 거리
	• f_{ck}: 콘크리트의 압축강도
	• I_g: 콘크리트의 총 단면에 대한 단면2차 모멘트

57 ★☆☆

다음 그림에서 O점에 대한 모멘트 M_O를 구하면? (단, 시계방향 모멘트 +)

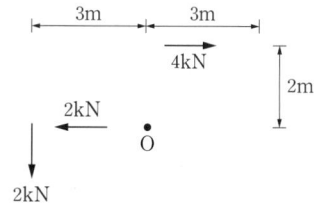

① 0kN·m ② 2kN·m
③ −2kN·m ④ −4kN·m

해설
$M_O=-2\times3+4\times2=+2\text{kN}\cdot\text{m}(\curvearrowright)$

정답 54 ③ 55 ① 56 ④ 57 ②

58 ★★★

기초 설계 시 인접대지와의 관계로 편심기초를 만들고자 한다. 이때 편심기초의 지반력이 균등하도록 하기 위하여 어떤 방법을 이용함이 가장 타당한가?

① 지중보를 설치한다.
② 기초 면적을 넓힌다.
③ 기둥의 단면적을 크게 한다.
④ 기초 두께를 두껍게 한다.

해설
지중보를 설치하여 편심기초의 지내력을 균등하게 할 수 있다.

합격 POINT 지중보
1. 기초와 기초를 연결하여 주각부의 강성증대
2. 지진에 대한 저항효과
3. 건축물의 부등침하 억제
4. 기초에 중심축하중 유도

59 ★★☆

철골조의 래티스 형식 조립 압축재의 구조제한에 대한 내용이다. ( ) 안에 알맞은 것은?

- 부재축에 대한 래티스 부재의 기울기는 다음과 같다.
- 단일 래티스 경우: (㉠) 이상
- 복 래티스 경우: (㉡) 이상

① ㉠: 50°, ㉡: 40°
② ㉠: 60°, ㉡: 40°
③ ㉠: 50°, ㉡: 45°
④ ㉠: 60°, ㉡: 45°

해설
래티스 형식 조립 압축재

구분	단일 래티스	복 래티스
부재의 기울기	60° 이상	45° 이상
래티스 세장비	140 이하	200 이하

60 ★☆☆

그림과 같은 단면의 x, y축에 대한 단면상승모멘트 I_{xy}는 얼마인가?

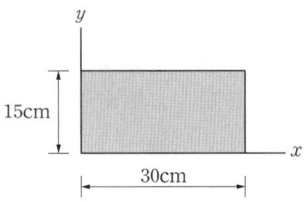

① $10,000 \text{cm}^4$
② $22,500 \text{cm}^4$
③ $33,750 \text{cm}^4$
④ $50,625 \text{cm}^4$

해설
해당 도형의 도심좌표는 (15cm, 7.5cm)이다.
∴ $I_{xy} = A \cdot \bar{x} \cdot \bar{y} = (30 \times 15)(15-0)(7.5-0) = 50,625 \text{cm}^4$

제5과목 건축관계법규

81 ★☆☆

허가권자가 가로구역별로 건축물의 최고높이를 지정·공고할 때 고려하여야 할 사항이 아닌 것은?

① 도시미관 및 경관계획
② 해당 도시의 장래 발전계획
③ 해당 가로구역이 접하는 도로의 길이
④ 도시·군관리계획 등의 토지이용계획

해설
허가권자가 가로구역별로 건축물의 높이를 지정·공고할 때에 고려하여야 할 사항은 다음과 같다.
- 도시·군관리계획 등의 토지이용계획
- 해당 가로구역이 접하는 도로의 너비
- 해당 가로구역의 상·하수도 등 간선시설의 수용능력
- 도시미관 및 경관계획
- 해당 도시의 장래 발전계획

정답 58 ① 59 ④ 60 ④ 81 ③

82 ★★☆

피난 용도로 쓸 수 있는 광장을 옥상에 설치하여야 하는 대상 기준으로 옳지 않은 것은?

① 5층 이상인 층이 유흥주점의 용도로 쓰는 경우
② 5층 이상인 층이 업무시설의 용도로 쓰는 경우
③ 5층 이상인 층이 판매시설의 용도로 쓰는 경우
④ 5층 이상인 층이 장례식장의 용도로 쓰는 경우

해설
5층 이상인 층이 제2종 근린생활시설 중 공연장·종교집회장·인터넷컴퓨터게임시설제공업소(바닥면적의 합계가 300m² 이상인 경우만 해당), 문화 및 집회시설(전시장, 동·식물원 제외), 종교시설, 판매시설, 위락시설 중 주점영업 또는 장례시설의 용도로 쓰는 경우에는 피난 용도로 쓸 수 있는 광장을 옥상에 설치하여야 한다.

83 ★★★

비상용승강기의 승강장 및 승강로 구조에 관한 기준 내용으로 옳지 않은 것은?

① 옥내 승강장의 바닥면적은 비상용승강기 1대에 대하여 6m² 이상으로 한다.
② 각 층으로부터 피난층까지 이르는 승강로를 단일구조로 연결하여 설치하여야 한다.
③ 피난층이 있는 승강장의 출입구로부터 도로 또는 공지에 이르는 거리가 30m 이하로 한다.
④ 승강장에는 배연설비를 설치하여야 하며, 외부를 향하여 열 수 있는 창문 등을 설치하여서는 안된다.

해설
노대 또는 외부를 향하여 열 수 있는 창문이나 배연설비를 설치하여야 한다.

84 ★☆☆

피난층 또는 피난층의 승강장으로부터 건축물의 바깥쪽에 이르는 통로에 경사로를 설치하여야 하는 대상 건축물에 속하지 않는 것은?

① 교육연구시설 중 학교
② 연면적이 5,000m²인 의료시설
③ 연면적이 5,000m²인 판매시설
④ 제1종 근린생활시설 중 공중화장실

해설
피난층 또는 피난층의 승강장으로부터 건축물의 바깥쪽에 이르는 통로에 경사로를 설치하여야 하는 건축물은 다음과 같다.
- 제1종 근린생활시설 중 바닥면적의 합계가 1,000m² 미만인 지역자치센터·파출소·지구대·소방서·우체국·방송국·보건소·공공도서관·지역건강보험조합 기타 이와 유사한 것
- 제1종 근린생활시설 중 마을회관·마을공동작업소·마을공동구판장·변전소·양수장·정수장·대피소·공중화장실 기타 이와 유사한 것
- 연면적이 5,000m² 이상인 판매시설, 운수시설
- 교육연구시설 중 학교
- 업무시설중 국가 또는 지방자치단체의 청사와 외국공관의 건축물로서 제1종 근린생활시설에 해당하지 아니하는 것
- 승강기를 설치하여야 하는 건축물

85 ★★☆

허가대상 건축물이라 하더라도 미리 특별자치시장·특별자치도지사 또는 시장·군수·구청장에게 신고를 하면 건축허가를 받은 것으로 보는 경우에 속하지 않는 것은?

① 바닥면적의 합계가 85m² 이내의 신축
② 바닥면적의 합계가 85m² 이내의 증축
③ 바닥면적의 합계가 85m² 이내의 재축
④ 연면적이 200m² 미만이고 3층 미만인 건축물의 대수선

해설
다음의 어느 하나에 해당하는 경우에는 미리 특별자치시장·특별자치도지사 또는 시장·군수·구청장에게 국토교통부령으로 정하는 바에 따라 신고를 하면 건축허가를 받은 것으로 본다.
- 바닥면적의 합계가 85m² 이내의 증축·개축 또는 재축
- 관리지역, 농림지역 또는 자연환경보전지역에서 연면적이 200m² 미만이고 3층 미만인 건축물의 건축
- 연면적이 200m² 미만이고 3층 미만인 건축물의 대수선
- 주요구조부의 해체가 없는 등 대통령령으로 정하는 대수선
- 그 밖에 소규모 건축물로서 대통령령으로 정하는 건축물의 건축

정답 82 ② 83 ④ 84 ② 85 ①

86 ★★★
국토의 계획 및 이용에 관한 법령상 도시·군관리계획의 내용에 속하지 않는 것은?

① 투기과열지구의 지정 또는 변경에 관한 계획
② 개발제한구역의 지정 또는 변경에 관한 계획
③ 기반시설의 설치·정비 또는 개량에 관한 계획
④ 용도지역·용도지구의 지정 또는 변경에 관한 계획

해설
도시·군관리계획의 내용은 다음과 같다.
- 개발제한구역, 도시자연공원구역, 시가화조정구역, 수산자원보호구역의 지정 또는 변경에 관한 계획
- 기반시설의 설치·정비 또는 개량에 관한 계획
- 용도지역·용도지구의 지정 또는 변경에 관한 계획
- 도시개발사업이나 정비사업에 관한 계획
- 지구단위계획구역의 지정 또는 변경에 관한 계획과 지구단위계획
- 도시혁신구역의 지정 또는 변경에 관한 계획과 도시혁신계획
- 복합용도구역의 지정 또는 변경에 관한 계획과 복합용도계획
- 도시·군계획시설입체복합구역의 지정 또는 변경에 관한 계획

87 ★★★
다음 중 부설주차장에 설치하여야 하는 최소 주차대수가 가장 많은 시설물은?

① 15타석을 갖춘 골프연습장
② 정원이 300명인 옥외수영장
③ 시설면적이 3,000m²인 위락시설
④ 시설면적이 3,000m²인 판매시설

해설
골프연습장: 1타석당 1대 ∴ 최소 15대
옥외수영장: 정원 15명당 1대 ∴ 최소 20대
위락시설: 시설면적 100m²당 1대 ∴ 최소 30대
판매시설: 시설면적 150m²당 1대 ∴ 최소 20대

88 ★★★
층수가 16층이며, 각 층의 거실면적이 1,000m²인 관광호텔에 설치하여야 하는 승용승강기의 최소 대수는? (단, 8인승 승강기의 경우)

① 3대　　② 4대
③ 5대　　④ 6대

해설

건축물의 용도	6층 이상의 거실 면적의 합계 3,000m² 초과
숙박시설	기본 1대＋3,000m² 초과 시 2,000m² 이내마다 1대 추가

※ 8인승 이상 15인승 이하의 승강기는 1대의 승강기로 보고, 16인승 이상의 승강기는 2대의 승강기로 본다.

1. 층수가 16층이며 각 층의 거실면적이 1,000m²인 경우, 6층 이상의 거실 면적의 합계는 11,000m²가 된다.
2. 관광호텔은 숙박시설에 속한다.

위의 조건을 종합하였을 때, 면적의 합계가 11,000m²인 숙박시설의 승용승강기 설치기준은 기본 1대＋추가 4대＝총 5대가 된다.

89 ★☆☆
주차장법령상 자주식 주차장의 형태에 속하지 않는 것은?

① 지하식　　② 지평식
③ 기계식　　④ 건축물식

해설
- 자주식 주차장: 지하식·지평식 또는 건축물식(공작물식 포함)
- 기계식 주차장: 지하식·건축물식(공작물식 포함)

정답 86 ① 87 ③ 88 ③ 89 ③

90 ★★★
용적률 산정에 사용되는 연면적에 포함되는 것은?

① 지하층의 면적
② 층고가 2.1m인 다락의 면적
③ 준초고층 건축물에 설치하는 피난안전구역의 면적
④ 건축물의 경사지붕 아래에 설치하는 대피공간의 면적

해설
연면적은 하나의 건축물 각 층의 바닥면적의 합계로 하되, 용적률을 산정할 때에는 다음에 해당하는 면적은 제외한다.
- 지하층의 면적
- 지상층의 주차용(해당 건축물의 부속용도인 경우만 해당)으로 쓰는 면적
- 초고층 건축물과 준초고층 건축물에 설치하는 피난안전구역의 면적
- 건축물의 경사지붕 아래에 설치하는 대피공간의 면적

91 ★☆☆
국토의 계획 및 이용에 관한 법률에 따른 국토의 용도지역 구분에 속하지 않는 것은?

① 도시지역 ② 농림지역
③ 관리지역 ④ 보전지역

해설
국토의 용도는 도시지역, 관리지역, 농림지역, 자연환경보전지역으로 구분된다.

92 ★☆☆
건축법상 일반이 사용할 수 있도록 대통령령으로 정하는 기준에 따라 소규모 휴식시설 등의 공개공지 또는 공개공간을 설치하여야 하는 대상지역에 속하지 않는 것은? (단, 특별자치시장·군수·구청장이 도시화의 가능성이 크다고 인정하여 지정·공고하는 지역 제외)

① 준주거지역 ② 준공업지역
③ 전용주거지역 ④ 일반주거지역

해설
대통령령으로 정하는 기준에 따라 일반이 사용할 수 있도록 하는 소규모 휴식시설 등의 공개공지(공터) 또는 공개공간을 설치하여야 하는 지역은 다음과 같다.
- 일반주거지역, 준주거지역
- 상업지역
- 준공업지역
- 특별자치시장·특별자치도지사 또는 시장·군수·구청장이 도시화의 가능성이 크거나 노후 산업단지의 정비가 필요하다고 인정하여 지정·공고하는 지역

93 ★☆☆
건축법령상 리모델링이 쉬운 구조에 속하지 않는 것은?

① 구조체가 철골구조로 구성되어 있을 것
② 구조체에서 건축설비, 내부 마감재료 및 외부 마감재료를 분리할 수 있을 것
③ 개별 세대 안에서 구획된 실의 크기, 개수 또는 위치 등을 변경할 수 있을 것
④ 각 세대는 인접한 세대와 수직 또는 수평방향으로 통합하거나 분할할 수 있을 것

해설
건축법령상 리모델링이 쉬운 구조는 다음과 같다.
- 각 세대는 인접한 세대와 수직 또는 수평 방향으로 통합하거나 분할할 수 있을 것
- 구조체에서 건축설비, 내부 마감재료 및 외부 마감재료를 분리할 수 있을 것
- 개별 세대 안에서 구획된 실의 크기, 개수 또는 위치 등을 변경할 수 있을 것

94 ★★☆
건축법령상 고층건축물의 정의로 옳은 것은?

① 층수가 30층 이상이거나 높이가 90m 이상인 건축물
② 층수가 30층 이상이거나 높이가 120m 이상인 건축물
③ 층수가 50층 이상이거나 높이가 150m 이상인 건축물
④ 층수가 50층 이상이거나 높이가 200m 이상인 건축물

해설
고층건축물이란 층수가 30층 이상이거나 높이가 120m 이상인 건축물을 말한다.

95 ★★☆
제1종 일반주거지역 안에서 건축할 수 있는 건축물에 속하지 않는 것은?

① 단독주택 ② 노유자시설
③ 공동주택 중 아파트 ④ 제1종 근린생활시설

해설
제1종 일반주거지역안에서 공동주택은 건축할 수 있으나 아파트는 제외한다.

정답 90 ② 91 ④ 92 ③ 93 ① 94 ② 95 ③

96 ★★☆

다음 중 이륜자동차전용 외의 노외주차장으로서 출입구가 1개인 경우 차로의 너비가 다른 주차형식은?

① 평행주차 ② 교차주차
③ 45도 대향주차 ④ 60도 대향주차

해설
이륜자동차전용 외의 노외주차장의 경우 차로의 너비는 다음과 같다.

주차형식	차로의 너비	
	출입구가 1개인 경우	출입구가 2개 이상인 경우
평행주차	5.0m	3.3m
직각주차	6.0m	6.0m
60도 대향주차	5.5m	4.5m
45도 대향주차	5.0m	3.5m
교차주차	5.0m	3.5m

97 ★★★

국토의 계획 및 이용에 관한 법령에 따른 기반시설에 속하지 않는 것은?

① 아파트 ② 방재시설
③ 공간시설 ④ 환경기초시설

해설
국토의 계획 및 이용에 관한 법률에 따른 기반시설에는 교통시설, 공간시설, 유통·공급시설, 공공·문화체육시설, 방재시설, 보건위생시설, 환경기초시설이 있다.

98 ★☆☆

다음은 건축선에 따른 건축제한에 관한 기준 내용이다. ( ) 안에 알맞은 것은?

> 도로면으로부터 높이 (   ) 이하에 있는 출입구, 창문, 그 밖에 이와 유사한 구조물은 열고 닫을 때 수직면을 넘지 아니하는 구조로 한다.

① 1.5m ② 2.5m
③ 3.5m ④ 4.5m

해설
도로면으로부터 높이 4.5m 이하에 있는 출입구, 창문, 그 밖에 이와 유사한 구조물은 열고 닫을 때 건축선의 수직면을 넘지 아니하는 구조로 하여야 한다.

99 ★★☆

다음은 일조 등의 확보를 위한 건축물의 높이 제한에 관한 기준 내용이다. ( ) 안에 알맞은 것은?

> 전용주거지역과 일반주거지역 안에서 건축하는 건축물의 높이는 일조 등의 확보를 위하여 (   )의 인접 대지경계선으로부터의 거리에 따라 대통령령으로 정하는 높이 이하로 하여야 한다.

① 정동방향 ② 정서방향
③ 정남방향 ④ 정북방향

해설
전용주거지역과 일반주거지역 안에서 건축하는 건축물의 높이는 일조 등의 확보를 위하여 정북방향의 인접 대지경계선으로부터의 거리에 따라 대통령령으로 정하는 높이 이하로 하여야 한다.

100 ★☆☆

지방건축위원회의 심의사항에 속하지 않는 것은?

① 건축선의 지정에 관한 사항
② 다중이용 건축물의 구조안전에 관한 사항
③ 특수구조 건축물의 구조안전에 관한 사항
④ 경관지구 내의 건축물의 건축에 관한 사항

해설
지방건축위원회의 심의사항은 다음과 같다.
- 건축선의 지정에 관한 사항
- 조례의 제정·개정 및 시행에 관한 중요 사항
- 다중이용 건축물 및 특수구조 건축물의 구조안전에 관한 사항
- 다른 법령에서 지방건축위원회의 심의를 받도록 한 경우 해당 법령에서 규정한 심의사항
- 도시 및 건축 환경의 체계적인 관리를 위하여 필요하다고 인정하여 지정·공고한 지역에서 건축조례로 정하는 건축물의 건축 등에 관한 것으로서 지방건축위원회의 심의가 필요하다고 인정한 사항

정답 96 ④ 97 ① 98 ④ 99 ④ 100 ④

2014년 | 제1회 건축구조·건축관계법규

제3과목 건축구조

41 ★☆☆

강구조 모살용접의 최소, 최대 모살 치수 기준에 대한 설명 중 옳지 않은 것은?

① 판 두께 $t<6mm$인 경우의 최대 모살 치수는 $t$mm이다.
② 판 두께 $t≥6mm$인 경우의 최대 모살 치수는 $t-2mm$이다.
③ 소재 두께 $t<6mm$인 경우의 최소 모살 치수는 2mm이다.
④ 소재 두께 $6≤t<13mm$인 경우의 최소 모살 치수는 5mm이다.

해설

접합재 단부 판 두께, t	필릿(모살) 용접의 최대 치수 [mm]
$t<6$	$s=t$
$t≥6$	$s=t-2$

접합부의 얇은 쪽 소재 두께, t	필릿(모살) 용접의 최소 치수 [mm]
$t<6$	3
$6≤t<13$	5
$13≤t<20$	6
$20≤t$	8

42 ★★☆

그림과 같은 연속보에 있어 절점 B의 회전을 저지시키기 위해 필요한 모멘트의 절댓값은?

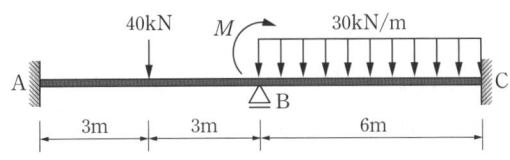

① 30kN·m
② 60kN·m
③ 90kN·m
④ 120kN·m

해설

AB구간의 집중하중에 대한 고정단 모멘트와 BC구간의 등분포하중에 대한 고정단 모멘트의 차를 구한다.
B절점을 기준으로 AB구간의 집중하중에 대한 고정단 모멘트, BC구간의 등분포하중에 의한 고정단 모멘트를 구하여 합산한다.

$$FEM_B = FEM_{AB} + FEM_{BC} = +\frac{PL}{8} - \frac{wL^2}{12}$$
$$= \left|\frac{40×6}{8} - \frac{30×6^2}{12}\right| = |-60kN·m| = 60kN·m$$

43 ★★☆

그림과 같은 부정정 라멘에서 CD기둥의 전단력 값은?

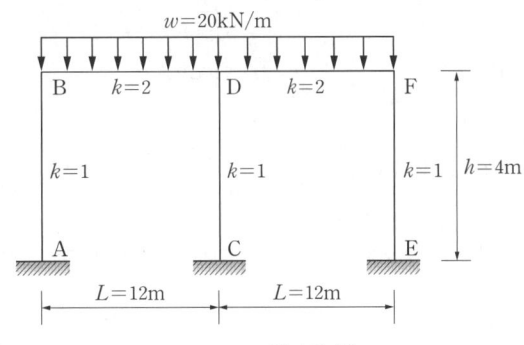

① 0
② 10kN
③ 20kN
④ 30kN

해설

CD기둥을 중심으로 좌우의 형태, 하중, 강비가 대칭이므로 CD기둥의 전단력은 0이다.

44 ★☆☆

구조용 강재 SHN 355에 대한 설명 중 옳은 것은?

① 건축구조용 열간압연 H형강이며, 항복강도는 355MPa이다.
② 건축구조용 압연 H형강이며, 압축강도는 355MPa이다.
③ 용접구조용 압연 H형강이며, 인장강도는 355MPa이다.
④ 용접구조용 내후성 열간압연강재이며, 압축강도는 355MPa이다.

해설

구조용 강재 SHN 355는 건축구조용 열간압연 H형강이며, 항복강도는 355MPa이다.

정답 41 ③ 42 ② 43 ① 44 ①

45 ★★★

다음 그림과 같은 도형의 X축에 대한 단면2차모멘트는?

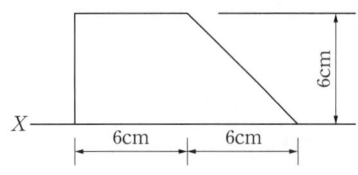

① $220cm^4$ ② $240cm^4$
③ $440cm^4$ ④ $540cm^4$

해설

도심축에 대한 단면2차모멘트
사각형: $I=\dfrac{bh^3}{12}$, 삼각형: $I=\dfrac{bh^3}{36}$

사다리꼴의 단면2차모멘트는 사각형과 삼각형의 단면2차모멘트의 합으로 계산한다.

단면2차모멘트 평행축 정리
I 이동축 $= I$ 도심축 $+ A \cdot e^2$
여기서, I 이동축: 이동축에 대한 단면2차모멘트,
I 도심축: 도심축에 대한 단면2차모멘트,
A: 단면적,
e: 도심축으로부터 이동축까지의 거리
I 사각형 $=\dfrac{bh^3}{12}=\dfrac{(6)(6^3)}{12}+(36)(3^2)=432cm^4$
I 삼각형 $=\dfrac{bh^3}{36}=\dfrac{(6)(6^3)}{36}+(18)(2^2)=108cm^4$
$\therefore$ I 사각형 $+ I$ 삼각형 $= 432+108=540cm^4$

46 ★☆☆

강도설계법에서 벽체 전체 단면적에 대한 최소 수직·수평 철근비로 옳은 것은? (단, $f_y=400MPa$, $D13$ 철근 사용)

① 수직철근비 0.0012, 수평철근비 0.0020
② 수직철근비 0.0015, 수평철근비 0.0020
③ 수직철근비 0.0015, 수평철근비 0.0025
④ 수직철근비 0.0020, 수평철근비 0.0025

해설

벽체의 전체 단면적에 대한 최소 수직철근비는 0.0012, 수평철근비는 0.0020이다.

최소 철근비	수직	수평
설계기준항복강도 400MPa 이상으로서 D16 이하의 이형철근	0.0012	0.0020
지름 16mm 이하의 용접철망	0.0012	0.0020
기타 이형철근	0.0015	0.0025

47 ★★☆

지진에 대응하는 기술 중 하나인 제진(製震)에 관한 설명으로 옳지 않은 것은?

① 기존 건물의 구조형식에 좌우되지 않는다.
② 지반종류에 의한 제약을 받지 않는다.
③ 소형 건물에 일반적으로 많이 적용된다.
④ 댐퍼 등을 사용하여 흔들림을 효과적으로 제어한다.

해설

일반적으로 대규모 건물에 많이 사용된다.

합격 POINT 제진구조
- 건물 자체의 지진 에너지 흡수 메커니즘에 의해 지진의 충격력을 흡수하는 구조이다.
- 1층 부분의 댐퍼 등의 제진장치로 건물 내 전달되는 지진에너지를 흡수한다.
- 면진에 비해 상대적으로 경제적이다.

48 ★★★

보통중량 콘크리트를 사용한 그림과 같은 보의 단면에서 외력에 의해 휨균열을 일으키는 균열모멘트(M_{cr}) 값으로 옳은 것은?(단, $f_{ck}=27MPa$, $f_y=400MPa$, 철근은 개략적으로 도시되었음)

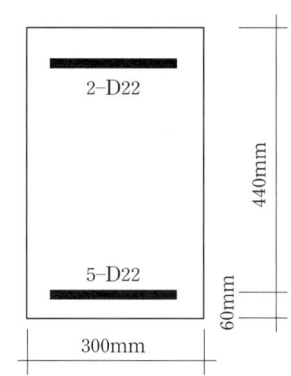

① $29.5kN \cdot m$ ② $34.7kN \cdot m$
③ $40.9kN \cdot m$ ④ $52.4kN \cdot m$

해설

$M_{cr}=0.63 \times 1.0 \times \sqrt{27} \times \dfrac{300 \times 500^2}{6}$
$\fallingdotseq 40,919,700N \cdot mm \fallingdotseq 40.9kN \cdot m$

합격 POINT 균열모멘트(M_{cr})

$M_{cr}=f_r \times Z$ $=0.63\lambda\sqrt{f_{ck}} \times \dfrac{bh^2}{6}$	• 콘크리트 파괴계수 $f_r=0.63\lambda\sqrt{f_{ck}}$ • Z: 단면계수 • 보통중량 콘크리트 λ: 1.0 • f_{ck}: 콘크리트 압축강도 • b: 부재폭 • h: 부재높이

정답 45 ④ 46 ① 47 ③ 48 ③

49 ★★☆

부하면적 $36m^2$인 콘크리트 기둥의 영향면적에 따른 활하중 저감계수(C)로 옳은 것은? (단, $C=0.3+\dfrac{4.2}{\sqrt{A}}$, A는 영향면적)

① 0.25 ② 0.45
③ 0.65 ④ 1

해설

기둥의 영향면적(A)은 부하면적의 4배이므로
$A=36m^2 \times 4=144m^2$이다.
$\therefore C=0.3+\dfrac{4.2}{\sqrt{A}}=0.3+\dfrac{4.2}{\sqrt{144}}=0.65$

합격 POINT 영향면적

1. 부재에 직접적으로 하중의 영향을 미치는 범위 내에 있는 바닥의 면적을 말한다.
2. 기둥 및 기초에서는 부하면적의 4배, 보에서는 부하면적의 2배, 슬래브에서는 부하면적을 적용하며, 부하면적 중 캔틸레버 부분은 영향면적에 단순 합산한다.

50 ★★★

다음 그림과 같이 단면의 크기 500mm×500mm인 띠철근 기둥이 저항할 수 있는 최대 설계축하중 ϕP_n은? (단, $f_y=400\text{MPa}$, $f_{ck}=27\text{MPa}$)

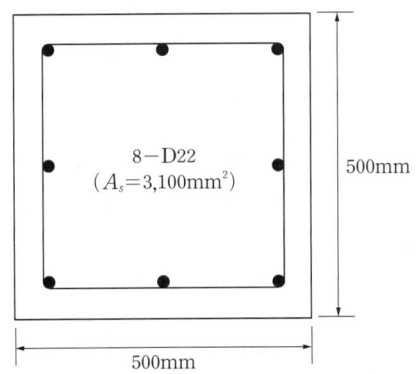

① 3,591kN ② 3,972kN
③ 4,170kN ④ 4,275kN

해설

띠철근 기둥의 최대 설계축하중
$\phi P_n = 0.65 \times 0.80 \times P_0$
$= 0.65 \times 0.80 \times (0.85 f_{ck}(A_g - A_{st}) + (f_y \times A_{st}))$
$= 0.65 \times 0.8 \times (0.85 \times 27 \times (500^2 - 3{,}100) + (400 \times 3{,}100))$
$\fallingdotseq 3{,}591{,}305\text{N} \fallingdotseq 3{,}591\text{kN}$

51 ★☆☆

구조시스템의 분류에 있어 복합구조로 보기 어려운 것은?

① 철골철근콘크리트 기둥에 철골 보를 이용한 구조
② 철골철근콘크리트 기둥에 철근콘크리트 보를 이용한 구조
③ 철근콘크리트 기둥에 철근콘크리트 보를 이용한 구조
④ 철근콘크리트 기둥에 철골 보를 이용한 구조

해설

철근콘크리트 기둥에 철근콘크리트 보를 이용한 구조는 복합구조가 아닌 철근콘크리트 단일 구조이다.

52 ★☆☆

다음 트러스구조물에서 C부재의 부재력을 구하면? (단, +는 인장, −는 압축)

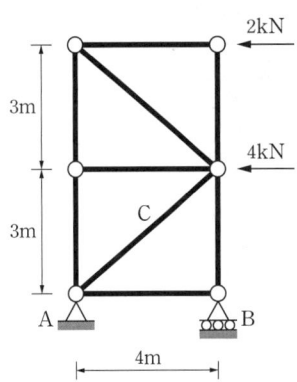

① 4.5kN(+) ② 4.5kN(−)
③ 7.5kN(+) ④ 7.5kN(−)

해설

C부재에 걸쳐 수평으로 절단해서 위쪽을 고려한다.
$H=0; -(2)-(4)-\left(F_C \cdot \dfrac{4}{5}\right)=0$
$\therefore F_C = -7.5\text{kN}(압축)$

정답 49 ③ 50 ① 51 ③ 52 ④

53 ★★☆

강도설계법에 따라 아래 그림과 같은 단철근 직사각형보의 균형철근비를 구하면? (단, $f_{ck}=24\text{MPa}, f_y=300\text{MPa}$)

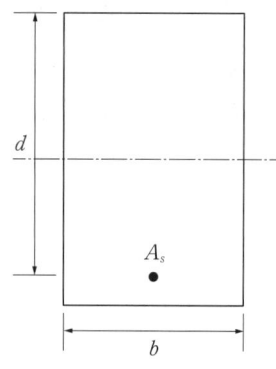

① 0.027　　② 0.037
③ 0.045　　④ 0.057

해설

균형철근비 ρ_b

$\rho_b = \dfrac{\eta(0.85f_{ck})}{f_y} \cdot \beta_1 \cdot \dfrac{660}{660+f_y}$ ($\varepsilon_{cu}=0.0033, E_s=200,000\text{MPa}$)

- f_{ck} 콘크리트 항복강도
- f_y 철근 항복강도
- $f_{ck} \le 40\text{MPa}$이므로, $\beta_1=0.80, \eta=1.00$

∴ $\rho_b = \dfrac{1.00 \times (0.85 \times 24)}{300} \times 0.80 \times \dfrac{660}{660+300} = 0.0374$

54 ★☆☆

철골구조물의 보 단부에서 회전을 허용하지 않고 100%에 가까운 단부 모멘트를 기둥 또는 이음부에 전달하는 개념의 접합부 형태는?

① 강접합　　② 반강접합
③ 전단접합　④ 단순접합

해설

철골구조물의 보 접합형태에는 크게 핀접합(전단접합)과 강접합(모멘트접합)이 있다. 그 중 회전을 허용하지 않고 100%에 가까운 모멘트를 기둥 또는 이음부에 전달하는 접합부는 강접합이다.

55 ★★★

한계상태설계법에 따라 강구조물을 설계할 때 고려되는 강도 한계상태가 아닌 것은?

① 기둥의 좌굴　　② 접합부 파괴
③ 피로 파괴　　　④ 바닥재의 진동

해설

바닥재의 진동은 사용 한계상태(Serviceability limit state)에 해당한다.

합격 POINT 한계상태설계법

1. 강도 한계상태: 구조체가 제 기능을 발휘 못하는 상태로 압축, 인장, 좌굴, 휨, 전단 등의 하중에 대한 지지 능력을 상실한 상태
2. 사용 한계상태: 구조 기능 저하로 균열, 처짐, 진동 등에 의하여 사용상 부적합한 상태

56 ★★☆

고력볼트 1개의 인장파단 한계상태에 대한 설계인장강도는? (단, 볼트의 등급 및 호칭은 F10T, M20)

① 177kN　　② 236kN
③ 315kN　　④ 385kN

해설

설계인장강도 $\phi R_{nt} = \phi \cdot F_{nt} \cdot A_b \cdot n_s$ 이다.
여기서, F_{nt}: 공칭인장강도, A_b: 볼트의 공칭단면적, n_s: 전단면의 수, F_u: 인장강도
$F_{nt} = 0.75 F_u = 0.75 \times 1,000 = 750\text{N/mm}^2$이므로
$\phi R_{nt} = 0.75 \times 750 \times \dfrac{\pi \times 20^2}{4} \times 1 ≒ 176,715\text{N} ≒ 177\text{kN}$이다.

정답 53 ② 54 ① 55 ④ 56 ①

57 ★★☆

다음 그림과 같은 구조물의 판별로 옳은 것은?

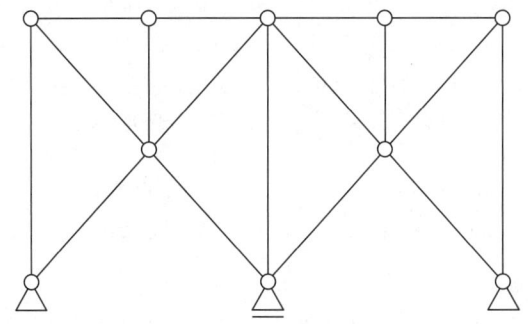

① 불안정 ② 정정
③ 1차 부정정 ④ 2차 부정정

해설

$N=r+m+f-2j$	• r: 지점 반력수 • m: 부재수 • f: 강절점수 • j: 지점수＋자유단 지점수

∴ $N=5+17+0-2\times10=2$(2차 부정정 구조물)

58 ★★☆

다음 그림과 같은 보에서 A점의 수직반력을 구하면?

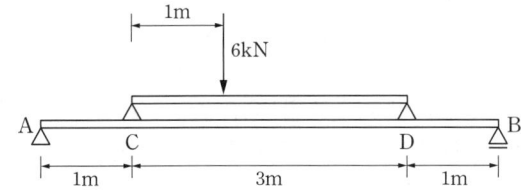

① 2.4kN ② 3.6kN
③ 4.8kN ④ 6.0kN

해설

중층보는 상층보를 분리하여 수직반력을 구하여 하층보의 하중으로 작용하게 하여 하층보를 해석한다.

1. CD보를 먼저 해석하면
   $\Sigma M_D=0$; $V_C\times3-6\times2=0$, $V_C=4$kN
   $\Sigma V=0$; $V_C+V_D-6=0$, $V_D=2$kN

2. V_C와 V_D를 AB보 위에 하중으로 치환시켜 A점의 수직반력을 구한다.
   $\Sigma M_B=0$; $V_A\times5-4\times4-2\times1=0$
   ∴ $V_A=\dfrac{1}{5}\times(16+2)=3.6$kN

59 ★☆☆

독립기초의 크기가 1,500mm×1,500mm이고, 지지되는 정방형 기둥의 단면이 300mm×300mm일 경우, 현장치기 콘크리트 시공에서 기초와 기둥 접촉면 사이에 배근되어야 할 최소 철근량으로 옳은 것은?

① 300mm² ② 350mm²
③ 400mm² ④ 450mm²

해설

현장치기 콘크리트 기둥과 주각의 경우, 접촉면 사이의 철근 단면적은 지지되는 부재 단면적의 0.005배 이상이어야 한다.
$A_{s\cdot min}=(0.005)(300\times300)=450$mm²

60 ★★★

강도설계법에서 D22 압축철근의 기본정착길이는? (단, 경량콘크리트 계수는 1, $f_{ck}=27$MPa, $f_y=400$MPa)

① 200.5mm ② 378.4mm
③ 423.4mm ④ 604.6mm

해설

압축이형철근의 기본정착길이 l_{db}는 다음 중 큰 값 이상이 되어야 한다.

$l_{db}=\dfrac{0.25\cdot d_b\cdot f_y}{\lambda\cdot\sqrt{f_{ck}}}$	$l_{db}=0.043d_bf_y$
• f_{ck}: 콘크리트 압축강도 • f_y: 철근의 항복강도	• d_b: 철근의 지름 • λ: 경량콘크리트계수(1.0)

1. $l_{db}=\dfrac{0.25\times22\times400}{1.0\times\sqrt{27}}≒423.4$mm
2. $l_{db}=0.043\times22\times400=378.4$mm

∴ $l_{db}≧423.4$mm

정답 57 ④ 58 ② 59 ④ 60 ③

제5과목　건축관계법규

81 ★★★
다음 중 허가대상에 속하는 용도변경은?

① 숙박시설에서 의료시설로의 용도변경
② 판매시설에서 문화 및 집회시설로의 용도변경
③ 제1종 근린생활시설에서 업무시설로의 용도변경
④ 제1종 근린생활시설에서 공동주택으로의 용도변경

해설
다음의 어느 하나에 해당하는 시설군에 속하는 건축물의 용도를 상위군(상위번호)에 해당하는 용도로 변경하는 경우에는 국토교통부령으로 정하는 바에 따라 특별자치시장·특별자치도지사 또는 시장·군수·구청장의 허가를 받아야 한다.
반대로 하위군(하위 번호)에 해당하는 용도로 변경하는 경우는 신고 대상이다.
1. 자동차 관련 시설군
2. 산업 등의 시설군
3. 전기통신시설군
4. 문화 및 집회시설군
5. 영업시설군
6. 교육 및 복지시설군
7. 근린생활시설군
8. 주거업무시설군
9. 그 밖의 시설군

판매시설(영업시설군)에서 문화 및 집회시설(문화 및 집회시설군)로의 용도변경은 상위군에 해당하는 용도로 변경하는 것이므로 허가 대상이다.

선지분석
① 숙박시설(영업시설군)에서 의료시설(교육 및 복지시설군)로의 용도변경은 신고 대상이다.
③ 제1종 근린생활시설(근린생활시설군)에서 업무시설(주거업무시설군)로의 용도변경은 신고 대상이다.
④ 제1종 근린생활시설(근린생활시설군)에서 공동주택(주거업무시설군)으로의 용도변경은 신고 대상이다.

82 ★★☆
주차전용건축물이란 건축물의 연면적 중 주차장으로 사용되는 부분의 비율이 최소 얼마 이상인 건축물을 말하는가? (단, 주차장 외의 용도로 사용되는 부분이 숙박시설인 경우)

① 70%　　② 80%
③ 85%　　④ 95%

해설
주차전용건축물이란 건축물의 연면적 중 주차장으로 사용되는 부분의 비율이 95% 이상인 것을 말한다.
다만, 주차장 외의 용도로 사용되는 부분이 단독주택, 공동주택, 제1종 근린생활시설, 제2종 근린생활시설, 문화 및 집회시설, 종교시설, 판매시설, 운수시설, 운동시설, 업무시설, 창고시설 또는 자동차 관련 시설인 경우에는 주차장으로 사용되는 부분의 비율이 70% 이상인 것을 말한다.

83 ★☆☆
다음의 대지와 도로와의 관계에 관한 기준 내용 중 ( ) 안에 알맞은 것은?

> 연면적의 합계가 2,000m² 이상인 건축물의 대지는 너비 (①) 이상의 도로에 (②) 이상 접하여야 한다.

① ① 8m, ② 6m　　② ① 8m, ② 4m
③ ① 6m, ② 4m　　④ ① 4m, ② 2m

해설
연면적의 합계가 2,000m²(공장인 경우 3,000m²) 이상인 건축물(축사, 작물재배사, 그 밖에 이와 비슷한 건축물로서 건축조례로 정하는 규모의 건축물은 제외)의 대지는 너비 6m 이상의 도로에 4m 이상 접하여야 한다.

84 ★★☆
건축물에 설치하는 지하층의 구조 및 설비에 관한 기준 내용으로 옳지 않은 것은?

① 거실의 바닥면적의 합계가 500m² 이상인 층에는 환기설비를 설치할 것
② 지하층의 바닥면적이 300m² 이상인 층에는 식수공급을 위한 급수전을 1개소 이상 설치할 것
③ 바닥면적이 1,000m² 이상인 층에는 피난층 또는 지상으로 통하는 직통계단을 방화구획으로 구획되는 각 부분마다 1개소 이상 설치할 것
④ 위락시설 중 유흥주점의 용도에 쓰이는 층으로서 그 층의 거실의 바닥면적의 합계가 50m² 이상인 건축물에는 직통 계단을 2개소 이상 설치할 것

해설
거실의 바닥면적의 합계가 1,000m² 이상인 층에는 환기설비를 설치해야 한다.

85 ★☆☆
공사감리자가 필요하다고 인정하는 경우 공사시공자로 하여금 상세시공도면을 작성하도록 요청할 수 있는 건축공사의 규모 기준으로 옳은 것은?

① 연면적 합계가 3,000m² 이상인 건축공사
② 연면적 합계가 5,000m² 이상인 건축공사
③ 연면적 합계가 10,000m² 이상인 건축공사
④ 연면적 합계가 15,000m² 이상인 건축공사

해설
연면적의 합계가 5,000m² 이상인 건축공사의 공사감리자가 필요하다고 인정하는 경우 공사시공자에게 상세시공 도면을 작성하도록 요청할 수 있다.

정답 81 ②　82 ④　83 ③　84 ①　85 ②

86 ★★☆
철근콘크리트조인 경우 두께에 관계없이 내화구조로 인정되는 것은?

① 바닥
② 지붕
③ 내력벽
④ 외벽 중 비내력벽

해설
지붕은 두께에 관계없이 다음의 어느 하나에 해당하는 경우 내화구조로 인정된다.
- 철근콘크리트조 또는 철골철근콘크리트조
- 철재로 보강된 콘크리트블록조·벽돌조 또는 석조
- 철재로 보강된 유리블록 또는 망입유리(두꺼운 판유리에 철망을 넣은 것)로 된 것

87 ★★☆
다음 중 제2종 일반거주지역 안에서 건축할 수 있는 건축물에 속하지 않는 것은?

① 종교시설
② 운수시설
③ 노유자시설
④ 제1종 근린생활시설

해설
제2종 일반주거지역 안에서 운수시설은 건축할 수 없다.

88 ★★★
비상용승강기 승강장의 구조에 관한 기준 내용으로 옳지 않은 것은?

① 벽 및 반자가 실내에 접하는 부분의 마감재료는 불연재료로 할 것
② 옥내 승강장의 바닥면적은 비상용승강기 1대에 대하여 6m² 이상으로 할 것
③ 채광을 위한 창문 등을 설치하여서는 안 되며 예비전원에 의한 조명설비를 할 것
④ 피난층이 있는 승강장의 출입구로부터 도로 또는 공지에 이르는 거리가 30m 이하일 것

해설
채광이 되는 창문이 있거나 예비전원에 의한 조명설비를 해야 한다.

89 ★☆☆
건축물을 특별시나 광역시에 건축하는 경우 특별시장이나 광역시장의 허가를 받아야 하는 대상 건축물의 층수 기준은?

① 7층 이상
② 15층 이상
③ 21층 이상
④ 25층 이상

해설
건축물을 건축하거나 대수선하려는 자는 특별자치시장·특별자치도지사 또는 시장·군수·구청장의 허가를 받아야 한다. 다만, 21층 이상의 건축물 등 대통령령으로 정하는 용도 및 규모의 건축물을 특별시나 광역시에 건축하려면 특별시장이나 광역시장의 허가를 받아야 한다.

90 ★☆☆
시설물의 부지인근에 단독 또는 공동으로 설치할 수 있는 부설주차장의 규모 기준은?

① 200대 이하
② 250대 이하
③ 300대 이하
④ 350대 이하

해설
부설주차장이 대통령령으로 정하는 규모(주차대수 300대 규모) 이하이면 같은 항에도 불구하고 시설물의 부지 인근에 단독 또는 공동으로 부설주차장을 설치할 수 있다.

91 ★★★
문화 및 집회시설 중 공연장의 개별관람석의 출구에 관한 설명으로 옳지 않은 것은? (단, 개별관람석의 바닥면적은 500m² 이다.)

① 관람석별로 2개소 이상 설치하여야 한다.
② 각 출구의 유효너비는 1.2m 이상으로 하여야 한다.
③ 바깥쪽으로의 출구로 쓰이는 문은 안여닫이로 하여서는 안된다.
④ 개별관람석 출구의 유효너비의 합계는 3m 이상으로 하여야 한다.

해설
문화 및 집회시설 중 공연장의 개별 관람실(바닥면적이 300m² 이상인 것만 해당)의 출구의 유효너비는 1.5m 이상으로 한다.

정답 86 ② 87 ② 88 ③ 89 ③ 90 ③ 91 ②

92 ★★☆

국가유산·전통사찰 등 역사·문화적으로 보존가치가 큰 시설 및 지역의 보호 및 보존을 위하여 필요한 지구는?

① 생태계보호지구
② 시가지방재지구
③ 중요시설물보호지구
④ 역사문화환경보호지구

선지분석
① 생태계보호지구: 야생동식물서식처 등 생태적으로 보존가치가 큰 지역의 보호와 보존을 위하여 필요한 지구
② 시가지방재지구: 건축물·인구가 밀집되어 있는 지역으로서 시설 개선 등을 통하여 재해 예방이 필요한 지구
③ 중요시설물보호지구: 중요시설물의 보호와 기능의 유지 및 증진 등을 위하여 필요한 지구

93 ★★★

다음 중 건축면적에 산입하지 않는 대상 기준으로 옳지 않은 것은?

① 지하주차장의 경사로
② 지표면으로부터 1.8m 이하에 있는 부분
③ 건축물 지상층에 일반인이 통행할 수 있도록 설치한 보행통로
④ 건축물 지상층에 차량이 통행할 수 있도록 설치한 차량 통로

해설
지표면으로부터 1m 이하에 있는 부분(창고 중 물품을 입출고하기 위하여 차량을 접안시키는 부분의 경우에는 지표면으로부터 1.5m 이하에 있는 부분)은 건축면적에 산입하지 않는다.

94

법령 개정으로 인해 문제가 성립하지 않으므로 삭제

95 ★☆☆

중앙도시계획위원회에 관한 설명으로 옳지 않은 것은?

① 위원장 및 부위원장은 위원 중에서 국토교통부장관이 임명하거나 위촉한다.
② 공무원이 아닌 위원의 수는 10명 이상으로 하고, 그 임기는 2년으로 한다.
③ 위원장·부위원장 각 1명을 포함한 15명 이상 50명 이하의 위원으로 구성한다.
④ 회의는 재적위원 과반수의 출석으로 개의하고, 출석위원 과반수의 찬성으로 의결한다.

해설
중앙도시계획위원회는 위원장·부위원장 각 1명을 포함한 25명 이상 30명 이하의 위원으로 구성한다.

96 ★★★

층수가 10층이며, 각 층의 거실면적이 2,000m^{2}인 사무소 건물에 설치하여야 하는 승용승강기의 최소 대수는? (단, 승용승강기는 15인승을 기준으로 한다.)

① 4대
② 5대
③ 6대
④ 7대

해설

건축물의 용도 \ 6층 이상의 거실 면적의 합계	3,000m^2 초과
업무시설	기본 1대+3,000m^2 초과 시 2,000m^2 이내마다 1대 추가

※ 8인승 이상 15인승 이하의 승강기는 1대의 승강기로 보고, 16인승 이상의 승강기는 2대의 승강기로 본다.

1. 층수가 10층이며, 각 층의 거실면적이 2,000m^{2}인 경우 6층 이상의 거실면적의 합계는 10,000m^{2}가 된다.
2. 사무소 건물은 업무시설에 속한다.

위의 조건을 종합하였을 때, 면적의 합계가 10,000m^{2}인 업무시설의 승용승강기 설치기준은 기본 1대+추가 4대=총 5대가 된다.

정답 92 ④ 93 ② 95 ③ 96 ②

97 ★★★

국토의 계획 및 이용에 관한 법령에 따른 기반시설 중 공간시설에 속하지 않는 것은?

① 녹지 ② 유원지
③ 유수지 ④ 공공공지

해설

국토의 계획 및 이용에 관한 법률에 따른 공간시설에는 광장, 공원, 녹지, 유원지, 공공공지가 있다.
유수지는 방재시설에 속한다.

98 ★☆☆

다음의 가설건축물과 관련된 기준 내용 중 밑줄 친 대통령령으로 정하는 용도의 가설건축물에 속하지 않는 것은?

> 재해복구, 흥행, 전람회, 공사용 가설건축물 등 대통령령으로 정하는 용도의 가설건축물을 축조하려는 자는 대통령령으로 정하는 존치 기간, 설치 기준 및 절차에 따라 특별자치시장·특별자치도지사 또는 시장·군수·구청장에게 신고한 후 착공하여야 한다.

① 전시를 위한 견본 주택
② 연면적이 50m²인 간이축사용 비닐하우스
③ 공사에 필요한 규모의 공사용 가설건축물
④ 조립식 경량구조로 된 외벽이 없는 임시 자동차 차고

해설

대통령령으로 정하는 용도의 가설건축물에 해당하는 것은 연면적이 100m² 이상인 간이축사용, 가축분뇨처리용, 가축운동용, 가축의 비가림용 비닐하우스 또는 천막이다.

99 ★★★

다음 중 부설주차장의 설치기준이 다른 시설물은?

① 숙박시설 ② 종교시설
③ 판매시설 ④ 운수시설

해설

숙박시설: 시설면적 200m²당 1대
종교시설, 판매시설, 운수시설: 시설면적 150m²당 1대

100 ★☆☆

그림과 같은 거실의 평균 반자 높이는? (단, 단위는 m)

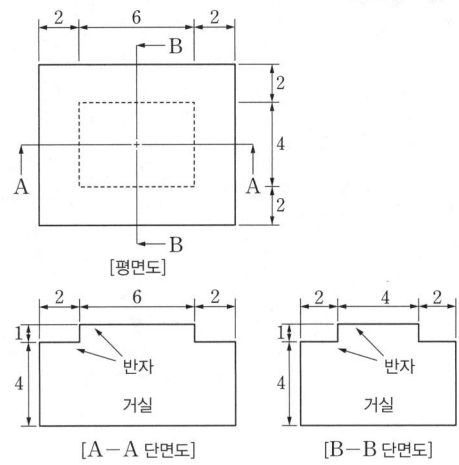

① 4.3m ② 4.6m
③ 4.9m ④ 5.2m

해설

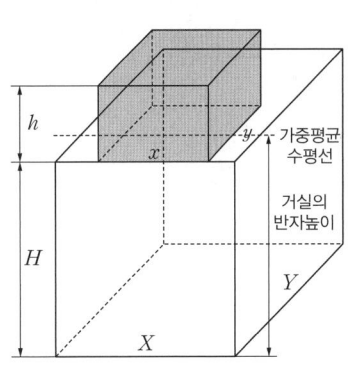

고저차가 있는 실의 가중평균 반자높이

$$= \frac{(X \times Y \times H) + (x \times y \times h)}{X \times Y}$$

$$= \frac{(10 \times 8 \times 4) + (6 \times 4 \times 1)}{10 \times 8} = 4.3\text{m}$$

합격 POINT 반자높이

반자높이는 방의 바닥면으로부터 반자까지의 높이로 한다. 다만, 한 방에서 반자높이가 다른 부분이 있는 경우에는 그 각 부분의 반자면적에 따라 가중평균한 높이로 한다.

정답 97 ③ 98 ② 99 ① 100 ①

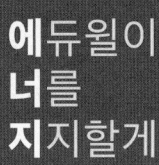

내가 꿈을 이루면
나는 누군가의 꿈이 된다.

– 이도준

여러분의 작은 소리
에듀윌은 크게 듣겠습니다.

본 교재에 대한 여러분의 목소리를 들려주세요.
공부하시면서 어려웠던 점, 궁금한 점,
칭찬하고 싶은 점, 개선할 점, 어떤 것이라도 좋습니다.

에듀윌은 여러분께서 나누어 주신 의견을
통해 끊임없이 발전하고 있습니다.

에듀윌 도서몰 book.eduwill.net
- 부가학습자료 및 정오표: 에듀윌 도서몰 → 도서자료실
- 교재 문의: 에듀윌 도서몰 → 문의하기 → 교재(내용, 출간) / 주문 및 배송

2026 에듀윌 건축기사 필기 10+2개년 기출문제집

발 행 일	2025년 10월 16일 초판
편 저 자	최하진, 에듀윌 건축수험연구소
펴 낸 이	양형남
개발책임	목진재
개 발	박형규
펴 낸 곳	(주)에듀윌
I S B N	979-11-360-3962-0
등록번호	제25100-2002-000052호
주 소	08378 서울특별시 구로구 디지털로34길 55 코오롱싸이언스밸리 2차 3층

* 이 책의 무단 인용 · 전재 · 복제를 금합니다.

www.eduwill.net
대표전화 1600-6700